SCHÄFFER
POESCHEL

Michael-Jörg Oesterle/Stefan Schmid (Hrsg.)

Internationales Management

Forschung, Lehre, Praxis

2009
Schäffer-Poeschel Verlag Stuttgart

Herausgeber:

Prof. Dr. *Michael-Jörg Oesterle*, Inhaber des Lehrstuhls für Allgemeine Betriebswirtschaftslehre, insbesondere Internationales Management, Universität Bremen

Prof. Dr. *Stefan Schmid*, Inhaber des Lehrstuhls für Internationales Management und Strategisches Management, ESCP-EAP Europäische Wirtschaftshochschule Berlin

Bibliografische Information der Deutschen Nationalbibliothek
Die Deutsche Nationalbibliothek verzeichnet diese Publikation in der Deutschen Nationalbibliografie; detaillierte bibliografische Daten sind im Internet über <http://dnb.d-nb.de> abrufbar.

Gedruckt auf chlorfrei gebleichtem, säurefreiem und alterungsbeständigem Papier.

ISBN 978-3-7910-2424-0

www.schaeffer-poeschel.de
info@schaeffer-poeschel.de
Einbandgestaltung: Willy Löffelhardt/Melanie Weiß
Druck und Bindung: Kösel Krugzell · www.koeselbuch.de
Printed in Germany
Januar 2009

Schäffer-Poeschel Verlag Stuttgart
Ein Tochterunternehmen der Verlagsgruppe Handelsblatt

Vorwort der Herausgeber

Die innerhalb der Betriebswirtschafts- und Managementlehre aktuell dominierenden Spielregeln des akademischen Wettbewerbs lassen es unter dem Gesichtspunkt der Karriereplanung für wissenschaftliche Akteure nicht als opportun erscheinen, sich an Sammelwerken als Autoren zu beteiligen oder solche gar herauszugeben. Vielmehr wird effizientes und effektives wissenschaftliches Arbeiten in den Augen vieler dann realisiert, wenn Forschungsleistung durch Veröffentlichungen in so genannten hochrangigen Journals dokumentiert werden und auf diese Weise an Renomée hinzugewonnen werden kann. Insofern stellt der vorliegende Band einen klaren Verstoß gegen den seit geraumer Zeit weit verbreiteten Imperativ der Konzentration auf Zeitschriftenbeiträge dar.

Dieser Verstoß wurde allerdings nicht zufällig, sondern von allen am vorliegenden Werk Beteiligten bewusst vorgenommen. Damit soll aber keinesfalls davon abgelenkt werden, dass sich der eine oder andere eingeladene Autor unter Hinweis auf gewinnbringendere, d. h. stärker karriereförderliche Projekte letztendlich nicht für das Vorhaben engagiert hat, mit dem Werk „Internationales Management. Forschung – Lehre – Praxis“ zur Positionsbestimmung und weiteren Profilierung dieses Faches beizutragen. Umso mehr sind wir allen Autoren des vorliegenden Bandes, welcher sich dem Internationalen Management als Wissenschaft widmet, zu Dank verpflichtet. Sie haben wertvolle Arbeitskraft auf ein Unterfangen verwendet, welches eben nicht aktuell propagierten Vorstellungen eines akademischen Prestigestrebens entspricht. Wir können durchaus abgesichert annehmen, dass ihre diesbezügliche Entscheidung vor allem aus zwei Gründen zustande kam. So hatten wir im Rahmen von mehreren Tagungen der Kommission „Internationales Management“ im Verband der Hochschullehrer für Betriebswirtschaft e. V., nämlich jenen in den Jahren 2005, 2006 und 2008, explizit Gelegenheit, ein Meinungsbild zur Dringlichkeit der Thematik „Internationales Management als Wissenschaft“ einzuholen. Intensive Erörterungen im Anschluss an Podiumsdiskussionen sowie Impulsreferate bestätigten den zuvor in Einzelgesprächen gewonnenen Eindruck, dass sich zumindest eine deutliche Mehrheit der jeweils teilnehmenden Kommissionsmitglieder inhaltlich und programmatisch mit unserem Anliegen identifiziert – einem Anliegen, welches wir in unserem Einführungsbeitrag des vorliegenden Bandes unter dem Titel „Internationales Management als Wissenschaft – Herausforderungen und Zukunftsperspektiven“ noch genauer erläutert haben. Darüber hinaus – und auch dies konnten wir zahlreichen Gesprächen mit Kollegen entnehmen – scheint die Konzentration der wissenschaftlichen Verwertungsbemühungen auf das Medium „(hochrangige) Zeitschriften“ keineswegs von allen als problemlos angesehen zu werden. Hielte sich nämlich jedes Mitglied der wissenschaftlichen Gemeinschaft daran, aus individuellen Karriereüberlegungen heraus nur Zeitschriftenbeiträge zu veröffentlichen oder veröffentlichen zu wollen, würden im

Extrem neue Lehrbücher nicht mehr geschrieben werden (bzw. wären diese nur das Ergebnis einer „Resteverwertung"), aktuelle Nachschlagewerke nicht mehr publiziert werden und eine klassische Form der umfassenden, perspektivenreichen und dabei komprimierten wissenschaftlichen Auseinandersetzung mit Themen, nämlich jene des Sammelbandes, nicht mehr weiterverfolgt werden.

Veranschaulicht man sich die in Zeitschriften dokumentierte Zerfaserung und Atomisierung der betriebswirtschaftlichen Forschung generell sowie die ihrer Teildisziplinen, würde es bei einem konsequenten Verzicht auf andere Medien zunehmend schwerer fallen, einen Überblick über zumindest Hauptgebiete der Forschung zu erarbeiten sowie Anstöße für weitere, stärker zusammenführende Forschungsarbeiten zu geben. Die Beteiligung einer Vielzahl auch junger, demnach (noch) stark karriereorientierter Kollegen am vorliegenden Sammelband gibt jedoch Anlass zur Hoffnung, dass das angedeutete Szenario einer Verarmung der Publikationslandschaft mit entsprechenden Wirkungen nach wie vor eine nur verminderte Chance hat, Realität zu werden. Auch dafür danken wir den Autoren von ganzem Herzen.

Unser ganz besonderer Dank gilt zudem den Vertretern der Praxis, welche sich ebenfalls als Autoren beteiligt haben und damit ihr Interesse an einem Dialog mit der Wissenschaft unter Beweis gestellt haben. Für Praktiker heißt es nämlich in eventuell noch stärkerem Maße als für Wissenschaftler, den Regeln des Wettbewerbs mit entsprechenden Wirtschaftlichkeitsüberlegungen und stimmigen Handlungsweisen zu gehorchen. Die knappe Ressource Arbeitskraft teilweise dem Verfassen eines Beitrags zu widmen, bedeutet insofern auch in dieser Arena, einen Verstoß gegen ungeschriebene Spielregeln vorzunehmen. Wir sind als Herausgeber sehr froh, dass sich die Unternehmensvertreter diesen Verstoß geleistet haben und damit gleichzeitig dazu beitragen, das mitunter gezeichnete Bild allein profithungriger, nicht an anderen Interessen orientierter Manager weiter zu revidieren.

Unser Dank gilt schließlich auch jenen, ohne deren Arbeit und Unterstützung unser Sammelband nicht in der jetzt vorliegenden Form erschienen wäre. An dem Gesamtprozess waren in erster Linie unsere Mitarbeiter, Frau Dipl.-Kffr. Swantje Hartmann (ESCP-EAP Europäische Wirtschaftshochschule Berlin) sowie Herr Dipl.-Kfm. Christian Stratmann (Universität Bremen) beteiligt, die als Redakteure ganz hervorragende Arbeit geleistet haben und deren Engagement wir sehr zu schätzen wissen. Unsere studentische Hilfskraft, Frau Livia Löffler (Berlin), hat ebenfalls tatkräftig geholfen, zahlreiche Aufgaben, wie etwa Formatierungsarbeiten, zu „schultern". Des Weiteren sind wir unseren materiellen Förderern zu erheblichem Dank verpflichtet; ohne deren großzügige finanzielle Unterstützung hätte der doch erhebliche Druckkostenzuschuss, der seit geraumer Zeit von Verlagen für die meisten Veröffentlichungen vorausgesetzt wird, nicht aufgebracht werden können. Dabei handelt es sich um die Bremer Gesellschaft für Wirtschaftsforschung e. V., die Roland Berger Strategy Consultants GmbH und die Wolfgang-Ritter-Stiftung sowie Unternehmen, die namentlich nicht genannt werden möchten.

Ebenso zur Finanzierung beigetragen haben Lexington Consulting sowie die ESCP-EAP Europäische Wirtschaftshochschule, deren Anzeigen im vorliegenden Werk zu finden sind. Und schließlich danken wir den Verantwortlichen des Schäffer-Poeschel Verlags, Frau Marita Mollenhauer sowie Frau Claudia Knapp, ohne deren durchaus wohlwollende und geduldige Begleitung der Band nicht in angemessener Form hätte veröffentlicht werden können.

Wir wünschen Ihnen, lieber Leser, liebe Leserin, nun wertvolle Erkenntnisse und Impulse bei der Lektüre des vorliegenden Werkes. Ihre Anmerkungen sind jederzeit sehr willkommen!

Michael-Jörg Oesterle Stefan Schmid

Inhaltsverzeichnis

Autorenverzeichnis

Dipl.-Kfm. Jonathan Amitai arbeitet im M&A Advisory Bereich der J.P. Morgan Securities in Frankfurt a. M.

Dipl.-Handelslehrer Andreas Butz ist wissenschaftlicher Mitarbeiter am Lehrstuhl für Grundlagen der Betriebswirtschaftslehre und Theorien der Unternehmung an der Universität Zürich.

Prof. Dr. Stefan Eckert ist Inhaber des Lehrstuhls für Internationales Management, insbesondere Kommunikations- und Wissensmanagement am Internationalen Hochschulinstitut Zittau.

Prof. Dr. Johann Engelhard ist Inhaber des Lehrstuhls für Betriebswirtschaftslehre, insbesondere Internationales Management mit Schwerpunkt Europäisches Management an der Otto-Friedrich-Universität Bamberg.

Prof. Dr. Michael Eßig ist Inhaber der Professur für Allgemeine Betriebswirtschaftslehre, insbesondere Materialwirtschaft und Distribution an der Universität der Bundeswehr München.

Prof. Dr. Marion Festing ist Inhaberin des Lehrstuhls für Personalmanagement und Interkulturelle Führung an der ESCP-EAP Europäische Wirtschaftshochschule Berlin.

Prof. Dr. Alexander Gerybadze ist Inhaber des Lehrstuhls für Internationales Management sowie Leiter der Forschungsstelle Internationales Management und Innovation an der Universität Hohenheim.

Dipl.-Kfm. Dietmar Harting ist persönlich haftender Gesellschaft der HARTING KGaA mit Sitz in Espelkamp.

Prof. Dr. Helmut Haussmann (Wirtschaftsminister a. D.) ist als Honorarprofessor am Lehrstuhl für Internationales Management an der Friedrich-Alexander-Universität Erlangen-Nürnberg tätig.

Dipl-Kfm. Peter Hoedemaker ist Vorsitzender der Geschäftsführung der KAEFER Isoliertechnik GmbH & Co. KG in Bremen.

Prof. Dr. Dirk Holtbrügge ist Inhaber des Lehrstuhls für Internationales Management an der Friedrich-Alexander-Universität Erlangen-Nürnberg.

Prof. Dr. Hartmut Holzmüller ist Inhaber des Lehrstuhls für Marketing an der Technischen Universität Dortmund.

Prof. Dr. Michael Kutschker ist Inhaber des Lehrstuhls für Allgemeine Betriebswirtschaftslehre und Internationales Management an der Katholischen Universität Eichstätt-Ingolstadt.

Dr. Marc Lehnen ist Associate Principal bei McKinsey & Company in Köln.

Prof. (em.) Dr. Profs. h. c. Dres. h. c. Klaus Macharzina ist Emeritus für Betriebswirtschaftslehre, insbesondere Unternehmensführung, Organisation und Personalwesen der Universität Hohenheim.

Dipl.-Kfm. Frank Mattern leitet die deutsche Niederlassung von McKinsey & Company mit Sitz in Frankfurt a. M.

Prof. Dr. Reinhard Meckl ist Inhaber des Lehrstuhls für Internationales Management an der Universität Bayreuth.

Prof. Dr. Dirk Morschett ist Inhaber des Chair for International Management – Liebherr/Richemont Endowed Chair der Universität Fribourg (Schweiz).

Prof. Dr. Reinhard Moser ist Inhaber des Lehrstuhls für Betriebswirtschaftslehre des Außenhandels der Wirtschaftsuniversität Wien.

Prof. Dr. Michael-Jörg Oesterle ist Inhaber des Lehrstuhls für Allgemeine Betriebswirtschaftslehre, insbesondere Internationales Management an der Universität Bremen.

Prof. Dr. Manfred Perlitz ist Inhaber des Lehrstuhls für Allgemeine Betriebswirtschaftslehre und Internationales Management an der Universität Mannheim.

Dr. Gotthard Pietsch ist wissenschaftlicher Mitarbeiter am Lehrstuhl für Betriebswirtschaftslehre, insbesondere Organisation und Planung an der FernUniversität in Hagen.

Prof. Dr. Heike Proff ist Inhaberin des Zeppelin-Lehrstuhls für Internationales Management an der Zeppelin Universität Friedrichshafen.

Jean-Paul Rigaudeau, MBA ist President, EU Region der Kraft Foods Europe GmbH und hat sein Büro in Glattpark in der Schweiz.

Prof. Dr. Winfried Ruigrok ist Professor für Internationales Management sowie Direktor des Research Institute for International Management (FIM-HSG) an der Universität St. Gallen.

Prof. Dr. Andreas Georg Scherer ist Inhaber des Lehrstuhls für Grundlagen der Betriebswirtschaftslehre und Theorien der Unternehmung sowie Leiter des Instituts für Organisation und Unternehmenstheorien an der Universität Zürich.

Prof. Dr. Ewald Scherm ist Inhaber des Lehrstuhls für Betriebswirtschaftslehre, insbesondere Organisation und Planung an der FernUniversität in Hagen.

Prof. Dr. Stefan Schmid ist Inhaber des Lehrstuhls für Internationales Management und Strategisches Management an der ESCP-EAP Europäische Wirtschaftshochschule Berlin.

Dipl. Soz.Wiss. Christian Schmidt-Wellenburg ist Doktorand am Graduiertenkolleg „Märkte und Sozialräume in Europa" der Otto-Friedrich-Universität Bamberg.

Prof. Dr. Ursula Schneider leitet das Institut für Internationales Management der Karl-Franzens-Universität Graz.

Dr. Hanna Schramm-Klein arbeitet als wissenschaftliche Mitarbeiterin am Lehrstuhl für Betriebswirtschaftslehre, insbesondere Außenhandel und Internationales Management an der Universität des Saarlandes.

Dr. Randolf Schrank ist Geschäftsführer der Perlitz Strategy Group und ist dort insbesondere für die Bereiche Strategie, Human Resources, Organisation und Marketing zuständig.

Prof. Dr. Burkhard Schwenker ist CEO der Roland Berger Strategy Consultants GmbH mit Sitz in München.

Dipl.-Kfm. Dirk Steinhausen ist als wissenschaftlicher Mitarbeiter am Lehrstuhl für Betriebswirtschaftslehre, insbesondere Internationales Management mit Schwerpunkt Europäisches Management an der Otto-Friedrich-Universität Bamberg tätig.

Prof. Dr. Bernhard Swoboda ist Inhaber der Professur für Marketing und Handel der Universität Trier.

Dr. Georg Trautnitz ist wissenschaftlicher Mitarbeiter am Lehrstuhl für Betriebswirtschaftslehre, insbesondere Internationales Management mit Schwerpunkt Europäisches Management an der Otto-Friedrich-Universität Bamberg.

Dipl.-Volksw. Peter Weigang arbeitet als Researcher bei McKinsey & Company in Düsseldorf.

Prof. Dr. Joachim Wolf ist Inhaber des Lehrstuhls für Organisation an der Christian-Albrechts-Universität zu Kiel.

Prof. Dr. Thomas Wrona ist Inhaber des Lehrstuhls für Organisation und Empirische Managementforschung an der ESCP-EAP Europäische Wirtschaftshochschule Berlin.

Prof. Dr. Joachim Zentes ist Inhaber des Lehrstuhls für Betriebswirtschaftslehre, insbesondere Außenhandel und Internationales Management an der Universität des Saarlandes.

Kapitel I:

Einleitung

Stefan Schmid/Michael-Jörg Oesterle*

Internationales Management als Wissenschaft – Herausforderungen und Zukunftsperspektiven

---

* Prof. Dr. Stefan Schmid ist Inhaber des Lehrstuhls für Internationales Management und Strategisches Management an der ESCP-EAP Europäische Wirtschaftshochschule Berlin. Prof. Dr. Michael-Jörg Oesterle ist Inhaber des Lehrstuhls für Allgemeine Betriebswirtschaftslehre, insbesondere Internationales Management an der Universität Bremen.

1 Die Ausgangssituation

Das „Internationale Management" (IM) hat sich auf den ersten Blick sowohl in der deutschsprachigen als auch in der internationalen Wissenschaftslandschaft als Teildisziplin der Betriebswirtschafts- und Managementlehre sehr positiv entwickelt: An deutschsprachigen Universitäten, Fachhochschulen, Berufsakademien und anderen Bildungsinstitutionen sowie an vergleichbaren Einrichtungen im nicht-deutschsprachigen Ausland ist das Fach IM inzwischen ein fester Bestandteil des Curriculums. Viele Professuren und Lehrstühle wurden eingerichtet, die dem IM gewidmet sind und die neben der Lehre auch in der Forschung wichtige Dienstleistungen erbringen. Gerade im deutschsprachigen Raum, wo IM – im Gegensatz zur angelsächsischen Hochschullandschaft – lange Zeit ein vernachlässigtes Fach war, setzte seit den 1980er Jahren eine intensive „Aufholjagd" ein (vgl. bereits Engelhard et al. 1996 sowie den Beitrag von Engelhard/Schmidt-Wellenburg/Steinhausen in diesem Band). Doch wie gestaltete sich der Weg des IM zu einer „festen Größe" in der Betriebswirtschafts- und Managementlehre?

Vor allem in den angelsächsisch geprägten Ländern wurde IM nach dem Zweiten Weltkrieg auf breiter Front etabliert. Bereits 1959 wurde in den USA die Academy of International Business (AIB) gegründet, die heute weltweit über 3.000 Mitglieder zählt. Die ebenfalls US-amerikanisch geprägte Academy of Management (AOM) institutionalisierte das IM 1970 in der International Management Division (IMD) (Contractor 2000, S. 3 und S. 6); sie ist mit ca. 2.400 Mitgliedern aller Kontinente zurzeit die fünftgrößte Division innerhalb der AOM. Die European Foundation for Management Development (EFMD) rief 1974 die European International Business Academy (EIBA) ins Leben; diese zählt heute mehr als 400 Mitglieder. Wenn auch die Zahl der Doppel- bzw. Dreifachmitgliedschaften über die Institutionen hinweg nicht genau zu ermitteln ist, so wird deutlich, dass sich weltweit mehrere Tausend Wissenschaftler dem IM zugehörig fühlen.

Im deutschsprachigen Raum existierte zunächst eine größere Zurückhaltung. Es gab – von wenigen Ausnahmen abgesehen[1] – zunächst weder Lehrstühle für IM, noch wurde dem Fach von Seiten des Verbandes der Hochschullehrer für Betriebswirtschaft (VHB) größere Bedeutung geschenkt. Dies kann als umso verwunderlicher angesehen werden, als die deutsche Wirtschaft, ebenso wie die Wirtschaft Österreichs und der Schweiz, bereits zu dieser Zeit sehr stark – ob über Export- und Importströme oder über Direktinvestitionen – international verflochten war. Erst 1976 wurde die Wissenschaftliche Kommission „Internationales Manage-

1 Eine Ausnahme stellte der Lehrstuhl für Internationale Unternehmungen dar, den Ehrenfried Pausenberger Anfang der 1970er Jahre in Gießen aufbaute.

ment“ im Verband der Hochschullehrer für Betriebswirtschaft (VHB) auf Initiative von Hans Günther Meissner ins Leben gerufen (vgl. zu den Ursprüngen der Kommission kurz Soldner 1977). Zu Beginn gehörten der Kommission etwa 20 Hochschullehrer an, unter ihnen etwa Eberhard Dülfer, Klaus Macharzina oder Ehrenfried Pausenberger. Inzwischen ist die Mitgliederzahl auf knapp 150 Wissenschaftler angestiegen.

Zwei der Pfingsttagungen des VHB rückten Themen des IM in ihren Mittelpunkt und trugen seit Beginn der 1980er Jahre mit zu einem Aufschwung des Faches bei: die an der TU Berlin im Jahre 1982 unter dem Rahmenthema „Internationalisierung als Problem der Betriebswirtschaftslehre“ und die in St. Gallen im Jahre 1992 unter dem Rahmenthema „Globalisierung der Wirtschaft – Einwirkungen auf die Betriebswirtschaftslehre“ ausgerichteten Tagungen (vgl. auch Lück/Trommsdorff 1982, Hrsg. sowie Haller et al. 1993, Hrsg.). Die steigende Zahl der Mitglieder innerhalb der Wissenschaftlichen Kommission IM darf jedoch nicht – wie auch der Beitrag von Engelhard/Schmidt-Wellenburg/Steinhausen in diesem Band zeigt – mit der Zahl der Professuren oder Lehrstühle gleichgesetzt werden. Viele Hochschullehrer der Wissenschaftlichen Kommission IM im VHB haben einen Lehrstuhl für eine andere Disziplin inne (z. B. Organisation, Marketing, Personal) und betrachten IM im Hinblick auf ihre Forschung und Lehre (bis heute) eher als „Zweitfach“ oder als „Drittfach“.

Im Hinblick auf einschlägige Publikationsorgane (vgl. DuBois/Reeb 2000) kann das IM auf internationaler Ebene zweifelsohne als etablierte Teildisziplin angesehen werden. Mit dem „JIBS“ (Journal of International Business Studies), dem „JIM“ (Journal of International Management), dem „JWB“ (Journal of World Business), dem „IBR“ (International Business Review), der „mir“ (Management International Review), der Zeitschrift „ISMO“ (International Studies of Management & Organization), dem „TIBR“ (Thunderbird International Business Review) sowie der Zeitschrift „TC“ (Transnational Corporations) liegen mehrere einschlägige Zeitschriften vor, die sich auf das IM konzentrieren bzw. Beiträge zum IM in wesentlichem Umfang beinhalten. Einen Überblick vermittelt Abbildung 1. Eine deutschsprachige Zeitschrift mit Fokus auf das IM existiert allerdings nicht. Während man etwa im Organisationsbereich die Zeitschrift „zfo“ (Zeitschrift Führung und Organisation), im Personalbereich die „ZfP“ (Zeitschrift für Personalforschung) oder im Controllingbereich die „ZfCM“ (Zeitschrift für Controlling & Management) findet, lässt sich für das IM kein „Pendant“ identifizieren. Es gilt allerdings zu betonen, dass die englischsprachige „mir“ seit ihrer Gründung 1960 aus Deutschland heraus – mit Herausgebern aus Deutschland und von einem deutschen Verlag – geführt wird und deutschsprachige Wissenschaftler durchaus, wie der Beitrag von Proff in diesem Band verdeutlicht, in internationalen Publikationsorganen veröffentlichen.

Zeit-schriften	Jahr der Gründung	Institutionelle Verankerung	Heraus-geber	Ausgaben pro Jahr/ Zahl der jährlich publizierten Artikel*	Ranking nach VHB-Jourqual
JIBS	1970	Academy of International Business (AIB), USA	Lorraine Eden, Srilata A. Zaheer	6/ ca. 55	A
JIM	1995	Institute of Global Management Studies (IGMS) an der Fox School of Business and Management, Temple University, USA	Masaaki Kotabe	4/ ca. 25	B
JWB	1966; bis 1996 als "Columbia Journal of World Business", ab 1997: JWB	keine; Herausgeber und Verlag aus den USA	Fred Luthans, John W. Slocum, Jr.	4/ ca. 30	B
IBR	1992 als "Scandinavian International Business Review", ab 1993: IBR	European International Business Academy (EIBA), Europa	Pervez Ghauri	6/ ca. 35	B
mir	1961	keine; Herausgeber und Verlag aus Deutschland	Michael-Jörg Oesterle, Joachim Wolf	6/ ca. 40	C**
ISMO	1971	keine; Herausgeber und Verlag aus den USA	Moshe Banai, Jean J. Boddewyn	4/ ca. 20	C

TIBR	1959	keine; Herausgeber und Verlag aus den USA	Mary B. Teagarden	6/ ca. 30	D
TC	1992	UNCTAD	Anne Miroux, Shin Ohinata	3/ ca. 15	D

* = ohne: letters from the editor, book reviews, dissertations, errata etc.
** = Das Ergebnis eines C-Rankings für die „mir" ist teilweise Ergebnis einer methodischen Schwäche des VHB-Jourqual. Die „mir" wurde ursprünglich in die Kategorie der generellen Managementzeitschriften eingeordnet, was zu Antworten von vielen Hochschullehrern geführt hat, die nicht im IM „zu Hause" sind und damit die Zeitschrift nur bedingt einschätzen können.

Abb. 1: Überblick über zentrale Zeitschriften mit Bezug zum IM

Im Bereich der Lehrbücher hat sich das Fach ebenfalls fest verankert. Die Landschaft der englischsprachigen „textbooks" ist inzwischen sogar recht unüberschaubar geworden, wobei die Ergebnisse der von Eckert durchgeführten und in diesem Band zusammenfassend publizierten Studie zeigen, dass im deutschsprachigen Raum im Falle des Rückgriffs auf englischsprachige Bücher v. a. die Werke von Hill (2007) und Daniels/Radebaugh/Sullivan (2007) von Bedeutung sind. Auch an deutschsprachiger Lehrbuchliteratur gibt es mittlerweile für Dozenten und Studierende eine breite Auswahl (Scherm/Süß 2001, Fuchs/Apfelthaler 2002, Müller/Kornmeier 2002, Perlitz 2004, Meckl 2006, Welge/Holtbrügge 2006, Dülfer 2008, Kutschker/Schmid 2008, Söllner 2008). Geht man davon aus, dass Lehrbücher den aktuellen Stand des Faches abbilden,[2] so ist bei genauerer Analyse aber doch eine vergleichsweise große Heterogenität in Bezug auf das zu konstatieren, was IM ist bzw. nicht ist. Dies wird u. a. im Artikel von Kutschker in diesem Band angesprochen, der sich mit der Identität des Faches differenziert auseinandersetzt.

Unsere bisherigen Ausführungen könnten nun zu dem Schluss verleiten, das IM hätte sich zwar im deutschsprachigen Raum – gegenüber dem angelsächsischen Raum – verspätet, aber inzwischen durchaus positiv entwickelt. Warum besteht dennoch Bedarf, sich mit dem IM kritischer, detaillierter und auch tiefgehender zu

2 Vgl. dazu allerdings auch unsere späteren Überlegungen, die Zweifel daran aufkommen lassen, ob sich Forschung heute noch adäquat in der Lehre – und damit auch teilweise in Lehrbüchern – widerspiegelt.

befassen – und dies, obwohl es bereits manche Analysen, Stellungnahmen und Diskussionen gab (vgl. Macharzina 1989, 1992, Engelhard/Dähn 1994, Schmid 1996, v. a. S. 9-114, Macharzina/Oesterle 2002)? Zunächst einmal gilt, was Schmalenbach vor knapp 100 Jahren treffend feststellte: „... ist es von Zeit zu Zeit gut, daß man in seinem Fach Rückschau und Ausschau halte; daß man sagt, was man will und nicht will; daß man abwehrt und befestigt“ (Schmalenbach 1911/12, S. 305).

Und es gibt auch gut Gründe, gerade zur jetzigen Zeit im Bereich IM eine Positionsbestimmung des Faches vorzunehmen. Denn manche Indizien zeugen durchaus von Handlungsbedarf. So werden beispielsweise Lehrstühle für IM mit Wissenschaftlern besetzt, die sich zuvor nicht oder nur am Rande mit IM beschäftigt haben (und die sich auch nach Übernahme der Professur nur teilweise dem IM widmen und damit „Etikettenschwindel“ betreiben). Offenbar haben gerade Vertreter anderer betriebswirtschaftlicher Teildisziplinen, wie Finanzierung, Marketing oder Steuerlehre, die in Berufungskommissionen über Listen entscheiden, keine klaren Vorstellungen, was IM ausmacht. Auch auf manchen Tagungen entsteht der Eindruck, dass das, was inhaltlich Kernbestandteil des IM ist, nicht oder nicht mehr von allen Fachvertretern geteilt wird, und dass fast schon Beliebigkeit herrscht. Gerade angesichts der zunehmenden Spezialisierungstendenzen, die teilweise als Folge des Drucks, in internationalen Zeitschriften zu publizieren, aufkommen, fehlt es u. a. manchen jüngeren Wissenschaftlern (teils unverschuldet) an einer fundierten Gesamtsicht des Faches IM. Und die Beschäftigung mit grundsätzlichen Fragen, etwa mit wissenschaftstheoretischen und wissenschaftssoziologischen Fragen, ist heutzutage – auch im IM – kaum karriereförderlich und wird daher (viel zu) selten praktiziert (vgl. bereits das von Engelhard/Dähn 1994, S. 263 festgestellte Defizit). Kurzum: Trotz eines offensichtlichen Erfolgs gibt es unseres Erachtens Orientierungs- und auch deutlichen Handlungsbedarf im IM (vgl. ähnlich auch für die Betriebswirtschaftslehre im Allgemeinen Schreyögg, 2007, v. a. S. 1).

Wir werden daher im Folgenden die Herausforderungen thematisieren, die sich unserer Überzeugung nach im IM ergeben. Dabei werden wir auf Forschung und Lehre eingehen und gleichzeitig das Verhältnis zur Praxis reflektieren. Ebenso werden wir versuchen zu klären, welche Beziehungen zwischen IM und der internationalen Dimension betriebswirtschaftlicher Funktionalbereiche bestehen. Weitere, daraus abgeleitete zukünftige Anforderungen an das Fach IM werden von uns abschließend ebenfalls formuliert. Die Logik unseres einleitenden Beitrags spiegelt sich auch in der Gesamtstruktur des Sammelbandes wider.

2 Die Herausforderungen

Wenn wir auf die Herausforderungen zu sprechen kommen, so werden wir zunächst generelle Fragen, wie etwa die Identität des Faches und dessen Beziehung zu anderen Fächern, ansprechen (Abschnitt 2.1). Danach widmen wir uns den Herausforderungen in der Forschung (Abschnitt 2.2) und in der Lehre (Abschnitt 2.3). Das Verhältnis zur Praxis wird dabei eine besondere Rolle einnehmen.

2.1 Grundsätzliche Herausforderungen

(1) IM hat als wissenschaftliche Teildisziplin eine Identität, muss diese jedoch auch im Handeln nach innen und außen vertreten.

Die Frage, was IM ist (bzw. nicht ist), erfordert zunächst einmal eine Klärung, was man unter Management versteht und wie sich Management von der Betriebswirtschaftslehre abgrenzen lässt. Die Unterschiede zwischen Management und Betriebswirtschaftslehre werden zwar seit langer Zeit intensiv diskutiert, ein völliger Konsens ließ sich allerdings bis heute nicht herstellen. Beispielhaft deutlich wird dies bei der Lektüre der Beiträge, die Wunderer in seinem Sammelband „Betriebswirtschaftslehre als Management- und Führungslehre" vereint (vgl. Wunderer, 1995, Hrsg.). Weitgehend akzeptiert dürfte inzwischen trotz aller Differenzen sein, dass sich die Managementlehre mit Fragen der Führung – ob Unternehmungs- oder Personalführung (vgl. dazu Staehle 1999, S. 71-73) – beschäftigt, während sich die Betriebswirtschaftslehre den einzelnen Funktionen und Prozessen des Betriebes und (in aggregierter Weise) der Unternehmungen widmet. Ebenso stimmen die meisten Wissenschaftler inzwischen überein, dass die Managementlehre bewusst transdisziplinär ausgelegt ist – manche sprechen auch von interdisziplinär und multidisziplinär (vgl. z. B. Kirsch 1997, S. 267 f.). Die Betriebswirtschaftslehre dagegen versteht sich im Grunde als ein monodisziplinäres Fach, das von Backhaus auch als aspektorientierte Disziplin bezeichnet wird (Backhaus 1989) und in dem faktisch oftmals mikroökonomisches Denken dominiert (vgl. kritisch auch Schreyögg 2007, S. 3-5). Es geht der (streng und eng interpretierten) Betriebswirtschaftslehre um den wirtschaftlichen Aspekt allen Handelns, wie z. B. der Beschaffung, der Produktion, des Absatzes, der Finanzierung oder der Besteuerung; die Managementlehre dagegen ist bewusst breiter angelegt und integriert auch andere Aspekte als nur wirtschaftliche, wie z. B. soziologische, psychologische, anthropologische, juristische oder ingenieurwissenschaftliche Aspekte.

Was ist nun IM? Wie der Beitrag von Eckert in diesem Band empirisch belegt, stimmen die meisten Fachvertreter der Definition zu, bei IM gehe es um die spezifischen Probleme der Führung, die sich aus der grenzüberschreitenden Tätigkeit der Unternehmung ergeben (Macharzina 1989, Sp. 911). Eindeutig in der Minderheit sind die Fachvertreter, die zum Gegenstand des IM auch die spezifischen, sich aus der Internationalität ergebenden Probleme der betriebswirtschaftlichen Funktionalbereiche zählen (vgl. detaillierter Eckert 2006, S. 16-18 und S. 53-55, sowie in diesem Zusammenhang auch Chandra/Newburry 1997, S. 394, und Contractor 2000, S. 8). Innerhalb der spezifischen Probleme, die die grenzüberschreitende Tätigkeit mit sich bringt, kommt v. a. (aber keineswegs nur) der Umwelt und dabei der Kultur besondere Bedeutung zu, weshalb diesen Bereichen immer größere Aufmerksamkeit zuteil wird (vgl. z. B. Dülfer 1981, Schmid 1996, Schneider/Hirt 2007, Dülfer/Jöstingmeier 2008). Nachdem die Handhabung von Führungsproblemen eine integrative Herangehensweise erfordert, beinhaltet IM zwar Ergebnisse und Erkenntnisse des sogenannten Comparative Management (vgl. Shenkar 2004, S. 168), geht aber weit darüber hinaus. Mit anderen Worten: Man darf IM keineswegs auf komparatives Management – etwa Management in Japan im Vergleich zu Deutschland – reduzieren. Die Erkenntnisse des Comparative Management sind eher als eine Voraussetzung zu interpretieren, um die integrative Handhabung der internationalen Führungsprobleme zu bewerkstelligen. IM ist keineswegs mit Internationaler Betriebswirtschaftslehre (International Business) gleichzusetzen; die internationale Dimension der Betriebswirtschaftslehre bezieht sich auf die Internationalisierung der funktionalen Teilbereiche wie Beschaffung, Produktion oder Absatz!

Es ist nun paradox, dass sich gerade in der anglo-amerikanischen Literatur, in der sich das IM schon sehr früh institutionalisierte – erinnert sei an die oben erwähnte Gründung der AIB im Jahre 1959 und der International Management Division der AOM im Jahre 1970 –, mehr „Begriffswirrwarr" breit macht als im deutschen Sprachraum. Das, was „international management" ist (bzw. nicht ist) und wie „international management" sich von „international business" unterscheidet, erscheint fast eine Beliebigkeit. Denn wenn man zahlreiche Artikel – auch von prominenten Fachvertretern – studiert, so wundert man sich sehr über die Variantenvielfalt. Boddewyn beispielsweise hat sich sowohl zu „international management" als auch zu „international business" geäußert, ohne allerdings beide Bereiche klar voneinander abzugrenzen (vgl. Boddewyn 1997, 1999, Boddewyn/Iyer 1999, Boddewyn/Toyne/Martinez 2004). Buckleys vielfältige Beitrage zur Disziplin handeln – den Titeln zufolge – zwar von „international business" (Buckley 1991, 1997, 2002, Buckley/Chapman 1996, Buckley/Lessard 2005), oftmals werden aber eher Themen angesprochen, die dezidiert die Führungsdimension betreffen und damit dem IM zuzurechnen sind, nimmt man etwa die Verweise auf Strategien und Strukturen internationaler Unternehmungen ernst (Buckley 2002, S. 366). Möglicherweise findet Buckley (2002) bei der Suche nach einer (zukünftigen) grundlegenden Forschungsfrage, die in einem viel beachteten Artikel mit dem Titel „Is the International Business Reseach Agenda Running Out of Steam?"

aufgeworfen wurde, gerade deswegen keine befriedigende Antwort, weil er sich tatsächlich zum einen dem „international business“ in seiner ganzen Breite und Vielfalt widmet, zum anderen in Anlehnung an vermeintlich große Forschungsfragen der Vergangenheit neue definiert, die teilweise eher volkswirtschaftlichen Charakter haben.[3] Dies macht auch die Identifikation *der* „big question“, die es unseres Erachtens ohnehin nicht geben muss, unmöglich (vgl. allerdings Peng 2004).

Für uns bedeutet eine Konzentration des IM auf Fragen der Führung grenzüberschreitend tätiger Unternehmungen keine Vernachlässigung funktionaler Aspekte. Zunächst einmal sollten sich die einzelnen Teilbereiche einer Internationalen Betriebswirtschaftslehre (!) der internationalen Dimension ihres jeweils eigenen Bereichs annehmen, was angesichts der faktischen Internationalisierung der Wirtschaft eine Selbstverständlichkeit sein dürfte. Rechnungslegung ist eben heute nicht mehr nur national, sondern in hohem Maße international, wie etwa die International Financial Reporting Standards zeigen. Beschaffung kann – nicht nur aus Kostengründen – schon lange als eine grenzüberschreitende Angelegenheit gelten. Für das Marketing müssen sich Unternehmungen beispielsweise fragen, wie eine optimale Ausrichtung des Marketing-Mix in einzelnen Ländern gelingt. Wenn man feststellen kann, dass die einzelnen Funktionalbereiche einer Unternehmung internationalisieren und sich daher auch die entsprechenden betriebswirtschaftlichen Teildisziplinen mit dieser Internationalisierung beschäftigen, so macht dies das Fach IM keineswegs überflüssig. *Im Gegenteil: IM hat die Aufgabe, sich integrativ mit der Führung der internationalen Besonderheiten der gesamten Unternehmung, zu dem auch die betriebswirtschaftlichen Funktionalbereiche zählen, zu beschäftigen.*[4] Auf diese Weise lässt sich unseres Erachtens eine klare Identität des Faches

3 Es müsste eigentlich nicht explizit erwähnt werden, dass IM keineswegs volkswirtschaftlich ausgerichtet ist. Einige Stellungnahmen in der Literatur – hierbei eben v. a. jene von Buckley 2002, S. 369-370 – weisen allerdings in eine andere Richtung, so dass es uns geboten erscheint, die Verankerung des IM in der Betriebswirtschafts- und Managementlehre nochmals ausdrücklich zu betonen.

4 Welches Verhältnis zwischen IM und einzelnen anderen Teildisziplinen der Betriebswirtschafts- und Managementlehre (und deren internationaler Ausrichtung) herrscht, wird in diesem Werk in Kapitel III, Abschnitt E, im Rahmen von acht Beiträgen verschiedener Autoren diskutiert (vgl. die Beiträge von Wolf, Festing, Gerybadze, Eßig, Zentes/Schramm-Klein, Morschett/Swoboda, Moser und Scherm/Pietsch). Es sei angemerkt, dass man dabei unseres Erachtens nochmals stark differenzieren muss zwischen der Disziplin, die sich einem Funktionalbereich, wie etwa (Internationale) Distribution, widmet, und der Disziplin, die sich mit dem grenzüberschreitenden Management des Funktionalbereichs, also etwa dem Management der (Internationalen) Distribution, auseinandersetzt.

bestimmen – eine Identität, die gleichzeitig eine dauerhafte Identität darstellen kann.[5]

Die Fragen, die sich aus den spezifischen Problemen der Führung (resultierend aus der grenzüberschreitenden Tätigkeit) ergeben, dürften angesichts des Erkenntnisobjekts und der diesem innewohnenden Komplexität und Dynamik auch in Zukunft variieren und genügend Platz für weitere Aktivitäten lassen. Die so verstandene Identität sollte sich unseres Erachtens in allen Facetten des Wissenschaftsbetriebs zeigen, in der Forschung, in der Lehre und im institutionellen Selbstverständnis, welches auch das Verhältnis zu Stakeholdern wie etwa Unternehmungen, Verbänden und Politik betrifft.

(2) IM als wissenschaftliche Teildisziplin sollte in Zukunft selbstbewusster auftreten.

Wir hatten oben betont, dass das IM transdisziplinär angelegt ist. Damit soll nicht der Eindruck erweckt werden, IM würde lediglich das Wissen anderer Disziplinen wie etwa der Soziologie, der Psychologie, der Anthropologie, der Ingenieurwissenschaft, der Volkswirtschaftslehre oder der Rechtswissenschaft anwenden. Ebenso wenig sollte man zu dem Schluss kommen, das IM würde nur Theorien, Konzepte und Methoden anderer Bereiche der Betriebswirtschafts- und Managementlehre „aufwärmen“ oder „anreichern“, wie dies etwa im Beitrag von Wolf in diesem Sammelband anklingt. Es ist zwar richtig, dass viele Konzepte und Theorien des IM auf anderen Konzepten bzw. Theorien – etwa Organisationstheorien (vgl. dazu Ghoshal/Westney 2005, Hrsg.) – aufbauen bzw. diese integrieren. Doch dies ist für eine transdisziplinäre Teildisziplin nicht problematisch, solange spezifische Konzepte und Theorien – teilweise auch empirisch gestützt – erarbeitet werden. Und davon gibt es im IM eine Reihe von Beispielen – man denke an Perlmutters EPRG-Konzept, an die Internationalisierungsprozessforschung der Uppsala-Schule, Bartlett/Ghoshals Globalisierungs-/Lokalisierungs-Framework oder das Dülfer'sche Schichtenmodell. Natürlich haben diese exemplarisch angeführten Konzepte bzw. Theorien – wie alle Konzepte oder Theorien – selbst bestimmte Schwächen, was in der Literatur auch ausführlich dokumentiert wurde (vgl. für eine zusammenfassen-

5 Im angelsächsischen Raum existieren Diskussionen, ob das IM im Strategischen Management aufgehen kann. Diesem Vorschlag stehen wir ablehnend gegenüber, da spezifische Fragen der Führung nicht allesamt auf Fragen des Strategischen Managements reduziert werden können und ferner auch die Gefahr besteht, dass spezifisch internationalen Aspekten innerhalb des Strategischen Managements nicht genügend Bedeutung geschenkt würde. Vgl. zu Strategischem Management als einem der sogenannten „Konkurrenten“ des IM etwa Shenkar (2004), S. 167.

de Würdigung z. B. Kutschker/Schmid 2008); doch ist es nicht der Rückgriff auf andere Arbeiten, der es rechtfertigen würde, die Eigenständigkeit des IM in Frage zu stellen. Provokativ gefragt: Aus welcher anderen Disziplin als dem IM kommen denn Perlmutters EPRG-Konzept, die Uppsala-Internationalisierungsprozessforschung, Bartlett/Ghoshals Globalisierungs-/Lokalisierungs-Framework oder das Dülfer'sche Schichtenmodell?

In anderen Teildisziplinen der Betriebswirtschafts- und Managementlehre ist die Situation übrigens ähnlich (vgl. dazu auch den Beitrag von Schneider in diesem Band). Man stellt das Marketing, das Personalwesen oder die Steuerlehre als eigenständige Teildisziplinen nicht deswegen in Frage, weil (u. a.) Erkenntnisse und Methoden aus weiteren (Teil-)Disziplinen einfließen bzw. angewandt werden. Die Organisationswissenschaft wird in der Regel nicht deswegen in ihrer Existenzberechtigung hinterfragt, weil sie im Rahmen ihrer Aussagen zur Organisation wirtschaftlicher Aktivitäten auf die (volkswirtschaftlich inspirierte) Transaktionskostentheorie, im Rahmen ihrer Überlegungen zur Einbettung von Organisationen in ihre Umwelt auf die aus der Soziologie stammenden institutionalistischen Ansätze oder im Rahmen ihrer Überlegungen zum Verhalten von Individuen in Gruppen auf behavioristische Ansätze zurückgreift (vgl. zu unterschiedlichen organisationstheoretischen Zugängen etwa Türk 2000, Hrsg., Kieser/Ebers 2006, Hrsg.). Die Herausforderung für das IM liegt unseres Erachtens keineswegs darin, auf Erkenntnisse anderer Disziplinen zu verzichten; sie besteht darin, die eigenen Erkenntnisse der Forschung, die v. a. aufgrund des transdisziplinären Charakters durchaus mit anderen Erkenntnissen auf vielfältige Weise verwoben sein können (ja sogar müssen), als genuin darzustellen und auf andere (Teil-)Disziplinen positiv auszustrahlen. Ferner gilt es, eventuell existierenden „Vereinnahmungstendenzen" durch andere Teildisziplinen entgegenzuwirken, sollten Kernbereiche, die innerhalb des identitätsstiftenden Rahmens liegen, unter „anderer Flagge segeln". Dies wäre beispielsweise der Fall, würde man Erkenntnisse zu „Eintrittsstrategien in Auslandsmärkte" primär dem (Internationalen) Marketing und nicht dem IM zuschreiben.

Vermutlich hat das IM aus einem anderen Grund manchmal Probleme, seine Existenz zu rechtfertigen – es gibt eben in Unternehmungen keine oder kaum Divisionen, Abteilungen oder sonstige Einheiten, die dezidiert bzw. spezifisch dem IM gewidmet sind. Während beispielsweise die Personalwirtschaft ihre Entsprechung in der Personalabteilung und deren Trägern, die Finanzierungslehre in der Finanzabteilung oder das Marketing in der Marketingabteilung hat, tut sich das IM hier schwer. Denn organisatorische Einheiten, die dem IM gewidmet sind, existieren in der Praxis kaum.[6] Hinzu kommt, dass die Wissenschaft vom IM von Dritten, wie etwa Praxisvertretern, ähnlich wie andere Teildisziplinen der Betriebswirtschafts- und Managementlehre (vgl. z. B. für das Marketing Spiller 2001) nicht wahrgenommen bzw. zunehmend als nicht nützlich wahrgenommen wird (vgl. Oesterle 2006), was wir als Herausgeber sowohl in diesem Beitrag kurz sowie zusätzlich in einem separaten Beitrag in diesem Band (vgl. Oesterle/Schmid) ausführlicher diskutieren werden und in dessen Folge wir Maßnahmen zur Überwindung der Problematik aufzeigen werden (vgl. ferner Oesterle/Laudien 2007). Halten wir aber zunächst einmal fest: Trotz einiger Schwächen, die es zu überwinden gilt, empfiehlt sich ein selbstbewusstes Auftreten von IM als eigenständiger wissenschaftlicher Teildisziplin.

2.2 Herausforderungen in der Forschung

(1) IM braucht mehr Vielfalt und gleichzeitig mehr Bewusstsein und Klarheit im Hinblick auf die Paradigmen, welche die Forschung leiten.

Zahlreiche Autoren haben darauf hingewiesen, dass innerhalb der Sozialwissenschaften, zu denen das IM zählt, unterschiedliche Paradigmen existieren, welche die Forschung leiten (vgl. Burrell/Morgan 1979, Astley/Van de Ven 1983, Kelemen/Hassard 2003, Scherer 2006, S. 34-39).[7] Wirft man einen Blick auf das IM, wie es inhaltlich etwa von Macharzina in dessen Beitrag für diesen Band überblicksartig getan wurde (vgl. ferner Macharzina 1982, 2003), so erkennt man, dass die große Mehrheit der Arbeiten des Faches einem einzigen von mehreren möglichen Paradigmen verhaftet ist – dem sog. funktionalistischen Paradigma (vgl. auch Kutschker/Schmid 2008, S. 472-473, ferner Martinez/Toyne 2000, S. 22). Hier scheint sich auch im Zeitablauf kein Wandel einzustellen. So haben Acedo/Casillas (2005) beispielsweise mithilfe einer bibliometrischen Methode alle im Zeitraum zwischen 1997 und 2000 in den wichtigsten Zeitschriften zum IM erschienenen Artikel ausgewertet; alle sich ergebenden Forschungsrichtungen sind dabei dem funktionalistischen Paradigma zuzurechnen.

---

6 Unternehmungen bilden zwar u. U. organisatorisch Internationale Divisionen (vgl. Kutschker/Schmid 1999, S. 370-374, Kutschker/Schmid 2008, S. 499-503). Dies ist aber inzwischen relativ selten.

7 Nicht überzeugend ist der Vorschlag von Sullivan/Daniels (2005), zwischen einem wissenschaftlichen und einem humanistischen Paradigma zu unterscheiden. An dieser Stelle sei nur auf zwei Einwände hingewiesen. Erstens kann man „humanistisch" und „wissenschaftlich" nicht als Gegensatzpaar ansehen. Zweitens gibt es (vermutlich) deutlich mehr als zwei Paradigmen, die unsere Forschung leiten können.

Nur selten machen wir uns jedoch tatsächlich aktiv bewusst, dass unsere Forschung innerhalb dieses funktionalistischen Paradigmas, welches eindeutig dem Positivismus verhaftet ist, abläuft. Wenn wir selbst Beiträge für Zeitschriften sowie Konferenzen begutachten oder Dissertationen betreuen, so haben wir Schwierigkeiten, dieses dominante Paradigma zu transzendieren. Wir tendieren aufgrund unserer Sozialisation im Wissenschaftsbetrieb meist dazu, die Bewertungsmaßstäbe, die diesem Paradigma inhärent sind, anzulegen und Arbeiten gut zu heißen, die dem ähneln, was wir häufig publiziert sehen.

Mit dem funktionalistischen Paradigma geht v. a. eine Dominanz des erklärenden Erkenntnisziels einher. Viele Arbeiten des IM suchen dabei – ganz in Analogie zu naturwissenschaftlichen Disziplinen – nach Gesetzmäßigkeiten, obwohl eigentlich klar sein dürfte, dass wir in einer Teildisziplin, die zu den Sozialwissenschaften zählt, bestenfalls Regelmäßigkeiten entdecken können. Die implizite Akzeptanz des funktionalistischen Paradigmas lässt uns dann auch verstehen, warum wir im IM weltweit deutlich mehr quantitative empirische Arbeiten als qualitative empirische Arbeiten finden, mit denen eine nomothetische Orientierung einhergeht (vgl. bereits Mendenhall/Beaty/Oddou 1993). Im Beitrag von Wrona in diesem Band wird diese Dominanz der quantitativen Arbeiten, die häufig auf großzahligen Fragebogenuntersuchungen basiert (vgl. Yang/Wang/Su 2006), gegenüber den qualitativen Arbeiten auch nochmals herausgearbeitet. Inwiefern sich dies im Zusammenhang mit dem von Marschan-Piekkari/Welch (2004, Hrsg.) vorgelegten Sammelband zu qualitativen Methoden im IM (der im Rahmen der damit verbundenen Panel-Diskussionen und Symposien auf internationalen Konferenzen auch Popularität erlangt hat) ändern wird, bleibt abzuwarten.[8] So wird beispielsweise erst in einiger Zeit absehbar sein, ob die Forderung nach (qualitativer) Fallstudienforschung (vgl. Shenkar 2004, S. 168) auch ihre Realisierung in den einschlägigen Publikationsorganen finden wird bzw. kann.

Es ist ebenfalls festzustellen, dass vor dem Hintergrund des funktionalistischen Paradigmas manche potentiellen anderen Erkenntnisziele und manche daraus resultierenden, angewandten Methoden etwas in den Hintergrund getreten sind (vgl. auch Kutschker/Bäurle/Schmid 1997b). So findet man im IM beispielsweise relativ selten „dichte Beschreibungen" (vgl. Geertz 2003, Redding 2005), obwohl sich gerade bei der Kulturthematik, die für das IM besondere Bedeutung hat, eine Nähe zu ethnologischen Ansätzen durchaus anbieten würde. Doch statt dichter Beschreibungen von Kulturen (und deren Konsequenzen im IM) setzt man eher auf Hofstedes legendäre Kulturdimensionen (Hofstede 1997, 2001) oder neuerdings auf die Kulturdimensionen der GLOBE-Studie (House/Javidan/Dorfman 2001,

8 Natürlich existieren auch in anderen Werken (z. B. Punnett/Shenkar 2004, Hrsg.) Empfehlungen für und Hinweise zu qualitativer Forschung.

House et al., 2004, Hrsg.). Die Kulturdimensionen werden dann oftmals auch, gleichsam mechanistisch, als erklärende Variable in vielen Forschungskontexten und -projekten eingesetzt (etwa als Variablen mit Einfluss auf Markteintritts- und Marktbearbeitungsstrategien, wie z. B. Kogut/Singh 1988).

Ferner ist auf internationaler Ebene das wissenschaftliche Erkenntnisziel der Kritik kaum präsent; nur selten – etwa in der aktuellen von Rugman (2005) bzw. Rugman/Verbeke (2005) angestoßenen Diskussion über die Globalisierung und Regionalisierung – existiert eine kritische Orientierung gegenüber Theorien, Konzepten oder häufig präsentierten Daten. Zuweilen würden (vergleichsweise kurze) Stellungnahmen zu existierenden Veröffentlichungen, vorherrschenden theoretischen Ansätzen oder empirischen Studien mehr Nutzen stiften als eine weitere neue Untersuchung. Doch Kritik kann noch deutlich weiter gehen – Beiträge in einem Special Issue der Zeitschrift „AMR" (Academy of Management Review) mit dem Titel „International Management: Critique and New Directions" zeigen auf, dass das IM von kritizistischen Beiträgen, wie man sie etwa in der Management- und Organisationsforschung seit längerem kennt, profitieren könnte (vgl. Jack et al. 2008). Auch wenn man aus der Brille eines „Mainstream-Wissenschaftlers" sicherlich manche der kritizistischen Beiträge als sehr gewöhnungsbedürftig empfinden dürfte, könnte eine gewisse Öffnung befruchtend wirken. Dies gilt insbesondere im Hinblick darauf, dass sich die Disziplin IM auch ihrer Verantwortung im Zeitalter der Globalisierung bewusst sein muss (und daher auch zu politologischen oder soziologischen Feldern Interdependenzen aufweist). In unserem Sammelband nehmen daher Scherer/Butz sowie Trautnitz/Engelhard zu den zukünftigen Herausforderungen für die Disziplin IM aus normativer Sicht Stellung.

Lassen Sie uns festhalten: Wir fordern keineswegs eine völlige Abkehr vom funktionalistischen Paradigma.[9] Wir sind jedoch davon überzeugt, dass auch aus der Perspektive anderer Paradigmen wertvolle Einsichten gewonnen werden können, die v. a. auch der Vielzahl der möglichen Erkenntnisziele und Methoden ihren Platz lassen und nicht zu einer einseitig positivistischen Ausrichtung der Disziplin IM führen (vgl. im Kontext der Betriebswirtschafts- und Managementlehre im Allgemeinen auch Kirsch/Seidl/van Aaken, 2007, v. a. S. 43-65).

9 Wir werden nachfolgend auch aufzeigen, dass innerhalb des funktionalistischen Paradigmas Veränderungen bzw. Verbesserungen in der tatsächlichen Realisierung der Ansprüche des funktionalistischen Paradigmas sinnvoll und nötig sind.

(2) Forschung und Publikationen zum IM dürfen sich nicht einseitig dem aktuell dominierenden US-amerikanischen Wissenschaftsstil verschreiben.

Wie in vielen anderen Teildisziplinen der Betriebswirtschafts- und Managementlehre, so dominiert auch im IM insgesamt (inzwischen) faktisch – trotz einer zunehmenden Anzahl nicht aus den USA stammender Wissenschaftler im weltweiten Wissenschaftssystem – der US-amerikanische Wissenschaftsstil, was auch unter dem Schlagwort der Amerikanisierung diskutiert werden kann (Schmid 2003). Damit einher geht beispielsweise eine starke Uniformität im Hinblick auf das, was karriereförderlich ist – Veröffentlichungen in (internationalen und sehr gut „gerankten") Zeitschriften.[10] Innerhalb der Zeitschriften finden sich dann vornehmlich Artikel, die sich hinsichtlich vieler Merkmale ähnlich sind. Greift man auf Galtungs Einteilung in (kulturgeprägte) Wissenschaftsstile zurück (Galtung 1981, 1982), so verwundert es nicht, dass dabei in der Tradition des sogenannten sachsonischen Stils v. a. das Aufstellen von Hypothesen und deren empirische Prüfung im Mittelpunkt steht, was insgesamt zu folgendem typischen (und meist nur marginal variierten) Aufbau von Beiträgen führt: Introduction – Literature Review – Hypotheses – Empirical Data (Analysis) – Discussion – Conclusion. Dass dieser Aufbau gewünscht wird, lässt sich auch innerhalb des Reviewprozesses von Zeitschriften oder Konferenzen feststellen, in dessen Rahmen bereits die Formulare, die Gutachtern zur Beurteilung zur Verfügung gestellt werden, ein derartiges Strukturmuster beinhalten.

Insbesondere bei der Betrachtung des „Literature Review" von Artikeln stellt man fest, dass faktisch oftmals eine relativ große Oberflächlichkeit von Gutachtern und Herausgebern akzeptiert wird. Mit anderen Worten: Ein echtes „Durchdringen" der existierenden Literatur ist selbst bei sogenannten A-Journals, wie z. B. dem „JIBS", nicht mehr in allen Fällen zwingend erforderlich. Vor allem wird oftmals nicht mehr der gesamte Wissensbestand des Faches, z. B. im Sinne von grundlegenden, häufig auch „älteren" Quellen, berücksichtigt (Boddewyn/Iyer 1999, S. 167-168). „Hypotheses" sind zwar formal Pflicht, nicht immer erfüllen sie allerdings die eigentlich strengen Anforderungen, die an eine Hypothese gestellt werden. So kommt es v. a. vor, dass nicht Theorien herangezogen werden, um Hypothesen zu stützen, sondern dass diverse Veröffentlichungen unterschiedlichen Charakters (z. B. empirische Ergebnisse anderer Studien, Einzelaussagen, Meinungen, Behauptungen) die Herleitung einer Hypothese „rechtfertigen". Die „Empirical Data Collection and Analysis" wurde in den letzten Jahren zwar immer sophistizierter, wie man schnell erkennen kann, wenn man die Beiträge in Zeitschrif-

10 Dieses Phänomen betrifft keineswegs nur das IM, sondern lässt sich in vielen anderen Bereichen der Betriebswirtschafts- und Managementlehre feststellen (vgl. z. B. für die Organisationsforschung Gmür 2002).

ten, wie „JIBS", „mir" oder „IBR" im Zeitablauf studiert; jedoch ging dies nicht immer mit einer Qualitätserhöhung der Erkenntnisse einher. So kann z. B. selbst im Falle von vielen referierten Beiträgen kritisiert werden (vgl. Yang/Wang/Su 2006), dass

- sich die konzeptionellen Teile und empirischen Teile von Veröffentlichungen nicht völlig entsprechen bzw. decken (ja manchmal sogar im Widerspruch zueinander stehen),
- zwar oberflächlich so getan wird, als folge man dem Kritischen Rationalismus, sich aber faktisch deutliche Abstriche davon erkennen lassen und eher ein rein empiristisch-positivistisches Verständnis vorherrscht (vgl. auch Schmid 1996, S. 80-89),
- die Zusammenhänge zwischen betrachteten Konstrukten und zu messenden Indikatoren vage bzw. problematisch sind,
- die Auswahl der Indikatoren nicht genügend begründet wird (und etwa im Hinblick auf die Vollständigkeit keine Validität vorliegt),
- zwischen Variablen Kausalität suggeriert wird, obwohl für die Kausalität keine Belege oder Beweise bestehen,
- der Einfluss moderierender Variablen zwischen unabhängiger und abhängiger Variablen oftmals nur ungenügend betrachtet wird,
- Zweifel im Hinblick auf die Zweckmäßigkeit und Validität der Daten, etwa der Antworten von Schlüsselpersonen (Welch et al., 2002) oder dem Aggregationsniveau, bestehen,
- gerade die Besonderheiten der internationalen bzw. interkulturellen Forschungssituationen oftmals nur unzureichend berücksichtigt werden (vgl. z. B. Bauer 1989, Holzmüller 1995, Samiee/Athanassiou 1998, Tsui/Nifadkar/Ou 2007 sowie den Beitrag von Holzmüller in diesem Band), und
- die Anwendbarkeit bestimmter (z. B. statistischer) Methoden nur unzureichend geprüft, diskutiert und gegeben ist.

Man könnte die Liste der existierenden (und tatsächlich schwierig zu lösenden) Probleme noch fortsetzen und würde damit weitere Belege liefern, dass zwar viele Beiträge auf den ersten Blick zu „klaren" Ergebnissen kommen, diese aber bei näherer Betrachtung teilweise „in sich zusammenbrechen". Zudem bleibt der Eindruck, dass die Frage der Relevanz (über eine Relevanz für die „peer group" hinaus) doch häufig hinter der Anforderung der Rigorosität (etwa im Hinblick auf bestimmte Methoden) zurückbleibt. Auch wenn zwischen „rigour" und „relevance" nicht immer ein Widerspruch bestehen müsste (vgl. allerdings Collinson et al. 2006, S. 196-199), so zeigt sich faktisch doch, dass das Pendel in der Forschungspraxis (wenn auch zuweilen oberflächlich) häufiger in Richtung „rigour" ausgeschlagen ist.[11] Dies führt inzwischen an US-amerikanischen Hochschulen insgesamt zu einer Debatte unter der Überschrift „Back to relevance“ (vgl. z. B. Bennis/O'Toole 2005, Clinebell/Clinebell 2008).

Was ebenfalls angesichts der faktischen Dominanz des US-amerikanischen Wissenschaftsstils fehlt, ist der Überblick über gesamte Forschungsgebiete, der aufgrund der vielen spezialisierten Artikel, die erscheinen (und die aufgrund des zunehmenden Publikationsdrucks für Individuen in immer mehr Zeitschriften erscheinen müssen), verloren gegangen ist. Insofern verwundert es, dass zwar für das IM gefordert wird „We need more critical literature reviews“ (Boddewyn/Iyer 1999, S. 162), diese Forderung aber in den meisten Zeitschriften aufgrund des Verhaltens der Gutachter bzw. Herausgeber (Boddewyn/Iyer 1999, S. 162-163) wenig Entsprechung findet. Die Existenz von Zeitschriften wie „AMR“ (Academy of Management Review) oder „IJMR“ (International Journal of Management Reviews) oder die neue Herausgeberpolitik des „Journals für Betriebswirtschaft“, in denen auch Überblicke zu Themen des IM ihren Platz finden könnten, vermögen diesem Trend offenbar auch nur partiell entgegenzuwirken. Ebenso ist es inzwischen sehr selten, dass Wissenschaftler im IM (wie auch in anderen Teilgebieten der Betriebswirtschafts- und Managementlehre) zu Phänomenen der Praxis Stellung beziehen und diese (differenziert) kommentieren, analysieren oder würdigen. Vielmehr wird stattdessen weitgehend losgelöst von der Praxis oder abstrahiert von der Praxis geforscht. Wissenschaft und Praxis entwickeln sich zunehmend unabhängig voneinander weiter. Wissenschaftler schreiben für Wissenschaftler – und wenn sie zuweilen Praktiker ansprechen wollen, so geschieht dies auf eine Weise, die oftmals nur wenig mit den Artikeln bzw. den Inhalten der Artikel zu tun hat, die als „streng wissenschaftlich“ gelten.

Monographien, die für die Entwicklung und Überprüfung von Theorien traditionell eine große Bedeutung haben, findet man immer seltener. Forschungsergebnisse werden kaum noch in Form von Büchern, sondern oftmals nur noch „in Portionen verteilt“ in einzelnen Aufsätzen publiziert. Wenn Metaanalysen oder Zitationsanalysen durchgeführt werden, so werden dabei wiederum in der Regel nur Aufsätze in Zeitschriften einbezogen (vgl. z. B. Peng/Zhou 2006). Lehrbücher zum IM existieren zwar, wie oben kurz erwähnt, sowohl im angelsächsischen als auch im deutschsprachigen Raum; ihnen wird aber immer geringere Bedeutung im Hinblick auf wissenschaftliche Reputation und Karriere zuteil. Auf internationalen Konferenzen wird Nachwuchswissenschaftlern heutzutage schon frühzeitig kommuni-

11 Dies soll aber gleichzeitig nicht heißen, dass das Streben nach „rigour“ nicht dennoch davon begleitet ist, sich inhaltlich und methodisch vom Zeitgeist treiben zu lassen und Modeströmungen zu unterliegen. Vgl. dazu – aus der Perspektive der Organisation – Kieser (2007).

ziert: „Try to publish in the best ranked journals, other publication outlets than journals are nice, but not relevant for your career". Ebenso hat man zuweilen den Eindruck, dass im IM – wie auch in anderen Disziplinen – eine deutliche Trennung zwischen Forschung und Lehre gemacht wird. Dies war in bestimmten Teildisziplinen der Betriebswirtschaftslehre durchaus einmal anders. Erinnern wir uns an Gutenberg, dessen Grundlagenwerk Lehrbuch und Forschungsprogramm zugleich war und damit eine gesamte wissenschaftliche Disziplin inhaltlich abgesteckt hat (vgl. Gutenberg 1951, 1955, 1969).

All dies führt insgesamt zu der Einschätzung, dass sich unser Wissenschaftsstil auch im deutschsprachigen Raum stark verändert hat (vgl. noch vor wenigen Jahren Napier/Thomas 2001, 184-185). Unsere Forderung nach kritischem Umgang mit dem sachsonischen Wissenschaftsstil und dabei insbesondere in der Ausprägung der US-amerikanischen Version ist keinesfalls als Abschottung zu verstehen. Im Gegenteil – es wäre fatal, würde sich die deutschsprachige Academic Community den internationalen Entwicklungen verschließen. Doch darf eine Öffnung unseres Erachtens nicht eine unreflektierte Übernahme bedeuten. Vielmehr sollten wir traditionelle Stärken des deutschen Wissenschaftsstils – bei allen damit verbundenen Schwierigkeiten – auch in die internationale Wissenschaftslandschaft hineintragen. Dazu gehört beispielsweise, dass wir inhaltliche Erkenntnisse des deutschsprachigen Raums in die internationale Diskussion einbringen (vgl. z. B. Macharzina 2008).[12] Ferner impliziert es, dass wir das, was Galtung (1981, 1982) als traditionelle Stärke des sogenannten teutonischen Stils bezeichnet hat – die Theoriebildung –, forcieren und nicht nur Theorien aus anderen Ländern rezipieren (die noch dazu aufgrund der Kulturgebundenheit eventuell nicht universell sind, vgl. bereits Hofstede 1980, 1983). Weiterhin bringt es mit sich, dass wir – trotz allen Evaluationsdrucks, der auch hierzulande Einzug gehalten hat (vgl. Frey 2007) – als oberstes Ziel den Erkenntnisgewinn bzw. -fortschritt für die Wissenschaft und weniger individuelle Ziele ansehen. Der Reputationsgewinn oder die Karrieresicherung bzw. der Karrierefortschritt für das Individuum sollten unseres Erachtens in Zukunft wieder etwas stärker in den Hintergrund treten (vgl. zu diesen Zielen Pierce/Garven 1995, S. 70), was auch Konsequenzen auf das Setzen von Anreizen im Wissenschaftssystem haben sollte.

---

12 Dieses Argument findet sich auch auf europäischer Ebene. So hat das neu gegründete „EJIM" (European Journal of International Management) das Ziel, gerade einen spezifisch europäischen Ansatz im IM zu stärken.

(3) Forschung zum IM braucht – bei aller wissenschaftlichen Rigorosität – mehr Anwendungsorientierung.

Natürlich steht eine betriebswirtschaftliche Teildisziplin wie das IM von jeher in einem Spannungsfeld: Zum einen hat das IM die Aufgabe, die Praxis zu unterstützen (vgl. auch Macharzina 1981, S. 44). Zum anderen darf sich das IM natürlich nicht in die Gefahr begeben, von der Praxis instrumentalisiert zu werden (vgl. Schmid 1996, S. 1). Wünschenswert ist also eine reflektierte Anwendungsorientierung. Die Frage, was unter Anwendungsorientierung zu verstehen ist, hat in der Betriebswirtschafts- und Managementlehre eine lange Tradition, und es wird bis heute trefflich darüber gestritten, was überhaupt Anwendungsorientierung ist (vgl. Ulrich 1995, S. 165-167). Für uns bedeutet Anwendungsorientierung im IM,

- bei der Definition von Forschungsfragen auf die Probleme der Praxis zu achten, was voraussetzt, dass Wissenschaftler die Probleme der Praxis internationaler Unternehmungen wahrnehmen, kennen und sich darauf einlassen,
- bei der Auswahl von Forschungszielen auch das Entwerfen möglicher zukünftiger Wirklichkeiten für internationale Unternehmungen zu berücksichtigen, was etwa impliziert, nicht allein aus der empirischen Situation der Vergangenheit die Zukunft ableiten zu wollen (sondern auch andere Elemente, wie Intuition, Spekulation und Kreativität ins Spiel zu bringen),
- bei der Durchführung von Forschungsarbeiten nahe an der Praxis zu bleiben und mit der Praxis zu kooperieren, was z. B. mit sich bringt, sich dem oftmals transdisziplinären und komplexen Charakter von Fragen nicht zu verschließen oder nicht von aggregierten Daten ausgehend (etwa von Direktinvestitionsbeständen auf Länder- oder Regionenebene) unkritisch auf das Handeln und Verhalten in und von Unternehmungen zu schließen,
- im Rahmen der Forschungsprozesse gemeinsame Verständigungspotentiale mit der Praxis aufzubauen, anstatt bereits in der Sprache „auseinander zu driften" oder aufgrund völlig unterschiedlicher Logiken „nebeneinanderher zu laufen" oder sich gar nicht zu verstehen,
- im Rahmen der Forschungsprozesse nicht primär auf Durchschnitte, Gesetze und Regelmäßigkeiten abzuzielen, sondern eher Anomalien zu entdecken sowie gerade im internationalen Kontext das Brechen von Gesetzen oder Regelmäßigkeiten als „spannend" anzusehen (vgl. auch Andriani/McKelvey 2007),
- bei der Veröffentlichung von Forschungsarbeiten nicht ausschließlich die eigene „peer group" – d. h. Wissenschaftler – im Auge zu haben, sondern sich auch teilweise dem Transfer in die Praxis und in die Lehre zu verschreiben und damit auf eine Nützlichkeit im engeren Sinne zu achten, und
- darauf Wert zu legen, dass nicht nur Beschreibungen und Erklärungen der Realität geliefert werden, sondern dass im Zusammenspiel mit Wirtschaft, Ge-

sellschaft und Politik wissenschaftlich fundierte Empfehlungen auch in konkretes Managerhandeln münden.

Die Anwendungsorientierung hat unseres Erachtens in den letzten Jahren in der internationalen Wissenschaftslandschaft und davon beeinflusst auch im deutschsprachigen Raum trotz einiger positiver Indizien (vgl. dazu den Beitrag von Meckl in diesem Band) eher abgenommen. Wollen wir wieder eine verstärkte Anwendungsorientierung erreichen, so setzt dies ein Umdenken voraus. So erachten wir es als wenig förderlich, wenn in Rankings von Veröffentlichungen ausschließlich oder primär die von der „peer group" zugemessene Reputation bzw. der von der „peer group" wahrgenommene „impact" im Mittelpunkt steht. Es ist unseres Erachtens notwendig, dass sich sehr gute Wissenschaftler in Zukunft mit ihren Veröffentlichungen wieder stärker sowohl gegenüber ihrer „peer group" als auch gegenüber Praktikern und Studierenden beweisen. Wenn wir beispielsweise den Einfluss wissenschaftlicher Veröffentlichungen nur daran festmachen, wie diese durch andere Wissenschaftler zitiert werden (vgl. z. B. Tahai/Meyer 1999, Podsakoff et al. 2005), dann erfassen wir nur einen Teil des Nutzens, den das System Wissenschaft haben kann. Dies gilt auch im Fach IM!

Und von Seiten der Praxis muss – wenn die Forderung nach Anwendungsorientierung ernst gemeint ist – ebenfalls ein Umdenken einsetzen. Praktiker müssen dann auch bereit sein, sich auf die Kooperation mit Wissenschaftlern einzulassen. Es kann nicht angehen, dass die Praxis permanent eine Kooperation mit Hochschulen fordert, dabei aber zuweilen nicht willens ist, Informationen bereit zu stellen, die zur Beantwortung von Fragen im Rahmen von Forschungsprojekten notwendig sind. Gerade im Zuge von qualitativen Forschungsprojekten ist der Zugang zu Archiven und Dokumenten, die Bereitschaft zu Interviews oder die Möglichkeit der teilnehmenden Beobachtung von großer Bedeutung. Neben Zeit und Aufmerksamkeit sind ferner finanzielle Mittel aus der Praxis vonnöten. Kurzum: Anwendungsorientierung ist ein zweiseitiger, kein einseitiger Prozess, zu dem auch die Praxis ihren Beitrag leisten muss. Insofern begrüßen wir es sehr, dass Praktiker unserem Aufruf gefolgt sind, im Rahmen des vorliegenden Bandes ihre Perspektiven einzubringen. Die Beiträge von Harting, Hoedemaker, Mattern/Lehnen/Weigang, Perlitz/Schrank/Amitai, Rigaudeau und Schwenker können zeigen, welche Anforderungen die Praxis an die Disziplin IM hat, und vermögen uns für Forschung und Lehre wertvolle Impulse zu geben.

2.3 Herausforderungen in der Lehre

(1) In Studiengängen mit (aber auch ohne) Bezeichnung IM muss auch IM gelehrt werden

Es gibt inzwischen eine Vielzahl von Hochschulen, die Studiengänge mit den Schwerpunkten IM bzw. Internationale Betriebswirtschaftslehre eingerichtet haben. Manchmal wird allerdings „Etikettenschwindel" betrieben. Betrachtet man die Inhalte genauer, so wird oftmals nur ein geringer Teil des Curriculums tatsächlich dem IM gewidmet. Ein Großteil der Fächer deckt andere Bereiche der Betriebswirtschafts- und Managementlehre ab. Damit tun wir dem Fach IM keinen Gefallen – und auch nicht der Praxis. Ein Studiengang sollte sich auch nicht allein deswegen IM nennen, weil z. B. Sprachen oder Auslandsaufenthalte obligatorisch sind oder die Studierendengruppen international bzw. multikulturell zusammengesetzt sind. Dies ist notwendig, aber keineswegs hinreichend. IM als Studiengang setzt die Vermittlung der zentralen Inhalte des Faches IM voraus. Dies muss durchaus nicht nur in Form der klassischen Vorlesung geschehen, wie etwa die Beiträge von Eckert sowie Holtbrügge/Haussmann in diesem Band zeigen. Für die Vermittlung von Inhalten lassen sich neben Seminaren und Übungen u. a. auch Fallstudienveranstaltungen (vgl. zu Fallstudien im IM etwa Schmid, 2007, Hrsg., Zentes/Swoboda 2008, Hrsg.), Lehrforschungsprojekte, Beratungsprojekte, Planspiele, Exkursionen oder Lektürekurse einsetzen (vgl. bereits Mendenhall 1989).

Aber selbst in Studiengängen, die nicht spezifisch auf das IM ausgerichtet sind, sondern die der Betriebswirtschafts- und Managementlehre gewidmet sind, sollten zumindest Grundzüge des IM gelehrt werden, um den Anforderungen, welche die Internationalisierung und Globalisierung der Wirtschaft stellt, gerecht zu werden. Ferner ist zu wünschen, dass gerade das IM in Zukunft auch in der Weiterbildung von Managern vermehrt Bedeutung erhält und in MBA-Programme oder in Executive-Education-Programme (ob als „open programmes" oder „customized programmes") integriert wird. Dies sollte sich eigentlich von selbst ergeben; denn aufgrund eigener Erfahrungen mit internationalen und interkulturellen Interaktionssituationen sollte bei Managern die Erkenntnis reifen, dass der Bedarf an entsprechendem Wissen und Fähigkeiten gedeckt werden muss. Zumindest US-amerikanische Business Schools scheinen hier noch im Rückstand zu sein. Nur bei 18% der 50 Top Business Schools zählt ein Kurs „Global Strategic Management", nur bei 16% ein Kurs „International Business" zum Pflichtteil des MBA-Programms (vgl. Navarro 2008, S. 112). Und im deutschsprachigen Raum ist die Weiterbildung, die an Hochschulen stattfindet, ohnehin erst rudimentär entwickelt, was damit auch dem IM nur wenig Platz lässt. Welche Themen des IM sich für welchen Typ Weiterbildung besonders eignen (würden), wird im Beitrag von Ruigrok in diesem Band angesprochen.

Ähnliches wie für Studienprogramme gilt für einzelne Lehrstühle. Hier besteht die Herausforderung darin, dass an Lehrstühlen für IM auch IM gelehrt wird. Zugegeben: Wir haben in Deutschland sowie in Österreich und der Schweiz die grundgesetzlich bzw. verfassungsrechtlich gesicherte Freiheit von Forschung und Lehre. Allerdings wäre es für die weitere Zukunft des Faches IM sehr wichtig und mehr als wünschenswert, wenn sich eine verstärkte Kongruenz zwischen Denomination und faktischer Beschäftigung herausbilden könnte.

(2) Forschung zum IM muss stärker in die Lehre einfließen.

Interpretiert man die Ergebnisse der empirischen Untersuchung von Eckert, die in diesem Band dargestellt wird, so zeigt sich, dass Lehre zum IM – nicht nur an den Fachhochschulen, sondern auch an universitären Einrichtungen – immer weniger von aktuellen Forschungsergebnissen gespeist bzw. beeinflusst wird. Dies ist aus zwei Gründen alarmierend: erstens, weil Forschung heutzutage offenbar häufig so betrieben wird, dass sie nicht mehr „lehrfähig“ ist, und zweitens, weil man in der Lehre heute nicht mehr die (aktuelle) Forschung, sondern andere Wissensquellen als relevant(er) ansieht. Wir brauchen also wieder einen stärkeren Transfer der Forschungsergebnisse in die Lehre. Die Einheit zwischen Forschung und Lehre, die gerade im deutschsprachigen Raum aufgrund des Humboldt'schen Ideals traditionell „hochgehalten“ wurde, gilt es auch im IM neu zu beleben.

Diese Forderung bringt zahlreiche Konsequenzen im Wissenschaftsbetrieb mit sich. Sie impliziert beispielsweise, dass bereits in Berufungsverfahren zur Besetzung von Lehrstühlen auch auf die Fähigkeit geachtet wird, (aktuelle) Forschung zielgruppenadäquat und didaktisch gekonnt in die Lehre zu transportieren. Angesichts der Ausdifferenzierung der Studiengänge an vielen Hochschulen – Bachelor-Programme, konsekutive Master-Programme, nicht-konsekutive Master-Programme, Doktoranden- bzw. PhD-Programme sowie unterschiedliche Formen von Weiterbildungsprogrammen – sind hier auch differenzierte Lehrleistungen gefragt. Außerdem scheint auch die Forschungs(förderungs)politik teilweise überdenkenswert, damit zukünftig Projekte stärker unterstützt werden, die einen Bezug zur Lehre haben bzw. deren Ergebnisse zumindest in der Lehre eingesetzt werden können.

3 Die Zukunft

Wir haben im Rahmen unseres bisherigen Beitrags bereits einige zentrale Herausforderungen angesprochen, die sich für das IM ergeben, und haben dabei auch einige Ansätze skizziert, um diesen Anforderungen zu begegnen. Wir wollen am Ende dieses einleitenden Beitrags noch einen Katalog an weiteren handlungsleitenden Maßnahmen präsentieren, der die Disziplin IM in Zukunft weiter entwickeln könnte.

(1) Um eine inhaltliche, methodische und institutionelle Stärkung des Faches zu erreichen, sollten weitere Lehrstühle für IM eingerichtet werden, v. a. an Fakultäten, die bisher noch keine Lehrstühle für IM aufweisen, darunter auch prominente Fakultäten, wie die Ludwigs-Maximilians-Universität München, die Universität zu Köln oder die Westfälische Wilhelms-Universität Münster.[13] Wie aufgezeigt, hat das Fach IM eine eigene Identität. Forschung und Lehre zum IM können nicht (allein und umfassend) von betriebswirtschaftlichen Teilsdisziplinen, die eine Funktionalorientierung aufweisen, erbracht werden.

(2) Wir sollten im deutschsprachigen Raum gerade im IM die Einheit von Forschung und Lehre beibehalten, demnach ein Auseinanderdriften von Forschung und Lehre verhindern. Zugegeben: Die im internationalen Vergleich hohe Lehrbelastung im deutschsprachigen Raum erklärt (ebenso wie die vielfältigen Aufgaben in Selbstverwaltung und Hochschulentwicklung) teilweise, warum Hochschullehrer aus Deutschland, Österreich und der Schweiz im internationalen „Publikationskonzert" unterrepräsentiert sind. Es sollte allerdings auch nicht so weit kommen, dass Aussagen „I only teach two classes a year" oder „I found somebody who does teaching for me", die man immer wieder von Kollegen aus anderen Ländern hört, die Regel werden. Die Lehre, insbesondere für unterschiedliche Zielgruppen (z. B. in Masterprogrammen oder in der Weiterbildung), hilft auch und gerade im IM, permanent die Erfüllung wichtiger Anforderungen, die an unsere Forschung gestellt werden, wie die Anwendungsorientierung oder die Vermittelbarkeit, zu überprüfen, sowie Impulse aus der Praxis für die Forschung zu erhalten.

(3) Auch wenn wir fordern, dass sich Hochschullehrer nicht unkritisch dem US-amerikanischen Wissenschaftsstil anpassen sollten, so plädieren wir doch nachdrücklich für eine starke internationale Vernetzung. Dies schließt beispielsweise den Besuch und die Ausrichtung von internationalen Konferenzen, die Veröffentlichung in internationalen Zeitschriften und Sammelwerken oder die Kooperation in grenzüberschreitenden Forschergruppen ein (vgl. z. B. Geringer/Frayne 2001). Internationale Vernetzung sollte gerade im IM eigentlich selbstverständlich sein; dabei sollte sie heutzutage durchaus nicht nur auf die USA beschränkt sein, sondern beispielsweise auch andere europäische Länder sowie den asiatischen und südamerikanischen Raum betreffen. Bisher besteht hier noch Nachholbedarf, wie

13 Selbstverständlich beeinflusst die gewählte Profilbildung die Entscheidung von Fakultäten für oder gegen Lehrstühle für IM.

ein kleines Beispiel zeigt. Aus Finnland kommen zu manchen Jahrestagungen der EIBA mehr Teilnehmer als aus Deutschland, um ihre Forschungsergebnisse zu präsentieren!

(4) Die Veröffentlichungsintensität, v. a. in referierten Zeitschriften, ist innerhalb des IM des deutschsprachigen Raums weiter zu erhöhen. Dabei sollten wir sowohl in den deutschsprachigen Zeitschriften, wie ZfB, ZfbF oder DBW, stärker präsent werden, als auch in den oben bereits aufgeführten einschlägigen internationalen Journals. Bei aller Notwendigkeit, den sichtbaren Veröffentlichungsoutput zu erhöhen, sollte dabei allerdings nicht nur das Prinzip gelten „I choose research topics and methods which get published"; vielmehr sollten primär Fragestellungen gewählt werden, die zum Erkenntnisfortschritt beitragen. Wir würden uns gleichzeitig wünschen, dass mit der Forderung nach einer Steigerung der Zahl der Veröffentlichungen in Zeitschriften dennoch kein Verlust im Hinblick auf die Vielfalt von Veröffentlichungstypen (Monographien, Lehrbücher, Sammelwerke, Lexika, Fallstudien etc.) einherginge.

(5) Inhaltlich geht dem IM bei seiner Aufgabe, sich mit den spezifischen Problemen der Führung zu befassen, die aus der grenzüberschreitenden Tätigkeit resultieren, noch lange nicht die Luft aus (vgl. nochmals Buckley 2002).[14] Die zentralen Bereiche, wie wir sie sehen, existieren weiter und sind im Hinblick auf die Führungsfrage, die gleichzeitig erfolgreiche Führung beinhaltet (vgl. zum Zusammenhang zwischen Internationalisierung und Erfolg auch Glaum/Oesterle 2007, Hrsg. sowie Glaum 2007), auch weiterhin aktuell (siehe auch Abbildung 2):[15]

- Was macht die internationale Unternehmung an sich aus, insbesondere hinsichtlich ihrer Ziele, ihrer Kultur und ihres Selbstverständnisses (1)?
- Welche Strategien, Strukturen und Systeme wählt die internationale Unternehmung, auch im Hinblick auf das Management der Funktionalbereiche (2)?
- Welchen Einfluss hat die Umwelt auf die internationale Unternehmung (3)?[16]
- Welchen Einfluss hat die internationale Unternehmung auf ihre Umwelt (4)?
- Wie entwickelt sich die internationale Unternehmung innerhalb der Umwelt im Zeitablauf (5)?

---

14 Vgl. für einige inhaltliche Vorschläge z. B. auch Kotabe/Aulakh (2002, Hrsg.).

15 Wir können uns mit den Einteilungen, wie sie von Werner (2002, v. a. S. 279-290) vorgenommen wurden, nicht „anfreunden", da unseres Erachtens weder eine annähernde Vollständigkeit noch eine klare Struktur vorliegt.

16 Natürlich ist die Trennung zwischen Unternehmung und Umwelt stark vereinfachend. Vgl. bereits Kutschker/Schmid 1995, S. 10 f., den Dülfer'schen Interaktionsansatz (vgl. Dülfer 1981 oder Dülfer/Jöstingmeier 2008) oder die neueren Arbeiten zur Embeddedness (vgl. etwa Schmid/Schurig 2003, Schmid/Daub 2007).

Dabei könnte eine größere paradigmatische und methodische Vielfalt auch Spielraum geben, innerhalb der Forschungsfelder Themen anzusprechen, die bisher vernachlässigt wurden, etwa die Bedeutung von Top-Managern für die Internationalisierung, der Einfluss mikropolitischer Aspekte in Mutter-Tochter-Beziehungen oder die Vermeidung von Korruption – um nur einige Beispiele zu nennen. Aber auch klassische Bereiche, wie etwa die Führung von Internationalisierungsprozessen (vgl. Johanson/Vahlne 1977, Macharzina/Engelhard 1991, Oesterle 1997, Kutschker/Bäurle/Schmid 1997a), sind keineswegs so erforscht, dass wir diese ad acta legen könnten.

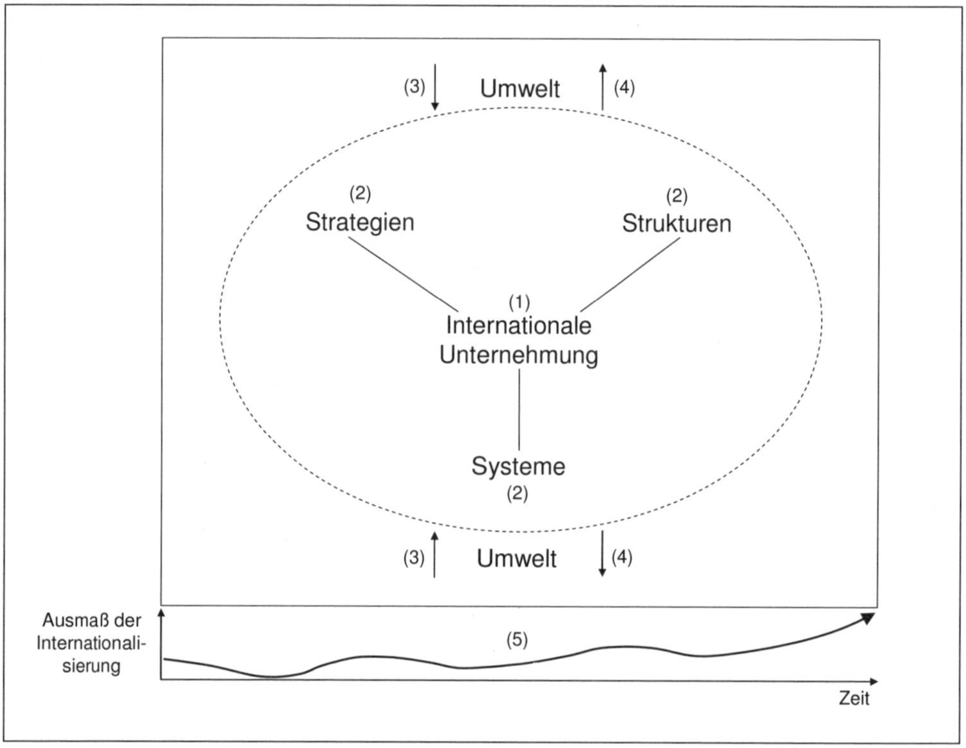

Abb. 2: Vereinfachender Überblick über das Forschungsfeld des IM

(6) Innerhalb der Betriebswirtschafts- und Managementlehre sollten die Vertreter des IM einen „Corpsgeist" entwickeln, der dazu beiträgt, die Teildisziplin auf der Basis ihrer Identität klar zu positionieren und weiter zu profilieren. Dazu gehört auch, dezidiert Stellung zu nehmen, wenn an den Grundfesten der Identität gerüttelt wird oder wenn Beliebigkeit und Willkür drohen. Wie zu sehen war, bedeutet diese Forderung keineswegs eine Dogmatik im Hinblick auf konkrete Themen (innerhalb der Teilsdisziplin), bestimmte Methoden oder einen spezifischen Wissenschaftsstil. Im Gegenteil – innerhalb dessen, was die Identität des Faches ausmacht, plädieren wir für eine pluralistische Wissenschaftsauffassung. Doch sollte

sich die Teildisziplin etwa an einzelnen Hochschulen, im Verband der Hochschullehrer für Betriebswirtschaft oder auch in der öffentlichen Diskussion – beispielsweise in Medien – in Zukunft noch stärker zu Wort melden, wenn Themen betroffen sind, die das Kerngebiet des IM angehen. Und von derartigen Themen gibt es angesichts der (fortschreitenden) Internationalisierung der Unternehmungen mehr als genug!

Literatur

Acedo, F. J./Casillas, J. C. (2005): Current Paradigms in the International Management Field: An Author Co-citation Analysis. In: International Business Review, 14. Jg., Nr. 5, 2005, S. 619-639.

Andriani, P./McKelvey, B. (2007): Beyond Gaussian Averages: Redirecting International Business and Management Research toward Extreme Events and Power Laws. In: Journal of International Business Studies, 38. Jg., Nr. 7, 2007, S. 1212-1230.

Astley, G. W./Van de Ven, A. H. (1983): Central Perspectives and Debates in Organization Theory. In: Administrative Science Quarterly, 28. Jg., Nr. 2, 1983, S. 245-273.

Backhaus, K. (1989): „Was heißt und zu welchem Ende studirt man..." Allgemeine Betriebswirtschaftslehre? In: Delfmann, W. (1989, Hrsg.): Der Integrationsgedanke in der Betriebswirtschaftslehre. Helmut Koch zum 70. Geburtstag. Gabler, Wiesbaden, 1989, S. 35-50.

Bauer, E. (1989): Übersetzungsprobleme und Übersetzungsmethoden bei einer multinationalen Marketingforschung. In: Jahrbuch der Absatz- und Verbrauchsforschung, Nr. 2, 1989, S. 174-205.

Bennis, W. G./O'Toole, J. (2005): How Business Schools Lost Their Way. In: Harvard Business Review, 83. Jg., Nr. 5, 2005, S. 96-104.

Boddewyn, J. J. (1997): The Conceptual Domain of International Business: Territory, Boundaries, and Levels. In: Toyne, B./Nigh, D. (1997, Hrsg.): International Business: An Emerging Vision. University of South Carolina Press, Columbia/SC, 1999, S. 50-61.

Boddewyn, J. J. (1999): The Domain of International Management. In: Journal of International Management, 5. Jg., Nr. 1, 1999, S. 3-14.

Boddewyn, J. J./Iyer, G. (1999): International-Business Research: Beyond Déjà Vu. In: Management International Review, 39. Jg., Special Issue Nr. 2, 1999, S. 161-184.

Boddewyn, J. J./Toyne, B./Martinez, Z. L. (2004): The Meanings of "International Management". In: Management International Review, 44. Jg., Nr. 2, 2004, S. 195-212.

Buckley, P. J. (1991): Developments in International Business Theory in the 1990s. In: Journal of Marketing Management, 7. Jg., Nr. 1, 1991, S. 15-24.

Buckley, P. J. (1997): Trends in International Business Research: The Next 25 Years. In: Islam, I./Shepherd, W. (1997, Hrsg.): Current Issues in International Business. Elgar, Cheltenham/PA et al., 1997, S. 219-228.

Buckley, P. J. (2002): Is International Business Research Agenda Running out of Steam? In: Journal of International Business Studies, 33. Jg., Nr. 2, 2002, S. 365-373.

Buckley, P. J./Chapman, M. (1996): Theory and Method in International Business Research. In: International Business Review, 5. Jg., Nr. 3, 1996, S. 233-245.

Buckley, P. J./Lessard, D. R. (2005): Regaining the Edge for International Business Research. In: Journal of International Business Studies, 36. Jg., Nr. 6, 2005, S. 595-599.

Burrell, G./Morgan, G. (1979): Sociological Paradigms and Organizational Analysis. Heinemann, London, 1979.

Chandra, R./Newburry, W. (1997): A Cognitive Map of the International Business Field. In: International Business Review, 6. Jg., Nr. 4, 1997, S. 387-410.

Clinebell, S. K./Clinebell, J. M. (2008): The Tension in Business Education between Academic Rigor and Real-World Relevance: The Role of Executive Professors. In: Academy of Management Learning & Education, 7. Jg., Nr. 1, 2008, S. 99-107.

Collinson, S./Buckley, P./Dunning, J./Yip, G. (2006): New Directions in International Business. In: Fai, F. M./Morgan, E. J. (2006, Hrsg.): Managerial Issues in International Business. Palgrave Macmillan, Basingstoke/NY, 2006, S. 195-207.

Contractor, F. J. (2000): The raisons d'être for International Management as a Field of Study. In: Journal of International Management, 6. Jg., Nr. 1, 2000, S. 3-10.

Daniels, J. D./Radebaugh, L. H./Sullivan, D. P. (2007): International Business: Environments and Operations. 11. Aufl., Pearson Prentice Hall, Upper Saddle River/NJ, 2007.

DuBois, F. L./Reeb, D. (2000): Ranking the International Business Journals. In: Journal of International Business Studies, 31. Jg., Nr. 4, 2000, S. 689-704.

Dülfer, E. (1981): Zum Problem der Umweltberücksichtigung im „Internationalen Management". In: Pausenberger, E. (1981, Hrsg.): Internationales Management. Ansätze und Ergebnisse betriebswirtschaftlicher Forschung. Poeschel, Stuttgart, 1981, S. 1-44.

Dülfer, E./Jöstingmeier, B. (2008): Internationales Management in unterschiedlichen Kulturbereichen. 7. Aufl., Oldenbourg, München, 2008.

Eckert, S. (2006): Internationales Management als Lehrfach an Universitäten und Fachhochschulen im deutschsprachigen Raum: Ergebnisse einer empirischen Untersuchung. International Management Working Paper Series No. 01/2006, Internationales Hochschulinstitut Zittau, 2006.

Engelhard, J./Dähn, M. (1994): Internationales Management. In: Die Betriebswirtschaft, 54. Jg., Nr. 2, 1994, S. 247-266.

Engelhard, J./Hein, S./Saslona, K./Specker, T. (1996): Internationalisierung der Betriebswirtschaftslehre an wissenschaftlichen Hochschulen/Universitäten in Deutschland, Österreich und der Schweiz: Stand der Institutionalisierung und Entwicklungsperspektiven. Bamberger Betriebswirtschaftliche Beiträge Nr. 109, Otto-Friedrich-Universität Bamberg, 1996.

Frey, B. S. (2007): Evaluierungen, Evaluierungen, Evaluitis. In: Perspektiven der Wirtschaftspolitik, 8. Jg., Nr. 3, 2007, S. 207-220.

Fuchs, M./Apfelthaler, G. (2002): Management internationaler Geschäftstätigkeit. Springer, Wien, New York/NY, 2002.

Galtung, J. (1981): Structure, Culture, and Intellectual Style. An Essay Comparing Saxonic, Teutonic, Gallic and Nipponic Approaches. In: Social Science Information, 20. Jg., Nr. 6, 1981, S. 817-856.

Galtung, J. (1982): Struktur, Kultur und intellektueller Stil. Ein vergleichender Essay über sachsonische, teutonische, gallische und nipponische Wissenschaft. FU Berlin, 1982.

Geertz, C. (2003): Dichte Beschreibung. Sonderausgabe zum 30-jährigen Bestehen der Reihe Suhrkamp-Taschenbuch Wissenschaft. Suhrkamp, Frankfurt a. M., 2003.

Geringer, J. M./Frayne, C. A. (2001): Collaborative Research: Turning Potential Frustrations into Rewarding Opportunities. In: Toyne, B./Martínez, Z. L./Menger, R. A. (2001, Hrsg.): International Business Scholarship: Mastering Intellectual, Institutional, and Research Design Challenges. Quorum, Westport/CT, London, 2001, S. 117-134.

Ghoshal, S./Westney, D. E. (2005, Hrsg.): Organization Theory and the Multinational Corporation. 2. Aufl., Palgrave Macmillan, Basingstoke/NY, 2005.

Glaum, M. (2007): Internationalisierung und Unternehmenserfolg: Theoretische Grundlagen und empirische Befunde. In: Glaum, M./Hommel, U./Thomaschewski, D. (2007, Hrsg.): Internationalisierung und Unternehmenserfolg: Wettbewerb, organisatorischer Wandel und Corporate Governance. Schäffer-Poeschel, Stuttgart, 2007, S. 3-29.

Glaum, M./Oesterle, M.J. (2007, Hrsg.): Internationalization and Firm Performance. Management International Review, 47. Jg., Special Issue Nr. 3, 2007.

Gmür, M. (2002): Betriebswirtschaftliche Organisationsforschung zwischen Ökonomie und Sozialwissenschaft. Der Einfluss deutsch- und englischsprachiger Fachzeitschriften auf die Organisationsforschung in Deutschland 1990-1999. In: Die Betriebswirtschaft, 62. Jg., Nr. 5, 2002, S. 533-546.

Gutenberg, E. (1951): Grundlagen der Betriebswirtschaftslehre: Band 1 – Die Produktion. Springer, Berlin et al., 1951.

Gutenberg, E. (1955): Grundlagen der Betriebswirtschaftslehre: Band 2 – Der Absatz. Springer, Berlin et al., 1955.

Gutenberg, E. (1969): Grundlagen der Betriebswirtschaftslehre: Band 3 – Die Finanzen. Springer, Berlin et al., 1969.

Haller, M./Bleicher, E./Brauchlin, E./Pleitner, H.-J./Wunderer, R./Zündt, A. (1993, Hrsg.): Globalisierung der Wirtschaft: Einwirkungen auf die Betriebswirtschaftslehre. Haupt, Bern et al., 1993.

Hill, C. W. L. (2007): International Business – Competing in the Global Marketplace. 6. Aufl., McGraw-Hill, Boston/MA et al., 2007.

Hofstede, G. (1980): Motivation, Leadership, and Organization: Do American Theories Apply Abroad? In: Organizational Dynamics, 9. Jg., Nr. 1, 1980, S. 42-63.

Hofstede, G. (1983): The Cultural Relativity of Organizational Practices and Theories. In: Journal of International Business Studies, 14. Jg., Nr. 2, 1983, S. 75-89.

Hofstede, G., (1997): Lokales Denken, globales Handeln. Kulturen, Zusammenarbeit und Management. Beck, München, 1997.

Hofstede, G. (2001): Culture's Consequences. Comparing Values, Behaviors, Institutions, and Organizations across Nations. 2. Aufl., Sage, Thousand Oaks/CA et al., 2001.

Holzmüller, H. H. (1995): Konzeptionelle und methodische Probleme der interkulturellen Management- und Marketingforschung. Schäffer-Poeschel, Stuttgart, 1995.

House, R. J./Hanges, P. J./Javidan, M./Dorfman, P. W./Gupta V. (2004, Hrsg.): Culture, Leadership and Organizations. The GLOBE Study of 62 Societies. Sage, Thousand Oaks/CA et al., 2004.

House, R. J./Javidan, M./Dorman, P. W. (2001): Project GLOBE: An Introduction. In: Applied Psychology: An International Review, 50. Jg., Nr. 4, 2001, S. 489-505.

Jack, G. A./Calás, M. B./Nkomo, S. M./Peltonen, T. (2008): Critique and International Management: An Uneasy Relationship? In: Academy of Management Review, 33. Jg., Nr. 4, 2008, S. 870-884.

Johanson, J./Vahlne, J.-E. (1977): The Internationalization Process of the Firm – A Model of Knowledge Development and Increasing Foreign Market Commitments. In: Journal of International Business Studies, 8. Jg., Nr. 1, 1977, S. 23-32.

Kelemen M./Hassard, J. (2003): Paradigm Plurality: Exploring Past, Present and Future Trends. In: Westwood, R. I./Clegg, S. (2003, Hrsg.): Debating Organization: Point-Counterpoint in Organization Studies. Blackwell, Malden/MA et al., 2003, S. 73-82.

Kieser, A. (2007): Entwicklung von Organisationstheorien als Zeitgeistphänomen. In: Schmalenbachs Zeitschrift für betriebswirtschaftliche Forschung, 59. Jg., Nr. 6, 2007, S. 678-705.

Kieser, A./Ebers, M. (2006, Hrsg.): Organisationstheorien. 6. Aufl., Kohlhammer, Stuttgart, 2006.

Kirsch, W. (1997): Wegweiser zur Konstruktion einer evolutionären Theorie der strategischen Führung. Kapitel eines Theorieprojekts. 2. Aufl., Verlag Barbara Kirsch, München, 1997.

Kirsch, W./Seidl, D./van Aaken, D. (2007): Betriebswirtschaftliche Forschung: Wissenschaftstheoretische Grundlagen und Anwendungsorientierung. Schäffer-Poeschel, Stuttgart, 2007.

Kogut, B./Singh, H. (1988): The Effect of National Culture on the Choice of Entry Mode. In: Journal of International Business Studies, 19. Jg., Nr. 3, 1988, S. 411-432.

Kotabe, M./Aulakh, P. S. (2002, Hrsg.). Emerging Issues in International Business Research. Elgar, Cheltenham/PA et al., 2002.

Kutschker, M./Bäurle, I./Schmid, S. (1997a): International Evolution, International Episodes, and International Epochs – Implications for Managing Internationalization. In: Management International Review, 37. Jg., Special Issue Nr. 2, 1997, S. 101-124.

Kutschker, M./Bäurle, I./Schmid, S. (1997b): Quantitative und qualitative Forschung im Internationalen Management – Ein kritisch-fragender Dialog. Diskussionsbeitrag Nr. 82 der Wirtschaftswissenschaftlichen Fakultät Ingolstadt, Kath. Universität Eichstätt, 1997.

Kutschker, M./Schmid, S. (1995): Netzwerke internationaler Unternehmungen. Diskussionsbeitrag Nr. 64 der Wirtschaftswissenschaftlichen Fakultät Ingolstadt, Kath. Universität Eichstätt, 1995.

Kutschker, M./Schmid, S. (1999): Organisationsstrukturen internationaler Unternehmungen. In: Kutschker, M. (1999, Hrsg.): Perspektiven der internationalen Wirtschaft, Gabler, Wiesbaden, 1999, S. 361-411.

Kutschker, M./Schmid, S. (2008): Internationales Management. 6. Aufl., Oldenbourg, München, 2008.

Lück, W./Tommsdorff, V. (1982, Hrsg.): Internationalisierung der Unternehmung als Problem der Betriebswirtschaftslehre. Erich Schmidt, Berlin, 1982.

Macharzina, K. (1981): Entwicklungsperspektiven einer Theorie internationaler Unternehmenstätigkeit. In: Wacker, H./Hausmann, B./Kumar, B. (1981, Hrsg.): Internationale Unternehmensführung. Erich Schmidt, Berlin, 1981, S. 33-56.

Macharzina, K. (1982): Theorie der internationalen Unternehmenstätigkeit – Kritik und Ansätze einer integrativen Modellbildung. In: Lück, W./Trommsdorff, V. (1982, Hrsg.): Internationalisierung der Unternehmung als Probleme der Betriebswirtschaftslehre. Erich Schmidt, Berlin, 1982, S. 111-143.

Macharzina, K. (1989): Internationale Betriebswirtschaftslehre. In: Macharzina, K./Welge, M. K. (1989, Hrsg.): Handwörterbuch Export und Internationale Unternehmung. Schäffer-Poeschel, Stuttgart, 1989, Sp. 903-914.

Macharzina, K. (1992): Internationales Management. In: Küting, K./Schnorbus, A. (1992, Hrsg.): Betriebswirtschaftslehre heute. Für die Aufgaben der Praxis. Verlag Blick durch die Wirtschaft/Frankfurter Allgemeine Zeitung, Frankfurt a. M., 1992, S. 146-148.

Macharzina, K. (2003): Neue Theorien der Multinationalen Unternehmung. In: Holtbrügge, D. (2003, Hrsg.): Management Multinationaler Unternehmungen. Festschrift zum 60. Geburtstag von Martin K. Welge. Physika/Springer, Heidelberg, 2003, S. 25-38.

Macharzina, K. (2008): The Development of International-Management Knowledge in the German-Speaking Countries. In: Boddewyn, J. J. (2008, Hrsg.): International Business Scholarship: AIB Fellows on the First 50 Years and Beyond. Emerald, La Jolla, 2008, S. 371-398.

Macharzina, K./Engelhard, J. (1991): Paradigm Shift in International Business Research: From Partist and Eclectic Approaches to the GAINS Paradigm. In: Management International Review, 31. Jg., Special Issue, 1991, S. 23-43.

Macharzina, K./Oesterle, M.-J. (2002): Das Konzept der Internationalisierung im Spannungsfeld zwischen praktischer Relevanz und theoretischer Unschärfe. In: Macharzina, K./Oesterle, M.-J. (2002, Hrsg.): Handbuch Internationales Management. Grundlagen – Instrumente – Perspektiven. 2. Aufl., Gabler, Wiesbaden, 2002, S. 3-21.

Marschan-Piekkari, R./Welch, C. (2004, Hrsg.): Handbook of Qualitative Research Methods for International Business. Elgar, Cheltenham/PA et al., 2004.

Martínez, Z. L./Toyne, B. (2000): What Is International Management, and What Is Its Domain? In: Journal of International Management, 6. Jg., Nr. 1, 2000, S. 11-28.

Meckl, R. (2006): Internationales Management. Vahlen, München, 2006.

Mendenhall, M. (1989): A Painless Approach to Integrating. In: Organizational Behavior Teaching Review, 13. Jg., Nr. 3, 1989, S. 23-37.

Mendenhall, M./Beaty, D./Oddou, G. R. (1993): Where Have All the Theorists Gone? An Archival Review of the International Management Literature. In: International Journal of Management, 10. Jg., Nr. 2, 1993, S. 146-153.

Müller, S./Kornmeier, M. (2002): Strategisches internationales Management. Vahlen, München, 2002.

Napier, N. K./Thomas, D. C. (2001): Some Things You May Not Have Learned in Graduate School: A Rough Guide to Collecting Primary Data Overseas. In: Toyne, B./ Martínez, Z. L./Menger, R. A. (2001, Hrsg.): International Business Scholarship: Mastering Intellectual, Institutional, and Research Design Challenges. Quorum, Westport/ CT, London, 2001, S. 180-197.

Navarro, P. (2008): The MBA Core Curricula of Top-Ranked U.S. Business Schools: A Study in Failure? In: Academy of Management Learning & Education, 7. Jg., Nr. 1, 2008, S. 108-123.

Oesterle, M.-J. (1997): Time-Span until Internationalization: Foreign Market Entry as a Built-In-Mechanism of Innovations. In: Management International Review, 37. Jg., Special Issue Nr. 2, 1997, S. 125-149.

Oesterle, M.-J. (2006): Wahrnehmung betriebswirtschaftlicher Zeitschriften durch Praktiker. In: Die Betriebswirtschaft, 66. Jg., Nr. 3, 2006, S. 307-325.

Oesterle, M.-J./Laudien, S. (2007): The Future of International Business Research and the Relevance Gap: A German Perspective. In: European Journal of International Management, 1. Jg., Nr. 1/2, 2007, S. 39-55.

Peng, M. W. (2004): Identifying the Big Question in International Business Research. In: Journal of International Business Studies, 35. Jg., Nr. 2, 2004, S. 99-108.

Peng, M. W./Zhou, J. Q. (2006): Most Cited Articles and Authors in Global Strategy Research. In: Journal of International Management, 12. Jg., Nr. 4, 2006, S. 490-508.

Perlitz, M. (2004): Internationales Management. 5. Aufl., Lucius und Lucius, Stuttgart, 2004.

Pierce, B./Garven, G. (1995): Publishing International Business Research: A Survey of Leading Journals. In: Journal of International Business Studies, 26. Jg., Nr. 1, 1995, S. 69-89.

Podsakoff, P. M./MacKenzie, S. B./Bachrach, D. G./Podsakoff, N. P. (2005): The Influence of Management Journals in the 1980s and 1990s. In: Strategic Management Journal, 26. Jg., Nr. 5, 2005, S. 473-488.

Punnett, B. J./Shenkar, O. (2004, Hrsg.): Handbook for International Management Research. The University of Michigan Press, Ann Arbor/MI, 2004.

Redding, G. (2005): The Thick Description and Comparison of Societal Systems of Capitalism. In: Journal of International Business Studies, 36. Jg., Nr. 2, 2005, S. 123-155.

Rugman, A. M. (2005): The Regional Multinationals. MNEs and "Global" Strategic Management. Cambridge University Press, Cambridge et al., 2005.

Rugman, A. M./Verbeke, A. (2005): Regional Multinationals: The New Research Agenda. In: Buckley, P. J. (2005, Hrsg.): What Is International Business? Palgrave Macmillan, Basingstoke/NY, 2005, S. 110-132.

Samiee, S./Athanassiou, N. (1998): International Strategy Research: Cross-Cultural Methodology Implications. In: Journal of Business Research, 43. Jg., Nr. 2, 1998, S. 79-96.

Scherer, A. G. (2006): Kritik der Organisation oder Organisation der Kritik? – Wissenschaftstheoretische Bemerkungen zum kritischen Umgang mit Organisationstheorien. In: Kieser, A./Ebers, M. (2006, Hrsg.): Organisationstheorien. 6. Aufl., Kohlhammer, Stuttgart, 2006, S. 19-61.

Scherm, E./Süß, S. (2001): Internationales Management: Eine funktionale Perspektive. Vahlen, München, 2001.

Schmalenbach, E. (1911/12): Die Privatwirtschaftslehre als Kunstlehre. In: Zeitschrift für handelswissenschaftliche Forschung, 6. Jg., o. Nr., 1911/12, S. 304-316.

Schmid, S. (1996): Multikulturalität in der internationalen Unternehmung: Konzepte, Reflexionen, Implikationen. Gabler, Wiesbaden, 1996.

Schmid, S. (2003): Blueprints from the U.S.? Zur Amerikanisierung der Betriebswirtschafts- und Managementlehre. Working Paper Nr. 2, ESCP-EAP Europäische Wirtschaftshochschule Berlin, 2003.

Schmid, S. (2007, Hrsg.): Strategien der Internationalisierung. Fallstudien und Fallbeispiele. 2. Aufl., Oldenbourg, München, Wien, 2007.

Schmid, S./Daub, M. (2007): Embeddedness in International Business Research – The Concept and Its Operationalization. Working Paper Nr. 23, ESCP-EAP Europäische Wirtschaftshochschule Berlin, 2007.

Schmid, S./Schurig, A. (2003): The Development of Critical Capabilities in Foreign Subsidiaries: Disentangling the Role of the Subsidiary's Business Network. In: International Business Review, 12. Jg., Nr. 6, 2003, S. 755-782.

Schneider, U./Hirt, C. (2007): Multikulturelles Management. Oldenbourg, München, Wien, 2007.

Schreyögg, G. (2007): Entwicklung der Betriebswirtschaftslehre: zwischen Integration und Zerfall. In: Schmalenbach-Gesellschaft für Betriebswirtschaft e.V. (2007, Hrsg.): Zukunftsperspektiven der Betriebswirtschaftslehre – 75 Jahre Schmalenbach-Gesellschaft für Betriebswirtschaft e.V. Köln, 2007, S. 1-25.

Shenkar, O. (2004): One More Time: International Business in a Global Economy. In: Journal of International Business Studies, 35. Jg., Nr. 2, 2004, S. 161-171.

Soldner, H. (1977): „Grenzüberschreitungen" der Betriebswirtschaftslehre? Bericht über die Jahrestagung der „European International Business Association" in Brüssel 1976 sowie die 1. Arbeitstagung des Ausschusses „Internationale Beziehungen der Unternehmung" im Verband der Hochschullehrer für Betriebswirtschaftslehre e. V. in Dortmund 1977. In: Zeitschrift für Betriebswirtschaft, 47. Jg., Nr. 5, 1977, S. 342-345.

Söllner, A. (2008): Einführung in das internationale Management: Eine institutionenökonomische Perspektive. Gabler, Wiesbaden, 2008.

Spiller, A. (2001): Praxiskrise der Marketinglehre. In: Marketing ZFP, 23. Jg., Nr. 1, 2001, S. 31-44.

Staehle, W. H. (1999): Management: Eine verhaltenswissenschaftliche Perspektive. 8. Aufl., Vahlen, München, 1999.

Sullivan, D. P./Daniels, J. D. (2005): Defining International Business through Its Research. In: Buckley, P. J. (2005, Hrsg.): What Is International Business? Palgrave Macmillan, Basingstoke/NY, 2005, S. 68-84.

Tahai, A./Meyer, M. J. (1999): A Revealed Preference Study of Management Journals' Direct Influences. In: Strategic Management Journal, 20. Jg., Nr. 3, 1999, S. 279-296.

Tsui, A. S./Nifadkar, S. S./Ou, A. Y. (2007): Cross-National, Cross-Cultural Organizational Behavior Research: Advances, Gaps, and Recommendations. In: Journal of Management, 33. Jg., Nr. 3, 2007, S. 426-478.

Türk, K. (2000, Hrsg.): Hauptwerke der Organisationstheorie. Westdt. Verl., Wiesbaden, 2000.

Ulrich, H. (1995): Von der Betriebswirtschaftslehre zur systemorientierten Managementlehre. In: Wunderer, R. (1995, Hrsg.): BWL als Management- und Führungslehre. 3. Aufl., Schäffer-Poeschel, Stuttgart, 1995, S. 161-178.

Welch, C./Marschan-Piekkari, R./Penttinen, H./Tahvanainen, M. (2002): Corporate Elites as Informants in Qualitative International Business Research. In: International Business Review, 11. Jg., Nr. 5, 2002, S. 611-628.

Welge, M. K./Holtbrügge, D. (2006): Internationales Management: Theorien, Funktionen, Fallstudien. 4. Aufl., Schäffer-Poeschel, Stuttgart, 2006.

Werner, S. (2002): Recent Developments in International Management Research: A Review of 20 Top Management Journals. In: Journal of Management, 28. Jg., Nr. 3, 2002, S. 277-305.

Wunderer, R. (1995, Hrsg.): BWL als Management- und Führungslehre. 3. Aufl., Schäffer-Poeschel, Stuttgart, 1995.

Yang, Z./Wang, X./Su, C. (2006): A Review of Research Methodologies in International Business. In: International Business Review, 15. Jg., Nr. 6, 2006, S. 601-617.

Zentes, J./Swoboda, B./Morschett, D. (2008, Hrsg.): Fallstudien zum Internationalen Management. 3. Aufl., Gabler, Wiesbaden, 2008.

Kapitel II:

Historische Entwicklung der Disziplin „Internationales Management“

Klaus Macharzina*

Inhaltliche Entwicklung des Internationalen Managements als wissenschaftliche Disziplin

* Prof. (em.) Dr. Profs. h. c. Dres. h. c. Klaus Macharzina ist Emeritus für Betriebswirtschaftslehre, insbesondere Unternehmensführung, Organisation und Personalwesen der Universität Hohenheim.

1 Gegenstand des Internationalen Managements

Das Internationale Management (IM) bildet eine Querschnittsdisziplin der Betriebswirtschaftslehre. Es ist durch die integrative Sichtweise über all die Problem- und Gestaltungsfelder hinweg gekennzeichnet, die sich bei grenzüberschreitender Betätigung von Unternehmen innerhalb des internationalen Unternehmensverbundes und der geographisch entlang der internationalen Wertschöpfungskette verteilten Unternehmenseinheiten eröffnen. Insbesondere sind es die lokalen und regionalen wettbewerblichen, standortbezogenen, institutionellen und kulturellen Einflussfaktoren der internationalen Unternehmensumwelt, die in Interaktion mit den Fähigkeiten („capabilities") der Unternehmen Problem- und Gestaltungspotentiale erzeugen und determinieren. Das Erkenntnisinteresse des IM bezogen auf die Stufen der Theoriebildung ist darauf ausgerichtet, Problemlagen und die ihnen zugrunde liegenden Ursache-Wirkungsbeziehungen zu identifizieren, zu beschreiben und zu erklären (Erklärungsmodell) sowie mit diesen Aussagezusammenhängen verbundene Gestaltungsempfehlungen für Strategien, Strukturen und Prozesse der international tätigen Unternehmen abzugeben (Gestaltungsmodell).

Diese Kernbereiche ergänzen die perspektivisch international ausgerichteten Erkenntnisinteressen funktionsbezogener betriebswirtschaftlicher Teildisziplinen wie die des Marketings, der Materialwirtschaft, der Rechnungslegung, Besteuerung und Prüfung, der Finanzwirtschaft oder des Innovations- und Wissensmanagements. Besondere Bedeutung kommt angesichts der interkulturellen Dimension des internationalen Geschäfts dem Human Resource Management zu. Das internationale Unternehmen ist durch eine auf Dauer angelegte sequentielle oder simultane Tätigkeit in den Grundformen Export, Technologieverträge, unterschiedliche Formen von Kooperationen oder Direktinvestitionen in mehreren Ländern bestimmt.

2 Schwerpunkte der inhaltlichen Entwicklung

Frühe Ansätze zu Beginn des letzten Jahrhunderts beschäftigen sich mit dem Export. Angesichts lang anhaltender, in erster Linie kriegsbedingter und durch politische Wirren erzwungener Enthaltsamkeit ökonomischer wissenschaftlicher Betätigung im deutschsprachigen Raum nimmt es nicht Wunder, dass der eigentliche Beginn der inhaltlichen Entwicklung (hierzu auch Macharzina 1989a, 2003) erst in den 1960er Jahren und dort mit vorwiegend volkswirtschaftlichen Bemühungen zur Erklärung des internationalen Handels einsetzte. Als Markstein für neuere Anstöße, die für viele Jahre bis zur Gegenwart den inhaltlichen Schwerpunkt bilden sollten, kann Hymers Dissertation (1960) gewertet werden, die er den Mustern internationaler Direktinvestitionen widmete, wie sie durch die Nachkriegsexpansion amerikanischer multinationaler Unternehmen (MNU) in Europa und Kanada getätigt wurden. Neben Kontrollmotiven werden insbesondere monopolistische Wettbewerbsvorteile als Ursache von Direktinvestitionen im Ausland angesehen. In den 1970er Jahren erfolgt dann eine zunehmend differenziertere Erklärung dieser Markteintrittsstrategie in der Betrachtung des oligopolistischen Wettbewerbs. Vernon (1966) und sein Schüler Hirsch (1967) verwenden zur Erklärung der Internationalisierung von Unternehmen das Produkt-Lebenszyklus-Konzept, wonach zunächst Exporte, dann ausländische Direktinvestitionen in andere Industrie- und später Entwicklungsländer getätigt werden, deren Produktion schließlich die Inlandsproduktion ablöst – verbunden mit Reimporten in das Stammland und andere Industrieländer.

In den späten 1970er und den beginnenden 1980er Jahren ergreift die institutionenökonomische Perspektive (Williamson 1975) in der Coase'schen Tradition auch das Internationalisierungsphänomen. Dementsprechend verlagert sich das Interesse auf vertragstheoretische Überlegungen und unternehmensinterne Prozesse des Informationstransfers. Entstehen und Tätigwerden von MNU werden über die marktsubstituierende kostengünstigere Internalisierung von Transaktionen innerhalb des Unternehmens erklärt (Buckley/Casson 1976, Rugman 1980, Hennart 1982, Teece 1986). Angesichts des Leerformelcharakters, aber auch der geringen Internationalisierungsspezifität wegen sind diese Erklärungsversuche jedoch eher als vorübergehende Anleihe institutionenökonomischen Denkens zu werten denn als originär internationalisierungsorientiertes Aussagensystem, das sich dauerhaft hätte etablieren können.[1]

Neben diesen inhaltlichen Schwerpunkten findet sich eine Fülle von Versuchen, das Internationalisierungsphänomen an einzelnen Bestimmungsfaktoren festzumachen. Hierzu zählen Motivkataloge, Aussagen über internationalisierungsrelevante Zielbildungsprozesse, aus denen Rückschlüsse auf das Zusammenspiel von Umwelt-, Unternehmens- und Persönlichkeitsfaktoren gezogen werden (Holzmüller/Kasper 1989, 1990), Partialanalysen von internationalisierungsrelevanten Bestimmungsfaktoren wie Produktivitätsunterschiede zwischen Ländern, geographische Distanzen oder Lerneffekte (synoptisch systematisiert etwa bei Macharzina 1982, Jahrreiß 1984). Eine Sonderstellung unter diesen Bemühungen kann der Arbeit Porters (1990) zugesprochen werden, der eine Zusammenhangsanalyse von Standortbedingungen und internationaler Wettbewerbsfähigkeit auf Branchen- und

---

1 Vgl. dazu Abschnitt 2.2 im Beitrag von Michael Kutschker „Identität des Faches ‚Internationales Management' innerhalb der Betriebswirtschafts- und Managementlehre" in diesem Band.

Nationenebene vornimmt. Er fasst diese Bedingungen in einem „diamond" von sechs Einflussgrößen, nämlich Produktionsfaktoren, Nachfrage, Branchenkette, Unternehmensfaktoren (Strategie, Struktur, Wettbewerb), Staat und Zufall zusammen und sieht die Stärke der internationalen Wettbewerbsfähigkeit von Unternehmen vom bestmöglichen Zusammenspiel dieser Faktoren abhängig.

Bezeichnenderweise hat die überwiegende Mehrheit der Studien zum IM implizit oder explizit den Typ des Großunternehmens, insbesondere der großen multinationalen Unternehmen (MNU) zum Gegenstand. So sind kleine und mittlere Unternehmen (KMU) trotz ihrer großen volkswirtschaftlichen Bedeutung wissenschaftlich vergleichsweise stiefmütterlich behandelt worden. Ausnahmen bilden Arbeiten wie die von Bamberger, der sich bereits seit Beginn der 1990er Jahre mit der Internationalisierung von KMU beschäftigt und unter Stützung auf empirische Befunde beispielsweise darauf hinweist, dass neben den Phasenmodellen das „Initialmodell" für Internationalisierungsverläufe bei KMU bedeutsam sei (Bamberger/Wrona 2002, S. 300). Daneben finden sich jüngere Beiträge wie die Arbeit von Kabst (2004), der die ökonomische Perspektive in Richtung der neuen ökonomischen Soziologie und des Institutionalismus konzeptionell erweitert und empirisch zeigt, dass u. a. organisationales Lernen die Internationalisierung von KMU zu beeinflussen scheint. Innovatives Potential beinhaltet das Sonderheft der „mir" (Management International Review), herausgegeben von Etemad (2005, Hrsg.), in dem auf die „entrepreneurial internationalization" von KMU abgestellt und die Verbindung zur internationalen Entrepreneurship-Forschung hergestellt wird. Dieser Forschungsrichtung ist auch die metaanalytische Studie von Schwens und Kabst (2006) zuzuordnen, die der Internationalisierung von jungen Unternehmen („early internationalization") gewidmet ist und sich auf eine Datenbasis aus 48 empirischen Fremdstudien über N = 11.736 Unternehmen und 54 unabhängigen Stichproben stützt. Die Ergebnisse verweisen auf signifikante Effekte einer Reihe von Faktoren, unter denen die Netzwerkeinbettung – ähnlich wie dies auch Bamberger und Wrona (1997) für KMU herausfanden – den stärksten Einfluss auf eine frühe Internationalisierung zu haben scheint. Wissensintensität scheint hingegen nicht zu einer schnelleren Internationalisierung zu führen, und Unternehmensalter und -größe sind offenbar nicht die entscheidenden Bestimmungsfaktoren der Internationalisierung – ein Befund, der im Widerspruch zur Internationalisierungsprozesstheorie steht.

Angesichts des Facettenreichtums und der Diversität an inhaltlichen Schwerpunktsetzungen (zum Überblick über die unterschiedlichen Systematiken Dülfer 2001, Perlitz 2004, Zentes/Swoboda/Morschett 2004, Kutschker/Schmid 2006, Meckl 2006, Welge/Holtbrügge 2006) muss unter dem Strich ein Integrationsdefizit in der Theoriebildung zum IM konstatiert werden (Engelhard/Dähn 2002, S. 25, Macharzina/Oesterle 2002a, S.15), das nach wie vor den Stand der Entwicklung kennzeichnet. Aufgrund ihrer prägenden Wirkung und ihrer Langlebigkeit sind es zwei Ansätze allerdings wert, auf ihre Eignung als Fundament für ein integratives Theoriegebäude des IM überprüft zu werden. Dabei handelt es sich um das eklektische Paradigma Dunnings und das Prozessmodell der Internationalisierung von Johanson und Vahlne.

3 Theoretische Erklärungsmodelle

3.1 OLI-Modell

Den bisher am stärksten beachteten Versuch, das explikative Potential verschiedener partistischer Erklärungsansätze wie die Standort-, die Internalisierungs- oder die Verfügbarkeits-(„Ownership"-)theorie zu nutzen und in einem Modell zusammenzufassen, stellt der eklektische Ansatz Dunnings (1979, 1980, 1988) dar.[2] Sein Erkenntnisinteresse richtet sich auf die Erklärung der internationalen Produktion, definiert als die ausländischen Wertschöpfungsaktivitäten aller Unternehmen eines Landes bzw. einer Volkswirtschaft oder einer Gruppe von Ländern aus makroökonomischer Sicht. Die Kernaussage seiner „Theorie der internationalen Produktion", die er als Folge zunehmender Kritik ab Mitte der 1980er Jahre im theoretischen Anspruch auf das „eklektische Paradigma der internationalen Produktion" reduziert, ist im sogenannten OLI-Modell formuliert: Eigentumsvorteile (O für „ownership") und Internalisierungsvorteile (I) sind notwendige, aber nicht hinreichende Bedingungen für die Tätigung internationaler Direktinvestitionen; dazu bedarf es auch des Vorhandenseins von Standortvorteilen (L für „location"). Eigentumsvorteile werden verstanden als gewinnstiftende Vermögensbestandteile materieller und immaterieller Art, einschließlich Wissensvorsprünge der Unternehmen, Managementfähigkeiten oder staatliche Begünstigungen. Sie können aus bestandsbedingten Vorteilen etablierter Unternehmen gegenüber neu in den Markt eintretenden Unternehmen oder aus der internationalen Betätigung im Vergleich zu rein nationalen Aktivitäten von Unternehmen erwachsen. Internalisierungsvorteile sind marktsubstituierende Vorteile, die dadurch entstehen, dass Unternehmen Transaktionen unternehmensintern kostengünstiger als über den Markt abwickeln. Insofern lassen sich Internalisierungsvorteile, da sie unmittelbar zu Eigentumsvorteilen führen können, auch als Modalität der letzteren bezeichnen. Standortvorteile erwachsen im Wesentlichen aus förderlichen ökonomischen, politischen, rechtlichen und

---

2 Vgl. dazu Abschnitt 3.3 im Beitrag von Reinhard Meckl „Leistungsfähigkeit des Internationalen Managements hinsichtlich der Lösung von Problemen der Praxis" in diesem Band.

infrastrukturellen Bedingungen des Stamm- oder Gastlandsitzes der Unternehmen sowie der psychischen Distanz durch Sprache und Kultur.

Die Verfügbarkeit jener Vorteilskategorien bestimmt die drei wesentlichen Formen der internationalen Betätigung, nämlich Export, vertraglicher Ressourcentransfer oder Direktinvestition. Das Vorhandensein von Eigentumsvorteilen ist bei allen drei Formen erforderlich. Sie bilden den verursachenden Faktor für Vertragsformen wie Lizenzen, Patentabkommen, Strategische Allianzen, Franchising, Managementverträge, wenn keine Standort- oder Internalisierungsvorteile verfügbar sind. Bestehen neben Eigentumsvorteilen auch Internalisierungsvorteile, führt dies zu Exporten. Nur bei einem Vorliegen aller drei Vorteilskategorien wird es zu Direktinvestitionen in autonomer Form (Auslandsgesellschaften) oder kooperativer Form (Joint Ventures) im Ausland kommen.

Zusammenfassend kann man das OLI-Paradigma wohl als das Modell bewerten, welches die Theoriediskussion der 1980er Jahre am stärksten beeinflusst hat. Gleichwohl hat dieser Ansatz im Wechselspiel zwischen konzeptioneller und empirischer Zustimmung oder Skepsis heftigste Kritik erfahren. Diese bezieht sich im Wesentlichen auf die Zufälligkeit der Variablenauswahl, die Interdependenz der OLI-Variablen und den statischen Charakter des Modells (Macharzina/Engelhard 1991, Kutschker/Schmid 2006, S. 452ff.). In Erwiderung solcher Kritik v. a. durch die Altväter Aliber, Vernon und Kojima hat Dunning (1988) eine neue Version „Mark 2“ vorgelegt, die er als „endowment/market failure paradigm“ bezeichnet und in der er die Hauptströmungen der vorliegenden Außenhandels- und Investitionstheorien zu integrieren versucht. Auch ergänzt er das OLI-Konzept um drei Variablengruppen, nämlich entscheidungsrelevante Investitionsmotive der Unternehmen, die Einbeziehung von länderspezifischen Kontextvariablen in die neoklassische Theorie der Faktorausstattung und die Theorie des Marktversagens sowie Strukturvariablen strategischer Entscheidungsfindung auf Unternehmensebene; daneben wird die Reichweite des Modells auf alle möglichen Probleme internationaler Unternehmenstätigkeit – und nicht nur deren Formen – ausgedehnt. Damit kann Dunnings Konzept, das er bis in die Gegenwart mehrfach modifiziert und angepasst hat, zwar durchaus als analytischer Bezugsrahmen zur Systematisierung der ökonomischen Bestimmungsgründe internationaler Geschäftstätigkeit auf der Suche nach einer Theorie herangezogen werden. Da der Autor jedoch vom Modell des rationalen Akteurs ausgeht und Internationalisierungsprozesse lediglich aus dem Zusammenspiel mikro- und makroökonomischer Einflussfaktoren erklärt und verhaltens- und entscheidungsprozessbezogene Merkmale weitgehend unberücksichtigt lässt, muss die Eignung des eklektischen Ansatzes zur Lösung der Integrationsproblematik aus betriebswirtschaftlicher Sicht in Zweifel gezogen werden.

3.2 Internationalisierungsprozessmodell

Weitere Versuche zu einer Verknüpfung der Bestimmungsfaktoren der Internationalisierung bilden entscheidungsorientierte Konzepte. Johanson und Vahlne (1977) können als Hauptvertreter dieser Richtung angesehen werden. Gestützt auf die Kernvariablen Marktwissen und Marktbindung erklären sie den Internationalisierungsprozess eines Unternehmens als Ergebnis einer Serie inkrementaler Entscheidungen aus lernorientierter Sicht. Die Internationalisierung erfolgt stetig über die Internationalisierungskette mit den Phasen Export, Auslandsgesellschaft Vertrieb, Auslandsgesellschaft Produktion über einen längeren Zeitraum, zunächst auf verwandten und später auf neuen Ländermärkten, die interkulturell stärkere Unterschiede im Vergleich zu ersteren aufweisen (Kette der zunehmenden „psychischen Distanz"). Je weiter Unternehmen auf der Internationalisierungskette vorangeschritten sind, desto stärker ist ihre Marktbindung gemessen an übertragenen Ressourcen. Je weiter sie sich auf der Kette der psychischen Entfernung entwickelt haben, desto mehr (Auslands-)Marktwissen haben sie akkumuliert. Das Zusammenspiel dieser Zustandsvariablen mit den gegenwärtigen Projekten des Unternehmens und Investitionsentscheidungen über zukünftige Ressourcentransfers auf Auslandsmärkte führt zu Lernerfolgen, die den Internationalisierungsprozess beschleunigen.

Auch dieses Modell ist nicht ohne Kritik geblieben; insbesondere Macharzina und Engelhard (1991) haben darauf hingewiesen, dass die Internationalisierung von Unternehmen nicht immer inkremental, sondern häufig sprunghaft verläuft. Auch werden das Fehlen operationaler Definitionen der Kernvariablen und die Tatsache kritisiert, dass die Zustandsvariablen realitätsfern deterministisch konzipiert sind und der Faktor Zeit in seiner Bedeutung überhöht ist (Kutschker/Schmid 2006, S. 462 f.). Schließlich liegen empirische Befunde vor, die das Modell nicht bestätigen (beispielsweise Sullivan/Bauerschmidt 1990), was bei streng wissenschaftslogischer Betrachtung seiner Falsifikation gleichkommt.

In jüngeren Arbeiten, die sich auf das Verständnis und die Kritik des Urmodells beziehen, nehmen Johanson und Vahlne (1990, 2003) die Klarstellung eines offenbar weit verbreiteten Missverständnisses und Veränderungen an der Konzeption des Modells vor. Sie stellen fest, dass das Modell nicht die „establishment chain", die das Modell so populär gemacht hat, also den inkrementalen Internationalisierungsprozess zum Gegenstand hatte, sondern nur dessen induktive Ausgangsbasis bildete. Inhalt des Modells sei vielmehr der Zusammenhang zwischen Lernen und Aufbau von Marktbindung bzw. Entwicklung von Wissen und zunehmenden Investitionen in Auslandsmärkte. In der jüngsten Modellversion stehen wechselseitige Beziehungen zwischen Marktpartnern („relationship commitment"), Netzwerkwissen und die Entwicklung von Marktchancen („opportunity development") im Vordergrund ihrer Überlegungen. Die Variablen Marktbindung und Marktwissen werden substituiert durch „Beziehungsbindung" und „Beziehungs- bzw. Netzwerkwissen" und die Variablen gegenwärtige Projekte und Investitionsentscheidungen durch (internationale) „Netzwerkeinbettung" und „Entwicklung von Marktchancen", was letztlich zur Internationalisierung führt und somit die neue Kausalkette beschreibt (Johanson/Vahlne 2006). Damit erfährt aber auch der Fokus einen Wandel von Unsicherheitsreduzierung durch Lernen im 1977er Modell hin zu „Aufbau von Marktchancen". Die empirische Überprüfung steht allerdings noch aus.

Bei kritischer Würdigung der etablierten Erklärungsmodelle lässt sich feststellen, dass beide – allerdings aus unterschiedlichen Gründen – nicht hinreichend geeignet sind, den Anspruch eines theoretischen Bezugsrahmens zu erfüllen, der die Basis für die Integration und konzeptionelle Synthetisierung bereits vorhandener Untersuchungsergebnisse bilden könnte. Daher werden wir bis auf Weiteres kein geschlossenes Bild, sondern eher ein „Mosaik" (Kutschker/Schmid 2006, S. 473) von unterschiedlichen Ansätzen zum Verständnis des Internationalisierungsphänomens vor uns haben, das durch Diversität aber auch Interdisziplinarität gekennzeichnet ist.

4 Paradigmatische und theoretische Ansätze

4.1 Netzwerkansatz

Der Netzwerkansatz entstammt der Organisationssoziologie. Von seinen Protagonisten wird ihm jedoch auch eine Eignung für die Analyse jener Wettbewerbsvorteile nachgesagt, die als das Spezifikum internationaler Unternehmen anzusehen sind. Dabei handelt es sich um die Gestaltung und Nutzung materieller, informationeller und finanzieller Interdependenzen zwischen Unternehmensteilen, aber auch ganzen Unternehmen, die grenzüberschreitend in unterschiedlichen wirtschaftlichen, rechtlichen und soziokulturellen Umsystemen agieren. Der Netzwerkbegriff wird insbesondere zur Charakterisierung jener grenzüberschreitend tätigen Unternehmen herangezogen, die eine transnationale Strategie verfolgen (Bartlett 1986) oder eine hybride Struktur (Heterarchie) mit multiplen, weltweit gestreuten Entscheidungszentren aufweisen, durch unterschiedliche Interdependenzintensitäten innerhalb des Unternehmensverbundes gekennzeichnet sind und primär durch unternehmenskulturelle Mechanismen gesteuert werden (Hedlund 1986). Die paradigmatische Verwendung des Netzwerkkonzepts (Ghoshal/Bartlett 1990) verharrt nicht auf der reinen, einem bestimmten Strukturtyp gewidmeten Beschreibungsebene, wie es beim naiven Netzwerkkonzept der Fall ist. Vielmehr wird dort versucht, mit Hilfe der mathematischen Graphentheorie unterschiedliche Typen international tätiger, als Netzwerke abgebildeter Unternehmen und ihrer Umsysteme hinsichtlich der internen und externen Austauschbeziehungen zu diagnostizieren und somit das gesamte Bündel netzwerkkonstituierender Einflussgrößen in die Analyse einzubeziehen. Zusätzlich zu dieser eher deskriptiven Ausprägung des Netzwerkansatzes ist auch auf dessen potentielle Bedeutung in Richtung einer kausalanalytischen Betrachtung hinzuweisen. Mit der Verfeinerung des mathematischen Untersuchungsinstrumentariums müsste es möglich sein, bislang nicht erkannte Zusammenhänge zwischen indikativ erfassten Größen wie Strategie, Makro- und Mikrostruktur sowie Aktivitäten der einzelnen Unternehmenseinheiten zu identifizieren. Dem steht allerdings entgegen, dass zur Realisierung derartiger Forschungsziele der Netzwerkansatz einerseits zu weit ausgelegt ist, andererseits aber wiederum zu kurz greift. So dürfte die mathematische Kompliziertheit der Erfassung von Beziehungen im Unternehmensverbund in einem kaum noch tolerablen Verhältnis zu den erzielbaren Ergebnissen stehen. Auch gelingt es mit der von Ghoshal und Bartlett vorgeschlagenen Variante des Netzwerkansatzes nicht, das grundsätzliche Manko bisheriger Forschung im Bereich des IM zu überwinden. Dieses besteht darin, dass ihr Beitrag zur ganzheitlichen Erfassung von Umwelt-, Strategie-, Struktur- und Prozessvariablen nach wie vor defizitär ist. Auch können mit dem von den Autoren vorgeschlagenen Instrumentarium, das in der Tradition klassischer Querschnittsanalysen verhaftet ist, weder Veränderungsprozesse noch deren Verursachungsfaktoren erfasst werden.

Da die Organisationsforschung sich seit nunmehr über 30 Jahren mit dem Netzwerkansatz mehr (Wald 2003) oder weniger erfolgreich herumschlägt, ist zu befürchten, dass dieser zur Erklärung der Kernphänomene des IM in ihrer Umfassendheit nicht ausreicht. Daneben scheinen einige theoretische und methodische Schwierigkeiten nicht zu beseitigen zu sein, die das Erklärungspotential beeinträchtigen. Hierzu zählen Probleme in der Abbildung des aktuellen Verhaltens internationaler Unternehmen in Form von Matrizen oder Graphen, die Grenzziehung zwischen Unternehmen und Umwelt, die Operationalisierung von Konstrukten wie Dichte, Erreichbarkeit, Entfernung, Hierarchie, Zentralität oder „Löcher“ im Netzwerk und die Bestimmung von Ursachen für die Netzwerkentwicklung (Macharzina/Engelhard 1991). Angesichts derartiger Mängel, ferner seiner konzeptionellen Unverbindlichkeit, aber auch weitgehenden Austauschbarkeit mit der ebenfalls kritikbehafteten Systemtheorie wegen ist seine Tragfähigkeit nach wie vor in Frage zu stellen.

4.2 GAINS-Paradigma

Das GAINS-Paradigma (Gestalt Approach of International Business Strategies) versucht, signifikante Muster internationaler Unternehmen angesichts determinierender Variablenausprägungen der Umwelt und des internen Kontexts zu erzeugen, um Rückschlüsse dieser „Gestalten" auf Erfolg in finaler Hinsicht und Verursachung in kausaler Hinsicht ziehen zu können (Macharzina 1989b, Macharzina/Engelhard 1991). Zu diesem Zweck wird das internationale Unternehmen in einer ganzheitlichen Betrachtungsweise als komplexe Entität begriffen, die aus Beziehungsgefügen von Personen, Verhaltensweisen und Handlungen, Informationen, technischen Anlagen, Vorschriften und kulturellen Normen besteht. Auch wird unterstellt, dass diese Elemente über wechselseitige ressourcenorientierte Austauschbeziehungen mit ihren relevanten Umwelten verbunden sind. Dieses gesamte Bündel von als relevant erachteten Bestimmungsfaktoren sollte simultan in die Analyse einbezogen werden. Nach evolutionstheoretischen Überlegungen (Borghoff 2005) werden nur jene Entitäten erfolgreich und letztendlich auch überlebensfähig sein, die in der Lage sind, einen Fit zwischen Umwelt-, Strategie- und Strukturvariablen herzustellen. Solche Muster, die es zu identifizieren gilt, werden als „Gestalt" oder „Archetyp" bezeichnet.

Die Tätigkeit des internationalen Unternehmens ist ein Prozess der zunehmenden Ausweitung oder der rückwärts gerichteten Einschränkung des Auslandsengagements mit entsprechenden Konsequenzen für Strategien, Strukturen und Steuerungssysteme. Nach empirischen Befunden zum Konfigurationsansatz über einen zwanzigjährigen Erhebungszeitraum ist davon auszugehen, dass sich an eine Phase des relativen Stillstands, der Stabilität („momentum") und der stetigen Weiterentwicklung im Sinne einer zunehmenden Ausdifferenzierung der vorhandenen Strukturen eine relativ selten auftretende Phase des Übergangs („transition") anschließt, in der – ausgelöst durch ein (revolutionäres) Ereignis und die darauf folgende strategische Entscheidung – eine Änderung bzw. Umkehr der Entwicklungsrichtung stattfindet (Miller/Friesen 1980a). Auf diese folgt dann wieder eine relativ lang anhaltende Phase der Stabilität usw. In derartigen stabilen Phasen bleibt die Unternehmens-Umwelt-Gestalt im Wesentlichen erhalten; es erfolgen keine gravierenden Änderungen von Unternehmensstrategie, Organisationsstruktur und Systemen. Bezüglich des Wechsels der Unternehmensentwicklung ist von der Möglichkeit horizontaler und vertikaler Richtungsänderungen auszugehen. Unternehmen können sich demnach vom Typus eines lediglich national tätigen Unternehmens zu den Typen eines internationalen, multinationalen oder globalen Unternehmens hin fortentwickeln, wobei innerhalb dieser Internationalisierungsstufen wiederum verschiedene Subtypen, gemessen an unterschiedlichen Gestalten in der gleichen Entwicklungsstufe, auftreten können. Gleiches gilt für die Rückentwicklung auf dem Weg der Desinvestition oder Renationalisierung zu einem nicht mehr auf

Auslandsmärkten tätigen Unternehmen mit entsprechender Gestalt. Ein entsprechender empirischer Nachweis für nordamerikanische Unternehmen liegt mit den von Miller und Friesen (1980b, S. 279 ff.) beschriebenen „transition archetypes" vor. Risak (1982, S. 205) hat Entwicklungspfadtypen und Wührer (1997, S. 95 ff.) hat Gestalttypen für österreichische internationalisierende Unternehmen beschrieben. Diese Befunde nähren den Kerngedanken des GAINS-Paradigmas, dass internationale Wachstums- und Schrumpfungsprozesse, wie auch die Globalisierungsstrategien im Rahmen spektakulärer internationaler Fusionen oder Übernahmen wie Daimler Benz – Chrysler, Rhône-Poulenc – Hoechst, Sanofi-Synthélabo – Aventis, Vodafone – Mannesmann, Deutsche Telekom – Voicestream oder BP – Amoco beispielhaft zeigen, eher in Schüben quantenhaft und diskontinuierlich verlaufen und einer „Revolution" gleichkommen.

Zusammenfassend lässt sich das GAINS-Paradigma als prozessorientierter dynamischer Kontingenzansatz bezeichnen, der Umwelt-, Strategie- und Strukturmerkmale in einer holistischen und integrativen Konzeption verbindet. GAINS gründet auf der Annahme der systemischen Natur organisationaler Realität und stützt sich methodisch auf die quantitative Längsschnittanalyse der internationalen Unternehmensentwicklung, mit der statistisch signifikante Taxonomien erzeugt werden können. Der Ansatz ist theoretisch auf mittlere Reichweite und nicht als Universalmodell mit Letztgültigkeitsanspruch ausgelegt. Bei kritischer Würdigung wird ihm „hohes Erkenntnisgewinnungspotential" bescheinigt, dessen Freisetzung gleichwohl der Umsetzung weiterer forschungsprogrammatischer Schritte bedarf (Wolf 2000b, S. 122 ff.). Eine Schlüsselrolle dürfte dabei der Unterfütterung von konzeptionell erarbeiteten typologischen oder empirisch generierten taxonomischen Gestaltkonfigurationen mit Theorien zukommen, unter denen der ressourcenbasierte Ansatz als besonders geeignet hervorgehoben wird (Miller 1999, S. 3, Kutschker 1999, S. 288 ff.). Kutschker verbindet den Gestaltansatz mit dem ressourcenbasierten Ansatz inhaltlich in der Dimension der Internationalisierungsstrategien über eine differenzierte Analyse unterschiedlicher Eigenschaften von Ressourcen. Zugleich erweitert er den Gestaltansatz unter Rückgriff auf die Feldtheorie, um damit Merkmalsdistanzen zwischen unterschiedlichen Gestalten als „Kraft" interpretieren zu können, die den Entscheidungsträgern Handlungsoptionen und Handlungserfolg eröffnet.

4.3 Prozesstrilogie „Drei E"-Konzept

Kutschker, Bäurle und Schmid (1997) haben mit ihrem „Drei E"-Konzept der Internationalisierung eine eher managementorientierte Erweiterung der dem GAINS-Paradigma zugrunde liegenden Überlegungen vorgenommen. Dieses Konzept wurde später zu einer „Prozesstrilogie" ausgebaut, konzeptionell vertieft und verfeinert (Kutschker/Schmid 2006, S. 1080ff.). Die Autoren zeigen, dass die „Dynamik der internationalen Unternehmung“ graduell wie revolutionär verlaufen kann und dass es demzufolge den Internationalisierungsprozess schlechthin nicht gibt. Dieser wird vielmehr durch die von Van de Ven und Poole (1995) beschriebenen Prozessarten Evolution, Episode und Epoche konstituiert, was eine differenzierte Führung auf der Mikroebene der Kernprozesse, der Mesoebene mehrstufiger Hierarchien von Teilprozessen oder der Makroebene des gesamten Unternehmens und seiner relevanten Umwelt erforderlich macht. Evolution ist der kontinuierliche, inkrementale Prozess einer Vielzahl kleiner Internationalisierungsschritte und Routinen der Tiefenstruktur im Sinne des Modells von Johanson und Vahlne, die allerdings anders als Kutschker und Schmid (2006, S. 1089) nicht erkennen, dass sich dieser Prozess führen lässt. Internationalisierungsepisoden stellen abrupte Veränderungen oder Systembrüche im Sinne des GAINS-Paradigmas dar; sie bilden „Meilensteine“ der Internationalisierung, welche die Oberflächenstruktur einem erheblichen Wandel unterziehen und stark kontextabhängig sind, beispielsweise die Akquisition, Fusion oder Kooperation mit einem ausländischen Unternehmen. Internationalisierungsepochen hingegen beinhalten die Internationalisierung des Gesamtunternehmens über einen längeren Zeitraum hinweg, wobei sich neben der Oberflächenstruktur auch die Tiefenstruktur des Unternehmens und damit dessen Charakter im Hinblick auf die strategische Ausrichtung ändern.

Wichtig erscheinen dabei der Hinweis, dass nicht jedes internationalisierende Unternehmen zwangsläufig alle Stufen der Prozesstrilogie durchlaufen muss, sowie die Einordnung der Stufen als Konstellationen von Kernprozessen, Prozessumfeld und Prozessinhalten. So werden sich nach Kutschker und Schmid (2006, S. 1080ff.) die Kernprozesse der internationalen Evolution vorwiegend auf unteren Prozessebenen in Form von Handlungen im Bereich einzelner Mitarbeiter oder deren Mikronetzwerken finden und eine geringe Reichweite sowie kurze Dauer aufweisen. Internationalisierungsepisoden umfassen eine mehrstufige Hierarchie von Teilprozessen und weisen eine Wirkmächtigkeit auf, die viele Bereiche und damit Mesonetzwerke eines Unternehmens erfasst und längere Zeiträume beansprucht. Internationalisierungsepochen werden im Wechselspiel zwischen Gesamtunternehmen und Umwelt konfiguriert, bewirken einen intensiven Wandel von großer Reichweite, beziehen Makronetzwerke einschließlich des Wettbewerbs ein und sind langfristiger und strategischer Natur.

Die Autoren verweisen darauf, dass mit den drei Stufen jeweils unterschiedliche Anforderungen, Möglichkeiten und Analysesysteme der Führung verbunden sind, ferner auf den deskriptiven Anspruch des Konzepts und die Notwendigkeit seiner empirischen Überprüfung und der inhaltlichen Spezifikation.

4.4 Globalisierungsmodell

Die Globalisierung kann als einer der am heftigsten umstrittenen Megatrends und zugleich meistuntersuchten Themen der letzten gut 15 Jahre gelten. Zur Erforschung dieses Phänomens – auch als „g-word" bezeichnet – wurde Mitte der 1990er Jahre als Ergebnis des sogenannten Ladenburger Diskurses der Daimler-Benz-Stiftung eine interdisziplinäre Arbeitsgruppe (Eberhard Fees, Jörg Flecker, Guy Kirsch, Beate Kohler-Koch, Hermann Korte, Klaus Macharzina, Rainer Münz, Gerhard Pahl, Bert Rürup, Christian Scholz, unter Leitung von Ulrich Steger) tätig, die in einem langfristigen, als „Ladenburger Kolleg" institutionalisierten Forschungsprogramm die Ursachen, Erscheinungsformen und Wirkungen der Globalisierung unter weiterer Mitwirkung von hochrangigen Experten aus unterschiedlichen gesellschaftlichen Institutionen und der Wirtschaft untersuchte (Steger 1998, Hrsg.). Die zentrale Botschaft des Kollegs lautet, dass Globalisierung nicht nur ein ökonomisches Phänomen darstellt, sondern auch andere Dimensionen wie die schrumpfende Bedeutung des Nationalstaates, neue gesellschaftliche Werte und Lebensstile sowie kulturelle Aspekte umfasst und grenzüberschreitend zu einer Konvergenz der Institutionen führt. Globalisierung ruft aber auch Gegentrends hervor, wie das Aufkommen protektionistischer, nationalistischer oder religiös-fundamentalistischer Bewegungen bis hin zur international organisierten Kriminalität oder dem Terrorismus, die Aufrüstung nationalstaatlicher Instrumente der Migration, die Orientierung hin auf das überschaubare lokale und persönliche Umfeld oder die Wahrnehmung sozialer und ökologischer Verantwortung durch die Unternehmen.

Das Ladenburger Globalisierungsmodell basiert auf der Kernaussage, dass es sich bei Globalisierung weder um die vorläufige Endstufe der Internationalisierung noch um eine kurzlebige rhetorische Inszenierung in politischer Absicht handelt. Vielmehr stellt sie eine grundlegend neue Erscheinung im Sinn einer *veränderten Veränderung* mit weitreichender langfristiger Tragweite dar. Sie muss als Trendbruch begriffen werden, der ein neues Zeitalter eingeläutet hat und eine Entwicklung nach sich zieht, die einem sich immer schneller vollziehenden Wandel mit voraussichtlich immer stärkeren Amplituden unterliegt. Sie lässt sich über die sechs Schlüsselfaktoren Entgrenzung, Heterarchie, Faktormobilitätssteigerung, Legitimitätserosion, Vergangenheits-Zukunfts-Asymmetrie und Optionenvielfalt näher beschreiben.

- Entgrenzung ist dabei konstitutiv; sie bedeutet, dass bisherige Grenzen des internationalen Unternehmens verschwimmen („blurred boundaries") oder sich zum Teil auflösen. Damit können sich internationale Unternehmen der Regelungsunterworfenheit staatlicher Maßnahmen entziehen, ihre Aktionsfelder und Wirkungszusammenhänge auf andere Räume, Märkte oder Regionen nahezu beliebig verlagern und Verantwortungszuweisung für Entscheidungen vermeiden.

- Heterarchie ist durch wechselseitige Abhängigkeiten gekennzeichnet, die eine Koordination in der horizontalen und lateralen Dimension zwischen Partnern mit eigener Verantwortung, Interessen und Kompetenzen erforderlich macht. Sie tritt neben die oder an die Stelle der Hierarchie, was die Zuordnung von Entscheidungskompetenz und Verantwortung erschwert.
- Faktormobilitätssteigerung ist eine unmittelbare Folge der Entgrenzung; sie betrifft nicht nur den Faktor Arbeit bei der Produktion von Gütern und Dienstleistungen, sondern auch Kapital und Wissen. Sie fördert die Effizienz der Märkte und damit den Wettbewerbsdruck. Die hohe Kapitalmobilität führt zu einer Harmonisierung der erwarteten Rendite, für die der große Kapitalmarkt USA in der Hochkonjunktur der 1990er Jahre den globalen Benchmark von 15 % vorgegeben hat, der mittlerweile bei 25 % liegt.
- Legitimitätserosion als weitere Folge der Entgrenzung beruht darauf, dass Ursachen und Wirkungen immer schwieriger zu unterscheiden sind, weil in einem interdependenten System jede Folge wieder zur Ursache werden kann, und dies oft in beschleunigter Weise in ganz anderen Bereichen und schwer kontrollierbaren Zeitdimensionen. Die internationalen Unternehmen als Urheber von Entscheidungen können nicht mehr für deren Folgen verantwortlich gemacht werden.
- Vergangenheits-Zukunfts-Asymmetrie bedeutet, dass Wandel die einzige Konstante für das Tätigwerden der internationalen Unternehmen ist und über die Zeitachse hinweg selbst marginal erscheinende Veränderungen erhebliche Konsequenzen haben können. Die Zukunft und damit die künftigen Aktions- und Entscheidungsfelder der internationalen Unternehmen können immer weniger als lineare Fortschreibung der Vergangenheit angesehen werden. Die Vorhersehbarkeit von Entwicklungen nimmt ab; der Wandel scheint seine eigene Beschleunigung zu entwickeln.
- Optionenvielfalt wird durch die Verflüssigung des Umfelds gefördert, in der das internationale Unternehmen agiert. Die Konsequenz daraus ist die Notwendigkeit, bei stark dezentralisierter Entscheidungsfindung mit Ambivalenzen, Ambiguitäten, Unsicherheiten und Überraschungen umgehen zu können.

Was die Wirkmuster der „veränderten Veränderung“ für die internationalen Unternehmen angeht, sind diese im Transformationsprozess der Globalisierung bereits weiter fortgeschritten als andere Institutionen. Heute steht für sie allerdings nicht mehr die Markt-, Ressourcen- oder Kernkompetenznutzung im Vordergrund, sondern die Aufteilung von Elementen der Wertschöpfungskette nach komparativen Vorteilen auf die verschiedenen Regionen der Welt. Durch Joint Ventures, Strategische Allianzen oder Entwicklungspartnerschaften verschwimmen auch die externen Grenzen des internationalen Unternehmens. Am Ende steht das „virtuelle“ internationale Unternehmen (Engelhard 1999, Reichwald/Möslein 2002), in dem projektorientiert die jeweils benötigten Kompetenzen und Ressourcen von den besten und günstigsten „Anbietern“ im weltweiten Unternehmensverbund unter Nutzung digitaler telematischer Informations-, Kommunikations- und Entscheidungsunterstützungssysteme zusammengezogen werden. Die Führung des internationalen Unternehmens gerät immer mehr zum Ausbalancieren von multiplen Zielkonflikten und sich zum Teil widersprechenden Anforderungen und immer weniger zur wohl strukturierten Erreichung der strategischen Ziele.

4.5 Realoptionsansatz

Nicht nur jenseits ökonomischer Theorie der Internationalisierung, sondern auch in derselben ist in jüngerer Zeit etwas Bewegung festzustellen. So sind an einigen Stellen des Schrifttums Impulse sichtbar, die den Realoptionsansatz für die Erklärung unterschiedlicher Formen internationaler Unternehmenstätigkeit nutzbar zu machen versuchen. V. a. werden dort internationale Vertragsformen und internationale Joint Ventures (beispielsweise Reuer 2002) untersucht. Fisch (2005, 2006) widmet sich autonomen Direktinvestitionen in der Form neuer Auslandsgesellschaften; ihn interessiert die Frage, warum eine ausländische Investition in dieser Form zu einem bestimmten Zeitpunkt getätigt wird. Um diese beantworten zu können, entwirft er ein Modell, das eine Reihe von Hypothesen enthält, welche die Investitionsfolge zur Errichtung neuer Auslandsgesellschaften als Erwerb und Ausübung von Realoptionen erklären.

Die empirische Überprüfung erfolgt über den Datensatz aus einer Panelstudie des verarbeitenden Gewerbes der Bundesrepublik Deutschland. Das Panel umfasste 634 Investitionsobjekte, die von 466 deutschen Investoren gehalten wurden. Die empirischen Befunde können auf der Ebene der sekundärstatistischen Daten als Bestätigung der Hypothesenvermutung gelten, wonach die Investoren in Abhängigkeit der Unsicherheit zum Erwerb von Call-Optionen neigten, die Höhe der Gewinnerwartung jedoch eine untergeordnete Rolle spielte. Das Halten von Wachstumsoptionen scheint bei der Errichtung von Auslandsgesellschaften lediglich zu Beginn einer Investitionsfolge relevant zu sein. Anders als bei anderen Untersuchungen lassen die Ergebnisse keine Aussagen über internationale Joint Ventures zu; diese könnten nach Fisch nur dann realoptionstheoretisch erfasst werden, wenn Eigentumsverhältnisse und Übernahmeklauseln in den Joint-Venture-Verträgen bekannt sind. Bei nicht-vertraglichen Optionen geht dem Realoptionsansatz mangels Trennschärfe bei den Markteintrittsformen die Erklärungskraft verloren. Interessant im Hinblick auf die Erklärung von Internationalisierungsprozessen ist der Befund, dass der internationalen Erfahrung über Lerneffekte nach der Erstinvestition im Hinblick auf das Investitionsverhalten Bedeutung zukommt, die allerdings im Zeitverlauf abzunehmen scheinen.

Dieser erste Versuch zur Anwendung des Realoptionsansatzes bei autonomen Direktinvestitionen bedarf angesichts gewisser Begrenzungen, die insbesondere im Aggregationsniveau der Sekundärdatenbasis begründet sind, weiterer Nachweise. Diese können schlüssig nur durch Primärerhebungen auf Unternehmensebene geleistet werden. Insofern sollte die Arbeit auch als Anstoß gewertet werden, vermehrt Anstrengungen in diese Richtung zu unternehmen.

5 Gestaltungsorientierte Aussagen

Das Bemühen, Gestaltungshilfen für die Praxis des IM anzubieten, hat zu einer deutlichen Zunahme der Beschäftigung mit Führungsproblemen des internationalen Unternehmens geführt. Dabei stehen Aussagen zu Strategien, Strukturen[3] (Wolf 2000a) und zur Koordination bzw. Steuerung, insbesondere von Auslandsgesellschaften des internationalen Unternehmens im Vordergrund.

5.1 Strategische Orientierungen

Für die im Zuge der Internationalisierung anfallenden strategischen Entscheidungen hat die internationale Strategieforschung ein ganzes Bündel von Strategiedimensionen auf der Grundlage der jeweils vorherrschenden strategischen Orientierung herausgearbeitet (Scholl 1989, Ringlstetter/Skrobarczyk 1994, Engelhard/Oechsler 1999, Hrsg., Macharzina/Oesterle/Wolf 1999, Kutschker/Schmid 2006, Welge/Holtbrügge 2006). Diese wurden im Spannungsfeld des ökonomisch motivierten Strebens nach weltweiten Standardisierungsvorteilen und der jeweiligen Notwendigkeit zur lokalen Anpassung in Form „matrixgestützter Kontingenzansätze“ (Engelhard/Dähn 2002, S. 27) beschrieben. Schmid (1996) sowie Kutschker und Schmid (2006, S. 278ff.) unterscheiden hierbei je nach Vorhandensein eines oder mehrerer Typen strategischer Orientierungen einstufige und mehrstufige Konzepte. Zu den einstufigen Konzepten zählen sie den Heterarchietyp (Hedlund 1986), den Typ der diversifizierten MNU (Doz/Prahalad 1991) und die horizontale Organisation (White/Poynter 1989), zu den mehrstufigen Konzepten das vierdimensionale EPRG-Modell von Perlmutter (1969), der ethnozentrische, polyzentrische, regiozentrische und geozentrische Orientierungen unterscheidet, und die Typologie von Bartlett und Ghoshal (1987), die eine internationale, multinationale, globale und transnationale Orientierung ausmachen. Engelhard und Dähn (2002)

3 Vgl. dazu den Beitrag von Joachim Wolf „Das Internationale Management aus organisationswissenschaftlicher Sicht“ in diesem Band.

fassen die Ansätze von Hedlund, Bartlett und Ghoshal, Doz und Prahalad unter dem Klassifikationskriterium der Fähigkeiten von MNU zur Erzielung internationaler Wettbewerbsvorteile zu „fähigkeitsorientierten Ansätzen" zusammen. Eine der gängigsten Systematisierungen differenziert in Selektions-, Einzelmarkt-, Interaktions- und Integrationsstrategien (stellvertretend für viele andere Macharzina/Wolf 2005, S. 951 ff.). Bei Verfolgung einer Selektionsstrategie oder einer internationalen Strategie, die hauptsächlich auf den Heimatmarkt internationaler Branchen ausgerichtet ist, wird das dort erfolgreiche Leistungsprogramm auf ähnliche Märkte anderer Länder übertragen. In multinationalen Branchen, bei denen die lokalen Anpassungsvorteile ausgeprägt sind, empfiehlt sich die Einzelmarktstrategie oder die multinationale Strategie. Blockiert-globale Branchen, die hohe Globalisierungsvorteile auszeichnen, können diese wegen der gleichzeitig stark ausgeprägten Notwendigkeit zur lokalen Anpassung aufgrund gastlandsspezifischer Gesetze oder Normen nicht nutzen, was die Interaktionsstrategie oder die transnationale Strategie empfehlenswert macht. Nur globale Branchen, bei denen eine solche Bindung nicht vorliegt, erlauben die Nutzung der Standardisierungsvorteile eines homogenen Weltmarkts über die Verfolgung einer Integrationsstrategie oder einer globalen Strategie.

Tendenzaussagen geben zu der Vermutung Anlass, dass die Strategietypen auch eine Entsprechung in Strukturtypen finden. Danach hätten Integrationsstrategien eine Affinität zur integrierten Funktionalstruktur, Selektionsstrategien zur integrierten Produktstruktur, Einzelmarktstrategien zur integrierten Regionalstruktur und Interaktionsstrategien zur Matrix- oder Netzwerkstruktur. Angesichts der Tatsache, dass diese Strategietypen in der Realität kaum in der idealtypisch reinen Form auftreten, wird dort auch eher keine passgenaue Entsprechung vorzufinden sein (Kutschker/Schmid 2006, S. 541). Der wissenschaftliche Erkenntniswert der in Lehre und (Beratungs-)Praxis äußerst beliebten matrixgestützten Kontingenzansätze ist angesichts verschiedener kritischer Aspekte, v. a. aber wegen der sie auszeichnenden allzu einfachen, logischen Verknüpfungsmechanismen in jüngerer Zeit stark in Zweifel gezogen – mehr noch: Es wurde sogar zum Verzicht auf diese Ansätze aufgerufen (Engelhard/Dähn 2002, S. 42).

5.2 Internationalisierungsstrategien

Wohl kaum ein anderes Themenfeld im IM ist so facettenreich bearbeitet worden wie die Strategien des internationalen Unternehmens. Die dadurch erzeugte Vielfalt hat zu unterschiedlichen Systematisierungsversuchen geführt (Scholl 1989, Wolf 2000a). Kutschker und Schmid (2006, S. 809) haben unter Stützung auf die einschlägige international orientierte Marketingliteratur (beispielsweise Hermanns/Wissmeier 2002) eine Systematik entwickelt, in die sie neben den von ihnen zusammengefassten Kernstrategien des Markteintritts und der Marktbearbeitung noch Zielmarktstrategien, Timing-Strategien, Allokationsstrategien und Koordinationsstrategien aufnehmen.

Ein reges und nachhaltiges Erkenntnisinteresse haben die Markteintrittsstrategien des Exports, der internationalen Vertragsformen und der Direktinvestitionen gefunden. Insbesondere internationale Joint Ventures (IJV), als Kronjuwel der Internationalisierungsforschung bezeichnet, und in jüngerer Zeit Strategische Allianzen (Welge/Al-Laham 2002) stechen dabei hervor. Als prominente Belege hierfür sei auf Special Issues über IJV in den Zeitschriften „mir“ (Management International Review) 1988 und 1990, „AMR“ (Academy of Management Review) 1996 sowie „JIBS“ (Journal of International Business Studies) 1996 verwiesen. Reus und Ritchie (2004) haben eine sich über 15 Jahre erstreckende Metaanalyse der „highest quality research efforts“ von 194 in den Zeitschriften „JIBS“, „mir“ und „SMJ“ (Strategic Management Journal) zu IJV veröffentlichten Aufsätzen vorgelegt und dabei folgende inhaltliche Schwerpunkte herausgearbeitet: Auf den drei Analyseebenen der Partner-, Muttergesellschafts- und Umweltbeziehungen befassten sich ca. ein Drittel der Beiträge mit der Transaktionskosten- bzw. Internalisierungsperspektive von IJV und 14 % mit Aspekten des Organisationalen Lernens, 6 % mit ressourcenbasierten Überlegungen, 5 % mit der Ressourcenabhängigkeitsproblematik und der Rest mit den unterschiedlichsten IJV-Phänomenen. Angesichts dieses Befunds wird ein Synthesedefizit als wesentliches Hindernis zur Konsolidierung der IJV-Forschung konstatiert.

Die inhaltliche Ausfüllung der Zielmarktstrategien erfolgt über Marktpräsenz-, Marktselektions- und Marktsegmentierungsstrategien und wird sowohl in Beiträgen zum IM als auch zum Internationalen Marketing vergleichsweise umfangreich behandelt (Backhaus/Büschken/Voeth 2003, Kutschker/Schmid 2006, S. 914 ff., Zentes/Swoboda/Schramm-Klein 2006). Timing-Strategien stellen auf die Wahl der Markteintrittszeitpunkte länderspezifisch in Form von First-Mover-Strategien oder Follower-Strategien ab. Bei länderübergreifenden Timing-Strategien stehen die sequentielle Variante der Wasserfallstrategie oder die simultane Variante der Sprinklerstrategie zur Verfügung (Gaba/Pan/Ungson 2002, Meffert/Pues 2002, Swoboda 2002). Unter den Allokationsstrategien subsumieren Kutschker und Schmid (2006, S. 970ff.) die Porter'sche Konfigurationsstrategie des Ausmaßes der weltweiten Streuung der Elemente der Wertschöpfungskette und die Leistungsstrategien in den Varianten der Standardisierung, Differenzierung und Adaptation. Diese Strategievarianten sind insbesondere in Arbeiten zum Internationalen Marketing aufgegriffen worden (Voeth/Wagemann 2004, Bieling 2005).

5.3 Internationale Koordination

Unter den Koordinationsstrategien werden von Kutschker und Schmid (2006, S. 987ff.) die klassischen Ansätze der „Steuerung" insbesondere von Auslandsgesellschaften und Strategien zur Reduzierung des Koordinationsbedarfs subsumiert, wie sie durch Outsourcing, Aufbau von Überschussressourcen oder Ressourcenflexibilisierung über Arbitrage- oder Leverage-Strategien in Verfolgung von „operational flexibility" (Kogut 1985) eingesetzt werden.

Die Beschäftigung mit dem Problem der Steuerung von Auslandsgesellschaften gehört zu den konzeptionell wie empirisch am stärksten bearbeiteten Themenfeldern des IM. Welge (1980) hat die Steuerungsinstrumente der strukturellen, technokratischen und personellen Koordination für das IM eingeführt, ein Konzept, das in der Folge vielfach rezipiert und zum ehernen Strategiebaustein wurde (stellvertretend für viele andere Martínez/Jarillo 1989, Macharzina/Oesterle 2002b). Zusammenhänge zwischen strategischer Orientierung und Steuerung konnten zum Teil auch empirisch für die Interaktionsstrategie und die Integrationsstrategie von deutschen MNU nachgewiesen (Macharzina 1993) werden, und es konnte für US-amerikanische MNU gezeigt werden, welche Steuerungsinstrumente in bestimmten Funktionsbereichen erfolgreich eingesetzt werden (Kim/Park/Prescott 2003).

5.4 Internationalisierung und Unternehmenserfolg

Dem Zusammenhang zwischen Internationalisierung und Unternehmenserfolg ist im Schrifttum zum Internationalen und zum Strategischen Management große Aufmerksamkeit gewidmet worden. Trotzdem sind die Ergebnisse ernüchternd, da sie zum großen Teil widersprüchlich, inkonsistent und mehrdeutig sind. So bilanzieren Bausch und Krist (2007) im Rahmen einer Analyse von fast 100 Studien nur geringe Übereinstimmung hinsichtlich deren Ergebnisse. Als Gründe werden die auch aus anderen Forschungsgebieten hinlänglich bekannten Mängel theoretischer Unzulänglichkeiten und methodischer Probleme wie Verwendung unterschiedlicher Werkzeuge, Mess- und Schätzfehler, Stichprobenprobleme sowie Vergleichbarkeitsmängel angeführt. Dies führt dazu, dass selbst bei in sich stimmigen und statistisch einwandfreien Untersuchungen sowie Vorliegen signifikanter Ergebnisse eine Varianz von positiv linearen, negativ linearen, u-förmigen, invers u-förmigen bis hin zu kubischen Konstellationen der Beziehungen festzustellen waren. Eine von den Autoren unternommene Metaanalyse über 41 Stichproben mit einem Umfang von N = 7.792 Fällen aus 36 Fremduntersuchungen ergab auf der Basis von Hypothesen über Kosten bzw. Nutzen der Internationalisierung das konfirmatorische Resultat eines signifikant positiven, wenngleich schwachen Zusammenhangs. Daneben gelang ihnen ein Nachweis des Einflusses moderierender Art von

Kontextvariablen wie Forschungs- und Entwicklungsintensität (F&E-Intensität), Diversifikation, Country-of-Origin-Effekte, Unternehmensalter und Unternehmensgröße auf die Stärke des Zusammenhangs. Danach scheinen sich F&E-Intensität und junges Unternehmensalter positiv auszuwirken; stark diversifizierte Unternehmen weisen einen schwächeren Zusammenhang als Unternehmen mit nur geringem Diversifikationsgrad auf, während die ressourcenbasierte Vermutung eines stärkeren Einflusses von Großunternehmen auf den Erfolg nicht nachgewiesen werden konnte, wohl aber Ursprungsland-Effekte für US-amerikanische und europäische Unternehmen.

Der offensichtliche Nutzen derartiger Studien liegt darin, dass sie neben den Aufschlüssen über den Stand der Forschung wertvolle Hinweise für Forschungsdesigns zukünftiger Vorhaben, insbesondere im Hinblick auf den Einfluss von Kontextvariablen liefern. Trotzdem sehen die Autoren ihren metaanalytischen Beitrag angesichts methodischer Beschränkungen lediglich als Einstieg für die weitere Erforschung des Internationalisierungserfolgs an.

6 Entwicklungsperspektiven

Der Versuch zur Darstellung der inhaltlichen Entwicklung des IM über die vergangenen fünf Dekaden hat gezeigt, dass es – obwohl Beachtliches geleistet und viel erreicht wurde – an Manchem mangelt, wobei methodische und praxeologische Aspekte auszuklammern waren. Woran es am meisten fehlt, ist eine allgemein akzeptierte Theorie des IM, basierend auf einem integrativen Bezugsrahmen, der geeignet wäre, die breit gestreuten Konstrukte, Konzepte, Ansätze und Einzelerkenntnisse aufzunehmen und einer Konvergenz zuzuführen.

Eingangs wurde das IM als Querschnittsdisziplin innerhalb der Betriebswirtschaftslehre positioniert; umgekehrt ist es aber auch ein interdisziplinäres Fach, das bedingt durch die Kontextabhängigkeit des Untersuchungsgegenstandes Impulse, Inhalte und Werkzeuge nicht nur von der Mutterdisziplin, sondern auch von den Nachbardisziplinen der Betriebswirtschaftslehre bezieht und von diesen mit Blick auf wissenschaftlichen Fortschritt abhängig ist. Insofern ist das IM, obgleich Teil der Betriebswirtschaftslehre, offener, breiter und – bedingt durch die inhaltliche Vielschichtigkeit und Mehrdimensionalität in der internationalen und interkulturellen Perspektive – letztlich auch komplexer angelegt. Dieses wiederum beinhaltet die Gefahr des zu Allgemeinen, Unpräzisen und Expansiven, was die Weite des Blickwinkels angeht. Hierdurch werden manche zu der pessimistischen Prognose veranlasst, dass wir nie eine einigende „Supertheorie" des IM haben werden (Kutschker/Schmid 2006, S. 407). Andere wiederum sehen die Notwendigkeit zur

Beschränkung und Konzentration auf ein Kernproblem wie den internationalen Wettbewerb (Engelhard/Dähn 2002, S. 25). Dritte befürchten das Gespenst des Eindrucks, das Fach befinde sich noch in den Kinderschuhen (Macharzina/Oesterle 2002a, S. 19).

Als Ergebnis der zweiten „Research Frontiers in International Business Conference" waren jedoch deutliche Signale zu vernehmen, dass wir an der Schwelle zu einer neuen Entwicklungsphase des IM stehen. Diese neue Ära könnte dadurch gekennzeichnet sein, dass Forschungsfragen im Vordergrund stehen, die „native to the discipline" sind; ferner müsse die methodische Latte höher gelegt werden und der zentrale Treiber der Entwicklung in der „progressiveness" der Fachvertreter bestehen (Deligonul/Cavusgil/Hult 2006, Hrsg., S. 1). In der inhaltlichen Entwicklung werden zwei Pfade erwartet, zum einem eine Verfeinerung des Wissens, zum anderen die „Entdeckung" oder Erarbeitung breiterer, integrativer Bezugsrahmen, die geeignet sind, unterschiedliche Theorieströmungen aufzunehmen und in sich zu vereinen. Vielleicht könnten diesbezüglich Metabezugsrahmen zur Erzielung der wünschenswerten explanatorischen Kohärenz dienlich sein.

Wenn wir auch vor noch nicht allzu langer Zeit den Ruf aus der Wüste des IM vernehmen durften: „International Business Is Running out of Steam" (Buckley 2002), sollten wir darob nicht bange sein. Vielmehr werden die Dynamik der internationalen Unternehmensumwelten und der Unternehmen selbst dafür sorgen, dass uns die Inhalte nicht ausgehen. Ohne Anspruch auf Systematik oder gar Vollständigkeit fällt einem dazu ein buntes Potpourri von potentialträchtigen Themen ein, die übergeordnet institutionellen, regionalen, technologischen und risikoorientierten Inhaltsclustern zugeordnet werden könnten:

- Internationalisierung und Institution (Oesterle/Wolf 2005, Hrsg.),
- Internationalisierung und Innovation,
- Einfluss globaler Veränderungen auf internationale Strategien und Märkte,
- Konvergenz oder Diversität internationaler Corporate Governance Systeme,
- Wachstum der Dienstleistungsbranchen und ihr Einfluss auf den Wandel des internationalen Geschäfts,
- die vernachlässigten KMU in einer globalisierten Welt: evolutionäre Lebenszyklen versus Born Globals,
- internationale Diversität von Managementstilen und Muster der Konfliktlösung: Stärken oder Schwächen?
- ökonomische, demographische und kulturelle Einflüsse der Globalisierung auf die Implementation von Strategien,
- Einfluss des Terrorismus auf das IM,
- IM in Adversität,
- Einfluss von Korruption und Intransparenz auf das IM,

- Entwicklung des privatwirtschaftlichen Sektors in China und sein Einfluss auf das IM,
- das Wachstum der indischen Wirtschaft und sein Einfluss auf das IM,
- die zukünftige Entwicklung der japanischen und ostasiatischen Wirtschaftsbeziehungen,
- Neudefinition des japanischen „corporate sense of self" mit Blick auf das Finanz- und Humankapital,
- Restrukturierung, Liberalisierung und sich wandelnde Geschäftssysteme in Ostasien,
- die zukünftige Bedeutung des Mittleren Ostens für das IM,
- das Schicksal der europäischen Wirtschaft: negative Kaskadeneffekte der „go east"-Strategie oder
- IM und der Internet-post-hype.

Neben solch inhaltlicher Vielfalt werden aber voraussichtlich drei Themenkomplexe weiterhin nachhaltiges Interesse finden, nämlich die strategische Fit-Forschung von MNU aus der Sicht der globalen Integration, die internationale Joint-Venture-Forschung und Allianzenforschung sowohl aus der Inside-out-Perspektive von „dynamic capabilities" und „trust" als auch der Outside-in-Perspektive der Kontextinteraktion und des Erfolgs und die Globalisierungsforschung unter dem Postulat des „making globalization good", nicht nur im Hinblick auf den ökonomischen Erfolg, sondern auch in den Dimensionen der sozialen Akzeptanz, der ethischen Nachhaltigkeit und der geographischen Inklusivität. Schließlich wird übergeordnet ein neuer „Zeitgeist" für unser Fach und dessen Inhalte eingefordert (Dunning 2006). Diese sollten stärker auf die dramatischen Veränderungen in der globalen Umwelt ausgerichtet werden, mit denen das IM, in Sonderheit die MNU im Hinblick auf Ausmaß, Muster und Legitimation des Handelns konfrontiert sind. Betroffen seien sowohl die physische als auch die menschliche Umwelt in ihren wechselseitigen Austauschbeziehungen und die Hauptinteressengruppen in der globalen Wirtschaft und Gesellschaft – das Ganze getrieben von der zunehmenden Bedeutung gesellschaftlicher Institutionen. Die wissenschaftliche Auseinandersetzung mit dieser neuen Konstellation erfordert nach Dunning ein neues Paradigma, das normativ an multiplen Werten orientiert und institutionell begründet ist.

Literatur

Backhaus, K./Büschken, J./Voeth, M. (2003): Internationales Marketing. 5. Aufl., Schäffer-Poeschel, Stuttgart, 2003.

Bamberger, I./Wrona, T. (1997): Globalisierungsbetroffenheit und Anpassungsstrategien von Klein- und Mittelunternehmen: Eine empirische Untersuchung. In: Zeitschrift für Betriebswirtschaft, 67. Jg., Nr. 7, 1997, S. 713-735.

Bamberger, I./Wrona, T. (2002): Ursachen und Verläufe von Internationalisierungsentscheidungen mittelständischer Unternehmen. In: Macharzina, K./Oesterle, M.-J. (2002, Hrsg.): Handbuch Internationales Management: Grundlagen – Instrumente – Perspektiven. 2. Aufl., Gabler, Wiesbaden, 2002, S. 273-313.

Bartlett, C. A. (1986): Building and Managing the Transnational: The New Organizational Challenge. In: Porter, M. E. (1986, Hrsg.): Competition in Global Industries. Harvard Business School Press, Boston/MA, 1986, S. 367-401.

Bartlett, C. A./Ghoshal, S. (1987): Managing Across Borders: New Organizational Responses. In: Sloan Management Review, 29. Jg., Nr. 1, 1987, S. 43-53.

Bausch, A./Krist, M. (2007): The Effect of Context Related Moderators on the Internationalization-Performance Relationship: Evidence from Meta-Analysis. In: Management International Review, 47. Jg., Nr. 3, 2007, S. 319-347.

Bieling, M. (2005): Internationalisierung von Marken: Eine Analyse aus konzeptioneller und empirischer Perspektive. Dr. Kovač, Hamburg, 2005.

Borghoff, T. (2005): Evolutionary Theory of the Globalisation of Firms. mir-Edition, Gabler, Wiesbaden, 2005.

Buckley, Peter J. (2002): Is the International Business Research Agenda Running Out of Steam? In: Journal of International Business Studies, 33. Jg., Nr. 2, 2002, S. 365-373.

Buckley, P. J./Casson, M. C. (1976): The Future of the Multinational Enterprise. Macmillan, London, 1976.

Deligonul, S. Z./Cavusgil, S. T./Hult, G. T. M. (2006, Hrsg.): Emerging Frontiers in International Business Research and Theory. Michigan State University, East Lansing/MI, 2006.

Doz, Y. L./Prahalad, C. K. (1991): Managing DMNCs: A Search for a New Paradigm. In: Strategic Management Journal, 12. Jg., Special Issue, 1991, S. 145-164.

Dülfer, E. (2001): Internationales Management in unterschiedlichen Kulturbereichen. 6. Aufl., Oldenbourg, München, Wien, 2001.

Dunning, J. H. (1979): Explaining Changing Patterns of International Production: In Defense of the Eclectic Theory. In: Oxford Bulletin of Economics and Statistics, 41. Jg., Nr. 4, 1979, S. 269-295.

Dunning, J. H. (1980): Toward an Eclectic Theory of International Production: Some Empirical Tests. In: Journal of International Business Studies, 11. Jg., Nr. 1, 1980, S. 9-31.

Dunning, J. H. (1988): Explaining International Production. Allen & Unwin, London, 1988.

Dunning, J. H. (2006): A New Zeitgeist for International Business Activity and Scholarship. Keynote Address, IFSAM VIIIth World Congress, Berlin, 2006.

Engelhard, J. (1999): Virtualisierung in der internationalen Unternehmenstätigkeit: Zum Einfluss der Informations- und Kommunikationstechnologie auf das Arrangement Internationaler Unternehmen. In: Engelhard, J./Oechsler, W. A. (1999, Hrsg.): Internationales Management: Auswirkungen globaler Veränderungen auf Wettbewerb, Unternehmensstrategie und Märkte. Gabler, Wiesbaden, 1999, S. 317-342.

Engelhard, J./Dähn, M. (2002): Theorien der internationalen Unternehmenstätigkeit: Darstellung, Kritik und zukünftige Anforderungen. In: Macharzina, K./Oesterle, M.-J. (2002, Hrsg.): Handbuch Internationales Management: Grundlagen – Instrumente – Perspektiven. 2. Aufl., Gabler, Wiesbaden, 2002, S. 23-44.

Engelhard, J./Oechsler, W. A. (1999, Hrsg.): Internationales Management: Auswirkungen globaler Veränderungen auf Wettbewerb, Unternehmensstrategie und Märkte: Festschrift zum 60. Geburtstag von Klaus Macharzina. Gabler, Wiesbaden, 1999.

Etemad, H. (2005, Hrsg.): Aspects of the Internationalization Process in Smaller Firms. Management International Review, 45. Jg., Special Issue Nr. 3, 2005.

Fisch, J.-H. (2005): Aufbau neuer Auslandsgesellschaften als Erwerb und Ausübung von Realoptionen: Panelstudie deutscher Direktinvestitionsobjekte in den OECD 23-Ländern. Habilitationsschrift, Universität Hohenheim, Stuttgart, 2005.

Fisch, J.-H. (2006): Internationale Realoptionen: Aufbau von Auslandsgesellschaften bei Unsicherheit und Irreversibilität. mir-Edition, Gabler, Wiesbaden, 2006.

Gaba, V./Pan, Y./Ungson, G. R. (2002): Timing of Entry in International Markets: An Empirical Study of U.S. Fortune 500 Firms in China. In: Journal of International Business Studies, 33. Jg., Nr. 1, 2002, S. 39-55.

Ghoshal, S./Bartlett, C. A. (1990): The Multinational Corporation as an Interorganizational Network. In: Academy of Management Review, 15. Jg., Nr. 4, 1990, S. 603-625.

Hedlund, G. (1986): The Hypermodern MNC: A Heterarchy? In: Human Resource Management, 25. Jg., Nr. 1, 1986, S. 9-35.

Hennart, J.-F. (1982): A Theory of the Multinational Enterprise. The University of Michigan Press, Ann Arbor/MI, 1982.

Hermanns, A./Wissmeier, U. K. (2002): Strategien der internationalen Marktbearbeitung. In: Macharzina, K./Oesterle, M.-J. (2002, Hrsg.): Handbuch Internationales Management. 2. Aufl., Gabler, Wiesbaden, 2002, S. 417-436.

Hirsch, S. (1967): Location of Industry and International Competitiveness. Clarendon, Oxford, 1967.

Holzmüller, H./Kasper, H. (1989): Psychostrukturelle Merkmale von Exportmanagern, Organisationskultur und Exporterfolg. In: Zeitschrift für Betriebswirtschaft, 59. Jg., Nr. 12, 1989, S. 1297-1323.

Holzmüller, H./Kasper, H. (1990): The Decision-Maker and Export Activity: A Cross-National Comparison of the Foreign Orientation of Austrian Managers. In: Management International Review, 30. Jg., Nr. 3, 1990, S. 217-230.

Hymer, S. H. (1960): The International Operations of National Firms: A Study of Direct Foreign Investment. Zugl. Dissertation, MIT, Cambridge/MA, 1960.

Jahrreiß, W. (1984): Zur Theorie der Direktinvestitionen im Ausland: Versuch einer Bestandsaufnahme, Weiterführung und Integration partialanalytischer Forschungsansätze. Duncker & Humblot, Berlin, 1984.

Johanson, J./Vahlne, J.-E. (1977): The Internationalization Process of the Firm: A Model of Knowledge Development and Increasing Market Commitments. In: Journal of International Business Studies, 8. Jg., Nr. 1, 1977, S. 23-32.

Johanson, J./Vahlne, J.-E. (1990): The Mechanism of Internationalization. In: International Marketing Review, 7. Jg., Nr. 4, 1990, S. 11-24.

Johanson, J./Vahlne, J.-E. (2003): Business Relationship Commitment and Learning in the Internationalization Process. In: Journal of International Entrepreneurship, 1. Jg., Nr. 1, 2003, S. 83-101.

Johanson, J./Vahlne, J.-E. (2006): Commitment and Opportunity Development in the Internationalization Process: A Note on the Uppsala Internationalization Process Model. In: Management International Review, 46. Jg., Nr. 2, 2006, S. 165-178.

Kabst, R. (2004): Internationalisierung mittelständischer Unternehmen. Hampp, München, Mering, 2004.

Kim, K./Park, J./Prescott, J. E. (2003): The Global Integration of Business Functions: A Study of Multinational Business in Integrated Global Industries. In: Journal of International Business Studies, 34. Jg., Nr. 4, 2003, S. 327-344.

Kogut, B. (1985): Designing Global Strategies: Profiting from Operational Flexibility. In: Sloan Management Review, 27. Jg., Nr. 1, 1985, S. 27-38.

Kutschker, M. (1999): Gestalten oder nicht gestalten? Eine feldtheoretische Ergänzung des Gestaltansatzes. In: Engelhard, J./Oechsler, W. A. (1999, Hrsg.): Internationales Management: Auswirkungen globaler Veränderungen auf Wettbewerb, Unternehmensstrategie und Märkte. Festschrift für Prof. Dr. Klaus Macharzina. Gabler, Wiesbaden, 1999, S. 279-316.

Kutschker, M./Bäurle, I./Schmid, S. (1997): International Evolution, International Episodes and International Epochs: Implications for Managing Internationalization. In: Management International Review, 37. Jg., Special Issue Nr. 2, 1997, S. 103-125.

Kutschker, M./Schmid, S. (2006): Internationales Management. 5. Aufl., Oldenbourg, München, Wien, 2006.

Macharzina, K. (1982): Theorie der internationalen Unternehmenstätigkeit: Kritik und Ansätze einer integrativen Modellbildung. In: Lück, W./Trommsdorf, V. (1982, Hrsg.): Internationalisierung der Unternehmung als Problem der Betriebswirtschaftslehre. Schmidt, Berlin, 1982, S. 111-146.

Macharzina, K. (1989a): Internationale Betriebswirtschaftslehre. In: Macharzina, K./Welge, M. K. (1989, Hrsg.): Handwörterbuch Export und Internationale Unternehmung. Poeschel, Stuttgart, 1989, Sp. 903-914.

Macharzina, K. (1989b): Paradigm Shift in International Business Theory: Overcoming Partist and Eclectic Approaches. In: Academy of International Business (1989, Hrsg.): Proceedings of the Academy of International Business. Annual Meeting, Singapore, 1989, o. S.

Macharzina, K. (1993): Steuerung von Auslandsgesellschaften bei Internationalisierungsstrategien. In: Haller, M./Bleichner, K./Brauchlin, E./Pleitner, H.-J./Wunderer, R./ Zünd, A. (1993, Hrsg.): Globalisierung der Wirtschaft: Einwirkungen auf die Betriebswirtschaftslehre. Haupt, Bern, Stuttgart, 1993, S. 77-109.

Macharzina, K. (2003): Grundlagen. In: Breuer, W./Gürtler, M. (2003, Hrsg.): Internationales Management. Gabler, Wiesbaden, 2003, S. 12-53.

Macharzina, K./Engelhard, J. (1991): Paradigm Shift in International Business Research: From Partist and Eclectic Approaches to the GAINS Paradigm. In: Management International Review, 31. Jg., Special Issue Nr. 4, 1991, S. 23-43.

Macharzina, K./Oesterle, M.-J. (2002a): Das Konzept der Internationalisierung im Spannungsfeld zwischen praktischer Relevanz und theoretischer Unschärfe. In: Macharzina, K./Oesterle, M.-J. (2002, Hrsg.): Handbuch Internationales Management: Grundlagen, Instrumente, Perspektiven. 2. Aufl., Gabler, Wiesbaden, 2002, S. 3-21.

Macharzina, K./Oesterle, M.-J. (2002b): Bestimmungsgrößen und Mechanismen der Koordination von Auslandsgesellschaften. In: Macharzina, K./Oesterle, M.-J. (2002, Hrsg.): Handbuch Internationales Management: Grundlagen, Instrumente, Perspektiven. 2. Aufl., Gabler, Wiesbaden, 2002, S. 705-736.

Macharzina, K./Wolf, J. (2005): Unternehmensführung: Das Internationale Managementwissen. 5. Aufl., Gabler, Wiesbaden, 2005.

Martínez, J. I./Jarillo, J. C. (1989): The Evolution of Research on Coordination Mechanisms in Multinational Corporations. In: Journal of International Business Studies, 20. Jg., Nr. 3, 1989, S. 489-514.

Meckl, R. (2006): Internationales Management. Vahlen, München, 2006.

Meffert, H./Pues, C. (2002): Timingstrategien des internationalen Markteintritts. In: Macharzina, K./Oesterle, M.-J. (2002, Hrsg.): Handbuch Internationales Management: Grundlagen, Instrumente, Perspektiven. 2. Aufl., Gabler, Wiesbaden, 2002, S. 403-416.

Miller, D. (1999): Notes on the Study of Configurations. In: Management International Review, 39. Jg., Special Issue Nr. 2, 1999, S. 27-39.

Miller, D./Friesen, P. H. (1980a): Momentum and Revolution in Organizational Adaptation. In: Academy of Management Journal, 23. Jg., Nr. 4, 1980, S. 591-614.

Miller, D./Friesen, P. H. (1980b): Archetypes of Organizational Transition. In: Administrative Science Quarterly, 25. Jg., Nr. 2, 1980, S. 268-299.

Oesterle, M.-J./Wolf, J. (2005, Hrsg.): Internationalisierung und Institution. Gabler, Wiesbaden, 2005.

Perlitz, M. (2004): Internationales Management. 5. Aufl., Lucius, Stuttgart, 2004.

Perlmutter, H. (1969): The Tortuous Evolution of the Multinational Corporation. In: Columbia Journal of World Business, 4. Jg., Nr. 1, 1969, S. 9-18.

Porter, M. E. (1990): The Competitive Advantage of Nations. Macmillan, London, 1990.

Reichwald, R./Möslein, K. (2002): Theoretische Grundlagen der Virtualisierung von international tätigen Unternehmen. In: Macharzina, K./Oesterle, M.-J. (2002, Hrsg.): Handbuch Internationales Management: Grundlagen, Instrumente, Perspektiven. 2. Aufl., Gabler, Wiesbaden, 2002, S. 1009-1026.

Reuer, J. J. (2002): How Real Are Real Options? The Case of International Joint Ventures. In: Hitt, M. A./Amit, R./Lucier, C. E./Nixon, R. D. (2002, Hrsg.): Creating Value: Winners in the New Business Environment. Blackwell, Oxford et al., 2002, S. 61-84.

Reus, T. H./Ritchie, W. J. (2004): Interpartner, Parent, and Environmental Factors Influencing the Operation of International Joint Ventures: 15 Years of Research. In: Management International Review, 44. Jg., Nr. 4, 2004, S. 369-395.

Ringlstetter, M./Skrobarczyk, P. (1994): Die Entwicklung internationaler Strategien. In: Zeitschrift für Betriebswirtschaft, 64. Jg., Nr. 3, 1994, S. 333-357.

Risak, J. (1982): Die Internationalisierung der Unternehmung. Ein Instrument zur Erlangung und Gestaltung der Fortschrittsfähigkeit. In: Lück, W./Trommsdorf, V. (1982, Hrsg.): Internationalisierung der Unternehmung als Problem der Betriebswirtschaftslehre. Schmidt, Berlin, 1982, S. 191-208.

Rugman, A. M. (1980): Internalization Theory and Corporate International Finance. In: California Management Review, 23. Jg., Nr. 2, 1980, S. 73-79.

Schmid, S. (1996): Multikulturalität in der internationalen Unternehmung. mir-Edition, Gabler, Wiesbaden, 1996.

Scholl, R. F. (1989): Internationalisierungsstrategien. In: Macharzina, K./Welge, M. K. (1989, Hrsg.): Handwörterbuch Export und Internationale Unternehmung. Poeschel, Stuttgart, 1989, Sp. 983-1002.

Schwens, C./Kabst, R. (2006): International Entrepreneurship: Meta-Analytic Evidence on Determinants of Early versus Late Internationalization. Paper presented at the Academy of International Business (AIB) Conference, Indianapolis/IN, USA, 2006.

Steger, U. (1998, Hrsg.): Wirkmuster der Globalisierung: Nichts geht mehr, aber alles geht: Bericht des Ladenburger Kollegs „Globalisierung verstehen und gestalten". Daimler-Benz-Stiftung, Ladenburg, 1998.

Sullivan, D./Bauerschmidt, A. (1990): Incremental Internationalization: A Test of Johanson and Vahlne's Thesis. In: Management International Review, 30. Jg., Nr. 1, 1990, S. 19-30.

Swoboda, B. (2002): The Relevance of Timing and Time in International Business: Analysis of Different Perspectives and Results. In: Scholz, C./Zentes, J. (2002, Hrsg.): Strategic Management: A European Approach. Gabler, Wiesbaden, 2002, S. 85-113.

Teece, D. J. (1986): Transaction Cost Economics and the Multinational Enterprise: An Assessment. In: Journal of Economic Behavior and Organization, 7. Jg., Nr. 1, 1986, S. 21-45.

Van de Ven, A. H./Poole, M. S. (1995): Explaining Development and Change in Organizations. In: Academy of Management Review, 20. Jg., Nr. 3, 1995, S. 510-540.

Vernon, R. (1966): International Investment and International Trade in the Product Cycle. In: Quarterly Journal of Economics, 80. Jg., Nr. 2, 1966, S. 190-207.

Voeth, M./Wagemann, D. (2004): Internationale Markenstandardisierungsstrategien. In: Ahlert, D./Olbrich, R./Schröder, H. (2004, Hrsg.): Internationalisierung von Vertrieb und Handel. Deutscher Fachverlag, Frankfurt a. M., 2004, S. 185-204.

Wald, A. (2003): Netzwerkstrukturen und -effekte in Organisationen: Eine Netzwerkanalyse in internationalen Unternehmen. mir-Edition, Gabler, Wiesbaden, 2003.

Welge, M. K. (1980): Management in deutschen multinationalen Unternehmungen. Poeschel, Stuttgart, 1980.

Welge, M. K./Al-Laham, A. (2002): Erscheinungsformen und betriebswirtschaftliche Relevanz von Strategischen Allianzen. In: Macharzina, K./Oesterle, M.-J. (2002, Hrsg.): Handbuch Internationales Management. 2. Aufl., Gabler, Wiesbaden, 2002, S. 627-650.

Welge, M. K., Holtbrügge, D. (2006): Internationales Management. 4. Aufl., Schäffer-Poeschel, Stuttgart, 2006.

White, R. E./Poynter, T. A. (1989): Achieving Worldwide Advantage with the Horizontal Organization. In: Business Quarterly, 1989, S. 55-60.

Williamson, O. E. (1975): Markets and Hierarchies – Analysis and Antitrust Implications. Free Press, New York/NY, 1975.

Wolf, J. (2000a): Strategie und Struktur 1955-1995: Ein Kapitel der Geschichte deutscher nationaler und internationaler Unternehmen. mir-Edition, Gabler, Wiesbaden, 2000.

Wolf, J. (2000b): Der Gestaltansatz in der Organisations- und Managementlehre. Deutscher Universitäts-Verlag, Wiesbaden, 2000.

Wührer, G. A. (1997): Idealtypen und Realtypen von Internationalisierungsstrategien österreichischer Unternehmen. In: Wacker, W. (1997, Hrsg.): Neue Theorieformen bei komplexen internationalen Fragestellungen. Institut für deutsche und internationale Besteuerung, Göttingen, 1997, S. 86-102.

Zentes, J./Swoboda, B./Morschett, D. (2004): Internationales Wertschöpfungsmanagement. Vahlen, München, 2004.

Zentes, J./Swoboda, B./Schramm-Klein, H. (2006): Internationales Marketing. Vahlen, München, 2006.

Johann Engelhard/Christian Schmidt-Wellenburg/
Dirk Steinhausen*

Institutionelle Entwicklung des Internationalen Managements als wissenschaftliche Disziplin

* Prof. Dr. Johann Engelhard ist Inhaber des Lehrstuhls für Betriebswirtschaftslehre, insbesondere Internationales Management mit Schwerpunkt Europäisches Management an der Otto-Friedrich-Universität Bamberg. Dipl. Soz.Wiss. Christian Schmidt-Wellenburg ist Doktorand am Graduiertenkolleg „Märkte und Sozialräume in Europa" der Otto-Friedrich-Universität Bamberg. Dipl.-Kfm. Dirk Steinhausen ist als wissenschaftlicher Mitarbeiter an obigem Lehrstuhl tätig.

1 Untersuchungsanliegen

Das die Einzelbeiträge dieses Bandes übergreifende Anliegen der Herausgeber ist die Positionsbestimmung des Internationalen Managements (IM) im Wissenschaftsgefüge. Es soll Stellung bezogen werden zur Position des IM im Vergleich zu anderen betriebswirtschaftlichen (Teil-)Disziplinen, zur Frage seiner Identität, zum Selbstbewusstsein der Fachvertreter dieser (Teil-)Disziplin und zu ihrem wissenschaftslogischen bzw. -politischen Fundament. Letzteres beinhaltet auch Gesichtspunkte der Bestandsfestigkeit, der Dauerhaftigkeit und der strukturellen Einbindung und Absicherung dieses Fundamentes.

Der folgende Beitrag greift einen Teil der vorgenannten Leitfragen in Form von Aspekten der Institutionalisierung des IM auf. Der empirischen Konkretisierung der institutionellen Ausformung des IM dient eine breit angelegte Befragung an deutschsprachigen Universitäten in Deutschland, Österreich und der Schweiz im Jahre 1996 sowie eine diesbezügliche Validierungsstudie im Jahre 2006, in welche auch die entsprechenden Fachhochschulen einbezogen wurden.[1] Die Darstellung der Einzelergebnisse, die an anderer Stelle ausführlicher dargelegt sind (Engelhard et al. 1996, Engelhard/Schmidt-Wellenburg/Steinhausen 2007), erfolgt entlang eines theoretischen Bezugsrahmens, dessen Konstruktion der neueren Institutionentheorie entnommen ist. Im Hinblick auf die vorgegebene Begrenzung des Textumfangs hoffen wir auf Verständnis, dass nicht alle Elemente des Bezugsrahmens mit Spezifika des IM materiell gefüllt werden können.

---

1 Im Rahmen der Validierungsstudie wurden im Juni 2006 Fragebögen an 95 deutschsprachige Universitäten und 133 deutschsprachige Fachhochschulen in Deutschland, Österreich und der Schweiz versendet. An der Befragung beteiligten sich 47 Universitäten und 35 Fachhochschulen: Dies entspricht einer Rücklaufquote von 49,5 % bzw. 26,5 %. Um zumindest für die an den deutschsprachigen Universitäten vorhandenen Lehrstühle bzw. Professuren und Studiengänge mit Bezug zum IM zu einer vollständigen Darstellung zu gelangen, wurden die mittels Fragebogenerhebung gewonnenen Daten durch eine Recherche im Internetangebot der jeweiligen Hochschulen ergänzt. Im Hinblick auf die Angaben zu den vorhandenen Lehrstühlen bzw. Professuren an den Universitäten im deutschsprachigen Raum wurden die Teilnehmer der Jahrestagung 2007 der Kommission „Internationales Management“ im Verband der Hochschullehrer für Betriebswirtschaft e. V. zudem um Ergänzungen der bis dahin gewonnenen Daten anhand ihres persönlichen Wissens gebeten (zur Forschungsmethodik der Validierungsstudie Engelhard/Schmidt-Wellenburg/Steinhausen 2007, S. 28 ff.). Im Rahmen der Ursprungsstudie wurden im März 1995 Fragebögen an 96 Universitäten versandt, von denen sich 83 an der Befragung beteiligten. Dies entsprach einer Rücklaufquote von 86,5 % (zum Forschungsdesign der Ursprungsstudie Engelhard et al. 1996, S. 29 ff.).

2 Institutionalisierung als Prozess

Im Zentrum des sozialwissenschaftlichen Interesses stehen Regelmäßigkeiten sozialen Handelns. Dies ist auch der Fall, wenn wie hier wissenschaftlich-universitäres Handeln Gegenstand der Beobachtung ist: IM als betriebswirtschaftliche Lehre und Forschung, welche Gemeinsamkeiten aufweisen und sich von anderen disziplinär abgegrenzten Feldern der Betriebswirtschaft unterscheiden lassen. Um diese Herausbildung sozialer (Wissenschafts-)Ordnung zu erklären, greifen institutionalistische Ansätze auf eine Analytik zurück, die aus mindestens drei Elementen besteht: Handeln, Akteure, Institutionen. Regelmäßigkeit und Verständlichkeit sozialen Handelns werden als Ergebnisse des Zusammenspiels von Institutionen und Akteuren in konkreten sozialen Situationen begriffen. Institutionen sind im weitesten Sinne dauerhafte und der einzelnen Handlungssituation vorgängige Regeln, die auf das als Entscheidung konzipierte Handeln des Akteurs entweder als externe Rahmung der Situation oder als interne Bedingung der Entscheidung Einfluss nehmen. Zusammen mit der angenommenen Entscheidungslogik kann „regel"-mäßiges soziales Handeln erklärt und verstanden sowie eine Lösung für das basale Problem jeder Institutionentheorie gefunden werden, nämlich die Frage, wie Handlungskoordination bzw. soziale Ordnung bei bedingt freien Akteuren möglich ist (Schmid/Maurer 2003a).

Vorhandene Institutionen nehmen Einfluss auf die Formierung von Handlungen, die auf die Herausbildung neuer Institutionen gerichtet sind. Je nach Wirkungsweise der Institutionen auf die Handlungsformierung lassen sich – Giddens (1988) und Scott (1995) folgend – drei Idealtypen differenzieren. Erstens lässt sich eine regulative Dimension der Institution ausmachen. Wird dem Akteur Bewusstheit und die Fähigkeit zur rationalen Wahl unterstellt, kann Handeln als an der Maximierung des Eigennutzens orientiert begriffen werden. Institutionen sind dann das Ergebnis strategischer Auseinandersetzungen in Form von „konstruierten" Verträgen und Verteilungsstrukturen. Diese bilden den Rahmen weiteren instrumentellen Handelns, da die dem Akteur zur Verfügung stehenden materiellen und autoritativen Ressourcen durch sie bestimmt werden (Giddens 1988, S. 69).

Zweitens lässt sich eine kognitive Dimension der Institution identifizieren, da Akteure in ihrem Handeln auf Kategorien und Typologien – auf konstitutive Regeln – zurückgreifen, die als „shared definitions of social reality" (Scott 1995) festlegen, was Realität ist. Erst dieser gemeinsame Sinnhorizont ermöglicht soziale Interaktion. Akteure handeln vor dem Hintergrund ihres Wissens über sich und ihre Fähigkeit zu sinnvollem Handeln – ihre Akteurhaftigkeit selbst ist als historische Institution zu begreifen (Meyer/Jepperson 2005). Nicht Zweckmäßigkeit wie im Fall der regulativen Dimension von Institutionen, sondern Selbstverständlichkeit des Sinngebrauchs bei der Interpretationsleistung ist die das Handeln anleitende

Logik. Dies bedeutet nicht, dass die kognitive Dimension von Institutionen keiner bewussten Umgestaltung zugänglich wäre. In der Verwendung und Weitergabe ebenso wie bei der bewussten Systematisierung und Reinterpretation der symbolischen Aspekte von Institutionen werden diese produziert und reproduziert.

Drittens lässt sich eine normative Dimension der Institution erfassen, da sich Akteure bei ihren Interaktionen an wechselseitigen Erwartungen in Form von Rollen und Positionen orientieren, der akteursbezogenen Spezifikation von Normen und Werten. Werte benennen, was innerhalb des Einzugsbereichs einer Institution als wünschenswert gilt, Normen stellen legitime Mittel und Wege bereit, mit denen die wertbezogenen Ziele anvisiert werden können. Hier bestimmt sich, wie die Realität sein sollte und was deshalb zu tun ist. Akteure handeln aufgrund der durch sie selbst und durch andere Akteure an sie gestellten normativen Erwartungen entsprechend einer Logik der Angemessenheit und nicht – wie in der regulativen Dimension – der Konsequenz (March/Olsen 1989, S. 160 ff.). Institutionalisierung in der normativen Dimension ist abhängig von der Bestätigung der gehegten Erwartungen in der Interaktion, der Sozialisation der Akteure und der Verankerung der Normen und Werte in Rollen und Positionen (Berger/Luckmann 2000, Parsons/ Shils 2001, S. 4 ff.).

Jede der hier skizzierten institutionellen Dimensionen kann in einer reduktionistischen Lesart alleine zur Basis institutioneller Theoriebildung gemacht werden,[2] wobei der sich daraus jeweils ergebende Theorieimperialismus bei zunehmender Ausdehnung an Problemen der Stringenz leidet (Schmid/Maurer 2003b, Hrsg.). Dem entgegen sollen hier alle drei idealtypischen Dimensionen zur Erklärung der Institutionalisierung des IM herangezogen werden (Weber 1980, Giddens 1988).

Institutionen besitzen Geltung immer nur bezogen auf einen endlichen Bereich sozialen Handelns. Im Fall des IM kann dieser Einflussbereich als wissenschaftlich-universitäres Feld bezeichnet werden (Bourdieu 1988). In diesem wissenschaftlich-universitären Feld erlangen neben dem IM auch andere Institutionen Geltung: beispielsweise andere Disziplinen und Teildisziplinen der Wirtschafts- und Sozialwissenschaften, die Wissenschaftsbürokratie und die Hochschule, aber auch Verlage und andere Formen der Fachöffentlichkeit. Eine Analyse des IM

2 So gelangt man zu den unterschiedlichen Neoinstitutionalismen: in der Politikwissenschaft (Keohane 1989, Thelen/Steinmo 1992, Hall/Taylor 1996) dem konstruktivistischen (kognitiv), historischen (normativ) und realistischen (regulativ) Institutionalismus, in der Soziologie (Powell/DiMaggio 1991, Esser 1993, Jepperson 2002) dem soziologischen (kognitiv), organisationalen (normativ) und rational-choice-Institutionalismus (regulativ) sowie in den Wirtschaftswissenschaften der Institutionenökonomie (Coase 1937, Williamson 1975, 1985).

muss deshalb auch dessen institutionellen Kontext und die mit diesem verbundenen Interessen, normativen Überzeugungen und Ideen von Akteuren in den Blick nehmen. Die Etablierung eines neuen Teilgebiets der Betriebswirtschaftslehre (BWL) als festem Bestandteil in wissenschaftlicher Forschung und universitärer Lehre ist ein wegen seiner potentiellen Auswirkungen mit anderen Institutionen des Feldes im Wettbewerb stehendes Innovationsprojekt. An damit einhergehenden Auseinandersetzungen sind in Deutschland neben der Hochschule, die sich zunehmend als souveräner Akteur begreift, Wissenschaftsministerien, der Verband der Hochschullehrer für Betriebswirtschaft e. V. (VHB), Fachverlage und -zeitschriften der Betriebswirtschaftslehre, eine medial gestützte Fachöffentlichkeit sowie Wirtschaftsverbände und Unternehmen beteiligt. Auch wenn jeder der hier angeführten organisationalen Akteure für sich genommen ein Machtfeld darstellt, soll nur die Hochschule als struktureller Handlungsrahmen begriffen werden, innerhalb dessen sich die Institutionalisierung des IM niederschlägt (Edeling 2002, S. 226 f.).

Wenn Institutionen als historische Voraussetzung des Handelns und zugleich als dessen Ergebnis begriffen werden – d. h., sie strukturieren die Praxis und sind durch eben jene strukturiert (Giddens 1988, Bourdieu 1993) – so konzentrieren wir uns hier auf die eine Seite des Strukturierungsprozesses. Unser Augenmerk liegt auf „institutional work – the purposive action of individuals and organizations aimed at creating, maintaining and disrupting institutions“ (Lawrence/Suddaby 2006, S. 215). Diese drei Kategorien institutioneller Arbeit lassen sich mit dem Modell des Lebenszyklus von Institutionen von Tolbert und Zucker (1996) parallelisieren, das drei Komponenten des Institutionalisierungsprozesses auszeichnet: Habitualisierung, Objektivation und Sedimentierung. Wenn Akteure in der Bearbeitung von Handlungsproblemen strukturierte Problemlösungen entwerfen, diese mit geteilten Bedeutungen verknüpfen und routinisiert einsetzen, kann von einer Habitualisierung der betreffenden Praktik gesprochen werden, die jedoch weiterhin auf ihren Entstehungskontext beschränkt und für Interpretationen äußerst offen ist.

Erst im Zuge der Objektivation wird ein sozialer Konsensus über Bedeutung und Wert sowie eine über den Entstehungskontext hinausgehende Verbreitung der Praktiken geschaffen. Dieser Moment beinhaltet einen quantitativen und einen qualitativen Aspekt. Die zunehmende Verbreitung der entsprechenden Praktiken kann über Mechanismen der Diffusion erklärt werden. Im Anschluss an die differenten Handlungslogiken der drei institutionellen Dimensionen lassen sich nach DiMaggio und Powell (1991) drei Mechanismen der strukturellen Anpassung des Handelns von Akteuren benennen: Zwang, Mimikry und normativer Druck. Immer setzen die Überlegungen am zentralen Problem des Akteurs im Feld an, dem Erhalt oder der Verbesserung seiner Position gegenüber anderen Akteuren (Fligstein 2001, S. 67 ff.). In der regulativen Dimension führt der durch andere Akteure im Feld ausgeübte Zwang oder die als unpersönlicher Markt wahrgenommene Konkurrenz zur Anpassung. In der kognitiven Dimension erfolgt Isomorphie zwischen Akteuren durch Mimikry. Sinnvolles und verständliches Handeln sowie die Selbstwahrnehmung und Repräsentation als ernsthafter Akteur beruhen auf geteilten Bedeutungszuschreibungen, denen aufgrund ihrer Intersubjektivität immer ein Moment der Kontingenz innewohnt. Sie sind daher latent unsicher, was zur mimetischen Imitation anerkannter Akteure und zur Angleichung an standardisierte Handlungs- und Akteursskripte motiviert. In der normativen Dimension erfolgt die Adaption bestimmter struktureller Muster durch normativen Druck, der auf die Zugehörigkeit zu einer „Gemeinschaft“ (Profession, Beruf oder Assoziation) und der sich daraus ergebenden Identität der Akteure zurückgeht. Isomorphie des Handelns und der Akteure wird dann durch die Verankerung der normativen Erwartungen in Rollen und ihre Inkorporation durch Akteure erklärt.

Eine Benennung der Mechanismen der quantitativen Verbreitung kann jedoch nichts über die qualitative Veränderung der Praktiken im Zuge ihrer Objektivation aussagen. Die Institutionalisierung verändert die Praktiken insofern, als sie in der kognitiven Dimension systematisiert und zu anderen in Bezug gesetzt werden. In der normativen Dimension muss ihre Relation zu grundlegenden Werten und anderen moralischen Praktiken sowie der Kreis ihrer Verbindlichkeit geklärt werden. In der regulativen Dimension sind ihre Effekte bei der Vergabe von materiellen und autoritativen Ressourcen zu regeln. Ihre Entsubjektivierung – Objektivation – ist dann das Ergebnis dieser Prozesse. Die Idee institutioneller Arbeit im Sinn von Lawrence und Suddaby (2006) erlaubt es hier, Mechanismen anzugeben, die einen Einfluss auf diese qualitativen Momente der Institutionalisierung besitzen. Aufgrund der Dreidimensionalität von Institutionen lassen sich für jeden Moment des Prozesses unterschiedliche Mechanismen der institutionellen Arbeit benennen. Diese werden im Folgenden zur Analyse der Institutionalisierung des IM herangezogen.

Abschließend kann von einer Sedimentierung einer Institution gesprochen werden, wenn deren historische Konstanz auch über Akteursgenerationen hinweg gegeben ist: „Institutionen sind nun etwas, das seine eigene Wirklichkeit hat, eine Wirklichkeit, die dem Menschen als äußeres, zwingendes Faktum gegenübertritt“ (Berger/Luckmann 2000, S. 62). Die dann wichtigen Mechanismen institutioneller Arbeit sind solche des Erhalts der Institution. Sie überwachen deren regulative Verteilungseffekte und errichten Schwellen gegenüber institutionellem Wandel, verankern die Praktiken in den Routinen des Alltags und legitimieren sie über mythische Erzählungen ihres Ursprungs (Lawrence/Suddaby 2006, S. 230). Sie tragen dazu bei, dass Institutionen der diskursiven Auseinandersetzung entzogen und als gegeben hingenommen werden. Parallel zum Institutionalisierungsprozess und erst recht bei einer Deinstitutionalisierung sind Mechanismen der Institutionenstörung von Bedeutung. Praktiken werden von Ressourcen und der Erfüllung moralischer

Erwartungen entkoppelt, ihre ontologischen Realitätsannahmen und Überzeugungen werden untergraben, was die Unsicherheit erhöht: Das Risiko des Wandels sinkt, die Wahrscheinlichkeit seines Eintretens steigt (Lawrence/Suddaby 2006, S. 235). Im Folgenden soll die Institutionalisierung des IM als dessen Habitualisierung, Objektivation und Sedimentierung begriffen werden. Die Beziehung zwischen den drei Größen ist in Abbildung 1 zusammenfassend dargestellt. Unser Forschungsinteresse legt es nahe, sich auf die Schaffung und den Erhalt von Institutionen zu konzentrieren und Störungen von Institutionen nur dann zu betrachten, wenn sie hierauf einen Einfluss haben.

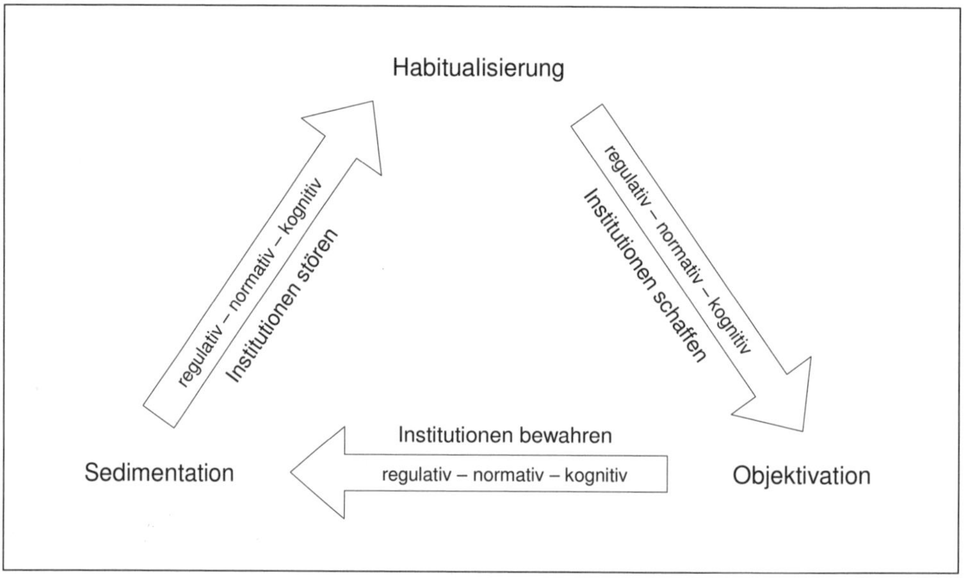

Abb. 1: Institutionalisierung und institutionelle Arbeit

3 Institutionalisierung des Internationalen Managements

3.1 Grundsätzlicher Zugang zur Institutionalisierung des Internationalen Managements

Die Institutionalisierung des IM in der Hochschule ist der Prozess seiner Verankerung im strukturellen Rahmen universitären Handelns. Hierzu muss das IM in den kognitiven, normativen und regulativen Dimensionen der Institution „Hochschule" eingewoben werden, so dass es als eigene Teildisziplin der BWL erscheint. Die Erklärung strukturellen Wandels der Hochschule erfordert einen Rückgriff auf

Veränderungen innerhalb des wissenschaftlich-universitären Feldes und deren Auswirkungen über Zwang, normativen Druck und Mimikry auf die Hochschule. Deshalb sind neben der Hochschule weitere „Baustellen" der Institutionalisierungsarbeit im Feld in den Blick zu nehmen. Die Verankerung des IM in den drei institutionellen Dimensionen lässt sich als das Ergebnis institutioneller Arbeit verstehen, die zu Habitualisierung, Objektivation und Sedimentierung führt. Von einer „stabilen" und „dauerhaften" Institution kann gesprochen werden, wenn eine Verankerung in allen drei Dimensionen über alle drei Phasen erfolgt ist. Die Bedeutung der normativen, regulativen und kognitiven Dimension für eine Institution variiert jedoch je nach Institution und Feldkontext. In unserem Beitrag wird auf die Habitualisierung des IM als Vorbedingung weiterer Objektivation zu Beginn kurz eingegangen, um im Anschluss das Augenmerk v. a. auf die Phase der Objektivation und die mit ihr verbundene Arbeit des Schaffens von Institutionen in der regulativen, kognitiven und normativen Dimension zu richten (vgl. Abbildung 2). Befunde zur Sedimentierung des IM und damit zur Bewahrung von Institutionen werden wir direkt im Anschluss an die Ergebnisse zur Objektivation anführen.

Aufgrund der Ausrichtung des wissenschaftlich-universitären Feldes an der Produktion und Verbreitung von Erkenntnis kommt der kognitiven Dimension eine besondere Bedeutung zu: Hier liegen die größten Freiheitsgrade des Handelns, d. h. neue Ideen, Forschungsfragen und Lehrinhalte können ohne größeren Umbau der Institutionen zur Routine des Handelns werden. So nimmt im wissenschaftlich-universitären Feld die Institutionalisierung in Form der Habitualisierung in der kognitiven Dimension ihren Lauf. Erkennen lässt sich dies v. a. am Angebot einzelner Lehrveranstaltungen zum IM, gegebenenfalls unter Hinzuziehung von Lehrbeauftragten aus der Unternehmenspraxis, oder im Verhalten von funktionsbereichsorientierten BWL-Fachvertretern, die internationale Dimension ihres nicht am IM orientierten betriebswirtschaftlichen Fachgebietes mitzubehandeln.

Kognitive Dimension	Normative Dimension	Regulative Dimension
• Lehrveranstaltungen • Studiengänge • Lehrstühle • Forschungseinrichtungen • Publikationspraxis (Fachzeitschriften, Handbücher, Verlagsreihen, Tagungsbände) • Forschungspraxis (Qualifikationsarbeiten und Forschungsprojekte)	• Korporative Einbindung (wissenschaftliche Kommission im VHB, European International Business Academy (EIBA)) • Karrieremuster (wissenschaftlich und wirtschaftspraktisch)	• Ausstattung der Lehrstühle • Stiftungsprofessuren • Drittmittelausstattung (nationale Forschungsgemeinschaften, Stiftungen, Kooperationsprojekte mit Unternehmen)

Abb. 2: Einbettung des IM in die Dimensionen der Institution „Hochschule"

Für die „Kindheitsphase" des IM an deutschen Hochschulen ist diesbezüglich festzustellen, dass zahlreiche Promotoren des IM als Gründungsväter der Wissenschaftlichen Kommission „Internationales Management" im VHB (vgl. Abschnitt 3.2) agiert haben, obwohl ihre Lehrstühle überwiegend anderen Bereichen der BWL gewidmet waren.[3] Gut drei Dekaden später, also im „Erwachsenenalter" angelangt, ist nach den Befragungsdaten festzustellen, dass an 95,7 % der um Auskunft gebetenen wissenschaftlichen Hochschulen die Fachvertreter der BWL die traditionellen Curricula (nationaler) betriebswirtschaftlicher Funktionsbereichsfragestellungen um die internationale Dimension ergänzen (Engelhard/Schmidt-Wellenburg/Steinhausen 2007, S. 80 f.). Dies bedeutet eine markante Steigerung im Vergleich zu den Angaben in der Ursprungsstudie 1996, nach denen „nur" 75,9 % der befragten Hochschulen angaben, eine derartige Ergänzung vorzunehmen (Engelhard et al. 1996, S. 50 ff.).

Auch der Inhalt der Lehre des IM kann als ein tauglicher Institutionalisierungsindikator (Eckert 2006) gelten, wenn auch ein Großteil davon unter dem Begriff der Habitualisierung zu fassen ist, da keine größeren institutionellen Veränderungen im Rahmen der Hochschule notwendig sind. Eine implizit wirkende Veränderung auch inhaltlicher Art dürfte allerdings von der personellen Besetzung der Lehr- bzw. Lern-Arrangements zum IM ausgehen. Konkret betrifft dies den Anteil ausländischer Dozenten und ausländischer Studierender in den einschlägigen Lehrprogrammen des IM, da durch die Unterschiedlichkeit der kognitiven, landeskulturell geprägten Kontexte Rückwirkungen auf die Wahl der thematischen Schwerpunkte und die Art ihrer Vermittlung zu erwarten sind. Von den befragten Universitäten gaben 63,6 % an, dass Lehrveranstaltungen zum IM sowohl von in- als auch ausländischen Dozenten angeboten werden. Bei den antwortenden Fachhochschulen zeigte sich ein Anteil von 81,8 %. Über welches Qualifikationsprofil die jeweiligen Dozenten verfügen, konnte nicht in Erfahrung gebracht werden. Zudem ist durchschnittlich fast jeder vierte Studierende in IM-Lehrveranstaltungen ausländischer Herkunft, Befragungsunterschiede zwischen den beiden Hochschultypen konnten diesbezüglich nicht festgestellt werden (Engelhard/Schmidt-Wellenburg/Steinhausen 2007, S. 89 ff.).

Erste Erfahrungen der Autoren mit der Umstellung auf Bachelor- und Master-Studiengänge geben Anlass zu der Vermutung, dass sich dieser Trend nachhaltig fortsetzen wird. Gerade für die Phase der Habitualisierung ist daher das Zusam-

3 Zur Gründungsphase der Wissenschaftlichen Kommission „Internationales Management" existiert bedauerlicherweise kein öffentlich verfügbares Dokument. Nach der subjektiven Erinnerung eines der ersten Mitglieder waren folgende Fachvertreter in der Entstehungssituation aktiv: Busse von Colbe, Dülfer, Kulhavy, Macharzina, Meissner, Pausenberger, Sieber, Wacker.

menspiel zwischen der Internationalisierung des Managements und der Internationalisierung des Marketings, der Finanzierung, der Rechnungslegung etc. zu betonen, welches dem Wirkmechanismus kommunizierender Röhren ähnlich ist.

Forschungsfragen bei Nachwuchswissenschaftlern können als Indiz für die Habitualisierung des IM gelten. Diesbezüglich ist auf die frühen Arbeiten an den Lehrstühlen für Marketing (Kulhavy, Linz), Unternehmensführung (Sieber, Nürnberg) sowie Internationale Unternehmungen und Unternehmenszusammenschlüsse (Pausenberger, Gießen) zu verweisen.

3.2 Kognitive Dimension

Von einer fortgeschritteneren Institutionalisierung kann aber erst mit Beginn der Objektivation gesprochen werden. Im Fall von wissenschaftlichen Institutionen wie der des IM ist deren Positionierung in der kognitiven Dimension gegenüber anderen theoretischen Schulen und Paradigmen entscheidend, da doch ein Großteil der wissenschaftlichen Praxis auf die Etablierung und Ausarbeitung dieser Differenzen spezialisiert ist. Von einer Institutionalisierung kann hier ausgegangen werden, wenn die Problemstellung des IM als wissenschaftlich legitim, die verwendeten Methoden als wissenschaftlich exakt und die vorgeschlagenen Problemlösungen als wissenschaftlich begründet innerhalb der BWL verankert worden sind. Hierfür ist theoretische Arbeit notwendig, welche die zentrale Problemstellung des IM benennt, diese auf etablierte Problemstellungen des Fachs bezieht und Lösungspotentiale aufzeigt, die alleine dem IM möglich sind und sich in exklusiven Konzepten niederschlagen. So geraten mit der Etablierung neuer Kategorien und Typologien etablierte Zugänge unter Druck, da ihre Grundannahmen hinterfragt und so als kontingent gesetzt erkennbar werden. Trotz aller partieller Differenzen kann davon ausgegangen werden, dass der Gegenstand der IM-Wissenschaft in der unternehmensstrategischen Handhabung der Heterogenität der jeweiligen Umwelten von Ländermärkten gesehen wird, in denen grenzüberschreitend tätige Unternehmen operieren (Macharzina/Engelhard 1987, S. 320 ff.).[4]

Die Etablierung der grundlegenden Problemstellungen des Fachs geht jedoch nicht nur mit Abgrenzungstendenzen, sondern oftmals auch mit der Bezugnahme auf

---

4 Vgl. dazu die Beiträge von Michael Kutschker „Identität des Faches ‚Internationales Management' innerhalb der Betriebswirtschafts- und Managementlehre", von Joachim Wolf „Das Internationale Management aus organisationswissenschaftlicher Sicht" sowie von Georg Trautnitz und Johann Engelhard „Globalität und Normativität – Zur systematischen Bedeutung normativer Fragen für die Disziplin des Internationales Managements" in diesem Band.

ältere Fraktionen und deren Konfliktlinien einher. So knüpft die Frage einer Institutionalisierung des Fachs an die grundlegend differente Sicht von Management- und Betriebswirtschaftslehre an und legt diese Auseinandersetzung als Abgrenzung einer Internationalen BWL und eines IM neu auf.[5] Die Institutionalisierung schlägt sich in der Publikationspraxis nieder, wobei Indizien für deren Wandel die Aufnahme der Teildisziplin in Handbücher und Standardeinführungswerke, die Gründung eigener Reihen des IM bei Verlagen und die Herausgabe von Sonderheften zum Thema durch die zentralen Fachzeitschriften oder die erfolgreiche Gründung eigener Fachzeitschriften sind.[6]

Auch die Zunahme von Forschungsaktivitäten in Form von Qualifikationsarbeiten (Dissertationen und Habilitationen) und Forschungsprojekten des IM ist ein Indiz dafür, dass sich dessen Perspektive etablieren konnte, da sie nun lohnende Forschungslücken aufzeigt. Immerhin 65,9 % der befragten Universitäten und noch 54,8 % der befragten Fachhochschulen gaben an, dass sich die Attraktivität von Qualifikationsarbeiten mit Bezug zum IM in den vergangenen zehn Jahren erhöht habe. Einige Respondenten artikulierten sogar, dass IM die am stärksten nachgefragte (Teil-)Disziplin ihrer Fakultät bzw. ihres Fachbereiches im Rahmen von Promotionsbewerbungen darstelle. Zur Begründung wurde auf die für eine anwendungsorientierte BWL zunehmende Bedeutung internationaler Fragestellungen im Zuge der Globalisierung, auf gewachsene Anforderungen an den Managementnachwuchs sowie zunehmende internationale Kooperationen in interdisziplinären Forschungseinheiten verwiesen (Engelhard/Schmidt-Wellenburg/Steinhausen 2007, S. 66 ff.).

Neben der Theoriebildung kann die Lehre als wichtigstes Instrument der Institutionalisierung in der kognitiven Dimension gelten. Außerhalb des universitären Kontextes schlägt sich dies in Workshops und Tagungen sowie in eher praktisch ausge-

---

5 Vgl. dazu den Beitrag von Michael Kutschker „Identität des Faches ‚Internationales Management' innerhalb der Betriebswirtschafts- und Managementlehre" in diesem Band.

6 Eine Übersicht über deutschsprachige Standardwerke und Lehrbücher zum Internationalen Management findet sich bei Eckert (2006, S. 60 ff.). Vgl. ferner den Beitrag von Stefan Eckert „Lehre zum Internationalen Management im deutschsprachigen Raum" in diesem Band. Als erstes Kompendium kann das „Handwörterbuch Export und Internationale Unternehmung (HWInt)" von Macharzina und Welge (1989, Hrsg.) angesehen werden; als einschlägige deutschsprachige IM-Verlagsreihe ist die seit 1992 im Gabler-Verlag erscheinende „mir-Edition" anzuführen; als einschlägige deutschsprachige IM-Fachzeitschrift ist schließlich „mir" (Management International Review) zu benennen, welche in ihrer Anfangszeit noch deutsch-englisch-französisch-sprachig erschien; zu verweisen ist zudem auf die Reihe an Tagungsbänden der Wissenschaftlichen Kommission „Internationales Management", die mit Pausenberger (1981, Hrsg.) eröffnet wurde.

richteten Fortbildungen und Trainings nieder. Innerhalb der Hochschulen kann der Grad der Institutionalisierung auch am Stellenwert des IM in den Studienordnungen betriebswirtschaftlicher Studiengänge abgelesen werden: Die lehrbezogenen Untersuchungsergebnisse zur curricularen Einbindung von Lehrveranstaltungen des IM sind in den Abbildungen 3 und 4 zusammengefasst.

	Daten			Item		
Lehrprogramme	Gesamt (N)	Gültig (n)	Fehlend	Häufigkeit	in %	Gültig (in %)
Diplom-/Magister-studiengang	95	95	0	14	14,7	14,7
Bachelor-Studiengang	95	95	0	10	10,5	10,5
Master-Studiengang	95	93	2	25	26,3	26,9
Aufbaustudiengang	95	94	1	8	8,4	8,5
Studienschwerpunkt	47	46	1	15	31,9	32,6
Studienfach	47	47	0	26	55,3	55,3
Paketfach	47	46	1	6	12,8	13,0
Ergänzung Curricula	47	46	1	44	93,6	95,7
Einzelne Lehr-veranstaltungen	47	46	1	37	78,7	80,4

Abb. 3: Lehrprogramme zum IM an deutschsprachigen Universitäten in Deutschland, Österreich und der Schweiz
Quelle: in Anlehnung an Engelhard/Schmidt-Wellenburg/Steinhausen (2007), S. 70.

Den Befunden ist zu entnehmen, dass einzeln eingestreute Lehrveranstaltungen zum IM als Teil der klassischen betriebswirtschaftlichen Ausbildung sowie die Ergänzung traditioneller Curricula (nationaler) betriebswirtschaftlicher Funktionsbereichsfragestellungen um die internationale Dimension an vier Fünftel aller deutschsprachigen Hochschulen angeboten werden. Umfänglichere und stärker eigenständig ausgebildete Lehrprogramme finden sich an deutlich weniger Hochschulen. Etwas mehr als die Hälfte der befragten Hochschulen verfügen über ein Studienfach IM, einen einschlägigen Studienschwerpunkt weist nur noch ein Drittel auf. Unter erhebungstechnischem Vorbehalt stehen die entsprechenden Fachhochschulziffern, bei denen eine Verzerrung aufgrund der deutlich geringeren Rücklaufquote nicht grundsätzlich ausgeschlossen werden kann (Engelhard/Schmidt-Wellenburg/Steinhausen 2007, S. 42): Bei den befragten Einrichtungen verfügen demnach etwa zwei Drittel über ein Studienfach IM, mehr als die Hälfte gibt an, einen einschlägigen Studienschwerpunkt anzubieten. Über eigenständige Studiengänge des IM als nachhaltigstes Lehrkonzept verfügen erwartungsgemäß die wenigsten Hochschulen. Bemerkenswert ist hier wiederum der vergleichsweise höhere Anteil an Fachhochschulen. So verfügen 42,9 % der befragten Fachhochschulen über einen eigenständigen Bachelor-Studiengang IM, bei den Universitäten mit wirtschafts- und sozialwissenschaftlichen Fakultäten sind dies nur 10,5 %. Insgesamt konnte bei sämtlichen Ausprägungsformen von Lehrveranstaltungen zum IM eine deutliche Steigerung im Vergleich zu den Befunden der Ursprungsstudie von 1996 verzeichnet werden (Engelhard et al., S. 45 ff.).

	Daten			Item		
Lehrprogramme	Gesamt (N)	Gültig (n)	Fehlend	Häufigkeit	in %	Gültig (in %)
Diplom-/Magister-studiengang	35	34	1	9	25,7	26,5
Bachelor-Studiengang	35	35	0	15	42,9	42,9
Master-Studiengang	35	35	0	13	37,1	37,1
Aufbaustudiengang	35	33	2	3	8,6	9,1
Studienschwerpunkt	35	35	0	20	57,1	57,1
Studienfach	35	35	0	24	68,6	68,6
Paketfach	35	32	3	6	17,1	18,8
Ergänzung Curricula	35	34	1	29	82,9	85,3
Einzelne Lehrveranstaltungen	35	34	1	27	77,1	79,4

Abb. 4: Lehrprogramme zum IM an deutschsprachigen Fachhochschulen in Deutschland, Österreich und der Schweiz
Quelle: in Anlehung an Engelhard/Schmidt-Wellenburg/Steinhausen (2007), S. 70.

Im Hinblick auf die fortschreitende Spezialisierung von Studiengängen im Kontext des Bologna-Prozesses ist zudem zu betonen, dass 26,9 % der befragten Universitäten über einen Master-Studiengang IM verfügen; der Anteil dieser Studiengangskategorie liegt damit deutlich über dem Anteil der Diplomstudiengänge IM und auch der Bachelor-Studiengänge IM. Dem vorliegenden Datenmaterial ist nicht zu entnehmen, ob mit der bislang noch eher seltenen konsekutiven Auslegung der Studienprogramme für IM die frühere Debatte um die Ansiedlung von Themen des IM in „höheren Semestern“, also in vormals als „Aufbaustudiengängen“ bezeichneten Programmen fortschwingt.

Auf die Zielsetzungen des Bologna-Prozesses ist ebenso zurückzuführen, dass keine einzige Hochschule die Einführung von Diplom- oder Magisterstudiengängen für IM plant. Immerhin gaben zwei der befragten 43 Universitäten an, neue

Bachelor-Studiengänge für IM einführen zu wollen; sieben planen die Etablierung einschlägiger Master-Studiengänge. Vier der befragten 29 Fachhochschulen gaben an, eigenständige Bachelor-Studiengänge für IM einzuführen; zehn planen die Schaffung von Master-Studiengängen (Engelhard/Schmidt-Wellenburg/Steinhausen 2007, S. 93 ff.). Als Gründe für die Vervielfachung der Angebotspalette wurden angeführt: die Einrichtung fachspezifischer Lehrkörper, Streben nach internationaler Profilbildung, (verstärkte) Einbindung von ausländischen Gastdozenten und wachsende Zahl von Kooperationsabkommen mit ausländischen Partnerhochschulen.

Auch die Etablierung von Lehrstühlen für IM und die Bedeutung des IM im wissenschaftlichen Profil von Lehrstuhlinhabern sind Anzeichen der institutionellen Verankerung: 52 der 95 deutschsprachigen wissenschaftlichen Hochschulen verfügen über Lehrstühle oder Professuren, deren Denomination einen Bezug zum IM aufweist. Dies entspricht einer Quote von 55,3 %. Im Bereich der befragten Fachhochschulen liegt der Anteil mit 70,6 % deutlich über dem Niveau der Universitäten. Von den 52 Universitäten mit Lehrstühlen oder Professuren des IM verfügen 28 über Lehrstühle oder Professuren, die ausschließlich dem IM gewidmet sind (z. B. Lehrstuhl für Betriebswirtschaftslehre, insbesondere Internationales Management). Dabei haben fünf Universitäten mehr als eine entsprechende Einrichtung, so dass es sich insgesamt um 34 Lehrstühle bzw. Professuren für IM handelt. Im Vergleich mit der Erhebung 1996 kann damit festgestellt werden, dass sich die Zahl der deutschsprachigen Universitäten mit einem vollständig dem IM gewidmeten Lehrstuhl oder einer entsprechenden Professur von 15 auf 28 nahezu verdoppelt hat. An neun der 95 deutschsprachigen Universitäten befindet sich ein Lehrstuhl oder eine Professur, der bzw. die neben einem funktionsorientierten Teilgebiet auch Fragen des IM gewidmet ist (beispielsweise der Lehrstuhl für Allgemeine Betriebswirtschaftslehre, insbesondere Marketing und International Business). Im Zehnjahresvergleich ist damit eine Steigerung von sechs auf neun Lehrstühle bzw. Professuren festzustellen. Lehrstühle oder Professuren, deren Denomination sich ausschließlich auf ein funktionsorientiertes Teilgebiet innerhalb des IM bezieht (z. B. Lehrstuhl für Internationale Rechnungslegung), finden sich an 22 Universitäten. Da darunter vier Universitäten über mehr als eine entsprechende Einrichtung verfügen, handelt es sich um insgesamt 27 einschlägige Lehrstühle bzw. Professuren. Die Anzahl deutschsprachiger Universitäten mit dieser Lehrstuhl- bzw. Professurkategorie ist damit binnen der letzten zehn Jahre um das Zweieinhalbfache gestiegen. Im Vergleich zu den beiden vorgenannten Lehrstuhl- bzw. Professurkategorien ist damit die internationale Dimension der Funktionsorientierung innerhalb der BWL am stärksten gewachsen (Engelhard et al. 1996, S. 35 ff., Engelhard/Schmidt-Wellenburg/Steinhausen 2007, S. 44 ff.).

Inwieweit eine derartige Entwicklung als eine Reaktion auf die steigende Nachfrage der einzelnen betriebswirtschaftlichen Fachrichtungen nach einer verstärkten Internationalisierung ihrer eigenen Teildisziplin zu sehen ist (Macharzina 2002, S. 504 f.), kann an dieser Stelle offen bleiben. An dieser Entwicklung der IM-relevanten Betriebswirtschaftslehre hervorzuheben sind allerdings vier Aspekte: Es existieren in der Betriebswirtschaftslehre offensichtlich funktionsbereichsorientierte Einrichtungen, (1) bei denen nur die nationale Dimension untersucht wird, (2) bei denen ohne Änderung der Denomination neben der nationalen auch die internationale Dimension behandelt wird, (3) bei denen nach Änderung der Denomination neben der nationalen auch die internationale Dimension behandelt wird, sowie (4) bei denen nur die internationale Dimension gelehrt und erforscht wird, da die nationale Dimension bereits durch einen parallelen Lehrstuhl oder eine Professur abgedeckt sein dürfte. Der verstärkte Ausweis der internationalen Dimension wirft zudem die Frage auf, ob die zunehmend routinemäßige Ausweisung der internationalen Dimension dazu führt, dass diese als der Normalfall betrachtet wird und deshalb künftig Ausnahmefälle geschaffen werden dürften, die sich ausschließlich den nationalen Belangen der Funktionsbereichslehren widmen (sollten).

Auch die Gründung von Forschungseinrichtungen, die sich prioritär mit Fragestellungen des IM beschäftigen, gibt Aufschluss über die Etablierung der Perspektive des IM im Kanon der betriebswirtschaftlichen Teildisziplinen. Über derart ausgerichtete Forschungseinrichtungen verfügen acht der 47 befragten wissenschaftlichen Hochschulen, wobei sechs Forschungsinstitute, eine Forschungsstelle sowie eine sonstige Einrichtung genannt wurden. Sechs von 35 der befragten Fachhochschulen verfügen über solche Forschungseinrichtungen, wobei hier zwei Forschungsinstitute, eine Forschungsstelle und drei sonstige Einrichtungen angeführt wurden (Engelhard/Schmidt-Wellenburg, Steinhausen 2007, S. 54 ff.). Angesichts des zwischen Universitäten und Fachhochschulen nach wie vor differierenden gesetzlichen Forschungsauftrages ist der vergleichsweise hohe Anteil (anwendungsorientierter) Forschungseinrichtungen des IM bei Fachhochschulen durchaus bemerkenswert.

42,2 % der befragten Universitäten gaben an, dass sich die Zahl wissenschaftlicher Einrichtungen mit Bezug zum IM in den letzten zehn Jahren bei ihnen erhöht hat, bei den Fachhochschulen waren es 53,1 %, welche eine Vermehrung bestätigten. Als Begründung für den Ausbau der Forschungseinrichtungen des IM wurden die Zunahme internationaler Forschungs- und Lehrkooperationen und die deutlich gestiegene Nachfrage von Studienanfängern und Unternehmen nach derartigen Einrichtungen genannt (Engelhard/Schmidt-Wellenburg/Steinhausen 2007, S. 57 f.).

Rund zwei Drittel der befragten Universitäten sowie etwa die Hälfte der befragten Fachhochschulen gaben zudem an, dass sich die fachliche Ausrichtung der wissenschaftlichen Einrichtungen mit Bezug zum IM in der letzten Dekade geändert habe. Als Grund hierfür wurde die Notwendigkeit der stärkeren Spezialisierung des Lehr- und Forschungsspektrums, nicht zuletzt im Zusammenhang mit Neugründungen oder Umwidmungen genannt (Engelhard/Schmidt-Wellenburg/Steinhausen 2007, S. 59 f.). Jeweils acht der befragten Universitäten bzw. Fachhochschulen verwiesen zudem auf Ausbaupläne im Sinne der erstmaligen Schaffung von wissenschaftlichen Einrichtungen mit Bezug zum IM (Engelhard/Schmidt-Wellenburg/Steinhausen 2007, S. 60 f.).

Die isomorphen Tendenzen von Hochschulen lassen sich über deren mimetische Anpassung aufgrund latenter Unsicherheit in der wissenschaftlichen Ausrichtung ihres Profils erklären. Sie orientieren sich entweder an als legitim erachteten Fächerdifferenzierungen, immer mit dem Ziel über einen wissenschaftlich „vollständigen" Fachbereich der BWL zu verfügen, oder an den als wissenschaftlich interessant erachteten neuen Fragen der Unternehmenspraxis. Im Hinblick auf die Erklärung von Institutionenwandel sind beide Dimensionen nur analytisch trennbar. Gleichwohl spricht vieles für die Innovationslogik als Auslöser.

3.3 Normative Dimension

Der zentrale Aspekt der Institutionalisierung in der normativen Dimension ist die Etablierung einer durch ihre Moral abgrenzbaren Gemeinschaft. Die Mitglieder der Gemeinschaft teilen deren Werte und identifizieren sich über die Ausrichtung ihres Handelns an deren Normen als ihr zugehörig. Die Erfüllung von rollen- oder positionsbezogenen Fremd- und Selbsterwartungen ist klassischerweise Handeln in der Logik der Angemessenheit. Von einer Institutionalisierung des IM in der normativen Dimension kann gesprochen werden, wenn die normative Idealvorstellung wissenschaftlich-universitären Handelns in der BWL Praktiken des IM umfasst.

Dies schlägt sich in der korporativen Einbindung von Wissenschaftlern, die sich dem IM verpflichtet sehen, nieder. Diesbezüglich ist in der historischen Abfolge zuerst auf die European International Business Association (EIBA, später umbenannt in European International Business Academy) zu verweisen. Von der European Management Foundation Brüssel, im Jahr 1974 gegründet, koordiniert die EIBA bevorzugt europaweit Forschungsvorhaben mit einem Bezug zum IM und bietet über ihre Jahrestagungen eine Plattform für den wissenschaftlichen Nachwuchs. Im Rahmen des VHB wurde in Deutschland 1976 die Wissenschaftliche Kommission IM gegründet, deren erste Jahrestagung bereits 1977 in Dortmund stattfand. War es damals noch eine Handvoll ambitionierter betriebswirtschaftlicher Fachvertreter, so zählt die Kommission IM im Jahr 2008 mit 142 Mitgliedern zu den größten des Verbandes. Bei der Betrachtung der Mitgliedschaftszusammensetzung zeigen sich allerdings institutionalisierungsbedeutsame Auffälligkeiten.

Von den 65 oben genannten Lehrstühlen bzw. Professuren mit Bezug zum IM waren nur 30 (46,2 %) Inhaber dieser Lehrstühle bzw. Professuren Mitglied der Kommission. 23 dieser 30 Fachvertreter gehören zugleich mindestens einer weiteren Kommission des Verbandes an. Weitere elf Fachvertreter waren in einer anderen Kommission des Verbandes organisiert, ohne dabei zugleich Mitglied der Kommission IM zu sein. Die Bindung an die Kommission IM spiegelt damit die Repräsentanz des IM als betriebswirtschaftliche Teildisziplin nur unzureichend wider. Außerdem ist davon auszugehen, dass bei den Inhabern von Lehrstühlen bzw. Professuren, welche einem funktionsorientierten Teilgebiet innerhalb des IM gewidmet sind, die Bindung an die jeweilige funktionsbereichsbezogene Kommission (beispielsweise Bankbetriebslehre bzw. Finanzierung oder Marketing) stärker zu sein scheint. So gehören von den 25 Inhabern von Lehrstühlen bzw. Professuren, die einem funktionsorientierten Teilgebiet innerhalb des IM gewidmet sind, acht (32 %) Fachvertreter mindestens einer Kommission des Verbandes an, ohne dabei Mitglied der Kommission IM zu sein. Hingegen sind nur fünf (20 %) Fachvertreter in der Kommission IM organisiert, von denen dabei drei zugleich Mitglied einer weiteren Kommission des Verbandes sind (Engelhard/Schmidt-Wellenburg/Steinhausen 2007, S. 53 f.).

Darüber hinaus lässt sich eine normative Institutionalisierung des IM am Grad der Verankerung in Karrieremustern ablesen: Ist die Beschäftigung mit dem Forschungsparadigma des IM eine tragfähige Option für eine wissenschaftliche oder wirtschaftspraktische Karriere? Als Indiz hierfür dienen im Weiteren die Anzahl der Doktoranden und Habilitanden sowie die Einschätzung des zukünftigen Bedarfs an habilitierten Nachwuchswissenschaftlern. Bei den Universitäten gaben 75,6 %, bei den Fachhochschulen 10,3 % an, auf dem Gebiet des IM Doktoranden zu graduieren. Angesichts des überwiegend fehlenden Promotionsrechtes bei Fachhochschulen überrascht dieser Befund nicht. Erstaunlich ist hingegen, dass an immerhin noch 24,4 % der an der Untersuchung beteiligten Universitäten keine Dissertationen im IM verfasst werden. Ähnliche Befunde wurden jedoch bereits in der Ursprungsstudie aus dem Jahre 1996 verzeichnet (Engelhard et al., S. 40 ff.).

31,8 % der befragten Universitäten gaben allgemein an, Habilitanden im Bereich des IM zu qualifizieren. Bei den Universitäten mit wissenschaftlichen Einrichtungen zum IM war die Nennung um 6,1 Prozentpunkte höher (Engelhard/Schmidt-Wellenburg/Steinhausen 2007, S. 62 f.). Nach den Befragungsdaten ist vom Abschluss von 31 Habilitationsverfahren im Bereich des IM in den Studienjahren 2006/07 bis 2010/11 auszugehen, im Gegensatz zu 13 in den Jahren 1995/96 bis 1999/2000. Dies deutet auf eine Institutionalisierung des IM in den wissenschaftlichen Karrieremustern hin (Engelhard/Hein/Saslona/Specker 1996, S. 44 f., Engelhard/Schmidt-Wellenburg/Steinhausen 2007, S. 65 f.). Ob und inwieweit damit ein Angebotsüberschuss an Habilitanden erzeugt wird, ist nur durch das faktische Wachstum von relevanten Lehrstühlen bzw. Professuren für IM und durch die multifunktionale Verwendbarkeit der Habilitanden für andere betriebswirtschaftliche Teilgebiete zu beantworten. Nach den Befragungsdaten wäre für den Untersuchungszeitraum 2006 bis 2015 nur von einem Bedarf von 15 habilitierten Nachwuchswissenschaftlern für den Bereich des IM auszugehen (Engelhard/Schmidt-Wellenburg/Steinhausen 2007, S. 63 f.).

3.4 Regulative Dimension

In der regulativen Dimension schlägt sich eine Verankerung des IM im Zugang zu autoritativen und materiellen Ressourcen innerhalb der Universität nieder, d. h. in Form der Ausstattung von Lehrstühlen funktionsorientierter Teilgebiete mit einer Ausrichtung auf IM und von Lehrstühlen, die ausschließlich dem IM gewidmet sind. Hier geht der Etablierung des IM institutionelle Arbeit nicht nur auf universitärer Ebene, sondern v. a. in der Auseinandersetzung mit der Ministerialbürokratie voraus, wobei direkte Überzeugungsarbeit und die Mobilisierung politisch-administrativer Unterstützung Mittel der Wahl sind. Hinzu treten im Fall von Stiftungsprofessuren Unternehmen und im Fall von anderen Drittmitteln die Deutsche Forschungsgemeinschaft und Stiftungen, die in ihren Fachkollegien und wissenschaftlichen Beiräten davon überzeugt werden sollen, dass die Perspektive des IM förderungswürdig ist. Bei projektbezogenen Drittmitteln handelt es sich jedoch im Vergleich zu Lehrstühlen um eine kurzfristigere Festschreibung von Ressourcen und somit um einen geringeren Grad der Institutionalisierung. Betrachtet man die Stellung des IM in der regulativen Dimension, so bestehen unserer Ansicht nach keine gravierenden Unterschiede zu anderen (Teil-)Disziplinen der BWL, so dass von einer geglückten Institutionalisierung gesprochen werden kann.[7]

7 Weiterführende und einen Vergleich unterschiedlicher Institutionalisierungsprofile der (Teil-)Disziplinen der BWL ermöglichende empirische Forschung ist für alle drei Dimensionen wünschenswert. Auf Grund der Anlage der Validierungsstudie kann dies hier nicht geleistet werden.

4 Fazit: Internationales Management ist eine Institution

IM ist eine vergleichsweise junge Teildisziplin innerhalb der BWL. Von daher überrascht es nicht, dass sie bislang noch nicht jenen Stellenwert und die Verbreitung gefunden hat, wie die im Sinne von Gutenberg klassischen Funktionsbereiche Produktion, Absatz und Finanzierung. Die empirischen Befunde stützen gleichwohl die folgende Feststellung: IM als wissenschaftliche Teildisziplin ist eine Institution! IM ist im strukturellen Handlungsrahmen der Institution „Hochschule" sowohl in der kognitiven als auch der normativen und der regulativen Dimension verankert. Damit ist jene Bedingung erfüllt, die im eingangs gewählten Institutionalisierungskonzept als Voraussetzung für die Existenz von Institutionen eingeführt wurde.

Der markante Zuwachs insbesondere von Lehrstühlen bzw. Professuren, Forschungseinrichtungen und Studienprogrammen ist als großer Erfolg der Institutionalisierungsarbeit eines zahlenmäßig gering besetzten, gleichwohl effizient wirkenden Netzwerks engagierter IM-Promotoren zu interpretieren. Diese Würdigung soll auch deshalb hervorgehoben werden, weil nicht nur das Beispiel „E-Commerce" zeigt, dass es keineswegs immer gelingt, ein emergierendes Thema über den Status einer „Mode" (Kieser 1996) hinaus strukturell zu verfassen. Das bislang erreichte Institutionalisierungsniveau des IM schafft zudem günstige Voraussetzungen für dessen Fortentwicklung im Sinne einer sich selbst verstärkenden Entwicklungsspirale. Die bereits vorhandene strukturelle Basis der IM-Wissenschaft und deren „Regelhaftigkeit" im Handeln ihrer Fachvertreter produzieren eine wissenschaftliche Leistung in Form von Forschungsarbeiten, Absolventen einschlägiger Studiengänge etc., welche die weitere Ausdehnung des wissenschaftlichen Feldes und dessen Professionalisierung begünstigt.

Als herausragende Chance kann diesbezüglich die Entstehung eines Europäischen Hochschulraumes und die damit einhergehende Einführung neuer Studiengänge gesehen werden. Es handelt sich hierbei um einen regulativen Zwang von Seiten der Politik zur Einführung von Bachelor-, Master- und Graduiertenprogrammen, welcher die Möglichkeit der Etablierung neuer Fachrichtungen bietet (Eckert 2006). Zudem wird von politischer Seite den Hochschulen mehr Entscheidungsspielraum zuerkannt, was mit einer gesteigerten Selbstwahrnehmung der Hochschule als autonomer Organisation einhergeht (Krücken/Meier 2006). Die Hochschulen begreifen sich zunehmend als Akteure in einem Wettbewerb um Studierende, Dozenten und finanzielle Ressourcen. Diese Konkurrenzsituation erhöht den Druck zur Profilbildung. Eine naheliegende Antwort hierauf besteht in der Aufnahme neuer Fachgebiete wie IM in den Kanon des Angebotsspektrums.

Trotz aller berechtigten Begeisterung über die Institutionalisierungserfolge im IM gilt es, naiver Euphorie hinsichtlich der Dauerhaftigkeit des Erreichten Einhalt zu gebieten. Der historischen Jugendlichkeit des IM ist der Umstand geschuldet, dass der Lackmustest seiner Persistenz noch nicht abgeschlossen ist. Die Sedimentierung des IM kann erst dann als gelungen bezeichnet werden, wenn die Teildisziplin über Akteursgenerationen hinweg fortbesteht. Erst die Wiederbesetzung der von der Gründergeneration aufgebauten Lehrstühle bzw. Professuren wird letztlich erweisen, wie es um deren Behauptung und Fortführung bestellt ist. Da der Wettbewerb um die Besetzung wissenschaftlicher Themen und die Allokation von Ressourcen sich eher noch intensivieren dürfte, besteht Handlungsbedarf für neue Institutionalisierungsarbeit.

Die Ansatzpunkte hierfür sind bevorzugt wissenschaftspolitischer Natur. Durch die wachsende Finalisierung der Wissenschaft über hochschulextern definierte Forschungs(rahmen)programme, Projekte u. Ä. erodiert die Stabilität der auf Basis wissenschaftstheoretischer Konsensbildungsprozesse gefundenen Gliederung der Universitas Literarum. Die Behauptung der Identität von (Teil-)Disziplinen im Meer des nicht planbaren Wissenschaftswandels wird von daher grundsätzlich zu einer Daueraufgabe der Institutionalisierungsarbeit, insbesondere allerdings für jüngere (Teil-)Disziplinen. Von der latent stets in Aussicht stehenden Fluidisierung der Disziplingrenzen betroffen ist auch das Verhältnis zwischen dem IM und den Lehr- und Forschungseinrichtungen, die der internationalen Dimension betriebswirtschaftlicher Funktionsbereichslehren (Internationale Rechnungslegung etc.) gewidmet sind. Auch hier dürfte es erheblich darauf ankommen, die herausragende Bedeutung der Querschnittsfunktion des Managements gegenüber den Funktionsbereichslehren mit Bezug auf deren Integrationserfordernis zu verteidigen. Letzteres könnte umso leichter gelingen, je weiter die Professionalisierung der IM-Karrieremuster vorangebracht wird. Solange IM-Lehrstühle bzw. IM-Professuren mit wissenschaftlichem Nachwuchs aus (national orientierten) Funktionsbereichslehren besetzt werden, obwohl Bewerberpotential mit einschlägig IM-bezogener Qualifikation zur Verfügung steht, sind IM-identitätsmindernde Phänomene unvermeidlich. Bezüglich dieser normativen Dimension der Institutionalisierung bietet sich die Weiterentwicklung der Wissenschaftlichen Kommission „Internationales Management“ zu einem gesellschaftlichen und politischen Akteur an.

Literatur

Berger, P. L./Luckmann, T. (2000): Die gesellschaftliche Konstruktion der Wirklichkeit: Eine Theorie der Wissenssoziologie. 17. Aufl., Fischer, Frankfurt a. M., 2000.

Bourdieu, P. (1988): Homo Academicus. Suhrkamp, Frankfurt a. M., 1988.

Bourdieu, P. (1993): Sozialer Sinn: Kritik der theoretischen Vernunft. Suhrkamp, Frankfurt a. M., 1993.

Coase, R. H. (1937): The Nature of the Firm. In: Economica, 4. Jg., Nr. 16, 1937, S. 386-405.

Eckert, S. (2006): Internationales Management als Lehrfach an Universitäten und Fachhochschulen im deutschsprachigen Raum. International Management Working Paper Series Nr. 1, Internationales Hochschulinstitut Zittau, 2006.

Edeling, T. (2002): Organisation als Institution. In: Maurer, A./Schmid, M. (2002, Hrsg.): Neuer Institutionalismus: Zur soziologischen Erklärung von Organisation, Moral und Vertrauen. Campus, Frankfurt a. M., New York/NY, 2002, S. 219-235.

Engelhard, J./Hein, S./Saslona, K./Specker, T. (1996): Internationalisierung der Betriebswirtschaftslehre an wissenschaftlichen Hochschulen/Universitäten in Deutschland, Österreich und der Schweiz: Stand der Institutionalisierung und Entwicklungsperspektiven. Bamberger Betriebswirtschaftliche Beiträge Nr. 109, Otto-Friedrich-Universität Bamberg, 1996.

Engelhard, J./Schmidt-Wellenburg, C./Steinhausen, D. (2007): Internationalisierung der Betriebswirtschaftslehre an Universitäten und Fachhochschulen in Deutschland, Österreich und der Schweiz: Stand der Institutionalisierung und Entwicklungsperspektiven: Eine Validierungsstudie (1996/2006). Bamberger Betriebswirtschaftliche Beiträge Nr. 145, Otto-Friedrich-Universität Bamberg, 2007.

Esser, H. (1993): Soziologie: Allgemeine Grundlagen. Campus, Frankfurt a. M., New York/NY, 1993.

Fligstein, N. (2001): The Architecture of Markets: An Economic Sociology of Twenty-First Century Capitalist Societies. Princeton University Press, Princeton/NJ et al., 2001.

Giddens, A. (1988): Die Konstitution der Gesellschaft: Grundzüge einer Theorie der Strukturierung. Campus, Frankfurt a. M., New York/NY, 1988.

Hall, P. A./Taylor, R. C. R. (1996): Political Science and the Three New Institutionalisms. In: Political Studies, 44. Jg., Nr. 5, 1996, S. 936-957.

Jepperson, R. L. (2002): The Development and Application of Sociological Neoinstitutionalism. In: Berger, J./Zelditch, M. (2002, Hrsg.): New Directions in Contemporary Sociological Theory. Rowman & Littlefield Publishers, Lanham/MD et al., 2002, S. 229-266.

Keohane, R. O. (1989): International Institutions: Two Approaches. In: Keohane, R. O. (1989, Hrsg.): International Institutions and State Power. Westview Press, Boulder/CO, 1989.

Kieser, A. (1996): Moden & Mythen des Organisierens. In: Die Betriebswirtschaft, 56. Jg., Nr. 1, 1996, S. 21-39.

Krücken, G./Meier, F. (2006): Turning the University into an Organizational Actor. In: Drori, G. S./Meyer, J. W./Hwang, H. (2006, Hrsg.): Globalization and Organization: World Society and Organizational Change. Oxford University Press, Oxford et al., 2006, S. 241-257.

Lawrence, T. B./Suddaby, R. (2006): Institutions and Institutional Work. In: Clegg, C. S./ Hardy, C./Lawrence, T. B./Nord, W. R. (2006, Hrsg.): The Sage Handbook of Organization Studies. Sage, London et al., 2006, S. 215-254.

Macharzina, K. (2002): Internationales Management: Späte Rezeption und steile Entwicklung. In: Gaugler, E./Köhler, R. (2002, Hrsg.): Entwicklungen der Betriebswirtschaftslehre: 100 Jahre Fachdisziplin: Zugleich eine Verlagsgeschichte. Schäffer-Poeschel, Stuttgart, 2002, S. 491-508.

Macharzina, K./Engelhard, J. (1987): Internationales Management. In: Die Betriebswirtschaft, 47. Jg., Nr. 3, 1987, S. 319-344.

Macharzina, K./Welge, M. K. (1989, Hrsg.): Handwörterbuch Export und Internationale Unternehmung. Poeschel, Stuttgart, 1989.

March, J. G./Olsen, J. P. (1989): Rediscovering Institutions: The Organzational Basis of Politics. The Free Press, New York/NY et al., 1989.

Meyer, J. W./Jepperson, R. L. (2005): Die „Akteure" in der modernen Gesellschaft: Die kulturelle Konstruktion sozialer Agentschaft. In: Meyer, J. W. (2005, Hrsg.): Weltkultur: Wie die westlichen Prinzipien die Welt durchdringen. Suhrkamp, Frankfurt a. M., 2005, S. 47-86.

Parsons, T./Shils, E. A. (2001): Toward a General Theory of Action. Harvard University Press, Cambridge/MA, 2001.

Pausenberger, E. (Hrsg., 1981): Internationales Management: Ansätze und Ergebnisse betriebswirtschaftlicher Forschung. Poeschel, Stuttgart, 1981.

Powell, W. W./DiMaggio, P. J. (1991): The Iron Cage Revisited: Institutional Isomorphism and Collective Rationality. In: DiMaggio, P. J./Powell, W. W. (1991, Hrsg.): The New Institutionalism in Organizational Analysis. The University of Chicago Press, Chicago/IL, London, 1991, S. 63-82.

Schmid, M./Maurer, A. (2003a): Institutionen und Handeln: Probleme und Perspektiven der Institutionentheorie in Soziologie und Ökonomie. In: Schmid, M./Maurer, A. (2003, Hrsg.): Ökonomischer und soziologischer Institutionalismus: Interdisziplinäre Beiträge und Perspektiven der Institutionentheorie und -analyse. Metropolis, Marburg, 2003, S. 9-46.

Schmid, M./Maurer, A. (2003b, Hrsg.): Ökonomischer und soziologischer Institutionalismus: Interdisziplinäre Beiträge und Perspektiven der Institutionentheorie und -analyse. Metropolis, Marburg, 2003.

Scott, W. R. (1995): Institutions and Organizations. Sage, Thousand Oaks/CA et al., 1995.

Thelen, K./Steinmo, S. (1992): Historical Institutionalism in Comperative Politics. In: Steinmo, S./Thelen, K./Longstreth F. (1992, Hrsg.): Structuring Politics: Historical Institutionalism in Comperative Analysis. Cambridge University Press, Cambridge/MA, 1992, S. 1-32.

Tolbert, P. S./Zucker L. (1996): The Institutionalization of Institutional Theory. In: Clegg, S. R./Hardy, C./Nord, W. R. (1996, Hrsg.): Handbook of Organization Studies. Sage, London et al., 1996, S. 175-190.

Weber, M. (1980): Wirtschaft und Gesellschaft. 5. Aufl., Mohr Siebeck, Tübingen, 1980.

Williamson, O. E. (1975): Markets and Hierarchies: Analysis and Antitrust Implications: A Study in the Economics of Internal Organization. Free Press, New York/NY, 1975.

Williamson, O. E. (1985): The Economic Institutions of Capitalism: Firms, Markets, Relational Contracting. Free Press, New York/NY, 1985.

Kapitel III:

Kritische Bestandsaufnahme der Disziplin „Internationales Management“

Abschnitt A: Generelle Fragen

Michael Kutschker*

Identität des Faches „Internationales Management" innerhalb der Betriebswirtschafts- und Managementlehre

---

* Prof. Dr. Michael Kutschker ist Inhaber des Lehrstuhls für Allgemeine Betriebswirtschaftslehre und Internationales Management an der Katholischen Universität Eichstätt-Ingolstadt.

1 Rückblick

Das Fach „Internationales Management" (IM) hat seit seinen Anfängen vor 50 Jahren nicht zuletzt dadurch eine hohe Ausdifferenzierung an Forschungsthemen und -gebieten sowie theoretischen und methodischen Zugängen erreicht, dass Konzepte aus den sozialwissenschaftlichen Mutterdisziplinen auf die Spezifika des IM angewendet wurden. Der parallele „Import" identischer Konzepte wie z. B. der Theorien der Unternehmung oder der Industrieökonomik auch in benachbarte Managementdisziplinen wie die des Strategischen Managements, der Finanz-, Organisations- oder Marketingtheorie droht jedoch, die wie auch immer geartete Identität des Faches IM zu verwischen. Nicht zuletzt auch wegen der inneren Zerrissenheit des Faches in rein mikroökonomisch argumentierende und stärker managementorientierte Forscher wird die Frage nach der Differencia Specifica des Faches IM, seinem Selbstverständnis, seiner Domäne oder wie im Titel des Beitrags nach seiner Identität immer wieder neu gestellt (Macharzina 1981, 1989, Toyne/Nigh 1997, Caves 1998, Sullivan 1998b, Rugman/Brewer 2001, Hrsg., Buckley 2005, Hrsg.).

Das IM hat in Deutschland als noch junger „Ableger" der Betriebswirtschaftslehre (BWL) den Verband der Hochschullehrer für Betriebswirtschaft e. V. (VHB) vor rund 25 Jahren dazu veranlasst, seine Jahrestagung unter das Generalthema „Internationalisierung der Unternehmung" zu stellen (Lück/Trommsdorff 1982, Hrsg.). Dülfer schlug damals in seinem Eröffnungsreferat als Antwort auf die Frage „Internationalisierung der Unternehmung – Gradueller oder prinzipieller Wandel?" vor, die Identität an der „Umweltberücksichtigung" festzumachen (Dülfer 1982, S. 68), überließ aber letztlich die Beantwortung der Frage nach der wissenschaftslogischen Eigenständigkeit des IM den weiteren Diskussionen der Tagung. Unabhängig von der Aktualität seines Vorschlags, welcher unlängst in der Forderung Dunnings wiedergekehrt ist, nicht nur die „physical", sondern auch die „human environment" zum Kern einer Internationalen Betriebswirtschaftslehre zu machen (Dunning 2006, S. 3), ist es ein viertel Jahrhundert nach dieser Tagung Zeit, den inzwischen erreichten Kenntnisstand vor der Frage zu reflektieren, ob sich zwischenzeitlich ein eigenständiges Identifikationsprinzip des IM herausgebildet hat.

Der größte Teil der Forschung im IM spielt sich in der angloamerikanischen Forschungsszene ab, die viel deutlicher als in Deutschland auch institutionell zwischen International Business (IB) und International Management (IM) trennt. Die Frage nach der Identität des Faches ist möglicherweise eher aus der Dynamik dieses Schismas als aus den Abgrenzungen zu Schwester- und Mutterdisziplinen heraus zu beantworten. Bevor dieser Frage in Abschnitt 3 nachgegangen wird, ist zunächst in Abschnitt 2 das Verhältnis von BWL und Managementlehre auszuloten, das in den letzten 50 Jahren recht unterschiedliche Entwicklungstendenzen zeigte. Dies entspricht auch der Aufgabenstellung, wie sie sich aus der Themenstellung der Herausgeber dieses Bandes ergibt. Viele der dabei auftretenden wissenschaftstheoretischen Probleme finden sich auch bei den Teildisziplinen der BWL, so dass gerade methodische Probleme des Faches IM ihren Ursprung in der Mutterdisziplin haben und auch zweckmäßigerweise in diesem Zusammenhang erörtert werden. Ein abschließender Ausblick in Abschnitt 4 enthält Vorschläge, wohin sich das Fach weiter entwickeln könnte.

2 Betriebswirtschaftslehre versus Managementlehre

Mit der Einrichtung betriebswirtschaftlicher Lehrstühle an den neu gegründeten Handelshochschulen und der Abgrenzung zur Volkswirtschaftslehre (VWL) und Rechtswissenschaft beginnt die Eigenständigkeit der Disziplin „Betriebswirtschaftslehre" im deutschsprachigen Raum (Schneider 2002, Köhler/Küpper/Pfingsten 2006). Ihre Entwicklung ist sowohl durch Wechsel als auch Parallelität von Forschungsperspektiven und „Schulen" gekennzeichnet, die sich nicht zuletzt in dem sich wandelnden Verhältnis von Betriebswirtschafts- und Managementlehre zueinander niederschlagen. Gegenwärtig streiten zwei paradigmatische Anschauungen um Anerkennung: Zum einen setzt die Theorie der Unternehmung und hier insbesondere die Institutionenökonomik die eher mikroökonomische Tradition der Betriebswirtschaftslehre Gutenbergs fort. Zum anderen versucht eine weit weniger fokussierte Managementlehre, Führungsverhalten und -entscheidungen zu erklären. Beide Perspektiven ziehen sich auch als scheinbar unvereinbare theoretische Zugänge durch die meisten speziellen Betriebswirtschaftslehren und führen inner- wie außerhalb des IM zu kreuzzugartigen Glaubenskämpfen (Ghoshal/Moran 1996, Moran/Ghoshal 1996, Williamson 1996, Buckley/Casson 2001, Ghoshal 2005, Williamson 2005). Um festzustellen, wo das IM innerhalb dieser Auseinandersetzung seine disziplinäre Verankerung und Abgrenzung finden könnte, müssen die Erkenntnisinteressen und Konstruktionsprinzipien beider Argumentationen einander gegenüber gestellt werden.

2.1 Konvergenz von Management- und Betriebswirtschaftslehre

Das Verhältnis von Management- und Betriebswirtschaftslehre ist schon mehrfach untersucht worden (Szyperski 1974, Staehle 1980, 1999, Bleicher 1995, Meffert 1998, Steinmann/Schreyögg 2000, Kirsch 2001, Köhler/Küpper/Pfingsten 2006). Vor 20 Jahren wäre die einleitend skizzierte Gegensätzlichkeit von Institutionenökonomik und Managementlehre wohl als überzeichnet charakterisiert worden, ging man doch insbesondere als Vertreter der Managementfraktion davon aus, dass die deutsche Betriebswirtschaftslehre mit der eher amerikanisch geprägten Managementlehre zusammenwachsen würde. Die „Unterwanderung" der BWL durch die Managementlehre wurde dabei durch die abnehmende Bedeutung der neoklassisch geprägten Theorie der Unternehmung unterstützt (Meffert 1998). Das von Staehle in Abbildung 1 übernommene Schaubild sieht in der Mitte beider Richtungen Aspekte der Unternehmensführung, auf der linken Seite die der „klassischen" BWL zugeordneten Produktions-, Finanzierungs- und Absatztheorien Gutenberg'scher Prägung und auf der rechten Seite die funktional ausgeprägten einzelnen betriebswirtschaftlichen Funktionsbereiche bzw. Vertiefungsrichtungen.

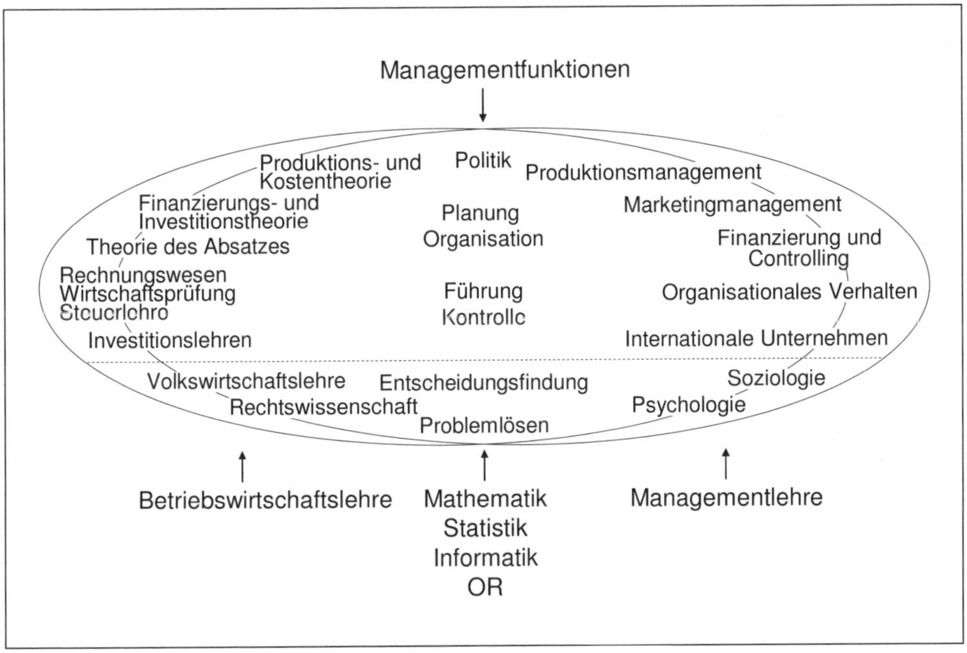

Abb. 1: Betriebswirtschaftslehre und Managementlehre
Quelle: Staehle (1980), S. 51.

Die Vielfalt der Managementaufgaben wird in dieser Systematik nach wie vor in die zeitliche Abfolge von Planung, Organisation, Personaleinsatz, Führung und Kontrolle unterschieden, wobei die Illusion der Machbarkeit mittlerweile zugunsten einer ambivalenten Steuerung aufgegeben wird, die im Spannungsfeld zwischen Aktion und Reaktion, Ordnung und Unordnung, Kalkül und Spontaneität sowie Sicherheit und Autonomie agiert (Schreyögg 2006). Unterhalb der gestrichelten Linie sind die sozialwissenschaftlichen Nachbardisziplinen aufgelistet, zu denen BWL und Managementlehre engere Beziehungen unterhalten und die beide Richtungen als multidisziplinäres Feld charakterisieren. Die nicht vollständige

Überschneidung kann wie von Staehle interpretiert als Ausdruck noch bestehender Unterschiede oder wie von Kirsch als „... weitgehende Konvergenz von Betriebswirtschaftslehre und Managementlehre" (Kirsch 2001, S. 119) gesehen werden. Neuerdings wird hingegen wieder die Frage aufgeworfen, ob sich Institutionenökonomik und verhaltenswissenschaftliche BWL überhaupt miteinander verknüpfen lassen (Köhler/Küpper/Pfingsten 2006, S. 856). Insbesondere unter Beachtung der amerikanischen Entwicklung der Managementlehre scheint das Pendel in Richtung mikroökonomischer BWL zurückzuschwingen (Hoskisson et al. 1999). Nicht zuletzt weil die angloamerikanische Version des IM von Anbeginn an stark von Volkswirten dominiert wurde, erscheint eine Auseinandersetzung mit der Institutionenökonomik erforderlich.

2.2 Divergente Tendenzen

Die Institutionenökonomik beinhaltet die Principal-Agent-Theorie, die Property-Rights-Theorie sowie die Transaktionskostentheorie (TKT), welche im IM noch um die Spezialform der Internalisierungstheorie bereichert wird. Diese Ansätze teilen die Annahmen eines methodologischen Individualismus, einer begrenzten anstelle einer objektiven Rationalität und einer individuellen Nutzenmaximierung, die in der TKT als Opportunismus auftritt (Picot 1982, Picot/Dietl/Franck 1997, Picot/Schuller 2006). Im Folgenden soll die TKT herausgegriffen und an ihr die Unterschiede zwischen einer institutionenökonomisch argumentierenden Betriebswirtschaftslehre zu einer wissenschaftspluralistischen Managementlehre aufgezeigt werden, wobei zunächst auf die Merkmale der TKT eingegangen wird.

2.2.1 Entwicklung der Transaktionskostentheorie

Die Entwicklung der „Theorie der Unternehmung" kann als eine sukzessive Lockerung realitätsfremder Annahmen aufgefasst werden (Albach 1999). Die TKT kann in diesem Zusammenhang als Lösungsansatz interpretiert werden, die Fragestellungen zu klären, die genau genommen erst aufgrund realitätsfremder Annahmen und Modellierungen der Neoklassik mit ihrer Black-Box-Betrachtung des Unternehmens entstanden sind. Coase (1937) löst sich von den Annahmen kostenfreier Märkte und Transaktionen und macht die bis dahin hingenommene Zweiteilung ökonomischer Aktivitäten in Märkte und Unternehmen zum erklärungsbedürftigen Phänomen. Beide Institutionen sind fortan in unterschiedlicher Weise geeignet, Transaktionen effizient zu koordinieren, wobei sich das Effizienzkriterium an den Kosten der Übertragung von Verfügungsrechten festmachen lässt.

Coase ist einer der drei Betriebswirte, die Williamson in der Weiterentwicklung der TKT maßgeblich beeinflusst haben (Williamson 2005). Während es bei ersterem nach eigenem Bekunden zu einem Abschluss in Ökonomie wegen Schwächen in Mathematik und Latein anfangs nicht reichte (Coase 1988), ist Williamson ein ausgebildeter Ökonom. Eine entsprechende Verwurzelung der Grundannahmen der TKT kann daher kaum überraschen. Neben Barnards „The Functions of the Executive" (1938) war es im weiteren Verlauf v. a. Simon, der Williamson während seiner Zeit an der Carnegie-Mellon University (1960-1963) stark beeinflusste (Williamson 1990, 2005). Abzulesen ist dies aus der Einbeziehung verhaltenswissenschaftlicher Annahmen in die TKT wie die der beschränkten Rationalität und Unsicherheit während einer Transaktion. Opportunismus, Spezifität und die Transaktionsatmosphäre ergänzen das „organizational failure framework" (Picot/ Dietl/Franck 1997, S. 67).

Nach eigenem Bekunden hat die TKT einen erheblichen Einfluss nicht nur auf die BWL, sondern auch auf die VWL, Recht und Soziologie, wenn man dieser Einschätzung die über 600 empirischen Arbeiten oder die Zitierhäufigkeit der Arbeiten von Coase und Williamson zugrunde legt (Williamson 2005). Damit zählt Williamson zu den meist zitierten Sozialwissenschaftlern der Gegenwart. Diese breite Anerkennung der TKT mag dabei in ihrer Interdisziplinarität mit VWL und Recht, in ihrem mit wenigen Annahmen und Variablen auskommenden Sprachspiel, ihrer proklamierten Anwendungsorientierung und in ihrer Fähigkeit begründet liegen, empirisch testbare Hypothesen hervorzubringen (Williamson 2005, S. 37). Wahrscheinlicher ist jedoch vielmehr die aufkeimende Überzeugung, dass die neoklassische Argumentation immer mehr in der wissenschaftlichen Sackgasse enden und die Neuformulierung der TKT 40 Jahre nach Coase eine ideale Gelegenheit für die Renaissance mikroökonomischer Theorien bieten würde.

Nicht wenige der 4.500 gezählten Zitate von Coase (1.500) und Williamson (3.000) setzen sich jedoch zum Teil sehr kritisch mit der TKT auseinander (Williamson 2005). Die Kritik kann dabei modellimmanent und grundsätzlicher an dem Wissenschaftsprogramm der TKT geführt werden (Ghoshal/Moran 1996, Moran/Ghoshal 1996, Albach 1997, Ghoshal 2005). Burr (2003) hat die wesentlichen modellimmanenten Kritikpunkte an der TKT systematisch zusammengetragen und aufgezeigt, dass die TKT insofern fortschrittsfähig ist, als dass zumindest einige der vorgebrachten Kritiken durch plausible Theorieerweiterung entkräftet werden können. Der Preis hierfür ist allerdings beachtlich, weil mit jeder Anreicherung der theoretischen Ausgangssituation um zusätzliche Variablen die Aussagekraft des Modells sukzessive nachlässt. Teilweise gibt es aber auch Grenzen in der Korrigierbarkeit der Theorie. Gerade die Einbeziehung von Vertrauen in die TKT widersetzt sich der Erweiterung hartnäckig (Williamson 1993, S. 461) oder führt zu Schlussfolgerungen, welche die ursprüngliche Aussagenlogik sowohl ergänzen als auch konterkarieren (Langlois 1988, Nooteboom 1996, Ripperger 1998, Kale/Singh/Perlmutter 2000).

2.2.2 Die erkenntnispluralistische Führungslehre von Kirsch

Eingangs wurde die Managementlehre als eine wissenschaftspluralistische Disziplin charakterisiert, die Erkenntnisse der Nachbardisziplinen in unterschiedlicher Weise in die betriebswirtschaftliche Lehre und Forschung integriert. Kirschs erkenntnispluralistische Führungstheorie ist eine ebensolche Managementtheorie, die einer fragmentierten Managementlehre Fokus bzw. Identität geben will (Kirsch 2001, S. 447 ff.). Das IM gleicht in seinem theoretischen Facettenreichtum dem Zustand der Managementlehre, so dass sich die Frage nach der Identität des IM – nicht unbedingt inhaltlich – eventuell aber mit dem Konstruktionskniff der Führungslehre Kirschs bewältigen ließe.

Interessanterweise wurzeln sowohl Williamsons als auch Kirschs Ansatz in den Arbeiten von Barnard, Simon, Cyert und March. Während Williamson die neuen verhaltenswissenschaftlichen Anstöße mit seiner ökonomischen und juristischen Ausbildung verbindet, arbeitet Kirsch im Rahmen seiner „Entscheidungsprozesse" die sozialwissenschaftlichen Nachbardisziplinen unter dem Aspekt der individuellen und kollektiven Entscheidungsprozesse auf (Kirsch 1970, 1971a, 1971b). Früh fokussiert sein Interesse auf politische Prozesse der Unternehmensführung (Kirsch 1971c). Die Auseinandersetzung mit einem breiten Spektrum von Forschungstraditionen führt zu dem Ergebnis, diese Betrachtungen unter der Erkenntnisperspektive einer Führungslehre zu bündeln. Der Forscher entwickelt aus der Beobachtung der Führungsprobleme der Praxis ein intuitives Vorverständnis, das als „Scheinwerfer" (Abbildung 2) die Traditionen der Nachbardisziplinen anstrahlt, die als Kandidaten für eine pluralistische Führungslehre in Frage kommen (Kirsch 2001, S. 266). Vom Scheinwerferstrahl einer betriebswirtschaftlichen Führungslehre wird auch die Mikroökonomik erfasst, ohne dass dies impliziert, dass die Gesamtheit ihrer Traditionen in die Führungslehre aufgenommen werden muss. Die angestrahlten Theorien der Nachbardisziplinen reflektieren wieder auf den Scheinwerfer zurück und verändern sukzessive das Vorverständnis und damit den Scheinwerfer und seine Wirkung. Die Traditionen der Nachbardisziplinen sind daher sowohl Partner als auch Konkurrenten – Partner insofern, als sie zur Fortentwicklung der Führungslehre beitragen, die mit erhöhter „Strahlkraft" mit den anderen Forschungstraditionen konkurriert. Dieser wechselseitige Reflektionsmechanismus führt dazu, dass die Führungslehre hinsichtlich ihrer zukünftigen Entwicklung offen ist (Kirsch/Seidl/van Aaken 2007, S. 79-96).[1]

1 Ich danke Werner Kirsch für die Andechser „Scheinwerferjustage".

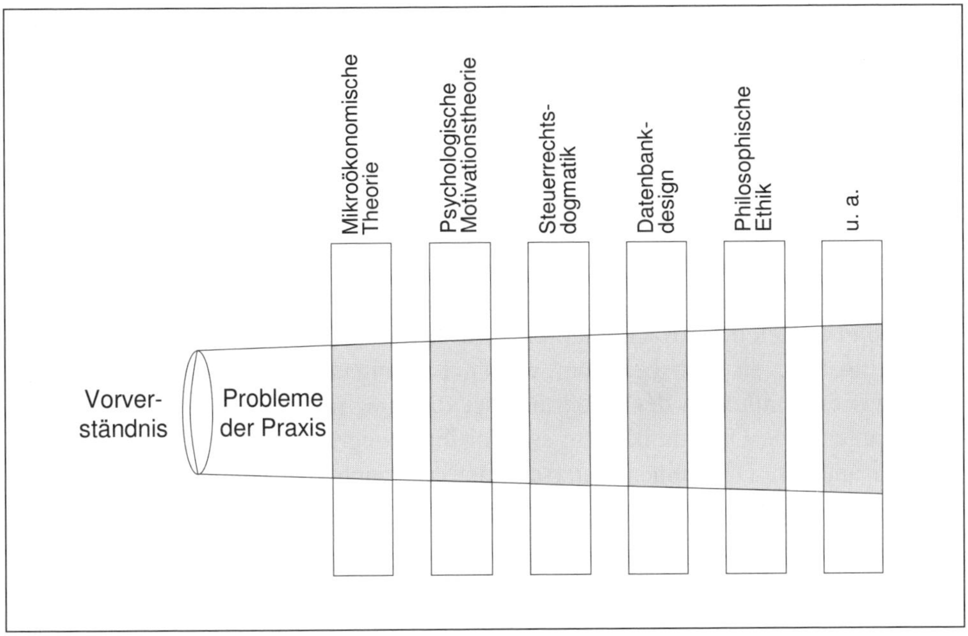

Abb. 2: Führungslehre als Erkenntnisperspektive einer pluralistischen Managementlehre
Quelle: in Anlehnung an Kirsch (2001), S. 266.

Vertreter einer Führungslehre können zumindest auf drei Arten erkenntnispluralistisch mit den Nachbardisziplinen zusammenarbeiten. Multidisziplinäre Forschung ist die niedrigste Integrationsstufe, in welcher in den einzelnen Disziplinen problemorientierte „Normalforschung" betrieben wird, ohne jedoch die Erkenntnisse ineinander „übersetzen" zu wollen, welches Gegenstand einer transdisziplinären Forschung ist. Eine interdisziplinäre Forschung stellt dann eine echte Fusion zweier oder mehrerer Forschungstraditionen unter dem Problemfokus einer Führungslehre dar. Freilich ist damit noch nicht ausgesagt, was der „Lehre von der Führung" die inhaltliche Basis liefert. Diese sieht Kirsch in einer „evolutionären Organisationstheorie" gegeben, für deren Erörterung hier nicht annähernd der Platz reicht (Kirsch 2001, S. 276 ff.).

2.2.3 Methodologische Unterschiede und Gemeinsamkeiten von Institutionenökonomik und Managementlehre

Anhänger der Institutionenökonomik werden nicht müde, deren Anschlussfähigkeit an die Managementtheorien wie etwa an die Theorien des Strategischen Managements zu behaupten (Rummelt/Schendel/Teece 1991, Buckley 1996). Dies ist auch scheinbar einfach, da sich beide Entwicklungen immer wieder auf die gemeinsamen „Vorfahren" in der Industrieökonomik (Bain 1956), dem Ressource-based

View (Penrose 1959) oder auf frühe empirische organisationstheoretische Arbeiten (Simon 1957, 1997, Chandler 1962) stützen. Man sollte sich jedoch nicht täuschen lassen: Unabhängig von den inhaltlich unterschiedlichen Entwicklungen scheinen neben Gemeinsamkeiten auch methodologisch grundsätzlichere Unterschiede gegeben.

(1) Abstraktion und theoretische Reichweite

Stärke und zugleich Schwäche der TKT ist ihr umfassender Erklärungsanspruch – Stärke insofern, als sich bei einer weiten Fassung des Institutionenbegriffs alle Sozialwissenschaften an der Erklärung der darunter fallenden Phänomene beteiligen könnten. Die Ökonomik hätte sowohl ihr abgegrenztes Erkenntnisobjekt, das sie von anderen Disziplinen unterscheidet, als auch die Möglichkeit, innerhalb einer einheitlichen Begriffswelt interdisziplinär die ökonomischen Aspekte ganz unterschiedlicher Institutionen zu gestalten. Mit einem aus wenigen Variablen bestehenden Grundmodell wird die Entstehung solch komplexer Institutionen wie multinationaler Unternehmen erklärt, und so unterschiedliche Phänomene wie Vorwärts- und Rückwärtsintegrationen, Akquisitionen, Kooperationen, Gestaltung von Transferpreisen, Aufbaustrukturen oder die Bezahlung von Vorständen werden eingefangen. Dies wird mit dem Preis einer unzureichenden Realitätsnähe erkauft, welche erhebliche Übersetzungsleistungen von der Theorie in die Beobachtungssprache verlangt. Dann kann es auch passieren, dass die Internalisierung von Märkten in das Unternehmen mit Branchendaten anstelle der richtigen Unternehmensdaten validiert wird (Buckley/Casson 1976). Mit der Abstraktion läuft die TKT aber nicht nur Gefahr, nach wie vor die Realität auszublenden, sondern auch triviale Aussagen oder solche mit „Leerformelcharakter" zu produzieren (Macharzina 2003, S. 19, Kutschker/Schmid 2006, S. 450). Was mag ein Praktiker mit der zentralen Erkenntnis von Buckley und Casson wohl anfangen? „A market in an intermediate good will be internalized if and only if the benefits outweigh the cost" (Buckley/Casson 1976, S. 44, ähnlich Buckley/Lessard 2005, S. 596).

Der Abstraktionsgrad von Managementtheorien ist unterschiedlicher und reicht von organisationstheoretischen Bezugsrahmen, die Struktur und Strategie von wenigen Umweltvariablen abhängig sehen, bis zu Theorien, die einzelne Verhaltensweisen in Interaktionssituationen, beispielsweise Verhandlungen, erklären (Ghauri 1986). Die Vielzahl solcher Theorien mittlerer Reichweite verleiht der Managementlehre wie auch dem IM den fragmentarischen, partialanalytischen Charakter mit einem zunächst ungeordneten Erkenntnispluralismus, der eine so fragmentierte BWL weniger fokussiert, weil er ohne ein zentrales identitätsstiftendes Paradigma auskommen muss. Wie eine erkenntnispluralistische Führungslehre dieses Manko beseitigen kann, wurde oben gezeigt, wobei Kirschs Vorschlag mit anderen

„Scheinwerfern" konkurriert (z. B. Ulrich 1995). Der Erkenntnispluralismus geht auch mit einem Methodenpluralismus einher, der eigentlich eine problemadäquate Modellierung und eine dem Untersuchungsgegenstand angepasste empirische Methodik erlaubt. Es scheint aber, dass der inhaltlich vorherrschende Determinismus der Modellaussagen auch die verwendeten empirischen Methoden bestimmt.

(2) Determinismus versus Voluntarismus

Dem Erkenntnispluralismus entspricht es, dass deterministische und voluntaristische Bezugsrahmen nebeneinander in der Managementlehre Anwendung finden. Deterministische Theoriekonstruktionen gehen davon aus, dass Entscheidungen und Verhaltensweisen von individuellen und kollektiven Akteuren „naturgesetzlichen" Einflüssen unterliegen, während voluntaristische Theorien den Akteuren weitgehend freie Wahlmöglichkeiten unterstellen. Trotz ihres methodischen Individualismus vertritt die Institutionenökonomik bislang einen starken Determinismus, wie er vielen positivistisch geprägten Theorien zu eigen ist. Spezifität und Häufigkeit sind beispielsweise die „deterministischen Schalter", mit denen in der TKT von Markt auf Hierarchie umgestellt wird. Eine ausschließlich deterministische – wie übrigens auch eine rein voluntaristische wissenschaftstheoretische Position – scheint aber zweifelhaft, wenn nicht gar unvertretbar (Elster 1983, von Hayek 1989, Ghoshal 2005). Managementtheorien variieren in ihrer methodologischen Position viel stärker, wie die Ordnungsversuche der Organisationstheorie durch Burell und Morgan (1979) belegen. Nicht wenige Forscher der Managementlehre vertreten daher einen beschränkten Voluntarismus (Kirsch 2001), der die unterschiedlichen Positionen vereint. Freilich muss dann angegeben werden können, wann von einem mehr oder weniger stark „beschränkten" Voluntarismus ausgegangen werden soll (vgl. Abschnitt 2.3).

(3) Quantitative versus qualitative Methoden

Es ist aber auch die empirische Methodik einer anwendungsorientierten Wissenschaft wie die der TKT zu hinterfragen, die sich im Wesentlichen – übrigens im Einklang mit nicht wenigen Managementtheorien – dem Hypothesentest und den damit verbundenen quantitativen Methoden verpflichtet fühlt. Unangemessener Abstraktionsgrad, überzogener Determinismus und immer ausgefeiltere statistische Methoden führen häufig zu immer nichtssagenderen Ergebnissen. Obwohl dies immer wieder an beiden Forschungsrichtungen kritisiert wird (Van de Ven 1989, Weick 1989, Pfeffer 1993, Scandura/Williams 2000), scheint sich dieser Trend noch zu verstärken (Sullivan 1998a). Nun ist die Grundsätzlichkeit dieser Kritik genauso abzulehnen wie eine grundsätzliche Befürwortung qualitativer Verfahren.

Eher ist die schematische, unreflektierte standardmäßige Anwendung einzelner Methoden zu kritisieren.

(4) Normative versus deskriptive Forschung

Die Institutionenökonomik entwickelt Vorschläge für effiziente Institutionen und erlaubt damit normative Schlussfolgerungen für diejenigen, die sich in diesem Sinne effizient verhalten wollen. Managementtheorien sind eher deskriptiv sowie erklärend ausgelegt und seltener bereit, normative Schlussfolgerungen aus ihren Erkenntnissen zu ziehen. Zu kritisieren ist aber auch der Sprung aus der theoretischen oder empirischen Erkenntnisproduktion in die Anwendungsempfehlung, ohne dass auch nur ansatzweise ein Wirkungstest der Empfehlungen erfolgt. Sicherlich kann man Theorien nicht wie Kopfschmerztabletten vor der „Marktzulassung“ klinischen Tests unterziehen. Gegenwärtig übernimmt die Praxis relativ unkontrolliert theoretische Empfehlungen, ohne die beschränkenden Annahmen der Ausgangstheorien ausreichend zu würdigen. Es wäre daher zu überlegen, wie sich Formen quasiexperimenteller Beobachtung entwickeln ließen, die die „Markteinführung“ theoretischer Konzepte begleiten könnten. Solche „Experimente“, wie sie in der Aktionsforschung aber auch schon in Schmalenbachs Kunstlehre (1911, S. 314) vorgedacht sind, ließen sehr schnell erkennen, wie anwendungsreif eine Theorie ist.

(5) Positivistische versus selbstreferentielle Forschung

Williamson (1993) geht wie die mikroökonomisch geprägten Aussagensysteme der BWL von der impliziten Annahme aus, dass auch Individuen und soziale Systeme wie natürliche Systeme nach immer wiederkehrenden Gesetzmäßigkeiten funktionieren und damit vorhersagbar werden. Diese ebenfalls in Managementtheorien zu findende Annahme ist zu hinterfragen. Im Gegensatz zu naturwissenschaftlichen Theorien besteht bei sozialwissenschaftlichen Theorien die Möglichkeit, dass sich Menschen die entdeckten Gesetzmäßigkeiten zu Nutze machen und damit die Varianz aufheben, aufgrund derer zuvor eben diese „Gesetzmäßigkeiten“ gefunden wurden. Je weiter eine anwendungsorientierte Theorie verbreitet ist, desto größer ist die Wahrscheinlichkeit einer „self-fulfilling theory“. Ghoshal sieht z. B. in der TKT die Gefahr gegeben, dass Manager sich durch Kenntnis der Opportunismusthese nur noch raffinierter opportunistisch verhalten. „A theory that assumes that people can behave opportunistically and draws its conclusions for managing people based on that assumption can induce managerial actions that are likely to enhance opportunistic behaviour among people" (Ghoshal 2005, S. 77).

So verfehlen offensichtlich auch „... strong for performance incentives for CEOs" (Jensen/Murphy 1990, S. 262) in Form von Aktienoptionen ihre Wirkung auf die Steigerung des Shareholder Value (Jensen/Murphy 1990, Jensen 2002). Die Manager stecken die „higher powered incentives" (Williamson 2005, S. 31) unabhängig von dem Erfolg der von ihnen geführten Unternehmen ein. Wenn Williamson dann selbst auch noch die Möglichkeit einräumt „... that well-intentioned theories often fail in practice because they are used to open doors to implementation abuses" (Williamson 2005, S. 31; gemeint ist mit „well-intentioned theories" die TKT), dann sollte das Wechselspiel Wissenschaft und Praxis reflektiert werden. Im Unterschied zur TKT thematisieren Managementtheorien weit häufiger ihre Selbstbezüglichkeit (zu Knyphausen-Aufseß 1995, Kirsch 2001).

2.2.4 Zwischenfazit

Die inhaltliche wie methodische Kritik an der Institutionenökonomik und ihr Vergleich mit einer weit gefächerten Managementlehre lassen nicht erwarten, dass mit beiden Erkenntnisperspektiven die „chronische Unreife" der Wirtschaftswissenschaften so schnell beseitigt werden kann. Die Institutionenökonomik mag zwar ein großer Sprung für die BWL aus der Neoklassik sein, sie bleibt letztlich aber nur ein kleiner Schritt in der Erkenntnisproduktion über Organisationen an sich. Diese wie auch weitere Kritiken prallen für gewöhnlich an der Institutionenökonomik ab, weil die Akzeptanz der Einwände, insbesondere der an den methodischen Basisannahmen über die Möglichkeiten sozialwissenschaftlicher Erkenntnisproduktion, von so fundamentaler Bedeutung wäre, dass sie eigentlich erhebliche Änderungen des Wissenschaftsprogramms erzwingen müsste. Ob sich dieses jemals ändert, ist zu bezweifeln, weil der Widerstand hoch ist und auch gar kein Verständnis dafür herrscht, dass Sozialwissenschaft anders betrieben werden kann. Warum sollte man auch einen vielfach ausgezeichneten und mit höchsten Ehren gehandelten Ansatz modifizieren? Es ist sogar viel wahrscheinlicher, dass sich das institutionenökonomische Paradigma noch stärker entwickelt, wenn man den exponentiellen Anstieg der Zitierhäufigkeiten gerade in den letzten Jahren extrapoliert, die Dominanz positivistisch geprägter empirischer Testdesigns in den A-Journals und die Berufungskriterien für Nachwuchswissenschaftler berücksichtigt. Hier wirken selbstverstärkende Prozesse, die einen Niedergang der Institutionenökonomik äußerst unwahrscheinlich erscheinen lassen. Umso notwendiger erscheint daher die Auseinandersetzung mit der mikroökonomischen Variante der BWL insbesondere vor dem Hintergrund, dass im IM beide Möglichkeiten gegeben sind, seine Identität stärker in die eine oder andere Richtung zu entwickeln. Bevor das Spannungsverhältnis zwischen IB und IM im nächsten Abschnitt untersucht wird, wird noch der Versuch unternommen, eine Synthese zwischen den beiden aufgezeigten Strängen der BWL zu entwickeln. Gelingt dies, dann hätte dies natürlich auch Konsequenzen für den Zwist zwischen IB und IM. Diese Synthese kann selbstverständlich nicht inhaltlicher Art sein, sondern versucht die unterschiedlichen wissenschaftstheoretischen Positionen zu verbinden.

2.3 Synthese

Die Unterschiedlichkeit der methodologischen Zugänge eines Faches ist in den Sozialwissenschaften nicht ungewöhnlich und hat zu verschiedenen Systematisierungen der Wissenschaftsprogramme Anlass gegeben. Die Differenzierungen der Organisationstheorien durch Burell und Morgan (1979) sowie Astley und Van de Ven (1983) nimmt Kirsch zum Anlass, sein erkenntnispluralistisches Konzept nochmals zu verdeutlichen. Unter der Überschrift „Über das Zielen auf Fadenkreuze" vertritt er die Auffassung, dass es nicht darum geht, die Organisationstheorie bzw. deren Ansätze *entweder* einem *oder* einem anderen der Quadranten zuzuordnen. Das trennende Fadenkreuz der Quadranten verdecke nur die fruchtbaren Möglichkeiten eines pluralistischen „*Sowohl-als-auch*" (Kirsch 2001, S. 591).

Wenn im Folgenden für einen methodologischen Pluralismus plädiert wird, so wird zwar auf das Fadenkreuz, nicht jedoch auf die Matrix verzichtet, die anders als die genannten Systematisierungen eben nicht die theoretischen Ansätze, sondern die denkbaren Forschungsprobleme eines Faches ins Visier nimmt. Die Vielfalt an Forschungsproblemen wird an dem soziologischen Begriff der Institution festgemacht, der weiter als jener der Institutionenökonomik ist und „... Regeln bzw. Normen (Menschenrechte, Gesetze, Gastfreundschaft, Sprache etc.) einerseits und korporative Gebilde (Unternehmen, Verbände, Staat etc.) andererseits" (Picot/ Dietl/Franck 1997, S. 11) umschließt. Freilich droht der Begriff damit beinahe inhaltsleer zu werden (zu einer differenzierten Auseinandersetzung Kirsch 2001, S. 331-341). Für die hier verfolgten Zwecke erscheint er insofern ausreichend, als mit Institutionen beobachtbare Probleme einhergehen, die je nach Wirkung und Art der Institution eine differenzierte Forschungsstrategie verlangen.

In Abbildung 3 unterscheidet eine erste Dimension nach der Wirkung von Institutionen auf die untersuchten Probleme. Die Wirkung ergibt sich aus der Sanktionsbewehrtheit der Institutionen. Entsprechend gibt es eine starke und schwache Wirkung. So entfaltet z. B. jedes der zehn Gebote eine unterschiedlich starke Wirkung. So wird das fünfte Gebot (Töten) weitaus seltener verletzt als das siebte (Stehlen), und der Ehebruch (das sechste) wird nicht einmal statistisch erfasst. Je stärker Institutionen das Verhalten determinieren, desto geringer wird die beobachtbare Varianz des Verhaltens und folglich bleibt weniger zu erklären (und zu gestalten). Die beobachtbare „Naturgesetzlichkeit" sozialer Systeme, die erst eine deterministische Theoriebildung sinnvoll macht, prüft letztlich Institutionentreue und tendiert zur Tautologie: Welche Erkenntnis ist zu erwarten, wenn das, was durch eine „starke“ Norm vorgeschrieben ist, tatsächlich beobachtet wird? China regelt beispielsweise die zulässigen Markteintrittsformen per Gesetz, womit für Abweichungen nur wenig Spielraum bleibt. Eine Untersuchung über die tatsächlichen Eintrittsformen ist demzufolge nichts anderes als eine Spiegelung der Gesetzestreue. Eine transaktionskostentheoretische Begründung – wie sie immer wieder versucht wird (Zhao/Zhu 1998, Überblick bei Zhao/Luo/Suh 2004, zu einem Überblick für mittel- und osteuropäische Markteintritte vgl. Meyer/Peng 2005) – greift ins Leere. Sind dennoch Abweichungen vom gesetzlich vorgeschriebenen Verhalten beobachtbar, dann „rutscht“ das zu untersuchende Problem näher an solche Probleme, die durch einen beschränkten Voluntarismus charakterisiert sind und in denen deterministische und voluntaristische Elemente gleichermaßen an der Erklärung beteiligt werden können.

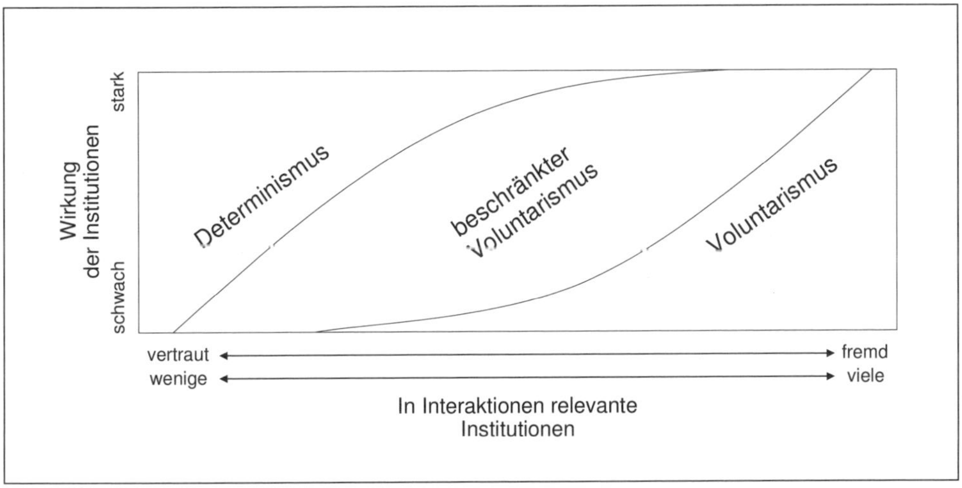

Abb. 3: Problembezogenheit von Erkenntnismethoden

Schwach wirkende Institutionen haben weniger Vorgabecharakter und determinieren das Verhalten von Individuen und Institutionen weniger stark. Dort, wo Verhaltensspielräume sich öffnen, entsteht auch echtes Entscheidungsverhalten, das sicherlich ein breiteres Variablenspektrum zur Beschreibung und Erklärung benötigt, als es „begrenzte Rationalität“ und „Opportunismus“ zu leisten im Stande ist. Für schwach wirkende Institutionen eignet sich folglich eher ein voluntaristischer Ansatz.

Die zweite Dimension verweist mit der „Vertrautheit“ und „Fremdheit“ mit Institutionen auf die sozialen Interaktionen, die in aller Regel mit Transaktionen einhergehen. Gruppen, Organisationen und Gesellschaften passen jeweils übergeordnete Normen individuell für sich an und entwickeln selbstständig eigene Institutionen, die nur für das jeweilige System gelten. Mitglieder eines sozialen Systems sind mit ihren Institutionen vertraut. Die Institutionen ihrer Transaktionspartner sind ihnen jedoch mehr oder weniger fremd. Es ist anzunehmen, dass sie ihnen umso weniger fremd sind, je vollständiger sie die Institutionen des fremden Systems und deren Wirkungen über Verstehensprozesse erfasst haben. Fremde unverstandene Institutionen können dann auf der anderen Seite weniger verhaltenswirksam werden als vertraute und damit weniger zur Erklärung interaktiver Situationen beitragen. Dies gilt wohl auch für interaktive Forschungssituationen.

Es ist anzunehmen, dass für betriebswirtschaftliche Forscher die beobachtete Lebenswelt ihrer Untersuchungsobjekte, also Unternehmen, mehr oder weniger fremd bzw. vertraut ist. Steuerrechtlern und Inhabern von Wirtschaftsprüfungslehrstühlen mögen die Institutionen, deren Auslegung und Entstehung sie selbst nicht unerheblich mit beeinflussen, vergleichsweise vertraut sein. Organisationstheoretikern und Vertretern des Faches IM dürften Prozesse der Unternehmensführung dagegen eher fremd sein, ganz besonders dann, wenn diese Prozesse Interaktionen mit Vertretern anderer Kulturkreise umfassen. Letzteres wirft nicht unerhebliche Probleme gerade im Bereich der interkulturellen Forschung, einem wichtigen Teilbereich des IM, auf.[2] Bevor Hypothesen über die Effizienz von Interaktionen möglich sind, sind offensichtlich erst erhebliche Verstehensprozesse in Gang zu setzen, die im interkulturellen Bereich weit über das hinaus gehen, was üblicherweise mit der Trennung der Forschung in eine solche des Entdeckungs- und des Begründungszusammenhangs verbunden wird (DeJordy 2005). Insofern ist die von Simon vor 60 Jahren gestellte Forderung nach wie vor gültig: „Before we can establish any immutable „principles“ of administration, we must be able to describe, in words, exactly how an administrative organization looks and exactly how it works“ (Simon 1947, S. XI).

Internationalisierungsprobleme oder – genereller – betriebswirtschaftliche Probleme unterscheiden sich nicht nur nach der Stärke und Vertrautheit der Institutionen, sondern auch danach, ob viele oder wenige Institutionen eine Problemlösung beeinflussen. Diese Dimension wirkt gleichsinnig wie jene der Vertrautheit. Eine Transaktion auf dem Hamburger Fischmarkt kann aus wenigen Variablen erklärt werden und ist deswegen auktionstheoretischen Modellen eher zugänglich. Für den Erfolg eines internationalen Joint Ventures (JV) spielen hingegen vergleichsweise viele Institutionen eine Rolle, deren wechselseitige Beziehungen die Erklärung und Gestaltung zu einem komplexen Problem werden lassen, das sich kaum mit wenigen Makrovariablen erklären lässt.

2 Vgl. dazu den Beitrag von Hartmut H. Holzmüller „Prozedurale Herausforderungen in der Forschung zum Interkulturellen Management und Ansätze zu deren Handhabung“ in diesem Band.

Die hier vertretene These geht davon aus, dass sich alle betriebswirtschaftlichen Probleme durch eine Koordinate in der Matrix darstellen lassen. Es gibt Probleme, die von Managern vergleichsweise deterministisch, mechanisch gelöst werden, weil ihnen wenige vertraute, aber stark wirkende Routinen zugrunde liegen. Aber auch bei schwach wirkenden Institutionen sind immer wiederkehrende „gesetzmäßige" Verhalten beobachtbar, wenn beispielsweise gleiche Beträge als Verlust anders als im Falle eines Gewinns bewertet werden (Tversky/Kahnemann 1981). Deterministische Methoden scheinen also immer dort besonders „erfolgreich" anwendbar zu sein, wo sich ein Problem mit wenigen Variablen fassen lässt und dem Forscher das Problem selbst vertraut ist.

Je fremder die interagierenden Systeme und je zwangsläufig schwächer und vielfältiger die in ihnen wirkenden Institutionen sind, desto mehr müssen die verwendeten Methoden von einer voluntaristisch geprägten Situation ausgehen, die sich einer systematischen, positivistischen Erklärung und Gestaltung verschließt. Solche Situationen und Probleme sind eher mit qualitativen Methoden zu „verstehen" und setzen an unterschiedlichen Verfahren teilnehmender Beobachtung an, die vom einfachsten Fall des unstrukturierten Interviews bis zur direkten Mitarbeit in den Institutionen reichen. Je besser ein Forschungsproblem untersucht wurde, desto besser sollte das theoretische und empirische Vorverständnis sein und desto eher lassen sich Hypothesen entwickeln, die dann auch „schärferen" Testverfahren zugänglich sind, wobei die Aggregation empirischer Einzelergebnisse selbst wieder eine Reihe methodischer Probleme auslöst.

Es ist davon auszugehen, dass die Forschungsprobleme, welche die Managementtheorien interessieren, eher in der rechten Hälfte der Matrix anzusiedeln sind. Dies gilt sicherlich für solche Probleme des IM, in denen interkulturelle Überschneidungssituationen regelmäßig vorkommen. Hierfür empfiehlt sich eine Forschungsstrategie, welche die komplexen Untersuchungszusammenhänge zunächst durch verstehende Methoden erfasst und dann in Teilprobleme zerlegt, die einfacheren Theoriekonstruktionen und „beweiskräftigeren" quantitativen Testverfahren zugänglich sind. Noch völlig ungelöst bleibt dabei, wie komplexe Forschungsprobleme in einfache Probleme zerlegt und wie die gewonnenen Erkenntnisse zusammengefügt werden können: Forschungsstrategien etwa, die sofort den Internationalisierungserfolg eines Unternehmens aus wenigen Variablen erklären wollen, scheinen kaum der richtige Weg der Erkenntnisproduktion zu sein, wenn man als Beurteilungsmaßstab die Widersprüchlichkeit der unzähligen empirischen Untersuchungen zugrunde legt (Glaum 1996, Ruigrok/Wagner 2003). Auch die Entstehung, Entwicklung und Internationalisierung einer Unternehmung ist ein Problem, das eher dem rechten unteren Quadranten zuzuordnen wäre. Eine Forschungsstrategie, die wie die TKT dieses Problem vom linken oberen Eck her bewältigen will und auf einem sehr selektiven Vorverständnis beruht, stößt nach dem Gesagten zwangsläufig auf ähnliche Probleme der empirischen Validierung.

Welche Methoden zweckmäßigerweise zur Anwendung gelangen, ist also nicht nur eine Frage der bei einem realen Problem zur Wirkung kommenden Anzahl und Vertrautheit der Institutionen, sondern auch der Dynamik und des Reifegrades des Forschungsprozesses. Die eingangs dieses Abschnittes erhobene Forderung nach einem den Erkenntnispluralismus begleitenden Methodenpluralismus erhält eine weitere Unterstützung für ein sowohl deterministisches als auch voluntaristisches Wissenschaftsprogramm der Betriebswirtschaftslehre und Managementforschung, in welchem sowohl quantitative als auch qualitative Forschungsmethoden vorkommen können (Kilduff/Mehra 1997, S. 467). Für das einzelne Problem gilt dieses „Sowohl-als-auch" nicht. Für jedes Problem gibt es wahrscheinlich nur sehr wenige Methoden, um es adäquat beschreiben, erklären und gestalten zu können (Kogut 2001, S. 811). Die drei Dimensionen der Matrix geben zumindest erste Hinweise, welche Methoden für ein bestimmtes Problem eine erfolgversprechende Forschungsstrategie darstellen. Wo das Forschungsprogramm des IM in dieser Matrix zu verorten ist und ob damit gegebenenfalls ein Identitätsprinzip verbunden ist, wird im folgenden Abschnitt zu klären sein.

3 Internationalität im Spannungsfeld von International Business und International Management

In dem einleitenden „Rückblick" ist mit einem Vorverständnis des Identitätsbegriffs gearbeitet worden, das nunmehr in Abschnitt 3.1 zu präzisieren ist. Freilich konkurrieren in der Literatur ganz unterschiedliche Meinungen über das, was im IM Identität stiftet, was zugleich als erster Hinweis interpretiert werden kann, dass eine solche im IM gar nicht gegeben sein könnte. Deshalb wird in Abschnitt 3.2 in Lehre, Praxis und Forschung nach Bezugspunkten für eine Identität des IM gesucht. Diese Bestandsaufnahme hinterlässt ein widersprüchliches Bild (Abschnitt 3.3), welches Anlass gibt, im abschließenden Abschnitt 4 einen eher programmatischen „Ausblick" zu wagen.

3.1 „Wir" versus „Ihr"

Kennzeichen einer sich etablierenden Disziplin ist in der Regel eine Fragmentierung ihrer Forschungsansätze, die häufig Anlass ist, die Gemeinsamkeiten der

Disziplin zu hinterfragen und auf die Gefahren zu verweisen, wenn das disziplinär Einende der Fragmentierung zum Opfer fällt. Der eigentlich mit dem Individuum verbundene Begriff der Identität verweist auf das Selbstbild, das sich in Form von Rollenerwartungen und -zuschreibungen als Ergebnis von Interaktionsprozessen formt. Identitätssuche ist also ein selbstreflexiver Prozess, dem sich in Analogie auch soziale Entitäten unterziehen können. Eine akademische Disziplin ist eine sozial konstruierte Einheit von deren Existenz Wissenschaftler überzeugt sind und eine halbwegs einheitliche Vorstellung haben (Nag/Hambrick/Chen 2007, S. 935). Für eine Scientific Community bieten immer wieder Jahrestagungen (wie die des VHB von 1982), Jubiläen und Ehrungen den Anlass, um das Einende bzw. das von anderen Disziplinen Trennende herauszuarbeiten. Seltener wird zu diesem Zweck eigens eine Konferenz wie 1992 an der University of South Carolina einberufen, um die Zukunft und die Grenzen des Faches „International Business" zu diskutieren (Toyne/Nigh 1997).

Über 150 renommierte Forscher der Sozialwissenschaften widmeten sich in diesem Rahmen der Aufgabe, die „Domäne" des Faches und sein Verhältnis zu den Teildisziplinen der Betriebswirtschaftslehre wie Marketing, Organisation, Strategisches Management und Finanzmanagement sowie zu den Nachbardisziplinen der Soziologie, Politologie und Volkswirtschaftslehre auszuloten. Zwar konnte man sich relativ unproblematisch darauf einigen, dass das Adjektiv „international" auf die grenzüberschreitenden Aktivitäten eines Unternehmens verweist (Macharzina/Engelhard 1987, für die gegenwärtigen Meinungen der deutschen IM-Vertreter vgl. auch Eckert 2006, S. 55), doch hatten die sechs Autoren, die sich explizit mit der Domäne des International Business befassen sollten, recht unterschiedliche Meinungen darüber, was diese denn nun sei. Für Wilkens ist es „... the firm that extends over borders" (1997, S. 35). Diese Eingrenzung ist jedoch viel zu eng für Boddewyn (1997, S. 60), der ebenso wie Toyne die grenzüberschreitende Tätigkeit auf allen Systemebenen vom Individuum bis auf die nationale Ebene in das Zentrum einer ökonomischen Perspektive wie Wilkens gerückt sehen möchte. Toyne empfiehlt dem Fach anders als Boddewyn eine „emerging vision", welche die Einbettung und Interaktion grenzüberschreitender Aktivitäten in die Wirtschaftsprozesse und gesellschaftlichen Prozesse mehrerer Nationen thematisiert. „Thus, the firm remains a central phenomenon of IB inquiry, except now it is viewed as an interactive, societal transforming mechanism that is, itself, transformed by its interactions" (Toyne 1997, S. 71).

Schollhammer kann sich mit keiner der drei Lösungen anfreunden, weil sich die Domäne ständig ändere und die zahlreichen Theorien des Faches ja wohl zu Genüge belegten, dass es sich als eigenständige Disziplin etabliert habe (Schollhammer 1997, S. 82). Dieser eher pragmatischen Sichtweise widerspricht wiederum Behrmann, der darauf verweist, dass eine disziplinäre Abgrenzung auch andere Interessen als nur die der Forscher erfassen sollte. Für Forscher könne eine „egozentrische" Domänenabgrenzung zwar zweckmäßig sein, wegen der ständig wechselnden Realität laufe sie aber Gefahr, von der Praxis – weiteren Stakeholdern – abgekoppelt zu werden und mit untauglichen Methoden Lösungen für irrelevante Probleme zu produzieren (Behrmann 1997, S. 89). Hench kommt schließlich die Aufgabe zu, zwischen den Meinungen zu schlichten. Ausgehend von dem Paradigmenwechsel der Naturwissenschaften sieht er einen solchen auch auf die Sozialwissenschaften und das IB zukommen. Er geht damit noch über die Auffassungen von Behrmann und Toyne hinaus. Beeindruckt von der modernen Systemtheorie scheinen ihm gerade die im IB zu lösenden Probleme durch Dynamik, Komplexität, Unsicherheit und Interdependenz charakterisiert – Phänomene, die vom „alten" Newton'schen Weltbild kaum und von der Ökonomik schon gar nicht gelöst werden können:

> „The field of IB truly reflects the latest in contemporary thought as well as science's attempt to find *meaning* and *value* in the complex, ambiguous world that surrounds us. ... A new paradigm *is* emerging in both the physical and social sciences. And within this new paradigm is a unique contribution for International Business to make – the study of the management of complexity, diversity and ambiguity" (Hench 1997, S. 94).

Dies dürfte freilich nicht nur das Anliegen des IB bzw. IM sein, womit letztlich die Frage nach der Identität auch auf dieser Konferenz ungeklärt blieb.

Resignierend könnte man festhalten, dass die Frage der Identität und der Grenzen des Faches IM eines jener Rätsel sei, welche sich die Forscher gerne untereinander stellen, die darüber hinaus aber niemanden sonderlich interessieren. Man könnte zudem die Frage berechtigterweise aus der Sicht der Postmoderne unbeantwortet lassen, wenn man die dysfunktionalen Wirkungen einer scharfen Grenzziehung berücksichtigt (Kilduff/Mehra 1997, Welge/Holtbrügge 1999), denn identitätsstiftende „grand theories" führen zu einer Verengung der Sichtweisen (Merton 1968), nachweislich auch in der Forschung des IB (Sullivan 1998a). Identität beinhaltet also auch die Gefahr der Abschließung, der Absonderung des „Wir" vom „Ihr". Wendet man die Erkenntnisse der modernen Managementtheorie selbst auf die Identitätsproblematik an, dann „leben" Wissenschaftssysteme wie andere soziale Systeme vom Austausch untereinander. Wenn ein Identitätsprinzip dazu dient, das „Wir" auch aus der Perspektive des „Ihr" zu reflektieren, um dadurch festzustellen, wo ein Austausch sinnvoll wäre und wo sich eine „narrow vision" erweitern ließe, dann erst rechtfertigt dies die Suche nach der Identität. Dient die Suche hingegen der Absicherung von „claims" oder gar der Abschottung und Abwehr anderer Disziplinen, dann mag das zwar kurzfristig pragmatisch, langfristig jedoch problematisch sein. Pragmatisch ist es sicherlich auch, die politische Dimension von

Demarkationslinien eines Faches zu berücksichtigen. Nicht nur weil ein etabliertes Fach leichter seinen Forderungen nach Lehrstühlen, Forschungsgeldern und Entscheidungsbeteiligung in wissenschaftlichen Gremien Nachdruck verleihen kann, sondern auch weil ein kohärentes Forschungs- und Lehrprogramm sich innerhalb von Fakultäten, bei Studenten und Unternehmen eher Gehör schaffen kann. Von daher scheint ein weiterer Versuch der Identitätsfindung lohnend.

3.2 Bezugspunkte für eine Identität des Internationalen Managements

Die wissenschaftliche Identität des IB bzw. IM wird meist in deren Forschungsprogrammen gesucht (vgl. Abschnitt 3.1) sowie an Schulen und Paradigmen festgemacht. Die Identitätssuche kann aber auch Studenten und die von ihnen nachgefragten Lehrprogramme sowie die Praxis als Abnehmer der Absolventen einer IM-Ausbildung und als Adressaten der Forschungsergebnisse berücksichtigen.

3.2.1 Institutionelle Verankerung

Forscher, die sich mit Problemen des IM befassen, haben sich früh ihre eigenen Institutionen geschaffen, um innerhalb der Managementlehre in eigenen Kommissionen und Publikationen ihre Forschungsergebnisse präsentieren zu können.[3] Dabei kam es in den USA relativ bald zur doppelten Institutionalisierung des Faches. 1959 wurde die Academy of International Business (AIB) gegründet, die heute 3.082 Mitglieder zählt und in 13 „Tochtergesellschaften" regional organisiert ist. Ihr Publikationsorgan ist das „JIBS" (Journal of International Business Studies), das neben der „mir" (Management International Review) als das publizistische Aushängeschild des Faches gilt. Daneben agiert seit 1970 die International Management Division (IMD), die mit 2.711 aktiven Mitgliedern die viertgrößte Division der Academy of Management (AOM; 16.150 Mitglieder) ist (URL: http://www.aib.msu.edu, URL: http://www.aomonline.org). Natürlich gibt es Doppelmitgliedschaften in beiden Verbänden und mehrfache Zugehörigkeiten bei einer der anderen 23 Divisionen der AOM, die besonders zahlreich mit den Divisionen „Business Policy and Strategy" (1.205), „Organizational Behavior" (468) und „Organization and Management Theory" (437) eingegangen werden. Europäische Forscher haben 1974 die European International Business Academy (EIBA) gegründet, die gegenwärtig über 300 Mitglieder umfasst und eng mit dem Euro-

3 Vgl. dazu insbesondere den Beitrag von Johann Engelhard, Christian Schmidt-Wellenburg und Dirk Steinhausen „Institutionelle Entwicklung des Internationalen Managements als wissenschaftliche Disziplin" in diesem Band.

pean Institute for Advanced Management Studies (EIASM) kooperiert. Dabei ist offensichtlich noch nicht vollständig geklärt, ob die EIBA als Western European Chapter der AIB (neben dem United Kingdom Chapter) agiert, obwohl nur 60 % der EIBA-Mitglieder eine AIB-Mitgliedschaft besitzen (URL: http://www.aib.msu.edu). Ihr Publikationsorgan ist die IBR (International Business Review). Auch auf nationaler Ebene setzt sich die Institutionalisierung als Wissenschaftliche Kommission IM im VHB fort, wobei auch hier eine Vielzahl der über 130 Mitglieder Doppelmitgliedschaften mit anderen Wissenschaftlichen Kommissionen des Verbandes besitzen.

Steigende Mitgliederzahlen und die gut besuchten Jahrestagungen der jeweiligen Verbände sind deutliche Indizien für eine identitätsstiftende Selbstzuordnung der Forscher zu einem Fach. Die Forscher beantworten im Prinzip mit ihrer Mitgliedschaft selbst, zu welcher Teildisziplin sie sich zugehörig fühlen. Zwar erzeugen zwei Verbände und die regionale Besonderheit der EIBA nicht gerade den Eindruck der Geschlossenheit. Die vielen Doppelmitgliedschaften bei AIB und IMD zeugen aber auf der Ebene der einzelnen Forscher nicht von einer scharfen institutionellen Trennung in IB und IM, wobei im VHB und auf europäischer Ebene diese Differenzierung erst gar nicht eingeführt wurde. So fällt es weder Toyne (Martinez/Toyne 2000) noch Boddewyn (1999) schwer, mit denselben Argumenten die Domäne des IM einzugrenzen, mit denen sie zuvor die Identität des Faches IB begründeten (Boddewyn 1997, Toyne 1997, Toyne/Nigh 1998). Auch zu den Schwesterdisziplinen herrscht eine große Offenheit und weniger disziplinäre Abgeschlossenheit, die aber bereits als „Bedrohung" interpretiert wird, da immer mehr IM-Themen in allgemeinen Journals wie dem AMJ (Academy of Management Journal; im Jahr 2004 immerhin 25 von 46 erfassten Aufsätzen; Kirkman/Law 2005, S. 379), dem AMR (Academy of Management Review) oder fachspezifischen Journals wie dem SMJ (Strategic Management Journal) oder dem JIM (Journal of International Marketing) erscheinen (Shenkar 2004, Acedo/Casillas 2005). Die Verbandsbenennung hat auf das konkrete „Wir"-Gefühl ihrer Mitglieder offensichtlich nur einen begrenzten Einfluss, wobei diese „Offenheit" zum einen bei einer „Querschnittsdisziplin" (Macharzina 2003) nicht allzu sehr verwundert und zum anderen eher als Chance gesehen werden muss, neue Ideen zu im- und exportieren. Der hohe Organisationsgrad der IM-Forscher ist deutliches Indiz für ein Zugehörigkeitsgefühl, das aber durch die multidisziplinären Interessen der einzelnen Mitglieder nicht allzu stark ausfällt.

3.2.2 Verankerung in der Lehre

Lehrbücher und Studienpläne sind ein weiterer Indikator dafür, was eine Scientific Community als gemeinsamen Kern eines Faches und als wichtig genug ansieht, ihren Studenten als Transmissionsriemen zur Bewältigung praktischer Probleme mit auf den Weg zu geben.[4] Nicht zuletzt unter dem Einfluss der Forderung der Association of American Collegiate Schools of Business (AACSB) sind in die Curricula der amerikanischen Business Schools zunehmend internationale Lehrinhalte eingeflossen. Dabei ist zwischen IB-Kursen, die eher einen Überblickscharakter haben, und IM-Kursen zu unterscheiden, die das ganze Spektrum von Managementthemen abdecken und von Mitarbeiterführung, Teammanagement, Strategischem Management bis zu Problemen der Corporate Governance, klassischen Organisationsfragen und ethischen Problemen reichen. IB befasst sich dagegen mit den kulturellen, politischen und legalen Rahmenbedingungen des internationalen Handels und der Direktinvestitionen samt den dazu gehörigen Theorien und spricht die Besonderheiten der Internationalen Finanzierung und Kapitalmärkte sowie der betriebswirtschaftlichen Teildisziplinen an. Freilich ist auch diese Trennung nicht eindeutig weil „... some confuse IB with International Management (IM) and often there is an overlap in terms of the subjects covered“ (Dubey-Villinger 2003, S. 1). Daran sind auch die Lehrbücher nicht ganz unschuldig, die mit jeweils unterschiedlichem Schwerpunkt ein Potpourri der genannten Themen anbieten. Lehrbücher erfüllen nicht nur die Funktion, studierbares Wissen didaktisch aufzubereiten. Sie sind zugleich ein guter Spiegel dessen, was ein Fach als sein von den meisten Vertretern „geteiltes“ Wissen betrachtet. Lehrbücher und Sammelwerke haben zudem die wichtige Funktion, den Erkenntnisfortschritt des Faches zu dokumentieren, der erst neue strategische Weichenstellungen für die weitere Entwicklung des Faches zulässt. Wie in Abbildung 4 gezeigt, ist die Wahrnehmung dessen, was als Kern des Faches gilt, nicht einheitlich. Grundlage für Abbildung 4 bilden die am weitesten verbreiteten Lehrbücher zum IB bzw. IM sowie Curricula zum IB bzw. IM in den USA, denen die drei deutschen Lehrbücher des IM gegenübergestellt wurden, die am häufigsten an deutschen Fachhochschulen und Universitäten in Vorlesungen eingesetzt werden (Eckert 2006). Bei allen Unterschieden der Schwerpunktsetzung unterscheidet sich in den amerikanischen wie auch in den deutschen Lehrbüchern die Behandlung der betrieblichen Teilfunktionen erheblich. In den deutschen Lehrbüchern (nicht nur bei den drei untersuchten) fehlt die Berücksichtigung der politischen und legalen Umwelt völlig, mithin also ein Gebiet, welches mit der Kultur zu den Kerngebieten des IB zählt und offensichtlich in den deutschen Curricula als „Regionalschwerpunkte“ eine große Rolle spielt (Eckert 2006, S. 76). Dafür wird in Deutschland ein stärkeres Gewicht auf die Behandlung von Internationalisierungsstrategien gelegt.

4 Vgl. dazu insbesondere den Beitrag von Stefan Eckert „Lehre zum Internationalen Management im deutschsprachigen Raum“ in diesem Band.

Die zehn wichtigsten Themen in der IM- bzw. IB-Ausbildung	LB US[1]	Seiten LB US[2]	LB D[3]	Seiten LB D[4]	Curricula US[5]
Kultur	9	41	2	63	32
Politische bzw. legale Umwelt	9	35	0	0	30
Globalisierungskräfte	9	32	3	44	27
Strategien	8	27	3	154	23
Personalmanagement	7	37	2	46	27
Organisation	7	28	3	82	< 20
Handel bzw. Theorien	7	34	2	47	26
Produktion	6	32	1	90	24
Marketing	5	35	1	65	24
Finanzierung	5	30	1	50	< 20
Anzahl max.	9	41	3	154	38

Legende:
[1] = Anzahl der neun führenden US-amerikanischen Lehrbücher, welche die Themen behandeln
[2] = durchschnittliche Seitenzahl, auf der die Themen in US-amerikanischen Lehrbüchern behandelt werden
[3] = Anzahl der drei wichtigsten deutschen Lehrbücher, welche die Themen behandeln
[4] = durchschnittliche Seitenzahl, auf der die Themen in deutschen Lehrbüchern behandelt werden
[5] = Anzahl von 38 ausgewählten US-amerikanischen Universitäten, welche die Themen in ihre Curricula aufnehmen

Abb. 4: Lehrbücher in USA und Deutschland sowie Curricula in den USA
Quelle: in Anlehnung an Dubey-Villinger (2003).

Sowohl IB als auch IM verfügen über Kernbereiche und Themen, in denen sie in Konkurrenz mit anderen Teilgebieten der BWL stehen. Als Kerngebiete des IB gelten die Außenhandelstheorien und die Theorien der FDI (Foreign Direct Investment), die Auseinandersetzung mit unterschiedlichen kulturellen, legalen und politischen Länderkontexten und die Untersuchung supranationaler Organisationen. Bei Fragen der Internationalen Finanzierung, des Marketings und der Produktion bzw. Logistik trifft das IB hingegen auf die Interessensphären der Fachvertreter, die sich ins „Internationale“ ihres Faches vorwagen. Ähnliche Erweiterungsbestrebungen in den Bereich des IM kann man von Vertretern des Strategischen Managements, der Organisationstheorie sowie der Führungs- und Personalforschung beobachten (z. B. Ringlstetter/Skrobarczyk 1994, Weber/Festing 1999). Nicht wenige Mitglieder der Kommission IM im VHB vertreten auch eine weitere Teildisziplin der BWL und sind auf diese Weise dem „Internationalen“ verbunden. Damit sind zugleich Zentrifugalkräfte verbunden, die naturgemäß nicht die Identitätsfindung des IM fördern können, insbesondere dann nicht, wenn zugleich die

Auffassung vertreten wird, das Fachgebiet IM ganz aufzugeben, weil das „Internationale" nunmehr in den Teildisziplinen angekommen und dadurch ausreichend vertreten sei, zumindest besser, als wenn IM-Generalisten in den hoch ausdifferenzierten Teilgebieten dilettieren oder deren Themen überhaupt nicht mehr aufgreifen. Diese Argumentation ist dann nicht von der Hand zu weisen, wenn es keinen zur Verteidigung fähigen Kern, also das Identitätsprinzip des IM gibt. Allerdings lässt sich auch ohne Klärung der „Kernfrage" beobachten, dass auch Vertreter der Teildisziplinen sich in ihren Forschungsprogrammen leichter tun, wenn sie mit Generalisten des IM zusammenarbeiten. Welche fruchtbaren neuen Forschungsfragen dabei auftreten können, zeigt der Vorschlag von Butler für das Gebiet der Internationalen Finanzierung, der gleichzeitig die „big question" des IM zugunsten von „middle range questions" auflöst (Butler 2006, S. 5).

Positiv für die Identitätsfindung des Faches ist hingegen, dass das Fach weltweit an den Business Schools und wirtschaftswissenschaftlichen Fakultäten etabliert ist (Toyne 1997, S. 628, Eckert 2006). Curricula, „Majors", Lehrstühle und Professuren, spezifische Unterrichtsmaterialien in Form von Lehr- und Handbüchern, Enzyklopädien und „cases" sind in zweifacher Weise ein nicht unerheblicher Kristallisationspunkt zur Identitätsfindung. Zum einen findet hier die Umsetzung von Forschungsergebnissen in die Lehre statt. Dabei erfüllen die für die Praxis (noch) untauglichen Theorien hervorragend den Zweck, abstrahierend und generalisierend den Kern von Internationalisierungsproblemen – manchmal allzu sehr – von der Realität entkleidet herauszuschälen und zu strukturieren. Zum zweiten werden die so instruierten Absolventen in eine Praxis entlassen, die zunehmend mit Internationalisierungsproblemen konfrontiert ist. Zumindest kann man hoffen, dass über die Absolventen des IM langsam eine Institutionalisierung des Problembewusstseins in der Praxis erfolgt.

3.2.3 Verhältnis zur Praxis

In schöner Regelmäßigkeit wird in den Eröffnungsreden der Jahrestagungen der AIB oder AOM von den jeweiligen Präsidenten auf das schlechte Verhältnis zur Praxis verwiesen (z. B. Hambrick 1994).[5] Für eine anwendungsorientierte BWL sind dies eigentlich fatale Bekenntnisse, die zumindest darauf hinweisen, dass das, was die Fachvertreter als ihr Forschungsprogramm verstehen, von der Praxis wenig honoriert wird und nicht als Beitrag zur Lösung ihrer Internationalisierungsprobleme gesehen wird. Nun ist dies ein grundsätzliches Problem zwischen BWL und

5 Vgl. zu diesem Problem auch den Beitrag von Michael-Jörg Oesterle und Stefan Schmid „Bedeutung und Notwendigkeit anwendungsorientierter Forschung im Bereich des Internationalen Managements" in diesem Band.

Praxis, das aber für IM-Forscher insofern eine Verschärfung erfährt, als sie anders als Vertreter funktionaler (aber auch institutioneller) Teildisziplinen der BWL keinen „natürlichen" Ansprechpartner in der Praxis finden – außer sie treffen auf wohlwollende ehemalige Studenten des IM (siehe oben). Ein Marketingforscher kann sich an einen Marketing- oder Vertriebsbereich, ein Finanztheoretiker an Finanzfachleute wenden. Anders als bei Personal-, Marketing-, Produktions- und Finanzierungsproblemen finden sich für Internationalisierungsprobleme keine institutionell in Unternehmen verankerten „Problemgeneratoren". Die Internationalität eines Unternehmens verbirgt sich hingegen als integraler Bestandteil in den Aktivitäten der einzelnen Funktionsträger der meisten Funktionsbereiche, durchzieht mehrere Unternehmensebenen und manifestiert sich in unterschiedlichsten Beziehungen der einzelnen Teilbereiche. Nicht selten werden Internationalisierungsprobleme erst im Kollektiv „gehoben" und in temporären Teams gelöst, weil es keinen unmittelbar Verantwortlichen für die Internationalisierung eines Unternehmens gibt. Diese Heterogenität möglicher Ansprechpartner verhindert nicht nur deren Institutionalisierung in Form berufsständischer Organisationen, sondern auch eine identitätsstiftende Zusammenarbeit von Forschern und Praktikern an Problemen der Praxis. Gegenwärtig scheidet die Praxis daher zwangsläufig als Bezugspunkt für eine Identitätsfindung aus. Hier hat die Forschung bislang versagt nachzuweisen, dass sie Probleme der Praxis auf Basis ihrer Theorien besser lösen kann, als diese es selbst kann. Man kann einwenden, dass dies nicht Aufgabe der Forschung sei. Wer aber wie nicht wenige Vertreter des Faches eine anwendungsorientierte Forschung auf seine Fahne geschrieben hat, sollte der Praxis nach 50 Jahren des Forschens solche Angebote machen können. Die Bereitschaft der Praxis ist vorhanden, wie zahlreiche gemeinsame Ausbildungsprojekte beweisen.

3.2.4 Forschungsprogramme

Üblicherweise werden die Forschungsprogramme und das oder die zentralen Paradigmen als Identitätsprinzip einer Teildisziplin herangezogen, weil in ihnen das Einende und von anderen Disziplinen Abgrenzende am stärksten zu Tage tritt (McKinley/Mone/Moon 1999). Tatsächlich setzen auch im IM solche Selbstfindungen immer wieder an den Forschungsprogrammen an (Lück/Trommsdorff 1982, Hrsg., Buckley 1991, 2002, Toyne/Nigh 1997, Werner 2002, Lu 2003, Acedo/Casillas 2005). Allzu großzügig wird dabei mit dem Begriff des Paradigmas umgegangen, seit er von Kuhn (1962) zur Charakterisierung forschungsleitender „grand theories" benutzt wurde. Auch wenn einige Forscher selbst ihre theoretischen Bezugsrahmen als Paradigma anbieten (Hennart 1997, S. 646, Toyne/Nigh 1997, S. 16, Dunning 1998, 2006, Hennart 2001, Buckley/Lessard 2005), so handelt es sich wohl in erster Linie um unterschiedliche Schulen bzw. Perspektiven, mit denen an Internationalisierungsprobleme herangegangen wird. Contractor ordnet in Abbildung 5 die Forschungsfelder von IB und IM entlang den Systemebenen. Obwohl in großen Teilen überlappend, sieht er bei IB eher die Kompetenzen auf der Makroebene und den internationalen Teilfunktionen des Marketings, Finanzierung und Rechnungswesens angesiedelt, während IM für den „Rest“ verantwortlich zeichnet. Die Ähnlichkeit mit Staehles Trennung von BWL-Themen und Managementthemen ist nur teilweise mit der Zuordnung der Subthemen zu der jeweiligen „Hemisphäre“ von IB und IM gegeben (vgl. Abbildung 1). Unterschiedlich ist insbesondere die Differenzierung der Erfahrungsobjekte nach Systemebenen.

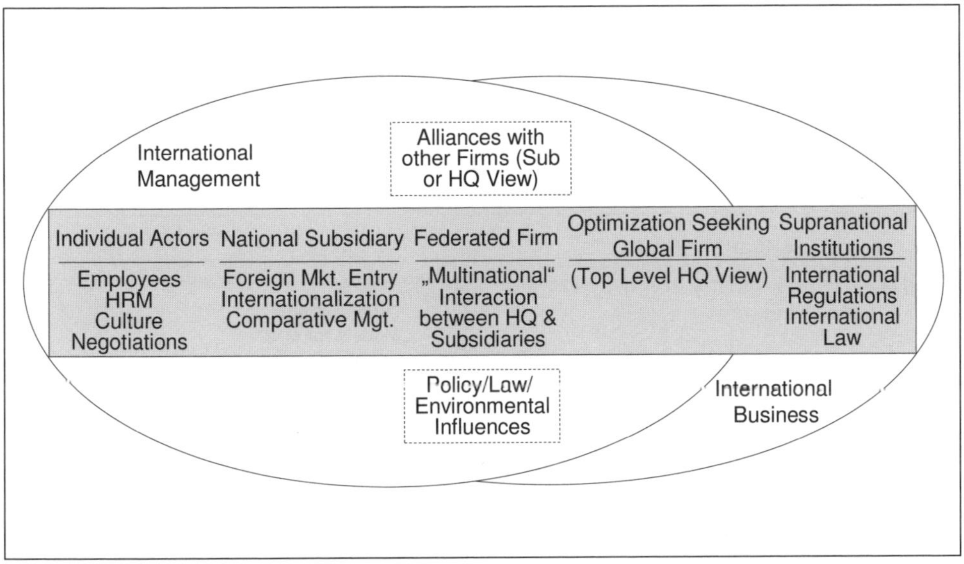

Abb. 5: Forschungsprogramme von IB und IM
Quelle: Contractor (2000), S. 6.

Werner (2002) untersucht die Forschungsprogramme des IM, indem er 271 Artikel der führenden 20 betriebswirtschaftlichen Zeitschriften von 1996 bis 2000 auswertet, in denen Themen des IM aufgegriffen werden. Damit erfasst er 5,5 % aller Artikel dieser 20 Zeitschriften in diesem Zeitraum. Im Vergleichszeitraum 1976 bis 1980 widmeten sich nur 1,8 % aller Artikel Internationalisierungsthemen. Leider lässt er außer dem JIBS alle anderen zentralen Journals des IM aus der Betrachtung aus und wundert sich, dass kaum Internationalisierungsstrategien und Kulturvergleiche thematisiert werden. Lu (2003) behebt diesen Fehler und erfasst in neun führenden Zeitschriften des Strategischen sowie des Internationalen Managements insgesamt 393 Artikel mit Internationalisierungsthemen, von denen Strategiethemen den Löwenanteil ausmachen. Acedo und Casillas (2005) werten 11.556 Zitate der fünf für das IM wichtigsten Journals im Zeitraum 1997 bis 2000 aus. Die Ko-Zitate von 50 Artikeln mit einer Zitierhäufigkeit von über 15 wurden einer multidimensionalen Skalierung unterzogen, die in Abbildung 6 wiedergegeben ist.

Zusätzlich wurde eine Faktorenanalyse durchgeführt, um die Bedeutung einzelner Arbeiten innerhalb eines Clusters festzustellen.

In Abbildung 6 finden sich auf der linken Seite der Senkrechten diejenigen Artikel, die sich mit interorganisationalen Sachverhalten auseinandersetzen, während auf der rechten Seite monoorganisationale Untersuchungen dominieren. Deutlich trennt auch die Horizontale zwischen Arbeiten, die der institutionenökonomischen Richtung (unten) zuzuordnen sind, während sich in der oberen Hälfte (über Null) eher managementorientierte Arbeiten finden. Obwohl nur vier Jahrgänge erfasst wurden, kristallisieren sich – nicht sehr überraschend – vier besonders intensiv zitierte Schulen heraus. Neben der Joint-Venture-Thematik sind dies die eklektische Theorie Dunnings (1981) und die Transaktionskostentheorie, die ihre verlegerische Heimat primär im JIBS finden und sich eher dem IB-Lager zuordnen lassen. Der Prozessansatz der nordischen Schule findet hingegen den Weg eher in die „mir" und „IBR" und stärkt die IM-Fraktion (Acedo/Casillas 2005, S. 631 f.).

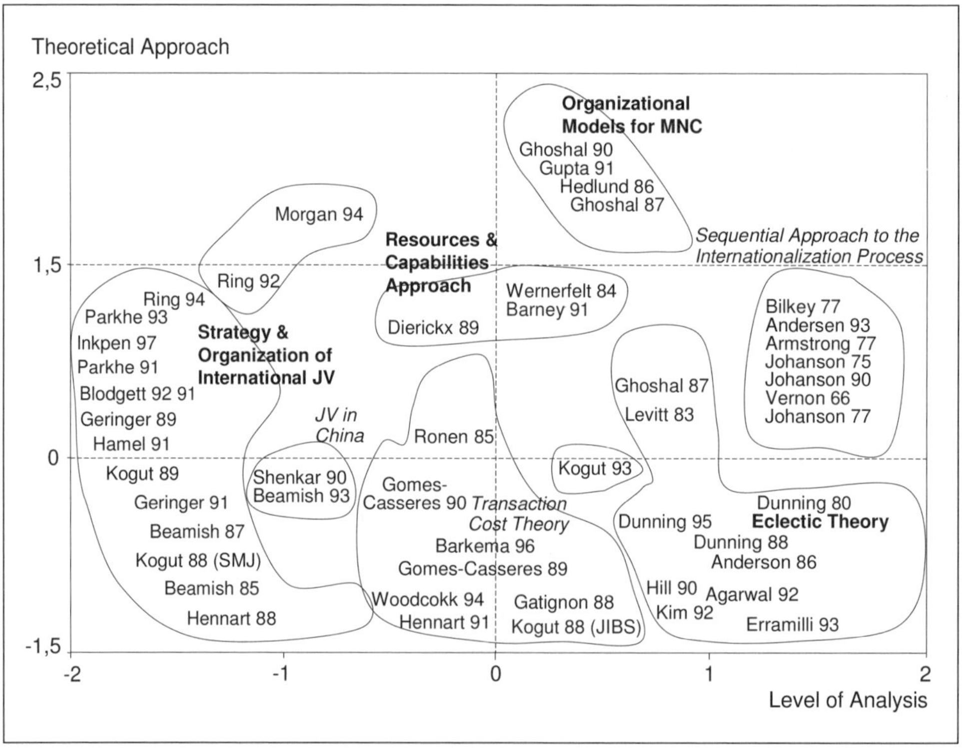

Abb. 6: Forschungsansätze des IB bzw. des IM
Quelle: in Anlehnung an Acedo/Casillas (2005), S. 627.

Es scheint sich auch in diesen neueren Analysen der Forschungsarbeiten die Erkenntnis zu bestätigen, dass es kein zentrales Paradigma des IB bzw. IM gibt, das den Strom „normaler" Forschung leiten könnte (Sullivan 1998b). Allerdings reklamieren die ökonomischen Ansätze die Rolle eines „meta-paradigms" (Sullivan 1998b, S. 879), obwohl sie nun keineswegs originär aus der IB-Forschung erwachsen sind, sondern die Überlegungen der Institutionenökonomik (Coase 1937, Yeung 2003, S. 102) auf Probleme der Internationalisierung übertragen, auch wenn dies Hennart (1997) anders sehen möchte. Dies gilt auch für andere „Klassiker", die wie Hymer (1976) ihre Vorläufer in der Industrieökonomik (Bain 1956) oder wie Kogut und Zander (1993) in der Resource-based View (Penrose 1959) haben. Dies soll keineswegs die Leistung der jeweiligen Forscher herabsetzen, aber darauf hinweisen, dass auch andere Disziplinen die gleichen Grundgedanken weiter entwickelt haben (hierzu auch Shenkar 2004, S. 163). Damit entsteht aber die paradoxe Situation, dass die „Schule", die sich als das Zentrum bzw. Paradigma der IB- bzw. IM-Forschung versteht, am wenigsten zu einer Abgrenzung von der im zweiten Abschnitt charakterisierten generellen Institutionenökonomik und von der Strategieforschung beiträgt.

Die Ähnlichkeit der theoretischen Konstrukte setzt sich in der Vorliebe für quantitative Methoden fort, so dass auch hier die gleichen kritischen Anmerkungen anzubringen sind wie in Abschnitt 2.2.3. Diesem Gedanken folgend formuliert Sullivan stellvertretend für andere (Behrmann 1997, Boddewyn 1997, Sullivan 1998b):

> „IB and the allied social sciences are trapped between the horns of a dilemma. Should we continue to produce methodologically airtight studies that inform less and less, interest fewer and fewer, and gradually institutionalize irrelevance, or should we choose to challenge the ontological commitments, intellectual properties, and theoretical preoccupations of the field" (Sullivan 1998b, S. 880).

Die Logik der Matrix (Abbildung 6) anwendend hieße das, dass die ökonomischen Theorien des IB versuchen, die in der Matrix verstreuten Probleme ausschließlich aus der äußersten linken oberen Ecke zu bewältigen. Es ist eben nicht ausreichend, die Vielfalt von Kulturen auf die Variable „Unsicherheit" zu reduzieren (Caves 1998) und damit ein zentrales Thema des IM auszublenden. Zudem macht eine solche ökonomische Sichtweise das Verhalten und die Entscheidungen von Managern bedeutungslos, was vermutlich nicht die beste Gesprächsbasis ist, wenn man sie in Anwendungen der Theorie einbeziehen will.

Die Auseinandersetzung um ein dominantes Paradigma ist zugleich eine Diskussion um eine enge ökonomische oder weite pluralistische erkenntnistheoretische Position des IM. Ein Erkenntnispluralismus macht es naturgemäß schwieriger, die Identität eines Faches aus seinen Forschungsprogrammen zu erkennen, es sei denn, es gelingt, einen „Scheinwerfer“ wie in Abbildung 2 zu konstruieren, der den Theorienpluralismus der Managementlehre einzufangen versteht. Hinsichtlich des Erkenntnispluralismus beginnen mittlerweile auch die eingefleischten Internalisierungstheoretiker die Begrenztheit ihrer Modellwelt zu realisieren. Buckleys programmatische Frage „Is the International Business Research Agenda Running out of Steam?“ (2002, Peng 2004, Buckley/Lessard 2005) und der Vorschlag, die Geographie zur Entwicklung neuer Forschungsfragen stärker zu berücksichtigen (Buckley/Ghauri 2004), zeugen von einer multidisziplinären Öffnung, die auch Dunning (1989) nicht fremd ist. Schließlich ist er einer der wenigen wirklich interdisziplinär Arbeitenden, wenn er Industrieökonomik, Institutionenökonomik und Standorttheorie in seiner eklektischen Theorie verbindet. Neuerdings schlägt er vor, die „human environment“ stärker in die Theorien des IB bzw. IM einzubeziehen, nachdem diese jahrzehntelang ausschließlich die Wirkungen der „physical environment“ auf die Internationalisierung von Unternehmen untersucht hatten (Dunning 2006). In Anlehnung an North (2005) versteht er unter „physical environment“ die oben skizzierten Institutionen, die bewusst und unbewusst menschliche Interaktionen leiten. Dies ist allerdings nur mit einer breiten interdisziplinären Ausrichtung zu bewältigen:

> „Indeed, the range of disciplines relevant to understanding the human environment extends well beyond those normally considered as part of IB. As institutions involving international firms have become more pervasive, so issues of geography, international law, and international relations had become more relevant. As behaviour and belief systems have a strong learning and cognitive element, so the work of neuro-economists, evolutionary psychologists, and socio-biologists have become more applicable“ (Dunning 2006, S. 7).

Damit geht Dunning nicht nur über die multidisziplinäre „emerging vision“ von Toyne (1997, Toyne/Nigh 1998, Boddewyn/Toyne/Martinez 2004) hinaus, sondern führt auch IB und IM – wenn auch unbeabsichtigt – zusammen, denn IM hat eine solche Multidisziplinarität schon immer als Markenzeichen gehabt – freilich um den Preis, aus seinen Forschungsansätzen nur eine verschwommene Identität ableiten zu können.

3.3 Identität des Internationalen Managements – eine Fata Morgana?

Identität ist keine digitale Eigenschaft, sondern variiert zwischen einer starken und schwachen Identität. Versucht man abschließend, das Fach IM bzw. IB auf diesem Kontinuum einzuordnen, dann zeigt die Argumentation der vorausgegangenen

Abschnitte, dass eine punktuelle Zuordnung kaum gelingen wird. Die starke Institutionalisierung des Faches in Form seiner Forschungsorganisationen, etablierten Ausbildungsprogramme und eigenständigen Publikationsorgane ist ein überzeugender Indikator für eine gefestigte Identität des IM. Diese institutionelle Identität lässt sich leicht dem „starken" Pol der Identitätsskala punktuell zuweisen.

Würde man Aufsätze des IM sprachanalytisch untersuchen, wie dies Nag, Hambrick und Chen (2007) für das Strategische Management unternommen haben, um dessen Identität aufzudecken, dann ließe sich sicherlich auch ein Lexikon von Begriffen des IM ableiten, das scheinbar seine Eigenständigkeit gegenüber anderen betriebswirtschaftlichen Teildisziplinen absichern könnte. Vermutlich würden in diesem Lexikon aber auch Begriffe wie „strategy, acquisition, investment, alliances, transaction, agency, competency, knowledge, advantage, growth" (Nag/Hambrick/Chen 2007, S. 942) auftauchen, um nur einige exemplarisch aus dem Lexikon der Strategen zu nennen, die wohl auch von den hypothetischen sprachanalytischen Forschern des IM als „ihre" identitätsstiftenden Sprachkerne identifiziert würden. Damit wäre zwar bewiesen, dass beide Forschungsgemeinschaften ihre Forschungsbemühungen jeweils konsensfähig um einen sprachlich definierbaren Kern kreisen lassen, die dadurch entstehenden Kreise sich aber nicht unerheblich überlappen werden (und wahrscheinlich auch mit anderen betriebswirtschaftlichen Teildisziplinen). Dies verwundert nach den Ausführungen zu Forschungsprogrammen des IM (vgl. Abschnitt 3.2.4) eigentlich nicht mehr, welche auf die gemeinsamen Wurzeln von IM bzw. IB, Strategischer und Allgemeiner Managementlehre verwiesen haben und damit Rekonstruktionen der Strukturkerne dieser (Teil-)Disziplinen und Forschungstraditionen zwangsläufig mehr Gemeinsames zu Tage fördern, als einer scharfen paradigmenorientierten Abgrenzung der Disziplin dienlich ist. Eine Analyse der disziplinären Sprachspiele wird zwar gewisse Eigenständigkeiten aufdecken. Wegen ihrer gemeinsamen wissenschaftlichen Vorläufer wird jedoch die noch relativ deutliche institutionelle Identität der Gemeinschaft der IM-Forscher verwischt und kann nur noch als diffuser Fleck zwischen den beiden Polen einer starken und schwachen Identität verortet werden.

Diese „Lösung" des Identitätsproblems entspringt einer subjektiven Interpretation und Rekonstruktion, die von jedem Beobachter oder bzw. und Teilnehmer einer wissenschaftlichen Gemeinschaft wegen der Mehrdeutigkeiten der zu untersuchenden Phänomene unterschiedlich vorgenommen werden kann (Deleuze 2007, zitiert nach Kirsch/Seidl/van Aaken 2007, S. 139-141). Damit entfällt die Möglichkeit, eine eindeutige Identität festzustellen. Die Eindeutigkeit löst sich in den subjektiven Interpretationen der „Identitätssucher" auf, zudem auch ein „Metaprinzip" wie etwa die skizzierte sprachanalytische Untersuchung nicht vermitteln kann, da es ebenfalls mit subjektiver „Blindheit" beladen ist. Beweise solcher Rekonstruktionen liefern für das IM die eingangs zitierten Sammelwerke von Lück und Trommsdorff (1982, Hrsg.) sowie von Toyne und Douglas (1997) aber auch die „Selbstidentifizierer“ der mikroökonomischen Richtung des IB, die alle eine unterschiedliche Identität rekonstruieren. Wie eine Fata Morgana die unscharfe Spiegelung eines konkreten Objekts ist, dessen Richtung und Entfernung aber nicht der Realität entspricht, so liegt den Beobachtungen derjenigen, die den heiligen Gral der Identität des IM suchen, die Realität der Forschungs- und Lehrprogramme des IM zugrunde, deren konkreter Ort nicht zuletzt aus den genannten Gründen nicht richtig zu fassen ist. Die Wanderer in der Wüste werden durch die nachlassende Hitze von ihren Illusionen befreit. Folgt man konsequent den Gedanken von Deleuze, dann löst sich die Luftspiegelung „Identität des IM“ in den subjektiven Interpretationen der Realität des IM auf. Dennoch können solche von vornherein zum Scheitern verurteilten Verfolgungen einer Fata Morgana für ein Fach hilfreich sein.

Zum einen bergen solche immer wiederkehrenden Rekonstruktionen häufig auch einen wissenschaftspolitischen Aspekt in sich, der die Subjektivität der Interpretationen aber noch verstärkt. Natürlich würde eine sauber rekonstruierte scharf abgrenzende Identität des IM dem Fach helfen, Kontur gegenüber konkurrierenden Teildisziplinen zu gewinnen, insbesondere wenn sie wissenschaftlich legitimierte scheinbar exakte Methoden der Rekonstruktion verwenden, wie dies bei Nag, Hambrick und Chen (2007) der Fall ist. Eine paradigmatische Identität schafft politisches Gehör, Lehrstühle und Ressourcen. Das mag pragmatisch sein, läuft bei allzu lauter Politik aber Gefahr sofort als „Luftspiegelung“ entlarvt zu werden. Zum anderen können solche „fruchtlosen“ Übungen aber auch nützlich sein, durch gelegentliche Besinnung auf das eigentlich Unmögliche die *institutionelle* Identität des Faches zu stärken. So lassen die Reflektionen dieses Bandes sicherlich die Fachvertreter wieder näher zusammenrücken, und es wäre zu wünschen, dass ein erneuter Schwung das Fach wie die Tagung des VHB vor 25 Jahren beflügelt.

So geläutert vermag man, auch den Angeboten von Dunning, Buckley oder Peng (vgl. Abschnitt 3.2.4) für neue Lösungen der „big question“ des IM Versöhnliches abzugewinnen. Manchmal mag es für die umherirrende Karawane der Forscher besser sein, einer so gewiesenen Fata Morgana zu folgen, als weiter im Kreise zu ziehen. Die Richtung könnte sich ja tatsächlich als richtig erweisen, während der Marsch im Kreise mit Sicherheit in die Stagnation führt. Freilich muss hierfür die Bereitschaft bestehen, wenigstens eine Zeit lang die Richtung beizubehalten.

Die geschilderten Probleme der Identitätsfindung des IM existieren anscheinend nur, wenn man das IM als Teildisziplin der BWL betrachtet, also die Identität aus dem Verhältnis zu Mutter- und Schwesterdisziplinen entwickeln möchte. Nicht wenige Forscher schlagen aber vor, das „uninationale“ als Sonderfall des internationalen Unternehmens zu betrachten (Albach 1981, Peng 2004, S. 103, Shenkar

2004, S. 162), was zur Folge hätte, dass alle betriebswirtschaftlichen Probleme vom komplexeren Fall des internationalen Unternehmens her gedacht werden müssten. Das Erfahrungsobjekt der BWL bzw. Managementlehre wäre dann nicht das Unternehmen, sondern das *internationale* Unternehmen mit seiner Einbettung in unterschiedliche Gesellschaftssysteme – eine Sichtweise, die vom Großteil der IM-Forscher schon immer für das IM vereinnahmt wurde. IM und Managementlehre könnten ineinander aufgehen. Freilich wäre damit das Identitätsproblem auch nicht auf höherer Ebene lösbar, wenn man den prinzipiellen Einwändungen von Deleuze folgt. Allenfalls wäre die Problematik insofern „gemildert", als die Eigenständigkeit der Managementlehre bzw. der BWL im System der Sozialwissenschaften nicht mehr hinterfragt wird. Im folgenden Ausblick soll nicht der Gedanke weiter verfolgt werden, wie mit den eigentlich unvereinbaren Interpretationen der Forscher umgegangen werden kann (hierzu ausführlich Kirsch/Seidl/van Aaken 2007, S. 140 ff.). Es sollen eher pragmatisch die Früchte einer solchen „Fusion" bewertet werden.

4 Ausblick

Die Konzeption der Managementlehre als eine internationale Führungslehre besitzt einen gewissen Charme, weil auch die Praxis – wie oben ausgeführt – ihre Internationalität integriert führt. Internationalität ist in der Unternehmensphilosophie eingebettet, durchzieht integral die meisten Unternehmensaktivitäten und regiert das Verhältnis der Unternehmensteile untereinander. Anders als die betrieblichen Teilfunktionen lässt sich Internationalität als eigener Problembestand nicht immer herausschälen. Akquisitionen beispielsweise werden eben häufig nicht zum Zwecke der Internationalisierung durchgeführt. Die Internationalität des Akquisitionsobjektes ist dann nur der „Beifang", der aber nicht selten bei der Integration die größten Probleme verursacht, weil er im Vorfeld von den Beteiligten wegen der anderen Akquisitionsziele analytisch unterbelichtet wurde. Wie kann ein Fach nach einer eigenen Identität streben, wenn die von diesem Fach erforschte Realität diese Abgrenzungen nicht vornimmt und im Falle identifizierbarer Internationalisierungsprobleme automatisch interdisziplinär diese Probleme löst? Die Anfänge des Faches waren durch Theorien gekennzeichnet, deren Untersuchungsobjekt „Markteintrittsformen" eines der scheinbar abgrenzbaren Internationalisierungsprobleme darstellt. Mittlerweile sind die Probleme aber weitgehend integraler Natur und sprechen daher für eine „Repatriierung" des Internationalen in die Allgemeine Managementlehre.

Jede Fusion verlangt von beiden Parteien ein Umdenken. IM-Forscher müssen sich von der noch vorherrschenden „extensionalen" Forschungsstrategie verabschieden,

d. h. Sachverhalte aus dem nationalen in den internationalen Bereich zu transferieren und entweder durch Vergleich oder durch Adaption zu neuen Erkenntnissen vorzustoßen (Toyne 1997, Martinez/Toyne 2000). Stattdessen sind die zu untersuchenden Phänomene von Anfang an als grenzüberschreitende Interaktionen zu betrachten. Für Managementforscher gilt diese Aufforderung gleichermaßen. Wenn man beobachtet, dass Vertreter des Rechnungswesens oder der Wirtschaftsprüfung heute Grundsätze ordnungsgemäßer Buchführung nicht mehr allein vom Handelsgesetzbuch, sondern ganz selbstverständlich von fremden nationalen Institutionen wie US-GAAP (United States Generally Accepted Accounting Principles) und von internationalen Regeln wie IFRS (International Financial Reporting Standards) her betrachten, dann scheint es weniger abwegig, darüber nachzudenken, wie sich eine Managementlehre vom Internationalen her entwickeln ließe. Hierzu wird auf die Scheinwerfermetapher zurückgegriffen, die um „Filter" erweitert wird, welche die *inhaltlichen* Synergien einer solchen Fusion sichtbar machen. Für die *methodischen* Konsequenzen einer Annäherung des IM an die Allgemeine Managementlehre lassen sich die Aussagen zur Problemadäquatheit der Forschungsmethoden des Abschnittes 2.3 nahtlos übertragen.

Nicht nur aus „nahe liegenden" Gründen wird auf die Konzeption einer Führungslehre von Kirsch und nicht auf einen anderen „Scheinwerfer" zurückgegriffen, sondern weil sie grundsätzlich multidisziplinär, offen und evolutionär angelegt ist und das „Internationale" zumindest gelegentlich berücksichtigt. Außerdem eignet sich die Scheinwerfermetapher ausgezeichnet, um die Veränderungen deutlich zu machen, die mit einem Denken vom Internationalen her verbunden sind. Die Anzahl der von dem Scheinwerfer angestrahlten Disziplinen in Abbildung 2 ist nicht fixiert. Es ist davon auszugehen, dass eine internationale Führungslehre mehr Disziplinen beleuchten muss als eine „uninationale" Führungslehre, um befriedigende Erklärungen zu ermöglichen. Hier lassen sich die Forderungen Dunnings, Shenkars oder Toynes nach Einbeziehung von internationalen Beziehungen, vergleichender Anthropologie und Rechtssystemen, International Economics und der stärkeren Berücksichtigung lokalen Wissens nahtlos einbeziehen, ohne dass diese Aufzählung erschöpfend sein müsste.

Die untersuchten Probleme definieren dabei, welche der einzelnen Disziplinen und Traditionen tatsächlich angestrahlt werden müssen. Die Internationalität gleicht dabei einem Farbfilter, der einzelne Farben je nach Konstruktion ausblendet und andere verstärkt. Implizit ist in Kirschs Führungslehre das Internationale mitgedacht, aber selten explizit behandelt. Der Filter verstärkt bzw. bringt das Implizite stärker zum Vorschein. Je nach Internalisierungsgrad des Untersuchungsobjektes ist dabei die Filterwirkung unterschiedlich: von nahezu wirkungslos bei nationalen Unternehmen und Führungsproblemen bis hin zur Hervorhebung und Betonung einzelner Aspekte in einigen oder allen angestrahlten Disziplinen. Die Internationalität und die Art der Führungsprobleme entscheiden also, welche Traditionen zweckmäßigerweise zur wissenschaftlichen Aufarbeitung des Problems berücksichtigt werden und gegebenenfalls zusammenarbeiten sollten.

Bei der Fusion des IM mit der Managementlehre zu einer internationalen Führungslehre treten Synergien auf, die natürlich früher schon zu Austauschbeziehungen zwischen Mutter- und Tochterdisziplin geführt haben. Im Folgenden sind einige Beispiele für die wechselseitige Befruchtung beider Erkenntnissysteme zusammengestellt:

- Nachdem die Institutionenökonomik gerade von Vertretern des IM nicht wenig kritisiert wird, wundert es vielleicht, dass Multidisziplinarität auch hinsichtlich der ökonomischen Traditionen eingefordert wird. So erstaunt immer wieder die rein deskriptive Ausrichtung der nordischen Schule, in der der wirtschaftliche Erfolg unterschiedlicher Internationalisierungsverläufe seit Jahrzehnten als Untersuchungsgegenstand systematisch ausgeblendet wird.
- Umgekehrt werden Fragen der Unternehmenspolitik von der Managementlehre gerne im kultur- und rechtsfreien Raum diskutiert. Die vergleichende Forschung zum Einfluss unterschiedlicher Corporate-Governance-Systeme oder des Zusammenwirkens lokaler Institutionen auf Art und Ergebnis der Unternehmensführung (Whitley 1990, 1992, Hrsg.) hat hingegen im IM lange Tradition und ist zugleich ein Lehrstück sowohl für die kulturelle Einbettung des Untersuchungsgegenstandes als auch der Forscher selbst. Unternehmenspolitische Diskussionen ohne Kulturbezug sind daher in nicht wenigen Fällen problematisch.
- Die Unternehmenspolitik ist zugleich ein Beispiel dafür, wie Forscher des IM (z. B. Hedlund 1986, Bartlett/Ghoshal 1989, Doz/Prahalad 1991) Strategien im machtfreien Raum entstehen lassen. Eine machtorientierte Diskussion verteilter Entscheidungszentren ist ihnen wie auch den Rollentheoretikern von Tochtergesellschaften (Forsgren 1997) weitgehend fremd. Umgekehrt fehlt der Managementlehre, die auf dieser Klaviatur trefflich spielen kann, die Klassifikationen und Systematiken des IM. Hier bietet sich ein „merger of equals“ geradezu an (Kutschker 2003).
- Kaum eine Managementdisziplin hat sich so intensiv mit der Allokation und Integration verteilter Wertschöpfungsaktivitäten auseinandergesetzt wie das IM (Zentes/Swoboda/Morschett 2004). Für Macharzina ist die „... integrative Umweltberücksichtigung bei grenzüberschreitender Unternehmenstätigkeit“ (1989, Sp. 911) gar das Identitätsprinzip des IM schlechthin. Freilich ist Integration ein integraler Bestandteil einer „Lehre von der Führung für die Führung“. Ein solches Identitätsprinzip geht in der Führungslehre und der „Fusion“ auf. Das IM kann unter diesem Aspekt eine reiche Mitgift einbringen, welche sich im

Laufe der Zeit aus den ursprünglichen organisationstheoretischen Leihgaben überaus positiv entwickelt hat (Welge 1980).

- Porters geistige „Kapriolen“ sind ein Beispiel für die Schwierigkeiten, im nationalen Rahmen noch schlüssig entwickelte „generische“ Strategien ins Internationale zu transponieren (Porter 1989), wenn die zugrunde liegende nationale Logik der Industrial Organization bei mehreren voneinander abgegrenzten Märkten nicht mehr so richtig greifen will. Aber auch die Rezepturen anderer Strategiekonzepte versagen, wenn Kunden in fremden Ländern „Kompetenzen“ zu schätzen wissen, die im heimatlichen Markt hoffnungslos unterlegen sind. Solche Probleme können in einer Managementlehre überhaupt erst auftreten, wenn man sie vom Internationalen her denkt. Leider ist hinsichtlich Problemen des Multipoint-Wettbewerbs, internationaler technologischer Rennen oder des internationalen Brand Managements bei beiden Fusionskandidaten noch erheblicher Nachholbedarf gegeben, was nicht zuletzt wohl auch darauf zurückzuführen ist, dass sich das IM bislang allzu sehr auf seine „uninationalen“ Lieferanten strategischer Konzepte verlassen hat, wenn man von Markteintrittsstrategien absieht.
- Beide Kandidaten haben jedoch ein gemeinsames Entwicklungspotential in der Frage der Dynamik von Unternehmen. Die Untersuchung des Internationalisierungsprozesses hat mit den Arbeiten von Johansson und Vahlne (1977, 1990) schon sehr früh zu einem managementorientierten Ansatz des IM geführt, der insbesondere in Europa weiterentwickelt wurde. Heute weiß man, warum, wann, wo, wie und wie schnell internationalisiert wird. Die Führbarkeit solcher Prozesse wurde von der nordischen Schule bislang negiert. Eine Managementlehre, die sich mit der evolutionären Steuerung komplexer Systeme auseinandersetzt, verfügt über die theoretischen Schlüssel, um Internationalisierungsprozesse führbar zu machen, und würde umgekehrt von dem Wissen um die Regeln internationalen Wachstums profitieren (Kutschker 1994, 2005).
- Nicht zu vergessen sind die vielen denkbaren „mini-mergers“ zwischen Teildisziplinen, wie sie beispielsweise Butler (2006) für Probleme der Internationalen Finanzierung vorgeschlagen hat. IM-Forscher bringen ihr Wissen über kulturell geprägte Verhaltensweisen, Risikomessungen und -einstellungen ein, um systematischer als bisher verhaltensbedingte Aspekte von Investitionsentscheidungen zu verstehen. Umgekehrt könnte die Finanztheorie ihre elaborierten Tools der Realoptionen, der Bewertung von Portfolios oder Kapitalkosten zur besseren Analyse von Internationalisierungsstrategien einbringen (Becker 2005).

Die Liste der Beispiele ließe sich beliebig verlängern, würde dann aber umso mehr den Einwand provozieren, dass solche „Grenzüberschreitungen“ auch ohne Fusion von IM und Managementlehre möglich und auch ohne den Scheinwerfer einer Führungslehre vollziehbar wären. Beide Argumente sind zunächst richtig, denn einige der zitierten Arbeiten wurden von solchen Grenzgängern und ohne Führungslehre erstellt. Nur zeigt die Realität, dass die immer und immer wieder erhobenen Forderungen nach Multidisziplinarität und interdisziplinärer Zusammenarbeit sowohl in der Managementforschung als auch im IM weitgehend ergebnislos verhallen. Die Gründe mögen vielfältig sein. Aber wenn schon das Fach IM wegen seines Facettenreichtums als unüberschaubar gilt und sich wenige Forscher in mehr als zwei Spezialisierungen der AIB aktiv beteiligen (können), dann gerät ein multidisziplinäres Arbeiten insbesondere für den einzelnen Forscher dann zum Fass ohne Boden, wenn er über kein Auswahlprinzip verfügt. Eine Führungslehre stellt ein Angebot für ein solches Selektionsprinzip dar, das einer international orientierten Managementlehre dann dienlich sein kann, wenn es der Gemeinschaft der IM-Forscher ihren „Farbfilter" als Markenzeichen lässt (und ihr damit weiterhin einen Grund gäbe, sich nach wie vor regelmäßig auf Tagungen zu treffen). Wissenschaftspolitisch wäre es dann nur konsequent, Lehrstühle nicht mehr nur für Unternehmensführung auszuschreiben, sondern solange mit dem Adjektiv „international" zu versehen, bis das Verständnis der Internationalität als integralem Bestandteil einer Unternehmensführung in Wissenschaft und Praxis angekommen ist.

Literatur

Acedo, F. J./Casillas, J. C. (2005): Current Paradigms in the International Management Field: An Author Co-citation Analysis. In: International Business Review, 14. Jg., Nr. 1, 2005, S. 619-639.

Albach, H. (1981): Die internationale Unternehmung als Gegenstand betriebswirtschaftlicher Forschung. In: Zeitschrift für Betriebswirtschaft, 51. Jg., Nr. 1, Ergänzungsheft, 1981, S. 13-24.

Albach, H. (1997): Gutenberg und die Zukunft der Betriebswirtschaftslehre. Discussion Paper, Wissenschaftszentrum Berlin für Sozialforschung (WZB), 1997, FS IV 97-16.

Albach, H. (1999): Eine allgemeine Theorie der Unternehmung. In: Zeitschrift für Betriebswirtschaft, 69. Jg., Nr. 4, 1999, S. 411-427.

Arnold, U. (2000): New Dimensions of Outsourcing: A Combination of Transaction Cost Economics and the Core Competencies Concept. In: European Journal of Purchasing and Supply Management, 6. Jg., Nr. 4, 2000, S. 23-29.

Astley, G. W./Van de Ven, A. H. (1983): Central Perspectives and Debates in Organization Theory. In: Administrative Science Quarterly, 28. Jg., Nr. 2, 1983, S. 245-273.

Bain, J. S. (1956): Barriers to New Competition. Harvard University Press, Cambridge/ MA, 1956.

Barnard, C. I. (1938): The Functions of the Executive. Harvard University Press, Cambridge/MA, 1938.

Bartlett, C. A./Ghoshal, S. (1989): Managing across Borders: The Transnational Solution. Harvard Business School Press, Boston/MA, 1989.

Becker, M. (2005): Controlling von Internationalisierungsprozessen. Gabler, Wiesbaden, 2005.

Behrmann, J. N. (1997): Discussion of „the Conceptual Domain“ of International Business. In: Toyne, B./Nigh, D. (1997, Hrsg.): International Business: An Emerging Vision. University of South Carolina Press, Columbia/SC, 1997, S. 82-90.

Bleicher, K. (1995): Betriebswirtschaftslehre – Disziplinäre Lehre vom Wirtschaften in und zwischen Betrieben oder interdisziplinäre Wissenschaft vom Management. In: Wunderer, R. (1995, Hrsg.): Betriebswirtschaftslehre als Management- und Führungslehre. 3. Aufl., Schäffer-Poeschel, Stuttgart, 1995, S. 91-119.

Boddewyn, J. J. (1997): The Conceptual Domain of International Business: Territory, Boundaries, and Levels. In: Toyne, B./Nigh, D. (1997, Hrsg.): International Business: An Emerging Vision. University of South Carolina Press, Columbia/SC, 1997, S. 50-61.

Boddewyn, J. J. (1999): The Domain of International Management. In: Journal of International Management, 5. Jg., Nr. 1, 1999, S. 3-14.

Boddewyn, J. J./Toyne, B./Martinez, Z. L. (2004): The Meaning of International Management. In: Management International Review, 44. Jg., Nr. 2, 2004, S. 195-213.

Buckley, P. J. (1991): The Frontiers of International Business Research. In: Management International Review, 31. Jg., Nr. 4, 1991, S. 7-22.

Buckley, P. J. (1996): The Role of Management in International Business Theory. In: Management International Review, 36. Jg., Special Issue Nr. 1, 1996, S. 7-54.

Buckley, P. J. (2002): Is the International Business Research Agenda Running out of Steam? In: Journal of International Business Studies, 33. Jg., Nr. 2, 2002, S. 365-373.

Buckley, P. J. (2005, Hrsg.): What Is International Business. Palgrave-Macmillan, Basingstoke/NY, 2005.

Buckley, P. J./Casson, M. C. (1976): The Future of the Multinational Enterprise. Macmillan, London, 1976.

Buckley, P. J./Casson, M. C. (2001): Strategic Complexity and International Business. In: Rugman, A. M./Brewer, T. L. (2001, Hrsg.): The Oxford Handbook of International Business. Oxford University Press, Oxford et al., 2001, S. 88-126.

Buckley, P. J./Ghauri, P. N. (2004): Globalization, Economic Geography and the Strategy of Multinational Enterprises. In: Journal of International Business Studies, 35. Jg., Nr. 2, 2004, S. 81-98.

Buckley, P. J./Lessard, D. R.(2005): Regaining the Edge for International Business Research. In: Journal of International Business Studies, 36. Jg., Nr. 6, 2005, S. 595-599.

Burr, W. (1995): Netzwettbewerb in der Telekommunikation: Chancen und Risiken aus Sicht der ökonomischen Theorie. Gabler, Wiesbaden, 1995.

Burr, W. (2003): Fundierung von Leistungstiefenentscheidungen auf der Basis modifizierter Transaktionskostenansätze. In: Zeitschrift für betriebswirtschaftliche Forschung, 55. Jg, Nr. 3, 2003, S. 112-134.

Burrell, G./Morgan, G. (1979): Sociological Paradigms and Organizational Analysis. Heinemann, London, 1979.

Butler, K. C. (2006): Finance and the Search for the „Big" Question in International Business. In: AIB Insights, 6. Jg., Nr. 3, 2006, S. 3-9.

Caves, R. E. (1998): Research on International Business: Problems and Prospects. In: Journal of International Business Studies, 29. Jg., Nr. 1, 1998, S. 5-19.

Chandler, A. D., Jr. (1962): Strategy and Structure: Chapters in the History of the American Industrial Enterprise. MIT Press, Cambridge/MA, 1962.

Coase, R. H. (1937): The Nature of the Firm. In: Economica, 4. Jg., Nr. 16, 1937, S. 386-405.

Coase, R. H. (1988): The Nature of the Firm: Origins. In: Journal of Law, Economics, and Organization, 4. Jg., Nr. 1, 1988, S. 1-18.

Contractor, F. J. (2000): The Raisons d'Être for International Management as a Field of Study. In: Journal of International Management, 6. Jg., Nr.1, 2000, S. 3-10.

DeJordy, R. (2005): A Vision for Overcoming Challenges in Cross-national Management Research and Practice. Academy of Management Best Conference Paper, 2005, S. 1-6.

Deleuze, G. (2007): Differenz und Wiederholung. 3. Aufl., Fink Verlag, München, 2007.

Dietl, H./Van der Velden, R. (2001) Internationalisierung: Kapitel 6. In: Jost, P. J. (2001, Hrsg.): Der Transaktionskostenansatz in der Betriebswirtschaftslehre. Schäffer-Poeschel, Stuttgart, 2001, S. 183-218.

Doz, Y. L./Prahalad, C. K. (1991): Managing DMNCs: A Search for a New Paradigm. In: Strategic Management Journal, 12. Jg., Special Issue Nr. 4, 1991, S. 145-164.

Dubey-Villinger, N. (2003): Teaching International Business: What Constitutes the Field of Study? Academy of Management Best Conference Paper, 2003, MED: C1.

Dülfer, E. (1982): Internationalisierung der Unternehmung – Gradueller oder prinzipieller Wandel. In: Lück, W./Trommsdorff, V. (1982, Hrsg.): Internationalisierung der Unternehmung als Problem der Betriebswirtschaftslehre. Erich Schmidt, Berlin, 1982, S. 47-72.

Dunning, J. H. (1981): International Production and the Multinational Enterprise. Allen, London, 1981.

Dunning, J. H. (1989): The Study of International Business: A Plea for a more Interdisciplinary Approach. In: Journal of International Business Studies, 20. Jg., Nr. 3, 1989, S. 411-436.

Dunning, J. H. (1998): Multinational Enterprises and the Global Economy. 2. Aufl., Addison-Wesley, Wokingham et al., 1998.

Dunning, J. H. (2006): New Directions in International Business Research. In: AIB Insights, 6. Jg., Nr. 2, 2006, S. 3-9.

Eckert, S. (2006): Internationales Management als Lehrfach an Universitäten und Fachhochschulen im deutschsprachigen Raum. International Management Working Paper Series Nr. 1, Internationales Hochschulinstitut Zittau, 2006.

Elster, J. (1983): Explaining Technical Change. Cambridge University Press, Cambridge/MA, 1983.

Forsgren, M. (1997): The Advantage Paradox of the Multinational Corporation. In: Björkman, I./Forsgren, M. (1997, Hrsg.): The Nature of the International Firm. Copenhagen Business School Press, Kopenhagen, 1997, S. 69-88.

Ghauri, P. N. (1986): Guidelines for International Business Negotiations. In: International Marketing Review, 3. Jg., Nr. 4, 1986, S. 72-82.

Ghoshal, S. (2005): Bad Management Theories Are Destroying Good Management Practices. In: Academy of Management Learning & Education, 4. Jg., Nr. 1, 2005, S. 75-91.

Ghoshal, S./Moran, P. (1996): Bad for Practice: A Critique of the Transaction Cost Theory. In: Academy of Management Review, 21. Jg., Nr. 1, 1996, S. 13-47.

Glaum, M. (1996): Internationalisierung und Unternehmenserfolg. Gabler, Wiesbaden, 1996.

Hambrick, D. C. (1994): What if the Academy actually Mattered? In: Academy of Management Review, 19. Jg., Nr. 1, 1994, S. 11-16.

Hedlund, G. (1986): The Hypermodern MNC – A Heterarchy. In: Human Resource Management, 25. Jg., Nr. 1, 1986, S. 9-35.

Hench, T. J. (1997): The Domain of International Business: Paradigms in Collusion. In: Toyne, B./Nigh, D. (1997, Hrsg.): International Business: An Emerging Vision. University of South Carolina Press, Columbia/SC, 1997, S. 90-100.

Hennart, J.-F. (1997): International Business Research. In: Toyne, B./Nigh, D. (1997, Hrsg.): International Business: An Emerging Vision. University of South Carolina Press, Columbia/SC, 1997, S. 644-651.

Hennart, J.-F. (2001): Theories of the Multinational Enterprise. In: Rugman, A. M./Brewer, T. L. (2001, Hrsg.): The Oxford Handbook of International Business. Oxford University Press, Oxford et al., 2001, S. 127-149.

Hoskisson, R. E./Hitt, M. A./Wan, W. P./Yiu, D. (1999): Theory and Research in Strategic Management. In: Journal of Management, 25. Jg., Nr. 3, 1999, S. 417-456.

Hymer, S. H. (1976): The International Operations of National Firms: A Study of Direct Foreign Investment. MIT Press, Cambridge/MA, London, 1976.

Jensen, M. (2002): How to Pay Bosses. In: The Economist, Nr. 8299, 22.11.2002, S. 86-88.

Jensen, M./Murphy, K. (1990): Performance Pay and Top-management Incentives. In: The Journal of Political Economy, 98. Jg., Nr. 2, 1990, S. 225-264.

Johanson, J./Vahlne, J.-E. (1977): The Internationalization Process of the Firm – A Model of Knowledge Development and Increasing Foreign Market Commitments. In: Journal of International Business Studies, 8. Jg., Nr. 1, 1977, S. 23-32.

Johanson, J./Vahlne, J.-E. (1990): The Mechanism of Internationalisation. In: International Marketing Review, 7. Jg., Nr. 4, 1990, S. 11-24.

Kale, P./Singh, H./Perlmutter, H. (2000): Learning and Protection of Proprietary Assets in Strategic Alliances: Building Relational Capital. In: Strategic Management Journal, 21. Jg., Nr. 1, 2000, S. 217-237.

Kirkman, B./Law, K. (2005): From the Editors: International Management Research in AMJ: Our Past, Present, and Future. In: Academy of Management Journal, 48. Jg., Nr. 1, 2005, S. 377-386.

Kilduff, M./Mehra, A. (1997): Postmodernism and Organizational Research. In: Academy of Management Review, 22. Jg., Nr. 2, 1997, S. 453-481.

Kirsch, W. (1970): Entscheidungsprozesse: Band 1: Verhaltenswissenschaftliche Ansätze der Entscheidungstheorie. Gabler, Wiesbaden, 1970.

Kirsch, W. (1971a): Entscheidungsprozesse: Band 2: Informationsverarbeitungstheorie des Entscheidungsverhaltens. Gabler, Wiesbaden, 1971.

Kirsch, W. (1971b): Entscheidungsprozesse: Band 3: Entscheidungen in Organisationen. Gabler, Wiesbaden, 1971.

Kirsch, W. (1971c): Die Koordination von Entscheidungen in Organisationen. In: Zeitschrift für betriebswirtschaftliche Forschung, 23. Jg., Nr. 2, 1971, S. 61-88.

Kirsch, W. (2001): Die Führung von Unternehmen. Verlag Barbara Kirsch, München, 2001.

Kirsch, W./Seidl, D./van Aaken, D. (2007): Betriebswirtschaftliche Forschung: Wissenschaftstheoretische Grundlagen und Anwendungsorientierung. Schäffer-Poeschel, Stuttgart, 2007.

Kogut, B. (2001): Methodological Contributions in International Business and the Direction of Academic Research Activity. In: Rugman, A. M./Brewer, T. L. (2001, Hrsg.): The Oxford Handbook of International Business. Oxford University Press, Oxford et al., 2001, S. 785-817.

Kogut, B./Zander, U. (1993): Knowledge of the Firm and the Evolutionary Theory of the Multinational Corporation. In: Journal of International Business Studies, 24. Jg., Nr. 4, 1993, S. 625-645.

Köhler, R./Küpper, H.-U./Pfingsten, A. (2006): Betriebswirtschaftslehre. In: Wirtschaftslexikon: Das Wissen der Betriebswirtschaftslehre. Schäffer-Poeschel, Stuttgart, 2006, S. 840-861.

Kuhn, T. S. (1962): The Structure of Scientific Revolution. University of Chicago Press, Chicago/IL, 1962.

Kutschker, M. (1994): Dynamische Internationalisierungsstrategie. In: Engelhard, J./Rehkugler, H. (1994, Hrsg.): Strategien für nationale und internationale Märkte: Konzepte und praktische Gestaltung. Gabler, Wiesbaden, 1994, S. 221-248.

Kutschker, M. (2003): Polyzentrismus – Ein empirisches Phantom? In: Ringlstetter, M./Henzler, H./Mirow, M. (2003, Hrsg.): Perspektiven der Strategischen Unternehmensführung: Theorien – Konzepte – Anwendungen. Gabler, Wiesbaden, 2003, S. 200-226.

Kutschker, M. (2005): Prozessuale Aspekte der Kooperation. In: Zentes, J./Swoboda, B./Morschett, D. (2005, Hrsg.): Kooperationen, Allianzen und Netzwerke: Grundlagen – Ansätze – Perspektiven. 2. Aufl., Gabler, Wiesbaden, 2005, S. 1125-1154.

Kutschker, M./Schmid, S. (2006): Internationales Management. 5. Aufl., Oldenbourg, München, Wien, 2006.

Langlois, R. (1988): Economic Change and the Boundaries of the Firm. In: Journal of Institutional and Theoretical Economics, 144. Jg., Nr. 4, 1988, S.635-657.

Lu, J. W. (2003): The Evolving Contributions in International Strategic Management Research. In: Journal of International Management, 9. Jg., Nr. 2, 2003, S. 193-213.

Lück, W./Trommsdorff, V. (1982, Hrsg.): Internationalisierung der Unternehmung als Problem der Betriebswirtschaftslehre. Erich Schmidt, Berlin, 1982.

Macharzina, K. (1981): Entwicklungsperspektiven einer Theorie internationaler Unternehmenstätigkeit. In: Wacker, H./Hausmann, B./Kumar, B. (1981, Hrsg.) Internationale Unternehmensführung. Erich Schmidt, Berlin, 1981, S. 33-56.

Macharzina, K. (1989): Internationale Betriebswirtschaftslehre. In: Macharzina, K./Welge M. K. (1989, Hrsg.): Handwörterbuch Export und Internationale Unternehmung. Poeschel, Stuttgart, 1989, Sp. 903-914.

Macharzina, K. (2003): Grundlagen. In: Breuer, W./Gürtler, M. (2003, Hrsg.): Internationales Management. Gabler, Wiesbaden, 2003, S. 13-53.

Macharzina, K./Engelhard, J. (1987): Internationales Management. In: Die Betriebswirtschaft, 47. Jg., Nr. 3, 1987, S. 319-344.

Martinez, Z. L./Toyne, B. (2000): What Is International Management, and what Is its Domain? In: Journal of International Management, 6. Jg., Nr. 2, 2000, S. 11-28.

McKinley, W./Mone, M. A./Moon, G. (1999): Determinants and Development of Schools in Organization Theory. In: Academy of Management Review, 24. Jg., Nr. 4, 1999, S. 634-648.

Meckl, R./Kubitschek, C. (2000): Organisation von Unternehmensnetzwerken – Eine verfügungsrechtstheoretische Analyse. In: Zeitschrift für Betriebswirtschaft, 70. Jg., Nr. 3, 2000, S. 289-307.

Meffert, H. (1998): Die Herausforderungen an die Betriebswirtschaftslehre – Die Perspektive der Wissenschaft. In: Die Betriebswirtschaft, 58. Jg., Nr. 6, 1998, S. 709-730.

Merton, R. K. (1968): Social Theory and Social Structure. Free Press, New York/NY, 1968.

Meyer, K. E./Peng, M. W. (2005): Probing theoretically into Central and Eastern Europe: Transactions, Resources, and Institutions. In: Journal of International Business Studies, 36. Jg., Nr. 6, 2005, S. 600-621.

Moran, P./Ghoshal, S. (1996): Theories of Economic Organization: The Case for Realism and Balance. In: Academy of Management Review, 21. Jg., Nr. 1, 1996, S. 58-72.

Nag, R./Hambrick, D. C./Chen, M.-J. (2007): What Is Strategic Management, really? Inductive Derivation of a Consensus Definition of the Field. In: Strategic Management Journal, 28. Jg., Nr. 9, 2007, S. 935-955.

Nooteboom, B. (1996): Trust, Opportunism, and Governance: A Process and Control Model. In: Organization Studies, 17. Jg., Nr. 6, 1996, S. 985-1010.

North, D. C. (2005): Understanding the Process of Economic Change. Princeton University Press, Princeton/NJ, 2005.

Peng, M. W. (2004): Identifying the Big Question in International Business Research. In: Journal of International Business Studies, 35. Jg., Nr. 2, 2004, S. 99-108.

Penrose, E. T. (1959): The Theory of the Growth of the Firm. Blackwell, Oxford et al., 1959.

Pfeffer, J. (1993): Barriers to the Advance of Organizational Science: Paradigm Development as a Dependent Variable. In: Academy of Management Review, 18. Jg., Nr. 4, 1993, S. 599-620.

Picot, A. (1982): Der Transaktionskostenansatz in der Organisationstheorie: Stand der Diskussion und Aussagewert. In: Die Betriebswirtschaft, 42. Jg., Nr. 2, 1982, S. 267-284.

Picot, A./Schuller, S. (2006): Transaktionskosten. In: Wirtschaftslexikon: Das Wissen der Betriebswirtschaftslehre: Band 11. Handelsblatt, Schäffer-Poeschel, Stuttgart, 2006, S. 5679-5688.

Picot, A./Dietl, H./Franck, E. (1997): Organisation: Eine ökonomische Perspektive. Schäffer-Poeschel, Stuttgart, 1997.

Porter, M. E. (1989): Der Wettbewerb auf globalen Märkten: Ein Rahmenkonzept. In: Porter, M. E. (1989, Hrsg.): Globaler Wettbewerb: Strategien der neuen Internationalisierung. Gabler, Wiesbaden, 1989, S. 17-68.

Ringlstetter, M./Skrobarczyk, P. (1994): Die Entwicklung internationaler Strategien. In: Zeitschrift für Betriebswirtschaft, 64. Jg., Nr. 3, 1994, S. 333-357.

Ripperger, T. (1998): Ökonomik des Vertrauens: Analyse eines Organisationsprinzips. Mohr Siebeck, Tübingen, 1998.

Rugman, A. M./Brewer, T. L. (2001, Hrsg.): The Oxford Handbook of International Business. Oxford University Press, Oxford et al., 2001.

Ruigrok, W./Wagner, H. (2003): Internationalization and Performance: An Organizational Learning Perspective. In: Management International Review, 43. Jg., Nr. 1, 2003, S. 63-83.

Rumelt, R. P./Schendel, D. E./Teece, D. E. (1991): Strategic Management and Economics. In: Strategic Management Journal, 12. Jg., Special Issue Nr. 8, 1991, S. 5-29.

Scandura, T. A./Williams, E. A. (2000): Research Methodology in Management: Current Practices, Trends and Implications for Future Research. In: Academy of Management Journal, 43. Jg., Nr. 6, 2000, S. 1248-1264.

Schmalenbach, E. (1911): Die Privatwirtschaftslehre als Kunstlehre. In: Zeitschrift für handelswissenschaftliche Forschung, 12. Jg., Nr. 6, 1911, S. 304-316.

Schneider, D. (2002): Die ersten Handelshochschulen. In: Gaugler, E./Köhler, R. (2002, Hrsg.): Entwicklungen der Betriebswirtschaftslehre. Schäffer-Poeschel, Stuttgart, 2002, S. 39-59.

Schollhammer, H. (1997): Discussion of the Conceptual Domain of International Business. In: Toyne, B./Nigh, D. (1997, Hrsg.): International Business: An Emerging Vision. University of South Carolina Press, Columbia/SC, 1997, S. 76-82.

Schreyögg, G. (2006): Unternehmensführung (Management). In: Wirtschaftslexikon: Das Wissen der Betriebswirtschaftslehre: Band 11. Schäffer-Poeschel, Stuttgart, 2006, S. 5786-5794.

Shenkar, O. (2004): One more Time: International Business in a Global Economy. In: Journal of International Business Studies, 35. Jg., Nr. 2, 2004, S. 161-171.

Simon, H. A. (1957): Models of Man. Wiley, New York/NY, 1957.

Simon, H. A. (1997): Administrative Behavior. 4. Aufl., Free Press, New York/NY, 1997.

Staehle, W. (1980): Management – Eine verhaltenswissenschaftliche Perspektive. 1. Aufl., Vahlen, München, 1980.

Staehle, W. (1999): Management – Eine verhaltenswissenschaftliche Perspektive. 8. Aufl., Vahlen, München, 1999.

Steinmann, H./Schreyögg, G. (2000): Management: Grundlagen der Unternehmensführung: Konzepte, Funktionen, Fallstudien. 5. Aufl., Gabler, Wiesbaden, 2000.

Sullivan, D. (1998a): Cognitive Tendencies in International Business Research: Implications of a „Narrow Vision". In: Journal of International Business Studies, 29. Jg., Nr. 4, 1998, S. 837-862.

Sullivan, D. (1998b): The Ontology of International Business: A Comment on International Business: An Emerging Vision. In: Journal of International Business Studies, 29. Jg., Nr. 4, 1998, S. 877-886.

Szyperski, N. (1974): Unternehmensführung als Objekt und Adressat der Betriebswirtschaftslehre. In: Wild, J. (1974, Hrsg): Unternehmensführung – Festschrift für Erich Kosiol zu seinem 75. Geburtstag. Erich Schmidt, Berlin, 1974, S. 3-38.

Toyne, B. (1997): International Business Inquiry: Does It Warrant a Separate Domain? In: Toyne, B./Nigh, D. (1997, Hrsg.): International Business: An Emerging Vision. University of South Carolina Press, Columbia/SC, 1997, S. 62-76.

Toyne, B./Nigh, D. (1997): The Future Development of International Business Inquiry. In: Toyne, B./Nigh, D. (1997, Hrsg.): International Business: An Emerging Vision. University of South Carolina Press, Columbia/SC, 1997, S. 673-683.

Toyne, B./Nigh, D. (1998): A more Expansive View of International Business. In: Journal of International Business Studies, 29. Jg., Nr. 4, 1998, S. 863-876.

Tversky, A./Kahnemann, D. (1981): The Framing of Decisions and the Psychology of Choice. In: Science, 211. Jg., Nr. 4481, 1981, S. 453-458.

Ulrich, P. (1995): Betriebswirtschaftslehre als praktische Sozialökonomie. In: Wunderer, R. (1995, Hrsg.): Betriebswirtschaftslehre als Management- und Führungslehre. 3. Aufl., Schäffer-Poeschel, Stuttgart, 1995, S. 179-204.

Van de Ven, A. (1989): Nothing Is quite so Good as a Good Theory. In: Academy of Management Review, 14. Jg., Nr. 4, 1989, S. 486-489.

Von Hayek, F. (1989): The Pretense of Knowledge. In: American Economic Review, 9. Jg., Nr. 1/2, 1989, S. 3-7.

Weber, W./Festing, M. (1999): Globalisierung und Personalmanagement – Perspektiven für ein Strategisches Internationales Personalmanagement. In: Engelhard, J./Oechsler, W. A. (1999, Hrsg.): Internationales Management: Auswirkungen globaler Veränderungen auf Wettbewerb, Unternehmensstrategie und Märkte: Klaus Macharzina zum 60. Geburtstag. Gabler, Wiesbaden, 1999, S. 435-465.

Weick, K. (1989): Theory Construction as Disciplined Imagination. In: Academy of Management Review, 14. Jg., Nr. 4, 1989, S. 516-531.

Welge, M. K. (1980): Management in deutschen multinationalen Unternehmungen: Ergebnisse einer empirischen Untersuchung. Poeschel, Stuttgart, 1980.

Welge, M./Holtbrügge, D. (1999): International Management under Postmodern Conditions. In: Management International Review, 39. Jg., Nr. 4, 1999, S. 305-322.

Werner, S. (2002): Recent Developments in International Management Research: A Review of 20 Top Management Journals. In: Journal of Management, 28. Jg., Nr. 3, 2002, S. 277-305.

Whitley, R. D. (1990): Eastern Asian Enterprise Structures and the Comparative Analysis of Forms of Business Organization. In: Organization Studies, 11. Jg., Nr. 1, 1990, S. 47-74.

Whitley, R. D. (1992, Hrsg.): European Business Systems: Firms and Markets in their National Contexts. Sage, London et al., 1992.

Wilkins, M. (1997): The Conceptual Domain of International Business. In: Toyne, B./ Nigh, D. (1997, Hrsg.): International Business: An Emerging Vision. University of South Carolina Press, Columbia/SC, 1997, S. 31-50.

Williamson, O. E. (1990): Chester Barnard and the Incipient Science of Organization. In: Williamson, O. E. (1990, Hrsg.): Organization Theory: From Chester Barnard to the Present and Beyond. Oxford University Press, New York/NY et al., 1990, S. 172-206.

Williamson, O. E. (1993): Calculativeness, Trust, and Economics. In: Journal of Law and Economics, 36. Jg., Nr. 4, 1993, S. 453-486.

Williamson, O. E. (1996): Economic Organization: The Case for Candor. In: Academy of Management Review, 21. Jg., Nr. 1, 1996, S. 13-47.

Williamson, O. E. (2005): Transaction Cost Economics and Business Administration. In: Scandinavian Journal of Management, 21. Jg., Nr. 1, 2005, S. 19-40.

Yeung, B. (2003): Introduction to the JIBS Symposium Honoring the 25th Anniversary of the Future of the Multinational Enterprise. In: Journal of International Business Studies, 34. Jg., Nr. 2, 2003, S. 101-107.

Zhao, H./Zhu, G. (1998): Determinants of Ownership Preference of International Joint Ventures: New Evidence from Chinese Manufacturing Industries. In: International Business Review, 7. Jg., Nr. 6, 1998, S. 569-589.

Zhao, H./Luo, Y./Suh, T. (2004): Transaction Cost Determinants and Ownership-based Entry Mode Choice: A Meta-analytical Review. In: Journal of International Business Studies, 35. Jg., Nr. 6, 2004, S. 524-544.

Zentes, J./Swoboda, B./Morschett, D. (2004): Internationales Wertschöpfungsmanagement. Vahlen, München, 2004.

zu Knyphausen-Aufseß, D. (1995): Theorie der strategischen Unternehmensführung: State of the Art und neue Perspektiven. Gabler, Wiesbaden, 1995.

Ursula Schneider*

Ist das Internationale Management eine eigenständige Disziplin? Einige Antworten auf Zweifler und Kritiker

* Prof. Dr. Ursula Schneider leitet das Institut für Internationales Management der Karl-Franzens-Universität Graz.

1 Differenzierung von Disziplinen: Eine rein akademische Frage?

1.1 Befund: Der Fachcharakter wird in Zweifel gezogen

Nach der Wiederaufnahme der durch die beiden Weltkriege behinderten internationalen Geschäftstätigkeit bildete sich in den 1960er Jahren eine eigene Disziplin – „International Business“ (IB) bzw. „Internationales Management“ (IM)[1] – heraus, um sich jenen empirisch relevanten Fragen zuzuwenden, denen die Herkunftsdisziplinen ihrer Vertreter keine Bedeutung beimaßen. Frühe Fachvertreter wie Hymer (1976) und Kindleberger (1969) in den USA bzw. Macharzina (1981) und Pausenberger (1989) im deutschsprachigen Raum formulierten damals überzeugende Antworten auf für den Disziplincharakter maßgebliche Fragen, nämlich jene nach dem leitenden Forschungsparadigma, einer disziplineigenen Methodik und einem zusätzlichen Erkenntniswert. Sie argumentierten, dass nicht die singuläre, jeweils selbstständige Bearbeitung ausländischer Märkte, sondern die koordinative Einbeziehung der sozioökonomischen Bedingungen aller vom internationalen Unternehmen bearbeiteten Regionen die Besonderheit des Faches begründe (Macharzina 1989, Sp. 909 f.). Während Macharzina das koordinative Element von Internationalisierungsbewegungen betont(e), akzentuiert(e) Dülfer die Verschiedenartigkeit der sozioökonomischen Bedingungen (Rechtssysteme, Wirtschaftshistorie, Kultur im Allgemeinen) als Abgrenzungsmerkmal (Dülfer 1982, S. 69 ff., 2001). Es folgten die üblichen formalen Merkmale der Differenzierung: Neben der Abspaltung einer eigenen Subgruppe im Rahmen der jeweiligen Dachverbände wurden Lehrstühle bzw. Departments eingerichtet, Zeitschriften gegründet und Curricula entwickelt. Einige Jahrzehnte lang blieben Grundsatzfragen ausgespart, doch um die Jahrhundertwende wurden Legitimationsfragen der Disziplin erneut gestellt, was – wie zu zeigen sein wird – auf die Breite und Dynamik des Untersuchungsgegenstandes und auf die im Folgenden dargelegten Gründe zurückzuführen ist:

---

1 In den USA ist die Bezeichnung „International Business“ gebräuchlich, während im deutschsprachigen Raum die Bezeichnung „Internationales Management“ dominiert. Im deutschsprachigen Raum wird auch eine wesentlich schärfere Trennlinie zwischen Volks- und Betriebswirtschaftslehre gezogen als in den USA, so dass die Bezeichnung das Fach eindeutig der Betriebswirtschaftslehre zuordnet. Im Folgenden wird dem deutschen Sprachgebrauch entsprochen. Vgl. zur Unterscheidung zwischen Betriebswirtschafts- und Managementlehre auch die Beiträge von Michael Kutschker „Identität des Faches ‚Internationales Management‘ innerhalb der Betriebswirtschafts- und Managementlehre“ sowie von Stefan Schmid und Michael-Jörg Oesterle „Internationales Management als Wissenschaft – Herausforderungen und Zukunftsperspektiven“ in diesem Band.

- Angeregt durch den sich vollziehenden Globalisierungsprozess haben sich die funktionalen Disziplinen internationalen Fragestellungen geöffnet. Damit ist zu untersuchen, ob funktionale Betriebswirtschaftslehren auf Basis geschlossener Paradigmen genauere Kenntnisse bereitstellen können als eine integrative Disziplin dies tut, bzw. ob diese Disziplin aus Gründen eines veränderten „Forschungsmarktes" nicht ohnehin in funktionale Spezialisierungen zerfällt.
- Globalisierungstendenzen vollziehen sich auch im akademischen Sektor: Eine wesentlich höhere Anzahl von Arbeiten konkurrieren um Veröffentlichungschancen. Dabei treffen die Autoren auf ein hegemoniales positivistisches bzw. kritisch-rationales Paradigma (Pfeffer 1982, Toyne 1997, Sullivan 1998), welchem nur durch eine Verengung von Fragestellungen und Isolierung weniger Untersuchungsfaktoren entsprochen werden kann.
- Im Zuge der Reform des universitären Systems in vielen Ländern werden Fragen der Profilierung, des internationalen Leistungsvergleichs und eines gezielteren Ressourceneinsatzes virulent. Lehrstühle werden nun nicht mehr traditionsbezogen wiederbesetzt, sondern haben sich in ein Entwicklungskonzept zu fügen (wie etwa im österreichischen Universitätsorganisationsgesetz 2002 vorgesehen).
- Dazu kommt erschwerend, dass dem Ausbildungsprofil im Vertiefungsfach „Internationales Management" zwar multiple Tätigkeitsfelder, aber noch kein einheitliches Berufsbild in der Wirtschaftspraxis entsprechen. Das hängt mit dem Pioniercharakter des Faches zusammen, erschwert allerdings Absolventen die Kommunikation ihres spezifischen Fähigkeitsportfolios. Dies steht nicht im Widerspruch zur empirischen Beobachtung an einschlägigen Lehrstühlen, dass deren Absolventinnen und Absolventen hervorragende Jobchancen geboten erhalten. Offenbar gelingt es ihnen im individuellen Fall, die Besonderheiten ihrer auf Problemlösung konzentrierten (Aus-)Bildung zu kommunizieren.

Ein lebhafter Diskurs in den USA um Fragen des Disziplincharakters von IB (Toyne/Nigh 1997a, Sullivan 1998, Buckley 2002, Buckley/Ghauri 2004, Peng 2004, Shenkar 2004) und das Aufgreifen der Frage bei Tagungen der Kommission „Internationales Management" im Verband der Hochschullehrer für Betriebswirtschaft e. V. in den Jahren 2002 und 2005 (Graz, Bremen) verweisen darauf, dass Reflexionen im IM in den Vordergrund gerückt sind. Dem kann auf dreierlei Weise entsprochen werden:

Es könnte erstens die Suche nach neuen zentralen Fragestellungen stattfinden. Diesen Zugang bringen Buckley und Ghauri (2004) in die Debatte ein, nachdem Buckley zunächst festgestellt hat, dass dem Fach die Luft ausgehe (Buckley 2002). Die beiden Autoren benennen mit „Globalisierung", „grenzüberschreitender Kooperation und Konzentration" und „Wissensmanagement" drei Kandidaten für eine Neuausrichtung im Objektbereich. Empirisch ist im Zeitraum von 1998 bis 2006 unter Heranziehung der Zeitschriften JIBS (Journal of International Business Studies) und mir (Management International Review) lediglich ein gesteigertes Interesse an Kooperationen (Joint Ventures) nachzuweisen, allerdings mit Überschneidungen zu den Themen „China“ und „Wissensmanagement“.[2] Wie auch immer der inhaltliche Schwerpunkt gesetzt wird, die Kernfrage ist vermutlich, unter welchem Gesichtspunkt dies geschieht. Es kann im Lichte ökonomischer Theorien erfolgen. Dann erscheint Internationalität nur als eine strategische Möglichkeit der Expansion neben Innovation und Marktdurchdringung durch Kostensenkung bzw. als Aufgabe eines besonderen Risikomanagements und als Anlass, besondere Risikofaktoren in den Diskontierungszinsfüßen zu berücksichtigen bzw. eine besonders starke Ausprägung von Informationsasymmetrien anzunehmen. In jedem Fall steht Entscheidungshandeln („rational choice“) im Mittelpunkt der Betrachtung. Die ökonomische Perspektive kann im Zuge der Erklärung von Zwischenschritten verhaltenswissenschaftlich angereichert werden, wofür eine Vielfalt an konkurrierenden (kultur-)psychologischen, anthropologischen und soziologischen Theorien zur Verfügung stehen. Wenn die Begriffe „International Business“ und „Internationales Management“ nicht synonym gebraucht, sondern ähnlich wie zwischen Betriebswirtschaftslehre und Management- bzw. Führungslehre unterschieden wird,[3] scheinen weder das Erfahrungs- noch das Erkenntnisobjekt geklärt. Drei Möglichkeiten werden diskutiert: Erstens, Innovation im Sinne der Definition neuer „großer“, leitender Fragestellungen. Zweitens könnte eine neuerliche Reflexion der paradigmatischen Grundlagen erfolgen, wobei zwischen einer ökonomischen Engführung und einer interdisziplinären Öffnung zu unterscheiden ist: Wie im Objektbereich auch ist bezüglich eines Innehaltens zugunsten innovativen Lernens (Senge 1990) zwischen Effizienzfähigkeit in einem Denkrahmen und Fortschrittsfähigkeit durch Neugestaltung des Denkrahmens abzuwägen. Drittens könnte schließlich das Feld geräumt werden, indem Fachvertreter sich wieder enger an die Herkunftsbereiche ankoppeln, aus denen sie bzw. ihre Lehrer ursprünglich stammen.

Es bleibt festzuhalten: Das Fach ist von außen wie von innen unter Druck geraten, einen Diskurs wieder aufzunehmen, den es in seiner Frühphase bereits geführt hat. Das Feld, an welches das Fach seine Fragen richtet, ist von Veränderung und Dynamik gekennzeichnet. Stefford Beers Beobachtung, dass der „Stoff“ der Managementforschung nicht Produktionsfaktoren im Einzelnen sind, sondern Kom-

---

2 Eine Auswertung der Titel und Abstracts ergab die folgende Verteilung: Joint Ventures (25 Beiträge in JIBS, 17 Beiträge in mir), Wissensmanagement (19 Beiträge in JIBS, zehn Beiträge in mir), China (zwölf Beiträge in JIBS, acht Beiträge in mir).

3 Die Auseinandersetzung um beide Zugänge findet immer noch statt und hat zu interessanten Vorschlägen, jedoch nicht zu eindeutigen Abgrenzungen geführt.

plexität (Beer 1975, S. 221), trifft vermutlich insbesondere auf das Internationale Management zu (vgl. auch Macharzina 1989).

1.2 Konturen eines Lehr- und Forschungsprogramms

Wie andere angewandte Disziplinen auch nimmt das IM seinen Ausgang bei praktischen Phänomenen, für welche es im ersten Schritt Begriffe und Typologien entwickelt, die sie beschreiben sollen, um im zweiten Schritt kausalanalytisch vorzugehen und Erklärungen möglicher Zusammenhänge abzuleiten. Die Trennung in eine beschreibende und eine analytische Phase lässt sich bei näherer Betrachtung allerdings selbst als „analytische Fiktion" enttarnen, sind doch begriffliche Indikationen immer auch Prädikationen (Spencer-Brown 1997, S. 1), die verborgene Selektionen enthalten. Da wir es nicht mit der Welt, sondern mit Symbolen zu tun haben, die auf die Welt verweisen, ist die Wahl der Symbole bzw. Begriffe nicht als neutraler Akt zu verstehen, was auch für ein kritisch-rationales Herangehen gilt. Mit diesen erkenntnistheoretischen Vorbehalten wende ich mich nun der Frage zu, welche Phänomene das IM erforscht hat und aktuell erforscht. Je nach Einbeziehung und Präzisierung von Kontextbedingungen hat die Disziplin eine Vielfalt von Ansätzen hervorgebracht, um die durch grenzüberschreitende Koordination aufgeworfenen Fragestellungen zu beantworten. Sie wird daher von innen wie von außen als „... confusing, pluralistic and usually not integrated" (Hawkins 1984, zitiert in Macharzina/Oesterle 2002, S. 10) wahrgenommen. Hawkins argumentiert allerdings die Problemhaftigkeit eines Pluralismus nicht wirklich, sondern unterstellt sie einfach – wie viele andere Kritiker im Fach auch –, ohne ihr die Begrenzungen eines nicht verunsicherten „Monismus" entgegenzuhalten.

Um das Feld abzustecken, auf dem die Positionierung stattfindet, sind vier mögliche Ebenen der Betrachtung zunächst isoliert näher zu beleuchten. Danach ist die Frage aufzuwerfen, ob sich Schnittstellen zwischen den Ebenen durch disziplinäre Addition erklären lassen oder ob schnittstellenübergreifende Fragen eine eigene Disziplin konstituieren können.

(1) Makroebene

Ich beginne mit der breitesten Bezugsebene, nämlich der Makroebene bzw. den geopolitischen, historischen, kulturellen und gesamtwirtschaftlichen Rahmenbedingungen der Tätigkeit von Unternehmen: Wegen der vielfach ins Treffen geführten besonderen Bedeutung der Rahmenbedingungen sind das Zusammenwachsen von Wirtschaftsräumen und Verschiebungen im Bereich der neuen internationalen Arbeitsteilung ebenso von Interesse wie internationale Vertragswerke und Beziehungen, welche den Austausch wirtschaftlicher Leistungen regeln. Sie sind heute Bestandteil einschlägiger Bildungsprogramme und Lehrbücher (stellvertretend Perlitz 2004, Kutschker/Schmid 2006). Buckley und Ghauri erwägen Globalisierung als neue große Frage, an der das Fach seine Strukturen auskristallisieren könnte. Dem hält Peng entgegen, dass Makrofragen von Wirtschaftshistorikern, Geographen, Soziologen und Makroökonomen besser, nämlich gestützt auf eine längere Tradition und fachspezifische Methoden, untersucht werden können, was als Argument nicht von der Hand zu weisen ist. Allerdings nennt Peng sehr viele Konkurrenten, die ihrerseits isoliert an Fragen arbeiten, die aus der Sicht ihrer Disziplinen, nicht notwendigerweise aus der Sicht von in mehreren Ländern und Großregionen agierenden Unternehmen bedeutsam sind. Daher halte ich das Argument für nicht stichhaltig. Seitens der internationalen Ökonomik findet eine Annäherung an die Erkenntnisse, wenn nicht Vereinnahmung der Erkenntnisse über multi- und transnationale Unternehmen statt, wenn erkannt wird, „... that a systematic relationship exists between the characteristics of business firms and their participation in foreign trade an investment“ (Helpman 2006, S. 590).

(2) Mesoebene

Im Mittelpunkt dieser Betrachtung stehen die Dynamik von Branchen sowie Fragen technologischer Lebenszyklen und von Standortvorteilen. Die Mesoebene ist ein angestammtes Gebiet der Industrieökonomik. Diese untersucht Fragen der Internationalisierung allerdings fast ausschließlich aus ökonomischer Perspektive und kann daher empirisch beobachtbares Verhalten wie die Imitation wahrgenommener Branchenführer oder einen kollektiven „Run“ auf Märkte ohne ausreichende Machbarkeitsstudien – als Prototyp lässt sich China nennen – nicht erklären. Internationalisierungsstrategien im Dreischritt von Marktwahl, Eintrittsform und Eintrittszeitpunkt sowie der Nachweis branchenspezifischer Internationalisierungsmuster wären nur ein Randthema, wohingegen eine eigene Disziplin Rückwirkungen der Veränderungen von Internationalisierungsmustern auf das Geschäft in Stammmärkten untersucht und damit die Industrieökonomik befruchtet.

(3) Mikroebene

Die Ebene der Führung von Großunternehmen, zunehmend aber auch von kleinen und mittleren Unternehmen, bildet zweifelsohne den Kern des Faches. Das international tätige Unternehmen mit seinen strategischen Sonderaufgaben der Wahl und Erschließung sehr unterschiedlicher Märkte (altes Muster, gespiegelt im Begriff des multinationalen Unternehmens) bzw. der Optimierung von Wertkreisläufen über verteilte Standorte hinweg (neues Muster, gespiegelt im Begriff des transnationalen Unternehmens) kann als das klassische Forschungsobjekt der Disziplin bezeichnet werden. Der Disziplincharakter wurde ursprünglich mit der Komplexität begründet, die aus dem Nachteil resultiert, auf vielen unterschiedlichen Märkten kein Insider zu sein, was bedeutet, nicht über das intangible Kapital eines im historisch-kulturell-politischen Umfeld verankerten heimischen Anbieters zu verfügen. Daher ging man im Kern davon aus, dass im Heimatmarkt Wettbewerbsvorteile auszuprägen sind, die den Fremdheitsnachteil überkompensieren (Dunning 1977, Porter 1985). Mit dem Ende der 1980er Jahre an Dynamik zunehmenden Prozess der Globalisierung veränderte sich diese Argumentation. Nicht mehr die erhöhte Komplexität eines notwendigen Wissenserwerbs über fremde Rahmenbedingungen standen und stehen nun als grundlegend für das Fach, sondern Themen der Standortarbitrage, des Internationalisierungsgrades und einer weltweiten Logistik als Optimierungsaufgabe. Mit dem transnationalen Unternehmen tritt ein Konstrukt auf den Plan, welches den Kreis zur Makroebene schließt. Während die Makrostatistik Staaten als Bezugseinheiten und Akteure von Außenhandelsaktivitäten und Kapitaltransfers behandelt, finden heute wesentliche Entscheidungen auf der Ebene von Unternehmen statt, die sich zunehmend von staatlich definierten Rahmenbedingungen befreien bzw. mit den Unterschieden dieser Bedingungen spielen. Offshore-Zentren, Transferpreisgestaltung und das Einfordern von Standortanreizen stehen für diese Entwicklung, die u. a. auch die Frage nach dem Großunternehmen als quasiöffentliche Institution (Ulrich 1977) wieder neu aufgeworfen hat. Themen wie Unternehmensethik oder Corporate Social Responsibility schlagen eine Bresche in die Forschungsfragen der Disziplin, die ohne Bezug zur Makroebene nicht zu beantworten sind (Crane/Matten 2004, Schneider 2004).

(4) Ebene individuellen Verhaltens oder Ebene des Organisationsmitglieds bzw. organisationaler Gruppen

Auf dieser Ebene trägt das Fach über seinen Kulturforschungszweig bei. In Ergänzung zu anthropologischen Theorien, die bevorzugt mit „dichten“ Beschreibungen arbeiten, werden vom IM vergleichende Kategorien herangezogen, um Auswirkungen auf betriebswirtschaftlich relevante Fragen zu erforschen: Dem Individuum werden mit Modellen der Kulturanpassung und der multikulturellen Kompetenz (Schneider/Hirt 2007) Theorien zur Verfügung gestellt, die eine Reflexion des persönlichen Urteilens und Verhaltens ermöglichen.

1.3 Querschnittsthemen im Querschnittsthema?

Wie von Buckley und Ghauri (2004) angedeutet, könnte die Disziplin durch zunehmend wichtige praktische Phänomene gewinnen. Als Kandidaten für solche revitalisierenden Themen bieten sich grenzüberschreitende Fusionen und Unternehmenskäufe bzw. Kooperationen wie Joint Ventures und Allianzen an, die im Spannungsfeld strategischer, juristischer Theorien, Theorien der Unternehmensbewertung und allgemeiner Theorien der Differenzierung von Kooperation bzw. Konzentration angesiedelt sind und in neuen Märkten besonderen Herausforderungen unterliegen. Es waren in der Tat Fachvertreter, die diese Themen frühzeitig aufgriffen, doch handelt es sich hierbei um Early-Mover-Vorteile, die noch keinen Fachkern begründen. Ein zweiter möglicher Schwerpunkt wäre Wissensmanagement im weitesten Sinne. Auch hier haben Fachvertreter eine Vorreiterrolle eingenommen und den Fokus der Aufmerksamkeit auf Fragen der Wissensflüsse in internationalen Netzwerken bzw. auf die Bedeutung des Internationalisierungswissens gelenkt (Vernon 1966, Johansen/Vahlne 1977, Luostarinen 1980, Teece 1988, Schneider 1996). In jüngerer Zeit haben Doz, Santos und Williamson (2001) einen Versuch vorgelegt, den nächsten Entwicklungsschritt des transnationalen Unternehmens zu benennen und zu interpretieren. Ihr Werk schreibt dem meta-nationalen Unternehmen die Funktion zu, neben Güter-, Personen- und Kapitaltransfers auch den Einsatz und die Zusammenführung von Wissen zu optimieren. Dabei wird auf Knickerbockers Überlegungen zur Unvollkommenheit von Wissensmärkten und auf Dunnings Eklektische Theorie zurückgegriffen, die Internalisierungsvorteile berücksichtigt. Wettbewerbsvorteile werden auf die strategische Fähigkeit zurückgeführt, exklusiver als andere, rascher als andere oder besser als andere (Schneider 2001, S. 20 f.) Wissen aufzuspüren, im Netzwerk zu verbreiten, in Routinen zu verankern und diese Routinen gegebenenfalls wieder aufzubrechen (Doz/Santos/Williamson 2001). Eine weitere von vielen Departments bereits genutzte Möglichkeit wäre die Definition eines geographischen Raums, für den integratives Wissen oft in Verbindung mit sprach- und kulturwissenschaftlichen Studien bereitgestellt und erforscht wird. Buckley und Ghauri schlagen China als einen solchen Raum vor, der ausreichend viele Besonderheiten aufweist, um einen neuen Schwerpunkt zu begründen. Zweifelsohne bieten der Kommunismus chinesischer Prägung, die zunächst selektive Marktöffnung mit chinesischen Besonderheiten, die mannigfaltigen Geschäftshindernisse auf lokaler und regionaler Ebene und die Kulturunterschiede, die andere soziale Institutionen als Basis eines vertrauensvollen geschäftlichen Austauschs als die im Westen vertrauten vorsehen, ausreichend Anlass, Ergebnisse des Strategischen Managements, verschiedener Organisations- und personalwirtschaftlicher Theorien sowie Theorien der Standortwahl, des Markteintritts und der Corporate Governance in Frage zu stellen. Allerdings wären „China Studies“ nicht dasselbe wie Internationales Management, sondern eben nur ein möglicher Schwerpunkt, an welchem bestehende Theorien geprüft und angepasst werden könnten.

Das Globalisierungsthema umfasst eine Vielzahl von Fragestellungen. Wenn IM seinem Kern treu bleibt, wirft es für Unternehmen neben der Frage der Integrationstiefe auch jene nach Corporate Governance bzw. weitergehend nach Unternehmensethik auf (Crane/Matten 2004, Schneider 2004). Angesichts ihrer Größe und ihres Einflusses auf das Wohlergehen ganzer Regionen verschiebt sich die Rolle transnationaler Unternehmen vom Bedingungen nehmenden Marktteilnehmer zum Bedingungen schaffenden wirtschaftlich-politischen Zwitter.

Um die damit verbundene Verantwortung wahrzunehmen, ist es sinnvoll, in der Lehre sämtliche Perspektiven anzusprechen, wie dies auch am Lehrstuhl der Autorin geschieht (Abbildung 1). Absolventen schätzen daran die Einsicht in Zusammenhänge, eine bessere Verankerung des Wissens aus anderen Fachgebieten und die Schulung ihres Urteilsvermögens.

Kulturelle Klammer			Ethische Klammer
	Makro-Ebene:	Globalisierungsprozess und Internationalisierungsstrategien, internationale Arbeitsteilung, institutioneller Rahmen (WTO, Bretton-Woods-Institutionen, regionale Abkommen, Rio-Prozess)	
	Meso-Ebene:	Standorttheorien, nationale Wettbewerbsvorteile, Cluster, Branchenstrategien	
	Mikro-Ebene:	Internationalisierungsstrategien und transnationale Unternehmen • Länderwahl • Wahl der Form des Markteintritts • Wahl des Markteintrittszeitpunkts	
	Individuelle Ebene:	Kulturelle Kompetenz und Bewältigung von Auslandseinsätzen	
	Sonderthemen:	Externes Wachstum: Kooperation und M&A, intangible Ressourcen, Wissensmanagement, Wirtschaftsraum Europa	

Abb. 1: Lehrprogramm am Institut für Internationales Management der Universität Graz

2 Die Frage nach dem Kern des Faches

Blenden wir zurück: Dem US-amerikanischen Verständnis folgend ist der Kern des Faches von praktischen Herausforderungen v. a. US-amerikanischer Unternehmen, von Foreign Direct Investment über die Führung multinationaler Unternehmen bis zu deren Wandel im Globalisierungsprozess geprägt (Buckley 2002). Der Auffassung im deutschsprachigen Raum folgend geht es v. a. um die Komplexität, welche das inter-, multi-, trans- oder metanationale Unternehmen in seinen unterschiedlichen Kontexten erfährt. Eigentlich besteht hier kein großer Unterschied zu Peng, der ebenfalls das international tätige Unternehmen als das unwidersprochene, gemeinsame Forschungsobjekt identifiziert (Peng 2004). Dieses „Objekt", so die These der Autorin, hat durch den Globalisierungsprozess eine wesentliche Veränderung erfahren, ein weiterer Grund, warum die Disziplinfrage nach der Jahrtausendwende neu aufgeworfen werden sollte. Auf dieser Basis lassen sich zwei Muster finden, die Fragen der Führung von Unternehmen mit (ausgeprägter) internationaler Geschäftstätigkeit anleiten.

Das ältere oder multinationale Muster weist folgende Merkmale auf: Existenz von Handelsbarrieren, hohe Transaktionskosten durch unterschiedliche technische Standards, Rechtssysteme, Handelsbräuche, spürbare Transportkosten, nationale Identität, Heimatmarkt als Stammland, meist national einheitlich besetzte Führungsgremien, schrittweise Erschließung von Auslandsmärkten sowohl bezüglich der Selektion der Märkte als auch bezüglich der Intensität des Engagements und der Integration der Standorte (Kutschker 2002, S. 63), möglichst vollständige Funktionsbündelung bei Auslandsniederlassungen (Werkbank oder Vollform), unterschiedliche Marketingstrategien für unterschiedliche Märkte, geringe Spill-over-Effekte. Das Muster ist bis heute gültig und leitet die empirische Forschung bezüglich der drei Kernentscheidungen Internationalen Managements an, wobei die Timing-Frage bislang am wenigsten Aufmerksamkeit erfahren hat (Gaba/Yigang/Ungson 2002).

Ein neueres Muster wird durch die Konzepte des transnationalen bzw. metanationalen Unternehmens unter Bedingungen einer beschleunigten Globalisierung begründet. Es weist folgende Merkmale auf: Abbau von Handelsbarrieren, wenn auch mit Rückschlägen und in zähem Ringen (Gründung der WTO 1995; Einbeziehung von Dienstleistungen und Rechten am geistigen Eigentum in das internationale Regelwerk), dramatische Senkung der Transaktionskosten durch Fortschritte im Bereich der Informations- und Kommunikationstechnik, Standardanpassung und überregional gültige Rechtssysteme (z. B. die europäische Société Anonyme (SA), Fusionskontrolle), beträchtliche Senkung der Transportkosten, u. a. durch Erfindung des Containers und Zunahme der Bedeutung logistischer Intelligenz, kosmopolitische Identität, mehrere Basismärkte und Zentren, teilweise parallele Erschließung von Auslandsmärkten und Bereinigung bestehender Standorte, Funktionsverteilung zwecks Standortarbitrage in Abhängigkeit von Marktattraktivität, Kompetenzen, Fähigkeiten und Fertigkeiten sowie politischen Kräfteverhältnissen. Die beiden Muster lassen sich folgendermaßen visualisieren (vgl. Abbildung 2).

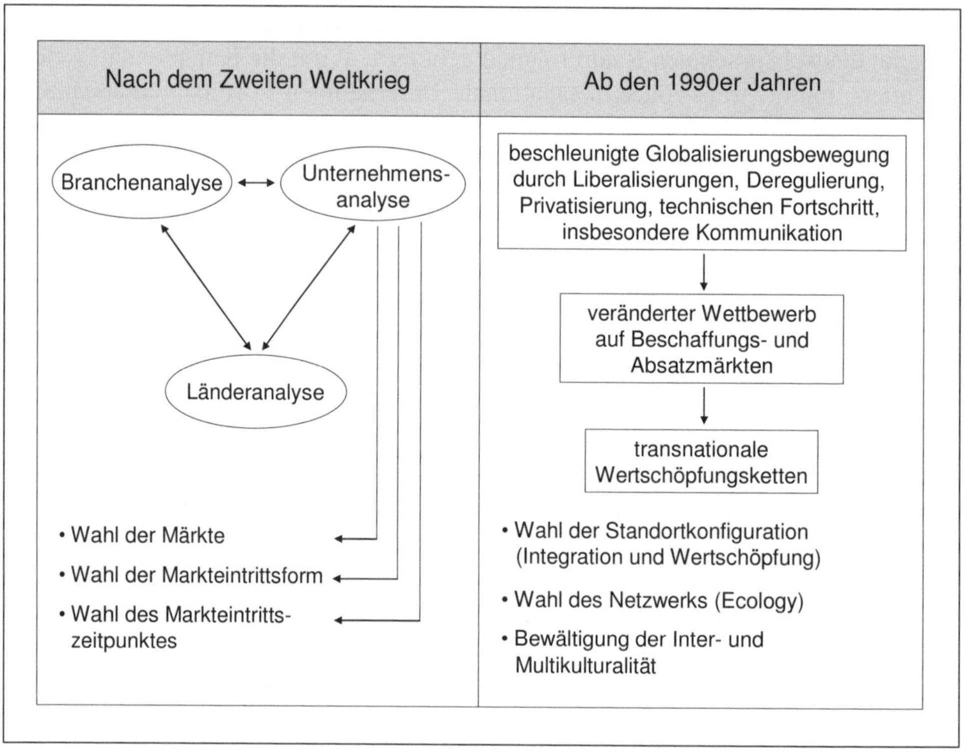

Abb. 2: Der Forschungsrahmen nach dem Zweiten Weltkrieg und ab den 1990er Jahren

Durch diesen von der empirischen Phänomenebene her induzierten Wandel des Forschungsrahmens hat sich das Fach den Vorwurf eingehandelt, nicht ausreichend zu kausalanalytischen Stadien der Konzepte vorgedrungen zu sein: Aus dem alten, operationalisierten Forschungsrahmen lassen sich immer weniger relevante Fragen ableiten, der neue muss erst erlernt und verfeinert werden. Der Horizont der Betrachtung ist auch im Kern des Faches weit, weil die Interaktion der verschiedenen Analyseebenen als zentraler Betrachtungsgegenstand gilt, während sie in anderen Fächern ausgeblendet oder über Restriktionsbedingungen nur unidirektional berücksichtigt wird. Damit wirft das IM die alte philosophische Frage nach dem Verhältnis vom Ganzen zu seinen Teilen auf. Während Kritiker einseitig die Nachteile einer vernetzten bzw. integrativen Betrachtungsweise betonen, nämlich ihre schlechtere Operationalisierung und Formalisierung, verweisen Befürworter auf konzeptionelle Stärken. Das für das Fach typische Argument der kulturellen Vielfalt trifft eben auch auf unseren eigenen Bereich der intellektuellen Stile bzw. Forschungsstile zu (Galtung 1981). Daher gilt es, beide Seiten ernst zu nehmen. Das Ziel muss eine dialektische Verbindung sein, nicht eine aristotelische Schließung im Sinne von Dominanz der einen und Abwertung der anderen Seite. Da Mehrebenenmodelle im Diskurs kritisch gesehen werden, sind sie im Folgenden zu prüfen.

Die Außenhandelstheorie lehrt, dass Handelsgewinne erzielt werden können, wenn ein Land Kompetenzen oder Faktoren besitzt, die knapp und für Marktteilnehmer in anderen Ländern wertvoll sind. Wenn allerdings Faktoren und Kompetenzen durch transnationale Unternehmen aufgrund freier Kapital- und Technologietransfers an andere Standorte gebracht werden können, verschiebt sich eine an nationalen Grenzen orientierte Betrachtung: An Hochlohnstandorten kann eine Abwärtsspirale in Gang gesetzt werden. Je geringer die Beschäftigung und Steueraufkommen ausfallen, desto weniger kann die notwendige Attraktivität eines Standorts durch Binnennachfrage und Investitionen in Infrastruktur, Forschung und Bildung aufrechterhalten werden. Die Untersuchung der Standortarbitragen (großer) transnationaler Unternehmen wird damit zum Input in Modellen auf der Makroebene. Auf der Mikroebene bilden unterschiedliche Rahmenbedingungen die exogene Voraussetzung der Wertschöpfungsoptimierung durch Unternehmen, auch wenn sie von Großunternehmen zunehmend mitgestaltet und dadurch endogenisiert werden.

Daher besteht Bedarf an einer Untersuchung nicht nur einzelner Internationalisierungsschritte, sondern auch von Internationalisierungsepochen auf Branchenebene (Kutschker 2002), wobei insbesondere zu prüfen wäre, ob die Entscheidungsgrundlagen im Falle von Standortverlagerungen theoretisch ausreichend formuliert sind und ob ihnen empirisch Genüge getan wird (Peters/Reinhardt/Seidel 2006). Sowohl die Kurzfristigkeit des Entscheidungshorizonts als auch die Nicht-Berücksichtigung intangibler Kosten- und Ertragsfaktoren sind theoretisch diskussionswürdig. Empirisch ist die Konzentration auf Erfolgsbeispiele problematisch: Wesentlich mehr Studien zu Fehlentscheidungen wären erforderlich, um Aufschlüsse über die jeweiligen Wirkungszusammenhänge zu erhalten.

Aus den Überlegungen des zweiten Abschnitts lässt sich folgendes Resümee ziehen: Kern des IM ist die geographisch verteilte Unternehmenstätigkeit mit besonderem Fokus auf die (Er-)Schließung von Standorten. Diese Tätigkeit lässt sich am besten im Kontext ihres geopolitisch-kulturellen Umfeldes erklären. Eine derart komplexe Konzeptionalisierung erweist sich als reich und fruchtbar in Bezug auf die Generierung interessanter und relevanter Fragen (paradigmatische Stärke), sie erlaubt die Einbeziehung multipler Theorien, erschwert allerdings aufgrund ihrer Komplexität methodisch strenge Forschungsdesigns und deren empirische Überprüfung.

3 Metatheoretische Bezugsrahmen und der Diskurs um Relevanz und methodische Stringenz

Als ein wesentliches Argument gegen den Fachcharakter des IM werden u. a. die fachliche Breite und das Fehlen eigenständiger Theorieansätze angeführt. Gemeint ist wohl ein einheitlicher (meta-)theoretischer Bezugsrahmen, der nach dieser Sichtweise ein ökonomischer sein muss. Die Integration von Bezugsrahmen aus unterschiedlichen Disziplinen wird als oberflächlich und fehleranfällig, jedenfalls offenbar nicht als geistige Leistung betrachtet. Nun hat die Betriebswirtschaftslehre (BWL) selbst in ihrer Geschichte eigentlich niemals einen (meta-)theoretischen Bezugsrahmen entwickelt, sondern sich zum einen bei der (Makro-)Ökonomie, zum anderen bei den Verhaltenswissenschaften bedient. In der Ökonomie standen (neo-)klassische Ansätze Pate, um Kosten- und Produktionsfunktionen zu definieren und Managemententscheidungen als Modelle rationaler Wahl zu formulieren bzw. zu formalisieren. In jüngerer Zeit gewannen institutionenökonomische Ansätze an Überzeugungskraft und Durchdringung: Entscheidungen bleiben im Mittelpunkt der Betrachtung, werden nun allerdings als Ausfluss von Prinzipal-Agenten-Beziehungen, Transaktionskosten oder Eigentumsrechten modelliert. Inhaltlich ließe sich einer stärkeren Orientierung an ökonomischen Basisansätzen entgegenhalten, dass sich IM damit große Überschneidungen mit den Fachgebieten „Industrieökonomik" und „Strategische Unternehmensführung" einhandelt. Wenn ferner argumentiert wird, Fragestellungen des IM seien längst von funktionalen Betriebswirtschaftslehren absorbiert worden, wird damit unterstellt, dass diese über einheitliche Theorien verfügen. Dies müsste allerdings belegt werden. Eine systematische Betrachtung würde unter Umständen hervorbringen, dass die dort unterlegten Modellierungen nicht minder vielfältig, dass viele Publikationen metatheoretisch nicht verankert sind und dass empirisch eine große Breite an Fragestellungen abgedeckt wird. Also geht es bei der Kritik wohl eher um Epistemologie und Methodologie als um spezifische Inhalte des Faches. Ein Kompromiss zwischen rein zahlenorientierten ökonomisch bzw. ökonometrisch fundierten Entscheidungsmodellen und solchen, die sich auf Erkenntnisse der (qualitativen) empirischen Sozialforschung stützen, beginnt sich gerade erst zu entwickeln.

Auf Basis von Großrechnern sowie einer detaillierten Dokumentation von Transaktionsdaten lassen sich größere Zusammenhänge erstmals statistisch überprüfen: Betriebswirtschaftliche Forschung hat in diesem Zusammenhang v. a. die Möglichkeit aufgegriffen, Kursdatenbanken börsennotierter Unternehmen heranzuziehen, um Erfolgsfaktorenforschung auf objektivierter Basis zu betreiben. Im Gegensatz zum empirischen Zweig, der auf subjektive Einschätzungen und Erinnerungen von Entscheidern zurückgreift, werden hier Korrelationen zwischen faktischen Werten errechnet, für die ein kausaler Zusammenhang aus verschiedenen Bezugstheorien abgleitet werden kann. Dieser Zugang ist viel versprechend, sofern sich die „rational investor hypothesis" zumindest mittel- bis längerfristig als zutreffend und damit als geeignetes Erfolgsmaß erweist.[4] Er hat jedoch den Nachteil, in Europa mit seiner Struktur von über 90 % an kleinen und mittleren Betrieben einen Großteil der Realität nicht zu erfassen. Jedenfalls bietet er sich allen Teildisziplinen gleichermaßen an, lassen sich doch z. B. Kurswirkungen verschiedener Internationalisierungsmuster ebenso auf diese Weise untersuchen wie andere der im zweiten Abschnitt genannten Kernentscheidungen. Ob nun auf Basis ökonomischer Theorien Differentialgleichungen entwickelt, auf Basis sozialwissenschaftlicher Theorien Entscheidungsakte großflächig untersucht oder beide Ansätze durch die Korrelation großer Datenmengen im Input- und Output-Bereich ökonomischer Entscheidungen kombiniert werden – aus der Sicht des akademischen Systems stehen die Eignung und die Strenge der gewählten Methodik im Vordergrund. Diese ist wesentlich sorgfältiger und ausführlicher zu rechtfertigen als die praktische Relevanz der Fragestellung. Letztere wird von Herausgebern nach eigener Aussage nur in Bezug auf ihren akademischen Neuigkeitsgrad beurteilt (Lewin 2006). Wegen der Fülle der bereits erarbeiteten Ergebnisse, der Zunahme von englischsprachigen Publikationen[5] und einer weit weniger als in den Rechtswissenschaften entwickelten Methodik des Verweisens erfolgen Bezugnahmen heterogen, was die Entstehung eines einheitlichen Kerns des Faches verhindert. Empirische Studien leiden größtenteils unter sehr spezifischen Einschränkungen wie Zeitpunktbezügen, Schwierigkeiten des Zugangs und dadurch begründeten problematischen Samples sowie an der idiosynkratischen Gestaltung des forschungsleitenden Erklärungsmodells. Daher tragen sie nicht ausreichend zu einem konsistenten Modellbestand bei trotz ständiger Querverweise auf die Arbeiten anderer Forscher. Letztere Selbstreferenz kann zur Entfremdung zwischen dem akademischen Bereich und seinem „Objektbereich", der wirtschaftlichen Praxis, führen. Wenn Relevanzfragen tabuisiert und Methodenartefakte wahrscheinlicher werden, kommt es zu einem Spannungsverhältnis zwischen „rigour" und „relevance", obwohl die beiden Ziele einander idealtypisch unterstützen sollten. Es wird nun erkennbar, dass die Agenda der Frage nach dem Disziplincharakter noch mit einigen anderen prinzipiellen Auseinandersetzungen befrachtet ist: Dazu zählen ontologische, epistemologische und methodologische Präferenzen sowie die Konzeption des Verhältnisses zwischen Theorie und Praxis allgemein. Darauf werde ich im nächsten Abschnitt zurückkommen.

4 Dass dies im Lichte von Behavioural Finance und einer unter 50%igen Treffergenauigkeit von Analystenvorhersagen diskutierbar ist, muss erwähnt werden (Reim 2006).

5 Dazu sind Länderstatistiken etwa der Schwellenländer Brasilien, Russland, Indien und China (BRIC) aufschlussreich, die zweistellige Zuwachsraten von Beiträgen in renommierten englischsprachigen Zeitschriften aufweisen.

Aus den hier angestellten Überlegungen lässt sich folgender Schluss ziehen: Drei unterschiedliche Zugänge (theoretisch, empirisch, großrechnergestützt) leiten den Großteil der aktuell veröffentlichten Arbeiten in der BWL, wobei dies nicht immer explizit wird. Alle drei Zugänge werden auch von Fachvertretern des IM genutzt. Die Vermutung, dass andere Spezialisierungsfächer über eigene konsistentere theoretische Modelle verfügen, wäre erst noch genauer zu untersuchen und empirisch zu belegen. Aus (meta-)theoretischer Sicht lässt sich daher ebenso wenig ein Argument gegen wie für den Fachcharakter ableiten. Dabei ist die Dualität zu berücksichtigen, mit der es Sozialwissenschaften generell zu tun haben. Zum einen geht es um eine idealtypische Abwägung, was unabhängig vom konkreten Verhalten bestimmter Akteure in bestimmten Zeiträumen und geographischen Gebieten theoretisch empfohlen wäre, also um ein deduktiv-normatives Herangehen. Zum anderen geht es um das Verstehen eben jener konkreten Praxis, aus der induktiv Einsichten gewonnen werden (explorative Zugänge) bzw. an der deduktiv Hypothesen getestet werden können. Abweichungen der Empirie von theoretischen Vorhersagen sind anders als in den Naturwissenschaften nicht ohne Weiteres als Falsifikationen von Theorien zu werten, sondern werden auch als Unzulänglichkeiten einer verbesserbaren Praxis interpretiert. In der Kritik am Fachcharakter werden beide Bezugsebenen häufig nicht scharf getrennt, obwohl dies die Diskussion erheblich erleichtern würde. So ist beispielsweise nicht klar, ob das Argument, dass das IM von der strategischen Theorie absorbiert bzw. durch funktionale Betriebswirtschaftslehren substituiert werden kann, normativ oder empirisch gemeint ist.

4 Diskussion

4.1 Die Kritik ist berechtigt, aber nicht fachspezifisch

Ein Gutteil der Kritik am Fach betrifft nicht nur IM, sondern eigentlich die gesamte Managementdisziplin. Das Unbehagen hängt hier mit der Kontingenz des Verhaltens von Akteuren und der Mehrdeutigkeit struktureller Verhaltenssteuerung zusammen. Eigentlich wäre eine vernetzte Betrachtung von Einflussfaktoren im Entscheidungsfeld erforderlich, also eine den untersuchten Phänomenen entsprechende Varietät. Aus methodologischen Gründen allerdings empfiehlt sich eine Einengung auf Kernmodelle, die eine leicht wieder erkennbare Gliederung in unabhängige (formative oder reflektive), moderierende, mediierende und abhängige Variablen aufweisen. Aus diesem Widerspruch wird verständlich, warum die US-amerikanische Debatte zum einen den Rat zur Verengung und Fokussierung erteilt (Peng 2004) und zum anderen eine neuerliche Verbreiterung einer mittlerweile eingeengten Betrachtungsweise empfiehlt (Toyne/Nigh 1997a, Sullivan 1998).

4.2 Fächer als transdisziplinäres Sammelbecken

Für eine mehrperspektivische, heterodoxe Herangehensweise spricht die Komplexität des Forschungsobjektes im Internationalen Management. Aus dem Objektbereich ist bekannt, dass Innovationen häufig im Grenzbereich zwischen Disziplinen, Funktionen und Organisationen entstehen. Diese Erkenntnis wäre auf die Disziplin selbst anzuwenden:

Zum einen bedürfen heterodoxe paradigmatische Zugänge und Interdisziplinarität einer gründlicheren und längeren Beschäftigung mit Konzeptionen, Forschungsfragen und explorativen Methoden. Daraus resultiert ein Mangel an Operationalisierung sowie an (großflächigen) empirischen Studien. Zum anderen führen Operationalisierung, methodische Strenge und Empirie im Rahmen einseitiger, leicht messbarer und daher simplistischer Konzepte zu folgenden, in der Literatur immer wieder diskutierten Konsequenzen:

- Widersprüchliche Ergebnisse empirischer Studien durch fehlende Berücksichtigung moderierender und mediierender Variablen in Bezug auf unterschiedliche Kontextbedingungen: Dies lässt sich sehr gut anhand der Forschungsergebnisse zeigen, die den Einfluss nationaler Kulturunterschiede auf die Wahl der Markteintrittsform, die internationale Diversifikation und die Leistung multinationaler[6] Unternehmen „aufs Korn“ nehmen: Kulturelle Distanz erweist sich etwa zur Hälfte als positiv und zur Hälfte als negativ mit den abhängigen Variablen korreliert (vgl. dazu die Metastudie von Shenkar 2001, Tihanyi/Griffith/Russell 2005). Ähnlich fanden Vermeulen und Barkema eine Abfolge von Käufen und Eigengründungen derselben Unternehmen unter denselben Branchenbedingungen, die den Vorhersagen einfacher Modellierungen widersprachen (Vermeulen/Barkema 2001).
- Déjà-Vu-Effekte in Bezug auf die untersuchten Zusammenhänge oder wenig ergiebigen Fragestellungen: Um diesen Aspekt auf den Punkt zu bringen, sei ein extremes Zitat angeführt, welches sich auf Sozialwissenschaften im Allgemeinen bezieht. In den Worten van de Vens produzieren einseitige statische Sichtweisen methodisch einwandfreie, aber unsinnige Ergebnisse. „Managment theory's increasingly impeccable micrologic is creating macro nonsense“ (van de Ven 1989, S. 489).
- Verwechslungen von Karte und Terrain bzw. Modell und Realität: Wir untersuchen in aller Regel Konstrukte über Phänomene, nicht diese selbst. Der Ver-

6 Da in der Disziplin mit spezifischer Bedeutung zwischen inter-, multi-, trans- und metanationalen Unternehmen unterschieden wird, fehlt es an einem Oberbegriff für diese Konzepte. Im allgemeinen Sprachgebrauch gilt der Begriff „Multis“ als Oberbegriff und wird hier in diesem Sinn verwendet.

such, Wissen aus Diskursen über Realität zu akkumulieren, also auf Diskurse über die Wirtschaftspraxis statt auf diese selbst Bezug zu nehmen, bringt eine Verwischung der Unterscheidung mit sich, die im Extrem eine vollständige Abkoppelung von der Wirtschaftspraxis bewirken kann.

Alle drei Probleme werden in Sullivans Studie der Veränderung von Veröffentlichungen im Zeitraum von 1970 bis 1997 angesprochen: „Researchers steadily encoded schematic representations with fewer nodes and fewer links since the mid 1970s“ (Sullivan 1998, S. 847). Dieser Rückgang an Komplexität, gemessen als Quotient aus Verbindungen und Knoten in einer Repräsentation, hat nach Meinung von Toyne eine gefährliche Verengung der Perspektiven zur Folge: „... (a) growing emphasis on narrowly defined, discipline-constrained inquiry ... exposes IB researchers to the distinct possibility of becoming extinct“ (Toyne/Nigh 1997, S. 75). Komplexe und dynamische Modelle sind schwieriger und anspruchsvoller zu formalisieren. Dies bedeutet allerdings nicht, dass es unmöglich wäre, hier weiterzukommen. Die Entwicklung sowohl stringenter methodischer Designs als auch einer „Netzwerkmathematik“ sind Neuland, können nicht auf Konventionen bauen und stellen daher eine große Herausforderung dar.

4.3 Kulturelle Einbettung als konstitutiver Faktor?

> „Managing diversity would seem to be one of the most difficult – but also one of the potentially most rewarding management challenges for global firms competing in the early 21st century“ (Barkema/Baum/Mannix 2002, S. 920) „... national variations are the essence of international investigation” (Shenkar 2004, S. 163).

Nach diesen Zitaten war das IM den anderen Managementdisziplinen um eine Länge voraus und am Puls wesentlicher praktischer wie akademischer Herausforderungen. Die zitierten Autoren sehen Diversität[7] nicht als Untersuchungsgegenstand von eigenem Interesse, als solcher gehört das Thema in der Tat in die kulturelle Psychologie, Kulturanthropologie und andere humanwissenschaftliche Disziplinen (Müller/Gelbrich 2004). Vielmehr vermuten sie, dass Erfolgsfaktoren wie Innovationsfähigkeit, Wissenstransfererfolg und Geschwindigkeit am Markt durch Kultur moderiert oder mediiert werden. Die Einbeziehung kultureller Faktoren ist allerdings nur dann ein geeigneter Weg, die disziplinäre Notwendigkeit von IM zu begründen, wenn tatsächlich theoretisch argumentiert und empirisch nachgewiesen

7 Diversitätsmanagement ist ein jüngerer – teils weiter, teils wesentlich enger gefasster – Begriff als (nationale) Kulturunterschiede, er wird in den beiden genannten Quellen allerdings explizit deutlich im Sinne des Letzteren verwendet.

werden kann, dass Kultur wesentliche Entscheidungsparameter international tätiger Manager bzw. theoretische Erklärungsmodelle im Zusammenhang mit wesentlichen Forschungsfragen wie der Wahl von Markteintrittsstrategien, von Internationalisierungsportfolios oder Internationalisierungserfolg beeinflusst. Dabei kann dieser Einfluss direkt bestehen – er kann aber auch indirekter Natur sein, indem Kausalzusammenhänge zwischen ökonomisch relevanten Variablen verstärkt bzw. geschwächt werden (Moderation) oder indem in diese im Wirkungsverbund interveniert wird (Mediierung). Ist dies nicht der Fall, genügt es, die lokale Variation als Randfaktor zu behandeln, wie dies in der Makroökonomie und Strategieforschung geschieht: „(Those disciplines) have reduced local variations to „externalities“ and „idiosyncrasies“ ...“ (Shenkar 2004, S. 165). Aus Platzgründen kann die Frage hier nicht diskutiert werden (vgl. die Metaanalysen von Leung et al. 2005, Tihanyi/Griffith/Russell 2005, Kirkman/Lowe/Gibson 2006). Unter Abwägung aller Faktoren liegt folgender Schluss nahe: „Culture still matters“, wie auch Lawrence betont: „Borders continue to engender and to coincide with important discontinuities, stemming from government policies, geography and societal differences“ (Lawrence 1999, zitiert in Buckley/Ghauri 2004, S. 84). Kultur ist allerdings schwierig zu erforschen. Immer noch liegt eine Vielzahl von Konzepten vor, die mit sehr unterschiedlichen Methoden empirisch überprüft wird.

Als Ergebnis ist festzuhalten, dass die Einbeziehung der durch Staatsgrenzen und andere Grenzen geschaffenen Diskontinuitäten in Fragen der internationalen Geschäftstätigkeit ein konstitutives Merkmal des Faches darstellt, welches von keiner der in die Diskussion eingebrachten Alternativen (Strategisches Management, funktionale Betriebswirtschaftslehren) behandelt wird. Allerdings ist eine Beschäftigung mit Kulturforschung ebenso wie jene mit Wirtschaftsgeographie, Politikwissenschaften und Internationalem Recht nur dann ergiebig für das Fach und die Wirtschaftswissenschaften insgesamt, wenn diese Perspektiven in Fragestellungen der internationalen Geschäftstätigkeit integriert werden. Werden sie als disziplinäre Anliegen behandelt, greift der Vorwurf des Startnachteils gegenüber genuinen Vertretern der jeweiligen Disziplin.

4.4 Paradigmen und Weltanschauungen als Wurzel des Diskurses um den Fachcharakter?

Wie Toyne und Nigh (1997b) ausführen, sind sozialwissenschaftliche Fachbereiche immer auch durch unterschiedliche erkenntnistheoretische Zugänge gekennzeichnet: „International business is not alone today grappling with paradigmatic conflict“ (Toyne/Nigh 1997b, S. 4). Bei aller Strenge im Erklärungszusammenhang ist ferner davon auszugehen, dass im nicht mit wissenschaftlichen Methoden abgedeckten Entdeckungszusammenhang über Präferenzen entschieden wird, die aus

Weltanschauungen der Forschenden resultieren. Dabei liegt an der Grenzlinie zwischen den aufgeworfenen und ausgeblendeten Fragen ein Manipulationspotential, das gegenüber jenem einer unsauberen Methode vermutlich wirkungsmächtiger ist, weil es verborgen bleibt und daher nicht zum Gegenstand akademischer Kritik und Qualitätskontrolle werden kann.

Paradigmatische Differenzen entstehen auf der ontologischen Ebene zwischen Realisten und Idealisten bzw. Relativisten sowie auf der Erkenntnisebene zwischen Objektivisten und Konstruktivisten. Da es die Sozialwissenschaften mit Menschen, ihren Unberechenbarkeiten und der daraus entstehenden Dynamik zu tun haben, läuft die paradigmatische Frage letztlich darauf hinaus, wie stark man ein Modell des Menschen isolieren und reduzieren soll und darf, um manifestes Verhalten zu studieren (empirisches Verständnis) bzw. um ein manifestes Verhalten durch idealtypische Varianten herauszufordern (normatives Verständnis). „The challenge is to understand human beings and their creations as complex, multi-level, integrated, reciprocally-interactive, recursive, self-referential, learning entities" (Toyne/ Nigh 1997b, S. 5).

Das Zitat geht sehr weit in seine Nähe zu realen Phänomenen und entfernt sich damit entsprechend vom dominanten Rational-Choice-Paradigma auf Basis der Kunstfigur des Homo Oeconomicus. Neben einer erstaunlichen Resistenz, die eigenen Erkenntnisse auf sich selbst anzuwenden (Ausnahme bildet hierbei Shenkar 2004), weist das Selbstverständnis des „Mainstreams" in der Ökonomie aktuell eine Reihe von diskutierbaren Grundlagen auf, deren periodische Reflexion nicht Teil dieses Selbstverständnisses ist. Es folgt ein in der Formulierung zugespitzter Ausschnitt: Theorie geht der Praxis voraus. „Aufgrund universalistischer Grundannahmen über menschliches Verhalten unter Knappheitsbedingungen wird Unternehmensführung im Kern als neutral sowie als universell betrachtet. Nachbarwissenschaftliche Erkenntnisse verfälschen den Kern betriebswirtschaftlicher Analysen und sollten daher nur sparsam und im Bereich von Randbedingungen bzw. moderierenden Faktoren eingebracht werden. Internationale Geschäftstätigkeit ist nur eine Erweiterung nationaler Geschäftstätigkeit und lässt sich mehr oder minder gut additiv aus den Erkenntnissen von Spezialdisziplinen erklären. Der Markt regelt, bei all seiner realen Unvollkommenheit, die Zuteilung von Ressourcen besser als jede andere Institution." Aus diesen Annahmen resultieren die wesentlichen Kritikpunkte am Fach IM. Sie beziehen sich teils auf die Inhalte, teils auf die Forschungsmethodik.

(1) Inhaltliche Kritik

Zum einen gibt es die Meinung, das Fach sei überflüssig, weil die Teilfächer nunmehr ebenfalls internationale Aspekte einbezögen und dabei auf das vertiefte Wissen ihrer Disziplinen zurückgreifen könnten. Ganz ähnlich argumentieren Vertreter der Meinung, IM könne in (Strategischer) Unternehmensführung aufgehen. Wegen Blindheit auf dem internationalen Auge habe das Fach in der Vergangenheit interimistisch seine Berechtigung gehabt, die nun allerdings obsolet geworden sei. Da Strategische Unternehmensführung als integrative Perspektive angelegt ist, unterbleibt bei dieser Kritik die naive Vorstellung der Addierbarkeit isoliert gewonnener Teilerkenntnisse zu einem Ganzen, das lebendig und daher dynamisch ist. Das Argument hat daher einiges für sich. Ich nenne diesen Zugang des Aufgehens in einem älteren Fach Absorptionsthese in Verbindung mit der Annahme eines Auslaufens der Relevanz (Obsoleszenzthese).

(2) Am Paradigma und der Forschungskultur ansetzende Kritik

Hier wird weniger Obsoleszenz behauptet, sondern mangelnde Qualität der Forschung. Im Sinne der zuvor genannten paradigmatischen Spannungsfelder ist es bezeichnend, dass zum einen eine Einengung des Fokus in den letzten Jahren und eine damit verbundene Unergiebigkeit der Fragestellungen zugunsten einer strengeren Methodik beklagt wird (z. B. Toyne/Nigh 1997b, Sullivan 1998, Shenkar 2004). Zum anderen gibt es Stimmen, die eine zu große Breite des Faches und das Fehlen einer stringenten Methodik am Übergang von Betrachtungsebenen wahrnehmen. Gegen solche Heterodoxität und Eklektik schlagen sie eine Vereinheitlichung und Standardisierung des forschungsleitenden Paradigmas vor und fordern den Anschluss an den Standard von Differentialgleichungen im Bereich der ökonomischen Modelle bzw. an eine in den letzten Jahren stark weiterentwickelte Erhebungs- und Auswertungsstatistik im Bereich des Testens von Hypothesen (z. B. Stopford 1998).

Dass Letzteres eine Aufrechterhaltung der eben genannten (zum Teil leicht empirisch widerlegbaren) Glaubenssätze, insbesondere jener der raum-zeitlichen Kontinuität, der Typisierbarkeit und der additiven Qualität des Ganzen im Verhältnis zu seinen Teilen, begünstigt, versteht sich von selbst. Nun sei nicht geleugnet, dass es im Fach stärkere und schwächere Argumentationen, methodisch haltbare und weniger haltbare Empirien sowie eine zu große Menge von eigenwilligen Konzeptualisierungen gibt, anstatt bestehende Modelle zu übernehmen und zu vertiefen. Allerdings scheint diese Beobachtung nicht fachspezifisch zu sein.

(3) Wie lässt sich den beiden Typen von Kritik begegnen?

Die Substitutionsthese ist meines Erachtens aus zwei Gründen nicht haltbar: Zum einen wegen der Annahme, aus Teilen die Qualität der Gesamtheit erschließen zu können, die für tote (mechanische) Systeme akzeptabel erscheint, für lebende und daher dynamisch komplexe Systeme aber unzutreffend ist. Es entsteht kein Gesamtwissen über internationale Geschäftstätigkeit aus singulären funktionalen Betrachtungen. Zum anderen fehlt der empirische Beweis, dass internationale Aspekte überhaupt in nennenswerter Anzahl vorkommen bzw. ähnlich in den Fokus gerückt werden wie in einer auf sie spezialisierten Disziplin. Die These der Absorption durch Strategische Unternehmensführung ist prinzipiell plausibel, man kann sie jedoch auch umdrehen und in die Gegenrichtung argumentieren, ähnlich wie dies Albach in seiner Gleichung – Allgemeine Betriebswirtschaftslehre ist gleich Internationale Betriebswirtschaftslehre (Albach 1981, S. 21) – getan hat.Wenn dies der Fall ist, scheint der Wettbewerb von Disziplinen aus Sicht von Disziplinen, die Wettbewerb erforschen, kein inakzeptables Konzept. Das Argument fehlender Relevanz der von Anforderungen der Methodik her aufgezogenen Fragestellungen scheint der Autorin ein gravierendes Problem zu sein, das allerdings empirisch ebenso wenig belegt ist wie alle anderen „großen Vermutungen" über die Praxis des Faches. Dies lässt sich aus der aktuellen Publikationspraxis als Hypothese ableiten (Oesterle 2006). Das Argument fehlender methodischer Stringenz wiegt ebenfalls schwer, v. a. wenn sich nachweisen lässt, dass höhere Qualitätsmaßstäbe zu wesentlichen, besser abgesicherten und besser aufeinander bezogenen Erkenntnissen führen. Dieser Nachweis müsste empirisch ebenfalls noch geführt werden, da Arbeiten über die Publikationspraxis (wie etwa Sullivan 1998) selten sind und daher eine empirische Überprüfung von aus epistemologischen Grundmodellen abgeleiteten Erwartungen aussteht.

5 Internationales Management – Quo vadis?

Die bisherigen Ausführungen sollten deutlich gemacht haben, dass die vom IM behandelten Fragestellungen nicht an Bedeutung verlieren, sondern ganz im Gegenteil gewinnen. Ferner wurde argumentiert, dass sich die Disziplin durch zwei konstitutive Merkmale von anderen Teilgebieten der BWL abhebt: Durch eine Mehrebenenperspektive und eine mehrschichtige, dynamische Perspektive sowie durch die Einbeziehung kultureller Aspekte als Vorbedingungen, Einflussfaktoren, Moderatoren und Mediatoren von Zusammenhängen im Kernkomplex. Der Kernkomplex umfasst die grenzüberschreitende, zeitlich wie inhaltlich abgestimmte Geschäftstätigkeit von Unternehmen.

Diesem Befund stehen folgende Vorschläge von Kritikern des Faches gegenüber: Zum einen empfehlen diese die Auflösung des Faches aufgrund der Substitutions-, Obsoleszenz- und Absorptionsthesen. Dies würde den Verlust des für die Anforderung an Stringenz herausfordernden, für die Anforderung an Relevanz unverzichtbaren integrativen Charakters und des Einbezugs einer Kulturperspektive im weitesten Sinne des Wortes als Platzhalter für Diskontinuitäten an Staats- und Kulturraumgrenzen bedeuten. Zum anderen schlagen sie eine Rückbesinnung des Faches auf seinen Kern vor, verbunden mit einer stärkeren Beschränkung auf ökonomische Methoden (z. B. Stopford 1998, Peng 2004). Diese Strategie verspricht Lösungen in Hinblick auf die profilschwächende Heterogenität des Faches ebenso wie auf den deskriptiv-typologisierenden Status, den es in Teilbereichen aufweist. Allerdings bedeutet sie einen Verlust der Einzigartigkeit von Paradigma und Fragestellungen. In diesem Fall könnte man in der Tat die Absorptionsthese, also das Aufgehen des Faches in Teilen der Industrieökonomik und des Strategischen Managements unterstützen. Drittens wird die Suche nach neuen Fragestellungen empfohlen, was eine Beibehaltung der bislang erfüllten explorativen Innovationsstrategie bedeuten würde: Das IM wäre damit am „Puls“ weltwirtschaftlicher Entwicklungen, aus denen das Fach als Pionier neue Fragestellungen gewinnen würde, die nach einer ersten Aufbereitung in andere Teilgebiete abwandern könnten. Voraussetzung dieser Strategie wäre die Kernkompetenz, ständig neue Fragen aufzuspüren, was nur in enger Verbindung mit dem praktischen Feld denkbar ist.

Hinter den drei vorgeschlagenen Entwicklungsrichtungen für das Fach verbirgt sich eine Tiefenstruktur der Auseinandersetzung mit der Frage, ob IM eine erhaltenswerte, eigenständige Disziplin sei, die diese Frage transzendendiert und eigentlich die Betriebswirtschaftslehre insgesamt betrifft. Wie gezeigt wurde, geht es in der Tiefenstruktur um grundsätzliche Fragen der Weltanschauung bzw. Welterkenntnis, die nicht lösbar sind. Obwohl der Fachcharakter nach der hier geführten Argumentation außer Frage steht, scheint zu seiner Verstärkung eine Innovationsstrategie attraktiver als eine Konzentrationsstrategie zu sein. Gerade weil aktuell so etwas wie eine disziplinierende Industrialisierung der Wissensproduktion in Forschungsorganisationen stattfindet, wird die Frage nach den Bedingungen von Innovation besonders bedeutsam. Der mit Industrialisierung verbundene Effizienzgewinn und der Gewinn von Standardqualität führen nach Meinung der hier herangezogenen Quellen zu einer Schwächung der paradigmatischen Kraft einer Disziplin bei gleichzeitiger Stärkung ihrer empirischen Möglichkeiten (Galtung 1981).

Im aristotelischen Sinn scheint es so, als handle es sich um einander ausschließende Alternativen. Die aristotelische Logik ist allerdings nur eine der Wurzeln abendländischen Denkens. Eine andere gewinnen wir aus der Dialektik Sokrates'. Sie ist zu Unrecht in Vergessenheit geraten, könnte allerdings in einer Weltwirtschaft, in der asiatische Länder eine zunehmend führende Stellung einnehmen, das Denken fruchtbar ergänzen. Wie sonst sollte die Disziplin mit ihren großen Fragen umgehen als dialektisch? Grenzüberschreitende Geschäftstätigkeit ist eben nicht entweder global oder lokal, entweder zentralisiert oder dezentralisiert, entweder standardisiert oder differenziert, entweder kulturgebunden oder frei von kulturellen Einflüssen. Sie ist immer beides in einem kontingenten Mischungsverhältnis. Wenn wir mehr über derartige Fließgleichgewichte lernen wollen, bleibt uns mehr als genug zu tun – übrigens völlig unabhängig von dem Etikett, das wir diesem Lern- und Forschungsprozess anheften.

Literatur

Albach, H. (1981): Die internationale Unternehmung als Gegenstand betriebswirtschaftlicher Forschung. In: Internationale Betriebswirtschaftslehre, 51. Jg., Nr. 1, Ergänzungsheft, 1981, S. 13-24.

Barkema, H. G./Baum, J. A. C./Mannix, E. A. (2002): Management Challenges in a New Time. In: Academy of Management Journal, 45. Jg., Nr. 5, S. 916-930.

Beer, S. (1975): Platform for Change. Wiley, London, 1975.

Buckley, P. (2002): Is the International Business Research Agenda Running out of Steam? In: Journal of International Business Studies, 88. Jg., Nr. 2, 2002, S. 365-373.

Buckley, P. J./Ghauri, P. N. (2004): Globalisation, Economic Geography and the Strategy of Multinational Enterprises. In: Journal of International Business Studies, 35. Jg., Nr. 2, 2004, S. 81-98.

Crane, A./Matten, D. (2004): Business Ethics: A European Perspective. Oxford University Press, Oxford et al., 2004.

Doz, Y./Santos, J./Williamson, P. (2001): From Global to Metanational: How Companies Win in the Knowledge Economy. Harvard Business School Press, Boston/MA, 2001.

Dülfer, E. (1982): Projektmanagement international. Poeschel, Stuttgart, 1982.

Dülfer, E. (2001): Internationales Management in unterschiedlichen Kulturbereichen. Oldenbourg, München, Wien, 2001.

Dunning, J. H. (1977): Trade, Location of Economic Activity and the MNE – A Search for an Eclectic Approach. In: Ohlin, B./Hesselborn, P. O./Wijkman, P. M. (1977, Hrsg.): The International Allocation of Economic Activity. Macmillan, London, 1977, S. 395-418.

Gaba, V./Yigang, P./Ungson, G. R. (2002): Timing of Entry in International Market: An Empirical Study of U. S. Fortune 500 Firms in China. In: Journal of International Business Studies, 33. Jg., Nr. 1, 2002, S. 39-55.

Galtung, J. (1981): Structure, Culture and Intellectual Style: An Essay Comparing Saxonic, Teutonic, Gallic and Nipponic Approaches. In: Social Sciences Infomation, 20. Jg., Nr. 6, 1981, S. 817-856.

Helpman, E. (2006): Trade, FDI, and the Organization of Firms. In: Journal of Economic Literature, 44. Jg., Nr. 3, 2006, S. 589-630.

Hymer, S. H. (1976): The International Operations of National Firms: A Study of Direct Foreign Investment. MIT Press, Cambridge/MA, London, 1976.

Johanson, J./Vahlne, J.-E. (1977): The Internationalization Process of the Firm – A Model of Knowledge Development and Increasing Foreign Market Commitments. In: Journal of International Business Studies, 8. Jg., Nr. 1, 1977, S. 23-32.

Kindleberger, C. P. (1969): American Business abroad: Six Lectures on Direct Investment. Yale University Press, New Haven/CT, London, 1969.

Kirkman, B. L./Lowe, K. B./Gibson, C. (2006): A Quarter Century of Culture's Consequences: A Review of Empirical Research Incorporating Hofstede's Cultural Values Framework. In: Journal of International Business Studies, 37. Jg., Nr. 3, 2006, S. 285-320.

Kutschker, M. (2002): Internationalisierung und Unternehmensentwicklung. In: Macharzina, K./Oesterle, M.-J. (2002, Hrsg.): Handbuch Internationales Management. 2. Aufl., Gabler, Wiesbaden, 2002, S. 45-68.

Kutschker, M./Schmid, S. (2006): Internationales Management. 5. Aufl., Oldenbourg, München, Wien, 2006.

Leung, K./Bhagat, R. S./Buchan, N. R./Erez, M./Gibson, C. (2005): Culture and International Business: Recent Advances and their Implications for Future Research. In: Journal of International Business Studies, 36. Jg., Nr. 4, 2005, S. 357-378.

Lewin, A. Y. (2006): Rigor and Relevance – Implications for Research and Teaching. Panel Discussion, Annual Conference on Corporate Strategy, Berlin, 19.-20.05.2006.

Luostarinen, R. (1980): Internationalization of the Firm. The Helsinki School of Economics, Helsinki, 1980.

Macharzina, K. (1981): Entwicklungsperspektiven einer Theorie internationaler Unternehmenstätigkeit: Modell und Verfahrensvorschläge. In: Wacker, W. H./Hausmann, H./ Kumar, B. (1981, Hrsg.): Internationale Unternehmensführung: Managementprobleme international tätiger Unternehmen. Erich Schmidt, Berlin, 1981, S. 33-56.

Macharzina, K. (1989): Internationale Betriebswirtschaftslehre. In: Macharzina, K./Welge, M. K (1989, Hrsg.): Handwörterbuch Export und Internationale Unternehmensführung. Poeschel, Stuttgart, 1989, Sp. 903-914.

Macharzina, K./Oesterle, M.-J. (2002): Das Konzept der Internationalisierung im Spannungsfeld zwischen praktischer Relevanz und theoretischer Unschärfe. In: Macharzina, K./Oesterle, M.-J. (2002, Hrsg.): Handbuch Internationales Management. 2. Aufl., Gabler, Wiesbaden, 2002, S. 3-22.

Müller, H./Gelbrich, K. (2004): Interkulturelles Marketing. Vahlen, München, 2004.

Oesterle, M.-J. (2006): Wahrnehmung betriebswirtschaftlicher Fachzeitschriften durch Praktiker. In: Die Betriebswirtschaft, 66. Jg., Nr. 3, 2006, S. 307-325.

Pausenberger, E. (1989): Plädoyer für eine „Internationale Betriebswirtschaftslehre". In: Picot, A./Kirsch, W. (1989, Hrsg.): Die Betriebswirtschaftslehre im Spannungsfeld zwischen Generalisierung und Spezialisierung. Gabler, Wiesbaden, 1989, S. 381-396.

Peng, M. W. (2004): Identifying the Big Question in International Business Research. In: Journal of International Business Studies, 35. Jg., Nr. 2, 2004, S. 99-108.

Perlitz, M. (2004): Internationales Management. 5. Aufl., Lucius und Lucius, Stuttgart, 2004.

Peters, S./Reinhardt, K./Seidel, H. (2006): Wissen verlagern: Risiken und Potenziale von Standortverlagerungen. Gabler, Wiesbaden, 2006.

Pfeffer, J. (1982): A Variety of Perspectives: Organizations and Organization Theory. Pitman, London, 1982.

Porter, M. (1985): Competitive Advantage. Free Press, New York/NY, 1985.

Reim, M. (2006): Jeder zweite Analyst liegt daneben. In: Süddeutsche Zeitung, 04.01.2006, S. 26.

Schneider, U. (1996, Hrsg.): Wissensmanagement: Die Aktivierung des intellektuellen Kapitals. Frankfurter Allgemeine Zeitung, Frankfurt a. M., 1996.

Schneider, U. (2001): Die 7 Todsünden im Wissensmanagement. Frankfurter Allgemeine Zeitung, Frankfurt a. M., 2001.

Schneider, U. (2004): Governance statt Government? Zu einem erweiterten Verständnis von Corporate Citizenship. In: Schneider, U./Steiner, P. (2004, Hrsg.): Betriebswirtschaftslehre und gesellschaftliche Verantwortung. Gabler, Wiesbaden, 2004, S. 17-44.

Schneider, U./Hirt, C. (2007): Multikulturelles Management. Oldenbourg, München, Wien, 2007.

Senge, P. M. (1990): The Fifth Discipline: The Art and Practice of the Learning Organisation. B&T, New York/NY, 1990.

Shenkar, O. (2001): Cultural Distance Revisited: Towards a more Rigorous Conceptualization and Measurment of Cultural Differences. In: Journal of International Business Studies, 32. Jg., Nr. 3, 2001, S. 519-535.

Shenkar, O. (2004): One more Time: International Business in a Global Economy. In: Journal of International Business Studies, 35. Jg., Nr. 2, 2004, S. 161-171.

Spencer-Brown, G. (1997): Laws of Form: Gesetze der Form. Bohmeier, Lübeck, 1997.

Stopford, J. M. (1998): Book Review on International Business: An Emerging Vision. In: Journal of International Business Studies, 29. Jg., Nr. 3, 1998, S. 635-637.

Sullivan, D. (1998): Cognitive Tendencies in International Business Research: Implications of a „Narrow Vision". In: Journal of International Business Studies, 29. Jg., Nr. 4, 1998, S. 837-862.

Teece, D. J. (1988): Capturing Value from Knowledge Assets: The New Economy, Markets for Know-how, and Intangible Assets. In: California Management Review, 40. Jg., Nr. 3, 1988, S. 55-79.

Tihanyi, L./Griffith, D. A./Russell, C. J. (2005): The Effect of Cultural Distance on Entry Mode Choice, International Diversification, and MNE Performance: A Meta-analysis. In: Journal of International Business Studies, 36. Jg., Nr. 3, 2005, S. 270-283.

Toyne, B./Nigh, D. (1997a): Foundations of an Emerging Paradigm. In: Toyne, B./Nigh, D. (1997, Hrsg.): International Business: An Emerging Vision. Columbia University of South Carolina Press, Columbia/SC, 1997, S. 3-26.

Toyne, B./Nigh, D. (1997b): International Business: An Emerging Vision. Columbia University of South Carolina Press, Columbia/SC, 1997.

Ulrich, P. (1977): Die Großunternehmung als quasi-öffentliche Institution: Eine politische Theorie der Unternehmung. Poeschel, Stuttgart, 1977.

Van de Ven, A. (1989): Nothing Is quite so Good as a Good Theory. In: Academy of Management Review, 14. Jg., Nr. 4, 1989, S. 486-489.

Vermeulen, F./Barkema, H. (2001): Learning through Acquisitions. In: Academy of Management Journal, 44. Jg., Nr. 3, 2001, S. 457-476.

Vernon, R. (1966): International Investment and International Trade in the Product Cycle. In: Quarterly Journal of Economics, 80. Jg., Nr. 2, 1966, S. 190-207.

Michael-Jörg Oesterle/Stefan Schmid*

Bedeutung und Notwendigkeit anwendungsorientierter Forschung im Bereich des Internationalen Managements

* Prof. Dr. Michael-Jörg Oesterle ist Inhaber des Lehrstuhls für Allgemeine Betriebswirtschaftslehre, insbesondere Internationales Management an der Universität Bremen. Prof. Dr. Stefan Schmid ist Inhaber des Lehrstuhls für Internationales Management und Strategisches Management an der ESCP-EAP Europäische Wirtschaftshochschule Berlin.

1 Der Ausgangspunkt: Internationales Management in der disziplinären Selbstkritik

Zu den phänotypischen und damit deutlich wahrnehmbaren Merkmalen noch unreifer Wissenschaften dürfte eine Form der selbstkritischen Hinterfragung des eigenen Tuns zählen, welche in ihrer Häufigkeit und Radikalität über das jeweilige Maß reifer Wissenschaften hinausgeht. Die entsprechende Reflexionsintensität kann dabei als Ausdruck einer innerhalb der Forschungsgemeinschaft noch nicht erreichten Einigung auf wesentliche wissenschaftliche Grunddimensionen interpretiert werden. Als derartige Grunddimensionen sind v. a. der Forschungsgegenstand selbst sowie Kategorien zu seiner Analyse – beispielsweise Theorien und Methoden – zu bezeichnen. Breit geteilte Grunddimensionen können als Attribute einer entwickelten Wissenschaft gelten, welche nach Kuhn

> „... Konsequenzen des Erwerbs einer Art von Paradigma ... [sind, Erg. der Verf.], das schwierige Rätsel identifiziert, Anhaltspunkte zu ihrer Lösung liefert und Garantien liefert, daß ein wirklich tüchtiger Fachmann Erfolg hat" (Kuhn 1976, S. 190).

Bezogen auf das Internationale Management (IM) ist davon auszugehen, dass dieser wissenschaftlichen Teildisziplin – wie vielen anderen auch – die wesentlichen Attribute einer reifen Disziplin fehlen. Für diese Vermutung spricht bei oberflächlicher Betrachtung zunächst die traditionelle Intensität, mit der innerhalb der Betriebswirtschaftslehre im Allgemeinen über die Bestimmung wissenschaftlicher Grunddimensionen diskutiert wird. Beispielhaft sei zunächst auf die für die Betriebswirtschaftslehre des deutschsprachigen Raums besonders bedeutsame Auseinandersetzung verwiesen, inwiefern sich die Disziplin als streng ökonomische Lehre oder als verhaltenswissenschaftlich ausgerichtete Managementlehre versteht (Bleicher 1995, S. 91 ff., Wunderer 1995, Albach 1997).[1] Hinzu kommt in der jüngeren Vergangenheit die verstärkte Beschäftigung mit der Rigour-Relevance-Problematik (beispielsweise Nicolai 2004, S. 99 ff., Oesterle 2006, S. 307 ff.), welche in der angloamerikanischen Managementlehre seit geraumer Zeit (auch im Sinne eines disziplinären Selbstfindungs- bzw. Reorientierungsprozesses) thematisiert wird (Duncan 1974, S. 724 ff., Shrivastava 1987, S. 77 ff., Gopinath/Hoffmann 1995, S. 575 ff., Baldridge/Floyd/Markóczy 2004, S. 1063 ff.). Da nun das IM disziplinär der Betriebswirtschafts- bzw. Management-

1 Vgl. dazu den Beitrag von Michael Kutschker „Identität des Faches ‚Internationales Management' innerhalb der Betriebswirtschafts- und Managementlehre" in diesem Band, der bei der Frage nach der Identität des IM auf diese Auseinandersetzung eingeht.

lehre zugehörig ist,[2] dürfte auch in diesem Spezialfall die Annahme zutreffend sein, wonach eine Teildisziplin naturgemäß keinen höheren Entwicklungsstand als die Grunddisziplin selbst aufweisen kann.

Neben diesem eher sachlogischen Argument sprechen jedoch auch weitere Indizien für die Unreife des IM. Hierbei ist – ebenfalls im Sinne der eingangs skizzierten Oberflächensignale – auf die Häufigkeit von Beiträgen zu verweisen, mit denen der bislang unzureichende Entwicklungsstand der Disziplin (als jüngere Beiträge Wong-Rieger 1993, S. 1 ff., Wong-Rieger/Rieger 1993, Macharzina/Oesterle 2002a, S. 3 ff.) zu analysieren versucht wird. Auch der vorliegende Sammelband lässt sich in seiner Zielsetzung, zur disziplinären Standortbestimmung des IM beizutragen, als Indikator einer mangelnden Reife eben dieser Disziplin begreifen.

Noch deutlicher wird der Eindruck bislang nicht gefestigter Grunddimensionen des IM, wenn auf die Aussagen der selbstkritischen Beiträge Bezug genommen und damit nicht mehr oberflächlich auf deren Häufigkeit, sondern auf deren Qualität geachtet wird. Besondere Aufmerksamkeit sollte diesbezüglich einem in der jüngeren Vergangenheit entflammten Diskurs beigemessen werden, dessen Intention in der Verdeutlichung konkreter inhaltlicher Unstimmigkeiten im Wissenschaftsprozess des IM besteht. Zur Begründung seiner herausragenden Stellung ist darauf zu verweisen, dass der Diskurs (1) zum Teil ernste und potentiell folgenschwere Diagnosen enthält, (2) im JIBS (Journal of International Business Studies), d. h. dem für viele als Zentralorgan der Disziplin geltenden Zeitschrift, veröffentlicht sowie (3) von prominenten Teilnehmern getragen wurde. Die Auseinandersetzung ist wesentlich von der These bestimmt, für die Forschung im IM zeichne sich der Verlust einer Hauptthematik ab bzw. ein solcher Verlust sei schon virulent (Buckley 2002, S. 365 ff., Peng 2004, S. 99 ff., Shenkar 2004, S. 161 ff.).

Als Auslöser der Diskussion geht Buckley davon aus, dass es dem IM im Gegensatz zu seiner Einführungs- und Wachstumsphase aktuell an einer grundlegenden Forschungsfrage mangele. Die Stärke der bisherigen Forschung habe, so Buckleys Argumentation, darin bestanden, relevante realwirtschaftliche Fragestellungen zu identifizieren und diese systematisch theoriebasiert zu beantworten. Inhaltlich sei die Forschung so auf die Erklärung von Direktinvestitionsflüssen, die Erklärung der Existenz, der Strategie und der Organisation multinationaler Unternehmen, das Verstehen und die Vorhersage der Internationalisierung von Unternehmen bzw. der Globalisierung sowie die Bedeutung von Kultur im Rahmen internationaler Unternehmenstätigkeit ausgerichtet gewesen (Buckley 2002, S. 365 ff.). Mittlerweile

2 Vgl. zur Einordnung des IM in die Betriebswirtschafts- und Managementlehre auch unseren separaten Beitrag „Internationales Management als Wissenschaft – Herausforderungen und Zukunftsperspektiven“ in diesem Band.

seien jedoch keine klaren empirischen Fragestellungen erkennbar (Buckley 2002, S. 365). Die derzeitige Forschung sei vielmehr durch einen Mix aus unterschiedlichen Teilfunktionen des Managements – beispielsweise M&A-Management oder Handhabung der Globalisierung versus der Fragmentierung – und länderorientierten Studien mit Schwerpunkten auf China und Indien gekennzeichnet. Gleichwohl kommt Buckley zu Vorschlägen, welche neue Ausrichtung die Forschung im IM nehmen könnte. Er nennt als mögliche neue Fragen bzw. Gegenstände die Erklärung der Reihenfolge, in der sich Nationalstaaten zu wesentlichen Akteuren der Weltwirtschaft herausgebildet haben, den Zusammenhang zwischen der Organisation internationaler Unternehmenstätigkeit und ihrem kulturellen Hintergrund, methodische Verbesserungen zur Erfassung der Globalisierung sowie Herausforderungen an den globalen Kapitalismus. Ergänzt werden diese auf konkrete Forschungsfragen zielenden Themen durch einen Katalog an Themen, welche im Wesentlichen die Abgrenzung zu bzw. die Zusammenarbeit mit anderen Disziplinen und methodische Ausrichtungen des IM zum Gegenstand haben. Bei all dem bleibt allerdings bis auf den Hinweis, eine empirische Orientierung habe sich bei der Identifikation von Forschungsfragen bewährt (Buckley 2002, S. 369 f.), offen, wie Buckley seine Vorschläge begründet. Zudem ist zu kritisieren, dass einige der von Buckley angeregten Forschungsfragen weniger einzelwirtschaftlichen denn volkswirtschaftlichen Charakter haben und insofern nicht unbedingt zum Kerninteresse des IM erhoben werden sollten.

Im Unterschied zu Buckleys Klage einer nicht mehr vorhandenen „big question" sieht Peng (2004, S. 99 ff.) diese Forschungsfrage sehr wohl als gegeben an. Für ihn besteht sie nämlich in der Klärung, was den Erfolg internationaler Unternehmenstätigkeit bestimmt. Defizitär sei lediglich die klare Ausrichtung aller Beteiligten auf diesen Kernbereich (Peng 2004, S. 106). Wie sich aus diesem Nukleus – welcher eigentlich als Grundproblem der Betriebswirtschaftslehre insgesamt zu interpretieren ist – aber handlungsleitende und sich zu einem großen Ganzen zusammenfügende Forschungsaufgaben ableiten lassen und welche das dann sein können, lässt Peng leider unbeantwortet.

Shenkar (2004, S. 161 ff.) wiederum lehnt implizit die Betonung einzelner konkreter Forschungsfragen ab. Er sieht die Hauptaufgabe zukünftiger Forschung im Bereich des IM v. a. in der bereits nachgewiesenen Fähigkeit der Disziplin, Wissen über internationale Unternehmenstätigkeit aus anderen angrenzenden Disziplinen synergetisch zu integrieren und handhabbar zu machen (Shenkar 2004, S. 167, ähnlich jüngst auch Dunning 2006, S. 7). Dies könne das IM aufgrund seiner vielfältigen Perspektiven und des großen Wissensbestands weitaus besser als die gemäß Shenkar konkurrierenden (Teil-)Disziplinen „Volkswirtschaftslehre" und „Strategisches Management". Von einer Auflösung des IM aufgrund mangelnder Forschungsfragen oder aufgrund einer feindlichen Übernahme durch die konkurrierenden Disziplinen könne dann keine Rede sein, wenn es dem IM gelinge, sich auf ursprüngliche, im Zuge der Weiterentwicklung aber als obsolet betrachtete Fähigkeiten zurückzubesinnen. Inhaltlich sei dazu die Wiederbelebung des Comparative-Management-Ansatzes und der Bereitschaft notwendig, Wissen insbesondere aus der Anthropologie sowie aus Länderstudien einzubinden (Shenkar 2004, S. 167). Auffallend ist bei der Argumentation Shenkars zunächst, dass ein Selbstverständnis der Disziplin propagiert wird, welches im Wesentlichen aus der Fähigkeit zur synergetischen Integration von Wissen besteht. Bei Verinnerlichung einer derartigen Perspektive läuft die Disziplin aber Gefahr, lediglich als Verwerter neuen Wissens anderer Bereiche zu agieren und über diese Abhängigkeit die Legitimation, eine eigenständige Disziplin zu sein, zu verlieren. Eine solche Legitimation ist nämlich im Sinne Kants inhaltlich auf ein klares Programm, welches sich deutlich von dem anderer Disziplinen unterscheidet (Kant 1969, S. 13), angewiesen. Darüber hinaus bleibt unklar, wie die Betonung einer inhaltlichen Bereicherung durch Rückbesinnung auf den Comparative-Management-Ansatz (Shenkar 2004, S. 168) mit der empfohlenen Hauptfunktion einer bloßen Integration von Wissen kompatibel ist, und warum gerade das Comparative Management zur Bewältigung einer anscheinend vorhandenen Krise des IM beitragen kann.[3]

2 Kernpunkte einer Kritik an der Selbstkritik

In der Gesamtschau der skizzierten Beiträge ist zunächst das breite Spektrum der Empfehlungen zur Weiterentwicklung der Disziplin erstaunlich. Aufgrund dieser Heterogenität wird nämlich der Eindruck einer inhaltlich nicht gefestigten Disziplin über die einzeln beklagten Defizite hinaus verstärkt. Insofern ist es auch nicht verwunderlich, dass selbst der damalige Herausgeber des JIBS, Arie Y. Lewin, das Ergebnis des Diskurses als wenig befriedigend eingeschätzt hat: „To be perfectly candid, I found the exchanges perplexing and not very satisfying" (Lewin 2005, S. 489).

Angesichts der von allen Hauptakteuren der Debatte indirekt offenbarten Unsicherheiten bezüglich des Kerngegenstands der Forschung im IM ist es des Weiteren verständlich, wenn in den betreffenden Beiträgen stets eine zusätzliche Sorge mitschwingt – die Sorge, inwiefern sich im Zuge einer zunehmend internationalen Orientierung anderer Bereiche der Betriebswirtschafts- und Managementlehre, beispielsweise in Form eines Internationalen Marketings oder einer Internationalen

3 Vgl. all dem gegenüber auch unsere eigene Sichtweise, die im Beitrag „Internationales Management als Wissenschaft – Herausforderungen und Zukunftsperspektiven" in diesem Band dargelegt wird.

Organisationslehre, die disziplinäre Eigenständigkeit des IM aufrecht erhalten lässt (Buckley 2002, S. 370, Peng 2004, S. 103 f., Shenkar 2004, S. 165 f.). Selbst in einem die Sorge widerlegenden Bemühen wird hierbei auf einen bereits des Öfteren bemühten, die Eigenständigkeit in Abrede stellenden Vergleich mit strukturell-organisatorischen Grundmodellen internationaler Unternehmenstätigkeit (Dunning 1989, S. 414 f.) eingegangen. Dieser Vergleich ist in der Ausgangsfeststellung begründet, dass sich parallel zur internationalen Durchdringung der realen Wirtschaft die Organisation der Betriebswirtschafts- und Managementlehre organisch gewandelt habe. Während es in den Anfängen des IM, d. h. seit Mitte der 1960er Jahre, sowie in den folgenden Jahrzehnten geboten war, die neuen Herausforderungen durch eine Internationalisierung der Unternehmenstätigkeit im Sinne einer separierten Behandlung, demnach als Internationale Division, anzugehen, sei nunmehr die Gesamtdisziplin von Internationalität durchdrungen. Mithin stelle das Grundmodell der integrierten Struktur die aufgrund der Effizienz und Effektivität zutreffende Organisationsanalogie dar.

Im Rahmen der skizzierten Beiträge scheint insbesondere Shenkar die grundsätzliche Vergleichsmöglichkeit zwischen IM als wissenschaftlicher Diszplin und Organisationsstrukturen von Unternehmen in der zeitlichen Entwicklung zu akzeptieren. Er definiert allerdings die Konsequenzen der zunehmenden Internationalisierung abweichend: Die adäquate, im Rahmen eines Vergleichs taugliche Organisationsform sei nicht die integrierte Funktionalstruktur, sondern die integrierte Tensorstruktur, bei der das IM insbesondere die Rolle eines Produktmanagers, aber auch jene der regionalen Verantwortlichkeit einnehme (Shenkar 2004, S. 166).

Kritisch anzumerken ist zunächst, dass mit der dem IM zugeschriebenen Eigenschaft eines Produktmanagers keineswegs die in einzelnen Funktionen der Betriebswirtschafts- und Managementlehre entwickelten Kompetenzen in Bezug auf Internationalisierung ausgeblendet werden können. Es wird demnach das Problem der Mehrfachausrichtung der Betriebswirtschafts- und Managementlehre auf die internationale Dimension nicht gelöst. Außerdem wird in dem Vorschlag nicht deutlich, was das zu erstellende oder zu vermarktende Produkt sein soll, da es für die Disziplin IM nicht allein um die Integration von Wissen aus anderen Bereichen gehen kann.

Vor allem aber offenbaren der Vergleichsversuch Shenkars sowie die ähnlich angelegten Abgrenzungssorgen Buckleys (2002, S. 370) und Pengs ein Verständnis von IM, welches hinter dem in der deutschsprachigen Betriebswirtschaftslehre seit geraumer Zeit (Macharzina 1989, Sp. 910 f.) propagierten weit zurückbleibt. Auch dieses Verständnis kann im Rahmen einer Organisationsanalogie verdeutlicht werden: Je stärker sich das internationale Geschäft der Praxis zum „Normalfall" entwickelt und damit das rein nationale Geschäft an Bedeutung verliert, desto eher rückt das IM als wissenschaftliche Disziplin nicht in die Rolle eines Produktmanagers, sondern in die der Unternehmensführung. Deren Aufgabe besteht nämlich in der strategischen Einbettung und koordinativen Handhabung der auf den verschiedenen Märkten zu planenden bzw. laufenden Aktivitäten. Mithin geht es bei der Disziplin IM im Sinne eines Kernforschungsgegenstandes um die systematische Beschreibung und Erklärung der gesamtverantwortlichen, demnach grundsätzlichen und „... integrative(n) Umweltberücksichtigung bei grenzüberschreitender Unternehmenstätigkeit“ (Macharzina 1989, Sp. 911). Am ehesten scheint hierbei noch Pengs Definition, also die des Lösens eines Erfolgsrätsels, anschlussfähig zu sein, ihr fehlt allerdings die konkrete Materialisierung.

Schließlich, und dies führt nun zum eigentlichen Gegenstand des vorliegenden Beitrags, „köcheln“ alle Teilperspektiven des Diskurses „Zukunft des IM“ „im eigenen Saft“. Es werden lediglich auf der Basis der aktuellen Routinen Vorschläge zur Neuausrichtung der Disziplin entwickelt; aufgrund der dominanten Innenorientierung sowie der mit mangelnder inhaltlicher Selbstfindung begründbaren Abgrenzungs- bzw. Harmonisierungsversuche in Bezug auf andere Disziplinen ist dies nur eine natürliche Konsequenz. Eine potentielle Bedrohung der Disziplin von außen wird bislang innerhalb des IM v. a. angloamerikanischer Prägung noch nicht wahrgenommen oder als nicht gefährlich angesehen. Diese externe Bedrohung fußt auf der Möglichkeit, dass die Disziplin den unmittelbaren und forschungsbezogenen Austausch mit der Praxis nicht (mehr) anstrebt. Vereinfachend sind abei unter Austausch zum einen das In-Erfahrung-Bringen von forschungsrelevanten Praxisproblemen und zum anderen die Vermittlung von Forschungsergebnissen in die Praxis hinein zu verstehen. Es geht mithin um die Vermutung nicht voll ausgeschöpfter Potentiale der Anwendungsorientierung.

3 Anwendungsorientierung als bislang vernachlässigte Dimension im Prozess der disziplinären Selbstfindung

3.1 Aktuelle Quellen einer Nicht-Anwendungsorientierung im Internationalen Management

Werden die von einer wissenschaftlichen Disziplin erarbeiteten Forschungsergebnisse von der Praxis nicht (mehr) wahrgenommen oder nicht (mehr) als interessant und nützlich erachtet, ergibt sich eine eigentliche und unmittelbare Bedrohung dieser Disziplin bereits unter dem Gesichtspunkt der Versorgungssicherheit mit materiellen Ressourcen. Öffentliche wie auch private Institutionen orientieren nämlich in Zeiten knapper Ressourcen ihre Mittelverteilung zunehmend am Postulat der Nützlichkeit. Wird diese nicht wirksam von einer wissenschaftlichen Disziplin kommuniziert, mangelt es einer Disziplin am Willen oder an der Fähigkeit, auch den Aspekt der Anwendungsorientierung dergestalt zu berücksichtigen, dass sie den Wert ihrer Forschungsergebnisse im Sinne von deren Weiterverwertungsfähigkeit oder unmittelbaren Verwertbarkeit zu verdeutlichen versucht, so drohen zumindest mittelfristig Einschränkungen des Forschungsbetriebs durch Ressourcenkürzungen (Starkey/Madan 2001, S. S6). Wie noch zu zeigen sein wird, können weitere bedrohliche Konsequenzen einer unzureichend gelebten Anwendungsorientierung hinzukommen. Dies gilt umso mehr dann, wenn sich eine Disziplin explizit als „anwendungsorientiert" versteht – ein Selbstverständnis, was im Falle des IM eigenartigerweise von allen Mitgliedern der Forschungsgemeinde getragen zu werden scheint.

Als Zwischenfazit bietet sich es daher an, auf die Auffassung eines der Altmeister und Begründer des IM, John H. Dunning, zurückzugreifen. Dunning hat bereits 1989 als damaliger Präsident der Academy of International Business (AIB) die ressourcenkritische Bedeutung des Anwendungsbezugs klar ausgedrückt:

> „... the effectiveness of our scholastic efforts to study and teach international business is entirely dependent on our capability to marshal and organise the necessary human and other assets so as to supply a range of end products which are acceptable to the academic community of which we are part, our paymasters and the main purchasers of our products, viz, the business community" (Dunning 1989, S. 411).

Die Ausblendung der Anwendungsorientierung im eben kurz beleuchteten Buckley-Peng-Shenkar-Diskurs um die Zukunft des IM ist dabei auch vor dem Hintergrund der lediglich auf Forschung bezogenen Auseinandersetzung (es geht schließlich nicht um weitere Produkte wie die akademische Lehre oder Weiterbildungsprogramme für Manager) unverständlich, bedauerlich und im Kontext mit anderen Entwicklungen gefährlich zugleich. Unverständlich und bedauerlich ist sie zunächst deshalb, weil insbesondere Buckley für eine empirische Entdeckung neuer Forschungsleitfragen plädiert. Die diesbezüglich naheliegende Möglichkeit, Praktiker nach ihrer Einschätzung hinsichtlich zukünftig dominanter Probleme zu befragen und dadurch auch zu praxisrelevanten Forschungsfragen zu kommen, zieht Buckley aber nicht bzw. nicht explizit in Betracht. Im Sinne einer direkten Wirkung ist somit die Qualität seiner Ausführungen auch in dieser Beziehung anzuzweifeln. Im Sinne einer indirekten Wirkung könnte zudem befürchtet werden, dass die Überlegungen der Diskursteilnehmer aufgrund deren Status innerhalb der Forschungsgemeinschaft für eine gewisse Aufmerksamkeit sorgen und als Verhaltensleitlinie dienen. Das Thema der Anwendungsorientierung würde damit innerhalb des IM weiter eher geringe Aufmerksamkeit erfahren bzw. ausgeblendet bleiben und dessen Behandlung im krassen Gegensatz zur intensiven Diskussion der Anwendungsorientierung bzw. der Rigour-Relevance-Problematik im Bereich der Betriebswirtschafts- und Managementlehre allgemein (etwa Duncan 1974, S. 724 ff., Shrivastava 1987, S. 77 ff., Gopinath/Hoffmann 1995, S. 575 ff., Starkey/Madan 2001, S. S3 ff., Baldridge/Floyd/Markóczy 2004, S. 1063 ff., Nicolai 2004, S. 99 ff., Oesterle 2006, S. 307 ff.) stehen. Dieser Befürchtung ist entgegenzuhalten, dass es an sich jedem einzelnen Mitglied der Gemeinschaft überlassen bleibt, inwieweit das Gedankengut anderer Wissenschaftler in die Durchführung individueller Forschungsaktivitäten einfließt. Ein Nettoeffekt in Richtung einer ausgeblendeten Beschäftigung mit Anwendungsorientierung lässt sich daher allein aufgrund der Diskursinhalte nicht abschätzen.

Zum gefährlichen und dabei wohl durchaus spürbaren Problem wird allerdings die im Diskurs erfolgte Nicht-Berücksichtigung des Themas „Anwendungsorientierung" im Verbund mit einer veränderten Herausgeberpolitik des JIBS. So verkündete Arie Y. Lewin als von Anfang 2003 bis Anfang 2007 amtierender Editor-in-chief, der Wettbewerb der Ideen im Bereich des IM sei für die JIBS nur dann erfolgreich zu bestreiten, wenn sich die Zeitschrift auf die Publikation einer belebenden Vielfalt von Ansätzen, Theorien, kontextorientierter Forschung sowie „empirical rigor" konzentriere (Lewin 2004, S. 80). Insofern ist es durchaus auch als konsequent zu bezeichnen, wenn Lewin weiter schreibt, dass:

> „... the editorial policy does not require or expect that papers published in JIBS be judged by their relevance to the practice of management. ... The world of practice has its own processes for determining what management research in general and IB research specifically is of relevance to management" (Lewin 2004, S. 80).

In noch klarerer Form hat Lewin anlässlich der „Meet the editors"-Session im Rahmen der Annual Conference on Corporate Strategies 2006 in Berlin die neue Leitlinie des JIBS vorgestellt: Die Zeitschrift solle und wolle sich nicht als Medium zur Publikation anwendungsorientierter Forschung verstehen. Es gehe einzig darum, Neues zu entdecken und dieses mit befruchtender Absicht der Wissenschaftsgemeinschaft vorzustellen. Eine solche Konzentration lasse sich damit begründen, dass es nicht die Aufgabe der Wissenschaft vom IM sei, systematisch die Verbreitung von Forschungsergebnissen in die Praxis hinein zu betreiben. Es sei vielmehr so, dass sich interessierte Kreise wie Unternehmensberater, praxisorientierte Zeitschriften oder auch Praktiker direkt das an wissenschaftlichen Erkenntnissen beschaffen würden, was sie interessiert. Lewin geht damit insgesamt so weit, nicht nur deutlich zu machen, dass der Aspekt „Anwendungsorientierung" keine Bedeutung bei der inhaltlichen Ausrichtung und für den wissenschaftlichen Wert von

Top-Forschung haben soll. Vielmehr sieht er auch keine direkte Vermittlungsaufgabe der Disziplin, d. h. es sollen von der Disziplin keine Anstrengungen unternommen werden, Forschungsergebnisse direkt an die Praxis zu kommunizieren. Für die Diffusion von Forschungsergebnissen in die Praxis hinein komme lediglich der indirekte Weg in Form der Lehre, demnach der akademischen Ausbildung von Nachwuchsführungskräften in Betracht (Lewin 2004, S. 80).[4] Aufgrund der führenden Rolle im Markt der dem IM gewidmeten Zeitschriften sowie der zunehmenden Bedeutung von Publikationen in sogenannten A-Journals kann nun erwartet werden, dass die veränderte Herausgeberpolitik der JIBS zu entsprechenden Handlungen der Gemeinschaftsmitglieder, d. h. zu einer sinkenden Bedeutung der Anwendungsorientierung innerhalb der Forschung im IM, führen wird. Käme es wirklich dazu, würde sich mithin eine Situation abzeichnen, in der zum einen der Anwendungsbezug bereits im Prozess der Forschung keine Rolle mehr spielen würde, zum anderen aber kein Interesse mehr daran bestände, Forschungsergebnisse aktiv und direkt an die – nach Dunning – weiteren natürlichen Hauptadressaten der Forschung, d. h. Praxisvertreter, zu kommunizieren. Forschung im Bereich des IM sähe ihre Kernaufgabe nur noch in der wechselseitigen geistigen Befruchtung der Gemeinschaftsmitglieder sowie in der Integration von Forschungsergebnissen in die Lehre. Fraglich ist allerdings, ob damit das IM – wie im Übrigen die Betriebswirtschafts- und Managementlehre insgesamt – im Zuge eines zunehmenden Wettbewerbs um Ressourcen bestehen kann. Während andere Disziplinen, etwa viele der Naturwissenschaften oder die Ingenieurwissenschaften, sich traditionell als anwendungsorientiert verstehen und diese Orientierung auch praktizieren, ja gar ausbauen, und selbst die Allgemeine Betriebswirtschafts- und Managementlehre mittlerweile verstärkt den Verlust von Anwendungsbezug als Problem begreift sowie Lösungsmöglichkeiten diskutiert, ist die aktuelle Debatte um die Zukunft des IM an dieser Dimension nicht interessiert. Im Folgenden soll daher zunächst aufgezeigt werden, welche Verluste der Disziplin drohen, falls sich die oben skizzierten Auffassungen zu einer handlungsleitenden Maxime verdichten sollten.

3.2 Disziplinäre Funktionen der Anwendungsorientierung

Grundvoraussetzung für die Erfüllung des von einer Disziplin reklamierten Anspruchs auf Anwendungsorientierung sind zunächst praxisorientierte Elemente des Forschungsprozesses. Die notwendige Bedingung für Anwendungsorientierung ist insofern ein wissenschaftliches Vorgehen, welches auf der Basis von Theorien

4 Vgl. dazu auch den Beitrag von Stefan Eckert „Lehre zum Internationalen Management im deutschsprachigen Raum“ in diesem Band, der sich anhand empirischer Ergebnisse kritisch dazu äußert, ob Forschung zum IM die wichtigste Quelle für die Lehre ist.

erarbeitete Aussagen einer praktischen Verwendung zuführen möchte bzw. eine solche zumindest anstrebt sowie unter Umständen bereits im Prozess der eigentlichen Erkenntnisgewinnung die Zielsetzung der praktischen Verwertbarkeit berücksichtigt. Grundgedanke dieser Praxisorientierung ist es, durch Forschungsergebnisse Akteure der Praxis in die Lage zu versetzen, Fortschritte bei der Bewältigung von Herausforderungen zu erzielen. In Anlehnung an Ulrich bestehen diesbezüglich – speziell für die Betriebswirtschaftslehre – im Wesentlichen vier Möglichkeiten (Ulrich 1981, S. 1 ff.), anwendungsorientiert, hier allerdings nur im engeren Sinne, vorzugehen:

- Erarbeitung inhaltlicher Lösungen für die Praxis,
- Erarbeitung von Lösungsverfahren für konkrete Probleme der Praxis,
- Entwurf von Gestaltungsmodellen für die Veränderung der sozioökonomischen Wirklichkeit und
- Erarbeitung von Regeln für die Entwicklung solcher Gestaltungsmodelle in der Praxis.

Doch selbst wenn es innerhalb der Disziplin gelingt, Forschungsergebnisse hervorzubringen, die prinzipiell das Potential der praktischen Nützlichkeit aufweisen, so ist damit noch nicht zugleich die hinreichende Bedingung für Anwendungsorientierung erfüllt. Um dieser Bedingung gerecht zu werden, müssen nämlich die Forschungsergebnisse auch erfolgreich in die Praxis gelangen, d. h. in adäquater Form kommuniziert und von der Praxis aufgenommen werden. Erst bei Realisierung beider Bedingungen kann an sich von einer gelebten Anwendungsorientierung oder – um es mit dem Ansatz von Gibbons et al. (1994) zu erfassen – vom Überwinden der klassischen „Mode 1“-Forschung und dem Vorliegen der sogenannten „Mode 2“-Forschung gesprochen werden:

> „... in Mode 1 problems are set and solved in a context governed by the largely academic interests of a specific community. By contrast, Mode 2 knowledge is carried out in a context of application. Mode 1 is disciplinary while Mode 2 is transdisciplinary. Mode 1 is characterised by homogeneity, Mode 2 by heterogeneity. Organisationally, Mode 1 is hierarchical and tends to preserve its form, while Mode 2 is more heterarchical and transient. Each employs a different type of quality control. In comparison with Mode 1, Mode 2 is more socially accountable and reflexive. It includes a wider, more temporary and heterogenous set of practitioners, collaborating on a problem defined in a specific and localised context” (Gibbons et al. 1994, S. 3).

Dass dabei nicht jede Form der Kommunikation in gleichem Maße zur vollen Realisierung des Anspruchs auf Anwendungsorientierung bzw. zur Umsetzung des „Mode 2“-Konzepts der Forschung beiträgt, soll anhand von Abbildung 1 verdeutlicht werden. Prinzipiell können nämlich vier unterschiedliche Kommunikations- bzw. Kooperationsstile zur Vermittlung von Wissen an die Praxis unterschieden werden, welche sich aus der Kombination der grundlegenden, für das vorliegende Problem besonders relevanten Kommunikations- bzw. Kooperationsdimensionen „aktiv bzw. passiv“ sowie „direkt bzw. indirekt“ ergeben.

	passiv	aktiv
direkt	Berücksichtigung der Bedürfnisse von Endabnehmern der Praxis bei der Erarbeitung der Forschungsergebnisse der Disziplin; Endabnehmer haben aber Holschuld („sit and wait policy“) (IV)	Disziplin übermittelt direkt Forschungsergebnisse in die Praxis hinein; bedingt bewusste Ansprache der Praxis (auch Auseinandersetzung mit geeigneten Medien sowie Kommunikationsformen) und im Extremfall Zusammenarbeit mit dieser (III)
indirekt	Forschungsergebnisse der Disziplin können zwar praktisch relevant sein, deren Erarbeitung erfolgt aber unabhängig von Bedürfnissen der Endabnehmer; Holschuld von Studierenden und Knowledge Brokern (z. B. Unternehmensberatern) (I)	Disziplin konzentriert sich im Wesentlichen auf eine auch praxisorientierte universitäre Lehre und eventuell auf die Vermittlung von Forschungsergebnissen an Knowledge Broker (II)

Abb. 1: Kommunikations- bzw. Kooperationsstile zur Vermittlung anwendungsorientierter Forschung

Auch wenn die Felder inhaltlich bisher eher rudimentär beschrieben sind – es dürfte deutlich werden, dass die Durchführung praxisrelevanter Forschung in Verbindung mit dem bevorzugten Kommunikationsstil vom Typ III die höchsten Anstrengungen bedingt. Gleichwohl führt aber auch lediglich diese „Typ III“-Kommunikation eher zu den anwendungsorientierter Forschung zugeschriebenen, positiven Rückwirkungen für eine Disziplin. Vor allem aber wird nur mit der „Typ III“-Kommunikation in stärkerem Maße dem entsprochen, was im Zusammenhang mit der „Mode 2“-Forschung von Gibbons et al. (1994) als echte Anwendungsorientierung bezeichnet werden kann. Da das „Mode 2“-Konzept darauf zielt, veränderten, durch zunehmenden Wettbewerb bedingten Ansprüchen von an einer wissenschaftlichen Disziplin interessierten Gruppen zu entsprechen,[5] ist nur im Falle einer aktiven und direkt an die wichtige Interessengruppe – „Endabnehmer von Forschung" – gerichteten Kommunikation die erforderliche Interaktionsnähe und -intensität (Starkey/Madan 2001, S. S24) gegeben, wodurch insgesamt störende, d. h. verfälschende Einflüsse im Kommunikationsprozess zwischen Wissenschaft und Endabnehmern der Forschung reduziert werden können.

Darüber hinaus führt der Direktkontakt mit Endabnehmern dazu, dass diese stärker als bei den anderen Formen Forschungsergebnisse unmittelbar den Vertretern der Disziplin (und nicht etwa beispielsweise Unternehmensberatern) zurechnen, deutlicher Nutzenpotentiale der Forschung erkennen sowie Einblicke in die Arbeitsweise der Disziplin erhalten können. Mit dieser Legitimationsfunktion aktiv und direkt kommunizierter Forschung ist dann unmittelbar die Chance gegeben, Endabnehmer von Forschungsergebnissen bzw. die Öffentlichkeit für die materielle Unterstützung weiterer Forschungsprojekte zu gewinnen. Hierbei geht es mitnichten „nur" um die finanzielle Förderung im Sinne von Drittmitteln oder Auftragsforschung, vielmehr ist auch der Wille von Endabnehmern zur Beteiligung an empirischen Erhebungen von Bedeutung. Insbesondere im Falle der Betriebswirtschafts- bzw. Managementlehre und damit auch des IM ist die Bereitschaft von Praxisvertretern, Daten für empirische Projekte zu liefern, immens wichtig.

Diese Bedeutung zeigt sich dabei in zwei Dimensionen. Zum einen können empirische Daten dem Ausbau systematischer Beschreibungen des Forschungsgegenstandes sowie der Generierung von Hypothesen dienen, demnach den Entdeckungszusammenhang im Forschungsprozess stärken, zum anderen stellen sie eine der Kernvoraussetzungen für die im Begründungszusammenhang unerlässliche Prüfung erarbeiteter Aussagen bzw. Aussagensysteme dar (Wollnik 1977, S. 37 ff.). Schließlich muss noch auf das oben bereits erwähnte Potential hingewiesen werden, über den Direktkontakt mit Endabnehmern bedeutsame zukünftige Forschungsfragen herausarbeiten zu können. Bereits zu Beginn von Forschungsprozessen kann dadurch eine wichtige Vorbedingung für die praktische Relevanz von Forschungsergebnissen erfüllt werden, da die Endabnehmer an den betreffenden Fragen auch interessiert sind. Insgesamt trägt somit eine ganzheitlich praktizierte Anwendungsorientierung dazu bei, die betreffende Disziplin lebensfähig zu erhalten. Würde das IM als anwendungsorientiert definierte Disziplin zwar Forschungsergebnisse mit praktisch nutzenstiftendem Potential produzieren, aber auf deren direkte und aktive Vermittlung an Entscheidungsträger der Wirtschaft ver-

---

5 Hierzu zählt v. a., dass Wissen zunehmend unter dem Gesichtspunkt der Nützlichkeit, d. h. der (unmittelbaren) praktischen, dabei Vorteile im Wettbewerb stiftenden Verwertbarkeit, beurteilt wird (Gibbons et al. 1994, Brown/Duguid 2000, Starkey/Madan 2001, S. S5).

zichten, so gingen damit verringerte Legitimations- und Ressourcenzuweisungs-, aber auch Forschungschancen einher.

Bislang liegen aber zur Einschätzung einer diesbezüglichen Situation in der disziplinären Wirklichkeit v. a. einzelfallbezogene, anekdotische oder plausibilitätsgestützte Einschätzungen und weniger empirische Befunde im engeren Sinne vor. Zudem sind die in geringer Anzahl vorliegenden empirischen Befunde nur indirekt auf das IM gerichtet und bzw. oder betreffen lediglich einen Teilausschnitt möglicher Interaktionsformen zwischen Theorie und Praxis. Der nachfolgende Versuch, das Ausmaß umfänglich gelebter Anwendungsorientierung für den Bereich IM anhand dieser empirischen Studien aufzuzeigen, kann daher ebenfalls nur einen kleinen Ausschnitt der Realität zum Gegenstand haben.

3.3 Indizien für eine unzureichende Anwendungsorientierung im Bereich „Internationales Management"

Eine aktive und direkte Vermittlung von Forschungsergebnissen in die Praxis hinein kann über verschiedene Medien vorgenommen werden. So ist auf universitäre Weiterbildungsseminare für Führungskräfte, die Zusammenarbeit in Arbeitskreisen – etwa jenen der Schmalenbach-Gesellschaft für Betriebswirtschaft e. V. –, Beiträge in populärwissenschaftlichen Medien oder auf Auftragsforschung zu verweisen. Allerdings ist lediglich im Falle der Publikation von Forschung durch Fachzeitschriften davon auszugehen, dass sich die Kommunikationsinhalte auf neueste Ergebnisse der Spitzenforschung beziehen. Betriebswirtschaftlichen bzw. managementorientierten Fachzeitschriften wird nämlich die gegenüber anderen Medien hervorgehobene Eigenschaft zugesprochen, aktuelle Spitzenforschungsleistungen sowie dadurch auch Forschungsfortschritte widerzuspiegeln. (Pommerehne/Renggli 1986, S. 92, Macharzina/Oesterle 1994, S. 255 ff., Kahl 1995, S. 33 f., Fabel/Hesse 1999, S. 196 ff., Hennig-Thurau/Walsh/Schrader 2004, S. 520 f.). Darüber hinaus legen diese Zeitschriften in ihrer Herausgeberpolitik auch ganz überwiegend Wert darauf, mit den enthaltenen Beiträgen nicht nur die Mitglieder der Scientific Community, sondern auch Praktiker zu erreichen. Fachzeitschriften kommt daher im Rahmen des Versuchs, den Grad der Anwendungsorientierung in Bezug auf Ergebnisse der Forschung empirisch zu erheben, eine besondere Bedeutung zu. Allerdings liegen bislang nur wenige Studien vor, welche die Wahrnehmung von Fachzeitschriften durch Praktiker untersuchen und daraus auf die realisierte praktische Relevanz der veröffentlichten Beiträge schließen möchten (Gopinath/Hoffman 1995, S. 575 ff., Oesterle 2006, S. 307 ff.).

Eine weitere Möglichkeit, die praktische Relevanz von Forschungsergebnissen empirisch festzustellen, besteht in einem eher laborgestützten Vorgehen. Methodisch zielen diese Studien darauf ab, Probanden aus dem Bereich der Wirtschaft mit ausgewählten wissenschaftlichen Fachbeiträgen zu konfrontieren, den wahrgenommenen Grad der Relevanz zu erheben sowie diesen mit dem wissenschaftlichen Renommee der Beiträge zu vergleichen (vgl. den Überblick bei Baldridge/Floyd/Markóczy 2004, S. 1063 ff. sowie deren Studie selbst). Schließlich ist noch auf Untersuchungen zu verweisen, welche nicht an Ergebnissen von Forschungsprozessen, sondern an deren Ausgangspunkt ansetzen. Bei diesen Studien werden sowohl auf Seiten der Wissenschaftler als auch auf Seiten der Praktiker für zukünftig relevant erachtete Themen erfragt. Aus einem dann möglichen Vergleich von Forschungsfragen und unternehmerischen Handlungsfeldern soll auf die zukünftige praktische Relevanz der Forschung geschlossen werden (ebenfalls Gopinath/Hoffman 1995, S. 575 ff.). Je größer die Differenzen, desto eher kann von einer Nicht-Erfüllung der Anwendungsorientierung ausgegangen werden.

Insgesamt sind allerdings nur wenige der Studien auf den im vorliegenden Zusammenhang interessierenden Bereich des IM zugeschnitten bzw. für diesen verwendbar. Aus diesem kleinen Kreis soll zunächst auf die Studie von Gopinath und Hoffman (1995) eingegangen werden. Ziel der Untersuchung war es zunächst, mittels einer Befragung von 108 Chief Executive Officers (CEOs) US-amerikanischer Unternehmen Einschätzungen der Praxis in Bezug auf zukünftig bedeutsame Themen der Unternehmensführung und damit potentielle Forschungsfragen in Erfahrung zu bringen. Die Ergebnisse sollten dann mit den entsprechenden Einschätzungen von Wissenschaftlern verglichen werden. Hierzu wurde jedoch nicht auf eine eigene Erhebung, sondern auf eine von Lyles durchgeführte Befragung von Wissenschaftlern aus dem Bereich des Strategischen Managements (n = 30; Lyles 1990, S. 363 ff.) zurückgegriffen. Darüber hinaus sollte mit der Untersuchung von Gopinath und Hoffman erhoben werden, inwieweit die Praktiker mit betriebswirtschaftlichen Fachzeitschriften und damit mit neuesten Forschungsergebnissen vertraut sind. Die Ergebnisse zeichnen in puncto gelebter Anwendungsorientierung der US-amerikanischen Betriebswirtschafts- und Managementlehre ein eher düsteres Bild. Von besonderer Bedeutung ist hierbei, dass insbesondere die jeweils von Wissenschaftlern und Praktikern für wichtig erachteten Themen starke Bezüge zu Kerninhalten des IM aufweisen und demnach ohne größere Einschränkungen auf die Disziplin übertragen werden können. Wie Abbildung 2 verdeutlicht, lagen große Unterschiede in der Rangfolge der zukünftig als wichtig erachteten Fragen vor (r = 0,14; nicht signifikant).

Strategic Issues	Academics			CEOs		
	Rank	Fre-quency	% of Total*	Rank	Mean**	SD
Global Competition/ Operations	1	13	28,9	5	2,41	1,07
Managing New Organizational Forms, Restructuring	2	8	17,8	7	2,73	0,95
Strategy Implementation	3	6	13,3	4	2,01	0,70
Organization Change	4	4	8,9	1	1,75	0,78
Technology/Innovation	5	4	8,9	3	1,91	0,65
Government Policy	6	4	8,9	2	1,85	0,90
Relevant Strategy Research	7	3	6,7	-	-	-
Leadership	8	2	4,4	6	2,54	0,76
Strategic Decision-making	9	1	2,2	8	2,84	1,10

Legende:
* = Percentages Based on Total Number of Issues Mentioned; Respondents usually provided more than one Response
** = Rating Scale Used, Relevance of Topic: (1) = highly, (2) = very, (3) = somewhat, (4) = not very, (5) = not at all

Abb. 2: Zukünftige Forschungsfragen und deren wahrgenommene Relevanz für CEOs
Quelle: in Anlehnung an Gopinath/Hoffman (1995), S. 586.

Von wissenschaftlicher Seite werden mithin Themen für wichtig erachtet und bearbeitet, welche nicht im Zentrum des Interesses von Praktikern stehen. Den Aussagegehalt der Untersuchung einschränkend könnte zwar angemerkt werden, dass es Aufgabe der Wissenschaft sei, voraus- und vorzudenken, d. h., im Sinne eines Radars zukünftig bedeutsame Themen zu erkennen und daraus Handlungsmaximen abzuleiten. Da Praktiker eher induktiv, d. h. zunächst auf Probleme ihres Unternehmens bezogen, vorgehen, sei es nur natürlich, dass entsprechende Differenzen festgestellt werden. Dem ist allerdings entgegenzuhalten, dass – v. a. bezogen auf den hier betrachteten Bereich des IM – bislang eher die Praxis in ihrem Handeln das vorgegeben hat, was dann von wissenschaftlicher Seite durchdrungen wurde (Schmid 1996, S. 1-114, Macharzina/Oesterle 2002b, S. VII). Insofern dürfte es nahe liegen, die Ergebnisse der Studie als weiteren Anstoß zu begreifen, den Aspekt der Anwendungsorientierung bereits bei der Auswahl von Forschungsthemen stärker zu beachten.

Wie die Ergebnisse der Studie von Gopinath und Hoffman des Weiteren verdeutlichen, würde aber die inputbezogene Praxisrelevanz von Forschung allein noch nicht ausreichen, dass Forschungsergebnisse von der Praxis auch direkt aufgenommen werden. So sind nämlich nahezu alle in die Untersuchung einbezogenen Zeitschriften mit Forschungsorientierung den befragten Managern eher unbekannt (vgl. Abbildung 3).

Rank	Journal	Zumindest gelegentlich gelesen*	Davon gehört*	Nicht geläufig*
1	Harvard Business Review	94	6	0
2	Across the Board	46	13	41
3	Sloan Management Review	24	53	23
4	Management Review	27	37	36
5	Business Horizons	12	33	55
6	Journal of Business Strategy	10	27	63
7	Strategic Management Journal	6	28	66
8	Columbia Journal of World Business	5	29	66
9	Organizational Dynamics	7	24	69
10	California Management Review	8	18	74
11	Long Range Planning**	3	21	76
12	Academy of Management Executive	5	14	81
13	Journal of General Management**	0	10	90

Legende:
* = in Prozent
** = wird veröffentlicht in Großbritannien, die anderen Journals werden in den USA veröffentlicht

Abb. 3: Bekanntheitsgrad forschungsorientierter Zeitschriften bei CEOs
Quelle: in Anlehnung an Gopinath/Hoffman (1995), S. 587.

Während sich die Studie von Gopinath und Hoffmann in Bezug auf Fachzeitschriften damit begnügt, den Bekanntheitsgrad und grob das Leseverhalten zu erfassen, zielt eine jüngere Studie auch darauf ab, Aussagen über die von Managern empfundene Nützlichkeit der Lektüre empirisch gestützt treffen zu können (Oesterle 2006, S. 307 ff.). Dabei wurden allerdings nicht nur Geschäftsführungsmitglieder sowie Mitarbeiter der strategischen Planung großer deutscher Unternehmen im Sinne ihrer Eigenschaft als potentielle Endabnehmer von Forschung befragt. Vielmehr versucht ein zweiter Teil der Studie auch, die Funktion von Unternehmensberatern bei der Vermittlung betriebswirtschaftlicher Forschung an Endabnehmer zumindest indirekt zu beleuchten. Wenn nämlich die des Öfteren artikulierte Aussage zuträfe, wonach Unternehmensberater Mediatoren oder Knowledge Broker zwischen Forschung und Praxis seien und damit je nach Lesart leider eine wichtige originäre Funktion anwendungsorientierter Wissenschaft übernehmen (Macharzina/Oesterle 2002a, S. 18) bzw. es der Wissenschaft mit ermöglichen würden, sich ganz auf reine, kreative Forschung zu konzentrieren (Lewin 2004, S. 80), dann müssten diese auch eher als Manager mit Fachzeitschriften vertraut sein sowie ein ausgeprägteres Leseverhalten aufweisen und die Nützlichkeit der Lektüre höher bewerten.

Im Hinblick auf einen Teil des ersten Untersuchungsziels zeigen sich nun in der Studie von Gopinath und Hoffmann ähnliche Bekanntheitswerte. Die entsprechende Übersicht in Abbildung 4 ist hierbei auf Zeitschriften mit Ausrichtung auf IM sowie auf eine zu Vergleichszwecken bedeutsame deutschsprachige Fachzeitschrift, „Die Betriebswirtschaft“, sowie solche mit starker Praktikerorientierung beschränkt.

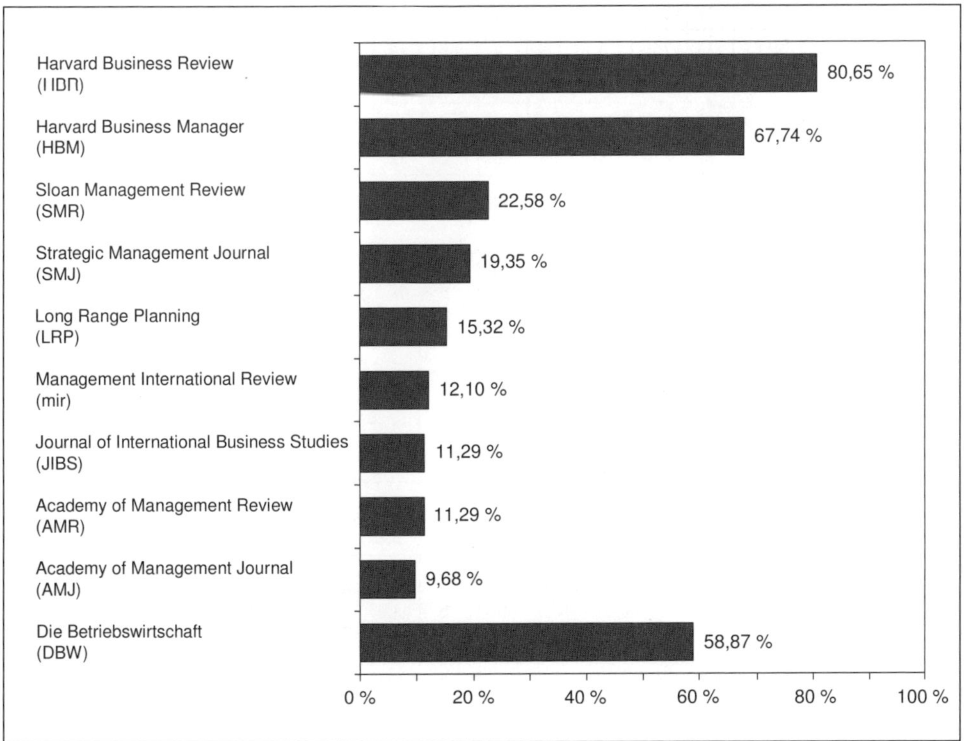

Abb. 4: Bekanntheitsgrad ausgewählter Zeitschriften bei Managern

Wie die Abbildung verdeutlicht, sind den insgesamt 124 befragten Managern deutscher Großunternehmen die entsprechenden allesamt englischsprachigen Fachzeitschriften in sehr geringem Umfang bekannt; die Werte liegen deutlich unter der als deutschsprachige Vergleichszeitschrift gewählten DBW (Die Betriebswirtschaft). Hohe Bekanntheitswerte weisen jedoch die HBR (Harvard Business Review) sowie der HBM (Harvard Business Manager) auf. In Bezug auf Lesehäufigkeit sowie den wahrgenommenen Nutzen der Lektüre ergeben sich nochmals niedrigere Werte (vgl. Abbildung 5 und Abbildung 6).

Zeitschrift	Keine Angabe		Nie (1)		Selten (2)		Gelegentlich (3)		Relativ regelmäßig (4)		Jede Ausgabe (5)		Zeitschrift abonniert (6)		n	Mittelwert
	n	%	n	%	n	%	n	%	n	%	n	%	n	%		
HBR	3	2,42	35	28,23	21	16,94	28	22,58	17	13,71	6	4,84	14	11,29	121	2,72
HBM	1	0,81	55	44,35	17	13,71	23	18,55	18	14,52	3	2,42	7	5,65	123	2,28
SMJ	0	0,00	107	82,26	6	4,84	5	4,03	5	4,03	1	0,81	0	0,00	124	1,28
LRP	0	0,00	113	91,13	2	1,61	5	4,03	3	2,42	0	0,00	1	0,81	124	1,20
SMR	1	0,81	108	87,10	7	5,65	6	4,84	2	1,61	0	0,00	0	0,00	123	1,20
mir	0	0,00	112	90,32	6	4,84	3	2,42	2	1,61	0	0,00	1	0,81	124	1,18
JIBS	1	0,81	114	91,94	4	3,23	2	1,61	3	2,42	0	0,00	0	0,00	123	1,14
AMR	0	0,00	117	94,35	4	3,23	3	2,42	0	0,00	0	0,00	0	0,00	124	1,08
AMJ	0	0,00	118	95,16	3	2,42	2	1,61	1	0,81	0	0,00	0	0,00	124	1,08
DBW	1	0,81	65	52,41	16	12,90	19	15,32	12	9,68	4	3,23	7	5,65	123	2,09

Abb. 5: Lesehäufigkeit ausgewählter Zeitschriften durch Manager

Zeitschrift	Keine Angabe		Absolut keinen Nutzen (1)		Eher nicht gewinnbringend (2)		Gelegentlich gewinnbringend (3)		Gewinnbringend (4)		Sehr gewinnbringend (5)		n	Mittelwert
	n	%	n	%	n	%	n	%	n	%	n	%		
HBR	45	36,29	4	3,23	23	18,55	28	22,58	18	14,52	6	4,84	79	2,91
HBM	62	50,00	3	2,42	17	13,71	26	20,97	9	7,26	7	5,65	62	2,91
SMJ	100	80,65	6	4,84	5	4,03	8	6,45	2	1,61	3	2,42	24	2,42
LRP	105	84,68	6	4,84	2	1,61	7	5,65	3	2,42	1	0,81	19	2,29
SMR	105	84,68	9	7,26	4	3,23	4	3,23	2	1,61	0	0,00	19	1,76
mir	108	87,10	7	5,65	4	3,23	5	4,03	0	0,00	0	0,00	16	1,67
JIBS	111	89,52	6	4,84	2	1,61	5	4,03	0	0,00	0	0,00	13	1,67
AMR	111	89,52	7	5,65	3	2,42	2	1,61	1	0,81	0	0,00	13	1,53
AMJ	111	89,52	7	5,65	3	2,42	3	2,42	0	0,00	0	0,00	13	1,47
DBW	72	58,06	4	3,23	17	13,71	24	19,35	7	5,65	0	0,00	52	2,56

Abb. 6: Nutzen ausgewählter Zeitschriften für Manager

Aufgrund der deutlichen Ergebnisse kann daher insgesamt trotz der eher geringen Stichprobengröße davon ausgegangen werden, dass Manager deutscher Großunternehmen jene Forschung im Bereich IM, welche in Fachzeitschriften publiziert wird, eher nicht wahrnehmen und überwiegend als nicht praktisch relevant empfinden. Überraschenderweise zeigt sich nun in dem auf Unternehmensberater bezogenen zweiten Teil der Studie eine ähnliche Resultatlage (vgl. Abbildung 7).

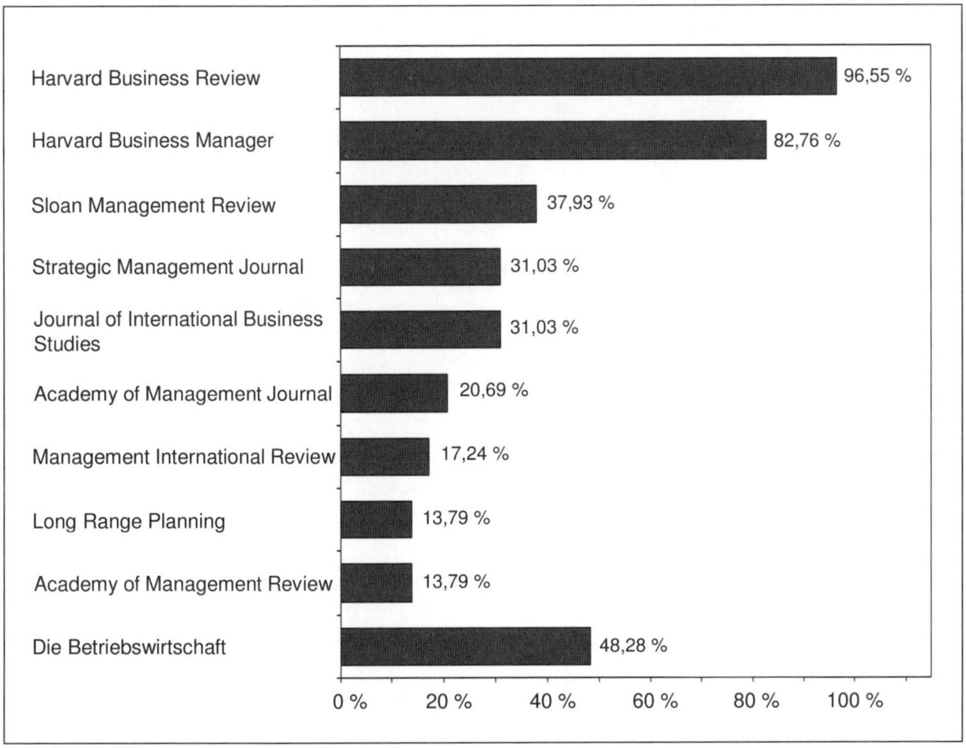

Abb. 7: Bekanntheitsgrad ausgewählter Zeitschriften bei Unternehmensberatern

Im Kreise der im Zeitraum zwischen Februar und Mai 2005 befragten Unternehmensberater kennt wiederum nur eine Minderheit die englischsprachigen Fachzeitschriften. Auch die Lesehäufigkeit und empfundene Nützlichkeit liegen auf einem mit den Managern vergleichbaren Niveau (vgl. Abbildung 8 und Abbildung 9).

Im Sinne eines Resümees ist aufgrund der skizzierten Untersuchungsergebnisse begründeter als bislang davon auszugehen, dass die betriebswirtschaftliche Forschung auch im Bereich des IM von bedeutsamen potentiellen Nutzergruppen nicht unbedingt als anwendungsorientiert wahrgenommen wird. Dies gilt sowohl für die untersuchten Forschungsfragen als auch für die Vermittlung von Forschungsergebnissen in Form von Fachzeitschriften und den darin enthaltenen Beiträgen. Sollen der Disziplin die positiven Funktionen anwendungsorientierter Forschung erhalten bleiben bzw. sollen diese wieder vermehrt genutzt werden, so gilt es demnach, Maßnahmen zur Stärkung des Anwendungsbezugs zu entwickeln sowie zu implementieren. Aufgrund der disziplinären Zugehörigkeit des IM zur Betriebswirtschafts- und Managementlehre sind dabei diese Maßnahmen in weiten Teilen als nicht spezifisch einzustufen. Dadurch ergibt sich aber auch die Möglichkeit, auf in der Literatur bereits diskutierte Mittel zuzugreifen.

Zeitschrift	Keine Angabe		Nie (1)		Selten (2)		Gelegentlich (3)		Relativ regelmäßig (4)		Jede Ausgabe (5)		Zeitschrift abonniert (6)		n	Mittelwert
	n	%	n	%	n	%	n	%	n	%	n	%	n	%		
HBR	1	3,45	4	13,79	3	10,34	7	24,14	7	24,14	2	6,90	5	17,24	28	3,36
HBM	1	3,45	6	20,69	5	17,24	5	17,24	5	17,24	4	13,79	3	10,34	28	3,07
SMJ	1	3,45	18	62,07	8	27,59	0	0,00	1	3,45	0	0,00	1	3,45	28	1,54
SMR	1	3,45	21	72,41	2	6,90	3	10,34	1	3,45	0	0,00	1	3,45	28	1,54
JIBS	1	3,45	21	72,41	2	6,90	2	6,90	3	10,34	0	0,00	0	0,00	28	1,54
AMJ	1	3,45	25	86,21	2	6,90	0	0,00	1	3,45	0	0,00	0	0,00	28	1,18
LRP	1	3,45	26	89,66	1	3,45	0	0,00	0	0,00	0	0,00	1	3,45	28	1,18
mir	1	3,45	23	79,31	5	17,24	0	0,00	0	0,00	0	0,00	0	0,00	28	1,18
AMR	1	3,45	26	89,66	2	6,90	0	0,00	0	0,00	0	0,00	0	0,00	28	1,07
DBW	1	3,45	15	51,72	5	17,24	7	24,14	1	3,45	0	0,00	0	0,00	28	1,79

Abb. 8: Lesehäufigkeit ausgewählter Zeitschriften bei Unternehmensberatern

Zeitschrift	Keine Angabe		Absolut keinen Nutzen (1)		Eher nicht gewinnbringend (2)		Gelegentlich gewinnbringend (3)		Gewinnbringend (4)		Sehr gewinnbringend (5)		n	Mittelwert
	n	%	n	%	n	%	n	%	n	%	n	%		
HBR	8	27,59	2	6,90	4	13,79	8	27,59	5	17,24	2	6,90	21	3,05
HBM	8	27,59	2	6,90	3	10,34	10	34,48	5	17,24	1	3,45	21	3,00
SMJ	24	82,76	1	3,45	2	6,90	1	3,45	1	3,45	0	0,00	5	2,40
SMR	21	72,41	3	10,34	1	3,45	2	6,90	2	6,90	0	0,00	8	2,38
LRP	27	93,10	1	3,45	0	0,00	1	3,45	0	0,00	0	0,00	2	2,00
JIBS	23	79,31	2	6,90	2	6,90	2	6,90	0	0,00	0	0,00	6	2,00
AMJ	25	86,21	2	6,90	2	6,90	0	0,00	0	0,00	0	0,00	4	1,50
AMR	27	93,10	1	3,45	1	3,45	0	0,00	0	0,00	0	0,00	2	1,50
mir	26	89,66	3	10,34	0	0,00	0	0,00	0	0,00	0	0,00	3	1,00
DBW	18	62,07	4	13,79	2	6,90	5	17,24	0	0,00	0	0,00	11	2,09

Abb. 9: Nutzen ausgewählter Zeitschriften für Unternehmensberatungen

3.4 Möglichkeiten zur Stärkung der Anwendungsorientierung

Anwendungsorientierte Wissenschaft beginnt bereits bei der Wahl von Forschungsfragen, welche (auch) für die Praxis von Interesse sind. Insofern schließt eine Stärkung der praktischen Relevanz von Forschung auch die Änderung des Spektrums bislang vorhandener Stile zur Bestimmung von Forschungsfragen ein. So ist beispielsweise nicht auszuschließen, dass Forschungsfragen bislang mitunter retrograd bestimmt werden. Damit ist ein Prozess gemeint, der die wissenschaftliche Eleganz von Theorien und Methoden zum Ausgangspunkt wählt und anschließend nach Forschungsfragen sucht, welche sich mit dem bevorzugten Instrumentarium bearbeiten lassen. Insbesondere kann die Hinwendung zu „rein wissenschaftlichen" Modellen der mikroökonomischen Theorie (Albach 1997, S. 13 f.) als ein entsprechendes Beispiel genannt werden. Es dürfte offensichtlich sein, dass im Falle einer solchen retrograden Vorgehensweise – wie sie im Übrigen auch dann auftreten kann, wenn die Verfügbarkeit empirischer Daten oder das Beherrschen einer statistischen Auswertungsmethode am Ausgangspunkt der Überlegungen steht – ein Praxisbezug des Forschungsergebnisses eher zufällig und als Nebenprodukt auftritt.

Um dies zu vermeiden, empfiehlt es sich insofern, mit der Forschung verstärkt Themen aufzugreifen, welche auch für die Praxis perspektivisch von Interesse sind. Die Identifikation von Themen mit sowohl wissenschaftlichem Anspruch als auch praktischer Relevanz dürfte dabei auf dem Wege einer direkten Zusammenarbeit mit der Praxis am effektivsten sein. Eine entsprechende Kooperation könnte zudem dazu beitragen, innerhalb des IM wieder vermehrt originäre Gedanken und darauf aufbauend Theorien zu entwickeln (Buckley 2002, S. 370, Peng 2004, S. 104), anstatt diese überwiegend von anderen Disziplinen zu importieren. Mit der intensivierten Kooperation zwischen Theorie und Praxis im Bereich des IM ginge nämlich nicht nur die gegenseitige Inspiration einher; vielmehr könnten auch „Wissensclaims" abgesteckt werden. Eine Dominanz an Praxiskontakten der Disziplin im interessierenden Gebiet würde zu einem natürlichen Wettbewerbsvorteil gegenüber konkurrierenden Disziplinen werden. Gegenüber der Identifikation praxisrelevanter Themen stellt sich die geeignete Kommunikation von Forschungsergebnissen in die Praxis hinein als schwieriger dar. So wird häufig darauf verwiesen, die (zunehmende) Entkoppelung der Arbeitssphären von Theorie und Praxis sei neben unterschiedlich wahrgenommener Relevanz von Arbeitsfragen auch auf weitere Dimensionen einer „Anderswelt" zurückzuführen, welche in Form jeweils spezifischer Sprachen (ähnlich Wong-Rieger 1993, S. 2, Kleppel 2003, S. 583), Methoden (Albach 1997, S. 13 f., Kieser 2002, S. 121 f.), Routinen (Tenkasi/Hay 2004, S. 177 ff.) oder Rollen (Gopinath/Hoffman 1995, S. 576 f.) der Akteure bestehen.

Nun lässt sich allerdings in anderen Gebieten eine weitaus reibungslosere Kommunikation zwischen Theorie und Praxis beobachten, wodurch grundsätzliche Zweifel an den Wahrnehmungen einer „Anderswelt" – v. a., wenn sie gar mit der Behauptung einer Nicht-Änderbarkeit einhergehen – aufkommen. Diese Zweifel werden auch nicht dadurch geringer, dass beispielsweise Nicolai auf die grundsätzlichen Unterschiede von kontextungebundenen Forschungsergebnissen der Ingenieurwissenschaften und kontextgebundenen der Managementwissenschaften abstellt (Nicolai 2004, S. 108) und damit die Nicht-Übertragbarkeit der letzteren in die Praxis hinein zu begründen versucht. Eine solche Konzentration heißt nämlich, das Problem der Anwendungsorientierung unzulässig auf Inhalte zu verkürzen und die Nicht-Ausschöpfung von Kommunikationspotentialen zu negieren (schließlich müsste auch gefragt werden, welche Aussagekraft kontextgebundene Forschungsergebnisse aufgrund ihres engen Raum-Zeit-Bezugs denn überhaupt haben; vgl. z. B. Kutschker/Bäurle/Schmid 1997, S. 9-10).

Interessanterweise sprechen ja in anderen Disziplinen Forscher sowie Praktiker durchaus eine gleiche Sprache, wodurch demonstriert wird: Theorie-Praxis-Kommunikation ist möglich! Insofern dürfte es durchaus ermutigend sein, dass für die Betriebswirtschafts- und Managementlehre in der jüngeren Vergangenheit verstärkt Maßnahmen aufgezeigt wurden, welche zur Überwindung der kommunikativen Barrieren beitragen sollen (v. a. Starkey/Madan 2001, S. S9 ff., zudem speziell für die höchstrenommierte Zeitschrift AMJ (Academy of Management Journal) Bartunek/Rynes/Ireland 2006, S. 9 ff.). Derartige Maßnahmen können – jeweils mit Bezug auf die entsprechende Problematik im Bereich IM – in Form eher prozessualer oder eher institutioneller Arrangements auftreten.

In eher prozessualer Hinsicht scheint es zunächst bedeutsam zu sein, dass auch innerhalb des IM selbstkritisch geprüft wird, inwieweit Komplexität bei der Darstellung von Forschung und Forschungsergebnissen eventuell künstlich erzeugt wird, um damit akademische Akzeptanz zu erzielen (zu diesem Motiv allgemein Hoskisson et al. 1999, zudem ähnlich Starkey/Madan 2001, S. S12, Nicolai 2004, S. 105). Diese Selbstprüfung müsste zumindest zu dem Ergebnis führen, dass die Anerkennung als Wissenschaft nicht dadurch bedroht ist, dass Forschungsergebnisse in einer auch für Endabnehmer verständlichen Form kommuniziert werden. Eine Möglichkeit hierfür würde beispielsweise bereits darin bestehen, den innerhalb von Fachzeitschriften veröffentlichten Beiträgen praxisgerecht formulierte Zusammenfassungen anzufügen oder ganze Teile dieser Zeitschriften der Vermittlung von Forschungsergebnissen in die Praxis hinein zu widmen (Starkey/Madan 2001, S. S12). Falls sich Fachzeitschriften dem Gedanken wissenschaftlich solider, dabei aber anwendungsorientierter Beiträge verschließen, sollte auch an die Neugründung entsprechender Medien gedacht werden (Starkey/Madan 2001, S. S21 f.).

Eine weitere Möglichkeit könnte darin bestehen, wissenschaftliche Kongresse und Jahrestagungen verstärkt für Praktiker zu öffnen bzw. bei diesen für eine Teilnahme zu werben. Auch hier müsste dann freilich der Versuch gemacht werden, zumindest die nur zu (vermeintlichen) Reputationszwecken erzeugte Komplexität in der Darstellung von Forschungsergebnissen zu reduzieren. Noch unmittelbarer wäre der Kontakt zur Vermittlung von Forschungsergebnissen an Praktiker, wenn sich mehr Fakultäten bzw. einzelne Wissenschaftler zur Durchführung oder Beteiligung an Weiterbildungsseminaren und wissenschaftlichen Qualifikationsprogrammen für Führungskräfte der Wirtschaft entschließen könnten. Für die Belebung derartiger Programme der Executive Education könnten dann bereits geknüpfte Kontakte im Sinne der Erhebung praxisrelevanter Forschungsfragen dienen. Zudem hätten diese Programme selbst wiederum eine Stärkung der Kontakte zur Praxis zur Folge, wodurch in höherem Maße als bislang auch die Durchführung von Forschungsprojekten, an denen sowohl Wissenschaftler als auch Unternehmensvertreter teilhaben, ermöglicht würde (Starkey/Madan 2001, S. 20 ff.).[6] Unterstützend könnte es hierbei wirken, wenn den Arbeitskreisen der Schmalenbach-Gesellschaft für Betriebswirtschaft e. V. folgend vermehrt die Bildung von gemeinsam besetzten Foren angestrebt werden würde. Zur Generierung positiver Effekte dürfte es durchaus ausreichen, wenn die jeweiligen Praxisvertreter aus dem unmittelbaren Einzugsgebiet einer Universität kämen; die Internationalität eines Themas verlangt nicht zwingend die internationale Besetzung des die Themen diskutierenden Gremiums.

Schließlich ist noch an die Abkehr vom selbstauferlegten Bann zu denken, nicht in praktikerorientierten Zeitschriften (Volberda 2006, S. 282) wie HBR oder HBM zu publizieren. Aufgrund der weitreichenden Implikationen für den Wissenschaftsbetrieb im Bereich der Betriebswirtschafts- und Managementlehre ist diese Maßnahme allerdings schon stark als eine mit institutionellem Charakter zu bezeichnen. Solange nämlich wissenschaftliche Leistungsfähigkeit (mit entsprechenden Wirkungen für die Ressourcenzuteilung) nahezu ausschließlich über die Zahl von Publikationen in hochrangigen Journals zu erfassen versucht wird, und diese sich nicht stärker als bislang dem Gedanken der praxisorientierten Nutzerfreundlichkeit stellen, bestehen für viele Wissenschaftler kaum Anreize, Veröffentlichungen in anderen Medien vorzunehmen bzw. andere Wege für die Kommunikation von Forschungsergebnissen in die Praxis hinein zu beschreiten. Gefordert ist insofern auch die starke Berücksichtigung des Kriteriums „Anwendungsorientierung“ im Rahmen disziplineninterner Evaluationssysteme (Starkey/Madan 2001, S. 21).

---

6 Vgl. zur Rolle des IM in der Executive Education auch den Beitrag von Winfried Ruigrok „Der Beitrag des Internationalen Managements im Bereich der Weiterbildung von Führungskräften (Executive Education)“ in diesem Band.

4 Fazit

Vor allem in ingenieur- und naturwissenschaftlichen Gebieten, aber auch im Bereich der Medizin weisen universitäre Forschung und deren praktische Weiterentwicklung sowie Nutzung nahezu traditionell eine bemerkenswerte Kooperationsintensität auf. Bei der Betriebswirtschafts- bzw. Managementlehre und damit auch bei der Teildisziplin IM ist dies in weitaus geringerem Maße der Fall. Dies mag damit zusammenhängen, dass sich die Betriebswirtschaftslehre bereits bei und mit ihrem Aufstieg zur universitären Disziplin gegenüber älteren Wissenschaften, hierbei insbesondere der Volkswirtschaftslehre, als Wissenschaft beweisen musste und eine entsprechende Legitimationsnotwendigkeit seither wahrgenommen wird. Als „wahre" Wissenschaft scheint dabei v. a. jenes Forschen empfunden zu werden, welches formal-analytische Stringenz und Geschlossenheit sowie (vermeintlich) empirische Komplexität auf Kosten praktischer Relevanz bevorzugt. Praxisnähe wird im Rahmen einer solchen Legitimation als Preisgabe der Wissenschaftlichkeit empfunden und daher zumindest unbewusst abgelehnt. In dieser Beziehung ähnelt nun die bisherige Entwicklung des IM jener der Gesamtdisziplin sehr stark. So stellte Kutschker bereits 1993 fest, „... daß bei den ‚Theoretikern' der Internationalisierung mehr die Suche nach theoretischer Erklärungsmächtigkeit als der Drang nach praxeologischer Umsetzung der Erkenntnisse dominiert" (1993, S. 2 f.).

In der jüngeren Vergangenheit mehren sich allerdings im Bereich der Betriebswirtschafts- und Managementlehre allgemein die Zeichen dafür, dass eine Auseinandersetzung damit stattfindet, wie die Disziplin den gewachsenen Herausforderungen an den Nützlichkeitsnachweis ihrer Forschung erbringen kann, mithin zu erhöhter Anwendungsorientierung im Sinne auch wahrgenommener praktischer Relevanz gelangen kann. An einer derartigen Reflexion mangelt es dem IM nach wie vor auf einer globalen, d. h. die internationale Gemeinschaft betreffenden Ebene. In diesem Zusammenhang sollte jedoch nicht außer Acht gelassen werden, dass Anwendungsorientierung immer im Kontext mit Forschung zu sehen ist. Es darf insofern nicht die Anwendungsorientierung mit der Degenerierung von IM bzw. der Betriebswirtschafts- und Managementlehre allgemein zu einer reinen Beraterlehre (Albach 1997, S. 13) verwechselt werden. Im Gegensatz zu einer anwendungsorientierten Forschung lässt diese die wissenschaftliche Frage nach Gesetzmäßigkeiten oder Regelmäßigkeiten in der einzelwirtschaftlichen Praxis hinter die bloße Übernahme und Weitergabe beobachteter, vermeintlich erfolgsstiftender Verhaltensweisen der Praxis zurücktreten.

Angesichts der Verluste, die der Disziplin im Falle einer weiterhin kaum berücksichtigten Dimension „praktische Relevanz" drohen, bleibt an dieser Stelle lediglich, eine solche Auseinandersetzung für die unmittelbare Zukunft anzumahnen. Damit geht der Appell einher, entsprechenden Worten auch Taten folgen zu lassen.

Literatur

Albach, H. (1997): Gutenberg und die Zukunft der Betriebswirtschaftslehre. Diskussionspapier Nr. 97-16 des Wissenschaftszentrums Berlin, 1997.

Baldridge, D. C./Floyd, S. W./Markóczy, L. (2004): Are Managers from Mars and Academicians from Venus? Toward an Understanding of the Relationship between Academic Quality and Practical Relevance. In: Strategic Management Journal, 25. Jg., Nr. 11, 2004, S. 1.063-1.074.

Bartunek, J. M./Rynes, S. L./Ireland, R. D. (2006): What Makes Management Research Interesting, and why Does It Matter? In: Academy of Management Journal, 49. Jg., Nr. 1, 2006, S. 9-15.

Bleicher, K. (1995): Betriebswirtschaftslehre: Disziplinäre Lehre vom Wirtschaften in und zwischen Betrieben oder interdisziplinäre Wissenschaft vom Management? In: Wunderer, R. (1995, Hrsg.): Betriebswirtschaftslehre als Management- und Führungslehre. 3. Aufl., Schäffer-Poeschel, Stuttgart, 1995, S. 91-119.

Brown, J. S./Duguid, P. (2000): The Social Life of Information. Harvard Business School Press, Boston/MA, 2000.

Buckley, P. J. (2002): Is the International Business Research Agenda Running out of Steam? In: Journal of International Business Studies, 33. Jg., Nr. 2, 2002, S. 365-373.

Duncan, W. (1974): Transferring Management Theory to Practice. In: Academy of Management Journal, 17. Jg., Nr. 4, 1974, S. 724-738.

Dunning, J. H. (1989): The Study of International Business: A Plea for a more Interdisciplinary Approach. In: Journal of International Business Studies, 20. Jg., Nr. 3, 1989, S. 411-436.

Dunning, J. H. (2006): New Directions in International Business Research. In: Academy of International Business Insights, 6. Jg., Nr. 2, 2006, S. 3-9.

Fabel, O./Hesse, F. (1999): Befragungsstudie versus Publikationsanalyse. In: Die Betriebswirtschaft, 59. Jg., Nr. 2, 1999, S. 196-204.

Gibbons, M./Limoges, C./Nowotny, H./Schwartzman, S./Scott, P./Trow, M. (1994): The New Production of Knowledge: The Dynamics of Science and Research in Contemporary Societies. Sage, London, 1994.

Gopinath, C./Hoffman, R. C. (1995): The Relevance of Strategy Research: Practitioners and Academic Viewpoints. In: Journal of Management Studies, 32. Jg., Nr. 5, 1995, S. 575-594.

Hennig-Thurau, T./Walsh, G./Schrader, U. (2004): VHB-JOURQUAL: Ein Ranking von betriebswirtschaftlich-relevanten Zeitschriften auf der Grundlage von Expertenurteilen. In: Zeitschrift für betriebswirtschaftliche Forschung, 56. Jg., Nr. 6, 2004, S. 520-545.

Hoskisson, R. E./Hitt, M. A./Wan, W. P./Yiu, D. (1999): Theory and Research in Strategic Management: Swings of a Pendulum. In: Journal of Management, 25. Jg., Nr. 3, 1999, S. 417-456.

Kahl, M. (1995): Zitatenanalyse mit den Journal Citation Reports des Institute for Scientific Information. In: Bibliothek, Forschung und Praxis, 19. Jg., Nr. 1, 1995, S. 30-63.

Kant, I. (1969): Prolegomena zu einer jeden künftigen Metaphysik, die als Wissenschaft wird auftreten können. Meiner, Hamburg, 1969.

Kieser, A. (2002): Managementlehre und Taylorismus. In: Kieser, A. (2002, Hrsg.): Organisationstheorien. Kohlhammer, Stuttgart, 2002, S. 93-132.

Kleppel, C. (2003): Binnenwahrnehmung vs. Image – Zur Praxisrelevanz der deutschen Betriebswirtschaftslehre. In: Die Betriebswirtschaft, 63. Jg., Nr. 5, S. 581-585.

Kuhn, T. S. (1976): Die Struktur wissenschaftlicher Revolutionen. 2. Aufl., Suhrkamp, Frankfurt a. M., 1976.

Kutschker, M. (1993): Dynamische Internationalisierungsstrategie. Diskussionsbeitrag Nr. 41 der Wirtschaftswissenschaftlichen Fakultät Ingolstadt, Katholische Universität Eichstätt, 1993.

Lewin, A. Y. (2004): Letter from the Editor. In: Journal of International Business Studies, 35. Jg., Nr. 1, 2004, S. 79-80.

Lewin, A. Y. (2005): Letter from the Editor. In: Journal of International Business Studies, 36. Jg., Nr. 4, 2005, S. 489-491.

Lyles, M. A. (1990): A Research Agenda for Strategic Management in the 1990s. In: Journal of Management Studies, 27. Jg., Nr. 4, 1990, S. 363-375.

Macharzina, K. (1989): Internationale Betriebswirtschaftslehre. In: Macharzina, K./Welge, M. K. (1989, Hrsg.): Handwörterbuch Export und Internationale Unternehmung. Poeschel, Stuttgart, 1989, Sp. 903-914.

Macharzina, K./Oesterle, M.-J. (1994): International Comparative Evaluation of North-american and German Research Output in Business and Management. In: Management International Review, 34. Jg., Nr. 3, 1994, S. 255-265.

Macharzina, K./Oesterle, M.-J. (2002a): Internationales Management im Spannungsfeld zwischen praktischer Relevanz und theoretischer Unschärfe. In: Macharzina, K./ Oesterle, M.-J. (2002, Hrsg.): Handbuch Internationales Management. 2. Aufl., Gabler, Wiesbaden, 2002, S. 3-21.

Macharzina, K./Oesterle, M.-J. (2002b): Konzeptionelle Einführung und Vorwort der Herausgeber. In: Macharzina, K./Oesterle, M.-J. (2002, Hrsg.): Handbuch Internationales Management. 2. Aufl., Gabler, Wiesbaden, 2002, S. VII-IX.

Nicolai, A. T. (2004): Der „Trade-off“ zwischen „Rigour“ und „Relevance“ und seine Konsequenzen für die Managementwissenschaften. In: Zeitschrift für Betriebswirtschaft, 74. Jg., Nr. 2, 2004, S. 99-118.

Oesterle, M.-J. (2006): Wahrnehmung betriebswirtschaftlicher Fachzeitschriften durch Praktiker. In: Die Betriebswirtschaft, 66. Jg., Nr. 3, 2006, S. 307-325.

Peng, M. W. (2004): Identifying the Big Question in International Business Research. In: Journal of International Business Studies, 35. Jg., Nr. 2, 2004, S. 99-108.

Pommerehne, W. W./Renggli, M. F. P. (1986): Die Messung universitärer Forschungsleistung am Beispiel der Wirtschaftswissenschaften. In: Fisch, R./Daniel, H.-D. (1986, Hrsg.): Messung und Förderung von Forschungsleistung: Person, Team, Institution. Universitätsverlag, Konstanz, 1986, S. 89-134.

Schmid, S. (1996): Multikulturalität in der internationalen Unternehmung: Konzepte, Reflexionen, Implikationen. Gabler, Wiesbaden, 1996.

Shenkar, O. (2004): One More Time: International Business in a Global Economy. In: Journal of International Business Studies, 35. Jg., Nr. 2, 2004, S. 161-171.

Shrivastava, P. (1987): Rigor and Practical Usefulness of Research in Strategic Management. In: Strategic Management Journal, 8. Jg., Nr. 1, 1987, S. 77-92.

Starkey, K./Madan, P.(2001): Bridging the Relevance Gap: Aligning Stakeholders in the Future of Management Research. In: British Journal of Management, 12. Jg., Special Issue Nr. 1, 2001, S. S3-S26.

Tenkasi, R. V./Hay, G. W. (2004): Actionable Knowledge and Scholar-practitioners: A Process Model of Theory – Practice Linkages. In: Systemic Practice and Action Research, 17. Jg., Nr. 3, 2004, S. 177-206.

Ulrich, H. (1981): Die Betriebswirtschaftslehre als anwendungsorientierte Sozialwissenschaft. In: Geist, M. N./Köhler, R. (1981, Hrsg.): Die Führung des Betriebes: Curt Sandig zu seinem 80. Geburtstag gewidmet. Poeschel, Stuttgart, 1981, S. 1-25.

Volberda, H. W. (2006): Bridging IB Theories, Constructs and Methods across Cultures and Social Sciences: The 3rd JIBS Annual Conference on Emerging Research Frontiers in International Business, RSM Erasmus University, Rotterdam, 28.-30.09.2005. In: Journal of International Business Studies, 37. Jg., Nr. 2, 2006, S. 280-284.

Wollnik, M. (1977): Die explorative Verwendung systematischen Erfahrungswissens: Plädoyer für einen aufgeklärten Empirismus in der Betriebswirtschaftslehre. In: Köhler, R. (1977, Hrsg.): Empirische und handlungstheoretische Forschungskonzeptionen in der Betriebswirtschaftslehre. Poeschel, Stuttgart, 1977, S. 37-64.

Wong-Rieger, D. (1993): Why Relevance in International Management Research? In: Wong-Rieger, D./Rieger, F. (1993, Hrsg.): International Management Research: Looking to the Future. De Gruyter, Berlin, New York/NY, 1993, S. 1-7.

Wong-Rieger, D./Rieger, F. (Hrsg., 1993): International Management Research: Looking to the Future. De Gruyter, Berlin, New York/NY, 1993.

Wunderer, R. (1995, Hrsg.): Betriebswirtschaftslehre als Management- und Führungslehre. 3. Aufl., Schäffer-Poeschel, Stuttgart, 1995.

Abschnitt B: Forschung

Heike Proff*

Forschung zum Internationalen Management im deutschsprachigen Raum – Theorieimport oder eigenständige Theoriebildung?

* Prof. Dr. Heike Proff ist Inhaberin des Zeppelin-Lehrstuhls für Internationales Management an der Zeppelin Universität Friedrichshafen.

1 Theorieorientierte Forschung zum Internationalen Management

> „International business has too many kitchen sink papers that show that an eclectic model can explain the observed phenomenon. What it needs is a sharper edge in bringing forward phenomena that challenge and sharpen the 'theoretical rocks' that we stand on" (Buckley/Lessard 2005, S. 598).

Diesem Zitat im JIBS (Journal of International Business Studies) zufolge ist die aktuelle weltweite Forschung zum Internationalen Management (IM) bzw. zum International Business (IB)[1] zu wenig auf eigenständige, d. h. fachspezifische Theorien, bezogen. Diese Kritik entstammt einer Analyse der Forschung zum IM, die zeigt, dass nur in einer ersten Blüte des Faches in den 1970er Jahren eine weiterführende fachspezifische Theoriebildung betrieben wurde. Damals konzentrierte sich die sehr stark theoriegetriebene Forschung auf Internationalisierungstheorien, v. a. auf Erklärungen von Direktinvestitionen.

Anfang der 1980er Jahre wurden die Erklärungen des grenzüberschreitenden Handels und der Direktinvestitionen verfeinert und durch dynamische Theorien ergänzt. Im Mittelpunkt der Forschung standen Erklärungen der Entstehung, der Strategien und der Organisation multinationaler Unternehmen (MNU) sowie deren Management und Investitionen in gering entwickelten Ländern („least developed countries"), in Schwellenländern („newly industrialized countries") und in Japan (hierzu auch Buckley 2002). In den 1990er Jahren wurden im IM v. a. die Internationalisierung, Globalisierung sowie neue Markteintritts- und Eigentumsformen bei internationaler Tätigkeit wie z. B. Joint Ventures sowie Unternehmen, die schon kurz nach ihrer Gründung in mehreren Ländern der Welt tätig sind (Born Globals), untersucht. Von Interesse war auch die Bedeutung kultureller Unterschiede.

Mit zunehmender Komplexität der Erklärungsansätze sehen Buckley und Lessard (2005, S. 596) die Gefahr, dass immer mehr Erklärungen aus anderen Disziplinen unmodifiziert und unzureichend angepasst auf Fragestellungen des IM übertragen werden. Sie unterscheiden Theorien des IM von Theorien anderer sozialwissen-

---

1 „Internationales Management" bedeutet in Anlehnung an Fayerweather (1969) sehr allgemein „management crossing borders" (auch Boddewyn/Toyne/Martinez 2004, S. 195). Im engen Sinne bezeichnet IM die Querschnittsfunktionen Strategisches Management, Organisation und Controlling (bei einigen Autoren auch Personalmanagement) in internationalen Unternehmen. Im weiten Sinne als IB verstanden schließt IM auch die internationale betriebliche Leistungserstellung ein, z. B. Produktion und Marketing im Ausland. Dieser Beitrag bezieht sich auf die weite Definition, Querschnittsfunktionen und die Leistungserstellung in internationalen Unternehmen (Proff 2004).

schaftlicher Disziplinen („basic social sciences") und Theorien anderer betriebswirtschaftlicher Fachrichtungen („primary management disciplines") wie Marketing, Finanzierung oder Strategisches Management (Buckley/Lessard 2005, S. 595). Letztere haben räumlich oder zeitlich beschränkte Gültigkeit und sind oft ressourcenorientiert, industrieökonomisch oder transaktionskostentheoretisch begründet. Buckley und Lessard beklagen, dass internationale Fragestellungen häufig nicht durch Theorien des IM sondern durch Theorien anderer Disziplinen und Fachrichtungen erklärt werden, dabei werde eine eigenständige Theoriebildung im IM vernachlässigt. Während in den 1970er Jahren die Theorien des IM führend waren und andere Disziplinen und Fachgebiete der Betriebswirtschaftslehre (BWL) befruchteten, bleiben sie heute dahinter zurück (hierzu auch Buckley/Casson 2001, S. 88).

Eine Reduzierung der Theoriebildung im IM auf die Weiterentwicklung originärer Theorien des Faches erscheint vielen Fachvertretern allerdings zu eng. Shenkar z. B. sieht das Wissen im IM vielmehr als „... an integrative field combining knowledge of core International Business 'rules of the game' for International Business and commerce with regional know-how, creating a unified knowledge platform" (2004, S. 167). Damit wird neben einer Weiterentwicklung von Theorien im IM eine Weiterentwicklung von Theorien anderer Fachbereiche und Disziplinen zu Theorien des IM gefordert – „... encouraging research that is interdisciplinary in nature – that is research that makes use of theoretical frameworks and methodological tools from different disciplinary areas" (Shenkar 2004, S. 168, dazu ähnlich Boddewyn/Iyer 1999, S. 171, Bruton et al. 2004, S. 421-422, Ricart et al. 2004, S. 196). Im IM können dann z. B. Theorien anderer Disziplinen und Fachrichtungen auf Länderbeispiele angewendet werden (Shenkar 2004, S. 168).

Die Diskussion über die Eigenständigkeit der Forschung zum IM fällt in die grundsätzliche Debatte über den Nutzen und die Nachhaltigkeit des Faches in einer vernetzten Welt. Boddewyn und Iyer fragen: „Can we truly claim that we have a real competitive advantage in doing research in this field, when our „domestic" colleagues assert that business and management are universal topics, and that they can research IB topics as well as we do?" (Boddewyn/Iyer 1999, S. 179) Unzureichende Antworten auf diese Frage führen zur Auflösung von IB-Departments an Universitäten und Business Schools sowie zu deren Eingliederung in die Volkswirtschaftslehre (VWL) und ins Strategische Management (die Harvard Business School wurde hier Vorbild für andere US-amerikanische Business Schools). Da die Eigenständigkeit des Faches in Frage gestellt wird (z. B. Shenkar 2004, S. 162), bedarf es überzeugender Argumente.

An deutschsprachigen Hochschulen und Forschungseinrichtungen in Deutschland, Österreich und der Schweiz hat sich das IM seit den 1980er Jahren zu einer eigenen

Fachrichtung der BWL entwickelt. Aber auch hier nimmt die Diskussion um die Eigenständigkeit des Faches und zum Ausmaß der originären Theoriebildung zu (z. B. Wolff 2005). Auf den Tagungen der Kommission „Internationales Management“ im Verband der Hochschullehrer für Betriebswirtschaft (VHB) e. V. wurde das Theoriedefizit in den letzten Jahren immer wieder angesprochen, zuletzt 2005 in Bremen in einer Podiumsdiskussion zum Thema „Internationales Management – Ansprüche, Probleme und Chancen einer disziplinären Eigenständigkeit“. Es ging dabei um die Frage, ob Kernfragen zur Forschung im IM sinnvoll seien. Diese bezieht sich auf Thesen von Buckley und Peng. Buckley (2002) unterstellt, wissenschaftlicher Fortschritt könne auf Kernfragen („big questions“) zurückgeführt werden, z. B. auf die Erklärung von Direktinvestitionen sowie auf die Erläuterung der Entstehung, der Strategien und der Organisation von MNU. Peng (2004) unterstellt dagegen, die Forschung im IM würde weitergebracht werden, wenn sie sich auf die Kernfrage nach den Faktoren konzentrieren würde, die Erfolg und Misserfolg von Unternehmen bestimmen (zur Diskussion um zentrale Forschungsfragen im IM Boddewyn/Iyer 1999, Boddewyn et al. 2004, Bruton et al. 2004).

Auf der Tagung in Bremen wurde auch diskutiert, warum neue und wieder zu besetzende Lehrstühle nicht bzw. nicht mehr für IM ausgeschrieben werden. Als Begründung wird von Kritikern die wissenschaftliche Eigenständigkeit des Faches angezweifelt und behauptet, die Inhalte des IM könnten von Lehrstühlen mit Schwerpunkt Unternehmensführung oder betriebliche Leistungserstellung abgedeckt werden, z. B. Erklärungen der Internationalen Organisation durch den Lehrstuhl Organisation und Erklärungen des Internationalen Marketings durch den Lehrstuhl Marketing. Würden nur Erklärungen anderer Disziplinen und Fachrichtungen übernommen werden, dann träten eigenständige Theorien des IM wie z. B. Erklärungen von Direktinvestitionen in den Hintergrund.

In diesem Beitrag soll untersucht werden, ob die Forschung zum IM im deutschsprachigen Raum

- überwiegend Theorien anderer Disziplinen und Fachrichtungen überprüft und damit importiert oder
- eigenständig Theorien bildet, indem Theorien aus anderen Forschungsfeldern zu Theorien des IM weiterentwickelt werden bzw. originäre Theorien und Erklärungen im IM überprüft und weiterentwickelt werden (auch im Sinne einer völligen Neuentwicklung).

Um darauf Antworten geben zu können, wird die Forschung im deutschsprachigen Raum mit der Forschung im nicht-deutschsprachigen Raum verglichen. Die Aussagen beruhen auf einer systematischen Analyse von Beiträgen der letzten fünf Jahre in vier führenden Fachzeitschriften des IM. Das methodische Vorgehen wird in

Abschnitt 2 erläutert, die Ergebnisse werden in Abschnitt 3 zusammengefasst, und Schlussfolgerungen aus der Zeitschriftenanalyse werden in Abschnitt 4 gezogen.

2 Untersuchung der Eigenständigkeit der Theoriebildung im Internationalen Management

Wie allgemein zum Forschungsstand wirft auch die Untersuchung von Forschungen zum IM und zur Eigenständigkeit der Theoriebildung Messprobleme auf (DuBois/Reeb 2001, Inkpen 2001, Macharzina et al. 2006, S. 3-5).

In Anlehnung an den methodischen Ansatz von Wolf, Rohn und Macharzina (2006) werden referierte Beiträge in herausragenden Zeitschriften als Beleg der wissenschaftlichen Leistungsstärke des IM gewertet (dazu auch Boddewyn/Iyer 1999, Geringer/von Glinow 1999, Acedo/Casillas 2005). Im Unterschied zu Werner (2002) sowie zu Werner und Brouthers (2002), die Beiträge zu internationalen Themen in 20 Top-Management-Journals auswerten, um die jüngste Entwicklung der Managementforschung zu erfassen, werden hier jedoch nur Beiträge in Fachzeitschriften zum IM herangezogen. Dadurch sollen Verzerrungen durch die Auswahl der Beiträge vermieden werden.

Zunächst einmal gibt die Anzahl der Publikationen in internationalen Fachzeitschriften Hinweise auf die Bedeutung der Forschung zum IM im deutschsprachigen Raum. Alle Beiträge deutscher und ausländischer Autoren der Jahrgänge 2001 bis 2005 der vier Zeitschriften IBR (International Business Review), JIBS, JWB (Journal of World Business) und mir (Management International Review) wurden ausgewertet, zwei europäische und zwei US-amerikanische Zeitschriften (dazu Boddewyn/Iyer 1999, S. 162, Geringer/von Glinow 1999, S. 6). Alle Zeitschriften werden u. a. im VHB-JOURQUAL, einem Ranking[2] betriebswirtschaftlich relevanter Zeitschriften auf der Grundlage einer Expertenbewertung, geführt (JIBS: Rang 34, JWB: Rang 125, mir: Rang 182 und IBR: Rang 229; dazu Hennig-Thurau/Walsh/Schrader 2003). Buchbesprechungen, Einführungen in Sonderheften und Artikel zum State-of-the-Art werden wie bei Wolf et al. (2006) wegen der weniger strengen Begutachtungsprozesse nicht berücksichtigt.

2 Gemäß diesem Ranking müsste auch noch das JIM (Journal of International Management; Rang 138) betrachtet werden. Da sich die Zeitschrift jedoch auf die Internationalisierung im Dienstleistungssektor konzentriert, ist sie für eine Untersuchung zum IM als Querschnittsfunktion über Funktionsbereiche und Geschäftsfelder nicht ergiebig.

Da die Auswertung nur vier, wenn auch herausragende forschungs- und theorieorientierte Zeitschriften berücksichtigt, ist sie zwar nicht repräsentativ, lässt aber Tendenzaussagen zu, zumal Monographien und andere größere Arbeiten meist auch in Zeitschriftenartikeln zusammengefasst und weitergeführt werden. Weil deutschsprachige Wissenschaftler relativ wenig in diesen international renommierten Zeitschriften veröffentlichen, könnten ergänzend Veröffentlichungen zum IM der Fachvertreter des IM im deutschsprachigen Raum einbezogen werden. Dies ist aber systematisch nicht möglich, weil z. B. viele Konferenzpapiere nicht zugänglich sind und Forschungsergebnisse unter unterschiedlicher Thematik mehrfach in Arbeitspapieren, Reihen und Zeitschriften veröffentlicht werden. Ein Zeitraum von fünf Jahren relativiert etwas kurzzeitige thematische Schwerpunkte wie z. B. das Ende der Interneteuphorie 2002.

Es geht jedoch nicht allein um die quantitative Erfassung der Forschung zum IM im deutschsprachigen Raum, sondern v. a. um die Frage, ob Theorien übernommen, eigenständig entwickelt oder weiterentwickelt werden, d. h. um die Frage der Überprüfung von Theorien („theory testing“) bzw. der Weiterentwicklung von Theorien („theory building“). Die Frage nach der Überprüfung bzw. nach der Weiterentwicklung der Theorien stellt sich in doppelter Hinsicht (Shenkar 2004): (1) bezogen auf Theorien anderer Disziplinen und Fachrichtungen sowie (2) bezogen auf originäre Theorien im IM.

Zu (1): Bei den Theorien anderer Disziplinen und Fachrichtungen der BWL kann in Anlehnung an Buckley und Lessard (2005) zwischen der Überprüfung dieser Theorien z. B. der VWL, des Strategischen Managements, der Organisation bzw. der betrieblichen Leistungsbereiche ohne fachspezifische Aufarbeitung einerseits und der Weiterentwicklung sowie der fachspezifischen Integration zu Theorien des IM andererseits unterschieden werden. Denkbar ist auch die Weiterentwicklung von Erklärungen anderer Disziplinen und Fachrichtungen ohne fachspezifische Anpassung.

Zu den Theorien und Erklärungen anderer Disziplinen und Fachrichtungen der BWL, die vom IM übernommen bzw. weiterentwickelt wurden, zählen v. a. volkswirtschaftliche Theorien. Unter die fachspezifischen Theorien fallen

- markt- und ressourcenorientierte Theorien im Strategischen Management,
- Theorien der Organisation, v. a. die Prinzipal-Agenten- und die Transaktionskostentheorie sowie
- Theorien der betrieblichen Leistungserstellung wie z. B. Marketing-, Finanzierungs- und Produktionstheorien.

Zu (2): In Anlehnung an Buckley und Lessard (2005) sowie an Werner (2002) gehören zu den originären Theorien des IM

- Direktinvestitionstheorien und andere Internationalisierungstheorien von MNU,
- Theorien des Interkulturellen Managements und des Human Resource Managements,
- Erklärungen des internationalen Unternehmensumfeldes, z. B. der institutionellen Rahmenbedingungen und der Transformationsprozesse in Osteuropa, und
- Erklärungen der Internationalen Koordination einschließlich internationaler Joint Ventures.[3]

30 Jahre nach den ersten Arbeiten zum IM werden die hier entwickelten Theorien weiterhin überprüft und ausdifferenziert.

Die Herkunft der Theorien im IM (originäre Theorien bzw. Theorien anderer Disziplinen und Fachrichtungen der BWL) und der Ansatz der theoriebezogenen Forschung (Überprüfung bzw. Weiterentwicklung) können als Achsen einer Matrix dargestellt werden (Abbildung 1).

Die Quadranten II (Weiterentwicklung der Theorien im IM) und IVa (Weiterentwicklung von Theorien anderer Disziplinen und Fachrichtungen zu Theorien des IM) lassen eigenständige Forschungsleistungen im IM erkennen. Zu der in Abschnitt 1 genannten Diskussion zur Eigenständigkeit des IM fasst Quadrant II Arbeiten, die zu einer Schärfung der theoretischen Basis des IM beitragen (Buckley/Lessard 2005), und Quadrant IVa Arbeiten, welche die Theorien anderer Disziplinen und Fachrichtungen der BWL auf Fragestellungen des IM übertragen, zusammen (hierzu auch Boddewyn/Iyer 1999, Bruton et al. 2004, Shenkar 2004). Die Quadranten III (Überprüfung von Theorien anderer Disziplinen und Fachrichtungen) und IVb (Weiterentwicklung dieser Theorien ohne Bezug auf das IM) zeigen den Theorieimport aus anderen Disziplinen und Fachrichtungen. Quadrant I (Überprüfung von Theorien im IM) weist Arbeiten aus, die sich um eine Verbesserung der Theorien in diesem Forschungsfeld bemühen.

---

3 Ähnlich geht Werner (2002) vor, der die von ihm untersuchten Beiträge zum IM zwölf inhaltlichen Kategorien z. B. Global Business Environment und Expatriate Management zuordnet. Den in diesem Beitrag unterschiedenen vier Gruppen von Theorien im IM (Direktinvestitionstheorien und andere Internationalisierungstheorien, Theorien des Interkulturellen Managements, Erklärungen des internationalen Unternehmensumfeldes und Erklärungen der Internationalen Koordination) lassen sich alle Theorien des IM zuordnen. Sie beziehen sich nicht auf „Kernfragen" im Sinne von Buckley (2002) und Peng (2004).

Herkunft der Theorien im Internationalen Management			Forschungsansatz: Überprüfung der Theorien	Forschungsansatz: Weiterentwicklung der Theorien
	originäre Theorien im IM	Direktinvestitionstheorie & andere Internationalisierungstheorien	I Überprüfung von Theorien im IM	II Weiterentwicklung von Theorien im IM
		Theorien des Interkulturellen Managements		
		Erklärungen des internationalen Unternehmensumfeldes		
		Erklärungen der Internationalen Koordination		
	Theorien anderer Disziplinen & Fachrichtungen der BWL	markt- & ressourcenorientierte Theorien des Strategischen Managements	III Überprüfung von Theorien anderer Disziplinen und Fachrichtungen	IV Weiterentwicklung von Theorien anderer Disziplinen & Fachrichtungen a) zu Theorien des IM b) ohne Bezug auf IM
		Theorien der Organisation (z. B. Transaktionskostentheorie)		
		Theorien einzelner betrieblicher Leistungsbereiche (z. B. Finanzierungstheorien)		
		volkswirtschaftliche Theorien		

Abb.1: Überprüfung und Weiterentwicklung originärer und übernommener Theorien im IM

Quelle: in Anlehnung an Werner (2002), Shenkar (2004) sowie Buckley/Lessard (2005).

Die Zuordnung der Zeitschriftenbeiträge zu den einzelnen Forschungsfeldern erfolgte durch die Autorin und davon unabhängig durch einen qualifizierten Mitarbeiter. Durch den Mittelwert der paarweisen Übereinstimmung der Codierungen wurde die Inter-Coder-Reliabilität überprüft (Merten 1995, S. 303, Früh 1998, S. 167). Die Zuordnungen zu den vier Quadranten stimmten bei Probecodierungen zu mehr als 95 % überein, zu den 16 Feldern der Matrix zu knapp 90 %. Angesichts der Abweichungen waren auch in der Hauptcodierung mehrere Codierer erforderlich (zur Methode der Inhaltsanalyse Proff 2002, Kap. IV).

Aus der Probecodierung ergaben sich Hinweise für die Codierung. Die Herkunft der Theorien ist z. B. leicht zu ermitteln, wenn – wie in einer Arbeit zu Joint Ventures in China – die Theorie (Erklärung der Internationalen Koordination, d. h. Erklärungen der Abstimmungsmechanismen in und zwischen internationalen Unternehmen) explizit genannt wird. War die Zuordnung nicht eindeutig, musste der Beitrag genauer analysiert werden: Literatur, Untersuchungsziele, Hypothesen und die Bewertung der Ergebnisse erlauben einen Zugang zum Thema und geben Hinweise auf die Herkunft des Erklärungsansatzes. Bestand immer noch Unklarheit über die Zuordnung, wurde in ganz wenigen (vier) Fällen ein Kollege befragt.

Die Bestimmung des Forschungsansatzes macht dann kaum Schwierigkeiten, wenn der Forschungsansatz genannt wird wie z. B. die Erweiterung bestehender Theorien in einer Arbeit zur Wachstumsdynamik von E-Commerce-Unternehmen. Bei Zweifeln wurden die Artikel in einer zweiten Durchsicht einem Forschungsansatz zugeordnet. Auch hier geben Literatur, Untersuchungsziele, Hypothesen und die Bewertung der Ergebnisse Hinweise auf den Forschungsansatz. Eine Theorieerweiterung ist erkennbar, wenn über einen bekannten Erklärungsansatz hinausgehende Hypothesen formuliert werden.

3 Auswertung einer Zeitschriftenanalyse der Forschung zum Internationalen Management

In den ausgewerteten vier Fachzeitschriften des IM (mir, IBR, JIBS und JWB) wurden von 2001 bis 2005 618 wissenschaftliche Arbeiten veröffentlicht. Davon stammen 18 Artikel von Autoren deutscher Universitäten und Forschungseinrichtungen (3 %), 16 von Autoren aus dem übrigen deutschensprachigen Raum (ebenfalls knapp 3 %) und drei gemeinsam von deutschsprachigen Autoren aus Deutschland und dem Ausland. Mit insgesamt 6 % der Beiträge ist die Forschung im deutschsprachigen Raum bezogen auf Hochschullehrerstellen nicht unterrepräsentiert. Allerdings kommen relativ mehr Beiträge aus Österreich und der Schweiz als aus Deutschland. Die meisten Beiträge von Autoren im deutschsprachigen Raum sind in der Zeitschrift „mir“ erschienen, die wenigsten in der Zeitschrift „JIBS“.

Im Folgenden soll zunächst ein Überblick über die Forschungsarbeiten in den vier Zeitschriften im betrachteten Zeitraum (2001 bis 2005) gegeben werden (Abschnitt 3.1). Dann gilt es, die Forschung deutschsprachiger und nicht-deutschsprachiger Autoren im IM zu vergleichen, um Hinweise auf die Eigenständigkeit der Theorieentwicklung im deutschsprachigen Raum im internationalen Vergleich bewerten zu können (Abschnitt 3.2). Schließlich werden im dritten Abschnitt (3.3) der Theoriebezug und Fragestellungen der Arbeiten genauer betrachtet. Dann lässt sich die Frage beantworten, welche Theorien und welche Forschungsfragen angewendet und erweitert werden.

3.1 Forschung im Internationalen Management

Wie in Abbildung 2 dargestellt ist, werden in mehr als drei Viertel der ausgewerteten Zeitschriftenartikel (77 %) vorhandene Theorien übernommen und empirisch überprüft (bestätigt bzw. nicht bestätigt). Lediglich in knapp einem Viertel (23 %) der Beiträge werden die Theorien erkennbar weiterentwickelt. Dabei werden von fast zwei Dritteln (62 %) der Autoren originäre Theorien des IM aufgegriffen und weiterentwickelt. Nur gut ein Drittel der Beiträge versucht, im IM Erklärungsansätze anderer Disziplinen und Fachrichtungen der BWL weiterzuentwickeln wie z. B. markt- und ressourcenorientierte Erklärungen des Strategischen Managements durch Erklärungen der Kompetenzentwicklung im internationalen Umfeld.

Herkunft der Theorien im Internationalen Management	Forschungsansatz: Überprüfung der Theorien	Forschungsansatz: Weiterentwicklung der Theorien	
originäre Theorien im IM	I 273 (44 %)	II 111 (18 %)	384 (62 %)
Theorien anderer Disziplinen & Fachrichtungen der BWL	III 200 (33 %)	IV 34 (5 %) a) 18 b) 16	234 (38 %)
	473 (77 %)	145 (23 %)	Σ 618 (100 %)

Abb. 2: Theorien und Forschungsansätze im IM
Quelle: ausgewählte Zeitschriftenartikel aus dem Zeitraum 2001 bis 2005.

Bezogen auf die Weiterentwicklung von Theorien anderer Disziplinen und Fachrichtungen der BWL weist etwas mehr als die Hälfte der Beiträge eine starke Beziehung zum IM auf (Quadrant IVa). Die andere Hälfte bilden Artikel, die Theorien einer anderen Disziplin (der VWL) und anderer Fachrichtungen der BWL ohne Bezug auf das IM weiterentwickeln und damit nicht im engen Sinne zu den Themen der Zeitschriften des IM zählen (Quadrant (IVb).

3.2 Vergleich der Forschung zum Internationalen Management im deutschsprachigen und im nicht-deutschsprachigen Raum

Es stellt sich nun die Frage, ob die Forschung im deutschsprachigen Raum wie die gesamte Forschung zum IM (Abbildung 2) eher selten Theorien weiterentwickelt und relativ stark auf originären Theorien im IM beruht. Dazu wird sie mit der Forschung im nicht-deutschsprachigen Raum verglichen.

Die Abbildungen 3 und 4 zeigen Unterschiede zwischen den Beiträgen im deutschsprachigen und im nicht-deutschsprachigen Raum. In 77 % der Zeitschriftenartikel aus dem nicht-deutschsprachigen Raum und in 73 % der Artikel aus dem deutschsprachigen Raum werden aus der Literatur abgeleitete Theorien übernommen und empirisch überprüft. Lediglich 23 % der Arbeiten im nicht-deutschsprachigen und 27 % der Arbeiten im deutschsprachigen Raum entwickeln die Theorien erkennbar weiter. Die deutschsprachige Forschung versucht somit im Vergleich zur internationalen Forschung Theorien etwas stärker weiterzuentwickeln, wenn auch insgesamt relativ wenig.

Herkunft der Theorien im Internationalen Management	Forschungsansatz	Überprüfung der Theorien	Weiterentwicklung der Theorien	
	originäre Theorien im IM	I 258 (44 %)	II 108 (19 %)	366 (63 %)
	Theorien anderer Disziplinen & Fachrichtungen der BWL	III 188 (32 %)	IV 27 (5 %) a) 13 b) 14	215 (37 %)
		446 (77 %)	135 (23 %)	Σ 581 (100 %)

Abb. 3: Theorien und Forschungsansätze der Autoren im IM im deutschsprachigen Raum
Quelle: ausgewählte Zeitschriftenartikel aus dem Zeitraum 2001 bis 2005.

Etwas deutlicher ist der Unterschied zwischen Arbeiten zum IM im deutschsprachigen und im nicht-deutschsprachigen Raum in der Eigenständigkeit der Erklärungen. Während knapp zwei Drittel (63 %) der nicht-deutschsprachigen Autoren originäre Theorien des IM aufgreifen und weiterentwickeln, ist dies bei nicht einmal der Hälfte der deutschsprachigen Autoren (49 %) der Fall. Mehr als die Hälfte der deutschsprachigen Autoren übernehmen im IM Erklärungsansätze anderer Disziplinen und Fachrichtungen der BWL und versuchen, diese weiterzuentwickeln. Da diese Arbeiten häufig einen Bezug zum IM haben, fördern sie die Theoriebildung im IM und damit die Entwicklung des IM als eigenständige Wissenschaft (Quadrant IVa in Abbildung 1).

Herkunft der Theorien im Internationalen Management	Forschungsansatz: Überprüfung der Theorien	Forschungsansatz: Weiterentwicklung der Theorien	
originäre Theorien im IM	I 15 (41 %)	II 3 (8 %)	18 (49 %)
Theorien anderer Disziplinen & Fachrichtungen der BWL	III 12 (32 %)	IV 7 (19 %) a) 5 b) 2	19 (51 %)
	27 (73 %)	10 (27 %)	Σ 37 (100 %)

Abb. 4: Theorien und Forschungsansätze im IM im nicht-deutschsprachigen Raum
Quelle: ausgewählte Zeitschriftenartikel aus dem Zeitraum 2001 bis 2005.

3.3 Theoriebezug und Fragestellungen im Internationalen Management

Es stellt sich die Frage nach dem Theoriebezug der Forschung, insbesondere der deutschsprachigen Forschung, zum IM. Dazu wurden die 618 Zeitschriftenartikel den 16 Forschungsfeldern in Abbildung 1 unter Berücksichtigung der inhaltlichen Ausrichtung der Beiträge zugeordnet (Abbildung 5). Angesichts der wenigen (37) Beiträge aus dem deutschsprachigen Raum, können sie nicht getrennt nach Herkunft der Autoren differenziert werden. Es sind allerdings einige zusammenfassende Aussagen zu Theoriebezug und Fragestellungen im deutschsprachigen Raum möglich.

Herkunft der Theorien im Internationalen Management			Forschungsansatz: Überprüfung der Theorien	Forschungsansatz: Weiterentwicklung der Theorien	
originäre Theorien im IM		Direktinvestitionstheorie & andere Internationalisierungstheorien	I 78	II 45	
		Theorien des Interkulturellen Managements	87	21	
		Erklärungen des internationalen Unternehmensumfeldes	53	19	
		Erklärungen der Internationalen Koordination	55 273 (= 44 %)	26 111 (= 18 %)	384 (= 62 %)
Theorien anderer Disziplinen & Fachrichtungen der BWL		markt- & ressourcenorientierte Theorien des Strategischen Managements	III 39	IV 8 (a 7, b 1)	
		Theorien der Organisation (z. B. Transaktionskostentheorie)	36	14 (a 1, b 11)	
		Theorien einzelner betrieblicher Leistungsbereiche (Finanzierungstheorien)	96	12 (a 9, b 5)	
		volkswirtschaftliche Theorien	200 (= 33 %)	0 34 (= 5 %)	234 (= 38 %)
			473 (= 77 %)	145 (= 23 %)	Σ 618 (=100 %)

Abb. 5: Theoriebezug der Forschung im IM
Quelle: ausgewählte Zeitschriftenartikel aus dem Zeitraum 2001 bis 2005.

Die in Abbildung 5 genannten Forschungsarbeiten im IM beziehen sich auf hier entwickelte Theorien, insbesondere auf Theorien des Interkulturellen Managements, auf Direktinvestitionstheorien und andere Internationalisierungstheorien sowie auf Theorien einzelner Fachrichtungen der BWL wie Marketing, Finanzierung und Strategisches Management. Weniger verbreitet sind volkswirtschaftliche Erklärungsansätze. Bezogen auf die Weiterentwicklung der Theorien anderer Disziplinen und Fachrichtungen (Quadrant IV) überwiegt im IM deutlich die Weiterentwicklung zu Theorien des IM (IVa). Dies gilt für markt- und ressourcenorientierte Erklärungen im Strategischen Management und für Erklärungen der Organisation der Unternehmen. Erweiterungen der Theorien einzelner betrieblicher Leistungsbereiche erfolgen dagegen meist ohne Bezug zum IM (IVb).

Schwerpunkte der Forschung im deutschsprachigen Raum bilden Arbeiten zum Interkulturellen Management, u. a. zu Konsumenten-Produzenten-Beziehungen, und zur Weiterentwicklung der Organisations- und Transaktionskostentheorie, z. B. zur Beziehung zwischen der Zentrale und Tochtergesellschaften sowie zum Lernen in Organisationen.

Die in den vier Zeitschriften veröffentlichten Forschungsarbeiten weisen unterschiedliche thematische Schwerpunkte auf. Am deutlichsten wird dies in der Zeitschrift JBW durch Untersuchungen zum Interkulturellen Management und in der Zeitschrift IBR durch Untersuchungen zur Internationalisierung von Unternehmen. In der Zeitschrift JIBS werden dagegen überdurchschnittlich viele Arbeiten mit dem Ziel einer Weiterentwicklung von Theorien unterschiedlicher Herkunft veröffentlicht. Die Zeitschrift mir weist das breiteste Theoriespektrum auf.

In Abbildung 6 wird die bisher grob klassifizierte Forschung konkretisiert. Sie enthält Beispiele für 15 Forschungsfelder (Abbildung 1 bzw. Abbildung 5) und zeigt die große Themenvielfalt, die durch unterschiedliche Forschungsprofile der vier untersuchten Zeitschriften erklärbar ist. Diese Vielfalt an Themen widerspricht der Annahme von Peng (2004), dass sich die Forschung zum IM auf Kernfragen konzentrieren lässt. Es lassen sich mehrere Forschungsschwerpunkte erkennen:

- Bei den Forschungsarbeiten zur Weiterentwicklung der originären Theorien im IM (Quadrant II in Abbildung 1) fällt auf, dass ein fast durchgängiges Ziel die Dynamisierung der bislang überwiegend statischen Erklärungen ist. So werden z. B. durch Phasenmodelle der internationalen Expansion und durch Erklärungen der Internationalisierung bereits früh expandierender neu gegründeter Unternehmen (Born Globals) die Erklärungen von Direktinvestitionen erweitert und durch Modelle der Verhandlungen zwischen Gastlandregierungen und MNU die Erklärungen des internationalen Unternehmensumfeldes ergänzt. „Joint venture buyouts and sellouts" sind z. B. ein Ansatz zur Dynamisierung der Erklärungen der Internationalen Koordination.
- Weiterentwicklungen der Direktinvestitionstheorien im IM zielen nicht nur auf eine Dynamisierung dieser Theorien und der Erklärungen von Unternehmensgründungen, Direktinvestitionsentscheidungen werden auch verstärkt auf einzelne Wertschöpfungsaktivitäten und nicht mehr nur auf einzelne Produkte bezogen. Zur unternehmensinternen Verlagerung der Produktion und zur Vergabe der Beschaffung ins Ausland (Transfer und Offshoring) wird im deutschsprachigen Raum noch relativ wenig erarbeitet. Entsprechend gering sind deshalb die Transfer- und Synergieeffekte für andere Disziplinen und Fachrichtungen.
- Auch Weiterentwicklungen von Theorien anderer Disziplinen und Fachrichtungen der BWL im IM (Quadrant (IVa) zielen auf Dynamisierung und die Erklärung der Wissensgenerierung und des Lernens in Organisationen. Hierzu wird im deutschsprachigen Raum stärker als im nicht-deutschsprachigen Raum gearbeitet.

- Die Überprüfung bewährter Theorien anderer Disziplinen und Fachrichtungen der BWL erfolgt im IM fast immer an Fallbeispielen bezogen auf ein Land. Der Anteil dieser Studien in der deutschsprachigen Forschung entspricht mit einem Drittel (32 %) genau dem Anteil in der nicht-deutschsprachigen Forschung. Die Fallbeispiele stammen v. a. aus Osteuropa (Transformationsländer).

Herkunft der Theorien im IM		**Forschungsansatz**	
		Überprüfung der Theorien	**Weiterentwicklung der Theorien**
Originäre Theorien im IM	Direktivestitionstheorie, andere Internationalisierungstheorien	• Erklärung von Exporterfolgen indischer und taiwanesischer Software-Unternehmen • Markteintrittsformen norwegischer Unternehmen • Direktinvestitionen, Produktivitätsentwicklung (z. B. US-amerikanische Automobilzulieferer)	• Dynamisierung der Internationalisierungstheorie • Internationalisierung von Born Globals • Direktinvestitionen, Wertschöpfungskonfiguration
	Theorien des Interkulturellen Managements	• „Leadership" im Kulturvergleich (z. B. Taiwan, Kanada) • Vergleich des Wertesystems chinesischer und amerikanischer Manager • Managerziele im Ländervergleich	• virtuelle Einsätze von Expatriates • Rückfluss des Wissens der Expatriates in die Muttergesellschaft • „Brain drain"
	Erklärungen des internationalen Unternehmensumfeldes	• Auswirkungen der NAFTA auf Unternehmen • Auswirkungen der asiatischen Krise auf deutsche Unternehmen in Südostasien • Auswirkungen des institutionellen Umfeldes des E-Commerce in den USA auf die Wettbewerbsfähigkeit US-amerikanischer Unternehmen	• Auswirkungen des Internets auf international tätige Unternehmen • Wissenscluster in MNU • mehrstufige Verhandlungen • zwischen Gastlandregierungen und MNU
	Erklärungen der Internationalen Koordination	• regionale Management-Center in Asien • internationale Joint Ventures in China • Transferpreise japanischer MNU im US-amerikanischen Markt	• Eskalationsmechanismen in internationalen Joint Ventures • Zusammenhang zwischen der Zahl der Partner und Erfolg internationaler Joint Ventures • Dynamik von Joint Ventures

Theorien anderer Disziplinen und Fachrichtungen der BWL	Markt- und ressourcen-orientierte Theorien des Strategischen Managements	• Absorptionskapazität, internationale Expansion (z. B. Thailand) • regionale, globale Strategien japanischer Unternehmen • Konvergenz von Unternehmensstrategie, -strukturen im internationalen Umfeld (z. B. Computerindustrie)	• Wettbewerbspositionierung • MNU im inländischen Markt (IVa) • globale Systembetrachtung der Unternehmensgrenzen (IVa) • dynamische Strategien kleiner und mittlerer Unternehmen (IVb)
	Theorien der Organisation	• Transaktionskosten der Tochtergesellschaften (z. B. Brasilien) • Vertragsgestaltung im internationalen Umfeld • Wissenstransfer in indischen Unternehmen	• neue Institutionenökonomie, Internationalisierung (IVa) • Wissenskombination in MNU (IVa) • organisatorisches Lernen in MNU (IVb)
	Theorien einzelner betrieblicher Leistungs-bereiche	• Top-Management-Austausch in Russland • internationale Forschung und Entwicklung US-amerikanischer Unternehmen • „Lean Production“ in der spanischen Automobilindustrie	• Verflechtung in MNU als Kontextfaktor der Karriereplanung (IVb) • Auswirkung der Globalisierung von Marken (IVb) • Forschung und Entwicklung in Tochtergesellschaften (IVb)
	Volkswirt-schaftliche Theorien	• Globalisierungsmythen: der Fall China • Beziehung zwischen Japan und ASEAN • Gleichgewicht zwischen privatem und staatlichem Eigentum in sich entwickelnden Ländern	

Abb. 6: Forschungsbezogene Fragestellungen im IM
Quelle: ausgewählte Zeitschriftenartikel aus dem Zeitraum 2001 bis 2005.

4 Schlussfolgerungen aus der Zeitschriftenanalyse

Die Zeitschriftenanalyse liefert Belege für die These von Buckley und Lessard (2005), im IM erfolge wenig eigenständige Theoriebildung. Dies gilt für die Forschung im nicht-deutschsprachigen Raum in noch stärkerem Maße als für die Forschung im deutschsprachigen Raum.

Der zunehmende Veröffentlichungsdruck führt dazu, dass Themen, wie z. B. die Überprüfung von Erkenntnissen über Ausgestaltung und Prozesse der betrieblichen Leistungsbereiche in Unternehmen mit Standorten in mehreren Ländern bzw. nur einem Land, die für die Entwicklung des Faches eine eher geringe Bedeutung haben, aber häufig von Zeitschriften angenommen werden, überproportional bearbeitet werden.

Theorien und insbesondere Internationalisierungstheorien werden dagegen insgesamt eher selten weiterentwickelt. Notwendig und weiterführend ist jedoch u. a. die Dynamisierung der Erklärungen der Internationalisierung und insbesondere einzelner Wertschöpfungsaktivitäten. Eine dynamische Betrachtung ist notwendig, weil die statischen Erklärungen von Direktinvestitionen spätere Veränderungen in der Unternehmensumwelt, Wettbewerberreaktionen und Kompetenzverschiebungen nicht berücksichtigen. Es bedarf auch unternehmensspezifischer Erklärungen der Verteilung der Wertschöpfung im internationalen Wettbewerb, weil die meist volkswirtschaftlich begründeten Internationalisierungstheorien (mit Ausnahme der Internalisierungstheorie von Buckley/Casson 1976) Direktinvestitionen und die Vergabe der Fertigung an Zulieferer bzw. Kompletthersteller nicht erklären können (Proff 2007, 2008). Forschungen zu diesen Fragestellungen können die Eigenständigkeit des IM belegen, dass „... (we should know better) what we have achieved and what we should strive for, as we stand on the shoulders of our own giants" (Boddewyn/Iyer 1999, S. 179).

Autoren im deutschsprachigen Raum sind mit 6 % aller Beiträge in den vier untersuchten internationalen Zeitschriften bezogen auf Hochschullehrerstellen nicht unterrepräsentiert. Sie versuchen etwas stärker als Autoren im nicht-deutschsprachigen Raum, Theorien weiterzuentwickeln, und beziehen sich dabei auch etwas stärker auf Erklärungsansätze anderer Disziplinen und Fachrichtungen der BWL, die sie auf das IM übertragen. Damit tragen sie zur eigenständigen Theoriebildung im IM bei.

In einer zunehmend verflochtenen Welt ist originäre Forschung im IM notwendig, da Erklärungen der Direktinvestitionen, des Interkulturellen Managements, der Veränderungen des internationalen Unternehmensumfeldes und der Internationalen Koordination für international tätige Unternehmen immer wichtiger werden. Die Internationalisierung der fachspezifischen Perspektive, z. B. der Finanz- oder Personalwirtschaft reicht da nicht. Viele importierte bzw. übernommene Forschungskonzepte könnten stärker als bisher eigenständig und mit internationaler Orientierung weitergeführt werden sowie zufällige und verstreute Fallbeispiele integrieren.

Zur Stärkung der eigenständigen Theoriebildung im IM sind mehrere Ansatzpunkte möglich: (1) Herausgeber und Gutachter der Fachzeitschriften des IM ermutigen zu kreativen theoriebezogenen Beiträgen, auch wenn sie (noch) nicht durch breit angelegte empirische Untersuchungen gestützt werden. (2) Gründung einer neuen Zeitschrift, die wie die Zeitschrift AMR (Academy of Management Review)[4] neuen Konzeptionen und Erklärungsansätzen – allerdings speziell im IM – ein Forum bietet. (3) Deutschsprachige und internationale Konferenzen zum IM geben neuen Konzepten und Erklärungen, insbesondere originären Beiträgen zum IM, größere Bedeutung und vergeben einen Best-Paper-Award zur Theoriebildung im IM. (4) Stärkere Herausstellungen und Betonung der originären Erklärungsansätze und Theorien im IM in den Master- und Post-Master-Studiengängen der BWL. Förderung der Grundlagenforschung zum IM durch ein Schwerpunktprogramm der Deutschen Forschungsgemeinschaft, Forschungskooperationen im IM sowie durch Graduiertenkollegs.

Zweifeln an der Eigenständigkeit des IM kann nur durch überzeugende Forschung zur Theoriebildung begegnet werden.

Literatur

Acedo, F. J./Casillas, J. C. (2005): Current Paradigms in the International Management Field: An Author Co-citation Analysis. In: International Business Review, 14. Jg., Nr. 5, 2005, S. 619-639.

Boddewyn, J. J./Iyer, G. (1999): International-business Research: Beyond Déjà Vu. In: Management International Review, 39. Jg., Special Issue Nr. 2, 1999, S. 161-184.

Boddewyn, J. J./Toyne, B./Martinez, Z. L. (2004): The Meanings of „International Management“. In: Management International Review, 44. Jg., Nr. 2, 2004, S. 195-212.

Bruton, G. B./Lohrke, F. T./Lu, J. W. (2004): The Evolving Definition of What Comprises International Strategic Management Research. In: Journal of International Management, 10. Jg., Nr. 3, 2004, S. 413-429.

Buckley, P. J. (2002): Is the International Business Research Agenda Running out of Steam? In: Journal of International Business Studies, 33. Jg., Nr. 2, 2002, S. 365-373.

Buckley, P. J./Casson, M. (1976): The Future of the Multinational Enterprise. Macmillan, London, 1976.

4 Im „Mission Statement“ der Zeitschrift AMR heißt es: „AMR publishes novel, insightful and carefully crafted conceptual work that challenges conventional wisdom concerning all aspects of organizations and their roles in society.“

Buckley, P. J./Casson, M. (2001): Strategic Complexity in International Business. In: Rugman, A. M./Brewer, T. L. (2001, Hrsg.): The Oxford Handbook of International Business. Oxford University Press, Oxford et al., 2001, S. 88-126.

Buckley, P. J./Lessard, D. R. (2005): Regaining the Edge for International Business Research. In: Journal of International Business Studies, 36. Jg., Nr. 6, 2005, S. 595-599.

DuBois, F. L./Reeb, D. M. (2001): Ranking the International Business Journals: A Reply. In: Journal of International Business Studies, 32. Jg., Nr. 1, 2001, S. 197-199.

Fayerweather, J. (1969): International Business Management: A Conceptual Framework. McGraw Hill, New York/NY, 1969.

Früh, W. (1998): Inhaltsanalyse: Theorie und Praxis. 4. Aufl., Uvk, Konstanz, 1998.

Geringer, J. M./von Glinow, M. A. (1999): The Development of the Field of International Business: An Examination of mir under Klaus Macharzina's Editoral Leadership. In: Management International Review, 39. Jg., Special Issue Nr. 2, 1999, S. 5-25.

Hennig-Thurau, T./Walsh, G./Schrader, U. (2003): VHB-JOURQUAL: Ein Ranking von betriebswirtschaftlich-relevanten (!) Zeitschriften auf der Grundlage von Expertenurteilen. Working Paper Nr. 1, Chair of Marketing and Media Research, Bauhaus-Universität Weimar, 2003.

Inkpen, A. C. (2001): A Note on Ranking the International Business Journals. In: Journal of International Business Studies, 32. Jg., Nr. 1, 2001, S. 193-196.

Macharzina, K./Wolf, J./Rohn, A. (2006): Zur Forschungsleistung der Betriebswirte im deutschsprachigen Raum – Eine personen- und institutionenbezogene Längsschnittanalyse. In: Wolf, J./Rohn, A./Macharzina, K. (2006, Hrsg.): Forschungsleistung in der deutschsprachigen Betriebswirtschaftslehre: Konzeptionen und Befunde einer empirischen Untersuchung. Gabler, Wiesbaden, 2006, S. 1-34.

Merten, K. (1995): Inhaltsanalyse: Einführung in die Theorie, Methode und Praxis. 2. Aufl., Westdeutscher Verlag, Opladen, 1995.

Peng, M. W. (2004): Identifying the Big Question in International Business Research. In: Journal of International Business Studies, 35. Jg., Nr. 2, 2004, S. 99-108.

Proff, H. (2002): Konsistente Gesamtunternehmensstrategien. Gabler, Wiesbaden, 2002.

Proff, H. (2004): Internationales Management in Ostasien, Lateinamerika und Schwarzafrika. Vahlen, München, 2004.

Proff, H. (2007): Dynamische Strategien: Vorsprung im internationalen Wettbewerbsprozess. Gabler, Wiesbaden, 2007.

Proff, H. (2008): Herausforderungen durch die verstärkte Modularisierung für differenzierende Unternehmen am Beispiel der Automobilindustrie. In: Die Betriebswirtschaft, 68. Jg., Nr. 4, 2008, S. 440-462.

Ricart, J. E./Enright, M. J./Ghemawat, P./Hart, S. L./Khanna, T. (2004): New Frontiers in International Strategy. In: Journal of International Business Studies, 35. Jg., Nr. 3, 2004, S. 175-200.

Shenkar, O. (2004). One more Time: International Business in a Global Economy. In: Journal of International Business Studies, 35. Jg., Nr. 2, 2004, S. 161-171.

Werner, S. (2002): Recent Developments in International Management Research: A Review of 20 Top Management Journals. In: Journal of Management, 28. Jg., Nr. 3, 2002, S. 277-305.

Werner, S./Brouthers, L. E. (2002): How International Is Management? In: Journal of International Business Studies, 33. Jg., Nr. 3, 2002, S. 583-591.

Wolf, J./Rohn, A./Macharzina, K. (2006): Veränderungen im Publikationsverhalten von Betriebswirten – Gemessen an Veröffentlichungen in führenden deutschsprachigen Zeitschriften. In: Wolf, J./Rohn, A./Macharzina, K. (2006, Hrsg.): Forschungsleistung in der deutschsprachigen Betriebswirtschaftslehre: Konzeptionen und Befunde einer empirischen Untersuchung. Gabler, Wiesbaden, 2006, S. 35-64.

Wolff, B. (2005): Internationales Management aus der Perspektive der Neuen Institutionenökonomik. In: Schauenberg, B./Schreyögg, G./Sydow, J. (2005, Hrsg.): Managementforschung 15: Institutionenökonomik als Managementlehre? Gabler, Wiesbaden, 2005, S. 107-143.

Thomas Wrona*

Empirische Forschungsmethoden im Internationalen Management – Eine kritische Analyse

* Prof. Dr. Thomas Wrona ist Inhaber des Lehrstuhls für Organisation und Empirische Managementforschung an der ESCP-EAP Europäische Wirtschaftshochschule Berlin.

1 Zielsetzung und Vorgehensweise

„Empirische Forschungsmethoden im Internationalen Management“ ist ein sehr weit gefasster Arbeitstitel. Die hiermit zu verbindenden Fragestellungen sind vielschichtig und können sowohl konzeptionell als auch empirisch bearbeitet werden. Im Rahmen dieses Beitrags muss daher eine Schwerpunktsetzung vorgenommen werden. Diese erfolgt zunächst darin, dass es im Wesentlichen ein konzeptioneller Beitrag ist. Ferner wird eine etwas „übergeordnete“ Ebene in dem Sinne eingenommen, als von konkreten Ausgestaltungsmöglichkeiten einzelner Methoden abstrahiert wird. Dies bedeutet auch, dass im Folgenden auf der Grundlage von Methodengruppen oder -kategorien argumentiert wird. Auch wenn die Unterscheidung nicht immer hilfreich und (wie noch gezeigt wird) zum Teil irreführend ist, so wird im Kern zwischen den Kategorien quantitative und qualitative Methoden unterschieden.

Forschungsmethoden an sich und auch Kategorien von Methoden sind grundsätzlich unabhängig von ihrem Anwendungsgebiet. Man hat also grundsätzlich im Internationalen Management (IM) keine anderen oder unterschiedlichen Forschungsmethoden als beispielsweise in der Organisations- oder Personalforschung. Zunächst werden daher beide Kategorien von Forschungsmethoden und ihre Verbreitung in der Forschung zum IM dargestellt. Allerdings gibt es eine Reihe von Besonderheiten der Untersuchungsgegenstände im IM, die sich auf die Anwendung empirischer Methoden auswirken können. Daher wird im Folgenden der Frage nachgegangen, worin solche Besonderheiten bestehen können, und inwieweit sie sich auf die Methodenwahl auswirken. Damit wird eine in der Methodenforschung zentrale (und kritisch diskutierte) Frage berührt: Inwieweit ergeben sich aus dem Untersuchungsgegenstand oder aus anderen untersuchungsrelevanten Merkmalen Konsequenzen für die Methodenwahl (Indikation von Forschungsmethoden)? Den Abschluss dieses Beitrags bildet eine kritische Diskussion über die Möglichkeiten und Grenzen von solchen Indikationsregeln.

Zielsetzung des Beitrags bildet es, den Leser mit den Grundlagen von qualitativen und quantitativen Forschungsmethoden vertraut zu machen und ihre Relevanz im Feld der Forschung zum IM zu diskutieren. Da aus der Verbreitung von Methoden nur (forschungs-)handlungsrelevante Informationen gewonnen werden können, sofern diese aufgrund von Merkmalen des spezifischen Feldes IM indiziert ist, soll der Beitrag für die Frage der Indikation von Forschungsmethoden im Allgemeinen und für die Forschung im IM im Besonderen sensibilisieren.

2 Kategorien von Forschungsmethoden

2.1 Überblick

Wenn wir von empirischen Forschungsmethoden sprechen, so ist es sinnvoll, diese zu gruppieren. In der Methodenlehre hat sich hierbei die Unterscheidung zwischen qualitativen und quantitativen Methoden etabliert (Atteslander 2000, Bortz/Döring 2002). Man kann vermuten, dass die Bezeichnung „inspiriert" ist durch die Theorie der Begriffsformen Carnaps, der zwischen klassifikatorischen (qualitativen), komparativen und quantitativen Begriffen unterscheidet (Haase 2007, S. 53). Die Unterscheidung zwischen diesen beiden Gruppen von Methoden ist jedoch eine unscharfe Klassifikation. Viele der im Folgenden genannten Merkmale der beiden Kategorien sind nicht trennscharf und gelten für beide Methodengruppen.[1] Es soll dennoch aus didaktischen Gründen zunächst zwischen diesen beiden Forschungsmethoden unterschieden werden. Dabei werden „Forschungsmethoden" hier weit definiert im Sinne einer Beschreibung einer Folge von Schritten, mit denen ein Forschungsproblem in einen bestimmten Endzustand transformiert wird (ähnlich Stier 1996, S. 2). Forschungsmethoden umfassen hier somit insbesondere Prozeduren, die den Forschungsablauf reglementieren, und Instrumente (Methoden im engeren Sinne). Abbildung 1 gibt einen vereinfachenden Überblick.

	Quantitative Forschung	**Qualitative Forschung**
Erkenntnisinteresse	Erklären/Falsifizieren	Beschreiben/Verstehen
Fallzahl	groß (Nomothetik)	klein (Idiographie)
Methodik	mathematisch-statistisch	logisch-schließend
Ableitung	deduktiv	„hypothetisches Schlussfolgern"
Formalisierungsgrad der Forschung	hoch (logische Abfolge)	gering (Offenheit, Zirkularität)

Abb. 1: Quantitative und qualitative Forschung im Vergleich

1 So können z. B. die Merkmale „induktiv" und „einzelfallorientiert" für beide Kategorien Geltung besitzen. Dass sie eher für qualitative Methoden zutreffen, lässt sich kaum schlüssig belegen (Schreier 2005).

2.2 Quantitative Forschungsmethoden

Quantitative Forschungsmethoden beziehen sich auf Forschungskonzeptionen, die die Entwicklung möglichst allgemeingültiger nomothetischer (mit Gesetzescharakter versehener) Erklärungen mittels deterministischer oder probabilistischer Gesetze und deren quantitativer Formulierung beschreiben. Mit dem Einsatz mathematisch-statistischer Verfahren wird eine „große" Anzahl von Fällen quantitativer, d. h. zahlenmäßig darstellbarer Daten untersucht. Die Anwendbarkeit statistischer Methoden setzt dabei voraus, dass diese Daten ex ante in hohem Maße standardisiert erhoben werden.

Quantitative Forschung zeichnet sich darüber hinaus durch einen linearen Forschungsprozess aus. Zu Beginn der Forschung wird ein umfassender Plan entwickelt, wie eine bestimmte Fragestellung bearbeitet werden soll. Hierzu werden bestimmte Phasen linear nacheinander „abgearbeitet". Diese Prozessstandardisierung hat den Vorteil, dass während der Erhebungs- oder Analysephase keine Veränderungen mehr vorgenommen werden können, was die Vergleichbarkeit und damit die Verallgemeinerung von Befunden erst ermöglicht (Witt 2001, vgl. auch Abbildung 2). Quantitativen Forschungsmethoden, die mit einer Strategie des Hypothesentestens verbunden sind, werden häufig dem „deduktiv-nomothetischen Paradigma" zugeordnet (Popper 2002). Es weist auf die Notwendigkeit der Nutzung etablierter Theorien für die Entwicklung von Untersuchungshypothesen, ihre Konfrontation mit einer möglichst repräsentativen Datenmenge und ihre argumentative Verallgemeinerung hin. Alle Aussagen einer empirischen Wissenschaft müssen an der Erfahrung überprüfbar sein und sie müssen grundsätzlich ebenso an der Erfahrung scheitern können (Stier 1996).

Durch das logische Ableiten und damit das systematische Explizieren grundsätzlich vorhandenen Wissens kann eine besondere Stärke der quantitativen Sozialforschung zweifellos in ihrer Anwendung im Begründungszusammenhang von Theorien gesehen werden. Die Entwicklung neuer Theorien oder neuen Wissens (Entdeckungszusammenhang) wird im Kontext der quantitativen Sozialforschung als ein kreativer Akt aufgefasst, der nicht durch spezifische Methoden o. Ä. unterstützt wird. Vielmehr wird offen gelassen, in welchen Schritten und mit welchen Methoden Forscher zu neuem Wissen gelangen (Poser 2001). Es ist insofern gar nicht so wichtig, woher neues Wissen stammt, sondern nur, inwieweit es sich bewährt. Entsprechend sind gemäß dem Popper-Kriterium der „maximalen Kritik" die entwickelten Aussagen oder Theorien einer systematischen Kritik auszusetzen, beispielsweise in Form einer wiederholten Realitätskonfrontation (Ströker 1987, Popper 2002).

2.3 Qualitative Forschungsmethoden

Qualitative Forschungsmethoden beziehen sich auf Forschungskonzeptionen, deren Ziel Sinnverstehen bildet (Flick/von Kardoff/Steinke 2003, S. 14). Auf der Grundlage idiografischer (d. h. das Einmalige beschreibender) Methoden soll der Untersuchungsgegenstand in seiner gesamten Vielfalt erfasst und insbesondere auch die Beziehungen von Merkmalen des untersuchten Gegenstands untereinander und zu seinem Kontext berücksichtigt werden. Kausalen Verallgemeinerungen wird kaum Bedeutung beigemessen (Wilson 1982). Insofern bildet es ein Merkmal der qualitativen Methodologie, dass die Kontextabhängigkeit sozialen Handelns betont wird. Im Gegensatz zum linearen Prozessverständnis der quantitativen Forschung liegt hier ein zirkuläres Prozessmodell zugrunde. Zirkularität bedeutet hierbei, dass eine Folge von Forschungsschritten zwar eindeutig aufeinanderfolgt, jedoch die jeweiligen Schritte von den Ergebnissen der vorherigen Schritte abhängig sind. Zirkularität zeigt sich z. B. in der Sampling-Strategie: Die Festlegung, welche Fälle ins Sample aufgenommen werden, erfolgt stufenweise – und nicht ex ante – vor dem Hintergrund der vorläufigen Ergebnisse der vorherigen Fallanalysen (Wrona 2005, siehe Abbildung 2).

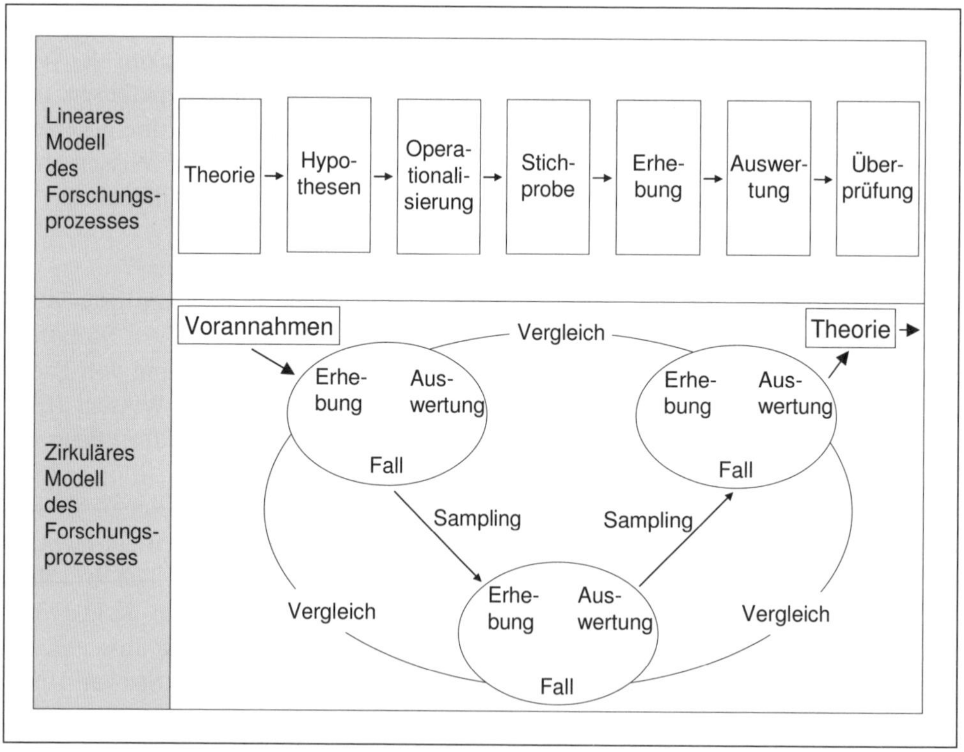

Abb. 2: Lineares und zirkuläres Forschungsverständnis
Quelle: Flick (2002), S. 73.

Qualitativen Forschungsmethoden, die mit einer Strategie der Konstruktion von Theorien aus dem empirischen Material heraus verbunden sind, werden häufig in den Zusammenhang mit dem sogenannten „interpretativen Paradigma“ gerückt (Wilson 1981, Glasersfeld 1990, Erzberger 1998, Wrona 2005). Es verweist auf die soziale Konstruktion der „Realität“, die nicht als objektiv erkennbar verstanden werden könne. Die antirealistische These ist, dass die Realität nicht „direkt“ erfahren werden kann, sondern dass der Forscher sie über seine Sinne interpretiert. Die Welt wird wahrgenommen, die Wahrnehmungen werden interpretiert und ihnen werden bestimmte Bedeutungen beigemessen. Damit wird darauf verwiesen, dass die Prozesse der Wahrnehmung und Interpretation der Realität abhängig von den kognitiven Strukturen des einzelnen Aktors sind. Allerdings besteht hinsichtlich der Wirklichkeitskonstruktion ein wechselseitiges Verhältnis zwischen dem einzelnen Aktor und seinem Kontext. Der Mensch konstruiert die ihn umgebende soziale Wirklichkeit, während er gleichsam selbst durch diese Wirklichkeit (im Rahmen seiner Sozialisation) geformt wird (Berger/Luckmann 1971). Zur empirischen Analyse von solchen sozial konstruierten Realitäten wird daher die Herstellung einer offenen, kommunikativen und den Kontext berücksichtigenden Situation als notwendig erachtet (Witzel 1982, Lamnek 1995).

Als methodologische Grundpositionen der qualitativen Sozialforschung werden häufig der symbolische Interaktionismus (Blumer 1973), die Ethnomethodologie (Garfinkel 1967) und strukturalistische Ansätze (Derrida 1976) genannt. Gemein ist diesen theoretischen Positionen zunächst, dass das zentrale Erkenntnisprinzip das Verstehen des untersuchten Phänomens – die Perspektive des Subjekts – ist. Hierzu wird typischerweise am Einzelfall angesetzt, bevor man zu vergleichenden Aussagen übergeht. Die Analyse eines Falles erfolgt auf der Grundlage von subjektiven Wirklichkeitskonstruktionen und nicht aus einer objektiven Außenperspektive. Hierzu wird die subjektive Sicht z. B. im Rahmen von Interviews rekonstruiert, aufgezeichnet und transkribiert. Der Text bildet damit das empirische Material in der qualitativen Sozialforschung.

In jüngerer Zeit werden zunehmend Forschungsmethoden empfohlen, die eine Mischung aus quantitativer und qualitativer Forschung beinhalten. Begründet wird der Einsatz von solchen „mixed methods“ u. a. mit einer zunehmenden Komplexität von Forschungsfragestellungen oder der Forderung nach Interdisziplinarität (Creswell 2003, Creswell/Plano Clark 2007, Currall/Towler 2003, Hurmerinta-Peltomäki/Nummela 2006, Tashakkori/Teddlie 2003, Sale/Lohfeld/Brazil 2006). „Mixed methods“-Ansätze werden entweder im Sinne eines Kombinationsmodells oder eines Integrationsmodells angewandt (Mayring 2001). Im Rahmen von Kombinationsmodellen steht der Grundgedanke der Komplementarität bzw. der Sequentialität zwischen quantitativer und qualitativer Forschung im Vordergrund. Beide Forschungsrichtungen werden dabei so kombiniert, dass es beispielsweise zu einer

Differenzierung von zunächst quantitativen Studien durch eine qualitative kommt oder – in entgegen gesetztem Fall – zu einer Generalisierung qualitativer Befunde im Rahmen einer quantitativen Forschung. Integrationsmodellen dagegen liegt ein eher ganzheitliches, übergeordnetes Forschungsdesign zugrunde, in dem innerhalb einer Studie quantitative mit qualitativen Methoden simultan angewendet werden, z. B. indem zunächst Kategorien explorativ entwickelt, diese dann zu einem Modell verbunden und anschließend quantitativ getestet werden (Mayring 2001).

2.4 Funktionen und Bewertung von Forschungsmethoden

Aus den vorangegangenen Ausführungen wird deutlich, dass quantitative und qualitative Forschung offensichtlich in unterschiedlicher Weise „funktionieren". Sie unterstützen die Verfolgung unterschiedlicher Ziele, setzen eine unterschiedliche Datenstruktur voraus, verfolgen verschiedene Prozeduren der Verarbeitung der Daten und produzieren verschiedene Arten von Befunden. In vielen Quellen der Methodenlehre werden entsprechend quantitativen und qualitativen Methoden spezifische Funktionen zugeschrieben.[2]

Quantitative Forschungsmethoden werden angewendet,

- um präzise und vergleichbare Aussagen abzuleiten und dabei
- individuelle Besonderheiten zugunsten genereller Tendenzen auszublenden,
- um Zusammenhänge zwischen einzelnen Variablen, die den Charakter von „Messwerten" haben, mittels statistischer Verfahren deutlich zu machen,
- um (vermeintliche) „Objektivität" herzustellen,
- um etwas über die Verteilung von Merkmalen in der Realität zu erfahren oder
- um Hypothesen zu testen und Theorien zu falsifizieren.

Funktionen qualitativer Forschungsmethoden liegen darin,

- möglichst spezifische, konkrete Aussagen zu generieren, die häufig auch auf einen Einzelfall beschränkt sind,

---

2 Daneben können Funktionen empirischer Forschungsmethoden auch übergreifend diskutiert werden. Alle Methoden erfüllen beispielsweise die Funktion, den Forschungsprozess zu systematisieren und mehr oder weniger stark offen zu legen. Ferner kommt ihnen die Funktion zu, die Forschung als „wissenschaftlich" oder „fortschrittlich" zu legitimieren und sich damit von anderen Formen nichtwissenschaftlicher Studien zu unterscheiden. Schließlich legen Methoden auch fest, welche Wissensquellen und Instrumente ihrer Erschließung als zulässig erachtet werden.

- Zusammenhänge zwischen komplexen Phänomenen, Lebenswelten oder Interaktionsprozessen zu untersuchen, die sich einer Operationalisierung in Form einzelner Variablen entziehen und
- Hinweise auf die Entwicklungsdynamik zu erhalten,
- das Handeln von Aktoren in ihrem Kontext zu verstehen
- und dabei „überraschende“ Beobachtungen machen zu können,
- um Hypothesen, Bezugsrahmen oder gegenstandsbezogene Theorien zu entwickeln.

Alle empirischen Forschungsmethoden haben ihre speziellen Vor- und Nachteile, wie sie in der einschlägigen Methodenliteratur hinreichend beschrieben sind (Friedrichs 1990, Schnell/Hill/Esser 1999, Bortz/Döring 2002, Kromrey 2002); sie eignen sich dabei freilich für bestimmte Ziele stärker und für andere weniger. Möchte man beispielsweise etwas über die Verteilung eines Phänomens in der Realität erfahren, so wird man mit einer fallstudienbezogenen Forschung dieses Ziel nur sehr unzureichend erreichen können (Steinke 1999, S. 216).

Man kann nun die Frage stellen, ob es tatsächlich möglich und sinnvoll ist, eine solche trennscharfe Unterscheidung zwischen beiden Kategorien von Forschungsmethoden vorzunehmen. In der Methodenforschung findet sich in jüngerer Zeit eine eben solche Diskussion (Schreier 2005). Tatsächlich zeigt auch ein Blick in die Forschungspraxis, dass die eindeutige Differenzierung und Abgrenzung qualitativer und quantitativer Forschung kaum möglich ist (Bryman 2004, S. 19 ff.). Nicht erst seit der „mixed methods“-Diskussion, sondern quasi „immer schon“ wurden in der Forschungspraxis beide Methoden kombiniert (siehe etwa die historische Marienthalstudie (Jahoda 1938, 1991)). Auf diesen Aspekt soll jedoch im Folgenden nicht weiter eingegangen werden.

3 Die Verbreitung von empirischen Forschungsmethoden im Feld des Internationalen Managements

Die Beschreibung der beiden idealtypischen Kategorien von empirischen Forschungsmethoden führt unmittelbar zu der deskriptiven Frage nach ihrer Anwendung bzw. Verbreitung im Feld der Forschung zum IM. Dieser Frage geht eine Reihe von Autoren nach, die sich dem State-of-the-Art der Forschung im IM widmet und sich hierbei zum Teil auf Metaanalysen der Beiträge zentraler Zeitschriften stützt (Wright/Lane/Beamish 1988, Ricks/Toyne 1990, Mendenhall/Beaty/Oddon 1993, Wong-Rieger/Rieger 1993, Werner 2002, Kotabe 2003, Kirkman/ Law 2005).

Ungeachtet der inhaltlichen Analyse, auf die später noch zurückgekommen wird, finden sich in diesen Arbeiten zum Teil auch Analysen der Verbreitung qualitativer und quantitativer Methoden. Insgesamt kann dabei festgestellt werden, dass die empirische Forschung im IM zu einem ganz überwiegenden Teil eine quantitative Forschung ist. So hat z. B. Werner in seiner umfassenden Analyse von 20 Top-Management-Journals in der Zeit von 1996 bis 2000 dokumentiert, dass qualitative Fallstudienforschung innerhalb der analysierten 271 Aufsätze nur einen Anteil von 6 % ausmachte (Werner 2002, S. 292). Zu den Themenfeldern „Markteintrittsstrategien" und „internationale Joint Ventures" konnte nur eine qualitative Arbeit identifiziert werden, zum Bereich „Auslandsdirektinvestitionen" lag keinerlei qualitative Forschung vor (Werner 2002, S. 284-286). Zu sehr ähnlichen Ergebnissen kommen z. B. auch Schöllhammer (1975, S. 36), Kirkman und Law (2005) sowie Mendenhall, Beaty und Oddon (1993). Letztere führen eine der von Werner vergleichbare Metaanalyse für den Zeitraum 1984 bis 1990 durch. In diesem Zeitrahmen konnten rund 14 % der Arbeiten identifiziert werden, die qualitative Methoden zugrunde legten (im Vergleich zu rund 40 % quantitativer Forschung; Mendenhall/Beaty/Oddon 1993, S. 148 ff.). Zwischen den verschiedenen analysierten Forschungsbereichen bestehen dabei leichte Toleranzen zu diesem Anteil (vgl. Abbildung 3).

Ohne auf weitere „Statistiken" einzugehen, lässt sich festhalten, dass (1) qualitative Forschungsmethoden eher unterrepräsentiert sind und (2) dieser Zustand seit langer Zeit schon so besteht. „The archival data indicate that recent published papers in IM mirrors past research in the field over the last thirty years in that it is biased toward „conceptual" and „empirical"[3] studies" (Mendenhall/Beaty/Oddon 1993, S. 149). Der Wert einer Beschreibung der Verteilung empirischer Forschungsmethoden kann jedoch kritisch hinterfragt werden. Freilich ergibt sich eine Art „Fotografie" der bestehenden und vergangenen Forschung und es wird auch ein Bias deutlich. Interessanter erscheint jedoch die Frage, woran es liegen mag, dass ein solcher besteht. Anders ausgedrückt: Gibt es im Rahmen der Forschung zum IM Bedingungen, die eine solche Dominanz der quantitativen Methoden als gerechtfertigt erscheinen lassen? Diese Frage ist verbunden mit der allgemeinen methodischen Frage der Indikation von Forschungsmethoden. Nach einer allgemeinen Erläuterung dieser Frage wird diese dann bezogen auf das Feld des IM.

3 Hinweis: Der Begriff „empirical" wird im Sinne von „quantitativ" verstanden.

Discipline Area	Types of Article by Discipline Area in IM (1984-1990)			
	Conceptual	Empirical	Qualitative	Joint
Strategy (total 37,95 %)	92	75	28	5
% of all IM articles	17,46 %	14,23 %	5,31 %	0,94 %
Organizational Theory (total 25,05 %)	67	35	22	8
% of all IM articles	12,71 %	6,64 %	4,17 %	1,51 %
Organizational Behavior (total 22,77 %)	31	68	13	8
% of all IM articles	5,88 %	12,90 %	2,46 %	1,51 %
Human Resource Management (total 8,92 %)	15	22	8	2
% of all IM articles	2,84 %	4,17 %	1,51 %	0,38 %
Other Management related (total 5,31 %)	17	10	2	0
% of all IM articles	3,03 %	1,89 %	0,38 %	0 %
Total (= 528)	222	210	73	23
% of all IM articles	42,05 %	39,77 %	13,83 %	4,36 %

Abb. 3: Verteilung empirischer Forschungsmethoden im IM
Quelle: in Anlehung an Mendenhall/Beaty/Oddon (1993), S. 150.

4 Indikation empirischer Forschungsmethoden

Wenn von „Indikation" von Forschungsmethoden gesprochen wird, so sind damit die Determinanten gemeint, die dazu führen, dass eine bestimmte Methodenkategorie (qualitativ versus quantitativ) gewählt werden muss bzw. sollte (vgl. Abbildung 4). In vielen Methodenlehrbüchern werden die einzelnen Methoden jedoch separat beschrieben – Indikationsregeln werden nur selten explizit angegeben. In Analogie zu der Prüfung einer Angemessenheit spezifischer Behandlungsmethoden in der Medizin oder Psychotherapie kann auch die Indikation von Forschungsmethoden geprüft werden (Flick 2004, S. 100 ff.).

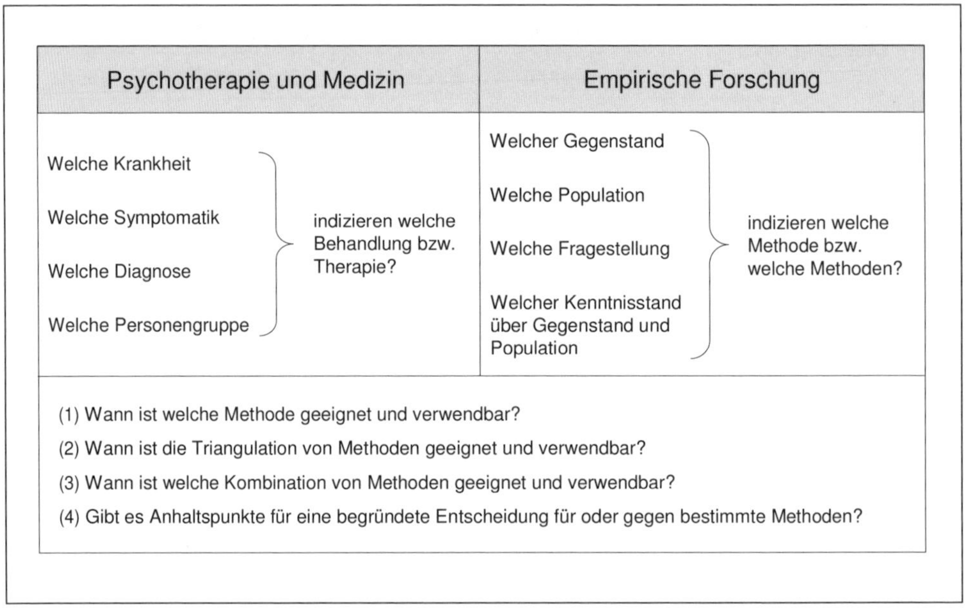

Abb. 4: Indikation von Forschungsmethoden
Quelle: Flick (2004), S. 101.

Eine fundamentale Argumentationsfigur der Indikation liegt dabei in der Unterscheidung zwischen dem Entdeckungs- und dem Rechtfertigungs- bzw. Begründungszusammenhang (Kamlah/Reichenbach 1983, S. 3). Qualitative Forschungsmethoden sind primär darauf gerichtet, neues Wissen – in Form etwa von empirisch relevanten Konstrukten, Hypothesen über ihre Beziehungen, Theorien oder Typologien – zu „entdecken“. Quantitative Methoden bewegen sich dagegen primär im Begründungszusammenhang, in dem sie das neu geschaffene Wissen dann überprüfen – d. h. die aufgestellten Hypothesen werden empirisch getestet. Eine wichtige Indikation bildet somit das grundlegende Untersuchungsziel.

Die Entscheidung zwischen der alternativen Anwendung quantitativer oder qualitativer Forschungsmethoden wird darüber hinaus häufig anhand des Kernkriteriums „Stand der Forschung“ empfohlen (Atteslander 2000, S. 38 f., Bortz/Döring 2002, S. 53 ff.). Nicht selten wird dabei im Sinne einer Negativabgrenzung die Indikation qualitativer Forschung darin gesehen, dass es sich um eine völlig neuartige Forschungsfrage bzw. Problemstellung handelt, für die zum Untersuchungszeitpunkt nur sehr wenig Vorwissen existiert, insbesondere in Form anwendbarer Theorien aber auch beispielsweise vorliegender empirischer Evidenz (Eisenhardt 1989, S. 548, Locke 2001, S. 95 ff., Eisenhardt/Graebner 2007, S. 26). Der Einsatz qualitativer Methoden wird dann als indiziert angesehen, wenn man aufgrund einer solchen Ausgangssituation keine wissenschaftlichen Hypothesen formulieren kann (Bortz/Döring 2002, S. 54). Hierbei muss jedoch einerseits darauf hingewiesen werden, dass eine solche Indikation kritisch geprüft werden muss, da die zugrunde liegenden Probleme bei genauer Betrachtung häufig nicht so neuartig sind wie zunächst angenommen und vorhandene Theorien übertragen werden können (Wrona 2005). Andererseits ist mit einer solchen Indikation zwar möglicherweise ein deduktives Hypothesen prüfendes Vorgehen ausgeschlossen. Es ist damit jedoch noch keine schlagkräftige Begründung gegen jedweden Einsatz quantitativer Methoden gegeben. So spielen etwa auch quantitative Methoden wie z. B. Data Mining, experimentelle Simulationsstudien oder Ansätze der Forschung zur Künstlichen Intelligenz gerade im Entdeckungszusammenhang eine wichtige Rolle.

Eine wichtige Indikation für eine bestimmte Forschungsmethode liegt ferner in dem Untersuchungsgegenstand bzw. dem Erkenntnisobjekt. So wird bei sehr komplexen (unter Umständen latenten) Erkenntnisobjekten, der Existenz von Variablennetzen, unklarer Kausalitäten oder der besonderen Bedeutung der Historie bzw. des Kontextes auf eine besondere Relevanz von qualitativen Forschungsmethoden verwiesen. Ein betriebswirtschaftliches Beispiel bildet die strategische Prozessforschung, für die häufig qualitative Forschungsdesigns empfohlen werden (Van de Ven/Huber 1990, Van de Ven/Poole 1990, Wrona 2004), da sie in stärkerem Maße als inhaltsorientierte Forschung auf die detaillierte Analyse von Einzelfällen über längere Zeiträume hinweg angewiesen ist. In der Methodenforschung spricht man in diesem Zusammenhang auch (etwas unscharf) von der sogenannten Gegenstandsangemessenheit der Methoden. Damit ist gemeint, dass die verwendeten Methoden zum Forschungsgegenstand passen müssen (Bortz/Döring 2002, S. 53 ff., Flick 2002, S. 16 ff.).

Speziell der letzte Indikationsgrund lässt die Frage aufscheinen, ob eventuell im Rahmen der Forschung zum IM Gegenstände zu untersuchen sind, die eine Vorentscheidung für die eine oder andere Methode bedeuten. Aus diesem Grunde soll im Folgenden betrachtet werden, auf welche Gegenstandsbereiche sich die empirische Internationalisierungsforschung bezieht, welche Besonderheiten hierbei vorliegen und ob sich hieraus dann forschungsmethodische Konsequenzen ergeben können.

5 Besonderheiten und Gegenstand der empirischen Forschung im Internationalen Management

5.1 Grundlegende Besonderheiten und Problembereiche

Forschungsmethodische Fragen spielen in der Forschung zum IM u. a. deshalb seit langem eine zentrale Rolle, da der Untersuchungsgegenstand „internationales Unternehmen“ durch die internationale Dimension im Vergleich zur Analyse nicht grenzüberschreitender Führungsprobleme deutlich an Komplexität zunimmt. Internationale Unternehmen operieren in unterschiedlichen, zum Teil geographisch und kulturell verschiedenen Umwelten (Distanz). Sie müssen hier jeweils neue Marktkenntnisse erwerben, die sich mitunter stark unterscheiden können, und bieten unter Umständen eine Vielzahl verschiedener, länderspezifisch angepasster Produkte an. Je nach Art der Marktbearbeitung bestehen internationale Unternehmen aus einer Vielzahl von ausländischen Einheiten, in denen jeweils verschiedene Wertaktivitäten angesiedelt sein können und zwischen denen somit mannigfaltige Interdependenzen bestehen. Damit verbunden stellt sich ein Problem, Markt- und Wettbewerbsinformationen in Bezug auf verschiedene Länder einzuholen und deren Diffusion in die ausländischen Einheiten sicherzustellen (Bamberger/Wrona 2003).

Die erhöhte Komplexität der Führungsprobleme internationaler Unternehmen drückt sich unmittelbar auch in ihrer empirischen Analyse aus: Die empirische Forschung im IM ist mit einer Reihe von spezifischen Besonderheiten oder Problemen verbunden, die in der Literatur breit diskutiert werden (Schöllhammer 1975, Roberts/Boyacigiller 1984, Wright/Lane/Beamish 1988, Nasif et al. 1991, Holzmüller 1995, Padmanabhan/Cho 1995, Cavusgil/Das 1997). Wie eingangs bereits angedeutet, sind die Merkmale der Untersuchungssituation im Kontext internationaler Unternehmen bzw. Umwelten häufig sehr komplex und damit schwieriger zu konzeptualisieren und zu erheben. Die Komplexität drückt sich dabei in der erhöhten Anzahl und Beziehungsdichte relevanter unternehmensinterner Variablen wie etwa unterschiedliche Managementsysteme, länderübergreifend verbundene Prozesse, Mitarbeiter mit unterschiedlichem Ausbildungsstand und Background oder verschiedene lokal angepasste Produkte. Aber auch externe Variablen wie z. B. verschiedene Kulturen, Rechtssysteme oder institutionelle Ordnungen, in denen sich das Unternehmen bewegt, tragen zu einer erhöhten Komplexität bei (Wright/Lane/Beamish 1988). Das zu untersuchende Unternehmen arbeitet in unterschiedlichen nationalen Umwelten, deren Einflüsse sehr schwierig zu separieren und zu bewerten sind.

Darüber hinaus können die Werte und Attitüden der untersuchten Aktoren zwischen einzelnen Ländern mitunter stark variieren (Hofstede 1980, Redding 1980, Altarriba 1993, Allinson/Hayes 2000). Dies ist intuitiv für „kulturell entfernte" Regionen wie z. B. einige asiatische Länder; die Diversität kognitiver Strukturen zeigt sich jedoch bereits zwischen verschiedenen europäischen Ländern (Gabele 1989, Bamberger 1990, Haahti 1995). Solche kognitive Diversität hat z. B. Konsequenzen für die Wahrnehmung der Struktur und der Dynamik der Wettbewerbsumwelt von Managern, für die Interpretation bestimmter Ereignisse als Krise oder Chance, für die Wahrnehmung zeitlicher Horizonte oder den Umgang mit Unsicherheit (Calori/Johnson/Sarnin 1992, Geletkanycz 1997). Die forschungsmethodischen Konsequenzen solcher länderübergreifend verschiedener Werte sind beträchtlich und äußern sich z. B. in Problemen der Fragebogengestaltung, der Herstellung interkultureller Äquivalenz für notwendige Vergleiche oder der Dateninterpretation (Bauer 1989). Sie werden u. a. in der interkulturellen Vergleichsforschung ausführlich diskutiert (Adler 1983, Schöllhammer 1994, Holzmüller 1995, Cavusgil/Das 1997, Ember/Ember 2000).

Eine weitere Besonderheit liegt in der räumlichen Distanz. Diese macht nicht nur die empirische Forschung geld- und zeitaufwändig, sondern führt gleichsam auch zu Schwierigkeiten, Zugang zum Untersuchungsobjekt (z. B. zu ausländischen Unternehmen) zu bekommen (Buckley/Chapman 1996). Speziell qualitative Formen der Datenanalyse (vgl. Abschnitt 2) sind von diesem Zugangsproblem stark betroffen, z. B. wenn die Daten mittels der sogenannten „participant observation" erhoben werden und der Forscher nicht nur beobachtet sondern im Feld partizipiert, d. h. Teil der beobachteten Aktoren „wird". Schließlich sind auch sprachliche Probleme ein Spezifikum der Forschung zum IM, die aus der räumlichen Distanz erwachsen. Sie drücken sich u. a. in unterschiedlichen Konstruktionsmöglichkeiten und -problemen von Befragungsmethoden wie speziell Fragebögen (Harkness/Van de Vijver/Johnson 2003) und auch deren Rücklaufquoten aus (Harzing 2000).

Wenn sich zwischen verschiedenen Kulturen die Messinstrumente, die Relevanz von Phänomenen oder ihre Generalisierbarkeit signifikant unterscheiden, so haben solche Besonderheiten eine unmittelbare Auswirkung auf den Prozess der empirischen Forschung (Parkhe 1993, Holzmüller 1995, Yaprak 2003). Je nach betrachteter Problemdimension führen sie dazu, dass die eine Methodenkategorie leichter anwendbar ist als die andere. Sie können im Einzellfall auch dazu führen, dass eine bestimmte Methode nicht anwendbar ist. Dies bildet ein Beispiel dafür, dass die Merkmale des Gegenstands bzw. der Population (vgl. Abbildung 4) einen Einfluss auf die Anwendbarkeit von Methoden besitzen können. Häufig jedoch sind die genannten Merkmale auch so allgemein, dass sie als grundlegende Problembereiche jeglicher Art empirischer Forschung im IM betrachtet werden können und für beide Kategorien von Methoden zu Problemen ihrer Ausführung führen.

5.2 Gegenstände der Forschung im Internationalen Management

Neben allgemeinen Besonderheiten der Forschung im IM kann auch der konkrete Gegenstand der Forschung einen Einfluss auf die Anwendbarkeit von Methoden besitzen (Kelle 2007, S. 57). Die Beschreibung des Gegenstands der Forschung im IM kann unterschiedlich differenziert erfolgen. Offensichtlich kann hier grundsätzlich alles Gegenstand der Forschung sein, was auch im Bereich des Managements allgemein betrachtet wird. Greift man wiederum auf die eingangs bereits zitierten Arbeiten zum State-of-the-Art der Forschung zum IM zurück, so kristallisieren sich bestimmte mehr oder weniger typische Gegenstände heraus. So weist beispielsweise Ricks auf die Forschungsbereiche (1) „strategic management", (2) „human resource management", (3) „organizational behavior and cross-national management", (4) „organization and control", (5) „production and sourcing", (6) „forms of international involvement", (7) „management of innovation, information and technology" sowie (8) „business-government relations" hin (Ricks 1993, S. 10). Eine besondere Relevanz kommt darüber hinaus in jüngerer Zeit sicherlich auch den „emerging countries" zu (Wright 2004). Werner kommt zu ähnlichen Inhalten und versucht darüber hinaus, Forschungsbeziehungen zwischen den „current themes" zu betonen (Werner 2002, S. 278 ff., vgl. auch Abbildung 5).

Betrachtet man nun solche und ähnliche Zusammenstellungen, so verbleiben doch erhebliche Zweifel über ihre Aussagekraft und damit ihre Eignung für Indikationsregeln. Aufgrund der Tatsache, dass das IM ein sehr weites Feld ist, bleiben die Analysen häufig stark an der Oberfläche. Was ist gewonnen, wenn man lernt, dass z. B. internationale Strategien ein wichtiger Forschungsbereich sind? Häufig werden in solchen Übersichten auch zentrale Felder von vorn herein ausgeblendet wie z. B. das komparative Management bzw. interkulturelle Forschung (Ricks/Toyne 1990, S. 219, Werner 2002, S. 278), da die vergleichenden Analysen sonst „zu komplex" würden. Darüber hinaus sind die Analysen häufig mit einem regionenspezifischen Bias belegt: Europäische Studien oder Zeitschriften werden in der Regel kaum berücksichtigt. Dies ist insofern ein beachtenswerter Mangel, als starke Unterschiede in den als „sinnvoll" erachteten oder „anerkannten" Forschungsdesigns zwischen Regionen existieren. Qualitative Forschungsdesigns, wie sie z. B. im Rahmen der Internationalisierungsprozessforschung speziell in den skandinavischen Ländern dominieren, tauchen in nordamerikanischen Publikationen seltener auf (Marschan-Piekkari/Welch 2004, S. 7). Schließlich beziehen sich die Übersichten nur auf wenige (meist) „A-Journals" und blenden andere Zeitschriften, aber auch Bücher aus.

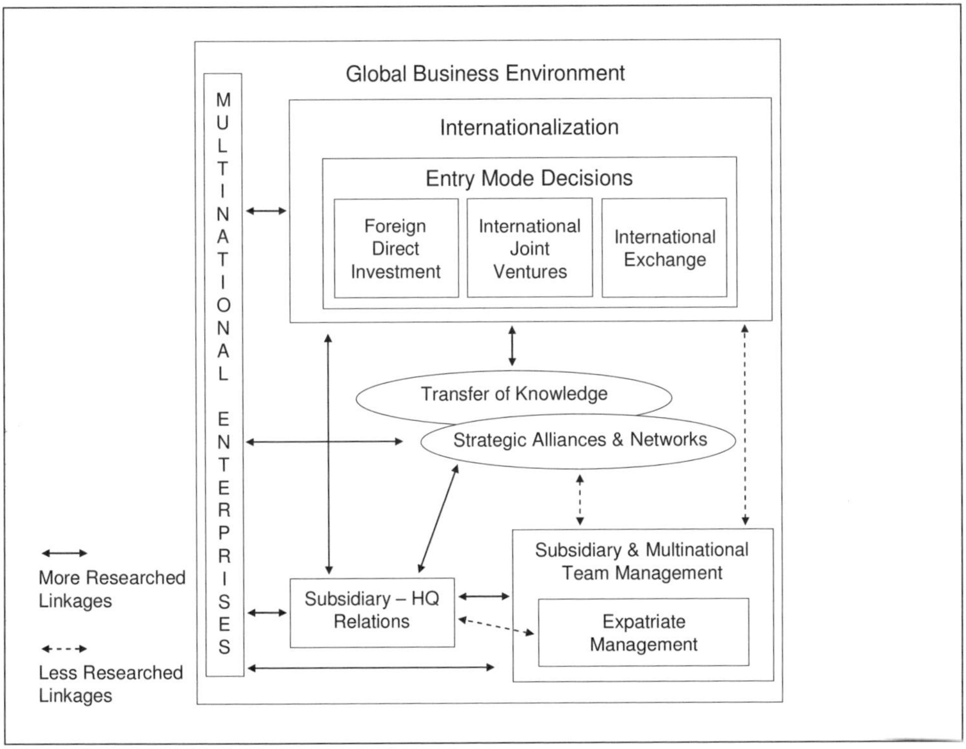

Abb. 5: Aktuelle Forschungsfelder in der Forschung zum IM
Quelle: in Anlehnung an Werner (2002), S. 282.

Was man also lernen kann, ist, welche (Teil-)Forschungsfelder sich in ausgewählten US-amerikanischen Zeitschriften durchgesetzt haben. Dann ist auch die Beobachtung, dass z. B. in den Übersichten die Content-Forschung so stark überwiegt und dass Prozessforschung zum Teil überhaupt nicht erwähnt wird, nicht mehr so verwunderlich. Auch vermögen solche Übersichten kaum Hinweise auf „blinde Flecke“ zu geben. Dies liegt einerseits an ihrer inhaltlichen Begrenztheit aber auch an ihrer induktiven Ausrichtung. Die erwähnten Studien stellen eine Sammlung und „Clusterung“ vorhandener Beiträge dar und verzichten hierbei häufig auf einen vorgängigen Referenzrahmen potentieller Forschungsfelder. Ein solches Vergleichsraster kann z. B. die Unterscheidung zwischen Prozess- und Inhaltsforschung sein. Letztere kann dann weiter differenziert werden nach ihren Gegenstandsbereichen wie etwa Ziele, Strategien, Managementsysteme usw. (Bamberger/Wrona 2004). Die Zugrundelegung eines solchen Referenzrahmens ermöglicht dann weitaus besser, „blinde Flecke“ zu erkennen. So stellt man etwa fest, dass der gesamte Bereich der Entwicklung und Gestaltung von Managementsystemen im internationalen Kontext stark unterbelichtet ist. Angesprochen sei hier insbesondere der Bereich der internationalen Planung bzw. Planungssysteme internationaler Unternehmen (Bamberger/Wrona 2003).

Aber selbst wenn man Repräsentativität unterstellt, so sind die resultierenden Inhalte so allgemein und heterogen geartet, dass für fast alle Felder beide Arten der empirischen Forschungsmethoden gleichsam anwendbar sind. Auch wenn man weiß, dass die strategische Prozessforschung aufgrund ihres multidimensionalen Charakters und der Rolle der Historie und des Kontextes häufig die Verwendung einer qualitativen Methode begünstigt (Van de Ven/Huber 1990, Wrona 2004, S. 191 ff.), so finden wir gleichwohl auch in diesem Feld eine Reihe von empirischen Arbeiten, die quantitative Forschungsmethoden zugrunde legen, speziell wenn es sich um die Analyse von Entscheidungsprozessen handelt (etwa die Analyse von Rajagopalan/Rasheed/Datta 1993 oder Al-Laham 1997).

Die „inhaltliche" Analyse der empirischen Forschung im IM hilft daher für die Beantwortung der Frage nach den einzusetzenden Methoden aus verschiedenen Gründen nicht so recht weiter. Aufgrund der Weite des Forschungsfeldes kann es aus inhaltlichen Erwägungen somit keine Eignungsempfehlung für oder gegen eine bestimmte Methode geben. Teilweise wird an das Kriterium angeknüpft, dass das IM eine noch recht junge Disziplin ist und entsprechend des „Reifegrades" tendenziell qualitative Methoden eher indiziert sind (Wright/Lane/Beamish 1988, Schöllhammer 1994). Man kann jedoch stark bezweifeln, dass diese zugegeben junge Disziplin tatsächlich eine so hohe Distanz (im Sinne von nutzbaren Theorien oder übertragbaren Vorkenntnissen) zu anderen Managementdisziplinen hat, dass qualitative Designs automatisch geeigneter erscheinen. Wie bereits erwähnt, bilden aber selbst solche Untersuchungssituationen keine Kontraindikation für quantitative Methoden, wie es am Beispiel des Data Minings gezeigt wurde.

6 Gibt es eine klare Indikation für Forschungsmethoden?

Im vorangegangenen Abschnitt wurde diskutiert, inwieweit aus den allgemeinen oder speziellen Merkmalen der Gegenstände in der Forschung zum IM Indikationsregeln für die Anwendung einer bestimmten Kategorie von empirischen Forschungsmethoden abgeleitet werden können. Es wurde gezeigt, dass solche Merkmale im Einzelfall dazu führen können, dass eine bestimmte Forschungsmethode nicht angewendet werden kann. Insgesamt jedoch lassen sich aus den Gegenständen keinerlei konkrete Hinweise auf die Anwendbarkeit von Methoden ableiten. Die skizzierte Verteilung empirischer Methoden mit einem Bias zugunsten der quantitativen Forschung stellt somit nicht mehr als nur ein Artefakt der praktizierten Forschung dar (ähnlich auch Diekmann 2006, S. 29). Dies leitet über zu der Frage, inwieweit die angewendeten Forschungsmethoden tatsächlich eindeutig

„indiziert“ sein können oder ob sie nicht zum Teil aus anderen Erwägungen heraus entspringen.

Eine Unterscheidung trennscharfer Indikationen, wie sie in Abschnitt 4 skizziert wurde, entspricht einer deterministischen Auffassung über eine Methodenindikation: Die Merkmale und Bedingungen der Realität bestimmen die anwendbare Methode. Solche Merkmale können z. B. in dem Untersuchungszusammenhang liegen, wie oben beschrieben, sie können jedoch auch weitere Größen beinhalten, welche die Methodenwahl vor dem Hintergrund politischer, historischer oder auch erkenntnistheoretischer Perspektiven determinieren können.[4] Demgegenüber steht eine voluntaristische Auffassung, nach der die Forschungsmethode aufgrund der subjektiven Ziele des Forschers gewählt wird (vgl. auch Abbildung 6).

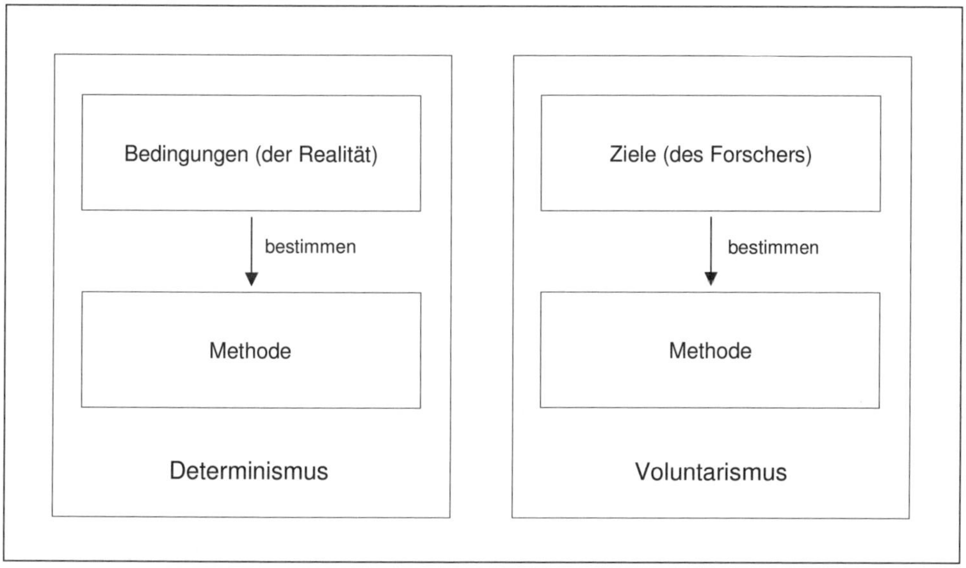

Abb. 6: Determinismus und Voluntarismus in der Methodenwahl

Alle Methoden stehen im Dienste der Erkenntnisgewinnung und sind Mittel zur Erfüllung unterschiedlicher Zwecke. Unabhängig von „realen Begrenzungen“ legt der Forscher fest, mit welchen Methoden er sein Forschungsproblem bearbeiten möchte. Dieser Perspektive entsprechend gibt es zwar eine Reihe von Hinweisen für eine Methodenwahl, diese haben jedoch keinen deterministischen Einfluss in dem Sinne, dass sie nicht eindeutig und zwingend zu einer bestimmten Kategorie von Methoden führen. Der Hinweis beispielsweise auf die Neuartigkeit des Problems muss entsprechend nicht zu qualitativen Methoden führen, da der Forscher

4 Speziell zur Frage der Relevanz der Erkenntnis- und Wissenschaftstheorie für die Methodenwahl vgl. Haase 2007.

etwa über das Konzept der Problemähnlichkeit mit Analogieschlüssen Hypothesen testend quantitative Methoden anwenden kann. Letztlich bestimmen die Zielsetzungen des Forschers also die Methodenwahl. Dabei ist es wohl nicht falsch anzunehmen, dass sich bestimmte Ziele wie z.B. das „Sinnverstehen" mit qualitativen Methoden eher erreichen lassen als mit quantitativen (et vice versa).[5] Allerdings sind diese Ziele wiederum selbst durch den Forscher gesetzte Werte im Basisbereich, d. h. er entscheidet, ob er erklären oder verstehen will. Ob diese Ziele für einen bestimmten Untersuchungszusammenhang sinnvoll sind, hängt dann wiederum von anderen Faktoren ab (hierzu auch Haase 2007, S. 42).

Eine dritte Auffassung kann darin gesehen werden, dass zwischen der Methodenwahl bzw. -anwendung und Merkmalen der Realität ein Dualismus besteht (Abbildung 7): Einerseits beeinflussen Merkmale der Realität wie z. B. die Rahmenbedingungen der Untersuchung, Merkmale des Untersuchungsgegenstandes oder die Fragestellung die Methodenwahl. Dies wurde oben am Beispiel der allgemeinen und besonderen Bedingungen der empirischen Forschung im IM gezeigt. Andererseits bildet es eine grundlegende Annahme dieser Perspektive, dass es keine vom Subjekt unabhängige Wirklichkeit gibt oder zumindest, dass sie – sofern eine objektive Realität existiert – nicht erkennbar ist. Der für den Forscher relevante Ausschnitt aus der Realität wird dabei durch die Anwendung von Forschungsmethoden konstruiert. Mit der Anwendung einer bestimmten Forschungsmethode geht gleichsam auch eine grundlegende Entscheidung über die mögliche Sicht auf die Realität einher. Je nach Forschungsmethode werden unterschiedliche methodologische Festsetzungen getroffen, z. B. darüber, welche Zugänge zur Realität zulässig sind, oder über die Eigenschaften der Befunde (z. B. ihre Reichweite; Wrona 2006, S. 201). Die Anwendung von quantitativen Methoden z. B. im Rahmen der betriebswirtschaftlichen Werteforschung ist gleichbedeutend mit der Entscheidung, auf das Phänomen „Werte" in ganz bestimmter Weise zu blicken. Diese „Scheinwerfereinstellung" unterscheidet sich grundlegend von der Blickrichtung, die dem Forscher die Anwendung qualitativer Methoden ermöglicht.[6] Dabei geht es nicht nur darum, dass mit beiden Methoden andere „Auswertungsoperationen" vollzogen werden, als vielmehr, dass die Realität unterschiedlich abgebildet wird und bereits vor der Analyse unterschiedliche Daten produziert werden.

---

5 Gleichwohl gibt es auch andere Wege, „verstehen" zu können als durch ein Hineinversetzen. Max Weber weist z. B. auf die Bedeutung von Abstraktion und Urteilskraft für das Verstehen von anderen hin (vgl. in diesem Zusammenhang Haase 2007, S. 41).

6 Hierbei wird auf die Metapher des Scheinwerfers im Sinne Poppers Bezug genommen (Popper 1998). So wie der Scheinwerfer in Abhängigkeit von seiner Lage oder Einstellung bestimmte Dinge sichtbar macht und andere verbirgt, so gilt dies ebenso für die eingesetzte Forschungsmethode.

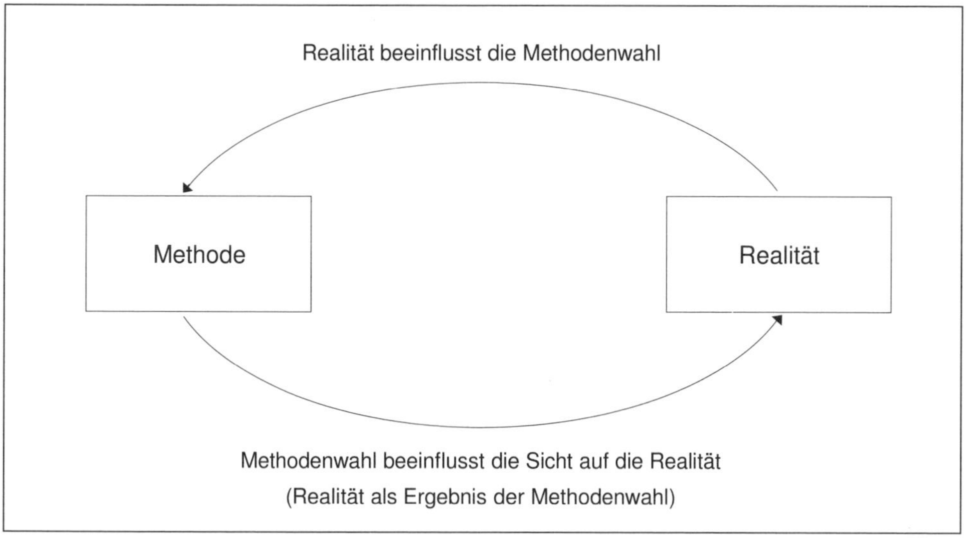

Abb. 7: Dualität zwischen Methode und Realität

Die Methodenwahl in dieser Perspektive ist somit einerseits von gewissen Bedingungen abhängig, die Forschungshandeln einschränken und es zugleich jedoch auch ermöglichen. Andererseits werden solche Bedingungen nicht als deterministisch betrachtet, sondern sind gleichsam Ergebnis des Forschungshandelns selbst.[7]

Für die Frage der Indikation und der begründeten Methodenwahl bedeutet dies u. a., dass es keine eindeutige Indikation gibt. Eine Orientierung an der Fragestellung oder am Informationsbedarf ist zwar einerseits nötig, ohne jedoch, dass hierdurch Handlungszwänge in Bezug auf zu präferierende Methoden resultieren. Wenn die Realität nicht objektiv erkennbar ist, dann führt jede Methodenwahl automatisch zu einer gewissen Verzerrung im Sinne des Scheinwerfermodells, ohne dass man sie jedoch feststellen oder mit anderen Verzerrungen vergleichen könnte. Eine Bewusstmachung dieser Zusammenhänge und möglicherweise von „taken for granted"-Annahmen über eine vermeintlich „indizierte" Forschungsmethode kann den Optionenraum von Forschungshandeln stark erweitern. Beide Kategorien von Forschungsmethoden können grundsätzlich für eine Vielzahl von Fragestellungen herangezogen werden und können auch in Zukunft die Befunde der Forschung zum IM nur gemeinsam bereichern.

7 Diese Perspektive ist inspiriert durch die grundlegenden Arbeiten von Giddens (1988); vgl. zu ähnlichen wie den beschriebenen Dualismen auch Weaver und Gioia (1994).

Literatur

Adler, N. J. (1983): Cross-cultural Management Research: The Ostrich and the Trend. In: Academy of Management Review, 8. Jg., Nr. 2, 1983, S. 226-232.

Al-Laham, A. (1997): Strategieprozesse in deutschen Unternehmungen: Verlauf, Struktur und Effizienz. Gabler, Wiesbaden, 1997.

Allinson, C. W./Hayes, J. (2000): Cross-national Differences in Cognitive Style: Implications for Management. In: International Journal of Human Resource Management, 11. Jg., Nr. 1, 2000, S. 161-170.

Altarriba, J. (1993): The Influence of Culture on Cognitive Processes. In: Altarriba, J. (1993, Hrsg.): Cognition and Culture: A Cross-cultural Approach to Cognitive Psychology. North Holland, Amsterdam et al., 1993, S. 379-386.

Atteslander, P. (2000): Methoden der empirischen Sozialforschung. 9. Aufl., de Gruyter, Berlin et al., 2000.

Bamberger, I. (1990): The STRATOS Group: Strategic Orientation of Small European Business. Avebury, Aldershot et al., 1990.

Bamberger, I./Wrona, T. (2003): Planung in internationalen Unternehmen. In: Breuer, W./ Gürtler, M. (2003, Hrsg.): Internationales Management. Gabler, Wiesbaden, 2003, S. 57-109.

Bamberger, I./Wrona, T. (2004): Strategische Unternehmensführung: Strategien – Systeme – Prozesse. Vahlen, München, 2004.

Bauer, E. (1989): Übersetzungsprobleme und Übersetzungsmethoden bei einer multinationalen Marketingforschung. In: Jahrbuch der Absatz- und Verbrauchsforschung, 35. Jg., Nr. 2, 1989, S. 174-205.

Berger, P./Luckmann, T. (1971): Die Gesellschaftliche Konstruktion der Wirklichkeit: Eine Theorie der Wissenssoziologie. Fischer, Frankfurt a. M., 1971.

Blumer, H. (1973): Der methodologische Standort des Symbolischen Interaktionismus. In: Arbeitsgruppe Bielefelder Soziologen (1973, Hrsg.): Alltagswissen, Interaktion und gesellschaftliche Wirklichkeit. Rowohlt, Reinbek bei Hamburg, 1973, S. 80-146.

Bortz, J./Döring, N. (2002): Forschungsmethoden und Evaluation für Human- und Sozialwissenschaftler. 3. Aufl., Springer, Berlin, 2002.

Bryman, A. (2004): Social Research Methods. 2. Aufl., Oxford University Press, Oxford et al., 2004.

Buckley, P. J./Chapman, M. (1996): Theory and Method in International Business Research. In: International Business Review, 5. Jg., Nr. 3, 1996, S. 233-245.

Calori, R./Johnson, G./Sarnin, P. (1992): French and British Top Managers' Understanding of the Structure and the Dynamics of their Industries: A Cognitive Analysis and Comparison. In: British Journal of Management, 3. Jg., Nr. 2, 1992, S. 61-78.

Cavusgil, S. T./Das, A. (1997): Methodological Issues in Empirical Cross-cultural Research: A Survey of the Management Literature and a Framework. In: Management International Review, 37. Jg., Nr. 1, 1997, S. 71-96.

Creswell, J. W. (2003): Research Design: Qualitative, Quantitative and Mixed Methods Approaches. 2. Aufl., Sage, Thousand Oaks/CA et al., 2003.

Creswell, J. W./Plano Clark, V. L. (2007): Designing and Conducting Mixed Methods Research. Sage, Thousand Oaks/CA et al., 2007.

Currall, S. C./Towler, A. J. (2003): Research Methods in Management and Organizational Research: Toward Integration of Qualitative and Quantitative Techniques. In: Tashakkori, A./Teddlie, C. (2003, Hrsg.): Handbook of Mixed Methods in Social and Behavioural Research. Sage, Thousand Oaks/CA et al., 2003, S. 513-526.

Derrida, J. (1976): Die Schrift und die Differenz. Suhrkamp, Frankfurt a. M., 1976.

Diekmann, A. (2006): Aktuelle Probleme der empirischen Sozialforschung. In: Diekmann, A. (2006, Hrsg.): Methoden der Sozialforschung. Sonderheft Nr. 44 der Kölner Zeitschrift für Soziologie und Sozialpsychologie, Wiesbaden, 2006, S. 8-31.

Eisenhardt, K. M. (1989): Building Theories from Case Study Research. In: Academy of Management Review, 14. Jg., Nr. 4, 1989, S. 532-550.

Eisenhardt, K. M./Graebner, M. E. (2007): Theory Building from Cases: Opportunities and Challenges. In: Academy of Management Journal, 50. Jg., Nr. 1, 2007, S. 25-32.

Ember, C. R./Ember, M. (2000): Cross-cultural Research Methods. AltaMira Press, Walnut Creek/CA, 2000.

Erzberger, C. (1998): Zahlen und Wörter: Die Verbindung quantitativer und qualitativer Daten und Methoden im Forschungsprozess. Dt. Studien-Verlag, Weinheim, 1998.

Flick, U. (2002): Qualitative Forschung. 6. Aufl., Rowohlt, Reinbek bei Hamburg, 2002.

Flick, U. (2004): Triangulation: Eine Einführung. Gabler, Wiesbaden, 2004.

Flick, U./von Kardoff, E./Steinke, I. (2003): Qualitative Forschung: Ein Handbuch. 2. Aufl., Rowohlt, Reinbek bei Hamburg, 2003.

Friedrichs, J. (1990): Methoden empirischer Sozialforschung. Westdeutscher Verlag, Opladen, 1990.

Gabele, E. (1989): Die Rolle der Werthaltungen von Führungskräften mittelständischer Unternehmen bei der Erringung strategischer Wettbewerbsvorteile: Empirische Ergebnisse eines europäischen Forschungsprojektes. In: Die Betriebswirtschaft, 49. Jg., Nr. 5, 1989, S. 623-637.

Garfinkel, H. (1967): Studies in Ethnomethodology. Prentice-Hall, Englewood Cliffs/NJ, 1967.

Geletkanycz, M. A. (1997): The Salience of "Culture's Consequences": The Effects of Cultural Values on Top Executive Commitment to the Status Quo. In: Strategic Management Journal, 18. Jg., Nr. 8, 1997, S. 615-634.

Giddens, A. (1988): Die Konstitution der Gesellschaft: Grundzüge einer Theorie der Strukturierung. Campus, Frankfurt a. M., 1988.

Glasersfeld, E. V. (1990): Einführung in den radikalen Konstruktivismus. In: Watzlawick, P. (1990, Hrsg.): Die erfundene Wirklichkeit. Piper, München, 1990, S. 16-38.

Haahti, A. J. (1995): INTERSTRATOS: Internationalization of Strategic Orientations of European Small and Medium Enterprises. EIASM (European Institute for Advanced Studies in Management) Institute Report, Nr. 95-01, Brüssel, 1995.

Haase, M. (2007): Untersuchungsgegenstand und Informationsbedarf: Zur Relevanz von Erkenntnis- und Wissenschaftstheorie für die Methodenwahl. In: Haase, M. (2007, Hrsg.): Kritische Reflexionen empirischer Forschungsmethodik. Diskussionsbeiträge des Fachbereichs Wirtschaftswissenschaft der Freien Universität Berlin, Betriebswirtschaftliche Reihe Nr. 5, Berlin, 2007, S. 38-64.

Harkness, J./Van de Vijver, F. J. R./Johnson, T. P. (2003): Questionnaire Design in Comparative Research. In: Harkness, J./Van de Vijver, F. J. R./Mohler, P. P. (2003, Hrsg.): Cross-cultural Survey Methods. John Wiley & Sons, Hoboken/NJ, 2003, S. 19-34.

Harzing, A.-W. (2000): Cross-national Industrial Mail Surveys: Why Do Response Rates Differ between Countries? In: Industrial Marketing Management, 29. Jg., Nr. 3, 2000, S. 243-252.

Hofstede, G. (1980): Culture's Consequences: International Differences in Work Related Values. Sage, Beverly Hills/CA et al., 1980.

Holzmüller, H. H. (1995): Konzeptionelle und methodische Probleme in der interkulturellen Management- und Marketingforschung. Schäffer-Poeschel, Stuttgart, 1995.

Hurmerinta-Peltomäki, L./Nummela, N. (2006): Mixed Methods in International Business Research. A Value-Added Perspective. In: Management International Review (MIR), 46. Jg., Nr. 4, 2006, S. 439-459.

Jahoda, M. (1938): Some Ideas on Social and Psychological Research. In: The Sociological Review, 30. Jg., Nr. 1, 1938, S. 63-80.

Jahoda, M. (1991): Die Arbeitslosen von Marienthal. In: Flick, U./Kardoff, E./Keupp, H./ Rosenstiel, L./Wolff, S. (1991, Hrsg.): Handbuch Qualitative Sozialforschung. Psychologie-Verlag, München, 1991, S. 119-122.

Kamlah, A./Reichenbach, M. (1983): Gesammelte Werke: Band 4: Erfahrung und Prognose. Vieweg, Braunschweig, 1983.

Kelle, U. (2007): Die Integration qualitativer und quantitativer Methoden in der empirischen Sozialforschung. Theoretische Grundlagen und methodologische Konzepte. VS Verlag, Wiesbaden, 2007.

Kirkman, B./Law, K. (2005): International Management Research in AMJ: Our Past, Present and Future. In: Academy of Management Journal, 48. Jg., Nr. 3, 2005, S. 377-386.

Kotabe, M. (2003): State-of-the-art: Review of Research in International Marketing Management. In: Jain, S. C. (2003, Hrsg.): Handbook of Research in International Marketing. Elgar, Cheltenham/PA, 2003, S. 3-41.

Kromrey, H. (2002): Empirische Sozialforschung. Leske und Budrich, Opladen, 2002.

Lamnek, S. (1995): Qualitative Sozialforschung: Band 2: Methoden und Techniken. 3. Aufl., Beltz, Weinheim et al., 1995.

Locke, K. (2001): Grounded Theory in Management Research. Sage, London et al., 2001.

Marschan-Piekkari, R./Welch, C. (2004): Handbook of Qualitative Research Methods for International Business. Elgar, Cheltenham/PA et al., 2004.

Mayring, P. (2001): Kombination und Integration qualitativer und quantitativer Analysen. In: Forum Qualitative Sozialforschung – Qualitative Social Research (Online Journal), 2. Jg., Nr. 1, 2001.

Mendenhall, M./Beaty, D./Oddon, G. R. (1993): Where Have all the Theorists Gone? An Archival Review of the International Management Literature. In: International Journal of Management, 10. Jg., Nr. 2, 1993, S. 146-153.

Nasif, E. G./Al-Daeaj, H./Ebrahimi, B./Thibodeaux, M. S. (1991): Methodological Problems in Cross-cultural Research: An Updated Review. In: Management International Review, 31. Jg., Nr. 1, 1991, S. 79-91.

Padmanabhan, P./Cho, K. R. (1995): Methodological Issues in International Business Studies: The Case of Foreign Establishment Mode Decisions by Multinational Firms. In: International Business Review, 4. Jg., Nr. 1, 1995, S. 55-73.

Parkhe, A. (1993): „Messy" Research, Methodological Predispositions and Theory Development in International Joint Ventures. In: Academy of Management Review, 18. Jg., Nr. 2, 1993, S. 227-268.

Popper, K. (1998): Kübelmodell und Scheinwerfermodell: Zwei Theorien der Erkenntnis. In: Popper, K. (1998, Hrsg.): Objektive Erkenntnis: Ein evolutionärer Entwurf. Hoffmann und Campe, Hamburg, 1998, S. 369-390.

Popper, K. (2002): Logik der Forschung. 10. Aufl., Mohr Siebeck, Tübingen, 2002.

Poser, H. (2001): Wissenschaftstheorie: Eine philosophische Einführung. Reclam, Stuttgart, 2001.

Rajagopalan, N./Rasheed, A./Datta, D. (1993): Strategic Decision Processes: Critical Review and Future Directions. In: Journal of Management, 19. Jg., Nr. 2, 1993, S. 349-384.

Redding, S. G. (1980): Cognition as an Aspect of Culture and its Relation to Management Processes: An Exploratory View of the Chinese Case. In: The Journal of Management Studies, 17. Jg., Nr. 2, 1980, S. 128- 148.

Ricks, D. (1993): International Management Research: Past, Present and Future. In: Wong-Rieger, D./Rieger, F. (1993, Hrsg.): International Management Research. De Gruyter, Berlin et al., 1993, S. 9-12.

Ricks, D. A./Toyne, B. (1990): Recent Developments in International Management Research. In: Journal of Management, 16. Jg., Nr. 2, 1990, S. 219-253.

Roberts, K. H./Boyacigiller, N. A. (1984): Cross-national Organizational Research: The Grasp of the Blind Men. In: Staw, B./Cummings, L. L. (1984, Hrsg.): Research in Organizational Behavior. Greenwich, 1984, S. 17-31.

Sale, J. E. M./Lohfeld, L. H./Brazil, K. (2006): Revisiting the Quantitative-qualitative Debate: Implications for Mixed-methods Research. In: Johnson, P./Clark, M. (2006, Hrsg.): Business and Management Research Methodologies. Sage, London, 2006, S. 178-187.

Schnell, R./Hill, P. B./Esser, E. (1999): Methoden der empirischen Sozialforschung. Oldenbourg, München, Wien, 1999.

Schöllhammer, H. (1975): Current Research in International and Comparative Management Issues. In: Management International Review, 15. Jg., Nr. 2, 1975, S. 29-45.

Schöllhammer, H. (1994): Strategies and Methodologies in International Business and Comparative Management Research. In: Management International Review, 34. Jg., Special Issue Nr. 1, 1994, S. 5-20.

Schreier, M. (2005): Qualitative und quantitative Methoden in der Sozialforschung: Vielfalt statt Einheit! Symposium: Qualitative und quantitative Methoden in der Sozialforschung: Differenz und/oder Einheit? Vortragsmanuskript 1. Berliner Methodentreffen Qualitative Forschung, 24.-25. Juni 2005.

Steinke, I. (1999): Kriterien qualitativer Forschung: Ansätze zur Bewertung qualitativempirischer Sozialforschung. Juventa, Weinheim et al., 1999.

Stier, W. (1996): Empirische Forschungsmethoden. Springer, Berlin et al., 1996.

Ströker, E. (1987): Über Poppers Kriterien des Wissenschaftsfortschritts. In: Erkenntnis, 27. Jg., Nr. 91, 1987, S. 93-112.

Tashakkori, A./Teddlie, C. (2003): Handbook of Mixed-methods in Social and Behavioural Research. Sage, Thousand Oaks/CA et al., 2003.

Van de Ven, A./Huber, G. P. (1990): Longitudinal Field Research Methods for Studying Processes of Organizational Change. In: Organization Science, 1. Jg. Nr. 3, 1990, S. 213-219.

Van de Ven, A. H./Poole, M. S. (1990): Methods for Studying Innovation Development in the Minnesota Innovation Research Program. In: Organization Science, 1. Jg., Nr. 3, 1990, S. 313-336.

Weaver, G. R./Gioia, D. A. (1994): Paradigms Lost: Incommensurability versus Structurationist Inquiry. In: Organization Studies, 15. Jg., Nr. 4, 1994, S. 565-590.

Werner, S. (2002): Recent Developments in International Management Research: A Review of 20 Top Management Journals. In: Journal of Management, 28. Jg., Nr. 3, 2002, S. 277-305.

Wilson, T. P. (1981): Theorien der Interaktion und Modelle soziologischer Erklärung. In: Arbeitsgruppe Bielefelder Soziologen (1981, Hrsg.): Alltagswissen, Interaktion und gesellschaftliche Wirklichkeit. 5. Aufl., Westdeutscher Verlag, Opladen, 1981, S. 54-79.

Wilson, T. P. (1982): Qualitative oder quantitative Methoden in der Sozialforschung. In: Kölner Zeitschrift für Soziologie und Sozialpsychologie, 34. Jg., Nr. 1, 1982, S. 487-508.

Witt, H. (2001): Forschungsstrategien bei quantitativer und qualitativer Sozialforschung. In: Forum Qualitative Sozialforschung – Forum Qualitative Social Research (Online-Journal), 2. Jg., Nr. 1, 2001.

Witzel, A. (1982): Verfahren der qualitativen Sozialforschung: Überblick und Alternativen. Campus, Frankfurt, 1982.

Wong-Rieger, D./Rieger, F. (1993): International Management Research: Looking to Future. De Gruyter, Berlin et al., 1993.

Wright, L. L. (2004): The Need for International Qualitative Research. In: Punnett, B. J./ Shenkar, O. (2004, Hrsg.): Handbook for International Management Research. J. Wiley, New York/NY, 2004, S. 49-67.

Wright, L. L./Lane, H. W./Beamish, P. W. (1988): International Management Research: Lessons from the Field. In: International Studies of Management and Organizations, 16. Jg., Nr. 3, 1988, S. 55-71.

Wrona, T. (2004): Strategiebildungsprozesse in deutschen Internet-Unternehmen: Theoretische Überlegungen und empirische Fallstudienbefunde. Unveröffentlichte Habilitationsschrift, Essen, 2004.

Wrona, T. (2005): Die Fallstudienanalyse als wissenschaftliche Forschungsmethode. Working Paper Nr. 10, Berlin, ESCP-EAP Europäische Wirtschaftshochschule Berlin, 2005.

Wrona, T. (2006): Fortschritts- und Gütekriterien im Rahmen qualitativer Sozialforschung. In: Zelewski, S. (2006, Hrsg.): Fortschritt in den Wirtschaftswissenschaften: Wissenschaftstheoretische Grundlagen und exemplarische Anwendungen. Deutscher Universitäts-Verlag, Wiesbaden, 2006, S. 189-216.

Yaprak, A. (2003): Measurement Problems in Cross-national Consumer Research: The State-of-the-art and Future Research Directions. In: Jain, S. C. (2003, Hrsg.): Handbook of Research in International Marketing. Elgar, Cheltenham/PA et al., 2003, S. 175-189.

Hartmut H. Holzmüller*

Prozedurale Herausforderungen in der Forschung zum Interkulturellen Management und Ansätze zu deren Handhabung

* Prof. Dr. Hartmut Holzmüller ist Inhaber des Lehrstuhls für Marketing an der Technischen Universität Dortmund.

1 Problemaufriss

Unter der Forschung zum Interkulturellen Management[1] sollen in Anlehnung an Macharzina und Oesterle (2002, S. 6) sowie Kutschker und Schmid (2006, S. 236ff.) Forschungsaktivitäten verstanden werden, die zwei oder mehr Staaten oder Kulturen umfassen und auf spezifische Fragestellungen des IM im funktionalen (Managerial Function Approach) oder im institutionellen (Managerial Roles Approach) Sinn abstellen (zu dieser Differenzierung Steinmann/Schreyögg 1993). Dieser Typus von Forschung wird seit ungefähr fünf Dekaden betrieben und hat analog zur Ausweitung der internationalen Geschäftstätigkeit von Unternehmen ständig an Bedeutung gewonnen.

Die Tatsache, dass zumindest in zwei unterschiedlichen Umfeldern bzw. Restriktionsrahmen geforscht wird, welche durch physische Faktoren (z. B. Topographie, Klima), soziokulturelle Bedingungen (z. B. Religion, Familienstruktur, Wertvorstellungen), technische Rahmenbedingungen (z. B. Normen, Entwicklungsstand, Infrastruktur), ökonomische Determinanten (z. B. Wirtschaftssystem, Wohlstand, Konkurrenzsituation) sowie politische und rechtliche Gegebenheiten (z. B. nationale Stabilität, Rechtssystem, Rechtssicherheit) bestimmt werden (Scheuch 2007, S. 524ff.), führt zu spezifischen Herausforderungen, die sich in binnenstaatlichen bzw. monokulturellen Forschungsprojekten nicht oder zumindest nicht in diesem Ausmaß stellen. Unter dem Schlagwort „methodische Herausforderungen" der Forschung zum Interkulturellen Management befasst sich die einschlägige Literatur seit längerer Zeit mit dieser Thematik (z. B. Roberts 1970, Schöllhammer 1973, Kraut 1975). Aus meiner Sicht ist die Fokussierung auf methodische Aspekte jedoch zu kurz gegriffen, und die entsprechenden Publikationen, die sich mit den methodischen Herausforderungen und deren Bewältigung befassen, zeigen, dass implizit auch weitere Gestaltungsfelder des internationalen bzw. interkulturellen Forschungsprozesses angesprochen werden. Daher scheint es zweckmäßig zu sein, sich in ganzheitlicher Form mit dem Procedere im Kontext der interkulturellen Forschung zu beschäftigen. Im Sinn einer umfassenden Analyse werden in der Folge konzeptionelle (Wie wird die kulturelle Komponente gehandhabt?), theoretische (Wie wird der kulturelle Einfluss begründet?), methodische (Wie werden Daten interkulturell gesammelt?) und analytische (Wie wird der interkulturelle Einfluss im Rahmen der Datenanalyse extrahiert?) Aspekte betrachtet.

---

1 Im Fach wird selten eine klare Grenze zwischen der Forschung zum Interkulturellen und zum Internationalen Management gezogen. Der Begriff „Forschung zum Interkulturellen Management" soll im Rahmen dieses Beitrages für jenen Typus von Forschung verwendet werden, der sich auf verhaltenswissenschaftlicher Basis mit internationalen Fragestellungen beschäftigt und dabei Kultur als eine relevante Determinante mit einbezieht (Usunier 1998, Müller/Gelbrich 2004).

Zielsetzung des Beitrags ist es, nachzuzeichnen, (1) wie sich die Diskussion über spezifische Problemstellungen in internationalen bzw. interkulturellen Forschungsprozessen in den letzten vier Dekaden entwickelt hat, (2) welche Ansatzpunkte zur Handhabung der prozeduralen Herausforderungen aktuell verfügbar sind und (3) welche künftigen Aufgabenstellungen sich aus neueren Ansätzen in der kulturbezogenen Kognitionsforschung, der Kulturpsychologie und der Kultursoziologie für die Forschung zum Interkulturellen Management künftig ergeben werden. In einem ersten Schritt geht es um einen Rückblick, wobei zur Vereinfachung der Argumentation im Folgenden von grenzüberschreitend angelegten standardisierten Befragungen ausgegangen wird. Überall dort, wo es zur Abdeckung der Thematik notwendig erscheint, wird auf Aspekte der qualitativen Forschung (Marschan-Piekkari/Welch 2004, Buber/Holzmüller 2007) verwiesen.

2 Analysen des interkulturellen Forschungsprozesses

Die Auseinandersetzung mit den angesprochenen prozeduralen Besonderheiten und Herausforderungen der Forschung zum IM hat eine vergleichsweise lange Tradition. Die Reviews des Forschungsstandes über die letzten fast vierzig Jahre, beginnend mit Roberts (1970), Schöllhammer (1973), Boddewyn (1981) bis hin zu den jüngst publizierten Studien von Schaffer/Riordan (2003), Nakata/Huang (2005) und Yang/Wang/Su (2006), identifizieren durchgängig eine methodische Weiterentwicklung. Sie bemängeln jedoch, dass viele zentrale Probleme der Forschungsplanung und -durchführung zur jeweiligen Zeit, in der die Reviews durchgeführt wurden, in der Disziplin zu wenig Beachtung finden. Die eher mäandernde Entwicklung im Fach im Hinblick auf eine prozedurale Professionalisierung ist meines Erachtens neben der dem Objektbereich immanenten Komplexität v. a. auch auf eine zu kurz gegriffene, überwiegende Fokussierung auf methodische bzw. datenanalytische Aspekte in der Diskussion und das Fehlen einer umfassenden Kriterienliste zur Beurteilung internationaler Forschung zurückzuführen. Fasst man den Blickwinkel weiter und betrachtet Forschungsprozesse umfassend, so ergeben sich folgende Einsichten bezüglich der Fortschritte und der dauerhaft auftretenden Probleme in den eingangs differenzierten Bereichen interkultureller Forschungsprozesse. Die folgenden Ausführungen beruhen auf einer umfänglichen Literaturanalyse (Holzmüller/Nijssen/Singh 2006).

(1) Konzeption von Kultur

Über die letzten vierzig Jahre lässt sich ein deutlicher Trend zu einer klareren bzw. expliziten Konzeptionalisierung und Operationalisierung von Kultur in internationalen bzw. interkulturellen Forschungsarbeiten erkennen. Beklagen frühe Reviews die unspezifizierte Verwendung des Konstrukts (z. B. Roberts 1970, S. 335, Boddewyn 1981, S. 73, Bagat/McQuaid 1982, S. 676), so belegen jüngere Studien, dass eine Tendenz zur Verwendung multidimensionaler Kulturkonzepte festzustellen ist (Samiee/Jeong 1994, S. 213, Samiee/Atthanassiou 1998, S. 85, Nakata/Huang 2005, S. 614). Schaffer und Riordan (2003, S. 173) berichten beispielsweise, dass 35% der Studien, die im Zeitraum von 1995 bis 2001 von ihnen untersucht wurden, die Kulturdimensionen von Hofstede (1980) in der einen oder anderen Art verwendet haben. Unabhängig von diesem Fortschritt finden sich aber Hinweise auf zwei weiterhin durchgängig existente Problembereiche, nämlich die Verwendung von Kultur als nominale Variable („Dummy“) und damit eng verzahnt die unzureichende Definition und Spezifikation des Kulturbegriffs.

In vielen Studien wird nach wie vor nicht explizit geklärt, ob Nation oder Kultur im Forschungsdesign zugrunde gelegt wird. Oftmals wird eine nationale Differenzierung als Operationalisierung für Kultur verwendet, was zwei Schwierigkeiten nach sich zieht. Zum einen wird damit die kulturelle Heterogenität in vielen Staaten nicht berücksichtigt und zum anderen wird der Leser hinsichtlich der Interpretation, ob es sich nun um national oder kulturell geprägte Ergebnisse handelt, allein gelassen (Peng/Peterson/Shyi 1991, S. 90, Schaffer/Riordan 2003, S. 171). Hinsichtlich der Begrifflichkeit und Abgrenzung wird immer noch beklagt, dass die Disziplin von einer allgemein akzeptierten Definition von Kultur weit entfernt ist, und dass in vielen Fällen nicht klar spezifiziert wird, ob Kultur als Konstrukt auf der Individualebene oder einer höheren Aggregationsstufe konzipiert ist (van de Vijver/Leung 1997, S. 260, Singelis 2000, S. 81). Zudem wird wenig Augenmerk auf die Frage gelegt, ob Kultur nun umfassend verstanden wird oder Forschungsarbeiten nur auf spezifische Facetten von Kultur abstellen.

(2) Theoretische Einbindung von Kultur

Schon Kraut (1975, S. 544) stellt in einer Bestandsaufnahme des Forschungsstandes in der Disziplin fest, dass Kultur in internationalen Studien häufig als unspezifizierte Residualgröße verwendet wird, um Dinge zu erklären, die sonst nicht berücksichtigt wurden. Fast drei Jahrzehnte später konstatiert Nakata (2003, S. 221) in ähnlicher Weise, dass internationale Erklärungsansätze, insbesondere wenn sie auf Kulturkonzepte zurückgreifen, wenig theoretisch fundiert sind. Darüber hinaus wird bemängelt, dass – sofern überhaupt eine theoretische Verankerung angestrebt wird – bestehende Kulturkonzepte wie eben jenes von Hofstede (1980), aber auch andere Konzeptionen wie die von Triandis (1989), Schwartz (1992) oder Trompenaars (1993) eher eklektisch und wenig integriert genutzt werden. Einflüsse von der nationalen oder kulturellen Ebene werden ungerechtfertigterweise häufig direkt modelliert, ohne zu beachten, dass diesen „Hintergrundphänomenen“ eher eine moderierende oder mediierende Bedeutung zukommt (Lonner/Adamopoulos 1997, S. 62). Zudem wird kritisch herausgestellt, dass nationale oder kulturelle Determinanten überbetont werden, weil rivalisierende Erklärungsansätze, die andere Einflussgrößen in Betracht ziehen, nicht berücksichtigt werden (Child 1981, Cheng 1994).

Bemängelt wird von Reviewern des Forschungsfelds auch die mangelnde oder nicht existente theoretische Verknüpfung von Substanzmodellen, also dem eigentlichen Untersuchungsgegenstand, mit der kulturellen Ebene (Samiee/Jeong 1994, S. 209, Nakata 2003, S. 215). Gemeinhin wird eine geringe theoretische Fundierung bei der Erklärung von kulturellen Unterschieden und Gemeinsamkeiten bzw. kulturellen Wirkmechanismen konstatiert (Lonner/Adamopoulos 1997, S. 62, Aycan 2000, S. 111).

(3) Forschungsmethode

Den Aufgaben der Entwicklung des Forschungsdesigns, der Planung der Feldarbeit und der Phase der Datenerhebung wurde von allen prozeduralen Bereichen in der internationalen Forschung die größte Aufmerksamkeit gewidmet. Stark beeinflusst von der methodischen und methodologischen Diskussion in der Vergleichenden und Interkulturellen Psychologie (z. B. Triandis 1989, 1996, van de Vijver/Leung 1997, Brislin/Worthley/Macnab 2006,) hat sich im Fach eine Sensibilisierung für einschlägige Fragestellungen ergeben (Green/White 1976, Nasif et al. 1991, Malhotra/Agarwal/Peterson 1996, Cavusgil/Das 1997), die durch positive Einschätzungen hinsichtlich der Entwicklung im Sampling, Umgang mit dem interkulturellen Bias und dem Emic-Etic-Dilemma belegt sind (Aulakh/Kotabe 1993, S. 23, Schaffer/Riordan 2003, S. 183, Nakata/Huang 2005, S. 615). Dennoch sind viele internationale Forschungsarbeiten noch von einer Fülle an methodischen Schwachpunkten gekennzeichnet, die weiterhin eine Auseinandersetzung mit diesen Themenfeldern erfordert (Holzmüller/Nijssen/Singh 2006). So berichten z. B. Schaffer und Riordan (2003, S. 174), dass über 79% der von ihnen reviewten Studien einem Pseudo-Etic-Ansatz folgen, also mehr oder weniger unreflektiert Skalen und Messinstrumente, die in einem kulturellen Umfeld entwickelt wurden, in ein oder mehrere fremdkulturelle Felder transferieren, ohne deren Angemessenheit für die neuen Einsatzgebiete zu überprüfen. Im Hinblick auf das Sampling wird noch immer bemängelt, dass zu wenig Sorgfalt auf die Vergleichbarkeit und Repräsentativität von Stichproben im interkulturellen Kontext gelegt wird (Samiee/Jeong 1994, S. 214, Nakata/Huang 2005, S. 215). Bezogen auf die Überwindung des ethnozentrischen Bias im Forschungsprozess, also der Kulturgebundenheit von Forschern und der daraus resultierenden Dominanz eigenkultureller Standards in der Forschungsplanung, wird konstatiert, dass im Unterschied zum kulturellen Bias der Beforschten den Verzerrungen und Beeinflussungen, die von Forschenden ausgehen, wenig Aufmerksamkeit geschenkt wird (Easterby-Smith/Manila 1999, Schaffer/Riordan 2003). Dies manifestiert sich u. a. in der mangelhaften bzw. unzureichenden Dokumentation von Details interkultureller Forschungsvorgaben in Publikationen, welche in der Folge keine Rückschlüsse auf die Handhabung methodischer Herausforderungen in den veröffentlichten Studien zulassen.

(4) Interkulturelle Datenanalyse

In diesem Bereich, der alle Schritte in einem Forschungsvorhaben meint, welche nach Ende der Datenerhebung erfolgen, wird über die Jahre eine beachtliche Entwicklung zu mehr analytischer Professionalität herausgestrichen. Frühe Arbeiten waren typischerweise von deskriptiven und deskriptiv vergleichenden Herangehensweisen gekennzeichnet, und es wurde wenig Gewicht auf Fragen der Validität und Reliabilität von Messinstrumenten gelegt (Boddewyn 1981, Bhagat/McQuaid 1982). In der Zeit danach wurde deutlich, dass eine Hinwendung zu mehr analytischer Sensitivität, Komplexität und Sophistizität stattfand (Peng/Peterson/Shyi 1991, S. 87). Mittlerweile sind die Beurteilung der Messgüte, die Prüfung der interkulturellen Datenäquivalenz mittels Strukturgleichungsanalysen und der Einsatz anderer multivariater Verfahren im Objektbereich weit verbreitet (Nakata/Huang 2005, S. 615). Ungeachtet dieses Fortschritts wird in den jüngsten Reviews bemängelt, dass (1) die Heterogenität innerhalb von Staaten oder Ländern zu wenig Beachtung in den Analysen findet (Cavusgil/Das 1997, S. 93, Schaffer/Riordan 2003, S. 175), (2) die Tatsache, dass Konstrukte und Variablen auf unterschiedlichen Aggregationsebenen vorliegen (Individual-, Organisations- und Gesellschaftsdaten), oft unberücksichtigt bleibt (Aycan 2000, Singelis 2000) und (3) die Tendenz zu einer Überbetonung kultureller Erklärungen besteht, die rivalisierende Hypothesen nicht beachtet (Redding 1997, S. 437, van de Vijver/Leung 1997b, S. 291).

3 Zur Handhabung prozeduraler Herausforderungen

Nach der kursorischen Sichtung des Forschungstands soll in einem nächsten Schritt aufgezeigt werden, wie in den vier identifizierten Gestaltungsbereichen von Forschungsprozessen mit den zentralen prozeduralen Heraufforderungen umgegangen werden kann. Die Diskussion orientiert sich dabei an bereits verfügbaren Techniken und Einsichten im einschlägigen Bereich, die aber insgesamt noch wenig rezipiert sind und v. a. nicht in integrativer Weise gesehen werden. Die angesprochenen Herangehensweisen sollten als Idealforderungen aufgefasst werden. Es ist unrealistisch zu erwarten, dass Forschungsvorhaben allen angesprochenen Kriterien entsprechen werden, weil die empirische Forschung – insbesondere in einem interkulturellen Kontext – eine Abwägung von Möglichem und Machbarem und damit eine Gratwanderung zwischen konzeptionell-theoretisch Erwünschtem und pragmatisch Realisierbarem darstellt. Dennoch dürften die unten angesprochenen Themenfelder in der Zusammenschau eine zweckmäßige Prüfliste für die Beurteilung der Qualität empirischer Forschung zum Interkulturellen Management darstellen.

3.1 Konzeptionelle Aspekte

Im Wesentlichen sind es zwei Aufgaben, die sich im Hinblick auf die Konzeptualisierung der internationalen Komponente eines Forschungsprojekts stellen, nämlich die Festschreibung der konstituierenden Variablen und deren Operationalisierung. Wesentliche Basisentscheidung in der Forschungsplanung ist, ob man sich auf Staaten oder Kulturen als Differenzkriterium festlegt. Stehen Staaten im Mittelpunkt des Interesses, so wird häufig implizit von intranationaler Homogenität ausgegangen. Dies ist insbesondere in multiethnischen Ländern (z. B. Schweiz, Indien), aber auch in Ländern mit großen Anteilen von Bürgern mit Migrationshintergrund (z. B. Frankreich, Deutschland) problematisch. Zwar mag für viele Forschungsprojekte in der Praxis der Fokus auf Staaten aus pragmatischen Gründen ausreichend sein, in der akademischen Forschung setzt sich jedoch immer stärker die Einsicht durch, dass die Nutzung von Kultur die tragfähigere und aussagekräftigere Herangehensweise darstellt (z. B. Peng/Peterson/Shyi 1991, Samiee/Jeong 1994, S. 88), da hierdurch intranationale Unterschiede besser zu greifen sind. Wesentlich ist in diesem Zusammenhang, dass unabhängig von der Entscheidung für die eine oder andere Konzeption (Staaten oder Kulturen) eine explizite Festlegung erfolgt und die daraus resultierenden Konsequenzen für den weiteren Projektverlauf bedacht werden.

Eng verzahnt mit der Entscheidung, ob Staaten oder Kulturen als konstituierendes Merkmal einer Studie zu wählen sind, ist die entsprechende Operationalisierung dieser Merkmale. Häufig werden Staaten, die in eine Studie einbezogen werden, a priori nicht weiter spezifiziert, sondern als nominale Kategorien gehandhabt und dann Forschungsergebnisse im Nachhinein unter vager Rückbindung auf Unterschiede zwischen den untersuchten Staaten interpretiert (Bhagat/McQuaid 1982, S. 576, Samiee/Jeong 1994, S. 213). Die Nutzung von Staaten als nominale („Dummy“) Variable erlaubt seriöserweise nur die Erstellung deskriptiver Studien. Ist es Zielsetzung eines Forschungsvorhabens, u. a. internationale Unterschiede zu erklären, sollte die Variable Staat als Konstrukt aufgefasst werden, welches über geeignete Indikatoren spezifiziert wird (Holzmüller/Stöttinger 1996). Ähnliches gilt auch für die Nutzung von Kulturkonzepten: Hier ist festzuhalten, dass sich insbesondere in der akademischen Forschung ein Trend weg von der Nutzung von Kultur als unspezifische nominale Variable, hin zur psychologischen Operationalisierung über geeignete Dimensionen und Indikatoren beobachten lässt (van de Vijver/Leung 1997, Nakata/Huang 2005). Besondere Attraktivität genießen in diesem Zusammenhang klar operationalisierte Kulturkonzepte, die eine einfache Messung unterschiedlicher Facetten von Kultur liefern wie beispielsweise das Kulturkonzept von Hofstede (1980, 1991). Jedoch ist darauf hinzuweisen, dass bei dieser Vorgehensweise immer die Gefahr droht, dass die verwendeten Kulturkonzepte keine theoretische Relevanz für die untersuchten Phänomene haben und im konzeptionellen Kern von wirtschaftlichen Fragestellungen zu weit entfernt sind (Earley 2006, S. 928).

3.2 Theoretische Fundierung

Lösungsansätze bzw. prozedurale Empfehlungen gehen im Zusammenhang mit der theoretischen Fundierung von interkulturellen Forschungsprojekten in drei Richtungen und zielen im Einzelnen auf die Differenzierung theoretischer Komponenten, die Modellierung und schließlich die Hypothesenformulierung ab. Erstens scheint es im Hinblick auf die grundsätzliche theoretische Fundierung überaus zweckmäßig zu sein, eine Differenzierung nach Substanztheorien und internationalen Theorien vorzunehmen (vgl. Abbildung 1). Substanztheoretische Überlegungen beziehen sich auf die eigentlich zu untersuchende Forschungsfrage, also beispielsweise auf Erklärungsmodelle des Personalverhaltens (Arbeitszufriedenheit, Motivation, Wertvorstellungen etc.) oder von Strategiemustern (Kunden- oder Konkurrenzorientierung etc.). In vielen Fällen stehen substanzielle Managementaspekte im Mittelpunkt, während auf der internationalen Ebene theoretische Konstrukte im Vordergrund stehen, die auf die Identifikation und Erklärung von Gemeinsamkeiten und Unterschieden von Staaten und Kulturen abstellen. Diese liefern damit Erklärungsansätze für substanzielle Unterschiede auf übergeordneter Ebene, beispielsweise unter Rückgriff auf Kulturmodelle oder -theorien, Modelle der ökonomischen Entwicklung oder institutionentheoretische Konzepte. Abbildung 1 stellt die angesprochene Differenzierung am Beispiel einer kulturübergreifenden Studie im Kundenbeziehungsbereich dar.

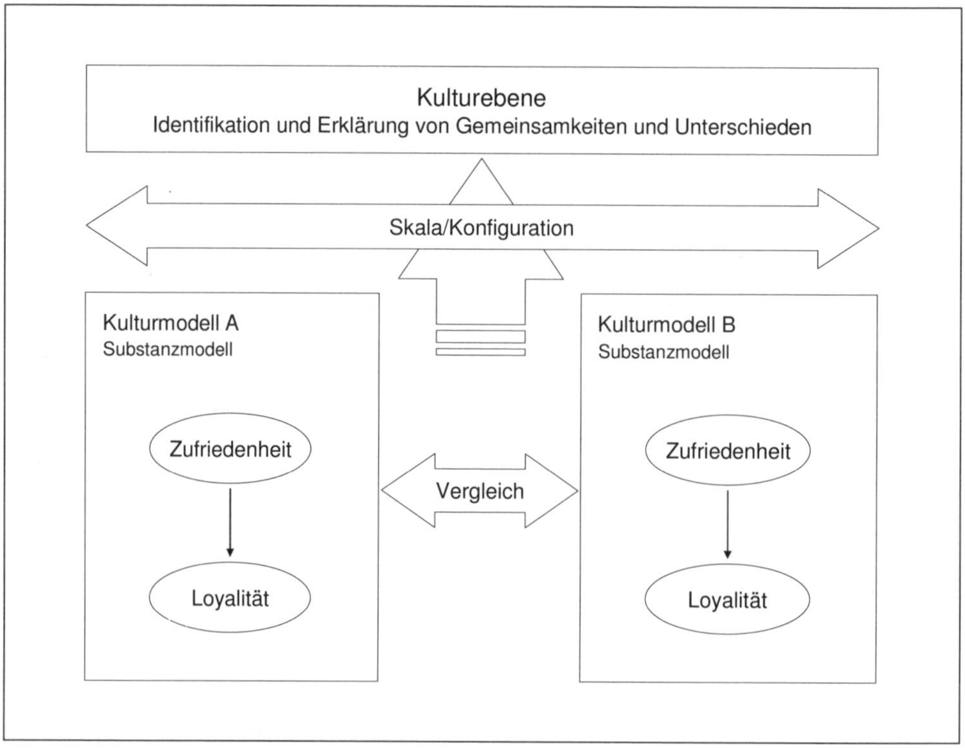

Abb. 1: Integriertes Substanz- und Kulturmodell
Quelle: in Anlehnung an Holzmüller (1995), S. 168.

Zweitens ist eine Aufgabe in diesem Zusammenhang die eigentliche Modellierung, die idealtypisch eine theoretisch-konzeptionell begründete Verknüpfung von substanztheoretischer und internationaler Konzeption vorsehen sollte. Dabei ist von zentraler Bedeutung, dass die theoretische Konzeption, die auf der internationalen Ebene herangezogen wird, mit der zugrunde liegenden Konzeption auf der Substanzebene theoretisch fundiert verknüpft werden kann. So ist es beispielsweise höchst fragwürdig, wenn in einer kulturübergreifenden Studie von Unternehmensstrategien (Substanzebene) auf der Kulturebene auf einzelne Dimensionen von Hofstede (1980) zurückgegriffen wird, die arbeitsorientierte Wertvorstellungen abbilden. Die in letzter Zeit immer stärker zu beobachtende Nutzung von „vorfabrizierten" Kulturkonzepten (z. B. Hofstede 1980, 1991, 2006, Schwartz 1992, Trompenaars 1993), die in anderen Forschungskontexten mit sehr unterschiedlichen Zielsetzungen entwickelt wurden, erscheint problematisch, weil vielfach keine stringente Verbindung zwischen Kulturkonzeption und der Modellierung auf der Substanzebene besteht (Earley 2006, S. 928). Damit besteht die Gefahr, dass ein künstlicher und im Kern nicht relevanter Erklärungsansatz geliefert wird (van de Vijver/Leung 1997b, S. 260). Für die Grundlagenforschung resultiert daraus u. a. die Forderung nach der Entwicklung von für den Anwendungsbereich spezifischen kulturbasierten Konzeptionen, die entsprechende Eignung für Erklärungsansätze im Kontext der Forschung zum IM besitzen (Aycan 2000). Viel beachtete Beispiele dafür sind die CET-(Consumer-Ethnocentrism-Tendencies-)Scale (Shimp/Scharma 1987) oder die Kulturdimensionen aus dem GLOBE-Projekt (House et al. 2004, Hrsg., Hofstede 2006).

Drittens ist schließlich aufgrund der Komplexität möglicher Erklärungsansätze bei der Hypothesenbildung, welche die internationalen oder kulturellen Theorien mit der Substanzebene verbinden (vgl. Abbildung 1), die Berücksichtigung konkurrierender Erklärungsansätze empfehlenswert. Durch zu geradlinige Fokussierung auf ausgewählte Einflussfaktoren auf der internationalen Ebene (staatliche bzw. kulturelle Determinanten) kann es leicht zur Überbetonung dieser Aspekte kommen (Nakata 2003, S. 215). Insbesondere aus verhaltenswissenschaftlicher Sicht ist es wichtig, im Rahmen der theoretischen Fundierung von internationalen Forschungsprojekten zu bedenken, dass kulturelle Determinanten nicht isoliert auf individuelles Denken und Verhalten wirken und diesen in der Mehrzahl der Fälle auch keine dominante Bedeutung zukommt. Kulturelle und substanzielle Konstrukte sind in den Wirkungsmustern nicht *per se* unabhängig zu sehen, sondern können interagieren. Daher sollte in der Hypothesenformulierung moderierenden Zusammenhängen im Kontext der internationalen Forschung ein großer Stellenwert eingeräumt werden (Samiee/Jeong 1994, Redding 1997).

3.3 Methodische Gestaltung

Bei der Diskussion dieses Aufgabenfeldes beziehe ich mich auf folgende zentrale Herausforderungen: den Umgang mit dem Etic-Emic-Dilemma, die Organisation von Forschungsprojekten, die Festlegung der Forschungsmethodik und Instrumententwicklung, das Sampling sowie die Durchführung der Feldarbeit. Damit werden alle Planungsschritte angesprochen, die bis einschließlich der Datenerhebung typischerweise zu durchlaufen sind.

Für die gesamte methodische Gestaltung von internationalen Forschungsvorhaben ist die Festlegung der grundlegenden methodischen Orientierung bedeutsam. Basierend auf den Arbeiten des Sprachforschers Pike (1966) hat sich in der interkulturellen Forschung für Forschungsstrategien, die davon ausgehen, dass es kulturübergreifende universale Strukturen gibt, welche der vergleichenden Forschung zugänglich sind, der Begriff der Etic-Orientierung durchgesetzt. Im Kontrast hierzu geht die Emic-Orientierung davon aus, dass jede kulturelle Entität nur aus sich heraus verstanden werden kann und damit vergleichende Forschung nahezu unmöglich ist. Aufgrund der anwendungsorientierten Ausrichtung der Forschung zum Internationalen Management ist die Etic-Orientierung die nahe liegende Herangehensweise an Forschungsaufgaben. Aber auch emische Forschungsprojekte sind von Relevanz, wenn beispielsweise kulturtypische Besonderheiten erforscht werden sollen oder Länderstudien ohne explizite Vergleichsabsicht erstellt werden (Ghauri 2004). Problematisch ist es, wenn eine Etic-Herangehensweise gewählt wird, ohne zu prüfen, ob die entsprechenden Voraussetzungen gegeben sind, also tatsächlich davon ausgegangen werden kann, dass die interessierenden Phänomene in einzelnen Staaten oder Kulturen sich so manifestieren, dass sie vergleichbar sind. Die sogenannte „Pseudo-Etic" liefert in vielen Fällen höchst zweifelhafte Resultate, weil Unvergleichbares verglichen wird (Douglas/Nijssen 2003, S. 622). Als Ausweg aus diesem Dilemma bieten sich Kombinationen beider Vorgehensweisen an, die darauf abzielen, ein grundsätzliches Maß an Vergleichbarkeit zu generieren, ohne die emischen Komponenten zu ignorieren (Douglas/Craig 2006, Hurmerinta-Peltomäki/Nummela 2006). Ein adaptierter Etic-Ansatz geht von einer Kultur aus und in einem nächsten Schritt werden Adaptionen auf andere Kulturen vorgenommen, die explizit auf lokale Besonderheiten und Eigentümlichkeiten Rücksicht nehmen. Eine emische Herangehensweise an die Integration nutzt die unterschiedlichen lokalen Bedingungen in mehreren Kulturen oder Staaten und entwickelt aus den kulturgebundenen Konzeptionen einen übergreifenden Forschungsansatz (Prinzip des „kleinsten gemeinsamen Nenners"). Eine kombinierte Emic-Etic-Vorgangsweise erlaubt somit die Berücksichtigung lokaler Eigenheiten bei gleichzeitiger Gewährleistung eines akzeptablen Niveaus von Vergleichbarkeit. In der psychometrischen Forschung bedeutet dies, dass ein gemeinsamer Stamm von Items in allen Erhebungsfeldern und darüber hinaus spezifische Items für einzelne Staaten oder Kulturen eingesetzt werden (Baumgartner/Steenkamp 1998).

Eng verzahnt mit der Entscheidung über den Umgang mit dem Emic-Etic-Dilemma sind Fragen der Organisation eines Forschungsvorhabens. Typischerweise werden in der akademischen wie auch der kommerziellen Marktforschung internationale Projekte von einem Willenszentrum in einer Ausgangskultur angestoßen und geleitet. Erfolgt die Realisation des Vorhabens aus dem Blickwinkel und in der Vorstellungswelt der Kultur, von der die Initiative ausgeht, dann besteht die Gefahr, dass die Forschungsergebnisse aufgrund einer Fülle von nicht beachteten Einflussfaktoren in den einzelnen Erhebungsfeldern von geringer Qualität sind (Holzmüller 1995). Obwohl Verzerrungen des Antwortverhaltens von Auskunftspersonen („respondent bias") in internationalen Studien in der Disziplin viel diskutiert sind (vgl. Abbildung 2, Baumgartner/Steenkamp 2001), wurden Verzerrungen und Messeinflüsse, die aus ethnozentrischen Grundhaltungen der beteiligten Forscher („researcher bias“) resultieren, häufig ignoriert.

Fragebogenbezogener Bias	Charakterisierung
Zustimmungstendenz	Fragen werden aus kulturellen Gründen immer tendenziell zustimmend beantwortet.
Extremantworten	Befragte neigen kulturell differenziert zur extremen Ablehnung oder Zustimmung.
Tendenz zur Mitte	Befragte vermeiden kulturell unterschiedlich eine deutlich positive oder negative Beantwortung.
Sozial erwünschte Antworten	Befragte versuchen i. S. d. Interviewers oder der in ihrer Kultur mehrheitlich vertretenen Erwartungen und Überzeugungen zu antworten.
Reihenfolgeeffekte	Die Reihenfolge der Fragestellung beeinflusst das Antwortverhalten im jeweiligen kulturellen Kontext unterschiedlich.
Verweigerung im Antwortverhalten	Verweigerung von Antworten, die kulturell sensible Themen betreffen.
Unklares Antwortformat	Die Enden von Skalen werden von den Befragten fehlinterpretiert.

Abb. 2: Überblick über unterschiedliche Verzerrungen und Messeinflüsse bei internationalen Forschungsprojekten
Quelle: in Anlehnung an Craig/Douglas (2005), S. 217 ff.

Eine wirksame Art, ethnozentrische Tendenzen von Forschern zu verringern und kulturspezifische Antwort- und Auskunftsmuster von Probanden zu antizipieren, sind dezentrale Organisationsformen, die Personen aus unterschiedlichen Ländern in möglichst viele Forschungsschritte einbeziehen. Das sogenannte „decentering“ nach Campbell und Werner (1970) war ein erster Versuch, die Dominanz einer Kultur in einem Forschungsvorhaben zu reduzieren. Mittlerweile ist ein verstärkter Trend zum Einsatz multikultureller Teams beobachtbar, die von vorneherein eine multizentrische Forschungsorganisation vorsehen (Holzmüller/Singh/Nijssen 2002, Hanges/Lyon/Dorfman 2005). Diese Strukturen sollen die Nutzung des lokalen Know-how in den angestrebten Forschungsfeldern und der unterschiedlichen kulturellen Erfahrungshintergründe der beteiligten Forscher erlauben. Damit ergeben sich aber auch ganz spezifische Arbeits- und Konfliktsituationen, die nicht *per se* zu einer Vermeidung von ethnozentrischen und kulturell bedingten methodischen Einflüssen führen (Teagarden et al. 1995, Easterby-Smith/Manila 1999). Offensichtlich ist die einfache Integration von Forschern in multikulturelle Teams kein Garant für eine durchgängige Verbesserung der kulturellen Sensitivität im Arbeitsprozess, die für die erfolgreiche Durchführung von internationalen Forschungsvorhaben notwendig zu sein scheint. Es liegt daher nahe, für die Beteiligten an einem internationalen Forschungsvorhaben Kultursensitivitätstrainings vorzusehen (Holzmüller/Stöttinger 2001, Landis/Bennett/Bennett 2004), die auf die Erhöhung der kulturellen Intelligenz der Akteure abzielen (Earley/Peterson 2004, Brislin/Worthley/Macnab 2006).

Eine weitere methodische Herausforderung stellt die Wahl einer geeigneten Forschungsmethode und die entsprechende kultursensitive Entwicklung des notwendigen Forschungsinstrumentariums dar. Hier gilt es, Vorgehensweisen zu entwickeln, die gewährleisten, dass eine hohe internationale Äquivalenz der erhobenen Daten gegeben ist (vgl. Abbildung 3). Es steht nicht die völlige Standardisierung des Forschungsprozesses und der Instrumente im Vordergrund, sondern eine Datengenerierung, die eine hohe Vergleichbarkeit bei gleichzeitiger hoher lokaler Messgüte ermöglicht (Holzmüller 1986, Bauer 1989). Darüber hinaus ist ein gemischter Einsatz von qualitativen und quantitativen Erhebungsformen sinnvoll, da bei einer rein quantitativen ethnozentrischen Vorgehensweise wichtige Aspekte aus dem fremden Kulturkreis häufig verborgen bleiben können (Hurmerinta-Peltomäki/Nummela 2006, S. 449). Abbildung 3 gibt einen Überblick über einzelne Facetten der Datenäquivalenz, die es im Rahmen der Datenbeschaffung zu berücksichtigen gilt.

Forschungsmethoden wie die unterschiedlichen Formen von Befragungen, Beobachtungen und Experimenten sind nicht für alle internationalen Einsatzfelder gleich gut geeignet (Craig/Douglas 2005). Eine entsprechende Auswahlentscheidung hat kultursensitiv zu erfolgen und muss dem kleinsten gemeinsamen Nenner aller beteiligten Forschungsfelder genügen. So versprechen beispielsweise bei grenzüberschreitenden Befragungen Telefonumfragen in einem Land mehr Erfolg, in einem anderen Land eher schriftliche oder persönliche Interviews. Wird mit einer unterschiedlichen Methodik in den einzelnen Ländern gearbeitet, sind die Chancen groß, dass die Unterschiede in den Ergebnissen aus den einzelnen Ländern nicht nur durch substanzielle Differenzen, sondern eben auch durch den Einsatz unterschiedlicher Methoden bedingt sind. Im Nachhinein ist diese Methoden-Substanz-Konfundierung (Holzmüller 1995) nicht mehr aufzulösen. Daher ist ein hoher Grad an Standardisierung des Methodeneinsatzes anzustreben, auch wenn damit beispielsweise Einbußen bei den Rücklauf- bzw. Beteiligungsraten in Kauf genommen werden müssen.

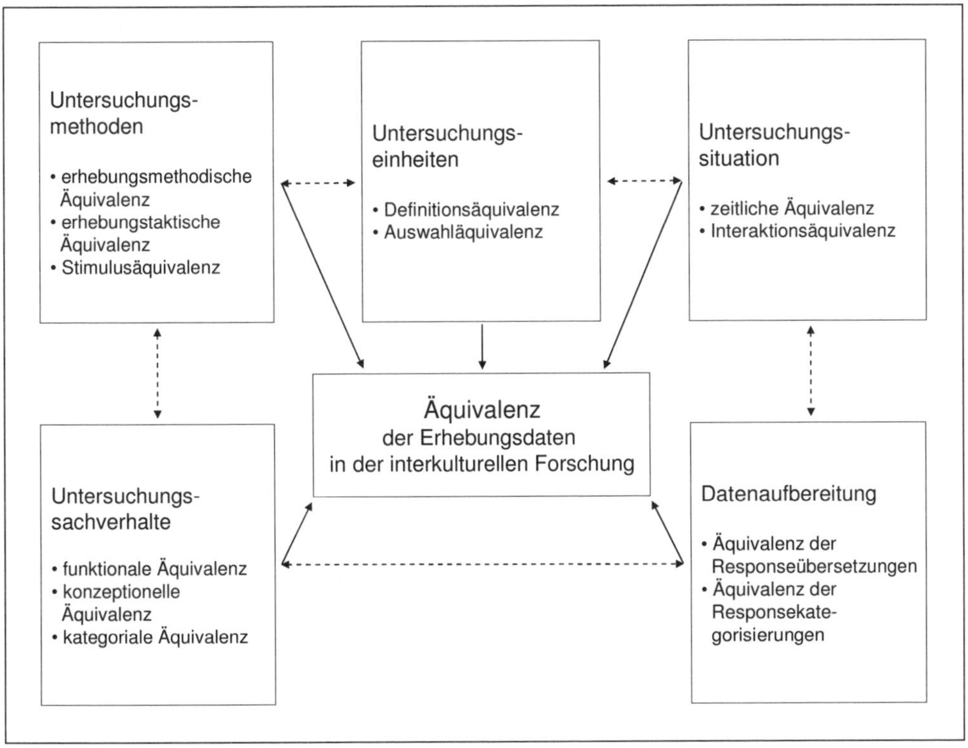

Abb. 3: Facetten der internationalen Datenäquivalenz
Quelle: in Anlehnung an Bauer (1989), S. 177.

Große Aufmerksamkeit hat im Kontext der Entwicklung von Messinstrumenten die Übersetzungsproblematik erfahren. Die Ergebnisse der Reviews von Samiee und Jeong (1994, S. 213) sowie Schaffer und Riordan (2003, S. 183) belegen klar, dass Rückübersetzungen des Fragebogens mit bilingualen Personen aus den betroffenen Sprachräumen zum Standard in der internationalen Forschung gehören. Problematisch ist in diesem Zusammenhang, dass eine hervorragend gelungene Übersetzung allein nicht gewährleistet, dass Datenäquivalenz erreicht wird, da die konzeptionelle Entsprechung in einer Zielkultur nicht gegeben sein muss (Usunier 1998). Ansatzpunkte zur Bewältigung dieser Herausforderung sind abermals der Einsatz von multikulturell besetzten Forschungsteams, die in möglichst dezentraler Form organisiert sein sollten (Hanges/Lyon/Dorfman 2005, Douglas/Craig 2007), und die Durchführung umfangreicher sowie mehrfacher Pre-Tests von Forschungsinstrumenten. Auch hier kann sich eine gemischt qualitative und quantitative Vorgehensweise empfehlen, um die Validität der Ergebnisse sicherzustellen und ein vollständigeres Bild über das zu untersuchende Phänomen zu gewinnen (Hurmerinta-Peltomäki/Nummela 2006). Eine spezifische Problematik stellt sich bei der äquivalenten Gestaltung von verbalen Rating-Skalen und Kategorien zur Erfassung von demographischen Variablen. Die Äquivalenz der Ankerpunkte von verbalen Rating-Skalen kann nicht unreflektiert vorausgesetzt werden und erfordert in der Regel aufwendige empirische Vorstudien, die sicherstellen, dass eine entsprechende Vergleichbarkeit gegeben ist (Holzmüller 1995, S. 198, Klarmann 2006). Die Erfassung von demographischen Variablen ist vielfach nicht einfach möglich. So sind beispielsweise häufig Bildungsgrade aufgrund unterschiedlicher nationaler Abschlüsse nicht vergleichbar, monetär identische Einkommensklassen differieren hinsichtlich lokaler Kaufkraft, und nationale Berufsklassifikationen entsprechen sich nicht durchgängig. Vor der Erhebung ist eine entsprechende Harmonisierung durch eine Anpassung der Abfragen sicherzustellen (ausführlich Hoffmayer-Zlotnik/Wolf 2003).

Ein verwandtes Problemfeld, das für Praxis und Wissenschaft gleichermaßen von hoher Bedeutung ist, betrifft die Generalisierbarkeit und Repräsentativität von interkulturellen Forschungsergebnissen. Eine wesentliche Determinante für die internationale Verallgemeinerbarkeit stellt die Art und Weise dar, wie die Auswahl der in eine Studie einbezogenen Länder erfolgt. Basiert diese auf keinen theoretischen Überlegungen, sondern ist sie vielmehr von der Nutzung bestehender Möglichkeiten und sich ergebender Chancen für die Datensammlung geprägt („convenience selection"), dann sind die Ergebnisse nur in einem eingeschränkten Rahmen aussagekräftig (Holzmüller/Stöttinger 1994). Daraus ergibt sich – insbesondere für die wissenschaftliche Forschung – die Forderung nach einer theoretisch-konzeptionell begründeten Auswahl von Erhebungsfeldern („random or purposive sampling", Sivakumar/Nakata 2001), die v. a. auch darauf abstellt, dass eine größere Anzahl von Ländern mit einbezogen wird (House et al. 2002). Für die kommerzielle Managementforschung erschöpft sich die Zielsetzung eines Forschungsvorhabens oftmals in der Erhebung von deskriptiven Daten, welche eine Unternehmenssituation in unterschiedlichen Ländern beschreiben. Die Beschränkung der Generalisierbarkeit auf die Länder, in denen das jeweilige Unternehmen aktiv ist, kann dann aus praktischer Sicht ausreichend sein. Jedoch kommt in diesen Fällen der Repräsentativität von Stichproben für die jeweilige nationale Population große Bedeutung zu. Als besondere Herausforderung in diesem Kontext gilt es zu berücksichtigen, dass viele Staaten ethnisch nicht so homogen sind wie Deutschland. Auch sozioökonomische und demographische Variablen sind häufig schief verteilt, und die bestehende Infrastruktur erschwert oftmals das Ziehen von zufälligen Stichproben (Holzmüller 1995, Craig/Douglas 2005). Neben der intranationalen Repräsentativität stellt sich aber auch die Frage nach der Äquivalenz von Stichproben über Ländergrenzen hinweg. Es gilt darauf zu achten, dass die Effekte, die aus Stichprobenunterschieden resultieren, welche nicht von Relevanz für die eigentliche Studienabsicht sind, möglichst gering gehalten werden (Steenkamp/ter Hofstede 2002). Schaffer und Riordan (2003, S. 181) belegen die gestiegene Bedeutung von abgestimmten Stichproben („matching samples") in der Forschung zum Internationalen Management. Gleichzeitig weisen sie aber darauf hin, dass die

Gefahr besteht, dass Stichproben anhand von Kriterien abgestimmt werden, die in engem Zusammenhang mit den eigentlich zu untersuchenden Variablen stehen. Dies führt in aller Regel zu limitierten Stichproben, die internationale Unterschiede kaschieren und nicht die realen Differenzen in den zugrunde gelegten Populationen an den Tag bringen.

Eng verknüpft mit der Stichprobengestaltung sind Fragen der zeitlichen Abstimmung. Grundsätzlich ist einer möglichst gleichzeitigen Datenerhebung der Vorzug zu geben, aber spezifische saisonale Muster in einzelnen Ländern wie z. B. Jahreszeitenunterschiede zwischen der südlichen und nördlichen Hemisphäre, wichtige religiöse Perioden (Weihnachten, Ramadan etc.), nationale Festtage oder singuläre Ereignisse von herausragender nationaler Bedeutung (Naturkatastrophen, Megasportveranstaltungen, Papstbesuche etc.) sind beim Timing zu berücksichtigen, weil davon Effekte auf die erhobenen Daten ausgehen können, die aufgrund der kurzen zeitlichen Bedeutung eine falsche Vergleichsbasis für internationale Analysen und Interpretationen liefern (Holzmüller 1986).

3.4 Aspekte der Datenanalyse

Schließlich stellen sich bei der Analyse von Daten, die aus mehreren Ländern bzw. Kulturen stammen, spezifische Herausforderungen, die es zu berücksichtigen gilt. Insbesondere drei Problembereiche stehen dabei im Vordergrund, wie in Abbildung 4 dargestellt: die Überprüfung der Abbildungsqualität (Homogenität und Messgüte), die Beurteilung der Vergleichbarkeit (interkulturelle Äquivalenz) sowie die Auswahl von geeigneten Analyseverfahren zur Überprüfung allfälliger Forschungshypothesen (Analysedesign).

Eine implizite Annahme, von der Forscher in länder- bzw. nationenübergreifenden Studien häufig ausgehen, ist, dass die zu vergleichenden Gruppen intern homogen sind. Zielen Forschungsvorhaben auf Länder- bzw. Kulturvergleiche ab, dann gilt es, in einem ersten Schritt zu überprüfen, ob die Homogenität der untersuchten Gruppen im Hinblick auf postulierte Differenzkriterien tatsächlich gegeben ist (Holzmüller/Nijssen/Singh 2006). Sind die Homogenitätsannahmen in den relevanten Kulturen aufgrund der empirischen Daten nicht gerechtfertigt, so schränkt dies in der Folge beabsichtigte Vergleichsaussagen ein, und es gilt, in der weiteren Datenanalyse auf unterschiedliche lokale Gruppierungen Bezug zu nehmen. Die Überprüfung der lokalen Messgüte in den einzelnen Erhebungsfeldern kann zunächst in konventioneller Art und Weise für jede Gruppe durch die Überprüfung der lokalen Reliabilitäts- und Validitätskriterien sowie der globalen Anpassungsindikatoren erfolgen (Churchill 1979, Homburg/Giering 1996).

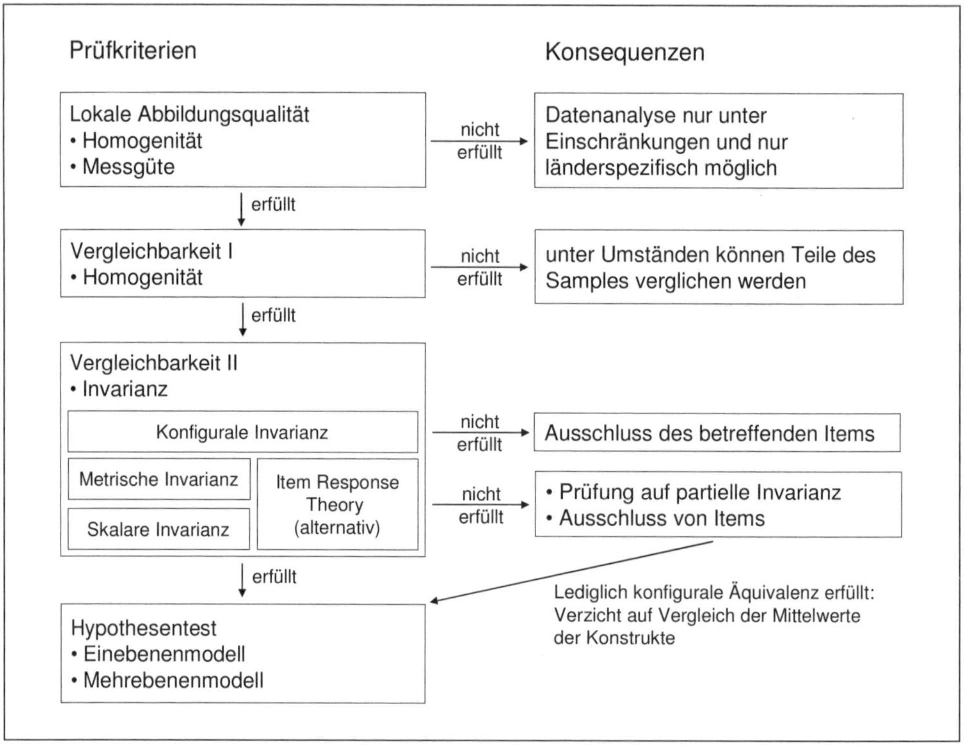

Abb. 4: Analytische Aspekte der Internationalen Marktforschung
Quelle: Holzmüller/Woisetschläger (2007), S. 140.

In einem zweiten Schritt ist zu klären, ob die Voraussetzungen für die Vergleichbarkeit der Ergebnisse gegeben sind. Zunächst ist zu kontrollieren, ob die Stichproben aus den verschiedenen Ländern vergleichbar sind (Steenkamp/ter Hofstede 2002). Falls diese Voraussetzung nicht erfüllt ist, bietet sich die Analyse vergleichbarer Teilstichproben an. Dann ist jedoch die zuvor angeführte Einschränkung bezüglich „matching samples" bei der Interpretation zu beachten. Nach der Vergleichbarkeit der Stichproben gilt es zu überprüfen, ob die theoretischen Konstrukte über Länder- bzw. Kulturgrenzen hinweg äquivalent sind. In der Literatur finden sich zwei Verfahren, die zum formalen Test der Äquivalenz von Messinstrumenten geeignet sind (Sinkovics/Salzberger/Holzmüller 1998). In Form von Mehrgruppen-Strukturgleichungsmodellen lassen sich die konfigurale Invarianz (Weist das gemessene Konstrukt, beispielsweise Kundenzufriedenheit, in allen Ländern die gleiche Faktorenstruktur auf und basiert diese auf den gleichen Items?), die metrische Invarianz (Sind die Gewichtungen (Faktorladungen), mit denen die Items in das Konstrukt eingehen, gleich?) und die skalare Invarianz (Sind bei gegebenem Mittelwert des Konstrukts die Mittelwerte der Items in allen Ländern gleich?) theoretischer Konstrukte prüfen (Singh 1995, Steenkamp/Baumgartner 1998). Eine alternative Methode zur Überprüfung der metrischen und skalaren Messäquivalenz stellen Ansätze dar, die auf Verfahren der Probabilistischen Testtheorie (Salzberger 1998, Salzberger/Sinkovics/Schlegelmilch 1999) bzw. der Item Response Theory (Hulin/Drasgow/Komocar 1982) beruhen. Vereinfacht zusammengefasst wird mit diesen Verfahren auf Itemebene der Zusammenhang zwischen der Ausprägung des Items (beispielsweise Wert der Zufriedenheit mit einer Produkteigenschaft auf einer Rating-Skala) und der Eintrittswahrscheinlichkeit jedes der Werte auf der Rating-Skala errechnet. Weichen die Item-Response-Funktionen zwischen den untersuchten Ländern oder Kulturen deutlich voneinander ab, dann misst ein entsprechendes Item nicht kulturinvariant (Salzberger/Sinkovics/Schlegelmilch 1999, Singh 2004) und kann nur bedingt in Vergleichsanalysen genutzt werden. In der empirischen Realität werden sich jedoch selten Datensätze finden lassen, die den hohen psychometrischen Ansprüchen der genannten Verfahren vollständig genügen. Liegt zumindest partielle Invarianz vor, so lässt sich über Korrekturfaktoren eine Vergleichbarkeit von Messniveaus herstellen. Ungeachtet der schwierigen Erfüllbarkeit der angesprochenen Äquivalenzkriterien sollten empirische Hinweise auf eine mangelnde Äquivalenz der Daten ernst genommen werden, weil sie klar belegen, dass lokal gefärbte Messeinflüsse oder entsprechende Methoden-Substanz-Konfundierung (Holzmüller 1995) vorliegen. Falls im Rahmen einer gemischt emisch-etischen Vorgehensweise Itembatterien erhoben wurden, die kontextspezifisch variieren, haben Baumgartner und Steenkamp (1998) ein auf Strukturgleichungsanalysen basierendes Verfahren entwickelt, mit dem diese Messansätze verglichen werden können.

Drittens sind geeignete Analyseverfahren zur Überprüfung der Untersuchungshypothesen auszuwählen. Dabei ist auf die unterschiedlichen Abstraktionsebenen, die in eine Untersuchung einfließen, besonderes Augenmerk zu legen. Die Integration von individuellen, unternehmensbezogenen und gesellschaftlich-kulturellen Konstrukten in ein Modell bzw. Netzwerk von Hypothesen erfordert spezifische Analyseschritte, da eine einfache Verknüpfung z. B. über Regressionsanalysen zu simplifizierten oder gar falschen Ergebnissen führt (House/Rousseau/Thomas-Hunt 1995). In der internationalen Forschung stehen entsprechend Ein- und Mehrebenenmodelle zur Verfügung. Liegt innerhalb der Daten keine hierarchische Struktur vor – beispielsweise im Falle vergleichender Konsumentenbefragungen – so können über Mehrgruppen-Strukturgleichungsmodelle Länderunterschiede verglichen werden (vgl. die beispielhafte Anwendung bei Garcia/Kandemir 2006).

Die Anwendung von Mehrebenenmodellen sollte immer dann erwogen werden, wenn hierarchische Datenstrukturen vorliegen. So sind beispielsweise Konstrukte zur Erfassung der Kultur auf internationaler Ebene (Gruppenebene) definiert, und die Modellierung auf Substanzebene (Individualebene) ist als in die internationale Ebene eingebunden zu verstehen. Mit diesen sogenannten „nested models“ wird die problematische (Dis-)Aggregation von Daten auf Gruppen- oder Individualebene vermieden. Bisher werden in der internationalen Forschung hierarchische Datenstrukturen kaum explizit berücksichtigt, jedoch ist eine zunehmende Sensibilisierung für diese Problemstellung zu beobachten (Steenkamp/ter Hofstede/Wedel 1999). In der Literatur existieren drei methodische Ansätze, die sich zur Berücksichtung von hierarchischen Strukturen in Marktforschungsdaten eignen (Schaffer/Riordan 2003, S. 209). Im Einzelnen sind dies erstens der Interrater Agreement Index, mit welchem sich das Ausmaß der Übereinstimmung bezüglich der Beurteilung eines Konstrukts innerhalb einer Gruppe bestimmen lässt (James/Demaree/Wolf 1984). Zweitens lässt sich durch die Analyse der Varianz zwischen und innerhalb von Gruppen (WABA) aufdecken, ob überhaupt Gruppenunterschiede existieren (Dansereau/Yammarino 2000). Und drittens ermöglicht das „hierarchical linear modeling" (HLM) schließlich die Modellierung von direkten und moderierenden Effekten beispielsweise von kulturellen Variablen auf der aggregierten Ebene auf die Beziehungen im Substanzmodell (Individualebene) (Bryk/Raudenbush 2002). In Konsequenz kann der Erklärungsbeitrag des Einflusses jeder Ebene auf die Varianz des interessierenden Konstrukts ermittelt werden (Holzmüller/Nijssen/Singh 2006).

4 Künftige Herausforderungen aufgrund neuerer Ansätze in der Kulturforschung

Insbesondere drei Entwicklungen in den Sozialwissenschaften rücken aus meiner Sicht die bislang diskutierten prozeduralen Problemstellungen in der Forschung zum Interkulturellen Management in ein neues Licht. In der Folge wird auf diese in der Disziplin bislang wenig rezipierten Ideen und Diskussionen eingegangen, welche sich um folgende Aspekte ranken: (1) die verstärkte Sensibilisierung in der Kulturpsychologie bezüglich Fragen der Variabilität innerhalb von Kulturen und Nationen (Oyserman/Coon/Kemmelmeier 2002a), (2) die empirischen Befunde in der sozialpsychologischen Forschung hinsichtlich multikultureller Gedankenstrukturen und dem „Umschalten" zwischen kognitiven kulturellen Schemata (Hong et al. 2000), (3) Ansätze im Rahmen der Soziologie und sozialen Kognitionsforschung, welche die Basis für ein dynamisches Verständnis der Bedeutung und Wirkung von Kultur bilden (DiMaggio 1997). In der Folge werden diese Sichtweisen näher beschrieben und erste Überlegungen im Hinblick auf Konsequenzen für die Forschung im Interkulturellen Management angestellt.

4.1 Kulturelle Heterogenität

Heterogenität ist ein fundamentaler Aspekt in der interkulturellen Forschung, weil die zentrale Frage in der Disziplin die Identifikation, Spezifikation und Erklärung von Unterschieden zwischen kulturellen Gruppen sowie den Bedingungen für solche Unterschiede und Konsequenzen aus solchen Unterschieden darstellt (Lonner/Adamopoulos 1997). Die Heterogenität zwischen kulturellen Gruppierungen entlang spezifischer kultureller Dimensionen ist empirisch auch hinlänglich belegt (u. a. Hofstede 1980, Trompenaars 1993), jedoch sind es andere Quellen der kulturellen Heterogenität, welche die Sachlage verkomplizieren. Selbst in einer traditionellen Sicht von Kultur, wie sie sich in der Anthropologie findet, wird deutlich, dass das Kulturkonzept an sich, schon bedingt aus der konstituierenden Vielschichtigkeit und dem Facettenreichtum, ein heterogenes Konzept ist (Fiske 2002, S. 81). Mit anderen Worten: Mitglieder einer Kultur sind immer in einer spezifischen Konstellation von Techniken, Verhaltensmustern, Wünschen, Werten, Motiven usw. beschreibbar, und damit ist die Gruppierung im eigentlichen Sinn nicht homogen.

Kulturpsychologen sehen kulturelle Heterogenität neuerdings noch durch eine ganz andere Brille. Kultur wird als subjektive Deutung von für die befassten Menschen relevanten Situationen verstanden (Oyserman/Coon/Kemmelmeier 2002b) und kann daher nicht undifferenziert erfasst werden, sondern es gilt, eine Anzahl von kulturellen Konstrukten zu verwenden, die jeweils distinkte Muster kulturrelevanter Vorstellungswelten bzw. Verhaltensweisen erfassen (Triandis 1996, Singelis 2000). Ein weiterer bedeutsamer Aspekt der Heterogenität bezieht sich auf die Beziehungen und den Austausch zwischen kulturellen Einheiten. Technik, Medien, Kommunikation, Reisen usw. in einem stärker globalisierten Umfeld führen dazu, dass kulturelle Grenzen weniger bedeutsam werden, sich über Kulturen hinweg neue Grenzen etablieren und zudem die Stabilität von Kulturen verringert wird (Yip 1995, Hermans/Kempen 1998). Inzwischen liegen mehrere Studien vor, die belegen, dass Manager und Kunden über kulturelle bzw. nationale Grenzen hinweg oftmals mehr Gemeinsamkeiten aufweisen, als dies im Vergleich zu Mitgliedern der eigenen Gruppierung der Fall ist (z. B. Smith/Schwartz 1997, ter Hofstede/Steenkamp/Wedel 1999, Bolton/Meyers 2003). Schließlich gilt es zu bedenken, dass Heterogenität auf unterschiedlichen Betrachtungsstufen eine Rolle spielen kann. Auf nationaler Ebene ergeben sich diese z. B. aufgrund disparater ethnischer, regionaler, berufsbezogener oder weltanschaulicher Gruppierungen, die durch eigenständige Verhaltensweisen, Werte, Normen und Institutionen gekennzeichnet sind. Selbst innerhalb dieser Gruppierungen kann dann noch beträchtliche Heterogenität vorliegen: So sind ethnische Minoritäten oftmals überaus dispers hinsichtlich unterschiedlicher Einwanderungszeitpunkte und -motive, Akkulturationsneigung und Lebensplänen. Oyerserman, Coon und Kemmelmeier (2002a) haben klare empirische Belege für die interkulturelle Heterogenität innerhalb von kulturellen Gruppen in Bezug auf Individualität bzw. Kollektivität festgestellt und kommen zum Schluss, dass der momentane Stand der Forschung es nicht erlaubt, weitreichende Generalisierungen abzuleiten, weil die impliziten Homogenitätsannahmen nicht geprüft sind. Selbst der Ausweg in eine strikt auf die individuelle Ebene bezogene Herangehensweise in der Kulturanalyse ist problembehaftet, weil die individuelle Variation innerhalb einer Kultur einen ganz anderen Ursprung hat als die Variation zwischen Kulturen („ecological fallacy“, Kitayama 2002, S. 91). Daraus resultiert, dass beide Quellen von Variation in empirischen Designs Berücksichtigung finden müssten. Die andauernde Diskussion belegt deutlich, dass Fragen der kulturellen Heterogenität viele bisherige Forschungsergebnisse in Frage stellen. Künftige Forschungsergebnisse werden auch daran gemessen werden, ob und auf welche Weise die Heterogenitätsproblematik von den Forschern gehandhabt wurde.

4.2 Individuelle Multikulturalität

Forschung im Bereich sozialer Kognitionen hat die Grundannahme in Frage gestellt, die in der interkulturellen Forschung weit verbreitet ist: Dass Mitglieder einer kulturellen Gruppe genau eine kulturelle Identität aufweisen. Vielmehr ist man zur Ansicht gelangt, dass Individuen in der Lage sind, multiple kulturelle Identitäten zu entwickeln, die jeweils distinkte und geschlossene Überzeugungssysteme mit entsprechenden Wissensstrukturen und Verhaltensmustern beinhalten (Fowers/Richardson 1996, Hong et al. 2000). Theoretisch lässt sich diese Position durch Arbeiten über Wissensstrukturen und Laientheorien gut stützen, die dazu geführt haben, dass Kultur von Individuen nicht als umfassendes Wissenssystem internalisiert wird (D'Andrade 1984), sondern kulturelles Wissen als loses Netzwerk von bereichsbezogenen und unterschiedlichen Strukturen wie Kategorien und impliziten Theorien organisiert ist (Shore 1996). Dies bedeutet, dass Individuen neue Inhalte nicht in ein kohärentes und abstraktes Wissenssystems integrieren, sondern Schemata separat festgehalten werden und durchaus zueinander in Konflikt stehen können. Empirisch gut belegt sind beispielsweise die Fähigkeiten von bikulturellen Auskunfts- und Testpersonen, zwischen unterschiedlichen Kulturen zu wechseln, die sie gelernt haben und mit denen sie vertraut sind (LaFromboise/Coleman/Gerton 1993, Phinney 1996). Dieses „Umschalten“ von einem kognitiven kulturellen Bezugsrahmen kann willentlich oder nicht intendiert, ausgelöst über externe kulturbesetzte Reize erfolgen. Bezogen auf die in der interkulturellen Forschung häufig verwendeten dimensionalen Kulturmodelle bedeutet dies, dass Individuen beispielsweise sowohl individualistische als auch kollektivistische Schemata nutzen, die sich zwar gegenseitig ausschließen, aber kontextabhängig handlungsrelevant werden können. Für die bislang gepflegte interkulturelle Forschung hat dies nachhaltige Konsequenzen, da eine wesentliche bislang implizit getroffene Annahme konzeptionell und empirisch hinterfragt werden muss und sich daraus weitreichende Konsequenzen für die Forschungsplanung ergeben.

4.3 Dynamischer Konstruktionismus

Während die Heterogenität und der individuelle Multikulturalismus die Konzeptualisierung und Variabilität des Kulturkonstrukts betreffen, befasst sich die Forschung im Bereich des dynamischen Konstruktionismus mit den Mechanismen, mit denen kulturelle Einflussgrößen die Art des Denkens bzw. das Zusammenspiel zwischen Kognition, Affekt und Handlungen beeinflussen. Ausgehend von Arbeiten in der Kultursoziologie und über soziale Kognitionen geht die Theorie des dynamischen Konstruktionismus von vier wesentlichen Postulaten aus (DiMaggio 1997, Morris/Fu 2001). Ähnlich den Überlegungen im Kontext des individuellen Multikulturalismus werden folgende Annahmen getroffen: (1) Individuen weisen unterschiedliche, bereichsbezogene Wissensstrukturen auf, die miteinander konfligieren können. (2) Individuen nutzen nicht permanent ein vorhandenes umspannendes kognitives Schema. Im Gegenteil beeinflussen individuell vorhandene Wissenskomponenten entsprechende Urteile und Handlungen nur dann, wenn diese Wissenskomponenten aktiviert sind. In vielen Situationen sind damit beispielsweise kulturelle Werte nicht relevant, sondern nur in jenen, in denen sie spezifisch aus einer kognitiven „Warteposition" geholt werden, weil es die Situation erfordert, es zweckmäßig ist oder einfach nur damit „gespielt" wird. (3) Individuen sind in der Lage, zwischen unterschiedlichen Bezugsrahmen zu wechseln. Dies bedeutet, dass Personen abhängig von situativen sozialen Bedingungen – willentlich oder reaktiv – unterschiedliche kulturbasierte Schemata nutzen. (4) Kulturelle Schemata werden nicht als einzige oder dominante Determinanten menschlicher Aktivität gesehen. Vielmehr bilden kulturelle Schemata – so sie überhaupt aktiviert sind – nur eine Handlungslogik, die andere Mechanismen, welche das menschliche Verhalten beeinflussen, ergänzt, mit ihnen konkurriert oder sie moderiert (verstärkt bzw. dämpft). Daraus ergibt sich, dass kulturelle Komponenten des Denkens nur eine von vielen Determinanten des Handelns sind, deren Einflüsse auf menschliche Aktivitäten nicht unreflektiert postuliert werden können, sondern theoretisch zu fassen sind und empirisch überprüft werden sollten.

Forschungsarbeiten in der Soziologie und Psychologie, aber auch in der Betriebswirtschaftslehre belegen die Stimmigkeit des Ansatzes (z. B. Briley/Morris/Simonson 2000, Aaker/Benet-Martinez/Garolera 2001, Benet-Martinez et al. 2002). Für die Forschung zum Interkulturellen Management ergibt sich daraus, dass künftig entgegen der bisherigen Tradition weitaus mehr Augenmerk auf die kontextuale Einbettung von Studien Wert gelegt werden muss. Dabei gilt es nach Cheng (1994,

S. 165), die Rolle der Umwelt bzw. des Umfelds (z. B. Kultur) konzeptionell zu fassen und zu operationalisieren, theoretisch fundierte Erwartungen über direkte und moderierende Effekte der Umwelt auf die substanziell interessierenden abhängigen und unabhängigen Variablen zu formulieren und diese Effekte, die aus der Einbettung im Umfeld resultieren, empirisch mit interkulturellen Daten zu überprüfen.

5 Ausblick

Die Reflexion prozeduraler Herausforderungen und Lösungsansätze in internationalen Forschungsvorhaben hat gezeigt, dass die Thematik traditionell einen hohen Stellenwert in der Disziplin hat. Über die letzten Jahrzehnte hinweg ist der prozessbezogene Fortschritt eher verzweigt und vielfach verschlungen verlaufen. Obwohl viele Lösungsansätze seit langer Zeit bekannt sind, gibt es keinen Kanon von Anforderungen an die prozedurale Qualität interkultureller Forschung. Als Integrationsleistung wurde im Rahmen dieses Beitrages der Versuch unternommen, eine Fülle dieser Ansätze zu einer idealisierten Vorgehensweise entlang eines idealtypischen Forschungsprozesses zu verdichten. Mir ist bewusst, dass der hier entwickelte Anforderungskatalog auf international interessierte Forscher eher entmutigend wirkt, dennoch bin ich der festen Überzeugung, dass nur eine umfassende Berücksichtigung einzelner Problemfelder zu qualitativ hochwertigen und brauchbaren Forschungsergebnissen führt.

Im Hinblick auf jüngere Entwicklungen in Nachbardisziplinen, die sich der Kulturforschung widmen, stellen sich künftig aber in der empirischen Forschung zum Interkulturellen Management noch weitaus komplexere und bislang wenig in die Disziplin hinein diffundierte Aufgaben, welche die Chance zur Entwicklung neuer interessanter Theorien bergen und vielleicht auch wesentlich dazu beitragen, für die Praxis überaus relevante Probleme endlich besser fassen zu können. So scheint die Berücksichtigung von Heterogenitätsüberlegungen, individueller Multikulturalität und konstruktionistischen Ansätzen geeignet zu sein, bessere Antworten auf solche zentralen Fragen zu geben wie z. B.: „Wieviel Standardisierung versus Differenzierung der Geschäftaktivitäten ist vor dem jeweiligen kulturellen Hintergrund in einem Land zweckmäßig?“ oder „Welche globalen Strategien entsprechen dem identifizierten kulturellen Wandel in einzelnen Regionen der Welt?“.

Literatur

Aaker, J./Benet-Martinez, V./Garolera, J. (2001): Consumption Symbols as Carriers of Culture: A Study of Japanese and Spanish Brand Personality Constructs. In: Journal of Personality and Social Psychology, 81. Jg., Nr. 3, 2001, S. 492-508.

Aulakh, P. S./Kotabe, M. (1993): An Assessment of Theoretical and Methodological Development in International Marketing: 1980-1990. In: Journal of International Marketing, 1. Jg., Nr. 2, 1993, S. 5-28.

Aycan, Z. (2000): Cross-Cultural Industrial and Organizational Psychology: Contributions, Past Developments, and Future Directions. In: Journal of Cross-cultural Psychology, 58. Jg., Nr. 1, 2000, S. 110-128.

Bauer, E. (1989): Übersetzungsprobleme und Übersetzungsmethoden bei einer multinationalen Marketingforschung. In: Jahrbuch der Absatz- und Verbrauchsforschung, 35. Jg., Nr. 2, 1989, S. 174-205.

Baumgartner, H./Steenkamp, J.-B. E. M. (1998): Multi-group Latent Variable Models for Varying Numbers of Items and Factors with Cross-national and Longitudinal Applications. In: Marketing Letters, 9. Jg., Nr. 1, 1998, S. 21-35.

Baumgartner, H./Steenkamp, J.-B. E. M. (2001): Response Styles in Marketing Research: A Cross-national Investigation. In: Journal of Marketing Research, 38. Jg., Nr. 2, 2001, S. 143-156.

Benet-Martinez, V./Leu, J./Lee, F./Morris, M. W. (2002): Negotiating Biculturalism: Cultural Frame Switching in Biculturals with Oppositional Compatible Cultural Identities. In: Journal of Cross-cultural Psychology, 33. Jg., Nr. 5, 2002, S. 492-516.

Bhagat, R. S./McQuaid, S. J. (1982): A Role of Subjective Culture in Organizations: A Review and Direction for Future Research. In: Journal of Applied Psychology Monograph, 67. Jg., Nr. 5, 1982, S. 653-685.

Boddewyn, J. J. (1981): Comparative Marketing: The First Twenty-five Years. In: Journal of International Business Studies, 12. Jg., Nr. 1, 1981, S. 61-79.

Bolton, R. M./Myers, M. B. (2003): Price-based Global Market Segmentation for Services. In: Journal of Marketing, 67. Jg., Nr. 3, 2003, S. 108-129.

Briley, D. A./Morris, M. W./Simonson, I. (2000): Reasons as Carriers of Culture: Dynamic versus Dispositional Models of Cultural Influence on Decision Making. In: Journal of Consumer Research, 27. Jg., Nr. 2, 2000, S. 157-178.

Brislin, R./Worthley, R./Macnab, B. (2006): Cultural Intelligence: Understanding Behaviors that Serve People's Goals. In: Group and Organization Management, 31. Jg., Nr. 1, 2006, S. 40-55.

Bryk, A. S./Raudenbush, S. W. (2002): Hierarchical Linear Models: Applications and Data Analysis Methods. 2. Aufl., Sage, Thousand Oaks/CA et al., 2002.

Buber, R./Holzmüller, H. H. (2007): Qualitative Marktforschung: Theorien, Methoden, Analysen. Gabler, Wiesbaden, 2007.

Campbell, D./Werner, O. (1970): Translating, Working through Interpreters, and the Problem of Decentering. In: Naroll, R./Cohen,R. (1970, Hrsg.): A Handbook of Method in Cultural Anthropology. Natural History Press, New York/NY, 1970, S. 398-420.

Cavusgil, S. T./Das, A. (1997): Methodological Issues in Empirical Cross-Cultural Research: A Survey of the Management Literature. In: Management International Review, 37. Jg., Nr. 1, 1997, S. 71-96.

Cheng, J. L. C. (1994): Notes: On the Concept of Universal Knowledge in Organizational Science: Implications for Cross-National Research. In: Management Science, 40. Jg., Nr. 1, 1994, S. 162-168.

Child, J. (1981): Culture, Contingency and Capitalism in the Cross-National Study of Organizations. In: Cummings, L. L./Staw, B. M. (1981, Hrsg.): Research in Organizational Behavior. Band 3. JAI, Greenwich, CT, 1981, S. 303-356.

Churchill Jr., G. A. (1979): A Paradigm for Developing Better Measures of Marketing Constructs. In: Journal of Marketing Research, 16. Jg., Nr. 1, 1979, S. 64-73.

Craig, C. S./Douglas, S. P. (2005): International Marketing Research. 3. Aufl., Wiley, London, 2005.

D'Andrade, R. G. (1984): Cultural Meaning Systems. In: Shweder, R. A./LeVine, R. A. (1984, Hrsg.): Cultural Theory: Essay on Mind, Self, and Emotion. Cambridge University Press, Cambridge/MA, 1984, S. 88-119.

Dansereau, F./Yammarino, F. J. (2000): Within and between Analysis: The Varient Paradigm as an Underlying Approach to Theory Building and Testing. In: Klein, K./Kozlowski, S. (2000, Hrsg.): Multilevel Theory, Research, and Methods in Organizations: Foundations, Extensions, and New Directions. Jossey-Bass, San Francisco/CA, 2000, S. 425-466.

DiMaggio, P. (1997): Culture and Cognition. In: Annual Review of Sociology, 23. Jg., Nr. 1, 1997, S. 263-287.

Douglas, S. P./Craig, C. S. (2006): On Improving the Conceptual Foundations of International Marketing Research. In: Journal of International Marketing, 14. Jg., Nr. 1, 2006, S. 1-22.

Douglas, S. P./Craig, C. S. (2007): Collaborative and Iterative Translation: An Alternative Approach to Back Translation. In: Journal of International Marketing, 15. Jg., Nr. 1, 2007, S. 30-43.

Douglas, S. P./Nijssen, E. J. (2003): On the Use of "Borrowed" Scales in Cross-National Research: A Cautionary Note. In: International Marketing Review, 20. Jg., Nr. 6, 2003, S. 621-642.

Earley, P. C. (2006): Leading Cultural Research in the Future: A Matter of Paradigms and Taste. In: Journal of International Business Studies, 37. Jg., Nr. 6, 2006, S. 922-931.

Easterby-Smith, M./Malina, D. (1999): Cross-Cultural Collaborative Research: Toward Reflexivity. In: Academy of Management Journal, 42. Jg., Nr. 1, 1999, S. 76-86.

Fiske, A. P. (2002): Using Individualism and Collectivism to Compare Cultures: A Critique of the Validity and Measurement of the Constructs. In: Psychological Bulletin, 128. Jg., Nr. 1, 2002, S. 78-88.

Fowers, B. J./Richardson, F. C. (1996): Why is Multiculturalism Good? In: American Psychologist, 51. Jg., Nr. 6, 1996, S. 609-621.

Garcia, R./Kandemir, D. (2006): An Illustration of Modelling Moderating Variables in Cross-National Studies. In: International Marketing Review, 23. Jg., Nr. 4, 2006, S. 371-389.

Ghauri, P. (2004): Designing and Conducting Case Studies in International Business Research. In: Marschan-Piekkari, R./Welch, C. (2004, Hrsg.): Handbook of Qualitative Research Methods for International Business. Elgar, Cheltenham/PA, 2004, S. 109-124.

Green, R. T./White, P. D. (1976): Methodological Considerations in Cross-National Consumer Research. In: Journal of International Business Studies, 7. Jg., Nr. 2, 1976, S. 81-87.

Hanges, P. J./Lyon, J. S./Dorfman, P. W. (2005): Managing a Multinational Team: Lessons from Project GLOBE. In: Shapiro, D. L./von Glinow, M. A./Cheng, J. L. C. (2005, Hrsg.): Managing Multinational Teams: Global Perspectives. Elsevier JAI, Amsterdam et al., 2005, S. 337-360.

Hermans, H. J. M/Kempen, H. J. G. (1998): Moving Cultures. In: American Psychologist, 53. Jg., Nr. 10, 1998, S. 1111-1120.

Hoffmayer-Zlotnik, J. H. P./Wolf, C. (2003): Advances in Cross-National Comparisions: A European Working Book for Demographic and Socio-Economic Variables. Kluwer Academic/Plenum, New York/NY, 2003.

Hofstede, G. (1980): Culture's Consequences: International Differences in Work Related Values. Sage, New York/NY et al., 1980.

Hofstede, G. (1991): Cultures and Organizations: Software of the Mind. McGraw Hill, London et al., 1991.

Hofstede, G. (2006): What Did GLOBE Really Measure? Researchers' Minds versus Respondents' Minds. In: Journal of International Business Studies, 37. Jg., Nr. 6, 2006, S. 882-896.

Holzmüller, H. H. (1986): Grenzüberschreitende Konsumentenforschung. In: Marketing – Zeitschrift für Forschung und Praxis, 8. Jg., Nr. 1, 1986, S. 45-54.

Holzmüller, H. H. (1995): Konzeptionelle und methodische Probleme in der interkulturellen Management- und Marketing-Forschung. Schäffer-Poeschel, Stuttgart, 1995.

Holzmüller, H. H./Nijssen, E./Singh, J. (2006): Four Decades of Cross-Cultural Research Practices in International Marketing: Paper Presented at AMS Cross-Cultural Conference. Seoul, 12.-15. Juli 2006.

Holzmüller, H. H./Singh, J./Nijssen, E. (2002): Multicentric Cross-National Research: A Typology and Illustration. Marketing-Arbeitspapiere Nr. 6, Universität Dortmund, 2002.

Holzmüller, H. H./Stöttinger, B. (1994): A Conceptual Framework for Country Selection in Cross-National Export Studies. In: Cavusgil, S. T. (1994, Hrsg.): Advances in International Marketing. 6. Jg., Export Marketing: International Perspectives, Greenwich, 1994, S. 3-24.

Holzmüller, H. H./Stöttinger, B. (1996): Structural Modelling of Success Factors in Exporting: Cross-Validation and Further Development of an Export Performance Model. In: Journal of International Marketing, 4. Jg., Nr. 2, 1996, S. 29-55.

Holzmüller, H. H./Stöttinger, B. (2001): International Marketing Managers' Cultural Sensitivity: Relevance, Training Requirements. In: International Business Review, 10. Jg., Nr. 6, 2001, S. 597-614.

Holzmüller, H. H./Woisetschläger, D. (2007): Herausforderungen in internationalen Forschungsprojekten. In: Herrmann, A./Homburg, C./Klarmann, M. (2007, Hrsg.): Handbuch Marktforschung: Methoden – Anwendungen – Praxisbeispiele. 3. Aufl., Gabler, Wiesbaden, 2007, S. 123-147.

Homburg, C./Giering, A. (1996): Konzeptualisierung und Operationalisierung komplexer Konstrukte – Ein Leitfaden für die Marketingforschung. In: Marketing – Zeitschrift für Forschung und Praxis, 18. Jg., Nr. 1, 1996, S. 5-24.

Hong, Y./Morris, M.W./Chiu, Y./Benet-Martinez, V. (2000): Multicultural Minds: A Dynamic Constructivist Approach to Culture and Cognition. In: American Psychologist, 55. Jg., Nr. 7, 2000, S. 709-720.

House, R. J./Hanges, P. J./Javidan, M./Dorfman, P. W./Gupta, V. (2004, Hrsg.): Culture, Leadership and Organizations: The GLOBE Study of 62 Societies. Sage, Thousand Oaks/CA et al., 2004.

House, R./Jagdeep, C./Brodbeck, F. C. (2004): Managerial Cultures of the World: A GLOBE Report of In-depth Studies of the Cultures of 25 Countries. Sage, Thousand Oaks/CA et al., 2004.

House, R. J./Javidan, M./Hanges, P./Dorfman, P. (2002): Understanding Cultures and Implicit Leadership Theories across the Globe: An Introduction to Project GLOBE. In: Journal of World Business, 37. Jg., Nr. 1, 2002, S. 3-10.

House, R./Rousseau, D. M./Thomas-Hunt, M. (1995): The Meso Paradigm: A Framework for the Integration of Micro and Macro Organizational Behavior. In: Research in Organizational Behavior, 17. Jg., Nr. 1, 1995, S. 71-114.

Hulin, C. L./Drasgow, F./Komocar, C. (1982): Applications of Item Response Theory to Analysis of Attitude Scale Translations. In: Journal of Applied Psychology, 67. Jg., Nr. 6, 1982, S. 818-825.

Hurmerinta-Peltomäki, L./Nummela, N. (2006): Mixed Methods in International Business Research: A Value-added Perspective. In: Management International Review, 46. Jg., Nr. 4, 2006, S. 439-459.

James, L. R./Demaree, R. G./Wolf, G. (1984): Estimating Within-Group Interrater Reliability with and without Response Bias. In: Journal of Applied Psychology, 69. Jg., Nr. 1, 1984, S. 85-98.

Kitayama, S. (2002): Culture and Basic Psychological Processes – Toward a System View of Culture. In: Psychological Bulletin, 128. Jg., Nr. 1, 2002, S. 89-96.

Klarmann, M. (2006): Die Vergleichbarkeit der Messung als Herausforderung bei internationalen Kundenzufriedenheitsuntersuchungen. In: Homburg, C. (2006, Hrsg.): Kundenzufriedenheit: Konzepte – Methoden – Erfahrungen. 6. Aufl., Gabler, Wiesbaden, 2006, S. 264-282.

Kraut, A. I. (1975): Some Recent Advances in Cross-National Management Research. In: Academy of Management Journal, 18. Jg., Nr. 3, 1975, S. 538-549.

Kutschker, M./Schmid, S. (2006): Internationales Management. 5. Aufl., Oldenbourg, München, Wien, 2006.

LaFromboise, T./Coleman, H. L. K./Gerton, J. (1993): Psychological Impact of Biculturalism: Evidence and Theory. In: Psychological Bulletin, 114. Jg., Nr. 3, 1993, S. 395-412.

Landis, D./Bennett, J./Bennett, M. (2004): Handbook of Intercultural Training. 3. Aufl., Pergamon, Thousand Oaks/CA, 2004.

Lonner, W. J./Adamopoulos, J. (1997): Culture as Antecedent to Behaviour. In: Berry, J. W./Poortinga, Y. H./Pandey, J. (1997, Hrsg.): Handbook of Cross-Cultural Psychology. Allyn & Bacon, Boston/MA, 1997, S. 43-83.

Macharzina, K./Oesterle, M.-J. (2002): Das Konzept der Internationalisierung im Spannungsfeld zwischen praktischer Relevanz und theoretischer Unschärfe. In: Macharzina, K./Oesterle, M.-J. (2002): Handbuch Internationales Management: Grundlagen – Instrumente – Perspektiven. 2. Aufl., Gabler, Wiesbaden, 2002, S. 3-21.

Malhotra, N. K./Agarwal, J./Peterson, M. (1996): Methodological Issues in Cross-Cultural Marketing Research. In: International Marketing Review, 13. Jg., Nr. 5, 1996, S. 7-43.

Marschan-Piekkari, R./Welch, C. (2004): Handbook of Qualitative Research Methods for International Business. Elgar, Cheltenham/PA, 2004.

Morris, M. W./Fu, H.-Y. (2001): How Does Culture Influence Conflict Resolution? A Dynamic Constructivist Analysis. In: Social Cognition, 19. Jg., Special Issue Nr. 3, 2001, S. 324-349.

Müller, S./Gelbrich, K. (2004): Interkulturelles Marketing. Vahlen, München, 2004.

Oyserman, D./Coon, H. M./Kemmelmeier, M. (2002a): Rethinking Individualism and Collectivism: Evaluation of Theoretical Assumptions and Meta-analyses. In: Psychological Bulletin, 128. Jg., Nr. 1, 2002, S. 3-72.

Oyserman, D./Coon, H. M./Kemmelmeier, M. (2002b): Cultural Psychology, A New Look: Reply to Bond (2002), Fiske (2002), Kitayama (2002), and Miller (2002). In: Psychological Bulletin, 128. Jg., Nr. 1, 2002, S. 110-117.

Nakata, C. C. (2003): Culture Theory in International Marketing: An Ontological and Epistemological Examination. In: Jain, S. C. (2003, Hrsg.): Handbook of Research in International Marketing. Elgar, Cheltenham/PA, 2003, S. 208-228.

Nakata, C. C./Huang, Y. (2005): Progress and Promise: The Last Decade of International Marketing Research. In: Journal of Business Research, 58. Jg., Nr. 5, 2005, S. 611-618.

Nasif, E. G./Ai-Daeaj, H./Ebrahimi, B./Thibodeaux, M. S (1991): Methodological Problems in Cross-Cultural Research: An Update Review. In: Management International Review, 31. Jg., Nr. 1, 1991, S. 79-91.

Peng, T. K./Peterson, M. F./Shyi, Y.-P. (1991): Quantitative Methods in Cross-National Management Research: Trends and Equivalence Issues. In: Journal of Organizational Behavior, 12. Jg., Nr. 2, 1991, S. 87-107.

Phinney, J. S. (1996): Understanding Ethnic Diversity: The Role of Ethnic Identity. In: American Behavioral Scientist, 40. Jg., Nr. 2, 1996, S. 143-152.

Pike, K. L. (1966): Language in Relation to a Unified Theory of the Structure of Human Behavior. The Hague, Mouton, 1966.

Redding, S. G. (1997): The Comparative Management Theory Zoo: Getting the Elephants and Ostriches and Even Dinosaurs from the Jungle into the Iron Cages. In: Toyne, B./Nigh, D. (1997, Hrsg.): International Business: An Emerging Vision. University of South Carolina Press, Columbia/SC, 1997, S. 416-466.

Roberts, K. H. (1970): On Looking at an Elephant: An Evaluation of Cross-Cultural Research Related to Organizations. In: Psychological Bulletin, 74. Jg., Nr. 5, 1970, S. 327-350.

Salzberger, T. (1998): Die Lösung von Äquivalenzproblemen in der interkulturellen Marketingforschung mittels Methoden der probabilistischen Meßtheorie. Zugl. Dissertation, Wirtschaftsuniversität Wien, 1998.

Salzberger, T./Sinkovics, R./Schlegelmilch, B. B. (1999): Data Equivalence in Cross-cultural Research: A Comparison of Classical Test Theory and Latent Trait Theory Based Approaches. In: Australasian Marketing Journal, 7. Jg., Nr. 2, 1999, S. 23-38.

Samiee S./Athanassiou N. (1998): International Strategy Research – Cross-cultural Methodology Implications. In: Journal of Business Research, 43. Jg., Nr. 2, 1998, S. 79-98.

Samiee, S./Jeong, I. (1994): Cross-Cultural Research in Advertising: An Assessment of Methodologies. In: Journal of the Academy of Marketing Science, 22. Jg., Nr. 3, 1994, S. 205-217.

Schaffer, B. S./Riordan, C. M. (2003): A Review of Cross-cultural Methodologies for Organizational Research: A Best-practices Approach. In: Organizational Research Methods, 6. Jg., Nr. 2, 2003, S. 169-215.

Scheuch, F. (2007): Marketing. 6. Aufl., Vahlen, München, 2007.

Schöllhammer, H. (1973): Strategies and Methodologies in International Business and Comparative Management Research. In: Management International Review, 13. Jg., Nr. 2, 1973, S. 17-32.

Schwartz, S. H. (1992): Universals in the Content and Structure of Values: Theoretical Advances and Empirical Tests in 20 Countries. In: Experimental Social Psychology, 25. Jg., Nr. 1, 1992, S. 1-65.

Shimp, T. A./Sharma, S. (1987): Consumer Ethnocentrism: Construction and Validation of the CETSCALE. In: Journal of Marketing Research, 24. Jg., Nr. 3, 1987, S. 280-289.

Shore, B. (1996): Culture in Mind: Cognition, Culture, and the Problem of Meaning. Oxford University Press, New York/NY et al., 1996.

Singelis, T. M. (2000): Some Thoughts on the Future of Social Psychology. In: Journal of Cross-cultural Psychology, 31. Jg., Nr. 1, 2000, S. 76-91.

Singh, J. (1995): Measurement Issues in Cross-National Research. In: Journal of International Business Studies, 26. Jg., Nr. 3, 1995, S. 597-619.

Singh, J. (2004): Tackling Measurement Problems with Item Response Theory: Principles, Characteristics, and Assessment, with an Illustrative Example. In: Journal of Business Research, 57. Jg., Nr. 2, 2004, S. 184-208.

Sinkovics, R./Salzberger, T./Holzmüller, H. H. (1998): Assessing Measurement Equivalence in Cross-National Consumer Behaviour Research: Principles, Relevance and Application Issues. In: Balderjahn, I./Mennicken, C./Vernette, E. (1998, Hrsg.): New Developments and Approaches in Consumer Behaviour Research. Schäffer-Poeschel, Stuttgart, 1998, S. 270-288.

Sivakumar, K./Nakata, C. C. (2001): The Stampede Toward Hofstede's Framework: Avoiding the Sample Design Pit in Cross-Cultural Research. In: Journal of International Business Studies, 32. Jg., Nr. 3, 2001, S. 555-574.

Smith, P. B./Schwartz, S. H. (1997): Values. In: Berry, J. W./Kagitcibasi, M. H. S. (1997, Hrsg.): Handbook of Cross-Cultural Psychology: Social Behavior and Applications. Allyn and Bacon, Boston/MA, 1997, S. 77-118.

Steenkamp, J.-B. E. M./Baumgartner, H. (1998): Assessing Measurement Invariance in Cross-National Consumer Research. In: Journal of Consumer Research, 25. Jg., Nr. 1, 1998, S. 78-90.

Steenkamp, J.-B. E. M./ter Hofstede, F. (2002): International Market Segmentation: Issues and Perspectives. In: International Journal of Research in Marketing, 19. Jg., Nr. 3, 2002, S. 185-213.

Steenkamp, J.-B. E. M./ter Hofstede, F./Wedel, M. (1999): A Cross-National Investigation into the Individual and National Cultural Antecedents of Consumer Innovativeness. In: Journal of Marketing, 63. Jg., Nr. 2, 1999, S. 55-69.

Steinmann, H./Schreyögg, G. (1993): Management. Grundlagen der Unternehmensführung: Konzepte – Funktionen – Fallstudien. 3. Aufl., Gabler, Wiesbaden, 1993.

Teagarden, M. B./von Glinow, M. A. (1995): Toward a Theory of Comparative Management Research: An Ideographic Case Study of the Best International Human Resources Management Project. In: Academy of Management Journal, 38. Jg., Nr. 5, 1995, S. 1261-1287.

ter Hofstede, F./Steenkamp J.-B. E. M./Wedel, M. (1999): Identifying Spatial Segments in International Markets. In: Marketing Science, 21. Jg., Nr. 2, 1999, S. 160-177.

Triandis, H. C. (1989): The Self and Behavior in Differing Cultural Contexts. In: Psychological Review, 96. Jg., Nr. 3, 1989, S. 506-520.

Triandis, H. C. (1996): The Psychological Measurement of Cultural Syndromes. In: American Psychologist, 51. Jg., Nr. 4, 1996, S. 407-416.

Trompenaars, F. (1993): Riding the Waves of Culture. Irwin, London, 1993.

Usunier, J.-C. (1998): International & Cross-Cultural Management Research. Sage, London et al., 1998.

Van de Vijver, F. J. R./Leung, K. (1997a): Methods and Data Analysis for Cross-Cultural Research. Sage, Thousand Oaks/CA et al., 1997.

Van de Vijver, F. J. R./Leung, K. (1997b): Methods and Data Analysis of Comparative Research. In: Berry, J. W./Poortinga, Y. H./Pandey, J. (1997, Hrsg.): Handbook of Cross-Cultural Psychology. Allyn & Bacon, Boston/MA, 1997, S. 257-300.

Yang, Z. /Wang, H./Su, C. (2006): A Review of Research Methodologies in International Business. In: International Business Review, 15. Jg., Nr. 6, 2006, S. 601-617.

Yip, G. S. (1995): Total Global Strategy: Managing for Worldwide Competitive Advantage. Prentice Hall, Englewood Cliffs/NJ, 1995.

Abschnitt C:
Lehre

Stefan Eckert*

Lehre zum Internationalen Management im deutschsprachigen Raum

* Prof. Dr. Stefan Eckert ist Inhaber des Lehrstuhls für Internationales Management, insbesondere Kommunikations- und Wissensmanagement am Internationalen Hochschulinstitut Zittau.

1 Einführung

Das Wissen um die spezifischen Probleme der Internationalität von Unternehmen hat seit der zweiten Hälfte des 20. Jahrhunderts für die Unternehmenspraxis zunehmend an Bedeutung gewonnen. Diese Entwicklung wurde in der deutschen Betriebswirtschaftslehre seit den 1970er Jahren aufgegriffen und in den Curricula zur Ausbildung des Nachwuchses an Führungskräften für Unternehmen und des wissenschaftlichen Nachwuchses umgesetzt. Die Zeit scheint insofern reif, diese Lehrprogramme zum Internationalen Management aus inhaltlicher und formaler Perspektive zu analysieren. Gibt es jenseits der individuellen Freiheit hinsichtlich der Gestaltung der Lehre zum Internationalen Management Gemeinsamkeiten in den Lehrinhalten? Aus welchen Quellen stammen die angebotenen Lehrinhalte? Wie wird sich das Lehrfach „Internationales Management" in der Zukunft entwickeln? Welche Bedeutung hat die wissenschaftliche Forschung auf dem Gebiet „Internationales Management" für die Lehre dieser betriebswirtschaftlichen Teildisziplin? Wie beurteilen die Lehrenden die Relevanz ihrer Lehre für die Qualifizierung von Führungskräftenachwuchs? Über Fragen wie diese sollte im Rahmen eines empirischen Forschungsprojekts Aufschluss gewonnen werden, das sich an Lehrstühle und Professuren im deutschsprachigen Raum richtete, die Lehre auf dem Gebiet „Internationales Management" betreiben. Die zentralen Ergebnisse dieser Untersuchung sind in diesem Beitrag zusammengefasst.

2 Methodische Vorgehensweise und Abgrenzung des Adressatenkreises

Um Informationen über Ausbildungsziele, Inhalte und Form der Lehrprogramme zum Internationalen Management zu erhalten, wurde am Lehrstuhl für Internationales Management, insbesondere Kommunikations- und Wissensmanagement des Internationalen Hochschulinstituts Zittau ein standardisierter Fragebogen entworfen. Dieser sollte an einschlägige Einrichtungen an Universitäten und Fachhochschulen in Deutschland, Österreich und der Schweiz verschickt werden, die mit der Lehre in dem Gebiet „Internationales Management" betraut sind. Zur gleichen Zeit wurde am Lehrstuhl für Betriebswirtschaftslehre, insbesondere Internationales Management (mit Schwerpunkt Europäisches Management) der Universität Bamberg ein themenverwandtes Forschungsprojekt konzipiert, bei dem ebenso in Form eines standardisierten Fragebogens empirische Daten zur institutionellen Entwicklung des Faches „Internationales Management" erhoben werden sollten.[1] Um die Belastung der zu befragenden Hochschuleinrichtungen durch Fragebögen so niedrig wie möglich zu halten und zugleich die Aussicht auf eine zufriedenstellende Rücklaufquote zu verbessern, wurden die Fragebögen der beiden Projekte zusammengeführt und gemeinsam postalisch verschickt.

Allerdings war die Untersuchung des Bamberger Lehrstuhls aufgrund der etwas anders gelagerten Fragestellung an alle wirtschaftswissenschaftlichen Fakultäten bzw. Fachbereiche von Universitäten und Fachhochschulen im deutschsprachigen Raum gerichtet, mit der Bitte den Fragebogen an den jeweils für die Internationalisierung zuständigen Fachvertreter weiterzuleiten. Der Teil des Fragebogens, der sich mit dem Lehrprogramm im Fachgebiet „Internationales Management" beschäftigt, zielte indes auf den „harten Kern" der einschlägigen Fachvertreter des Fachs „Internationales Management" ab. Eine Einbeziehung *aller* Fachvertreter, an die der andere Teil des gemeinsamen Fragebogens gerichtet war, hätte eine unerwünschte Verwässerung und mithin eine mangelnde Aussagekraft der Ergebnisse nach sich gezogen. Um dies zu verhindern, war der auf das Lehrprogramm zum Internationalen Management bezogene Abschnitt des Fragebogens explizit nur für Hochschullehrer vorgesehen, welche eine Professur bzw. einen Lehrstuhl innehaben, die bzw. der als Spezialisierung ausschließlich dem Internationalen Management gewidmet ist.

Insgesamt wurde der gemeinsame Fragebogen an 245 Universitäten und Fachhochschulen in Deutschland, Österreich und der Schweiz versandt. In 45 Fällen wurde der auf die Lehre im Fach „Internationales Management" bezogene Abschnitt des Fragebogens vollständig bzw. teilweise ausgefüllt zurückgeschickt. In einem Fall blieb zwar der entsprechende Abschnitt des Fragebogens (vollständig) unbeantwortet, allerdings wurden von der einschlägigen organisatorischen Einheit der dies betreffenden Fachhochschule zumindest Informationsunterlagen zu Modulen aus dem Gebiet „Internationales Management" beigelegt, so dass dieser Fall auch als positiver Rücklauf gewertet wurde.

Das konkrete Antwortverhalten der Hochschullehrer zeigt, dass deren Selbstverständnis bezüglich ihrer inhaltlichen Einschlägigkeit stark unterschiedlich ausgeprägt ist. Während einige Hochschullehrer, deren Professur bzw. Lehrstuhl im Hinblick auf seine explizite Widmung die oben skizzierte Bedingung nicht zu erfüllen scheint, sich durchaus berufen fühlten, ihre Einschätzung zu den einschlägigen Fragen abzugeben, interpretierten sich andere Hochschullehrer, deren Profes-

---

1 Vgl. dazu den Beitrag von Johann Engelhard, Christian Schmidt-Wellenburg und Dirk Steinhausen „Institutionelle Entwicklung des Internationalen Managements als wissenschaftliche Disziplin" in diesem Band.

sur bzw. Lehrstuhl von der offiziellen Bezeichnung eine Beteiligung an der Befragung nahe legen würde, offensichtlich als nicht einschlägig.

Neben dem unterschiedlichen Selbstverständnis der sich an der Untersuchung beteiligenden Professoren sind im Verlauf der empirischen Erhebung weitere Probleme aufgetreten, die sich aus dem – abgesehen von der Rücklaufquote für die Teilstichprobe der deutschen Universitäten – als nur bedingt zufriedenstellend einzustufenden Rücklauf im Gesamtumfang von 46 Fragebögen ergaben. Viele der Rückläufer wurden zudem nur unvollständig ausgefüllt. Der Bitte, dem Fragebogen aussagekräftige Veranstaltungsübersichten beizulegen, kamen nur 19 Befragte nach. Angesichts dieser Rücklaufquote wurden auch die unvollständig ausgefüllten Fragebögen im Rahmen der Ergebnisauswertung berücksichtigt. Des Weiteren wurden auch diejenigen Fragebögen in die Auswertung einbezogen, bei denen es sich um Antworten von Fachvertretern handelt, deren Professur bzw. Lehrstuhl im Hinblick auf die Spezialisierung nicht ausschließlich dem Internationalen Management gewidmet ist, sofern aus den beigefügten Unterlagen und bzw. oder dem Internetauftritt des betreffenden Lehrstuhls bzw. der Professur ein Bezug zum Internationalen Management als Lehrfach erkennbar war. Um den Einfluss dieser nicht ausschließlich auf den Schwerpunkt „Internationales Management" ausgerichteten Untersuchungsteilnehmer abzubilden, wurde die Auswertung jeweils unter Einbeziehung sämtlicher verwertbarer Fragebögen sowie unter alleiniger Berücksichtigung der Lehrstühle und Professuren, die als Schwerpunkt ausschließlich das Gebiet „Internationales Management" aufweisen, vorgenommen. Da zwischen der Gruppe der ausschließlich auf Internationales Management spezialisierten Lehrstühle bzw. Professuren und der Restgruppe weitgehend keine signifikanten Unterschiede vorzufinden waren, wird aus Platzgründen auf eine Darstellung dieser Teilstichproben in diesem Beitrag verzichtet. Eine ausführliche Diskussion der Unterschiede findet sich in Eckert (2006). Nicht einbezogen wurden der Fragebogen eines Hochschullehrers, bei dem weder die beiliegenden Unterlagen noch der Internetauftritt im Hinblick auf die Lehre einen Bezug zum Internationalen Management feststellen ließen, der (teilweise ausgefüllte) Fragebogen des Vertreters eines Fachbereichs, der als Kommentar angab, dass dort kein Lehrangebot auf dem Gebiet „Internationales Management" existiere sowie der Fragebogen des Fachbereichs einer Fachhochschule, bei dem die Antworten augenscheinlich nicht auf das Lehrfach „Internationales Management" bezogen waren, sondern auf den gesamten Studiengang „International Business". In Abbildung 1 ist die Verteilung der verbleibenden Lehrstühle bzw. Professuren nach Ländern und Hochschultypen zusammengefasst. Eine Auflistung der an der Untersuchung beteiligten Lehrstühle bzw. Professuren findet sich in Eckert (2006).

	Anzahl der kontaktierten Einheiten	Gesamter Rücklauf	In die Untersuchung einbezogene Einheiten	Einbezogene Einheiten, exkl. Spezialisierung „Internationales Management“
Universitäten in Deutschland	80	26 (32,5 %)	25 (31,3 %)	16 (20,0 %)
Fachhochschulen in Deutschland	116	17 (14,7 %)	15 (12,9 %)	10 (8,6 %)
Universitäten in Österreich	10	1 (10,0 %)	1 (10,0 %)	1 (10,0 %)
Fachhochschulen in Österreich	15	1 (6,7 %)	1 (6,7 %)	– (0,0 %)
Universitäten in der Schweiz	9	– (0,0 %)	– (0,0 %)	– (0,0 %)
Fachhochschulen in der Schweiz	15	1 (6,7 %)	1 (6,7 %)	– (0,0 %)
Gesamt	245	46 (18,8 %)	43 (17,6 %)	27 (11,0 %)

Abb. 1: Empirische Verteilung der befragten Institutionen, des Fragebogenrücklaufs und der in die Untersuchung einbezogenen Fragebögen nach Land und Hochschultyp

3 Empirische Befunde

3.1 Zum Verständnis des Begriffs „Internationales Management“

Angesichts der semantischen Unschärfe des Terminus „Internationales Management“ (Macharzina 1989, Engelhard/Dähn 1994, Macharzina/Oesterle 2002, S. 11) wurden die Fachvertreter zunächst gebeten, ihr Begriffsverständnis darzulegen. Dabei wurden den Befragten unterschiedliche Antwortmöglichkeiten vorgegeben, aus denen diejenige auszuwählen war, die ihrem jeweiligen Begriffsverständnis am besten entspricht. Im Einzelnen waren als Varianten vorgesehen, dass es beim Internationalen Management (1) ganz grundsätzlich um die Probleme der Führung international tätiger Unternehmen (Internationales Management als Management international tätiger Unternehmen, zu dieser Auffassung Schmid 1996, S. 70) oder (2) um die spezifischen Probleme der Führung internationaler Unternehmen, die sich aus der grenzüberschreitenden Tätigkeit dieser Unternehmen ergeben, (Internationales Management als Management der Internationalität, Macharzina 1989,

Sp. 911) oder (3) um die spezifischen Probleme der betrieblichen Funktionsbereiche, die sich im Rahmen grenzüberschreitender Unternehmenstätigkeit ergeben, geht (Internationales Management als internationale Dimension der betriebswirtschaftlichen Funktionsbereiche, Breuer/Gürtler 2003, Proff 2004, S. 14 f.).

Die Verteilung der Antworten legt nahe, dass es unter den Fachvertretern eine vorherrschende Meinung gibt, nach der Internationales Management als Lehrfach interpretiert wird, bei dem es um die spezifischen Probleme der Führung von Unternehmen geht, die sich aus der grenzüberschreitenden Tätigkeit dieser Unternehmen ergeben (Abbildung 2). Annähernd 60 % der an der Untersuchung teilnehmenden Hochschullehrer teilen diese Auffassung. Dabei sind keine auffälligen Unterschiede zwischen Fachhochschulprofessuren und Lehrstühlen bzw. Professuren an Universitäten zu erkennen.

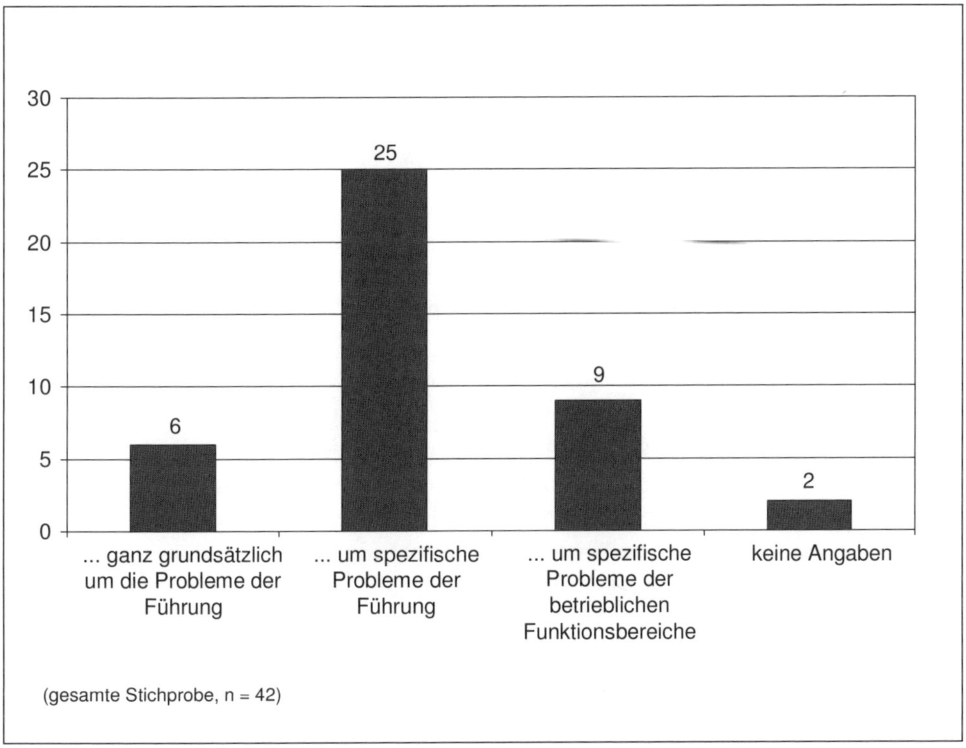

Abb. 2: Beantwortung der Frage „Im Rahmen der Lehre zum Internationalen Management geht es ...“

3.2 Struktur und inhaltliche Schwerpunkte des Lehrfachs „Internationales Management"

Ein wichtiges Ziel im Rahmen der vorliegenden Befragung war es, detaillierte Informationen über die Vorlesungsinhalte im Fach „Internationales Management" zu gewinnen. Zu diesem Zweck wurden die Befragten gebeten, dem ausgefüllten Fragebogen aussagekräftige Inhaltsverzeichnisse, Vorlesungsgliederungen bzw. Modulbeschreibungen beizulegen. Dieser Aufforderung sind allerdings lediglich 19 der befragten Hochschullehrer gefolgt. Bei vier Fragebögen wurde explizit auf die einschlägige Webseite der jeweiligen Hochschule verwiesen. Zusätzlich konnten in 14 Fällen über Recherchen auf der Webseite der jeweiligen Hochschule Informationen über die Struktur der Lehre im Fach „Internationales Management" gewonnen werden, so dass für diesen Teil der Analyse (unterschiedlich detaillierte) Informationen von insgesamt 37 Fällen zur Verfügung standen. Wenngleich die gesammelten Informationen in vielen Fällen den für eine aussagekräftige Analyse der Lehrinhalte erforderlichen Detaillierungsgrad nicht erreichten, lassen sich dennoch einige Feststellungen bezüglich der Struktur der Lehre zum Internationalen Management vornehmen.

3.2.1 Zur Entwicklung des Lehrfachs „Internationales Management" im Rahmen des Übergangs von Diplomstudiengängen zum Bachelor- und Master-System

Bedingt durch den Übergang von den traditionellen deutschen Diplomstudiengängen zum international anerkannten Bachelor- und Master-System ist die Vergleichbarkeit der curricularen und inhaltlichen Strukturen der Lehre im Internationalen Management erheblich beeinträchtigt. Insofern ist das Lehrangebot an vielen Einrichtungen für den Außenstehenden nicht immer leicht einzuordnen. Allerdings deutet sich an, dass – verbunden mit dem Übergang zum Bachelor- und Master-System – gravierende Konsequenzen für die Lehre zum Internationalen Management zu erwarten sind. Diese Vermutung lässt sich aus den Studienstrukturen derjenigen Hochschulen ableiten, bei denen die entsprechenden Fakultäten bzw. Fachbereiche den Übergang zum Bachelor- und Master-System bereits weitgehend vollzogen haben. Zum Zeitpunkt der Untersuchung handelte es sich dabei v. a. um die an der Befragung teilnehmenden Fachhochschulen. Im Rahmen der Bachelor-Ausbildung zeichnet sich die Tendenz ab, ein überblicksartiges Modul zum Thema „Internationales Management" bzw. „International Business" anzubieten. Im Bereich der Master-Ausbildung sind bei den untersuchten Hochschulen Strukturen vorzufinden, die – sofern sich diese als Standard durchsetzen – eine Auflösung des traditionellen Studienschwerpunktes „Internationales Management" indizieren. So wird im Rahmen von Master-Programmen, die eine internationale Widmung aufweisen, ein auf ein bis zwei Module beschränktes Lehrprogramm zum Internationalen Management vorgesehen, ergänzt um eine internationale Ausrichtung des sonstigen Lehrprogramms (beispielsweise der jeweiligen Funktionsbereichslehren). Besonders auffällig ist diese Entwicklung bei den an der Untersuchung beteiligten Fachhochschulen zu beobachten. So bietet beispielsweise die Fachhochschule München ein MBA-Programm „Master of International Business Management" an, bei dem folgende Module vorgesehen sind: (1) International Corporate Management, (2) International Economics, (3) International Tax and Accounting, (4) International Marketing and Sales, (5) Management of International Human Resources and Leadership, (6) International Finance, Controlling and Reporting, (7) International Operations and Logistics, (8) International Business Law, (9) International Company Study (Projektarbeit), (10) Elective.

Die Unstimmigkeit dieser institutionellen Entwicklung mit dem weiter oben dargelegten Begriffsverständnis ist augenscheinlich: Einerseits wird Internationales Management als Führungslehre interpretiert, bei der auf die Besonderheiten der Führung grenzüberschreitend tätiger Unternehmen abgestellt wird; andererseits wird im Rahmen der Gestaltung von einschlägigen Studiengängen Internationales Management mehr und mehr als internationale Dimension der Funktionsbereichslehren ausgelegt und die Bedeutung des Lehrfachs „Internationales Management" als Führungslehre unterhöhlt. Der Fragebogen einer an der Befragung beteiligten Fachhochschule verdeutlicht dieses Phänomen: Im Rahmen der Darlegung des Verständnisses des Begriffs „Internationales Management" wird der Definition, dass es beim Internationalen Management „um die spezifischen Probleme der Führung internationaler Unternehmen geht, die sich aus der grenzüberschreitenden Tätigkeit dieser Unternehmen ergeben", der Vorzug gewährt gegenüber der Variante, dass es „um die spezifischen Probleme der betrieblichen Funktionsbereiche, die sich im Rahmen grenzüberschreitender Unternehmenstätigkeit ergeben", geht. Am Ende des Fragebogens führt der den Fragebogen bearbeitende Hochschullehrer aber aus: „Internationales Management wird als Fach so nicht angeboten, da es eher zu unspezifisch ist. Es werden Teilfunktionslehren wie z. B. Internationales Marketing, Internationales Controlling, Internationales Personalmanagement gelehrt".

Gleichwohl ist einzuschränken, dass die oben skizzierte Entwicklung v. a. bei den beteiligten Fachhochschulen zu beobachten ist. Viele der untersuchten Universitäten verfügten zum Zeitpunkt der Befragung offensichtlich noch nicht über entsprechende Studiengänge bzw. wiesen Informationen zu derartigen Studiengängen noch nicht im Internet aus. Inwieweit es diesen gelingt, bezüglich der Struktur der Lehre zum Internationalen Management im Bereich der Masterausbildung ein kontrastierendes Profil aufzubauen, bleibt abzuwarten.

Dessen ungeachtet stimmt der oben skizzierte Eindruck einer tendenziellen Auflösung bzw. Verschlankung des Lehrfachs „Internationales Management“ nicht mit der Einschätzung der an der Befragung teilnehmenden Hochschullehrer bezüglich der Zukunftsfähigkeit des Lehrfachs „Internationales Management“ überein. Über 40 % aller an der Befragung teilnehmenden Hochschullehrer sind nämlich der Ansicht, dass Internationales Management als Lehrfach in der Zukunft noch an Bedeutung gewinnen wird (42,9 %). Weitere 26,2 % sind der Meinung, dass das Lehrfach „Internationales Management“ seine bisherige Bedeutung behalten wird. Nur 31 % der teilnehmenden Hochschullehrer gehen davon aus, dass Internationales Management als Lehrfach in der Zukunft an Bedeutung verlieren wird, da die Inhalte dieses Lehrfachs zunehmend in die Allgemeine Managementlehre (16,7 %) oder in die spezifischen Funktionsbereichslehren (11,9 %) oder in beide (2,4 %) integriert werden. Bezüglich dieser Einschätzung sind auffällige Unterschiede zwischen Universitäts- und Fachhochschulprofessoren vorzufinden: So sind die an der Befragung teilnehmenden Fachhochschulvertreter zu über 60 % der Auffassung, dass Internationales Management als eigenständiges Lehrfach in der Zukunft an deutschen Hochschulen an Bedeutung gewinnen wird, wohingegen lediglich 30,8 % der teilnehmenden Universitätsprofessoren diese Einschätzung teilen. Die statistische Analyse des Zusammenhangs zwischen dem Hochschultyp (Fachhochschule versus Universität) und der Einschätzung der Zukunftsfähigkeit des Lehrfachs „Internationales Management“ weist eine zumindest schwache Signifikanz aus (Cramers V = 0,326, näherungsweise Signifikanz: 0,107).

3.2.2 Inhaltliche Schwerpunkte im Rahmen der Lehre zum Internationalen Management

In Bezug auf die inhaltliche Ausgestaltung des Studienschwerpunktes „Internationales Management“ tendiert eine Vielzahl von Fachvertretern dazu, neben den auf die allgemeinen Spezifika der Führung internationaler Unternehmen abstellenden Lehrveranstaltungen einzelne Lehrveranstaltungen zu den spezifischen „Internationalitätsproblemen“ bei Unternehmenstätigkeit in einzelnen Ländern oder Regionen bzw. zu den Internationalitätsbesonderheiten einzelner Funktionsbereiche anzubieten. Im Rahmen der empirischen Erhebung wurden die Hochschullehrer nach spezifischen Schwerpunkten im Rahmen der Lehre zum Internationalen Management gefragt. Die standardisierte Frage sah dabei (1) landes- bzw. regionenspezifische, (2) branchenbezogene, (3) funktionsbereichsbezogene, (4) auslandsmarkteintrittsformbezogene, (5) unternehmenstypbezogene sowie (6) sonstige inhaltliche Schwerpunkte vor, wobei für diese Schwerpunkte als Konkretisierungsformen *eine* oder *mehrere* eigens dafür ausgerichtete Lehrveranstaltungen oder die Ausrichtung *des gesamten Lehrangebots* auf diese Schwerpunkte vorgesehen waren.

22 von 42 Hochschullehrern (52,4 %) antworteten, ihre Lehre zum Internationalen Management sei mit einem bzw. mehreren geographischen Schwerpunkt(en) in Form eines spezifischen Landes bzw. einer Region ausgestattet. In den meisten Fällen, in denen dieser geographische Schwerpunkt konkretisiert wurde, handelt es sich um die Region „Mittel- und Osteuropa" (fünf Nennungen). An zweiter Stelle folgt der geographische Schwerpunkt „Asien" (vier Nennungen). Subsumiert man darüber hinaus die als geographische Schwerpunkte genannten Länder bzw. Regionen „China", „Japan" sowie „Ostasien" ebenfalls unter die Kategorie „Asien", übertrifft diese Region die Region „Mittel- und Osteuropa" in der Häufigkeit der Nennungen. In mehr als 77 % aller einschlägigen Fälle wird der jeweilige geographische Schwerpunkt in Form einer eigens dafür ausgerichteten Lehrveranstaltung angeboten. Lediglich drei der Hochschullehrer, die in ihrer Lehre zum Internationalen Management einen geographischen Schwerpunkt eingerichtet haben (13,6 %) gaben an, dafür mehrere Lehrveranstaltungen zu verwenden. Und nur in zwei Fällen (9,1 %) wurde festgestellt, dass das gesamte Lehrangebot an einem spezifischen geographischen Schwerpunkt ausgerichtet sei.

Nahezu genauso häufig, wie ein geographischer Schwerpunkt in der Lehre zum Internationalen Management auftritt, sind Lehrprogramme zu diesem Fachgebiet mit einem funktionsbereichsbezogenen Fokus versehen. 19 der 42 Hochschullehrer (45,2 %), die diese Frage beantworteten, gaben an, einen derartigen Lehrschwerpunkt anzubieten. Im Gegensatz zu dem geographischen Schwerpunkt wurde dieser funktionsbereichsbezogene Schwerpunkt allerdings wesentlich häufiger als bei der landes- bzw. regionenspezifischen Fokussierung in Form mehrerer eigens dafür ausgerichteter Lehrveranstaltungen in das jeweilige Curriculum implementiert (in 42,1 % der diesbezüglich einschlägigen Fälle). Bei den als thematischer Schwerpunkt behandelten Funktionsbereichen handelt es sich zumeist um „Internationales Marketing" (neun Nennungen) und „Internationales Finanzmanagement" (fünf Nennungen).

In Abbildung 3 ist die Häufigkeitsverteilung der unterschiedlichen inhaltlichen Schwerpunkte im Rahmen der Lehre zum Internationalen Management zusammenfassend dargestellt. Hinsichtlich der Häufigkeit spezifischer Lehrschwerpunkte an den beteiligten Lehrinstitutionen an Fachhochschulen und Universitäten weisen statistische Tests keine signifikanten Unterschiede aus.

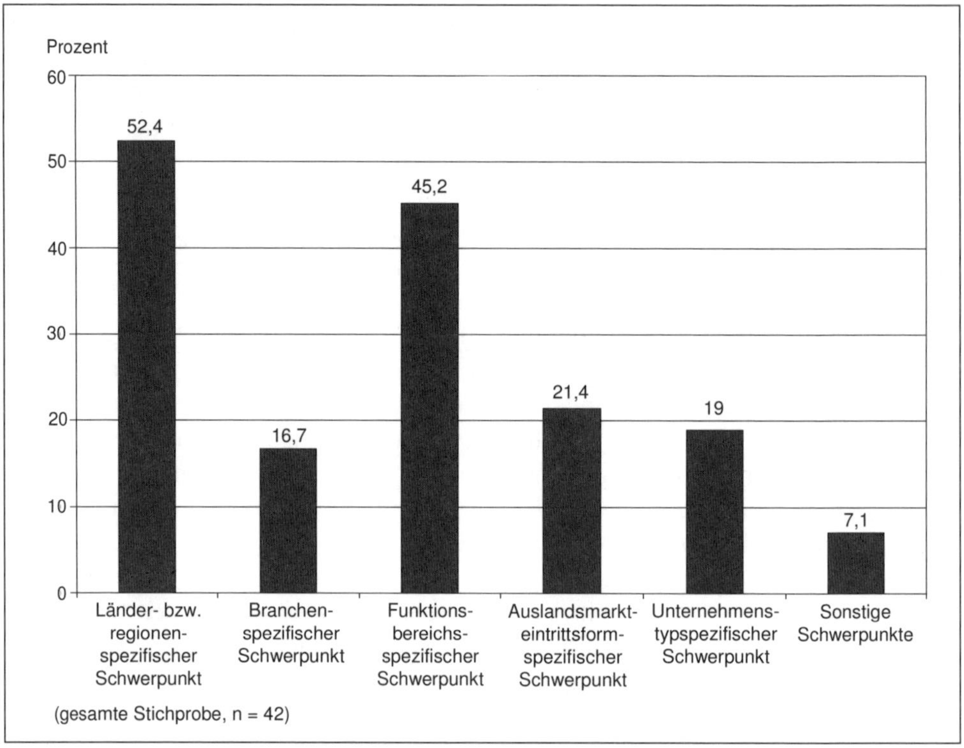

Abb. 3: Schwerpunkte in der Lehre

Neben den genannten inhaltlichen Schwerpunkten der Lehre auf dem Gebiet „Internationales Management“ ließen sich aus den verfügbaren Lehrprogrammunterlagen vereinzelte Tendenzen der Strukturierung der Lehre zum Internationalen Management herausarbeiten. Aus den zusätzlich zur Verfügung gestellten Lehrprogrammunterlagen war in sieben Fällen zu erkennen, dass der Studienschwerpunkt „Internationales Management“ eine eigenständige Lehrveranstaltung aufweist, deren wesentliche Inhalte die unterschiedlichen Formen des Auslandsmarkteintritts und damit zusammenhängende Fragestellungen darstellen. Darüber hinaus konnte in 13 Fällen abgeleitet werden, dass der Themenkreis „Kultur, Interkulturelles Management“ in Form einer (in zehn Fällen) bzw. mehrerer (drei Fälle) eigens dafür ausgerichteter Veranstaltung(en) behandelt wird.

3.3 Quellen der Lehre

Außer den Lehrinhalten selbst waren auch die Quellen von Interesse, aus denen die Lehrprogramme zum Internationalen Management ihre Inhalte speisen. Um darüber Aufschluss zu erhalten, wurden die Befragten gebeten, anhand einer fünfstufigen Skala den Einfluss zu bewerten, den unterschiedliche Lehrinhaltsquellen auf die Gestaltung ihrer Lehre im Bereich „Internationales Management“ ausgeübt haben (1 bedeutet „starker Einfluss“, 5 steht für „schwacher Einfluss“). Als Quellen der Lehre waren folgende Kategorien vorgegeben: (1) deutschsprachige Lehrbücher (mit der Möglichkeit, diese explizit zu benennen), (2) fremdsprachige Lehrbücher (mit der Möglichkeit, diese explizit zu benennen), (3) Vorlesungsunterlagen anderer Lehrstühle, (4) Forschungsbeiträge, (5) eigene Erfahrungen, (6) Praxisberichte in Tageszeitungen und Magazinen sowie (6) sonstige Quellen (mit der Möglichkeit, diese explizit zu benennen). Die Häufigkeit der Nennung dieser Kategorien ist in Abbildung 4 wiedergegeben.

		Deutschsprachige Lehrbücher	Fremdsprachige Lehrbücher	Vorlesungsunterlagen anderer Lehrstühle	Forschungsbeiträge	Eigene Erfahrungen	Praxisberichte in Tageszeitungen und Magazinen	Sonstige Quellen
N	Gültig	37	32	36	36	40	39	17
	Fehlend	5	10	6	6	2	3	25
Mittelwert		2,41	1,97	4,03	2,50	2,03	2,56	2,88
Median		2,00	2,00	4,00	2,50	2,00	3,00	3,00
Modus		1	1	5	3	1	3	3
Minimum		1	1	2	1	1	1	1
Maximum		5	5	5	5	4	5	5

Abb. 4: Beurteilung der Bedeutung unterschiedlicher Quellen für die inhaltliche Gestaltung der Lehre

Die Auswertung der erhobenen Daten dokumentiert, dass fremdsprachigen Lehrbüchern für die Konzipierung der Lehrinhalte zum Internationalen Management im Mittel die größte Bedeutung zugesprochen wird (Abbildung 4). Im Durchschnitt bewerten die Befragten die Bedeutung fremdsprachiger Lehrbücher für die Gestaltung der Lehre mit 1,97. Gleichzeitig ist allerdings festzustellen, dass eine relativ große Zahl an Befragten (zehn) keine Bewertung für diese Kategorie abgegeben hat. Möglicherweise sind diese fehlenden Beurteilungen zumindest teilweise darauf zurückzuführen, dass die jeweiligen Beantwortenden zum Ausdruck bringen wollten, dass dieser Kategorie überhaupt keine Bedeutung beizumessen wäre. Die durchschnittliche Beurteilung der Bedeutung dieser Kategorie ist demzufolge entsprechend behutsam zu interpretieren, zumal unterschiedliche Subgruppen der vorliegenden Stichprobe die Bedeutung dieser Kategorie von Lehrquellen deutlich unterschiedlich bewerten: So beurteilen die an der Untersuchung beteiligten Universitätsprofessoren die Bedeutung fremdsprachiger Lehrbücher im Durchschnitt lediglich mit 2,33 (dritter Rang), wohingegen die beteiligten Fachhochschulprofessoren diese im Mittel mit der Bewertung 1,50 (zweiter Rang) versehen. Dabei sind diese Unterschiede in der Beurteilung der Bedeutung fremdsprachiger Lehrbücher als Quelle der Lehre auf dem Gebiet „Internationales Management" statistisch signifikant (Abbildung 5).

In 24 Fällen nahmen befragte Hochschullehrer die Möglichkeit wahr, fremdsprachige Lehrbücher, die sie für die Gestaltung ihrer Lehrinhalte als bedeutsam einstufen, explizit anzuführen. Es handelt sich dabei ausschließlich um englischsprachige Lehrbücher. Am häufigsten wurden die Autoren Hill (2007) mit zehn Nennungen, Bartlett und Ghoshals „Managing across Borders" (2002) mit sechs sowie Daniels, Radebaugh und Sullivan (2005) mit vier Nennungen erwähnt. Eine Übersicht über alle genannten fremdsprachigen Lehrbücher findet sich in Eckert (2006).

Den Einschätzungen der befragten Hochschullehrer zufolge sind die eigenen Erfahrungen der Lehrenden als zweitwichtigste Quelle für die Gestaltung der Lehre zum Internationalen Management aufzufassen (Abbildung 4). Erwartungsgemäß ist der Einfluss eigener Erfahrungen für die Gestaltung der Lehre stark abhängig vom Hochschultyp. Differenziert man zwischen Fachhochschulen und Universitäten, wird diese (statistisch signifikante) Diskrepanz ersichtlich: Während von den beteiligten Universitätsprofessoren der Einfluss eigener Erfahrungen im Mittel mit 2,54 beurteilt wird und eigene Erfahrungen als Quelle von Lehrinhalten an vierter Stelle rangieren, bewerten die an Fachhochschulen tätigen Professoren, die sich an der Befragung beteiligten, die Bedeutung eigener Erfahrungen im Mittel mit 1,25. Eigene Erfahrungen werden mithin von dieser Gruppe als wichtigste Quelle von Lehrinhalten eingestuft (Abbildung 5).

		Deutschsprachige Lehrbücher	Fremdsprachige Lehrbücher	Vorlesungsunterlagen anderer Lehrstühle	Forschungsbeiträge	Eigene Erfahrungen	Praxisberichte in Tageszeitungen und Magazinen	Sonstige Quellen
Universitäten								
N	**Gültig**	25	18	21	23	24	23	11
	Fehlend	1	8	5	3	2	3	15
Mittelwert		2,16	2,33	4,10	2,17	2,54	3,04	3,00
Median		2,00	2,00**	5,00	2,00*	2,50***	3,00***	3,00
Modus		1	2	5	3	2	3	3
Minimum		1	1	2	1	1	1	1
Maximum		5	5	5	4	4	5	5
Fachhochschulen								
N	**Gültig**	12	14	15	13	16	16	6
	Fehlend	4	2	1	3	0	0	10
Mittelwert		2,92	1,50	3,93	3,08	1,25	1,88	2,67
Median		3,00	1,00**	4,00	3,00*	1,00***	2,00***	2,50
Modus		1	1	4	2[a]	1	1[a]	1
Minimum		1	1	2	1	1	1	1
Maximum		5	3	5	5	3	3	5

Legende:
a = mehrere Modi vorhanden. Der kleinste Wert wird angezeigt
* = Differenz zwischen Lehrstühlen bzw. Professuren an Universitäten und Professuren an Fachhochschulen signifikant auf dem 10-%-Niveau
** = Differenz signifikant auf dem 5-%-Niveau
*** = Differenz signifikant auf dem 1-%-Niveau

Abb. 5: Beurteilung der Bedeutung unterschiedlicher Quellen für die inhaltliche Gestaltung der Lehre differenziert nach Hochschultyp

Deutschsprachige Lehrbücher werden von den befragten Hochschullehrern im Mittel erst als drittwichtigste Quelle für die Gestaltung der Lehre zum Internationalen Management eingestuft (Abbildung 4). 26 der sich an der Untersuchung beteiligenden Hochschullehrer nahmen dabei die Möglichkeit wahr, aus ihrer Sicht einflussreiche Lehrbücher explizit zu nennen. Die drei am häufigsten genannten deutschsprachigen Lehrbücher sind: Kutschker und Schmid mit 17 Nennungen, Welge und Holtbrügge mit elf sowie Perlitz mit acht Nennungen. Eine tabellarische Darstellung aller explizit genannten deutschsprachigen Lehrbücher findet sich in Eckert (2006). Abermals sind markante Unterschiede in der Beurteilung zwischen den an der Untersuchung beteiligten Fachhochschulen und den beteiligten Universitäten zu verzeichnen (Abbildung 5). Während die an Fachhochschulen tätigen Fachvertreter fremdsprachigen Lehrbüchern im Mittel eine deutlich höhere Bedeutung für die Gestaltung der Lehre beimessen als deutschsprachigen Lehrbüchern (1,50 versus 2,92), sprechen die an Universitäten beschäftigten Hochschullehrer deutschsprachigen Lehrbüchern einen tendenziell höheren Einfluss zu als fremdsprachigen Lehrbüchern (im Mittel: 2,16 für deutschsprachige Lehrbücher versus 2,33 für fremdsprachige Lehrbücher). Allerdings ist zu konzedieren, dass die Unterschiede zwischen Fachhochschulprofessuren und Lehrstühlen bzw. Professuren an Universitäten hinsichtlich der Beurteilung der Bedeutung deutschsprachiger Lehrbücher nicht statistisch signifikant sind. Nichtsdestotrotz erscheinen diese bemerkenswert: So wurden die Hochschullehrer neben der Einstufung der Bedeutung von Lehrbüchern als Quelle von Lehrinhalten ergänzend um Auskunft darüber gebeten, welche Lehrbücher sie ihren Studierenden zum Selbststudium empfehlen würden (ausführlich in Eckert 2006). Von den 15 Hochschullehrern, die der Aufforderung nach einer Konkretisierung der den Studierenden zum Selbststudium empfohlenen deutschsprachigen Lehrbücher nicht nachkommen, sind neun an Fachhochschulen tätig. In sechs Fällen wird explizit zum Ausdruck gebracht, dass man den Studierenden keine deutschen Lehrbücher zum Selbststudium empfiehlt. Bei dieser Gruppe von Antwortenden handelt es sich fast ausschließlich um Fachhochschulprofessoren (fünf Fälle).

Die Ergebnisse zur Bedeutung deutschsprachiger Lehrbücher als Quelle von Lehrinhalten im Rahmen der Lehre zum Internationalen Management korrespondieren mit der Häufigkeitsverteilung der Sprachen, in denen die Lehrinhalte transportiert werden. Der durchschnittliche Anteil der Lehre zum Internationalen Management, der in englischer Sprache vermittelt wird, beträgt im Fall der (oben genannten) sechs Einrichtungen, die eine Empfehlung deutschsprachiger Lehrbücher explizit ablehnen, 83,3 %. Für die gesamte Stichprobe lässt sich feststellen, dass die Lehrinhalte zum Internationalen Management im Mittel in etwa zur Hälfte in deutscher und zur Hälfte in englischer Sprache vermittelt werden. Andere Fremdsprachen spielen nahezu keine Rolle (Abbildung 6).

		Deutsch	Englisch	Französisch	Spanisch	Andere
Gesamte Stichprobe						
N	Gültig	39	39	39	39	39
	Fehlend	3	3	3	3	3
Mittelwert		48,720	50,130	0,510	0,640	0,000
Standardabweichung		38,264	38,191	2,512	2,851	0,000
Universitäten						
N	Gültig	25	25	25	25	25
	Fehlend	1	1	1	1	1
Mittelwert		61,200***	38,200***	0,20	0,40	0,000
Standardabweichung		38,114	38,267	1,00	2,00	0,000
Fachhochschulen						
N	Gültig	14	14	14	14	14
	Fehlend	2	2	2	2	2
Mittelwert		26,430***	71,430***	1,070	1,070	0,000
Standardabweichung		27,626	28,245	4,009	4,009	0,000

Legende:
*** = Mittelwertdifferenz zwischen Lehrstühlen bzw. Professuren an Universitäten und Professuren an Fachhochschulen signifikant auf dem 1-%-Niveau

Abb. 6: Prozentuale Bedeutung verschiedener Unterrichtssprachen im Lehrfach „Internationales Management"

Während aber die universitären Lehrstühle bzw. Professuren, die sich an der Befragung beteiligt haben, im Durchschnitt mehr als 60 % ihrer Lehre in Deutsch abhalten, wird bei den teilnehmenden Fachhochschulprofessuren der Lehrstoff zu über 70 % in englischer Sprache vermittelt (Abbildung 6). Diese Unterschiede zwischen Fachhochschulprofessuren und Lehrstühlen bzw. Professuren an Universitäten hinsichtlich der Bedeutung der deutschen und englischen Sprache als Lehrsprache sind auf dem 1-%-Niveau statistisch signifikant. Die daraus abgeleitete These, dass die Lehrsprache die Wahl der Lehrquellen beeinflusst, wird – zumindest für den Zusammenhang zwischen dem Anteil an der Lehre zum Internationalen Management in deutscher Sprache und der Bedeutung deutschsprachiger Lehrbücher – in der vorliegenden Stichprobe nachhaltig unterstützt: Auf der Grundlage des Rangkorrelationskoeffizienten von Spearman sowie Kendalls Tau wird dieser

Zusammenhang als auf dem 1-%-Niveau bzw. auf dem 5-%-Niveau signifikant ausgewiesen. Demzufolge lässt sich vor dem Hintergrund von Hochschulreformen und einer verstärkten Internationalisierung von Hochschulen verbunden mit einer zunehmenden Bedeutung von Englisch als Unterrichtssprache eine abnehmende Bedeutung deutschsprachiger Lehrbücher für die Gestaltung der Lehre zum Internationalen Management an Universitäten und Fachhochschulen im deutschsprachigen Raum prognostizieren.

Die geringste Bedeutung für die Gestaltung der Lehre zum Internationalen Management messen die sich an der Untersuchung beteiligenden Hochschullehrer den Vorlesungsunterlagen anderer Lehrstühle bei (Abbildung 4). Die Bewertung dieser Kategorie bedarf jedoch einer kritischen Betrachtung. Denn sich durch die Vorlesungsmaterialien anderer „inspirieren" zu lassen, könnte leicht als „geistiger Diebstahl" ausgelegt werden, was den Verdacht erweckt, dass die Bedeutung dieser Kategorie als Quelle für die Gestaltung von Lehrinhalten tendenziell nach unten verzerrt ist. Dabei war es keineswegs die Absicht des Verfassers, Fachvertretern Derartiges zu unterstellen. Vielmehr gibt es mittlerweile doch eine beträchtliche Anzahl an Hochschullehrern mit Schwerpunkt „Internationales Management" der zweiten bzw. dritten Generation. Insofern liegt der Gedanke durchaus nahe, dass diese in der Gestaltung ihrer Lehre zum Internationalen Management durch ihren akademischen Werdegang beeinflusst werden (insbesondere durch die Inhalte zum Internationalen Management, wie sie an dem bzw. den Lehrstühlen gelehrt wurden, an denen sie ihre akademische Graduierung durchlaufen haben). Aus dem Pool der diese Frage beantwortenden Hochschullehrer konnten acht identifiziert werden, die während der Zeit ihrer akademischen Graduierung an Lehrstühlen tätig waren, die sich im Rahmen ihres Lehrprogramms mit Internationalem Management auseinandergesetzt haben. Vermutungsgemäß beurteilt diese Gruppe den Einfluss von Lehrunterlagen anderer Lehrstühle auf die Gestaltung der Lehre zum Internationalen Management tendenziell höher (3,63) als die gesamte Stichprobe. Zwischen den beteiligten Fachhochschulprofessuren und den Lehrstühlen bzw. Professuren an Universitäten sind hinsichtlich dieser Kategorie keine signifikanten Unterschiede zu verzeichnen (Abbildung 5).

Praxisberichte in Tageszeitungen und Magazinen sind im Durchschnitt als tendenziell weniger wichtige Quelle von Lehrinhalten einzustufen (Abbildung 4). Unter Vernachlässigung der Kategorie „Sonstige Quellen" rangiert diese Kategorie in der Rangfolge der Lehrquellen auf dem vorletzten Platz. Gleichwohl sind signifikante Unterschiede in der Beurteilung der Bedeutung dieser Lehrquelle zwischen Fachhochschulprofessuren und Lehrstühlen bzw. Professuren an Universitäten festzustellen (Abbildung 5): Während die an der Untersuchung beteiligten Universitätsprofessoren die Bedeutung von Praxisberichten in Tageszeitungen und Magazinen im Mittel mit 3,04 einstufen, bewerten die betreffenden Fachhochschulprofessoren deren Bedeutung im Durchschnitt mit 1,88. Damit sind Praxisberichte in Tageszeitungen und Magazinen im Fall der untersuchten Fachhochschulprofessuren nach den eigenen Erfahrungen der Lehrenden und fremdsprachigen Lehrbüchern die drittwichtigste Quelle zur Gestaltung der Lehrinhalte auf dem Gebiet „Internationales Management“.

In der Gesamtstichprobe rangieren Forschungsbeiträge bezüglich ihres Einflusses auf die Gestaltung der Lehre zum Internationalen Management an vierter Stelle (Abbildung 4). Dabei wird erneut die unterschiedliche Orientierung der Lehre an Fachhochschulen und Universitäten deutlich: Von den teilnehmenden Universitätsprofessoren wird der Einfluss von Forschungsbeiträgen im Mittel mit 2,17 eingeschätzt. Forschungsbeiträge nehmen bei dieser Gruppe aus dem Spektrum der verschiedenen Quellen der Lehre zum Internationalen Management hinsichtlich ihres Einflusses auf die Gestaltung der Lehrinhalte den zweiten Platz ein (Durchschnittswert der wichtigsten Lehrquelle „deutschsprachige Lehrbücher“ im Mittel 2,16). Hingegen stufen die an der Untersuchung partizipierenden Fachhochschullehrer die Bedeutung des Einflusses von Forschungsbeiträgen auf die Gestaltung der Lehre zum Internationalen Management im Mittel mit 3,08 ein. Damit rangieren Forschungsbeiträge als Quelle von Lehrinhalten für diese Gruppe an vorletzter Stelle. Diese Unterschiede in der Bewertung sind statistisch signifikant (vgl. Abbildung 5).

Darüber hinaus wurden die Teilnehmer gebeten, die drei wissenschaftlichen Forschungsbeiträge zu nennen, die für die inhaltliche Gestaltung ihrer Lehre auf dem Gebiet „Internationales Management“ die relativ (d. h. bezogen auf die Gesamtheit aller dem jeweiligen Hochschullehrer bekannten einschlägigen Forschungsbeiträge) größte Bedeutung hätten sowie den (absoluten) Einfluss der genannten Beiträge für die Lehre zum Internationalen Management auf einer fünfstufigen Skala zu bewerten. Lediglich 14 der sich an der Untersuchung beteiligenden Hochschullehrer machten diesbezüglich verwertbare bzw. teilweise verwertbare Angaben. Im Rahmen der Analyse wurden an die genannten Forschungsbeiträge entsprechend der Einstufung ihres Einflusses auf die Gestaltung der Lehre Punkte vergeben (ein Punkt für „schwachen Einfluss“ bis maximal fünf Punkte für „starken Einfluss“). Diese Punkte wurden für jeden genannten Forschungsbeitrag über alle Teilnehmer kumuliert. Die entsprechenden Ergebnisse sind ausführlich in Eckert (2006) dargelegt. Dabei nehmen die Forschungsarbeiten von Hofstede (2004) mit drei Nennungen (13 Punkte) sowie von Bartlett und Ghoshal (2002) mit drei Nennungen (elf Punkte), zusätzlich einmal ohne Bewertung genannt, für die inhaltliche Gestaltung der Lehre zum Internationalen Management die größte Bedeutung ein. Darüber hinaus lassen sich außerdem Perlmutters „Tortuous Evolution“ (1969) mit zwei Nennungen (fünf Punkte) sowie Johanson und Vahlnes „The Internationalization Process of the Firm“ (1977) mit zwei Nennungen (vier Punkte) als tendenziell einflussreiche wissenschaftliche Beiträge identifizieren.

In jüngerer Zeit wurde die Beziehung zwischen wissenschaftlicher Forschung und Unternehmenspraxis kritisch hinterfragt. Aktuelle Beiträge konstatieren eine zunehmende „Entkopplung“ (Oesterle 2006, S. 308) von wissenschaftlicher Forschung und Managementpraxis (Macharzina/Oesterle 2002, S. 4 ff., Kieser/Nicolai 2003, S. 591, Nicolai 2004, S. 99 ff., McKelvey 2006, S. 822 ff., Oesterle 2006, S. 307 ff., Van de Ven/Johnson 2006, S. 802 ff.). Dabei erscheint es durchaus nahe liegend, dass diese Grundtendenz der Managementwissenschaften auch für das (Spezial-)Gebiet des „Internationalen Managements“ Gültigkeit besitzt. Ausgehend von dieser wachsenden Distanz zwischen Managementtheorie und Unternehmenspraxis würde vor dem Hintergrund einer im Vergleich zur wissenschaftlichen Forschung wesentlich stärkeren Ausrichtung der Lehre (zum Internationalen Management) an Praxiserfordernissen eine parallel stattfindende Entkopplung von wissenschaftlicher Forschung und Lehre (auf dem Gebiet des „Internationalen Managements“) resultieren. Vor dem Hintergrund dieser Vermutung wurden die Hochschullehrer gefragt, ob die Ergebnisse der wissenschaftlichen Forschung ihrer Ansicht nach im Rahmen der Lehre zum Internationalen Management hinreichend berücksichtigt würden. Fast die Hälfte der teilnehmenden Hochschullehrer geben diesbezüglich an, dass dies nicht der Fall sei und weniger als 20 % der diese Frage beantwortenden Hochschullehrer sind der Ansicht, dass Forschung und Lehre zufriedenstellend miteinander verknüpft sind (Abbildung 7).

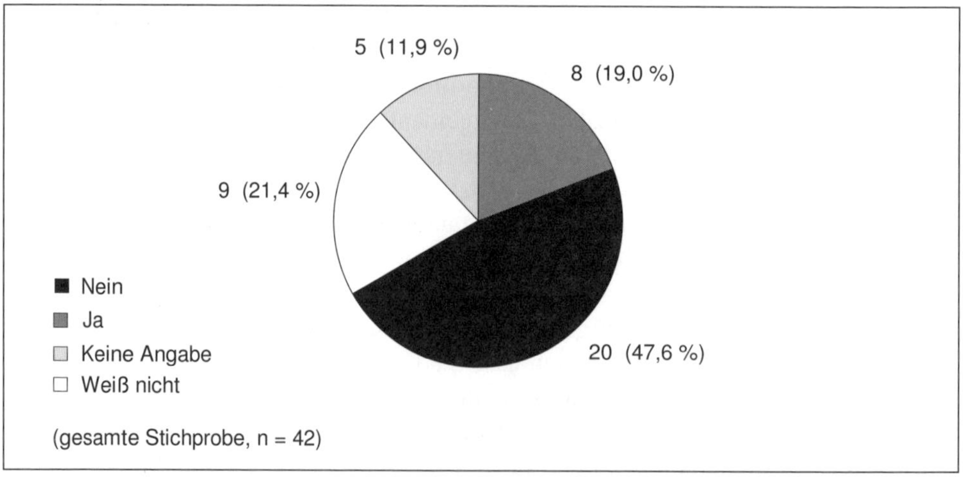

Abb. 7: Beantwortung der Frage: „Sind Sie der Ansicht, dass die Ergebnisse der wissenschaftlichen Forschung auf dem Gebiet „Internationales Management“ im Rahmen der Lehre hinreichend berücksichtigt werden?“

Auch hier sind wieder deutliche (wenngleich nicht signifikante) Unterschiede zwischen Fachhochschulprofessuren und Lehrstühlen bzw. Professuren an Universitäten festzustellen: Während 50 % der an der Untersuchung beteiligten Universitätsprofessoren eine nur unzureichende Verknüpfung von Forschung und Lehre attestieren, beläuft sich der Anteil der Fachhochschullehrer, die der Ansicht sind, dass die Ergebnisse der wissenschaftlichen Forschung nicht hinreichend in der Lehre berücksichtigt werden, auf 43,8 %.

Geht man von der oben skizzierten Hypothese einer wachsenden Kluft zwischen Forschung und Lehre im Bereich „Internationales Management" aus, so wäre zu erwarten, dass insbesondere jüngere Forschungsbeiträge lediglich geringe Relevanz für die Gestaltung der Lehre hätten. Zur Analyse dieses Zusammenhangs wurden die Befragten gebeten, maximal drei wissenschaftliche Forschungsbeiträge jüngeren Datums (Erscheinungsdatum 2000 oder jünger) zu nennen, die für die Gestaltung ihrer Lehre zum Internationalen Management die relativ (d. h. bezogen auf die Gesamtheit aller jüngeren Forschungsbeiträge) größte Bedeutung hatten und den absoluten Beitrag dieser Forschungsbeiträge für die Gestaltung der Lehre auf einer fünfstufigen Skala abzuschätzen. Lediglich neun der sich an der Befragung beteiligenden Hochschullehrer nahmen die Gelegenheit wahr, einzelne Forschungsbeiträge jüngeren Datums explizit herauszuheben. Legt man die Zurückhaltung der Mehrheit der sich an der Untersuchung beteiligenden Hochschullehrer hinsichtlich der Nennung von Forschungsbeiträgen jüngeren Datums dahingehend aus, dass aus deren Sicht keine (für die Gestaltung der Lehre relevanten) nennenswerten Forschungsbeiträge jüngeren Datums vorliegen, dann lassen sich die Ergebnisse dieser Befragung als (tendenzielle) Bekräftigung der oben skizzierten Hypothese über die Divergenz von Forschung und Lehre im Internationalen Management interpretieren. Die (wenigen) angeführten Forschungsbeiträge sind in Bezug auf ihre inhaltliche Ausrichtung relativ heterogen (im Einzelnen sind die genannten Forschungsbeiträge in Eckert (2006) aufgeführt). Bemerkenswert erscheint, dass bis auf eine Ausnahme kein Forschungsbeitrag mehrmals genannt wurde. Diese einzige Ausnahme stellt das GLOBE-Projekt dar, das von zwei Untersuchungsteilnehmern in Form zweier daraus resultierender Publikationen angeführt wird (House et al. 2004, Hrsg. mit einer Nennung (vier Punkte); Javidan/House 2001 mit einer Nennung (drei Punkte)).

Um weiteren Aufschluss über die Beziehung zwischen Forschung und Lehre auf dem Gebiet „Internationales Management" zu erhalten, wurden diejenigen Hochschullehrer, welche die Frage, ob die Ergebnisse der wissenschaftlichen Forschung auf dem Gebiet „Internationales Management" im Rahmen der Lehre hinreichend berücksichtigt werden, mit „nein" beantwortet hatten, daran anschließend nach Gründen für dieses Phänomen befragt. Dabei wurden folgende Antwortmöglichkeiten vorgegeben, deren Relevanz jeweils auf einer Skala von 1 für „Trifft voll zu" bis 5 für „Trifft überhaupt nicht zu" zu beurteilen war: (1) unzureichende Zeitkapazitäten der Lehrenden, (2) zu hoher Spezialisierungsgrad der wissenschaftlichen Forschung, (3) unzureichende Ausstattung mit einschlägiger Fachliteratur sowie (4) geringe Praxisrelevanz der Forschungsthemen (Abbildung 8).

		Unzureichende Zeitkapazitäten der Lehrenden	Zu hoher Spezialisierungsgrad der wissenschaftlichen Forschung	Unzureichende Ausstattung mit einschlägiger Fachliteratur	Geringe Praxisrelevanz der Forschungsthemen
N	Fehlend	19	19	19	19
	Gültig	1	1	1	1
Mittelwert		2,32	2,26	3,26	2,58
Median		2,00	2,00	3,00	2,00
Modus		2	2	3	2
Minimum		1	1	1	1
Maximum		5	5	5	5

Abb. 8: Beantwortung der Frage: „Worin sehen Sie die wesentlichen Gründe für die nur unzureichende Berücksichtigung der wissenschaftlichen Forschung auf dem Gebiet „Internationales Management" in der Lehre zum Internationalen Management?"

Demnach sind es v. a. der hohe Spezialisierungsgrad der wissenschaftlichen Forschung sowie die unzureichenden Zeitkapazitäten der Hochschullehrer, die nach Auffassung der an der Untersuchung teilnehmenden Hochschullehrer eine bessere Verzahnung von Forschung und Lehre auf dem Gebiet „Internationales Management" verhindern (Abbildung 8). Allerdings wird zumindest tendenziell dem – zuletzt auch in der wissenschaftlichen Diskussion angeführten – Argument der mangelnden Praxisrelevanz der wissenschaftlichen Forschung Bedeutung beigemessen: 57,9 % der Hochschullehrer, die eine nicht hinreichende Berücksichtigung der Forschungsergebnisse in der Lehre gegeben sahen, bewerten die mangelnde Praxisrelevanz der Forschung als Ursache dafür mit dem Wert 1 oder 2 auf einer Skala von 1 für „Trifft voll zu" bis 5 für „Trifft überhaupt nicht zu".

3.4 Inhaltskategorien und Veranstaltungsformen

Ein weiterer Analysegegenstand war die Relevanz unterschiedlicher Kategorien von Lehrinhalten. In diesem Zusammenhang wurden die Untersuchungsteilnehmer zur Bedeutung unterschiedlicher Kategorien von Lehrinhalten im Rahmen ihrer Lehre befragt. Die dabei vorgegebenen Kategorien waren: (1) Modelle, Theorien, (2) Kategorisierungen, Typologien, (3) empirische Studien und deren Ergebnisse, (4) Handlungsempfehlungen für die Unternehmenspraxis, (5) Fallbeispiele, Fallstudien sowie (6) sonstige Lehrinhaltsformen (mit der Bitte, diese zu präzisieren). Aus dieser Gesamtheit ragen die Kategorien „Modelle, Theorien“ und „Fallbeispiele, Fallstudien“ heraus (Abbildung 9). Im Mittel beziffern die befragten Hochschullehrer die Bedeutung von Modellen und Theorien im Rahmen der Lehre zum Internationalen Management auf nahezu ein Viertel (24,19 %) des gesamten Lehrumfangs. An zweiter Stelle folgen Fallbeispiele und Fallstudien (23,11 %), wohingegen Handlungsempfehlungen für die Unternehmenspraxis zumindest im Hinblick auf den relativen Anteil am Lehrumfang im Mittel weniger bedeutsam erscheinen (vgl. diesbezüglich auch Macharzina/Oesterle 2002, S. 17 f.).

Allerdings werden bei einer Differenzierung von Universitäten und Fachhochschulen im Hinblick auf die Bedeutung der unterschiedlichen Lehrinhaltsformen markante Unterschiede erkennbar. Während im Fall der universitären Lehreinrichtungen Modelle und Theorien die wichtigste Lehrinhaltsform darstellen und im Mittel 29,13 % des Lehrumfangs einnehmen, beträgt der Anteil dieser Lehrinhaltsform im Fall der an der Untersuchung beteiligten Fachhochschuleinrichtungen lediglich durchschnittlich 16,07 % und nimmt damit von seiner Bedeutung her den vierten Rang ein. Diese Differenz ist auf dem 1-%-Niveau statistisch signifikant.

Fallstudien und Fallbeispiele sowie Handlungsempfehlungen für die Unternehmenspraxis sind nach den Aussagen der teilnehmenden Fachhochschullehrer die wichtigsten Lehrinhaltsformen. Zusammen erreichen diese im Fall der an der Untersuchung beteiligten Fachhochschulen einen Anteil von fast 50 % (Abbildung 9). Dagegen spielen Handlungsempfehlungen für die Unternehmenspraxis für die universitäre Lehre eine (vom Umfang her) signifikant geringere Rolle als für die Lehre an den Fachhochschulen (Abbildung 9 sowie die Ausführungen von Kutschker 1993, S. 2 f., Macharzina/Oesterle 2002, S. 17 f.).

		Modelle, Theorien	Kategorisierungen, Typologien	Empirische Studien und deren Ergebnisse	Handlungs-empfehlungen für die Unternehmenspraxis	Fallbeispiele, Fallstudien	Sonstige
Gesamte Stichprobe							
N	**Gültig**	37	37	37	37	37	36
	Fehlend	5	5	5	5	5	6
Mittelwert		24,190	16,220	18,780	14,590	23,110	3,190
Standardabweichung		11,756	8,929	9,310	10,696	10,888	5,626
Universitäten							
N	**Gültig**	23	23	23	23	23	23
	Fehlend	3	3	3	3	3	3
Mittelwert		29,130**	17,170	19,780	10,22**	20,430*	3,260
Standardabweichung		11,939	8,897	10,278	7,148	11,766	5,561
Fachhochschulen							
N	**Gültig**	14	14	14	14	14	13
	Fehlend	2	2	2	2	2	3
Mittelwert		16,070**	14,640	17,140	21,790**	27,500*	3,080
Standardabweichung		8,128	9,086	7,523	11,866	7,873	5,965

Legende:
** = Mittelwertdifferenz zwischen Lehrstühlen bzw. Professuren an Universitäten und Professuren an Fachhochschulen signifikant auf dem 10-%-Niveau
* = Differenz signifikant auf dem 1-%-Niveau

Abb. 9: Bedeutung unterschiedlicher Lehrinhaltsformen im Rahmen der Lehre zum Internationalen Management in Prozent

Im Hinblick auf die Art der Veranstaltungen, in denen den Studierenden die Inhalte aus dem Fachgebiet „Internationales Management" vermittelt werden, dominieren die klassischen Veranstaltungsformen. Im Durchschnitt werden 36,11 % des gesamten Lehrumfangs in Form von Vorlesungen vermittelt. Weitere wichtige Veranstaltungen sind Seminare und Übungen (Abbildung 10).

Besonders ausgeprägt ist diese Dominanz im Fall der universitären Einrichtungen. Dort beträgt der Anteil der Vorlesungen am gesamten Lehrprogramm im Durchschnitt 44,88 %. Seminare und Übungen nehmen im Mittel zusammen einen Anteil von durchschnittlich 29,12 % ein. Im Gegensatz dazu ist im Fall der beteiligten

Fachhochschuleinrichtungen der Anteil klassischer Vorlesungen im Mittel signifikant geringer (Abbildung 10). Diese Form der Lehrveranstaltung ist zwar auch dort als die bezüglich ihres relativen Umfangs am gesamten Lehrprogramm bedeutendste Veranstaltungsform einzustufen, gleichwohl ist der Abstand zu den nächstwichtigen Veranstaltungsformen weniger ausgeprägt.

Veranstaltung	Gesamte Stichprobe (n=38) in %	Universitäre Lehrstühle bzw. Professuren (n=24) in %	Fachhochschulprofessuren (n=14) in %
Vorlesung (***)	36,11	44,88	21,07
Blended Learning (***)	6,71	1,67	15,36
Seminar	16,50	17,83	14,21
Übung	10,29	11,29	8,57
Lernwerkstatt	0,53	0,00	1,43
Projektseminar (**)	5,87	3,25	10,36
Rollenspiel	1,18	0,63	2,14
Lehrforschungsprojekt	1,05	1,46	0,36
Action Learning	0,63	0,63	0,64
Lektürekurs	1,58	1,88	1,07
Planspiel	2,21	1,67	3,14
Exkursion	3,08	2,38	4,29
Gastvorträge von Praktikern	6,37	5,54	7,79
Kolloquium	2,47	2,29	2,79
Virtuelle Veranstaltung (*)	1,32	2,08	0,00
Sonstige	4,08	2,50	6,79

Legende:
* = Unterschied zwischen Fachhochschulprofessuren und Lehrstühlen bzw. Professuren an Universitäten signifikant auf dem 10-%-Niveau
** = Unterschied zwischen Fachhochschulprofessuren und Lehrstühlen bzw. Professuren an Universitäten signifikant auf dem 5-%-Niveau
*** = Unterschied zwischen Fachhochschulprofessuren und Lehrstühlen bzw. Professuren an Universitäten signifikant auf dem 1-%-Niveau

Abb. 10: Durchschnittliche Bedeutung von unterschiedlichen Lehrveranstaltungsformen im Rahmen der Lehre zum Internationalen Management in Prozent

Signifikante Unterschiede zwischen Fachhochschulprofessuren und Lehrstühlen bzw. Professuren an Universitäten sind darüber hinaus in Bezug auf die Bedeutung von sogenannten „Blended Learning“-Veranstaltungen, Projektseminaren und virtuellen Lehrveranstaltungen festzustellen. Abgesehen von der letztgenannten Kategorie virtuelle Lehrveranstaltungen weisen die an der Untersuchung beteiligten Fachhochschulprofessuren jeweils im Mittel signifikant höhere Anteile dieser Lehrveranstaltungsformen an ihrer gesamten Lehre zum Internationalen Management aus (Abbildung 10), so dass insgesamt der Eindruck einer ausgewogeneren Mischung unterschiedlicher Lehrveranstaltungen bei Fachhochschuleinrichtungen zurückbleibt.

3.5 Zum Anforderungsprofil von Absolventen des Internationalen Managements

Ein weiterer wichtiger Fragenkomplex der vorliegenden Untersuchung beschäftigt sich mit dem Anforderungsprofil, welches Studierende, die das Gebiet „Internationales Management“ belegt haben, am Ende ihres Studiums aufweisen sollen sowie mit dem Beitrag der Lehre auf dem Gebiet „Internationales Management“ zur Erreichung dieses Profils. Zu diesem Zweck wurden den an der Untersuchung beteiligten Hochschullehrern zwölf Qualifikations-Items vorgelegt (zuzüglich der Möglichkeit, unter einer Kategorie „Sonstige“ weitere Qualifikations-Items zu spezifizieren), für die jeweils deren Relevanz für Absolventen des Lehrfachs „Internationales Management“ sowie der Beitrag der Lehre auf dem Gebiet „Internationales Management“ zur Erreichung dieser Qualifikations-Items beurteilt werden sollten.

Nach Ansicht der an der Untersuchung beteiligten Hochschullehrer sind die wichtigsten Eigenschaften, über die Studierende nach ihrer Ausbildung im Bereich „Internationales Management“ verfügen sollten (1) analytische Fähigkeiten (diese Eigenschaft wurde von den an der Untersuchung beteiligten Hochschullehrern im Mittel mit 1,25 bewertet), (2) allgemeines Grundlagenwissen aus dem Gebiet „Internationales Management“ (1,30) sowie (3) interkulturelle Kompetenz (1,38) (Abbildung 11).

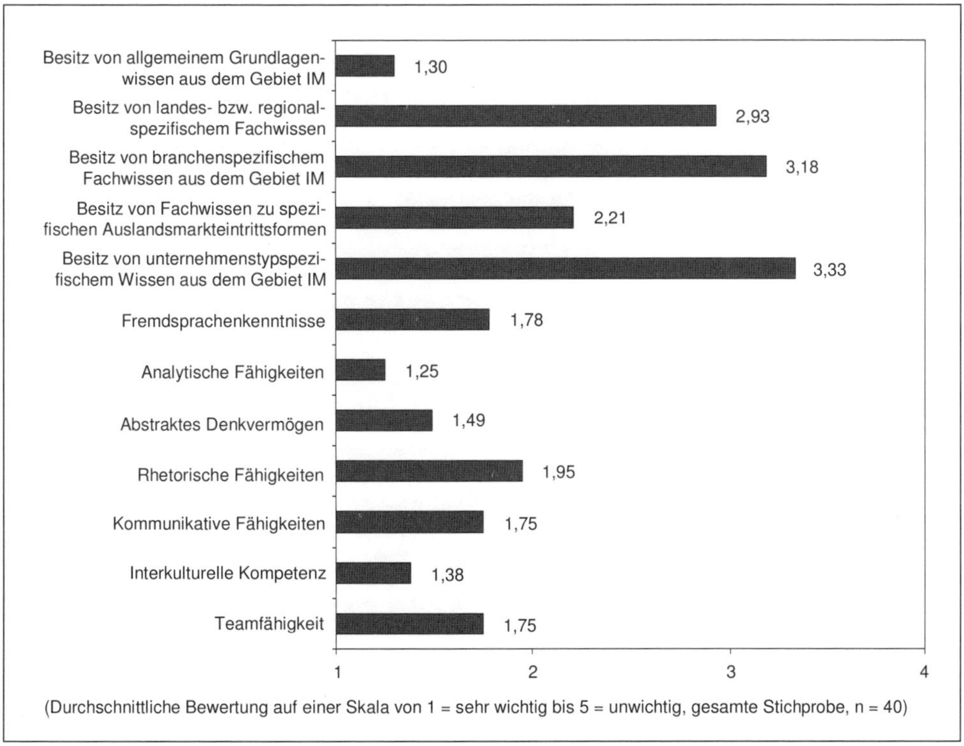

Abb. 11: Durchschnittliche Beurteilung der Bedeutung verschiedener Qualifikations-Items für Absolventen des Internationalen Managements

Auffällig erscheint bei einer Gesamtbetrachtung der Beurteilung des Anforderungsprofils, dass eine Reihe von Qualifikations-Items als besonders bedeutsam bewertet werden, zu denen die Lehrinhalte aus dem Gebiet „Internationales Management" nur bedingt beitragswirksam scheinen (beispielsweise rhetorische Fähigkeiten). Nichtsdestotrotz sehen die an der Untersuchung beteiligten Hochschullehrer eine starke Korrespondenz zwischen dem Anforderungsprofil von Absolventen des Internationalen Managements und dem Beitrag der Lehre zum Internationalen Management zum Erreichen dieses Anforderungsprofils (Abbildung 11 und 12). Als wichtigster Beitrag der Lehre zum Internationalen Management wird die Vermittlung von allgemeinem Grundlagenwissen aus dem Bereich „Internationales Management" aufgefasst (durchschnittliche Bewertung auf einer Skala von 1 für sehr großer Beitrag bis 5 für geringer Beitrag: 1,55). Darüber hinaus leistet die Lehre zum Internationalen Management nach Ansicht der an der Untersuchung beteiligten Fachvertreter aber auch einen wichtigen Beitrag zur Schärfung analytischer Fähigkeiten (1,87) und zur Schulung des abstrakten Denkvermögens (1,82).

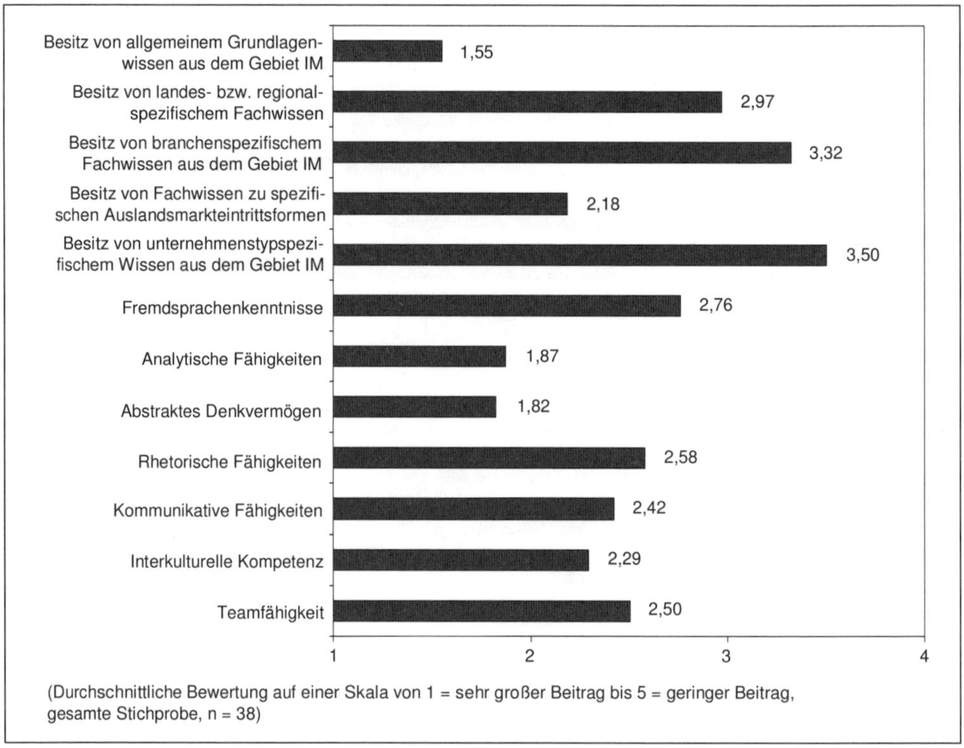

Abb. 12: Beitrag der Lehre zum Internationalen Management zur Erlangung verschiedener Qualifikations-Items

Überraschenderweise wird – abgesehen vom allgemeinen Grundlagenwissen zum Internationalen Management – dem Fachwissen aus dem Bereich „Internationales Management“ im Rahmen des Anforderungsprofils nur relativ geringe Bedeutung beigemessen. Trotz der häufig im Rahmen der Lehre zu beobachtenden Spezialisierung auf spezifische Länder bzw. Regionen wird entsprechendes Fachwissen von den einschlägigen Hochschullehrern für die Ausbildung als relativ weniger bedeutsam eingestuft. So nimmt nach der Einschätzung der beteiligten Hochschullehrer der Besitz von landes- bzw. regionenspezifischem Fachwissen in Bezug auf seine Relevanz innerhalb des Anforderungsprofils von Absolventen des Internationalen Managements lediglich den zehnten Rang unter zwölf vorgegebenen Qualifikations-Items (durchschnittliche Bewertung: 2,93) ein. Auch der Beitrag der Lehre zum Internationalen Management zur Vermittlung von landes- bzw. regionenspezifischem Wissen wird trotz häufig anzutreffender geographischer Studienschwerpunkte im Mittel relativ gering eingestuft (durchschnittliche Bewertung: 2,97, dies entspricht dem zehnten Rang unter zwölf vorgegebenen Qualifikations-Items). Dieses Phänomen ist tendenziell selbst bei isolierter Analyse derjenigen Professuren bzw. Lehrstühle zu beobachten, die angegeben haben, im Rahmen ihrer Lehre über einen landes- bzw. regionenspezifischen Schwerpunkt zu verfügen. Diese stufen die Bedeutung von landes- bzw. regionenspezifischem Wissen im Rahmen des Anforderungsprofils eines Absolventen des Internationalen Managements im Durchschnitt mit 2,76 ein (zehnter Rang von zwölf Qualifikations-Items) und beurteilen den Beitrag ihrer Lehre zum Internationalen Management zur Erlangung dieses Wissens im Mittel mit 2,81 (neunter Rang). Die Professuren und Lehrstühle, die angegeben haben, über keinen landes- bzw. regionenspezifischen Schwerpunkt im Rahmen der Lehre zu verfügen, bewerten die Bedeutung von landes- bzw. regionenspezifischem Wissen durchschnittlich mit 3,11 (zehnter Rang) sowie den Beitrag ihrer Lehre zur Erlangung dieses Wissens mit 3,18 (zehnter Rang).

Die Unterschiede zwischen der Einschätzung der Universitätsprofessoren und ihrer Fachhochschulkollegen sind bezüglich der Beurteilung der Bedeutung unterschiedlicher Wissensbereiche aus dem Gebiet „Internationales Management" für das Anforderungsprofil von Absolventen des Internationalen Managements sowie bezüglich der Bewertung des Beitrags der Lehre zum Internationalen Management zur Erlangung von Wissen in diesen Bereichen wenig ausgeprägt. Deutliche Unterschiede zwischen Fachhochschulprofessuren und Lehrstühlen bzw. Professuren an Universitäten sind hingegen hinsichtlich der Bedeutung der Qualifikations-Items „Fremdsprachenkenntnisse", „interkulturelle Kompetenz", „rhetorische Fähigkeiten", „kommunikative Fähigkeiten" und „Teamfähigkeit" sowie bezüglich des Beitrags der Lehre auf dem Gebiet „Internationales Management" zur Erlangung dieser Eigenschaften festzustellen: Die Bedeutung dieser Qualifikations-Items wird von den befragten Fachhochschulprofessoren im Durchschnitt signifikant höher eingestuft als von den an der Untersuchung beteiligten Universitätsprofessoren (Unterschiede signifikant auf dem 5-%-Niveau, Ausnahme: kommunikative Fähigkeiten, Unterschied signifikant auf dem 1-%-Niveau). So wird beispielsweise interkulturelle Kompetenz von den Fachhochschulprofessoren als wichtigstes Qualifikationskriterium eingestuft (durchschnittliche Bewertung: 1,07), wohingegen diese Eigenschaft bei den Universitätsprofessoren im Durchschnitt mit 1,56 bewertet wird und mithin an vierter Stelle rangiert. Und während die an der Untersuchung beteiligten Universitätsprofessoren die Relevanz von Fremdsprachenkenntnissen im Mittel mit 2,0 bewerten, stufen die beteiligten Fachhochschulprofessoren diese im Durchschnitt mit 1,4 ein.

Auch der Beitrag der Lehre auf dem Gebiet „Internationales Management" zur Erlangung der Eigenschaften „Fremdsprachenkenntnisse", „interkulturelle Kompetenz", rhetorische Fähigkeiten", „kommunikative Fähigkeiten" und „Teamfähigkeit" wird von den Fachhochschulprofessoren signifikant höher eingestuft als von den Universitätsprofessoren (Unterschiede signifikant auf dem 1-%-Niveau). Vor dem Hintergrund der größeren Bedeutung von Englisch als Lehrsprache bei den an der Untersuchung beteiligten Fachhochschulen erscheinen zumindest die Ergebnisse bezüglich des Qualifikations-Items „Fremdsprachenkenntnisse" wenig überraschend. Die statistische Analyse dokumentiert diesen Zusammenhang: Demnach besteht eine auf dem 1-%-Niveau signifikante positive Korrelation zwischen der Bedeutung von Englisch als Unterrichtssprache im Rahmen der Lehre auf dem Gebiet „Internationales Management“ und der Einschätzung der Hochschullehrer über den Beitrag ihrer Lehre zur Vermittlung von Fremdsprachenkenntnissen.

4 Fazit

Mit dem Übergang zum Bachelor- und Master-System steht das Lehrfach „Internationales Management“ am Scheideweg. Wenngleich im Rahmen der vorliegenden Befragung die beteiligten Hochschullehrer überwiegend ein optimistisches Zukunftsszenario skizzieren, sind aus den Befunden auch schwache Signale ableitbar, die eher eine gegenteilige Entwicklung nahe legen. Demnach würde im Zuge der Einführung von Bachelor- und Master-Studiengängen „Internationales Management“ als eigenständiges Lehrfach (Studienschwerpunkt) zugunsten der Internationalisierung der betriebswirtschaftlichen Funktionsbereichslehren an Bedeutung verlieren. Wenngleich das unter den Hochschullehrern vorherrschende Verständnis des Begriffs „Internationales Management“ dieser Tendenz widerspricht, ist sie dennoch (insbesondere bei Fachhochschulen) zu beobachten. Inwiefern es den universitären Vertretern dieses Faches gelingt, eine derartige Entwicklung an den Universitäten zu verhindern, bleibt abzuwarten.

Wie die empirischen Befunde zeigen, ist im Rahmen des Lehrprogramms zum Internationalen Management oftmals ein geographischer Schwerpunkt beinhaltet. Allerdings beurteilen die sich an der Untersuchung beteiligenden Hochschullehrer die Relevanz dieses landes- bzw. regionenspezifischen Wissens für die Ausbildung ihrer Studierenden tendenziell ebenso zurückhaltend wie den Beitrag ihrer Lehre zum Erwerb dieses landes- bzw. regionenspezifischen Wissens, so dass es angebracht erscheint, den Zweck dieser Lehrinhalte kritisch zu hinterfragen.

Auf der Grundlage der vorliegenden Befunde kristallisieren sich markante Unterschiede zwischen Professuren an Fachhochschulen und Lehrstühlen bzw. Professuren an Universitäten in Bezug auf die Quellen und die Ausrichtung der Lehre, die vorherrschenden Veranstaltungsformen sowie die dominierende Unterrichtssprache heraus: Wenig überraschend präsentiert sich die Lehre auf dem Gebiet „Internationales Management“ an Fachhochschulen stärker anwendungsorientiert, mehr durch die Praxiserfahrung der Lehrenden geprägt, tendenziell durch ein ausgewogeneres Spektrum an Veranstaltungsformen gekennzeichnet und im Durchschnitt zu einem höheren Anteil in englischer Sprache als die entsprechende Lehre an Universitäten. Die Lehre auf dem Gebiet „Internationales Management“ an Universitäten ist demgegenüber stärker theorie- und forschungsgetrieben, wird tendenziell häufiger in Form klassischer Vorlesungen und im Durchschnitt mehr in deutscher Sprache vermittelt als dies an Fachhochschulen der Fall ist.

Darüber hinaus lässt die unterschiedliche Bedeutung deutsch- und englischsprachiger Lehrbücher als Quelle der Lehre im Fall von universitären Lehrstühlen bzw. Professuren einerseits und im Fall von Fachhochschulprofessuren andererseits vermuten, dass ein kausaler Zusammenhang zwischen der Lehrsprache und der Bedeutung von Lehrbüchern in verschiedenen Sprachen für die Gestaltung von Lehrinhalten besteht. So wurde festgestellt, dass die Lehre zum Internationalen Management an Fachhochschulen im Mittel zu einem signifikant höheren Prozentanteil in englischer Sprache erfolgt. Parallel dazu ist dort eine wesentlich höhere Bedeutung englischsprachiger Lehrbücher für die Gestaltung der Lehre auf dem Gebiet „Internationales Management" und – korrespondierend dazu – eine entsprechend geringere Relevanz deutschsprachiger Lehrbücher (verglichen mit Universitäten) festzustellen. Insofern liegt der Verdacht nahe, dass die Sprache, in der die Lehrveranstaltungen abgehalten werden, einen nachhaltigen Einfluss auf die Bedeutung von in der jeweiligen Unterrichtssprache verfassten Lehrbüchern für die Gestaltung der Lehre ausübt. Unter der Prämisse, dass diese Vermutung zutrifft, ist in Anbetracht einer zunehmenden Bedeutung der englischen Sprache im Rahmen der Lehre an deutschen Hochschulen mit einer wachsenden Einflussnahme englischsprachiger Lehrbücher und ihrer Inhalte auf die Lehre zum Internationalen Management im deutschsprachigen Raum zu rechnen. Die Identität einer eigenständigen deutschen wissenschaftlichen Lehrkultur auf dem Gebiet „Internationales Management" würde sich unter diesen Bedingungen ebenso auflösen wie nationale Konsumentenpräferenzen in den Globalisierungsmodellen, die (u. a.) Gegenstand eben dieser Lehre sind.

Literatur

Bartlett, C./Ghoshal, S. (2002): Managing across Borders: The Transnational Solution. 2. Aufl., Harvard Business School Press, Boston/MA, 2002.

Breuer, W./Gürtler, M. (2003, Hrsg.): Internationales Management: Betriebswirtschaftslehre der internationalen Unternehmung. Gabler, Wiesbaden, 2003.

Daniels, J. D./Radebaugh, L. H./Sullivan, D. P. (2005): International Business: Environments and Operations. 11. Aufl., Prentice Hall, Upper Saddle River/NJ, 2005.

Eckert, S. (2006): Internationales Management als Lehrfach an Universitäten und Fachhochschulen im deutschsprachigen Raum: Ergebnisse einer empirischen Untersuchung. International Management Working Paper Nr. 1, Internationales Hochschulinstitut Zittau, 2006.

Engelhard, J./Dähn, M. (1994): Internationales Management. In: Die Betriebswirtschaft, 54. Jg., Nr. 2, 1994, S. 247-266.

Hill, C. W. L. (2007): International Business: Competing in the Global Marketplace. 7. Aufl., McGraw-Hill, Boston/MA 2007.

Hofstede, G. (2004): Culture's Consequences: Comparing Values, Behaviors, Institutions, and Organizations across Nations. 2. Aufl., Sage, Thousand Oaks/CA et al., 2004.

House, R. J./Hanges, P. J./Javidan, M./Dorfman, P. W./Gupta, V. (2004, Hrsg.): Culture, Leadership, and Organizations – The GLOBE Study of 62 Societies. Sage, Thousand Oaks/CA et al., 2004.

Javidan, M./House, R. J. (2001): Cultural Acumen for the Global Manager: Lessons from Project GLOBE. In: Organizational Dynamics, 29. Jg., Nr. 4, 2001, S. 289-305.

Johanson, J./Vahlne, J.-E. (1977): The Internationalization Process of the Firm: A Model of Knowledge Development and Increasing Foreign Market Commitment. In: Journal of International Business Studies, 8. Jg., Nr. 1, 1977, S. 23-32.

Kieser, A./Nicolai, A. (2003): Mit der Theorie die wilde Praxis reiten, valleri, vallera, valleri? In: Die Betriebswirtschaft, 63. Jg., Nr. 5, 2003, S. 589-594.

Kutschker, M. (1993): Dynamische Internationalisierungsstrategie. Diskussionsbeitrag Nr. 41 der Wirtschaftswissenschaftlichen Fakultät Ingolstadt, Katholische Universität Eichstätt, 1993.

Kutschker, M./Schmid, S. (2006): Internationales Management. 5. Aufl., Oldenbourg, München, Wien, 2006.

Macharzina, K. (1989): Internationale Betriebswirtschaftslehre. In: Macharzina, K./Welge, M. K. (1989, Hrsg.): Handwörterbuch Export und Internationale Unternehmung. Schäffer-Poeschel, Stuttgart, 1989, Sp. 903-914.

Macharzina, K./Oesterle, M.-J. (2002): Das Konzept der Internationalisierung im Spannungsfeld zwischen praktischer Relevanz und theoretischer Unschärfe. In: Macharzina, K./Oesterle, M.-J. (2002, Hrsg.): Handbuch Internationales Management: Grundlagen – Instrumente – Perspektiven. 2. Aufl., Gabler, Wiesbaden, 2002, S. 4-21.

McKelvey, B. (2006): Van de Ven and Johnson's „Engaged Scholarship": Nice Try, but ... In: Academy of Management Review, 31. Jg., Nr. 4, 2006, S. 822-829.

Nicolai, A. T. (2004): Der „Trade-off" zwischen „Rigour" und „Relevance" und seine Konsequenzen für die Managementwissenschaften. In: Zeitschrift für Betriebswirtschaft, 74. Jg., Nr. 2, 2004, S. 99-118.

Oesterle, M.-J. (2006): Wahrnehmung betriebswirtschaftlicher Fachzeitschriften durch Praktiker. In: Die Betriebswirtschaft, 66. Jg., Nr. 3, 2006, S. 307-325.

Perlitz, M. (2004): Internationales Management. 5. Aufl., Lucius & Lucius, Stuttgart, Jena, 2004.

Perlmutter, H. V. (1969): The Tortuous Evolution of the Multinational Company. In: Columbia Journal of World Business, 4. Jg., Nr. 1, 1969, S. 9-18.

Proff, H. (2004): Internationales Management: In Ostasien, Lateinamerika und Schwarzafrika. Oldenbourg, München, Wien, 2004.

Schmid, S. (1996): Multikulturalität in der internationalen Unternehmung: Konzepte, Reflexionen, Implikationen. Gabler, Wiesbaden, 1996.

Van de Ven, A. H./Johnson, P. E. (2006): Knowledge for Theory and Practice. In: Academy of Management Review, 31. Jg., Nr. 4, 2006, S. 802-821.

Welge, M. K./Holtbrügge, D. (2006): Internationales Management: Theorien, Funktionen, Fallstudien. 4. Aufl., Schäffer-Poeschel, Stuttgart, 2006.

Dirk Holtbrügge/Helmut Haussmann*

Lehre im Internationalen Management – Didaktische Anforderungen und Lösungsoptionen

* Prof. Dr. Dirk Holtbrügge ist Inhaber des Lehrstuhls für Internationales Management an der Friedrich-Alexander-Universität Erlangen-Nürnberg. Prof. Dr. Helmut Haussmann (Wirtschaftsminister a. D.) ist als Honorarprofessor am obigen Lehrstuhl tätig.

1 Problemstellung, Zielsetzung und Aufbau des Beitrags

Kaum eine andere Teildisziplin der Betriebswirtschaftslehre weist eine so hohe Veränderungsgeschwindigkeit auf wie das Internationale Management (IM). Ursächlich hierfür ist nicht nur die große Dynamik des Gegenstandsbereichs, sondern auch die daraus resultierende Entwicklung neuer Theorien, Methoden und Instrumente. Dementsprechend zahlreich sind die in den letzten Jahren publizierten Ansätze, Fragen des IM konzeptionell zu erfassen und Ansatzpunkte für dessen wissenschaftliche Erforschung zu entwickeln (Buckley 2002, Buckley/Ghauri 2004, Peng 2004).

Relativ selten wurde dagegen bislang reflektiert, welche inhaltlichen und didaktischen Konsequenzen sich daraus für die Lehre im IM ergeben. Zwar gibt es mit dem Journal of Teaching in International Management seit 1989 eine eigene Fachzeitschrift, die sich das Ziel gesetzt hat, „... to inform international business educators, curriculum developers, and policy makers in higher education worldwide on methods and techniques for better teaching" (Kaynak 1989, S. 1). Die darin veröffentlichten Beiträge sind jedoch eher Detailaspekten wie dem Einsatz von Simulationen, Experimenten und Fallstudien (z. B. Jenkins 1998, White/Usry 1998, Sanyal/Neves 1999), der internationalen Standardisierung bzw. Differenzierung von Ausbildungsprogrammen (z. B. Mathews/Rivera/Pineda 2001) oder der Vorbereitung von Studierenden auf ein Auslandsstudium gewidmet (z. B. Pang/Ho 2005), während systematisierende und übergreifende Beiträge zur Entwicklung von Curricula fehlen. Zudem finden sich darin – bedingt durch das niedrige Ranking des Journals – nur wenige Beiträge führender Fachvertreter, sondern v. a. Beiträge von Autoren, die an weniger renommierten Universitäten tätig sind und damit auf die Entwicklung des Fachs nur geringen Einfluss haben dürften.

Das genaue Gegenteil trifft auf das Academy of Management Learning & Education zu. Diese Fachzeitschrift zeichnet sich zwar durch zahlreiche Beiträge von Fachvertretern mit internationalem Renommee aus (z. B. Ghoshal 2005); diese beziehen jedoch kaum zu spezifischen Fragen der Lehre im IM Stellung. In den ersten fünf Jahrgängen der Zeitschrift finden sich lediglich fünf Artikel, die einen expliziten internationalen Bezug aufweisen (Earley/Peterson 2004, Klandt 2004, Yamazaki/Layes 2004, Armstrong 2005, Westherman/Vanka 2005). Diese sind jedoch entweder ländervergleichender Art, oder sie widmen sich Fragen des interkulturellen Trainings und decken damit nur Teilbereiche und Randaspekte der hier relevanten Fragestellung ab.

Vor dem Hintergrund dieses Defizits besteht das Ziel dieses Beitrags darin, die didaktischen Anforderungen an die Lehre im IM zu skizzieren und Lösungsoptionen hierzu zu entwerfen. Im nächsten Abschnitt wird dazu zunächst eine Systematik der wichtigsten Gegenstände des IM entwickelt. Anschließend werden die daraus resultierenden didaktischen Herausforderungen abgeleitet. Im vierten Abschnitt werden mögliche Lösungsoptionen am Beispiel der Lehre im Fach IM an der Universität Erlangen-Nürnberg dargestellt. Der Beitrag schließt mit einem Ausblick auf zukünftige Herausforderungen und Entwicklungen.

2 Gegenstand des Internationalen Managements

Obwohl sich die Betriebswirtschafts- und Managementlehre seit den 1960er Jahren in zunehmendem Maße mit der grenzüberschreitenden Tätigkeit von Unternehmungen auseinandersetzt, besteht bis heute ein Mangel an umfassenden und konsensfähigen theoretisch-konzeptionellen Ansätzen des IM (Macharzina/Oesterle 2002). Zwar liegen zahlreiche Ansätze dazu vor, diese sind jedoch oft auf einzelne Teilaspekte beschränkt und weisen nur eine geringe theoretische Reife auf. Ursächlich dafür ist v. a., dass Fragen der grenzüberschreitenden Unternehmungstätigkeit in vielen Einzeldisziplinen der Betriebswirtschaftslehre, Organisationstheorie, Psychologie und Kulturwissenschaften diskutiert werden, sich eine eigenständige Disziplin des IM aber erst in jüngster Zeit herausbildet (Macharzina 2002).

Versucht man den Gegenstand des IM zu systematisieren, so kann zunächst in eine umweltorientierte und eine institutionalistische Perspektive unterschieden werden (Welge/Holtbrügge 2006, S. 35 ff.):

- Das zentrale Untersuchungsobjekt der umweltorientierten Perspektive des Interkulturellen Managements („intercultural“ bzw. „cross-cultural management”) sind Kulturen: „The business of international business is culture“ (Hofstede 1994). Dem liegt die Annahme zugrunde, dass die Besonderheit internationaler Unternehmungstätigkeit v. a. in der Betätigung einer Unternehmung unter fremden kulturellen Bedingungen liegt. Das Interkulturelle Management hat seinen Ursprung in der Ethnologie und Kulturanthropologie sowie im Kontingenzansatz der betriebswirtschaftlichen Organisationstheorie. Den Ausgangspunkt bildet die Frage, inwieweit unterschiedliche kulturelle Bedingungen Einfluss auf die Gestaltung von Managementinstrumenten haben. Die Lehre des Interkulturellen Managements nimmt demnach eine umweltorientierte Perspektive ein und bedient sich primär komparativer Darstellungs- und Analysemethoden.
- Das IM („international management“) geht in einer institutionalistischen Perspektive von der Annahme aus, dass die Besonderheit internationaler Unter-

nehmungstätigkeit v. a. in der Durchführung länderübergreifender Ressourcentransfers liegt. Das zentrale Untersuchungsobjekt sind deshalb Unternehmungen, die in mehreren Ländern tätig sind: „International business is business involving two or more nations" (Fayerweather 1978, S. 3). Die Ausgangsfrage ist, warum bestimmte Unternehmungen international tätig werden und wodurch diese Wettbewerbsvorteile gegenüber Unternehmungen erzielen können, die ausschließlich national tätig sind. Im Mittelpunkt steht demnach die Betrachtung länderübergreifender Ressourcenflüsse. Dabei gibt es unterschiedliche Positionen darüber, wie breit diese institutionenorientierte Perspektive sein sollte. Während bei der internationalen Betriebswirtschaft die Auswirkungen der Internationalisierung auf die betrieblichen Sachfunktionen wie z. B. Marketing, Finanzierung, Rechnungswesen oder Produktion untersucht werden, ist die internationale Unternehmungsführung auf die Führungsfunktionen einer Unternehmung beschränkt.

Neben der Unterscheidung in eine umwelt- und institutionenorientierte Perspektive kann der Gegenstand des IM auch anhand der typischen Internationalisierungsphasen einer Unternehmung differenziert werden (vgl. Abbildung 1):

- In den 1960er und 1970er Jahren nahmen viele Unternehmungen erste bedeutende grenzüberschreitende Tätigkeiten auf und sahen sich deshalb erstmals mit Problemen des Auslandsmanagements bzw. Kulturspezifischen Managements konfrontiert. Der Schwerpunkt lag demzufolge auf der Vermittlung von Erkenntnissen über die optimale Gestaltung der einzelnen Auslandsengagements einer Unternehmung bzw. der Anpassung an die kulturellen Bedingungen eines bestimmten Landes (atomistische Perspektive). Im Mittelpunkt dieser Perspektive steht deshalb die Minimierung der Anpassungskosten von Individuen bzw. Unternehmungen im Ausland (Macharzina/Engelhard 1987, S. 322 ff.). Das zentrale Problem wird in der problemadäquaten Erfassung der politischen, rechtlichen, ökonomischen und soziokulturellen Umweltbedingungen gesehen, die inländischen Unternehmungen weitgehend bekannt sind, von ausländischen Unternehmungen dagegen zumeist erst erschlossen werden müssen. Die Überwindung dieses Informationsdefizits, zu der v. a. im Bereich der internationalen Marktforschung zahlreiche Methoden und Techniken entwickelt wurden, stellt damit eine zentrale Erfolgsvoraussetzung des Auslandsmanagements dar. Einen weiteren Schwerpunkt bildet die Gewinnung von Erkenntnissen über die effiziente Anpassung an unterschiedliche nationale Umweltbedingungen. Neben der Modifikation von Instrumenten, die bereits in einem nationalen Kontext eingesetzt werden, besitzt dabei die Entwicklung spezifischer Instrumente des Internationalen bzw. Interkulturellen Managements eine große Bedeutung. Beispiele dafür sind internationale Joint Ventures, Währungsumrechnungsverfahren oder die Entsendung von Stammhausmitarbeitern in ausländische Tochtergesellschaften.

- Im Zuge der Globalisierung der Wirtschaft, wachsender internationaler Erfahrung und eines steigenden Internationalisierungsgrads rückte diese Perspektive in den 1980er und 1990er Jahren jedoch in den Hintergrund. Für viele Unternehmungen besteht das zentrale unternehmungspolitische Problem nicht mehr in der möglichst effizienten Anpassung an unterschiedliche nationale Umweltbedingungen, sondern in der Nutzung länderübergreifender Skalen-, Synergie- und Lerneffekte. Das IM wendet sich deshalb zunehmend Problemen des Managements multinationaler Unternehmungen zu, bei denen die Optimierung aller in- und ausländischen Engagements einer Unternehmung im Mittelpunkt steht (holistische Perspektive). Im Rahmen der umweltorientierten Perspektive steht etwa die Zusammenarbeit in multikulturellen Teams im Vordergrund (kulturübergreifende Perspektive). Die zentrale Aufgabe wird darin gesehen, die Vorteile, die sich aus der Anpassung an die jeweiligen lokalen Bedingungen ergeben, mit den Vorteilen einer globalen Integration aller Aktivitäten auszubalancieren. Gefordert sind also transnationale Managementkonzepte, die diesen beiden entgegengesetzten Anforderungen gleichzeitig gerecht werden.

	Umweltorientierte Perspektive (Interkulturelles Management)	**Institutionenorientierte Perspektive (Internationales Management)**
Atomistische Perspektive	Kulturspezifisches Management	Auslandsmanagement
Holistische Perspektive	Kulturübergreifendes Management	Management multinationaler Unternehmungen

Abb. 1: Perspektiven des Interkulturellen und Internationalen Managements

3 Didaktische Anforderungen

Aus den im letzten Abschnitt skizzierten Gegenständen ergeben sich zwei zentrale didaktische Herausforderungen für die Lehre im IM: (1) IM muss aus umweltorientierter und institutionalistischer Perspektive sowohl länder- bzw. kulturspezifisches Wissen (atomistische Perspektive) als auch länder- bzw. kulturübergreifendes Wissen (holistische Perspektive) vermitteln (Lehrinhalte). (2) IM muss sowohl Fachwissen als auch Theorien, Methoden und Techniken (intellektuelle Ebene) sowie Reflexionen, Einstellungen und Handlungskompetenzen (erfahrungsbezogene Ebene) vermitteln (Lehrmethoden).

Fasst man die Lehrinhalte und -methoden als voneinander unabhängige Dimensionen auf, so lässt sich zur Systematisierung der didaktischen Anforderungen an die Lehre im IM auf die Klassifikation von Gudykunst und Hammer (1983) zurückgreifen. Diese differenziert zwischen landesspezifischen und landesübergreifenden sowie zwischen didaktischen und erfahrungsbezogenen Lehrmethoden. Aus der Kombination dieser beiden Dimensionen mit jeweils zwei Ausprägungen ergeben sich idealtypisch vier Felder, in die sich die gängigen Lehrformen einordnen lassen (Abbildung 2). Dabei muss berücksichtigt werden, dass die Einteilung nicht immer trennscharf ist und verschiedene Lehrformen mehreren Feldern zugerechnet werden können.

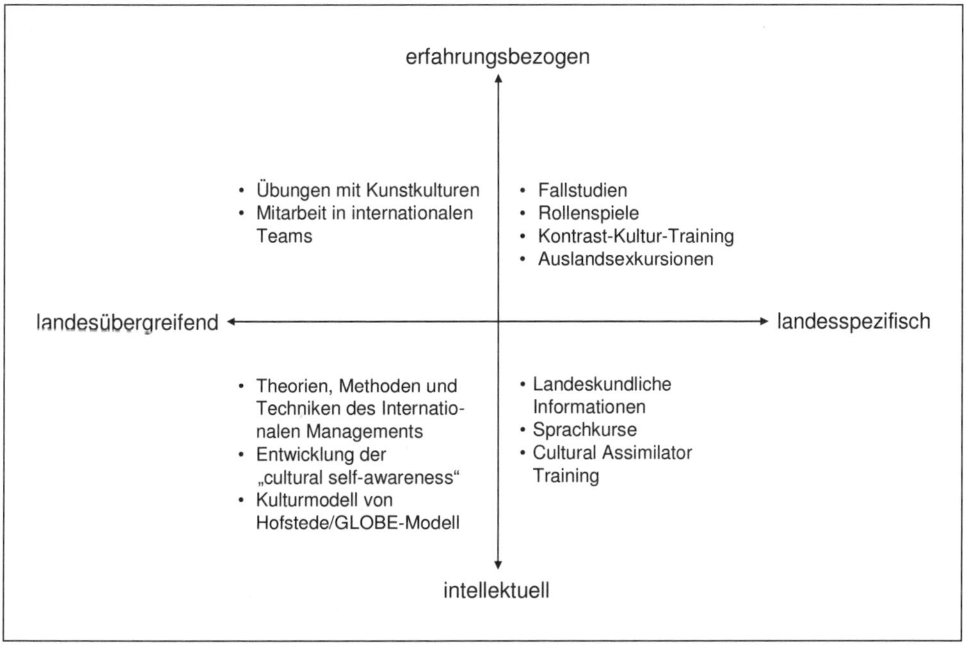

Abb. 2: Lehrinhalte und -methoden im IM
Quelle: in Anlehnung an Gudykunst/Hammer (1983), S. 126.

Bei der intellektuell-landesspezifischen Lehre überwiegen zumeist kurze und allgemeine Informationen über einzelne Gastländer sowie über deren rechtliche, politische, ökonomische und soziokulturelle Bedingungen. Neben Vorlesungen zum „doing business in X" können dazu landeskundliche Filme eingesetzt werden. Ebenfalls dazu zählen allgemeine und wirtschaftsorientierte Sprachkurse. Anspruchsvoller sind der Einsatz hypermedialer Lernsysteme (Konrad 2000, Holzmüller/Stöttinger/Wittkop 2002) sowie das Cultural Assimilator Training, bei dem die Teilnehmer mit landestypischen interkulturellen Problemsituationen konfrontiert werden und sich für eine von mehreren vorgegebenen Handlungsmöglichkeiten oder Erklärungen des geschilderten Verhaltens ihrer potentiellen inländischen

Interaktionspartner entscheiden müssen (Fiedler/Mitchell/Triandis 1971). Cultural Assimilator Trainings sind z. B. für Brasilien, China, Indien, Russland und die USA entwickelt worden (Stahl/Langeloh/Kühlmann 1999, Thomas/Schenk 2001, Yoosefi/Thomas 2003, Bröckelmann et al. 2005, Mittlerer/Mimler/Thomas 2006). Da diese Methode auf einen intellektuellen Zugang zu fremden Kulturen beschränkt ist, kann sie jedoch nur eine erste Orientierung für das kulturadäquate Entscheiden und Handeln in verwandten Kulturen geben (Triandis 1995, S. 184 f.).

Die erfahrungsbezogen-landesspezifische Lehre soll Studierende insbesondere auf die soziokulturellen Bedingungen eines bestimmten Landes vorbereiten, deren Verständnis der landesspezifischen Besonderheiten und der kulturbedingten Verhaltensweisen von Geschäftspartnern und Mitarbeitern fördern und zur adäquaten Anpassung des eigenen Verhaltens beitragen. Dazu werden etwa unternehmungsbezogene Fallstudien und Rollenspiele durchgeführt, an denen häufig Interaktionspartner des jeweiligen Landes teilnehmen (Kontrast-Kultur-Training). Ein Beispiel dafür ist das interkulturelle Rollenspiel „Interact“, bei dem die Teilnehmer mit Angehörigen anderer Kulturen Verhandlungen über die Gründung eines Joint Ventures führen müssen. Gegenwärtig liegen Trainingsmaterialien für Australien, Chile, China, Deutschland, Frankreich, Großbritannien, Italien, die Niederlande, Russland, Spanien und die USA vor (Bolten 2002). Noch authentischer sind Studiensemester im Ausland und Auslandsexkursionen, bei denen unmittelbare Eindrücke gewonnen und persönliche Kontakte geknüpft werden können. Diese Lehrform ist allerdings besonders zeit- und kostenintensiv.

Innerhalb der intellektuell-landesübergreifenden Lehre kommt im Rahmen der institutionalistischen Perspektive der Darstellung der unterschiedlichen Theorien, Methoden und Techniken des IM die größte Bedeutung zu. Dies geschieht zumeist in Form traditioneller Vorlesungen sowie durch begleitende Übungen und Tutorien. Aus umweltorientierter Perspektive steht die Förderung der „cultural self-awareness“ im Mittelpunkt. Dem liegt die Annahme zugrunde, dass zum Verständnis fremder Kulturen zunächst die Kenntnis der eigenen kulturbedingten Werthaltungen, Stereotypen und Verhaltensweisen notwendig ist. Zu deren Bewusstmachung kann etwa das Verhalten der Teilnehmer bei Rollenspielen auf Videofilmen aufgezeichnet und anschließend in Gruppen diskutiert werden. Zur Sensibilisierung für kulturelle Einflüsse auf das Management kann auch auf das Fünf-Dimensionen-Modell der Kultur von Hofstede (2001) oder das GLOBE-Modell (House et al., Hrsg. 2004) zurückgegriffen werden. Ähnlich wie intellektuell-landesspezifische Methoden vermittelt diese Lehrform zwar kognitives Wissen über international und interkulturell adäquates Handeln, sie ist jedoch nicht in der Lage, Internationalität und Interkulturalität emotional erfahrbar zu machen.

Die erfahrungsbezogen-landesübergreifende Lehre umfasst schließlich die Mitarbeit in internationalen Teams (Holtbrügge/Puck 2003) sowie interkulturelle Handlungstrainings, welche die Teilnehmer zu kulturangepassten Erkenntnis- und Verhaltensleistungen befähigen und deren interkulturelle Kompetenz erweitern sollen (Kohls/Knight 1994). Diese können sowohl im Rahmen von Outdoor-Trainings (Jagenlauf 2000) oder in Form interkultureller Simulationsspiele durchgeführt werden. Beispiele dafür sind „BaFa BaFa“ (URL: http://www.stsintl.com/business/bafa.html) und „Ecotonos“ (Nipporica Associates 1993), bei denen die Teilnehmer durch die Konfrontation mit gegensätzlich konstruierten Kunstkulturen affektive und verhaltensorientierte Qualifikationen wie Empathie, Ambiguitätstoleranz und den Umgang mit Plausibilitätsdefiziten entwickeln und erweitern sollen. Da die erfahrungsbezogene Lehre auf der Ebene der nur schwer veränderbaren Grundeinstellungen und Werthaltungen ansetzt und nur indirekt auf managementbezogene Aspekte eingeht, erfordert sie einen hohen Zeitaufwand und eine große Bereitschaft der Teilnehmer, sich mit ihrer eigenen Persönlichkeit auseinanderzusetzen (Bolten 2000, S. 73 f.). Dies gilt insbesondere dann, wenn sich diese nicht auf ein bestimmtes Land bezieht, sondern landesübergreifend ist.

4 Lösungsoptionen am Beispiel der Lehre im Fach „Internationales Management“ an der Universität Erlangen-Nürnberg

Im Folgenden wird am Beispiel der Lehre im Fach IM am Fachbereich Wirtschaftswissenschaften der Universität Erlangen-Nürnberg dargestellt, wie sich die im letzten Abschnitt skizzierten didaktischen Anforderungen praktisch umsetzen lassen. Bei der möglichen Übertragung des Beispiels auf andere Fakultäten müssen insbesondere die Größe und Struktur der Nürnberger WiSo-Fakultät (fast 5.000 Studierende und 34 Professoren), die große Zahl und Diversität von vier Bachelor- und zehn Master-Programmen sowie die vielen lokalen Stiftungen (z.B. Frisch-Stiftung, Gutmann-Stiftung, Staedtler-Stiftung, Sparkassen-Förderpreis für Lehrinnovationen) berücksichtigt werden, durch welche die unzureichende staatliche Finanzausstattung zumindest partiell kompensiert werden kann.

4.1 Internationales Management in den Bachelor-Studiengängen

In den Bachelor-Studiengängen kann IM in Erlangen-Nürnberg als Vertiefungsfach im zweiten und dritten Studienjahr gewählt werden. Dafür sind drei Veranstaltungen relevant, in denen unterschiedliche Lehrinhalte vermittelt werden und ein Methodenmix aus intellektuellen sowie erfahrungsbezogenen Lehrmethoden eingesetzt wird.

In der Vorlesung „Management in Emerging Markets" wird in intellektuell-landesspezifischer Form Wissen über die BRICS-Staaten (Brasilien, Russland, Indien, China und Südafrika) vermittelt. Die geographische Konzentration auf diese Länder beruht auf deren großer Bedeutung für ausländische Direktinvestitionen. Aufgrund ihrer spezifischen rechtlichen, ökonomischen, politischen und soziokulturellen Bedingungen lassen sich an ihrem Beispiel zudem viele aktuelle Inhalte des IM wie Markteintrittsstrategien, Risikomanagement, Schutz von den geistigen Eigentumsrechten oder das Verhältnis von Unternehmungen und Staat anschaulich illustrieren. Die Vermittlung der Lehrinhalte erfolgt mithilfe grundlegender Monographien und Sammelbände (z.B. Holtbrügge/Friedmann 2009, Holtbrügge/Puck 2008) sowie anhand von Zeitungs- und Zeitschriftenartikeln.

Die Veranstaltung „Training Intercultural Competence" bedient sich dagegen v. a. erfahrungsbezogen-landesübergreifender Lehrformen. Sie ist somit in dem im letzten Abschnitt skizzierten Konzept genau in dem diagonal entgegengesetzten Feld anzusiedeln. Zudem stehen dabei nicht internationale, sondern interkulturelle Lehrinhalte im Mittelpunkt. Deren Vermittlung erfolgt insbesondere in Form interkultureller Simulationsspiele sowie durch begleitende Videofilme, die dafür oft gemeinsam mit Studierenden entwickelt wurden. Ein Beispiel dafür ist das Kommunikationstraining „Explanatorius!", das v. a. darauf abzielt, die interkulturelle Kommunikationskompetenz der Teilnehmer zu verbessern (Holtbrügge/Kittler 2007).

In der Veranstaltung „Case Studies in International Management" werden v. a. erfahrungsbezogen-landesspezifische Lehrformen eingesetzt. Die Fallstudien dienen sowohl dazu, die in den anderen beiden Veranstaltungen vermittelten Lehrinhalte zu illustrieren, als auch induktiv neue Fragestellungen aufzuwerfen. Zudem soll dadurch unternehmungsspezifisches Fachwissen vermittelt werden. Dazu müssen die Studierenden z. B. Informationen über den Internationalisierungsprozess von Unternehmungen recherchieren oder unterschiedliche Handlungsoptionen für die zukünftige Internationalisierung bewerten.

4.2 Internationales Management in den Master-Studiengängen

Im Rahmen der Master-Studiengänge werden zwei Veranstaltungen angeboten, die für alle Studierenden verpflichtend sind, die das Vertiefungsfach IM wählen. Darüber hinaus gibt es mehrere Veranstaltungen, die je nach Studiengang zum Wahlbereich zählen.

Grundlegend für alle Studierenden ist das Modul „Introduction to IM". In diesem werden auf der Basis des Lehrbuchs von Welge und Holtbrügge (2006) die wichtigsten Theorien, Methoden und Techniken des IM vermittelt und anhand von Fallstudien illustriert. Intellektuell-landesspezifische Lehrformen wechseln sich dabei mit intellektuell-landesübergreifenden ab. Eher erfahrungsbezogen ausgerichtet ist die ebenfalls zum Pflichtprogramm zählende Veranstaltung „Managing Intercultural Relations". Im Vordergrund steht eine umweltorientierte Perspektive – und damit die Frage, wie sich kulturelle Unterschiede auf das Handeln von Individuen, Gruppen und Unternehmungen auswirken.

Im Rahmen des Wahlbereichs werden in zwei Lehrveranstaltungen „Internationalization of Medium-sized Firms" die spezifischen Aspekte der Internationalisierung mittelständischer Unternehmungen thematisiert. Im Mittelpunkt stehen besonders erfolgreiche mittelständische Weltmarktführer (Haussmann et al. 2006, Holtbrügge/Schuster 2008), aus deren Erfahrungen Implikationen für die Internationalisierung anderer Unternehmungen abgeleitet werden. Eine vertiefende Veranstaltung ist den Internationalisierungsstrategien mittelständischer Weltmarktführer in den BRICS-Staaten gewidmet. Neben primär intellektuell-landesspezifischen und -landesübergreifenden Lehrformen findet in jedem Semester eine Exkursion zu einem mittelständischen Weltmarktführer (z. B. Faber-Castell, Fackelmann, Puma, Rödl & Partner, Semikron) statt, durch die persönliche Eindrücke und Gespräche mit Führungskräften dieser Unternehmungen ermöglicht werden.

Ein ähnliches Ziel hat die Vortragsreihe zum IM, zu der regelmäßig herausragende Persönlichkeiten aus Wirtschaft, Politik, Sport und Kultur eingeladen werden. In den letzten Jahren zählten dazu etwa Herbert Hainer (Vorstandsvorsitzender Adidas), Heinrich von Pierer (ehemaliger Vorstandsvorsitzender Siemens), Klaus Mangold (ehemaliges Vorstandsmitglied DaimlerChrysler und Vorsitzender des Ost-Ausschusses der Deutschen Wirtschaft), Detlef Wittig (Vorstandsvorsitzender Škoda) oder Markus Merck (FIFA-Schiedsrichter).

Ergänzt werden diese Veranstaltungen durch jährlich stattfindende Auslandsexkursionen, z. B. nach China, Frankreich, Indien, Russland und Tschechien. Diese Exkursionen, die häufig durch den Deutschen Akademischen Austausch Dienst

(DAAD) finanziell gefördert werden, sollen es Studierenden ermöglichen, Internationalität und Interkulturalität persönlich zu erleben. Zudem dienen sie der Intensivierung der Beziehungen zu ausländischen Partneruniversitäten, an denen häufig gemeinsame Veranstaltungen stattfinden. Für diese Exkursionen übersteigt die Zahl der Interessierten die der Plätze zumeist um ein Vielfaches.

Zur Vorbereitung auf die Masterarbeit dient die Veranstaltung „Research in International Management". Darin wird Studierenden die Möglichkeit gegeben, an aktuellen Forschungsprojekten des Lehrstuhls mitzuwirken. In enger Zusammenarbeit mit den Mitarbeitern des Lehrstuhls werden etwa schriftliche und persönliche Befragungen durchgeführt, Daten mithilfe statistischer Methoden ausgewertet und Fallstudien erarbeitet (z. B. Rygl/Kittler/Dennerlein 2007). Das Ziel besteht darin, die in den anderen Veranstaltungen erworbenen Fachkenntnisse, Methoden und Techniken auf konkrete und neuartige Fragestellungen anzuwenden und dadurch insbesondere die Handlungskompetenz zu erhöhen.

4.3 Internationales Management im Doktorandenstudium

Zur Vorbereitung von Doktoranden auf ihre Promotion im Rahmen des strukturierten Promotionsstudiums werden zwei Lehrveranstaltungen angeboten. In der Veranstaltung „Theories and Methods in International Management Research" werden aktuelle theoretische und methodische Grundlagen der Forschung im IM vermittelt. Dies geschieht in Form von Brown-Bag-Seminaren, bei denen jeweils ein Doktorand eine für seine Promotion relevante Fragestellung kurz erläutert und anschließend mit den anderen Seminarteilnehmern diskutiert. Die Fragestellung muss in maximal zehn Minuten verständlich erläutert werden können, ohne dass eine vorbereitende Lektüre erforderlich ist. Der Name „Brown Bag" bedeutet, dass das Seminar während der Mittagspause stattfindet und die Teilnehmer dabei ihr Mittagessen (das häufig in einer braunen Tüte verpackt ist) einnehmen können.

In der Veranstaltung „Analyzing Best Papers in International Management" werden Aufsatzentwürfe der Doktoranden sowie aktuelle Veröffentlichungen in renommierten Fachzeitschriften analysiert. Die Doktoranden sollen dadurch für die Gütekriterien theoretischer und empirischer Forschung sensibilisiert werden und ihre eigene Urteilskraft weiterentwickeln. Insbesondere diejenigen Doktoranden, die eine kumulative Promotion anstreben, sollen zudem mit dem Publikationsprozess in wissenschaftlichen Fachzeitschriften vertraut gemacht werden.

5 Zukünftige Herausforderungen

Die größte zukünftige Herausforderung für die Lehre im IM besteht darin, nicht nur neue Lehrinhalte und -methoden zu adaptieren, sondern auch der zunehmenden Internationalisierung von Lehrenden und Lernenden gerecht zu werden. Ausgelöst durch den Bologna-Prozess und die damit verbundene Einführung von Bachelor- und Master-Programmen wird in den nächsten Jahren an den meisten Universitäten die Zahl der internationalen Studierenden stark zunehmen. Zudem werden Professorenstellen immer häufiger international besetzt.

Dies stellt die Lehre im IM vor neue Herausforderungen, weisen doch empirische Untersuchungen darauf hin, dass Angehörige unterschiedlicher Kulturen auch unterschiedliche Lernpräferenzen aufweisen (vgl. den Überblick in Berg 2007). Diese lassen sich etwa mithilfe des Learning-Style-Inventory-Modells von Kolb (1984) systematisieren, nach dem vier Lernstiltypen unterschieden werden können:

- Der Lernstil des Reflektierers zeichnet sich durch die Präferenz für konkrete Erfahrungen und reflektierendes Beobachten aus. Seine besondere Stärke ist das divergente Denken. Dieses befähigt ihn insbesondere dazu, eine konkrete Situation aus unterschiedlichen Perspektiven zu betrachten.
- Der dominante Lernstil des Theoretikers ist durch eine Kombination aus reflektierender Beobachtung und abstrakter Konzeptionalisierung gekennzeichnet. Seine Stärke ist die Fähigkeit, durch die Verknüpfung verschiedener Beobachtungen zu schlüssigen Erklärungen für die Besonderheiten einer Situation zu kommen.
- Pragmatiker zeichnen sich durch die abstrakte Konzeptionalisierung und das aktive Experimentieren aus. Sie verstehen es v. a., Wissen in hypothetisch-deduktiver Weise zu erfassen, so dass es leicht auf ein bestimmtes Problem ausgerichtet und zu dessen Lösung herangezogen werden kann.
- Aktivisten bevorzugen in Lernsituationen eine Kombination aus aktivem Experimentieren und konkreter Erfahrung. Dadurch sind sie besonders gut in der Lage, Pläne und Aufgaben zügig auszuführen und diese flexibel neuen Bedingungen anzupassen.

In den letzten Jahren wurden zahlreiche Studien zu der Frage durchgeführt, inwieweit die nationale und kulturelle Herkunft die Präferenz für einen bestimmten Lernstil beeinflusst. Fasst man die Ergebnisse der vorliegenden empirischen Untersuchungen zu den präferierten Lernstilen in unterschiedlichen Kulturen zusammen, so ergibt sich ein widersprüchliches Bild (Abbildung 3). So werden etwa Chinesen einmal mehrheitlich als Aktivisten und einmal als Pragmatiker bezeichnet. Auch zum präferierten Lernstil von Amerikanern liegt kein einheitlicher Befund vor. Noch verwirrender sind die Ergebnisse der vorliegenden Untersuchungen, wenn man diese auf einer aggregierten Ebene betrachtet. Fasst man Australien, Deutschland, Frankreich, Norwegen und die USA zum westlichen Kulturraum und China, Indien sowie Südkorea zum asiatischen Kulturraum zusammen, so zeigt sich, dass im westlichen Kulturraum alle vier und im asiatischen Kulturraum drei Lernstiltypen mindestens einmal dominant sind.

Autoren / Kulturen	McKee/ Mock/Ruud (1992)	Auyeung/ Sands (1996)	Lam (1998)	Barmeyer (2000)	Jaju/Kwak/ Zinkhan (2002)	Hanisch (2003)
Australien		Aktivisten				
China		Theoretiker	Aktivisten, Pragmatiker			Pragmatiker, Aktivisten
Deutschland				Theoretiker, Pragmatiker		
Frankreich				Theoretiker, Reflektierer		
Indien					Pragmatiker	
Norwegen	Theoretiker					
Südkorea					Theoretiker	
USA	Pragmatiker				Reflektierer	

Abb. 3: Lernstilpräferenzen in unterschiedlichen Kulturen
Quelle: Berg (2008).

Während damit zwar weitgehende Einigkeit darüber herrscht, dass die Kultur einen Einfluss auf die Lernstilpräferenzen von Individuen hat, ist noch ungeklärt, wie dieser Einfluss konkret aussieht. Dies gilt v. a. dann, wenn man über den behavioristischen Ansatz der dargestellten Untersuchungen hinaus geht und nach möglichen kognitiven Ursachen für unterschiedliche Lernstilpräferenzen sucht. Hierzu liegen lediglich „ad hoc-Vermutungen“ vor, die durch Einzelbefunde belegt werden. Es fehlen jedoch theoretisch gestützte Erklärungen mit substantiellem Gehalt.

Generell gilt jedoch, dass sich Lehrende im IM in Zukunft verstärkt an die unterschiedlichen Lernstilpräferenzen ihrer Studierenden anpassen müssen. Ähnlich wie international tätigen Unternehmungen bieten sich ihnen dabei die beiden Optionen der weitgehenden Standardisierung von Lehrinhalten und -methoden oder der Berücksichtigung der individuellen Kenntnisse und Präferenzen der Studierenden.

Während die erste Option v. a. durch die Verwendung von (amerikanischen) Standardlehrbüchern und von Englisch als Unterrichtssprache gekennzeichnet ist, beinhaltet die zweite Option der Differenzierung eine große Bandbreite an Lehrmaterialien, -sprachen und -konzepten sowie die weitgehende aktive Einbindung der Studierenden in die Unterrichtsgestaltung. Studierende sollen dadurch nicht nur etwas über, sondern auch etwas durch, in, mit und von andere(n) Kulturen lernen (Bergemann/Bergemann 2005, S. 194 ff.).

Angesichts der großen Beliebtheit des Fachs an den meisten Universitäten und der damit verbundenen großen Zahl von Studierenden unterschiedlicher Nationalität, die dieselben Lehrveranstaltungen besuchen, stellt dies die Lehrenden im IM vor große Herausforderungen. Insbesondere dürfte es schwierig sein, divergierende Lernstilpräferenzen in ein und derselben Veranstaltung gleichzeitig zu berücksichtigen. Anregungen dazu bieten Lehrenden empirische Untersuchungen zur Wirkungsweise multikultureller Gruppen (für einen Überblick Berg 2006). Diese zeigen, dass Teams mit Angehörigen unterschiedlicher kultureller Prägung ein größeres Kreativitäts- und Innovationspotential besitzen können. Dies gilt jedoch nur dann, wenn die Aufgabenkomplexität und die Interaktionshäufigkeit hoch sind, was sich in traditionellen Vorlesungen mit einer großen Zahl von Hörern kaum realisieren lässt. Notwendig ist vielmehr eine Kombination der im dritten Abschnitt skizzierten Lehrmethoden, die den Lernenden verschiedene Zugänge zu den vermittelten Lehrinhalten eröffnet. Darüber hinaus ist die intensive Vorbereitung auf das Lernen in multikulturellen Gruppen erforderlich (Holtbrügge/Puck 2007). Dies gilt nicht nur für die Lernenden, sondern auch für die Lehrenden im IM. Schließlich muss dafür die notwendige technische, organisatorische und personelle Infrastruktur (z. B. Kommunikationsmedien und -möglichkeiten, Lehrmaterialien, Tutoren) zur Verfügung gestellt werden. Ob dies in ausreichendem Maße geschehen wird, bleibt angesichts der derzeitigen Prioritäten in der Hochschul- und Wissenschaftspolitik abzuwarten.

Literatur

Armstrong, S. (2005): Postgraduate Management Education in the UK: Lessons from or Lessons for the U.S. Model? In: Academy of Management Learning & Education, 4. Jg., Nr. 2, 2005, S. 229-234.

Barmeyer, C. I. (2000): Interkulturelles Management und Lernstile: Studierende und Führungskräfte in Deutschland, Frankreich und Quebec. Campus, Frankfurt a. M., New York/NY, 2000.

Berg, N. (2006): Globale Teams: Eine kritische Analyse des gegenwärtigen Forschungsstands. In: Zeitschrift für Personalforschung, 20. Jg., Nr. 3, 2006, S. 215-232.

Berg, N. (2008): Diversity Learning: Kulturelle Heterogenität als Kreativitätspotential in Organisationen. In: Bergemann, N./Sourisseaux, A. (2008, Hrsg.): Interkulturelles Management. 4. Aufl., Springer, Berlin et al., 2008 (im Druck).

Bergemann, B./Bergemann, N. (2005): Interkulturelle Managementkompetenz: Anforderungen und Ausbildung. Physica-Verlag, Heidelberg, 2005.

Bolten, J. (2000): Interkultureller Trainingsbedarf aus der Perspektive der Problemerfahrungen entsandter Führungskräfte. In: Götz, K. (2000, Hrsg.): Interkulturelles Lernen – Interkulturelles Training. 2. Aufl., Hampp, München, Mering, 2000, S. 61-80.

Bolten, J. (2002): Interact 2.0. Interkulturelles Verhandlungstraining. Wissenschaft und Praxis, Berlin, 2002.

Bröckelmann, S./Fuchs, C.-M./Kammhuber, S./Thomas, A. (2005): Beruflich in Brasilien: Trainingsprogramm für Manager, Fach- und Führungskräfte. Vandenhoeck & Ruprecht, Göttingen, 2005.

Buckley, P. J. (2002): Is the International Business Agenda Running out of Steam? In: Journal of International Business Studies, 33. Jg., Nr. 2, 2002, S. 365-373.

Buckley, P. J./Ghauri, P. (2004): Globalization, Economic Geography and the Strategy of Multinational Enterprises. In: Journal of International Business Studies, 35. Jg., Nr. 2, 2004, S. 81-98.

Earley, P. C./Peterson, R. S. (2004): The Elusive Cultural Chameleon: Cultural Intelligence as a New Approach to Intercultural Training for the Global Manager. In: Academy of Management Learning and Education, 3. Jg., Nr. 1, 2004, S. 100-115.

Fayerweather, J. (1978): International Business Strategy and Administration. Ballinger, Cambridge/MA, 1978.

Fiedler, F. E./Mitchell, T./Triandis, H. C. (1971): The Cultural Assimilator: An Approach to Cross-cultural Training. In: Journal of Applied Psychology, 55. Jg., Nr. 2, 1971, S. 95-102.

Ghoshal, S. (2005): Bad Management Theories are Destroying Good Management Practices. In: Academy of Management Learning and Education, 4. Jg., Nr. 1, 2005, S. 75-81.

Gudykunst, W. B./Hammer, M. R. (1983): Basic Training Design: Approaches to Intercultural Training. In: Landis, D./Brislin, R. (1983, Hrsg.): Handbook of Intercultural Training: Issues in Theory and Design. Pergamon Press, New York et al., 1983, S. 118-154.

Hanisch, D. A. (2003): Managementtraining in China: Neue Erkenntnisse über Akzeptanz und Relevanz westlicher Managementtheorien und Trainingsmethoden. Lang, Frankfurt a. M., 2003.

Haussmann, H./Holtbrügge, D./Rygl, D./Schillo, K. (2006): Erfolgsfaktoren mittelständischer Weltmarktführer. Working Paper Nr. 3, Universität Erlangen-Nürnberg, 2006.

Hofstede, G. (1994): The Business of International Business is Culture. In: International Business Review, 3. Jg., Nr. 1, 1994, S. 1-14.

Hofstede, G. (2001): Culture's Consequences: Comparing Values, Behaviors, Institutions and Organizations across Nations. 2. Aufl., Sage, Thousand Oaks/CA et al., 2001.

Holtbrügge, D./Friedmann, C. (2009): Geschäftserfolg in Indien. Springer, Berlin et al., 2009 (in Vorbereitung).

Holtbrügge, D./Kittler, M. G. (2007): Understanding Misunderstanding in Intra- and Intercultural Communication: Findings of a Sino-German Experiment. In: Oesterle, M.-J. (2007, Hrsg.): Internationales Management im Umbruch – Globalisierungsbedingte Einwirkungen auf Theorie und Praxis internationaler Unternehmensführung. Deutscher Universitäts-Verlag, Wiesbaden, 2007, S. 341-370.

Holtbrügge, D./Puck, J. F. (2003): Interkulturelle Teams: Chancen, Risiken und Erfolgsfaktoren. In: Personal, 55. Jg., Nr. 8, 2003, S. 46-49.

Holtbrügge, D./Puck, J. F. (2007): Interkulturelle Trainings für multikulturelle Teams. In: Bergemann, N./Sourisseaux, A. (2007, Hrsg.): Interkulturelles Management. 4. Aufl., Springer, Berlin et al, 2007.

Holtbrügge, D./Puck, J. F. (2008): Geschäftserfolg in China: Strategien für den größten Markt der Welt. 2. Aufl., Springer, Berlin et al., 2008.

Holtbrügge, D./Schuster, T. (2008): Erschließung und Bearbeitung von Auslandsmärkten – Das Beispiel Rödl & Partner in China. In: Kruse, O./Wittberg, V. (2008, Hrsg.): Unternehmensführung in der mittelständischen Wirtschaft. Gabler, Wiesbaden, 2008 (im Druck).

Holzmüller, H. H./Stöttinger, B./Wittkop, T. (2002): Information and Communication Technologies in International Business Education: Technical Opportunities and Interpersonal Threats. In: Grünzweig, W./Rinehart, N. (2002, Hrsg.): Rockin' in the Red Square: Critical Approaches to International Education in the Age of Cyberspace. LIT, Münster, 2002, S. 127-146.

House, R. J./Hanges, P. J./Jarvidan, M./Dorfman, P. W./Gupta, V. (2004, Hrsg.): Culture, Leadership and Organizations: The GLOBE Study of 62 Societies. Sage, Thousand Oaks/CA et al., 2004.

Jagenlauf, M. (2000): Interkulturelles Lernen durch Outdoor-Training. In: Götz, K. (2000, Hrsg.): Interkulturelles Lernen – Interkulturelles Training. 2. Aufl., Hampp, München, Mering, 2000, S. 139-155.

Jaju, A./Kwack, H./Zinkhan, G. M. (2002): Learning Styles of Undergraduate Business Students: A Cross-cultural Comparison between the US, India and Korea. In: Marketing Education Review, 12. Jg, Nr. 2, 2002, S. 49-60.

Jenkins, J. R. G. (1998): The Role of Simulations in International Management Education. In: Journal of Teaching in International Business, 9. Jg., Nr. 3, 1998, S. 43-58.

Kaynak, E. (1989): Editorial. In: Journal of Teaching in International Business, 1. Jg., Nr. 1, 1989, S. 1-6.

Klandt, H. (2004): Entrepreneurship Education and Research in German-speaking Europe. In: Academy of Management Learning and Education, 3. Jg., Nr. 3, 2004, S. 293-301.

Kohls, L. R./Knight, J. M. (1994): Developing Intercultural Awareness: A Cross-cultural Training Handbook. Intercultural Press, Yarmouth/ME, 1994.

Kolb, D. A. (1984): Experiential Learning: Experience as a Source of Learning and Development. Prentice-Hall, Englewood Cliffs/NJ, 1984.

Konradt, U. (2000): Hypermediale Lernsysteme zum Training Interkulturellen Managements. In: Götz, K. (2000, Hrsg.): Interkulturelles Lernen – Interkulturelles Training. 2. Aufl., Hampp, München, Mering, 2000, S. 81-95.

Macharzina, K. (2002): Internationales Management – Späte Rezeption und steile Entwicklung. In: Gaugler, E./Köhler, R. (2002, Hrsg.): Entwicklungen der Betriebswirtschaftslehre. Schäffer-Poeschel, Stuttgart, 2002, S. 491-508.

Macharzina, K./Engelhard, J. (1987): Internationales Management. In: Die Betriebswirtschaft, 47. Jg., Nr. 3, 1987, S. 319-344.

Macharzina, K./Oesterle, M.-J. (2002): Das Konzept der Internationalisierung im Spannungsfeld zwischen praktischer Relevanz und theoretischer Unschärfe. In: Macharzina, K./Oesterle, M.-J. (2002, Hrsg.): Handbuch Internationales Management: Grundlagen – Instrumente – Perspektiven. 2. Aufl., Gabler, Wiesbaden, 2002, S. 3-21.

Mathews, V. E./Rivera, J. B./Pineda, R. C. (2001): Management Education abroad Adaptation versus a Cookie-cutter Approach. In: Journal of Teaching in International Business, 12. Jg., Nr. 4, 2001, S. 1-14.

McKee, T. E./Mock, T. J./Ruud, T. F. (1992): A Comparison of Norwegian and United States Accounting Students' Learning Style Preferences. In: Accounting Education, 1. Jg., Nr. 4, 1992, S. 321-341.

Mittlerer, K./Mimler, R./Thomas, A. (2006): Beruflich in Indien: Trainingsprogramm für Manager, Fach- und Führungskräfte. Vandenhoeck & Ruprecht, Göttingen, 2006.

Nipporica Associates (1993): ECOTONOS: A Multicultural Problem-solving Simulation. Intercultural Press, Yarmouth/ME, 1993.

Pang, M./Ho, T. M. (2005): Preparing Business Students for the Challenge ahead: A Case Study. In: Journal of Teaching in International Business, 16. Jg., Nr. 4, 2005, S. 45-64.

Peng, M. W. (2004): Identifying the Big Question in International Business Research. In: Journal of International Business Studies, 35. Jg., Nr. 2, 2004, S. 99-108.

Rygl, D./Kittler, M./Dennerlein, T. (2007): Success of International M&As: The Case of Adidas' Acquisition of Reebok. Case Study Nr. 307-325-1, European Case Clearing House, 2007.

Sanyal, R. N./Neves, J. S. (1999): Teaching Contentious Cross-cultural Issues through an Experiential Exercise. In: Journal of Teaching in International Business, 10. Jg., Nr. 2, 1999, S. 17-30.

Stahl, G./Langeloh, C./Kühlmann, T. (1999): Geschäftlich in den USA: Ein interkulturelles Trainingshandbuch. Ueberreuter, Wien, Frankfurt, 1999.

Thomas, A./Schenk, E. (2001): Beruflich in China: Trainingsprogramm für Manager, Fach- und Führungskräfte. Vandenhoeck & Ruprecht, Göttingen, 2001.

Triandis, H. C. (1995): Culture-specific Assimilators. In: Fowler, S. M./Mumford, M. G. (1995, Hrsg.): Intercultural Sourcebook: Cross-cultural Training Methods. Intercultural Press, Yarmouth/ME, 1995, S. 179-186.

Welge, M. K./Holtbrügge, D. (2006): Internationales Management. 4. Aufl., Schäffer-Poeschel, Stuttgart, 2006.

Westerman, J. W./Vanka, S. (2005): A Cross-cultural Empirical Analysis of Person-Organization Fit Measures as Predictors of Student Performance in Business Education: Comparing Students in the United States and India. In: Academy of Management Learning and Education, 4. Jg., Nr. 4, 2005, S. 409-420.

White, M./Usry, M. (1998): The Use of Living Cases in International Management. In: Journal of Teaching in International Business, 9. Jg., Nr. 3, 1998, S. 13-20.

Yamazaki, Y./Kayes, D. C. (2004): An Experiential Approach to Cross-cultural Learning: A Review and Integration of Competencies for Successful Expatriate Adaptation. In: Academy of Management Learning and Education, 3. Jg., Nr. 4, 2004, S. 362-379.

Yoosefi, T./Thomas, A. (2003): Beruflich in Russland: Trainingsprogramm für Manager, Fach- und Führungskräfte. Vandenhoeck & Ruprecht, Göttingen, 2003.

Abschnitt D: Praxis

Winfried Ruigrok*

Der Beitrag des Internationalen Managements im Bereich der Weiterbildung von Führungskräften (Executive Education)

---

* Prof. Dr. Winfried Ruigrok ist Professor für Internationales Management sowie Direktor des Research Institute for International Management (FIM-HSG) an der Universität St. Gallen.

1 Einführung

Während der letzten zwei Jahrzehnte hat sich das Internationale Management (IM) sowohl im deutschsprachigen als auch im englischsprachigen Raum als selbständiges Fach etablieren können. Ein wichtiger Grund, weshalb sich IM gegenüber anderen Teilbereichen der Betriebswirtschaftslehre (BWL) hat durchsetzen können, liegt sicher in dem Trend, dass Unternehmen zunehmend internationaler agieren und seit dem Ende der 1980er Jahre einem immer stärkeren internationalen Wettbewerb ausgesetzt sind. Entsprechend wurden Hochschulabsolventen mit einer breiten, international orientierten betriebswirtschaftlichen Ausbildung – vorzugsweise mit einem Auslandsaufenthalt und Kenntnis einer oder mehrerer Fremdsprache(n) – zu höchst attraktiven Neueinsteigern bei erfolgreichen multinationalen Unternehmen (MNU).

Neben der zunehmenden Bedeutung des Faches IM in der Lehre ist auch im Bereich der Forschung ein deutlicher Aufschwung zu verzeichnen. Ein klares Indiz hierfür sind die stark ansteigenden Mitgliederzahlen in den entsprechenden internationalen Dachverbänden wie der AIB (Academy of International Business), der EIBA (European International Business Academy) oder der International Management Division der AOM (Academy of Management). Während eine zunehmende Zahl wissenschaftlicher Artikel aus dem Bereich des IM in sogenannten „General Management Journals" wie dem Academy of Management Journal publiziert wird (Kirkman/Law 2005), haben es die beiden englischsprachigen „International Business"-Journals bzw. „International Management"-Journals[1] JIBS (Journal of International Business Studies) und mir (Management International Review) bereits in die Reihen der renommierten internationalen Journals geschafft (Tahai/Meier 1999).

Eine stark ansteigende Firmeninternationalisierung führte innerhalb vieler Unternehmen zu einer gestiegenen Nachfrage nach spezifischem Wissen und Fähigkeiten im Bereich des IM. Viele der international erfolgreichen deutschen Technologieunternehmen sehen sich zunehmend mit der Aufgabe konfrontiert, ihren Mitarbeitern und Managern neben funktionalem Wissen auch ein Verständnis von internationalen Unternehmensstrukturen und -prozessen sowie von Herausforderungen und Lösungsansätzen im interkulturellen Bereich zu vermitteln. Zusätzlich zu Lehre und Forschung müssen daher die praxisorientierten Erkenntnisse des Fachgebietes IM in einem nächsten Schritt möglichst effektiv an Führungskräfte und Entscheidungsträger in der Wirtschaft weitervermittelt werden. Ziel dieses Beitra-

---

1 Obwohl sich die Begriffe „Internationales Management" und „International Business" grundsätzlich sowohl in theoretischer als auch methodologischer Hinsicht voneinander unterscheiden, werden sie in diesem Beitrag als Synonyme verstanden.

ges ist es zu untersuchen, inwieweit sich IM in der Executive Education durchsetzen konnte und welche Herausforderungen sich an eine effektive und verbesserte Ausbildung in diesem Bereich stellen.

Dieser Beitrag beruht auf über 15 Jahren Erfahrung in der Weiterbildung im Bereich des IM sowie des Strategischen Managements auf unterschiedlichen Weiterbildungsebenen, in diversen Ländern (insbesondere Deutschland, der Schweiz, den Niederlanden und England) und von unterschiedlichen Bildungsanbietern (aber insbesondere der Universität St. Gallen – HSG). Der Beitrag ist als Erfahrungsbericht und als Impuls für weitere Diskussionen gedacht und baut nicht auf systematisch erhobenen Daten auf. Er ist folgendermaßen aufgebaut: In Abschnitt 2 wird eine kurze Übersicht über die sechs wichtigsten Teilbereiche der betriebswirtschaftlichen Weiterbildung gegeben. In Abschnitt 3 werden mögliche Inhalte aus dem Bereich des IM diskutiert, welche im Rahmen von Executive-Education-Programmen vermittelt werden können. Abschnitt 4 untersucht, inwieweit sich die didaktischen Methoden des Faches IM von denen anderer Fachgebiete unterscheiden und was entsprechend geeignete Unterrichtsmethoden in diesem Bereich sind. Abschnitt 5 gibt ein Fazit zu diesem Beitrag.

2 Eine Übersicht der betriebswirtschaftlichen Executive Education

Die betriebswirtschaftliche Weiterbildung im deutschsprachigen Raum ist noch relativ jung und in der Entwicklung begriffen, eine Abgrenzung der einzelnen Programme ist häufig schwierig. Dementsprechend wird hier zunächst eine kurze Übersicht der sechs wichtigsten Teilbereiche der betriebswirtschaftlichen Weiterbildung präsentiert (Abbildung 1). Diese Weiterbildungsprogramme sind z. B. nach Programmziel, Profil und Hintergrund bzw. Erwartungshaltung der Teilnehmer zu unterscheiden. Dies beeinflusst die Rolle und Konzipierung eines Kurses im Bereich IM.

Ein erstes Unterscheidungsmerkmal ergibt sich aus der Anbieterstruktur: Der „Master of Business Administration“ (MBA), „Executive Master of Business Administration“ (EMBA) und die „offenen Programme“ sind grundsätzlich offen für ein breites Publikum mit unterschiedlichen Karriere-, Ausbildungs- und Unternehmenshintergründen.[2] Als Voraussetzung werden bei MBA- und EMBA-Pro-

2 Im englischsprachigen Raum wird der MBA in der Regel *nicht* als Teil der Executive Education angesehen, weil die Teilnehmer von MBA-Programmen keine Führungskräf-

grammen in der Regel Vorleistungen wie z. B. ein akademischer Erstabschluss verlangt, wobei aus der Erfüllung der formellen Zulassungsbedingungen kein Aufnahmeanspruch resultiert. Diese Programmtypen haben also eine hohe Auswahlfreiheit hinsichtlich der zukünftigen Teilnehmer und des Lehrinhalts, allerdings sehen sich die Dozenten in solchen offenen Programmen häufig mit relativ heterogenen Erwartungen und Karrierezielen konfrontiert.

	MBA	**EMBA**	**„Offene Programme“**	**Unternehmensinterne Weiterbildung**	**Unternehmensinternes (I)MDP**	**Unternehmensinterne interkulturelle Seminare**
Typische Lernziele des Programms	High Potentials auf fortgeschrittenen Eintritt in Unternehmen vorbereiten	Leitende Angestellte, Führungskräfte „vorstandstauglich" machen	Teilnehmer auf nächsten Karriereschritt vorbereiten	High Potentials auf nächsten Karriereschritt vorbereiten	Gemeinsame Kultur und gemeinsames Wissen schaffen	Bewältigung der Herausforderungen des Internationalisierungsprozesses und der Interkulturalität
Gruppengröße	20-50	20-50	15-40	15-30	15-30	15-30
Durchschnittsalter	27-32	34-45	27-37	27-32	30-50	30-50
Karriereebene	Junge ambitionierte High Potentials	Führungskräfte, leitende Angestellte	Je nachdem: High Potentials, leitende Angestellte, Führungskräfte	High Potentials, leitende Angestellte	Eher Führungskräfte	High Potentials, leitende Angestellte, Führungskräfte
Nationalitätenmischung	Oft gemischt	Oft monokulturell	Oft monokulturell	Abhängig vom Unternehmen	Abhängig vom Unternehmen	Gemischt

te sind. Dementsprechend sind die Begriffe „Weiterbildung“ und „Executive Education“ keine Synonyme: Der deutschsprachige Begriff „Weiterbildung“ umfasst nicht nur die Executive Education von Führungskräften, sondern auch den Unterricht von High Potentials und Young Executives.

Ausbildungs-hintergründe	Oft gemischt	Oft gemischt (viele Teilnehmer mit technischem Hintergrund)	Oft gemischt	Da oft auf Ebene der Sparte bzw. Abteilung: weniger gemischt	Auf Konzernebene oft gemischt; auf Ebene der Sparte bzw. Abteilung oft weniger gemischt	Oft gemischt
Margen	Null	Erheblich	Durchschnittlich	Erheblich	Erheblich	Durchschnittlich
Möglicher Stellenwert des IM	Hoch	Mittelhoch	Mittelhoch	Hoch bei MNU	Hoch bei MNU	Essentiell

Legende:
MBA = Master of Business Administration
EMBA = Executive Master of Business Administration
(I)MDP = (International) Management Development Programme

Abb. 1: Sechs Programmtypen der betriebswirtschaftlichen Weiterbildung

Die unternehmensinterne Weiterbildung, unternehmensinterne „(International) Management Development Programmes" ((I)MDP) und unternehmensinterne interkulturelle Seminare finden hingegen innerhalb eines Unternehmens statt. Während der Karriere- und der Ausbildungshintergrund der Teilnehmer stark divergieren können, besteht hier in aller Regel ein gemeinsamer Unternehmenshintergrund. Solche internen Programme verfolgen oft nicht nur individuelle Weiterbildungsziele, sondern auch unternehmensspezifische Ziele wie z. B. die Schaffung einer gemeinsamen Unternehmenskultur, den Aufbau und Transfer unternehmensinternen Wissens oder die gezielte Lösung bestehender Herausforderungen.

Ein zweites Unterscheidungsmerkmal ergibt sich aus dem Profil der Teilnehmer. Unter dem Dach der Weiterbildung werden im deutschsprachigen Raum Programme sowohl für High Potentials als auch für leitende Angestellte und Führungskräfte angeboten. Diese Zielgruppen haben jedoch ganz unterschiedliche Erwartungen und Anforderungen, und die Inhalte und Methoden der Programme sollten entsprechend auf die einzelnen Gruppen abgestimmt werden. Programme, welche auf ein eher junges Publikum zielen, sollten z. B. breiter konzipiert werden und der Persönlichkeits- und Kompetenzentwicklung eine zentrale Rolle einräumen. Programme, welche auf leitende Angestellte und Führungskräfte zugeschnitten sind, sollten hingegen mehr auf strategische und organisatorische Fragen sowie Führungsfragen fokussiert sein.

Bei den unternehmensinternen interkulturellen Seminaren handelt es sich um einen interessanten, nischenorientierten Weiterbildungsbereich. Es geht hierbei häufig um Herausforderungen interkultureller Art, mit denen sich Firmen bei schnellem internationalem Wachstum (z. B. mittels ausländischer Übernahmen) konfrontiert sehen. Dozenten und Moderatoren aus dem Bereich des IM können hier unter Umständen einen entscheidenden Beitrag zur Lösung interkultureller Herausforderungen leisten.

Aufgrund umfangreicher öffentlicher Finanzierung sehen die betriebswirtschaftlichen Fakultäten im deutschsprachigen Raum Führungskräfteweiterbildung nicht als Bestandteil ihres Aufgabenspektrums an – ganz im Gegensatz zu angloamerikanischen Business Schools. Dozenten, welche sich im Bereich der Weiterbildung an öffentlich finanzierten deutschsprachigen Universitäten engagieren, können ihren Einsatz häufig nicht ihrem Lehrdeputat anrechnen und bekommen stattdessen Honorare, welche teilweise erheblich unter den Marktraten liegen. Von Universitäten initiierte und koordinierte Weiterbildungsveranstaltungen können dementsprechend nur selten das Interesse von qualifiziertem Lehrpersonal gewinnen. Viele Dozenten und ehemalige Studenten haben vielmehr unabhängige Weiterbildungsinstitutionen und -programme entwickelt, mit dem Ergebnis, dass die Hochschulen als Institution kaum an den Gewinnen der Weiterbildung partizipieren. Zudem werden in solchen Weiterbildungsprogrammen häufig Dozenten mit geringer Praxiserfahrung eingesetzt, was dem Ansehen der Programme insgesamt geschadet hat. Dieses ist jedoch kein für das Fach IM spezifisches Problem.

Die wirtschaftliche Faustregel für sogenannte offene Produkte (MBA, EMBA und „offene Programme“) ist relativ einfach: je höher die Teilnehmerzahl und die Standardisierung der Inhalte, um so höher die Margen. Leider verringern hohe Teilnehmerzahlen und Standardisierung gleichzeitig die Chance, sich vertieft mit Fragen der Studenten auseinanderzusetzen, und somit auch den Spaß der Dozenten an der Lehre. Letztendlich entscheiden die Marktkräfte, insbesondere die Nachfrage, sowie die Marktmacht des Programmanbieters und der Dozenten, welches Gleichgewicht sich hier ergibt. Solange universitätsinterne Weiterbildungsanbieter nicht in der Lage sind, marktkonforme Honorare zu zahlen, werden sie gegen hochschulunabhängige Anbieter kaum bestehen können.

Abbildung 1 könnte sicher noch erweitert oder verfeinert werden. Insbesondere im deutschsprachigen Raum, wo die Unterschiede zwischen diesen Programmen (wie z. B. zwischen MBA und EMBA) oft sogar Betriebswirtschaftlern nicht völlig klar sind, und es BWL-Fakultäten an Reputation und bzw. oder kritischer Masse fehlt, um selbständig mehrere Weiterbildungsprodukte anzubieten, gibt es viele Mischformen der dargestellten Programme. In diesem Spiel profitieren bisher v. a. ausländische, selbständig operierende Business Schools wie die London Business

School, INSEAD oder IMD von ihrem langjährigen Angebot, großen Lehrkörper, und etablierten Ruf. Die Anstrengungen der Universität St. Gallen in den letzten Jahren zeigen aber, dass auch staatlich kontrollierte deutschsprachige Universitäten in diesem harten internationalen Wettbewerb immer besser mithalten können.

3 Inhalte der Executive Education im Internationalen Management

Wie aus Abbildung 1 ersichtlich ist, hat das Fach IM noch nicht den gleichen Stellenwert in den unterschiedlichen Weiterbildungsprogrammen wie andere betriebswirtschaftliche Disziplinen. Die relativ junge Disziplin steht in der Regel mit den anderen BWL-Fachgebieten und deren Vertretern im Wettbewerb und verliert diesen Kampf meist dann, wenn die Teilnehmer der Weiterbildungsveranstaltung dem internationalen Geschäft nur beschränkt ausgesetzt sind. In diesem Fall bevorzugen viele Programmverantwortliche eher funktional ausgerichtete Kurse. In kleineren Ländern wie der Schweiz sowie in Programmen mit vielen Teilnehmern aus MNU sind Angebote aus dem Bereich des IM dagegen wesentlich häufiger zu anzutreffen.

Welche Inhalte aus dem IM sollten im Rahmen von Executive-Education-Programmen vermittelt werden? IM hat nach Werner zwölf Teilbereiche (Werner 2002).[3] Zusätzlich zu dieser Auflistung können die sogenannten komparativen Managementstudien (welche unterschiedliche Kulturen und bzw. oder Länder vergleichen) zum Fachgebiet des IM gezählt werden (in diesem Beitrag angedeutet als Interkulturelles Management). Zusammengenommen ergeben diese verschiedenen Teilbereiche einen umfangreichen Themenkatalog möglicher Inhalte der „International Management Executive Education". Die Auswahl der Themen hängt hierbei von einer Reihe von Faktoren ab, insbesondere von der spezifischen Gestaltung des Programms, weiteren vermittelten Inhalten, dem Zielpublikum, den Dozenten und ihrer Auffassung vom Fachgebiet sowie den entsprechenden Kundenerwartungen. Abbildung 2 gibt einen Überblick über Themen, welche tendenziell in den sechs identifizierten Weiterbildungsbereichen besonders geeignet erscheinen.

---

3 Diese zwölf Teilbereiche sind: (1) Globales Geschäftsumfeld, (2) Internationalisierung, (3) Markteintrittsentscheidungen, (4) Internationale Joint Ventures, (5) Auslandsinvestitionen, (6) Internationaler Handel (z. B. Export), (7) Wissenstransfer, (8) Strategische Allianzen und Netzwerke, (9) Multinationale Unternehmen, (10) Beziehungen Hauptsitz-Tochtergesellschaft, (11) Management von Tochtergesellschaften und multinationalen Teams, (12) Management von Expatriates (Werner 2002).

Programmtyp / Themenkatalog	MBA	EMBA	"Offene Programme"	Unternehmensinterne Weiterbildung	Unternehmensinternes (I)MDP	Unternehmensinterne interkulturelle Seminare
Globales Geschäftsumfeld	+	0	0	0	0	0
Internationalisierung	++	+	++	0/+/++	++	++
Markteintrittsentscheidungen	++	+	++	+/++	+	+
Internationale Joint Ventures	++	+	++	+	+	++
Auslandsinvestitionen	+	0	0	0	0	0
Internationaler Handel (z. B. Export)	+	+	+	+	0	0
Wissenstransfer	+	+	++	++	++	++
Strategische Allianzen und Netzwerke	+	+	+	+	+	+
Multinationale Unternehmen	+	0	0	0	0	+
Hauptsitz-Tochtergesellschaft (TG)-Beziehungen	+	+	+	+	++	++
Management von TG und multinationalen Teams	+	++	++	+	++	++
Management von Expatriates	+	+	+	+	++	++

Interkulturelles Management	++	++	+	+	++	++

Legende:
MBA = Master of Business Administration
EMBA = Executive Master of Business Administration
(I)MDP = (International) Management Development Programme
0 = weniger geeignet
\+ = geeignet
++ = sehr geeignet

Abb. 2: Mögliche Themen der „International Management Executive Education"
Quelle: Themenkatalog nach Werner (2002), S. 280.

Folgende Überlegungen können hierbei hilfreich sein: Wie kann sich das Fachgebiet IM in der Executive Education gegenüber anderen betriebswirtschaftlichen Fachgebieten durchsetzen, wenn, wie gesehen, die Nachfrage nach Inhalten aus diesem Bereich teilweise beschränkt ist? Während viele Dozenten aus dem Bereich des IM der häufig geringen Nachfrage damit begegnen, dass sie sich ein zweites „Standbein" in den Bereichen Marketing, Finanz- und Rechnungswesen, oder in der Organisationslehre aufbauen oder beibehalten, kann dies für das Fachgebiet IM keine langfristige Lösung sein.

Eine für das Fachgebiet bessere Strategie ergibt sich aus der Besinnung auf die Tatsache, dass unternehmerische Multinationalität häufig mit einer Reihe von strategischen, technologischen und organisatorischen Konsequenzen verbunden ist (z. B. Ruigrok et al. 1999, Buckley/Casson 2003). MNU sind in der Regel einem starken internationalen Wettbewerb ausgesetzt. Um sich in diesem Wettbewerb behaupten zu können, sind sie auf der einen Seite gezwungen, technologische und organisatorische Innovationen schneller als andere Unternehmen einzuführen. Auf der anderen Seite können sie aber auch früher als nicht internationalisierte Firmen von neuen Praktiken und Lösungen ihrer internationalen Wettbewerber lernen. Diese komplexen Zusammenhänge eröffnen Dozenten aus dem Bereich des IM die Chance, ihr spezielles Wissen über multinationale Strategien, Strukturen und Prozesse in Forschung, Lehre und Executive Education für ein besseres Verständnis in den Bereichen Strategie, Organisation, Führung oder Marketing sowie bei Themen wie Innovation oder Corporate Governance einzusetzen.

Eine weitere wichtige Bedeutung der Disziplin IM ergibt sich aus der Tatsache, dass in kultureller und institutioneller Hinsicht die Wirtschaftsräume Kontinentaleuropas sowohl untereinander als auch im Vergleich zum angloamerikanischen Raum teilweise sehr unterschiedlich sind. Klassisches „Standardwissen" aus dem englischsprachigen Raum ist z. B. häufig nicht ohne weiteres in den deutschsprachigen Raum übertragbar. Die Vertreter des Fachs IM sind auch hier wieder aufgrund ihres speziellen länderübergreifenden Wissens am besten in der Lage, Wissen aus dem englischsprachigen Raum in den deutschsprachigen Raum zu übertragen und vice versa.

Ein gutes Beispiel hierfür sind die verschiedenen Standpunkte in der Debatte über den Zusammenhang zwischen Unternehmensinternationalisierung und Unternehmensperformance. Zum einen wird hierbei die Ansicht vertreten, dass – unabhängig von der nationalen Herkunft eines Unternehmens – grundsätzlich ein ähnlicher Zusammenhang zwischen Unternehmensinternationalisierung und Unternehmensperformance besteht (z. B. Contractor/Kundu/Hsu 2003). Anderseits gibt es die Argumentation, dass die relevanten Märkte sowie die kulturellen und institutionellen Hintergründe eines Unternehmens den Internationalisierungs-Performance-Zusammenhang maßgeblich beeinflussen (vgl. z. B. Capar/Kotabe 2003, Ruigrok/Wagner 2003, Ruigrok/Amann/Wagner 2007). Sollte sich die zweite Position tatsächlich als die zutreffende etablieren, wären die aus der ersten Auffassung abgeleiteten Handlungsempfehlungen für Führungskräfte nicht nur falsch, sondern auch gefährlich für die betroffenen Unternehmen.

In der „International Management Executive Education" ist die Debatte über den Zusammenhang zwischen Unternehmensinternationalisierung und Unternehmensperformance häufig ein sehr hilfreicher Ansatzpunkt, um mit Führungskräften ein breites Spektrum von strategischen, strukturellen, organisatorischen und kulturellen Herausforderungen auf unterschiedlichen Stufen des Internationalisierungsprozesses zu diskutieren. Interessanterweise erwarten gerade deutsche Führungskräfte, wenn nach dem möglichen Zusammenhang zwischen Unternehmensinternationalisierung und Unternehmensperformance befragt, häufig einen u-förmigen Internationalisierungs-Performance-Zusammenhang. Führungskräfte sind oft durchaus offen, sich mit grundsätzlichen wissenschaftlichen Fragen auseinanderzusetzen, solange ihnen deren Relevanz nur ausreichend verdeutlicht wird.

Von den sieben Themengebieten, welche in Abbildung 2 mit den meisten „Pluszeichen" versehen wurden, eignen sich insbesondere die Themen der Markteintrittsentscheidungen und internationalen Joint Ventures für jüngere international orientierte Teilnehmer von Weiterbildungsveranstaltungen, die in einem nächsten Karriereschritt Mitverantwortlichkeit für einen Auslandsmarkt tragen. Dagegen sind eher strategische Themen wie Hauptsitz-Tochtergesellschaft-Beziehungen, Wissenstransfer, Management von Tochtergesellschaften und multinationalen Teams und Management von Expatriates v. a. für leitende Angestellte und Führungskräfte geeignet. Fragen des Interkulturellen Managements können sowohl bei etwas jüngeren als auch weiter fortgeschrittenen Teilnehmern zum besseren Verständnis der Bedeutung von Kultur und zu effektiverem interkulturellen Verhalten beitragen. Dies bedeutet aber nicht, dass das Thema des Interkulturellen Managements einen unabdingbaren Teil einer „International Management Executive Education"-Veranstaltung ausmachen muss. Die Frage, ob und wie stark dieses Thema betont werden sollte, hängt immer von den oben genanten Faktoren ab wie z. B. dem Profil der Teilnehmer und bzw. oder den Erwartungen der Kunden.

4 Methoden der Executive Education

Im Folgenden soll kurz diskutiert werden, in welchem Sinne die didaktischen Methoden im Fach IM sich von denen anderer Fachgebiete unterscheiden und was geeignete Unterrichtsmethoden für das Fach IM in der Weiterbildung sind.

Zunächst muss hier aber betont werden, dass die Persönlichkeit des Dozenten in der Weiterbildung von absolut entscheidender Bedeutung ist. In der Weiterbildung verlangt der Kunde eine glaubwürdige Persönlichkeit, die auf Vorstandsebene (mit-)denkt, aber gleichzeitig dieses Denken an objektiven Modellen und externem Wissen überprüft. Der Weiterbildungsdozent soll nicht nur glaubwürdig das Fach vertreten, sondern auch Verständnis für die alltäglichen Herausforderungen der Teilnehmer haben. Es ist insbesondere bei der internen Weiterbildung wichtig, einen Zusammenhang zum alltäglichen Geschäft der Teilnehmer herzustellen. Dies erfordert vom Dozenten, umfangreich über wichtige Entwicklungen innerhalb des Unternehmens wie z. B. über Änderungen in der (internationalen) Unternehmensstrategie, der Unternehmensleistung sowie der Unternehmensleitung (z. B. einem Vorstandswechsel) informiert zu sein. Zudem sollten Arbeitsformen im Vordergrund stehen, innerhalb derer der Dozent nicht nur selbst Inhalte vermittelt, sondern die Teilnehmer ihr Wissen und ihre (internationalen) Erfahrungen maßgeblich in den Unterricht einbringen können. Weiterhin sollte ein gewisser Unterhaltungswert geboten werden.

Im Bereich der unternehmensinternen Weiterbildung spielt die jeweilige interne Unternehmenspolitik häufig eine wichtige Rolle. Dozenten müssen sich hier sowohl mit hervorragenden als auch mit weniger gut geführten Unternehmen auseinandersetzen. In beiden Fällen hat der Dozent jedoch sowohl die persönliche Unabhängigkeit als auch die Loyalität gegenüber dem Auftraggeber zu bewahren. Zudem spielen Auftraggeber häufig nicht mit offenen Karten und legen dem Dozenten die tatsächliche Lage im Unternehmen nicht vollständig und realistisch dar. Abhängig vom Stellenwert, den das Human Resource Management bzw. das Corporate Learning im Unternehmen hat, trifft der Dozent des Weiteren entweder auf hochmotivierte oder eher misstrauische Teilnehmer. Mit all diesen Faktoren muss sich ein Dozent im Bereich der Executive Education erfolgreich auseinandersetzen können.

Viele didaktische Methoden, welche in anderen Fachbereichen erfolgreich angewendet werden, wie z. B. (lieber kürzere!) Vorlesungen, Fallstudien und Gruppenarbeiten, sind auch für das Fach IM geeignet. Für IM insbesondere angebrachte Methoden sind zudem Gastvorträge bzw. Kamingespräche mit einer Führungskraft, um internationale Fragestellungen, persönliche Erfahrungen und Führungsstile vertieft zu besprechen. Teilnehmer an Weiterbildungsveranstaltungen wissen es in der Regel sehr zu schätzen, wenn eine Führungskraft oder ein Vorstand sich die Zeit nimmt, eigene Erfahrungen und Einsichten zu teilen. Im Sinne einer Arbeitsteilung stellt ein erfahrener Weiterbildungsdozent dabei sicher, dass die Gruppe dieses Gespräch mit guten Fragen angeht und bzw. oder nach dem Gespräch die Zeit hat, offene Fragen mit dem Dozenten zu besprechen.

Darüber hinaus sind Formen des „Erfahrungslernens" („experiential learning"), z. B. Verhandlungssimulationen oder interkultureller Simulationen wie „BaFa BaFa", „Barnga" oder „Ecotonus" empfehlenswert. Interkulturelle Simulationen können in monokulturellen Gruppen den Teilnehmern helfen, sich der Bedeutung von Kultur bewusst zu werden, während sie bei multikulturellen Gruppen insbesondere den Teilnehmern aus dem Stammhaus helfen können, sich über kulturelle Probleme erstmals Gedanken zu machen.

Abbildung 3 beschreibt die drei meist verwendeten interkulturellen Simulationen. Je international erfahrener die Gruppe, desto geeigneter sind die Simulationen in der rechten Hälfte der Abbildung 3. Nicht jede Gruppe ist aufgeschlossen für die Durchführung einer interkulturellen Simulation. Folgende Ratschläge können hilfreich sein, um eine Simulation erfolgreich durchzuführen:

- Bevor ein Dozent eine Simulation durchführt, sollte er die Simulation selbst einmal als Teilnehmer mitmachen, um ein besseres Verständnis für die Ziele und möglichen Emotionen der Teilnehmer zu bekommen.
- Der Dozent sollte betonen, dass die Simulation kein Spiel ist. Die Teilnehmer werden zwar während der Simulation Spaß haben, aber im Vordergrund steht das Ziel, neue Erkenntnisse über interkulturelle Prozesse zu gewinnen.
- Es ist entscheidend, dass der Dozent ohne Hemmungen und humorvoll vorführt, wie man sich als Teilnehmer in gewissen Simulationskulturen zu benehmen hat, gerade wenn eine Regel beinhaltet, dass man andere Mitglieder der Kultur umarmen sollte (wie beispielsweise in „BaFa BaFa").
- Die Simulationen „BaFa BaFa" und „Ecotonus" lassen sich ohne Assistenz nicht durchführen.

	Barnga	BaFa BaFa	Ecotonus
Kurzbeschreibung	Gruppen von Teilnehmern spielen ein Kartenspiel gemäß schwer erkennbaren, unterschiedlichen Spielregeln. Nach einiger Zeit spielen sie gegeneinander.	Mitglieder zweier ganz unterschiedlicher Kulturen treffen sich und versuchen, sich gegenseitig zu verstehen und zu verständigen.	Mitglieder dreier unterschiedlicher Kulturen müssen in einem Team eine gemeinsame Aufgabe lösen.
Lernziel	Auch wenn sie äußerlich ähnlich erscheinen, nehmen Menschen anderer kultureller Herkunft die Wirklichkeit manchmal etwas anders wahr, oder sie folgen unterschiedlichen Spielregeln.	Wenn man Menschen anderer kultureller Herkunft trifft, versteht man diese oft zuerst nicht. Dies führt zu Angst und zur Hervorhebung negativer Eigenschaften der anderen Kultur.	Zusammenarbeit in einem Team mit Kollegen anderer kultureller Herkunft erfordert mehr Zeit, der Prozess der Entscheidungsfindung wird stark von der Zusammensetzung des interkulturellen Teams geprägt.
Anzahl Kulturen	Offen (i. d. R. bis zu 6)	2	3
Benötigte Zeit	60-80 Min.	≥ 2 Stunden	1,5-2 Stunden
Kosten	Gering	Etwas höher (≥ 100 US-$)	Gemäßigt (100 US-$)
Flexibilität	Gering	Gering	Hoch
Anzahl Moderatoren	1	2	2-3
Komplexität	Gering	Hoch	Hoch
Wiederholte Verwendung mit Gruppe?	Nein	Nein	Ja

Bewirkte Emotionen	Wenig	Umfangreich	Umfangreich
Bildungsniveau (Hochschule)	Bachelor	Auf allen Stufen verwendbar	Obwohl auf allen Stufen verwendbar, eher auf fortgeschrittener Ebene
Verwendung in Weiterbildung	Eventuell bei Teilnehmer oder Firmen ohne internationale Erfahrung	Teilnehmer oder Firmen mit wenig internationaler Erfahrung	Teilnehmer oder Firmen mit mehr internationaler Erfahrung
Auf Deutsch verwendbar?	Ohne Probleme	Übersetzung aufwändig	Relativ leicht übersetzbar

Abb. 3: Vergleich von drei bekannten interkulturellen Simulationen
Quelle: in Anlehung an McNett/Bird (2002).

Trotz der Behauptung, dass experimentelle Lernformen Führungskräfte am effektivsten auf Auslandsaufenthalte vorbereiten (Waxin/Panaccio 2005, S. 65), ist die Durchführung interkultureller Simulationen eher für „Interkulturelle Management"-Module geeignet. Es gibt eine nicht unrealistische Gefahr, dass Teilnehmer der interkulturellen Simulation „BaFa BaFa" sich nach der Durchführung zwar mehr Gedanken über Kultur machen, aber als Schlussergebnis sich eher „ethnozentrischer" als „geozentrischer" verhalten (Bruschke/Gartner/Seiter 1993, zitiert in Bhawuk/Brislin 2000, S. 174). Ein Dozent sollte daher nicht nur Probleme, sondern auch Lösungsansätze aufzeigen, d. h., er sollte genügend Zeit einplanen, um Strategien zur Bewältigung von interkulturellen Herausforderungen zu erklären. Dies wird jedoch dadurch erschwert, dass die Faktoren, die einem effektiven interkulturellen Training zugrunde liegen, ungenügend geklärt sind (Morris/Robie 2001). Es ist deswegen empfehlenswert, in kulturell heterogenen Gruppen und in unternehmensinternen Veranstaltungen stets zu versuchen, die Erfahrungs- und Meinungsvielfalt der Gruppe explizit zu nutzen, um den Teilnehmern die Chance zu geben, relevantes Kontextwissen zu identifizieren.

5 Fazit

Ziel dieses Beitrags war es zu untersuchen, inwieweit sich IM in der Executive Education hat durchsetzen können und welche Herausforderungen sich an eine effektive und verbesserte Ausbildung in diesem Bereich stellen. Das Bild, das in diesem Kapitel gezeichnet wurde, zeigt, dass die betriebswirtschaftliche Weiterbildung weitgehend nach im Ausland üblichen Kriterien etabliert ist, das Fach IM jedoch nicht in allen Weiterbildungsbereichen eine selbstverständliche Bedeutung erworben hat. Diese ist teils das Ergebnis davon, dass Themen des IM häufig von Dozenten anderer Fachbereiche mit abgedeckt werden und den Teilnehmern von Weiterbildungsveranstaltungen somit nicht immer genügend klar gemacht wird, welche Bedeutung ein Verständnis von Fragen des IM haben kann.

Wichtige Themengebiete für Weiterbildungskurse im Bereich des IM sind Markteintrittsentscheidungen, Internationalisierung, Hauptsitz-Tochtergesellschaft-Beziehungen, Interkulturelles Management, Management von Tochtergesellschaften und multinationalen Teams. Gerade im letzten Bereich können spezifische didaktische Methoden wie interkulturelle Simulationen verwendet werden, mittels derer sich Dozenten des IM von anderen Kollegen unterscheiden können.

Am wichtigsten in der Weiterbildung ist jedoch die Persönlichkeit des Dozenten, und dies hat nichts mit dem Fach IM an sich zu tun. Vor allem wenn das Ziel einer Weiterbildungsveranstaltung ist, die Teilnehmer „vorstandstauglich" zu machen, wird ein „vorstandsuntauglicher" Dozent vorhersehbare Probleme verursachen.

Literatur

Bhawuk, D./Brislin, R. (2000): Cross-Cultural Training: A Review. In: Applied Psychology: An International Review, 49. Jg., Nr. 1, 2000, S. 162-191.

Bruschke, J./Gartner, C. /Seiter, J. (1993): Student Ethnocentrism, Dogmatism and Motivation: A Study of BAFA BAFA. In: Simulation and Gaming, 21. Jg., Nr. 1, 1993, S. 9-20.

Buckley, P./Casson, M. (2003): The Future of the Multinational Enterprise in Retrospect and in Prospect. In: Journal of International Business Studies, 34. Jg., Nr. 2, 2003, S. 219-222.

Capar, N./Kotabe, M. (2003): The Relationship between International Diversification and Performance in Service Firms. In: Journal of International Business Studies, 34. Jg., Nr. 4, 2003, S. 345-355.

Contractor, F./Kundu, S./Hsu, C.-C. (2003): A Three-Stage Theory of International Expansion: The Link between Multinationality and Performance in the Service Sector. In: Journal of International Business Studies, 34. Jg., Nr. 1, 2003, S. 5-18.

Kirkman, B./Law, K. (2005): International Management Research in AMJ: Our Past, Present, and Future. In: Academy of Management Journal, 48. Jg., Nr. 3, 2005, S. 377-386.

McNett, J./Bird, A. (2002): Experiential Teaching and Learning in International Management. In: Academy of International Business Insights, 2. Jg., Nr. 2, 2002, S. 12-13.

Morris, M./Robie, C. (2001): A Meta-Analysis of the Effects of Cross-Cultural Training on Expatriate Performance and Adjustment. In: International Journal of Training and Development, 5. Jg., Nr. 2, 2001, S. 112-125.

Ruigrok, W./Wagner, H. (2003): Internationalization and Performance: An Organizational Learning Perspective. In: Management International Review, 43. Jg., Nr. 1, 2003, S. 63-83.

Ruigrok, W./Amann, W./Wagner, H. (2007): The Internationalization-Performance Relationship at Swiss Firms: A Test of the S-Shape and Extreme Degrees of Internationalization. In: Management International Review, 47. Jg., Nr. 3, 2007, S. 349-368.

Ruigrok, W./Pettigrew, A./Peck, S./Whittington, R. (1999): Corporate Restructuring and New Forms of Organising: Evidence from Europe. In: Management International Review, 39. Jg., Nr. 2, 1999, S. 41-64.

Tahai, A./Meyer, M. J. (1999): A Revealed Preference Study of Management Journals' Direct Influences. In: Strategic Management Journal, 20. Jg., Nr. 3, 1999, S. 279-296.

Waxin, M.-F./Panaccio, A. (2005): Cross-Cultural Training to Facilitate Expatriate Adjustment: It Works! In: Personnel Review, 34. Jg., Nr. 1, 2005, S. 51-67.

Werner, S. (2002): Recent Developments in International Management Research: A Review of 20 Top Management Journals. In: Journal of Management, 28. Jg., Nr. 3, 2002, S. 277-305.

Reinhard Meckl*

Leistungsfähigkeit des Internationalen Managements hinsichtlich der Lösung von Problemen der Praxis

* Prof. Dr. Reinhard Meckl ist Inhaber des Lehrstuhls für Internationales Management an der Universität Bayreuth.

1 Managementforschung als „angewandte" Wissenschaft

Abgesehen von wenigen Forschungsfeldern gibt es wohl in jedem Teilbereich der Wissenschaft die Frage und die anschließende Diskussion nach dem „Nutzen" der Erkenntnisse, die durch die teilweise doch aufwändigen Forschungsprojekte gewonnen werden. Nicht zuletzt mit Hinweis auf die vom „klammen" Steuerzahler aufzubringenden Mittel wird eine gesellschaftliche Verwertbarkeit der wissenschaftlichen Ergebnisse gefordert. Während in den Naturwissenschaften die Verwendung der Erkenntnisse aus der Grundlagenforschung für die Entwicklung von neuen Technologien und letztendlich marktfähigen Produkten als ein Ziel deklariert wird, ist inzwischen auch in den Geisteswissenschaften das Paradigma der (ökonomischen) Nutzenstiftung der Forschungserkenntnisse zu beobachten.

Das von einigen bedauerte, von anderen stark favorisierte Paradigma der Ökonomisierung der Forschungsziele und auch -inhalte ist naturgemäß für die Wirtschaftswissenschaften und insbesondere für die Betriebswirtschaftslehre kein wirkliches Problem. So verstand sich ein wichtiger Teil der betriebswirtschaftlichen Forscher immer schon als „anwendungsorientiert". Managementforschung wird oftmals per definitionem als praxisrelevante Forschung charakterisiert (Grand 2003, S. 600, zur Grundsatzdiskussion z. B. Nicolai 2004). Dies bedeutet nicht, dass man auf die theoretische Fundierung in der Forschung verzichtet hätte. Vielmehr sollten auf der Basis von theoretischen und konzeptionellen Ansätzen Empfehlungen abgeleitet werden, die im Forschungsgegenstand – also z. B. in den Unternehmen – zur Verbesserung der Leistungsfähigkeit eingesetzt werden können. Eine Fokussierung auf einzelne zu beantwortende Fragen erlaubt dabei eine zielgenaue Behandlung komplexer Probleme. Schneider spricht in diesem Zusammenhang von einer Problemisolierung durch Betrachtung nur eines Aspekts, die es erlaubt, „wirklichkeitsnahe" Problemlösungen zu erreichen (Schneider 1987, S. 32).

Diese problem- und lösungsorientierte Sicht gilt für die Managementforschung und -lehre in besonderem Maße. Managementforschung wird als Real- und Erfahrungswissenschaft definiert, die Ereignisse und Phänomene im Rahmen der Unternehmensführung objektiv beschreiben und Erklärungen bzw. Vorhersagen finden soll (Hungenberg/Wulf 2004, S. 5). Steinmann und Schreyögg stellen fest, dass „ihr Paradigma nicht … ein abstraktes Identitätsprinzip (ist) – wie etwa das Knappheitsprinzip – sondern es ist das praktische Problem" (2000, S. 37). Entsprechend der problemorientierten Forschung liegt das Wissenschaftsziel der Managementforschung in der Entwicklung von Bezugsrahmen, die eine allgemeine Anweisung bzw. Hilfestellung zur Lösung von Steuerungsproblemen in Unternehmen geben (Steinmann/Schreyögg 2000, S. 38). In einer praxisorientierten Betriebswirtschaftslehre sollen die Ergebnisse der Forschung einen Beitrag zur Verbesserung der wirtschaftlichen Leistungsfähigkeit von Unternehmen liefern (Frank 2003, S. 283).

Diese Bezugsrahmen werden theoriebasiert entwickelt (zum Zusammenhang zwischen theoretischer Erkenntnis und praktischer Problemlösung z. B. Schanz 2000, S. 86 f.). Innerhalb der Bezugsrahmen werden Instrumente, Verfahren und Methoden in den betriebswirtschaftlichen Funktionsfeldern oder auch übergeordneten Bereichen konstruiert. Sie sind in den meisten Fällen das Ergebnis von konzeptioneller und bzw. oder empirischer Forschung. Entsprechend ist die empirische Forschung denn auch ein häufig anzutreffendes Merkmal betriebswirtschaftlicher Publikationen.

Weist man der allgemeinen Managementforschung und -lehre das Postulat der praktischen Problemorientiertheit zu, so sollte erwartet werden, dass auch das Internationale Management (IM) inzwischen Bezugsrahmen und einen Katalog von Ansätzen und Instrumenten entwickelt hat, die in der Lage sind, Probleme, die in der Internationalisierungspraxis auftreten, zu lösen oder zumindest für die Praxis verwertbare Lösungshinweise zu geben. Das Ziel der nachfolgenden Überlegungen besteht darin, den aktuellen Stand der Leistungsfähigkeit des IM für die Lösung der praktischen Steuerungsprobleme im Unternehmen darzustellen und einer kritischen Würdigung zu unterziehen.

Um dieses Ziel zu erreichen, wurde folgender Aufbau gewählt. Zunächst wird dargestellt, wie die inhaltlichen Entwicklungslinien in der Forschung zum IM in den letzten Jahrzehnten aussehen und wie diese mit den praktischen Anforderungen an Unternehmen, die zu der jeweiligen Zeit den Internationalisierungspfad beschritten, korrespondieren (vgl. Abschnitt 2). Da in der wissenschaftlichen Beschäftigung mit IM die Theorien Basis für eine problemorientierte Beschreibung und die Ableitung von Instrumenten sind, ist an erster Stelle zu fragen, wie es mit der Leistungsfähigkeit der verwendeten Theorien im IM zur Lösung von Problemen der Praxis aussieht. Dies wird in Abschnitt 3 thematisiert. Wie oben beschrieben, sind letztendlich Problemlösungskonzepte, die auch in Beschreibungshilfen der Realität bestehen können, der sichtbare Ausdruck von praktischer Problemorientierung einer Wissenschaft. Abschnitt 4 untersucht einige der im IM entwickelten Konzepte hinsichtlich ihrer Leistungsfähigkeit. Die auf den beiden Untersuchungsebenen gefundenen Ergebnisse werden im fünften Abschnitt zu einer Gesamteinschätzung verdichtet. Dabei werden dann auch Defizite in der Leistungsfähigkeit des IM hinsichtlich der Lösung von Problemen der Praxis diskutiert.

2 Entwicklungslinien des Internationalen Managements und deren Orientierung an Praxisproblemen

Abbildung 1 zeigt im Überblick einige wichtige Inhalte der Forschung im IM entlang der Zeitachse.[1]

Forschungsschwerpunkte im IM	1970er Jahre	1980er Jahre	1990er Jahre	2000er Jahre
Implementation der Internationalisierung			Führung/ Steuerung in internationalen, integrierten Netzwerken (Bartlett/Ghoshal, Macharzina)	Interkulturelles Management, Optimierung von Führungsmodellen (z. B. durch neue Kommunikationsmedien)
Formen bzw. Strategien der Internationalisierung		Ausgestaltung von Internationalisierungsstrategien (Heenan/Perlmutter, Porter, Ohmae)	Entwicklung globaler Wettbewerbsstrategien (Meffert)	Ausbau der Marktposition auf internationalen Märkten, internationale Optimierung der Wertschöpfungskette
Gründe der Internationalisierung	Theorie des internationalen Unternehmens (Dunning)	Liberalisierung, Deregulierung	Realisierung globaler Wettbewerbsvorteile	Entstehung von Weltmärkten

Abb. 1: Zeitliche und inhaltliche Entwicklungslinien der Forschung im IM
Quelle: Meckl (2006), S. 28.

In den 1970er Jahren erhielt die Forschung im IM einen ersten Schub. Ähnlich wie im Strategischen Management, das im Anfangsstadium im Wesentlichen von Seiten der Praxis getrieben wurde (Hungenberg/Wulf 2004, S. 3), ist die wissenschaftliche Beschäftigung mit IM zu einem guten Teil auf die sich in dieser Zeit stark beschleunigende Internationalisierung zahlreicher Unternehmen zurückzuführen. Insofern kann durchaus von einer praxisinduzierten Forschungstätigkeit gesprochen werden. Allerdings war der Entwicklungsstand der Theorien stark geprägt

1 Vgl. dazu auch den Beitrag von Klaus Macharzina „Inhaltliche Entwicklung des Internationalen Managements als wissenschaftliche Disziplin“ in diesem Band.

von einer deskriptiven Komponente und einer Beschäftigung mit der Erklärung des Phänomens der Internationalisierung, woraus sich nicht zwangsläufig konkrete Empfehlungen für die Unternehmenspraxis ableiten lassen. Überraschend ist, dass in Deutschland eine wissenschaftliche Auseinandersetzung mit dem Thema zunächst nur in geringem Umfang stattfand, obwohl die deutschen Unternehmen früh und in starkem Umfang internationalisierten.

Dies änderte sich in den 1980er Jahren nicht zuletzt durch die Pfingsttagung des Verbandes der Hochschullehrer für Betriebswirtschaft e. V. (VHB) 1982, die explizit unter dem Generalthema der Internationalisierung stand (Macharzina/Oesterle 2002, Hrsg., S. 6). Die Relevanz des Themas Internationalisierung nahm in der Wirtschaftspraxis weiter deutlich zu, zumindest in den Ländern der damaligen westlichen politischen Zone. Im Zuge des generellen Bedeutungsgewinns des Strategischen Managements in der Unternehmensführung wurde auch für die Internationalisierung ein Instrumentarium zur planerischen Vorbereitung und Bewältigung der internationalen Aktivitäten entwickelt. Die ersten in dieser Zeit entwickelten internationalen Führungsmodelle (z. B. Heenan/Perlmutter 1979) weisen auch eine praxisorientierte Komponente mit eindeutigen Empfehlungen für – allerdings idealisierte – Typen von internationalen Unternehmen auf.

Die geänderten politischen Bedingungen Ende der 1980er führten zum Eintritt großer, bisher weitgehend geschlossener Volkswirtschaften in den internationalen Austausch. Internationalisierung wurde dadurch zum zentralen Gegenstand der Führung von Unternehmen in den 1990er Jahren. Neben der Entwicklung von Einzelstrategien für Auslandsmärkte bestand die zentrale Herausforderung in der Unternehmenspraxis in der Beherrschung des durch die Internationalisierung noch komplexer gewordenen „Systems Unternehmen“. Die in der Wissenschaft konstruierten Führungsmodelle für global tätige Unternehmen, z. B. unter Zuhilfenahme der Netzwerktheorie, tragen dem Rechnung, so dass man hier zumindest auf der obersten Ebene von einer grundsätzlichen Praxisorientierung der Forschung sprechen kann.

Der hohe Diffusionsgrad von ausländischen Unternehmen in vielen Märkten und der damit verbundene hohe Internationalisierungsgrad erhöhen die Quantität und Qualität der unternehmensinternen und -externen grenzüberschreitenden Schnittstellen bis heute. Die zahlreichen und direkten Interaktionen mit Geschäftspartnern und Kunden oder auch Kollegen aus anderen Kulturkreisen rücken das Themengebiet der interkulturellen Zusammenarbeit zunehmend ins Blickfeld sowohl der Unternehmenspraxis als auch der Forschung. Beispielsweise stellt die Führung kulturheterogener Teams ein wichtiges Problemfeld in international tätigen Unternehmen dar und ist gleichzeitig aktueller Gegenstand ausgiebiger Forschungsanstrengungen.

Zusammenfassend kann festgestellt werden, dass die Entwicklungsgeschichte der Forschung im IM streckenweise durchaus von den Problemen der Unternehmenspraxis inhaltlich beeinflusst worden ist, so dass die Voraussetzung für eine Eignung der wissenschaftlichen Ansätze und Untersuchungsgegenstände für die Lösung praktischer Probleme in den internationalen Unternehmen grundsätzlich gegeben ist.

3 Problemlösungspotentiale der Theorien des Internationalen Managements für die Praxis

3.1 Theorien im Internationalen Management und ihr Bezug zur praktischen Problemlösung

Nach der übergeordneten Betrachtung der Entwicklungslinien ist als nächstes zu prüfen, ob die Theorien, die entwickelt wurden, so ausgestaltet sind, dass sich aus ihnen Empfehlungen für die Unternehmenspraxis ableiten lassen.

Der generelle Zusammenhang zwischen einem theoretischen Erkenntniswunsch und einer praktischen Anwendung ist wohl schon seit Beginn der Beschäftigung mit theoretischen Modellen Gegenstand einer kontroversen Diskussion. Schanz postuliert theoretische Erkenntnisse als eine wesentliche Voraussetzung erfolgreichen Handelns (2000, S. 86) und vertritt damit die Position der meisten Forscher und Theoretiker nicht nur in der Betriebswirtschaftslehre. Demgegenüber steht die Ansicht, dass Theorien wegen ihres Bestrebens nach Allgemeingültigkeit keinen oder nur einen geringen Beitrag zur Lösung konkreter praktischer Probleme zu leisten vermögen. Der Ausschluss von relevanten Variablen mit dem Ziel der Konstruktion möglichst eindeutiger Modelle führt zum Vorwurf der Handlungsferne von theoretischen Modellen.

Das Forschungsfeld „Internationales Management" weist inzwischen einen bemerkenswert langen Katalog von Theorien auf (für eine Übersicht Engelhard/Dähn 2002, Welge/Holtbrügge 2003, S. 51-88, Perlitz 2004, S. 65-118, Kutschker/ Schmid 2006, S. 371-473, Meckl 2006, S. 25-89). Unter einer Theorie wird im Folgenden ein in sich logisches und konsistentes System (Gebäude) von Hypothesen verstanden (zu Details der Begriffsdiskussion z. B. Schanz 1988). Wie in anderen betriebswirtschaftlichen Forschungsfeldern auch wurden und werden die Theorien mit dem Ziel entwickelt bzw. angewendet, ein erklärendes Potential für zentrale Phänomene des Untersuchungsfeldes zu bieten und in einem zweiten Schritt eine normative Komponente im Hinblick auf die Empfehlung von optimierenden Maßnahmen – in diesem Fall für das IM – zu bieten.

Allerdings wird von Fachvertretern immer noch ein Defizit und ein unzureichender Entwicklungsstand bei der Erreichung dieser Ziele diagnostiziert (z. B. Macharzina/Oesterle 2002, Hrsg., S. 9). Dies könnte u. a. auch daran liegen, dass die im Internationalen Management angewandten Theorien größtenteils nicht originär aus dem Fach selbst kommen und damit nicht zielgerichtet zur Beantwortung der fachspezifischen Forschungsfragen entwickelt wurden. Die meisten der theoretischen Ansätze stammen aus den generellen theoretischen Grundlagen des Faches Betriebswirtschaftslehre und werden auf das hier untersuchte Themenfeld übertragen. Ihre Probleme bei der Lösung konkreter praktischer Probleme „nehmen die Theorien dabei mit".

Die konkrete Leistungsfähigkeit von Theorien zur Lösung praktischer Probleme des IM soll exemplarisch anhand von Theorien überprüft werden, die zwar ebenfalls auf Vorüberlegungen allgemeiner theoretischer und konzeptioneller Ansätze der Betriebswirtschaftslehre beruhen, aber zudem eine starke Verankerung im Internationalen Management aufweisen. Ausgewählt wurden der GAINS-Ansatz (Gestalt Approach of International Business Strategy) und der eklektische Ansatz von Dunning.

3.2 Die Eignung des GAINS-Ansatzes zur praktischen Problemlösung

Ein treffendes Beispiel der Übertragung und Weiterentwicklung von allgemeinen Ansätzen der Betriebswirtschaftslehre auf die Belange des IM bietet der GAINS-Ansatz (im Detail dazu Macharzina/Engelhard 1991). Theoretische Basis bildet der ursprünglich aus der Organisationstheorie stammende Konfigurationsansatz (als Grundlagenquelle Miller/Friesen 1984, allgemein zum Konfigurationsansatz z. B. Henselek 1996, Meckl 2000, S. 116-122). Eine Konfiguration ist dadurch gekennzeichnet, dass sie eine Gruppe homogener Unternehmen repräsentiert, die sich durch eine ähnliche Ausprägungskonstellation unternehmensinterner Faktoren und Umweltkonstellationen auszeichnet (Meckl 2006, S. 50). Typische unternehmensinterne Merkmale sind die Organisationsstruktur, die Führungsphilosophie, die qualitative und quantitative Ressourcenausstattung sowie die Unternehmenskultur. Unternehmensexterne Merkmale umfassen z. B. die Wettbewerbsintensität und die Technologieentwicklung.

Für solche homogenen Gruppen sollen, und das ist das explizite Ziel des Ansatzes, gestaltende Aussagen für einzelne, beeinflussbare Variablen gemacht werden. Solche Aussagen haben zumindest potentiell einen hohen Gehalt für die Lösung praktischer Gestaltungsprobleme, weswegen der Konfigurationsansatz bzw. seine

„internationale Variante“ in Form des GAINS-Ansatzes eine interessante Theorie für die hier behandelte Themenstellung sind.

Die zentrale Hypothese des Konfigurationsansatzes in Bezug auf die Internationalisierung besagt, dass die Ausprägungen eines „set“ an internen und externen Variablen die Form und den Grad der Internationalisierung eines Unternehmens bestimmen. Dabei ist das Ziel, eine möglichst hohe Stimmigkeit („fit“) zu erreichen. Führt eine Internationalisierungsstrategie bei einer bestimmten Konfiguration – also bei einer vorgegebenen Ausprägung interner und externer Variablen – zum Erfolg, so liegt ein „fit“ vor und man bezeichnet diese Konfiguration – also im Endeffekt diese Strategie bzw. Variablenkombination – als „Gestalt“ (Meckl 2006, S. 51).

Macharzina und Engelhard haben den Konfigurationsansatz auf das Themenfeld der Internationalisierung von Unternehmen übertragen (1991). Zu einem gegebenen Unternehmenstyp, der durch eine bestimmte Variablenausprägung gekennzeichnet ist, soll eine „stimmige“ Internationalisierungsstrategie gefunden werden. Dieses Modell bezeichnen die Autoren als GAINS-Ansatz. Abbildung 2 zeigt einige Kombinationen, die als „Gestalt“ vorgeschlagen werden.

Die erste Spalte zeigt exemplarisch einige Variablen, die für den Erfolg von Internationalisierungsstrategien von Bedeutung sind. Die weiteren Spalten enthalten jeweils unterschiedliche Strategien für Export als Bearbeitungsform von Auslandsmärkten. In den Zellen ist die Ausprägung der jeweiligen Variablen enthalten, so dass insgesamt eine Gestalt entsteht. Die Strategien für den Export können als konkrete Gestaltungsempfehlung verstanden werden, die gerade auch für Entscheidungsträger in der Unternehmenspraxis hohe Relevanz haben kann.

Wie ist der Lösungsgehalt des GAINS-Ansatzes für die Praxis insgesamt zu beurteilen? Zunächst soll auf die Argumente eingegangen werden, die eine hohe Leistungsfähigkeit eher einschränken. Das größte Defizit liegt in der für die Praxis unerlässlichen Konkretisierung und trennscharfen Abgrenzung des Konstrukts „Konfiguration“ und der Forderung „Stimmigkeit“. Eine eindeutige Beschreibung und Abgrenzung von Konfigurationen kann im Einzelfall schwierig sein. Die Messung des Erfolgs einer vermuteten Gestalt ist nicht eindeutig, da andere, nicht betrachtete Variablen eine Rolle spielen können. Die zentrale Forderung nach Stimmigkeit zwischen den konfigurationskonstitutiven Variablen und der Strategie wird durch Mess- und Operationalisierungsprobleme in ihrer Umsetzung eingeschränkt.

	Non-exporters	Re-active Exporters	Active Exporters
Home Market Condition	–	saturated	not necessarily saturated
Domestic Sales	–	declining	stable
Political Environment	–	export stimulation measures	export stimulation measures
		Organization	
Company Age	–	frequently older than active exporters	frequently younger than re-active exporters
		Organizational Structure	
Centralization, Standardization	high	–	low
Flexibility	low	–	high
R&D-intensity	no R&D activities	low R&D activities	high R&D activities
Film's Products	–	few patented products	
Domestic Expansion	local/regional expanded	national expanded	national expanded
		Strategy-making	
Marketing Strategy	–	no product-adaption	product-adaption
Strategic Planning	no commitment	low commitment	high commitment
Advertising	less aggressive than active exporters	less aggressive than active exporters	more aggressive than non-exporters and re-active exporters
Information Search	ignorant	unsystematically	systematically
Export Destination	–	markets with high psychic and geographic proximity	markets with low psychic and geographic proximity

Abb. 2: Beispiele für Gestalten
Quelle: Macharzina/Engelhard (1991), S. 37.

Ein wichtiges Argument, das einen hohen Problemlösungsbeitrag impliziert, liegt in der empirischen Fundierung des Ansatzes. Die Konstruktion des „fit“ erfolgt auf der Basis von Erfolgsaussagen aus der Praxis. Sie ist damit per Konstruktionsprinzip praxisorientiert. Zusätzlich findet eine Berücksichtigung multivariater Einflüsse auf die Internationalisierungsstrategie statt, wodurch die in Theorien zu beobachtende Verkürzung auf nur einen zentralen Zusammenhang vermieden wird. Grundsätzlich können konkrete, typenbezogene Empfehlungen für das IM abgeleitet werden, wodurch die Theorie einen starken Anwendungsbezug erhält.

Bei einer Gesamtbewertung der Leistungsfähigkeit des GAINS-Ansatzes kann festgestellt werden, dass die grundlegende Konstruktion des Ansatzes eine starke Anwendungsorientierung und damit ein hohes Lösungspotential für Praxisprobleme hat. Der GAINS-Ansatz kann als Anweisung für die Unternehmenspraxis zur logisch sauberen Strukturierung eines Entscheidungsproblems, das in der Unternehmenspraxis auftritt, gesehen werden. Beschränkend wirken die Operationalisierungsprobleme, die allerdings bei entsprechend genauer Datengenese zumindest deutlich vermindert werden können.

3.3 Die eklektische Theorie von Dunning und ihr Problemlösungspotential für die unternehmerische Praxis

Als zweiter Ansatz wurde die eklektische Theorie von Dunning gewählt, um die Leistungsfähigkeit für die Lösung von Praxisproblemen exemplarisch zu überprüfen. Der Grund hierfür liegt darin – der Name der Theorie deutet es schon an –, dass Dunning mehrere theoretische Ansätze aus dem Internationalen Management vereint, um ein insgesamt leistungsfähigeres Modell zu generieren. Hinzu kommt, dass sich Dunnings „eklektischer Ansatz" zu einem der am häufigsten zitierten Ansätze zur Erklärung internationaler Unternehmensaktivitäten entwickelt hat.

Dunning greift auf eine Reihe bestehender Ansätze zurück, v. a. auf die Theorie des monopolistischen Vorteils, die Standorttheorie und die Internalisierungstheorie, weswegen die Theorie auch die Bezeichnung OLI – „Ownership", „Location", „Internalization" – trägt (im Detail zur Theorie z. B. Dunning 1977, Kutschker/Schmid 2006, S. 452-457, Meckl 2006, S. 80-88). Das zentrale Erklärungsanliegen der eklektischen Theorie ist es, die Vorteilhaftigkeit bestimmter Markteintritts- oder Marktbearbeitungsformen in Abhängigkeit von der Ausprägung unternehmensinterner und -externer Bedingungen aufzuzeigen. Seine theoretischen Überlegungen führen zu einer „Kaskade" von Empfehlungen, die in Abbildung 3 graphisch verdeutlicht sind.

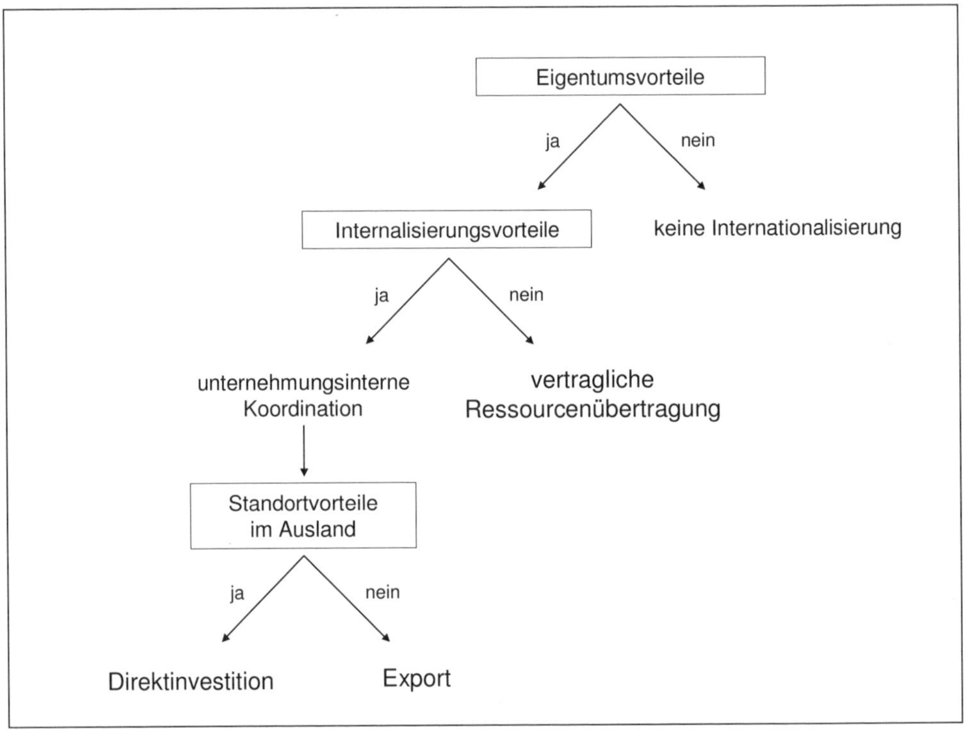

Abb. 3: Der Entscheidungsprozess zur Internationalisierung bei Dunning
Quelle: Kutschker/Schmid (2006), S. 456.

Dunning stellt die Frage, wann sich ein Unternehmen innerhalb des Spektrums der möglichen Markteintritts- und Marktbearbeitungsstrategien für (1) Formen der vertraglichen Ressourcenübertragung, wann für (2) Exporte und wann für (3) Direktinvestitionen entscheiden wird. Das Vorhandensein von Eigentumsvorteilen, etwa in Form einer überlegenen Ressourcenausstattung, ist für ein Unternehmen laut Dunning eine unbedingte Voraussetzung für eine erfolgreiche Internationalisierung. Es können beispielsweise die Nachteile der Unvertrautheit mit dem fremden Markt gegenüber den Unternehmen des jeweiligen Ziellandes mit diesem Eigentumsvorteil kompensiert werden. Die Empfehlungen in Abbildung 3 werden von Dunning unter Rückgriff auf die drei oben genannten Theorien abgeleitet.

Wie ist die Leistungsfähigkeit der Empfehlungen für die Lösung praktischer Probleme einzuschätzen? Das Konstruktionsprinzip der Theorie erlaubt die Integration mehrerer, auch in der Unternehmenspraxis wichtiger Einflussfaktoren auf die Markteintrittsentscheidung. Die in der Praxis relevanten Formen des Markteintritts, z. B. auch Lizenzverträge, werden abgedeckt. Die dezidierte und gut begründete Ableitung konkreter Gestaltungsempfehlungen und Entscheidungsanweisungen liefert die notwendigen Hilfen für die Unternehmenspraxis. Es werden – situativ differenziert – genaue Vorgaben für die Verfahrenweise bei einem Eintritt in einen

Auslandsmarkt gemacht. Die empirische Fundierung ist nicht so stark wie im vorher geschilderten GAINS-Ansatz. Allerdings konnte die empirische Relevanz des Ansatzes zumindest zum Teil erfolgreich nachgewiesen werden (zur empirischen Bestätigung u. a. Dunning 1980).

Der Ansatz von Dunning wurde – gerade was seine theoretische „Sauberkeit", z. B. bei der überschneidungsfreien Definition der drei zu Grunde liegenden Theorien, betrifft – teilweise heftig kritisiert. Im Hinblick auf die Lösung praktischer Probleme sind andere Einwände schwerwiegender. Zunächst beschäftigt sich die Theorie ausschließlich mit der Markteintrittsentscheidung. Natürlich ist dies eine wichtige Entscheidung in der Unternehmenspraxis – aber es ist eben nur eine. Eine Vielzahl anderer Entscheidungssituationen der Praxis wird ausgeblendet. Hinzu kommt die unzureichende Berücksichtigung unternehmenspolitischer und strategischer Aspekte, die aber bei der Entscheidungsfindung in der Praxis auf jeden Fall mit einfließen müssen. Damit hängt der von einigen Kritikern vorgebrachte Vorwurf der zu starken Vernachlässigung dynamischer Aspekte zusammen. Die hohe Veränderungsrate in der Unternehmenspraxis, was z. B. die Marktkonstellationen anbelangt, wird nicht „eingefangen". Dunnings Ansatz postuliert zudem, dass in einem bestimmten Auslandsmarkt immer nur eine Strategie effizient sein kann. Die Realität zeigt jedoch, dass Unternehmen in ein- und demselben Land bei ähnlichen Aktivitäten parallel bzw. simultan unterschiedliche Markteintritts- und Marktbearbeitungsformen wählen und damit durchaus Erfolg haben (Stehn 1992, S. 63). Trotz rudimentär vorhandener Versuche, das Paradigma auf Dienstleistungsunternehmen anzuwenden (Dunning/Kundu 1995), ist und bleibt die primäre Domäne des Dunning-Paradigmas die Erklärung internationaler Produktion. Damit hat es im Wesentlichen nur für Industrieunternehmen Relevanz und entfaltet nur geringes Lösungspotential für andere Wirtschaftszweige.

Das Gesamturteil im Hinblick auf das Leistungspotential für Praxisprobleme fällt damit ernüchternd aus. Den konkreten Handlungsempfehlungen steht eine beschränkte Anwendbarkeit der Theorie für die Breite der Entscheidungsprobleme in der Praxis gegenüber.

4 Problemlösungspotentiale der Konzept- und Methodenentwicklung im Internationalen Management für die Praxis

4.1 Führungskonzepte im Internationalen Management

Während Theorien, wie sie exemplarisch in Abschnitt 3 behandelt wurden, grundlegende Zusammenhänge behandeln, haben Konzepte des IM spezifische Problemfelder des Ausbaus internationaler Aktivitäten zum Gegenstand. Dieser höhere Konkretisierungsgrad könnte zu einer stärkeren Problemorientierung und damit zu einem hohen Beitrag für die Lösung praktischer Probleme führen. Aus diesem Grund ist eine Untersuchung solcher Konzepte unter der hier behandelten Problemstellung sinnvoll.

Am eindeutigsten abgrenzbar von der nationalen Betrachtungsweise sind Führungskonzepte von internationalen Unternehmen. Vor dem Hintergrund eines nicht gänzlich geklärten Begriffsinhalts der Unternehmensführung (dazu z. B. Macharzina/Wolf 2005, S. 36-42) wurden durch das IM Führungsmodelle entwickelt, die als Ziel die Beherrschung der hohen Komplexität des Systems „internationales Unternehmen" haben. Angesichts der Entwicklungslinien im Internationalen Management (Abschnitt 2, insbesondere Abbildung 1) ist es nicht verwunderlich, dass sich für die Führung internationaler Unternehmen eine ganze Reihe von Konzepten herausgebildet haben. Das EPRG-Modell von Perlmutter und Heenan oder das Triade-Modell von Ohmae stellen nur zwei Beispiele dar (zu Details dieser beiden Modelle z. B. Meckl 2006, S. 96-99). Im Hinblick auf die Beurteilung der Leistungsfähigkeit für praktische Problemlösungen empfiehlt es sich, ein Konzept auszuwählen, das schon von seiner Anlage her einen hohen Konkretisierungsgrad aufweist und z. B. durch Typisierung den komplexen Sachverhalt der Führung eines internationalen Unternehmens vereinfacht.

Man findet ein solches Modell im Bereich des Strategischen Managements für internationale Unternehmen. Bartlett und Ghoshal haben für die Strategieentwicklung in internationalen Unternehmen eine Typologie entwickelt, die die oben genannten Voraussetzungen erfüllt und gleichzeitig einen hohen Verbreitungsgrad in Lehre und auch Forschung im Internationalen Management aufweist (als grundlegende Quellen Bartlett/Ghoshal 1990, Ghoshal/Nohria 1993). Abbildung 4 zeigt diese Typologie graphisch.

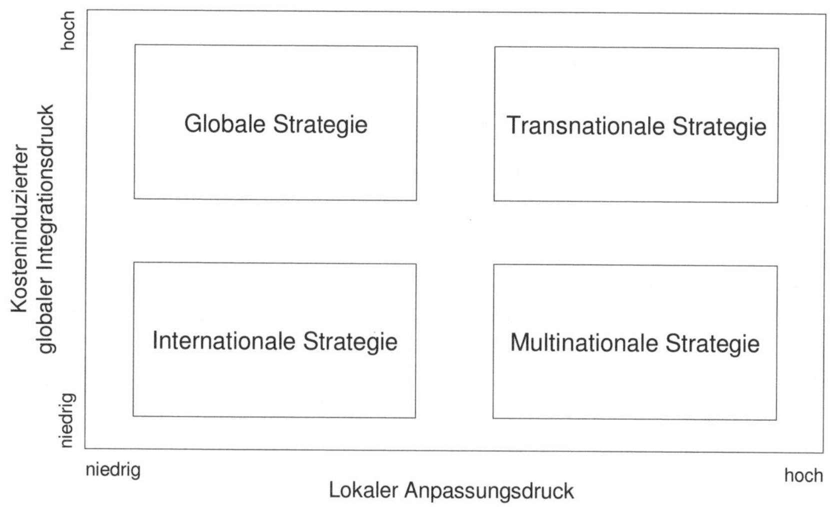

Abb. 4.: Die Typen von Auslandsstrategien nach Bartlett und Ghoshal
Quelle: in Anlehnung an Wall/Rees (2004), S. 238.

Die zwei zentralen Einflussvariablen bei der Entwicklung von Strategien sind für Bartlett und Ghoshal zum einen ein kosteninduzierter Integrationsdruck als Grund für eine starke Standardisierung. Zum anderen identifizieren Bartlett und Ghoshal einen lokalen Anpassungsdruck in den nationalen Märkten, z. B. durch spezifische Konsumentenpräferenzen, als Grund für eine weitgehende Differenzierung. Daraus ergeben sich vier Strategietypen.

Die *globale Strategie* setzt auf eine weitgehende Standardisierung. Aufgrund eines starken Preiswettbewerbs im internationalen Markt werden alle Aktivitäten global integriert, d. h. möglichst an einem Ort zusammengefasst und für alle Märkte einheitlich gestaltet. Es gibt also keine Differenzierung, z. B. was das Marketing oder das Produktdesign betrifft. Da der lokale Anpassungsdruck aber annahmegemäß nicht hoch ist, ist eine derartige Differenzierung durch Anpassung an die nationalen Gegebenheiten auch nicht notwendig. Die wichtigsten Vorteile dieses Strategietyps liegen in Skaleneffekten und dadurch Kostensenkungen durch Produkthomogenisierung und eine geringere Komplexität in der Supply Chain. Es stellen sich Erfahrungs- und Lernkurveneffekte auf allen Wertschöpfungsstufen ein, und es können weltweit die günstigsten Faktorkosten für den globalen Produktionsstandort gesucht werden. Außerdem erlaubt dieser Strategietyp weltweit standardisierbare Führungs- und Controllingprozesse. Gefahren liegen in der suboptimalen Marktbearbeitung in Folge unzureichender Berücksichtigung heterogener Kundenpräferenzen, technologischer Standards und einer fehlenden Reaktionsfähigkeit bei Veränderungen wegen Distanz zu lokalen Märkten.

Die *multinationale Strategie* ergibt sich bei weltweit sehr heterogenen Bedingungen und einem hohen lokalen Anpassungsdruck auf den nationalen Märkten. Der Kostendruck darf nicht zu sehr ausgeprägt sein. Multinational bedeutet, dass die Spezifika eines jeden einzelnen Auslandsmarktes beachtet werden. Entsprechend werden die Marketingstrategie, das Produktdesign oder technologische Unterschiede bei der Genese der Auslandsstrategie berücksichtigt. Die klaren Vorteile ergeben sich aus dieser Anpassung, da die Konzentration auf nationale Präferenzen die Ausschöpfung lokaler Marktpotentiale erlaubt. Durch die Verwendung von lokalen Ressourcen werden Lerneffekte auf nationalen Märkten möglich, die eventuell auch auf andere Märkte übertragen werden können. Allerdings stellt sich die Frage, ob und wenn ja, wie ein multinational tätiges Unternehmen auf jedem dieser Märkte einen Vorteil gegenüber den einheimischen Konkurrenten erzielen kann, mit dessen Hilfe es seine Nachteile der Unvertrautheit mit dem jeweiligen Markt kompensieren kann. Bei der multinationalen Strategie stellen sich insbesondere die folgenden Punkte als kritisch heraus: Die geringe homogene Stückzahl birgt die Gefahr der „unterkritischen Masse“ bei kleinen nationalen Märkten oder geringen Marktanteilen. Die Strategie ist eher umsatz-, weniger kostenorientiert (im Vergleich zur globalen Strategie) und kann zu hohen Komplexitätskosten führen. Des Weiteren können sich Steuerungsprobleme aus Sicht der Zentrale aufgrund der heterogenen Märkte und der dadurch nötigen unterschiedlichen Geschäftsmodelle ergeben.

Weder beim Kosten- noch beim Anpassungsdruck wird bei der *internationalen Strategie* ein hoher Wert angenommen. In der praktischen Ausgestaltung findet sich diese Konstellation häufig bei kleinen und mittleren Unternehmen, die Nischenmärkte bearbeiten, in denen der Kostendruck nicht der entscheidende Faktor ist. Sie versuchen, ihr Geschäft in regional benachbarte Märkte auszudehnen. Das für den Heimatmarkt entwickelte Produkt wird ohne große Anpassungen in den benachbarten Märkten vertrieben. Der nur geringe Zusatzaufwand bringt Kostenvorteile. Allerdings erfüllen nicht viele Märkte diese Voraussetzung für die internationale Strategie, so dass der Internationalisierungsradius begrenzt bleibt.

Bei der *transnationalen Strategie* müssen beide in Abbildung 4 enthaltenen Dimensionen in Einklang gebracht werden. Ziel der transnationalen Strategie ist es, gleichzeitig eine Flexibilität in der lokalen Anpassung und eine globale Effizienz durch die Integration von Wertschöpfungsaktivitäten zu erreichen. Damit sollen die Vorteile der anderen Strategien kombiniert werden. Da es sich in der lokalen Anpassung und der globalen Integration um gegenläufige Dimensionen handelt, kann dies nur durch eine Mischstrategie erfolgen. Und in der Tat sieht die transnationale Strategie vor, dass diejenigen Wertschöpfungsaktivitäten, die in direktem Kontakt mit den Kunden stehen, dezentral in den nationalen Märkten mit der jeweiligen Anpassung durchgeführt werden. Alle anderen Aktivitäten sollten allerdings zur Realisierung von Volumenvorteilen zentralisiert werden. Beschaffung, Produktion, Forschung und Entwicklung (F&E) für die standardisierten Teile in den Produkten, die in allen Ländern eingesetzt werden können, sollen dort lokalisiert werden, wo die relevanten Rahmenbedingungen wie z. B. Faktorkosten oder -verfügbarkeit am besten sind. Der zentrale Vorteil liegt in der maximalen Ausschöpfung der Volumen- und Spezialisierungseffekte bei einer gleichzeitigen Berücksichtigung der nationalen Präferenzen. Es muss dazu ein integriertes weltweites Netzwerk entstehen, das teilweise zentralisiert, teilweise dezentralisiert ist. Ein solches Gebilde ist bei einer gegebenen Dynamik des Umfeldes schwer zu koordinieren und führt in jedem Fall zu einem hohen Koordinationsaufwand.

Inwieweit bietet die Typologie und die damit verbundenen Aussagen und Empfehlungen eine Hilfe für die Unternehmenspraxis? Die Typologie versucht eine Hilfestellung für die Ableitung einer Bearbeitungsstrategie der Auslandsmärkte zu geben. Die Relevanz des behandelten Problems für die Unternehmenspraxis ist unbestritten. Nicht nur für den Eintritt in einen neuen Auslandsmarkt, auch für den Ausbau und die Weiterentwicklung der im Ausland tätigen Geschäftsfelder ist die strategische Einordnung wichtig. Hinzu kommt, dass Bartlett und Ghoshal durch die Typisierung eine relativ leicht zu durchdringende und anzuwendende Systematik geschaffen haben. Dies erleichtert die konkrete Anwendung in der Unternehmenspraxis, da kein komplexes Einteilungsschema mit vielen Nuancen angewendet werden muss. Abstriche ergeben sich hinsichtlich des Konkretisierungsgrads der Empfehlungen. Positiv ist hier zunächst zu vermerken, dass es durchaus möglich ist, auf Branchenebene konkrete Empfehlungen zu erarbeiten, die die Systematisierung von Bartlett und Ghoshal aufnehmen. Abbildung 5 zeigt eine solche Einteilung.

Schwieriger ist die Einordnung eines spezifischen Unternehmens oder eines Geschäftsfeldes eines Unternehmens. Hier ist für den bearbeiteten Teilmarkt eine weitere Datenerhebung erforderlich und eventuell ist dann doch eine fallweise Entscheidung zu treffen. Die Einordnung von Branchen und Geschäften ist nicht so eindeutig, wie Abbildung 5 es erscheinen lässt. Eine flexible Mischung mehrerer Strategien in einer Branche kann deshalb sinnvoll sein.

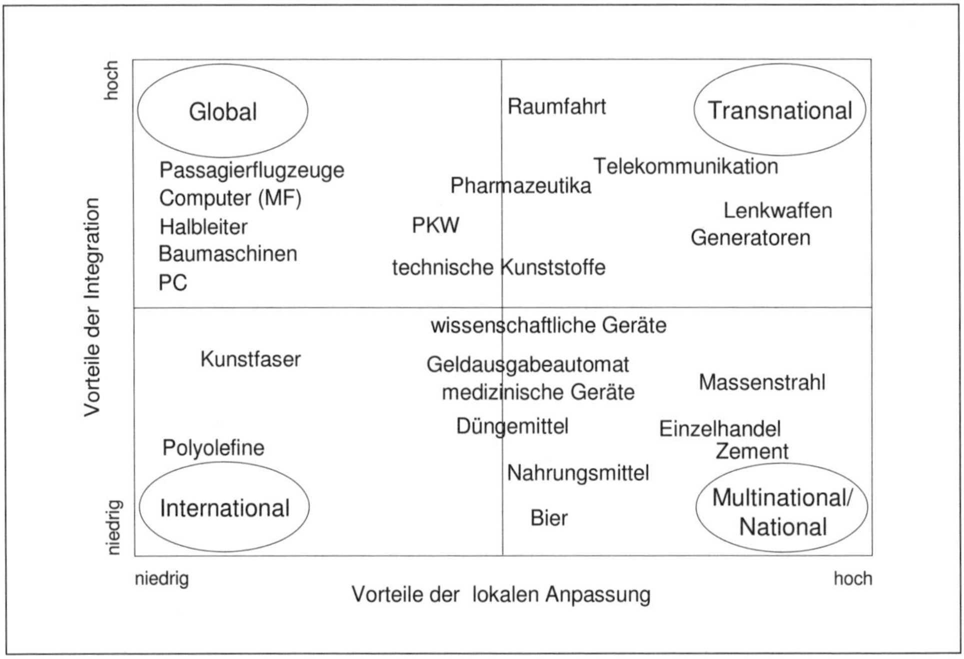

Abb. 5: Einordnung von Branchen in die Typologie von Bartlett und Ghoshal
Quelle: in Anlehnung an Meffert (1989), S. 448.

Problematisch ist aber v. a. die fehlende Unterstützung der Unternehmenspraxis bei der konkreten Ausgestaltung der Strategie. Dieser Kritikpunkt gilt explizit nicht für die zu den einzelnen Typen gehörige Organisation. Hier entwerfen Bartlett und Ghoshal ebenfalls wieder unter Verwendung einer Typisierung Organisationsmodelle, die für den jeweiligen Typ implementiert werden sollen, um die Realisierung der strategischen Vorteile sicherzustellen (dazu z. B. Bartlett/Ghoshal 1990, Meckl 2006, S. 125-128). Aber selbst in diesem Bereich bleibt der Konkretisierungsgrad der Empfehlungen relativ gering. Die Einrichtung eines internationalen Netzwerks, das beispielsweise für die transnationale Strategie empfohlen wird, wird zwar inhaltlich gut begründet. Allerdings werden kaum Hinweise auf die Umsetzung gegeben. Dies gilt in verstärktem Maße z. B. für die notwendige Ressourcenqualität oder für die Einrichtung von Steuerungs- und Controllingsystemen für die einzelnen Strategietypen.

Als Gesamturteil kann damit festgehalten werden, dass Bartlett und Ghoshal ein durchaus praxisorientiertes Konzept geschaffen haben, das zudem eine theoretische Basis aufweist und damit als Verbindungsstück zwischen einer theoretischen Basis des IM und einer praxisorientierten Sichtweise gesehen werden kann (Marchazina/Oesterle 2002, Hrsg., S. 17). Es kann als Beispiel für ein originär im Internationalen Management entwickeltes Konzept dienen, das einen sehr hilfreichen Beitrag für die Lösung von Praxisproblemen im Bereich der grundlegenden Entscheidung über die Art der Auslandsmarktbearbeitung leisten kann. Auf operativer Ebene bleibt der Problemlösungsbeitrag aber eingeschränkt.

4.2 Methoden und Instrumente im Internationalen Management

4.2.1 Methoden und Instrumente in den betriebswirtschaftlichen Funktionsfeldern

Wie oben ausgeführt, sind Theorien auf grundsätzliche Fragestellungen bezogen, Konzepte widmen sich konkreten, spezifischen Themengebieten des IM. Die nächste Stufe der Konkretisierung nehmen Instrumente und Methoden ein. Diese sind „Rezepturen" im Sinne von empfohlenen Vorgehensweisen zur Lösung von spezifischen Sachverhalten. Definitionsgemäß sind sie anwendungsbezogen und haben damit vom Grundsatz her ein hohes Potential zur Lösung praktischer Probleme.

Zunächst wird in einzelnen betriebswirtschaftlichen Funktionsfeldern nach solchen originären Instrumenten des IM gesucht. Aus Kapazitätsgründen werden nicht alle betriebswirtschaftlichen Funktionsfelder betrachtet. Vielmehr wird exemplarisch aus dem Feld des Internationalen Produktionsmanagements im Hinblick auf die Fragestellung der Leistungsfähigkeit für praktische Problemlösungen ein Instrument ausgewählt und bewertet (zum Überblick über Instrumente des IM in den verschiedenen betriebswirtschaftlichen Funktionsfeldern z. B. Perlitz 2004, S. 249-640, Meckl 2006, S. 143-228). Im folgenden Abschnitt 4.2.2 wird dann auf ein Teilgebiet des IM eingegangen, das in der nationalen Betrachtung nicht auftaucht. Im Interkulturellen Management werden Instrumente zur Überwindung der Probleme in diesem Bereich zur Verfügung gestellt, die ebenfalls hohe Relevanz für die Praxis haben könnten.

Ein internationales Produktionssystem ist gegeben, wenn der gesamte Prozess der Produktion oder einzelne Prozessstufen im Ausland durchgeführt werden (Zentes/Swoboda/Morschett 2004, S. 380). Eine besondere Entscheidungssituation bei der Verlagerung von Produktion ins Ausland liegt dann vor, wenn eine Produktion im ausländischen Markt Voraussetzung dafür ist, dass überhaupt ein Umsatz in dem Land erzielt werden kann. In einigen Ländern gibt es sogenannte Local-Content-Vorschriften. Diese Vorschrift besagt, dass ein festgelegter Prozentsatz der mit einem Auftrag verbundenen Wertschöpfung in dem Land selbst erbracht werden muss. Vor allem bei großen Infrastrukturprojekten, die staatlicherseits vergeben werden, wird dieser lokale Wertschöpfungsanteil gefordert. Wird er nicht erbracht, so müssen hohe Zölle bei der Einfuhr in Kauf genommen werden. Abbildung 6 zeigt graphisch das Instrument, das im Internationalen Management entwickelt wurde, um einen optimalen Anteil an der Wertschöpfung – also letztendlich an der Produktion – im Absatzland zu bestimmen.

Die Vertikale zeigt die Kosten, die durch Zölle (T) entstehen, wenn der Prozentsatz von Wertschöpfung im Ausland, also im Markt, in dem die Local-Content-Vorschriften gelten, variiert wird. Auf der Horizontalen ist dieser Prozentsatz abgetragen. Im Nullpunkt erfolgt keine Auslandsproduktion. Hier sind die maximalen Zölle zu akzeptieren. Bewegt man sich auf der Horizontalen nach rechts, so wird die Wertschöpfung im Ausland erhöht (W). Je größer der Wertschöpfungsanteil, desto geringer die Zölle. Der lokale Wertschöpfungsanteil müsste also auf 100 % festgelegt werden, wenn nur die Zölle als Kostenvariable gesehen werden. Allerdings repräsentiert die Kurve G einen gegenläufigen Effekt. Sie verkörpert die zusätzlichen Kosten, die durch eine Eigenproduktion im Ausland oder aber durch Zukauf von lokalen Zulieferern verursacht werden. Die zusätzlichen Kosten entstehen zum Beispiel durch die Notwendigkeit des Aufbaus einer eigenen Fertigung, die aus Kapazitätssicht gar nicht nötig wäre. Je mehr lokal gefertigt wird, desto größer dieser Nachteil. Diese Annahme führt zu einer positiven Steigung der Kurve G.

Der optimale Auslandsproduktionsanteil ist dann erreicht, wenn die Grenzkosten der Eigenproduktion gleich den Zöllen sind, also im Schnittpunkt der beiden Kurven. Es ergibt sich ein optimaler Auslandsproduktionsanteil, in Abbildung 6 bei W_{opt}. Werden die Zölle erhöht (T'), so ergibt sich ein höherer optimaler lokaler Wertschöpfungsanteil.

Dieses Instrument zeichnet sich aus praktischer Sicht durch eine hohe Problemorientierung aus. Das in der Praxis durchaus relevante Problem wird durch ein Messkonzept unter Berücksichtigung der wichtigsten Kostenvariablen optimiert. Insofern kann man hier in der Tat von einem hohen Lösungsbeitrag sprechen. Problematisch ist aber erneut die Operationalisierung der für die Entscheidung nötigen Kennzahlen und Einflussgrößen. Allerdings ist in diesem Fall das Messproblem nicht grundsätzlicher Natur, sondern kann bei entsprechendem Aufwand hinlänglich genau gelöst werden.

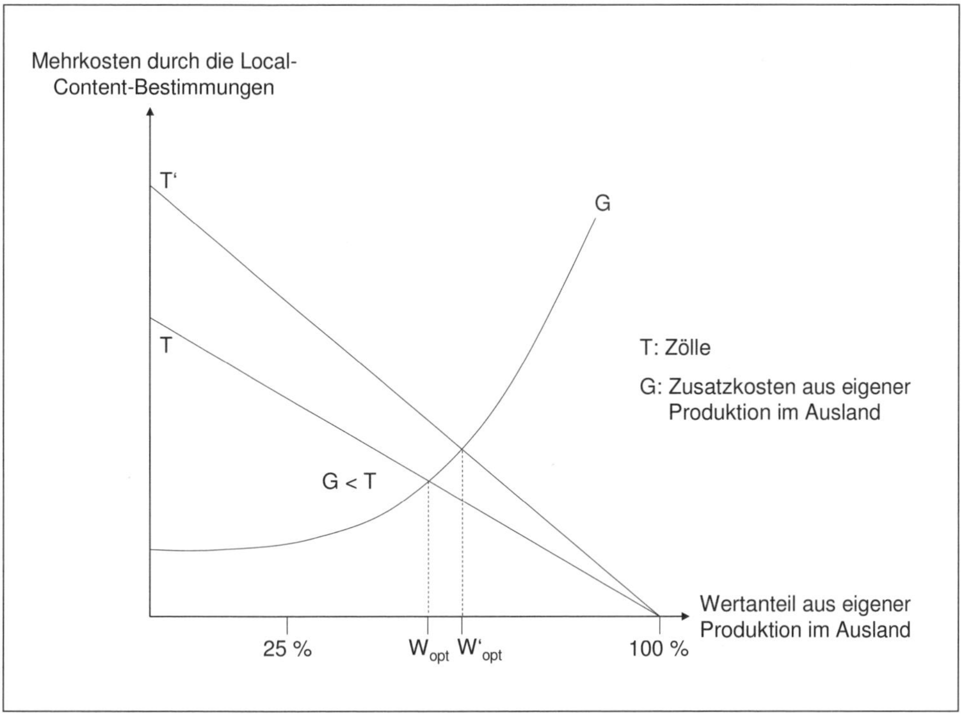

Abb. 6: Auslandsproduktion bei Local-Content-Vorschriften
Quelle: in Anlehnung an Perlitz (2004), S. 360.

4.2.2 Methoden und Instrumente im Interkulturellen Management

Eine Problematik, die in der Praxis internationaler Unternehmen von höchster Relevanz ist, da sie jeden Tag vorkommt, liegt in der Führung von Mitarbeitern aus unterschiedlichen Kulturbereichen (allgemein zur interkulturellen Führungsproblematik z. B. Kühlmann 2005). Diese Fragestellung wird im Rahmen des IM als ein Aspekt des Interkulturellen Managements betrachtet (allgemein zum Interkulturellen Management z. B. Kutschker 2004). Die hohe Relevanz legt nahe, die Instrumente, die vom Internationalen Management in diesem Feld angeboten werden, einer näheren Leistungsbeurteilung im Hinblick auf ihren praktischen Problemlösungsbeitrag zu unterziehen.

Dabei wird ein Spezialaspekt aus der interkulturellen Führungsproblematik betrachtet, der eine hohe Komplexität beinhaltet. Im Zuge der Ausweitung internationaler Aktivitäten kommt es zwangsläufig zur Einrichtung von Arbeitsgruppen und Teams, die Mitglieder aus zwei, eventuell auch mehr Kulturen zusammenfassen und als kulturheterogene Teams bezeichnet werden. Für solche Teams gilt die Problematik der interkulturellen Führung in verschärfter Form, da hier nicht nur eine bilaterale Beziehung zwischen Vorgesetzten und Mitarbeitern, sondern auch die horizontalen Beziehungen für die Effizienz der Zusammenarbeit eine große Rolle spielen (allgemein zur Problematik der Führung kulturheterogener Teams z. B. Kühlmann 2005). Welche Instrumente werden zur Sicherung der effizienten Führung von kulturheterogenen Teams angeboten? Abbildung 7 zeigt ein Instrument.

Ziel des Teamleiters muss es sein, eine höhere Produktivität im Vergleich zu einem kulturhomogenen Team zu erreichen. Mehrere kulturspezifische Lösungsansätze für ein Problem, zusätzliche Erfahrungen über andersartige kulturelle Werte und deren Bedeutung für eine Managementmaßnahme, Ideenvielfalt und Perspektivenreichtum können Vorteile eines kulturheterogenen Teams sein. Sie können sich insgesamt gesehen in einem erhöhten Wissensbestand, der eine effizientere Problemlösung erlaubt, zeigen. Abbildung 7 zeigt den konzeptionellen Zusammenhang zwischen der Heterogenität und der Leistungsfähigkeit und kann damit als Instrument zur Bestimmung eines „optimalen Heterogenitätsgrades" betrachtet werden. Demnach wird bei zunehmender Heterogenität der Wissensbestand, spezifiziert als Menge und Validität des Wissens, durch die Integration zusätzlicher kulturspezifischer Sichtweisen erhöht (Kurve (1) in Abbildung 7). Die Prozessverluste steigen bei geringerer Heterogenität und weiterem Zuwachs nur gering an. Ist allerdings der Heterogenitätsgrad hoch und wird weiter erhöht, so steigen auch die Prozessverluste deutlich an (Kurve (2) in Abbildung 7). Die in Abbildung 7 enthaltene Kurve (3) repräsentiert den potentiellen Produktivitätszuwachs, hier bezeichnet als „tatsächlicher Wissenszuwachs", der sich aus der Differenz zwischen Kurve (1) und (2) ergibt. Es wird deutlich, dass ab einem bestimmten Punkt der Produktivitätszuwachs durch die stark steigenden Prozessverluste abnimmt.

Für die praktische Problemlösung ist dieses Instrument aber, auch wenn es konzeptionell als sehr einleuchtend erscheint, nur von begrenzter Bedeutung. Es kann dazu dienen, in der Unternehmenspraxis das Bewusstsein für eine maximale Heterogenitätsschranke zu schaffen, die nicht überschritten werden sollte. Die konkrete Bestimmung des Optimalpunkts scheitert in der Praxis aber an der nur schwer beobachtbaren und wohl kaum messbaren Ausprägungshöhe der identifizierten und in Abbildung 7 visualisierten Dimensionen. Man kann sich nun auf Tendenzaussagen beziehen wie: „Kulturheterogene Gruppen haben wohl eher Vorteile, wenn die Problemlösung einen heterogenen Wissensbestand erfordert und die zusammengestellte Gruppe diese Heterogenität widerspiegelt oder es entstehen Vorteile, wenn innovative Probleme behandelt werden müssen, deren Lösung eine Vielzahl von Einflussfaktoren berücksichtigen muss und deren Lösungsweg nicht bekannt ist" (ähnlich Stumpf 2005, S. 123). Aber auch diese „Sekundäraussagen" entbinden den Praktiker nicht von einer zielgenauen Einschätzung der Problemlage, bevor die Teams sich damit beschäftigen.

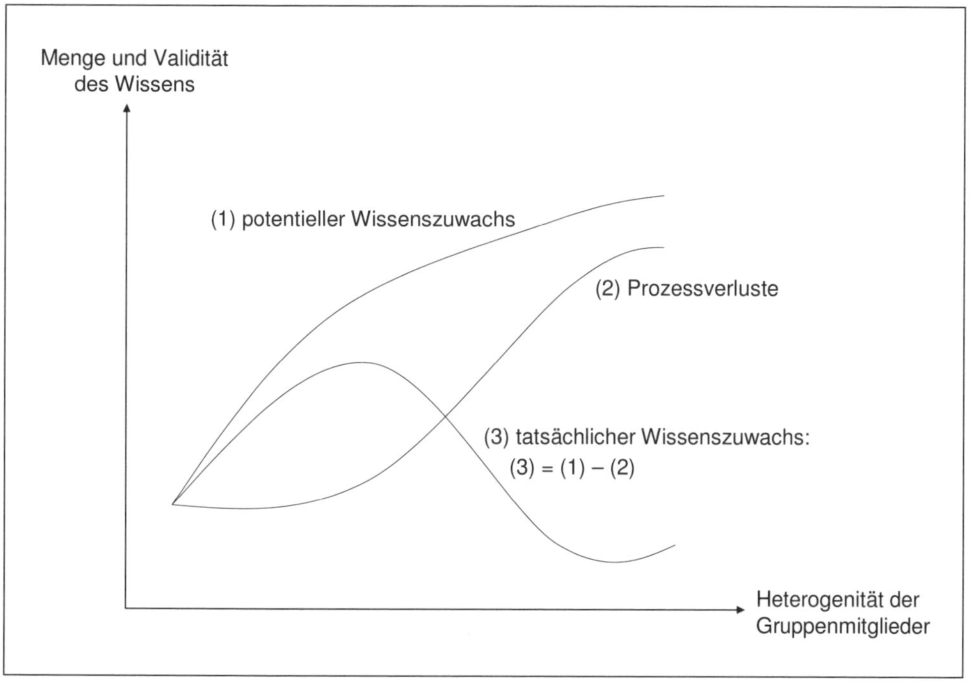

Abb. 7: Kulturheterogenität von Teams und deren Effizienz
Quelle: Stumpf (2005), S. 123.

Für eine konkrete Lösung eines in einer bestimmten Situation auftretenden Teamführungsproblems ist dieses Instrument daher eher nicht geeignet. Allerdings darf die Hilfestellung, die diese Überlegungen für die Praxis trotzdem geben, nicht zu gering geachtet werden. Das Instrument und die dazugehörigen Sekundäraussagen identifizieren zumindest die relevanten Einflussvariablen. Auch wenn es für den konkreten Fall noch spezifiziert werden muss, so lassen sich für den Praktiker doch die Effizienzgrößen ableiten.

5 Gesamteinschätzung und Ausblick zur Leistungsfähigkeit des Internationalen Managements zur Problemlösung für die Praxis

Eine Gesamteinschätzung der aktuellen Situation hinsichtlich der Leistungsfähigkeit des IM zur Lösung praktischer Probleme kommt nicht ohne Einbezug einer weiteren Betrachtungsdimension aus. Die bisher eingenommene Betrachtung hat das IM als Lieferant von Theorien, Konzepten und Instrumenten für die Unternehmenspraxis interpretiert. Allerdings kann man diese implizit unterstellte „Bringschuld“ des IM auch ergänzen um eine „Holschuld“ der Unternehmenspraxis, die sich auch aktiv um den Einsatz der Ergebnisse der Forschung bemühen muss. Auch ist kaum zu beobachten, dass die Praxis zu lösende neuartige Probleme an die Forschung heranträgt.

Über weite Strecken der wissenschaftlichen Entwicklung des IM wird von vielen Autoren beklagt, dass die Akzeptanz der Erkenntnisse in der Unternehmenspraxis eher gering ausgeprägt ist (z. B. Macharzina/Oesterle 2002, Hrsg., S. 17 f.). Kieser und Nicolai stellen sogar ein generelles Auseinanderdriften von Managementwissenschaft und Praxis fest (2003, S. 591). Die geringe Akzeptanz äußerte sich insbesondere durch eine Nichtberücksichtigung von theoretisch abgeleiteten Ergebnissen in der Lösung der praktischen Probleme. Die zumindest in Deutschland eher geringe Neigung von Praktikern, betriebswirtschaftliche Fachzeitschriften regelmäßig zu lesen (Oesterle 2006), ist ein Indiz dafür.

Die Gründe sind zum einen bei den Forschern im Internationalen Management selbst zu suchen. „Terminologische Verirrungen“ und Unklarheiten v. a. in der Anfangsphase der wissenschaftlichen Entwicklung (Macharzina/Oesterle 2002, Hrsg., S. 11) sowie „unterschiedliche Sprachspiele“ (Kieser/Nicolai 2003, S. 591) standen und stehen einer klaren Konzeptentwicklung im Wege. Der explizite Verzicht der Theoretiker des Fachs, praxeologische, im Sinne von praxisorientierte Ergebnisse generieren zu wollen und vielmehr auf eine rein theoretische Erklärung von Phänomenen abzustellen, hat auch inhaltlich zu einer Praxisferne geführt (Kutschker 1993, S. 2-6). Diese bedauernswerte Diagnose gilt in Teilbereichen zwar immer noch, allerdings ist ebenfalls festzustellen, dass sich auch die wissenschaftlichen Erkenntnisse in der Praxis der Unternehmen vermehrt wiederfinden und auch zunehmend akzeptiert werden. So stellt Arie Lewin, Editor-in-chief des JIBS (Journal of International Business Studies), fest, dass „... the world of practice is continuously fishing in our market for ideas [i.e. research in international management, Anm. des Verf.]“ (Lewin 2004, S. 80). Folgende Gründe können hier eine Rolle spielen.

Wichtig ist die zunehmende inhaltliche Orientierung vieler Forscher im Bereich des IM an praxisrelevanten Problemen. Beginnend mit Bartlett und Ghoshal (Abschnitt 4.1) wurden zunehmend explikative und normative Konzepte entwickelt, die durchaus geeignet sind, Hilfestellungen für Praktiker zu geben. Auch wenn die in vielen dieser Konzepte verwendete Methodik der Typisierung auch theoretisch-methodische Schwächen wie z. B. eine zu starke Vereinfachung aufweist, so hat die hohe Praktikabilität dieser Methodik doch dazu geführt, dass solche Konzepte in der Entscheidungsfindung in der Praxis zunehmend eingesetzt werden. Ein Indiz für die stärkere Hinwendung zu praxisrelevanten Problemen ist auch der hohe

Stellenwert der empirischen Forschung im Internationalen Management und die gewählten Inhalte der empirischen Studien. Bei einer Betrachtung der international führenden Fachzeitschriften im Bereich des IM ist die hohe Anzahl empirischer Studien bemerkenswert.

Ein weiterer Grund für die zunehmende Akzeptanz könnte in der „Diffusion" von Studenten liegen, die während ihres Studiums mit der wissenschaftlichen Seite des IM in Berührung gekommen sind. Auch wenn man die noch geringe Zahl von Lehrstühlen des IM in Deutschland bedauern mag, so ist doch zu konzedieren, dass die Verbreitung von internationalen Fragestellungen und den dazugehörigen Lösungen in der universitären Lehre den Führungskräften von morgen einen Zugang zu den Inhalten und auch zur Leistungsfähigkeit der Forschung des IM bietet. Hinzu kommt, dass angesichts der inzwischen langen Präsenz internationaler Lehrstühle an den Universitäten die im IM ausgebildeten Studenten zunehmend entscheidende Positionen in den Unternehmen besetzen und dadurch zumindest mittelbar Erkenntnisse des IM transportiert werden und die Bereitschaft, dies zu tun, zumindest grundsätzlich vorhanden ist. Als Katalysatoren und Beschleuniger können auch Beratungsgesellschaften wirken.

Angesichts dieser Entwicklung und unter Rückgriff auf die Ergebnisse aus den vorherigen Abschnitten kann retrospektiv festgehalten werden, dass sich die Fähigkeit des IM, praxisrelevante Probleme zu lösen, und auch die Akzeptanz von Seiten der Unternehmenspraxis in den letzten Jahren verbessert haben. Es kann erwartet werden, dass die Gründe, die zu dieser Entwicklung geführt haben, noch in die Zukunft weiter wirken, so dass dieser Trend weiter anhalten dürfte.

Literatur

Bartlett, C. A./Ghoshal, S. (1990): Internationale Unternehmensführung: Innovation, globale Effizienz, differenziertes Marketing. Campus, Frankfurt a. M., New York/NY, 1990.

Dunning, J. H. (1977): Trade, Location of Economic Activity, and the MNE: A Search for an Eclectic Approach. In: Ohlin, B./Hesselborn, P.-O./Wijkman, P. M. (1977, Hrsg.): The International Allocation of Economic Activity: Proceedings of a Nobel Symposium Held at Stockholm, Macmillan. Basingstoke/NY, London, 1977, S. 395-418.

Dunning, J. H. (1980): Toward an Eclectic Theory of International Production: In Defence of the Eclectic Theory. In: Journal of International Business Studies, 11. Jg., Nr. 1, 1980, S. 9-31.

Dunning, J. H./Kundu, S. K. (1995): The Internationalization of the Hotel Industry – Some New Findings from a Field Study. In: Management International Review, 35. Jg., Nr. 2, 1995, S. 101-134.

Engelhard, J./Dähn, M. (2002): Theorien der internationalen Unternehmenstätigkeit – Darstellung, Kritik und zukünftige Anforderungen. In: Macharzina, K./Oesterle, M.-J. (2002, Hrsg.): Handbuch Internationales Management. 2. Aufl., Gabler, Wiesbaden, 2002, S. 23-44.

Frank, U. (2003): Einige Gründe für eine Wiederbelebung der Wissenschaftstheorie. In: Die Betriebswirtschaft, 63. Jg., Nr. 3, 2003, S. 278-292.

Ghoshal, S./Nohria, N. (1993): Horses for Courses: Organizational Forms for Multinational Corporations. In: Sloan Management Review, 34. Jg., Nr. 2, 1993, S. 23-35.

Grand, S. (2003): Praxisrelevanz versus Praxisbezug der Forschung in der Managementforschung. In: Die Betriebswirtschaft, 63. Jg., Nr. 5, 2003, S. 599-604.

Heenan, D. A./Perlmutter, H. V. (1979): Multinational Organization Development. Addison-Wesley, Reading/MA et al., 1979.

Henselek, H. F. (1996): Das Management von Unternehmungskonfigurationen. Gabler, Wiesbaden, 1996.

Hungenberg, H./Wulf, T. (2004): Strategisches Management – Was die Wissenschaft für die Praxis leisten kann. IUP-Arbeitspapier 03-04, Gießen, 2004.

Kieser, A./Nicolai, A. (2003): Mit der Theorie die wilde Praxis reiten, valleri, vallera, valleri? In: Die Betriebswirtschaft, 63. Jg., Nr. 5, 2003, S. 589-594.

Kühlmann, T. M. (2005): Mitarbeiterführung und kulturelle Diversität. In: Stahl, G. K./ Mayrhofer, W./Kühlmann, T. M. (2005, Hrsg.): Internationales Personalmanagement: Neue Aufgaben, neue Lösungen. Hampp, München, Mering, 2005, S. 175-192.

Kutschker, M. (1993): Dynamische Internationalisierungsstrategie. Diskussionsbeitrag Nr. 41, Wirtschaftswissenschaftliche Fakultät, Katholische Universität Eichstätt-Ingolstadt, Ingolstadt, 1993.

Kutschker, M. (2004): Interkulturelles Management. In: Schreyögg, G./von Werder, A. (2004, Hrsg.): Handwörterbuch der Unternehmensführung und Organisation. Schäffer-Poeschel, Stuttgart, 2004, Sp. 522-530.

Kutschker, M./Schmid, S. (2006): Internationales Management. 5. Aufl., Oldenbourg, München, Wien, 2006.

Lewin, A. Y. (2004): Letter from the Editor. In: Journal of International Business Studies, 35. Jg., Nr. 6, 2004, S. 79-80.

Macharzina, K./Engelhard, J. (1991): Paradigm Shift in International Business Research: From Partist and Eclectic Approaches to the GAINS-Paradigm. In: Management International Review, 31. Jg., Special Issue Nr. 4, 1991, S. 23-43.

Macharzina, K./Oesterle, M.-J. (2002, Hrsg.): Handbuch Internationales Management: Grundlagen – Instrumente – Perspektiven. 2. Aufl., Gabler, Wiesbaden, 2002.

Macharzina, K./Wolf, J. (2005): Unternehmensführung: Das Internationale Managementwissen. 5. Aufl., Gabler, Wiesbaden, 2005.

Meckl, R. (2000): Controlling im internationalen Unternehmen: Erfolgsorientiertes Management internationaler Organisationsstrukturen. Vahlen, München, 2000.

Meckl, R. (2006): Internationales Management. Vahlen, München, 2006.

Meffert, H. (1989): Globalisierungsstrategien und ihre Umsetzung im internationalen Wettbewerb. In: Die Betriebswirtschaft, 49. Jg., Nr. 4, 1989, S. 445-463.

Miller, D./Friesen, P. H. (1984): Organizations: A Quantum View. Prentice Hall, Englewood Cliffs/NJ, 1984.

Nicolai, A. (2004): Der „Trade-off" zwischen „rigour" und „relevance" und seine Konsequenzen für die Managementwissenschaften. In: Zeitschrift für Betriebswirtschaft, 74. Jg., Nr. 2, 2004, S. 99-118.

Oesterle, M.-J. (2006): Wahrnehmung betriebswirtschaftlicher Fachzeitschriften durch Praktiker. In: Die Betriebswirtschaft, 66. Jg., Nr. 3, 2006, S. 307-325.

Perlitz, M. (2004): Internationales Management. 5. Aufl., UTB, Stuttgart, 2004.

Schanz, G. (1988): Methodologie für Betriebswirte. 2. Aufl., Schäffer-Poeschel, Stuttgart, 1988.

Schanz, G. (2000): Wissenschaftsprogramme der Betriebswirtschaftslehre. In: Bea, F. X./ Dichtl, E./Schweitzer, M. (2000, Hrsg.): Allgemeine Betriebswirtschaftslehre: Grundfragen. 8. Aufl., UTB, Stuttgart, 2000, S. 80-158.

Schneider, D. (1987): Allgemeine Betriebswirtschaftslehre. 3. Aufl., Oldenbourg, München, Wien, 1987.

Stehn, J. (1992): Ausländische Direktinvestitionen in Industrieländern: Theoretische Erklärungsansätze und empirische Evidenz. Aus der Reihe der Kieler Studien am Institut für Weltwirtschaft. Band 245, J. C. B. Mohr, Tübingen, 1992.

Steinmann, H./Schreyögg, G. (2000): Management: Grundlagen der Unternehmensführung: Konzepte – Funktionen – Fallstudien. 5. Aufl., Gabler, Wiesbaden, 2000.

Stumpf, S. (2005): Synergie in multikulturellen Arbeitsgruppen. In: Stahl, G. K./Mayrhofer, W./Kühlmann, T. M. (2005, Hrsg.): Internationales Personalmanagement: Neue Aufgaben, neue Lösungen. Hampp, München, Mering, 2005, S. 115-144.

Wall, S./Rees, B. (2004): International Business. Prentice Hall, Harlow et al., 2004.

Welge, M. K./Holtbrügge, D. (2003): Internationales Management: Theorien – Funktionen – Fallstudien. 3. Aufl., Schäffer-Poeschel, Stuttgart, 2003.

Zentes, J./Swoboda, B./Morschett, D. (2004): Internationales Wertschöpfungsmanagement. Vahlen, München, 2004.

Dietmar Harting*

Navigation in stürmischen Zeiten: Erfolgsfaktoren eines Mittelständlers in der globalisierten Welt

* Dipl.-Kfm. Dietmar Harting ist persönlich haftender Gesellschaft der HARTING KGaA mit Sitz in Espelkamp.

1 Internationalisierung: Die Seefahrt als Wegbereiter zur Vernetzung der Welt

Die Internationalisierung von Märkten stellt für Gesellschaften und damit auch für Unternehmen kein neues Phänomen dar. Vielmehr findet die internationale Verflechtung von Volkswirtschaften ihren Ursprung in den Entdeckungsreisen der portugiesischen und spanischen Seefahrer. Mit ihrem Entdeckergeist und Wagemut erwiesen sich die großen Seefahrernationen als die Wegbereiter des internationalen Handels.

1.1 Handel entlang der Seidenstraße

Bis ins Mittelalter herrschten in Europa nur geringe Kenntnisse über die Länder des Orients vor. Sie bildeten jedoch die Quelle für begehrte Güter wie Pfeffer und Salz oder auch Edelsteine und Seide. Die Verbindungsstrecke zwischen diesen Welten stellte die Seidenstraße dar, die Marco Polo den Europäern durch seine Reiseberichte näherbrachte. Aufgrund der geographischen und klimatischen Bedingungen traten nur wenige Kaufleute die vollständige Reise zwischen Asien und Europa an. Die Waren gelangten über den Seeweg von Indien bis zum Roten Meer, wurden durch arabische Zwischenhändler transportiert und fanden ihren Absatz schließlich über venezianische Kaufleute. Diese Kontrolle des Handels ließ lukrative Gewinnspannen entstehen. Der Wert von Gewürzen wurde in Gold aufgewogen und überstieg in Venedig zeitweise das Einhundertfache des Einkaufspreises in Indien. Nach heutigem Wert wurde für ein Kilogramm Pfeffer bis zu 80.000 € gezahlt!

Die Kaufleute spielten im Mittelalter nicht nur eine zentrale Rolle für den Handel von Waren. Vielmehr nutzten sie ihr Vermögen auch zur Finanzierung von Darlehen an Könige, Fürsten oder auch an den Papst. Neben den Medici waren die Fugger eine der mächtigsten Handelsfamilien Europas. Der Wohlstand Jakob Fuggers fußte auf dem Handel mit Textilien, den er um den Handel mit Gewürzen erweiterte. Sein eigentlicher unternehmerischer Erfolg beruhte jedoch auf den Geldgeschäften, die er mit den Habsburgern einging.

1.2 Heinrich der Seefahrer: Wegbereiter der Internationalisierung

Die lukrativen Gewinnspannen des Handels bildeten den Anreiz für den portugiesischen Königssohn Heinrich den Seefahrer, den arabischen Zwischenhandel durch die Entdeckung des Seewegs nach Indien zu umgehen. Denn bisher nahmen die

Portugiesen ihre Waren erst an der nordwestafrikanischen Küste in Empfang; über die Routen der Karawanen lagen nur wenige Informationen vor.

Die größte Herausforderung bei der Erkundung des Seewegs entlang der Westküste Afrikas sah Heinrich der Seefahrer in der Überwindung des mittelalterlichen Aberglaubens. Denn südlich des Kaps Bojador an der afrikanischen Küste lag die „See der Finsternis", die dem Aberglauben folgend das Ende der Welt markierte. Die Bezeichnung beruhte auf den Erfahrungen zahlreicher Expeditionen, denen es nicht gelang, ihre Reise über diesen Punkt der See hinaus fortzusetzen. Ausschlaggebend für den Misserfolg der Expeditionen waren jedoch nicht die im Aberglauben verankerten Seeungeheuer, sondern vielmehr die sich ändernden Strömungen und drehenden Winde, die den Seefahrern bis dahin unbekannt waren.

Hier nun setzte das Erfolgskonzept von Heinrich dem Seefahrer an: Neben seinem außerordentlichen Durchhaltevermögen – es nahm fast 14 Jahre in Anspruch, bis eine Expedition das Kap Bojador erfolgreich umsegelte – bildete seine systematische Vorgehensweise zum Aufbau von Wissen und der Herausbildung von Kompetenz einen wesentlichen Parameter seines Erfolgs. Heinrich der Seefahrer wies seine Kapitäne an, auf ihren Seereisen alle Messdaten und Erfahrungen in den Logbüchern zu verzeichnen. Diese Aufzeichnungen wurden von den Forschern in einer eigens dafür erbauten Seefahrerschule in Sagres ausgewertet. Auf diese Weise konnten die Forscher ihr Wissen systematisch weiter ausbauen und damit die Strömungen und Winde besser erkunden sowie das Kartenmaterial entscheidend verbessern. Damit legten sie den Grundstein für die epochale Umschiffung des Kaps Bojador durch Gil Eanes im Jahre 1434.

Mehr als ein halbes Jahrhundert später – im Jahre 1488 – umschiffte Bartolomeu Dias am Kap der Guten Hoffnung die Südspitze Afrikas. Zehn Jahre später entdeckte Vasco da Gama den lukrativen Seeweg nach Indien. Portugal stieg damit zur unbestrittenen Seemacht auf und kontrollierte von Lissabon aus die Preise für den Handel mit Gewürzen.

Basis für den Aufstieg Portugals bildeten der unermüdliche Unternehmergeist und Wagemut von Heinrich dem Seefahrer. Mit seiner in Sagres gegründeten Seefahrerschule und seinen kostspieligen Expeditionen brachte er das Land zwar fast an den Rand des finanziellen Ruins, seine Forschungsexpeditionen trugen jedoch maßgeblich dazu bei, das Wissen über Geographie, die Genauigkeit nautischer Instrumente, die Kartographie, den Schiffbau und andere wissenschaftliche Disziplinen entscheidend zu verbessern. Damit war der Grundstein für die erfolgreichen Expeditionen von Vasco da Gama, Bartolomeu Dias, Christoph Kolumbus und Fernando Magellan gelegt, die das Handelsnetz der Moderne bereiteten.

1.3 Vorsprung durch Technik: Die technische Revolution der Ingenieure

Die Dynamik der Internationalisierung erhielt eine entscheidende Bereicherung durch den Einzug der Industrialisierung Ende des 18. Jahrhunderts. Führend war dabei die englische Textilindustrie. Die Händler beschränkten sich nicht mehr nur auf den Handel von Tuch und Garnen, sondern beauftragten vielmehr die Fertigung entsprechender Handelsprodukte direkt in den Fabriken vor Ort. Ende des 18. bzw. Anfang des 19. Jahrhunderts bildete die Baumwollspinnerei die führende Sparte der gesamten britischen Textilindustrie. Deutsche Fabrikanten übernahmen die britischen Technologien, die sie sich durch Reisen oder auch durch Abwerbung entsprechender Mitarbeiter aneigneten, und nahmen die industrielle Fertigung von Textilien in Deutschland auf. Damit einhergehend wuchs der Anspruch, dass nunmehr auch die Herstellung der Maschinen selbst wiederum Endprodukt eines industriellen Fertigungsprozesses sein sollte, jenes des Werkzeugmaschinenbaus. Dieser bildete in der Folge den Grundstein für den Maschinenbau in Deutschland. In diesem Zusammenhang stellt die Erfindung der Dampfmaschine einen Meilenstein der Industrialisierung dar.

Basis für den durchgreifenden Erfolg der Industrialisierung bildete der Berufsstand der Ingenieure. War der Ingenieursberuf Ende des 18. Jahrhunderts noch gleichbedeutend mit dem des Architekten bzw. des Baumeisters und durch eine militärische Prägung charakterisiert, so entwickelte er sich im 19. Jahrhundert zum Staatsbeamten bzw. zum Unternehmer und Arbeiter in der Industrie. Während sich die britische Industrialisierung ohne eine weitergehende Institutionalisierung der technischen Bildung vollzog, eröffnete insbesondere in Deutschland und Frankreich die Förderung der technischen Bildung den „Königsweg“ zur Industrialisierung, der sich u. a. in der 1810 von Wilhelm von Humboldt gegründeten Berliner Universität widerspiegelt.

2 Wettbewerbsfähigkeit des deutschen Mittelstands

Der Mittelstand ist ein typisch deutsches Phänomen, insbesondere in der Ausprägung als Familienunternehmen. Gemein ist vielen mittleren Unternehmen, dass sie sich im Zuge der Internationalisierung zu Weltmarktführern entwickelt haben.

2.1 Der deutsche Mittelstand

Der Mittelstand wird in der Regel auch als das Rückgrat der Gesellschaft bezeichnet, da er

- 99,7 % aller Unternehmen in Deutschland ausmacht,
- über 40 % aller steuerpflichtigen Umsätze und nahezu 50 % aller Investitionen tätigt,
- über 70 % aller Arbeitsplätze stellt und
- über 80 % der Ausbildungsplätze schafft.

Einer Studie der Kreditanstalt für Wiederaufbau folgend nimmt der deutsche Mittelstand eine zentrale Rolle als „Jobmotor" ein. So wird seit dem Jahr 2003 der Beschäftigungszuwachs in Deutschland ausschließlich durch die mittleren Unternehmen getragen. Während der deutsche Mittelstand im Betrachtungszeitraum zwischen 2003 und 2005 etwa 400.000 Arbeitsplätze aufbaute, wurden in der Großindustrie und im öffentlichen Dienst im selben Zeitraum über 100.000 Stellen abgebaut.

Es ist jedoch eine zusätzliche Differenzierung notwendig: Unter dem herkömmlichen Begriff der „kleinen und mittleren Unternehmen" (KMU) findet ein Unternehmen globaler Ausrichtung – wie beispielsweise unser eigenes Unternehmen weltweit über 2.500 Mitarbeiter beschäftigt – keine ausreichende Berücksichtigung mehr. Daher ist eine zusätzliche Differenzierung des Mittelstands notwendig in Form der „Global Medium Sized Enterprises" (GMEs). Die GMEs sind auf den Märkten der Welt zu Hause und stellen sich im internationalen Wettbewerb tagtäglich neuen Herausforderungen. Es sind gerade diese Unternehmen, die das viel zitierte Rückgrat unserer Gesellschaft bilden – nicht zuletzt deshalb, weil sie in ihr unternehmerisches Handeln auch unter internationalen Marktbedingungen ihre Herkunft und Standortverbundenheit mit einbeziehen. In der Regel handelt es sich hierbei um Familienunternehmen, bei denen die Kapitalmehrheit und Entscheidungsbefugnis in einer Hand liegen. GMEs sind durch ein generationenübergreifendes Denken und Handeln gekennzeichnet, so dass einmal getroffene Entscheidungen auch nach dem Generationenwechsel weiterhin ihre Gültigkeit besitzen.

Diese GMEs leisten durch ihre internationale Ausrichtung einen wesentlichen Beitrag zur Exportweltmeisterschaft Deutschlands und haben das Gütezeichen „Made in Germany" mit zum weltweiten Erfolg geführt.

2.2 Innovation

Der Erfolg der deutschen GMEs ist auf ihr klares Bekenntnis zur Innovationsführerschaft zurückzuführen. Die Innovation – vom lateinischen „innovatio" abgeleitet „etwas neu Geschaffenes" – bildet die eigentliche Triebkraft unternehmerischen Denkens und Handelns. Dabei stehen nicht die Entdeckung bzw. die Erfindung von Neuem im Vordergrund, sondern dessen Einführung und damit die Etablierung auf dem Markt. Und hierin unterscheidet sich der Unternehmer vom Erfinder. Denn Joseph Schumpeter folgend stellt Innovation die wirtschaftliche Umsetzung einer neuen Idee oder einer neuen technischen Entwicklung dar. Dazu gehört auch die Dynamik der schöpferischen Zerstörung, die der Innovationsprozess entfaltet, wenn er Vorhandenes in Frage stellt und durch die Etablierung von Neuem ablöst.

Die erfolgreiche Etablierung von Neuem ist Schumpeter, aber auch Röpke folgend entscheidend abhängig von den Eigenschaften des Unternehmers. So kennzeichnet Schumpeter den Unternehmer durch seinen Mut und Willen zur kontinuierlichen Erneuerung. Die treibende Kraft für sein Handeln ist die Freude am Gestalten und der Erfolg um des Erfolges willen. Röpke hingegen greift auf das Bild des Navigators und damit auf die Seefahrt zurück. Er sieht im Unternehmer den Navigator, der stets dem Markt zugewandt ist und sein Unternehmen erfolgreich durch die Unwägbarkeiten und Unsicherheiten des Marktes manövriert.

2.3 Eigenschaften eines erfolgreichen Mittelständlers

Schumpeter und Röpke beschreiben die zentralen Eigenschaften eines Unternehmers anhand seiner Freude am Gestalten sowie seiner Navigationskünste. Beide finden sich im deutschen Mittelstand wieder. Die Freude am Gestalten wie auch die Navigationskünste sind insbesondere in deutschen Familienunternehmen anzutreffen. Denn in diesen liegen die Entscheidungskompetenz und die Kapitalmehrheit in einer Hand, so dass schnelle Entscheidungen getroffen werden können. Dabei richtet sich das Denken und Handeln nach generationenübergreifenden Zielrichtungen aus und orientiert sich nicht an den kurzfristigen Erwartungen von Analysten. Dieser berühmte „lange Atem" ermöglicht es dem global aufgestellten deutschen Mittelstand, auch im internationalen Wettbewerb neue und unkonventionelle Wege einzuschlagen.

Auf eine Besonderheit sei an dieser Stelle noch hingewiesen: Insbesondere die familiengeführten mittleren Unternehmen übernehmen Verantwortung. Ihre Gewinne werden in der Regel in das Unternehmen reinvestiert, denn dessen Erfolg führt zur Erwirtschaftung der besten Renditen. Und Investitionen sind immer ein klares Bekenntnis zu Wachstum. Die Reinvestition erfolgt in vielen Fällen direkt am Standort, dessen Attraktivität viele Familienunternehmen durch ihr Engagement vor Ort unterstreichen und auf diese Weise ihre Treue zum Heimatstandort zum Ausdruck bringen. Zudem nehmen viele Mittelständler die Haftung als ein persönliches Risiko bewusst in Kauf, als Zeichen ihrer eigenen Verantwortung: In unserem Unternehmen übernehme ich als persönlich haftender Gesellschafter die Hauptverantwortung für die Geschicke der HARTING Technologiegruppe.

3 Internationalisierung eines ostwestfälischen Mittelständlers

Die HARTING Technologiegruppe ist heute weltweit mit eigenen Tochtergesellschaften und Vertretungen in über 40 Ländern aktiv und beschäftigt circa 2.600 Mitarbeiter. Im Geschäftsjahr von 2006 bis 2007 erwirtschaftete HARTING einen Umsatz von 345 Mio. €. In den Bereichen der aktiven und passiven Verbindungstechnik und Komplettlösungen für die industrielle Kommunikation und Energievernetzung ist die HARTING Technologiegruppe Vorreiter. Als Systemlieferant berät HARTING seine Kunden in der Entwicklungs- oder Projektierungsphase in allen Fragen der Verbindungstechnik und Vernetzung.

3.1 Gründerzeit

Am 1. September 1945 gründeten meine Eltern Marie und Wilhelm Harting die Firma „Wilhelm Harting Mechanische Werkstätten". Das Produktionsprogramm bestand zunächst aus Produkten des täglichen Bedarfs wie Kochplatten, Sparlampen und Feueranzünder. Insbesondere die Produkte für die Landwirtschaft bildeten im ländlich geprägten Raum Ostwestfalens eine wichtige Ertragsquelle – nicht zuletzt da gerade die Bauern über die begehrten Lebensmittel verfügten. Meine Mutter packte damals eigenhändig den Rucksack, fuhr mit ihrem Rad aufs Land und tauschte dort die Produkte gegen Brot, Hülsenfrüchte oder Fett ein.

Bereits im Jahre 1950 standen bei HARTING 180 Mitarbeiter in Lohn und Brot. Die Firma verfügte zu diesem Zeitpunkt schon über ein Labor, eine Versuchswerkstatt sowie über ein Konstruktionsbüro.

3.2 Aufstieg und Wachstum des Unternehmens

Der wirtschaftliche Aufschwung und die damit zunehmende Nachfrage führten 1950 zur Verlagerung des Unternehmenssitzes in das circa 25 Kilometer von

Minden entfernte Espelkamp-Mittwald. Espelkamp bietet sowohl unserem Unternehmen als auch unserer Familie bis heute Heimat.

Zur Entwicklung der Stadt Espelkamp ist ein kurzer Exkurs notwendig: Im Jahre 1938 begann die Wehrmacht mit dem Aufbau einer Munitionsanstalt des Heeres in Espelkamp, kurz „Muna" genannt. Für den Standort sprach die wenig bevölkerte und durch seine Laub- und Nadelwälder hinreichend gegen Angriffe aus der Luft geschützte Lage. Kurz nach dem Einzug der Alliierten und der Übernahme der „Muna" durch die Briten am 4. April 1945 fanden hier zwei Monate später die ersten Flüchtlinge notdürftig Unterkunft.

Die mit der Potsdamer Konferenz beschlossene Entmilitarisierung und damit verbundene vollständige Zerstörung aller Kriegsanlagen der Kategorie I wurde im Fall der „Muna" in Espelkamp dank des Engagements des britischen Kommandanten im Kreis Lübbecke, Colonel Steege, verhindert. Denn dieser setzte sich frühzeitig für die karitative Nutzung der Gebäude ein. Pfarrer Diehl, der Verbindungsmann des Evangelischen Hilfswerks Westfalens zur britischen Militärregierung, nutzte die Gebäude für die Aufgaben des Hilfswerks. Weiterhin setzte sich Pastor Birger Forell dafür ein, die „Muna" zu erhalten, um insbesondere den zahlreichen Kriegsgefangenen und Übersiedlern eine neue Heimat zu bieten. General Bishop erklärte im Oktober 1948 offziell, dass die „Muna" nicht gesprengt werde.

Meine Eltern Wilhelm und Marie Harting entschieden sich damals für den Standort Espelkamp: Hier bestand ein großes Angebot an qualifizierten Arbeitskräften, insbesondere vielen Facharbeitern aus dem Osten und Berlin. Zudem unterstützte das Bundesland Nordrhein-Westfalen die Ansiedlung von Unternehmen in Espelkamp mit günstigen Kreditkonditionen. Von den großen Unternehmen aus der Gründerzeit ist bis heute nur noch die HARTING Technologiegruppe als Familienunternehmen aktiv und stellt zugleich den größten Arbeitgeber am Standort Espelkamp dar.

3.3 Fokussierung

Nach dem Einzug in die ersten Munitionshallen – die übrigens bis heute zum Hauptsitz des Unternehmens gehören – errichtete HARTING etappenweise auf über 50.000 Quadratmetern moderne Produktions- und Büroflächen, die mit leistungsfähigen Stanzen, Schleifmaschinen, Dreh- und Revolverbänken usw. ausgestattet wurden.

Während sich HARTING in der Gründerzeit stark auf die Landwirtschaft konzentriert hatte, ging man nun den Weg in die Autoelektrik. Für die Militärfahrzeuge in der britischen Regierungszone baute HARTING Regler und elektrische Benzinpumpen, die über hamburgische Handelshäuser auch exportiert wurden. Das Produktprogramm von HARTING wurde kontinuierlich erweitert: Im Jahre 1954 wurde im Auftrag die erste Musikbox gebaut und anschließend die Produktion von Plattenspielern und weiteren Produkten aus dem Bereich der Unterhaltungselektronik aufgenommen. Im Jahre 1956 stieg HARTING in das Geschäft der Steckverbinder ein und erhielt in den 1960er Jahren die Zulassung für die Automobilindustrie, welche ein rasantes Wachstum ermöglichte. Ab 1959 produzierte HARTING zudem als erstes europäisches Unternehmen elektrische Zigarettenautomaten.

Im Jahre 1961 entschied sich HARTING dafür, den Markt der Unterhaltungselektronik wieder zu verlassen und sich verstärkt auf den Bereich der elektronischen Steckverbinder zu konzentrieren; dieser Weg erwies sich als zukunftsweisend für die HARTING Technologiegruppe. Anlass für diese Entscheidung bildete der zunehmende Wettbewerbsdruck in der Unterhaltungselektronikbranche auf nationaler Ebene. HARTING war in diesem Segment dem Wettbewerb mit den deutschen Elektronikherstellern wie Grundig, Saba oder Telefunken nicht gewachsen. Mein Vater Wilhelm Harting erkannte diesen Trend und sensibilisierte seine Geschäftsführer für die kommenden Marktentwicklungen. Nach gemeinsamer intensiver Diskussion entschied sich HARTING, den Bereich der Unterhaltungselektronik aufzugeben. HARTING verließ damit ein Marktsegment, welches zum Zeitpunkt der Entscheidung stellvertretend für circa ein Drittel des Umsatzes des Unternehmens stand. Im Laufe der folgenden Jahre verschwanden die wegweisenden deutschen Hersteller wie Grundig, Saba oder Telefunken nach und nach zugunsten japanischer Anbieter vom Markt.

Für den Austritt aus dem Medizinmarkt entschieden sich mein Bruder Jürgen und ich – HARTING war 1957 gemeinsam mit dem US-amerikanischen Partner Picker in diesen Markt eingestiegen – nach nur wenigen Jahren, um den Erlös in die Verbreiterung des Steckverbindergeschäfts zu investieren.

Nach dem Tod meines Vaters Wilhelm Harting im Jahre 1962 führte meine Mutter Marie Harting das Unternehmen allein weiter, bis ich selbst 1967 in das Unternehmen eintrat. Mein Bruder Jürgen folgte mir zwei Jahre später, er verstarb jedoch 1973 im frühen Alter von 32 Jahren.

3.4 Internationalisierung

Mit der Fokussierung auf Industriesteckverbinder nahm HARTING frühzeitig eine führende Marktposition ein. Mit der Han®-Produktfamilie – die HARTING Norm –

hat das Unternehmen für viele Industriesektoren einen Standard gesetzt, den es bis heute als größter Innovator auf diesem Gebiet weiterhin ausbaut.

Als Marktführer schlug HARTING seinen Weg der Internationalisierung ein. Ende der 1970er Jahre gründete HARTING Tochtergesellschaften, um durch eigene Mitarbeiter die Nähe zum Kunden zu intensivieren. Voraussetzung dafür bildete eine hinreichend große Produktpalette. War der Markt bis dahin durch direkte Steckverbinder geprägt, so gelang HARTING mit dem Leiterplatten-Steckverbinder DIN 41612 die erfolgreiche Verbreiterung des Produktionsprogramms um den Bereich der indirekten Steckverbinder. Die Produkte waren ursprünglich für Telekommunikationsanwendungen in Deutschland konzipiert. Mit der Veröffentlichung der internationalen Norm IEC 60603-2 im Jahre 1980 gelang der Ausbau dieser Steckverbinder zu einer Produktfamilie. Auf dem Markt der Industrie-Elektronik fanden insbesondere die Varianten mit höherer Stromtragfähigkeit breite Anwendung. Dieses Applikationsfeld war schon damals für HARTING von strategischer Bedeutung. Im Hause erkannte man frühzeitig die marktöffnende Wirkung einer internationalen Norm und engagierte sich aktiv in der Normungsarbeit, um der nationalen Norm zur internationalen Geltung zu verhelfen. Die weltweite Verbreitung von Deutschland aus bestätigen Marktforschungsunternehmen der Steckverbinderbranche wie Fleck oder Bishop. Die „DIN“-Familie, so lautet abgekürzt heute noch die international gebräuchliche Bezeichnung dieses Steckverbindertyps aus dem Hause HARTING, erreichte schließlich ein Marktvolumen von weltweit über 1 Mrd. €.

Die Verbreiterung der Produktpalette bildete den entscheidenden Grundstein für die Eröffnung der ersten Tochtergesellschaft in Frankreich im Jahre 1979, dem damals größten Auslandsmarkt HARTINGs. Weitere europäische Länder folgten. 1985 entstand dann die erste Tochtergesellschaft in Japan und 1987 in den Vereinigten Staaten von Amerika. Im Jahre 1993 erfolgte die Gründung der russischen Gesellschaft in Sankt Petersburg, deren Beurkundung von Seiten der russischen Behörde vom damaligen Leiter für ausländische Wirtschaftsbeziehungen in Sankt Petersburg, Vladimir Putin, geleistet wurde.

Die Internationalisierung wird auch durch den Aufbau von weltweiten Produktionsgesellschaften unterstützt. Handlungsleitend ist es dabei, durch die Produktionsstätte vor Ort einen Beitrag zur lokalen Wertschöpfung zu leisten. So wird HARTING mit dem Ausbau seiner Produktion im chinesischen Zhuhai dem Wunsch seiner Kunden gerecht, vor Ort die gleiche Leistungsfähigkeit und den gleichen Service von HARTING zu erfahren wie in Europa.

Die Streuung der Produktionsstätten besitzt zudem einen vorteilhaften Nebeneffekt, nämlich den der Synergien in einer entsprechenden Clusterregion. Als sich HARTING zur Aufnahme der Flachkabelsteckverbinderproduktion im Schweizer

Uhrenzentrum Biel entschied, spielte die Qualifizierung der Arbeitskräfte vor Ort eine entscheidende Rolle. Unser Produktionsstandort Biel erwies und erweist sich aufgrund seiner Fachkräfte im Bereich der Uhrenindustrie als bedeutend für das Unternehmen, um den Weg der Miniaturisierung (Mikrotechnologie) weiter erfolgreich voranzuschreiten.

4 Zukünftige Herausforderungen für das Internationale Management

Dem mit den Expeditionen verbundenen Wissensaufbau von Heinrich dem Seefahrer ist es zu verdanken, dass mit der mittelalterlichen Vorstellung, die Welt wäre eine Scheibe, gebrochen wurde. Vielmehr legten seine Expeditionen den Grundstein für die Erfahrbarkeit der Welt und erbrachten den Nachweis ihrer runden Gestalt, die wiederum als Sinnbild für die Phase der Renaissance des 15. und 16. Jahrhunderts steht.

Der Wirtschaftsjournalist Thomas Friedman stellt dieses Naturgesetz mit seiner These in Frage: „Die Welt ist flach“ – so lautet seine provokante Zusammenfassung der Folgen der Globalisierung. Denn die Geschwindigkeit der Globalisierung und Digitalisierung haben die seit Jahrhunderten geltenden Markt- und Wettbewerbsbedingungen für den Austausch von Waren und Dienstleistungen radikal verändert. Die wahren Entdecker überqueren heutzutage keine Ozeane mehr, sondern beherrschen das digitale Netz. Sie unterscheiden sich aber nur wenig von den Kapitänen und Forschern von Heinrich dem Seefahrer: Denn die hohen zu erwirtschaftenden Renditen bilden die Verlockung der neuen Entdeckergeneration, die Handelsrouten der vernetzten Welt zu erkunden und nachhaltig zu prägen. Ausgangspunkt für ihren Erfolg ist der Aufbau von Wissen und damit von Kompetenz.

Und dieser Aufbau von Kompetenz bildet den eigentlichen Erfolgsfaktor des heute global aufgestellten deutschen Mittelstands. Selbst wenn die Bedingungen am Markt an Dynamik, Komplexität und Geschwindigkeit zugenommen haben, kann unternehmerischer Erfolg heute – wie zu Zeiten Heinrich des Seefahrers – nur im kontinuierlichen Wissensaufbau und dessen konsequenter Umsetzung in Produkte und Dienstleistungen zur Befriedigung der Ansprüche und Wünsche des Marktes liegen. Und wie könnte ein Unternehmen diese Wünsche besser erfüllen als über Innovationen – der ursprünglichen Triebfeder seines Handelns.

Für HARTING besteht die zukünftige Herausforderung durch den Aufbau von Kompetenzzentren in Europa, Asien und Amerika die komplette Wertschöpfungskette von der Entwicklung bis zur Lieferung abzubilden. Nur auf diese Weise können wir regional, vor Ort, den unterschiedlichen Bedürfnissen unserer Kunden, die sich beispielsweise aufgrund der klimatischen Bedingungen ergeben, gerecht werden. Um unsere Kompetenzzentren zum Erfolg zu führen, bedarf es des intensiven Austausches von Wissen zwischen den Mitarbeitern sowie der Entfaltung von gänzlich neuem Wissen. Für uns bedeutet diese Vernetzung über Ländergrenzen hinweg, kulturelle Unterschiede so zu gestalten, dass sie zur gegenseitigen Bereicherung führen und damit zur maximalen Entfaltung.

Unsere Zukunft liegt in der Vernetzung der Welt.

Peter Hoedemaker*

Internationales Management in der Praxis

* Dipl-Kfm. Peter Hoedemaker ist Vorsitzender der Geschäftsführung der KAEFER Isoliertechnik GmbH & Co. KG in Bremen.

1 Das internationale Wachstum der KAEFER Isoliertechnik GmbH & Co. KG von 1997 bis 2007 im Überblick

Der nachfolgende Erfahrungsbericht aus der Praxis zeigt auf, wie es KAEFER gelungen ist, in einem Zeitraum von nur zehn Jahren von einem deutschen Unternehmen zu einer internationalen Unternehmensgruppe heranzureifen. Die außergewöhnlichen Wachstumsraten wurden zum Teil durch Akquisitionen und Partnerschaften erzielt – zum Großteil jedoch durch organisches Wachstum und Synergien, die u. a. als Folge dieser Akquisitionen und Partnerschaften entstanden.

Im Folgenden wird dargestellt, wie diese Internationalisierungsstrategie – nicht immer der klassischen Lehre folgend – eingeführt und umgesetzt wurde. Nach einer kurzen Einführung in die Marktanalyse wird auch auf die Themen „Integration", „Risikostreuung" und auf die „emotionale Ebene" bei M&A-Projekten eingegangen. Zudem wird die pragmatische Organisation der KAEFER-Gruppe vorgestellt sowie auf die Besonderheiten der Führung eines internationalen Unternehmens mit dem Schwerpunkt Montagedienstleistung hingewiesen. Neben den Kernaufgaben der Konzernzentrale werden u. a. die Bedeutung der Firmenkultur und der Sozialkompetenz des Managements hervorgehoben sowie künftige Herausforderungen in den Bereichen Personalentwicklung und sozialer Verantwortung beschrieben.

Innerhalb der letzten zehn Jahre hat sich KAEFER von einer Firma, die 80 % ihres Umsatzes im Heimatmarkt (Deutschland) erwirtschaftete, zu einer internationalen Gruppe, die auf allen fünf Kontinenten vertreten ist, entwickelt. Die Umsatzverteilung liegt 2007 bei dem Verhältnis ein Drittel Inlandsumsatz zu zwei Drittel Auslandsumsatz. KAEFER begann 1918 in Bremen als Zulieferbetrieb für Isoliermaterialien im Schiffbau. Heute ist KAEFER ein Montageunternehmen für Wärme-, Kälte- und Schallisolierung sowie Brandschutz, das sich in die folgenden fünf Geschäftsbereiche aufteilt: Industrie, Offshore, Schiffbau, Bau und Aerospace. Etwa 12.000 Mitarbeiter in 40 Ländern erwirtschaften weltweit einen Umsatz von circa einer Milliarde € (ein Wachstum von über 600 Mio. € seit 1997). Ein wesentlicher Baustein der erfolgreichen Wachstumsstrategie ist der Grundsatz, in jedem Land im Prinzip mit dort ansässigen Mitarbeitern zu arbeiten. Dies bezieht sich ausdrücklich auch auf das lokale Management. Jede Gesellschaft hat ein „local-face" gegenüber den regionalen Kunden und wird in der Regel als einheimisches Unternehmen erkannt. Daraus erklärt sich, dass nur ca. 20 % des weltweiten Personals im Jahr 2007 Deutsche waren.

KAEFERs internationales Wachstum wurde sowohl organisch als auch durch Unternehmensakquisitionen und Partnerschaften, z. B. in der Form von Joint Ventures, erreicht. Dieser Internationalisierungsprozess hat viele positive Effekte für das Unternehmen gebracht:

- Neben den Kostenersparnissen durch den Größeneffekt hat die geographische Präsenz in allen Kontinenten die finanzielle Stabilität innerhalb der Gruppe gesteigert. In diesem Sinne ist KAEFER geographisch nach dem Prinzip des optimierten Aktienportfolios aufgebaut.
- Die Expansion der Gruppe erfolgte parallel zur Internationalisierung der Kunden von KAEFER und der Märkte, die KAEFER bedient. Da das Unternehmen in der Lage war, seinen Kunden bei ihrem geographischen Wachstum zu folgen, konnte von diesem wirtschaftlichen Globalisierungsprozess profitiert werden. Auf die damit verbundene soziale Verantwortung wird später eingegangen.
- Die aktuelle Firmensituation zeigt deutlich, dass ein größeres Volumen sowie eine Vielzahl von internationalen Standorten dazu beitragen, wichtige Synergien zu erreichen. KAEFERs Geschäftsvolumen erlaubt es, professionelle interne Konzerndienstleistungen zur Verfügung zu stellen. Die Expansion ermöglicht die Implementierung von wichtigen Einrichtungen wie Testlabore im Bereich der Forschung und Entwicklung. Darüber hinaus ist jedes lokale KAEFER-Unternehmen unterschiedlichen Bedingungen ausgesetzt und hat sein „Spezialgebiet". Durch das Transferieren dieser Fachkenntnisse können Best Practices innerhalb der Gruppe an verschiedenen Standorten eingesetzt werden.
- Ein Bereich, der sehr von der Internationalisierung profitiert hat, ist das Personalwesen. Talentierte Nachwuchskräfte interessieren sich für erfolgreiche Konzerne, welche die Herausforderungen der Globalisierung bereits erfolgreich gemeistert haben und ihnen die besten Voraussetzungen für ihren persönlichen internationalen beruflichen Werdegang bieten. Zudem bringen unterschiedliche Kulturen verschiedene Begabungen in die Gruppe ein, und es entwickelt sich ein internationales betriebliches Umfeld, das sehr viel wirkungsvoller ist als eine „nationale Unternehmenskultur". Aus einem kleinen Bund gelber Tulpen hat sich KAEFER zu einem großen Strauß verschiedenster bunter Blumen entwickelt. Ein zusätzlicher Effekt der Internationalisierung ist die Möglichkeit, Spezialisten wie Projektleiter von Großprojekten kontinuierlich innerhalb der Gruppe international einzusetzen und sie dadurch nicht zusammen mit dem Know-how am Projektende zu verlieren.
- Während der internationalen Expansion hat das Unternehmen gelernt, mit Vielfältigkeit und unterschiedlichen Risikoszenarien erfolgreich zu wachsen. Dies hat die Konzernwissensdatenbank enorm erweitert. Die internationale Präsenz hat ebenfalls unsere Marktintelligenz gesteigert, da wir nun besser und schnel-

ler als viele Wettbewerber Markt- und Geschäftstrends feststellen, beobachten und gegebenenfalls auf diese eingehen können.

All die positiven Entwicklungen lassen sich am Ende im Unternehmensresultat zusammenfassen. Wie Abbildung 1 zeigt, ist der Auslandsumsatz am Anfang schneller gewachsen als das Ergebnis. Hier gilt eindeutig, dass schnelles Wachstum auch erhöhte Risiken mit sich bringt. Das Angehen von Problemen (meistens Managementwechsel) zum einen und die Einführung von Risiko-Management-Tools sowie der auslandsbegleitenden zentralen Organisation zum anderen führten vor allem im Bereich Controlling ab 2003 dazu, dass sich (meistens negative) Überraschungen erheblich reduziert haben und das Ergebnis- mit dem Umsatzwachstum Schritt halten konnte.

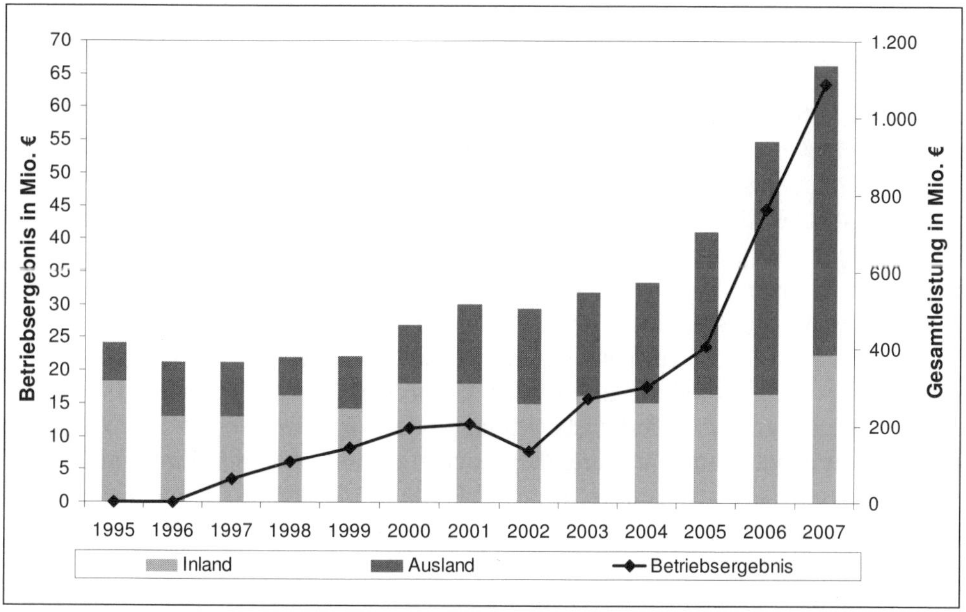

Abb. 1: Entwicklung des operativen Ergebnisses und des Umsatzes der KAEFER Isoliertechnik zwischen 1995 und 2007

Im Folgenden werden der Zeitpunkt für die Internationalisierung sowie die Schritte des Prozesses beschrieben. Nach den Themen Strategie, Organisation und Führung wird dann am Schluss ein Ausblick auf die zukünftige Herausforderung im Internationalen Management aufgezeigt. Abschließend werden einige Kernpunkte für KAEFER dargestellt.

2 Entwurf und Implementierung einer Internationalisierungsstrategie

Auch wenn in vielen Büchern bereits über die Gründe zur Internationalisierung der Unternehmen geschrieben wurde, so sind doch die Methoden zur Umsetzung der geographischen Expansion für jeden Industriezweig bzw. für jedes Gewerbe sehr spezifisch und zudem abhängig von der Ausgangssituation.

Obwohl sich KAEFER bereits seit den 1960er Jahren in einigen ausgewählten europäischen Ländern mit eigenen Firmen positioniert hatte (zumeist „auf dem Rücken" einzelner Exportgroßprojekte), erfolgte die strategisch zielgerichtete Internationalisierung erst seit 1997. Das Unternehmen erhielt eine neue Geschäftsleitung und einer der drei Geschäftsführer wurde speziell zur Entwicklung des internationalen Geschäfts eingestellt.

Seit 1997 erfolgt die Expansion entsprechend einer flexiblen Vorgehensweise. D. h., auch wenn unter Nutzung von Marktanalysen regelmäßig Strategien und Business-Pläne erstellt wurden, bestand jedoch nach wie vor die Möglichkeit, opportunistische Chancen zu ergreifen. Dies hat sich als ein Erfolgsfaktor herausgestellt, geht aber gegen die reine Lehre. KAEFERs Markteintritt erfolgte seitdem in der Regel über Akquisitionen oder durch Partnerschaften. Die Aussicht auf organisches Wachstum, die Verbesserung der Eigenkapitaldecke, Zuwachs von technologischem und kaufmännischem Know-how sowie die Finanzstärke der KAEFER-Gruppe motivierte die lokalen Unternehmenseigentümer zum Verkauf, zur Gewährung einer Minderheitsbeteiligung oder zur Partnerschaft. Zur Vorbereitung weiteren Wachstums hat KAEFER sich früh mit modernen Finanzierungsinstrumenten wie Asset-backed Securities (ABS) und Mezzanine Capital ausgerüstet. Hierdurch wurde ein essentielles, sicheres Fundament gelegt.

Die systematische Verfolgung der Internationalisierungsstrategie basierte überwiegend auf Marktanalysen und den daraus gewonnenen Erkenntnissen über das Marktvolumen und das zu erwartende Wachstum. Dies geschah mit Hilfe von unabhängigen Marktstudien, oftmals erstellt oder ausgewertet von Praktikanten (meistens mit Staatsangehörigkeit des zu analysierenden Landes), die entweder vor Ort waren oder von Bremen (dem Sitz der KAEFER-Konzernzentrale) aus Informationen sammelten. Die ausschlaggebenden Kriterien hierbei sind die aktuellen und potentiellen Marktvolumina. Für KAEFER wurde ein Minimalmarktvolumen von 25 Mio. € festgelegt. Ein niedrigeres Volumen wird vermutlich generell ein international aufgestelltes Unternehmen in unserer Branche nur selten voranbringen. Eine Ausnahme hiervon kann jedoch ein Land mit zwar geringerem Marktvolumen, aber einer überdurchschnittlichen Marge sein. Wenn ein Markt das erforderliche Minimalvolumen nicht erreicht, besteht noch die Möglichkeit, dort eine Betriebsstätte einer KAEFER-Gesellschaft aus einem Nachbarland zu eröffnen.

Nach der Marktanalyse erfolgt eine ausführliche Vor-Ort-Analyse durch unsere Manager unter besonderer Berücksichtigung der kulturellen Besonderheiten des neuen Marktes. In den meisten Fällen wurde dazu ein lokaler Manager rekrutiert, um den Expansionsprozess zu unterstützen. Der Erwerb von Wissen um die Attraktivität des Marktes und die Nachfrage- bzw. Lieferdynamik ist der einfache Teil des Prozesses. Die nächsten Schritte, in denen entschieden wird, welche Option für den Markteintritt genutzt werden soll, der Aufbau von lokalen Netzwerken und die ersten Gespräche mit potentiellen Partnern bzw. Übernahmekandidaten sind entscheidend und werden immer unter Beteiligung der Geschäftsführung durchgeführt.

Während der beschriebene systematische Ablauf im ersten Schritt hauptsächlich von KAEFERs Kompetenzen abhängig ist, so ist die Verwirklichung der Partnerschaft oder Akquisition abhängig von dem Potential des Partners und der Intensität seines Interesses, sich in die KAEFER-Gruppe zu integrieren. Hier beginnt die eigentliche Herausforderung, und die Verhandlungen werden der spezifischen Situation angepasst.

Es ist nicht verwunderlich, dass wir ständig eine Vielzahl von Akquisitionsprojekten in verschiedenen Ländern „laufen" haben, um im richtigen Moment in einen neuen Markt eintreten bzw. unsere Position in einem bestehenden Markt ausbauen zu können. Hierbei ist Ausdauer gefragt, da sich die Märkte nicht immer nach unseren Vorstellungen entwickeln und wir unsere Pläne den Marktentwicklungen von Zeit zu Zeit anpassen müssen. Ist der richtige Zeitpunkt gekommen, wird die Akquisition vollzogen, das Joint Venture gegründet oder das Unternehmen in die Gruppe integriert. Dieser Vorgang kann nur wenige Monate oder aber auch Jahre dauern. Der „Deal" ist von Fall zu Fall verschieden, da jedes Mal eine neue Situation vorgefunden wird. Unterschiedliche Verkäufer (Konzerne oder Personengesellschaften), andere Rechts- und bzw. oder Steuersysteme, verschiedene Beweggründe sowie unterschiedliche Wünsche bezüglich der Art und Weise einer Zusammenarbeit sind nur einige Beispiele. Für jeden Fall muss ein individueller Schlüssel zum Erfolg gefunden werden, was Kreativität und Vertrauen verlangt, aber auch eine gute Dosis Humor. Unternehmens- oder Finanzberater werden äußerst selten beauftragt, da in dem laufenden Prozess die Vertrauensbasis für die Zukunft aufgebaut werden muss und die Berater normalerweise nicht das gleiche ausgeprägte Interesse an der Weiterentwicklung des Unternehmens haben wie die Manager selbst. Wir müssen letztendlich das Unternehmen selbst zum Erfolg führen.

Durch die Tatsache, dass alle internationalen Geschäftsentwicklungsprojekte durch das Top Management des Konzerns geleitet werden und die Durchführung und Integration ebenfalls durch eigene Manager sichergestellt werden, ist gewährleistet, dass die Expansion immer im Einklang mit der Strategie und Kultur der KAEFER-Gruppe geschieht. Zudem haben wir durch den zehnjährigen Lernprozess eine unternehmensinterne Kompetenz bezüglich der Abwicklung von M&A-Projekten aufgebaut. Durch die Einbeziehung des eigenen Managements und Personals ist eine schnellere und bessere Integration möglich, und die zukünftige „Betreuung“ durch die Zentralabteilungen wird erleichtert.

Die operative Due Diligence wird durch ein Team erfahrener KAEFER-Manager durchgeführt und folgt auf die Finanz-, Steuer- und Rechtsprüfung, welche fast ausschließlich durch externe Spezialisten durchgeführt werden. Sie ist der Beginn des Integrationsprozesses und die kritische Phase, in der sich entscheidet, ob die Akquisition erfolgreich zu Ende geführt werden kann. Zudem werden die Grundlagen für die Zukunft in der KAEFER-Gruppe gelegt.

Es ist für uns eindeutig, dass in diesem Partnerfindungsprozess Emotionen eine Schlüsselrolle spielen: Angefangen mit interessiertem „Flirten“, über den Aufbau einer Vertrauensbasis, Zuneigung und starkes Interesse bis hin zu einer „Affäre“, die letztendlich zu einer langen und glücklichen „Ehe“ führen soll. Man kann behaupten, dass ein Firmenkauf fast so spannend ist wie eine Liebesaffäre.

Die internationalen Wachstumsaktivitäten, welche sicherlich zum Teil opportunistisch getrieben sind, folgen aber immer bestimmten strategischen Richtlinien. Diese Rahmenbedingungen sind darauf ausgerichtet, innerhalb unseres Kerngeschäfts ein Portfolio von geographischer Vielfältigkeit und somit Stabilität zu erreichen. Mit Stabilität ist hier die Spanne zwischen politisch und wirtschaftlich stabilen Ländern mit überwiegend niedriger bzw. mittlerer Ertragskraft und einem hohen Niveau an Wartungsarbeiten sowie wirtschaftlich schnell wachsenden, jungen Ländern, in denen die politische Führung noch eine direkte Rolle spielt, gemeint (Abbildung 2). Beispiele sind (1) ein französisches Isolierunternehmen, (2) ein finnisches Kreuzfahrtmodernisierungsunternehmen sowie (3) ein Isolierunternehmen in Vietnam.

Eine optimale Mischung balanciert die Risiken aus. In den letzten zehn Jahren wurde diese Mischung Schritt für Schritt optimiert und führte zu einer derzeit sehr ausgewogenen Position.

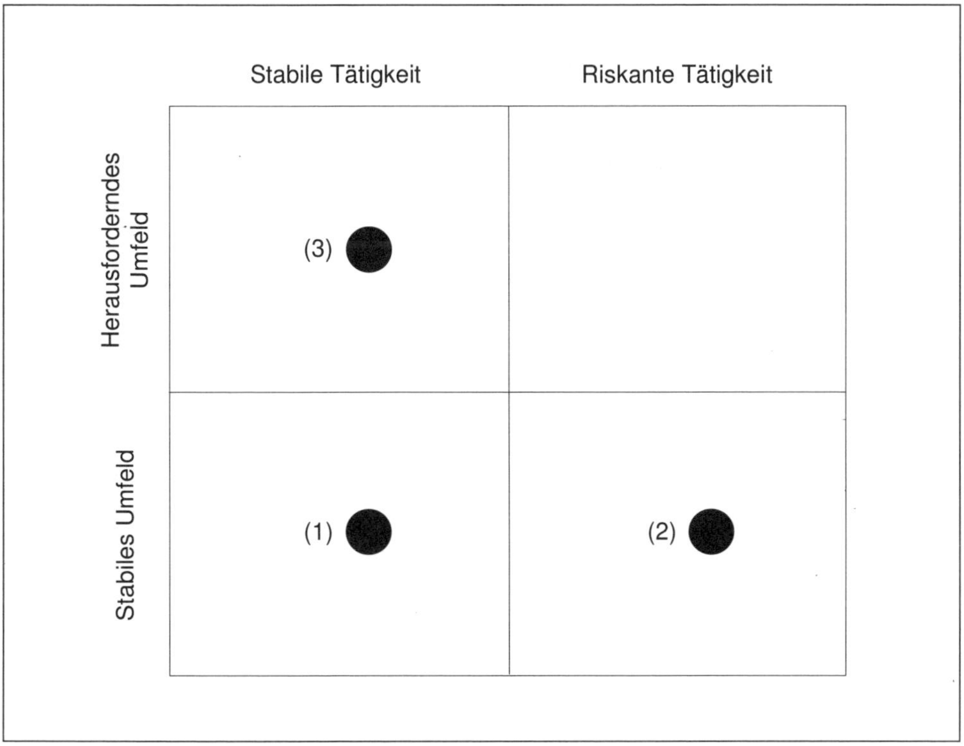

Abb. 2: Risikoportfolio

3 Organisation und Top Management eines internationalen Unternehmens

Derzeit basiert die Unternehmensstruktur auf zwei Hauptsäulen: der nationalen (Deutschland) und der internationalen Säule. Die nationale Struktur beinhaltet auch Aktivitäten in einigen Nachbarländern und den kürzlich gegründeten Geschäftsbereich „Aerospace".

KAEFERs internationale Organisation basiert auf der Aufteilung der Märkte und der Zuordnung des Regionalmanagements. Die Organisationsstruktur wurde den unterschiedlichen Dimensionen entsprechend in Bezug auf externe Faktoren wie Geographie und Kultur sowie interne Faktoren wie gruppeninterne Synergien und Managementfähigkeiten (wie Sprachkenntnisse und Erfahrungen) gestaltet. Auch hier wird keiner reinen Lehre à la Chandler nachgekommen: „Structure follows strategy". Organisation folgt genauso Personen, die im Management vorhanden sind – sie fungiert also flexibel. Zurzeit werden die internationalen Aktivitäten über unser „International Management Board“ organisiert. Das Board unterteilt sich in acht Regionen, jede verantwortlich für Gesellschaften in unterschiedlichen Ländern (vgl. Abbildung 3). Diese pragmatische Organisation hat zum Beispiel zur Folge, dass in unserem Organigramm Irland zu der Region „Osteuropa“ gehört. Der Hauptgrund hierfür ist die frühe Öffnung des irischen Marktes für Personal aus osteuropäischen EU-Ländern, so dass unsere polnische Tochtergesellschaft sich diesen Markt als Zielmarkt zur Expansion ausgewählt hat.

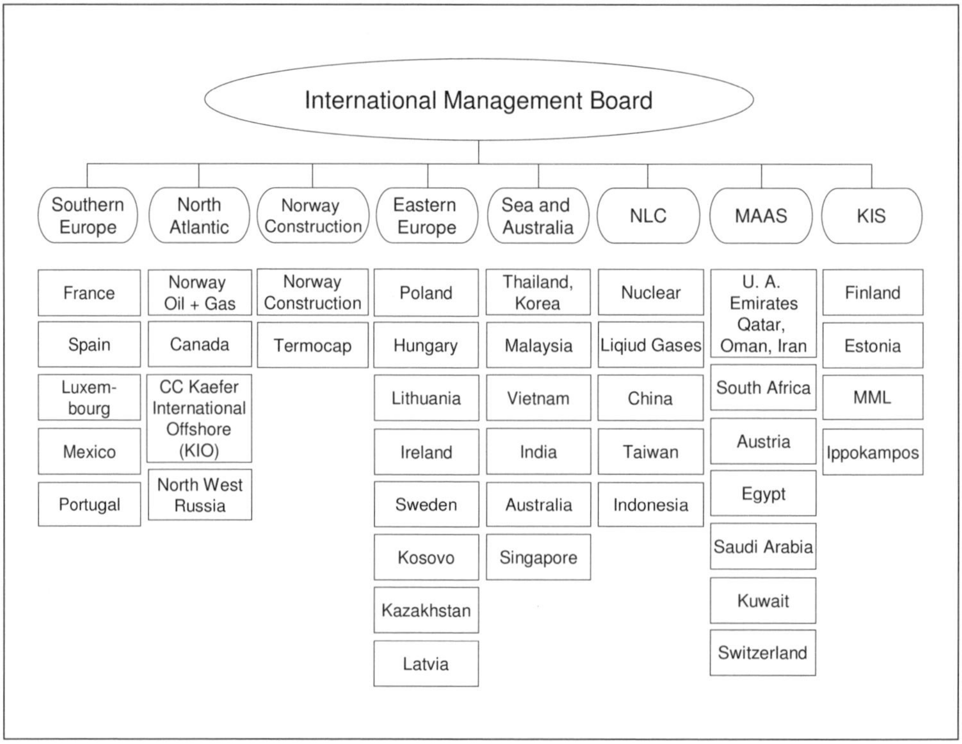

Abb. 3: International Management Board der KAEFER-Gruppe 2007

Alle Manager im International Management Board sind multilingual und haben bereits in mehreren Ländern Erfahrungen gesammelt. Die Tatsache, dass sieben Nationalitäten vertreten sind, ist ein Beispiel für den Grad der kulturellen Vielfalt der KAEFER-Organisation. Und dies ist, davon sind wir überzeugt, einer der entscheidenden Erfolgsfaktoren.

Die Geschäftsführer der lokalen Gesellschaften berichten an den zuständigen regionalen Direktor und dieser wiederum direkt an den Geschäftsführer der Gruppe. Die regionalen Direktoren sind häufig in den Gesellschaften vor Ort ansässig. Hierdurch ist eine schnelle Kommunikation gewährleistet, und flache Hierarchien sind möglich. So wird eine überdurchschnittlich schnelle Reaktionszeit ermöglicht, die ebenfalls einen Erfolgsfaktor darstellt.

Das International Management Board versammelt sich viermal im Jahr für zwei volle Tage. Zudem finden regelmäßig weitere Meetings mit dem Geschäftsführer der KAEFER-Gruppe statt, oder es werden gemeinsam Tochtergesellschaften, Kunden oder Messen besucht. Die Tatsache, dass sich das Management mehrmals jährlich trifft, regelmäßig Telefonkonferenzen durchführt und einen regen E-Mail-Austausch pflegt, trägt zum Aufbau eines angenehmen Arbeitsverhältnisses bei. Das gemeinsame Wissen und die persönlichen Beziehungen sind ebenfalls sehr wichtige Faktoren für eine effektive interkulturelle Zusammenarbeit.

4 Führung eines internationalen Unternehmens

Als Montageunternehmen übernehmen wir Teile der Ingenieurleistungen, die Kalkulation, den Materialeinkauf, die Montage und auch die Nachunternehmerleistungen spezieller Arbeiten, oder wir agieren selbst als Generalunternehmer. Alle Tätigkeiten unserer Zuständigkeitsbereiche werden immer unter Gewährleistung der Einhaltung der Qualitätsstandards und Sicherheitsbestimmungen ausgeführt. Der Sicherheit und Gesundheit unseres Personals schenken wir besondere Beachtung. Auch dem Schutz der Umwelt sehen wir uns verpflichtet. Wenn man will, kann man hier unsere Internationalisierung als Nachteil sehen. Ein Misserfolg in Qualität oder Sicherheit würde uns nicht nur in dem betroffenen Land, sondern weltweit schaden.

Der Montagecharakter unserer Arbeiten führt dazu, dass nahezu 100 % unseres Abwicklungsprozesses im Absatzmarkt stattfindet. Wir können zwar einzelne unterstützende Aktivitäten „exportieren", der Hauptanteil (Vertrieb, Projektmanagement, Einkauf, Montage etc.) wird jedoch im Land vom lokalen Personal erbracht. Lokales Wissen, insbesondere Kenntnisse bezüglich der lokalen Markt- und Geschäftsbedingungen, ist dabei entscheidend. Eine starke lokale Präsenz ist wichtig, um Geschäftsmöglichkeiten früh genug zu erkennen. Da unser Geschäft vom Konzept bis zur Abnahme menschliche Interaktion verlangt, impliziert dies größtenteils die Kommunikation in der Landessprache. Kunden, Lieferanten, lokale Behörden oder lokale Nachunternehmer bevorzugen es, in der Landessprache zu kommunizieren.

Durch die Anerkennung der lokalen Komponente in unserem Geschäft setzt KAEFER den Akzent bei der Förderung der Flexibilität der lokalen Unternehmen. Auch wenn die lokalen Unternehmen internationalen Regelungen des Konzerns wie zur

Risikominimierung oder zur Sicherstellung von Qualitätsstandards folgen müssen, so sind diese mit den lokalen Unternehmen abgestimmt und in der Art gestaltet worden, dass Bürokratie und unnötige Dokumentationen vermieden werden. Natürlich erarbeitet die Konzernleitung eine Konzernstrategie und hält die lokalen Unternehmen als Gruppe zusammen. Doch stattet sie gleichzeitig das lokale Management mit Eigenverantwortung und umfangreichen Vollmachten aus. Die Konzernleitung ist offen für Signale und Anforderungen, die „von unten" kommen, damit schnell auf Probleme oder Marktveränderungen reagiert werden kann. Es gilt das Motto: „Think a little bit global and act very local". Die richtige Balance zwischen global und lokal zu finden und dabei den Schwerpunkt auf das lokale Geschäft zu setzen, bedeutet, dass die lokalen Geschäftsführer in höchstem Maße flexibel in der Planung und Umsetzung ihres Business-Plans für ihre Einheit sind.

Unsere Erfahrungen haben uns gelehrt, dass jeder Markt seine eigenen Regeln und seine eigene Dynamik hat. Die Tatsache, dass unsere Wertschöpfung überwiegend durch die Interaktion von Personen entsteht, veranlasst das Top Management, kulturelles Verständnis zu betonen und sich immer wieder um kulturelle Vielfältigkeit zu bemühen. Es ist interessant zu sehen, dass unsere Top Manager, die meistens Wirtschafts- oder Ingenieurwissenschaften studiert haben, sich Wissen aus den Geisteswissenschaften wie Psychologie und Soziologie aneignen müssen.

Im laufenden Geschäft beinhaltet das Internationale Management die Bewältigung von Problemen, die nur teilweise mit dem Wissen, das wir durch Fächer wie Finanzierung oder Marketing erhalten, zu tun haben. Internationales Management bedeutet für uns auch, sich die Sozialkompetenzen anzueignen, die es uns ermöglichen, komplexe interdisziplinäre Probleme, die z. B. mit Doppeldeutigkeit oder Interessenkonflikten behaftet sind, zu lösen.

Sprachkenntnisse sind ein „Muss" (unsere internationale Geschäftssprache ist Englisch), aber es müssen noch mehr Anstrengungen unternommen werden, um die Mitarbeiter auf einem höheren als dem beruflichen Niveau zusammenzubringen. Auf der einen Seite steht die professionelle Zusammenarbeit, teilweise auch Abhängigkeit, und auf der anderen Seite die persönliche Beziehung. Es ist wichtig, sich immer wieder in die Augen zu schauen und persönliche Themen zu besprechen. Das hierdurch aufgebaute Vertrauen stärkt die Zusammenarbeit. So spielen auch bei den regelmäßigen Meetings immer mehr soziale Aktivitäten eine wichtige Rolle. Typische institutionalisierte internationale Meetings und Gremien sind:

- International Management Board,
- International Management Meeting (83 Teilnehmer aus 22 Nationen trafen sich 2006 in Budapest),
- International Controlling Committee,

- International Human Resources Committee,
- International Legal Committee,
- International Shipbuilding Convention,
- International Graduate Engineer Trainee Program,
- European Trainee Program,
- Junior Executive Program,
- International Soccer Cup.

Dazu kommen weitere Meetings und soziale Veranstaltungen. Zudem werden eigenständig Netzwerke zwischen den Teilnehmern der Programme oder Gremien untereinander aufgebaut. Die institutionalisierten Aktivitäten sowie „Ad hoc"-Aktionen bringen das Personal zusammen. Bei KAEFER sind wir überzeugt, dass das internationale interne Netzwerk ein zentraler Faktor ist, um die kulturelle und lokale Vielfalt zusammenzuführen und damit erfolgreich im globalen Markt bestehen zu können.

Nicht zuletzt ist zu bemerken, dass es uns, obwohl wir in über 40 Ländern vertreten sind, gelingt, eine eigene „KAEFER-Kultur" neben all den unterschiedlichen Kulturen zu bewahren. Mit unserer eigenen Firmenkultur versuchen wir, die Schlüsselwerte im ganzen Konzern umzusetzen. KAEFER ist in Familienbesitz, und es wird angestrebt, die „KAEFER-Familienwerte" im gesamten Management zu leben und zu vermitteln. Als Evaluierungscheckliste haben wir ein einseitiges Dokument mit dem Titel „Leadership at KAEFER" erstellt. Es beinhaltet unsere Grundwerte und Verhaltensweisen des Managements aller Ebenen.

5 Herausforderungen für das internationale Management von KAEFER

Durch die Beschreibung der Aktivitäten, der Strategie, der Organisation und des Führungsstils von KAEFER wurde versucht, eine Momentaufnahme des Unternehmens zu vermitteln. Da wie bekannt, Stillstand gleichbedeutend mit Rückwärtsgehen ist, wollen und werden wir das Unternehmen weiterentwickeln. Hierbei bleiben wir unserem Kerngeschäftskonzept treu: dem Ausführen von Isolierungsaktivitäten und angrenzenden Tätigkeiten. Das weitere Wachstum der Firma wird Auswirkungen auf unsere Organisation haben, die stufenweise der jeweiligen Größe und Komplexität angepasst werden muss. Für den nächsten Schritt laufen bereits die Vorbereitungen. Dieser zielt auf einen Wegfall der Zweiteilung in „International" und „Deutschland" ab und hat eine Integration aller Länder zur Folge, wobei Deutschland voraussichtlich einen Platz als eine Region einnehmen wird. Eine andere wichtige Herausforderung stellt die Übernahme der Verantwortung der Globalisierung dar. Aus der Überzeugung heraus, dass die Globalisierung große Möglichkeiten für die Entwicklung des ärmeren Teils der Weltbevölkerung bietet und Unternehmen größere Gestaltungsmöglichkeiten und Erfolg hierbei haben werden als ein Entwicklungsministerium mit seinen auf Landesgrenzen begrenzten Ausführungsmöglichkeiten diese je haben wird, muss man diese Chance und Verantwortung wahrnehmen. So hat KAEFER mit seinem „KAEFER AIDS RELIEF PROGRAM" in Südafrika einen ersten Schritt in Bezug auf Corporate Social Responsibility getan. Es ist vorgesehen, in weiteren Ländern ähnliche, nicht nur auf die Krankheit Aids orientierte Programme zu starten. Die Firmengewinne, u. a. entstanden durch die Globalisierung, werden so teilweise in Form von finanzieller Unterstützung den Menschen in den Ländern, in denen diese generiert wurden, zurückgegeben.

Ein weiteres entscheidendes anstehendes Bestreben ist der Ausbau unserer Ausbildungs- und Trainingsprogramme. Wir werden unsere nationalen und internationalen Programme unter einem Dach zusammenbringen und auch hier Best Practices mit lokalen Gegebenheiten weiter abstimmen. Dieses Dach trägt den Arbeitstitel „KAEFER Academy" und wird in seinem Endstadium sowohl die Isoliererausbildung als auch kurze Seminare sowie einen dreijährigen „Insulation-Management-MBA" (Teilzeit) beinhalten.

Die Nachwuchssuche ist die hier abschließend zu nennende Herausforderung. Wir suchen ständig junge Absolventen, die vorzugsweise eine Kombination aus Managementwissen und technischem Know-how mitbringen, mehrere Sprachen sprechen und vor allem bereits genug praxisorientierte psychologische und soziologische Kenntnisse vorweisen können, um zukünftig Mitarbeiter verstehen, führen und auch das Umfeld der Firmen bewerten zu können. Es wäre wünschenswert, wenn die zuletzt genannten Fähigkeiten bei den Studiengängen stärker berücksichtigt werden würden. „International" ist nicht immer ausreichend – Managerqualitäten sind gefragt. Von einem jungen Absolventen erwarten wir Dynamik und vor allem Weltoffenheit. Für eingebildete und mit Vorurteilen beladene Manager ist der „Globalisierungszug" schon lange abgefahren.

Frank Mattern/Marc Lehnen/Peter Weigang*

Die globale Konfiguration internationaler Unternehmen – Eine praxisorientierte Perspektive

---

* Dipl.-Kfm. Frank Mattern leitet die deutsche Niederlassung von McKinsey & Company mit Sitz in Frankfurt a. M. Dr. Marc Lehnen ist Associate Principal bei McKinsey & Company in Köln und Dipl.-Volksw. Peter Weigang arbeitet als Researcher bei McKinsey & Company in Düsseldorf.

Die weltweite Verflechtung der Produkt-, Kapital- und Arbeitsmärkte schreitet voran und wirft in Unternehmen eine Reihe strategischer und organisatorischer Fragen neu auf. Dabei gewinnt aus Managementsicht der Themenkomplex der globalen Konfiguration von Unternehmen besondere Bedeutung. Mit ihren Dimensionen „regionale Reichweite", „Wertschöpfungsallokation" und „organisatorische Integration" berührt die globale Konfiguration gleich mehrere Themenbereiche der Disziplin „Internationales Management" (IM). Vor diesem Hintergrund besteht das Ziel des vorliegenden Beitrags insbesondere darin, ausgewählte aktuelle Aspekte der globalen Unternehmenskonfiguration herauszuarbeiten und dazu praxisgeleitete, die Diskussion anregende Perspektiven zu formulieren. Ausgehend von dieser inhaltlichen Auseinandersetzung lassen sich anschließend noch einige übergeordnete Gedanken zur Rolle des Faches IM für Wissenschaft und Praxis skizzieren.

1 Herausforderung: Globalisierung

Ökonomen benutzen ihn seit Anfang der 1980er Jahre, die Medien zogen in den 1990er Jahren nach – inzwischen gehört der Begriff „Globalisierung" zum Standardvokabular. Doch neu ist die internationale Verflechtung der Wirtschaft nicht. Globale Handelsbeziehungen hat es praktisch immer schon gegeben. Nicht zuletzt Deutschland als führende Exportnation ist traditionell auf Auslandsmärkte ausgerichtet.

Erheblich verändert haben sich allerdings in den letzten 15 Jahren das Ausmaß und der Charakter der internationalen Verflechtungen. Auch das Tempo hat nochmals deutlich zugelegt. Moderne Informations- und Kommunikationstechnik sowie eine immer produktivere Logistik lassen räumliche Distanzen an Bedeutung verlieren. Ein Ende des Wandels ist nicht in Sicht – ganz im Gegenteil:

- Produktmärkte: Mit dem Abbau von Zoll- und Handelsbeschränkungen lassen sich Güter und Dienstleistungen immer ungehinderter über Grenzen hinweg austauschen. Transportkosten und -risiken sinken, Massengüter können heute in rund vier Wochen von Asien nach Europa transportiert werden, per Luftfracht sind alle wichtigen Wirtschaftsregionen in weniger als 24 Stunden erreichbar. Im Zuge der fortschreitenden Globalisierung werden sich die Muster des Welthandels mittelfristig weiter verändern: Traditionell haben Industrienationen im Wesentlichen lohnintensive Konsumgüter und Zulieferkomponenten aus sogenannten Niedriglohnländern bzw. „emerging markets" importiert und umgekehrt Anlage- und Ausrüstungsgüter dorthin exportiert. In den nächsten Jahren wird sich aber in Ländern wie Indien und China v. a. in den Städten ein breiter Absatzmarkt auch für mittel- und hochwertige Konsumgüter herausbilden: Als Folge eines anhaltenden Wirtschaftswachstums entsteht dort eine neue Mittelschicht, die großen Nachholbedarf beim Konsum verspürt – für westliche Unternehmen ein attraktives Marktpotential. So werden bis 2015 in China rund 80 Millionen Haushalte über ein jährliches Einkommen von mehr als 5.000 US-$ verfügen (Farrell/Gersch/Stephenson 2006, S. 63). Was dies für die Nachfrage bedeutet, illustriert die Automobilindustrie: So hat der chinesische Markt mit über 700.000 verkauften Einheiten für Volkswagen schon heute eine ähnliche Absatzbedeutung wie Deutschland (o. V. 2007a).

- Kapitalmärkte: Auch Kapitalströme fließen heute freier denn je. Viele Länder haben ihre Finanzmärkte in den letzten Jahren reformiert und liberalisiert: Sie schafften hemmende Regulierungen ab, gewährten ausländischen Banken Marktzugang und ließen neue Börsen, Produkte sowie Handelstechniken zu. Seit 1990 haben die grenzüberschreitenden Kapitalflüsse im Durchschnitt um 10,5 % jährlich zugenommen. Der Anstieg war damit doppelt so hoch wie der des nominalen weltweiten Bruttoinlandsprodukts (BIP) mit 5,2 % p. a. und immer noch höher als der des Außenhandels mit 8,3 % p. a. (Bank for International Settlements 2007, Global Insight 2007). Verändert hat sich dabei auch der Verlauf der Kapitalströme: Immer häufiger investieren Unternehmen aus sich entwickelnden Ländern in „alte" Industrienationen – die Übernahme von Arcelor durch Mittal Steel ist nur ein Beispiel. In den letzten 15 Jahren ist der Anteil an den weltweiten Direktinvestitionen, die aus „emerging markets" stammen, von knapp 7 % auf über 12 % gestiegen. Insgesamt ist Kapital heute in nie da gewesener Menge und Formenvielfalt verfügbar. Die Anzahl internationaler M&A-Transaktionen, an denen Private-Equity-Firmen und Hedge-Fonds beteiligt sind, hat sich seit Mitte der 1990er Jahre mehr als verdoppelt. 2006 haben Private-Equity-Firmen weltweit 400 Milliarden US-$ für ihre Fonds eingeworben – und suchen nach attraktiven Anlagemöglichkeiten (o. V. 2007b).
- Arbeitsmärkte: Während die Globalisierung von Produkt- und Kapitalmärkten schon seit Jahren voranschreitet, ist die Globalisierung der Arbeitsmärkte ein vergleichsweise neues Phänomen. Dabei geht es zunehmend nicht mehr allein darum, Teile der Produktion in Niedriglohnländer zu verlagern. Vielmehr verschieben sich nun auch die regionalen Qualifikationsprofile: In Asien und Osteuropa steigt die Anzahl hoch qualifizierter Fachkräfte sprunghaft an. Während es in Deutschland insgesamt circa 650.000 Ingenieure gibt, arbeiten heute allein in Indien über 500.000 junge Ingenieure, in China sogar 1,6 Millionen (McKinsey Global Institute 2005). Selbst wenn man davon ausgeht, dass nur 5 % bis 10 % dieser Fachkräfte internationales Niveau erreichen, wird dennoch klar, welches Potential in Fernost auch für die Übernahme hochwertiger Aufgaben besteht – und dieses Potential wird beständig größer. Westlichen Unternehmen erwachsen dadurch nicht nur leistungsfähige Konkurrenten in wissens-

intensiven Branchen, sie können vielmehr auch selbst neue Möglichkeiten nutzen, wissensintensive Funktionen ins Ausland zu verlagern.

Sich verändernde Märkte treiben die Globalisierung voran und stellen das Management international operierender Unternehmen vor neue Herausforderungen. Während Chancenvielfalt und Gestaltungsspielraum wachsen, nehmen gleichzeitig Komplexität und Risiken zu. Vor diesem Hintergrund lohnt es sich sowohl für Praktiker als auch für Wissenschaftler mit Forschungsschwerpunkten im Bereich IM, sich mit den drei Kernfragen der globalen Konfiguration von Unternehmen neu auseinanderzusetzen (Kutschker 2002, S. 49 ff., in diesem Zusammenhang auch das „Integrative Konzept" bei Kutschker/Schmid 2006, S. 319 ff.):

- Regionale Reichweite: Welche Absatzmärkte soll das Unternehmen bedienen und wie lassen sich die Märkte am besten erschließen?
- Wertschöpfungsallokation: An welchen Standorten weltweit sind die einzelnen Elemente der Wertschöpfungskette anzusiedeln?
- Integration: Wie lassen sich Steuerung und Koordination in einem weltweit operierenden Unternehmen sicherstellen?

Pauschale Konzepte oder Handlungsempfehlungen kann es hier naturgemäß nicht geben. Unterschiede hinsichtlich Branche, Größe und internationaler Erfahrung eines Unternehmens spielen dazu eine viel zu große Rolle. Die oben skizzierten Fragestellungen geben jedoch einen möglichen Rahmen für eine Diskussion vor. Der Schwerpunkt liegt dabei auf jenen Aspekten, bei denen sich derzeit besonders ausgeprägte Veränderungen zeigen und die damit nicht nur aus Managementsicht besonderer Aufmerksamkeit bedürfen, sondern auch für eine anwendungsorientierte wissenschaftliche Disziplin wie dem IM reizvolle Untersuchungsgegenstände darstellen.

2 Regionale Reichweite

Der Absatz über die eigenen Landesgrenzen hinaus ist gerade für deutsche Unternehmen seit langem selbstverständlich. Traditionell lag und liegt der Schwerpunkt des Außenhandels zu circa 70 % auf klassischen Industrieländern insbesondere in (West-)Europa und Nordamerika. Wachstumsländer wie China und Indien, die in den nächsten zehn Jahren nach den USA die absolut höchsten kumulierten BIP-Steigerungen haben dürften, sind gemessen an ihrem künftigen Nachfragepotential noch immer unterrepräsentiert.

Vor dem Hintergrund neu entstehender Nachfragezentren in Asien, Osteuropa und auch in Lateinamerika müssen Unternehmen ihre langfristig angestrebte regionale Reichweite neu bestimmen (Lehnen 2002): Welche Märkte versprechen in den nächsten fünf bis zehn Jahren die attraktivsten Potentiale hinsichtlich Umsatz und Profitabilität? Wie kann das Unternehmen diese Märkte am besten abdecken und wie tief muss es sich dabei lokal verankern? So kann es sinnvoll sein, sich in einem ersten Schritt zunächst auf ausgewählte Metropolen eines Auslandsmarktes zu konzentrieren, um mit dem gewonnenen Know-how dann in einem zweiten Schritt in die Fläche zu gehen.

Zu prüfen ist auch, inwieweit die eigenen Produkte an die spezifischen Bedürfnisse der Kunden im Zielmarkt anzupassen bzw. für lokale Kundensegmente ganz neu zu entwickeln sind. Bei Automobilen beispielsweise werden Premium-Marken wie BMW oder Mercedes zwar immer Abnehmer finden; die Masse der chinesischen bzw. indischen Konsumenten verlangt jedoch v. a. preisgünstige Autos unter 10.000 US-$, in verlässlicher Qualität und robuster Ausführung. Westliche Automobilhersteller stehen damit vor der Frage, ob und wie sie diese Segmente erschließen können – wobei sich mit Blick auf die langfristigen Wachstumsaussichten jene Frage nach dem „Ob" eigentlich nicht mehr stellt.

Schließlich ist die Frage nach der Art der Marktbearbeitung neu zu beantworten. Die Bandbreite möglicher Modelle reicht vom einfachen Export über Kooperationen und Joint Ventures bis hin zur vollwertigen Niederlassung bzw. Tochtergesellschaft. Entscheidungskriterien sind neben den rechtlichen Gegebenheiten v. a. die Unternehmensgröße sowie Kenntnis und Grad der Andersartigkeit des zu bearbeitenden Marktes. Während sich in China ausländische Investoren in den 1990er Jahren noch in zwei Dritteln aller Fälle für ein Joint Venture entschieden bzw. aus politischen Gründen dafür entscheiden mussten, werden inzwischen drei Viertel der Investitionen ohne lokalen Partner getätigt (The US-China Business Council 2007). Dies gilt v. a. für Branchen, die einem weniger rigiden politisch motivierten „Schutz" unterworfen sind als etwa die Automobil- oder Chemieindustrie.

Die Frage nach der geeigneten Art der lokalen Präsenz stellt sich nicht zuletzt für deutsche mittlere Unternehmen. Insbesondere Unternehmen, die – wie viele Maschinenhersteller – für den Einstieg zunächst ein risikoarmes Repräsentanzmodell gewählt haben, müssen sich mit der Frage auseinandersetzen, wann sie den nächsten substanziellen Investitionsschritt in Richtung einer eigenen Niederlassung gehen wollen.

3 Wertschöpfungsallokation

Schon seit vielen Jahren ist es gang und gäbe, Wertschöpfungsschritte der Produktion in Länder mit niedrigem Arbeitskostenniveau zu verlagern. Auch wenn die Unterschiede bei den Faktorkosten langfristig kleiner werden, dürfte sich dieser Trend fortsetzen. Die Verlagerung von Wertschöpfungsaktivitäten wird darüber hinaus zunehmend von zwei weiteren Motiven getrieben: von der physischen Nähe zu Absatz- und Beschaffungsmärkten sowie von dem Zugang zu qualifiziertem Wissen. Gerade der letzte Punkt führt dazu, dass neben klassischen Fertigungsaktivitäten zunehmend auch Know-how-intensive Aktivitäten aus westlichen Industrienationen in „emerging markets“ verlagert werden. So nutzen viele Unternehmen angesichts der steigenden Zahl an Fachkräften in Indien und China die Chance, verstärkt Teilbereiche aus Forschung und Entwicklung (F&E) sowie Engineering bzw. auch anspruchsvolle Servicefunktionen dorthin zu verlagern.

Unternehmen sichern sich auf diese Weise nicht nur Lohnkostenvorteile, sondern gleichzeitig den Zugang zu hoch qualifizierten „Wissensarbeitern“, deren Mitarbeiteranteil in Softwarehäusern, Pharmaunternehmen und Banken bereits über 25 % beträgt (zur Bedeutung der „knowledge worker“ auch Drucker 1999, Bryan/Joyce 2005). Denn schon heute werden in den westlichen Ländern bei Fachrichtungen wie den Ingenieurwissenschaften die Absolventen knapp. Darüber hinaus ist der Einsatz lokaler Fachkräfte unverzichtbar, wenn es darum geht, Produkte auf spezifische Kundenbedürfnisse eines Marktes zuzuschneiden. Volkswagen etwa beschäftigt derzeit in Shanghai bereits 800 chinesische Ingenieure, ein weiterer deutlicher Ausbau ist geplant. Die Schweizer Novartis hat – ebenfalls in Shanghai – ein Zentrum für biomedizinische Forschung eröffnet. Bei Siemens sind die fast 50.000 F&E-Mitarbeiter auf rund 150 Standorte auf allen Kontinenten verteilt. Abbildung 1 gibt Auskunft über die Zuflüsse ausländischer Investitionen im Bereich F&E.

Vor dem Hintergrund dieser Veränderungen müssen Unternehmen permanent neu über die weltweite Allokation ihrer Wertschöpfungskette nachdenken: Welche Aktivitäten bzw. Teilfunktionen in Produktion, F&E oder Service sind an welchen Standorten anzusiedeln? Wie tief kann bzw. soll dabei die eigene Wertschöpfungskette reichen? Wo werden welche Zulieferungen materieller oder immaterieller Art in das eigene System übernommen? Und wie lässt sich der Informations- und Güterfluss zwischen den einzelnen Standorten am besten gestalten?

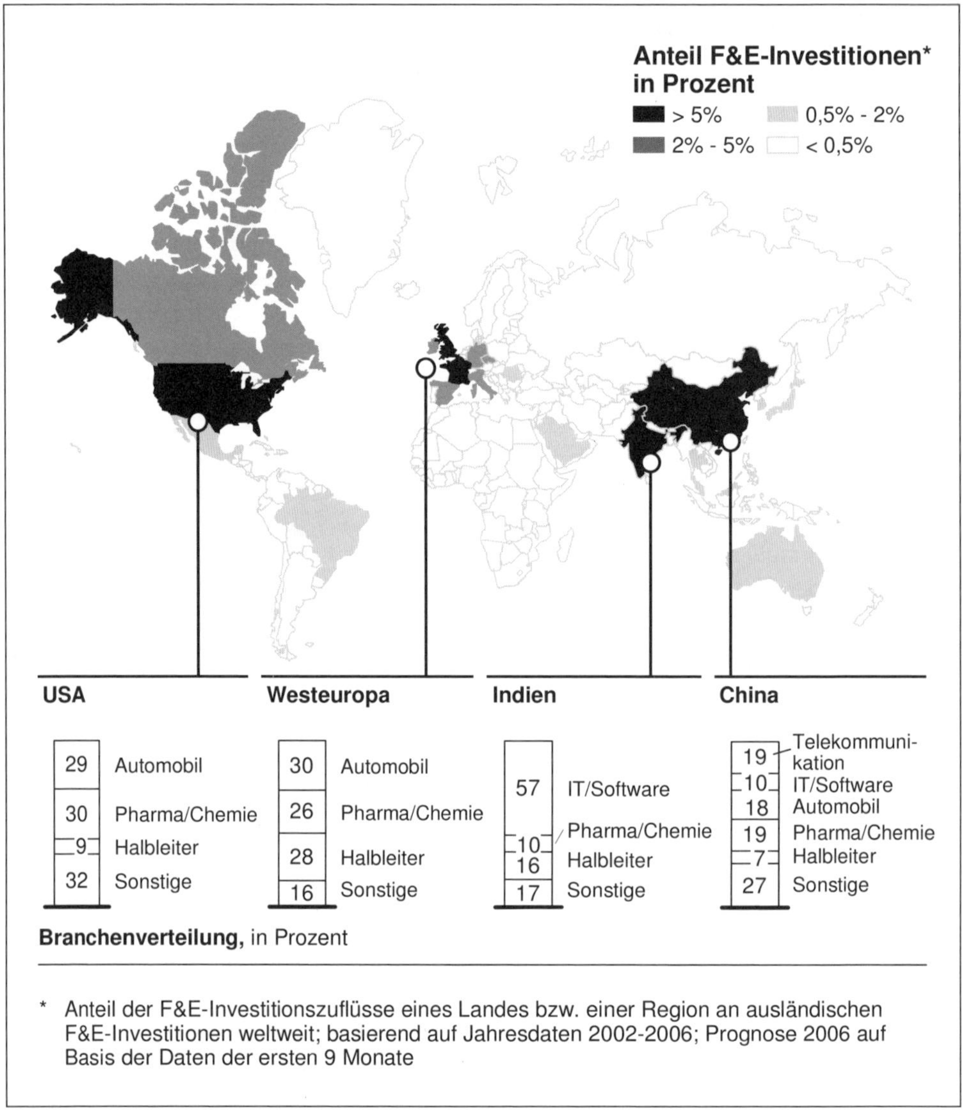

Abb. 1: Zufluss ausländischer F&E-Investitionen
Quelle: Locomonitor 2006, UNCTAD 2006, McKinsey.

Die Zahl der möglichen Allokationsoptionen und -muster wird dabei weiter zunehmen. Wieviel größer der Gestaltungsspielraum im Zuge der fortschreitenden Globalisierung bereits geworden ist, lässt sich am Beispiel der Produktion illustrieren: Bis in die 1980er Jahre gab es im Wesentlichen drei Grundtypen globaler Produktion: (1) die Weltfabrik (ein Standort produziert für den gesamten Weltmarkt), (2) die lokale Produktion für den lokalen Markt und (3) einfachere Kettenbeziehungen (jeder Fertigungsschritt ist an einem Standort konzentriert). Heute sind zwei weitere Typen hinzugekommen: (4) Hub&Spoke-Systeme (ausgewählte Fertigungsschritte sind an einem oder an wenigen Standorten konzentriert, alle anderen Fertigungsschritte sind an einer Vielzahl marktnaher Standorte angesiedelt) und (5) Netzstrukturen, bei denen Produktionsstandorte trotz weltweiter Verteilung dennoch eng miteinander verflochten sind (Meyer/Jacob 2006, S. 169 ff.). Diese Idealtypen beschränken sich nicht notwendigerweise auf physische Produktionsschritte, sondern lassen sich analog auf Wissensleistungen bzw. -funktionen wie Entwicklungs- und Serviceeinheiten übertragen. Einen Überblick über die fünf Typen globaler Produktion bietet Abbildung 2.

Prinzip		**Charakteristika**
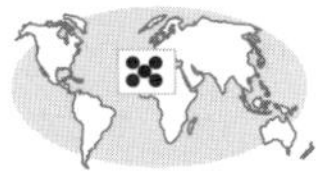	**Welt-fabrik**	• Skalen- und Verbundeffekte • Know-how-intensive Produktion/Produkte • Hohe Wertdichte • Konzentration der Supply Chain
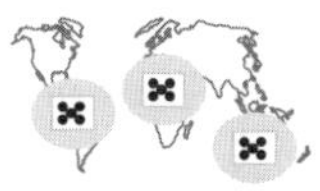	**Lokal**	• Ausgeprägte Marktnähe • Kurze Lieferzeiten • Begrenzte Skaleneffekte • Geringe Wertdichte
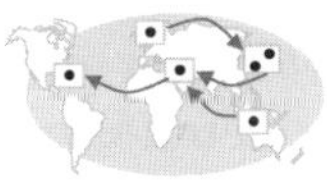	**Kette**	• Heterogene Kostenstrukturen und Prozesskomplexitäten entlang der Wertkette • Prozesstechnologie als Treiber • Hohe Wertdichte
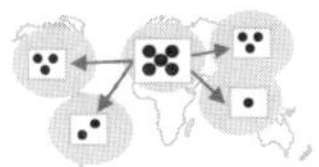	**Hub and Spoke**	• Skaleneffekte bei Komponentenfertigung • Produkte in hoher Variantenzahl
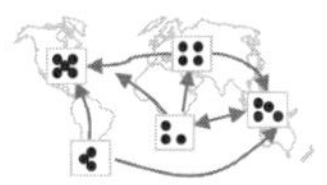	**Netz**	• Flexible Auslastung von Kapazitäten • Nutzung lokaler Kompetenzen • Rechtlich eigenständige Einheiten

Abb. 2: Allokationsmuster der Wertschöpfung am Beispiel Produktion

4 Integration

Entscheidungskomplexität und -dynamik im Unternehmen nehmen mit der Zahl der bearbeiteten Märkte und der globalen Streuung der Wertschöpfung zu. Benötigt werden leistungsfähige Organisationsmodelle, die eine effiziente Integration und Koordination der weltweit verteilten Unternehmensaktivitäten sicherstellen. Aus Managementsicht gewinnen in diesem Zusammenhang v. a. folgende fünf Fragestellungen an Bedeutung:

- Welche organisatorischen Leitprinzipien kommen für internationale Unternehmen in Frage?
- Welche Funktionen sind als globaler „Backbone" erforderlich?
- Wie lassen sich ein überregionaler Aufbau und Austausch von Wissen fördern?
- Wie kann eine leistungsfähige Unternehmenskultur geschaffen werden?
- Wie lassen sich international leistungsfähige Mitarbeiter entwickeln und langfristig an das Unternehmen binden?

4.1 Organisatorische Leitprinzipien für globale Unternehmen

Internationales Wachstum geht regelmäßig einher mit Akquisitionen oder Joint Ventures, einem breiteren Produkt- bzw. Kundenspektrum und der skizzierten breiten Wertschöpfungsverteilung. In diesem Zusammenhang sind Managementteams regelmäßig bemüht, „optimale" Entscheidungen zu treffen, die möglichst alle Aspekte berücksichtigen. Häufig führt dieses Streben nach Perfektion jedoch zur schleichenden Ausbildung komplexer, mehrschichtiger Matrixstrukturen und Entscheidungsüberlappungen. Dabei verwischen letztlich Kompetenzen und Verantwortlichkeiten. Entscheidungen werden – statt qualitativ wirklich besser – häufig v. a. langsamer und erfahrungsgemäß auch risikoaverser getroffen. Hinzu kommen die Kosten, die durch Bindung von Managern und Fachkräften in umfangreichen Abstimmungsrunden anfallen. Es stimmt nachdenklich, wenn im McKinsey Global Survey of Business Executives 2005 rund 40 % der befragten Führungskräfte angeben, einen halben bis einen Tag je Woche mit nicht-wertstiftender Kommunikation zu verbringen – bei weiteren 20 % ist es sogar mehr als ein Tag (Bryan/Zanini 2005).

Vor diesem Hintergrund stellt sich die Frage, ob es nicht oftmals eine robustere Lösung wäre, bewusst auf das Ideal eines über (gleichberechtigte) Matrixstrukturen bis ins Einzelne perfekt abgestimmten Unternehmens zu verzichten und stattdessen wieder klare organisatorische Leitstrukturen zu betonen (Abbildung 3). Solche Leitstrukturen orientieren sich an den klassischen Organisationsachsen – Produkte, Regionen, Kunden und Funktionen – und legen fest, welche Perspektiven im Unternehmen dominieren und welche Bereiche letztlich die Entscheidungsverantwortung tragen (Bryan/Joyce 2005, zu organisatorischen Segmentierungskriterien ausführlich Frese 2005, S. 201 ff.).

Leitdimensionen	Vorteile	Nachteile	Bevorzugte Variante, wenn ...
Region	• hohe Anpassungsfähigkeit an lokale Marktgegebenheiten • einfache, überschaubare Strukturen mit direkter Marktverantwortung • „natürliche“ Karrierepfade	• funktionale Fragmentierung (z. B. von F&E) • Förderung eigenständiger „Imperien“ im Unternehmen • Verstärkung des „Not invented here“-Syndroms • suboptimale Nutzung strategischer Ressourcen	• ein Eintritt in fremde Märkte ansteht • schnelle Reaktionsfähigkeit entscheidend ist • Kunden und Wettbewerber lokal geprägt sind • das Produktportfolio heterogen und komplex ist
Produkt	• Förderung nicht inkrementeller Produktinnovationen • schneller (überregionaler) Produkt-Rollout • klare Ergebnisverantwortung • Nutzung von Skaleneffekten	• Distanz zu lokalen Märkten • unzureichende Nutzung kurzfristiger Marktchancen • horizontale Synergien schwerer erschließbar	• Skalen- und Verbundeffekte über geographische Grenzen hinausgehen • Innovationen kritisch und Lebenszyklen kurz sind • Kunden und Wettbewerber international geprägt sind • produktübergreifende Geschäfte keine zentrale Bedeutung haben
Funktion	• Fokussierung auf kritische Fähigkeiten (z. B. F&E, Marketing) • Nutzung produktübergreifender Synergie- und Skaleneffekte	• Aufbau funktionaler „Silos“ • Distanz zwischen Produktentwicklung und Kunden • begrenzte Anpassungsfähigkeit an lokale Märkte • horizontale Synergien schwer erschließbar	• Produkte relativ ähnlich sind bzw. nicht wesentlich an lokale Märkte angepasst werden müssen • funktionale Spezialisierung wettbewerbsentscheidend ist • lokale operative Anforderungen sich kaum voneinander unterscheiden

Abb. 3: Organisatorische Leitdimensionen

Von einer Ausrichtung am Regionalprinzip können gerade Unternehmen profitieren, die in mehreren Regionen mit eigenen Nachfragemustern tätig sind und deren Markterfolg von einer hohen (lokalen) Reaktionsfähigkeit abhängt. Wie keine zweite Organisationsform ermöglicht die Regionalorganisation die Schaffung robuster lokaler Einheiten mit voller Ergebnisverantwortung und breiten Entscheidungskompetenzen „vor Ort“. Sie fördert damit marktorientiertes Unternehmertum, insbesondere wenn die Regionaleinheiten auch direkten Zugriff auf Produktions- und Entwicklungskapazitäten haben.

Selbst für Unternehmen, die auf Markenebene traditionell eher zu funktionalen Strukturen neigen, kann sich eine ausgeprägtere Regionalisierung lohnen. Dazu gehören beispielsweise europäische, in sogenannten Premium- und Value-Segmenten tätige Automobilhersteller, die den chinesischen Markt breit bearbeiten wollen. Sie stehen vor der Herausforderung, lokale Produktionsstätten, marktspezifische Entwicklungsleistungen bzw. -zentren sowie einen kompletten lokalen Vertriebs- und Marketingapparat integrieren zu müssen. Ein großer Teil der Aktivitäten wird zudem über Joint Ventures mit chinesischen Partnern und ihrer besonderen Mentalität abgewickelt. Die Fähigkeit zur lokalen Integration und schnellen Reaktion gewinnt dabei eine überragende Bedeutung. Insofern scheint hier die Stärkung der Leitdimension „Region“ mit ausgeprägter lokaler Verantwortlichkeit zumindest erwägenswert. Voraussetzung ist allerdings, dass es gelingt, die im Stammhaus verbleibenden Verantwortlichkeiten (z. B. Definition übergreifender Markenelemente, Entwicklung technischer Kernkomponenten) klar über sauber definierte Schnittstellen von den lokalen Zuständigkeiten abzugrenzen.

4.2 Globale „Backbone“-Funktionen

Insbesondere bei regional- und produktorientierten Leitstrukturen stellt sich für international operierende Unternehmen die Frage: Welche Funktionen und Aufgaben sind weltweit zu bündeln, mit breiten Kompetenzen auszustatten und sollten demgemäß als „Global Backbone“ fungieren?

Für bestimmte Managementunterstützungsfunktionen lässt sich diese Frage relativ eindeutig beantworten. So spricht einiges dafür, den Kern des Finanzbereichs und typische „Schutzfunktionen“ wie etwa Risikomanagement und Compliance grundsätzlich global zu führen. Bei den Linienfunktionen kann es hingegen keine pauschalen, sondern nur branchen- und unternehmensspezifische Antworten geben. Eine organisatorische Verankerung als „Global Backbone“ bietet sich v. a. bei eher marktfernen Funktionen an, die sowohl überragende strategische Bedeutung haben, als auch mit ausgeprägten Skaleneffekten oder Know-how-Effekten einhergehen. So betreiben beispielsweise Pharmaunternehmen zwar in aller Regel weltweit gestreute Entwicklungszentren mit unterschiedlichen inhaltlichen bzw. therapeutischen Schwerpunkten, die durchaus eine gewisse lokale Autonomie besitzen, sie führen diese Zentren aber regelmäßig im Rahmen einer global verantwortlichen F&E-Einheit.

Im Sinne klarer Organisationsstrukturen gilt es, solche „echten“ globalen „Backbones“ von sekundären oder nur scheinbar globalen Funktionen zu unterscheiden. Bei sekundären globalen Funktionen lässt sich typischerweise zwar eine gewisse weltweite Verantwortung begründen, z. B. um moderate Skaleneffekte zu nutzen oder unternehmensweite Standards setzen zu können (z. B. Marketing, Einkauf, Human Resources oder Stabsaufgaben). Schnell neigen solche Funktionen jedoch dazu, nach globaler „Selbstverwirklichung“ zu streben und in einer Matrixrolle auf das Tagesgeschäft der Linieneinheiten Einfluss zu nehmen – ohne jedoch einen entsprechenden Mehrwert zu liefern. Solchen Tendenzen können Unternehmen entgegenwirken, indem sie die Personalausstattung dieser Einheiten beschränken sowie deren Aufgaben eindeutig definieren und kommunizieren – einschließlich der expliziten Klärung, was nicht in ihren Kompetenzbereich fällt.

4.3 Überregionales Wissensmanagement

Die skizzierte weltweite Streuung von wissensintensiven Funktionen stellt Unternehmen vor neue Herausforderungen bei der Entwicklung und Nutzung von Wissen und damit letztlich bei der Sicherstellung ihrer Innovationsfähigkeit. Dabei besteht eine besondere Schwierigkeit darin, sowohl implizites, d. h. nicht-kodifiziertes Wissen („tacit knowledge“) von Individuen bzw. Gruppen breit zu erschließen, als auch Know-how zugänglich zu machen, das innerhalb von Gruppen mit eigener Wahrnehmungs- und Kommunikationskultur entsteht (Galunic/Rodan 1998).

Dem Aufbau überregionaler Wissensplattformen durch (interne) Märkte und formalisierte Netzwerke außerhalb der Linienorganisation kommt hier eine besondere Bedeutung zu. Der Schlüssel zur Bildung von funktionierenden Wissensmärkten liegt v. a. in der Fähigkeit und Disziplin, entstehendes Know-how möglichst konkret zu kodifizieren (und dies systematisch zu belohnen) sowie gleichzeitig eine entsprechende interne Nachfrage zu generieren. Wissensnetzwerke sind (interne) Interessengruppen, die themenorientiert und in der Regel formalisiert sind. Faktisch können sie einen Teil der klassischen Matrixfunktion bei der Überbrückung von Bereichsgrenzen übernehmen, ohne eine ähnlich hohe „Trägheitswirkung“ auf die Linienorganisation auszuüben (Bryan/Joyce 2005).

Neue Möglichkeiten nicht nur für den internen Wissenstransfer, sondern auch für den immer wichtiger werdenden Austausch mit externen Know-how-Partnern eröffnen technologische Entwicklungen rund um das sogenannte „Web 2.0“. „Peer-to-Peer-Networking“, „Wikis“, „Blogs“, „Instant Messaging“, „Online Social Networks“ u. Ä. verändern sowohl die Art der Zusammenarbeit im Unternehmen selbst als auch diejenige mit Kunden, Lieferanten und Wissensträgern in Forschungs- und Bildungseinrichtungen. Eine weltweite McKinsey-Umfrage ergab, dass bereits drei Viertel der Unternehmen solche Technologien einsetzen bzw. dies konkret planen (McKinsey & Company 2007). Damit solche und andere Open-Architecture-Ansätze nicht zum Bumerang werden, muss allerdings sichergestellt sein, dass das proprietäre Know-how des Unternehmens hinreichend geschützt bleibt und beispielsweise IT-Schnittstellen und Zugangsrechte sorgfältig definiert sind.

4.4 Management der Unternehmenskultur

Internationale Unternehmen zeichnen sich durch demographische und landeskulturelle Vielfalt aus. Aufgabe des Managements ist es, Mitarbeiter mit unterschiedlichsten Erfahrungen und Hintergründen zu einem kohärenten Ganzen zusammenzuführen und zum Erreichen gemeinsamer Ziele zu motivieren. Der Unternehmenskultur fällt dabei eine entscheidende Rolle zu: Sie bildet ein wichtiges Referenz- und Orientierungssystem und wirkt gleichsam als Klammer, indem sie Verhaltensspielräume absteckt, gemeinsame Interpretations- und Entscheidungsmuster vorgibt und Denkweisen harmonisiert.

Unternehmenskulturen äußern ihren systemprägenden Einfluss v. a. im Kommunikationssystem im weiteren Sinne – beispielsweise in sprachlichen Konventionen, kommunikativen Verhaltensweisen und kollegialen Beziehungen, in der Verteilung von Macht und Autorität, in den Kriterien des Anreizeinsatzes sowie in der nur bedingt fassbaren „Basisphilosophie“ des Unternehmens, die sich mittelbar in unternehmensspezifischen Geschichten, Mythen und Ritualen niederschlägt (vgl. zu Unternehmenskulturen ausführlich Schein 2004).

Wie kann nun eine leistungsfähige Unternehmenskultur aussehen? Auch hier gilt, dass es keine allgemein gültigen Lösungen gibt. Einige internationale Unternehmen wie etwa McDonald's oder auch international tätige Professional-Service-Firmen operieren mit einer ausgeprägt monozentrischen Kultur. Dabei ist anzumerken, dass erfolgreiche monozentrische Kulturen nicht notwendigerweise aus einer einfachen Eins-zu-eins-Übertragung des – meist regional geprägten – Selbstverständnisses des Stammhauses auf das Gesamtunternehmen hervorgehen. Alternativ dazu entwickeln viele Unternehmen polyzentrische Kulturen mit spürbaren lokalen Unterschieden. Polyzentrische Unternehmenskulturen können v. a. in Märkten mit ausgeprägter regionaler Dynamik vorteilhaft sein sowie in Umfeldern, in denen Kunden und Mitarbeiter nach individuellen Lösungen verlangen.

Unabhängig von ihrer Ausprägung stellt die Unternehmenskultur einen „weichen“ Faktor dar, der sich nicht ohne Weiteres erfassen und schon gar nicht kurzfristig steuern lässt. Dies mag dazu beitragen, dass sich Manager eher selten mit ihrer aktiven Gestaltung befassen und sich diesbezüglich auch nicht immer untereinander abstimmen. Dabei hat gerade das Top Management einen entscheidenden Einfluss auf die Unternehmenskultur. Primäre Mechanismen zu ihrer Beeinflussung sind v. a. die Auswahl und Betonung der Vorgänge, denen sich die Unternehmensleitung besonders widmet, die Art und Weise, wie sie in kritischen Situationen reagiert, sowie die Prinzipien bei der Mitarbeiterauswahl und die Gestaltung des Anreizsystems. Diese Vorbild- bzw. Leitfunktion des Managements hat eine ungleich größere prägende Kraft als etwa eine routinebehaftete Kommunikation formalisierter Unternehmenswerte und -missionen – insbesondere bei international stark expandierenden Unternehmen, die zahlreiche neue lokale Mitarbeiter integrieren müssen. Gerade diese Neulinge nehmen naturgemäß sehr bewusst das Verhalten der Führungskräfte wahr. Vor dem Hintergrund der Internationalisierung ist es deshalb entscheidend, dass die verantwortlichen Führungskräfte konsistente Signale senden und gemeinsame Werte vermitteln (die naturgemäß nicht im klaren Widerspruch zur jeweiligen Landeskultur stehen sollten).

4.5 Internationale Mitarbeiterentwicklung

Dass die Leistungsfähigkeit global operierender Unternehmen – neben geeigneten formalen Organisationsstrukturen und einer soliden kulturellen Basis – auch von der Verfügbarkeit international kooperationsfähiger Manager und Fachkräfte abhängt, ist keine neue Erkenntnis. Und doch besteht in diesem Punkt zumindest in vielen deutschen Unternehmen noch Nachholbedarf. Das gilt v. a. für die Ebenen unterhalb des Top Managements. Nach wie vor besteht dort ein Mangel an interkulturell trainierten Führungs- und Fachkräften, die Verständnis für die besondere Mentalität von Kunden, Geschäftspartnern und Mitarbeitern aufbringen, gerade in Ländern wie China, Indien und Russland.

So müssen sich viele Unternehmen fragen, ob ihre Mitarbeiterentwicklungsprogramme mit der Globalisierung Schritt gehalten haben. Der herkömmliche Ansatz, ausgewählte Manager des Stammhauses für eine begrenzte Zeit in traditionelle Kundenmärkte zu entsenden, reicht nicht mehr aus. Er ist in zweifacher Hinsicht zu erweitern: Zum einen sind die geographischen Entwicklungspfade anzupassen, wiederholte Auslandsaufenthalte – auch in Asien und Osteuropa – sowie die Mitarbeit in globalen Projektteams sollten in den Entwicklungsprogrammen für Führungskräfte fest verankert sein. Zum anderen müssen aber auch gezielt attraktive internationale Entwicklungsmöglichkeiten für Nachwuchskräfte aus den jeweiligen lokalen Märkten geschaffen werden.

Eine neue Herausforderung besteht darin, lokale Talente und Leistungsträger langfristig an das Unternehmen zu binden (Bästlein et al. 2006). In Ländern wie China und Russland ist die Wechselbereitschaft von Fach- und Führungskräften relativ groß. Insofern besteht eine zentrale Aufgabe des Managements darin, wirksame Mitarbeiterbindungsprogramme zu entwickeln, die auch die eher kurz- bzw. mittelfristige Orientierung anderer Arbeitskulturen berücksichtigt. Unternehmen wie ZF Sachs bieten ihren Beschäftigten ein breites Spektrum interner Fortbildungs- und Karrieremöglichkeiten – meist gekoppelt an entsprechende Anreizsysteme, die Loyalität auf vielfältige Weise belohnen. Üblich sind heute Arbeitsverträge mit langfristig gestaffelten Gehaltssteigerungen und leistungsabhängigen Bonuszahlungen, die erst nach zwei bis drei Jahren Firmenzugehörigkeit fällig werden. Oder Unternehmen arbeiten – wie dies etwa die Freudenberg-Gruppe macht – bei der Rekrutierung eng mit chinesischen Universitäten und Bildungsinstituten zusammen. Stipendien, Praktika sowie Lehr- und Ausbildungsangebote ausländischer Unternehmen sind bei jungen Chinesen äußerst begehrt.

Ein weiteres wichtiges Thema ist die Besetzung von Fach- und Führungspositionen: Wie gelingt es einem weltweit verteilt arbeitenden Unternehmen, für seine Führungskräfte die jeweils besten Einsatzmöglichkeiten zu finden? Eine Option, die sich z. B. bei American Express oder IBM bewährt hat und inzwischen in zahlreichen weiteren Unternehmen genutzt wird, ist die Etablierung eines leistungsfähigen internen Talentmarktes. Offene (Führungs-)Positionen werden im unternehmensweiten Intranet ausgeschrieben. Dieser Stellenmarkt ist für alle zugänglich, Interessenten können sich online bewerben oder zunächst weitere Informationen einholen. Die Vorteile liegen auf der Hand: mehr Transparenz, größere Objektivität und Zugriff auf einen globalen Talentpool. Eine besondere Herausforderung besteht dabei darin, auch „horizontale" Veränderungen für Mitarbeiter zu managen, die nicht notwendigerweise mit einer klassischen Beförderung einhergehen.

5 Die Rolle des Internationalen Managements

Die fortschreitende internationale Verflechtung der Wirtschaft erweitert den Gestaltungsspielraum für wachstumsorientierte Unternehmen, gleichzeitig erfordert sie Antworten auf sich neu stellende strategische und organisatorische Fragen. Die in den vorangegangenen Abschnitten skizzierte praxisorientierte Perspektive zur globalen Konfiguration von Unternehmen lässt sich abschließend zum Anlass nehmen für einige übergeordnete Reflexionen zum Stellenwert und zur Rolle der betriebswirtschaftlichen Fachdisziplin IM.

Schon die Problematik der globalen Konfiguration, die ja nur einen Teilbereich des IM ausmacht, zeigt, mit welcher thematischen Vielfalt und Komplexität sich das Fach auseinandersetzt. Dabei greift es nicht nur als Querschnittsfunktion auf Elemente klassischer betriebswirtschaftlicher Funktionslehren wie Organisation, Produktion, Logistik, Marketing und Personalwirtschaft zurück. Vielmehr liefert das IM, ausgehend von seiner breiten funktionalen Basis, einen eigenständigen fachlich-wissenschaftlichen Mehrwert. Es wirft nämlich Fragestellungen auf und regt dabei zum Entwickeln von übergreifenden Konzepten an, die sich aus isolierten betriebswirtschaftlichen Funktionslehren oder einfachen „Querschnittsverknüpfungen" von Einzelfunktionen heraus nur schwer erarbeiten lassen. Insofern hat das Fach einen eigenständigen Charakter und wird auch weiter an Bedeutung gewinnen – daran kann angesichts der voranschreitenden Internationalisierung der Unternehmen und des damit einhergehenden Bedarfs an anwendungsorientierten betriebswirtschaftlichen Ansätzen kein Zweifel bestehen.

Eine enge Zusammenarbeit von Wissenschaftlern mit Entscheidungsträgern in Unternehmen hilft dabei, die Aktualität und Relevanz der wissenschaftlichen Arbeiten auch für die Praxis sicherzustellen. Dies bedeutet nicht, dass sich die Forschung zum IM ausschließlich an praktischen Bedürfnissen zu orientieren oder dass sie Blaupausen zur Lösung unternehmerischer Herausforderungen im Sinne einer impliziten Auftragsforschung zu liefern hätte. Um den Anspruch einer anwendungsorientierten Wissenschaft zu erfüllen, sollte jedoch grundsätzlich ein Kriterium – gleichsam als Lackmustest – erfüllt sein: Die Ergebnisse wissenschaftlicher Arbeiten sollten thematisch interessierte Manager zum Nachdenken bzw. zur Diskussion anregen. Gelingt dies nicht, ist der Anwendungsbezug kritisch zu hinterfragen.

Die zunehmende Bedeutung des Faches IM lässt sich über die Forschung hinaus auch im Bereich der Lehre postulieren. Mit Blick auf die fortgeschrittene Spezialisierung in den klassischen betriebswirtschaftlichen Funktionslehren kann es gerade aufgrund seiner Querschnittskomponente als Plattform für eine breite Ausbildung dienen – ganz im Sinne eines echten „General Management"-Curriculums. Gleichzeitig bereitet das Fach Studenten in besonderer Weise auf die im Management typischen funktionsübergreifenden Entscheidungssituationen vor. Es ist dabei das betriebswirtschaftliche Lehrfach, das bei praktisch allen Teilthemen a priori eine internationale Perspektive einnimmt und somit den Alltag der meisten mittleren Unternehmen und faktisch aller Großunternehmen abbildet. Um dabei seinen besonderen Nutzen für die Ausbildung voll entfalten zu können, sollte das Fach aus Sicht der Praxis seine Grundlehrveranstaltungen eher breiter als enger konzipieren und durch Fallstudienübungen ergänzen. Dies nimmt auch explizit die Unternehmenspraktiker in die Pflicht, die Entwicklung und Durchführung anspruchsvoller Fallstudien mit eigenem Zeitaufwand zu unterstützen.

Gerade bei einem breiteren Lehransatz ist jedoch auf eine gute Abstimmung der Lehrinhalte des IM mit denen der klassischen betriebswirtschaftlichen Funktionslehren zu achten. Andernfalls entstehen schnell inhaltliche Redundanzen. Die derzeit an vielen Fakultäten vorgenommenen Anpassungen der Lehrpläne – nicht zuletzt im Rahmen der Umstellung von Diplom- auf Bachelor- und Master-Studiengänge – lassen sich nutzen, abgestimmte und integrierte Curricula zu verankern.

Literatur

Bank for International Settlements (2007): BIS Quarterly Review. Bloomsbury Business Library – Business & Management Dictionary, 2007.

Bästlein, S./Weyrather, F./Rehbach, S./Blaeser, T. (2006): War for Talent in Fernost. In: Personalmagazin, o. Jg., Nr. 9, 2006, S. 36-40.

Bryan, L./Joyce, C. (2005): The 21st-century Organization. In: The McKinsey Quarterly, o. Jg., Nr. 3, 2005, S. 24-33.

Bryan, L./Zanini, M. (2005): Strategy in an Era of Global Giants. In: The McKinsey Quarterly, o. Jg., Nr. 4, 2005, S. 46-59.

Drucker, P. (1999): Knowledge-worker Productivity: The Biggest Challenge. In: California Management Review, 41. Jg., Nr. 2, 1999, S. 79-94.

Farrell, D./Gersch, U./Stephenson, E. (2006): The Value of China's Emerging Middle Class. In: The McKinsey Quarterly, o. Jg., Special Issue, 2006, S. 60-69.

Frese, E. (2005): Grundlagen der Organisation – Entscheidungsorientiertes Konzept der Organisationsgestaltung. 9. Aufl., Gabler, Wiesbaden, 2005.

Galunic, D./Rodan, S. (1998): Resource Recombinations in the Firm: Knowledge Structures and the Potential for Schumpeterian Innovation. In: Strategic Management Journal, 19. Jg., Nr. 12, 1998, S. 1193-1201.

Global Insight (2007): World Market Monitor Datenbank. Boston, 2007.

Kutschker, M. (2002): Internationalisierung der Unternehmensentwicklung. In: Macharzina, K./Oesterle, M.-J. (2002, Hrsg.): Handbuch Internationales Management. 2. Aufl., Gabler, Wiesbaden, 2002, S. 45-68.

Kutschker, M./Schmid, S. (2006): Internationales Management. 5. Aufl., Oldenbourg, München, Wien, 2006.

Lehnen, M. (2002): Wettbewerbsstrategie und regionale Reichweite. Deutscher Universitäts-Verlag, Wiesbaden, 2002.

McKinsey & Company (2007): How Businesses Are Using Web 2.0: A McKinsey Global Survey. Internetseiten von: The McKinsey Quarterly, 2007. URL: http://www.mckinseyquarterly.com/article_abstract.aspx?ar=1913&L2=16&L3=16&srid=246/ (Stand 03.04.2007).

McKinsey Global Institute (2005): The Emerging Global Labor Market: Part II – The Supply of Offshore Talent in Services. McKinsey Global Institute, San Francisco/CA, 2005.

Meyer, T./Jacob, F. (2006): Gestaltung globaler Produktionsnetzwerke. In: Abele, E./Kluge, J./Näher, U. (2006, Hrsg.): Handbuch globale Produktion. Hanser Verlag, München, 2006.

o. V. (2007a): Volkswagen schafft in China die Wende. Internetseiten von Financial Times Deutschland, 2007. URL: http://www.ftd.de/unternehmen/autoindustrie/148678.html/ (Stand 10.04.2007).

o. V. (2007b): Der dritte Kapitalmarkt. In: Frankfurter Allgemeine Zeitung, 24.01.2007, S. 16.

Schein, E. (2004): Organizational Culture and Leadership. 3. Aufl., John Wiley, San Francisco/CA, 2004.

The US-China Business Council (2007): Foreign Investment in China. Internetseiten der US-China Business Council, 2007. URL: http://www.uschina.org/info/forecast/2007/foreign-investment.html/ (Stand 17.07.2007).

Manfred Perlitz/Randolf Schrank/Jonathan Amitai*

Internationales Management in Unternehmensberatungen

---

* Prof. Dr. Manfred Perlitz ist Inhaber des Lehrstuhls für Allgemeine Betriebswirtschaftslehre und Internationales Management an der Universität Mannheim. Dr. Randolf Schrank ist Geschäftsführer der Perlitz Strategy Group und ist dort insbesondere für die Bereiche Strategie, Human Resources, Organisation und Marketing zuständig. Dipl.-Kfm. Jonathan Amitai arbeitet im M&A Advisory Bereich der J.P. Morgan Securities in Frankfurt a. M.

1 Internationalisierung im Consulting-Bereich

Die ersten Schritte zur Internationalisierung ihrer Geschäftstätigkeit haben Unternehmensberatungen bereits vor mehreren Jahrzehnten durchgeführt und sind heute folglich schon in zahlreichen Ländern der Welt vertreten (Kubr 2002, S. 636). McKinsey & Company wagte beispielsweise schon 1959 den ersten Schritt über den Atlantik mit der Eröffnung ihres Londoner Außenbüros. Derzeitig ist McKinsey mit 85 Büros in 44 Ländern vertreten. Auch die Boston Consulting Group (BCG) hat eine vergleichbare Entwicklung durchgemacht und führt heute 61 Büros in 36 Ländern. Die Liste könnte in dieser Form endlos weitergeführt werden: Accenture ist in 49 Ländern, Bain & Company in 21 Ländern und Oliver Wyman ist in 16 Ländern vertreten. Noch heute werden weitere internationale Büros von Consulting-Firmen eröffnet, wie etwa das im Jahre 2002 eingerichtete BCG-Büro in Barcelona oder das im darauffolgenden Jahr ebenfalls von BCG eröffnete Büro in Taipei (Taiwan) zeigen. Die fortschreitende Internationalisierung der Beratungsunternehmen scheint also weiterhin eine der Triebfedern des starken Wachstums der Beratungsindustrie zu sein und stellt somit noch immer ein aktuelles Thema dar (Glückler 2001, S. 1, Barchewitz/Armbrüster 2004, S. 18 f.).

Doch was bewegt Unternehmensberatungen dazu, ihre Geschäftstätigkeiten auf das Ausland auszuweiten? Und auf welchem Wege können Consulting-Firmen dieses Vorhaben konkret umsetzen? Im Folgenden werden diese Fragen aufgegriffen und sowohl aus theoretischer wie auch aus empirischer Sicht behandelt. Hierzu wird das Thema zunächst eingeordnet und der Markt für Unternehmensberatung kurz skizziert, bevor der aktuelle Stand der Forschung bezüglich der Internationalisierung von Unternehmensberatungen präsentiert wird. Abschließend wird eine eigens durchgeführte aktuelle empirische Studie zu diesem Thema dargestellt.

2 Unternehmensberatung – Eine Übersicht

2.1 Unternehmensberatung als interaktive Dienstleistung

Unternehmensberatungen werden grundsätzlich als Dienstleistungsunternehmen und deren Leistungen folglich als Dienstleistungen verstanden. In der wissenschaftlichen Literatur besteht allerdings kein einheitliches Begriffsverständnis von Dienstleistungen. Neben enumerativen Definitionen (Graf 2005, S. 42 f.) und Negativdefinitionen (Rasmussen 1977, S. 46 f.) gibt es zudem Dienstleistungsdefinitionen, die anhand konstitutiver Merkmale bestimmt werden. Aus letzterem Zugang lassen sich zusammenfassend drei konstitutive Charakteristika ableiten, die für alle Dienstleistungen gelten: die Immaterialität, die Integration eines „externen

Faktors“ sowie die unmittelbare Interaktion zwischen Dienstleistungsanbieter und -nachfrager bei der Leistungserstellung (Perlitz 2004, S. 321 ff.). Die dadurch definierten Dienstleistungen umfassen folglich ein sehr großes Leistungsspektrum. Um letzten Endes die Leistungen von Unternehmensberatungen in den Dienstleistungssektor einzuordnen und diese von anderen Leistungen abzugrenzen, muss eine systematische Unterteilung des Dienstleistungssektors anhand der Interaktion zwischen Anbieter und Nachfrager vorgenommen werden. Dafür wird eine Klassifikationsmatrix aufgespannt, welche die beiden Dimensionen „Grad der Interaktion zwischen Anbieter und Nachfrager“ und „relative Beteiligung von Sachgütern am Leistungserstellungsprozess“ umfasst. Ein Großteil der einzelnen Dienstleistungen bzw. Dienstleistungsgruppen kann dann entsprechend ihrer Ausprägungen den einzelnen Dimensionen zugeordnet und somit in die Matrix eingeordnet werden (vgl. Abbildung 1).

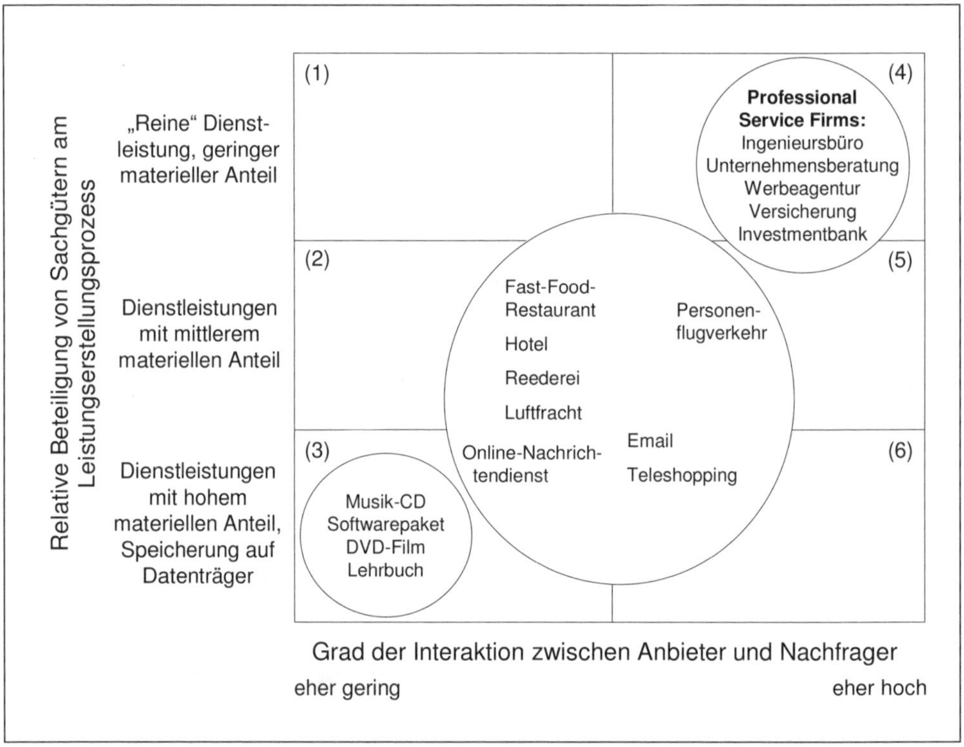

Abb. 1: Clustering von Dienstleistungen anhand der Interaktion zwischen Anbieter und Nachfrager
Quelle: in Anlehnung an Vandermerwe/Chadwick (1989), S. 84.

Dienstleistungen, die in den ersten Sektor fallen, zeichnen sich durch keinen bzw. einen sehr geringen materiellen Anteil am Dienstleistungsprozess aus. Die Interaktion zwischen Anbieter und Nachfrager der Dienstleistung ist lediglich schwach ausgeprägt, als Beispiel hierfür lässt sich die Lieferung der Post durch den Postboten anführen. Im zweiten Sektor finden sich ebenfalls Dienstleistungen, die eine relativ geringe Interaktion der Transaktionspartner aufweisen. Allerdings nehmen Sachgüter einen wichtigeren Teil im Prozess der Leistungserstellung ein. Hotels, Luftfracht, Schifffahrten etc. können beispielsweise diesem Sektor zugeordnet werden. Die im dritten Sektor vertretenen Dienstleistungen sind solcher Natur, dass die Ergebnisse der Dienstleistungsproduktion auf Datenträgern gespeichert werden können. Es besteht also eine relativ hohe Beteiligung von Sachgütern am Leistungserstellungsprozess. Die Interaktion zwischen Anbieter und Nachfrager ist jedoch verhältnismäßig gering. Filme auf DVD, Computerprogramme auf CD-Rom etc. können als Beispiele für Dienstleistungen in diesem Sektor dienen.

Im vierten Sektor werden Dienstleistungen zusammengefasst, die durch hohe Interaktion zwischen Nachfrager und Anbieter gekennzeichnet sind, und bei denen zugleich die Beteiligung von Sachgütern am Prozess der Leistungserstellung lediglich eine untergeordnete Rolle darstellt. Hierunter fallen letztlich auch die Professional Service Firms (Maister 1982, S. 15, Løwendahl 1997, S. 20, Müller-Stewens/Drolshammer/Kriegmeier 1999, S. 23, Ringlstetter/Bürger/Kaiser 2004, S. 11), unter die auch die Unternehmensberatungen subsumiert werden. Dienstleistungen, die in den fünften Sektor eingeordnet werden können, zeichnen sich durch eine hohe Interaktion zwischen den Transaktionspartnern aus. Darüber hinaus sind Sachgüter zu einem größeren Teil am Prozess der Leistungserstellung beteiligt. Ein Beispiel für eine Dienstleistung dieses Sektors stellt der Personenflugverkehr dar. Im sechsten und letzten Sektor ist sowohl die Interaktion zwischen Nachfrager und Anbieter als auch der relative Anteil von Sachleistungen am Prozess der Dienstleistungserstellung verhältnismäßig hoch. Die relativ intensive Interaktion findet nicht direkt zwischen den beteiligten Personen statt, sondern wird über Telekommunikationsmedien oder Ähnliches vollzogen. Als Beispiel für eine Dienstleistung dieses Sektors lässt sich das Teleshopping nennen (Vandermerwe/Chadwick 1989, S. 81 ff.).

2.2 Der Markt für Unternehmensberatung

Die Unternehmensberatungsbranche stellt eine der weltweit am stärksten wachsenden Branchen dar. So hat sich der weltweite Umsatz im Zeitraum von 1996 bis 2002 verdoppelt, und es ist von einem weiterhin langfristigen Wachstum auszugehen (Kriegmeier 2003, S. 1, Glückler 2004, S. 17, Issa 2004, S. 9). Allein der europäische Management-Consulting-Markt zeigt eindrucksvoll, wie stark sich die Branche entwickelt hat, aber auch, dass sie ab dem Jahr 2001 durch den Zusammenbruch der New Economy und der damit einhergehenden Konjunkturflaute in ihrem Wachstum gebremst wurde (vgl. Abbildung 2 und Abbildung 3).

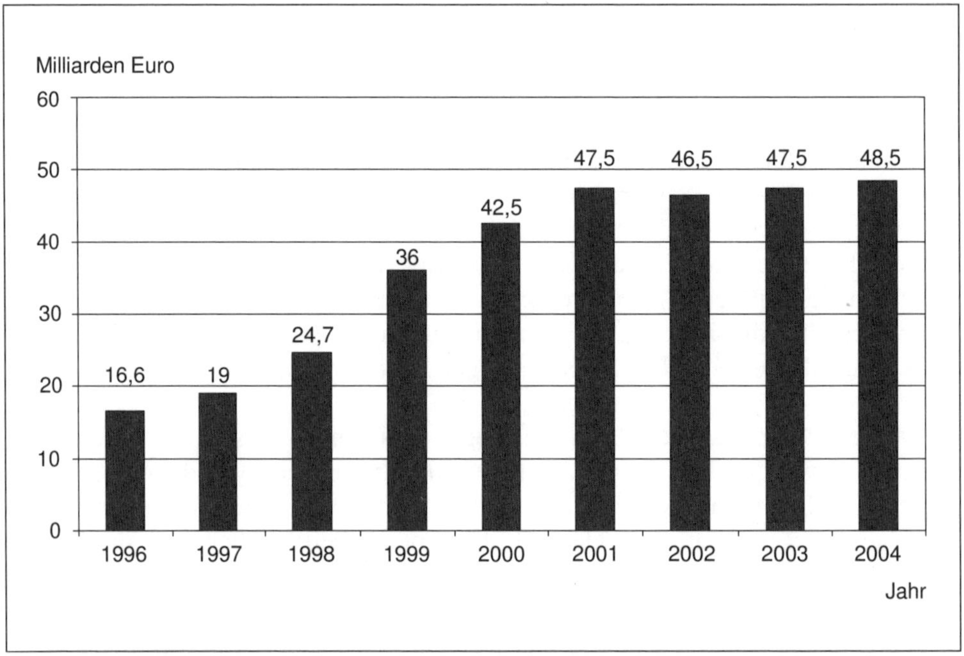

Abb. 2: Umsatzentwicklung des europäischen Management-Consulting-Marktes
Quelle: o. V. (2007).

Die zentralen Determinanten für das Wachstum der Beratungsbranche sind allerdings nach wie vor das Auftreten neuer Kunden in Form öffentlicher und mittelständischer Unternehmen, neuartige Problemstellungen aufgrund innovativer Managementkonzepte, Gesetzesänderungen, neue Technologien sowie die Internationalisierung der Geschäftstätigkeit von Unternehmensberatungen und die dadurch bewirkte Erschließung neuer Märkte (Barchewitz/Armbrüster 2004, S. 18 f.).

Insgesamt zeichnet sich der Markt für Unternehmensberatungen durch eine kaum zu überblickende Zahl an Anbietern von Beratungsleistungen aus (Jeschke 2004, S. 79). Nach Schätzungen des Bundes deutscher Unternehmensberater (BDU) agieren allein in Deutschland auf diesem Markt rund 14.000 Unternehmen. Neben dem attraktiven Marktumfeld sind für diese hohe Zahl vor allem die geringen finanziellen sowie formellen Markteintrittsbarrieren verantwortlich (Schade 1996, S. 4 f.). Es gilt jedoch, die Zahl der Beratungsunternehmen richtig einzuordnen. So erwirtschaften die am inländischen Umsatz gemessen 25 größten Beratungshäuser in Deutschland 31 % des Gesamtumsatzes von 9,9 Milliarden Euro für Unternehmensberatungen, die primär Themen der Bereiche Strategie, Organisation, Führung, Betriebswirtschaft, Logistik und Marketing bearbeiten (o. V. 2006a). Erweitert man den betrachteten Kreis der Beratungsunternehmen auf die 40 größten Firmen, erkennt man, dass diese für annähernd 50 % des Umsatzes der gesamten Branche verantwortlich sind. Weniger als ein Prozent der Beratungsunternehmen im Markt machen also nahezu die Hälfte des Marktvolumens aus (Jeschke 2004, S. 80).

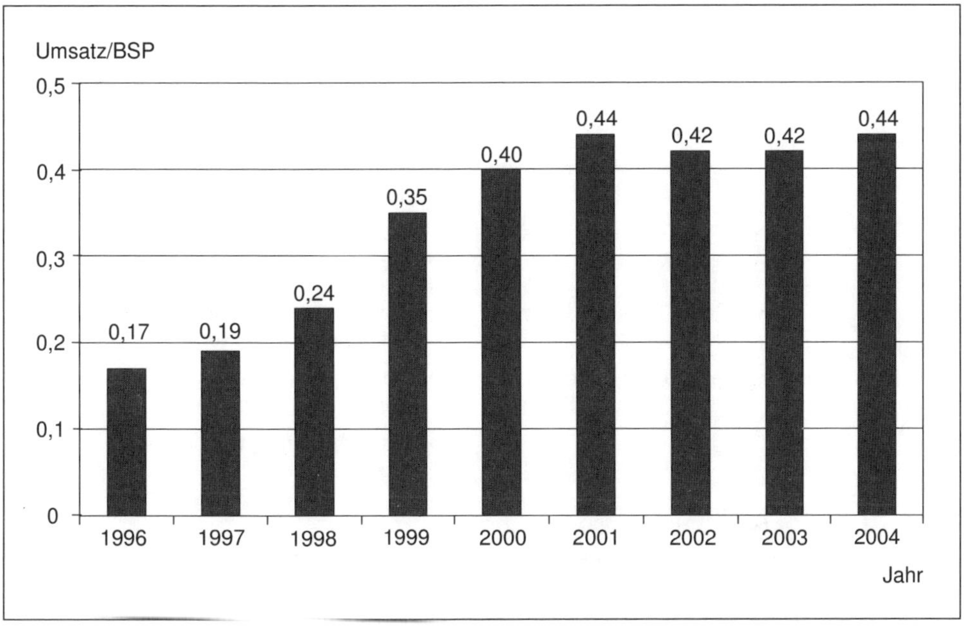

Abb. 3: Entwicklung des europäischen Management-Consulting-Marktes in Prozent des Bruttosozialprodukts
Quelle: o. V. (2007).

Die große Zahl von Unternehmensberatungen lässt sich nur schwer so segmentieren, dass man dennoch der großen Vielfalt und Dynamik des Beratungsmarktes gerecht werden kann. Eine eher grobe Möglichkeit der Typologisierung, die es trotzdem erlaubt, einen ersten Überblick zu gewinnen, bietet die Unterteilung der Beratungsfirmen in Premiumanbieter, Boutiquen, Systemhäuser und Basisanbieter (Kohr 2000, S. 44 ff., vgl. dazu Abbildung 4). Die Trennschärfe einer solchen Unterteilung nimmt jedoch immer mehr ab (Kohr 2000, S. 46). So bieten Premiumanbieter immer häufiger auch System- und Prozesslösungen als Teil ihres Leistungspakets an. Systemhäuser richten zunehmend ihre Beratungsleistung auf das Thema Strategie aus (Wooldridge 1997, S. 19 f.). Ferner stoßen Boutiquen immer häufiger in das Geschäftsfeld der Premiumanbieter vor. Sie werden für ihre Fokussierung und Expertise geschätzt und können so immer häufiger den Premiumanbietern bei der Beratung von Großkunden Konkurrenz machen (o. V. 2006b, S. 34 f.). Die Basisanbieter profitieren von der zunehmenden Akzeptanz und Bereitschaft zum Engagement von Unternehmensberatern im Mittelstand und wachsen überdurchschnittlich (o. V. 2006c).

	< 500	> 500	Durchschnittlicher Umsatz pro Berater per annum (in Tausend €)
Projekte mit primär strategischer Bedeutung	**Boutiquen** • spezialisiert auf spezielle Branchen und Problemstellungen • „klein aber fein" • Bsp.: Solon, Theron, Mercer Oliver Wyman	**Premiumanbieter** • branchenübergreifende Beratung • primär große Beratungsunternehmen • Bsp.: Mercer, Roland Berger, McKinsey, BCG	> 250
Projekte mit Schwerpunkt auf operationellen Aufgaben	**Basisanbieter** • oftmals Beratung kleinerer Mittelständler • kleinere und mittlere Beratungsunternehmen	**Systemhäuser** • Beratung verknüpft mit Informationstechnologie • primär große Beratungsunternehmen • Bsp.: Accenture, Bearing Point	< 250

Durchschnittliches Projektvolumen (in Tausend €)

Abb. 4: Segmentierung des Marktes für Unternehmensberatung
Quelle: Kohr (2000), S. 45.

Des Weiteren lässt sich der Markt für Unternehmensberatung nach funktionalen Gesichtspunkten segmentieren. Die von Beratungsfirmen angebotenen Leistungen lassen sich in die Bereiche Strategie-, Organisations-, Personalberatung sowie IT-Beratung unterteilen (Barchewitz/Armbrüster 2004, S. 24).

3 Internationalisierung von Unternehmensberatungen – Aktueller Stand der Forschung

3.1 Internationalisierung der unterstützenden Aktivitäten von Unternehmensberatungen

3.1.1 Gründe für die Internationalisierung

Die beiden Hauptgründe für die Internationalisierung der administrativen bzw. unterstützenden Wertschöpfungsaktivitäten von Unternehmensberatungen werden meist durch die Begriffe „Economies of Scale" und „Economies of Scope" zusammengefasst (Chandler 1990, S. 14 ff.). Dabei drückt „Economies of Scale" die Größendegressionseffekte aus, während „Economies of Scope" sich auf die Verbundvorteile bezieht. Im Vergleich zu Industrieunternehmen wird allerdings in der Literatur die Übertragbarkeit dieser Begriffe auf den Dienstleistungssektor kontrovers diskutiert (Carman/Langeard 1980, S. 11, Heskett 1988, S. 116 f., Dunning 1989, S. 120 f., Enderwick 1989, S. 31, Campbell/Verbeke 1994, S. 97, Normann 2000, S. 11 f.). Die Generierung von Skaleneffekten durch Dienstleistungsunternehmen wird dabei eher kritisch eingeschätzt.

Bedingung für das Erreichen von Größendegressionseffekten ist die Möglichkeit zur Aufteilung und räumlichen Trennung einzelner Wertschöpfungsschritte der Dienstleistungserstellung (Giger 1994, S. 168). Für Unternehmensberatungen impliziert dies, dass Economies of Scale durch die Internationalisierung von Beratungsunternehmen nicht für die primären Wertschöpfungsaktivitäten, sondern lediglich für administrative bzw. unterstützende Wertschöpfungsaktivitäten möglich sind, welche vom operativen Beratungsprozess räumlich getrennt werden können (Feketekuty 1988, S. 12, Mößlang 1995, S. 226). Durch die Zentralisierung dieser Wertschöpfungsaktivitäten der einzelnen Teams, Büros und Länderorganisationen besteht auch für Unternehmensberatungsfirmen die Möglichkeit, im Zuge der Internationalisierung Größendegressionseffekte zu realisieren (Mößlang 1995, S. 227). Dieser Effekt lässt sich teilweise katalysieren, indem man die entsprechende Wertschöpfungsaktivität in demjenigen Land positioniert, in dem die Kosten für diese Wertschöpfungsaktivität bei gegebener Qualität am geringsten sind. Eine entscheidende Rolle für die Realisierung von Economies of Scale internationaler Unternehmensberatungsfirmen stellt der Fortschritt bei den materiellen Trägermedien und den elektronischen Informations- und Kommunikationstechnologien dar. Oftmals ist erst durch den technischen Fortschritt in diesen Bereichen die Entkopplung, Zentralisierung und internationale Konfiguration der administrativen Wertschöpfungsaktivitäten ermöglicht worden (Giger 1994, S. 174, Graf 2005, S. 256 f.).

Die Grundlage für Verbundvorteile internationaler Unternehmensberatungen ergibt sich aus dem Netzwerk internationaler Büros, in dem eine international tätige Unternehmensberatung im Normalfall organisiert ist. Dies ermöglicht es der Unternehmensberatung, das eigene Dienstleistungspotential international anzubieten und so international tätige Kunden an sich zu binden (Mößlang 1995, S. 227 f.). Im Gegenzug profitiert das Dienstleistungspotential der Unternehmensberatung von der internationalen Geschäftstätigkeit, indem die Erkenntnisse und Lerneffekte aus der internationalen Beratungstätigkeit gesammelt und der gesamten Beratungsgesellschaft zur Verfügung gestellt werden können (Ghoshal 1987, S. 434 f., Campell/Verbeke 1994, S. 96 ff.).

3.1.2 Gestaltungsmöglichkeiten der Internationalisierung

Wie zuvor bereits herausgearbeitet, beschränken sich die Skaleneffekte, die internationale Unternehmensberatungsfirmen erzielen können, auf die sekundären Wertschöpfungsaktivitäten, die sich räumlich von der operativen Beratungstätigkeit trennen lassen. So kann aus der Kategorie Administration und unterstützende Tätigkeiten die Wertschöpfungsaktivität Support und Assistenz international zusammengefasst werden. Die zentrale Erstellung von Präsentationsunterlagen u. Ä. ermöglicht es, hierbei Skaleneffekte zu realisieren. Oft positionieren Unternehmensberatungsfirmen diese zentralen Support-Einheiten in Ländern, die ein niedrigeres Lohnniveau bieten (Kriegmeier 2003, S. 142).

Eine weitere Möglichkeit zur Realisation von Größendegressionsvorteilen für Beratungsunternehmen stellt das zentrale Training, die Schulung und die Fortbildung des internationalen Beratungspersonals dar (Mößlang 1995, S. 233). Neben den Skaleneffekten, die eine Unternehmensberatung durch dieses Vorgehen erreichen kann, bietet die gemeinsame Aus- und Fortbildung einer großen Zahl von Beratern aus unterschiedlichen Ländergruppen den Vorteil, dass die firmeninternen Netzwerke auf- und ausgebaut und ein großer Beitrag zur „One firm"-Kultur einer international tätigen Unternehmensberatung geleistet wird (Jones 2003, S. 104 ff.).

Darüber hinaus bietet sich für internationale Beratungshäuser die Möglichkeit, durch die Zentralisierung der Forschung und Entwicklung neuer Methoden, Tools und neuen Wissens Economies of Scale zu generieren. Die Forschungsbemühungen und Kooperationen mit Bildungseinrichtungen können so einheitlich gesteuert und vorangetrieben werden.

Neben dem Verbundvorteil, den ein physisches Netzwerk internationaler Niederlassungen mit sich bringt, bietet sich für eine Unternehmensberatung aufgrund des großen Gewichts, welches Information im Rahmen der Dienstleistungserstellung einnimmt, die Möglichkeit, durch den Auf- und Ausbau eines Informations- und Datennetzes Verbundvorteile zu realisieren (Behofsics 1998, S. 113). Ein solches Netz ermöglicht es dem Beratungsunternehmen, Erkenntnisse und Erfahrungen über Branchen und Märkte zu aggregieren, aufzubereiten und weltweiten Zugriff darauf zu ermöglichen (Graf 2005, S. 260).

3.2 Internationalisierung der primären Aktivitäten von Unternehmensberatungen

3.2.1 Gründe für die Internationalisierung

Neben der Internationalisierung von unterstützenden Wertschöpfungsaktivitäten können auch primäre Aktivitäten von Unternehmensberatungen internationalisiert werden. Dafür sprechen zahlreiche Gründe, die im Folgenden näher betrachtet werden sollen.

Ein möglicher Grund für die Internationalisierung der primären Aktivitäten einer Unternehmensberatung kann der persönliche Wunsch eines Partners der Beratungsfirma sein (Edvardsson/Edvinsson/Nyström 1993, S. 94, Buchholz/Sommer 2001, S. 110). Das Anliegen eines oder mehrerer Partner zum Schritt in einen ausländischen Markt kann dabei durch persönliche Kontakte bzw. Interessen im Zielland begründet sein (Glückler 2001, S. 34 f.). Hier kann in Ansätzen eine Analogie zur Behavioristischen Theorie erkannt werden. Die rechtliche Organisationsform der Partnerschaft in Unternehmensberatungsfirmen begünstigt zudem diese Vorgehensweise: Als Teilhaber an der Unternehmensberatung hat ein Partner direkteren Einfluss auf sein Unternehmen als beispielsweise ein Vorstandsmitglied einer Aktiengesellschaft und kann so leichter Entscheidungen aufgrund persönlichen Interesses durchsetzen. Die Attraktivität dieser Motivation liegt darin begründet, dass die Kontakte des Partners letztlich als Basis für erste Mandate im Ausland und darüber hinaus als „Türöffner" zur Business Community des Auslandsmarktes dienen können (Glückler 2001, S. 34). Teil dieser Gemeinschaft im Zielland zu werden, ist Voraussetzung dafür, ein Geschäftsnetzwerk im Auslandsmarkt etablieren zu können und somit eine langfristig erfolgreiche Präsenz als Unternehmensberatung in diesem Markt zu errichten. Sinnvoll ist diese Vorgehensweise daher nur, wenn der Markt, der das Ziel der Internationalisierung der Unternehmensberatung darstellt, neben den persönlichen Kontakten des Partners langfristig Nachfragepotential für die Beratungsleistungen der Unternehmensberatungsfirma bietet.

Ein weiterer Grund für die Internationalisierung der primären Aktivitäten von Unternehmensberatungen ist auf dem Markt für Arbeitskräfte begründet. Das Geschäftsmodell einer Unternehmensberatungsfirma als „brain-driven firm" stützt sich in großem Maße auf die Fähigkeiten und das Wissen seiner Mitarbeiter. Es ist daher für Unternehmensberatungen von großer Wichtigkeit, auf dem Arbeitsmarkt gut positioniert zu sein und stets für die langfristige Zufriedenheit ihrer Mitarbeiter zu sorgen. Nur wenn es einer Unternehmensberatung gelingt, die talentiertesten Hochschulabsolventen und Young Professionals einzustellen, kann dem Anspruch, anderen Unternehmen qualitativ hochwertige Beratungsleistungen anzubieten, genügt werden. Der Wettbewerb auf diesem Markt ist allerdings hierbei ähnlich groß wie der auf dem Markt für Klienten. Überdurchschnittlich qualifizierte Arbeitnehmer haben besonders hohe Ansprüche hinsichtlich der Wahl ihres Arbeitgebers (Student 2006, S. 32). Um im sogenannten „War for Talents" optimal positioniert zu sein, ist es für Unternehmensberatungen daher von großem Vorteil, international tätig zu sein, da nur so die Wünsche und Ambitionen hochqualifizierter Arbeitnehmer nach internationaler Tätigkeit, Mobilität und Entrepreneurship befriedigt werden können (Buchholz/Sommer 2001, S. 112, Kubr 2002, S. 635). Allerdings ist zu beachten, dass diese Attraktivität der Unternehmensberatungen für potentielle Arbeitnehmer meist erst dann entsteht, wenn die Internationalisierung erfolgreich verläuft bzw. positive Zukunftsaussichten aufweist.

Den dritten Grund für die Internationalisierung der primären Wertschöpfungsaktivitäten kann das internationale Engagement der Wettbewerber darstellen, die durch ihre grenzüberschreitenden Tätigkeiten beispielsweise Größendegressionseffekte und Verbundvorteile gegenüber einem lediglich national agierenden Beratungsunternehmen verwirklichen können (Kriegmeier 2003, S. 145 f.). Ferner kann dadurch die Reputation bei potentiellen Arbeitnehmern und Klienten auf dem Heimatmarkt gestärkt werden. Außerdem kann meist nur eine international aufgestellte Unternehmensberatung Kunden bedienen, die selbst international tätig sind und infolgedessen grenzüberschreitende Beratungsleistungen aus einer Hand nachfragen. Um im Wettbewerb mit bereits international aufgestellten Unternehmensberatungen bestehen zu können, ist es daher für Consulting-Firmen beinahe unausweichlich, ebenfalls die eigene Geschäftstätigkeit zu internationalisieren. Diese Internationalisierungsstrategie weist Analogien zur Theorie des oligopolistischen Parallelverhaltens auf und ist vom defensiven Motiv, die eigene Marktposition zu verteidigen, bestimmt.

Ein proaktives Motiv für die Internationalisierung von Unternehmensberatungsfirmen stellt dagegen die Erschließung von Marktchancen im Zielland dar (Jahn 2003, S. 14). Um an den Chancen eines attraktiven Marktes partizipieren zu können, muss zunächst ein Auslandsmarkt identifiziert werden, in dem das Leistungsangebot der Unternehmensberatungsfirma noch nicht weit verbreitet ist und dennoch eine Nachfrage nach entsprechenden Beratungsleistungen existiert. In einem solchen Markt kann eine Unternehmensberatung versuchen ähnlich der Monopoltheorie, einen großen Marktanteil zu erschließen und anschließend aufrechtzuerhalten (Scott-Jackson 2002, S. 27). Um die Chancen, die ein solcher Markt für eine Unternehmensberatung bietet, zu realisieren, reicht es jedoch nicht aus, lediglich in den Markt einzutreten und das eigene Dienstleistungspotential anzubieten. Für den Erfolg in einem solchen Markt sind der Aufbau oder die Existenz eines Geschäftsnetzwerks und einer positiven Reputation des Beratungshauses notwendige Voraussetzungen. Zum Aufbau dieser Voraussetzungen im Zielmarkt bedarf es Investitionen in den Auslandsmarkt (Glückler 2001, S. 45). Sind diese „Assets" nicht generierbar bzw. vorhanden, ist eine Ausnutzung der vorhandenen Marktchancen für ein marktfremdes Beratungsunternehmen kaum möglich (Rall 1991, S. 73).

Der wohl wichtigste Grund für die Internationalisierung der primären Aktivitäten einer Unternehmensberatung ist jedoch die Tatsache, dass sich die Kunden selbst zunehmend internationalisieren und verstärkt sogenannte „seamless global services and global delivery", d. h. globale Beratungsleistungen aus einer Hand, nachfragen (Erramilli/Rao 1990, S. 141 f., Rall 1991, S. 66 ff., McLaughlin/Fitzsimmons 1996, S. 52, Hall 1998, S. 425, Grönroos 1999, S. 291 f., Glückler 2001, S. 35, Jahn 2003, S. 14, Kriegmeier 2003, S. 139, Glückler 2004, S. 63). Diese Tatsache liegt darin begründet, dass die Beratungsunternehmen durch die unmittelbare Interaktion zwischen Anbieter und Nachfrager bei der Leistungserstellung in hohem Maße abhängig von den Bedürfnissen der Nachfrager der Dienstleistung sind. Durch die voranschreitende Internationalisierung und globale Vernetzung der Geschäftstätigkeit der Klientenunternehmen hat sich daher auch das Geschäftsumfeld für Unternehmensberatungen grundlegend geändert (Rall 1991, S. 71). Sie sehen sich zunehmend mit globalen Kunden und deren neuen globalen Problemstellungen und Bedürfnissen konfrontiert (Kriegmeier 2003, S. 139). Darüber hinaus ist auf Seiten der Klientenunternehmen eine steigende Nachfrage nach „seamless global services and global delivery" festzustellen, die in dieser zunehmend globalen Vernetzung der Klientenaktivitäten begründet liegt (Lovelock/Yip 1996, S. 73, Kubr 2002, S. 635, Kriegmeier 2003, S. 11, S. 130). Um diesen neuen globalen Kundenansprüchen gerecht zu werden, ist es für Unternehmensberatungsfirmen daher ratsam, ihre internationalen Tätigkeiten auszuweiten (Glückler 2001, S. 35).

3.2.2 Gestaltungsmöglichkeiten der Internationalisierung

Sobald das Beratungsunternehmen den Beschluss gefasst hat, seine primäre Geschäftstätigkeit aus einem der oben genannten Gründe auf ausländische Märkte auszudehnen, steht dem Unternehmen eine Reihe von Möglichkeiten offen, diesen tatsächlich umzusetzen.

Die wohl naheliegendste Alternative besteht darin, die Beratungsdienstleistung direkt ins Ausland zu exportieren. Da diese Leistungen jedoch vom „Uno actu"-Prinzip geprägt sind, d. h. die Dienstleistungserstellung und -inanspruchnahme finden stets synchron und in enger Zusammenarbeit mit dem Kunden vor Ort statt, kommt ein Dienstleistungsexport lediglich dann in Frage, wenn zudem einzelne Beraterteams zu Projekten ins Ausland geschickt werden (Jahn 2003, S. 17). Es wird dadurch keine Infrastruktur im Ausland aufgebaut, und der Sitz der Unternehmensberatung verbleibt in der Regel im Heimatmarkt (Grönroos 1999, S. 293). Der Dienstleistungsexport zeichnet sich also durch ein relativ geringes Risiko für die Unternehmensberatung aus. Er ist jederzeit reversibel und mit nahezu keinen „sunk costs“ verbunden (Glückler 2001, S. 40). Allerdings ist diese Form des Markteintritts lediglich bei bereits bestehendem Kundenkontakt praktikabel. Durch den Dienstleistungsexport kann beispielsweise der erste Schritt der Betreuung eines internationalisierenden Klienten realisiert werden. Für ein langfristiges Engagement im Ausland und die dafür notwendige Positionierung im Auslandsmarkt eignet sich diese Form des Markteintritts nicht, da durch den Export von Dienstleistungen kaum ein Beitrag zum Aufbau eines Geschäftsnetzwerks bzw. einer Reputation im Zielland geleistet werden kann (Scott-Jackson 2002, S. 24).

Kooperationen und Joint Ventures stellen dagegen besonders für kleinere Unternehmensberatungen eine wichtige Alternative zur Internationalisierung des Leistungsangebots dar (Kubr 2002, S. 635). Kooperationen bieten hierbei dem Unternehmen die Möglichkeit, mit relativ geringem finanziellen Engagement und Risiko Kunden auch im Ausland Beratungsleistungen anbieten zu können. Bei einer Kooperation mit einer ausländischen Unternehmensberatung verbleibt das inländische Unternehmen im Heimatland und übergibt Beratungsaufträge, die im entsprechenden Auslandsmarkt erbracht werden sollen, an einen Kooperationspartner. Im Gegenzug übernimmt das inländische Beratungshaus die Beratungsaufträge des ausländischen Kooperationspartners, die im Heimatmarkt der inländischen Unternehmensberatung angesiedelt sind. Der Vorteil, der sich aus einem solchen Vorgehen für Unternehmensberatungsfirmen ergibt, ist zum einen, dass Unternehmensberatungen ihren Kunden Beratungsleistungen auch außerhalb des Heimatmarktes anbieten können, ohne selbst die Kosten und Risiken eines Auslandsengagements zu tragen. Zum anderen bietet eine Kooperation die Möglichkeit, das eigene Kundennetzwerk um internationale Kunden, die Beratungsleistungen auf dem Heimatmarkt des Beratungsunternehmens nachfragen, zu erweitern (Glückler 2001, S. 41). Allerdings ist zu beachten, dass Kooperationen lediglich einen sehr geringen Grad an Kontrolle über die Dienstleistungsqualität im Ausland ermöglichen und mit hohen Transaktionskosten verknüpft sind. Außerdem besteht die Gefahr, sich durch eine Kooperation andere Markteintrittsalternativen zu verbauen, da man die Geschäftsbeziehungen zum Kooperationspartner nicht gefährden will. Eine besondere Form der Kooperation stellt daher das Joint Venture dar, was häufig bei längerfristigen Vorhaben in Frage kommt. Durch die in dieser Form übliche Kapitalverknüpfung der Kooperationspartner sind beide beteiligten Parteien dem Erfolg des Joint Ventures verpflichtet, und der Anreiz, einen persönlichen Vorteil auf Kosten des Anderen aus der Kooperation zu ziehen, kann so verringert werden (Kutschker/Mößlang 1996, S. 331 ff.).

Eine weitere Möglichkeit zur Internationalisierung einer Unternehmensberatung bietet der Zusammenschluss mit einer ausländischen Beratungsfirma bzw. die Akquisition einer Unternehmensberatung im Zielmarkt (Kohr 2000, S. 47 f.,

Glückler 2001, S. 45 f., Kubr 2002, S. 634, Jahn 2003, S. 17 f.). Der damit verbundene organische Aufbau eines Geschäftsnetzwerks bzw. einer Reputation im Auslandsmarkt ist allerdings mit großem finanziellem und organisatorischem Aufwand verbunden und erstreckt sich im Normalfall über einen längeren Zeitraum (Köhler 1991, S. 182 f.). Es können hingegen gleich gesamte Geschäftsnetzwerke und bereits etablierte Reputationen im Zielmarkt akquiriert und internalisiert werden (Köhler 1991, S.183, Glückler 2001, S. 45), was zur Sicherung des langfristigen Erfolges in diesem Auslandsmarkt beitragen kann. Allerdings ist zu beachten, dass für eine einheitliche Unternehmenskultur und -organisation der beteiligten Unternehmen Sorge zu tragen ist. So müssen unterschiedliche Kulturen sowohl auf Unternehmens- als auch auf Landesebene aufeinander abgestimmt werden und einheitliche Vorgehensweisen und Problemlösungsansätze im neu etablierten Beratungsunternehmen als Standard entwickelt werden. Außerdem muss darauf geachtet werden, den Bedürfnissen und Ansprüchen der Mitarbeiter der übernommenen Unternehmensberatung gerecht zu werden, da sie einen wesentlichen Beitrag zum Erfolg dieser Strategie beitragen. Zuletzt muss auch dem externen Unternehmensumfeld glaubwürdig vermittelt werden, dass trotz Zusammenschluss oder Akquisition die Qualität der Beratungsleistung weiterhin den erwarteten Ansprüchen gerecht wird (Kubr 2002, S. 634).

Schließlich kann eine Internationalisierung der primären Aktivitäten einer Unternehmensberatung auch direkt durch die Gründung einer Tochtergesellschaft im Auslandsmarkt in Form einer Direktinvestition umgesetzt werden (Köhler 1991, S. 180). Ein solcher Markteintritt bietet einer Unternehmensberatung die größte Kontrolle über ihr internationales Engagement. Die Unternehmensberatung hat zudem die Möglichkeit, ihre Präsenz im Zielland von Grund auf zu gestalten und dabei ihre eigene Organisationsstruktur und unternehmensspezifischen Abläufe sowie ihre eigene Unternehmenskultur in der Tochtergesellschaft zu verankern (Schruff 1991, S. 84). Wegen den hohen Investitionen, die mit einer solchen Strategie verbunden sind (Köhler 1991, S. 184), muss eine Direktinvestition allerdings gut durchdacht sein. Im Normalfall werden demnach die Gründung und der Aufbau der Tochtergesellschaften von einem Partner oder führenden Angestellten der Unternehmensberatung übernommen, der sich in der Regel durch profundes Wissen über das Zielland und erste Kontakte vor Ort auszeichnet (Buchholz/Sommer 2001, S. 110). Meist werden zudem auch lokale Mitarbeiter eingestellt, die über Wissen bezüglich der kulturellen, institutionellen und kognitiven Besonderheiten des ausländischen Marktumfelds verfügen (Bower 1968, S. 52, Glückler 2001, S. 45). Letzten Endes ist es für diese Strategie von existentieller Bedeutung, sich langfristig eine Reputation und ein funktionierendes Geschäftsnetzwerk aufzubauen, um sich schnell auf dem neuen Markt positionieren zu können. Für kleinere, weniger finanzstarke Unternehmensberatungsfirmen ist die Internationalisierung durch Direktinvestitionen somit etwas schwieriger zu bewerkstelligen.

4 Empirische Untersuchung zur Internationalisierung von Unternehmensberatungen

4.1 Zielsetzung und Aufbau der empirischen Untersuchung

Die Unternehmensberatungsbranche hat bis dato, besonders im deutschsprachigen Raum, lediglich geringe Aufmerksamkeit seitens Forschung und Wissenschaft erfahren (Malos/Campion 1995, S. 612). Es liegt also nahe, die Aussagen des theoretischen Teils dieser Arbeit um eine empirische Untersuchung zu ergänzen und so die Aussagekraft der vorliegenden Arbeit um einen aktuellen Praxisbezug zu erweitern. Aus diesem Grund wurde eine Befragung unter führenden Mitarbeitern von Unternehmensberatungen zu Fragen der Internationalisierung von Unternehmensberatungen durchgeführt.

Hierfür wurde zunächst in einem Verfahren der bewussten Auswahl (Homburg/Krohmer 2006, S. 228) die Grundgesamtheit insofern eingeschränkt, als lediglich Unternehmensberatungen, die eine Mitgliedschaft im BDU vorwiesen und primär Themen der Bereiche Strategie, Organisation, Führung, Betriebswirtschaft und Marketing bearbeiteten, in Betracht gezogen wurden. Reine Personal- und IT-Beratungen sowie interne Unternehmensberatungen wurden demnach von der Befragung ausgeschlossen. Ferner wurde darauf geachtet, dass sowohl Premiumanbieter als auch Boutiquen, Systemhäuser und Basisanbieter in der Stichprobe enthalten sind. So ergibt sich eine Stichprobe von 123 Unternehmensberatungsfirmen, die anschließend per E-Mail-Fragebogen zum Thema „Besonderheiten und Herausforderungen im Rahmen der Internationalisierung von Dienstleistungsunternehmen am Beispiel der Unternehmensberatungen“ befragt wurden.

Der Fragebogen umfasste vornehmlich geschlossene Fragen mit festen Antwortkategorien, die anhand von fünfstufigen Likert-Skalen quantifiziert wurden. Es handelte sich dabei um bipolare Skalen mit verbaler Bezeichnung der Extrema (Homburg/Krohmer 2006, S. 246 ff.). Die restlichen geschlossenen Fragen stellten Alternativfragen dar, die bei mehr als zwei Antwortmöglichkeiten auch Mehrfachantworten erlaubten. Zur Analyse des Fragebogens wurden univariate, deskriptive Verfahren verwendet. Als Lageparameter wurden das arithmetische Mittel sowie der Modus verwendet. Als Streuparameter wurde die Standardabweichung gewählt (Homburg/Krohmer 2006, S. 246 ff.).

4.2 Ergebnisse der empirischen Untersuchung

Von insgesamt 123 versandten Fragebögen wurden 33 beantwortet. Die Rücklaufquote der Expertenumfrage betrug somit 26,83 %. Davon konnten insgesamt 32 Fragebögen ausgewertet werden. Von diesen 32 Unternehmensberatungen sind zwölf Tochtergesellschaften einer ausländischen Unternehmensberatung, die restlichen 20 Beratungshäuser haben ihren Ursprung in Deutschland. 31 der 32 Unternehmensberatungen sind bereits im Ausland engagiert und haben im Mittel 15 Auslandsbüros, die im Durchschnitt 43 % des Gesamtumsatzes der Beratungsfirma ausmachen. 21 Unternehmensberatungen beabsichtigen zudem, in den nächsten drei Jahren weitere Internationalisierungsvorhaben umzusetzen, während zehn Beratungshäuser keine solchen Pläne haben.

(1) Motivation und Gestaltung zukünftiger Internationalisierungsvorhaben

In diesem Teil der Befragung waren die Unternehmensberatungen aufgefordert, ihre Einschätzung dazu abzugeben, worin die Motivation besteht, in den kommenden drei Jahren die eigene Geschäftstätigkeit erstmalig bzw. fortführend zu internationalisieren. Dabei stellte auf der fünfstufigen Likert-Skala der Wert 5 die größte Motivation zur Internationalisierung dar, während keine Motivation für zukünftige Internationalisierungsvorhaben durch den Wert 1 gemessen wurde (Abbildung 5).

Motivation	Arithmetisches Mittel	Modalwert	Standardabweichung
gesättigter Heimatmarkt	1,86	1,00	1,03
persönlicher Wunsch eines Mitglieds des Boards of Partners	2,00	1,00	1,07
globales Engagement von nationalen bzw. internationalen Wettbewerbern	2,55	3,00	1,15
Positionierung im „War for Talents", Gewährleistung der langfristigen Mitarbeiterzufriedenheit	2,79	3,00	1,05
Erschließung von Marktchancen im Zielland	4,03	5,00	1,21
Internationalisierung der Kunden, zunehmende Nachfrage nach „seamless global services and global delivery" („follow the customer")	4,21	5,00	0,98

Abb. 5: Motivation zukünftiger Internationalisierungsvorhaben

Als geringste Motivation für die Internationalisierung der Geschäftstätigkeiten von Unternehmensberatungen wurde in dieser Studie die Sättigung des Heimatmarktes genannt. Auch dem persönlichen Wunsch eines Mitglieds des Boards of Partners kommt als Motivation für eine zukünftige Internationalisierung der Unternehmensberatung eine weniger große Bedeutung zu. Bedeutend größer wird die Motivation zur Internationalisierung durch die Erschließung von Marktchancen im Zielland gesehen. Doch die größte Motivation für zukünftige Internationalisierungsvorhaben stellt laut dieser Studie die Internationalisierung der Kunden und die zunehmende Nachfrage nach „seamless global services and global delivery" („follow the customer").

Die Markteintrittsformen, die von den beteiligten Unternehmensberatungen für zukünftige Internationalisierungsvorhaben in Betracht gezogen werden, werden in folgender Abbildung dargestellt (vgl. Abbildung 6). Dabei bildet der Dienstleistungsexport den größten Anteil, während Unternehmenszusammenschlüsse und Akquisitionen einen relativ geringen Anteil ausmachen.

Gestaltungsform	Anteil in %
Dienstleistungsexport	79,31
Direktinvestition	41,38
Kooperation bzw. Joint Venture	37,93
Unternehmenszusammenschluss bzw. Akquisition	17,24

Abb. 6: Gestaltung zukünftiger Internationalisierungsvorhaben

(2) Gründe und Gestaltung bereits vollzogener Internationalisierungen

Im Gegensatz zum ersten Teil der Befragung, der sich auf zukünftige Internationalisierungsvorhaben bezog, wurden nun in diesem Teil bereits vollzogene Internationalisierungen thematisiert. Die Ergebnisse können den beiden folgenden Abbildungen entnommen werden (vgl. Abbildung 7 und Abbildung 8).

Wie bereits bei den Angaben zu zukünftigen Internationalisierungsvorhaben, blieb die Reihenfolge der Gründe für bereits vollzogene Internationalisierungen identisch. Dabei wird weiterhin der gesättigte Heimatmarkt als der unwichtigste Grund für die Internationalisierung von Geschäftstätigkeiten angegeben, während die Internationalisierung der Kunden und die zunehmende Nachfrage nach „seamless global services and global delivery" („follow the customer") als die bedeutendsten

Gründe dargestellt werden. Auch die Angaben bezüglich der Gestaltung bereits vollzogener Internationalisierungsvorhaben blieben weitestgehend identisch. Ein Unterschied ist, dass bei bereits vollzogenen Internationalisierungsvorhaben dem Unternehmenszusammenschluss bzw. der Akquisition eine etwas größere Bedeutung zugesprochen wurde. Der Stellenwert der Kooperation bzw. des Joint Ventures ist bei zukünftiger Internationalisierung höher.

Gründe	Arithmetisches Mittel	Modalwert	Standardabweichung
gesättigter Heimatmarkt	2,10	1,00	1,01
persönlicher Wunsch eines Mitglieds des Boards of Partners	2,10	1,00	1,22
Positionierung im „War for Talents", Gewährleistung der langfristigen Mitarbeiterzufriedenheit	2,45	2,00	1,18
globales Engagement von nationalen bzw. internationalen Wettbewerbern	2,71	4,00	1,32
Erschließung von Marktchancen im Zielland	3,90	5,00	1,33
Internationalisierung der Kunden, zunehmende Nachfrage nach „seamless global services and global delivery" („follow the customer")	3,94	5,00	1,29

Abb. 7: Motivation bereits vollzogener Internationalisierungsvorhaben

Diese Ergebnisse bestätigen weitgehend die Erkenntnisse aus dem theoretischen Teil. Die Wissenschaft identifiziert ebenfalls, wie hier in der Empirie ermittelt, die Internationalisierung der Kunden und die sich daraus ergebende Notwendigkeit zur Internationalisierung der Unternehmensberatung als die wichtigsten Gründe für die Internationalisierung von Beratungsfirmen. Die ebenfalls große Wichtigkeit, welche die teilnehmenden Unternehmensberatungen den Marktchancen im Zielland beimessen, entspricht ebenso den Ergebnissen des theoretischen Teils. Die Wichtigkeit, welche die Direktinvestition im Kreis der Gestaltungsformen des Markteintritts einnimmt, unterstreicht die Bedeutung, die ihr auch in der Theorie zukommt. Eher überraschend aus Sicht der Theorie ist hingegen, welche Wichtigkeit der Dienstleistungsexport für Unternehmensberatungen bei der internationalen Geschäftstätigkeit einnimmt. Hier liegt eine doch relativ große Diskrepanz zwischen den empirischen Ergebnissen und der Rolle, die der Dienstleistungsexport aus Sicht der Wissenschaft für Unternehmensberatungsfirmen im Prozess der Internationalisierung einnimmt.

Gestaltungsform	Anteil in %
Dienstleistungsexport	67,74
Direktinvestition	45,16
Unternehmenszusammenschluss bzw. Akquisition	25,81
Kooperation bzw. Joint Venture	19,35

Abb. 8: Gestaltung bereits vollzogener Internationalisierungsvorhaben

(3) Bedeutung der Assets einer Unternehmensberatung für die Internationalisierung der Geschäftstätigkeit

Neben der Befragung über Gründe und Gestaltungsformen von Internationalisierungsvorhaben wurde im Rahmen dieser Studie ebenfalls die Bedeutung von Assets einer Unternehmensberatung für die Internationalisierung der Geschäftstätigkeit erhoben. Wie im theoretischen Teil bereits angedeutet, stellen Assets dabei Dinge wie etwa das Geschäftsnetzwerk von Unternehmensberatungen, deren Reputation bzw. Firmenname oder auch die fachliche Kompetenz der Mitarbeiter dar. Die Unternehmensberatungen waren aufgefordert, anzugeben, welche Wichtigkeit sie den einzelnen Assets für die Internationalisierung der eigenen Geschäftstätigkeit beimessen. Darüber hinaus wurde den teilnehmenden Beratungsunternehmen die Möglichkeit gegeben, weitere Assets zu nennen, die ihrer Meinung nach ebenfalls für die erfolgreiche Internationalisierung von Unternehmensberatungen notwendig sind. Die Ergebnisse können der folgenden Abbildung entnommen werden (vgl. Abbildung 9).

Assets	Arithmetisches Mittel	Modalwert	Standard-abweichung
Firmennamen und Firmenreputation	3,42	3,00	0,92
Knowledge and Tools	3,84	5,00	1,07
Mitarbeiterkompetenzen	4,10	4,00	0,79
Geschäftsnetzwerk	4,13	5,00	1,02

Abb. 9: Bedeutung der Assets einer Unternehmensberatung für die Internationalisierung der Geschäftstätigkeit

In dieser Befragung wurde dem Geschäftsnetzwerk von Unternehmensberatungen die größte Wichtigkeit für die Internationalisierung von Unternehmensberatungsfirmen gegeben. Eine ähnliche Bedeutung wurde zudem der Mitarbeiterkompetenz zugeordnet. Dagegen war der Firmenname bzw. die Firmenreputation von untergeordneter Bedeutung. Darüber hinaus wurden zudem weitere Assets wie etwa die Prozesse, die Beratungsqualität sowie die Internationalität der Kunden genannt, die aus Sicht dieser Beratungshäuser ebenfalls von großer Wichtigkeit für die erfolgreiche Internationalisierung von Beratungsunternehmen sind.

5 Zusammenfassung

Wie einleitend erwähnt, internationalisieren Unternehmensberatungen bereits seit Jahrzehnten ihre Geschäftstätigkeiten. Im Rahmen dieser theoretischen wie auch empirischen Untersuchung wurde nun deutlich, weshalb und auf welchem Wege Unternehmensberatungen diesen Prozess durchführen. Es wurde gezeigt, dass sowohl unterstützende wie auch primäre Wertschöpfungsaktivitäten der Unternehmensberatungen internationalisiert werden können. Die Gründe und Gestaltungsmöglichkeiten hierfür wurden oben näher aufgeführt. Die anschließende empirische Untersuchung zur Internationalisierung von Unternehmensberatungen bestätigt grundsätzlich die Erkenntnisse, die im theoretischen Teil der Arbeit herausgearbeitet wurden.

Literatur

Barchewitz, C./Armbrüster, T. (2004): Unternehmensberatung: Marktmechanismen, Marketing, Auftragsakquisition. Gabler, Wiesbaden, 2004.

Behofsics, J. (1998): Globalisierungstendenzen intermediärer Dienstleistungen. Deutscher Universitäts-Verlag, Wiesbaden, 1998.

Bower, M. (1968): Service Firms: How They Can Assess their Chances Overseas? In: Management Review, 57. Jg., Nr. 7, 1968, S. 50-56.

Buchholz, S./Sommer, C. (2001): Lässt sich Wissen globalisieren? In: Brand Eins, 3. Jg., Nr. 5, 2001, S. 110-114.

Campbell, A. J./Verbeke, A. (1994): The Globalization of Service Multinationals. In: Long Range Planning, 27. Jg., Nr. 2, 1994, S. 95-102.

Carman, J. M./Langeard, E. (1980): Growth Strategies for Service Firms. In: Strategic Management Journal, 1. Jg., Nr. 1, 1980, S. 7-22.

Chandler, A. D., Jr. (1990): Scale and Scope: The Dynamics of Industrial Capitalism. Harvard University Press, Cambridge/MA, London, 1990.

Dunning, J. H. (1989): Trade and Foreign-owned Production in Services: Some Conceptual and Theoretical Issues. In: Giersch, H. (1989, Hrsg.): Services in World Economic Growth. Mohr, Tübingen, 1989, S. 108-150.

Edvardsson, B./Edvinsson, L./Nyström, H. (1993): Internationalisation in Service Companies. In: Service Industries Journal, 13. Jg., Nr. 1, 1993, S. 80-97.

Enderwick, P. (1989): Some Economics of Service-sector Multinational Enterprises. In: Enderwick, P. (1989, Hrsg.): Multinational Service Firms. Routledge, London, 1989, S. 3-34.

Erramilli, M. K./Rao, C. P. (1990): Choice of Foreign Market Entry Modes by Service Firms: Role of Market Knowledge. In: Management International Review, 30. Jg., Nr. 2, 1990, S. 135-150.

Feketekuty, G. (1988): International Trade in Services: An Overview and Blueprint for Negotiations. Cambridge University Press, Cambridge/MA, 1988.

Ghoshal, S. (1987): Global Strategy: An Organizing Framework. In: Strategic Management Journal, 8. Jg., Nr. 5, 1987, S. 425-440.

Giger, H. (1994): Die Internationalisierung von Dienstleistungsunternehmen. Ferber, Gießen, 1994.

Glückler, J. (2001): Internationalisierung der Unternehmensberatung – Eine Exploration im Rhein-Main-Gebiet. Forschungsbericht Nr. 11-2001. Johann-Wolfgang-Goethe-Universität Frankfurt, 2001.

Glückler, J. (2004): Reputationsnetze – Zur Internationalisierung von Unternehmensberatern: Eine relationale Theorie. Transcript, Bielefeld, 2004.

Graf, S. (2005): Internationalisierung von Dienstleistungen – Ansätze zur Erklärung von Auslandsaktivitäten im Dienstleistungsbereich. Zugl. Diss., Difo-Druck, St. Gallen, 2005.

Grönroos, C. (1999): Internationalization Strategies for Services. In: Journal of Services Marketing, 13. Jg., Nr. 4/5, 1999, S. 290-297.

Hall, J. (1998): Consulting internationally. In: Sadler, P. (1998, Hrsg.): Management Consultancy – A Handbook of Best Practices. Kogan Page, London, 1998, S. 424-431.

Heskett, J. L. (1988): Management von Dienstleistungsunternehmen. Gabler, Wiesbaden, 1988.

Homburg, C./Krohmer, H. (2006): Marketingmanagement: Strategien – Instrumente – Umsetzung – Unternehmensführung. 2. Aufl., Gabler, Wiesbaden, 2006.

Issa, M. (2004): Internationalisierung wissensintensiver Dienstleistungsunternehmen: Untersuchungsergebnisse zu den Branchen Logistik und Automatisierung. Rationalisierungs- und Innovationszentrum der Deutschen Wirtschaft e. V., Eschborn, 2004.

Jahn, C. I. (2003): Internationalisierung von Unternehmensberatungen: Motive, Eintrittsformen und Marktmechanismen. Working Paper, Graduiertenkolleg „Märkte und Sozialräume in Europa", Otto-Friedrich-Universität Bamberg, 2003.

Jeschke, K. (2004): Marketingmanagement der Beratungsunternehmen. Gabler, Wiesbaden, 2004.

Jones, A. (2003): Management Consultancy and Banking in an Era of Globalization. Macmillan, New York/NY, 2003.

Köhler, L. (1991): Die Internationalisierung produzentenorientierter Dienstleistungsunternehmen. Dr. Kovač, Hamburg, 1991.

Kohr, J. (2000): Die Auswahl von Unternehmensberatungen: Klientenverhalten – Beratermarketing. Mering, München, 2000.

Kriegmeier, J. R. (2003): Professional Service Firms – Koordination im Spannungsfeld von globaler Integration und lokaler Differenzierung. Zugl. Diss., Difo-Druck, St. Gallen, 2003.

Kubr, M. (2002): Management Consulting: A Guide to the Profession. 4. Aufl., International Labour Office, Genf, 2002.

Kutschker, M./Mößlang, A. (1996): Kooperation als Mittel der Internationalisierung von Dienstleistungsunternehmen. In: Die Betriebswirtschaft, 56. Jg., Nr. 3, 1996, S. 319-337.

Lovelock, C. H./Yip, G. S. (1996): Developing Global Strategies for Service Businesses. In: California Management Review, 38. Jg., Nr. 2, 1996, S. 64-86.

Løwendahl, B. R. (1997): Strategic Management of Professional Service Firms. Handelshøjskolens Forl., Kopenhagen, 1997.

Maister, D. H. (1982): Balancing the Professional Service Firm. In: Sloan Management Review, 24. Jg., Nr. 1, 1982, S. 15-29.

Malos, S. B./Campion, M. A. (1995): An Option-based Model of Career Mobility in Professional Service Firms. In: Academy of Management Review, 20. Jg., Nr. 3, 1995, S. 611-644.

McLaughlin, C. P./Fitzsimmons, J. A. (1996): Strategies for Globalizing Service Operations. In: International Journal of Service Industry Management, 7. Jg., Nr. 4, 1996, S. 43-57.

Mößlang, A. (1995): Internationalisierung von Dienstleistungsunternehmen: Empirische Relevanz – Systematisierung – Gestaltung. Gabler, Wiesbaden, 1995.

Müller-Stewens, G./Drolshammer, J./Kriegmeier, J. R. (1999): Professional Service Firms – Branchenmerkmale und Gestaltungsfelder des Managements. In: Müller-Stewens, G./Drolshammer, J./Kriegmeier, J. R. (1999, Hrsg.): Professional Service Firms: Wie sich multinationale Dienstleister positionieren. Frankfurter Allg. Buch, Frankfurt a. M., 1999, S. 11-156.

Normann, R. (2000): Service Management: Strategy and Leadership in Service Business. Wiley, Chichester et al., 2000.

o. V. (2006a): Lünendonk-Liste 2006: Die Top 25 Managementsberatungs-Unternehmen in Deutschland. Internetseiten von Luenendonk, 2006. URL: http://www.luenendonk.de/presse_detail.php?ID=147&SFILTER= (Stand 06.09.2006).

o. V. (2006b): Siegen im Verborgenen. In: Manager Magazin, o. Jg., Nr. 8, 2006, S. 34-35.

o. V. (2006c): Der Markt für Managementberatung. Internetseiten des BDU, 2006. URL: http://www.bdu.de/ (Stand 07.09.2006).

o.V. (2007): Asociace pro poradenství (APP). Internetseiten der APP, 2007. URL: http://www.asocpor.cz/ (Stand 21.01.2007).

Perlitz, M. (2004): Internationales Management. 5. Aufl., UTB, Stuttgart, 2004.

Rall, W. (1991): Internationalisierung der Wirtschaft – Internationalisierung der Unternehmensberatung. In: Wacker, W. H. (1991, Hrsg.): Internationale Management-Beratung: Tagungsband zur Fachtagung der Wissenschaftlichen Kommission Internationales Management im Verband der Hochschullehrer für Betriebswirtschaft e. V. Schmidt, Berlin, 1991, S. 65-77.

Rasmussen, T. (1977): Entwicklungslinien des Dienstleistungssektors: Internationaler Strukturvergleich und Perspektiven für die Bundesrepublik Deutschland. Vandenhoeck & Rupprecht, Göttingen, 1977.

Ringlstetter, M./Bürger, B./Kaiser, S. (2004): Eine Einführung in die Welt der Professional Service Firms. In: Ringlstetter, M./Bürger, B./Kaiser, S. (2004, Hrsg.): Strategien und Management für Professional Service Firms. Wiley-VCH, Weinheim, 2004, S. 11-36.

Schade, C. (1996): Marketing für Unternehmensberatungen: Ein institutionenökonomischer Ansatz. Gabler, Wiesbaden, 1996.

Schruff, L. (1991): Probleme bei der Gründung von Beratungsunternehmen im Ausland. In: Wacker, W. H. (1991, Hrsg.): Internationale Management-Beratung: Tagungsband zur Fachtagung der Wissenschaftlichen Kommission Internationales Management im Verband der Hochschullehrer für Betriebswirtschaft e. V. Schmidt, Berlin, 1991, S. 79-89.

Scott-Jackson, W. (2002): Going global. In: Consulting to Management, 13. Jg., Nr. 1, 2002, S. 23-27.

Student, D. (2006): Powerpoint of no Return. In: Manager Magazin, o. Jg., Nr. 8, 2006, S. 26-37.

Vandermerwe, S./Chadwick, M. (1989): The Internationalisation of Services. In: Service Industries Journal, 9. Jg., Nr. 1, 1989, S. 79-93.

Wooldrigde, A. (1997): Doing It their Way. In: The Economist, 342. Jg., Nr. 8009, 1997, S. 19-20.

Jean-Paul Rigaudeau*

Umgang mit Veränderungen: Eine Herausforderung für Hochschulen und Unternehmen

* Jean-Paul Rigaudeau, MBA ist President, EU Region der Kraft Foods Europe GmbH und hat sein Büro in Glattpark in der Schweiz.

1 Ein internationaler Lebenslauf

Als ich der Anfrage von Herrn Professor Oesterle und Herrn Professor Schmid nachkam, meinen bescheidenen Beitrag als Kenner dieses Themenbereichs zu leisten, hätte ich nicht gedacht, dass das Thema so komplex ist.

Welche Erfahrungen habe ich im internationalen Management gemacht sowohl als Student als auch im Berufsleben? Nach meinem Studium an einer französischen Wirtschaftshochschule erwarb ich 1984 meinen MBA in Marketing an der Columbia University. Seitdem bin ich seit mehr als 20 Jahren in der Fast-Moving-Consumer-Goods-Industrie tätig und arbeitete in dieser Zeit bei Beiersdorf, Johnson&Johnson und Kraft Foods – in den USA, Deutschland, Japan, Spanien und Lateinamerika. Ich hatte das große Glück, meinen Beitrag zur Entwicklung so starker Marken wie Nivea, Penaten, Jacobs und Milka leisten zu dürfen. Ich lernte verschiedene Organisationsstrukturen und Kulturen kennen – von einer Organisationsform, die sich fast ausschließlich auf eine Marke konzentriert, über eine dezentralisierte globale Organisation bis hin zu einer zentral gemanageten Struktur. Sie alle spiegelten die europäische oder amerikanische Kultur ihrer jeweiligen Zentrale wider. Die drei Jahre, in denen ich für ein Joint Venture in Japan tätig war, gehören sicherlich zu meinen faszinierendsten Erfahrungen. Ich verdanke die schönsten und interessantesten Momente meines Berufslebens meiner Mitwirkung in länder- und bereichsübergreifenden Teams, in denen wir versuchten, unsere kulturellen und fachlichen Hintergründe zu verknüpfen, um zu einer überzeugenden Empfehlung des Teams zu kommen – das war oft mit viel Spaß verbunden.

Was hat mich auf dieses Leben in internationalen Führungsrollen vorbereitet? Vielleicht war es die Tatsache, dass ich auf einem Bauernhof aufgewachsen bin. So lernte ich schon als Kind, dass man das erntet, was man sät. Und ich lernte auch Bescheidenheit – das Ergebnis des Kampfes von Generationen gegen die mächtigeren Kräfte der Natur. Das einfache Leben in meiner Heimatstadt im Loire-Tal hat in mir die Frage geweckt, was es anderswo zu entdecken gäbe, z. B. in Amerika. Und so wuchs in mir schon früh die Begeisterung für internationale Tätigkeitsfelder.

Mein Wirtschaftsstudium in Frankreich stellte sich größtenteils als Zeitverschwendung heraus. Als ich meinen Abschluss in diesem meinen Erachtens zu akademischen und selbstgefälligen System machte, fühlte ich mich auf die Wirtschaftswelt unzureichend vorbereitet – dafür blieb mir viel Zeit, ein sehr guter Rugby-Spieler zu werden... Die Zeit während meines MBA-Studiums an der Columbia University hingegen war herrlich, denn der leistungsorientierte Unterricht ist quasi ein Abbild der Wirtschaftswelt. Der MBA der Columbia University gab mir die Freiheit, meinen Lehrplan selbst zu strukturieren, und ich musste mich auch im harten Wettbewerb unter den Studenten bewähren, der geistige Intensität und Beweglichkeit belohnt. Außerdem herrschte an der Universität ein faszinierendes internationales Klima und das alles vor dem fantastischen Hintergrund von New York City – der Stadt, die selbst die außergewöhnlichste und größte geistige Neugier stillt.

Im Anschluss an das Studium folgten internationale Aufgaben, die alle drei bis vier Jahre wechselten und in deren Rahmen ich in sechs Ländern lebte – mit allen beruflichen und persönlichen Herausforderungen, die damit einhergehen. Meine Familie ist genauso international wie meine berufliche Laufbahn: Meine Frau stammt aus New York und unsere beiden Kinder wurden in Tokio geboren; wir alle sprechen vier Sprachen. Aber seit meinem Abschluss an der Columbia University im Jahr 1984 hat sich die Welt grundlegend verändert. Microsoft war damals wohlgemerkt noch ein privates Unternehmen, und erst in meinem letzten Semester an der Columbia University konnte ich zum ersten Mal an den neuen PCs von IBM arbeiten. Inzwischen ist jedes Unternehmen global. Heute ist die Auswirkung der Globalisierung überall in unseren Unternehmen zu spüren, in Form neuer Chancen und auch neuer Risiken. Neue Märkte entstehen, ebenso neue Wettbewerber. Neue Liefer- und Talentquellen eröffnen sich.

2 Internationalisierung und ihre Folgen für die Unternehmen

Bereiche, die man früher als lokal ansah (was sich auch in der personellen Besetzung widerspiegelte), gewannen schnell eine internationale Dimension: Bei Verkauf und Vertrieb gibt es neue internationale Kanäle, zum Teil unterstützt durch neue Technologien. Das Aufkommen internationaler Einkaufsquellen bietet immer mehr Möglichkeiten zur Fremdbeschaffung und Auslagerung von Leistungen. Beim Personalmanagement wird auf einem offenen und internationalen Arbeitsmarkt nach den talentiertesten Mitarbeitern gesucht. Konzerne und Regierungen müssen immer mehr Gesetze und Bestimmungen befolgen und umsetzen, die in Brüssel verabschiedet wurden. Und ein Unternehmen, das eben noch einen hervorragenden Ruf hatte, kann diesen in einer vernetzten Welt im Nu verspielen.

Internationale Unternehmen mussten lernen, ihre Märkte in ihrer Globalität zu betrachten. Ihre Strategien mussten die Erweiterung des Horizonts berücksichtigen, aus der sich Chancen und Risiken ergeben können: von neuen und wachsenden geographischen Märkten bis hin zum Aufkommen neuer Wettbewerber und neuer konkurrierender Geschäftsmodelle. Selbst die traditionellen lokalen Unternehmen mussten sich der dramatischen Auswirkung der Globalisierung stellen: Die Tage, in denen diese Unternehmen einen lokalen oder regionalen Vorteil (z. B. bei Technologie, Marketing oder Vertrieb) zur Unterstützung ihrer Wachstumspläne ins Spiel bringen konnten, sind weitgehend vorbei. Für sie hatte das Auftauchen konkurrierender Anbieter auf der anderen Seite des Planeten sowie die Notwendigkeit, Kunden in immer mehr Ländern zu betreuen, dramatische Folgen. Dies wird gestützt durch die Ergebnisse einer unlängst von McKinsey veröffentlichten Studie, in der führende Wirtschaftslenker angeben, dass die folgenden drei globalen Trends die größte Auswirkung auf die Rentabilität ihrer Unternehmen haben:

- die wachsende Zahl an Verbrauchern in Schwellenländern und die Veränderungen der Wünsche der Verbraucher,
- die Verlagerung der Wirtschaftsaktivität zwischen bzw. innerhalb von Regionen (z. B. nach Asien und innerhalb der Europäischen Union) sowie
- die zunehmend globalen Arbeits- und Talentmärkte.

Man kann argumentieren, dass diese Trends noch durch einen vierten gestützt werden: die immer einfacheren Möglichkeiten zur Informationsbeschaffung und Wissenserweiterung.

Es ist offensichtlich, dass sich unsere Geschäftsmodelle anpassen müssen. Weniger klar ist, wie oft sie sich in dem globalen Umfeld von heute verändern müssen, und wie wir alle damit umgehen werden. Ich glaube, dass die Geschäftswelt in diesem Umfeld internationale Unternehmenslenker benötigt, die keine Schwierigkeiten mit Veränderungen und oft unklaren Gegebenheiten haben, die ihren Teams helfen, diese Herausforderungen zu bewältigen, die Entscheidungen treffen und ihre Teams auch in unklaren Situationen und unter komplexen Bedingungen anspornen, die ihrer Führungsrolle gerecht werden, weil sie trotz ihrer Position bescheiden bleiben, und die sich auf der Grundlage ihres umfassenden Fachwissens Glaubwürdigkeit und Respekt verschaffen. Ständigen Wandel zu bewältigen und dabei letztendlich auch zu wachsen, ist heute zum Überleben unerlässlich, und in dieser Situation den Sinn klar zu machen, ist heute die wichtigste Aufgabe einer internationalen Führungskraft.

Vom Inneren der meisten Unternehmen aus gesehen, ist das Wirtschaftsleben heute eine Art Strudel aus sich verändernden Märkten, Technologien, Kunden und Produkten, die so schnell umherwirbeln, dass Manager Schwierigkeiten haben, sie in ihrem Kopf zu sortieren. In einem kürzlich erschienenen Artikel erwähnte Fortune, dass 1985 für etwa 41 % der Unternehmen die niedrigste Risikoeinstufung des Standard & Poor's Ratings der Aktienrisiken galt, 35 % lagen in der Hochrisikogruppe. 2006 erhielten nur noch 13 % ein hohes Rating, 73 % gelten als mit hohen Risiken behaftet. Fortune nennt dies eine Verlagerung mit Langzeittrend – ein umfassender Zuwachs an Unsicherheit und Unbeständigkeit. Weiterhin heißt es: „Wir durchlaufen eine Übergangsphase, die noch in vielen Jahrhunderten für

Historiker von Interesse sein wird. Ausgelöst wird diese Phase teilweise durch Globalisierung, teilweise durch die digitale Revolution und die informationsbasierte Ökonomie, die daraus hervorgeht.“

3 Anforderungen an eine Führungskraft

Ein geordneter Geschäftsbetrieb ist in dieser Situation zur zentralen Herausforderung für Unternehmen jedweder Art geworden. Die Lösung erfordert eine Umschulung – nicht nur im Hinblick auf Fähigkeiten, sondern auch im Hinblick auf lieb gewonnene Einstellungen und Annahmen. Die größte Herausforderung hat weniger mit Konzernstrategien oder Managementstrukturen zu tun, sondern vielmehr mit der menschlichen Natur und unserer instinktiven Reaktion auf Veränderung. Es ist eine rein auf Personen bezogene Herausforderung, Menschen dazu zu bewegen, sich ganz neu und anders zu verhalten.

Aber wie bewältigt man so eine Situation und kann dabei sogar wachsen? Wie kann man für die Mitarbeiter, von denen sich viele von diesem neuen globalen und unplanbaren Umfeld bedroht fühlen, Ordnung schaffen? Dafür benötigt eine internationale Führungskraft Flexibilität, Neugier und überzeugende Kommunikationsfähigkeiten:

- die Flexibilität für effektives Leistungsvermögen in den zahlreichen Organisationsstrukturen (Joint Ventures, Kooperationsvereinbarungen, projektbasierte Strukturen), so dass das Unternehmen die Chancen eines globalen Marktes Nutzen kann,
- die Neugier, über den eigenen Tellerrand zu schauen und anderswo – wo auch immer – Best Practices zu entdecken; es ist auch die fast schon paranoide Fähigkeit, den Status quo durch ständige Vergleiche in Frage zu stellen, Best Practices zu definieren und zu hinterfragen sowie immer wieder Neues zu erfinden,
- das Kommunikationstalent, um für Klarheit im Unternehmen zu sorgen, indem man beispielsweise die Mitarbeiter daran erinnert, dass nach wie vor einfache Dinge zum Erfolg führen: z. B. ein überzeugendes Geschäftsmodell, erstklassige Prozesse, eine ausgezeichnete Umsetzung sowie ein talentiertes und motiviertes Team. Effektive Kommunikation aus dem Unternehmenszentrum spielt eine wichtige Rolle – auch für den Zusammenhalt multikultureller und weit verzweigter Unternehmen.

Die Unsicherheit und Komplexität des internationalen Geschäftslebens, das oftmalige Fehlen vollständiger Informationen in einem sich schnell wandelnden Umfeld

– all das kann schlimmstenfalls zu Lähmung, häufiger aber zu Gleichgültigkeit führen. Wir alle haben schon einmal den Satz gehört: „Wissen Sie, Chef, die Dinge sind auf unserem Markt nicht so einfach, unser Umfeld ist viel komplexer." Mit diesem Satz macht man es sich leicht, aber so einfach geht es nicht. Die Dinge sind wahrscheinlich nicht so komplex, und das Umfeld ist es ebenso wenig. Sicher ist jedoch, dass die Geschäftswelt Gleichgültigkeit und Feigheit bestraft. Daher haben die Fähigkeiten, Entscheidungen zu treffen und sich weiterzuentwickeln, eine sehr große Bedeutung, auch wenn der Entscheidungsprozess komplex und schwierig ist.

Kurz gesagt: Das aktuelle Umfeld belohnt denjenigen, der seine Ziele immer klar vor Augen hat, der auch manchmal unvollständige Informationen, Chancen und Risiken gegeneinander abwägen kann, der Entscheidungen trifft, von denen er weiß, dass nicht jeder damit einverstanden sein wird, und der dann mit einem hoch motivierten Team die nächste Herausforderung anpackt.

Es ist sehr wahrscheinlich, dass auch eine erfahrene Führungskraft im internationalen Kontext mit Risiken und Chancen konfrontiert ist, auf die sie weder durch Ausbildung noch durch Erfahrung vorbereitet wurde. Es ist eine große Herausforderung, ein internationales Team auf einem ausländischen Markt oder über mehrere Märkte hinweg zu führen. Dafür ist ein hohes Maß an persönlicher Integrität, eine klare Vision für sich selbst und für das Team sowie eine beträchtliche Portion Bescheidenheit notwendig. Teams sind nicht mehr nur international, sie sind auch multikulturell und umfassen mehrere Abteilungen. Der Umgang mit neuen Kulturen und über Unternehmensbereiche erfordert neben Bescheidenheit auch ein hohes Maß an Feinfühligkeit. Nur wenn man alle Kulturen und Fachbereiche, welche durch die einzelnen Teammitglieder vertreten werden, als gleich wichtig einschätzt, kann das Team seine Ergebnisse maximieren. Bescheidenheit ist auch die Antriebskraft erfolgreicher multikultureller Teams, denn sie stellt Ego und Erfolgswillen in den Dienst des Teams und fördert Respekt und Feinfühligkeit. Bescheidenheit ist der ideale Begleiter der erfolgreichen internationalen Führungspersönlichkeit und sorgt in der Regel dafür, dass die notwendige geistige Neugier nie verloren geht. Ich habe oft Führungspositionen in Ländern oder Unternehmensbereichen übernommen, von denen ich absolut nichts wusste. Ich habe dies meinen Teams gegenüber immer offen zugegeben und habe ihnen versprochen, dass ich mich mit ihrer Hilfe schnell in vollem Umfang einarbeiten werde.

Bei jeder (selbstverständlich auch internationalen) Geschäftstätigkeit geht es immer um Wertschöpfung. Dies erfordert eine starke Ergebnisorientierung, gestützt durch eine solide fachliche Erfahrung und den Einsatz für exzellente Umsetzung. Eine erfolgreiche internationale Führungskraft ist Experte im fachlichen Bereich und ergänzt dieses Fachwissen durch internationale Erfahrung. Es gibt nicht per se eine internationale Geschäftsangelegenheit, bei der es sich nicht um eine Frage aus den

Bereichen Marketing, Finanzen, Produktion oder Personalwesen handelt. Die Lösung dieser Fragen erfordert ein umfangreiches Verständnis für die fachlichen Dimensionen sowie die Fähigkeit, sie in den internationalen Bezugsrahmen zu setzen.

Mein Fachwissen liegt im Bereich Marketing, es war mein Hauptfach an der Columbia University, und in meinen mehr als zehn Jahren in der Konsumgüterindustrie hatte ich hauptsächlich Marketingpositionen inne. In diesem Zeitraum habe ich internationale Erfahrung in sechs Ländern gesammelt. Dieses solide Fachwissen verschaffte mir den Respekt meiner internationalen Kollegen, selbst auf den Märkten, die neu für mich waren, und ich konnte mit Hilfe dieses Wissens zum Erreichen der Teamziele beitragen. Das Fachwissen ist auch der Schlüssel, um Geschäftsmethoden über Märkte und Landesgrenzen hinweg vergleichen und bewerten zu können. Der wahre Wert einer internationalen Führungskraft besteht oft in seiner Fähigkeit, die Leistung lokaler Teams zu verbessern, indem er zusammen mit den Teams Best Practices einsetzt, die er an anderen Orten kennengelernt hat. Das wäre nicht möglich ohne die Glaubwürdigkeit, die ein solides fachliches Fundament einer internationalen Führungskraft verleiht.

4 Anforderungen an die Hochschulen als Ausbildungsstätten zukünftiger Führungskräfte

Wie kann die Hochschulwelt helfen, die Talente zu entwickeln, die das internationale Geschäftsumfeld benötigt? Wie kann sie Führungskräfte aufbauen, die mit dem Wandel wachsen und in der Lage sind, diesem einen Sinn für ihr Unternehmen zu verleihen? Wie kann sie entschlusskräftige Unternehmenslenker hervorbringen, die auch unter schwierigsten Bedingungen und bei den komplexesten Umständen immer nach vorne sehen? Wie kann die Hochschulwelt Bescheidenheit lehren, wenn „ein bescheidener MBA" wie ein Widerspruch in sich klingt? Und wie erreicht sie eine Mischung aus solider Fachkenntnis und internationalem Engagement? Lassen Sie uns mit der letzten Frage beginnen.

Die Hochschule sollte im Lehrplan nicht nur die üblichen theoretischen Ansätze vorstellen. Sie muss eine auf realen Erfahrungen basierende Ausbildung in den einzelnen Fächern schaffen, die über Theorie und Hörsaalbildung hinausgeht. Es muss ein neuer Pakt zwischen Hochschulen und Unternehmen geschlossen werden, um künftige internationale Führungskräfte auszubilden und zu fördern. Damit würde die Hochschule die Welt der Unternehmen auf den Campus und in die Hörsäle einladen. Die Kurse würden durch die Erwartungen der Geschäftswelt ergänzt und manchmal auch in Frage gestellt. Einige meiner interessantesten Kurse an der

Columbia University waren die, bei denen ein „Executive in Residence“ anwesend war, eine Führungspersönlichkeit im Ruhestand, welche die Diskussionen zu einer Fallstudie leitete. Warum war dies so interessant? Weil ich wusste, dass ich genau in jenem Moment die echte Stimme der Geschäftswelt hörte. In seinen Kursen wurden wir als Geschäftspartner und nicht als Studenten gefordert. Theoretische Ansätze wurden oft auseinandergenommen, diese Diskussionen fanden viel zu selten statt. Glauben Sie mir, es ist ein immenser Unterschied, wenn eine Fallstudiendiskussion von einem Unternehmenslenker geleitet wird. Um Studenten auf die Praxis im Unternehmen vorzubereiten und ihnen beizubringen, dass sie bei aller Unplanbarkeit für ihre Teams Ordnung schaffen müssen, sollten Störungen in die Kurse integriert und „dienende Führungskräfte“ herangezogen werden.

Nicht nur der Lehrplan gestaltet die Ausbildung der Führungskräfte von morgen. Die Atmosphäre, in der dies stattfindet, ist genauso wichtig. Die Welt der Hochschulen muss ein Umfeld schaffen, in dem kulturelle Vielfalt herrscht, in dem Studenten gefordert sind, zu beweisen, dass sie zuhören, einen Konsens zwischen Menschen verschiedener Kulturen herbeiführen, verhandeln und emotional aufgeladene Situationen kontrollieren können. Wenn also die Hochschule die Unternehmen in den Hörsaal einlädt, dann muss sie auch die Welt in ihrer ganzen Vielfalt einladen.

Für Peter Drucker war der Umgang mit Wandel die Schlüsselherausforderung für das 21. Jahrhundert, und er hielt „das Gestern hinter sich lassen“ für den wichtigsten Grundsatz, um dies zu erreichen. Das ist eine immense Provokation für die Hochschule, denn ihre Berufung besteht darin, Theorien zu vermitteln, die auf Analysen und Erfahrungen der Vergangenheit aufbauen. Sie muss dieser Berufung weiterhin gerecht werden, aber zusätzlich bei den Studenten eine Mentalität wecken, die den theoretischen Status quo in Frage stellt. Die Hochschulwelt würde den Studenten einen großen Bärendienst erweisen, wenn diese das „Gestern“ zu lange hegen und pflegen würde. Die Herausforderung ist eine doppelte: Die Bereitschaft der Studenten, radikalen Wandel zu begrüßen, muss gestärkt werden, und es müssen Führungskräfte von morgen ausgebildet werden, die in der Lage sind, in diesem Wandel Ordnung für sich selbst und für ihre Umgebung zu schaffen.

Begrüßen Sie Störungen im Hörsaal! Laden Sie Menschen ein, die eine andere Einstellung zur Zukunft haben, laden Sie auch die ein, welche die Lehrinhalte in Frage stellen. Wir leben in einer wirklich revolutionären Ära des Wirtschaftslebens, und es wäre geradezu Wahnsinn, wenn die Hochschule ihren Studenten weismachen wollte, dass kein radikaler Wandel bevorstehe. Meine größte Herausforderung in der internationalen Führungsrolle besteht heute darin, den Mitarbeitern die Veränderungen zu erklären, die wir durchlaufen, und die Gründe, warum die schmerzhaften Anpassungen, die vorgenommen werden, der einzige Weg sind, um auch in Zukunft erfolgreich zu sein. Dies ist meine größte Herausforderung, aber auch gleichzeitig der größte Beitrag, den ich leisten kann. Es erfordert viel Kommunikation auf unterschiedlichen Unternehmensebenen. Ich muss die Außengeräusche reduzieren und das Augenmerk wieder auf die Hauptantriebskräfte für Wandel richten. Ich muss mit Empathie kommunizieren, darf dabei aber nicht von der Richtung abrücken, die ich für unser Unternehmen geplant habe. Zwar muss ich die kurzfristig schmerzhaften Folgen des Veränderungsprozesses anerkennen, dennoch muss ich klar zeigen, in welche Richtung wir gehen müssen, und welche Vorteile sich daraus für unser gesamtes Team ergeben werden. Diese Kommunikation muss klar und einfach bleiben. Ich erinnere mich an das, was einer meiner Mentoren immer gesagt hat: „Es sind immer die einfachen Dinge, die zum Erfolg führen." Das ist eine unverrückbare Wahrheit, auch unter schwierigen Bedingungen.

Ich lasse mich auch inspirieren von den Eigenschaften des „Servant Leaders", der „dienenden Führungskraft" – ein Begriff, der 1970 von Robert K. Greenleaf geprägt wurde. Dieses Konzept ist heute wahrscheinlich wichtiger denn je, denn bei der vorherrschenden zunehmenden Unsicherheit muss eine Führungskraft dem Unternehmen dienen und dieses aufbauen. Greenleaf schrieb: „Führung heißt, nützlich für Menschen und für den Aufbau einer Gemeinschaft am Arbeitsplatz zu sein ... sein eigenes Ego hinten an zu stellen ... einen Platz zu schaffen, an dem Menschen gut arbeiten können, an dem sie bedeutungsvolle Arbeit leisten können und sich mit ganzem Herzen für ihre Arbeit einsetzen können ...". Das ist meine Hauptaufgabe als Führungskraft in einem internationalen Unternehmen.

Wie entwickelt man die Fähigkeiten, Entscheidungen zu treffen, in einem komplexen Umfeld und oft ohne ausreichende Informationen nach vorn zu schauen, Risiken abzuwägen, Chancen zu beurteilen, Möglichkeiten zu definieren und – oft unter Stress –Entscheidungen zu treffen, auch wenn man weiß, dass nicht alle mit der Wahl zufrieden sein werden?

Die Hochschule muss ihren Studenten diese Art der erfahrungsbasierten Ausbildung vermitteln, die sie mit Entscheidungssituationen aus dem wahren Leben konfrontiert. Sie sollte ihnen beibringen, dass beim Treffen einer Entscheidung Qualität und Geschwindigkeit gleich wichtig sein können. Sie muss auf irgendeine Art und Weise den Stress nachbilden, der oft den Entscheidungsfindungsprozess begleitet – sei es aufgrund von finanziellen oder personellen Auswirkungen, eines komplexen und politisch heiklen Entscheidungsfindungsprozesses oder der möglichen Folgen, die das Fällen (oder Nicht-Fällen) einer Entscheidung für die Laufbahn einer Führungskraft haben kann.

„Treffen Sie Entscheidungen, schauen Sie nach vorn!", das ist das Ziel von Boot Camps der US-amerikanischen Marines. Ein Drill Instructor der Marines, der vom

Magazin Fortune gefragt wurde, worin das Geheimnis von Größe bestehe, sagte: „Mein Ziel ist es, einen Marine zu erschaffen, der auch unter Druck wichtige Entscheidungen treffen kann. Ich bringe ihnen Führungsqualitäten bei." Und wie macht er das? „Ich werfe einen Keil ins Getriebe, gebe ihnen zusätzliche Verantwortung, übe also noch mehr Druck aus. Ich bin an ihrer Reaktion interessiert, daran, ob sie mehrere Aufgaben auf einmal bewältigen und Prioritäten setzen können. Versuchen voranzukommen."

Interessant, nicht wahr? Genau das ist es, was wir brauchen! Wie oft imitieren Sie das Boot-Camp-Training der Marines? Und damit meine ich nicht das Brüllen oder die Blicke des Drill Instructors, sondern die Simulationen, die sich echt anfühlen, die das wahre Verhalten der Studenten zeigen und sie herausfordern, ihre Leistungen zu verbessern.

5 Zusammenfassung

Wie kann die Hochschule Bescheidenheit lehren, wenn „bescheidener MBA" wie ein Widerspruch in sich klingt?

Bescheidenheit entsteht durch Erfahrung, durch Fehlschläge oder zumindest durch Zwang. Ihr Vorteil besteht in der Fähigkeit, daraus zu lernen und wieder aufzustehen. Ich kann mir keinen Schnelldurchlauf vorstellen, mit dem sich diese Eigenschaft entwickeln lässt. Vielleicht hilft es, größeren Nachdruck auf die Werte der Bescheidenheit im Lehrplan zu legen, indem man die richtigen Fallstudien und die richtigen Vorbilder wählt. Es wäre hilfreich, Studenten beizubringen, mit Fehlschlägen umzugehen, damit sie verstehen, dass das, was sie als Fehlschlag ansehen, nicht unbedingt ein endgültiges Versagen bedeutet.

Der Wert der Bescheidenheit einer internationalen Führungskraft liegt in der größeren Lernfähigkeit. Man kann aus Fehlern lernen, von denen man sich wieder erholt, aber auch von anderen, die Herausforderungen ganz anders bewältigen. Studenten müssen lernen, von anderen zu lernen und Vergleiche anzustellen, um Best Practices zu identifizieren und anzuwenden, woher auch immer sie stammen.

Unternehmen und Hochschulen sind mit der gleichen großen Herausforderung des 21. Jahrhunderts konfrontiert, nämlich mit dem Umgang mit Veränderungen, der es erforderlich macht, dass wir das Gestern hinter uns lassen. Während ein Unternehmen sofort vom Markt bestraft wird, wenn es zu lange am Gestern festhält, hat die Wissenschaft nicht dieses unverzügliche Feedback von ihren Kunden. Sie weiß nicht, wie gut sie in der Lage ist, die Führungskräfte von morgen auszubilden. Das ist eine Herausforderung, die beide Seiten lösen müssen, und dies erreichen wir am besten zusammen. Die Initiative, die Ansichten von Akademikern und Fachleuten aus der Praxis zu Internationalem Management miteinander zu verbinden, ist phantastisch und sollte unbedingt weiterverfolgt werden. Und wenn wir die US-amerikanischen Marines zu Hilfe rufen müssen, warum nicht?

Burkhard Schwenker*

Globalisierung oder Regionalisierung – Quo vadis, Internationales Management?

---

* Prof. Dr. Burkhard Schwenker ist CEO der Roland Berger Strategy Consultants GmbH mit Sitz in München.

1 Einleitung

Nach wie vor wird in der wissenschaftlichen und öffentlichen Diskussion darüber gestritten, wie mit den Auswirkungen der Globalisierung umzugehen ist. Unstrittig ist jedoch mittlerweile die Tatsache, dass sich jedes Unternehmen, egal ob Großkonzern oder mittleres Unternehmen, der Internationalisierung des wirtschaftlichen Geschehens stellen muss. Sei es proaktiv, um über die nationalen Grenzen hinweg zu wachsen, oder sei es reaktiv, wenn ausländische Wettbewerber in die angestammten Heimatmärkte des Unternehmens eindringen.

Sowohl Wissenschaft als auch Praxis haben in diesem Zusammenhang v. a. drei Fragen zu beantworten: (1) Warum findet Wachstum heute überwiegend international statt? (2) Welche unterschiedlichen Wege können Unternehmen bei der Internationalisierung beschreiten? (3) Welche Voraussetzungen müssen Unternehmen mitbringen, um eine Internationalisierungsstrategie zum Erfolg zu führen? Speziell an die Adresse der Hochschulen gerichtet schließt sich eine vierte Frage an: (4) Welche Konsequenzen muss die akademische Managementausbildung aus der Internationalisierung der Wirtschaft ziehen, z. B. bei der Gestaltung ihrer Curricula?

Meines Erachtens lassen sich ohne Denkanstöße aus der Praxis keine zufriedenstellenden Antworten finden. Im vorliegenden Beitrag werde ich auf diese Fragen eingehen und zwar sowohl aus der Perspektive eines Beraters mit umfangreicher Projekterfahrung als auch aus der Sicht des CEO der Unternehmensberatung Roland Berger Strategy Consultants, die selbst den Weg der Internationalisierung gegangen ist und weiterhin gehen wird. Kurzum, es folgt der Blick eines internationalen Managers auf das Internationale Management.

2 Stillstand bedeutet Rückschritt – Unternehmen müssen (international) wachsen

Das (internationale) Umfeld für Unternehmen hat sich in den letzten zehn Jahren massiv verändert und neue Herausforderungen für die Unternehmensführung entstehen lassen. Hierfür sind fünf Faktoren oder besser „Treiber“ verantwortlich, welche das Unternehmen zwingen, am internationalen Wachstum teilzunehmen: (1) die technologische Entwicklung, (2) die Internationalisierung der Güter- und Dienstleistungsmärkte, (3) die Deregulierung und Liberalisierung der Märkte, (4) die Internationalisierung der Kapitalmärkte sowie (5) die Sättigung vieler Märkte in den westlichen Industrienationen.

(1) Technologische Entwicklung

Technologischer Fortschritt bzw. neue Technologien haben zu einer zunehmenden Konvergenz von Informations- und Kommunikations-(IuK-)Technologien geführt und so die Entwicklung neuer Geschäfte und Geschäftsmodelle ermöglicht. Unternehmen können heute immer größer werden, ohne ihre Steuerungsfähigkeit zu verlieren. Die gestiegene Leistungsfähigkeit der IuK-Technologien trägt nämlich zu einer Senkung der Transaktionskosten innerhalb von und zwischen Unternehmen bei. Zugleich sind die Kosten für den Einsatz von IuK-Technologien kontinuierlich gesunken, während deren Verbreitung stetig zugenommen hat. So gibt es beispielsweise seit 2000 circa 5,5-mal so viele DSL-Kunden, während sich der DSL-Zugangspreis fast halbiert hat. Seit 1998 sind die Telefonkosten für internationale Gespräche um 20 Indexpunkte gesunken, während die Anzahl der Gespräche um 21 % gestiegen ist.

(2) Internationalisierung der Güter- und Dienstleistungsmärkte

Das Bruttoinlandsprodukt (BIP) ist weltweit in den letzten zehn Jahren um durchschnittlich 3 % pro Jahr gewachsen – also recht verhalten. Wer schneller wachsen wollte, musste international Waren und Dienstleistungen ausführen (die Exporte wuchsen immerhin um 8,6 % jährlich). Noch größeres Wachstum versprechen ausländische Direktinvestitionen, die in den letzten zehn Jahren um 12,1 % pro Jahr zunahmen. Wollte ein Unternehmen überdurchschnittlich wachsen, konnte es dies nur auf dem internationalen Wege tun. Insbesondere aus deutscher Sicht erscheint die Notwendigkeit, das Unternehmenswachstum jenseits der Landesgrenzen voranzutreiben, angesichts einer nur geringfügig wachsenden nationalen Wirtschaft umso dringlicher. Märkte wie China oder Indien warten mit zum Teil zweistelligen Wachstumsraten des BIP auf. Auch der osteuropäische Markt, durch die geographische Nähe für Deutschland besonders interessant, wächst überdurchschnittlich.

Auslandsmärkte bieten Unternehmen aber nicht nur überdurchschnittliche Absatzchancen, sondern auch große Potentiale zur Reduzierung der Faktorkosten. Nach wie vor kostet eine Arbeitsstunde in Ländern wie China, Indien oder Tschechien erheblich weniger als in Deutschland. Wichtig bei der Diskussion der Faktorkosten ist allerdings die gleichzeitige Betrachtung der Arbeitsproduktivität am jeweiligen Standort, um tatsächlich vergleichbare Aussagen treffen zu können. Dennoch muss aus deutscher Sicht festgehalten werden: Das Ausland holt auf! So liegt Russland im Vergleich zu Deutschland bei nur 5,1 % der Kosten pro Arbeitsstunde, erbringt aber bereits 15,6 % der Produktivität (Abbildung 1).

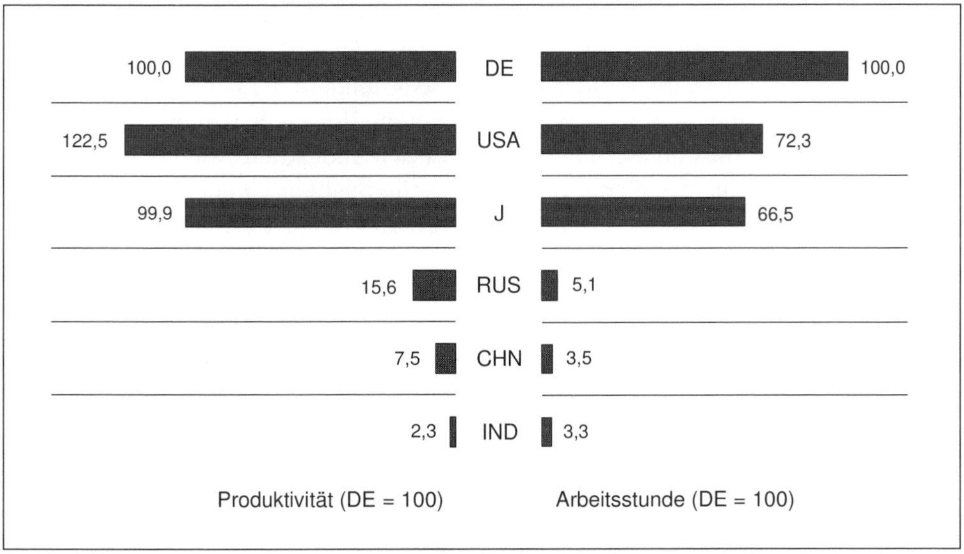

Abb. 1: Arbeitsproduktivität und Lohnkosten im internationalen Vergleich
Quelle: in Anlehnung an EIU (2006) und IMD (2006).

(3) Deregulierung und Liberalisierung der Märkte

Eng mit der zunehmenden Internationalisierung der Märkte verbunden ist der dritte Treiber, die Liberalisierung vormals monopolisierter nationaler Märkte wie z. B. in den Bereichen Telekommunikation und Energie. Die Wachstumschancen (und für die ehemaligen Monopolbetriebe natürlich auch die Risiken) sind hier immens – und dies gilt sowohl für neue Wettbewerber aus dem Inland als auch für ausländische Unternehmen. Der Stromkonzern E.ON hat sich zu einem der weltweit größten Energierversorger entwickelt. Beeindruckend erscheint auch die Karriere der Deutsche Post AG vom ehemaligen Staatsbetrieb zum international größten Logistikkonzern.

(4) Internationalisierung der Kapitalmärkte

Mit der Öffnung der Güter- und Dienstleistungsmärkte geht auch die Liberalisierung der Kapitalmärkte einher. Das Kapital ist mobil geworden und sucht sich die weltweit besten Rendite- und Risikopositionen. Die Unternehmen stehen somit unter einem permanenten Performancedruck, sich stets messen lassen zu müssen, um den notwendigen Kapitalzufluss seitens internationaler Investoren zu gewährleisten. Unternehmen stehen heute unter dem ständigen Druck, (international) wachsen zu müssen.

(5) Sättigung vieler Märkte in den westlichen Industrienationen

Schließlich treibt die Sättigung der Märkte, insbesondere die der westlichen Industrienationen, das internationale Wachstum voran. Beispielhaft hierfür stehen die Automobil- wie Konsumgüterindustrie. In diesen Industrien nimmt die Wettbewerbsintensität in einem solchen Maß zu, dass die Suche nach neuen weniger bzw. noch nicht gesättigten Märkten zu einem dauerhaften Thema wird (Abbildung 2).

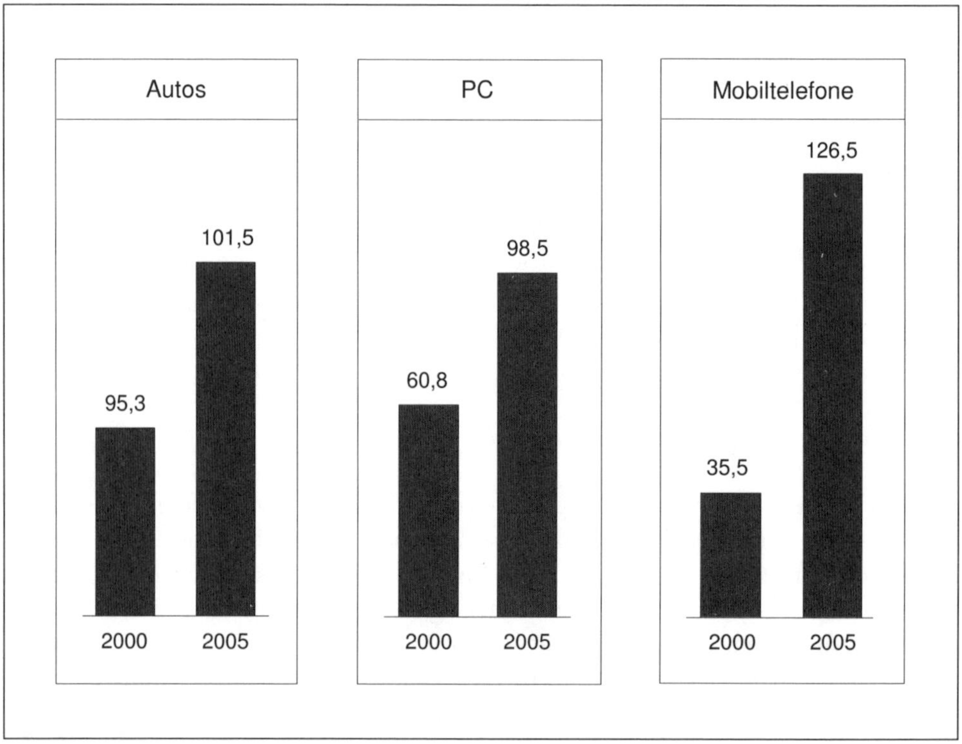

Abb. 2: Penetrationsrate verschiedener deutscher Branchen in Prozent
Quelle: in Anlehnung an Destatis, Statistisches Jahrbuch (2006).

Als Zwischenfazit ist festzuhalten, dass überdurchschnittliches und nachhaltiges Wachstum für Unternehmen nahezu ausschließlich über den Weg der Internationalisierung zu realisieren ist. Die Unternehmen haben keine Wahl, für sie besteht der Zwang, international wachsen zu müssen. Offen ist jedoch noch die Frage nach dem Ausmaß der Internationalisierung und – als Kehrseite der Medaille – nach dem Verbleib bzw. der Bedeutung des Heimatmarktes des Unternehmens.

3 Globalisierung oder Fokussierung auf Heimatregionen – Gibt es den Königsweg der Internationalisierung?

Die Auswirkungen der fünf Wachstumstreiber lassen sich konkret erfassen: (1) In dem Maße, in dem die Weltwirtschaft zusammenwächst, werden auch die Unternehmen global (ob dieser Begriff richtig gewählt ist, darauf werden wir noch zurückkommen). Die DAX-30-Unternehmen machen z. B. rund 70 % ihres Umsatzes im Ausland und beschäftigen circa 44 % ihrer Mitarbeiter außerhalb Deutschlands. (2) In dem Maße, in dem die Weltwirtschaft zusammenwächst, steigt auch die Zahl der Wettbewerber, was entsprechenden Preisdruck bzw. Margenerosion zur Folge hat. So sind die Umsatzrenditen in einzelnen Branchen in den letzten zehn Jahren deutlich gesunken. (3) Nicht nur Güter- und Kapitalmärkte sind heutzutage sehr viel offener, sondern auch die Arbeitsmärkte. Insbesondere sticht hierbei der Markt für Hochqualifizierte heraus. Intellektuelles Kapital ist international mobil und geht dorthin, wo es die besten Bedingungen findet. Aber auch in niedrig qualifizierten Arbeitsmilieus nimmt die Mobilität zu, nationale Grenzen werden immer durchlässiger für den Faktor Arbeit.

Auf welcher Ebene werden diese drei Effekte nunmehr wirksam: global oder regional – wirklich weltweit oder in der jeweiligen Triaderegion Nordamerika, Europa und Asien? Bedeutet Internationalisierung zwangsläufig Globalisierung? Diese Fragen sind alles andere als terminologische Spitzfindigkeiten. Vielmehr haben sie unmittelbaren Einfluss auf die Strategiefindung und -umsetzung sowie mithin auf das (internationale) Management eines Unternehmens. Laut einer aktuellen Studie von Rugman stellt sich nämlich heraus, dass das „Label der Globalität“ in den wenigsten Fällen tatsächlich gerechtfertigt ist (vgl. hierzu und zum Folgenden Rugman 2005). Selbst der weltweit größte Lebensmitteleinzelhändler Wal-Mart – oft als Paradebeispiel der Globalisierung gepriesen (oder angeprangert) – erzielt über 90 % seines Umsatzes in der Nordamerikaregion. Definiert man die Triademärkte Nordamerika, Europa und Asien jeweils als Heimatregion und untersucht nun die regionale Umsatzverteilung der Unternehmen, dann ist die große Mehrheit der Unternehmen weiterhin ein großer „Player“ – allerdings in ihrer jeweiligen Heimatregion (Abbildung 3).

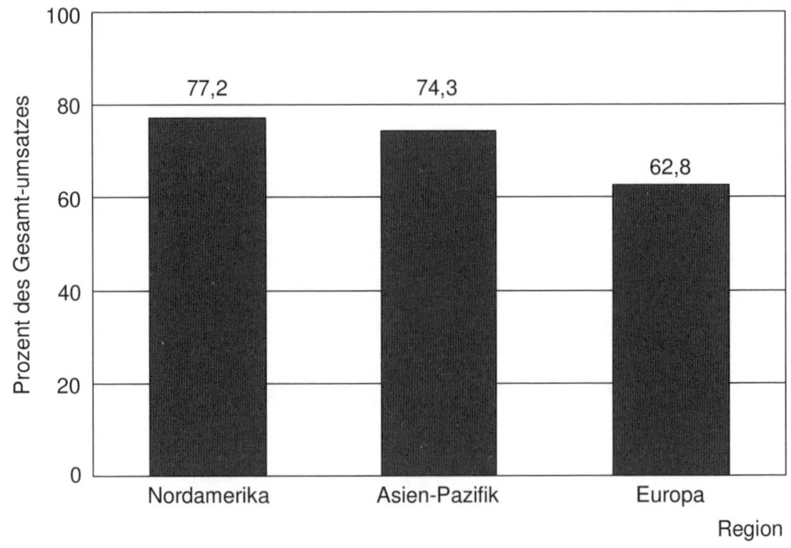

Abb. 3: Durchschnittlicher Umsatz von 380 der weltweit 500 größten Unternehmen in ihrer jeweiligen Heimatregion (= jeweilige Triaderegion)
Quelle: in Anlehnung an Rugman (2005), S. 26 f.

Daran wird also deutlich: Nicht alles ist global, auf dem global draufsteht. Denn der Heimatmarkt oder – größer gedacht – die Heimatregion bleibt trotz Globalisierung das entscheidende Spielfeld. Unternehmen brauchen starke Heimatmärkte, um dort die Kraft zu entwickeln, global führend zu werden. Von den größten 500 Unternehmen der Welt erzielen die meisten mehr als die Hälfte ihres Umsatzes in ihrem Heimatmarkt, und nur 3 % der Unternehmen besitzen eine gleichmäßige Umsatzverteilung über alle Regionen der Triade hinweg. Mit anderen Worten: Globalisierung bzw. Internationalisierung bedeutet nicht immer China oder Indien, gerade Osteuropa bietet z. B. für mittlere Unternehmen erhebliche Potentiale. In welchem Markt sollte ein Unternehmen nun mit welchen verfügbaren Ressourcen agieren? Die Wahl des angestrebten Internationalisierungsgrads sowie der unterschiedlichen Markteintritts- und Marktbearbeitungsstrategien (in klassischer Sichtweise nach Export, Kooperation und Direktinvestition gegliedert) ist sicherlich nicht pauschal, sondern nur unternehmensspezifisch zu beantworten. Hier kann es keine Universalstrategie geben. Dennoch sind Verhaltensmuster, Beurteilungskriterien oder Checklisten herauszuarbeiten, die den Unternehmen Entscheidungshilfe bei ihren Internationalisierungsbestrebungen bieten.

Dabei können unterschiedliche Internationalisierungsgrade und -wege durchaus gleichermaßen zu wirtschaftlichem Erfolg führen – dies zeigt der Vergleich der Erfolgsstories der Deutschen Post und von E.ON. Erstere setzte auf eine klare globale Ausrichtung, dagegen konzentrierte sich das Energieunternehmen auf seine europäische Heimatregion (nach erfolgreicher inhaltlicher Fokussierung als Energieversorger).

Wurden bisher als Kern einer Internationalisierung die globalen bzw. regionalen Aspekte der Umsatzverteilung diskutiert, ist mit gleichem Stellenwert darüber hinaus aber die räumliche Aufteilung des Systemkopfs und der restlichen Unternehmensfunktionen zu betrachten, d. h. die Anordnung der zentralen und dezentralen Unternehmensfunktionen.

Als Systemkopffunktionen werden hoch wertschöpfende Unternehmensfunktionen verstanden. Hierzu zählen z. B. Forschung und Entwicklung, Fertigungsplanung und -steuerung, Marketing sowie hochwertige Produktionsprozesse. Die (zentralen) Funktionen sind notwendig, um die globalen bzw. internationalen (Unternehmens-) Netzwerke zu steuern. Mit der Lokalisierung des Systemkopfs gehen gleichzeitig Fragen der Dezentralisierung anderer Unternehmenseinheiten einher. Zu den Vorzügen dezentraler Organisationseinheiten gehört, dass diese ihr Umfeld sehr viel besser kennen als zentral gesteuerte Großorganisationen. Die lokalen Einheiten wissen um die Wünsche ihrer Kunden, weil sie mit diesen in unmittelbarem Kontakt stehen. So können sie Marktopportunitäten besser nutzen oder Bedrohungen frühzeitig abwehren. In dem Maße, wie die Internationalisierung der Volkswirtschaften voranschreitet, ist nunmehr mit einer Verstärkung des Trends zur Dezentralisierung von Unternehmen zu rechnen, gerade weil das lokale Geschäft so unterschiedlich ist und keinen unmittelbaren Bezug zum Systemkopf aufweist. Dezentrale Einheiten sind häufig auch innovativer und zeigen mehr Unternehmergeist: Von der ersten Produktidee bis zur Umsetzung am Markt können kleine lokale Einheiten wesentlich schneller reagieren als konventionelle Großorganisationen mit ihren teilweise langwierigen Abstimmungsprozessen. Damit fördern dezentrale Unternehmen auch die Leistungsbereitschaft des Einzelnen, da die Auswirkungen des eigenen Handelns unmittelbar sichtbar werden.

Nach der Optimierung der räumlichen Umsatzverteilung gilt es gleichermaßen, über die optimale globale bzw. regionale Aufteilung der Wertschöpfungskette zu entscheiden. Wiederum steht fest: Patentrezepte, beispielsweise zum Offshoring ganzer Unternehmensteile, gibt es nicht. Empfehlungen lassen sich nur unternehmensspezifisch entwickeln.

Wenn es nun den Prototyp des internationalen Unternehmens nicht gibt und gar nicht geben kann, stellt sich die Frage, welche Aspekte innerhalb einer Internationalen Managementausbildung je nach Internationalisierungsgrad hervortreten. Alle Unternehmen, die international erfolgreich sein wollen, benötigen somit bestimmte Voraussetzungen, mit denen sich der nächste Abschnitt beschäftigt.

4 Erfolgversprechende Mischung – Internationales Management gelingt nur durch die Kombination von „Hard Skills" und „Soft Skills"

Für den Erfolg im Internationalen Management braucht ein Unternehmen die richtige Kombination aus den sogenannten „Hard Skills" und „Soft Skills". Erstere umfassen die organisatorischen, strategischen und strukturellen Voraussetzungen der internationalen Expansion. Zu den Soft Skills gehören die Aspekte, die sich auf die Einstellung der Mitarbeiter und Führungskräfte zur Internationalisierung beziehen. Wichtig scheint der Hinweis, dass die Internationalisierung nur im Zusammenspiel von „harten" und „weichen" Faktoren gelingen kann. Die eine Kategorie lässt sich nicht gegen die andere aufrechnen oder gar durch sie ersetzen. Zu den Hard Skills zählen im Wesentlichen:

- die konsistente Internationalisierungsstrategie, d. h. der abgestimmte Ziel- und Maßnahmenplan, der globale bzw. regionale Zielmärkte sowie die Art und Weise ihrer Bearbeitung definiert,
- das Wissen um die Chancen und Risiken in den definierten Zielmärkten,
- die richtige Wertschöpfungstiefe, die für den jeweiligen Zielmarkt den Einsatz von Eigen- bzw. Fremdressourcen festlegt, und
- den Zugang zu Kapital, der gegebenenfalls über Wohl und Wehe alternativer Internationalisierungsstrategien entscheidet.

Diese „harten" Faktoren sind lediglich notwendige, aber keine hinreichenden Bedingungen für den Erfolg auf dem internationalen Wirtschaftsparkett. Nur in Kombination mit den entsprechenden „weichen Faktoren" können sie positive Effekte bewirken. Ohne das richtige „Mindset" der Mitarbeiter und Führungskräfte tragen selbst die besten Strategien und ausgefeilten Maßnahmenkataloge keine Früchte. So bedarf es

- eines ausprägten Glaubens an die eigenen Stärken, um den Unternehmenserfolg weltweit durchzusetzen,
- damit einhergehend einer Vertrauens- und Leistungskultur, um trotz dezentraler Strukturen den Unternehmenserfolg zu sichern, sowie
- Offenheit und Toleranz gegenüber fremden Kulturen als Grundvoraussetzung, um neue Länder zu erschließen und zu lernen, deren Märkte zu bearbeiten und deren Menschen zu verstehen.

Angesichts der Erkenntnis, dass es das *eine* internationale Unternehmen nicht gibt, sondern in der Mehrheit heimatregionenorientierte, darüber hinaus biregionale

(z. B. in Nordamerika und Europa verankerte) sowie nur wenige tatsächlich globale Unternehmen existieren, stellt sich eine wichtige Frage: Inwieweit ist eine Ausdifferenzierung des Internationalen Managements vonnöten? Unbestritten sollte sein, dass sich die zuvor genannten Kernthemen des Internationalen Managements unterschiedlich ausprägen – je nachdem, ob nun eine globale bzw. regionale Internationalisierungsstrategie angestrebt wird (z. B. in Form einer fokussierten Bearbeitung der europäischen Heimatregion). So unterscheidet sich eine Heimatregion in vielen Punkten signifikant von „fremden" Regionen, was sehr deutliche Auswirkungen auf die Findung und Umsetzung der Internationalisierungsstrategie hat. Das Engagement in der Heimatregion bietet folgende Vorteile:

- leichtere Realisierung von Economies of Scale,
- geringere geographische und kulturelle Distanz,
- einheitlicher regulatorischer Rahmen,
- Unabhängigkeit von Wechselkursschwankungen und
- bessere Kalkulierbarkeit der Nachfrage.

Im globalen Kontext treten offensichtlich andere Fragestellungen in den Vordergrund. Im Zusammenhang mit den für die Internationalisierung erforderlichen Hard Skills ist z. B. die Thematik der (notwendigen) Dezentralisierung von Unternehmenseinheiten besonders aufmerksam zu analysieren. Bezogen auf die Soft Skills sind kulturelle Aspekte zum Management global verteilter Unternehmensteile aus fremden Kulturkreisen von großer Bedeutung. Beispielhaft soll hier auf die potentiell „schwierige" Übernahme bzw. die nachfolgende Integration japanischer Unternehmen hingewiesen werden. So haben die Kulturunterschiede japanischer Tochterunternehmen starken Einfluss auf das Management dieser Unternehmenseinheiten. Begriffe wie das „Senioritätsprinzip" oder das Verständnis des Unternehmens als eine „Gemeinschaft von Menschen" weisen darauf hin, dass man mit der einfachen Übertragung westeuropäischer Maßstäbe oder Steuerungssysteme wenig Aussicht auf Erfolg haben dürfte.

In dem Maße, wie kulturelle Unterschiede potentielle Gefahren bergen, bieten sie aber auch Chancen, die es zu nutzen gilt. So bringt eine europäische Unternehmensführung eigenständige Managementstile und damit Wettbewerbsvorteile hervor, welche sich beispielsweise durch ganzheitliches Stakeholder-Management inklusive gesellschaftlicher Verantwortung, durch nachhaltige Unternehmensentwicklung sowie durch Vertrauen, Glaubwürdigkeit und Integrität auszeichnen. Mit diesen Stärken kann man globale Marktführerschaft erreichen.

Es zeigt sich demnach deutlich, dass in der Praxis eine Differenzierung des internationalen Managements notwendig ist, die den Besonderheiten der Zielregion(en) Rechnung trägt. Welche Auswirkungen hat diese Erkenntnis auf die akademische

Lehre des Faches „Internationales Management“? Ist es mit kleineren Anpassungen getan? Oder ist das Thema tatsächlich neu aufzurollen? „Kommt ganz darauf an!“, lautet die diplomatische Antwort.

5 Differenzierung statt Einheitscurriculum – Anforderungen an das Fach „Internationales Management“ steigen

Gemäß dem unterschiedlich ausgeprägten Internationalisierungsgrad von Unternehmen sollte auch eine entsprechend differenzierte Gestaltung des Internationalen Managements erfolgen. Denkbar sind z. B. Studienschwerpunkte mit den Inhalten „Globales Management“, „Europäische Unternehmensführung“ oder „Management in Asien“. Der Versuch einer Ausbildung im Internationalen Management nach dem Motto „One size fits all“ birgt die Gefahr der Oberflächlichkeit. Als weiterer Aspekt der Differenzierung ist zudem die interdisziplinäre Ausgestaltung des Faches Internationales Management zu fordern. Insbesondere sind hierbei die sprach-, sozial- und kulturwissenschaftlichen Fächer zu berücksichtigen, da ausschließlich volks- und betriebswirtschaftliche Curricula den Absolventen nur einen Teil des notwendigen Rüstzeugs vermitteln, um die Herausforderungen des internationalen Wirtschaftslebens zu meistern.

Ich möchte die Universitäten an dieser Stelle ermutigen, verstärkt in den Markt der Executive Education oder der Kooperation mit Corporate Universities einzutreten.[1] Dies intensiviert den Austausch zwischen Unternehmenspraxis und Hochschule – zum beiderseitigen Nutzen. Das Angebot solcher in der Regel spezialisierter Ausbildungspakete ermöglicht zudem ein Modell, das den angehenden (internationalen) Manager gezielt auf globale bzw. regionale Auslandsmärkte vorbereitet.

Als letzten Punkt möchte ich die Internationalisierung des Faches Internationales Management anregen. Hiermit meine ich das besondere Engagement der Hochschule, des Fachbereichs bzw. des Lehrstuhls vor Ort. So hat beispielsweise die TU München eine wirtschaftlich selbständige Dependance in Singapur eröffnet. Natürlich sind auch Kooperationsmodelle mit ausländischen Universitäten denkbar, die bereits existieren und verstärkt werden müssen. Einen Absolventen des Faches Internationales Management ohne Auslandserfahrung darf es nicht mehr geben!

---

1 Vgl. dazu auch den Beitrag von Winfried Ruigrok „Der Beitrag des Internationalen Managements im Bereich der Weiterbildung von Führungskräften (Executive Education)“ in diesem Band.

Lassen Sie mich abschließend auf eine Anforderung eingehen, die für die gesamte betriebswirtschaftliche Lehre gilt. Eine wissenschaftliche Ausbildung muss v. a. eines vermitteln: Denken zu lernen. Dazu gehören für mich insbesondere folgende Fähigkeiten:

- Probleme analytisch zu strukturieren,
- Muster zu erkennen,
- relevante Methoden anzuwenden,
- sinnvolle Hypothesen abzuleiten,
- bei der Lösungsfindung strukturiert vorzugehen und
- Ergebnisse zu kommunizieren.

Deshalb wären die deutschen Hochschulen – v. a. die wirtschaftswissenschaftlichen Fakultäten – mehr als schlecht beraten, dem „Fallstudientrend" hinterherzulaufen. Stattdessen sollten sie sich über eine theoriefundierte Ausbildung profilieren und differenzieren.[2] Auch an den internationalen Hochschulen setzt sich die Erkenntnis durch, dass eine reine fallstudiengestützte Ausbildung nicht mehr ausreicht: Eine theoretisch fundierte und interdisziplinäre Ausbildung mit Praxisanteilen, die in Unternehmen absolviert werden, ist besser als die „ad hoc"-Lösung von Fallstudien. Eine Konzentration auf diese Stärke könnte ein wichtiger Wettbewerbsvorteil der deutschen Hochschulen werden. Und damit ebenso für Absolventen des Faches Internationales Management, die wir im Anschluss an ihre Ausbildung auf das internationale Parkett schicken!

Literatur

Economist Intelligence Unit (EIU) (2006): Database 2006. London, 2006.

Institute for Management Development (IMD) (2006): IMD World Competitiveness Yearbook 2006. Lausanne, 2006.

Rugman, A. M. (2005): The Regional Multinationals: MNEs and „Global" Strategic Management. Cambridge University Press, Cambridge et al., 2005.

Statistisches Bundesamt (Destatis) (2006): Statistisches Jahrbuch 2006. Für die Bundesrepublik Deutschland. Wiesbaden, 2006.

2 Vgl. dazu auch die Beiträge von Stefan Eckert „Lehre zum Internationalen Management im deutschsprachigen Raum" sowie von Dirk Holtbrügge und Helmut Haussmann „Lehre im Internationalen Management – Didaktische Anforderungen und Lösungsoptionen" in diesem Band.

Abschnitt E:
Internationales Management und Grenzbereiche

Joachim Wolf*

Das Internationale Management aus organisationswissenschaftlicher Sicht

* Prof. Dr. Joachim Wolf ist Inhaber des Lehrstuhls für Organisation an der Christian-Albrechts-Universität zu Kiel.

1 Ziel des vorliegenden Beitrags

Bis in die 1970er Jahre bestand die sich Unternehmen stellende internationalisierungsbezogene Schlüsselfrage darin, ob sie sich im Ausland betätigen sollten oder nicht. Seither ist diese Frage für die Mehrzahl der in hochentwickelten Industrie- und Dienstleistungsländern ansässigen Unternehmen eindeutig zu bejahen, und sie haben somit ihre Entscheidungen und Gestaltungsbemühungen auf das „Wo" der Betätigung und die Integration der Auslandsaktivitäten untereinander sowie mit den Heimatlandaktivitäten zu konzentrieren. Sie müssen das „Wo" und das „Wie" der Internationalisierung in den Vordergrund ihrer Entscheidungen und Gestaltungsbemühungen stellen (Meffert 1989). Spätestens mit dieser Bedeutungsverschiebung vom „Ob" zum „Wo" und „Wie" der Internationalisierung sind Organisationsfragen in den Mittelpunkt des Managements internationaler Unternehmen gerückt. Im Mittelpunkt der betriebswirtschaftlichen Teildisziplin „Organisation" stehen die Spezialisierung und die Koordination unternehmerischer Teileinheiten (Macharzina/Wolf 2008). Es geht also um die Frage, welche Unternehmensteileinheiten sich auf welche Elemente des Wertschöpfungsprozesses konzentrieren sollten (= Spezialisierung) und wie die Wertschöpfungsbeiträge der Unternehmensteileinheiten bestmöglich aufeinander abgestimmt werden können (= Koordination). Bezogen auf internationale Unternehmen ist im Spezialisierungszusammenhang bcispiclswcisc zu klärcn, ob cinc bcstimmtc Aktivität in Stammlandseinheiten vollzogen werden soll (und wenn ja, in welchen) oder in welchen Auslandseinheiten diese durchgeführt werden sollte. In den Bereich der Koordination fällt die Auswahl geeigneter Abstimmungsinstrumente, mit denen ein zielführendes Zusammenwirken aller Inlands- und Auslandseinheiten sichergestellt werden kann.

Da die Organisationswissenschaft eine schon seit langem etablierte Kerndisziplin der Betriebswirtschaftslehre darstellt und Forscher des Bereichs „Internationales Management" (IM) Organisationsaspekte thematisieren, stellt sich die Frage, ob mit dem IM eine eigenständige betriebswirtschaftliche Teildisziplin gegeben ist oder nicht.[1] Diese Frage soll im vorliegenden Beitrag diskutiert werden, der aus der Perspektive eines Organisationswissenschaftlers verfasst wurde, der die Mehrzahl seiner Forschungsprojekte der Organisation der internationalen Unternehmenstätigkeit (z. B. Organisation des Internationalen Personalmanagements, strategiegerechte Organisationsstrukturen internationaler Unternehmen) gewidmet hat.

---

1 Vgl. dazu v. a. die Beiträge von Michael Kutschker „Identität des Faches ‚Internationales Management' innerhalb der Betriebswirtschafts- und Managementlehre" sowie von Johann Engelhard, Christian Schmidt-Wellenburg und Dirk Steinhausen „Institutionelle Entwicklung des Internationalen Managements als wissenschaftliche Disziplin" in diesem Band.

Im vorliegenden Beitrag wird diese Prüfung nicht auf den ganzen Bereich des International Business, sondern auf dessen Teilbereich des IM bezogen. Einschlägigen Publikationen (Welge/Holtbrügge 2006) zufolge besteht der Unterschied zwischen diesen beiden Erkenntnisfeldern darin, dass das *Erstere* die Auswirkungen der Internationalisierung auf die unternehmerischen Sachfunktionen untersucht und damit das Gesamtspektrum der mit der internationalen Geschäftstätigkeit verbundenen Entscheidungen und Handlungen – angefangen von der Frage, in welchem Maße, in welchen Ländern, mit welcher Geschwindigkeit und über welche Markteintrittsformen ein Unternehmen überhaupt internationalisieren soll, über finanzwirtschaftliche Fragen bis hin zu Desinvestitionsfragen. Das *Letztere* hingegen hat dessen Teilbereich der Führung und Organisation des internationalen Unternehmensverbunds zum Gegenstand.

Die nachfolgende Prüfung der wissenschaftlichen Eigenständigkeit des Erkenntnisbereichs IM wird dabei nicht anhand formaler, auf die institutionelle Verankerung des Erkenntnisfeldes bezogener Kriterien vollzogen. Es wird also auf eine Prüfungsform verzichtet, welche z. B. die Anzahl der dem Themenbereich des IM gewidmeten Lehrstühle auszählt und im Falle des Übersteigens eines bestimmten (letztlich immer subjektiv gesetzten) Schwellenwerts zu dem Ergebnis gelangt, dass es sich beim IM um eine wissenschaftliche Disziplin handelt. Eine derartige Form der Prüfung wird hier aus zwei Gründen unterlassen: Erstens liegen bereits derartige Untersuchungen vor (Macharzina 2002). Und zweitens ist bekannt, dass die institutionelle Verankerung von Themenfeldern an wissenschaftlichen Hochschulen nicht selten Modeströmungen folgt und somit nicht notwendigerweise ein perfektes Spiegelbild der faktischen Bedeutung bzw. des Status des jeweiligen Feldes darstellt. Auch wird mit einer derartigen auszählenden Prüfung nichts über die Qualität der wissenschaftlichen Handhabung des Erkenntnisfeldes IM ausgesagt.

Stattdessen ist die nachfolgende Prüfung von der Ausgangsüberlegung geleitet, dass eigenständige wissenschaftliche Disziplinen nicht nur einen besonderen Erkenntnisbereich (Macharzina/Oesterle 2002), sondern v. a. auch bestimmte Charakteristika aufweisen, die ihnen erst zu dem Status dieser wissenschaftlichen Eigenständigkeit verholfen haben. Derartige Charakteristika bestehen hauptsächlich in

- der Existenz spezifischer, für das jeweilige Teilgebiet typischer Theorien,
- dem Vorhandensein besonderer, typischer Konzepte,
- dem relativ frühzeitigen Aufkommen von Theorien und Konzepten in dem jeweiligen Teilgebiet,
- der methodischen Präzision im Forschungszusammenhang, insbesondere bei der Erfassung von abstrakten Konzepten im Rahmen der empirischen Forschung sowie

- in einer Veröffentlichung hoch respektierter Forschungsbeiträge in Fachzeitschriften, welche dieser Disziplin gewidmet sind.

Diese Charakteristika werden im nachfolgenden zweiten Hauptabschnitt zur Beurteilung der wissenschaftlichen Eigenständigkeit des Gebiets IM herangezogen, bevor dann im dritten Hauptabschnitt eine Zusammenführung der Teilbefunde zu einem Gesamtergebnis geleistet wird.

2 Kriteriengeleitete Prüfung der wissenschaftlichen Eigenständigkeit des Bereichs „Internationales Management"

Bereits bei einer kursorischen Literaturanalyse wird offensichtlich, dass in den dem Themengebiet IM zuzuordnenden Veröffentlichungen auf eine vergleichsweise große Zahl an Theorien und Konzepten zurückgegriffen wird. Deshalb erhebt sich im vorliegenden Beitrag die Frage, anhand welcher Theorien und Konzepte die Prüfung der wissenschaftlichen Eigenständigkeit des IM zu vollziehen ist. Um zu einer tragfähigen Beantwortung dieser Frage zu gelangen, hat der Verfasser des vorliegenden Beitrags die letzten zehn Jahrgänge der forschungsorientierten Kernzeitschriften des IM durchgesehen und geprüft, auf welche Theorien und Konzepte in den während dieser Zeitspanne vorgelegten Forschungsbeiträgen am häufigsten zurückgegriffen worden ist. Es zeigte sich, dass die am häufigsten verwendeten Theorien in der Internalisierungstheorie und dem ressourcenbasierten Ansatz bestehen. Daher soll deren Anwendung im Bereich des IM im Nachfolgenden betrachtet werden. In konzeptbezogener Hinsicht stehen insbesondere die auf Bartlett und Ghoshal zurückgehende transnationale Lösung, aber auch Aharonis Modell der Internationalisierungsentscheidung im Vordergrund. Auch sie werden im vorliegenden Beitrag eine Behandlung finden.

2.1 Spezifität der Theoriegrundlage

Es besteht weitgehend Konsens darüber, dass wissenschaftliche Disziplinen eine solide Theoriegrundlage benötigen. Eine solche ist insbesondere deshalb unabdingbar, weil Theorien

- eine vertiefte Analyse der in der Realität vorhandenen Probleme, Lösungen und Variablenzusammenhänge ermöglichen,

- Destillate bzw. konsistente Zusammenfügungen der Befunde der zahlreichen vorausgehenden Forschungsbemühungen darstellen und
- die Integration der bestehenden sowie der neu hinzukommenden Befunde in den Wissenskörper der Disziplin ermöglichen (zu weiteren Funktionen von Theorien vgl. Wolf 2008).

Deshalb verwundert es nicht, dass sich die im Erkenntnisbereich IM tätigen Forscher bemüht haben, ihre Disziplin mit einem integrierenden Theoriekörper zu versehen. Überblicksbeiträge wie diejenigen von Macharzina (1982) oder Engelhard und Dähn (2002) belegen diese Anstrengungen, wenngleich sie auch zeigen, dass die Mehrzahl der verwendeten Theorien den Themenbereich „International Business" im Allgemeinen und nicht dessen Teilgebiet „International Management" im Besonderen betrifft. Im Hinblick auf den letztgenannten Bereich stehen die Internalisierungstheorie sowie der ressourcenbasierte Ansatz im Vordergrund.

2.1.1 Internalisierungstheorie

Buckley und Casson (1985; Ende Dezember 2006 wurde diese Publikation 851-mal in Google Scholar zitiert), Rugman (z. B. 1980; Ende Dezember 2006 wurden Rugmans Beiträge zur Internalisierungstheorie mehr als 400-mal in Google Scholar zitiert), Hennart (1982, 1988; Ende Dezember 2006 wurden diese beiden Beiträge 724-mal in Google Scholar zitiert) sowie Teece (1981, 1986; Ende Dezember 2006 wurden diese beiden Beiträge 206-mal in Google Scholar zitiert) gelten als die Hauptvertreter der Internalisierungstheorie, die nach wie vor als Stützpfeiler der Internationalisierungsforschung dient. Dieses auch als „Theorie des Marktversagens" bzw. „market imperfections theory" bezeichnete Denkgebäude will insbesondere den seit den 1970er Jahren anhaltenden starken Bedeutungsgewinn internationaler Direktinvestitionen erklären. Dieses Realphänomen ist insofern erklärungsbedürftig, als internationale Unternehmen prinzipiell zwei Alternativen haben: Sie können grenzüberschreitende Transaktionen entweder über den Markt (= Export oder Lizenzierung) oder unternehmensintern abwickeln (= internalisieren), wobei die letztgenannte Alternative zum Aufbau von Direktinvestitionen führt.

Die Argumentationslinien der Internalisierungstheorie beruhen auf der Annahme der Unvollkommenheit von Faktormärkten. Insbesondere das Bestehen von Handelsbarrieren sowie spezialisiertem Wissen bewirkt, dass Faktormärkte suboptimal funktionieren. Auf dieser Annahme beruhend argumentiert nun die Internalisierungstheorie, dass Direktinvestitionen dann präferiert werden, wenn eine marktmäßige Abwicklung der jeweiligen Transaktionen entweder überhaupt nicht möglich oder mit Transaktionskosten verbunden ist, die höher sind als diejenigen der unternehmensinternen Lösung. Nicht genau geklärt wird dabei jedoch, welche Teilfunktionen bzw. Wertschöpfungsaktivitäten im internationalen Unternehmen internalisiert werden sollen und welche nicht. Als grobe Richtschnur wird von der allgemeinen Transaktionskostentheorie die Vermutung übernommen, dass besonders häufige und spezifische Transaktionen zu internalisieren sind. Überdies werden jene Bereiche als internalisierungsaffin angesehen, für die ein Transfer von Technologien bedeutsam ist oder bei denen ein besonderer Nutzen aus einer vertikalen oder horizontalen Integration von Wertschöpfungsaktivitäten gezogen werden kann (Krugman/Obstfeld 2004). Schließlich wird argumentiert, dass jene Teilfunktionen zu internalisieren sind, innerhalb derer intangible Ressourcen eine hohe Bedeutung besitzen (Kutschker/Schmid 2006). Eine Internalisierung empfiehlt sich also insbesondere in den kernkompetenzträchtigen Bereichen des internationalen Unternehmens. Die Vertreter der Internalisierungstheorie führen an, dass vertikal integrierte internationale Unternehmen gegründet werden, um der Gefahr einer opportunistischen Ausbeutung sowie des vorzeitigen Ausfalls von Marktpartnern vorzubeugen, um Qualitätskontrollen einzusparen sowie mangelndes lokales Know-how auszugleichen. Horizontal integrierte internationale Unternehmen würden geschaffen, um Know-how sowie Goodwill besser grenzüberschreitend übertragen zu können. Konglomerate internationaler Unternehmen würden v. a. mit dem Ziel vereinfachter internationaler Kapitaltransaktionen gebildet. Schließlich wird die Möglichkeit zur zielgerichteten Gestaltung von Transferpreisen als Beweggrund für den Aufbau internationaler Unternehmen jedweden Typs gesehen (Braun 1988).

In der betriebswirtschaftlichen Fachgemeinschaft ist unumstritten, dass die Internalisierungstheorie nichts anderes ist als ein untersuchungsfeldspezifischer Ableger der allgemeinen, aus der Volkswirtschaftslehre herkommenden und in der betriebswirtschaftlichen Organisationswissenschaft schon seit Beginn der 1970er Jahre verwendeten Transaktionskostentheorie. Dies wird insbesondere angesichts der zuvor dargelegten internalisierungstheoretisch begründeten Motive für die Bildung internationaler Unternehmen offensichtlich. Damit wäre jedoch noch kein Negativum gegeben. Als problematisch zu gelten hat jedoch, dass der Spezifitätsgrad der Internalisierungstheorie, also das, worin diese über das Argumentationsgebäude der allgemeinen sowie der auf Organisationsfragen zugeschnittenen Transaktionskostentheorie hinausgeht, vergleichsweise gering ist.[2] Zwar haben Teece (1981) sowie Hennart (1982) auf die besondere Bedeutung von Faktoren wie Rohstoffe, Goodwill und Know-how für internationale Unternehmen hingewiesen, doch stellen diese Andeutungen keine wesentlichen Erweiterungen der Denkform

2 Vgl. dazu auch den Beitrag von Michael Kutschker „Identität des Faches ‚Internationales Management' innerhalb der Betriebswirtschafts- und Managementlehre" in diesem Band.

der Transaktionskostentheorie, sondern vielmehr argumentativ extrem naheliegende Konkretisierungen dieser allgemeinen Theorie der Organisation ökonomischer Aktivitäten dar. Der im Schrifttum bisweilen vorgetragenen Vermutung, dass die Internalisierungstheorie gegenwärtig eine der fundiertesten Theorien zur Internationalisierung von Unternehmen darstellt (Welge/Holtbrügge 2006), kann hier somit nicht gefolgt werden. Sie ist zwar gut fundiert im Sinne einer festen Verankerung in der ökonomischen Theorie; fundiert im Sinne von internationalisierungsspezifisch ist sie jedoch nicht.

2.1.2 Ressourcenbasierter Ansatz

Der ressourcenbasierte Ansatz ist in den vergangenen Jahren zur vorherrschenden Theoriegrundlage der Forschung im IM herangereift. Peng (2001), der einen viel beachteten Überblicksbeitrag über den ressourcenbasierten Ansatz in der Internationalen Betriebswirtschaftslehre vorgelegt hat, sieht in diesem Ansatz eine Schlüsselentwicklung der Forschung zu diesem Bereich. Peng zeigt auf, dass der ressourcenbasierte Ansatz in 61 auf internationale Unternehmen ausgerichteten, häufig zitierten Publikationen verwendet worden ist. Die vielfache Bezugnahme auf den ressourcenbasierten Ansatz in Forschungsarbeiten zum IM ist insofern nicht allzu überraschend, als eine Kernaufgabe internationaler Unternehmen darin besteht, ihre Auslandsgesellschaften mit hinreichenden Ressourcen auszustatten, so dass diese die aufgrund ihrer Fremdheit in der Gastlandsumwelt bestehenden Nachteile (Hymer 1960), ihre „liability of foreignness“ (Zaheer 1995), auszugleichen vermögen.

Um den Einfluss und die inhaltliche Ausgestaltung des ressourcenbasierten Ansatzes im Bereich des IM nachzeichnen zu können, wurden vom Verfasser des vorliegenden Beitrags jene 17 von Peng genannten Publikationen durchgesehen, für welche die EBSCO-Datenbank mindestens 50 Zitationen nachweist. Auf die am allerhäufigsten (nämlich mehr als 90-mal) zitierten Schriften soll nachfolgend eingegangen werden. Hamel (1991) studierte auf der Basis von neun Fallstudien das Lernen im Rahmen internationaler Strategischer Allianzen. Er stellte fest, dass jene Unternehmen innerhalb von Strategischen Allianzen die größten Lernerfolge aufwiesen, welche (1) die Zusammenarbeit von Anfang an als eine Lerngelegenheit begriffen haben („intent“), (2) Offenheit in der Allianz pflegten („transparency“) und (3) in die Lernkapazität ihrer Allianzpartner vertrauten („receptivity“). Oviatt und McDougall (1994) studierten junge internationalisierende Unternehmen und wiesen darauf hin, dass eine einzigartige Ressourcenbasis eine notwendige Bedingung ihres Erfolgs darstellt. Sie argumentierten, dass es im internationalen Geschäft aufgrund eines unzureichenden Patentschutzes besonders auf die Geheimhaltung von Wissen ankommt. Auch sollte das Wissen durch eine Nicht-Imitierbarkeit gekennzeichnet sein. Dyer (1996) untersuchte den Einfluss der „interfirm asset specifity“ auf den Erfolg von internationalen Automobilunternehmen. Geprüft wurde dies am Beispiel der Zusammenarbeit von Lieferanten und den Automobilunternehmen. Es zeigte sich ein positiver Zusammenhang zwischen dem Spezialisierungsgrad dieser Zusammenarbeit und dem Erfolg der Automobilunternehmen. Dabei scheint eine Spezialisierung im Humankapitalbereich die Produktqualität und die Fähigkeit zur raschen Hervorbringung von Innovationen zu steigern, während eine räumliche Nähe von Lieferanten und Automobilunternehmen die Lagerbestände zu reduzieren hilft. Peng und Heath (1996) untersuchten, welche Wachstumsstrategien für Unternehmen erfolgreich sind, die sich in (vormals) zentralverwaltungswirtschaftlichen Ländern betätigen. Die Analyse führte zu dem Ergebnis, dass in diesen Ländern die im Westen bewährten Wachstumsstrategien der „generischen Expansion“ sowie der Akquisition wenig zielführend sind. Erfolgreicher sind in diesem institutionellen Umfeld hingegen Unternehmen, die auf eine netzwerkbasierte Wachstumsstrategie setzen, welche auf dem Faktor „Vertrauen“ sowie auf informellen Übereinkünften zwischen Managern beruht. Hitt, Hoskisson und Kim (1997) studierten den Einfluss der internationalen Diversifikation auf den Erfolg und die Innovationsfähigkeit von Unternehmen. Es zeigte sich, dass diese Zusammenhänge von dem Ausmaß der Produktdiversifikation moderiert werden. So bestand lediglich in stark produktdiversifizierten Unternehmen ein deutlicher Zusammenhang zwischen dem Internationalisierungsgrad und dem Unternehmenserfolg. Die Autoren kommen zu dem Gesamtergebnis, dass Erfahrung im Bereich der Produktdiversifikation managementbezogene Fähigkeiten aufzubauen hilft, die eine zielführende internationale Diversifikation ermöglichen. Gupta und Govindarajan (2000) untersuchten Einflussfaktoren der Wissensweitergabe und des Wissenszuflusses von Auslandsgesellschaften. Dieses Projekt führte zu dem Ergebnis, dass das Ausmaß der Wissensweitergabe von Auslandsgesellschaften wesentlich von dem Umfang ihres Wissensstocks und der Reichhaltigkeit der genutzten Informationsübertragungsmedien abhing. Demgegenüber war das Volumen des Wissenszuflusses ebenfalls von der Reichhaltigkeit dieser Medien und darüber hinaus vom Umfang ihrer Aufnahmefähigkeit („absorptive capacity“) bestimmt. Die motivationale Disposition der jeweiligen Auslandsgesellschaft war dagegen kein Prädiktor der Wissensübertragung.

Die soeben vorgenommene recht umfangreiche Berichterstattung über diese viel beachteten Untersuchungen ist an dieser Stelle durchgeführt worden, um dem Leser einen Eindruck zu vermitteln, in welcher Weise der ressourcenbasierte Ansatz von der auf das IM bezogenen Forschung verwendet wurde und inwieweit er von dieser inhaltlich vorangebracht worden ist. Bei einer Gesamtbetrachtung der ausgewerteten Untersuchungen fällt auf, dass in diesen so gut wie keine inhaltliche Weiterentwicklung des ressourcenbasierten Ansatzes, sondern lediglich eine häufig wenig kreative Anwendung desselben im Objektbereich der jeweiligen Forschungsarbeit erfolgt. Hinzu kommt, dass der Kerngedanke des ressourcenbasierten

Ansatzes in der internationalisierungsspezifischen Forschung sehr liberal verwendet wird. Häufig werden nur der Begriff der Ressource und die Annahme der Notwendigkeit eines hinreichenden Ressourcenstocks übernommen. Spezifischere Argumentationslinien des ressourcenbasierten Ansatzes, z. B. dessen Schlüsselerkenntnis, dass intangible Ressourcen erfolgswirksamer sind als tangible oder dass erfolgsstiftende Ressourcen durch Merkmale wie Wertstiftung beim Kunden, Rarität, Nicht-Imitierbarkeit, Nicht-Handelbarkeit, Mehrfachverwertbarkeit oder unternehmensorganisatorische Verankerung gekennzeichnet sind, werden in die auf internationale Unternehmen bezogenen Studien nur selten eingearbeitet. Vielmehr drängt sich der Eindruck auf, dass der ressourcenbasierte Ansatz und dessen zentrales Konzept wertstiftender Ressourcen von den Vertretern der Forschung im IM eher in einem schlagwortartigen Sinn verwendet werden.

Die große Vielfalt und Vagheit der Anwendung des ressourcenbasierten Ansatzes im Bereich des IM dürfte freilich auch in der inhaltlichen Unbestimmtheit des ressourcenbasierten Ansatzes begründet sein. So lassen sich z. B. in der Tat Lernprozesse zwischen den Teileinheiten internationaler Unternehmen genau so auf den Ressourcenbegriff beziehen und als tazite Ressource begreifen wie weitsichtige internationale Top Manager, die als besonders wertvolle, einzigartige und schwer imitierbare Ressource begreifbar sind. Ebenso ist es angesichts der Vagheit des Ressourcenbegriffs möglich, Eintritte in bestimmte Zielmärkte als Ergebnis der heterogenen Verteilung markteintrittsrelevanter Ressourcen innerhalb der Gesamtmenge internationaler Unternehmen zu begreifen. Aber auch der Eintritt in „emerging markets“ sowie dessen Timing lassen sich aus der Ressourcenperspektive heraus erklären (zu weiteren Beispielen vgl. Peng 2001).

2.2 Spezifität verfügbarer Konzepte

Unter Konzepten (bzw. Modellen) werden im vorliegenden Beitrag Aussagensysteme verstanden, die konkreter als Theorien gefasst sind. Konzepte stehen also eine Stufe unter den Theorien und weisen einen höheren Anwendungsbezug auf. Die nachfolgende Prüfung der intellektuellen Eigenständigkeit internationalisierungsspezifischer Konzepte bezieht sich auf die von Bartlett und Ghoshal (1989) vorgestellte „transnational solution“ sowie auf Aharonis (1966) Modell der Internationalisierungsentscheidung. Das erstgenannte Konzept soll dabei im Mittelpunkt der Analyse stehen.

2.2.1 Bartletts und Ghoshals Konzept der transnationalen Lösung

Im Spektrum der von wissenschaftlicher Seite vorgelegten Konzepte zum IM hat die von Bartlett und Ghoshal (1989) entfaltete „transnational solution" die prominenteste Position erlangt. Diese wurde von den Autoren insbesondere in ihrem Buch „Managing across Borders – The Transnational Solution" vorgestellt. Nach Google Scholar ist dieses Werk bis Ende Dezember 2006 in 1.460 Publikationen zitiert worden.

Bartlett und Ghoshal betonen, dass internationale Unternehmen, welche die transnationale Lösung eingerichtet hätten, in der Lage seien, gleichzeitig ein hohes Maß an globaler Effizienz, lokaler Anpassungsfähigkeit und unternehmensweiter Lernfähigkeit zu realisieren. Die Kernmerkmale dieses als überlegen vermuteten Organisationsmodells bestehen in (1) einer Verteilung der physischen Aktiva sowie Managementfähigkeiten auf in zahlreichen Ländern ansässige Auslandsgesellschaften, (2) der Zulassung organisatorischer Vielfalt zwischen und innerhalb der in- und ausländischen Teileinheiten des internationalen Unternehmens, (3) einer engen Kooperation dieser Teileinheiten, (4) der Pflege der Wissenserzeugung in sämtlichen Teileinheiten des internationalen Unternehmens, insbesondere auch in den Auslandsgesellschaften, (5) der intensiven Wissensübertragung zwischen den Unternehmensteileinheiten sowie (6) einer Präferenz prozessualer Koordinationsinstrumente, vorrangig des Faktors „Unternehmenskultur" (Bartlett/Ghoshal/Birkinshaw 2003). Erfolgreiche internationale Unternehmen würden also weniger über eine klare organisatorische Strukturierung, sondern hauptsächlich über die Faktoren „purpose, process and people" (Ghoshal/Bartlett 1994) zusammengehalten. Insbesondere wiesen sie kein dominierendes Entscheidungszentrum auf. Andererseits würden sie jedoch auch keine Föderationen einer großen Zahl autonomer Kleinzentren darstellen. Sie glichen also weder dem französischen Zentralstaat noch der Kleinstaaterei des Heiligen Römischen Reiches Deutscher Nation in dessen Spätphase. Stattdessen präsentierten sie sich irgendwo in der Mitte dieser beiden Pole in der Form unternehmensweiter Wissensnetzwerke, in denen praktisch alle Inlands- und Auslandseinheiten situationsgerecht am Wissensgenerierungs-, Wissensverwertungs- sowie Entscheidungsprozess beteiligt seien.

Viele der im Bereich IM tätigen Wissenschaftler sehen in der transnationalen Lösung ein innovatives Organisationskonzept für internationale Unternehmen, welches insbesondere das zuvor dominierende Strategie-Struktur-Paradigma abgelöst habe. Wenn an dieser Stelle nunmehr die Innovativität der transnationalen Lösung geprüft werden soll, dann soll hier aufgezeigt werden, dass sich Bartlett und Ghoshal bei ihrem Konzeptentwurf *entweder* in ganz erheblichem Maße an Schriften angelehnt haben, die in der allgemeinen Organisationswissenschaft bereits wesentlich früher etabliert waren, *oder* dass sie das Rad der Organisationswissenschaft bezogen auf den Bereich des IM neu erfunden haben. Jedenfalls ist festzustellen, dass die „transnational solution“ erstaunlich stark dem Konzept der „ambidextrous organization“ gleicht, das im Jahre 1976 von Robert Duncan basierend auf Überlegungen von March und Simon (1958) in die Organisationswissenschaft eingeführt worden ist. Mit dem Konzept der ambidexteren, bisweilen als „beidhändig“ bezeichneten Organisation soll es Unternehmen möglich werden, gleichzeitig hoch effizient und hoch innovativ zu sein. Das Konzept will also eine gleichzeitig hohe „exploitation“ und „exploration“ erreichen, zwischen denen March (1991) eine Trade-off-Beziehung und damit ein nicht überbrückbares Spannungsverhältnis sieht. Duncan hat das Modell eines Unternehmens entworfen, das einerseits in hohem Maße an seine gegenwärtige Umwelt angepasst ist. Dieses vermag unter den gegebenen Bedingungen effizient zu handeln, weil seine Teilfunktionen und Aktivitäten in einer bestmöglichen Kohärenz zueinander stehen; andererseits verfügt es über eine hohe Veränderungsfähigkeit, um zukünftigen Herausforderungen (bevorstehenden Umweltveränderungen) gerecht zu werden. Dies gelingt dem ambidexteren Unternehmen, weil es zur Rekonfigurierung seiner Teilfunktionen und Aktivitäten fähig ist (Gibson/Birkinshaw 2004).

Aber nicht nur im Hinblick auf die Annahme, dass erfolgreiche Unternehmen gleichzeitig hoch effizient und hoch innovativ zu sein haben, gleicht die „transnational solution“ der ambidexteren Organisation sehr. Erhebliche Parallelen bestehen auch im Hinblick auf die vorgeschlagenen organisatorischen Gestaltungsformen, welche die simultane Realisation von Effizienz- und Innovationszielen ermöglichen sollen. So präferiert die Literatur zur ambidexteren Organisation kleine, überschaubare Unternehmenseinheiten sowie die parallele Existenz von festen und losen Formen der Verkopplung dieser Einheiten. Konkret wird betont, dass beidhändige Organisationen aus zahlreichen Unternehmenseinheiten bestehen, innerhalb derer eine feste Verkopplung der Aufgaben, Kulturen, Individuen und organisationalen Arrangements besteht. Zwischen den Unternehmenseinheiten dominieren dagegen eher lose Kopplungen. Dies bedeutet, dass sich die Unternehmenseinheiten deutlich hinsichtlich ihrer Aufgaben und Kulturen voneinander unterscheiden. Als weitere Integrationsmittel präferiert das Konzept der ambidexteren Organisation einheitliche Leistungsbeurteilungsmaßstäbe, die in allen Unternehmenseinheiten gelten sollen. Schließlich sind in ihr Top Manager tätig, welche die Unternehmenseinheiten mit geeigneten kognitiven Denkschemata versorgen, und es herrschen soziale, kulturgebundene Formen der Kontrolle vor (Tushman/O’Reilly 1996, Benner/Tushman 2002). Insgesamt wird ersichtlich, dass die teilweise zwischenzeitlich schon sehr betagte organisationswissenschaftliche Literatur über die ambidextere Organisation genauso wie die „transnational solution“ prozessuale Koordinationsinstrumente gegenüber strukturellen bevorzugt.

Das Konzept der ambidexteren Organisation ist jedoch nicht das einzige ältere organisationswissenschaftliche Konzept, dem die „transnational solution" frappierend gleicht. Als geistiges Referenzkonzept kommt insbesondere das von Hedberg, Nyström und Starbuck (1976) vorgestellte Modell der Zeltorganisation in Betracht, mit dem ebenfalls eine Dialektik, nämlich diejenige zwischen einer dynamischen und einer statischen Umwelt, zu überbrücken versucht wird. Die Kernmerkmale einer Zeltorganisation werden dabei in unscharf gefassten Zielen, mehrdeutigen Autoritätsstrukturen, einer widersprüchlichen Verantwortungszuweisung, einer Verlagerung von Entscheidungsbefugnissen an umweltnahe Unternehmenseinheiten, unklaren Rollenstrukturen, einer begrenzten Kohärenz der Unternehmensvariablen, intensiven Kommunikationsprozessen, amorphen Kommunikationsnetzwerken, unabhängigen Unternehmenseinheiten, einer intensiven Nutzung von Komitees sowie fortwährenden sorgfältigen Umweltanalysen gesehen. All diese stellen Organisationsattribute dar, die sich problemlos in Bartlett und Ghoshals Konzeptualisierung der transnationalen Lösung einfügen ließen, wenn nicht sogar dort faktisch vorhanden sind. Aber auch Abernathys (1978) Modell zur gleichzeitigen Realisierung inkrementeller produktivitätssteigernder Innovationen und weitreichender, radikaler Innovationen sowie die Konzeptentwürfe des Total Quality Mangements (Ishikawa 1985, Deming 1986) könnten für die transnationale Lösung Pate gestanden haben.

Dieser geringe Innovationsgrad ist jedoch nicht das einzige Problem, durch welches die transnationale Lösung gekennzeichnet ist. Ebenso nachteilig ist das der transnationalen Lösung inhärente hohe Maß an Naivität und inhaltlicher Unspezifiziertheit. Insbesondere wird, abgesehen von der ungenau gefassten und überdies in ihrer Absolutheit nicht haltbaren Trivialaussage, dass internationale Unternehmen strukturelle Koordinationsinstrumente abwerten und prozessuale Koordinationsinstrumente aufwerten sollten, in ihr Vielerlei nicht geklärt. Zu nennen ist etwa:

- Es wird allenfalls tentativ spezifiziert, in welcher Handlungssituation sich internationale Unternehmen befinden sollten, damit die transnationale Lösung für sie geeignet ist.
- Es wird nicht geklärt, wie das Wissensgenerierungspotential sowie der Wissenszuflussbedarf von Auslandsgesellschaften und damit die ihnen zuzuweisende Rolle im Unternehmensverbund bestimmt werden können.
- Es bleibt völlig unklar, wie die Kommunikationsbeziehungen im transnationalen Unternehmen aussehen sollten: Hat z. B. wirklich jeder Auslandsgesellschaftsleiter das Recht, im Falle eines von ihm wahrgenommenen Entscheidungsproblems direkt den Vorstandsvorsitzenden des internationalen Unternehmens anzurufen bzw. anzumailen?
- Es wird nicht dargelegt, in welcher Intensität die prozessualen und insbesondere personenorientierten Koordinationsinstrumente wie z. B. Entsendungen und

Auslandsbesuche eingesetzt werden sollten. Wer soll reisen? Alle Manager? Wie häufig? Etwa die Hälfte ihrer Arbeitszeit? Oder mehr oder weniger?

- Es werden keinerlei Modi der Konfliktlösung spezifiziert, welche einzusetzen sind, wenn im transnationalen Unternehmen Sach- oder sogar persönliche Konflikte auftreten. Das Auftreten derartiger Konflikte ist doch gerade in der transnationalen Lösung deshalb besonders wahrscheinlich, weil diesem Konzept zufolge die Manager ihre Entscheidungen nicht nur mit den hierarchisch über- und untergeordneten Personen, sondern auch mit vielen anderen, irgendwo im Unternehmensverbund tätigen Personen abzustimmen haben.

Überdies werden die bei einer Anwendung des Konzepts der transnationalen Lösung entstehenden Koordinationskosten völlig außer Acht gelassen. Insbesondere wird nicht hinreichend berücksichtigt, dass personenorientierte Koordinationsinstrumente äußerst kostenintensiv sind. Entsendungen verschlingen ebenso äußerst viele Finanzmittel wie zahlreiche kurzfristige Geschäftsreisen. Wie die Kosten-Nutzen-Balance in der transnationalen Lösung aussieht, das sagen Bartlett und Ghoshal nicht.

Insgesamt bleibt festzuhalten, dass das Konzept der transnationalen Lösung dem für wissenschaftliche Forschungsbemühungen typischen Streben nach einer Spezifikation von Variablenbeziehungen nicht einmal ansatzweise genügt. Bedauerlich ist außerdem, dass in den von vielen Wissenschaftlern seit 1989 veröffentlichten forschungsorientierten und lehrbuchartigen Schriften zur transnationalen Lösung nur eine sehr geringe Konkretisierung dieses vagen Konzepts des IM erfolgt ist. Stattdessen wird in einer geradezu scholastisch-dogmatischen, für das Hochmittelalter typischen Manier eine Glorifizierung der transnationalen Lösung betrieben, welche diese nicht verdient.

2.2.2 Aharonis Konzept der Internationalisierungsentscheidung

Das von Yair Aharoni im Jahre 1966 vorgelegte, empirisch begründete Konzept des Entscheidungsverhaltens von Managern im Internationalisierungsprozess gehört bis zum heutigen Tag zu den Kernbestandteilen der Forschung im IM. So wies Google Scholar Ende Dezember 2006 mehr als 400 Publikationen nach, in denen Aharonis schon 40 Jahre altes Konzept zitiert worden ist.

Aharonis Fallstudienanalysen (1966, S. 32 ff.) zufolge verfügen die für Internationalisierungsentscheidungen zuständigen Manager nur über begrenzte Informationen sowie Fähigkeiten zur Informationsverarbeitung. Der Entscheidungsprozess zur Aufnahme von Auslandsaktivitäten ist daher von großer Unsicherheit geprägt und langwierig. Die Internationalisierungsentscheidung ist „to a large extent a trip to the unknown" (Aharoni 1966, S. 42). Auch wirken unterschiedlichste Ziele und Interessen auf den Prozess der Internationalisierungsentscheidung ein. Weiterhin zeigte sich, dass eine Erwartung hoher Gewinne nicht ausreicht, um eine Suche nach möglichen Auslandsengagements in Gang zu bringen. Dies ist v. a. dadurch begründet, dass die Entscheidungsträger dazu tendieren, die mit dem Auslandsengagement verbundenen Risiken zu hoch, die möglichen Chancen dagegen zu gering einzuschätzen. Die Entscheidungsträger verbinden mit einem Auslandsengagement somit vorrangig ein hohes Risiko.

Aharoni zeigte, dass die Entscheidungsträger in dieser ungewissen Situation vorrangig mit der Motivation handeln, Misserfolge zu vermeiden. So rangen sie sich häufig deshalb zu einem Auslandsengagement durch, weil sie Angst hatten, einen relevanten Markt zu verlieren. Weiterhin reagierten sie in erheblichem Maße auf von außen zugespielte Einflüsse. Die Internationalisierungsentscheidung war in erheblichem Maße ein sozial geprägter Prozess. Im Entscheidungsprozess berücksichtigt wurden in einem unverhältnismäßig hohen Maße die Anregungen ausländischer Regierungen, Händler und Kunden. Eine zentrale Rolle spielte weiterhin der sogenannte „Bandwagon-Effekt". Dieser besagt, dass sich die Entscheidungsträger in ihrer allgemeinen Verunsicherung vorrangig an dem Verhalten ihrer Wettbewerber orientierten. Waren diese ins Ausland gegangen, dann haben sich viele der betrachteten Entscheidungsträger ebenfalls hierzu durchgerungen, obwohl die Handlungsbedingungen der Wettbewerber oft nicht mit den eigenen vergleichbar waren. Die betrachteten Unternehmen internationalisierten also, obwohl sie keine hinreichenden ökonomischen Gründe dafür hatten (hierzu auch Braun 1988).

Bei einer Gegenüberstellung des Aharonischen Konzepts mit der verhaltenswissenschaftlichen Organisationslehre, insbesondere mit Simons (1948) Konzept der begrenzten Rationalität von Entscheidungsträgern sowie mit der von Cyert und March (1963) veröffentlichten Koalitionstheorie des Unternehmens, wird ein erheblicher „gedanklicher Gleichlauf" offensichtlich. Dieser besteht zunächst in der Existenz einer Zielpluralität im Entscheidungsprozess. Genau wie Aharoni begreift die verhaltenswissenschaftliche Organisationslehre Unternehmen als politische Koalitionen, bei der verschiedene Interessensgruppen in den Willensbildungsprozess eingreifen. Nach diesem Konzept sind Entscheidungen das Ergebnis von Aushandlungsprozessen. Beidseitig vorhanden ist aber auch die Annahme einer begrenzten Informationsverarbeitungskapazität der Entscheidungsträger: Diese haben weder über ihre eigenen Ziele und Präferenzen, noch über das Spektrum möglicher Alternativen, deren mögliche Konsequenzen sowie die Struktur der vorhandenen Ziel-Mittel-Ketten vollständige Klarheit. Außerdem gleichen sich die Konzepte insofern, als hier wie dort angenommen wird, dass die Entscheidungsträger ein „satisficing" und nicht ein „optimizing" betreiben. Aber auch hinsichtlich der Gestaltung des Entscheidungsprozesses wird Vergleichbares angenommen: Die

Entscheidungsträger helfen sich mit einer Zerlegung komplexer Entscheidungsprobleme in „handhabbare Scheiben" sowie deren Übertragung auf unterschiedliche Personengruppen. Es fehlt an einer Gesamtsicht des Entscheidungsproblems. Stattdessen wird eine lokale Rationalität bevorzugt, die zu „Quasilösungen" führt. Auch wird das Problem der Unsicherheit dadurch zu umgehen versucht, dass diejenigen Aktivitäten bevorzugt werden, die mit einem geringeren Risiko verbunden sind (Cyert/March 1963).

Es zeigt sich also, dass Aharonis Konzept der Internationalisierungsentscheidung im Vergleich zur verhaltenswissenschaftlichen Organisationslehre wenig innovativ ist.

2.3 Zeitpunkt des Aufkommens von Theorien und Konzepten im Teilgebiet des Internationalen Managements

Ein weiteres Merkmal eigenständiger wissenschaftlicher (Teil-)Disziplinen besteht darin, dass sie in selbstständiger Weise Theorien und Konzepte entwickeln, die in ihrem eigenen Erkenntnisbereich, aber auch in denjenigen verwandter (Teil-)Disziplinen Verwendung finden können. So sind beispielsweise die Portfoliotheorie und das Capital Asset Pricing Model durch den Teilbereich der Finanzwirtschaft in die Betriebswirtschaftslehre hineingetragen worden, und das Marketing hat u. a. für diese die Theorie der kognitiven Dissonanz sowie die Signalling-Theorie, aber auch Verfahren zur Multi-Item-Messung abstrakter Sachverhalte sowie komplexe Verfahren der Datenauswertung erschlossen.

Wie sieht es nun aber mit dem Teilbereich des IM aus? Bereits oben konnte gezeigt werden, dass zwei der dominierenden Theorien (nämlich die Internalisierungstheorie und der ressourcenbasierte Ansatz) zeitlich vorgelagert in anderen Erkenntnisfeldern der Betriebswirtschaftslehre verwendet worden waren und dass auch die Kernelemente vorherrschender Konzepte wie der „transnational solution" zuvor schon in anderen Teilbereichen der Betriebswirtschaftslehre präsent waren.

Aber auch viele weitere Theorien tauchten im IM später auf als in anderen Teilbereichen der Betriebswirtschaftslehre, insbesondere später als in der betriebswirtschaftlichen Organisationswissenschaft. So ist der durch Egelhoff (1982, 1991) ins IM eingespeiste Informationsverarbeitungsansatz zuvor schon durch Galbraith (1973) sowie Tushman und Nadler (1978) in der Organisationswissenschaft diskutiert worden. Der Gestaltansatz, den Macharzina und Engelhard (1984, 1991) für die Forschung im IM erschlossen haben, stammt von Miller und Friesen, die hierüber in den Jahren ab 1978 zahlreiche Publikationen über allgemeine, nicht internationalisierungsspezifische Organisationskonfigurationen vorgelegt hatten. Die von Kogut und Zander (1993) entfaltete evolutionäre Theorie des multinationalen Unternehmens fußt erheblichst auf den Arbeiten von Nelson und Winter (1982), die sich auf Innovationsprozesse in Organisationen beziehen. Für den nach wie vor äußerst populären neoinstitutionalistischen (institutionensoziologischen) Ansatz stehen in der auf internationale Unternehmen bezogenen Literatur Namen wie Westney (1993) und Kostova (1999); in Wirklichkeit geht dieser Ansatz jedoch auf Meyer und Rowan (1977) sowie Zucker (1973, 1977) zurück. Auch hier ist festzustellen, dass dieser Theoriekörper in der Organisationswissenschaft (z. B. Powell/DiMaggio 1991) schon diskutiert wurde, bevor sich das IM damit beschäftigt hat. Des Weiteren gelten Buckley und Casson (1998), Reuer und Leiblein (2000) sowie Fisch (2006) als Hauptvertreter der Realoptionentheorie des IM, obwohl diese Theorierichtung bereits 1973 durch Black und Scholes, wenn nicht sogar schon 1908 durch den italienischen Mathematiker Vinzenz Bronzin entwickelt worden ist und bereits 1991 von Kogut generell im Hinblick auf die Strategie- und Organisationsfragen von Gemeinschaftsunternehmen diskutiert worden ist.

Insgesamt fällt also auf, dass der betriebswirtschaftliche Teilbereich des IM dazu neigt, sich Theorien und Konzepten zu bedienen, nachdem diese in anderen betriebswirtschaftlichen Teilbereichen bereits mehrere Jahre in der Diskussion sind.

2.4 Methodische Präzision im Forschungszusammenhang

Die im Bereich des IM forschenden Wissenschaftler haben genauso wie ihre mit Organisationsfragen beschäftigten Kollegen vielfach mit abstrakten Konstrukten umzugehen. Im Mittelpunkt ihrer Forschungsbemühungen stehen Konstrukte wie Interdependenzen zwischen Unternehmensteileinheiten, Gastlandskultur oder strategische Orientierungen internationaler Unternehmen. Insbesondere im Rahmen empirischer Forschungsbemühungen gestaltet sich die Handhabung dieser Konzepte alles andere als trivial, weil in diesem Fall die Suche nach sinnvollen Operationalisierungen der zu erfassenden Konstrukte besonders schwierig ist.

Genauso wie in anderen Teilbereichen der betriebswirtschaftlichen Forschung hat es sich in den letzten Jahren in der Forschung im IM eingebürgert, komplexe Konstrukte über Multi-Item-Skalen zu messen und mittels einer Berechnung von Cronbachs Alpha zu prüfen, ob die Antworten der einem Konstrukt zugeordneten Items eine hinreichende Konsistenz aufweisen, also ein ausreichender „Gleichlauf" im Antwortverhalten entlang dieser Items besteht. Obwohl die Sinnhaftigkeit derartiger Reliabilitätstests durchaus hinterfragenswert ist (Albers/Hildebrandt 2006), soll dieses Problem hier nicht weiter vertieft werden.

Stattdessen soll hier die Validität der im Bereich des IM gesammelten Operationalisierungen diskutiert werden. Hierzu werden im Nachfolgenden zwei abstrakte Konstrukte näher betrachtet, die in der Forschung zum IM eine große Bedeutung erlangt haben, nämlich die „absorptive capacity" sowie die „complexity of knowledge". Eine Betrachtung der methodischen Sorgfalt bei der Operationalisierung dieser beiden Konstrukte erscheint deshalb angemessen, weil moderne Konzeptionen der Lehre zum IM in der effektiven Übertragung von Wissen zwischen den Teileinheiten den zentralen Erfolgsfaktor internationaler Unternehmen sehen (Kogut/Zander 1993). Zu diesen beiden Konstrukten wurden in viel beachteten Publikationen Operationalisierungen vorgelegt, die hernach von vielen empirisch forschenden Wissenschaftlern übernommen wurden. Deshalb soll im Folgenden die Validität dieser in prominenten Studien vorgenommenen Operationalisierungen untersucht werden.

(1) „absorptive capacity"

Das dem Bereich der allgemeinen Organisationswissenschaft entstammende Konzept der „absorptive capacity" wurde von Cohen und Levinthal (1990) in die betriebswirtschaftliche Diskussion eingeführt. Hierunter wird seither die Fähigkeit einer Unternehmenseinheit verstanden, externes (d. h. außerhalb ihrer Grenzen vorhandenes) Wissen hinsichtlich seiner Wichtigkeit verlässlich einzuschätzen, es in angemessenem Rahmen aufzunehmen und einer zielführenden internen Nutzung zuzuführen. Gupta und Govindarajan (2000) haben nun dieses Konstrukt im Hinblick auf die Teileinheiten internationaler Unternehmen zu operationalisieren versucht. Als Stellvertreter („proxy") zur Messung der „absorptive capacity" verwenden sie zum einen die Art und Weise, in der die betreffende Auslandsgesellschaft Teil des internationalen Unternehmens geworden ist, und zum anderen den Anteil von Gastlandsangehörigen im Top Management der jeweiligen Auslandsgesellschaft. Im Hinblick auf das erstgenannte „proxy" wird angenommen, dass neugegründete Auslandsgesellschaften eine höhere „absorptive capacity" aufweisen als akquirierte Auslandsgesellschaften. Mit Blick auf die zweite Schätzgröße wird unterstellt, dass Auslandsgesellschaften, bei denen sich viele Gastlandsangehörige im Top Management befinden, eine vergleichsweise geringe „absorptive capacity" aufweisen. Bei einer genaueren Betrachtung müssen beide Stellvertretervariablen als hoch problematisch bezeichnet werden. Die Form der Entstehung von Auslandsgesellschaften erscheint nur begrenzt valide, weil die Entstehung von Auslandsgesellschaften oft schon viele Jahre zurückliegt. Der Anteil von „host country nationals" ist allein schon deshalb hinterfragenswert, weil sich die Wahrnehmung, Aufnahme und Verwertung neuen Wissens an vielen Orten von Auslandsgesellschaften und eben nicht nur an deren Hierarchiespitze vollzieht.

(2) Komplexität von Wissen

Das Konstrukt „Komplexität von Wissen" wurde u. a. in Kogut und Zanders (1993) viel beachtetem Artikel über die evolutionäre Theorie der internationalen Unternehmung konzeptionell eingeführt und empirisch zu messen versucht. Kogut und Zander definieren Komplexität als die Anzahl kritischer und interagierender Elemente, die zu einer Einheit bzw. Aktivität gehören. Zur Operationalisierung dieser „Interaktionsvielfalt" wurden die Respondenten gebeten anzugeben, wie wichtig die nachfolgenden Elemente für Fertigungsprozesse sind:

- Prozesse zur Veränderung der physischen Beschaffenheit von Materialien (z. B. chemische Reaktionen, Materialvergütung, Hitzebehandlung),
- Prozesse zur Veränderung der Form von Materialien (z. B. Formen, Pressen, Rollen, Biegen),
- Prozesse, um Materialien bestimmte Dimensionen zu geben (z. B. Wenden, Mahlen, Bohren, Sägen) sowie
- Prozesse, um Einzelteile zu einem Ganzen zu montieren (z. B. Schweißen, Löten, Kleben, Schrauben).

Haben Sie, liebe Leserin, lieber Leser, den Bezug dieser Elemente zu dem zu operationalisierenden Konstrukt „Komplexität von Wissen" verstanden? Kann man wirklich annehmen, dass Wissen dann besonders komplex ist, wenn ein Respondent bei diesen Prozessarten jeweils angibt, dass sie sehr wichtig sind? Wie im Hinblick auf das Konstrukt der „absorptive capacity" muss man auch hier zu dem Ergebnis gelangen, dass die Validität der entwickelten Operationalisierungen gering ist.

Wenn aber in gemeinhin als Schlüsselarbeiten des IM angesehenen Publikationen derartig fragwürdige Operationalisierungen zentraler Konstrukte vorgeschlagen und diese dann auch noch in zahlreichen Nachfolgestudien verwendet werden, wie kann es dann um die Qualität der empirischen Forschung im Bereich des IM bestellt sein?

2.5 Ort der Veröffentlichung der am häufigsten zitierten Forschungsbeiträge

Ein weiteres Merkmal eigenständiger wissenschaftlicher (Teil-)Disziplinen besteht darin, dass sie spezialisierte, auf ihren eigenen Objektbereich konzentrierte Fachzeitschriften gründen und pflegen. So unterhält beispielsweise der Bereich der Finanzwirtschaft mit dem Journal of Finance, dem Journal of Financial Economics und dem Review of Financial Studies hoch respektierte Organe; im Bereich des

Marketings gehören die Fachzeitschriften Journal of Marketing Research, Marketing Science, Journal of Marketing und Journal of Consumer Research in diese Liga. Das Ziel dieser Fachzeitschriften besteht darin, Forschungsberichte zu veröffentlichen, die auf die für die jeweilige (Teil-)Disziplin typischen Spezialfragen bezogen sind. Auch im Bereich des IM existieren derartige spezialisierte Fachzeitschriften, in deren Kreis das JIBS (Journal of International Business Studies) insofern eine Sonderstellung einnimmt, als es das offizielle Organ der „Academy of International Business" (AIB), der berufsständischen Vereinigung der an Fragen des International Business bzw. International Managements interessierten Wissenschaftler ist. Das JIBS ist auch deshalb in einer besonderen Position, weil es jedem der mehr als 3.000 AIB-Mitglieder ohne zusätzliche Kosten zur Verfügung gestellt wird und deshalb eine extrem starke Verbreitung hat. Daher ist zu erwarten, dass die meistverwendeten Beiträge zum IM im JIBS und nicht in Fachzeitschriften erscheinen, die der Allgemeinen Betriebswirtschaftslehre (ABWL) oder der Management- und Organisationslehre gewidmet sind. Ist dies aber wirklich so?

Um dieser Frage nachzugehen, hat der Verfasser des vorliegenden Beitrags an einem selbst gewählten Stichtag, dem 31.12.2006, unter Nutzung der EBSCO-Datenbank recherchiert, wie viele der im JIBS sowie in den als Alternativen in Betracht kommenden Fachzeitschriften aus dem ABWL- bzw. Management- und Organisationsbereich veröffentlichten Beiträge (sehr) häufig zitiert worden sind. Als Schwellenwerte für eine große bzw. sehr große Zitierhäufigkeit wurden 30 bzw. 50 Zitationen angesetzt. Die Ergebnisse sind in Abbildung 1 zusammengefasst. Diese zeigt, dass viele Schlüsselpublikationen zum IM nicht im JIBS, sondern in anderen, dem ABWL- bzw. Management- und Organisationsbereich gewidmeten Fachzeitschriften veröffentlicht worden sind. Abbildung 1 zeigt aber auch, dass die Wahrscheinlichkeit eines Artikels, (sehr) häufig zitiert zu werden, bei einer Veröffentlichung im JIBS wesentlich geringer ist, als wenn dieser im AMJ (Academy of Management Journal), AMR (Academy of Management Review), OScience (Organization Science) oder SMJ (Strategic Management Journal) erschienen ist (vgl. Abbildung 1).

In der inhaltlichen Dimension kann auch dies als Indiz dafür gesehen werden, dass zwischen dem IM und dem Bereich der Management- und Organisationswissenschaft keine klaren disziplinären Grenzen bestehen. Nicht nur in der theoretischen und konzeptbezogenen, sondern auch in der publikationsbezogenen Hinsicht sind die Umrisse des Feldes IM äußerst verwaschen. Diese an der Publikationsfront bestehende Auf- und Ablösung der Außengrenze des Feldes IM ist insofern nicht allzu verwunderlich, als viele Strategie-, Führungs- und Organisationsfragen in der heutigen globalisierten Welt mit Blick auf den gesamten Weltmarkt zu beantworten sind und eine Berücksichtigung des in dem jeweiligen funktionalen Teilgebiet der Betriebswirtschaftslehre bestehenden Fachwissens unabdingbar ist.

	Anzahl der zum Themenbereich IM veröffentlichten Artikel*	Anzahl der Artikel mit 30-49 Zitationen	Anzahl der Artikel mit 50 oder mehr Zitationen	Anteil der vielzitierten Artikel an der Gesamtzahl der veröffentlichten Artikel
JIBS	572	14	4	3,15 %
AMJ	27	6	7	48,15 %
AMR	14	1	2	21,43 %
OScience	14	1	1	14,29 %
SMJ	70	7	5	17,14 %

Legende:
* = ohne: letters from the editor, book reviews, dissertations, errrata, etc.

Abb. 1: Zitationshäufigkeit von Artikeln zum IM nach Fachzeitschriften

3 Gesamtergebnis und forschungsprogrammatische Vorschläge

Im vorliegenden Beitrag wurde das Verhältnis der betriebswirtschaftlichen Teildisziplinen „Organisation" und IM untersucht. Eine derartige Positionsabgrenzung ist erforderlich, weil Organisationsfragen seit langem im Mittelpunkt des Managements internationaler Unternehmen und somit auch des Erkenntnisbereichs von Wissenschaftlern stehen, die auf dem Gebiet des IM forschen. Indem der Beitrag eine Positionsabgrenzung vollzog, hat er untersucht, ob das IM eine eigenständige Teildisziplin der Betriebswirtschaftslehre darstellt. Hierzu wurde geprüft, ob das IM über einen besonderen Bestand an Theorien und Konzepten verfügt, die in anderen betriebswirtschaftlichen Teilgebieten keine bzw. nur eine geringe Verwendung finden. Auch wurde die Frage des Zeitpunkts von Theorien und Konzepten im Bereich des IM aufgeworfen. Weiterhin wurde die methodische Sorgfalt im Forschungszusammenhang thematisiert und analysiert, ob hoch respektierte Beiträge zum IM in Fachzeitschriften erschienen sind, welche speziell dem IM gewidmet sind. Die erarbeiteten Teilantworten entlang dieser fünf Beurteilungskriterien legen den Schluss nahe, dass das IM bislang noch nicht den Status einer eigenständigen Teildisziplin der Betriebswirtschaftslehre erlangt hat. Das theoretische und konzeptionelle Gebäude des Erkenntnisbereichs IM gleicht demjenigen der betriebswirtschaftlichen Organisationswissenschaft sehr, das Aufkommen von Theorien und Konzepten erfolgte relativ spät, die Sorgfalt im Forschungszusammenhang ist sogar in als herausragend bezeichneten Schriften bisweilen gering und Schlüsselpublikationen erscheinen oft außerhalb der eigenen Publikationsorgane. Auch heute, mehr als 50 Jahre nach seiner Institutionalisierung an ausländischen und deutschen wissenschaftlichen Hochschulen, präsentiert sich das IM immer noch als ein recht jugendlicher Ableger der allgemeinen betriebswirtschaftlichen Organisationswissenschaft, dessen Wachstum noch nicht allzu weit vom Stamm seiner Herkunftsdisziplin weggeführt hat.

Diese wissenschaftliche Unselbstständigkeit des Bereichs IM ist insofern verwunderlich, als Fachkollegen (Dülfer 1981, Macharzina 1989, Macharzina/Oesterle 2002) wiederholt aufgezeigt haben, was das Besondere am Untersuchungsfeld „Internationale Betriebswirtschaftslehre" bzw. „Internationales Management" ist. Sie haben schlüssig nachweisen können, dass die grenzüberschreitende Unternehmenstätigkeit mit Sonderproblemen verbunden ist, die sich rein national tätigen Unternehmen nicht bzw. wesentlich weniger stark stellen. Diese zusätzlichen Probleme sind v. a. in der kulturellen Fremdartigkeit der Gastlandsumwelt(en) sowie der Notwendigkeit zur Entwicklung einer konzeptionellen, länderübergreifenden Gesamtsicht im Verbund des internationalen Unternehmens begründet (Macharzina 1989).[3]

Nun könnte freilich eingewendet werden, dass es sich beim IM um eine Querschnittsdisziplin der Betriebswirtschaftslehre handele und dass es bei derartigen Disziplinen eher unwahrscheinlich sei, dass sie im Bereich von Theorien und Konzepten ein hohes Maß an Eigenständigkeit aufweisen. Dieser Sicht kann man jedoch nur ansatzweise zustimmen. Wenn nämlich die Vertreter der Disziplin IM darauf hinweisen, dass ihr Fach *Spezial*probleme behandele, die sich in anderen Teilgebieten der Betriebswirtschaftslehre nicht finden, dann muss im Umkehrschluss auch von ihnen gefordert werden, dass sie einen Bestand an speziellen Lösungsansätzen und einen diese integrierenden Überbau an auf ihr Fach zugeschnittenen speziellen Theorien und Konzepten entwerfen. Das Vorhandensein eines Bestandes an speziellen Theorien und Konzepten ist nämlich Ausdruck eines in der jeweiligen Disziplin geronnenen Wissenskörpers, der sozusagen ihr „intellektuelles Rückgrat" darstellt. Auch wird mit dem Hinweis auf den Querschnittscharakter des Bereichs IM nicht das Problem entkräftet, dass die anderswo bereits etablierten Theorien und Konzepte im IM erst mit einem teilweise erheblichen zeitlichen Verzug aufgekommen sind und dass das im Bereich des IM bestehende Maß an Innovativität und methodischer Rigorosität durchaus noch steigerungsfähig erscheint.

Es steht völlig außer Frage, dass die im Erkenntnisbereich IM tätigen Wissenschaftler ihre Stellung innerhalb der Betriebswirtschaftslehre nur dann nachhaltig

---

3 Vgl. dazu auch den Beitrag von Klaus Macharzina „Inhaltliche Entwicklung des Internationalen Managements als wissenschaftliche Disziplin" in diesem Band.

stärken werden können, wenn sie die ihnen übergeordnete Gesamtdisziplin mit Theorien, Konzepten und Methoden versorgen, die dort bislang noch nicht verfügbar sind. In welchem Bereich und in welche Richtung sollte aber die Suche nach neuen Theorien, Konzepten und Methoden vollzogen werden?

Ausgangspunkt dieses Suchprozesses sollten meines Erachtens die Sonderprobleme sein, denen sich die mit dem IM befassenden Manager gegenübersehen. Der Suchprozess sollte also auf Probleme ausgerichtet sein, die für ausschließlich national tätige Manager nicht oder nur in weitaus geringerem Maße relevant sind. Seit Eberhard Dülfers Grundlagenveröffentlichungen (1981) zum IM wissen wir, dass mit der Handhabung bzw. Bewältigung der Umweltfremdheit ein erstes zentrales Sonderproblem des IM gegeben ist. Internationale Manager haben ihre Strategien und Maßnahmen auf Gastlandsumwelten auszurichten, die ihnen kulturell, politisch-rechtlich, technologisch, ökologisch und ökonomisch wenig vertraut sind (Macharzina 1989, Macharzina/Oesterle 2002). Bezogen auf die vorliegende Fragestellung bedeutet dies, dass sich die Suche auf Theorien, Konzepte und Methoden konzentrieren sollte, welche den Umgang mit dem Fremden zu erklären, verstehen und studieren helfen.

Das zweite Sonderproblem des IM besteht meiner Meinung nach in der Bewältigung der im Vergleich zu domestischen Unternehmen erhöhten räumlichen Distanz und Verteiltheit der zu internationalen Unternehmen gehörenden Einheiten. Daher muss es als Kernaufgabe der im Bereich des IM tätigen Forscher angesehen werden, der Betriebswirtschaftslehre Theorien, Konzepte und Methoden zuzuführen, welche die Handhabung von Faktoren wie Raum und Region (Geographie) erleichtern. Verstärkt untersuchungsbedürftig sind also Fragen der räumlichen Distanz sowie der regionalen Differenzierung innerhalb und im Kontext internationaler Unternehmen.

Im Hinblick auf das Suchfeld „Umweltfremdheit“ muss es zunächst um die Aufarbeitung von diesbezüglich ergiebigen Theorien gehen. Als Suchplattformen kommen dabei insbesondere Arbeiten aus dem Bereich der Soziologie und Psychologie in Betracht. Die Soziologie beschäftigt sich schon seit langem mit dem Verhältnis zwischen dem Eigenen und dem Fremden. Theoriefragmente wurden insbesondere von Simmel, Tönnies, Sombart, Schütz und Mead entworfen (zum Überblick Geenen 2002, S. 39 ff.). Innerhalb des Wissenskörpers der Psychologie erscheinen hauptsächlich die theoretischen Erklärungsansätze der Vielfaltsforschung und dabei vorrangig die soziale Kategorisierungstheorie, das Ähnlichkeits-Attraktions-Paradigma sowie der kognitive Informationsverarbeitungsansatz reflektionswürdig (zum Überblick Rohn 2006, S. 97 ff.).

Darauf aufbauend sollten sich die im Bereich IM forschenden Wissenschaftler verstärkt mit konkreten, auf den Themenkomplex „Fremdheit in internationalen Unternehmen“ bezogenen Erkenntnis- und Gestaltungsfragen auseinandersetzen. Stärker als bislang in Forschungsprojekten berücksichtigt werden sollten z. B. Themen wie Prozesse des interkulturellen Verstehens, Stereotypen des Umgangs mit dem Fremden in internationalen Unternehmen, Selbstbilder und Fremdbilder internationaler Manager, Dominanzkulturen in internationalen Unternehmen, Gestaltungsprobleme multikultureller Arbeitsgruppen, Migration innerhalb und zwischen internationalen Unternehmen oder idealtypische Konzepte und Methoden zur Einbindung von Auslandsgesellschaften in den Lernprozess internationaler Unternehmen. Dies sind Erkenntnisfelder, in denen die betriebswirtschaftliche Organisationswissenschaft bislang weder in der theoretisch-konzeptionellen noch in der methodischen Dimension viel zu bieten hat. Wenn sich die auf dem Gebiet IM tätigen Forscher diesem Bereich verstärkt zuwenden, dann werden sie neue Erkenntniselemente in die Betriebswirtschaftslehre einbringen.

Auf die hohe Bedeutung des Faktors „Raum“ hinsichtlich der Führung internationaler Unternehmen haben einige der Vertreter des Fachgebiets IM wiederholt hingewiesen. Zu denken ist etwa an Buckleys (2002) programmatischen Aufsatz über mögliche zukünftige Haupterkenntnisfelder der Forschung im IM, der freilich keinerlei konzeptionelle Spezifikation anbietet und stattdessen bei einer bloßen Nennung der Worte „geography and location“ verharrt. Inhaltlich spezifischer und somit als Ausgangspunkt weiterer forschungsprogrammatischer Überlegungen ergiebiger erscheinen dagegen Porters (1986) Ausführungen über den Wettbewerb in globalisierten Branchen, in denen eben nicht nur eine intensive Koordination der Unternehmensteileinheiten untereinander, sondern v. a. auch die integrativ geplante länderübergreifende Lokalisierung der Wertschöpfungskettenglieder als erfolgsrelevant identifiziert wurde. Porter hat sich also nicht nur mit dem Koordinationsaspekt, sondern auch mit dem Spezialisierungsaspekt des Organisationsproblems intensiv beschäftigt. Bemerkenswert und im vorliegenden Zusammenhang bedauerlich ist jedoch, dass sich die in den letzten zwei Jahrzehnten veröffentlichte, dem Gebiet IM zuzuordnende Forschungsliteratur ganz überwiegend der Koordinationsfrage und nur in viel geringerem Umfang der Konfigurationsfrage zugewandt hat. Dies bedeutet, dass sich die im Bereich des IM tätigen Forscher zukünftig mehr mit Konfigurationsaspekten der grenzüberschreitenden Unternehmenstätigkeit beschäftigen sollten.

Um die anstehende Beantwortung der Frage der länderübergreifenden Konfigurations- bzw. Spezialisierungspolitik internationaler Unternehmen mit einem hinreichenden Maß an inhaltlicher Konkretheit zu versehen, erscheint es geboten, dass sich die Vertreter des IM verstärkt mit dem in der Volkswirtschaftslehre beheimateten Gebiet der „new economic geography“ beschäftigen. Deren Untersuchungsfokus besteht in der Erklärung der regionalen Konzentration ökonomischer Aktivitäten sowie der Dynamik unterschiedlichen regionalen Wachstums (z. B. Krugman 1998, Fujita/Krugman/Venables 1999, Fujita/Mori 2005, Stimson/Stough/Roberts 2006, Bröcker/Fritsch/Junkernheinrich 2008). Trotz ihrer volkswirtschaftlichen Ausrichtung erscheinen die von der „new economic geography“ bereitgestellten Theorien und empirischen Befunde für die Forschung im IM höchst relevant, weil sie in konzeptionell und methodisch sehr anspruchsvoller Weise (De-)Konzentrationstendenzen in der Industrie- und Dienstleistungsproduktion zu erklären vermögen (Wolf/Dunemann/Egelhoff 2008). So wird in den Modellen der „new economic geography“ ein vielschichtiges Spektrum an Einflussfaktoren, angefangen von der jeweiligen Ressourcenausstattung über Transportkosten, räumliche Spill-over-Effekte, begrenzte Handelbarkeit von Dienstleistungen, eingeschränkte Mobilität von Arbeitskräften bis hin zur Existenz branchenspezifischer Cluster, berücksichtigt. Durch die Einbeziehung des Erkenntnisbestands der „new economic geography“ könnte die Literatur zum IM in Hinblick auf die Konfigurationsfrage internationaler Unternehmen nicht nur ein wesentlich höheres Maß an inhaltlicher Spezifität in der Aussage erlangen, sondern überdies in die Betriebswirtschaftslehre einen Wissensbestand einbringen, der dort bislang weitgehend unbekannt ist.

Literatur

Abernathy, W. J. (1978): The Productivity Dilemma: Roadblock to Innovation in the Automobile Industry. John Hopkins University Press, Baltimore/MD, London, 1978.

Aharoni, Y. (1966): The Foreign Investment Decision Process. Harvard University Press, Boston/MA, 1966.

Albers, S./Hildebrandt, L. (2006): Methodische Probleme der Erfolgsfaktorenforschung: Messfehler, formative versus reflektive Indikatoren und die Wahl des Strukturgleichungsmodells. In: Zeitschrift für betriebswirtschaftliche Forschung, 58. Jg., Nr. 1, 2006, S. 2-33.

Bartlett, C. A./Ghoshal, S. (1989): Managing across Borders: The Transnational Solution. Harvard Business School Press, Boston/MA, 1989.

Bartlett, C. A./Ghoshal, S./Birkinshaw, J. (2003): Transnational Management: Text, Cases and Readings in Cross-border Management. 4. Aufl., McGraw Hill, Boston/MA et al., 2003.

Benner, M. J./Tushman, M. (2002): Process Management and Technological Innovation: A Longitudinal Study of the Photography and Paint Industry. In: Administrative Science Quarterly, 47. Jg., Nr. 4, 2002, S. 676-706.

Black, F./Scholes, M. (1973): The Pricing of Options and Corporate Liabilities. In: Journal of Political Economy, 81. Jg., Nr. 3, 1973, S. 637-654.

Braun, G. (1988): Die Theorie der Direktinvestition. Institut für Wirtschaftspolitik, Köln, 1988.

Bröcker, J./Fritsch, M./Junkernheinrich, M. (2008): Regionalökonomik. Vahlen, München, 2008 (in Vorbereitung).

Bronzin, V. (1908): Theorie der Prämiengeschäfte. Deuticke, Leipzig, 1908.

Buckley, P. J. (2002): Is the International Business Research Agenda Running out of Steam? In: Journal of International Business Studies, 33. Jg., Nr. 2, 2002, S. 365-373.

Buckley, P. J./Casson, M. C. (1985): The Future of the Multinational Enterprise. McMillan, Basingstoke/NY, 1985.

Buckley, P. J./Casson, M. (1998): Models of the Multinational Enterprise. In: Journal of International Business Studies, 29. Jg., Nr. 1, 1998, S. 21-44.

Cohen, W. M./Levinthal, D. A. (1990): Absorptive Capacity: A New Perspective on Learning and Innovation. In: Administrative Science Quarterly, 35. Jg., Nr. 1, 1990, S. 128-152.

Cyert, R. M./March, J. G. (1963): A Behavioural Theory of the Firm. Prentice Hall, Englewood Cliffs/NJ, 1963.

Deming, W. E. (1986): Out of Crisis: Quality, Productivity and Competitive Position. Cambridge University Press, Cambridge/MA, 1986.

Dülfer, E. (1981): Zum Problem der Umweltberücksichtigung im Internationalen Management. In: Pausenberger, E. (1981, Hrsg.): Internationales Management. Poeschel, Stuttgart, 1981, S. 1-44.

Duncan, R. B. (1976): The Ambidextrous Organisation: Designing Dual Structures for Organisation. In: Kilmann, R. H./Pondy, L. R./Slevin, D. P. (1976, Hrsg.): The Management of Organization Design. Band 1, North Holland, New York/NY, 1976, S. 167-188.

Dyer, J. (1996): Specialized Supplier Networks as a Source of Competitive Advantage: Evidence from the Auto Industry. In: Strategic Management Journal, 17. Jg., Nr. 4, 1996, S. 271-291.

Egelhoff, W. G. (1982): Strategy and Structure in Multinational Corporations: An Information Processing Approach. In: Administrative Science Quarterly, 27. Jg., Nr. 3, 1982, S. 435-458.

Egelhoff, W. G. (1991): Information-processing Theory and the Multinational Enterprise. In: Journal of International Business Studies, 22. Jg., Nr. 3, 1991, S. 341-368.

Engelhard, J./Dähn, M. (2002): Theorien der internationalen Unternehmenstätigkeit: Darstellung, Kritik und zukünftige Anforderungen. In: Macharzina, K./Oesterle, M.-J. (2002, Hrsg.): Handbuch Internationales Management. 2. Aufl., Gabler, Wiesbaden, 2002, S. 23-44.

Fisch, J. H. (2006): Internationale Realoptionen: Aufbau von Auslandsgesellschaften bei Unsicherheit und Irreversibilität. Gabler, Wiesbaden, 2006.

Fujita, M./Krugman, P./Venables, A. (1999): The Spatial Economy. MIT Press, Cambridge/MA, 1999.

Fujita, M./Mori, T. (2005): Frontiers of the New Economic Geography. Discussion Paper Nr. 27 des Institute of Developing Economies der Kyoto University, Kyoto, 2005.

Galbraith, J. R. (1973): Designing Complex Organizations. Addison Wesley, Reading/MA et al., 1973.

Geenen, E. (2002): Soziologie des Fremden: Ein gesellschaftstheoretischer Entwurf. Leske und Budrich, Opladen, 2002.

Ghoshal, S./Bartlett, C. A. (1994): Linking Organizational Context and Managerial Action: The Dimensions of Quality and Management. In: Strategic Management Journal, 15. Jg., Special Issue Nr. 5, 1994, S. 91-112.

Gibson, C. B./Birkinshaw, J. (2004): The Antecedents, Consequences and Mediating Role of Organizational Ambidexterity. In: Academy of Management Journal, 47. Jg., Nr. 2, 2004, S. 209-226.

Gupta, A. K./Govindarajan, V. (2000): Knowledge Flows within Multinational Corporations. In: Strategic Management Journal, 21. Jg., Nr. 4, 2000, S. 473-496.

Hamel, G. (1991): Competition for Competence and Inter-partner Learning within International Strategic Alliances. In: Strategic Management Journal, 12. Jg., Special Issue Nr. 4, 1991, S. 83-103.

Hedberg, B. L. T./Nyström, P. C./Starbuck, W. H. (1976): Camping on Seesaws: Prescriptions for a Self-designing Organization. In: Administrative Science Quarterly, 21. Jg., Nr. 1, 1976, S. 41-65.

Hennart, J.-F. (1982): A Theory of Multinational Enterprise. University of Michigan Press, Ann Arbor/MI, 1982.

Hennart, J.-F. (1988): A Transaction Cost Theory of Equity Joint Ventures. In: Strategic Management Journal, 9. Jg., Nr. 4, 1988, S. 361-374.

Hitt, M./Hoskisson, R./Kim, H. (1997): International Diversification: Effects on Innovation and Firm Performance in Product-diversified Firms. In: Academy of Management Journal, 40. Jg., Nr. 4, 1997, S. 767-798.

Hymer, S. (1960): The International Operations of National Firms: A Study of Direct Foreign Investment. Zugl. Dissertation, Massachusetts Institute of Technology, Cambridge/MA, 1960.

Ishikawa, K. (1985): What is Total Quality Control? The Japanese Way. Prentice Hall, Englewood Cliffs/NJ, 1985.

Kogut, B. (1991): Joint Ventures and the Option to Expand and Acquire. In: Management Science, 37. Jg., Nr. 1, 1991, S. 19-33.

Kogut, B./Zander, U. (1993): Knowledge of the Firm and the Evolutionary Theory of the Multinational Corporation. In: Journal of International Business Studies, 24. Jg., Nr. 4, 1993, S. 625-645.

Kostova, T. (1999): Transnational Transfer of Strategic Organizational Practices: A Contextual Perspective. In: Academy of Management Review, 24. Jg., Nr. 2, 1999, S. 308-324.

Krugman, P. (1998): Space: The Final Frontier. In: Journal of Economic Perspectives, 12. Jg., Nr. 2, 1998, S. 161-174.

Krugman, P. R./Obstfeld, M. (2004): Internationale Wirtschaft: Theorie und Politik der Außenwirtschaft. 6. Aufl., Pearson, München et al., 2004.

Kutschker, M./Schmid, S. (2006): Internationales Management. 5. Aufl., Oldenbourg, München, Wien, 2006.

Macharzina, K. (1982): Theorie der internationalen Unternehmenstätigkeit: Kritik und Ansätze einer integrativen Modellbildung. In: Lück, W./Trommsdorff, V. (1982, Hrsg.): Internationalisierung der Unternehmung als Problem der Betriebswirtschaftslehre. Schmidt, Berlin, 1982, S. 111-143.

Macharzina, K. (1989): Internationale Betriebswirtschaftslehre. In: Macharzina, K./Welge, M. K. (1989, Hrsg.): Handwörterbuch Export und Internationale Unternehmung. Poeschel, Stuttgart, 1989, Sp. 903-914.

Macharzina, K. (2002): Internationales Management: Späte Rezeption und steile Entwicklung. In: Gaugler, E./Köhler, R. (2002, Hrsg.): Entwicklungen der Betriebswirtschaftslehre: 100 Jahre Fachdisziplin. Poeschel, Stuttgart, 2002, S. 491-508.

Macharzina, K./Engelhard, J. (1984): Internationalisierung der Unternehmenstätigkeit: Vorüberlegungen zur Konzeption eines Forschungsprogramms. Betriebswirtschaftliche Beiträge Nr. 16, Universität Hohenheim, Stuttgart, 1984.

Macharzina, K./Engelhard, J. (1991): Paradigm Shift in International Business Research: From Partist and Eclectic Approaches to the GAINS Paradigm. In: Management International Review, 31. Jg., Special Issue Nr. 4, 1991, S. 23-43.

Macharzina, K./Oesterle, M.-J. (2002): Das Konzept der Internationalisierung im Spannungsfeld zwischen praktischer Relevanz und theoretischer Unschärfe. In: Macharzina, K./Oesterle, M.-J. (2002, Hrsg.): Handbuch Internationales Management. 2. Aufl., Gabler, Wiesbaden, 2002, S. 3-21.

Macharzina, K./Wolf, J. (2008): Unternehmensführung: Das internationale Managementwissen: Konzepte, Methoden, Praxis. 6. Aufl., Gabler, Wiesbaden, 2008.

March, J. G. (1991): Exploration and Exploitation in Organizational Learning. In: Organization Science, 2. Jg., Nr. 1, 1991, S. 71-87.

March, J. G./Simon, H. A. (1958): Organizations. Wiley, New York/NY et al., 1958.

Meffert, H. (1989): Globalisierungsstrategien und ihre Umsetzung im internationalen Wettbewerb. In: Die Betriebswirtschaft, 49. Jg., Nr. 4, 1989, S. 445-463.

Meyer, J. W./Rowan, B. (1977): Institutionalized Organizations: Formal Structure as Myth and Ceremony. In: American Journal of Sociology, 83. Jg., Nr. 2, 1977, S. 340-365.

Miller, D./Friesen, P. H. (1978): Archetypes of Strategy Formulation. In: Management Science, 24. Jg., Nr. 9, 1978, S. 921-933.

Nelson, R./Winter, S. (1982): An Evolutionary Theory of Economic Change. Belknap Press, Cambridge/MA, 1982.

Oviatt, B./McDougall, P. (1994): Towards a Theory of International New Ventures. In: Journal of International Business Studies, 25. Jg., Nr. 1, 1994, S. 45-64.

Peng, M. W. (2001): The Resource-based View and International Business. In: Journal of Management, 27. Jg., Nr. 6, 2001, S. 803-829.

Peng, M. W./Heath, P. S. (1996): The Growth of the Firm in Planned Economies in Transition: Institutions, Organizations and Strategic Choice. In: Academy of Management Review, 21. Jg., Nr. 2, 1996, S. 492-528.

Porter, M. E. (1986): Changing Patterns of International Competition. In: California Management Review, 23. Jg., Nr. 2, 1986, S. 9-40.

Powell, W. W./DiMaggio, P. (1991, Hrsg.): The New Institutionalism in Organizational Analysis. Chicago University Press, Chicago/IL, London, 1991.

Reuer, J. J./Leiblein, M. J. (2000): Downside Risk Implications of Multinationality and International Joint Ventures. In: Academy of Management Journal, 43. Jg., Nr. 2, 2000, S. 203-214.

Rohn, A. S. (2006): Multikulturelle Arbeitsgruppen: Erklärungsgrößen und Gestaltungsformen. Gabler, Wiesbaden, 2006.

Rugman, A. M. (1980): Internalization as a General Theory of Foreign Direct Investment: A Re-appraisal of the Literature. In: Weltwirtschaftliches Archiv, 116. Jg., Nr. 2, 1980, S. 365-379.

Simon, H. A. (1948): Administrative Behaviour: A Study of Decision-making Process in Administration. Free Press, New York/NY, 1948.

Stimson, R. J./Stough, R. R./Roberts, B. H. (2006): Regional Economic Development: Analysis and Planning Strategy. 2. Aufl., Springer, Berlin et al., 2006.

Teece, D. J. (1981): The Multinational Enterprise: Market Failure and Market Power Considerations. In: Sloan Management Review, 22. Jg., Nr. 3, 1981, S. 3-17.

Teece, D. J. (1986): Transactions Cost Economics and the Multinational Enterprise: An Assessment. In: Journal of Economic Behavior and Organization, 7. Jg., Nr. 1, 1986, S. 21-45.

Tushman, M. L./Nadler, D. A. (1978): Information Processing as an Integrating Concept in Organizational Design. In: Academy of Management Review, 3. Jg., Nr. 3, 1978, S. 613-624.

Tushman, M. L./O'Reilly, C. A. III (1996): Ambidextrous Organizations: Managing Evolutionary and Revolutionary Change. In: California Management Review, 38. Jg., Nr. 4, 1996, S. 8-30.

Welge, M. K./Holtbrügge, D. (2006): Internationales Management: Theorien, Funktionen, Fallstudien. 4. Aufl., Poeschel, Stuttgart, 2006.

Westney, D. E. (1993): Institutionalization Theory and the Multinational Corporation. In: Ghoshal, S./Westney, D. E. (1993, Hrsg.): Organization Theory and the Multinational Corporation. McMillan, Basingstoke/NY, 1993, S. 53-76.

Wolf, J. (2008): Organisation, Management, Unternehmensführung: Theorien und Kritik. 3. Aufl., Gabler, Wiesbaden, 2008.

Wolf, J./Dunemann, T./Egelhoff, W. G. (2008): Economic, Psychological, and Sociological Theories for the Explanation of Home-region Oriented MNCs. Best Paper Proceedings der Jahrestagung der Academy of Management, 8.-13. August 2008, Anaheim, Los Angeles, USA, 2008.

Zaheer, S. (1995): Overcoming the Liability of Foreignness. In: Academy of Management Journal, 38. Jg., Nr. 2, 1995, S. 341-363.

Zucker, L. G. (1973): Organizations as Institutions. In: Bacharach, S. B. (1973, Hrsg.): Research in the Sociology of Organizations. JAI, Greenwich, 1973, S. 1-42.

Zucker, L. G. (1977): The Role of Institutionalization in Cultural Persistance. In: American Sociological Review, 42. Jg., Nr. 4, 1977, S. 726-74.

Marion Festing*

Internationales Personalmanagement und Internationales Management

* Prof. Dr. Marion Festing ist Inhaberin des Lehrstuhls für Personalmanagement und Interkulturelle Führung an der ESCP-EAP Europäische Wirtschaftshochschule Berlin.

1 Einführung

Im Fokus des vorliegenden Beitrages steht das Internationale Personalmanagement.[1] Das Forschungsfeld bedient sich Erkenntnissen sowohl aus der Personallehre als auch aus einer international orientierten Managementlehre, verknüpft diese im Rahmen von Bezugsrahmen und Modellen in konzeptionellen, qualitativ oder quantitativ orientierten empirischen Forschungsdesigns und generiert so weiterführende Erkenntnisse. Das Internationale Personalmanagement stellt somit einen integrativen und wichtigen Teilbereich der Internationalen Betriebswirtschaftslehre dar.

Ziel dieses Beitrages ist es, die beiden im Fokus stehenden betriebswirtschaftlichen Themengebiete näher zu betrachten und das Internationale Personalmanagement aus der Perspektive des Internationalen Managements zu analysieren. Hierzu wird zunächst ein Grundverständnis des Internationalen Managements skizziert. Anschließend steht das Forschungsfeld des Internationalen Personalmanagements im Vordergrund. Nachdem zunächst auf die Zugangsweisen der Forschung im Internationalen Personalmanagement eingegangen wird, erfolgt eine Skizzierung der Forschungsschwerpunkte „Personalmanagement in multinationalen Unternehmen", „International vergleichendes Personalmanagement" und „Interkulturelles Personalmanagement". Auf der Basis bestehender Forschungsergebnisse in allen drei Bereichen wird diskutiert, wie die Beziehung zwischen Internationalem Personalmanagement und Internationalem Management konkretisiert werden kann. Eine Schlussbetrachtung mit einer zusammenfassenden Beurteilung und ein Ausblick auf zukünftige Entwicklungen runden die Ausführungen ab.

2 Internationales Management: Grundverständnis

Internationales Management etabliert sich zunehmend in der wirtschaftswissenschaftlichen Forschung. Dies zeigt nicht nur der vorliegende Band. Die Zahl der Lehrbücher zum Internationalen Management nimmt kontinuierlich zu und dokumentiert damit einen breiten Wissensstand auf diesem Gebiet (für den deutschsprachigen Raum z. B. Scherm/Süß 2001, Perlitz 2004, Kutschker/Schmid 2006, Meckl 2006, Welge/Holtbrügge 2006). Zudem sind wissenschaftliche Vereini-

1 Für weiterführende Kommentare zu einer früheren Version dieses Beitrags danke ich Frau Prof. Dr. Susanne Royer, Universität Flensburg, und Frau Dipl.-Soz. Judith Eidems, ESCP-EAP Europäische Wirtschaftshochschule Berlin.

gungen zu nennen wie beispielsweise die Kommission „Internationales Management" im Verband der Hochschullehrer für Betriebswirtschaftslehre e. V. in Deutschland sowie auf internationaler Ebene die European International Business Academy (EIBA) oder die Academy of International Business (AIB), die sich im Kern mit Fragen der Internationalen Betriebswirtschaftslehre beschäftigen. Dabei umfasst der Begriff „International Business" oder „Internationale Betriebswirtschaftslehre" ein weiteres Feld als „Internationales Management". Betriebswirtschaftslehre beinhaltet die Auseinandersetzung mit „... Institutionen zur Verringerung von Einkommensunsicherheiten für einzelne Menschen oder Gruppen von Menschen innerhalb einer Gesellschaft" (Schneider 1995, S. 28), während der Begriff „Management" einen Fokus auf die Unternehmensführung legt.

Entsprechend stehen in Lehrbüchern zum Internationalen Management inhaltlich die Kernbereiche internationales Unternehmen, dessen Organisationsstrukturen sowie dessen Strategien mit entsprechenden Erklärungsansätzen im Vordergrund. Teilweise werden die Ausführungen ergänzt um regionale und kulturelle Aspekte (Proff 2004, Kutschker/Schmid 2006, Meckl 2006, Welge/Holtbrügge 2006). Während manche Lehrbücher auf eine funktionale Perspektive in der Beschreibung der Inhalte des Internationalen Managements verzichten (Kutschker/Schmid 2006), stellen andere diese in den Vordergrund (Scherm/Süß 2001) oder ziehen sie ergänzend heran (Perlitz 2004, Meckl 2006, Welge/Holtbrügge 2006). Dieser sicherlich nicht vollständige Blick in aktuelle deutschsprachige Lehrbücher deutet bereits an, dass die Inhalte des Begriffs und damit auch des Faches „Internationales Management" nicht klar umrissen sind.

Wie in der national orientierten wirtschaftswissenschaftlichen Forschung kann zwischen zwei Dimensionen des Managementbegriffs unterschieden werden (Meckl 2006, in Anlehnung an Hungenberg/Wulf 2004): Management als Institution und als Funktion. „Als Institution umfasst Management alle Aufgaben- und Funktionsträger, die Entscheidungs- und Anordnungskompetenz haben" (Meckl 2006, S. 22). Hier kann zwischen Top, Middle und Lower Management unterschieden werden, die jeweils über unterschiedliche Weisungs- und Entscheidungsbefugnisse verfügen.

> „Als Funktion umfasst das Management im weitesten Sinne alle zur Steuerung eines Unternehmens notwendigen Aufgaben und Entscheidungen. Als wichtigste Managementfunktionen werden Planung, Kontrolle, Personalführung und Organisation angesehen" (Meckl 2006, S. 23).

Hier stehen nicht Gruppen von Personen im Fokus, sondern es geht um Handlungen: „Management kann aus funktionaler Sicht als ein Komplex von Steuerungsaufgaben verstanden werden, die bei der Leistungserbringung im Unternehmen zu erfüllen sind“ (Scherm/Süß 2001, S. 13). Sind diese Managementfunktionen in den Kontext der internationalen Unternehmenstätigkeit eingebettet, so wird von Internationalem Management gesprochen (Staehle 1999).

Wird der funktionalen Perspektive des Internationalen Managements gefolgt, so ist das Internationale Personalmanagement integraler Bestandteil des Internationalen Managements. Erklärungen grenzüberschreitender Fragestellungen des Personalmanagements sind damit mit ähnlichen Herausforderungen verbunden wie solche auf der Ebene des internationalen Unternehmens, d. h. des Internationalen Managements. Wie oben erläutert, werden hier häufig dessen Entstehung, Strukturen und Strategien fokussiert. Wird das Personalmanagement in Anlehnung an Porter (1980, 1985) als unterstützende Funktion im Unternehmen interpretiert, ist es im gesamtunternehmerischen Kontext zu sehen und kann in seiner Gesamtheit nicht unabhängig davon interpretiert werden, wenn Dysfunktionalitäten vermieden werden sollen.

3 Internationales Personalmanagement: Forschungsfeld, Begriff und Abgrenzung

Die ersten Forschungsarbeiten, die sich mit Themen des Internationalen Personalmanagements beschäftigen, sind sowohl in Deutschland (z. B. Borrmann 1968) als auch in der angelsächsischen (z. B. Gonzalez/Neghandi 1967) und französischen Literatur (Perlmutter 1965) bereits in den 1960er Jahren entstanden. 1990 folgte die erste Monographie zum Internationalen Personalmanagement, die von dem Australier Peter J. Dowling und dem US-Amerikaner Randall S. Schuler veröffentlicht wurde. Im Mittelpunkt dieser Monographie stehen personalwirtschaftliche Probleme, die in einem multinationalen Unternehmen dadurch entstehen, dass es sich mit Mitarbeitern verschiedener Nationalitäten und mit Aktivitäten an verschiedenen geographischen Standorten auseinandersetzen muss. Diese geographischen Standorte zeichnen sich nicht nur durch eine geringere bzw. größere Distanz zum Stammhaus aus, sondern sie unterliegen auch landesspezifischen Rahmenbedingungen, die sowohl kultureller als auch institutioneller Art sein können (Dowling/Festing/Engle 2008).

Diese Problemsicht, Besonderheiten personalwirtschaftlicher Aktivitäten in multinationalen Unternehmen in den Vordergrund der Betrachtung zu stellen, prägt auch das Begriffsverständnis des Internationalen Personalmanagements: Lange Zeit standen das Management von Auslandsentsendungen in multinationalen Unternehmen sowie die Anpassung von personalwirtschaftlichen Instrumenten an fremde Kulturen im Untersuchungsfokus (z. B. Schöllhammer 1975, 1992, Dülfer

1992). Das Personalmanagement in multinationalen Unternehmen und die interkulturelle Vergleichsforschung im Zusammenhang mit personalwirtschaftlichen Fragestellungen stellen auch jetzt noch Forschungsschwerpunkte im Internationalen Personalmanagement dar (Weber/Dowling/Festing 1999). Zudem werden zunehmend Personalpraktiken im internationalen Vergleich erforscht.

Das Forschungsfeld des Internationalen Personalmanagements ist also insbesondere durch drei Schwerpunkte gekennzeichnet: das Personalmanagement in multinationalen Unternehmen, das Interkulturelle Personalmanagement und die international vergleichende Perspektive des Personalmanagements (Weber/Dowling/Festing 1999, Festing 2004). Ziel aller Forschungsrichtungen ist es, die Besonderheiten des Personalmanagements im Kontext landesspezifischer institutioneller und bzw. oder kultureller Rahmenbedingungen zu identifizieren, zu vergleichen und zu erklären sowie Erklärungsansätze und Hinweise für das grenzüberschreitende Personalmanagement in international tätigen Unternehmen zu liefern. Die Differenzierung zwischen kulturell und institutionell orientierter international vergleichender Personalforschung ist primär durch die Wahl des Erklärungsansatzes geprägt: Zum einen stehen kulturwissenschaftliche Erkenntnisse im Mittelpunkt, zum anderen werden Beziehungen zwischen nationalen Institutionen und Personalmanagement analysiert. Wichtig ist hierbei, dass beide Erklärungsansätze von einem kontextorientierten Paradigma geprägt sind, d. h. sie gehen davon aus, dass die jeweiligen landesspezifischen Charakteristika einen wichtigen Einfluss auf die Gestaltung der personalwirtschaftlichen Aktivitäten eines Unternehmens besitzen. Dass diese Annahme nicht auf alle Arbeiten im Internationalen Personalmanagement zutrifft, zeigt die Diskussion verschiedener Zugangsweisen der Forschung im Internationalen Personalwesen im nächsten Abschnitt.

4 Zugangsweisen der Forschung im Internationalen Personalmanagement

Zwei wichtige Zugangsweisen prägen die Forschung im Internationalen Personalmanagement: Während ein Teil der Forscher von der Prämisse geleitet ist, Managementwissen sei universal und die Forschungsarbeiten entsprechend ausrichtet, hat sich ein anderer Teil von Wissenschaftlern zum Ziel gesetzt, kontextspezifische Personalmanagementaktivitäten zu identifizieren (Child 1981, Brewster 1999, Kabst/Brewster 2004). Im Folgenden werden die grundlegenden Unterschiede beider Zugangsweisen skizziert.

4.1 Universalistischer Ansatz

Die Vertreter der Culture-free-These gehen davon aus, dass Managementwissen nicht kulturgebunden und somit universell übertragbar ist (Brewster 1999). Ein bedeutendes Beispiel für einen solchen Zugang sind die in den 1980er Jahren besonders intensiv geführten Diskussionen um mögliche Erfolgsfaktoren japanischen Managements, abgeleitet aus dem Erfolg der japanischen Wirtschaft in dieser Periode. Sowohl Wissenschaftlern als auch Unternehmenspraktikern stellte sich die Frage, welche japanischen Managementpraktiken zur Steigerung des Unternehmenserfolgs beitragen können. Ein anderes Beispiel in diesem Zusammenhang ist die Orientierung nicht-amerikanischer Länder an US-amerikanischen Forschungsergebnissen im Bereich der Verhaltensforschung. Beispielhaft soll hier nur die Übertragung von in den USA generierten Erkenntnissen über individuelles Verhalten wie z. B. motivationspsychologische Erkenntnisse auf andere kulturelle Kontexte genannt werden (Hofstede 1980b, 1983 sowie zusammenfassend Kühlmann 2008, S. 56-106).

Im Zusammenhang mit der Culture-free-These im Personalmanagement spricht Brewster (1999) von einem universalistischen Paradigma, das seines Erachtens insbesondere die US-amerikanische Forschung stark dominiert. Im Wesentlichen repräsentiert es einen nomothetischen Ansatz, d. h. theoretisch fundierte personalwirtschaftliche Aussagensysteme werden in der Regel in deduktiver Weise auf ihre Verallgemeinerungsfähigkeit hin überprüft. Implizite Annahme dieser Forschungsarbeiten ist, dass die Erkenntnisse nicht auf Unternehmen bestimmter Regionen begrenzt sind. Die Stärke der Forschungsergebnisse wird darin gesehen, dass sie in der Regel anerkannte Theorien verwenden, die zu rigoros testbaren Hypothesen und somit idealerweise zu Ergebnissen führen, die Prognosen des unternehmerischen Verhaltens ermöglichen. Ziel ist die theoretische Weiterentwicklung der Disziplin.

> „... a disadvantage of this paradigm, perhaps of the US research tradition in particular, is that the pressure to publish and the restricted nature of what is acceptable has led to much careful statistical analysis, of small-scale, often narrow, questions whose relevance to wider theoretical and practical debates is sometimes hard to see" (Brewster 1999, S. 48).

4.2 Kontextorientierter Ansatz

Der Culture-free-These bzw. dem universalistischen Paradigma steht die Culture-bound-These bzw. das um weitere Kontextfaktoren ergänzte kontextorientierte Paradigma gegenüber. Es ist durch eine ideographische Vorgehensweise gekennzeichnet, welche auf die Einzigartigkeit von Phänomenen in ihrem jeweiligen Kontext ausgerichtet ist und diese zu erklären versucht. Dementsprechend wird häufig eine induktive Forschungsstrategie gewählt.

In Bezug auf das Personalmanagement geht es darum zu identifizieren, wie sich personalwirtschaftliche Instrumente und Strategien in verschiedenen Kontexten unterscheiden und welches die wesentlichen Einflussvariablen sind. Hier dominieren kontextspezifische Erklärungsansätze, während die Analyse möglicher Auswirkungen des Personalmanagements auf den Unternehmenserfolg von sekundärer Bedeutung ist und häufig in der Analyse vernachlässigt wird. Zudem wird explizit angenommen, dass Interessenkonflikte im Unternehmen bestehen, die eine einheitliche Zielsetzung wie beispielsweise den Beitrag des Personalmanagements zum Unternehmenserfolg, zum Shareholder Value oder zur optimalen Gestaltung der Kundenbeziehungen verhindern. Im Gegenteil: Interessenkonflikte der verschiedenen Stakeholder und ihre Auswirkungen sind zentraler Gegenstand der Forschung. Es wird angenommen, dass die Bedeutung der verschiedenen Stakeholder des Unternehmens historisch geprägt und bzw. oder durch landesspezifische Gesetzgebung entstanden ist (Brewster 1999).

4.3 Zwischenfazit

Beide hier dargestellten Zugangsweisen zur Forschung im Internationalen Personalwesen sind durch unterschiedliche theoretische und methodische Ansätze gekennzeichnet und besitzen jeweils spezifische Stärken und Schwächen. Sie sind oft typisch für Arbeiten im angelsächsischen und europäischen Kontext, wobei anzumerken ist, dass diese beiden Zugangsweisen das Feld der Forschung im Internationalen Personalmanagement nicht vollständig beschreiben, sondern sich in spezifischen Regionen und Theorietraditionen durchaus weitere Zugänge entwickelt haben (z. B. Mendenhall 1999).

Die beiden hier dargestellten Zugangsweisen sind nicht nur typisch für das Internationale Personalmanagement, sondern auch für Forschungsarbeiten, die primär im Kernbereich des Internationalen Managements angesiedelt sind (hierzu auch die Diskussion bei Kutschker/Schmid 2006, S. 778-780). Hier lassen sich gemeinsame Entwicklungslinien beider Themengebiete identifizieren, die durch die grenzüberschreitende Perspektive entstehen.

5 Forschungsschwerpunkte des Internationalen Personalmanagements aus der Perspektive des Internationalen Managements

Wie in der Begriffsabgrenzung bereits angedeutet wurde, haben Weber, Dowling und Festing (1999) in einer Analyse des Forschungsstandes im Internationalen Personalmanagement drei Forschungsschwerpunkte identifiziert: Personalmanagement in multinationalen Unternehmen, Interkulturelles Personalmanagement und die international vergleichende Perspektive des Personalmanagements. In diesen Forschungsschwerpunkten sind in den letzten Jahren erhebliche Erkenntnisfortschritte erzielt worden. In den folgenden Ausführungen werden einige wichtige Aspekte kurz skizziert und aus der Perspektive des Internationalen Managements diskutiert.

5.1 Personalmanagement in multinationalen Unternehmen

Das Personalmanagement in multinationalen Unternehmen stellt den dominierenden Forschungsschwerpunkt im Internationalen Personalmanagement dar und nimmt auch in diesem Beitrag den größten Raum ein. Häufig steht das Management von Auslandsentsendungen im Vordergrund. Zudem werden die Themen Personalauswahl, -einsatz sowie Personalentwicklung, Vergütung und Arbeitsbeziehungen auch für andere Zielgruppen im Kontext der multinationalen Unternehmen diskutiert. Das Strategische Internationale Personalmanagement ergänzt das Forschungsfeld, indem es Handlungsmuster fokussiert, die sowohl innerhalb der Personalfunktion als auch mit dem gesamtunternehmerischen Kontext und den verschiedenen externen Umwelten eines multinationalen Unternehmens abgestimmt sind (zu den Schwerpunkten vgl. die Lehrbücher von Mendenhall/Oddou 2000, Weber et al. 2001, Dowling/Festing/Engle 2008). Zusammenfassend kann festgestellt werden, dass das Management von Auslandsentsendungen in all seinen Facetten und die Ausgestaltung der personalwirtschaftlichen Funktionen wichtige Bereiche in diesem Forschungsschwerpunkt darstellen, die durch strategische Überlegungen teilweise zusammengeführt werden (Taylor/Beechler/Napier 1996, Festing 1999). Im Folgenden wird kurz auf die einzelnen personalwirtschaftlichen Funktionsbereiche eingegangen.

Im Zusammenhang mit der internationalen Personalauswahl werden beispielsweise Auswahlkriterien und entsprechende Auswahlverfahren wie interkulturelle Assessment Center (z. B. Kühlmann/Stahl 1998) sowie Überlegungen des Personaleinsatzes bei internationalen Tätigkeiten diskutiert (Scullion/Collings 2006). Die Erfolgsfaktoren internationaler Führungskräfte sind häufig unter dem Thema „Global Leadership“ subsumiert worden (Caliguri/Di Santo 2003, Osland et al. 2006). Unter „Global Leadership Development“ werden alle Aktivitäten verstanden, die die Einsatz- und Entwicklungsmöglichkeiten von global tätigen Führungskräften (Global Leaders) betreffen (z. B. Mendenhall/Kühlmann/Stahl 2000). Gibt es auch keine allgemein anerkannte Definition von „Global Leadership“, so kann dennoch festgestellt werden, dass das Konzept sowohl allgemeine als auch unternehmensspezifische Fähigkeiten und Kenntnisse betrifft. Erstere umfassen eher allgemeine Führungsqualitäten wie z. B. Durchsetzungsfähigkeit, Integrität, den Umgang mit Unsicherheit oder Ambiguitätstoleranz. Zur unternehmensspezifischen Dimension werden Kenntnisse über den Geschäftsbereich bzw. die Gesamtorganisation gezählt (Festing 2000, Mendenhall 2006). Eine global tätige Führungskraft unterscheidet sich von anderen vorwiegend durch ein „global mindset“, das Jokinen (2005, S. 200) definiert als „... the capacity for appreciating elements of different cultures.“

Wichtige Themen der international orientierten Personalentwicklung sind Techniken und Auswirkungen interkultureller Vorbereitung (Littrell/Salas 2005, Caliguri/Tarique 2006), internationale Potential- und Leistungsbeurteilung im Rahmen von Performance-Management-Systemen (Cascio 2006, Engle/Dowling/Festing 2008) und internationales Karrieremanagement (Mayerhofer/Hartmann/Herbert 2004). Wie im Zusammenhang mit der internationalen Personalauswahl bereits angedeutet, ist auch die Personalentwicklung darauf ausgerichtet, Global Leadership zu fördern (Caliguri 2006). Weitere wichtige Themen stellen die Reintegration nach dem Auslandseinsatz sowie die Analyse entsprechender Auswirkungen auf die Karriere aus individueller wie aus Unternehmenssicht dar (Harvey/Novicevic 2006, Festing/Müller 2008). Ferner führt die zunehmende Globalisierung dazu, dass die internationalen Karrierechancen von Nicht-Stammhausangehörigen zunehmend diskutiert werden, während vorher der Fokus vorwiegend auf den Stammhausmitarbeitern lag. Diese Politik wird auch als „open sky“ bezeichnet (Festing/Müller 2007). Inhaltlich ist sie vereinbar mit der Diskussion um Inpatriate Management. Unter „Inpatriates“ werden primär Mitarbeiter verstanden, die aus ausländischen Einheiten in das Stammhaus entsandt werden mit dem Ziel der Entwicklung globaler Führungsfähigkeiten (Armutat/Neumeier 2007, Dowling/Festing/Engle 2008).

Im Rahmen der internationalen Vergütung geht es v. a. um die Erarbeitung und Analyse von Lösungsansätzen für die Vergütung bei Auslandsentsendungen. Diese gestaltet sich aufgrund der Vielzahl von landesspezifischen steuerlichen und sozialversicherungsrechtlichen Regelungen besonders komplex. Während in der Vergangenheit in diesem Themengebiet eine normative, stark pragmatische Orientierung dominierte, werden zunehmend auch Erklärungsansätze aus verschiedenen

Blickwinkeln wie der Organisation, des Personalmanagements, des Individuums und sozialer Austauschperspektiven im interkulturellen und institutionellen Kontext herangezogen (z. B. Bonache 2006, Festing/Perkins 2008). Dies führt zu einer stärkeren Differenzierung in der Auseinandersetzung mit der Vergütung für Auslandsentsendungen und zu einer facettenreicheren Analyse der Wirkungen. In jüngerer Zeit steht nicht mehr nur die Gestaltung der Vergütung von Expatriates im Vordergrund, sondern es werden auch immer häufiger Probleme der Vergütungssystematik auf weltweiter Ebene und damit der strategischen Ausrichtung der internationalen Entgeltpolitik für alle Top-Führungskräfte des Unternehmens diskutiert (z. B. Festing/Eidems/Royer 2007). Dieser Bereich der internationalen Vergütung deutet bereits auf einen engen Bezug zum Strategischen Internationalen Personalmanagement hin.

Das Themenfeld der internationalen Arbeitsbeziehungen wird häufig aus einer vergleichenden Perspektive betrachtet. Dennoch sind die Erkenntnisse über die Funktionsweise der Systeme von Arbeitsbeziehungen zentral wichtig für die Steuerung eines global tätigen Konzerns und damit für das Personalmanagement in multinationalen Unternehmen (Bamber/Lansbury/Wailes 2004, Dowling/Festing/Engle 2008). Hinzu kommen Besonderheiten der Arbeitsbeziehungen auf europäischer Ebene (Almond et al. 2005, Clark et al. 2005) wie beispielsweise die Herausforderungen durch die europäische Arbeitnehmervertretung in europäischen Betriebsräten.

Über alle personalwirtschaftlichen Funktionen hinweg beschäftigt sich das Strategische Internationale Personalmanagement mit der internationalen Ausrichtung der Personalstrategie und liefert somit den Orientierungsrahmen für die Ausgestaltung der einzelnen Personalfunktionen (z. B. Festing 1999, De Cieri/Dowling 2006). Hier stellen Auslandsentsendungen lediglich einen kleinen, wenn auch wichtigen Teilbereich dar.

> „Unter Strategischem Internationalem Personalmanagement wird die Ausrichtung der Aktivitäten und Richtlinien der Personalfunktion verstanden, die aus den strategischen Aktivitäten sowie der Organisationsstruktur multinationaler Unternehmen resultieren und zur Erreichung der globalen Ziele beitragen" (Weber et al. 2001, S. 284).

Als wesentliche Einflussfaktoren identifizieren De Cieri und Dowling (2006) externe Determinanten wie beispielsweise den relevanten Industriezweig, globale, regionale, nationale und lokale Charakteristika sowie interorganisationale Beziehungen. Unternehmensinterne Einflussfaktoren sind diesen Autoren zufolge die Struktur, Strategie und Kultur des Unternehmens, Corporate Governance, das Ausmaß internationaler Erfahrung sowie die grundsätzliche internationale Orientierung. Alle wirken sich auf die internationalen Personalstrategien und -praktiken aus und üben einen Einfluss auf die Zielerreichung des Unternehmens wie beispielsweise die Wettbewerbsfähigkeit oder Effizienz aus. Ergebnis der Arbeiten zum Strategischen Internationalen Personalmanagement sind häufig Aussagen über die Beziehung zwischen dem Personalmanagement im Stammhaus und in den jeweiligen Tochtergesellschaften im Kontext der institutionellen und kulturellen Rahmenbedingungen (Milliman/Glinow/Nathan 1991, Taylor/Beechler/Napier 1996, Festing 1999). Standen in der Forschung zum Strategischen Internationalen Personalmanagement bisher eher inhaltliche Aussagen im Vordergrund, so werden zunehmend auch strategische Prozesse des Personalmanagements fokussiert, die sich im Spannungsfeld zwischen Globalisierung und Lokalisierung abspielen (Morris/Snell/Wright 2006, Festing/Eidems 2007). Evans, Pucik und Barsoux (2002) sehen die größte Herausforderung für das Internationale Personalmanagement in diesem Bereich, nämlich im Management verschiedener Spannungsfelder, die sie als Paradoxon oder Dualitäten bezeichnen. Als weiteres Beispiel nennen sie das gleichzeitige Management aktueller Herausforderungen und die Entwicklung künftiger Stärken („resource exploitation versus resource exploration"). In den genannten Fällen geht es darum, jeweils beide Perspektiven gleichzeitig zu verfolgen. Die zentrale Bedeutung dieser Aufgaben hat zu der Forderung geführt, internationale Personalmanagementaktivitäten stärker aus einer General-Management-Perspektive zu betrachten:

> „Strategic management becomes a process that involves all key leaders around the world, and local managers need to have a global mindset. The role of people in central staff positions, including corporate HR [human resource, Anm. d. Verf.], is not to solve their problems for them, for this would be incompatible with needs for local autonomy. Instead, central staff must act as network leaders, getting people together to face up to common problems" (Evans/Pucik/Barsoux 2002, S. 84).

Nicht zuletzt durch diese Aussage wird deutlich, dass das Internationale Personalmanagement sich in einem engen Bezug zu anderen managementnahen Forschungsfeldern befindet. Hervorzuheben sind für den Forschungsschwerpunkt „Personalmanagement in multinationalen Unternehmen" die Organisationsforschung und die Forschung im Strategischen Management, die in ihren internationalen Dimensionen das Internationale Management prägen und häufig Grundlagen für weiterführende Erkenntnisse liefern. Wird nun dieser Forschungsschwerpunkt des Internationalen Personalmanagements aus der Perspektive des Internationalen Managements betrachtet, so zeigt sich, dass die Erforschung des internationalen Unternehmens und der internationalen Unternehmensstrategien eine besondere Bedeutung hat, wenn es darum geht, die internationalen Personalmanagementaktivitäten strategisch auszurichten, denn – wie eingangs bereits angesprochen – hat das Personalmanagement eine unterstützende Funktion im Unternehmen (Porter 1980, 1985) und orientiert sich primär an den unternehmensstrategischen Zielen (PriceWaterhouseCoopers 2003).

Wie die Analyse des Forschungsstandes anhand von Lehrbüchern und anderen exemplarischen Publikationen gezeigt hat, liegen für die oben skizzierten Themenfelder des Personalmanagements in multinationalen Unternehmen mittlerweile eine Reihe von Erklärungs- und Lösungsansätzen vor. Insbesondere bei den eher strategischen Fragestellungen erfolgt häufig ein Rückgriff auf Konzepte, die im Wesen dem Internationalen Management zugeordnet werden. So wird beispielsweise das Konzept des transnationalen Unternehmens (Bartlett/Ghoshal 1998) herangezogen, um transnationale Personalstrategien und -systeme zu diskutieren (Festing/Eidems/Royer 2007), oder verschiedene Markteintritts- und Marktbearbeitungsstrategien bzw. Rollen von Tochtergesellschaften (zusammenfassend Kutschker/Schmid 2006, S. 332-357) werden im Hinblick auf ihre Auswirkungen auf das Internationale Personalmanagement diskutiert (Taylor/Beechler/Napier 1996, Schuler/Jackson/Luo 2004, Dowling/Festing/Engle 2008).

Im Hinblick auf die Zugangsweisen in der Forschung im Internationalen Management dominiert in den bisherigen Arbeiten zum Personalmanagement in multinationalen Unternehmen eine universalistische Perspektive. Zunehmend wird jedoch auch die lokale Adaption von Personalpraktiken thematisiert (Festing/Eidems/Royer 2007). Wie später noch weiter ausgeführt wird, besteht ein großer Bedarf an Untersuchungen, welche die internationalen Personalmanagementpraktiken im Hinblick auf ihre Kontextspezifität analysieren und somit Aussagen über deren Übertragbarkeit auf andere Kontexte ermöglichen.

5.2 International vergleichendes Personalmanagement

Die international vergleichende Personalforschung leistet einen wichtigen Beitrag zur Identifikation und zum Verständnis unterschiedlicher personalwirtschaftlicher Praktiken in verschiedenen Ländern. In den meisten Publikationen, die diesem Forschungsschwerpunkt zugeordnet werden, wird daher eine kontextorientierte Perspektive verfolgt. Es geht um die Beschreibung von Personalmanagementpraktiken innerhalb von Ländern und Kulturen, ihren Vergleich und die Erklärung möglicher Unterschiede zwischen den Praktiken in den einzelnen Ländern und Kulturen.

Neben einer Reihe von Arbeiten, die sich auf einzelne Themenfelder des Personalmanagements oder auf einen Vergleich einer kleinen Zahl von Ländern beziehen, sind v. a. zwei umfangreiche Projekte der international vergleichenden Personalforschung zu nennen, die durch grenzüberschreitende Forschungskooperationen den Vergleich von Personalmanagementpraktiken in einer Vielzahl von Ländern und Regionen ermöglichen. Dies sind das „Cranfield Network on Comparative Human Resource Management" (URL: www.cranet.org) und das „Consortium on Best International Human Resource Management Practices" (von Glinow 2002).

Das Cranfield-Projekt startete 1989 und war zunächst europaweit angelegt. Im Jahr 2007 ist ein Netzwerk aus Partnern in 39 Ländern der Welt entstanden (URL: www.cranet.org). Im Rahmen dieses Forschungsprojektes werden anhand eines bis auf länderspezifische Elemente identischen Fragebogens grundsätzliche Trends in der Struktur und Politik des Personalwesens, der Personalbeschaffung, der Personalentwicklung, der Vergütung und in den Arbeitsbeziehungen erhoben und vergleichend analysiert (Weber/Kabst 2000). Dadurch, dass zwischen 1990 und 2000 bereits fünf Erhebungswellen in regelmäßigen Abständen erfolgt sind, ermöglichen die Ergebnisse nicht nur länderspezifische Vergleiche, sondern auch die Identifikation von Veränderungen und Trends im Zeitverlauf (Brewster/Hegewisch 1994, Mayne/Tregaskis/Brewster 2000, Brewster 2006). Auf der Basis der Projektdaten unterscheiden Mayrhofer, Morley und Brewster (2004) zwischen direktionaler und finaler Konvergenz der Personalpraktiken. Erstere beinhaltet eine Angleichung von Trends, während letztere vergleichbare Ergebnisse postuliert. Die Schlussfolgerung der Autoren ist:

> „From a directional point of view, there seems to be a positive indication of convergence. However, when one looks at the question from a final convergence point of view, the answer is no longer a clear positive one. None of the HR practices converged at the end of the decade. Rather, the maximum point of convergence is reached in the middle of the decade with signs of divergence after that" (Mayrhofer/Morley/Brewster 2004, S. 434).

Dieses Ergebnis zeigt, dass auf der Basis der Cranfield-Daten keine einheitlichen Tendenzen feststellbar sind (hierzu auch Katz/Darbishire 2001, Streeck 2001, Kabst/Brewster 2004). Nach einer Befragung von Personalmanagern in Deutschland, den USA und Japan kommt Pudelko (2005) jedoch zu dem Schluss, dass die Mehrheit der Befragten eine Konvergenz der Human-Resource-Management-Systeme langfristig erwartet.

Das „Best International Human Resource Management Practices Project" ist ebenfalls ein Zusammenschluss von Forschern, die eine vergleichende Untersuchung personalwirtschaftlicher Aktivitäten in mittlerweile 40 Ländern per Fragebogen durchführen oder durchgeführt haben. Hierbei geht es nicht nur darum, den Ist-Zustand zu identifizieren, sondern auch einen Soll-Zustand zu erfragen. Das Ziel des Best-Practices-Projektes ist es zu identifizieren, ob Personalpraktiken kontextfrei, kontextspezifisch oder kontextabhängig sind (Geringer/Frayne/Milliman 2002). So zeigt sich z. B. im Rahmen der Vergütung, dass manche individualistisch geprägte Länder wie die USA oder Kanada erstaunlich geringe Mittelwerte einer anreizorientierten Entgeltpolitik aufweisen. Dagegen zeichnen sich universelle Trends ab für die Verwendung von Benefits, die Berücksichtigung individueller Leistungen im Gegensatz zur Gruppenleistung oder Gesamtleistung des Unternehmens und eine zurückgehende Bedeutung von Seniorität (von Glinow/Drost/Teagarden 2002). Ähnliche Ergebnisse liegen auch für weitere personalwirtschaftliche Aufgabenbereiche vor (von Glinow 2002).

Manchen Arbeiten der international vergleichenden Personalforschung wird vorgeworfen, dass lediglich Daten erhoben werden, ohne einen konzeptionellen Bezugsrahmen zugrunde zu legen. Diese Kritik mag in manchen Fällen berechtigt sein, sie kann jedoch auch das Ergebnis der oben skizzierten unterschiedlichen Zugangsweisen darstellen: Universalistisch orientierte Forscher fordern auch bei international vergleichender Personalforschung eine solide theoretische Fundierung und ein entsprechend rigoroses methodisches Vorgehen.

Einen viel versprechenden Ansatzpunkt für eine theoretische Fundierung des Vergleichs von Personalpraktiken bieten institutionalistische Ansätze (z. B. DiMaggio/Powell 1983, Whitley 1992a, 1992b, Scott/Christensen 1995). Hierbei handelt es sich nicht um ein in sich geschlossenes theoretisches Gedankengebäude, sondern um eine Vielzahl von Ansätzen. Die Grundthese besteht darin, dass viele Strukturen, Programme und Praktiken in Organisationen ihre Legitimität erst durch die soziale Konstruktion der Wirklichkeit erhalten.

> „The main points behind the institutional perspective are (a) what many view as rationally derived organization structures and practices may only appear to be so and (b) structures may serve some functional goal, although they had not been designed for that particular purpose“ (Wright/McMahan 1992, S. 313).

Vor dem Hintergrund einer solchen institutionalistischen Perspektive analysierte beispielsweise Whitley (1992a, 1992b) ostasiatische und europäische Managementsysteme. Mittlerweile finden institutionelle Perspektiven auch in der personalwirtschaftlichen Forschung vermehrt Anwendung (z. B. Gooderham/Nordhaug 1997, Ferner/Quintanilla 1998, Gooderham/Nordhaug/Ringdal 1999, Wächter et al. 2002, Ferner/Almond/Colling 2005, Festing/Okech 2007).

International vergleichendes Personalmanagement bedient sich ähnlicher Techniken und theoretischer Überlegungen wie vergleichende Studien im Kernbereich oder in anderen funktionalen Bereichen des Internationalen Managements. Weder die internationale Vergleichsforschung (z. B. Koen 2005) noch der hier beispielhaft genannte Erklärungsansatz des Neoinstitutionalismus (Scott/Christensen 1995, Walgenbach 2006) ist auf ein einzelnes Anwendungsfeld beschränkt. Also können wiederum gemeinsame Entwicklungslinien zwischen Internationalem Personalmanagement und dem Kernbereich des Internationalen Managements konstatiert werden.

5.3 Interkulturelles Personalmanagement

Interkulturelles Personalmanagement befasst sich mit der Analyse menschlichen Verhaltens in Organisationen im interkulturellen Kontext. Grundsätzlich wird das Ziel verfolgt, Organisationsverhalten und Personalmanagement in ihrem jeweiligen kulturellen Kontext zu beschreiben, diesbezügliche Vergleiche zwischen Ländern anzustellen und zu Erklärungen und Verbesserungen der Interaktion zwischen Arbeitnehmern, Kunden, Zulieferern oder Kooperationspartnern aus unterschiedlichen Ländern und Kulturen beizutragen (hierzu auch Adler 2001, Kühlmann/Dowling 2004). Interkulturelles Personalmanagement stellt in der deutschsprachig veröffentlichten Forschung im Gegensatz zur US-amerikanischen Forschung zahlenmäßig nicht den bedeutendsten Schwerpunkt der Forschung im Internationalen Personalmanagement dar (Weber/Dowling/Festing 1999).

Die ersten Beiträge, die diesem Forschungsansatz zuzurechnen sind, entstanden in den späten 1960er Jahren (z. B. Haire/Ghiselli/Porter 1966). Anlass für die Beschäftigung mit interkulturellen Themen waren die zunehmende internationale Verflechtung der Weltwirtschaft und die daraus resultierenden Probleme für das Management, die sich sowohl im Umgang mit Mitarbeitern als auch in den Beziehungen zu Kunden und Zulieferern in verschiedenen Gastländern ergaben. Die teilweise unerwarteten Konflikte sowie die in manchen Fällen geringe Effizienz der Auslandsaktivitäten ließen Zweifel an der These aufkommen, nationales Managementwissen sei auf andere Länder und Kulturen übertragbar (Staehle 1999). Dies war verbunden mit der Forderung nach einer stärkeren Berücksichtigung der situativen Rahmenbedingungen in den jeweiligen Tätigkeitsländern. Damit handelt es sich auch bei dieser Forschungsrichtung um einen kontextorientierten Ansatz.

Das Interkulturelle Personalmanagement greift auf grundlegende Erkenntnisse der interkulturellen Vergleichsforschung zurück. Dies gilt insbesondere für die Definition des Kulturbegriffs und die Ergebnisse von kulturvergleichenden Managementstudien. Die Tatsache, dass Kluckhohn und Strodtbeck bereits in den 1950er Jahren über 160 Kulturdefinitionen zusammentrugen, zeigt, wie vielfältig sich die Konzeptionalisierung dieses Begriffs und des Konstruktes gestaltet. Kluckhohn definiert den Begriff wie folgt:

> „Culture consists in patterned ways of thinking, feeling, and reacting, acquired and transmitted mainly by symbols, constituting the distinctive achievements of human groups, including their embodiments in artifacts; the essential core of culture consists of traditional (i.e., historically derived and selected) ideas and especially their attached values“ (Kluckhohn 1951, S. 86, Fußnote 5).

Auch bei der Erfassung von Kultur können mehrere Zugänge identifiziert werden. Während beispielsweise Hofstede (1980a), Hall und Hall (1990), Trompenaars und Hampden-Turner (1997) oder die Vertreter der GLOBE-Studie (Global Leadership and Organizational Behavior Effectiveness Research Program; hierzu House et al. 2004, Hrsg.) typische Merkmale von Kulturen analytisch erfassen, plädieren andere Forscher für dichte Beschreibungen von Kultur (z. B. Hansen 2000). Wird Kultur analytisch erfasst, indem beispielsweise die in der Hofstede-Studie statistisch ermittelten Kulturdimensionen Machtdistanz, Individualismus versus Kollektivismus, Maskulinität versus Feminität und Unsicherheitsvermeidung bzw. die Konfuzianische Dimension zur Beschreibung und zum Vergleich von Kulturen herangezogen werden (Hofstede 2001), so ist dies zwangsläufig mit einem Informationsverlust verbunden. Diesem Vorwurf begegnen dichte Beschreibungen von Kultur. Sie bergen jedoch den Nachteil, dass sie weniger greifbar sind und Implikationen für das Personalmanagement insbesondere bei Mehrländervergleichen weniger systematisch abgeleitet werden können.

Insbesondere in deutschsprachigen Publikationen wird häufig auf das Umweltschichtenmodell von Dülfer (1992, 2001) zurückgegriffen, wenn es darum geht, die Auswirkungen landesspezifischer Einflussfaktoren auf die Tätigkeit von Managern zu analysieren. Das Umweltschichtenmodell unterteilt die Umwelt in natürliche Rahmenbedingungen und verschiedene kulturelle, d. h. vom Menschen beeinflusste Schichten: Stand der Realitätserkenntnis und Technologie, kulturelle Normen und Werte, soziale Beziehungen und Bindungen, rechtlich-politische Normen sowie die jeweilige Aufgabenumwelt. Nach Dülfer wirken sich alle Schichten auf die verschiedenartigen Interaktionen von Managern während ihrer Geschäftstätigkeit aus. In Bezug auf internationale Personaleinsätze erlaubt das Umweltschichtenmodell den Vergleich der Herausforderungen im Herkunftsland mit denen im Entsendungsland und somit die Bestimmung eines Fremdheitsgrades.

Aufbauend auf den referierten grundlegenden Erkenntnissen der interkulturellen Vergleichsforschung sind zwei Forschungsschwerpunkte charakteristisch für das Interkulturelle Personalmanagement: Ein Schwerpunkt widmet sich den Auswirkungen der Kultur auf das menschliche Verhalten, ein zweiter beschäftigt sich mit den Implikationen kultureller Unterschiede für personalwirtschaftliche Handlungsfelder. Steht die Analyse des Verhaltens im Vordergrund, so werden Aspekte interkulturellen Führungsverhaltens, interkultureller Motivation, Kommunikation, Entscheidungsfindung, Verhandlungstechnik oder Gruppenbildung diskutiert (Adler 2001). Bei den personalwirtschaftlichen Handlungsfeldern ist ein enger Bezug zu den oben skizzierten Problemen und Erkenntnissen des Personalmanagements in multinationalen Unternehmen zu erkennen. Hier geht es um Themen wie internationale Personalauswahl, internationales Karrieremanagement, Grundlagen und Training interkultureller Kompetenz, interkulturelle Personalentwicklung, Management interkultureller Teams, die gesamte Entsendungsproblematik von der Vorbereitung für das Zielland bis zur Wiedereingliederung in das Heimatland, bei denen jeweils die kulturellen Einflussfaktoren im Mittelpunkt der Betrachtung stehen (z. B. Gomez-Mejia/Welbourne 1991, Engelhard 1997, Adler 2001, Scherm/Süß 2001, Bergemann/Sourisseaux 2003, Sparrow 2004)

Als problematisch müssen bei manchen Beiträgen dieser Forschungsrichtung eine mangelnde theoretische Fundierung des Interkulturellen Managements sowie die methodischen Schwächen bei der Durchführung empirischer Untersuchungen erachtet werden (Staehle 1999). Diese Aspekte sind häufig Ursachen für widersprüchliche Forschungsergebnisse und führen zu heftiger Kritik an diesem Forschungsfeld. Vor allem die Verwendung des Konstrukts „Kultur" als Sammelbegriff oder Residualvariable, die zu Beginn einer Untersuchung nicht oder nur unzureichend definiert bzw. operationalisiert wird, bei der Auswertung jedoch als unabhängige Variable für die Erklärung der Variation in den Managementpraktiken zwischen verschiedenen Ländern herangezogen wird, steht im Mittelpunkt der Kritik (z. B. Neghandi 1983).

Das Interkulturelle Personalmanagement stellt bisher primär das Verhalten der Organisationsteilnehmer und damit die Mikroebene des Unternehmens in den Mittelpunkt. Es leistet damit einen wichtigen Beitrag zum Verständnis organisationalen Handelns. Makroaspekte der Organisation werden jedoch häufig vernachlässigt. So finden die Unternehmensstrategie oder Organisationsstruktur nur selten Berücksichtigung (z. B. Welge/Holtbrügge 2003). Auch eine Diskussion im Zusammenhang mit betriebswirtschaftlichen Themen im Sinne von Kosten-Nutzen-Überlegungen fehlt häufig. Vielleicht stellen diese Kennzeichen eine Begründung dafür dar, warum in der deutschsprachigen Betriebswirtschaftslehre dieses Gebiet erst in neuerer Zeit intensiver erforscht wird. Der erforderliche interdisziplinäre Ansatz, der sowohl kulturelle als auch ökonomische Erklärungen enthält, scheint sich erst langsam zu entwickeln (Weber/Dowling/Festing 1999).

Ähnlich wie bei der international vergleichenden Forschung lassen sich in der interkulturellen Personalforschung wiederum ganz enge Bezüge zum Kernbereich des Internationalen Managements herstellen. Kultur und kulturwissenschaftliche Erkenntnisse finden als zentrale Konstrukte Eingang in das Internationale Management. Genauso wie sie hier für die Erklärung kulturgeprägter Unternehmensformen wie den japanischen Keiretsu, den koreanischen Chaebol oder den chinesischen Family Business Networks herangezogen werden (zusammenfassend z. B. Kutschker/Schmid 2006, S. 764-777), dient die Kultur auch als erklärende Variable für Verhaltensunterschiede und Unterschiede in den personalwirtschaftlichen Praktiken.

6 Schlussbetrachtung und Ausblick

Das Internationale Personalmanagement hat sich in den letzten Jahrzehnten zu einem umfassenden und differenzierten Forschungsfeld entwickelt. Als ein wichtiger Einflussfaktor in der künftigen Entwicklung des Faches muss die Zunahme der grenzüberschreitenden Herausforderungen des Managements durch die Globalisierung gesehen werden (zusammenfassend Weber et al. 2001, Kutschker/Schmid 2006). Dies bedeutet, dass das Personalmanagement stärker in einem gesamtorganisatorischen Kontext analysiert und aus einer General-Management-Perspektive heraus gestaltet werden muss. Somit wird der Globalisierungsprozess des Unternehmens in all seinen Facetten ein wichtiger Einflussfaktor sein. Hier geht es verstärkt darum zu analysieren, wie der Beitrag des Personalmanagements zur Erlangung von globalen Wettbewerbsvorteilen aussehen kann. Diese Forderung steht nicht allein im Zeichen einer universalistischen oder einer kontextorientierten Zugangsweise zum Internationalen Personalmanagement. Vielmehr sind beide Perspektiven – wenngleich in der Regel in verschiedenen Forschungsarbeiten – erforderlich. Eher kontextorientierte, vergleichende Arbeiten tragen dazu bei, dass das erforderliche Wissen über die Entstehung und Verbreitung von Personalmanagementpraktiken in verschiedenen Ländern zur Verfügung steht. Interkulturelle und neoinstitutionalistisch ausgerichtete Studien fördern das Verständnis der kulturellen und institutionellen Rahmenbedingungen und lassen eine Einschätzung zu, in welchen personalwirtschaftlichen Funktionsbereichen eine grenzüberschreitende Vereinheitlichung von Instrumenten Erfolg versprechend ist, und wo lokale Anpassungen erforderlich sind. Diese Kenntnisse können dann im Personalmanagement multinationaler Unternehmen genutzt werden, wenn es darum geht, eine unternehmensspezifische internationale Personalstrategie zu gestalten, die unter Berücksichtigung verschiedenartiger lokaler Charakteristika den Globalisierungsprozess eines Unternehmens und damit einhergehende Entscheidungen möglichst optimal unterstützt. Hier besteht ein klarer Bezug zu den Forschungsarbeiten des Kernbereiches des Internationalen Managements, insbesondere zu solchen, die Internationalisierungsprozesse sowie Strategien und Strukturen internationaler Unternehmen systematisieren und erklären.

Stand bisher die inhaltliche Ebene der Erklärung und Gestaltung internationaler Personalmanagementinstrumente im Vordergrund, so spiegelt dies den Stand der Forschung (z. B. Haddock/South 1994, Alldredge/Nilan 2000, Müller 2001, Festing/Eidems/Royer 2007) wie auch den Kenntnisstand in der Praxis wider. Wie oben bereits angedeutet, fehlen dagegen Aussagen zum Prozess der Konzeption und Implementierung internationaler personalwirtschaftlicher Konzepte bisher noch weitgehend (für Ausnahmen vgl. Morris/Snell/Wright 2006, Festing/Eidems 2007). Dabei ist gerade im internationalen Kontext die Prozessperspektive nahezu unverzichtbar, wenn sichergestellt werden soll, dass die Inhalte und auch die Art der Einführung der personalwirtschaftlichen Instrumente in den verschiedenen Tätigkeitsländern eines internationalen Unternehmens die Bedürfnisse der verschiedenen Stakeholders reflektieren und Akzeptanz finden. Dies ist ein Beispiel für einen Bereich, in dem künftig weiterführende Forschungsarbeiten nicht nur im Personalmanagement, sondern auch auf der Ebene des internationalen Unternehmens angesiedelt sein können, die sich gegenseitig befruchten.

Die Analyse des Standes der Forschung in den drei Forschungsschwerpunkten Personalmanagement im multinationalen Unternehmen, international vergleichende Perspektive des Personalmanagements und Interkulturelles Personalmanagement hat gezeigt, dass in allen drei Bereichen ein sehr enger Bezug zu Forschungsarbeiten des Kernbereichs des Internationalen Managements vorhanden ist. Die Arbeiten in beiden betriebswirtschaftlichen Themengebieten unterscheiden sich v. a. im Hinblick auf das Explanandum, das einerseits alle im Zusammenhang mit der internationalen Personalfunktion entstehenden Themen beinhaltet, andererseits eher auf der Ebene der gesamten internationalen Unternehmen angesiedelt ist, die als Kernbereich des Internationalen Managements identifiziert wurden. Wird jedoch das Personalmanagement als unterstützende Funktion im Unternehmen gesehen, so besteht eine gewisse Abhängigkeit von Forschungsarbeiten, die sich mit dem gesamtunternehmerischen Kontext beschäftigen, da dieser insbesondere bei strategischen Fragestellungen als wichtiger Einflussfaktor für das Personalmanagement gesehen wird. Dies gilt auf nationaler wie auf internationaler Ebene.

Literatur

Adler, N. J. (2001): International Dimensions of Organizational Behavior. 4. Aufl., South-Western, Cincinatti/OH, 2001.

Alldredge, M. E./Nilan, K. J. (2000): 3 M's Leadership Competency Model: An Internally Developed Solution. In: Human Resource Management, 39. Jg., Nr. 2/3, 2000, S. 133-146.

Almond, P./Edwards, T./Colling, T./Ferner, A./Gunnigle, P./Muller-Camen, M./Quintnilla, J./Waechter, H. (2005): Unraveling Home and Host Country Effects: An Investigation of the HR Policies of an American Multinational in Four European Countries. In: Industrial Relations, 44. Jg., Nr. 2, 2005, S. 276-306.

Armutat, S./Neumeier, W. (2007, Hrsg.): Impat-Management: Befristete Entsendungen nach Deutschland im Unternehmen gestalten. Bertelsmann, Bielefeld, 2007.

Bamber, G./Lansbury, R./Wailes, N. (2004, Hrsg.): International and Comparative Employment Relations. 4. Aufl., Sage, London, 2004.

Bartlett, C. A./Ghoshal, S. (1998): Managing across Borders: The Transnational Solution. 2. Aufl., Harvard Business School Press, Boston/MA, 1998.

Bergemann, N./Sourisseaux, A. L. J. (2003): Interkulturelles Management. 3. Aufl., Springer, Berlin et al., 2003.

Bonache, J. (2006): The Compensation of Expatriates: A Review and a Future Research Agenda. In: Stahl, G./Björkman, I. (2006, Hrsg.): Handbook of Research in International Human Resource Management. Elgar, Cheltenham/PA, 2006, S. 158-175.

Borrmann, W. (1968): Personalwirtschaftliche Sonderprobleme internationaler Unternehmen. Zugl. Dissertation, München, 1968.

Brewster, C. (1999): Strategic Human Resource Management: The Value of Different Paradigms. In: Management International Review, 39. Jg., Special Issue Nr. 3, 1999, S. 45-64.

Brewster, C. (2006): International Human Resource Management: If There Is No „Best Way“, How Do We Manage? Inaugural Lecture, Henley Management College, 2006.

Brewster, C./Hegewisch, A. (1994, Hrsg.): Policy and Practice in European Human Resource Management: The Price Waterhouse Cranfield Survey. Routledge, London et al., 1994.

Caligiuri, P. (2006): Developing Global Leaders. In: Human Resource Management Review, 16. Jg., Nr. 2, 2006, S. 219-228.

Caligiuri, P./Di Santo, V. (2003): Global Competence: What Is It, and Can It Be Developed through Global Assignments? In: Human Resource Planning, 24. Jg., Nr. 3, 2003, S. 27-35.

Caligiuri, P./Tarique, I. (2006): International Assignee Selection and Cross-cultural Training and Development. In: Stahl, G./Björkman, I. (2006, Hrsg.): Handbook of Research in International Human Resource Management. Elgar, Cheltenham/PA, 2006, S. 302-322.

Cascio, W. (2006): Global Performance Management Systems. In: Stahl, G./Björkman, I. (2006, Hrsg.): Handbook of Research in International Human Resource Management. Elgar, Cheltenham/PA, 2006, S. 176-196.

Child, J. (1981): Culture, Contingency and Capitalism in the Cross-national Study of Organizations. In: Cummings, L. L./Staw, B. M. (1981, Hrsg.): Research in Organizational Behavior. JAI Press, Greenwich/CT, 1981, S. 303-356.

Clark, I./Almond, P./Gunnigle, P./Wächter, H. (2005): The Americanisation of the European Business System? In: Industrial Relations Journal, 36. Jg., Nr. 6, 2005, S. 494-517.

De Cieri, H./Dowling, P. J. (2006): Strategic International Human Resource Management in Multinational Enterprises: Developments and Directions. In: Stahl, G./Björkman, I. (2006, Hrsg.): Handbook of Research in International Human Resource Management. Elgar, Cheltenham/PA, 2006, S. 433-448.

DiMaggio, P. J./Powell, W. W. (1983): The Iron Cage Revisited: Institutional Isomorphism and Collective Rationality in Organizational Fields. In: American Sociological Review, 48. Jg., Nr. 2, 1983, S. 147-160.

Dowling, P. J./Festing, M./Engle, A. D. (2008): International Human Resource Management. 5. Aufl., Thomson Learning, London et al., 2008.

Dülfer, E. (1992): Personalwesen in unterschiedlichen Kulturen. In: Gaugler, E./Weber, W. (1992, Hrsg.): Handwörterbuch des Personalwesens. 2. Aufl., Schäffer-Poeschel, Stuttgart, 1992, Sp. 1881-1893.

Dülfer, E. (2001): Internationales Management in unterschiedlichen Kulturbereichen. 6. Aufl., Oldenbourg, München, Wien, 2001.

Engelhard, J. (1997, Hrsg.): Interkulturelles Management: Theoretische Fundierung und funktionsbereichsspezifische Konzepte. Gabler, Wiesbaden, 1997.

Engle, A. D./Dowling, P. J./Festing, M. (2008): State of Origin: Research in Global Performance Management, a Proposed Research Domain and Emerging Implications. In: European Journal of International Management, 2. Jg., Nr. 2, 2008, S. 153-169.

Evans, P./Pucik, V./Barsoux, J.-L. (2002): The Global Challenge: Frameworks for International Human Resource Management. McGraw Hill, New York/NY, 2002.

Ferner, A./Almond, P./Colling, T. (2005): Institutional Theory and the Cross-national Transfer of Employment Policy: The Case of Workforce Diversity. In: Journal of International Business Studies, 36. Jg., Nr. 3, 2005, S. 304-321.

Ferner, A./Quintanilla, J. (1998): Multinationals, National Business Systems and HRM: The Enduring Influence of National Identity or a Process of Anglo-saxonization. In: The International Journal of Human Resource Management, 9. Jg., Nr. 4, 1998, S. 710-731.

Festing, M. (1999): Strategisches Internationales Personalmanagement: Eine transaktionskostentheoretisch fundierte Analyse. 2. Aufl., Hampp, München, Mering, 1999.

Festing, M. (2000): The Effects of International Human Resource Management Strategies on Global Leadership Development. In: Mendenhall, M. E./Kühlmann, T. M./Stahl, G.

K. (2000, Hrsg.): Developing Global Business Leaders: Policies, Processes and Innovations. Quorum Books, Westport/CT, 2000, S. 37-56.

Festing, M. (2004): Internationales Personalmanagement. In: Gaugler, E./Oechsler, W. A./Weber, W. (2004, Hrsg.): Handwörterbuch des Personalwesens. 3. Aufl., Schäffer-Poeschel, Stuttgart, 2004, Sp. 963-978.

Festing, M./Eidems, J. (2007): Transnational Perspectives on HRM Systems: A Dynamic Capability-based Analysis of the Balance between Global Standardization and Local Adaptation. Paper Presented at the Ninth Conference on International Human Resource Management, Tallinn, Juni 2007.

Festing, M./Eidems, J./Royer, S. (2007): Strategic Issues and Local Constraints in Transnational Compensation Strategies: An Analysis of Cultural, Institutional and Political Influences. In: European Management Journal, 25. Jg., Nr. 2, 2007, S. 118-131.

Festing, M./Müller, B. (2007): Open Sky: Möglichkeiten und Grenzen der Personalentwicklung in einer globalen Unternehmenskultur. In: Auer-Rizzi, W./Blazejewski, S./ Dorow, W./Reber, G. (2007, Hrsg.): Unternehmenskulturen in globaler Interaktion: Analysen, Erfahrungen, Lösungsansätze. Gabler, Wiesbaden, 2007, S. 327-343.

Festing, M./Müller, B. (2008): Expatriate Careers and the Psychological Contract? An Empirical Study on the Impact of International Human Resource Management. In: Festing, M./Royer, S. (2008, Hrsg.): Current Issues in International Human Resource Management and Strategy Research. Hampp, München/Mering, 2008, S. 93-118.

Festing, M./Okech, J. (2007): Vertikale Arbeitsmarktsegmentation nach dem Geschlecht? Ein neoinstitutionalistischer Erklärungsversuch am Beispiel Deutschlands und Schwedens. In: Zeitschrift für Personalforschung, 21. Jg., Nr. 1, 2007, S. 42-59.

Festing, M./Perkins, S. (2008): Theoretical Perspectives on Expatriate Compensation: Research and Practice Implications in a Complex and Changing Environment. In: Sparrow, P./Dickmann, M./Brewster, C. (Hrsg.): International HRM: Contemporary Issues in Europe. Routledge, London, 2007.

Geringer, J. M./Frayne, C. A./Milliman, J. F. (2002): In Search of „Best Practices“ in International Human Resource Management: Research Design and Methodology. In: Human Resource Management, 41. Jg., Nr. 1, 2002, S. 5-30.

Gomez-Mejia, L. R./Welbourne, T. (1991): Compensation Strategies in a Global Context. In: Human Resource Planning, 14. Jg., Nr. 1, 1991, S. 29-41.

Gonzalez, R. F./Negandhi, A. R. (1967): The United States Overseas Executive: His Orientations and Career Patterns. East Lansing, Detroit/MI, 1967.

Gooderham, P./Nordhaug, O. (1997): Flexibility in Norwegian and UK Firms: Competitive Pressure and Institutional Embeddedness. In: Employee Relations, 19. Jg., Nr. 6, 1997, S. 568-580.

Gooderham, P./Nordhaug, O./Ringdal, K. (1999): Institutional and Rational Determinants of Organizational Practices: Human Resource Management in European Firms. In: Administrative Science Quarterly, 44. Jg., Nr. 3, 1999, S. 507-531.

Haddock, C./South, B. (1994): How Shell's Organisation and HR Practices Help It to Be Both Global and Local. In: Torrington, D. (1994, Hrsg.): IHRM: Think Globally, Act Locally. Prentice Hall, New York/NY, 1994, S. 218-239.

Haire, M./Ghiselli, E. E./Poter, L. W. (1966): Managerial Thinking: An International Study. John Wiley & Sons, New York/NYet al., 1966.

Hall, E. T./Hall, M. R. (1990): Understanding Cultural Differences. Intercultural, Yarmouth, 1990.

Hansen, K. P. (2000): Kultur und Kulturwissenschaften: Eine Einführung. 2. Aufl., UTB, Tübingen, Basel, 2000.

Harvey, M./Novicevic, M. (2006): The Evolution from Repatriation of Managers in MNE to „Patriation" in Global Organizations. In: Stahl, G./Björkman, I. (2006, Hrsg.): Handbook of Research in International Human Resource Management. Elgar, Cheltenham/PA, 2006, S. 323-346.

Hofstede, G. (1980a): Culture's Consequences: International Differences in Work Related Values. Sage, Beverly Hills/CA et al., 1980.

Hofstede, G. (1980b): Motivation, Leadership and Organization: Do American Theories Apply abroad? In: Organizational Dynamics, 9. Jg., Nr. 1, 1980, S. 42-63.

Hofstede, G. (1983): The Cultural Relativity of Organizational Practices and Theories. In: Journal of International Business Studies, 14. Jg., Nr. 2, 1983, S. 75-89.

Hofstede, G. (2001): Lokales Denken, globales Handeln: Kulturen, Zusammenarbeit und Management. 2. Aufl., Beck, München, 2001.

House, R. J./Hanges, P. J./Javidan, M./Dorfman, P. W./Gupta, V. (2004, Hrsg.): Culture, Leadership and Organizations: The GLOBE Study of 62 Societies. Sage, Thousand Oaks/CA et al., 2004.

Hungenberg, H./Wulf, T. (2004): Grundlagen der Unternehmensführung. Springer, Berlin et al., 2004.

Jokinen, T. (2005): Global Leadership Competencies: A Review and Discussion. In: Journal of European Industrial Training, 29. Jg., Nr. 3, 2005, S. 199-216.

Kabst, R./Brewster, C. (2004): International Komparatives Personalmanagement. In: Gaugler, E./Oechsler, W. A./Weber, W. (2004, Hrsg.): Handwörterbuch des Personalwesens. 3. Aufl., Schäffer-Poeschel, Stuttgart, 2004, Sp. 937-944.

Katz, H. C./Darbishire, O. (2001): Review Symposium: Converging Divergences: Worldwide Changes in Employment Systems. In: Industrial and Labor Relations Review, 54. Jg., Nr. 3, 2001, S. 681-716.

Kluckhohn, C. (1951): The Study of Culture. In: Lerner, V. D./Larswell, H. D. (1951, Hrsg.): The Policy Sciences. Recent Developments in Scope and Method. Stanford University Press, Stanford/CA, 1951, S. 86-101.

Koen, C. I. (2005): Comparative International Management. McGraw Hill, London et al., 2005.

Kühlmann, T. M. (2008): Mitarbeiterführung in internationalen Unternehmen. Kohlhammer, Stuttgart, 2008.

Kühlmann, T. M./Dowling, P. J. (2004): Interkulturelles Personalmanagement. In: Gaugler, E./Oechsler, W. A./Weber, W. (2004, Hrsg.): Handwörterbuch des Personalwesens. 3. Aufl., Schäffer-Poeschel , Stuttgart, 2004, Sp. 927-937.

Kühlmann, T. M./Stahl, G. K. (1998): Diagnose interkultureller Kompetenz: Entwicklung und Evaluierung eines Assessment Centers. In: Barmeyer, C./Bolten, J. (1998, Hrsg.): Interkulturelle Personalorganisation. Verlag für Wissenschaft und Praxis, Sternenfels, 1998, S. 213-224.

Kutschker, M./Schmid, S. (2006): Internationales Management. 5. Aufl., Oldenbourg, München, Wien, 2006.

Littrell, L. N./Salas, E. (2005): A Review of Cross-cultural Training: Best Practices, Guidelines and Research Needs. In: Human Resource Development Review, 4. Jg., Nr. 3, 2005, S. 305-334.

Mayerhofer, H./Hartmann, L. N./Herbert, A. (2004): Career Management Issues for Flexpatriate International Staff. In: Thunderbird International Business Review, 46. Jg., Nr. 6, 2004, S. 647-666.

Mayrhofer, W./Morley, M./Brewster, C. (2004): Convergence, Stasis, or Divergence? In: Brewster, C./Mayrhofer, W./Morley, M. (2004, Hrsg.): Human Resource: Evidence of Convergence? Elsevier, London, 2004, S. 417-436.

Mayne, L./Tregaskis, O./Brewster, C. (2000, Hrsg.): New Challenges for European Human Resource Management. Macmillan, Basingstoke/NY, 2000.

Meckl, R. (2006): Internationales Management. Vahlen, München, 2006.

Mendenhall, M. E. (1999): On the Need for Paradigmatic Integration in International Human Resource Management. In: Management International Review, 39. Jg., Special Issue Nr. 3, 1999, S. 65-88.

Mendenhall, M. E. (2006): The Elusive, yet Critical Challenge of Developing Global Leaders. In: European Management Journal, 24. Jg., Nr. 6, 2006, S. 422-429.

Mendenhall, M. E./Kühlmann, T. M./Stahl, G. K. (2000, Hrsg.): Developing Global Business Leaders: Policies, Processes and Innovations. Quorum Books, Westport/CT, 2000.

Mendenhall, M. E./Oddou, G. (2000, Hrsg.): Readings and Cases in International Human Resource Management. 3. Aufl., South-Western College, Cincinnati/OH, 2000.

Milliman, J./von Glinow, M. A./Nathan, M. (1991): Organizational Life Cycles and Strategic International Human Resource Management in Multinational Companies: Implications for Congruence Theory. In: Academy of Management Review, 16. Jg., Nr. 2, 1991, S. 318-339.

Morris, S. S./Snell, S. A./Wright, P. M. (2006): A Resource-based View of International Human Resources: Toward a Framework of Integrative and Creative Capabilities. In: Stahl, G./Björkman, I. (2006, Hrsg.): Handbook of Research in International Human Resource Management. Elgar, Cheltenham/PA, 2006, S. 433-448.

Müller, H.-E. (2001): Wie Global Player den Kampf um Talente führen. In: Harvard Business Manager, o. Jg., Nr. 6, 2001, S. 16-25.

Neghandi, A. R. (1983): Cross-cultural Management Research: Trends and Future Directions. In: Journal of International Business Studies, 14. Jg., Nr. 2, 1983, S. 17-28.

Osland, J. S./Bird, A./Mendenhall, M. E./Osland, A. (2006): Developing Global Leadership Capabilities and Global Mindset: A Review. In: Stahl, G./Björkman, I. (2006, Hrsg.): Handbook of Research in International Human Resource Management. Elgar, Cheltenham/PA, 2006, S. 197-222.

Perlitz, M. (2004) : Internationales Management. 5. Aufl., UTB, Stuttgart, 2004.

Perlmutter, H. V. (1965): L'entreprise internationale: Trois conceptions. In: Revue économique et sociale, 23. Jg., Nr. 1, 1965, S. 151-165.

Porter, M. E. (1980): Competitive Strategy: Techniques for Analyzing Industries and Competitors. Free Press, New York/NY, 1980.

Porter, M. E. (1985): Competitive Advantage: Creating and Sustaining Superior Performance. Free Press, New York/NY, 1985.

PriceWaterhouseCoopers (2003, Hrsg.): Sustaining Value through People: Turning Corporate Responsibility into Corporate Opportunity. PriceWaterhouseCoopers, London, 2003.

Proff, H. (2004): Internationales Management in Ostasien, Lateinamerika und Schwarzafrika. Oldenbourg, München, Wien, 2004.

Pudelko, M. (2005): Cross-national Learning from Best Practice and the Convergence-divergence Debate in HRM. In: International Journal of Human Resource Management, 16. Jg., Nr. 11, 2005, S. 2045-2074.

Scherm, E./Süß, S. (2001): Internationales Management: Eine funktionale Perspektive. Vahlen, München, 2001.

Schneider, D. (1995): Betriebswirtschaftslehre. Band 1, 2. Aufl., Oldenbourg, München, Wien, 1995.

Schöllhammer, H. (1975): Personalprobleme in multinationalen Unternehmen. In: Gaugler, E. (1975, Hrsg.): Handwörterbuch des Personalwesens. Poeschel, Stuttgart, 1975, Sp. 1652-1662.

Schöllhammer, H. (1992): Personalwesen in multinationalen Unternehmen. In: Gaugler, E./ Weber, W. (1992, Hrsg.): Handwörterbuch des Personalwesens. 2. Aufl., Schäffer-Poeschel, Stuttgart, 1992, Sp. 1863-1880.

Schuler, R. S./Jackson, S. E./Luo, Y. (2004): Managing Human Resources in Cross-border Alliances. Routledge, London, New York/NY, 2004.

Scott, W. R./Christensen, S. (1995, Hrsg.): The Institutional Construction of Organizations: International and Longitudinal Studies. Sage, Thousand Oaks/CA et al., 1995.

Scullion, H./Collings, D. G. (2006, Hrsg.): Global Staffing. Routledge, London, 2006.

Sparrow, P. (2004): International Rewards Systems: To Converge or Not to Converge? In: Brewster, C./Harris, H. (2004, Hrsg.): International HRM: Contemporary Issues in Europe. Routledge, London, 2004, S. 102-119.

Staehle, W. H. (1999): Management. 8. Aufl., Vahlen, München, Wien, 1999.

Streeck, W. (2001): High Equality, Low Activity: The Contribution of the Social Welfare System to the Stability of the German Collective Bargaining Regime: Review Symposium: Converging Divergences. In: Industrial and Labour Relations Review, 54. Jg., Nr. 3, 2001, S. 698-706.

Taylor, S./Beechler, S./Napier, N. (1996): Toward an Integrative Model of Strategic International Human Resource Management, 21. Jg., Nr. 4, 1996, S. 959-985.

Trompenaars, F./Hampden-Turner, C. (1997): Riding the Waves of Culture: Understanding Cultural Diversity in Business. 2. Aufl., Nicholas Brealey, London, 1997.

von Glinow, M. A. (2002): Guest Editor's Note: Best Practices in IHRM: Lessons Learned from a Ten-country/-regional Analysis. In: Human Resource Management, 41. Jg., Nr. 1, 2002, S. 3-4.

von Glinow, M. A./Drost, E. A./Teagarden, M. B. (2002): Converging on IHRM Best Practices: Lessons Learned from a Globally Distributed Consortium on Theory and Practice. In: Human Resource Management, 41. Jg., Nr. 1, 2002, S. 123-140.

Wächter, H./Müller-Camen, M./Tempel, A./Peters, R. (2002): Personalpolitik US-amerikanischer Unternehmen in Deutschland. Hampp, München, Mering, 2002.

Walgenbach, P. (2006): Neoinstitutionalistische Ansätze in der Organisationstheorie. In: Kieser, A./Ebers, M. (2006, Hrsg.): Organisationstheorien. 6. Aufl., Kohlhammer, Stuttgart, 2006, S. 353-402.

Weber, W./Dowling, P./Festing, M. (1999): Internationales Personalmanagement: Stand der Forschung, offene Fragen, weitere Entwicklung: Konturen eines Arbeitsgebietes. In: Kutschker, M. (1999, Hrsg.): Management verteilter Kompetenzen in multinationalen Unternehmen. Gabler, Wiesbaden, 1999, S. 177-208.

Weber, W./Festing, M./Dowling, P. J./Schuler, R. S. (2001): Internationales Personalmanagement. 2. Aufl., Gabler, Wiesbaden, 2001.

Weber, W./Kabst, R. (2000): Personalmanagement im internationalen Vergleich: The Cranfield Project on International Strategic Human Resource Management: Ergebnisbericht 2000. Universität Paderborn, Paderborn, 2000.

Welge, M. K./Holtbrügge, D. (2003): Organisatorische Bedingungen des Interkulturellen Managements. In: Bergemann, N./Sourisseaux, A. L. J. (2003): Interkulturelles Management. 3. Aufl., Springer, Berlin et al., 2003, S. 3-20.

Welge, M. K./Holtbrügge, D. (2006): Internationales Management: Theorien, Funktionen, Fallstudien. 4. Aufl., Schäffer-Poeschel, Stuttgart, 2006.

Whitley, R. D. (1992a): Business Systems in East Asia: Firms, Markets and Societies. Sage, London et al., 1992.

Whitley, R. D. (1992b): European Business Systems: Firms and Markets in Their National Contexts. Sage, London et al., 1992.

Wright, P. M./McMahan, G. C. (1992): Theoretical Perspectives for Strategic Human Resource Management. In: Journal of Management, 18. Jg., Nr. 2, 1992, S. 295-320.

Alexander Gerybadze*

Internationales Management aus der Perspektive des Internationalen Innovations- und Wissensmanagements

* Prof. Dr. Alexander Gerybadze ist Inhaber des Lehrstuhls für Internationales Management sowie Leiter der Forschungsstelle Internationales Management und Innovation an der Universität Hohenheim.

1 Einleitung: Internationalisierung von Forschung und Entwicklung als neues Thema

Forschung und Entwicklung (F&E) sowie die Bedeutung von Innovationen haben in internationalen Unternehmen kontinuierlich zugenommen. Anfänglich konzentrierte sich die Forschung zu multinationalen Unternehmen (MNU) noch sehr stark auf internationale Export- und Markterschließungsstrategien sowie auf den Aufbau ausländischer Produktionsniederlassungen. In den 1990er Jahren rückten dann auch die Frage der F&E-Internationalisierung und die Analyse weltweit verteilter Innovationsaktivitäten in den Blickpunkt der Aufmerksamkeit. Die Forschung im Internationalen Management hat die Themen „F&E-Internationalisierung" bzw. „Foreign Direct Investment in Research and Development (R&D)" anfänglich noch zögerlich erschlossen. Frühe Untersuchungen behandelten dieses Thema vereinzelt zwischen 1977 und 1989. Seit Beginn der 1990er Jahre kam es dann zu einer zunehmenden Zahl an wissenschaftlichen Veröffentlichungen, und es bildete sich eine spezialisierte Forschergemeinschaft heraus (vgl. hierzu die Übersicht in Abschnitt 2). Das Ausmaß der Internationalisierung von F&E und die internationale Verteilung von Innovationsaktivitäten haben seither stark zugenommen. Ziel dieses Beitrags ist es, die Veränderungen in den Forschungsfragen und die neuen Themengebiete der Managementforschung auf diesem speziellen, aber dennoch sehr wichtigen Gebiet herauszuarbeiten.

Blieben die Untersuchungen in den 1980er und 1990er Jahren noch in hohem Maße auf den Funktionsbereich F&E beschränkt, so erweitert sich seit ca. 2000 die Fragestellung. Eine neue Sicht des Innovationsprozesses, der stärker wertschöpfungsübergreifend abläuft und mehrere Funktionsbereiche gleichzeitig erfasst, rückt in den Vordergrund. Aus diesem Grund wird im Folgenden auch vom „Internationalen Innovationsmanagement" gesprochen, das wesentlich umfassender als das „Internationale F&E-Management" ist. Themen wie Globalisierung, internationale Vernetzung, transnationale Teams, aber auch das neue Spannungsfeld zwischen Globalisierung und Regionalisierung werden stärker akzentuiert. Zudem werden F&E sowie Innovation immer häufiger als Teilbereiche des Wissensmanagements in MNU angesehen. Neuerdings wendet sich die Innovationsforschung zunehmend auch dem Thema „Open Innovation" zu, und die Frage, wie multinationale Unternehmen in grenzüberschreitenden Feldern mit anderen Akteuren interagieren, ist eine Thematik, die vermutlich die Forschung in den kommenden Jahren prägen wird.

Im Folgenden skizzieren wir zunächst in Abschnitt 2 die Herausbildung einer eigenständigen Managementforschung auf den Gebieten „F&E-Internationalisierung" und „Internationales Innovationsmanagement". Anhand dieser Studien und unter Heranziehung empirischer Indikatoren versuchen wir, quantitative, v. a. aber auch wichtige qualitative Veränderungen herauszuarbeiten. Dabei werden im Wesentlichen drei parallel ablaufende Entwicklungslinien nachgezeichnet:

- In den meisten Staaten der Organization for Economic Co-operation and Development (OECD) beobachten wir zwischen 1975 und 2005 eine kontinuierliche Steigerung des Internationalisierungsgrades von F&E. Der Anteil der im Ausland durchgeführten F&E-Tätigkeiten nimmt innerhalb von Unternehmen kontinuierlich zu. In vielen Ländern ist das Innovationssystem infolgedessen immer stärker von F&E-Investitionen ausländischer Unternehmen abhängig (vgl. dazu insbesondere Abschnitt 3).
- Gleichzeitig steigt aber auch die „Wertigkeit" der im Ausland durchgeführten Innovationsaktivitäten. In der Literatur wird in diesem Zusammenhang differenziert zwischen Strategien des Home-base Augmentings im Gegensatz zu Home-base Exploiting. Abschnitt 4 beschreibt die zunehmende Höherqualifizierung ausländischer F&E-Standorte und die kontinuierliche Umschichtung von Home-base Exploiting zu Home-base Augmenting.
- Schließlich sprengt die neue Forschung auch das allzu enge Korsett des F&E-Managements. Innovation wird stärker als wertschöpfungskettenübergreifende Aktivität angesehen. Der Schwerpunkt der Innovation verlagert sich zunehmend „downstream", d. h. tendenziell weg von forschungsbasierter Innovation. Neue Formen der Innovation (Lead-User-Innovationen, Engineering-Innovation, Produktions- und Dienstleistungsinnovationen) müssen stärker berücksichtigt und in ihrer internationalen Dimension verstanden werden (vgl. dazu Abschnitt 5).

Diese Veränderungen haben zu einer neuen Sichtweise von Neuerungsaktivitäten und einer systematischen Erfassung von Prozessen der Wissensgewinnung und des Wissenstransfers geführt. Die Managementforschung hat darauf reagiert, und es hat sich ein neues Fachgebiet herausgebildet, das wir im Folgenden als Internationales Innovations- und Wissensmanagement bezeichnen. Abschnitt 6 gibt eine Übersicht über Neuentwicklungen auf diesem Gebiet und zu den wichtigsten Veröffentlichungen in den Jahren 2000 bis 2007. In Abschnitt 7 wird aufgezeigt, welche neuen Themen voraussichtlich in den kommenden Jahren wichtig werden, und wo sich noch „weiße Felder" der Forschung abzeichnen. Daraus leiten wir einige Thesen für die künftige Forschungsagenda auf dem Gebiet des Internationalen Innovations- und Wissensmanagements ab.

2 Managementforschung auf dem Gebiet der Forschungs- und Entwicklungs-internationalisierung

Es gibt mittlerweile auf den Gebieten „International Business Studies“ und „Innovation Research“ eine umfassende Forschungstradition, die bis in die Mitte der 1960er Jahre zurückreicht. Die Entwicklung der Disziplin „International Business Studies“ wird in den anderen Kapiteln dieses Sammelbandes eingehend behandelt.[1] In den ersten Jahrzehnten hat sich die Forschung im Internationalen Management noch vergleichsweise wenig mit Innovationen befasst, genauso wie auch die etwa zeitgleich herausgebildete Innovationsforschung lange Zeit wenig an länderübergreifenden Fragestellungen interessiert war.[2] Dieses Defizit wurde erst in den 1990er Jahren überwunden. Die folgende Darstellung der Herausbildung eigenständiger Forschungsarbeiten differenziert dementsprechend zwischen einer frühen Phase (ca. 1977 bis 1989), gefolgt von einer verstärkten Proliferation von Studien der F&E-Internationalisierung zwischen 1990 und 1999. Seit etwa 2000 kommt es zu einer stärkeren Konsolidierung, aber auch zu einer weiteren Ausdifferenzierung der Forschung auf diesem Gebiet. Entsprechend werden für diese „dritte Phase“ die neueren Veröffentlichungen ausgewertet.[3]

Die frühe Phase der F&E-Internationalisierung von MNU setzte in der zweiten Hälfte der 1970er Jahre ein. US-amerikanische Unternehmen hatten im Zuge ihrer Investitionsaktivitäten im Ausland auch F&E-Einheiten aufgebaut. Frühe Studien von Ronstadt (1977), Mansfield, Teece und Romeo (1979) sowie von Lall (1980) gingen auf Motive des F&E-Auslandsengagements ein und entwickelten Typologien für ausländische F&E-Niederlassungen. Der Anteil der F&E-Aufwendungen, die im Ausland getätigt wurden, war damals jedoch noch sehr gering (deutlich unter 5 % der gesamten F&E-Aufwendungen innerhalb eines Konzerns). Die ausländischen F&E-Einheiten beschränkten sich auf Anpassungsentwicklungen

---

1 Vgl. dazu insbesondere den Beitrag von Klaus Macharzina „Inhaltliche Entwicklung des Internationalen Managements als wissenschaftliche Disziplin“ sowie den Beitrag von Johann Engelhard, Christian Schmidt-Wellenburg und Dirk Steinhausen „Institutionelle Entwicklung des Internationalen Managements als wissenschaftliche Disziplin“ in diesem Band.

2 Ausnahmen bilden die Forschungsarbeiten zu nationalen Innovationssystemen (Lundvall 1992, Nelson 1993, Hrsg.), die allerdings eher volkswirtschaftlich geprägt sind und unternehmensinterne Aspekte des Innovationsmanagements in MNU nur vereinzelt adressieren.

3 Wie immer in solchen Fällen ist die Darstellung der Entwicklung der Disziplin niemals frei von subjektiven Einschätzungen des Autors und jede Art der Darstellung notwendigerweise holzschnittartig.

und wiesen zumeist vergleichsweise geringe Kompetenzen auf, verglichen mit den F&E-Einheiten im Stammland. Auch im Verlauf der 1980er Jahre blieb die F&E-Internationalisierung innerhalb der Forschung im Internationalen Management eher noch ein Randthema.[4]

Seit den frühen 1990er Jahren wird demgegenüber eine stark steigende Globalisierungswelle von MNU verzeichnet, und diese erfasst immer mehr Funktionsbereiche. Zunehmend erfolgen F&E sowie funktionsübergreifende Innovationsaktivitäten im internationalen Verbund. Zeitgleich beschäftigen sich Managementforscher aus den angelsächsischen Ländern ebenso wie aus Skandinavien zunehmend mit ausländischen F&E-Aktivitäten multinationaler Unternehmen. In den Vereinigten Staaten von Amerika sind in diesem Zusammenhang die Arbeiten von Westney (1993), Florida und Kenney (1994), Kuemmerle (1997) sowie von Serapio und Dalton (1999) hervorzuheben. Parallel dazu haben skandinavische Autoren die frühe Vorreiterrolle nordischer MNU begleitet und dokumentiert (Granstrand/Håkonson/Sjölander 1993, Håkanson/Nobel 1993, Hedlund 1993). In Großbritannien gab es ebenfalls eine zunehmende Zahl an Veröffentlichungen, die primär die F&E-Internationalisierung innerhalb von MNU zum Gegenstand hatten (u. a. Howells 1990, Pearce/Singh 1992, Cantwell 1994, Patel 1995).

Im deutschsprachigen Raum wurden seit 1993 Untersuchungen zur F&E-Internationalisierung durchgeführt, und es wurden verstärkt die Besonderheiten deutscher und schweizerischer MNU beschrieben. Frühe Arbeiten finden sich in den Studien von Wortmann (1990), von Boehmer, Brockhoff und Pearson (1992) sowie von Boehmer (1995). Die Arbeiten im Rahmen eines Verbundprojekts des Bundesministeriums für Bildung und Forschung (BMBF) führten zum Aufbau von Forschungsgruppen in St. Gallen, Hohenheim und Karlsruhe (Gassmann 1997, Gerybadze/Meyer-Krahmer/Reger 1997, Reger 1997). Aufbauend auf diesen Studien wurde das Thema in der zweiten Hälfte der 1990er Jahre zunehmend durch weitere Forschergruppen in Deutschland erschlossen.[5] Der Stand der Forschung zur F&E-Globalisierung auf diesem Gebiet in den 1990er Jahren wurde auch in einem Special Issue der Zeitschrift „Research Policy" (Niosi 1999) zusammengefasst.

---

4 Vgl. dazu den interessanten Übersichtsaufsatz von Cheng und Bolon (1993), der einen guten Überblick über Studien zur F&E-Internationalisierung im angelsächsischen Raum bis zum Jahr 1992 gibt.

5 Vgl. unter anderem Gassmann und von Zedtwitz (1999), Gerybadze und Reger (1999) sowie Schlenker (2000).

3 Starke Zunahme der Forschungs- und Entwicklungsinternationalisierung von 1990 bis 2005

Spielten ausländische F&E-Investitionen in MNU zunächst bis ca. 1985 eine nachrangige Bedeutung, so bauten multinationale Unternehmen zwischen 1985 und 1995 sowie verstärkt in den Jahren nach 1995 ihre F&E-Kapazitäten im Ausland aus. US-amerikanische Unternehmen erhöhten ihre im Ausland durchgeführte F&E von 3,7 Mrd. US-$ im Jahr 1985 auf 12,6 Mrd. US-$ im Jahr 1995 und damit signifikant stärker als ihre industriellen F&E-Aufwendungen insgesamt. Bis 2002 wurden die ausländischen F&E-Aufwendungen der US-amerikanischen Unternehmen nochmals auf 21,1 Mrd. US-$ ausgeweitet (NSF 2006, S. 4-59). Eine entsprechende Zunahme gerade der F&E-Auslandsinvestitionen wird in Unternehmen aus allen wichtigen OECD-Ländern beobachtet. Gerade in MNU aus europäischen Staaten ist dieser Trend zur Auslagerung von F&E noch stärker als bei den US-amerikanischen Unternehmen. Wir analysieren im Folgenden zunächst die Zuflüsse im F&E-Bereich (Inward-FDI in R&D) und zeigen deren Bedeutung für die einzelnen OECD-Länder auf. Anschließend gehen wir auch auf Strategien und Zielrichtungen von Outward-FDI ein.

Die OECD veröffentlicht seit einigen Jahren im Rahmen der Statistik zu Main Science and Technology Indicators auch Angaben zu Inward-FDI im F&E-Bereich.[6] Differenziert wird darin ausgewiesen, welche Rolle ausländische MNU für die industriellen F&E-Investitionen (Business Expenditures on R&D) der wichtigsten Mitgliedsländer spielen. Zwischen 1996 und 2004 verdoppelten sich die F&E-Aufwendungen von MNU in den zehn wichtigsten Zielländern von 36 Mrd. US-$ auf 72 Mrd. US-$. Der Anteil der in Niederlassungen ausländischer Konzerne durchgeführten F&E an den gesamten industriellen F&E-Investitionen erhöhte sich in diesem Zeitraum von 18 % auf 24 %.

Abbildung 1 gibt eine Übersicht über die Bedeutung von ausländischen MNU als Investoren für das nationale F&E-System der wichtigsten OECD-Staaten. Gegenübergestellt werden die jährlichen Zuflüsse im F&E-Bereich („Inward F&E related to R&D") für die Jahre 1996 und 2004. Wichtigste Zielländer sind, gemessen an der absoluten Höhe der F&E-Aufwendungen ausländischer MNU, die Vereinigten Staaten von Amerika, gefolgt von Deutschland, Großbritannien, Frankreich, Japan, Schweden und Kanada. Für einzelne Staaten spielen F&E-Investitionen auslän-

6 Vgl. OECD (2005, 2006). Es gibt seitens der OECD keine vergleichbar differenzierte Statistik zu Outward-FDI in R&D. Diese muss stattdessen über einzelne nationale Angaben zusammengefasst werden.

discher MNU eine dominierende Rolle (z. B. in Belgien 56 %, Schweden 45 %, Großbritannien 39 % und Kanada 35 %). Demgegenüber fällt der Anteil ausländischer MNU für die industrielle F&E-Basis in Japan (5 %), in den Vereinigten Staaten von Amerika (14 %) und in Deutschland (27 %) noch vergleichsweise moderat aus. Zwischen 1996 und 2004 hat jedoch in nahezu allen OECD-Staaten die Bedeutung ausländischer Investoren für das nationale F&E-System deutlich zugenommen. Dies gilt gleichermaßen auch für die kleineren Zielländer und verstärkt auch für neue Zielländer, die seit 2000 zunehmend durch Inward-FDI im F&E-Bereich erschlossen werden.

Zielland	F&E-Investitionen ausländischer MNU 1996 (in Mio. US-$)	Anteil ausländischer MNU an „Business Expenditure on R&D" (BERD) 1996 (in %)	F&E-Investitionen ausländischer MNU 2004 (in Mio. US-$)	Anteil ausländischer MNU an BERD 2004 (in %)
USA	17.984	12,4	29.900	13,6
Deutschland	5.563	18,1	10.085**	26,7**
Großbritannien	4.313	29,1	8.251	38,6
Frankreich	3.009	15,6	6.137	25,3
Japan	545	0,9	3.615**	4,3**
Schweden	998	18,7	3.615**	45,3**
Kanada	2.083	31,6	3.501	34,9
Italien	k. A.	k. A.	2.653**	32,1**
Belgien	k. A.	k. A.	2.363	55,6
Spanien	964*	35,7*	1.734	27,0
Top 10 Zielländer	35.423***	17,4	71.745	23,9

Legende:
* = Daten für 1997
** = Daten für 2003
*** = Summe von acht Ländern

Abb. 1: Starke Zunahme der F&E-Investitionen ausländischer MNU in wichtigen OECD-Staaten von 1996 bis 2004

Quelle: OECD Main Science and Technology Indicators (2004, 2006).

Für die Analyse der Struktur der Geberländer für ausländische Direktinvestitionen im F&E-Bereich (Outward-FDI in R&D) liegen keine vergleichbaren Untersuchungen aus der amtlichen Statistik vor. Hier ist man auf Survey-Untersuchungen, firmenspezifische Analysen innerhalb von MNU und auf die indirekte Auswertung von Patentdaten angewiesen. Auch wenn die dafür verwendeten empirischen Untersuchungen aus unterschiedlichen Ländern Inkonsistenzen aufweisen, ist doch ein klarer Trend zu erkennen: Ausländische F&E-Aufwendungen von MNU aus nahezu allen OECD-Ländern haben zwischen 1990 und 2005 kontinuierlich zugenommen. Die wohl umfassendste Survey-Untersuchung, die länderübergreifend und für den Zeitraum 1992 bis 2001 erhoben wurde, ist der Global Benchmark Survey of Strategic Management of Technology. Für MNU aus allen Weltregionen wurde in dieser Untersuchung ein kontinuierlich steigender F&E-Auslandsanteil beobachtet.[7] Abbildung 2 verdeutlicht diese Entwicklung für den Zeitraum 1992 bis 2001 auf Basis der Survey-Erhebung in 209 großen Unternehmen aus Europa, Nordamerika und Japan. Europäische Firmen erhöhten den Anteil der außerhalb von Europa durchgeführten F&E von ca. 21 % 1992 auf 31 % im Jahre 1998, dicht gefolgt von nordamerikanischen MNU (Steigerung von 15 % auf etwa 30 %), während japanische Unternehmen ihren Anteil ausländischer F&E, ausgehend von einem anfänglich noch niedrigeren Niveau, auf ca. 10 % ausweiteten.

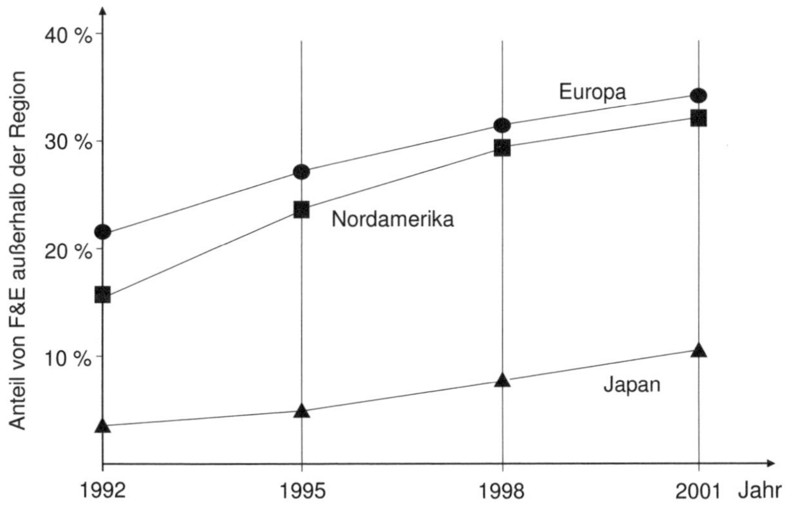

Abb. 2: Ausmaß der F&E-Internationalisierung in MNU aus Europa, Nordamerika und Japan

Quelle: Roberts (2001) sowie Global Benchmark Survey on the Strategic Management of Technology.

7 Vgl. Global Benchmark Survey of Strategic Management of Technology, zusammengefasst in Roberts (1995a, 1995b, 2001) und Gerybadze (2004a, S. 245 ff).

Auch wenn häufig von F&E-Globalisierung gesprochen wird, so gilt zumindest für die 1990er Jahre, dass ausländische F&E-Investitionen noch stark auf bilaterale Austauschbeziehungen zwischen den Vereinigten Staaten von Amerika und wenigen europäischen Staaten konzentriert blieben, in denen multinationale Konzerne ihren Stammsitz hatten. Zumindest bis zum Jahr 2000 entfiel ein dominierender Anteil des F&E-Auslandsanteils europäischer MNU auf den Ausbau von F&E-Niederlassungen in den Vereinigten Staaten von Amerika. Umgekehrt konzentrierten sich ausländische F&E-Investitionen US-amerikanischer Unternehmen noch stark auf Inward-FDI in wenigen europäischen Zielländern. Abbildung 3 enthält wichtige Indikatoren für die F&E-Auslandsverflechtung der USA und für die Struktur der wichtigsten Geberländer sowie für die Zielländer von F&E-Investitionen amerikanischer MNU.

Entwicklung der Zu- und Abflüsse von F&E-Aufwendungen der US-amerikanischen Wirtschaft von 1980 bis 2002 in Mio. €*				Outward-FDI in R&D 2002/Zielländer für F&E-Investitionen US-amerikanischer MNU in Mio. €		Inward-FDI in R&D 2002/Stammländer für F&E-Ausgaben ausländischer MNU in den USA	
Jahr	Inward-FDI in R&D	Outward-FDI in R&D	Saldo der Zu- und Abflüsse				
1980	1.946	3.165	- 1.219	1. Groß-britannien	3.735	1. Deutschland	5.659
1985	5.240	3.650	1.590	2. Deutschland	3.603	2. Groß-britannien	5.459
1990	8.511	7.952	559	3. Kanada	2.345	3. Schweiz	3.295
1995	14.864	12.582	2.282	4. Frankreich	1.480	4. Frankreich	2.620
2000	26.180	20.452	5.728	5. Japan	1.433	5. Niederlande	1.773
2002	27.508	21.151	6.357	6. Schweden	1.316	6. Kanada	1.583
Legende: * = Angaben in laufenden Preisen bzw. nicht deflationiert ** = Angaben nur für Manufacturing R&D *** = Schätzung				7. Israel	889	7. Japan	1.218**
				8. China	642	• andere asiatische Länder	2.045***
				9. Singapur	589	• Lateinamerika und andere westliche Länder	1.035
				10. Schweiz	405		
				Insgesamt 2002	21.151	Insgesamt 2002	27.508

Abb. 3: Indikatoren für die F&E-Internationalisierung der USA
Quelle: National Science Foundation (NSF 2006).

Die stark wachsende F&E-Internationalisierung spielt gerade für das Innovationssystem Deutschlands, noch stärker für die Schweiz sowie in zunehmendem Maße auch für Österreich eine wichtige Rolle. Die früheren Analysen von Gerybadze, Meyer-Krahmer und Reger (1997) wiesen bereits auf die starke Zunahme von Auslandsforschung und -entwicklung in deutschen und schweizerischen Unternehmen in den Jahren 1985 bis 1995 hin, wobei MNU aus der Schweiz zunächst eine Vorreiterrolle einnahmen. Auch nach 1995 hat die Auslandsverflechtung im F&E-Bereich in beiden Ländern stark zugenommen, und auch Österreich hat sich in dieser Periode verstärkt als Zielland für F&E-Investitionen ausländischer MNU positioniert.[8] Die Verflechtungen der deutschen Wirtschaft mit dem Ausland werden seit 1995 systematisch vom Stifterverband und durch das Deutsche Institut für Wirtschaftsforschung (DIW) erfasst. Zwischen 1995 und 2003 sind die F&E-Aufwendungen deutscher Unternehmen im Ausland von 5,1 Mrd. € auf 10,9 Mrd. € erhöht worden (Abbildung 4). Der F&E-Auslandsanteil stieg in diesem Zeitraum von 23 % auf 30 %.[9]

Wirtschaftszweig	F&E-Aufwendungen deutscher Unternehmen im Ausland 1995		F&E-Aufwendungen deutscher Unternehmen im Ausland 2003	
	in Mio. €	Auslandsanteil in %	in Mio. €	Auslandsanteil in %
Verarbeitendes Gewerbe	4.900	23,1	10.200	30,0
Fahrzeugbau/Automobil	1.200	–	3.500	21,3
Chemie einschließlich Pharmaindustrie	2.500	35,6	3.300	41,2
davon Pharmaindustrie	–	–	1.700	50,1
Elektrotechnik/DV/ Feinmechanik	–	–	2.500	36,5
Maschinenbau	–	–	600	32,2
Metallerzeugung/ Metallbearbeitung	–	–	< 100	13,5
restliche Wirtschaftszweige	–	–	ca. 900	29,9
deutsche Unternehmen insgesamt	5.100	23,1	10.900	30,0

Abb. 4: F&E-Aufwendungen deutscher Unternehmen im Ausland
Quelle: in Anlehnung an Belitz (2006a,b) und Grenzmann (2006).

Gleichzeitig ist die Bundesrepublik Deutschland aber auch ein wichtiges Zielland für F&E-Investitionen ausländischer MNU. Diese erhöhten ihren Anteil von

8 Überraschenderweise gibt es hierzu noch keine neueren Untersuchungen, die auf die wachsende Rolle Österreichs als Zielland für ausländische MNU eingehen.

9 Entsprechende Untersuchungen liegen bislang nur für den Zeitraum bis 2003 vor (Belitz 2006a,b, Grenzmann 2006).

16,7 % der F&E-Aufwendungen der Wirtschaft im Jahre 1995 auf 27,4 % im Jahre 2003 (Abbildung 5). Insgesamt verläuft die Zunahme von Inward-FDI und Outward-FDI in etwa ausgeglichen, wenngleich sich strukturelle und branchenspezifische Defizite abzeichnen. In wichtigen Hightech-Bereichen ist tendenziell eine Auslagerung zu beobachten, während verstärkt Zuflüsse von F&E-Investitionen auf ausgewählten Feldern zu beobachten sind, in denen Deutschland traditionell über Stärken verfügt (insbesondere in Chemie, Automobilherstellung und Maschinenbau).[10]

Auch im Zeitraum von 2000 bis 2006 ist in den wichtigsten OECD-Staaten eine kontinuierliche Zunahme der F&E-Internationalisierung zu beobachten. Als Erfahrungswert wird von Unternehmen aus mehreren Branchen wiederholt hervorgehoben, dass ca. 50 % der Neuinvestitionen im F&E-Bereich im Ausland erfolgen.[11] Im Durchschnitt der OECD-Staaten dürfte der Anteil ausländischer Niederlassungen an den Aufwendungen der Wirtschaft von ca. 24 % 2004 auf schätzungsweise 30 % im Jahre 2010 ansteigen.

Hervorzuheben ist gerade seit 2000 eine deutliche Ausweitung und Ausdifferenzierung des globalen Innovationssystems. In einzelnen Branchen und Ländern scheinen sich strukturelle Probleme einer verstärkten Internationalisierung abzuzeichnen, während in anderen Branchen und Ländern eine weitere Erhöhung ausländischer Engagements zu beobachten ist. Besonders beachtenswert ist die Erweiterung der Gruppe der Zielländer, insbesondere die verstärkte Einbeziehung von Asien und Osteuropa in die F&E-Standortentscheidungen von MNU. Dies ist eine deutliche Umorientierung im Vergleich zu früheren Jahren, in denen Direktinvestitionen im Ausland noch stark auf Nordamerika und Europa konzentriert blieben. Besonders wichtig sind als neue Zielländer für F&E-Investitionen ausländischer MNU neuerdings China, Südkorea, Taiwan, Singapur und in bestimmten Feldern Indien. In Osteuropa werden für fokussierte F&E-Investitionen Tschechien, Polen, Russland und die Ukraine bedeutsam. Hervorzuheben sind daneben Israel und die skandinavischen Länder (ergänzend zu Schweden verstärkt auch Finnland, Dänemark und Norwegen).

10 Vgl. dazu BMBF (2007), Belitz, Edler und Grenzmann (2006) sowie Gerybadze (2005a).

11 Aussage auf Basis von Interviews im Rahmen der INTERIS-Studie an der Universität Hohenheim. Gerade deutsche Unternehmen aus mehreren Branchen haben im Zeitraum von 1998 bis 2003 jeden zweiten neuen Arbeitsplatz im F&E-Bereich im Ausland geschaffen.

Wirtschaftszweig	F&E-Aufwendungen ausländischer MNU in Deutschland 2003		F&E-Aufwendungen deutscher MNU im Ausland 2003 in Mio. €	Saldo Zuflüsse minus Abflüsse von F&E in Mio. €
	in Mio. €	Anteil an F&E-Aufwendungen der Wirtschaft in Deutschland in %		
Verarbeitendes Gewerbe	11.604	27,4	10.200	1.404
Fahrzeugbau/ Automobil	2.476	15,2	3.500	- 1.024
Chemie einschließlich Pharmaindustrie	2.622	32,6	3.300	- 678
davon Pharmaindustrie	2.062	50,2	1.700	362
Elektrotechnik/DV/ Feinmechanik	2.478	29,2	2.500	- 22
Maschinenbau	846	21,0	600	246
Metallerzeugung/ Metallbearbeitung	262	29,6	< 100	> 162
sonstiger Fahrzeugbau, insbes. L+R	2.157	81,3	–	–
Gummi, Kunststoffwaren	227	32,4	–	–
Holz, Papier, Druck	193	72,4	–	–
Ernährung, Tabak	169	61,7	–	–
Glas, Keramik	131	41,0	–	–
restliche Wirtschaftszweige	418	14,4	–	–
Wirtschaft insgesamt	12.144	26,4	10.900	1.244

Abb. 5: Die Bedeutung ausländischer Unternehmen für die industrielle F&E in wichtigen Industriezweigen in Deutschland

Quelle: in Anlehnung an Belitz (2006a,b) und Grenzmann (2006).

Auch was die Ursprungs- und Quellenländer für ausländische F&E-Investitionen anbetrifft, sind deutliche Veränderungen zu beobachten. Neben den wichtigen Investorengruppen aus Europa und den Vereinigten Staaten von Amerika treten vermehrt Unternehmen aus Ländern wie Südkorea, Taiwan, China, Russland, Indien und Israel mit ausländischen F&E-Niederlassungen in Erscheinung. Die Welt der F&E-Internationalisierung ist somit seit 2000 deutlich vielfältiger und differenzierter geworden. Das Volumen der im Ausland durchgeführten F&E dürfte allein in den OECD-Staaten mittlerweile auf 110-120 Mrd. US-$ angewachsen sein. Hinzu kommen ausländische F&E-Aufwendungen von 25-30 Mrd. US-$ p. a. in den Nicht-OECD-Staaten. Diese im Ausland investierten F&E-Kapazitäten übersteigen mittlerweile die nationalen F&E-Budgets aller großen Staaten mit Ausnahme der USA. Dies ist ein weiterer Anreiz für die meisten multinationalen Konzerne, ihre Innovationsanstrengungen verstärkt auf eine größere Zahl von nationalen Innovationssystemen auszurichten und eine weitere Verteilung ihrer F&E-Aktivitäten auf mehrere Auslandsstandorte vorzunehmen.

4 Erweiterung der Kompetenz ausländischer Standorte und zunehmende Bedeutung von Home-base Augmenting R&D

In der neueren Literatur zur F&E-Internationalisierung wird auch deutlicher unterschieden zwischen den relativen Kompetenzniveaus und den Fähigkeiten der im Ausland angesiedelten Einheiten. In seinen empirischen Untersuchungen zu ausländischen F&E-Laboren in der elektronischen und pharmazeutischen Industrie hat Kuemmerle (1997) darauf hingewiesen, dass ausländische Niederlassungen mitunter über höhere Kompetenzen auf einem Gebiet verfügen als die Muttergesellschaft. Er folgerte daraus, dass in vielen MNU Strategien des Home-base Exploiting R&D tendenziell weniger bedeutsam werden, Strategien des Home-base Augmenting R&D hingegen stärker betont werden. Von Home-base Augmenting R&D wird dann gesprochen, wenn ausländische Einheiten über höherwertiges Wissen verfügen und Forschungsergebnisse und Technologien an die Muttergesellschaft transferieren, die entsprechend zu einer nachhaltigen Erweiterung der Wissensbasis im Konzern führen. Im Gegensatz dazu sprechen wir von Home-base Exploiting R&D, wenn ausländische F&E-Niederlassungen überwiegend Wissen aus der Muttergesellschaft adaptieren und an landesspezifische Bedingungen anpassen. Der Wissensfluss und Technologietransfer erfolgt beim Home-base Exploiting R&D unidirektional, d. h. vom Stammland in die Niederlassung. Diese Unterscheidung zwischen Home-base Exploiting und Home-base Augmenting, die anfänglich als Konzept v. a. von Chiesa (1996) sowie Pearce und Papanastrassiou

(1996) eingeführt wurde, hat seitdem die Forschung zur F&E-Internationalisierung stark beeinflusst.

Während in der Mehrzahl der Untersuchungen zuvor ausländische F&E-Einheiten eher als Anwender und Weiterentwickler von Forschungsergebnissen und Technologien angesehen wurden, die in den hochentwickelten und besser ausgestatteten F&E-Laboren im Stammland eines MNU generiert wurden (Patel/Pavitt 1994), konnte im Rahmen empirischer Untersuchungen zwischen 1995 und 2000 zunehmend eine Höherentwicklung und Aufwertung ausländischer Standorte festgestellt werden.[12] Neuere Untersuchungen zur F&E-Internationalisierung weisen darauf hin, dass ein zunehmender Teil der im Ausland durchgeführten Kompetenzen „leading edge“ sind, und dass MNU zunehmend „Knowledge-seeking-FDI“ betreiben (Edler 2004, Frost/Zhou 2005, Belitz/Edler/Grenzmann 2006). Ausländische Tochtergesellschaften und F&E-Niederlassungen profilieren sich an Spitzenstandorten für bestimmte Know-how-Bereiche und Kompetenzbereiche. Der Anteil von Home-base Augmenting nimmt entsprechend gegenüber Home-base Exploiting zu, und der Wissenstransfer verläuft immer stärker auch bidirektional. In der Literatur zum internationalen Technologietransfer wird entsprechend auch das Phänomen des Reverse Technology Transfers hervorgehoben (Håkanson/Nobel 2001, Frost/Zhou 2005).

Die Motive für den Aufbau ausländischer F&E-Zentren sowie Wissenszentren haben sich somit in den letzten zehn Jahren deutlich verändert. Der Global Benchmark Survey on Strategic Management of Technology kommt zu dem Befund, dass fokussierte Centers of Excellence im Ausland aufgebaut werden, die auf bestimmten Gebieten weltweit eine Spitzenstellung einnehmen. Eine solche Positionierung rückt gegenüber den klassischerweise bekannten Mandaten für F&E-Auslandsniederlassungen in den Vordergrund. Gemäß Abbildung 6 betreiben 47 % der europäischen Unternehmen, 36 % der nordamerikanischen und 25 % der japanischen Firmen fokussierte Centers of Excellence im Ausland und die Motive „technischer Support für die Region“ bzw. „Durchführung derselben Aktivitäten wie im Stammland, jedoch lokal angepasst“ haben nicht mehr ganz den Stellenwert wie in der Vergangenheit.

12 Zu dieser Schwerpunktverlagerung in Richtung Home-base Augmenting R&D vgl. Chiesa (1996), Kuemmerle (1997, 1999), Papanastassiou und Pearce (1997) sowie Nobel und Birkinshaw (1998).

Typen von F&E im Ausland	Europa	Nordamerika	Japan
fokussierte Centers of Excellence	47 %	36 %	25 %
Durchführung derselben F&E-Aktivitäten wie im Stammland, jedoch lokal angepasst	37 %	34 %	22 %
technischer Support für die Region	7 %	17 %	19 %
Grundlagenforschung, angewandte Forschung	5 %	6 %	15 %

Abb. 6: Zunehmende Bedeutung fokussierter Centers of Excellence im Ausland
Quelle: in Anlehnung an Global Benchmark Survey on the Strategic Management of Technology, Roberts (2001) sowie Gerybadze (2004), Kap. 6.

Gerade im Zeitraum 2000 bis 2007 beobachten wir in einer Reihe von Industriezweigen, dass Spitzenkompetenz zunehmend im Ausland gesucht wird. Zahlreiche Staaten haben hochentwickelte nationale Innovationssysteme aufgebaut. Unternehmen müssen nach Branchen und Produktbereichen differenziert vorgehen, um die jeweils besten Standortbedingungen für die Verstärkung ihrer Innovationsaktivitäten im Ausland zu erkunden. Für bestimmte Computer- und Softwareentwicklungen sind die Vereinigten Staaten von Amerika nach wie vor das „Mekka" der Innovation. Für andere Entwicklungen in der Informations- und Kommunikationstechnik hat sich der Schwerpunkt der Innovation inzwischen nach Südkorea oder Taiwan verlagert. Ambos (2005) hat entsprechend aufgezeigt, dass deutsche Firmen in zunehmender Weise auf Strategien des Home-base Augmenting setzen, dabei jedoch nach Branchen differenziert den jeweils besten Standort wählen müssen. Während beispielsweise im Bereich Pharma und Life Science Home-base Augmenting Units in den USA aufgebaut werden, liegt der Schwerpunkt der Innovation in der Elektronik und Halbleitertechnik oftmals in Asien.

5 Zunehmende Bedeutung von Downstream-Innovation: Lead-Märkte und Engineering-Innovation

Die Unterscheidung zwischen Home-base Augmenting und Home-base Exploiting wird in der Literatur bislang zumeist auf F&E-Einrichtungen bezogen, nicht aber auf andere Stufen der Wertschöpfungskette, die für Innovationsprozesse gleichermaßen wichtig sind. Oftmals werden Innovationen nicht aus dem Forschungsbereich heraus angestoßen, sondern sie entstehen durch enge Zusammenarbeit mit Kunden (von Hippel 1988, 2005) sowie durch andere Akteure aus dem Produktions- und Anwendungssystem. In vielen Fällen kommen gerade aus dem Produktionssystem und Engineering-System sowie aus dem Zuliefererumfeld entsprechende Impulse für Neuerungen. Immer häufiger werden Innovationen zudem auch durch Umweltanforderungen, Gesetzgebung, und Standardsetzungsprozesse angestoßen.[13]

Verlagert sich der Schwerpunkt der Innovation entsprechend in die produktionstechnischen und anwendungsnahen Bereiche, so muss die Kompetenz- und Standortbewertung jeweils differenziert für die zunehmend wichtigen Wertschöpfungsstufen „downstream" vorgenommen werden. Gemäß der Darstellung in Abbildung 7 werden für die drei Funktionsbereiche F&E, Produktion und Engineering sowie Marketing, Vertrieb und Dienstleistung gesondert drei Stufen der Kompetenz ausgewiesen. Seit Ende der 1990er Jahre hat sich die Forschung entsprechend stärker dem Thema „Internationales Innovationsmanagement" zugewandt und sich bewusst nicht allein auf „F&E-Internationalisierung" beschränkt. In den Arbeiten von Gerybadze, Meyer-Krahmer und Reger (1997) sowie von Gerybadze und Reger (1999) wurde eine neue Typologie des Internationalen Innovationsmanagements entwickelt, die zwischen Lead-Markt-induzierten Innovationen im Ausland und forschungsgetriebenen Innovationen unterscheidet. MNU gehen vorzugsweise an Standorte mit Lead-Markt-Funktion im Ausland, um dort Lernprozesse einzuleiten und an frühen Phasen der Konzeptentwicklung, Marktentstehung und Standardsetzung beteiligt zu sein.

13 Man denke etwa an die immer stärkere Beeinflussung der Fahrzeugentwicklung und der Motorentechnik durch die Vorgaben der EU-Kommission zur CO_2-Regelung. Entscheidend für ein Innovationssystem sind infolgedessen immer häufiger entsprechend innovationsförderliche Rahmenbedingungen eines Landes, und diese werden immer häufiger in das Kalkül multinationaler Unternehmen einbezogen. Vgl. Gerybadze (2005a, 2006).

Abb. 7: Erweiterung des Ansatzes von Home-base Augmenting auf weitere Funktionsbereiche

In vielen Hightech-Industrien, aber auch im Dienstleistungssektor ist die Höherentwicklung und Ausdifferenzierung von Märkten und Kundenansprüchen ein Treiber des Innovationsprozesses. Lead-Märkte in dynamischen Industrien (Information Technology (IT), Telekommunikation, Medizintechnik etc.) sind wichtige Impulsgeber (von Hippel 2005, Herstatt/Verworn 2007), immer häufiger werden Entwicklungen zuerst auf ausgewählten ausländischen Lead-Märkten angestoßen (Beise 2001, 2004a, Gerybadze 2005a, 2006). Gemäß der Darstellung auf der rechten Seite in Abbildung 7 sollte auch für die Funktionsbereiche Marketing und Vertrieb noch konsequenter zwischen innovationsförderlichen Standorten und solchen unterschieden werden, die Produkte und Geschäftskonzepte schlichtweg adaptieren. Von daher bietet sich die Unterscheidung in Home-base Augmenting Lead Marketing und Home-base Exploiting (Mass-)Marketing an.[14] Die meisten Unternehmen in unseren Untersuchungen haben eine entsprechende Segmentierung ihrer Auslandsmärkte nach Kriterien der Innovationsimpulsgebung vorgenommen. Sie unterteilen entsprechend ihre ausländischen Zielmärkte in solche, die zu den

14 Die jüngere Marketingliteratur unterscheidet entsprechend zwischen Innovationsmarketing mit hohem Lernanteil, stark relationalen Beziehungen und den stärker standardisierten, unidirektionalen Prozessen des Massenmarketings bzw. des Sellings.

stärksten Impulsen für den Innovationsprozess führen (Home-base Augmenting Lead Markets), und in solche Auslandsmärkte, die eher später Produktkonzepte anwenden, die sich anderswo bewährt haben. Eine geeignete Typologie für Auslandsmärkte mit unterschiedlichen Mandaten und Kompetenzebenen hat Delany (2000) entwickelt, auch wenn diese ursprünglich nicht für Fragestellungen der Innovation konzipiert war. Die Kompetenz vieler Auslandsstandorte mit „Home-base Augmenting"-Funktion liegt aber neuerdings, so zeigen die Untersuchungen zu Centers of Excellence und ausländischen Kompetenzzentren, immer stärker in der Verknüpfung von hochentwickelter F&E und hochentwickeltem Innovationsmarketing.[15]

Die zunehmende Verlagerung hin zur Downstream-Innovation erfasst aber nicht allein Prozesse in den Bereichen von Marketing und Vertrieb, sondern auch Engineering-Aktivitäten sowie Produktions- und Logistikaktivitäten. Ein dritter Typus von Innovationen, den wir in neueren Untersuchungen als Engineering Innovation beschreiben, kommt immer stärker ins Spiel und sollte daher bewusst von F&E und Prozessen des Lead Marketings abgegrenzt werden. Viele MNU gerade aus Westeuropa, aber auch aus Asien sind ausgesprochen stark in der Verknüpfung von Produkt- und Prozessentwicklung, Fertigungsverfahren sowie in der Vernetzung mit Zulieferern. Bestimmte Standorte profilieren sich gerade für höchstentwickelte Produktionssysteme und Engineering-Systeme. Von daher sollte die Typologie von Home-base Augmenting bzw. Home-base Exploiting R&D nach Chiesa (1996) und Kuemmerle (1997) entsprechend erweitert werden. Wir empfehlen analog dazu die Unterscheidung zwischen Home-base-Augmenting-Produktion und Home-base-Exploiting-Produktion an Auslandsstandorten. Dabei kann auf die von Ferdows (1997) entwickelte Klassifikation zurückgegriffen werden, der zwischen sechs Kompetenzebenen für Produktionszentren und Engineering Centers unterscheidet. Entscheidend für den Innovationsprozess sind Lead Manufacturing Locations im Ausland, diese führen oft zu wichtigen Innovationen, die primär in den führenden Standorten außerhalb des Stammlands angestoßen werden.

Downstream-Innovation bedeutet, dass ein wachsender Teil der Anstrengungen auf Aktivitäten entfällt, die außerhalb des Funktionsbereichs F&E liegen. Die Verlagerung von F&E ins Ausland geht immer häufiger mit dem Aufbau von Lead-Markt-Kompetenz sowie mit dem Aufbau von hochentwickelten Produktionssystemen im Ausland einher. Internationales Innovationsmanagement muss konsequent wertschöpfungskettenübergreifend angelegt werden. Ein vergleichsweise großer Anteil der Literatur ist aber noch immer auf die Analyse des Zusammenhangs zwischen

15 Vgl. dazu v. a. Nobel und Birkinshaw (1998), Gerybadze und Reger (1999), Doz, Santos und Williamson (2001), Håkanson und Nobel (2001) sowie Frost, Birkinshaw und Ensign (2002).

ausländischen F&E-Zentren und entsprechenden F&E-Einheiten im Stammland eines MNU konzentriert (Asakawa 1997, 2001, Kuemmerle 1997, 1999, Dalton/Serapio/Yoshida 1999). Erst die neuere Literatur zum länderübergreifenden Innovations- und Wissensmanagement bricht aus der zu engen F&E-Spezialisierung aus und vermittelt ein realitätsnäheres Bild der Innovation in MNU, die zunehmend transnational und funktionsbereichsübergreifend abläuft.

6 Neuere Forschungsarbeiten zum Innovations- und Wissensmanagement: Eine zunehmend weltweit verteilte Community

Wie bereits in Abschnitt 2 erläutert wurde, ist es im Verlauf der 1990er Jahre zu einer starken Zunahme von Veröffentlichungen zur F&E-Globalisierung sowie zum Internationalen Innovationsmanagement gekommen. Diese haben das Verständnis und Problembewusstsein für neue Formen internationaler Geschäftstätigkeit geschärft und eine gute Basis für weitergehende Untersuchungen in den Jahren 2000 bis 2007 geschaffen. Auch in den Jahren seit 2000 beobachten wir eine kontinuierlich fortschreitende weltweite Verflechtung der Innovationssysteme und einen weiterhin ansteigenden F&E-Auslandsanteil in vielen MNU (vgl. dazu insbesondere Abschnitt 3). Dies schlägt sich in einer großen Zahl an neueren Veröffentlichungen europäischer Forscher aus mehreren Ländern, aber auch von Autoren aus Nordamerika und Asien nieder. In Europa kamen die meisten Untersuchungen zur F&E-Internationalisierung anfänglich aus Großbritannien und aus den skandinavischen Ländern. Mittlerweile hat sich eine zunehmend große Forschergemeinschaft in einer größeren Zahl an Ländern herausgebildet. In Großbritannien konzentrieren sich Forscher zumeist auf großzahlige empirische Untersuchungen auf der Basis von Patentdaten. Hervorzuheben sind hier die Arbeiten von Cantwell und Janne (1999), Cantwell und Molero (2003, Hrsg.), Criscuola und Patel (2003) sowie von Narula und Zanfei (2004). In Skandinavien wurden demgegenüber eher Prozesse der F&E-Internationalisierung nordischer MNU begleitet und in vertieften Fallstudien dargestellt. Diese eröffnen detaillierte Einsichten in neue Formen des transnationalen Innovations- und Wissensmanagements. Wichtige neuere Veröffentlichungen umfassen die Arbeiten von Lindquist, Sölvell und Zander (2000), Håkanson und Nobel (2001), Foss und Pedersen (2003) sowie von Sölvell (2003).

Im deutschsprachigen Raum widmen sich mehrere Forschergruppen auch seit 2000 verstärkt dem Internationalen Innovations- und Wissensmanagement in MNU. Beachtenswert ist die dabei eingesetzte Methodenvielfalt, die von großzahligen empirischen Untersuchungen auf Basis von F&E-Daten sowie Patentdaten bis hin zu Paneluntersuchungen in MNU und vertieften Fallanalysen reicht. Hervorzuheben sind insbesondere die Dokumentationen des Stifterverbands, in denen die Auslandsverflechtung der Wirtschaft im F&E-Bereich analysiert wird (Belitz/Edler/Grenzmann 2006, Grenzmann 2006). Das DIW und das Fraunhofer-Institut für System- und Innovationsforschung (FhG-ISI) führen kontinuierlich Untersuchungen zur F&E-Internationalisierung durch (Edler/Döhrn/Rothgang 2003, Edler 2004, Belitz 2006a, 2006b). Im Rahmen der INTERIS-Paneluntersuchung an der Universität Hohenheim werden fortlaufend strukturelle Veränderungen in 53 MNU analysiert und neuere Managementtrends erfasst (Gerybadze 2005a, 2005b, 2006). Die Untersuchungen von Fisch (2001, 2003) und Ambos (2002, 2005) bauen auf Fragebogenerhebungen in deutschen MNU mit F&E-Auslandsniederlassungen auf.

Angesichts der starken F&E-Auslandstätigkeit schweizerischer MNU haben sich von Zedtwitz und Gassmann (2002) mit neueren Strukturen des länderübergreifenden Innovations- und Wissensmanagements beschäftigt. Sowohl in Deutschland als auch in der Schweiz wurde in den letzten Jahren das Thema „F&E-Internationalisierung in Aufstiegsländern“ immer wichtiger. Mehrere Forschergruppen wenden sich daher verstärkt der Rolle von F&E in China und ausgewählten anderen Ländern Asiens (z. B. Indien, Singapur und Taiwan) zu.[16]

In Nordamerika beschäftigen sich mehrere Forschergruppen und neuere Dissertationen auch nach 2000 verstärkt mit Themen der F&E-Internationalisierung und mit dem transnationalen Innovationsmanagement (Frost 2001, Frost/Birkinshaw/Ensign 2002, Serapio/Hayashi 2004, Hrsg.). Im Vordergrund stehen vertiefte Analysen von Home-base Augmenting versus Home-base Exploiting, die Internationalisierung des Produktentwicklungsprozesses und verstärkt Fragen der Funktionsweise globaler Teams (Thomke 2002, Barczak/McDonough 2003). Auch die wachsende F&E-Verflechtung mit Asien schlägt sich in den Forschungsarbeiten seit 2000 nieder. Dabei ist die F&E-Internationalisierung zwischen den USA und Japan vergleichsweise gut dokumentiert, während andere „Aufstiegsländer“ in Asien und deren Vernetzung mit den US-amerikanischen Innovationssystemen bisher noch nicht in entsprechenden Veröffentlichungen thematisiert sind.

In Japan haben sich mehrere Forschergruppen auf Inward-FDI ausländischer MNU ebenso wie auf Outward-FDI japanischer MNU im F&E-Bereich konzentriert. Am stärksten sind die Verflechtungen zwischen Japan und den USA dokumentiert. Yoshihara, Methe und Iwata (2001), Iwasa und Odagiri (2004) sowie Kurokawa, Iwata und Roberts (2007) untersuchen neuere Prozesse des Aufbaus japanischer

16 Vgl. dazu die neueren Untersuchungen von Gassmann und Keupp (2006) sowie bei von Zedtwitz (2004).

F&E-Niederlassungen in Nordamerika. Asakawa (2001) analysiert neue Formen des Managements, insbesondere europäischer F&E-Einheiten japanischer Unternehmen. Die Strategien der F&E-Internationalisierung innerhalb der Elektronik, insbesondere in japanischen und südkoreanischen Firmen, werden von Hayashi (2006) sowie von Hayashi und Serapio (2006) untersucht. Ergänzend zu den Studien in Japan gibt es auch zur Einbindung von China und Singapur in F&E-Standortentscheidungen von MNU eine wachsende Zahl neuerer Untersuchungen. Wünschenswert wären vergleichbare Untersuchungen auch zu wichtigen weiteren Staaten in Asien wie z. B. Südkorea, Taiwan, Indien, Malaysia etc.

Mehrere internationale Organisationen haben die F&E-Globalisierung und das Transnationale Innovations- und Wissensmanagement in letzter Zeit verstärkt in Übersichtsstudien dokumentiert. Hervorzuheben sind in diesem Zusammenhang der World Investment Report der United Nations Conference on Trade and Development (UNCTAD, 2005), der gerade die verstärkte Erschließung neuer F&E-Zielländer (China, Indien, Lateinamerika etc.) zum Thema hat. Neben einschlägigen Veröffentlichungen der Economist Intelligence Unit (EIU 2004), der World Bank (2004) und der OECD (2005) wird das Thema F&E-Globalisierung immer wieder auch von den nationalen Forschungsorganisationen und Ministerien herausgestellt (z. B. NSF, 2006 in den USA und die jährlich erscheinenden Berichte des Forschungsministeriums zur technologischen Leistungsfähigkeit in Deutschland).[17] Das Thema wird ohne Zweifel weiter an Bedeutung zunehmen und die Forschung zum Internationalen Management in den nächsten Jahren nachhaltig beeinflussen.

7 Perspektiven für die künftige Forschung zum Internationalen Innovations- und Wissensmanagement

Internationales Innovations- und Wissensmanagement wurde in den letzten 15 Jahren zu einem ausgesprochen interessanten Forschungsgebiet innerhalb der Managementforschung ausgebaut. Anfänglich konzentrierte man sich zwar noch auf Studien zum Internationalisierungsprozess für den Funktionsbereich F&E, doch wurden in den letzten Jahren immer häufiger neue Formen von Innovationen berücksichtigt, die stärker wertschöpfungskettenübergreifend ablaufen. Diese breiter angelegte Sichtweise zu internationalen Innovationsprozessen und die Ausein-

17 Vgl. BMBF (2006, 2007). In diesen beiden Studien zum deutschen Innovationssystem werden die Thematik der F&E-Internationalisierung, die Rolle der technologischen Aufstiegsländer und die Bedeutung von Lead-Märkten ausführlich behandelt.

andersetzung mit den dafür geeigneten Managementansätzen werden somit auch in den kommenden Jahren die Aufmerksamkeit der Forscher auf sich ziehen. Verstärkt werden neue Formen der Zusammenarbeit zwischen Corporate Research und Business-unit-F&E-Einheiten thematisiert, und es werden hierfür die geeigneten Organisationsmodelle für die länderübergreifende Zusammenarbeit in multizentrischen Strukturen entwickelt. Darüber hinaus bilden sich neue Formen der Zusammenarbeit zwischen Lead Marketing an führenden ausländischen „Avantgardemärkten" und den dort angesiedelten F&E-Einheiten heraus. Diese Verlagerung ins „front end" des Innovationsprozesses und die Herausbildung dafür geeigneter Managementformen stehen immer stärker im Zentrum der neueren Forschung zum Internationalen Innovations- und Wissensmanagement (Sölvell 2003, Thomke 2003, Beise 2004a, von Hippel 2005).

Als neues ergiebiges Gebiet wird auch das Thema „Engineering-Innovation" Beachtung finden und in weiteren Studien vertieft untersucht werden. Neue Formen der Zusammenarbeit zwischen F&E-Einheiten und technisch führenden Produktionszentren sowie Engineering-Zentren und die Neuausrichtung der Supply Chain zwischen Herstellern, Zulieferern und technischen Dienstleistenden spielen für das Verständnis von Innovationsexzellenz in vielen Industriezweigen eine extrem wichtige Rolle. Komplexe, neue Formen der Integration von F&E und Engineering-Kompetenz sind gerade ein Charakteristikum besonders innovativer Unternehmen aus Deutschland und Japan (Gerybadze 2005b). Die besonderen Erfolgsfaktoren der Engineering-Innovation herauszuarbeiten und die jeweils gültigen ländertypischen und branchenspezifischen Erfolgsfaktoren zu identifizieren, bedarf der weiteren Forschung.

In den kommenden Jahren wird ferner der Einfluss von Gesetzgebung, Regulierung und Standardsetzung auf den Innovationsprozess verstärkt in den Mittelpunkt der Forschung im Internationalen Management rücken. Die Produkt- und Dienstleistungsentwicklung folgt nicht allein technischen Kriterien, sondern muss immer stärker wirtschaftliche, gesellschaftliche und ökologische Anforderungen in einer zunehmend komplexen, vernetzten und regulierten Welt in Betracht ziehen. Die gezielte Zusammenarbeit von Unternehmen an ausgewählten Standorten, die das geeignete regulative Umfeld für die Durchsetzung von Innovationen und Standards bieten, wird ein entscheidender Erfolgsfaktor. Die Koevolution von Innovation und Standardsetzung wird daher ein wichtiger Forschungsgegenstand des Internationalen Innovations- und Wissensmanagements werden.

Die neuere Forschung zum Innovationsmanagement erschließt auch stärker den Themenbereich „Open Innovation" sowie das Wechselspiel zwischen Open Innovation und Closed Innovation (Chesbrough 2003, 2006). Neue Formen der Absicherung von geistigem Eigentum kommen ins Spiel, und Wettbewerbsvorteile werden zunehmend durch intelligente Ressourcenkombinationen und durch Kenntnisse im Umgang mit komplexen Regelungen zum geistigen Eigentum begründet. Signifikante Unterschiede zwischen den Rahmenbedingungen für geistiges Eigentum in verschiedenen Ländern (z. B. Unterschiede im Patentschutz für Software in den USA und Deutschland) schaffen Arbitragemöglichkeiten für MNU. Insgesamt ist das Wechselspiel von Intellectual Property Management und Innovationsmanagement gerade in multinationalen Konzernen ein sehr interessantes Forschungsthema, und es bilden sich hierfür sehr interessante Organisationsformen heraus, die bislang noch weitgehend unerforscht geblieben sind.[18]

Die Forschungsgemeinschaft im Internationalen Innovations- und Wissensmanagement, die in den letzten Jahren noch stark auf Nordamerika, wenige westeuropäische Länder und Japan beschränkt blieb, wird in den kommenden Jahren sicher stark ausgeweitet werden. Die zunehmende weltweite Verteilung von Innovationsaktivitäten auf Ziel- und Quellenländer außerhalb der Triaderegionen wird in den kommenden Jahren Gegenstand weiterer Untersuchungen sein. In Asien besteht gerade zu der Einbindung der Innovationssysteme von Südkorea, Indien, Indonesien, Thailand und Vietnam noch weiterer Forschungsbedarf. Zudem sind immer mehr MNU aus Südkorea, Taiwan, China und Indien auch mit eigener F&E in Nordamerika und Europa vertreten, und diese bieten interessante Ansatzpunkte für entsprechende Untersuchungen zum länderübergreifenden Innovationsprozess.

Auch innerhalb Europas standen bislang nur wenige Staaten im Vordergrund der Untersuchungen zum Inward- bzw. Outward-FDI im F&E-Bereich. Gut dokumentiert sind Großbritannien, Schweden, Deutschland, Niederlande und die Schweiz, d. h. Länder mit starker eigener MNU-Basis und einer hochentwickelten Managementforschung auf diesem Gebiet. In anderen westeuropäischen Ländern, für die die F&E-Internationalisierung ebenfalls eine große Rolle spielt, wurden vergleichbare Untersuchungen bislang eher selten durchgeführt (z. B. in Belgien, Österreich, Spanien, Norwegen etc.). Zudem sind mit der Osterweiterung der Europäischen Union nicht nur Produktions- und Zulieferstandorte erschlossen worden. Einzelne Reformstaaten weisen bereits heute hochentwickelte Innovations- und Bildungssysteme auf (z. B. Tschechien, Ungarn, Polen). F&E-Offshoring in Osteuropa ist für viele MNU ein wichtiges Thema geworden. Insofern dürfte die Analyse der zu beobachtenden neuen Formen transnationalen Innovations- und Wissensmanage-

18 Traditionell wurde Intellectual Property Management und Innovationsmanagement in MNU in getrennten Bereichen verfolgt (oftmals zugeordnet zu einerseits F&E und andererseits Rechtsabteilungen). Neuerdings beobachtet man in MNU eine stärkere Integration dieser beiden Verantwortungsbereiche, oftmals unter Verantwortung des Chief Technology Officers (CTO). Vgl. dazu u. a. Jennewein (2005, Kap. IV).

ments im erweiterten Europa ein vielversprechender Untersuchungsgegenstand sein.

Während früher hochentwickelte Innovationsprojekte in MNU auf ganz wenige Ziel- bzw. Quellenländer für F&E beschränkt blieben, spielen mittlerweile etwa 30 Staaten weltweit eine vergleichsweise wichtige Rolle auf bestimmten Gebieten. Wie diese neuen, weltweit verteilten Strukturen des Innovations- und Wissensmanagements zu Beginn des 21. Jahrhunderts aussehen, wird daher Gegenstand zukünftiger Untersuchungen sein. Die oben formulierten neueren Forschungsthemen ebenso wie die zunehmende Erschließung noch bestehender „weißer Flecken" auf der Weltkarte der Innovationssysteme wird sicher dazu führen, dass das Forschungsgebiet des Internationalen Innovations- und Wissensmanagements systematisch weiter ausgebaut wird. Dieses Gebiet wird damit zu einem zentralen und immer wichtigeren Thema der MNU-Forschung, nachdem es lange Zeit neben Themen wie Internationales Marketing, Internationale Produktion oder auch Internationales Rechnungswesen eher etwas im Verborgenen geblüht hat.

Literatur

Ambos, B. (2002): Internationales Forschungs- und Entwicklungsmanagement: Strategische Mandate, Koordination und Erfolg. Gabler, Wiesbaden, 2002.

Ambos, B. (2005): Foreign Direct Investment in Industrial Research and Development: A Study of German MNCs. In: Research Policy, 34. Jg., Nr. 4, 2005, S. 395-410.

Asakawa, K. (1997): R&D Laboratories of Japanese Multinational Corporations in Europe. Zugl. Diss., INSEAD, Fontainebleau, 1997.

Asakawa, K. (2001): Organizational Tension in International R&D Management: The Case of Japanese Firms. In: Research Policy, 30. Jg., Nr. 1, 2001, S. 735-757.

Barczak, G./McDonough, E. F. (2003): Leading Global Product Development Teams. In: Research Technology Management, 46. Jg., Nr. 6, 2003, S. 14-19.

Beise, M. (2001): Lead Markets. Springer, Heidelberg, New York/NY, 2001.

Beise, M. (2004a): Lead Markets: Country-specific Drivers of the Global Diffusion of Innovations. In: Research Policy, 33. Jg., Nr. 6, 2004, S. 997-1018.

Beise, M. (2004b): Lead Markets, Innovation Differentials and Growth. In: Journal of International Economics and Economic Policy, 1. Jg., Nr. 4, 2004.

Belitz, H. (2006a): Forschung und Entwicklung in multinationalen Unternehmen 2005: Studien zum Deutschen Innovationssystem Nr. 6. Deutsches Institut für Wirtschaftsforschung, Berlin, 2006.

Belitz, H. (2006b): Internationalization of R&D by Multinationals: The Last Decade from a German Perspective. Paper Presented at the IFSAM World Congress, Berlin, 28.-30.09.2006.

Belitz, H./Edler, J./Grenzmann, C. (2006): Internationalization for Industrial R&D. In: Schmoch, U./Rammer, C./Legler, H. (2006, Hrsg.): National Systems of Innovation in Comparison. Springer, Heidelberg, New York/NY, 2006, S. 47-66.

BMBF (2006): Bericht zur technologischen Leistungsfähigkeit Deutschlands 2006. Bundesministerium für Bildung, Wissenschaft und Forschung, Berlin, 2006.

BMBF (2007): Bericht zur technologischen Leistungsfähigkeit Deutschlands 2007. Bundesministerium für Bildung, Wissenschaft und Forschung, Berlin, 2007.

Cantwell, J. (1994): Transnational Corporations and Innovatory Activities. The United Nations Library on Transnational Corporations, London, 1994.

Cantwell, J./Janne, O. (1999): Technological Globalisation and Innovative Centres: The Role of Corporate Technological Leadership and Locational Hierarchy. In: Research Policy, 28. Jg., Nr. 2-3, 1999, S. 119-144.

Cantwell, J./Molero, J. (2003, Hrsg.): Multinational Enterprises, Innovative Strategies, and Systems of Innovation. Elgar, Cheltenham/PA, 2003.

Cheng, J./Bolon, D. S. (1993): The Management of Multinational R&D: A Neglected Topic in International Business Research. In: Journal of International Business Studies, 24. Jg., Nr. 1, 1993, S. 1-18.

Chesbrough, H. (2003): Open Innovation: The New Imperative for Creating and Profiting from Technology. Harvard Business School Press, Boston/MA, 2003.

Chesbrough, H. (2006): Open Business Models: How to Thrive in the New Innovation Landscape. Harvard Business School Press, Boston/MA, 2006.

Chiesa, V. (1996): Strategies for Global R&D. In: Research Technology Management, 39. Jg., Nr. 5, 1996, S. 19-26.

Criscuola, P./Patel, P. (2003): Large Firms and the Internationalization of R&D: „Hollowing out“ of National Technological Capacity? Paper Presented at the SETI Workshop, Rom, 15.-16.05.2003.

Dalton, D. H./Serapio, M. G./Yoshida, P. G. (1999): Globalizing Industrial Research and Development. U. S. Department of Commerce, Office of Technology Policy, Washington/DC, 1999.

Delany, E. (2000): Strategic Development of the Multinational Subsidiary through Subsidiary Initiative-taking. In: Long Range Planning, 33. Jg., Nr. 2, 2000, S. 220-244.

Doz, Y. L./Santos, J./Williamson, P. (2001): From Global to Metanational: How Companies Win in the Knowledge Economy. Harvard Business School Press, Boston/MA, 2001.

Edler, J. (2004): International Research Strategies of Multinational Enterprises: A German Perspective. In: Technological Forecasting and Social Change, 71. Jg., Nr. 6, 2004, S. 599-621.

Edler, J./Döhrn, R./Rothgang, M. (2003): Internationalisierung industrieller Forschung und grenzüberschreitendes Wissensmanagement. Physica, Heidelberg, New York/NY, 2003.

EIU (2004): Scattering of the Seeds of Innovation: The Globalization of Research and Development. Economist Intelligence Unit, London, 2004.

Ferdows, K. (1997): Making the Most of Foreign Factories. In: Harvard Business Review, 75. Jg., Nr. 2, 1997, S. 73-88.

Fisch, J. H. (2001): Structure Follows Knowledge: Internationale Verteilung der Forschung und Entwicklung in multinationalen Unternehmen. Gabler, Wiesbaden, 2001.

Fisch, J. H. (2003): Optimal Dispersion of R&D Activities in Multinational Corporations with a Genetic Algorithm. In: Research Policy, 32. Jg., Nr. 8, 2003, S. 1381-1396.

Florida, R./Kenney, M. (1994): The Globalization of Japanese R&D: The Economic Geography of Japanese R&D Investment in the U. S. In: Economic Geography, 70. Jg., Nr. 4, 1994, S. 344-369.

Foss, N. J./Pedersen, T. (2003): The MNC as a Knowledge Structure: The Roles of Knowledge Sources and Organizational Instruments in MNC Knowledge Management. DRUID Working Papers Nr. 3-9, Copenhagen Business School & Aalborg University, 2003.

Frost, T. (2001): The Geographic Sources of Foreign Subsidiaries' Innovations. In: Strategic Management Journal, 22. Jg., Nr. 2, 2001, S. 101-123.

Frost, T./Zhou, C. (2005): R&D Co-practice and „Reverse" Knowledge Integration in Multinational Firms. In: Journal of International Business Studies, 36. Jg., Nr. 6, 2005, S. 676-687.

Frost, T./Birkinshaw, J./Ensign, P. (2002): Centers of Excellence in Multinational Corporations. In: Strategic Management Journal, 23. Jg., Nr. 11, 2002, S. 997-1018.

Gassmann, O. (1997): Management transnationaler Forschungs- und Entwicklungsprojekte. Zugl. Diss., Universität St. Gallen, 1997.

Gassmann, O./Keupp, M. M. (2006): Research vs. Development: Towards a New Framework of R&D Internationalization. Paper Presented at the IFSAM World Congress, Berlin, 28.-30.09.2006.

Gassmann, O./von Zedtwitz, M. (1999): New Concepts and Trends in International R&D Organization. In: Research Policy, 28. Jg., Nr. 1-2, 1999, S. 231-250.

Gerybadze, A. (2004a): Technologie- und Innovationsmanagement. Vahlen, München, 2004.

Gerybadze, A. (2004b): Knowledge Management, Cognitive Coherence and Equivocality in Distributed Innovation Processes in MNCs. In: Management International Review, 44. Jg., Nr. 3, 2004, S. 103-128.

Gerybadze, A. (2005a): Technologie- und Innovationsmanagement in internationalen Konzernen: Organisation und Führung länderübergreifender Wissensproduktion. In: Brand, W./Picot, A. (2005, Hrsg.): Unternehmenserfolg im internationalen Wettbewerb. Schäffer-Poeschel, Stuttgart, 2005, S. 311-328.

Gerybadze, A. (2005b): Global Innovation and Knowledge Flows in Japanese and European Corporations. In: Herstatt, C./Stockstrom, C./Tschirky, H./Nagahira, H. (2005, Hrsg.): Management of Technology and Innovation in Japan. Springer, Heidelberg, New York/NY, 2005, S. 311-327.

Gerybadze, A. (2006): Kreativität und Ideenfindung auf Auslandsmärkten. In: Sommerlatte, T./Berger, G./Seidel, G. (2006, Hrsg.): Innovationskultur und Ideenmanagement. Symposion, Düsseldorf, 2006.

Gerybadze, A./Meyer-Krahmer, F./Reger, G. (1997): Globales Management von Forschung und Innovation. Schäffer-Poeschel, Stuttgart, 1997.

Gerybadze, A./Reger, G. (1999): Globalisation of R&D: Recent Changes in the Management of Innovation in Transnational Corporations. In: Research Policy, 28. Jg., Nr. 2, 1999, S. 251-274.

Granstrand, O./Håkanson, L./Sjölander, S. (1993): Internationalization of R&D – A Survey of some Recent Research. In: Research Policy, 22. Jg., Nr. 5-6, 1993, S. 413-430.

Grenzmann, C. (2006): Globalization of R&D, Concepts of Measuring R&D Globalisation Used in Germany. Paper Presented at the IFSAM World Congress, Berlin, 28.-30.09.2006.

Håkanson, L./Nobel, R. (1993): Foreign Research and Development in Swedish Multinationals. In: Research Policy, 22. Jg., Nr. 3, 1993, S. 373-396.

Håkanson, H./Nobel, R. (2001): Organizational Characteristics and Reverse Technology Transfer. In: Management International Review, 41. Jg., Nr. 4, 2001, S. 395-420.

Hayashi, T. (2006): Internationalization of R&D Activities of Electronic MNCs and R&D Capabilities of East Asian Countries. Paper Presented at the IFSAM World Congress, Berlin, 28.-30.09.2006.

Hayashi, T./Serapio, M. (2006): Cross-border Linkages in Research and Development: Evidence from 22 U. S., Asian and European MNCs. In: Asian Business and Management, 5. Jg., Nr. 2, 2006.

Hedlund, G. (1993): Organization of Transnational Corporations. The United Nations Library on Transnational Corporations, London, 1993.

Herstatt, C./Verworn, B. (2007, Hrsg.): Management der frühen Innovationsphasen. 2. Aufl., Gabler, Wiesbaden, 2007.

Howells, P. (1990): Financial Markets and Institutions. Longman, London et al., 1990.

Iwasa, T./Odagiri, H. (2004): Overseas R&D, Knowledge Sourcing and Patenting: An Empirical Study of Japanese R&D Investment in the U. S. In: Research Policy, 22. Jg., Nr. 5, 2004, S. 807-828.

Jennewein, K. (2005): Intellectual Property Management: The Role of Technology Brands in the Appropriation of Technological Innovation. Physica, Heidelberg, New York/NY, 2005.

Kuemmerle, W. (1997): Building Effective R&D Capabilities abroad. In: Harvard Business Review, 75. Jg., Nr. 6, 1997, S. 61-70.

Kuemmerle, W. (1999): Foreign Direct Investment in Industrial Research in the Pharmaceutical and Electronics Industry: Results from a Survey of Multinational Firms. In: Research Policy, 28. Jg., Nr. 2, 1999, S. 252-274.

Kurokawa, S./Iwata, S./Roberts, E. B. (2007): Global R&D Activities of Japanese MNCs in the USA: Triangulation Approach. In: Research Policy, 36. Jg., Nr. 1, 2007, S. 3-36.

Lall, S. (1980): Monopolistic Advantages and Foreign Involvement by U. S. Manufacturing Industry. In: Oxford Economic Papers, 32. Jg., Nr. 1, 1980, S. 102-122.

Lindquist, M./Sölvell, Ö./Zander, I. (2000): Technological Advantage in the International Firm: Local and Global Perspectives on the Innovation Process. In: Management International Review, 40. Jg., Nr. 1, 2000, S. 95-126.

Lundvall, B. A. (1992): National Systems of Innovations: Towards a Theory of Innovation and Interactive Learning. Pinter, London, New York/NY, 1992.

Mansfield, E./Teece, D. J./Romeo, A. (1979): Overseas Research and Development by U. S.-Based Firms. In: Economica, 46. Jg., Nr. 182, 1979, S. 187-196.

Narula, R./Zanfei, A. (2004): Globalization of Innovation: The Role of Multinational Enterprises. In: Fagerberg, J./Mowery, D. C./Nelson, R. R. (2004, Hrsg.): The Oxford Handbook of Innovation. Oxford University Press, Oxford et al., 2004, S. 318-345.

Nelson, R. R. (1993, Hrsg.): National Innovation Systems: A Comparative Analysis. Oxford University Press, New York/NY et al., 1993.

Niosi, J. (1999): The Internationalization of Industrial R&D: From Technology Transfer to the Learning Organization. In: Research Policy, 28. Jg., Nr. 2-3, 1999, S. 107-117.

Nobel, R./Birkinshaw, J. (1998): Innovation in Multinational Corporatives: Control and Communication Partners in International R&D Operations. In: Strategic Management Journal, 19. Jg., Nr. 5, 1998, S. 479-496.

NSF (2006): Science and Engineering Indicators 2006. National Science Foundation, Washington/DC, 2006.

OECD (2004): Main Science and Technology Indicators. OECD, Paris, 2004.

OECD (2005): Measuring Globalization: OECD Economic Globalization Indicators. OECD, Paris, 2005.

OECD (2006): Main Science and Technology Indicators. OECD, Paris, 2006.

Papanastassiou, M./Pearce, R. (1997): Technology Sourcing and the Strategic Role of Manufacturing Subsidiaries in the UK: Local Competences and Global Competitiveness. In: Management International Review, 37. Jg., Nr. 1, 1997, S. 5-26.

Patel, P. (1995): The Localised Production of Global Technology. In: Cambridge Journal of Economics, 19. Jg., Nr. 1, 1995, S. 141-153.

Patel, P./Pavitt, K. (1994): Technological Competencies in the World's Largest Firms: Characteristics, Constraints and Scope for Managerial Choice. Paper Presented at the Prince Bertil Symposium, Stockholm School of Economics, Juni 1994.

Pearce, R./Papanastassiou, M. (1996): R&D Networks and Innovation: Decentralised Product Development in Multinational Enterprises. In: R&D Management, 26. Jg., Nr. 4, 1996, S. 315-334.

Pearce, R. D./Singh, S. (1992): Globalizing Research and Development. Macmillan, London, 1992.

Reger, G. (1997): Koordination und strategisches Management internationaler Innovationsprozesse. Physica, Heidelberg, 1997.

Niosi, J. (1999): The Internationalization of Industrial R&D. In: Research Policy, 28. Jg., Special Issue Nr. 2-3, 1999.

Roberts, E. B. (1995a): Benchmarking the Strategic Management of Technology. In: Technology Management, 38. Jg., Nr. 1, 1995, S. 44-56.

Roberts, E. B. (1995b): Benchmarking the Strategic Management of Technology. In: Technology Management, 38. Jg., Nr. 2, 1995, S. 18-26.

Roberts, E. B. (2001): Benchmarking Global Strategic Management of Technology. In: Research Technology Management, 44. Jg., Nr. 2, 2001, S. 25-36.

Ronstadt, R. (1977): Research and Development abroad by U. S. Multinationals. Praeger, New York/NY, 1977.

Schlenker, F. (2000): Internationalisierung von F&E und Produktentwicklung: Das Beispiel der Automobilindustrie. Gabler, Wiesbaden, 2000.

Serapio, M./Hayashi, T. (2004, Hrsg.): Internationalization of Research and Development and the Emergence of Global R&D Networks. Elsevier, London, 2004.

Serapio, M. G./Dalton, D. H. (1999): Globalization of Industrial R&D: An Examination of Foreign Direct Investments in R&D in the United States. In: Research Policy, 28. Jg., Nr. 2-3, 1999, S. 303-316.

Sölvell, Ö. (2003): The Multi-home-based Multinational: Combining Global Competitiveness and Local Innovativeness. In: Birkinshaw, J./Ghoshal, S./Markides, C. (2003, Hrsg.): The Future of the Multinational Company. Wiley, New York/NY, 2003, S. 34-44.

Thomke, S. (2002): Siemens AG: Global Development Strategy. Harvard Business School, Boston/MA, 2002.

Thomke, S. H. (2003): Experimentation Matters: Unlocking the Potential of New Technologies for Innovation. Harvard Business School Press, Boston/MA, 2003.

UNCTAD (2005): World Investment Report 2005: Transnational Corporations and the Internationalization of R&D. United Nations Conference on Trade and Development, Genf, 2005.

von Boehmer, A. (1995): Internationalisierung industrieller Forschung und Entwicklung: Typen, Bestimmungsgründe und Erfolgsbeurteilung. Gabler, Wiesbaden, 1995.

von Boehmer, A./Brockhoff, K./Pearson, A. (1992): The Management of International Research and Development. In: Buckley, P./Brooke, M. (1992, Hrsg.): International Business Studies: An Overview. Blackwell, Oxford et al., 1992, S. 495-509.

von Hippel, E. (1988): The Sources of Innovation. Oxford University Press, New York/NY et al., 1988.

von Hippel, E. (2005): Democratizing Innovation. MIT Press, Cambridge/MA, 2005

von Zedtwitz, M. (1999): Managing Interfaces in International R&D. Difo-Druck, Bamberg, 1999.

von Zedtwitz, M. (2004): Managing Foreign R&D Laboratories in China. In: R&D Management, 34. Jg., Nr. 4, 2004, S. 439-452.

von Zedtwitz, M./Gassmann, O. (2002): Market vs. Technology Drive in R&D Internationalization: Four Different Patterns of Managing Research and Development. In: Research Policy, 31. Jg., Nr. 4, 2002, S. 569-588.

Westney, D. E. (1993): Cross-pacific Internationalization of R&D by U. S. and Japanese Firms. In: R&D Management, 23. Jg., Nr. 4, 1993, S. 171-183.

World Bank (2004): Doing Business in 2005: Removing Obstacles to Growth. The World Bank, Washington/DC, 2005.

Wortmann, M. (1990): Multinationals and the Internationalization of R&D: New Development in German Companies. In: Research Policy, 19. Jg., Nr. 2, 1990, S. 175-184.

Yoshihara, H./Methe, D./Iwata, S. (2001): Japanese R&D Subsidies in the U. S. In: R&D Management, 11. Jg., Nr. 4, 2001, S. 76-87.

Michael Eßig*

Internationales Management aus der Perspektive des Internationalen Beschaffungsmanagements und Supply Chain Managements

---

* Prof. Dr. Michael Eßig ist Inhaber der Professur für Allgemeine Betriebswirtschaftslehre, insbesondere Materialwirtschaft und Distribution an der Universität der Bundeswehr München.

1 Vorbemerkungen: Export- bzw. Importkonzepte und Channel Management als dominierende Forschungsfelder?

Morschett und Swoboda (2008) leiten ihren Beitrag in diesem Sammelband zu Recht mit der Bemerkung ein, dass „... auch heute noch die absatzmarktorientierte Internationalisierung von Unternehmen im Vordergrund“ steht.[1] Für eine Reflexion des spezifischen Beitrags, den die Teildisziplinen „Beschaffungsmanagement“ und „Supply Chain Management“ (SCM) zum Internationalen Management als Wissenschaft leisten können, sind deshalb – analog zur Argumentation bei Morschett und Swoboda (2008) – drei Aspekte einleitend von Bedeutung: (1) Neben die exportorientierte Perspektive des Distributionsmanagements tritt die importorientierte Perspektive des Beschaffungsmanagements, (2) neben die Selektion von Distributionskanälen tritt die Selektion von Beschaffungskanälen und (3) neben die isolierte Optimierung von Beschaffung und Distribution tritt ein stufenübergreifendes SCM.

(1) Export- und Importorientierung

Die traditionelle Außenhandelstheorie konzentrierte sich auf den Handel andersartiger, aber homogener Güter (beispielsweise Tuch aus England gegen Wein aus Portugal, der sogenannte interindustrielle Handel) und begründet diesen mit starken Unterschieden in der Faktorausstattung und im technologischen Know-how sowie mit komparativen Kostenvorteilen der beteiligten Länder. Mit zunehmender Industrialisierung tritt der intraindustrielle Außenhandel hinzu, welcher letztlich auf der Basis vertikaler Produktdifferenzierung (unterschiedliche Qualität, unterschiedlicher Preis) argumentiert – mithin über unterschiedliche Faktoreinsatzverhältnisse und -ausstattungen.

Die Aktivitäten bei inter- und intraindustriellen Import- bzw. Exportverflechtungen bleiben auf den Handel bzw. den Austausch von Fertigwaren beschränkt (handelsbetrieblicher Außenhandel). Aus der Perspektive des Beschaffungsmanagements und SCM ist dagegen die internationale Verflechtung industrieller bzw. industrienaher Fertigungsaktivitäten von Interesse. Dabei geht es um die von Spezialisierungsvorteilen getriebene Aufteilung von Wertschöpfungsprozessen. Diese Fragmentierung hat einen „intra product“-Handel zur Folge. Mithin sind Importe der

---

1 Vgl. dazu den Beitrag von Dirk Morschett und Bernhard Swoboda „Internationales Management aus der Perspektive des Internationalen Distributionsmanagements“ in diesem Band.

Ausdruck internationaler Einkaufstätigkeit des verarbeitenden Gewerbes. Weltweite Beschaffungsaktivitäten waren lange Zeit geprägt vom Handel mit Rohstoffen und rohstoffnahen Standardgütern im Sinne des klassischen Außenhandelsansatzes, welche bereits 2.000 Jahre vor Christi Geburt datiert werden (Kutschker/Schmid 2006, S. 7 f.).

Hefler (1981) gilt als einer der ersten in der modernen Betriebswirtschaftslehre, der die Bedeutung der weltweiten Beschaffung auch für strategische Beschaffungsgüter erkannte. Arnold (1989) und Gruschwitz (1993) bauen seine Überlegungen aus und entwickeln ein zweidimensionales Modell, in dem der geographische Aktionsradius internationaler Einkaufstätigkeit und die strategische Qualität der betriebswirtschaftlichen Beschaffungsentscheidung einander gegenübergestellt werden (Abschnitt 4 in diesem Beitrag). In der Zwischenzeit variiert das Verständnis weltweiter Beschaffungsaktivitäten konzeptionell und begrifflich so stark, dass eine Systematisierung notwendig wird (Abschnitt 2.1 in diesem Beitrag).

Aus Sicht des SCM greift eine Konzentration auf den Außenhandel als Internationalisierungsmotiv zu kurz, da im Gegensatz zur Beschaffung nicht (nur) der Einkauf im Sinne eines Imports optimiert wird, sondern die gesamte Kettenstruktur inklusive eigener bzw. kooperativer Wertschöpfungsaktivitäten (zum Ansatz der Wertschöpfung in Netzwerken vgl. Möller 2006, S. 87). Damit tritt die Direktinvestition als zweites Internationalisierungsmotiv gleichberechtigt daneben (Kutschker/Schmid 2006, S. 5, S. 15-40 bzw. S. 80-87). Die Argumentation zur Vorteilhaftigkeit von Internationalisierung verschiebt sich; beschaffungsorientierte Direktinvestitionsmotive („resource seeking“) treten gleichberechtigt neben absatzorientierte, effizienzorientierte und strategische (Dunning 1994, S. 35 f.).

(2) Distributions- und Beschaffungskanalmanagement

Die Dominanz des Absatzmarketings wird auch bei der Diskussion um die „richtige“ Wahl von (internationalen) interorganisationalen Interaktions- und Austauschkanälen deutlich. Sie wird unter dem Oberbegriff „Multi Channel Management“ in der Regel als Teil des Distributionsmanagements im Marketing verankert (Wilke 2005, S. 21). Im Kern geht es um den aktiv gestalteten parallelen Einsatz mehrerer (zwei oder mehr; hierzu Hurth 2001, S. 463) Absatzkanäle, wobei ein zusätzlicher Absatzkanal nur dann vorliegt, wenn dieser über eine neue – d. h. bisher nicht in Anspruch genommene – Institution erfolgt (zum Institutionenbegriff Picot/Dietl/Franck 2005, S. 9 ff.). Ein Beispiel ist die Einschaltung des Handels parallel zu direkten Distributionswegen im internationalen Austausch. Häufig werden die Begriffe „Multi Channel Management“ und „Multi Channel Marketing“ deshalb gleichgesetzt (Schögel/Sauer/Schmidt 2004, S. 7), teilweise wird der absatzseitige

Handelsbezug auch durch die Benennung als „Multi Channel Retailing" hergestellt (Schramm-Klein 2006, S. 504-507).

Multi Channel Management bzw. Multikanalmanagement ist allerdings nicht per se auf den Absatzbereich beschränkt, sondern bedeutet per definitionem, dass für den Austausch mit Marktpartnern grundsätzlich mehrere Kanäle herangezogen werden (Arnold 1995, Sp. 33 ff.). Der Anstoß zur intensivierten Diskussion der Mehrkanalnutzung gerade im internationalen Kontext wird primär auf neue, internetgestützte und damit prinzipiell länderübergreifende Vertriebswege zurückgeführt (Schnedlitz/Madlberger 2002, S. 320, Bachem 2004, S. 29 f., Wilke 2005, S. 21, S. 29-31, Schramm-Klein 2006, S. 503). Mit der Möglichkeit eines Direktvertriebs über Internet entstehen absatzseitig (potentielle) „channel conflicts" mit traditionellen Handelssystemen (Schögel/Tomczak 1999, S. 24-26, Böing/Jullens/Schrader 2003, S. 44 f.).

Im Prinzip ist – analog zum Absatzkanal-Mix „down stream" – auch auf der Beschaffungsseite eine globale „up stream"-Bezugskanalstrategie bzw. eine -Bezugswegestrategie zu entwickeln (Zentes/Swoboda/Morschett 2005, S. 677 f.). Tatsächlich finden sich in der Beschaffungsliteratur nur sehr vereinzelte Hinweise auf eine (internationale) Bezugswegepolitik (Dobler/Burt/Starling 2003, S. 345 f., Koppelmann 2004, S. 288 f., Leenders et al. 2006, S. 386); es dominieren – gerade im internationalen Kontext – stattdessen beschaffungs*logistische* Überlegungen (Baumgarten/Darkow 2002, S. 390 f.). Dies ist der Besonderheit von Business-to-Business-Märkten und den dabei vorherrschenden Beschaffungssystemen geschuldet, die u. a. in der Regel eine gegenseitig singuläre Betrachtung der Marktpartner und damit direkte Verhandlungen zwischen einkaufenden und liefernden Unternehmen vorsehen (Arnold 1997, S. 50 f.). Das einkaufsseitige Multi Channel Sourcing ist als Pendant zum absatzseitigen Multi Channel Marketing in der Beschaffungsstrategie verankert (Eßig 2007). Multi Channel Sourcing im engeren Sinne ist dabei die Alternative zum Single Channel Sourcing und steht für den Bezug einer Warengruppe parallel über mindestens zwei Beschaffungswege (Rudolph/Loos 2006, S. 721 f.).

Im angelsächsischen Sprachraum wird die Unterscheidung zwischen direktem und indirektem Bezugsweg übereinstimmend als „additional" (Dobler/Burt/Starling 2003, S. 340) für die strategische Bezugsquellenwahl unter der Frage „Manufacturer or Distributor?" (Dobler/Burt/Starling 2003, S. 345 f., Leenders et al. 2006, S. 272) diskutiert. Es handelt sich dabei um die Entscheidung zwischen Direct Sourcing (Direktbeschaffung beim Hersteller) und Indirect Sourcing (Einschaltung eines Intermediärs im Sinne des Produktionsverbindungshandels; Backhaus/Voeth 2007, S. 274). Gerade im internationalen Kontext werden Intermediäre wie Importbroker, -agenten und -händler häufig eingeschaltet (Leenders et al. 2006, S. 386).

(3) Zur stufenübergreifenden Integration von Beschaffung und Distribution mittels Supply Chain Management

Sowohl die Frage nach Export- bzw. Importkonzepten als auch die Kanalvernetzung in Beschaffung und Distribution sind umso schwieriger zu berücksichtigen, als bereits die Disziplinen Beschaffungsmanagement und SCM keinesfalls identisch, in ihrer Entwicklung unterschiedlich weit und in ihrer Abgrenzung zu absatzwirtschaftlichen Konzepten nicht überschneidungsfrei sind. Eine simple Integration von Beschaffungsmanagement, SCM und Internationalem Management greift zu kurz. Nach dem kurzen Problemaufriss in diesem Abschnitt wird daher in der Folge die spezifische Perspektive des Beschaffungsmanagements und SCM auf das Internationale Management aufgezeigt. Dazu gehen wir wie folgt vor: Abschnitt 2 thematisiert den wissenschaftlichen Reifegrad der betriebswirtschaftlichen Teildisziplinen „Beschaffung“ und „Supply Chain Management“ im Verhältnis zum Gebiet des Internationalen Managements, was zugleich ihre präzise Abgrenzung voraussetzt. Zur Analyse des Status Quo in der Forschung dient eine explorative Literaturanalyse, deren Methodik und Ergebnisse Gegenstand von Abschnitt 3 sind. Einen Ausblick auf Perspektiven des Internationalen Beschaffungsmanagements als Schnittmenge der Teildisziplinen gibt Abschnitt 4.

2 Wissenschaftlicher Reifegrad der Disziplinen Internationales Management, Beschaffungsmanagement und Supply Chain Management

2.1 Zur Abgrenzung von Beschaffungsmanagement, Supply Chain Management und verwandten Disziplinen

Keith und Webber wird zugesprochen, im Jahr 1992 den Begriff „Supply Chain Management“ eingeführt zu haben (Cooper/Lambert/Pagh 1997, S. 1). Während im Zusammenhang mit dem SCM einerseits kritisch von einer „Mode“ (Göpfert 2002, S. 27, Müller/Seuring/Goldbach 2003, S. 419) oder einem „Boom“ (Otto/Kotzab 2001, S. 158) gesprochen wird, ist andererseits ein gewisser Reifegrad der Konzeptentwicklung zu konstatieren. Dies dokumentieren u. a. erste Systematisierungsansätze, wie sie beispielsweise Bechtel und Jayaram (1997), Croom, Romano und Giannakis (2000), Tan (2001), Göpfert (2002), Larson und Halldorsson (2002), Otto und Kotzab (2002) sowie Giannakis und Croom (2004) vorlegen.

Auch wenn von einer Geschlossenheit des Forschungsgegenstandes noch keine Rede sein kann, herrscht weitgehende Einigkeit darüber, dass es sich bei SCM um die Gestaltung betriebsübergreifender Material-, Informations- und Finanzmittelflüsse in Unternehmensnetzwerken handelt. Das Ziel besteht dabei darin, Wettbewerbsvorteile bei Endkunden zu realisieren und somit die Profitabilität der gesamten Kette bzw. des gesamten Netzwerks zu erhöhen (Pfohl 1999, S. 194, Mentzer et al. 2001, S. 19, Tan 2001, S. 41). Neben der Beschaffung gilt insbesondere die Logistik als wesentlicher Treiber des SCM-Ansatzes (Gattorna/Walters 1996, S. 12, Bechtel/Jayaram 1997, S. 16). SCM zeichnet sich gegenüber der „klassischen" Logistik v. a. durch ihre konsequente Orientierung der gesamten Wertschöpfungs- und Logistikkette am Endkunden aus, dessen Konsum somit zentrale Steuerungsinstanz ist (Kotzab 2000, S. 27, Corsten/Gössinger 2001, S. 95, Heusler 2003, S. 167 f.). Der Begriff „Demand Chain" mag deshalb zutreffender sein (hierzu auch Corsten/Gössinger 2001, S. 85, Marbacher 2001, S. 20 f., Corsten 2002, S. 947), hat sich aber nicht durchgesetzt (Busch/Dangelmaier 2002, S. 4, Halldorsson/Skjott-Larsen/Kotzab 2003, S. 33, Zimmermann 2003, S. 13).

Zu den zentralen Konzeptmerkmalen des SCM gehören neben weiteren Elementen:

- eine durchgängige Prozess- und Managementorientierung (Bechtel/Jayaram 1997, S. 20 ff., Cooper/Lambert/Pagh 1997, S. 6-8, Chopra/Meindl 2001, S. 6 f., S. 28 ff., Kuhn/Hellingrath 2002, S. 13 f., S. 27-29),
- die Integration des Auftragsabwicklungsprozesses über alle Wertschöpfungsstufen inklusive der damit direkt verbundenen Führungsaufgaben (sogenanntes Auftragsmanagement; Specht/Hellmich 2000, S. 98 f.), nach Cooper, Lambert und Pagh zentrales Element des SCM: „The integration of business processes across the supply chain is what we are calling supply chain management" (1997, S. 2),
- ein definierter Grad der Integration für vorgelagerte Struktur-, Entwicklungs- und Ressourcenzuweisungsprozesse (Bechtel/Jayaram 1997, S. 25, Hahn 2000, S. 14, Lambert/Cooper 2000, S. 72 ff., Specht/Hellmich 2000, S. 99 ff., Schönsleben/Hieber 2002, S. 47, S. 56).

Da SCM per definitionem ein Konzept ist, das die gesamte Wertschöpfungskette umfasst, scheint eine Abgrenzung zu anderen Beiträgen dieses Sammelbandes erforderlich. Dabei lehnen wir uns an eine Vorgehensweise an, die in einschlägigen wissenschaftlichen Sammelbänden sowohl aus der SCM-Perspektive (z. B. Kotabe/Mol 2006, S. XII) wie aus der Perspektive des Internationalen Managements (z. B. Arnold/Eßig 2002, S. 240, Corsten 2002, S. 958 f.) üblich ist. Dabei wird die Wertschöpfungskette aus der Perspektive des Original Equipment Manufacturers (OEM) als „letztes Glied" des verarbeitenden Gewerbes in eine Supply Side und eine Demand Side unterteilt. Zwar zielt der Begriff „Versorgungskette" immer auf die Versorgung des Endkonsumenten ab (ähnlich Klaus 2002, S. 102), gleichwohl können so Abgrenzungen bzw. Parallelen zum Distributions- und Beschaffungsmanagement gezogen werden (Abbildung 1).

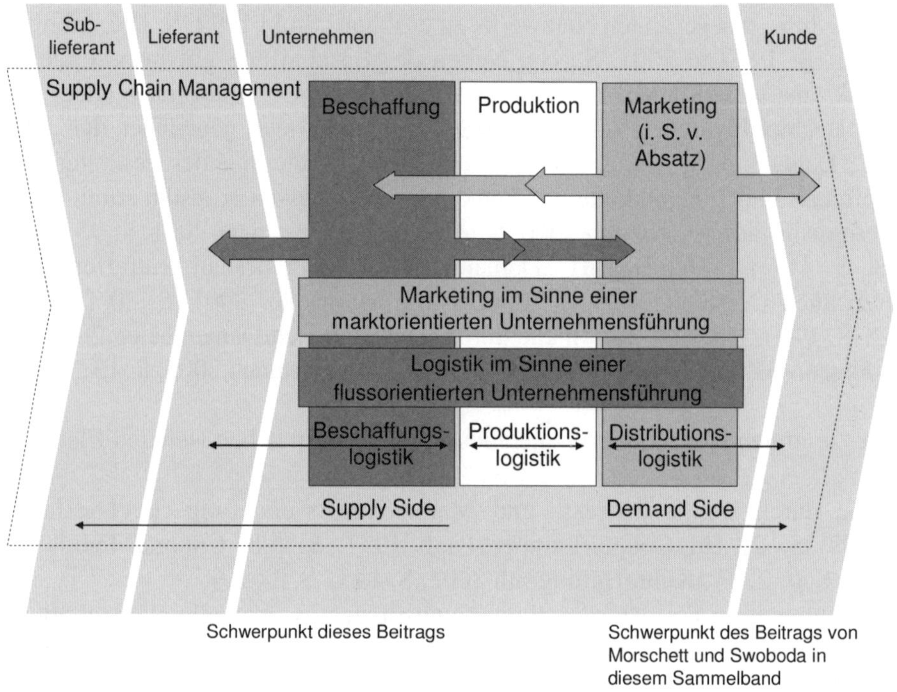

Abb. 1: Abgrenzung des SCM und Einordnung dieses Beitrags

Neben der Logistik ist es insbesondere die Beschaffung, welche die Entwicklung des SCM-Konzepts und damit des Netzwerkgedankens vorantreibt (Lambert/Cooper 2000, S. 67 f., Arnold/Warzog 2001, S. 18 f., Tan 2001, S. 41 ff., Schönsleben/Hieber 2002, S. 47, Eisenbarth 2003, S. 13). Beschaffung umfasst „... sämtliche unternehmens- und bzw. oder marktbezogene(n) Tätigkeiten, die darauf gerichtet sind, einem Unternehmen die benötigten, aber nicht selbst hergestellten Objekte verfügbar zu machen" (Arnold 1997, S. 3). Damit ist Beschaffung eine Unternehmensfunktion, die grenzüberschreitend zum Versorgungsmarkt wirkt – aber dabei immer auf der betrieblichen, maximal dyadischen Ebene behaftet bleibt. Daher ist zwischen Supply Management – als Synonym des Beschaffungsmanagements – und Supply Chain Management zu unterscheiden (Leenders et al. 2006, S. 5 f. und S. 509 f.). Ohne die historische Entwicklung der Teildisziplin detailliert nachvollziehen zu können (dazu z. B. Kaufmann 2002, S. 5 ff., Bogaschewsky 2003, S. 15 ff.), ist ein traditionelles Einkaufsverständnis spätestens seit den Arbeiten Grochlas Ende der 1970er Jahre nicht mehr Stand der (wissenschaftlichen) Diskussion (Grochla/Kubicek 1976, Grochla 1977, Grochla 1978, Grochla/Schöhnbohm 1980). Seit Anfang der 1980er Jahre wird für die Beschaffung die Notwendigkeit einer strategischen Ausrichtung ausführlich begründet (Arnold 1982, Lindner 1983). Die Verwendung der Begrifflichkeit „Supply Management“ ist im deutschsprachigen Raum bereits in den 1980er Jahren nachzuweisen (z. B. Arnold 1989, S. 48). Dobler, Burt und Starling (2003, S. 622 ff.) verstehen Supply Management explizit als eine der drei zentralen Komponenten des Supply Chain Managements – neben Demand Management und Logistikmanagement.

Da Zulieferleistungen bei Industrieunternehmen heute den weit überwiegenden Anteil der Wertschöpfung (beispielsweise gemessen am Umsatz) ausmachen, ist ein leistungsfähiges Zulieferernetzwerk eine erfolgskritische Ressource. Wenn Unternehmen dauerhaft im Wettbewerb bestehen möchten, müssen sie derartige Ressourcen zwar nicht zwingend besitzen, wohl aber kontrollieren (Barney 1991, S. 101). Aus der Perspektive des Supply Managements eines OEM geht es beim SCM daher um die Steuerung dieses Zulieferernetzwerks von der Rohstoffgewinnung bis zum „first tier“-Lieferanten.

Aus dem Blickwinkel der Demand Side ist SCM in erster Linie ein Modell zur Optimierung vertriebslogistischer Strukturen – und wäre damit Teil der Distributionspolitik und somit dem Marketing unterzuordnen (Srivastava/Shervani/Fahey 1999, S. 168 ff., Böcker/Helm 2003, S. 358, S. 402). Umgekehrt wird aber – gerade über die Rolle der Efficient Consumer Response (ECR) – auch eine gegenteilige Hypothese vertreten (Eisenbarth 2003, S. 38-46). Dadurch, dass sich ECR auf die Beziehung zwischen Endproduktherstellern, Handel und Endkonsumenten konzentriert, deckt es nur einen Teil der gesamten Supply Chain ab (Buscher 1999, S. 449, Pfohl 2000, S. 12 f.).

Allein die Diskussion von Begrifflichkeiten und Objektbereichen sowie deren Abgrenzung ergibt ein durchaus komplexes Bild. Supply Management und Supply Chain Management sind keinesfalls gleichzusetzen, auch wenn die Konzentration auf die Supply Side des Wertschöpfungsnetzwerks eine geeignete Ausgangsbasis für eine Reflexion ihres spezifischen Beitrags zur Entwicklung des Internationalen Managements als Disziplin darstellt. Die zunehmende Bedeutung des Internationalen Supply (Chain) Managements lässt sich empirisch nachweisen: Kaufmann und Carter (2001, S. 22) zeigen, dass deutsche Unternehmen nur noch 56 % ihrer externen Wertschöpfung im „Heimatmarkt“ Westeuropa zukaufen, US-amerikanische Unternehmen beschaffen sogar nur noch zu 20 % in der heimatlichen NAFTA-Region.

2.2 „Inhaltliche Unreife“ als verbindendes Element?

Der Begriff der „inhaltlichen Unreife“ wurde von Macharzina und Oesterle (2002a, S. 11) für den Zustand des Internationalen Managements als Wissenschaftsdisziplin geprägt. Sie konstatieren Defizite in der Erklärungsleistung, in der Akzeptanz durch die Praxis, in der Wahrnehmung und Beschreibung realwirtschaftlicher Entwicklungen sowie in der terminologischen Eindeutigkeit. Der vorangegangene Abschnitt hat bereits verdeutlicht, dass einige dieser Aspekte auch auf das Beschaffungsmanagement und Supply (Chain) Management zutreffen (könnten).

Die Operationalisierung des wissenschaftlichen Reifegrades einer Disziplin ist nur schwer – und sicherlich niemals vollständig – möglich. Der Versuch an dieser Stelle möge dazu dienen, „fehlende Konturen“ (Klaus 2002, S. 6) zumindest ansatzweise nachzuzeichnen. So kann geklärt werden, ob – und gegebenenfalls in welcher Form – sich Beschaffungsmanagement bzw. Supply Chain Management und Internationales Management formal ähneln und welche Implikationen sich daraus für die Disziplinenentwicklung ergeben. Wir haben fünf Dimensionen auf die Disziplinen „Supply Chain Management“, „Beschaffungs- und Logistikmanagement“ (als Ausgangsdisziplinen), „Internationales Management“ (als Zieldisziplin) und – zum Vergleich – „Marketing“ (als Vergleichsdisziplin) angewandt (Abbildung 2).

(1) Lehrbuchverbreitung

Gerade im Sinne der von Kuhn (1989) definierten Wissenschaftsmerkmale „Existenz einer wissenschaftlichen Gemeinschaft“ und „Standardlösungsregeln bzw. -modellvorstellungen“ kann die Existenz eines Lehrbuchapparates durchaus als Indikator für den wissenschaftlichen Reifegrad einer Disziplin herangezogen werden. Kutschker und Schmid (2006, S. 219) verweisen in ihrem Lehrbuch zum Internationalen Management explizit auf sieben weitere (deutschsprachige) Lehrbücher. Darüber hinaus zeigt sich an dieser Monographie exemplarisch, dass die Beschaffung im Internationalen Management zwar verankert, aber im Verhältnis zur Absatzmarktorientierung noch unterrepräsentiert ist: Beschaffung wird als Motiv für Internationalisierung genannt (Kutschker/Schmid 2006, S. 39, S. 83 f.), taucht ansonsten aber nur im Rahmen von Organisationsproblemen auf (Kutschker/Schmid 2006, S. 491). Größere strategische Bedeutung wird der Beschaffung im Rahmen der Vertragsfertigung als Internationalisierungsstrategie (Kutschker/Schmid 2006, S. 853 ff.) und als einer von neun zentralen Objektbereichen des globalen Managements (Kutschker/Schmid 2006, S. 160) eingeräumt.

Kriterien	Zieldisziplin	Ausgangsdisziplinen			Vergleichs-disziplin
	IM	**Beschaffung**	**Logistik**	**SCM**	**Marketing**
Lehr-bücher (deutsch-sprachig)	• Kutschker/ Schmid (2006, die auf S. 219 ange-gebenen Lehrbücher)	• Arnold (1997) • Koppelmann (2004) • Large (2006)	• Pfohl (2004a) • Pfohl (2004b) • Schönsleben (2004) • Göpfert (2005) • Gudehus (2005) • Schulte (2005)	• Corsten/ Gössinger (2001) • Kuhn/ Hellingrath (2002) • Werner (2002) • Arndt (2005)	• Meffert (2000) • Homburg/ Krohmer (2006) • Bruhn (2007)
Berück-sichtigung in ABWL	• Beiträge in ABWL-Sammellehr-büchern: we-der bei Bitz et al. (2005) noch bei Bea/Dichtl/ Schweitzer (2006, Hrsg.) eigene Hauptbeiträ-ge • Beiträge in geschicht-lichen ABWL-Sammel-bänden: Macharzina (2002)	• Beiträge in ABWL-Sammellehr-büchern: Troßmann (2006) • Beiträge in geschicht-lichen ABWL-Sammel-bänden: Grün (2002)	• Beiträge in ABWL-Sammel-lehrbüchern: Tempelmaier (2005), Troßmann (2006) • Beiträge in geschicht-lichen ABWL-Sammel-bänden: Grün (2002)	• Beiträge in ABWL-Sammellehr-büchern: Troßmann (2006) • Beiträge in geschicht-lichen ABWL-Sammelbän-den: kurze Erwähnung bei Grün (2002, S. 450)	• Beiträge in ABWL-Sammellehr-büchern: Zentes (2005), Helm (2006) • Beiträge in geschicht-lichen ABWL-Sammel-bänden: Sabel (1999), Köhler (2002)
Disziplin- und Theorie-reflexion	• Macharzina/ Oesterle (2002a) • der gesamte vorliegende Sammelband	• Ramsay (2001a) • Ramsay (2001b)	• Göpfert (1999) • Large/ Stölzle (1999) • Klaus (2002)	• Bretzke (2005) • Bretzke (2006)	• Schneider (1983) • Backhaus (1992) • Schneider (1997)

wissen-schaftliche Zeit-schriften	• Teilranking des VHB-JOURQUAL für IM weist zwei A-Journals aus • eine Gesamtübersicht wissenschaftlicher (wiss.) Zeitschriften findet sich bei Kutschker/Schmid (2006, S. 215)	• kein eigenes Teilranking im VHB-JOURQUAL • keine deutschsprachigen wiss. Zeitschriften	• Teilranking Logistik, Operations Research und Produktion des VHB-JOURQUAL weist 17 A-Journals aus • zentrale deutschsprachige wiss. Zeitschrift: „Logistik Management" hrsg. von der wiss. Kommission „Logistik" im VHB	• siehe „Logistik"	• Marketing stellt drei der besten fünf Zeitschriften des VHB-JOURQUAL (Rating-Kategorie A+)
Handbuch-existenz	• Macharzina/ Oesterle (2002b, Hrsg.)	• Hahn/ Kaufmann (2002, Hrsg.)	• keines in der Gabler-Handbuchserie	• keines in der Gabler-Handbuchserie	• z. B. Diller/ Herrmann (2003, Hrsg.) • Backhaus/ Voeth (2004, Hrsg.) • Bruhn (2004, Hrsg.) • Bruhn/ Homburg (2005, Hrsg.) • Reinecke/ Tomzcak (2006, Hrsg.) • Zentes (2006, Hrsg.)

Abb. 2: Ausgewählte Dimensionen des wissenschaftlichen Reifegrades betriebswirtschaftlicher Teildisziplinen im Vergleich

Umgekehrtes gilt für die Beschaffungs- und Logistiklehrbücher: Internationalisierungsthemen finden sich in der Beschaffung vorwiegend auf strategischer Ebene (Global Sourcing) und im Rahmen der Organisationsgestaltung (Arnold 1997, S. 111-116, S. 210-212, Koppelmann 2004, S. 126 f., S. 223-229). Es existieren generell nur relativ wenige deutschsprachige Lehrbücher zum Beschaffungsmanagement (neben den erwähnten von Arnold 1997 und Koppelmann 2004 z. B.

auch Large 2006) und zum Supply Chain Management (Corsten/Gössinger 2001, Kuhn/Hellingrath 2002, Werner 2002) – ein Problem, das bei der Logistik nicht ganz so stark existiert (Pfohl 2004a, Pfohl 2004b, Schönsleben 2004, Göpfert 2005, Gudehus 2005, Schulte 2005, Vahrenkamp 2005). Für die Logistik sind Internationalisierungsfragen sehr deutlich makrostrukturell geprägt und betreffen insbesondere die infrastrukturellen Voraussetzungen (z. B. Verkehrsinfrastruktur) sowie die Sicherstellung von Verfügbarkeiten in einem globalen Kontext (Pfohl 2004a, S. 369-397).

Quantitativ deutlich stärker vertreten sind Marketinglehrbücher (z. B. Meffert 2000, Homburg/Krohmer 2006, Bruhn 2007), die teilweise auch bereits Teilbereiche des Marketings lehrbuchhaft abdecken (beispielhaft für die Preispolitik Diller 2000; für das Industriegütermarketing Backhaus/Voeth 2007). Internationalisierungsfragen werden breit rezipiert, so sieht beispielsweise Diller (2000, S. 348) ein eigenes Kapitel zur internationalen Preispolitik vor.

(2) Berücksichtigung in der Allgemeinen Betriebswirtschaftslehre

Die Verankerung einer Teildisziplin in der Allgemeinen Betriebswirtschaftslehre (ABWL) ist nur schwer zu messen, kann aber anhand einiger Indikatoren zumindest näherungsweise ermittelt werden. Dazu mögen Verweise zum einen auf historische Abrisse der „neueren" Betriebswirtschaftslehre und zum anderen auf zwei exemplarische Sammelwerke der ABWL (Bitz et al. 2005, Bea/Dichtl/Schweitzer 2006, Hrsg.) dienen.

In der ABWL finden sich sowohl bei Bea, Dichtl und Schweitzer (2006, Hrsg.) als auch bei Bitz et al. (2005) keine eigenen Hauptabschnitte zum Internationalen Management – im Gegensatz zum Marketing, das immer vertreten ist (Zentes 2005, Helm 2006). Das bedeutet nicht, dass Internationalisierungsthemen generell nicht berücksichtigt werden. Sie sind nur im Rahmen spezieller Funktionsbereiche beispielsweise in der internationalen Absatzmarktbearbeitung zu finden (Zentes 2005, S. 382 f.). Bei Beschaffung, Logistik und SCM zeigt sich ein zumindest terminologisch differenzierteres Bild: Während Troßmann (2006) unter der Überschrift „Beschaffung und Logistik" u. a. das SCM diskutiert, finden sich bei Tempelmaier (2005) unter der Überschrift „Produktion und Logistik" auch Fragen des Beschaffungsmanagements und Supply Chain Managements.

Die beiden jüngst zum einhundertjährigen Jubiläum der „neuen" Betriebswirtschaftslehre erschienenen Sammelbände (Lingenfelder 1999, Hrsg., Gaugler/Köhler 2002, Hrsg.) mögen ebenfalls als Indikator für den Reifegrad betriebswirtschaftlicher Teildisziplinen gelten. In beiden Bänden findet sich ein Beitrag zum Marketing (Sabel 1999, S. 169 ff., Köhler 2002, S. 355 f.). Bei Lingenfelder (1999, Hrsg.) finden sich sowohl das Internationale Management als auch das Logistikmanagement nur am Rande anderer Fachgebiete erwähnt (Hoitsch/Akin 1999, S. 103, Sabel 1999, S. 174). Gaugler und Köhler (2002, Hrsg.) widmen dagegen sowohl dem Internationalen Management (Macharzina 2002) als auch dem Beschaffungs- und Logistikmanagement (inklusive Verweis auf das SCM; Grün 2002, S. 450) einen eigenen Beitrag. In der dabei vorgenommenen Literaturanalyse identifiziert Grün (2002) in DBW (Die Betriebswirtschaft) insgesamt 130 Aufsätze und in den fünf Auflagen des HWB (Handwörterbuchs der Betriebswirtschaft) 128 Stichwörter und 1.505 Sachwörter, welche die Beschaffung, die Materialwirtschaft und die Logistik betreffen. Albach (1993, S. 17) kam in seiner bereits früher durchgeführten Literaturanalyse des Zeitraums 1978 bis 1992 zu dem Schluss, dass 10,2 % der in der ZfB (Zeitschrift für Betriebswirtschaft) veröffentlichten Artikel dem Marketing und lediglich 3,4 % der Materialwirtschaft zuzuordnen sind.

(3) Disziplin- und Theoriereflexion

Die eigene (Teil-)Disziplin und ihre theoretischen Grundlagen zu reflektieren, kann durchaus als eine wichtige Dimension des Reifegrades einer Wissenschaft angesehen werden. Das Marketing hat dies in den 1980er und 1990er Jahren intensiv getan, nicht zuletzt ausgelöst durch den Vorwurf der Theorielosigkeit und Allgemeingültigkeit (Schneider 1983, Backhaus 1992). Eine derartige Diskussion können wir – wenn auch nicht in gleicher Intensität und Schärfe – ebenso in allen anderen hier diskutierten Teildisziplinen beobachten: Der vorliegende Sammelband versteht sich als Reflexionsbeitrag über die Disziplin Internationales Management, Macharzina und Oesterle (2002a) haben eine Auseinandersetzung – wie schon angesprochen – bereits zu einem früheren Zeitpunkt begonnen.

In der Logistik sind in jüngster Zeit Beiträge veröffentlicht worden, die versuchen, bisherige Forschungsanstrengungen zu systematisieren und auf ihren Erkenntnisbeitrag zu hinterfragen (Göpfert 1999, S. 19 ff., Large/Stölzle 1999, S. 5 ff., Klaus 2002, insbesondere S. 6). Göpfert (1999) stellt fest, dass es zwar ein Kernverständnis von Logistik gibt, die Abgrenzung „nach außen“ – hin zu den anderen Teildisziplinen der BWL – teilweise aber noch unklar bleibt. Die Einordnung der Logistik als Führungs- und weniger als Funktionenlehre macht deutlich, dass Fragestellungen der Internationalisierung zwingend in der Logistik zu verorten sind (Göpfert 1999, S. 28). Ähnlich argumentiert Klaus (2002, S. 45 ff.), der den Versuch unternimmt, Flussorientierung als systemisches Merkmal einer logistischen Führungslehre zu entwickeln und mit dem SCM so auch Ressourcennetzwerke im globalen Kontext zu steuern (Klaus 2002, S. 106 ff.). Methodisch folgt die Logistik nach

Large und Stölzle (1999, S. 28) keinem einheitlichen Paradigma, allerdings konstatieren die Autoren eine durchgängig hohe Anwendungsorientierung.

In der Beschaffung dominiert in der Disziplinreflexion die Frage nach dem strategischen Gehalt von Beschaffungsentscheidungen, welche seit Beginn der 1980er Jahre unterstellt wird (Arnold 1982, Lindner 1983). Die damit verbundene Voraussetzung, dass das Beschaffungsmanagement einen Beitrag zur Generierung und Sicherung von Wettbewerbsvorteilen für Unternehmen leistet, wurde in jüngster Zeit intensiv diskutiert. Auf sehr provokative Weise hat Ramsay diese Diskussion durch zwei kontroverse Beiträge initiiert. In einem auf der Industrieökonomik aufsetzenden Beitrag kommt Ramsay zu dem Schluss, dass „... purchasing typically has no significant strategic role to play, and that the function's activities are operational in nature“ (2001a, S. 257). Diametral entgegengesetzt argumentiert Ramsay unter Zuhilfenahme des Resource-based Views und folgert: „... there is a healthy prospect of generating competitive advantage from purchasing activities“ (Ramsay 2001b, S. 45).

Die in erster Linie auf Bretzke (2005, 2006) zurückgehende Disziplinreflexion des Supply Chain Managements weist Parallelen zum Marketing und zum Internationalen Management auf: Sie hinterfragt kritisch Konzepte, die sich einem umfassenden – und damit globalen – Managementanspruch verschreiben. Während im Fall des Marketings die marktorientierte Unternehmensführung im Mittelpunkt der Kritik steht (Schneider 1983, Backhaus 1992, Schneider 1997), ist es beim Internationalen Management die Globalisierung mit ihren möglichen negativen Konsequenzen (Müller/Kornmaier 2001) und beim Supply Chain Management die allumfassende Steuerung komplexer Unternehmensnetzwerke. So wie dem Marketing vorgeworfen wird, „... gegenüber dem, was die Betriebswirtschaftslehre als Lehre von der Unternehmensführung zu bieten vermag, eine bessere, weil „marktorientierte“ Unternehmensführung auf den Wissensmarkt bringen zu können“ (Schneider 1983, S. 200), kann das Supply Chain Management als Meta-Netzwerkmanagement nur vordergründig vollkommen problemlos in die Autonomie der an der Gesamtwertschöpfung beteiligten Unternehmen eingreifen und so vollkommen friktionslose Versorgungsketten erreichen (Bretzke 2006, S. 4). Bretzke (2005, S. 80) sieht insbesondere das mit dem SCM inhärent verknüpfte Konzept einer stärkeren Integration von Planungsprozessen als kontraproduktiv, da es notwendige Flexibilität und marktlichen Wettbewerb einschränkt. Otto und Kotzab (2001, S. 157) stellen provokativ die Frage, welchen Beitrag das Supply Chain Management zum Management von Supply Chains leistet.

(4) Wissenschaftliche Zeitschriften

Folgt man dem Zeitschriftenranking VHB-JOURQUAL des Verbandes der Hochschullehrer für Betriebswirtschaft e. V. (VHB), so verfügt eindeutig Marketing über die meisten qualitativ hochwertigen wissenschaftlichen Journals. Unter den besten fünf Zeitschriften finden sich mit dem JMR (Journal of Marketing Research), Marketing Science und dem JM (Journal of Marketing) allein drei Marketingzeitschriften (Rating-Kategorie A+). Dieser Wert wird von keiner anderen Disziplin auch nur annähernd erreicht. Das Teilranking für Internationales Management weist zwei A-Journals auf, das Teilranking Logistik, Operations Research und Produktion immerhin 17 unter „A" eingeordnete Zeitschriften. Da es sich bei Letztgenanntem um ein sehr breites Themenfeld handelt, das mehr als Logistik, Beschaffung und SCM abdeckt, sind die Zahlen nicht vollständig vergleichbar, aber ein generelles Defizit der untersuchten Ziel- und Ausgangsdisziplinen im Verhältnis zur Vergleichsdisziplin ist zu konstatieren.

(5) Handbuchexistenz

Neben Zeitschriften stellen Handbücher eine Dimension des wissenschaftlichen Reifegrades dar, die relativ gut messbar ist. Neben der bekannten Enzyklopädie der Betriebswirtschaftslehre (EdBWL) des Schäffer-Poeschel Verlages (z. B. Köhler/Küpper/Pfingsten 2007, Hrsg.) hat insbesondere die Handbuchreihe des Gabler Verlages inzwischen hohe Akzeptanz erreicht, aufgrund des derzeitigen Auflagenwechsels bei der EdBWL möge sie daher als Anhaltspunkt dienen. Für das Internationale Management und die Beschaffung existiert das Handbuch Internationales Management (Macharzina/Oesterle 2002b, Hrsg.) und das Handbuch Industrielles Beschaffungsmanagement (Hahn/Kaufmann 2002), beide in der zweiten Auflage. Logistik und Supply Chain Management sind derzeit mit keinem eigenen Band vertreten. Das Marketing als Vergleichsdisziplin weist wiederum die größte quantitative und inhaltliche Breite auf: Handbücher des Gabler Verlages existieren u. a. zum Handel (Zentes 2006, Hrsg.), zum Industriegütermarketing (Backhaus/Voeth 2004, Hrsg.), zum Kundenbindungsmanagement (Bruhn/Homburg 2005, Hrsg.), zur Markenführung (Bruhn 2004), zum Marketingcontrolling (Reinecke/Tomzcack 2006, Hrsg.) sowie zur Preispolitik (Diller/Herrmann 2003, Hrsg.).

Für eine Metareflexion des Internationalen Managements aus Sicht des Beschaffungsmanagements bleiben drei Aspekte zusammenfassend festzuhalten: (1) Zum Ersten weisen Beschaffung und Internationales Management als betriebswirtschaftliche Teildisziplinen einen relativ ähnlichen wissenschaftlichen Reifegrad auf. Eine Disziplin- und Theoriereflexion findet prinzipiell statt, die Publikationsmedien wie Zeitschriften und Handbücher existieren auf einem durchaus als gut (wenn auch nicht optimal) zu bezeichnenden Niveau. In Relation zur Vergleichsdisziplin Marketing sind jedoch Defizite zu verzeichnen, die sicherlich auch darauf zurückgeführt werden können, dass die Marketingwissenschaft in Deutschland traditionsreicher ist. Dies führt dazu, dass Beschaffung und Internationales Management im Rahmen von Abhandlungen zur ABWL keinen breiten Raum einnehmen. (2) Ursache – und damit zweiter Aspekt des Zwischenfazits – ist u. a. die terminologische Unklarheit, welche sowohl für das Internationale Management wie für das Beschaffungsmanagement gilt. Macharzina und Osterle konstatieren „… im Bereich des Internationalen Managements immer noch wenig Fortschritte im Hinblick auf einen terminologischen Konsens“ (2002a, S. 11). In Abschnitt 2.1 wurde bereits angedeutet, dass eine differenzierte Analyse von Beschaffung bzw. Supply Management durch die große Vielfalt an Begriffen bzw. damit verbundenen Konzepten erschwert wird:

> „A lot has been written about what supply management is, and how it relates not only to similar terms and concepts like purchasing, procurement, and sourcing, but also to concepts like materials management, logistics and supply chain management“ (Kaufmann 2002, S. 9).

Auch hier sind sich beide Disziplinen wieder erstaunlich ähnlich. (3) Als (eine) Konsequenz terminologischer Verwirrungen um das internationale Unternehmen als Untersuchungsobjekt fordert Albach (1981, S. 21), dass Internationales Management keine Domäne einer Speziellen Betriebswirtschaftslehre bleiben dürfe, sondern Gegenstand aller Teildisziplinen sein müsse. Die Gefahr, dass dabei unreflektierte Begriffsverwendungen fundamentale inhaltliche Unterschiede kaschieren, ist nicht unerheblich (hierzu ähnlich für den Begriff „Netzwerk“ Reiß 1998). Beschaffung und Internationales Management haben jedoch die Chance, im Sinne der von Macharzina und Oesterle (2002a, S. 19) angeregten „koordinativ angelegten Internationalisierung“ zu wirken. Die vorangegangene Analyse hat nicht nur gezeigt, dass beide Disziplinen einen durchaus ähnlichen wissenschaftlichen Reifegrad aufweisen, sondern auch dass inhaltliche Impulse aus der Zusammenarbeit zu erwarten sind. Beschaffung ist heute zwangsläufig international bzw. global. Dies belegen auch empirische Studien, die für die Zukunft eine Erweiterung der internationalen Beschaffungstätigkeit erwarten lassen (Straube et al. 2005, S. 69). Zur Klärung der Frage, inwiefern sich dies in wissenschaftlicher Forschungstätigkeit niederschlägt und welche konkreten inhaltlichen Ergebnisse zu erwarten sind, möge eine dezidierte Inhaltsanalyse im folgenden Abschnitt erste Anhaltspunkte liefern.

3 Beschaffungsmanagement und Internationales Management: Ergebnisse einer explorativen Literaturanalyse

3.1 Methodik

Die Inhaltsanalyse ausgewählter Beiträge des Beschaffungsmanagements zum Internationalen Management hat explorativen Charakter, d. h. sie erhebt weder einen Anspruch auf Vollständigkeit noch auf umfassende Repräsentativität. Methodisch basiert sie auf einer Zeitschriftenanalyse der Jahre 2000 bis 2005, wobei folgende Zeitschriften ausgewählt wurden: Die führenden englischsprachigen beschaffungswirtschaftlichen Journals – das JPSM (Journal of Purchasing and Supply Management, früher EJPSM (European Journal of Purchasing and Supply Management)) und das JSCM (Journal of Supply Chain Management); als Pendant auf Seiten des Internationalen Managements die Zeitschrift „mir" (Management International Review). Um dem logistischen Charakter des Supply Chain Managements Rechnung zu tragen, ist die einzige deutschsprachige wissenschaftliche Zeitschrift auf diesem Gebiet – Logistikmanagement – ebenfalls in die Selektion eingeflossen. Darüber hinaus wurden als betriebswirtschaftliche Zeitschriften die ZfB (Zeitschrift für Betriebswirtschaft), ZfbF (Zeitschrift für betriebswirtschaftliche Forschung) sowie DBW (Die Betriebswirtschaft) untersucht. In den genannten Zeitschriften wurden alle Artikel selektiert, die den Teildisziplinen Internationales Management und bzw. oder Beschaffungsmanagement zugeordnet werden können. Insgesamt konnten so 30 Beiträge für eine Inhaltsanalyse identifiziert werden (Abbildung 3).

Als Analysekriterien dienten vier Aspekte: (1) Welche Disziplinenperspektive wurde eingenommen? Kriterium ist in der Regel die Heimatdisziplin des Autors bzw. der Autoren. Dabei unterscheiden wir zwischen unserer Ausgangsdisziplin „Beschaffungsmanagement" bzw. „Supply Chain Management" (inklusive Logistik), der Zieldisziplin „Internationales Management" und dritten Teildisziplinen der Betriebswirtschaftslehre. (2) Welche Methodik liegt dem Beitrag zugrunde? Grundsätzlich wird in eher empirische Beiträge (induktiver Charakter mit Einzelfallstudien und bzw. oder großzahlige Erhebungen) und eher theoretisch-konzeptionelle Beiträge differenziert. (3) Welche spezifischen inhaltlichen Probleme des Internationalen Beschaffungsmanagements bzw. SCM werden behandelt? Diese inhaltliche Kategorisierung ist aufgrund der Fülle von Forschungsthemen sicherlich schwer durchzuführen, soll jedoch als Versuch dienen, thematische Schwerpunkte zu identifizieren. (4) Welche theoretische Basis wurde gewählt? Hierbei geht es um die Frage, ob spezifische Theoriemuster bei der Erklärung internationaler Beschaffungsprobleme angewandt werden. Denkbare Muster sind beispielsweise die Außenhandelstheorie, Ansätze des Strategischen Managements oder die Transaktionskostentheorie.

Jahr	Englischsprachige Zeitschriften der Ausgangsdisziplin „Beschaffungsmanagement"		Deutschsprachige Zeitschrift der Ausgangsdisziplin SCM aus logistischer Perspektive	Englischsprachige Zeitschrift der Zieldisziplin IM	Deutschsprachige betriebswirtschaftliche Zeitschriften
	JSCM	Journal of Purchasing & Supply Management	Logistik Management	mir	ZfB, ZfbF, DBW
2000	• Callahan (2000) • Petersen/Frayer/Scannell (2000)	• Andersen/Christensen (2000)			• Kreikebaum (2000) • Maurer/Mertz (2000) • Welge/Holtbrügge (2000)
2001		• Nellore/Chanaron/Söderquist (2001)			• Albach (2001) • Bassen/Behnam/Gilbert (2001) • Eriksson et al. (2001) • Greb/Hasan (2001) • Müller/Gelbrich (2001)
2002	• Kaufmann/Carter (2002)		• Neher (2002) • Vahrenkamp (2002) • Zäpfel/Wasner (2002)	• Pérez/Martinez Sánchez (2002)	• Breuer (2002) • Fisch (2002)
2003	• Trent/Monczka (2003)		• Woxenius/Sjöstedt (2003)		• Gilbert (2003) • Glaum/Hommel/Thomaschewski (2003)

2004		• Meijboom/Vos (2004)			• Brockhoff (2004) • Eckert et al. (2004) • Graumann (2004) • Kinkel/Lay (2004)
2005					• Badibanga/ Menkhoff (2005) • von Campenhausen (2005)

Abb. 3: Selektierte Beiträge zum Beschaffungsmanagement und Internationalen Management

Die selektierten Beiträge werden entsprechend der ausgewählten Zeitschriften chronologisch (Erscheinungsdatum bzw. Seitenzahl) in Anlehnung an Abbildung 3 analysiert.

3.2 Ergebnisse

Petersen, Frayer und Scannell (2000) untersuchen die Effektivität des Global Sourcings. Im Mittelpunkt steht ein Modell, das die Wirkungszusammenhänge für den Erfolg einer Global-Sourcing-Strategie analysieren soll. Dieser hängt den Autoren zufolge vom Top-Management-Commitment und der Ressourcenverfügbarkeit ab, welche in erster Linie aus sprachlichen Fähigkeiten und aus adäquaten Global-Sourcing-Strukturen bzw. -Prozessen (beispielsweise in der Logistik) bestehen. Dieses Modell wird empirisch mit Hilfe einer Kausalanalyse auf Basis der konfirmatorischen Faktorenanalyse überprüft. Eine theoretische Basis existiert – wenn überhaupt – im Bereich der (beschaffungsseitigen) Strategie- bzw. Erfolgsfaktorenforschung.

Die Frage nach dem Erfolg von Global Sourcing stellt auch den Kern der Arbeit von Callahan (2000) dar. Untersuchungsgegenstand ist der Vergleich der Wettbewerbsposition mexikanischer, kanadischer und US-amerikanischer Lieferanten. Die Analyse erfolgt vor dem Hintergrund einer Veränderung des regulatorischen Rahmens für internationale Beschaffungsaktivitäten, hier konkret des NAFTA (North American Free Trade Agreement). Mit Hilfe einer Varianzanalyse ermittelt der Autor bei kanadischen und US-amerikanischen Einkaufsleitern signifikante Wahrnehmungsunterschiede in Qualität und Kooperationsbereitschaft der jeweils nichtnationalen Lieferanten. Ein theoretischer Erklärungsansatz existiert nicht.

Auch bei Kaufmann und Carter (2002) steht ein länderübergreifender Vergleich internationaler Beschaffungspraktiken im Mittelpunkt. Auf Basis einer empirischen Untersuchung deutscher und US-amerikanischer Einkaufsleiter vergleichen die Verfasser beide Länder hinsichtlich preisgetriebener und nicht-preisgetriebener Motive der internationalen Beschaffung (beispielsweise Qualität, Entwicklungszusammenarbeit etc.). Während der Einfluss preisgetriebener Motive auf das internationale Beschaffungsmanagementsystem von Unternehmen in den USA und Deutschland weitgehend gleich ist, unterscheiden sie sich hinsichtlich nicht-preislicher Motive (Kaufmann/Carter 2002, S. 13). So wird erfasst, dass beispielsweise der elektronisch unterstützte Einkauf (E-Procurement) in den USA weit verbreitet ist, während deutsche Unternehmen eher zentralisierte Beschaffungsorganisationen aufweisen. Die beiden Praktiken haben unterschiedliche Einflüsse auf das System des Global Sourcings.

Trent und Monczka (2003) kombinieren konzeptionelle Überlegungen mit empirischen Daten zur Frage, ob und wie sich der Global-Sourcing-Ansatz von klassischer internationaler Beschaffung unterscheidet. Dabei greifen sie die verschiedenen, in der Literatur diskutierten Theoriekonzepte zur Begründung globaler Beschaffungsaktivitäten wie (Produktions-)Kostentheorie, Risikomanagement, Transaktionskostenansatz etc. auf. Im Ergebnis ihrer empirischen Studie kommen sie zu dem Schluss, dass Global Sourcing zum einen eine stärker strategische Verankerung bedeutet und diese zum anderen verschärfte Wettbewerbsbedingungen erfordert.

Andersen und Christensen (2000) untersuchen die Effekte interorganisationalen Lernens in internationalen Abnehmer-Zulieferer-Beziehungen. Auf Basis der Lerntheorie entwickeln sie ein systemorientiertes Modell von Abnehmer-Zulieferer-Beziehungen, dessen Outcome das wechselseitige Vertrauen und der Grad der Arbeitsteilung sind. Auf Basis einer Fallstudie prüfen sie das Modell und kommen zu dem Schluss, dass kooperative Wissensentwicklung und Abgrenzung eigener Fähigkeiten im globalen Kontext gleichzeitig berücksichtigt werden müssen.

Nellore, Chanaron und Söderquist (2001) stellen die Frage, inwiefern ein rein preisbasiertes Global Sourcing kompatibel zum Lean-Supply-Ansatz ist. Dessen Grundgedanke entspricht einer vertieften Zusammenarbeit zwischen Abnehmer und Lieferant beispielsweise in der gemeinsamen Produktentwicklung. Konsequenterweise müssen bei der Auswahl globaler Lieferanten neben dem Angebotspreis weitere Kriterien qualitativer Art, z. B. Lieferzuverlässigkeit und Entwicklungskapazität, eine Rolle spielen – ein Ergebnis, das auf der Basis einer Fallstudie zustande kommt.

Obwohl im JPSM und damit in einem Beschaffungsjournal erschienen, ist der Beitrag von Meijboom und Vos (2004, S. 127, auch nach ihren eigenen Angaben) eher dem Operations Management denn der Beschaffung zuzuordnen. Es geht dabei in erster Linie um die optimale Konfiguration von internationalen Produktionsnetzwerken. Aus Sicht des Internationalen Managements sind dabei die Motive der Internationalisierung von Interesse, die eben nicht nur Kostenvorteile und Absatzmarktnähe umfassen, sondern auch Aspekte des Know-hows. Dabei bedienen sich Meijboom und Vos (2004) dem Ansatz der dynamischen Standortkompetenz von Ferdows (1997), den sie auf eine Fallstudie von Philips anwenden.

Vahrenkamp (2002) untersucht die Rolle der Luftfracht in der Internationalen Logistik. Damit stehen verkehrswirtschaftliche Überlegungen – und somit ein wesentlicher Treiber des Welthandels – im Mittelpunkt. Seine Untersuchung basiert in erster Linie auf sekundärstatistischen Auswertungen empirischer Daten, u. a. zum Vergleich von klassischer Luft- und Expressfracht sowie zur Wirtschaftlichkeit im Vergleich zur Seefracht.

Eine ähnliche verkehrswirtschaftliche Fragestellung greifen Zäpfel und Wasner (2002) auf, welche die Konfiguration internationaler Logistiknetzwerke für den Stückgutverkehr untersuchen. Dabei wenden sie ein Optimierungsmodell für das Design eines Hub&Spoke-Transportnetzwerks an.

Neher (2002) untersucht in seinem Beitrag den Einfluss der Kultur auf das Internationale Logistikmanagement. Konkret geht es um die Kulturabhängigkeit logistischer Zielkriterien und Managementaufgaben (z. B. Verständnis von Zeit und Pünktlichkeit) sowie die Kulturabhängigkeit logistischer Strukturen (beispielsweise Entscheidungszentralisation). Der Beitrag ist konzeptionell angelegt, die Überlegungen weisen insbesondere durch den Bezug auf die Kulturdimensionen Hofstedes eine hohe Übereinstimmung mit den entsprechenden Überlegungen des Internationalen Managements auf (Müller/Kornmeier 2001, S. 149 ff.).

Woxenius und Sjöstedt (2003) stellen den ECT (European Combined Transport) in den Mittelpunkt ihrer Überlegungen. Auf Basis der veränderten Anforderungen an Logistiksysteme (wie z. B. steigende Produktkomplexität, veränderte Angebotsstrukturen, Konsolidierung von Transportnetzen etc.) und konzeptioneller Überlegungen zur Strukturierung von Logistiksystemen (Dreiteilung in technisches System bzw. physischer Transport, Informations- und Kommunikationssystem bzw. Informationsverfügbarkeit sowie soziales System bzw. Entscheidung und Management) leiten sie Veränderungsbedarf ab wie etwa neue Produktangebote im

Zugverkehr und der Infrastruktur oder die Kompetenzentwicklung im intermodalen Verkehr für Anbieter.

Pérez und Martinez Sánchez (2002) publizieren zwar in einer Zeitschrift zum Internationalen Management, widmen sich aber einem Thema, das – zumindest auf den ersten Blick – das Gegenteil von Globalisierung darstellt. Sie untersuchen die Clusterbildung und damit die Gestaltung regionaler (Zulieferer- und Produktions-) Netzwerke in der spanischen Automobilindustrie (Pérez/Martinez Sánchez 2002, S. 263). Mit Hilfe einer empirischen Untersuchung, die auf dem strategischen Netzwerkansatz beruht, können sie u. a. nachweisen, dass in regionalen Netzwerkclustern ein höheres Maß an Zusammenarbeit existiert als zwischen lose verbundenen Unternehmen.

Auch Kim und Park (2002) untersuchen Formen der internationalen Unternehmenszusammenarbeit (globale Allianzen). Im Mittelpunkt steht die Frage, welche Auswirkungen verschiedene Merkmale globaler (u. a. Abnehmer-Zulieferer-)Partnerschaften auf den (Börsen-)Wert der beteiligten Partnerunternehmen haben. Interessanterweise zeigt sich, dass Aspekte wie kulturelle Nähe keinen – und wenn negativen – Einfluss haben.

Holzhausen (2002) stellt eher deskriptiv die Entwicklung der japanischen Automobilzulieferindustrie dar. Aufgrund der rezessiven Entwicklung in den 1990er Jahren waren Automobilhersteller und -zulieferer gezwungen, traditionelle Keiretsu-Netzwerkstrukturen zumindest teilweise in Frage zu stellen und dem Wettbewerb zu öffnen.

Loess und Yavas (2003) untersuchen US-amerikanisch-japanische Zuliefererkooperationen (Joint Ventures) aus personalwirtschaftlicher Perspektive. Eine Befragung US-amerikanischer Mitarbeiter derartiger Joint Ventures ermittelt Faktoren, die der Intensität der Zusammenarbeit dienlich sind. Dazu gehört beispielsweise, dass der Interaktionsgrad signifikant erhöht wird, wenn vorab formale Kommunikationsprozeduren einen gewissen Mindeststandard des Austausches zwischen den aus verschiedenen Kulturen stammenden Mitarbeitern gewährleisten.

Verhaltenswissenschaftliche Überlegungen spielen auch bei Insch (2003) eine Rolle, der der Frage nachgeht, inwiefern das Herkunftsland des Lieferanten die erwartete bzw. wahrgenommene Produktqualität bei industriellen Abnehmern beeinflusst. Er untersucht diesen Effekt ähnlich wie oben Callahan (2000) zwischen den USA und Mexiko, befragt Einkaufsleiter aus beiden Ländern und kommt zu demselben Ergebnis: Nationale Lieferanten werden in der Qualitätserwartung höher eingeschätzt als ausländische Zulieferer.

Ebenfalls mit Country-of-Origin-Effekten setzen sich Andersen und Chao (2003) auseinander. Sie führen jedoch keine eigene empirische Untersuchung durch, sondern erfassen die bislang zu diesem Thema entstandenen Studien und ihre Ergebnisse und kombinieren sie mit dem Kaufklassenansatz zu einem eigenen Modell der Wirkung von Herkunftslandeffekten auf industrielle Einkäufer.

Globerman (2003) untersucht die Wirkung neuer Informations- und Kommunikationswerkzeuge im Rahmen des E-Business auf ihre Wirkung für das Global Sourcing. Auf eher konzeptioneller Basis zieht er dabei eine Parallele in der Entwicklung internetbasierter Marktplätze zum Waren- und Güterkauf bzw. -tausch mit Handelsplätzen für Wertpapiere. Basierend auf einer Analyse von Börsenfusionen prognostiziert er die Entstehung globaler elektronischer Beschaffungsmärkte.

Die Beiträge der allgemeinen betriebswirtschaftlichen Zeitschriften DBW, ZfB und ZfbF dienen quasi als Kontrollgröße. Wie bereits angesprochen wurden alle Artikel selektiert, die den Teildisziplinen Internationales Management und bzw. oder Beschaffungsmanagement zugeordnet werden können. Eine Überschneidung beider Gebiete gibt es nur selten. Zu den Ausnahmen gehören folgende Arbeiten: Müller und Gelbrich (2001) sowie Eckert et al. (2004) untersuchen interkulturelle Kompetenz bzw. kulturelle Anpassungsfähigkeit als Anforderung an Mitarbeiter und zeigen so Parallelen zu den Arbeiten von Neher (2002) in der Logistik sowie von Kim und Park (2003) im Internationalen Management. Von Campenhausen (2005) untersucht die internationale Auslagerung unterstützender Unternehmensfunktionen (Offshoring), was Global-Sourcing-Aktivitäten nach sich zieht.

Die Beiträge zum Internationalen Management widmen sich ansonsten Fragen der strategischen Führung internationaler Unternehmen bzw. Institutionen (Albach 2001, Bassen/Behnam/Gilbert 2001, Eriksson et al. 2001, Glaum/Hommel/Thomaschewski 2003, Brockhoff 2004, Graumann 2004, Kinkel/Lay 2004), des Change Managements, des Wissens- und Ethikmanagements (Kreikebaum 2000, Welge/Holtbrügge 2000, Gilbert 2003, Badibanga/Menkhoff 2005), der internationalen Finanzierung (Maurer/Mertz 2000, Breuer 2002) sowie der internationalen Forschung und Entwicklung (F&E; Greb/Hassan 2001, Fisch 2002). Zum Beschaffungsmanagement existiert lediglich eine Arbeit, welche die Internetnutzung im Beschaffungsmanagement international vergleicht – und somit zumindest methodisch die Brücke zwischen den Teildisziplinen schlägt (Large 2003). Zusammenfassend sind alle Ergebnisse der Literaturanalyse in Abbildung 4 dargestellt.

Beitrag	Disziplinen-perspektive	Methodik	Inhaltliche Analyse	Theoriebasis
Petersen/ Frayer/ Scannell (2000)	Beschaffung	Großzahlempirie, kausalanalytisch	Erfolgsfaktoren der Global-Sourcing-Strategie	keine (gegebenenfalls Strategie-forschung)
Callahan (2000)	Beschaffung	Großzahlempirie, Varianzanalyse	Wahrnehmungs-unterschiede nicht-nationaler Lieferan-ten USA/Kanada/ Mexiko	keine
Andersen/ Christensen (2000)	Beschaffung	konzeptionell und Fallstudie	interorganisationales Lernen in globalen Abnehmer-Zulieferer-Kooperationen	Lerntheorie, Systemtheorie
Nellore/ Chanaron/ Söderquist (2001)	Beschaffung	Fallstudie	Kompatibilität des preisgetriebenen Global Sourcing mit dem Lean-Supply-Ansatz	kaum (Lean-Supply-Ansatz)
Kaufmann/ Carter (2002)	Beschaffung	Großzahlempirie, Regressionsanaly-se, Sekundär-analyse (Auswer-tung existierender Studien)	Gründe Internationa-ler Beschaffung USA/Deutschland	umfangreiche Analyse vorherge-hender empirischer Studien zum Global Sourcing (S. 6 f.)
Trent/ Monczka (2003)	Beschaffung	konzeptionell und Großzahlempirie	Unterscheidung zwischen Global Sourcing und Internationaler Beschaffung	synoptische Dar-stellung von (Pro-duktions-)Kosten-theorie, Risikoma-nagement, Trans-aktionskosten-ansatz
Pérez/ Martinez Sánchez (2001)	Produktion (Operations Management)	Großzahlempirie, Regressions-analyse	Produktionsnetzwer-ke/Clusterung in der spanischen Automobilindustrie	strategischer Netzwerkansatz/ Resource-based View

Meijboom/ Vos (2004)	Operations (Produktion)	konzeptionell und Fallstudie	Konfiguration internationaler Produktionsnetzwerke	Ansatz der dynamischen Standortkompetenz
Vahrenkamp (2002)	Logistik (Verkehrswirtschaft)	Sekundärstatistik	Luftfracht in der Internationalen Logistik	keine
Zäpfel/ Wasner (2002)	Logistik (Verkehrswirtschaft)	Operations-Research-Modelle	Konfiguration eines internationalen Hub&Spoke-Transportnetzwerks	Operations-Research-Methoden
Neher (2002)	Logistik	konzeptionell	Einfluss der Kultur auf das Internationale Logistikmanagement	Verhaltenswissenschaften (z. B. Hofstede)
Woxenius/ Sjöstedt (2003)	Logistik (Verkehrswirtschaft)	konzeptionell, Sekundärstatistik	Europäischer Kombinierter Verkehr	Supply Chain Management
Holzhausen (2002)	General Management (nicht eindeutig)	konzeptionell-deskriptiv	Entwicklung der japanischen Automobilzulieferindustrie	keine
Loess/ Yavas (2003)	General Management/ Personalwirtschaft	Großzahlempirie	Zusammenarbeit in internationalen Abnehmer-Zulieferer-Beziehungen	Kooperationstheorie, Verhandlungstheorie
Insch (2003)	General Management (nicht eindeutig)	Großzahlempirie	Auswirkungen des Herkunftslandes auf wahrgenommene Produktqualität	Kaufverhaltensansätze
Andersen/ Chao (2003)	Internationales Management/ Marketing	konzeptionell, Sekundäranalyse (Auswertung existierender Studien)	Auswirkungen des Herkunftslandes auf industrielle Kaufentscheidungen	Kaufverhaltensansätze

Kim/ Park (2003)	IM (nicht eindeutig)	Großzahlempirie in Netzwerkindustrien (Event Study)	Einflussfaktoren zur Wertsteigerung globaler Allianzen	wertorientierte Unternehmens-führung
Globerman (2003)	IM	konzeptionell	Parallelen in der Entwicklung globaler elektronischer Märkte für Wertpapiere und Waren	Transaktions-kostenansatz

Abb. 4: Ergebnisse der explorativen Literaturanalyse

Aufgrund des explorativen Charakters ist eine umfassende Analyse der Wechselbeziehungen zwischen den betriebswirtschaftlichen Teildisziplinen Beschaffungsmanagement, Supply Chain Management und Internationales Management wohl nicht möglich, einige interessante zusammenfassende Befunde ergeben sich gleichwohl:

- Auffällig ist der besonders starke verkehrliche Bezug von Arbeiten im Logistikmanagement mit internationalem Bezug. Logistikmanagement und Supply Chain Management erleichtern in dieser Logik durch die verkehrliche Integration über Ländergrenzen hinweg die Internationalisierungs bzw. Globalisierungsmöglichkeiten. In der Systematisierung von Engelhard und Dähn (2002, S. 27 ff.) wären logistische Ansätze damit in erster Linie den matrixgestützten Kontingenzansätzen zuzuordnen. Dabei stehen Strategieansätze für internationale Unternehmen im Vordergrund, die sich aus ihrer Übereinstimmung mit der Unternehmensumwelt ergeben. Ermöglicht die Logistik Globalisierungsvorteile durch Integration, so liefert sie einen zentralen Kontingenzbeitrag.
- Gleichzeitig fällt die originäre Theoriediskussion eher knapp aus. Das in Abschnitt 2.2 bei Ziffer (3) konstatierte Reflexionsdefizit wird bestätigt, mithin ein geringer Reifegrad der diskutierten Teildisziplinen.
- Interessanterweise ergeben sich in Detailaspekten bei Themenwahl und Ergebnissen hohe Übereinstimmungen über die Disziplinen hinweg. So untersuchen Callahan (2000) aus Sicht der Beschaffungswirtschaft und Insch (2003) aus der Perspektive des Internationalen Managements den Einfluss des Herkunftslandes eines Lieferanten auf die Qualitätswahrnehmung industrieller Abnehmer. Beide räumen mit dem Vorurteil auf, industrielle Beschaffungsentscheidungen in einem internationalen Kontext fielen rein rational (hierzu auch Backhaus/ Voeth 2007, S. 72 ff.).
- Methodisch fällt auf, dass die Untersuchung internationaler Beschaffungsaktivitäten selbst international erfolgt – Callahan (2000) sowie Kaufmann und Carter (2002) präsentieren internationale Vergleiche der Internationalen Beschaffung.

4 Fazit und Ausblick: Perspektiven des Internationalen Beschaffungsmanagements als Disziplin

Das Fazit zur Frage, welchen Beitrag die Beschaffung zur (Weiter-)Entwicklung des Internationalen Managements als Disziplin leistet, wirkt auf den ersten Blick ernüchternd. Sowohl die Untersuchung zum inhaltlichen Reifegrad als auch die explorative Literaturanalyse zeigen Defizite in der wissenschaftlichen Diskussion auf. Gleichwohl zeigen empirische Untersuchungen, welche Bedeutung das Management der internationalen bzw. globalen Beschaffung zubilligt: Es werden ständig steigende Fremdbezugsanteile aus globalen Märkten prognostiziert (Straube et al. 2005, S. 69).

Ein Fazit greift diese – nur auf den ersten Blick widersprüchlichen – Trends auf und gibt gleichzeitig einen Ausblick auf mögliche zukünftige Forschungs- und Gestaltungsszenarien. Die Basis bildet das Modell von Arnold (1989, 1990), welches als umfassendstes in der Forschung zum Global Sourcing gilt (Bea/Göltenboth 1994, S. 7, Kaufmann 2001, S. 46, Matthyssens/Pauwels/Quintens 2006, S. 168). Im Gegensatz zum eher anwendungsorientierten, auf Einzelfallstudien basierenden Konzept handelt es sich dabei um eine Konzeption, die deduktiv gewonnen wird und einen umfassenderen (wissenschaftlicheren) Anspruch hat (Stölzle 1999, S. 143-146). Die Grundidee ist, dass Globalisierung eben nicht nur für die internationale Ausdehnung der Einkaufsmärkte, sondern auch für den strategischen Anspruch der Beschaffung steht (Arnold 1990, S. 58). Als Konsequenz ergibt sich eine zweidimensionale Matrix, die zwischen dem traditionellen (nationalen) Einkauf, dem lediglich geographisch ausgeweiteten „Going international"-Einkauf und einem umfassenden, strategisch orientierten Global Sourcing (bzw. seinem nationalen Pendant) unterscheidet.

Fazit und Ausblick setzen an vier (in Abbildung 5 entsprechend markierten) Entwicklungen an: (1) Das konzeptionelle Defizit des Global Sourcings bzw. des Internationalen Beschaffungsmanagements wurde bereits mehrfach angesprochen. Es äußert sich in erster Linie in der – bis auf wenige Ausnahmen (wie beispielsweise Kaufmann 2001) – wenig grundlagenorientierten Forschung zum Global Sourcing innerhalb der Teildisziplin Beschaffung. Matthyssens, Pauwels und Quintens sprechen in ihrem Grundlagenbeitrag davon, dass „... international purchasing remains still a neglected research field" (2006, S. 167). Als Grund führen sie an: „Global sourcing is a young research topic" (S. 167); gleichzeitig wird der Ausblick gegeben, dass „... global purchasing research is in full development and global purchasing research would significantly benefit from more dedicated yet thorough conceptual and analytical contributions“ (Matthyssens/Pauwels/Quintens 2006, S. 168).

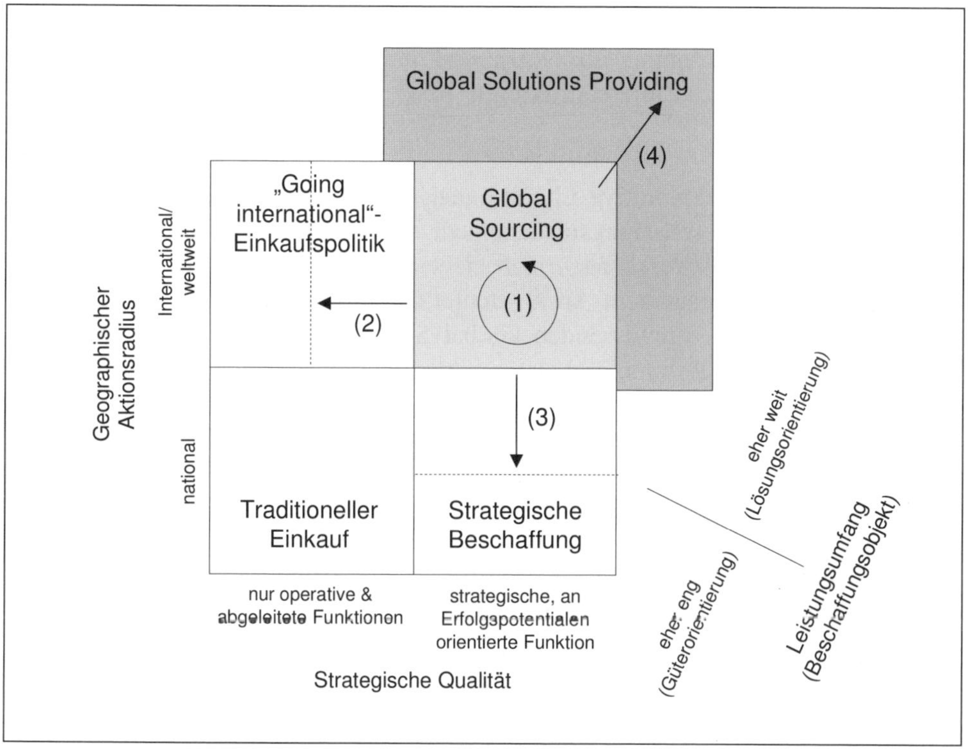

Abb. 5: Stand und Entwicklung des Global Sourcings

(2) Insbesondere aus Sicht des Beschaffungsmanagements ist Global Sourcing derzeit durch eine Ausdehnung des geographischen Aktionsradius gekennzeichnet. Um – vermutlich in erster Linie preisliche – Konditionenvorteile zu erlangen, rücken bislang wenig bis kaum beachtete Einkaufsmärkte wie Asien in das Zentrum des Interesses (Kaufmann et al. 2006). Aus wissenschaftlicher Perspektive wurden dabei zum einen (bereits im Rahmen der Literaturanalyse angesprochene) Untersuchungen zur Dominanz des Preises als Kaufentscheidungskriterium im Global Sourcing durchgeführt (Nellore/Chanaron/Söderquist 2001, Kaufmann/Carter 2002) und zum anderen der Versuch unternommen, unter dem Begriff des Offshorings neue Konzepte für einen geographisch weiter dislozierten Einkauf zu entwickeln (Jahns/Hartmann/Bals 2006, S. 221 f.).

(3) Gleichzeitig – und auf den ersten Blick gegenläufig – steht Global Sourcing eben nicht nur für eine regionale Ausdehnung, sondern inkludiert zunehmend auch regionale Unternehmensnetzwerke. Schiele (2003, S. 18 f.) stellt dazu den Ansatz regionaler Cluster vor, in denen sich gewisse Branchen bzw. Technologien zentra-

lisieren. Empirische Untersuchungen zeigen, dass Unternehmen, die in regionalen Clustern zusammenarbeiten, in der Regel eine zwischen zwei und vier Prozentpunkten höhere Kapitalrendite aufweisen als Unternehmen, die nicht Bestandteil eines Clusters sind (Schiele 2003, S. 21). Richtig verstandenes Global Sourcing macht sich diese Erkenntnis zu Nutze und präferiert eben auch regionale, in Deutschland ansässige Zulieferstrukturen bzw. baut diese aus (Schiele 2003, S. 229-268).

(4) Nicht zuletzt die explorative Literaturanalyse hat gezeigt, dass die Diskussion um Internationales Beschaffungsmanagement eine (Re-)Konfiguration internationaler (Fertigungs-)Netzwerke nach sich zieht (z. B. Meijboom/Vos 2004). Auch der Supply-Chain-Management-Ansatz deutet darauf hin, dass schlichtes „Einkaufen" im Rahmen eines umfassenden Global Sourcings zu kurz greift. Die dritte Dimension des Global Sourcings ist somit eine zunehmende Ausweitung der Objektverantwortung der Beschaffung. Ursprünglich war die Beschaffung für einen engen Produktkern verantwortlich. Dazu gehören bei Industriebetrieben in erster Linie Sachleistungen, die in das Endprodukt eingehen (Rohstoffe, Vorprodukte, Zuliefermodule etc.) oder zu seiner Erstellung benötigt werden (Betriebsstoffe, maschinelle Anlagen etc.). Jüngere Untersuchungen zeigen, dass in den sogenannten nicht-traditionellen Beschaffungsfeldern wie Marketing, Dienstleistungen, F&E etc. noch erhebliche Rationalisierungspotentiale zu erschließen sind – gerade durch eine professionelle Beschaffung unter Ausnutzung der Potentiale einer internationalen Lieferantenbasis (Universität der Bundeswehr München/Bundesverband Materialwirtschaft, Einkauf und Logistik e. V./Deloitte Consulting 2005). Präuer (2004) geht noch einen Schritt weiter und schlägt mit seinem Solutions Sourcing einen Ansatz vor, der völlig neue Geschäftsmodelle mit globalen Lieferanten vorsieht. Dieser ist dann nicht mehr Zulieferer von Teilen, sondern Lösungsanbieter, und übernimmt so komplette Geschäftsmodelle, die das Global Sourcing zum Global Solutions Providing weiterentwickeln.

Literatur

Albach, H. (1981): Die internationale Unternehmung als Gegenstand betriebswirtschaftlicher Forschung. In: Zeitschrift für Betriebswirtschaft, 51. Jg., Ergänzungsheft Nr. 1, 1981, S. 13-24.

Albach, H. (1993): Betriebswirtschaftslehre als Wissenschaft. In: Zeitschrift für Betriebswirtschaft, 63. Jg., Ergänzungsheft Nr. 3, 1993, S. 7-25.

Albach, H. (2001): Growth, Flexibility and Financial Stability: An Analysis of Crisis Management in Japan. In: Zeitschrift für Betriebswirtschaft, 71. Jg., Nr. 12, 2001, S. 1383-1403.

Andersen, P./Chao, P. (2003): Country-of-origin-effects in Global Industrial Sourcing: Toward an Integrated Framework. In: Management International Review, 43. Jg., Nr. 4, 2003, S. 339-360.

Andersen, P. H./Christensen, P. R. (2000): Interpartner Learning in Global Supply Chains: Lessons from NOVO Nordisk. In: European Journal of Purchasing & Supply Management, 6. Jg., Nr. 2, 2000, S. 105-116.

Arndt, H. (2005): Supply Chain Management: Optimierung logistischer Prozesse. 2. Aufl., Gabler, Wiesbaden, 2005.

Arnold, U. (1982): Strategische Beschaffungspolitik: Steuerung und Kontrolle strategischer Beschaffungssubsysteme von Unternehmen. Lang, Frankfurt a. M. et al., 1982.

Arnold, U. (1989): Global Sourcing: An Indispensable Element in Worldwide Competition. In: Management International Review, 29. Jg., Nr. 4, 1989, S. 14-28.

Arnold, U. (1990): Global Sourcing: Ein Konzept zur Neuorientierung des Supply Management von Unternehmen. In: Welge, M. K. (1990, Hrsg.): Globales Management: Erfolgreiche Strategien für den Weltmarkt. Poeschel, Stuttgart, 1990, S. 49-71.

Arnold, U. (1995): Absatzwege. In: Tietz, B./Köhler, R./Zentes, J. (1995, Hrsg.): Handwörterbuch des Marketing. 2. Aufl., Schäffer-Poeschel, Stuttgart, 1995, Sp. 29-41.

Arnold, U. (1997): Beschaffungsmanagement. 2. Aufl., Schäffer-Poeschel, Stuttgart, 1997.

Arnold, U/Eßig, M. (2002): Grundlagen des Internationalen Supply Chain Management. In: Macharzina, K./Oesterle, M.-J. (2002, Hrsg.): Handbuch Internationales Management: Grundlagen, Instrumente, Perspektiven. 2. Aufl., Gabler, Wiesbaden, 2002, S. 237-254.

Arnold, U./Warzog, F. (2001): Supply Chain Management: Konzeptabgrenzung und branchenspezifische Differenzierung. In: Arnold, U./Mayer, R./Urban, G. (2001, Hrsg.): Supply Chain Management: Unternehmensübergreifende Prozesse: Kollaboration, IT-Standards. TCW-Verlag, Bonn, 2001, S. 13-47.

Bachem, C. (2004): Multichannel-Marketing: Eine Einführung. In: Merx, O./Bachem, C. (2004, Hrsg.): Multichannel-Marketing-Handbuch. Springer, Berlin et al., 2004, S. 29-64.

Backhaus, K. (1992): Investitionsgüter-Marketing: Theorieloses Konzept mit Allgemeinheitsanspruch? In: Zeitschrift für betriebswirtschaftliche Forschung, 44. Jg., Nr. 9, 1992, S. 771-791.

Backhaus, K./Voeth, M. (2004, Hrsg.): Handbuch Industriegütermarketing: Strategien, Instrumente, Anwendungen. Gabler, Wiesbaden, 2004.

Backhaus, K./Voeth, M. (2007): Industriegütermarketing. 8. Aufl., Vahlen, München, 2007.

Badibanga, U./Menkhoff, T. (2005): Subethnische Dimensionen des Veränderungsmanagements in asiatischen Klein- und Mittelunternehmen: Trends in Singapur. In: Die Betriebswirtschaft, 65. Jg., Nr. 2, 2005, S. 154-176.

Barney, J. (1991): Firm Resources and Sustained Competitive Advantage. In: Journal of Management, 17. Jg., Nr. 1, 1991, S. 99-120.

Bassen, A./Behnam, M./Gilbert, D. U. (2001): Internationalisierung des Mittelstands: Ergebnisse einer empirischen Studie zum Internationalisierungsverhalten deutscher mittelständischer Unternehmen. In: Zeitschrift für Betriebswirtschaft, 71. Jg., Nr. 4, 2001, S. 413-432.

Baumgarten, H./Darkow, I. L. (2002): Versorgungsmanagement: Integration von Beschaffung und Logistik. In: Hahn, D./Kaufmann, L. (2002, Hrsg): Handbuch Industrielles Beschaffungsmanagement: Internationale Konzepte, innovative Instrumente, aktuelle Praxisbeispiele. 2. Aufl., Gabler, Wiesbaden, 2002, S. 381-399.

Bea, F. X./Göltenboth, M. (1994): Global Sourcing: Ein umfassendes Konzept für das gesamte Unternehmen. In: Der Betriebswirt, 35. Jg., Nr. 4, 1994, S. 7-12.

Bea, F. X./Dichtl, E./Schweitzer, M. (2006, Hrsg.): Allgemeine Betriebswirtschaftslehre: Band 3: Leistungsprozess. 9. Aufl., Fischer, Stuttgart, 2006.

Bechtel, C./Jayaram, J. (1997): Supply Chain Management: A Strategic Perspective. In: International Journal of Logistics Management, 8. Jg., Nr. 1, 1997, S. 15-34.

Bitz, M./Domsch, M./Ewert, R./Wagner, F. W. (2005, Hrsg.): Vahlens Kompendium der Betriebswirtschaftslehre: Band 1. 5. Aufl., Vahlen, München, 2005.

Böcker, F./Helm, R. (2003): Marketing. 7. Aufl., Lucius & Lucius, Stuttgart, 2003.

Bogaschewsky, R. (2003): Historische Entwicklung des Beschaffungsmanagements. In: Bogaschewsky, R./Götze, U. (2003, Hrsg.): Management und Controlling von Einkauf und Logistik: Festschrift für Jürgen Bloech. Deutscher Betriebswirte-Verlag, Gernsbach, 2003, S. 13-42.

Böing, C./Jullens, J./Schrader, M. F. (2003): Customer Relationship Management im Multikanalvertrieb. In: Ahlert, D./Hesse, J./Jullens, J./Smend, P. (2003, Hrsg.): Multikanalstrategien: Konzepte, Methoden und Erfahrungen. Gabler, Wiesbaden, 2003, S. 33-65.

Bretzke, W. R. (2005): Supply Chain Integration: Chancen und Grenzen einer logistischen Leitidee. In: Lasch, R./Janke, C. G. (2005, Hrsg.): Logistik Management: Innovative Logistikkonzepte. Deutscher Universitäts-Verlag, Wiesbaden, 2005, S. 65-80.

Bretzke, W. R. (2006): Wettbewerb zwischen Supply Chains: Mehr Erfolg durch weniger Markt? In: Jacquemin, M./Pipernik, R./Sucky, E. (2006, Hrsg.): Quantitative Methoden der Logistik und des Supply Chain Management: Festschrift für Prof. Dr. Heinz Isermann. Verlag Dr. Kovač, Hamburg, 2006, S. 3-20.

Breuer, R. E. (2002): Entwicklungslinien des europäischen Kapitalmarktes und Implikationen für das Geschäftsmodell einer großen Bank. In: Die Betriebswirtschaft, 62. Jg., Nr. 2, 2002, S. 202-210.

Brockhoff, K. (2004): Markteintrittsstrategien bei der Internationalisierung von Hochschulen. In: Die Betriebswirtschaft, 64. Jg., Nr. 3, 2004, S. 320-332.

Bruhn, M. (2004, Hrsg.): Handbuch Markenführung: Kompendium zum erfolgreichen Markenmanagement: Strategien, Instrumente, Erfahrungen. 2. Aufl., Gabler, Wiesbaden, 2004.

Bruhn, M. (2007): Marketing: Grundlagen für Studium und Praxis. 8. Aufl., Gabler, Wiesbaden, 2007.

Bruhn, M./Homburg, C. (2005, Hrsg.): Handbuch Kundenbindungsmanagement: Strategien und Instrumente für ein erfolgreiches CRM. 5. Aufl., Gabler, Wiesbaden, 2005.

Busch, A./Dangelmaier, W. (2002): Integriertes Supply Chain Management: Ein koordinationsorientierter Überblick. In: Busch, A./Dangelmaier, W. (2002, Hrsg.): Integriertes Supply Chain Management: Theorie und Praxis effektiver unternehmensübergreifender Geschäftsprozesse. Gabler, Wiesbaden, 2002, S. 1-21.

Buscher, U. (1999): ZP-Stichwort: Supply Chain Management. In: Zeitschrift für Planung, 10. Jg., Nr. 4, 1999, S. 449-456.

Callahan, T. J. (2000): Comparison of the Competitive Position of Canadian, Mexican, and U.S. Suppliers. In: The Journal of Supply Chain Management, 36. Jg., Nr. 4, 2000, S. 43-54.

Chopra, S./Meindl, P. (2001): Supply Chain Management: Strategy, Planning, and Operation. Pearson Prentice Hall, Upper Saddle River/NJ, 2001.

Cooper, M. C./Lambert, D. M./Pagh, J. D. (1997): Supply Chain Management: More than a New Name for Logistics? In: International Journal of Logistics Management, 8. Jg., Nr. 1, 1997, S. 1-14.

Corsten, H. (2002): Herausforderungen an das Supply Chain Management im internationalen Unternehmensverbund. In: Macharzina, K./Oesterle, M.-J. (2002, Hrsg.): Handbuch Internationales Management. 2. Aufl., Gabler, Wiesbaden, 2002, S. 943-968.

Corsten, H./Gössinger, R. (2001): Einführung in das Supply Chain Management. Oldenbourg, München, Wien, 2001.

Croom, S./Romano, P./Giannakis, M. (2000): Supply Chain Management: An Analytical Framework for Critical Literature Review. In: European Journal of Purchasing & Supply Management, 6. Jg., Nr. 1, 2000, S. 67-83.

Diller, H. (2000): Preispolitik. 3. Aufl., Schäffer-Poeschel, Stuttgart et al., 2000.

Diller, H./Herrmann, A. (2003, Hrsg.): Handbuch Preispolitik: Strategie, Planung, Organisation, Umsetzung. Gabler, Wiesbaden, 2003.

Dobler, D. W./Burt, D. N./Starling, S. L. (2003): World Class Supply Management. 7. Aufl., McGraw Hill, New York/NY et al., 2003.

Dunning, J. H. (1994): Re-evaluating the Benefits of Foreign Direct Investment. In: Transnational Corporations, 3. Jg., Nr. 1, 1994, S. 23-51.

Eckert, S./Rässler, S./Mayer, S./Bonsiep, W. (2004): Kulturschock in Deutschland? Zeitlicher Verlauf und Leistungseffekte der kulturellen Anpassung asiatischer Führungskräfte in Deutschland. In: Zeitschrift für betriebswirtschaftliche Forschung, 56. Jg., Nr. 11, 2004, S. 639-659.

Eisenbarth, M. (2003): Erfolgsfaktoren des Supply Chain Managements in der Automobilindustrie. Europäischer Verlag der Wissenschaften, Frankfurt a. M., 2003.

Engelhard, J./Dähn, M. (2002): Theorien der internationalen Unternehmungstätigkeit: Darstellung, Kritik und zukünftige Anforderungen. In: Macharzina, K./Oesterle, M.-J. (2002, Hrsg.): Handbuch Internationales Management: Grundlagen, Instrumente, Perspektiven. 2. Aufl., Gabler, Wiesbaden, 2002, S. 23-44.

Eriksson, K./Johanson, J./Majkgård, A./Sharma, D. D. (2001): Time and Experience in the Internationalization Process. In: Zeitschrift für Betriebswirtschaft, 71. Jg., Nr. 1, 2001, S. 21-43.

Eßig, M.(2007): Multi-Channel Supply Chain Management: Integration von Distributions- und Beschaffungsperspektive in Mehrkanalsystemen. In: Wirtz, B. (2007, Hrsg.): Handbuch Multi-Channel-Marketing. Gabler, Wiesbaden, 2007.

Fisch, J. H. (2002): Effiziente Allokation der internationalen F&E-Aktivitäten in multinationalen Unternehmen. In: Die Betriebswirtschaft, 62. Jg., Nr. 2, 2002, S. 146-168.

Ferdows, K. (1997): Making the Most of Foreign Factories. In: Harvard Business Review, 75. Jg., Nr. 2, 1997, S. 73-88.

Gattorna, J. L./Walters, D. W. (1996): Managing the Supply Chain: A Strategic Perspective. Macmillan, Basingstoke/NY et al., 1996.

Gaugler, E./Köhler, R. (2002, Hrsg.): Entwicklungen der Betriebswirtschaftslehre: 100 Jahre Fachdisziplin – Zugleich eine Verlagsgeschichte. Schäffer-Poeschel, Stuttgart, 2002.

Giannakis, M./Croom, S. R. (2004): Toward the Development of a Supply Chain Management Paradigm: A Conceptual Framework. In: Journal of Supply Chain Management, 40. Jg., Nr. 2, 2004, S. 27-37.

Gilbert, D. U. (2003): Institutionalisierung von Unternehmensethik in internationalen Unternehmen. In: Zeitschrift für Betriebswirtschaft, 73. Jg., Nr. 1, 2003, S. 25-48.

Glaum, M./Hommel, U./Thomaschewski, D. (2003): Wachstumsstrategien internationaler Unternehmen: 10 Thesen. In: Zeitschrift für betriebswirtschaftliche Forschung, 55. Jg., Nr. 12, 2003, S. 823-846.

Globermann, S. (2003): E-business and Global Sourcing – Inferences from Securities Exchanges. In: Management International Review, 43. Jg., Special Issue Nr. 1, 2003, S. 73-93.

Göpfert, I. (1999): Stand und Entwicklung der Logistik: Herausbildung einer betriebswirtschaftlichen Teildisziplin. In: Logistik Management, 1. Jg., Nr. 1, 1999, S. 19-33.

Göpfert, I. (2002): Einführung, Abgrenzung und Weiterentwicklung des Supply Chain Managements. In: Busch, A./Dangelmaier, W. (2002, Hrsg.): Integriertes Supply Chain Management: Theorie und Praxis unternehmensübergreifender Geschäftsprozesse. Gabler, Wiesbaden, 2002, S. 25-44.

Göpfert, I. (2005): Logistik Führungskonzeption: Gegenstand, Aufgaben und Instrumente des Logistikmanagements und -controllings. 2. Aufl., Vahlen, München, 2005.

Graumann, M. (2004): Die Managementkonzepte von Ferdinand Piëch und Jack Welch – Ein Rekonstruktionsansatz. In: Zeitschrift für betriebswirtschaftliche Forschung, 56. Jg., Nr. 5, 2004, S. 282-298.

Greb, R./Hasan, A. (2001): Die F&E-Produktivität von global verteilten F&E-Organisationen. In: Die Betriebswirtschaft, 61. Jg., Nr. 4, 2001, S. 462-476.

Grochla, E. (1977): Der Weg zu einer umfassenden betriebswirtschaftlichen Beschaffungslehre. In: Die Betriebswirtschaft, 37. Jg., Nr. 2, 1977, S. 181-191.

Grochla, E. (1978): Grundlagen der Materialwirtschaft. 3. Aufl., Gabler, Wiesbaden, 1978.

Grochla, E./Kubicek, H. (1976): Zur Zweckmäßigkeit und Möglichkeit einer umfassenden betriebswirtschaftlichen Beschaffungslehre. In: Zeitschrift für betriebswirtschaftliche Forschung, 28. Jg., o. Nr., 1976, S. 257-275.

Grochla, E./Schönbohm, P. (1980): Beschaffung in der Unternehmung: Einführung in eine umfassende Beschaffungslehre. Poeschel, Stuttgart, 1980.

Grün, O. (2002): Beschaffung, Materialwirtschaft, Logistik: Von der institutionellen Abgrenzung zur prozessualen Verschmelzung. In: Gaugler, E./Köhler, R. (2002, Hrsg.): Entwicklungen der Betriebswirtschaftslehre: 100 Jahre Fachdisziplin – Zugleich eine Verlagsgeschichte. Schäffer-Poeschel, Stuttgart, 2002, S. 435-457.

Gruschwitz, A. (1993): Global Sourcing – Konzeption einer internationalen Beschaffungsstrategie. Verlag für Wissenschaft und Forschung, Stuttgart, 1993.

Gudehus, T. (2005): Logistik. 3. Aufl., Springer, Berlin, 2005.

Hahn, D. (2000): Problemfelder des Supply Chain Management. In: Wildemann, H. (2000, Hrsg.): Supply Chain Management. TCW-Verlag, München, 2000, S. 9-19.

Hahn, D./Kaufmann, L. (2002, Hrsg): Handbuch Industrielles Beschaffungsmanagement: Internationale Konzepte, innovative Instrumente, aktuelle Praxisbeispiele. 2. Aufl., Gabler, Wiesbaden, 2002.

Halldorsson, A./Skjott-Larsen, T./Kotzab, H. (2003): Interorganizational Theories behind Supply Chain Management: Discussion and Applications. In: Seuring, S./Müller, M./ Goldbach, M./Schneidewind, U. (2003, Hrsg.): Strategy and Organization in Supply Chains. Physica-Verlag, Heidelberg, 2003, S. 165-180.

Hefler, D. (1981): Global Sourcing: Offshore Investment Strategy for the 1980s. In: Journal of Marketing, 56. Jg., Nr. 4, 1981, S. 32-44.

Helm, R. (2006): Marketing. In: Bea, F. X./Dichtl, E./Schweitzer, M. (2006, Hrsg.): Allgemeine Betriebswirtschaftslehre: Band 3: Leistungsprozess. 9. Aufl., Fischer, Stuttgart, 2006, S. 253-336.

Heusler, K. F. (2003): Competencies in Supply Chain Management: The Contribution of the Resource-based View of the Firm. In: Seuring, S./Müller, M./Goldbach, M./ Schneidewind, U. (2003, Hrsg.): Strategy and Organization in Supply Chains. Physica-Verlag, Heidelberg, 2003, S. 165-180.

Hoitsch, H. J./Akin, B. (1999): Geschichte der Produktionswirtschaft. In: Lingenfelder, M. (1999, Hrsg.): 100 Jahre Betriebswirtschaftslehre in Deutschland. Vahlen, München, 1999, S. 93-106.

Holzhausen, A. (2002): Japanese Supplier Relationship under Pressure: Restructuring of the Car Industry in the 1990s. In: Management International Review, 42. Jg., Special Issue Nr. 1, 2002, S. 91-103.

Homburg, C. /Krohmer, H. (2006): Marketingmanagement: Strategie, Instrumente, Umsetzung, Unternehmensführung. 2. Aufl., Gabler, Wiesbaden, 2006.

Hurth, J. (2001): Multi-Channel-Marketing: Novum oder Phrase? In: Wirtschaftswissenschaftliches Studium, 30. Jg., Nr. 9, 2001, S. 463-469.

Insch, G. S. (2003): The Impact of Country-of-origin-effects on Industrial Buyers' Perceptions of Product Quality. In: Management International Review, 43. Jg., Nr. 3, 2003, S. 291-310.

Jahns, C./Hartmann, E./Bals, L. (2006): Offshoring: Dimensions and Diffusion of a New Business Concept. In: Journal of Purchasing & Supply Management, 12. Jg., Nr. 4, 2006, S. 218-231.

Kaufmann, L. (2001): Internationales Beschaffungsmanagement: Gestaltung strategischer Gesamtsysteme und Management einzelner Transaktionen. Gabler, Wiesbaden, 2001.

Kaufmann, L. (2002): Purchasing and Supply Management: A Conceptual Framework. In: Hahn, D./Kaufmann, L. (2002, Hrsg.): Handbuch Industrielles Beschaffungsmanagement: Internationale Konzepte, innovative Instrumente, aktuelle Praxisbeispiele. 2. Aufl., Gabler, Wiesbaden, 2002, S. 3-33.

Kaufmann, L./Carter, C. R. (2002): International Supply Management Systems – The Impact of Price vs. Non-price-driven Motives in the United States and Germany. In: The Journal of Supply Chain Management, 38. Jg., Nr. 3, 2002, S. 4-17.

Kaufmann, L./Panhans, D./Steinrücke, B/Horn, C./Koch, M./Kues, A./Paschke, C. (2006): Investmentguide Indien: Erfolgsstrategien deutscher Unternehmen auf dem Subkontinent. Schäffer-Poeschel, Stuttgart, 2006.

Keith, O. R./Webber, M. D. (1992): Supply Chain Management: Logistics Catches up with Strategy. In: Christopher, M. (1992, Hrsg.): The Strategic Issue. Chapman and Hall, London, 1992.

Kim, K./Park, J.-H. (2002): The Determinants of Value Creation for Partner Firms in the Global Alliance Context. In: Management International Review, 42. Jg., Nr. 4, 2002, S. 361-384.

Kinkel, S./Lay, G. (2004): Motive, strategische Passfähigkeit und Produktivitätseffekte des Aufbaus ausländischer Produktionsstandorte. In: Zeitschrift für Betriebswirtschaft, 74. Jg., Nr. 5, 2004, S. 415-440.

Klaus, P. (2002): Die dritte Bedeutung der Logistik: Beiträge zur Evolution logistischen Denkens. Deutscher Verkehrs-Verlag, Hamburg, 2002.

Köhler, R. (2002): Marketing: Von der Reklame zur marktorientierten Unternehmensführung. In: Gaugler, E./Köhler, R. (2002, Hrsg.): Entwicklungen der Betriebswirtschaftslehre: 100 Jahre Fachdisziplin – Zugleich eine Verlagsgeschichte. Schäffer-Poeschel, Stuttgart, 2002, S. 355-384.

Köhler, R./Küpper, H. U./Pfingsten, A. (2007, Hrsg.): Handwörterbuch der Betriebswirtschaft. 6. Aufl., Schäffer-Poeschel, Stuttgart, 2007.

Koppelmann, U. (2004): Beschaffungsmarketing. 4. Aufl., Springer, Berlin et al., 2004.

Kotabe, M./Mol, M J. (2006): Introduction. In: Kotabe, M./Mol, M. J. (2006, Hrsg.): Global Supply Chain Management: Volume I. Elgar, Cheltenham/PA/PA, 2006, S. XI-XX.

Kotzab, H. (2000): Zum Wesen von Supply Chain Management vor dem Hintergrund der betriebswirtschaftlichen Logistikkonzeption: Erweiterte Überlegungen. In: Wildemann, H. (2000, Hrsg.): Supply Chain Management. TCW-Verlag, München, 2000, S. 21-47.

Kreikebaum, H. (2000): Internationale Probleme der Unternehmensethik. In: Zeitschrift für Betriebswirtschaft, 70. Jg., Nr. 2, 2000, S. 143-161.

Kuhn, T. (1989): Die Struktur wissenschaftlicher Revolutionen. 10. Aufl., Suhrkamp, Frankfurt a. M., 1989.

Kuhn, A./Hellingrath, B. (2002): Supply Chain Management: Optimierte Zusammenarbeit in der Wertschöpfungskette. Springer, Berlin et al., 2002.

Kutschker, M./Schmid. S. (2006): Internationales Management. 5. Aufl., Oldenbourg, München, Wien, 2006.

Lambert, D. M./Cooper, M. C. (2000): Issues in Supply Chain Management. In: Industrial Marketing Management, 29. Jg., Nr. 1, 2000, S. 65-83.

Large, R. (2003): Internationaler Vergleich der Internet-Nutzung im Beschaffungsmanagement: Ergebnisse einer Befragung von Beschaffungsmanagern in Deutschland, Ungarn und den USA. In: Zeitschrift für Betriebswirtschaft, 73. Jg., Nr. 10, 2003, S. 1103-1124

Large, R. (2006): Strategisches Beschaffungsmanagement: Eine praxisorientierte Einführung. 3. Aufl., Gabler, Wiesbaden, 2006.

Large, R./Stölzle, W. (1999): Logistikforschung im Spiegel wissenschaftlicher Publikationen: Eine empirische Untersuchung auf der Basis betriebswirtschaftlicher und ingenieurwissenschaftlicher Dissertationen. In: Pfohl, H. C. (1999, Hrsg.): Logistikforschung: Entwicklungszüge und Gestaltungsansätze. Springer, Berlin, 1999, S. 3-35.

Larson, P. D./Halldorsson, A. (2002): What Is SCM? And, where Is It? In: Journal of Supply Chain Management, 38. Jg., Nr. 4, 2002, S. 36-43.

Leenders, M. R./Johnson, P. F./Flynn, A. E./Fearon, H. E. (2006): Purchasing and Supply Management. 13. Aufl., Irwin, Boston/MA et al., 2006.

Lindner, T. (1983): Strategische Entscheidungen im Beschaffungsbereich. Vahlen, München, 1983.

Lingenfelder, M. (1999, Hrsg.): 100 Jahre Betriebswirtschaftslehre in Deutschland. Vahlen, München, 1999.

Loess, K.-H./Yavas, U. (2003): Human Resource Collaboration Issues in International Joint Ventures: A Study of US-Japanese Auto Supply JVs. In: Management International Review, 43. Jg., Nr. 3, 2003, S. 311-327.

Macharzina, K. (2002): Internationales Management: Späte Rezeption und steile Entwicklung. In: Gaugler, E./Köhler, R. (2002, Hrsg.): Entwicklungen der Betriebswirtschaftslehre: 100 Jahre Fachdisziplin – Zugleich eine Verlagsgeschichte. Schäffer-Poeschel, Stuttgart, 2002, S. 491-508.

Macharzina, K./Oesterle, M.-J. (2002a): Das Konzept der Internationalisierung im Spannungsfeld zwischen praktischer Relevanz und theoretischer Unschärfe. In: Macharzina, K./Oesterle, M.-J. (2002, Hrsg.): Handbuch Internationales Management: Grundlagen, Instrumente, Perspektiven. 2. Aufl., Gabler, Wiesbaden, 2002, S. 3-21.

Macharzina, K./Oesterle, M.-J. (2002b, Hrsg.): Handbuch Internationales Management: Grundlagen, Instrumente, Perspektiven. 2. Aufl., Gabler, Wiesbaden, 2002.

Marbacher, A. (2001): Demand & Supply Chain Management: Zentrale Aspekte der Gestaltung und Überwachung unternehmensübergreifender Leistungserstellungsprozesse betrachtet aus der Perspektive eines Markenartikelherstellers der Konsumgüterindustrie. Haupt, Bern et al., 2001.

Matthyssens, P./Pauwels, P./Quintens, L. (2006): The Global Purchasing Challenge: A Look back and a Look ahead. In: Journal of Purchasing & Supply Management, 12. Jg., Nr. 4, 2006, S. 167-169.

Maurer, R./Mertz, A. (2000): Internationale Diversifikation von Aktien- und Anleiheportfolios aus der Perspektive deutscher Investoren. In: Die Betriebswirtschaft, 60. Jg., Nr. 4, 2000, S. 423-440.

Meffert, H. (2000): Marketing: Grundlagen marktorientierter Unternehmensführung: Konzepte, Instrumente, Praxisbeispiele. 9. Aufl., Gabler, Wiesbaden, 2000.

Mejboom, B./Vos, B. (2004): Site Competence Dynamics in International Manufacturing Networks: Instrument Development and a Test in Eastern European Factories. In: European Journal of Purchasing & Supply Management, 10. Jg., Nr. 3, 2004, S. 127-136.

Mentzer, J. T./Dewitt, W./Keebler, J. S./Min, S./Nix, N. W./Smith, C. D./Zacharia, Z. G. (2001): What Is Supply Chain Management? In: Mentzer, J. T. (2001, Hrsg.): Supply Chain Management. Sage, Thousand Oaks/CA et al., 2001, S. 1-26.

Möller, K. (2006): Wertschöpfung in Netzwerken. Vahlen, München, 2006.

Müller, S./Gelbrich, K. (2001): Interkulturelle Kompetenz als neuartige Anforderung an Entsandte: Status quo und Perspektiven der Forschung. In: Zeitschrift für betriebswirtschaftliche Forschung, 53. Jg., Nr. 5, 2001, S. 246-272.

Müller, S./Kornmeier, M. (2001): Streitfall Globalisierung. Oldenbourg, München, Wien, 2001.

Müller, M./Seuring, S./Goldbach, M. (2003): Supply Chain Management: Neues Konzept oder Modetrend? In: Die Betriebswirtschaft, 63. Jg., Nr. 4, 2003, S. 419-439.

Neher, A. (2002): Kulturelle Einflüsse auf das Internationale Logistikmanagement. In: Logistikmanagement, 4. Jg., Nr. 4, 2002, S. 23-33.

Nellore, R./Chanaron, J.-J./Söderquist, K. E. (2001): Lean Supply and Price-based Global Sourcing – The Interconnection. In: European Journal of Purchasing & Supply Management, 7. Jg., Nr. 2, 2001, S. 101-110.

Otto, A./Kotzab, H. (2001): Der Beitrag des Supply Chain Management zum Management von Supply Chains: Überlegungen zu einer unpopulären Frage. In: Zeitschrift für betriebswirtschaftliche Forschung, 53. Jg., Nr. 2, 2001, S. 157-176.

Otto, A./Kotzab, H. (2002): Ziel erreicht? Sechs Perspektiven zur Ermittlung des Erfolgsbeitrags des Supply Chain Management. In: Hahn, D./Kaufmann, L. (2002, Hrsg.): Handbuch Industrielles Beschaffungsmanagement: Internationale Konzepte, innovative Instrumente, aktuelle Praxisbeispiele. 2. Aufl., Gabler, Wiesbaden, 2002, S. 125-150.

Pérez, M./Martinez Sánchez, A. (2002): Lean Production and Technology Networks in the Spanish Automotive Supplier Industry. In: Management International Review, 42. Jg., Nr. 3, 2002, S. 261-277.

Petersen, K. J./Prayer, D. J./Scannell, T. V. (2000): An Empirical Investigation of Global Sourcing Strategy Effectiveness. In: The Journal of Supply Chain Management, 36. Jg., Nr. 2, 2000, S. 29-38.

Pfohl, H.-C. (1999): Konzept des Supply Chain Managements und das Berufsbild des Logistikmanagers. In: Pfohl, H.-C. (1999, Hrsg.): Logistikforschung: Entwicklungszüge und Gestaltungsansätze. Springer, Berlin, 1999, S. 173-228.

Pfohl, H.-C. (2000): Supply Chain Management: Konzept, Trends, Strategien. In: Pfohl, H.-C. (2000, Hrsg.): Supply Chain Management: Logistik plus? Logistikkette, Marketingkette, Finanzkette. Springer, Berlin, 2000, S. 1-42.

Pfohl, H.-C. (2004a): Logistiksysteme: Betriebswirtschaftliche Grundlagen. 7. Aufl., Springer, Berlin et al., 2004.

Pfohl, H.-C. (2004b): Logistikmanagement: Konzeption und Funktionen. 2. Aufl., Springer, Berlin et al., 2004.

Picot, A./Dietl, H./Franck, E. (2005): Organisation: Eine ökonomische Perspektive. 4. Aufl., Schäffer-Poeschel, Stuttgart, 2005.

Präuer, A. (2004): Solutions Sourcing: Strategien und Strukturen interorganisationaler Wertschöpfungssysteme. Deutscher Universitäts-Verlag, Wiesbaden, 2004.

Ramsay, J. (2001a): Purchasing's Strategic Irrelevance. In: European Journal of Purchasing & Supply Management, 7. Jg., Nr. 4, 2001, S. 257-263.

Ramsay, J. (2001b): The Resource Based Perspective, Rents, and Purchasing's Contribution to Sustainable Competitive Advantage. In: Journal of Supply Chain Management, 37. Jg., Nr. 3, 2001, S. 38-47.

Reinecke, S./Tomczak, T. (2006, Hrsg.): Handbuch Marketingcontrolling: Effektivität und Effizienz einer marktorientierten Unternehmensführung. 2. Aufl., Gabler, Wiesbaden, 2006.

Reiß, M. (1998): Mythos Netzwerkorganisation. In: Zeitschrift Führung und Organisation, 67. Jg., Nr. 4, 1998, S. 224-229.

Rudolph, T./Loos, J. (2006): Internationalisierung der Beschaffung: Die zunehmende Bedeutung des Multi-Channel-Sourcing. In: Zentes, J. (2006, Hrsg.): Handbuch Handel: Strategien, Perspektiven, Internationaler Wettbewerb. Gabler, Wiesbaden, 2006, S. 717-734.

Sabel, H. (1999): Geschichte des Marketing in Deutschland. In: Lingenfelder, M. (1999, Hrsg.): 100 Jahre Betriebswirtschaftslehre in Deutschland. Vahlen, München, 1999, S. 169-180.

Schiele, H. (2003): Der Standort-Faktor: Wie Unternehmen durch regionale Cluster ihre Produktivität und Innovationskraft steigern. Wiley-VCH, Weinheim, 2003.

Schnedlitz, P./Madlberger, M. (2002): Multi-Channel-Retailing: Herausforderungen an die Logistik durch Hauszustellung. In: Ahlert, D./Olbrich, R./Schröder, H. (2002, Hrsg.): Jahrbuch Handelsmanagement 2002. Deutscher Fachverlag, Frankfurt a. M., 2002, S. 317-337.

Schneider, D. (1983): Marketing als Wirtschaftswissenschaft oder Geburt einer Marketingwissenschaft aus dem Geiste des Unternehmensversagens? In: Zeitschrift für betriebswirtschaftliche Forschung, 35. Jg., Nr. 3, 1983, S. 197-224.

Schneider, D. (1997): Marketing-Wissenschaft als Lehre marktorientierter Unternehmensführung und betriebswirtschaftliche Strukturmerkmale für Wettbewerbsfähigkeit. In: Backhaus, K./Günter, B./Kleinaltenkamp, M./Plinke, W./Raffée, H. (1997, Hrsg.): Marktleistung und Wettbewerb: Strategische und operative Perspektiven der marktorientierten Leistungsgestaltung. Gabler, Wiesbaden, 1997, S. 13-32.

Schögel, M./Tomczak, T. (1999): Alternative Vertriebswege: Neue Wege zum Kunden. In: Tomczak, T./Betz, C./Schögel, M./Birkhofer, B. (1999, Hrsg.): Alternative Vertriebswege. Schäffer-Poeschel, Stuttgart, 1999, S. 12-38.

Schögel, M./Sauer, A./Schmidt, I. (2004): Multichannel-Management: Vielfalt in der Distribution. In: Marx, O./Bachem, C. (2004, Hrsg.): Multichannel-Marketing-Handbuch. Springer, Berlin et al., 2004, S. 1-27.

Schönsleben, P. (2004): Integrales Logistikmanagement – Planung und Steuerung der umfassenden Supply Chain. 4. Aufl., Springer, Berlin et al., 2004.

Schönsleben, P./Hieber, R. (2002): Gestaltung von effizienten Wertschöpfungspartnerschaften im Supply Chain Management. In: Busch, A./Dangelmaier, W. (2002, Hrsg.): Integriertes Supply Chain Management: Theorie und Praxis effektiver unternehmensübergreifender Geschäftsprozesse. Gabler, Wiesbaden, 2002, S. 45-62.

Schramm-Klein, H. (2006): Multi-Channel-Retailing: Erscheinungsformen und Erfolgsfaktoren. In: Zentes, J. (2006, Hrsg.): Handbuch Handel: Strategien, Perspektiven, Internationaler Wettbewerb. Gabler, Wiesbaden, 2006, S. 501-522.

Schulte, C. (2005): Logistik – Wege zur Optimierung der Supply Chain. 4. Aufl., Vahlen, München, 2005.

Specht, D./Hellmich, K. (2000): Management der Zulieferbeziehungen in dynamischen Produktionsnetzen. In: Wildemann, H. (2000, Hrsg.): Supply Chain Management. TCW-Verlag, München, 2000, S. 89-115.

Srivastava, R. K./Shervani, T. A./Fahey, L. (1999): Marketing, Business Processes, and Shareholder Value: An Organizationally Embedded View of Marketing Activities and the Discipline of Marketing. In: Journal of Marketing, 63. Jg., Special Issue, 1999, S. 168-179.

Stölzle, W. (1999): Industrial Relationships. Oldenbourg, München, Wien, 1999.

Straube, F./Pfohl, H.-C./Günther, W. A./Dangelmaier, W. (2005): Trends und Strategien in der Logistik. Deutscher Verkehrsverlag, Hamburg, 2005.

Tan, K. C. (2001): A Framework of Supply Chain Management Literature. In: European Journal of Purchasing & Supply Management, 7. Jg., Nr. 37, 2001, S. 39-48.

Tempelmeier, H. (2005): Produktion und Logistik. In: Bitz, M./Domsch, M./Ewert, R./ Wagner, F. W. (2005, Hrsg.): Vahlens Kompendium der Betriebswirtschaftslehre: Band 1. 5. Aufl., Vahlen, München, 2005, S. 237-307.

Trent, R. J./Monczka, R. M. (2003): International Purchasing and Global Sourcing – What Are the Differences? In: The Journal of Supply Chain Management, 39. Jg., Nr. 4, 2003, S. 26-37.

Troßmann, E. (2006): Beschaffung und Logistik. In: Bea, F. X./Dichtl, E./Schweitzer, M. (2006, Hrsg.): Allgemeine Betriebswirtschaftslehre: Band 3: Leistungsprozess. 9. Aufl., Fischer, Stuttgart, 2006, S. 113-182.

Universität der Bundeswehr München/Bundesverband Materialwirtschaft, Einkauf und Logistik/Deloitte Consulting (2005, Hrsg.): Wertsteigerung im Einkauf: Studie zur Erschließung von Potenzialen in nicht-traditionellen Beschaffungsfeldern. Universität der Bundeswehr München, Frankfurt a. M., München, 2005.

Vahrenkamp, R. (2002): Die Rolle der Luftfracht in der internationalen Logistik – Eine Übersicht. In: Logistikmanagement, 4. Jg., Nr. 4, 2002, S. 13-22.

Vahrenkamp, R. (2005): Logistik: Management und Strategien. 5. Aufl., Oldenbourg, München, Wien,

von Campenhausen, C. (2005): Offshoring Rules – Auslagern von unterstützenden Funktionen. In: Zeitschrift für Betriebswirtschaft, 75. Jg., Nr. 1, 2005, S. 5-13.

Welge, M. K./Holtbrügge, D. (2000): Wissensmanagement in Multinationalen Unternehmungen – Ergebnisse einer empirischen Untersuchung. In: Zeitschrift für betriebswirtschaftliche Forschung, 52. Jg., Nr. 12, 2000, S. 762-777.

Werner, H. (2002): Supply Chain Management: Grundlagen, Strategien, Instrumente und Controlling. 2. Aufl., Gabler, Wiesbaden, 2002.

Wilke, A. (2005): Multi-Channel-Marketing: Grundlagen, Anforderungen, Strategien. Springer, Berlin, 2005.

Woxenius, J./Sjöstedt, L. (2003): Logistische Trends und deren Einfluss auf den Europäischen Kombinierten Verkehr – Dienstleistungen, Transport und industrielle Organisation. In: Logistikmanagement, 5. Jg., Nr. 2, 2003, S. 26-36.

Zäpfel, G./Wasner, M. (2002): Strategische Gestaltung internationaler Logistiknetzwerke für den flächendeckenden Stückgutverkehr durch Kooperationen. In: Logistikmanagement, 4. Jg., Nr. 4, 2002, S. 53-60.

Zentes, J. (2005): Marketing. In: Bitz, M./Domsch, M./Ewert, R./Wagner, F. W. (2005, Hrsg.): Vahlens Kompendium der Betriebswirtschaftslehre: Band 1. 5. Aufl., Vahlen, München, 2005, S. 309-384.

Zentes, J. (2006, Hrsg.): Handbuch Handel: Strategien, Perspektiven, Internationaler Wettbewerb. Gabler, Wiesbaden, 2006.

Zentes, J./Swoboda, B./Morschett, D. (2005): Markt, Kooperation, Integration: Asymmetrische Entwicklungen in der Gestaltung der Wertschöpfungsprozesse am Beispiel der Konsumgüterindustrie. In: Zentes, J./Swoboda, B./Morschett, D. (2005, Hrsg.): Kooperationen, Allianzen und Netzwerke: Grundlagen, Ansätze, Perspektiven. 2. Aufl., Gabler, Wiesbaden, 2005, S. 675-700.

Zimmermann, K. (2003): Supply Chain Balanced Scorecard: Unternehmensübergreifendes Management von Wertschöpfungsketten. Deutscher Universitäts-Verlag, Wiesbaden, 2003.

Joachim Zentes/Hanna Schramm-Klein*

Internationales Management aus der Perspektive des Internationalen Marketings

* Prof. Dr. Joachim Zentes ist Inhaber des Lehrstuhls für Betriebswirtschaftslehre, insbesondere Außenhandel und Internationales Management an der Universität des Saarlandes. Dr. Hanna Schramm-Klein arbeitet als wissenschaftliche Mitarbeiterin an obigem Lehrstuhl.

1 Internationales Marketing als Forschungsdisziplin

Die wissenschaftliche Tradition des Internationalen Marketings ist noch verhältnismäßig jung. Insbesondere im Kontext der Diskussion um die fortschreitende Zunahme der Internationalisierung, die auf den Absatz- und Beschaffungsmärkten zu beobachten ist und meist unter dem Schlagwort der „Globalisierung" diskutiert wird, wird internationalen Aspekten eine wachsende Bedeutung im Rahmen der Marketingwissenschaft und der Marketingpraxis zugesprochen. Ähnlich wie auch das Internationale Management (vgl. hierzu Macharzina/Oesterle 2002) kämpft jedoch das Internationale Marketing seit seiner Einführung als eigenständige Forschungsrichtung in den 1960er Jahren um die tatsächliche Anerkennung als eigenständige wissenschaftliche Disziplin (vgl. hierzu z. B. die Diskussionen in Czinkota/Ronkainen 2003, Cavusgil/Deligonul/Yaprak 2005). Zum Teil wird argumentiert, dass hinsichtlich der Diskussion internationaler Aspekte im Rahmen des Marketings keine eigenständigen Gestaltungsempfehlungen bzw. kein eigenständiges Methodenspektrum notwendig wäre(n). Vor allem zu Beginn spezifischer Forschungsarbeiten im Internationalen Marketing wurde die Frage aufgeworfen: „Are Domestic and International Marketing Dissimilar?" (Bartels 1968), die seither weiterhin kontrovers diskutiert wurde (z. B. Douglas 2001). Dass sich das Internationale Marketing als Forschungsdisziplin von Beginn an bezüglich seiner Eigenständigkeit rechtfertigen musste, zeigt eine Vielzahl an kritischen Diskussionen, bei denen immer wieder über Problembereiche des Forschungsfeldes reflektiert wurde und Ansätze diskutiert wurden, in welcher Form diese Forschungsrichtung in der Zukunft erfolgreich weiterentwickelt werden soll. Derartige Überlegungen wurden dabei nicht nur in frühen Phasen diskutiert (z. B. Bartels 1968), sondern kamen in immer wiederkehrenden Wellen auch in den 1980er Jahren (z. B. Cavusgil/Nevin 1981, Albaum/Peterson 1984, Walters 1986) und den 1990er Jahren (z. B. Aulakh/Kotabe 1993, Li/Cavusgil 1995) auf und prägen auch aktuell die Diskussion (z. B. Kotabe 2001, Czinkota/Ronkainen 2003, Deligonul 2003, Katsikeas 2003, Walters 2003, Cavusgil/Deligonul/Yaprak 2005).

Diese Diskussionen zeigen auf, dass Sichtweisen, die dem Internationalen Marketing eine Existenzberechtigung als eigenständige Disziplin absprechen, problematisch sind. Wenngleich bei vielen der im Rahmen des Internationalen Marketings diskutierten Fragestellungen keine prinzipiellen Besonderheiten gegenüber einem rein nationalen Marketing bestehen, kann eine internationale Unternehmenstätigkeit nicht lediglich als „graduelle" Veränderung gegenüber einem rein nationalen Engagement betrachtet werden. Es treten vielmehr spezifische und eigenständige Fragestellungen des Internationalen Marketings auf, die im nationalen Kontext nicht von Relevanz sind (z. B. Rückkopplungseffekte, Integrations- und Koordinationsanforderungen zwischen Ländermärkten u. Ä.) und einer besonderen Berücksichtigung bedürfen. Internationales Marketing kann also nicht auf ein „multiples nationales Marketing“ oder ein „Marketing auf Auslandsmärkten“ (Backhaus/Büschken/Voeth 2003, S. 7, S. 46) reduziert werden. Internationale Marketingstrategien stellen nicht lediglich eine Akkumulation isoliert festgelegter Einzelmarktstrategien dar, sondern sind als integrierte Marketingstrategien im multinationalen Kontext zu betrachten (Zou/Cavusgil 2002, Townsend et al. 2004, S. 6).

Diese Sichtweise erfordert, dass im Rahmen der Forschungsmethodik spezifische theoretische Ansätze und spezifische Instrumente bzw. Forschungsdesigns heranzuziehen sind (Cavusgil/Deligonul/Yaprak 2005, Douglas/Craig 2006). Aufgrund seiner relativ jungen Tradition wird dem Internationalen Marketing als Forschungsrichtung jedoch nicht nur eine mangelnde Reife der inhaltlichen Abgrenzung als eigenständiges Forschungsfeld vorgeworfen, auch bezüglich der angewandten Forschungsmethodik ist die Palette angeführter Kritikpunkte breit. So beurteilen Albaum und Peterson (1984) sowie Bradley (1987) die bisherige Forschung im Feld des Internationalen Marketings als „lückenhaft“, „nicht-analytisch“ und „atheoretisch“, Samiee (1997) bezeichnet sie als „zu stark vereinfachend“ und kritisiert ebenso wie Cavusgil (1997), dass die bisherige Forschung sich als eine nicht-integrative Mischung aus unterschiedlichen funktionalen Feldern darstellt, bei der eine Vielzahl theoretischer Ansätze und Konzeptualisierungen herangezogen wurde, ohne dass eine einheitliche Linie erkennbar wäre. Vor allem aufgrund derartiger Probleme kennzeichneten Czinkota und Ronkainen (2003) in ihrem „International Marketing Manifesto“ das Internationale Marketing auch aktuell trotz der Anerkennung seiner Relevanz als eigenständige Disziplin als ein stagnierendes Forschungsfeld.

2 Generelle Forschungsperspektiven

Bezüglich der generellen Untersuchungsperspektiven im Rahmen der Forschung im Internationalen Marketing lassen sich zwei grobe Phasen abgrenzen, die durch unterschiedliche Sichtweisen gekennzeichnet sind. Vor allem zu Beginn der Fokussierung internationaler Aspekte des Marketings dominierte die Perspektive der „Erweiterung“ der zuvor nationalen Betrachtungen auf internationale Märkte („extension perspective“; Aulakh/Kotabe 1993). Gerade in den frühen Phasen der Analyse internationaler Aspekte wurde versucht, die Erkenntnisse, die bei der Betrachtung einzelner Märkte – meist der „Heimatmärkte“ der jeweiligen Forscher – gewonnen wurden, auf weitere Märkte zu übertragen. Auch aktuell stellen länder- oder kulturvergleichende Analysen einen wesentlichen Schwerpunkt der Forschungsarbeiten im Rahmen des Internationalen Marketings dar. Zu dieser „extension perspective“ zählen weiterhin solche Arbeiten, die sich mit der Untersuchung von Internationalisierungsprozessen von Unternehmen und den Konsequenzen für das Internationale Marketing beschäftigen (Li/Cavusgil 1995).

Etwa seit den 1990er Jahren haben nicht nur die im Kontext der „Globalisierung" diskutierten Veränderungen, sondern auch wesentliche Veränderungen des Kundenverhaltens sowohl im Business-to-Consumer- als auch im Business-to-Business-Bereich dazu geführt, dass Aspekte des Relationship Managements und des (Brand) Equity Managements mehr und mehr auf den Kontext des Internationalen Marketings übertragen wurden (Zentes/Schramm-Klein/Morschett 2005). Diese Forschungsrichtung, bei der Aspekte der langfristigen Etablierung von Kundenbeziehungen und in einer zweiten, damit verbundenen Forschungsrichtung Aspekte der Wertgenerierung durch Marketingaktivitäten im Internationalen Marketing diskutiert werden, wird auch als die „indigenous perspective" bezeichnet (Aulakh/Kotabe 1993).

3 Forschungsfelder im Internationalen Marketing

3.1 Überblick

Die Forschungsfelder des Internationalen Marketings lassen sich in übergeordneten Ansätzen unterscheiden, bei denen generelle Fragestellungen der internationalen Marketingstrategien im Vordergrund stehen, sowie in solchen Ansätzen, die sich in spezifischer Form auf die wesentlichen Entscheidungsfelder des Internationalen Marketings beziehen. Im Folgenden sollen zunächst kurz die wesentlichen Fragestellungen diskutiert werden, die im übergeordneten Kontext die Forschung im Internationalen Marketing prägen, bevor in detaillierter Form auf die Ebene der konkreten Entscheidungsfelder des Internationalen Marketings fokussiert wird. Die klassischen Fragestellungen, mit denen sich das Internationale Marketing auf dieser Ebene beschäftigt, sind dabei Entscheidungen bezüglich des Marktengagements, hinsichtlich der in diesen Märkten zu praktizierenden Betätigungsformen sowie der Art der Marktbearbeitung.

3.2 Übergeordnete Fragestellungen des Internationalen Marketings

Analysiert man die bisherigen Forschungsrichtungen im Internationalen Marketing, kristallisieren sich auf der übergeordneten Ebene vor allem drei Forschungsschwerpunkte heraus (Zou/Cavusgil 2002, S. 40 ff.), nämlich die Diskussion von Standardisierung versus Differenzierung, die Analyse der Konfiguration der Marketingaktivitäten sowie die Diskussion der Erforderlichkeit einer Integration der Marketingaktivitäten.

(1) Standardisierung versus Differenzierung

In der Mehrzahl der Publikationen steht v. a. die Diskussion von Standardisierungen versus Differenzierungen internationaler Marketingstrategien im Vordergrund. Es geht um die Frage, ob standardisierte, also international einheitlich ausgestaltete, Marketingstrategien oder differenzierte Strategien, also im internationalen Umfeld unterschiedlich ausgestaltete Vorgehensweisen, realisiert werden sollen (Bolz 1992, S. 10 ff.). Diese Fragestellung ist insofern von Relevanz, als zu eruieren ist, ob eine Internationalisierbarkeit von Marketingmaßnahmen möglich ist. In der Literatur zum Internationalen Marketing geht es vor allem um die Frage, ob die Globalisierung der Weltwirtschaft zu einer Annäherung des Konsumentenverhaltens (Homogenisierung) führt, oder ob regionale Unterschiede bestehen bleiben. Angestoßen wurde diese Diskussion durch die Globalisierungsthese von Levitt (1983), die auch aktuell noch kontrovers diskutiert wird (Zou/Cavusgil 2002, Townsend et al. 2004). Levitt (1983) geht davon aus, dass sich eine zunehmende Homogenisierung der Weltmärkte vollzieht, die mit einer weltweiten Annäherung des Konsumentenverhaltens verbunden ist (Konvergenzthese). In diesem Fall ist der Einsatz einer international standardisierten Marketingstrategie sinnvoll (McCracken 1988). Gegner dieser Globalisierungsthese gehen davon aus, dass trotz allgemeiner globaler Entwicklungstendenzen keine generelle Homogenisierung stattfindet, sondern dass eine regional unterschiedliche Interpretation der globalen Entwicklungstendenzen erfolgt (Czinkota/Ronkainen 2003). Sie ist das Resultat regionaler Unterschiede in den Sichtweisen und im Verständnis der Menschen (Belk 1996). In einer weiteren Sichtweise wird sogar angenommen, dass sich im Rahmen der Globalisierungstendenzen der Weltwirtschaft nicht eine Homogenisierung der Kulturen bzw. des Konsumentenverhaltens ergibt, sondern sich eine Polarisierung der Kulturen auf der Basis materieller bzw. abstrakter kultureller Unterschiede (insbesondere „östliche" versus „westliche" Kulturen) einstellt (Douglas/Wind 1987). Gleichermaßen zeigt sich dieses Phänomen dieser Auffassung nach in der Bildung regionaler Blöcke im Rahmen der Weltwirtschaft (insbesondere EU, NAFTA, ASEAN), die durch signifikante Unterschiede in den Kulturen gekennzeichnet sind. Solche Tendenzen würden ein differenziertes, den unterschiedlichen Bedürfnissen der Ländermärkte bzw. Regionen entsprechendes Vorgehen erfordern (Kale 1995).

Ein pragmatisch orientierter Ansatz zur Lösung dieser grundsätzlichen Problematik von Standardisierung versus Differenzierung des Marketing-Mix-Instrumentariums (Taylor 2002) liegt in der Fokussierung auf die „Global-Local-Balance". Diese stellt den optimalen Standardisierungs- bzw. Differenzierungsgrad dar, der von den Unternehmensressourcen auf der einen Seite sowie von den internationalen Aktivitäten des Unternehmens und der Unterschiedlichkeit der Länder auf der anderen Seite abhängig ist (Brielmaier 1997, S. 95 ff.). Die „Global-Local-Balance" folgt somit dem Prinzip der Standardisierung „so weit wie möglich" und dem der Differenzierung „so weit wie nötig".

(2) Konfiguration der Marketingaktivitäten

Ein weiterer Schwerpunkt bezieht sich auf die Diskussion der Konfiguration der Marketingaktivitäten (Craig/Douglas 2000). Diese ist v. a. für Unternehmen relevant, die über international dislozierte Einheiten verfügen. Im Vordergrund steht die Frage nach der optimalen Verteilung der Wertschöpfungsaktivitäten im Kontext des Internationalen Marketings auf unterschiedliche Unternehmenseinheiten bzw. Ländermärkte und somit nach der Ausnutzung von Wettbewerbsvorteilen durch Spezialisierung und Anpassung im internationalen Kontext (Zou/Cavusgil 2002, Zentes/Swoboda/Morschett 2004, S. 615 ff.). Dadurch können zum einen länderspezifische Vorteile ausgenutzt und zum anderen länderübergreifende Koordinationssynergien im Sinne von Economies of Scale bzw. Economies of Scope und Lerneffekten realisiert werden (Kogut 1989, Zentes/Neidhart 2004). Dabei spielt auch die an der „Standardisierungs-Differenzierungs-Diskussion" anknüpfende Frage nach der Entscheidungszentralisation versus Entscheidungsdezentralisation bzw. nach der regionalen Einflussnahme lokaler Einheiten eine wesentliche Rolle.

(3) Integration der internationalen Marketingaktivitäten

Im dritten Schwerpunkt erfolgt die Fokussierung auf die Untersuchung von Integrationserfordernissen im Internationalen Marketing. Diese ergeben sich aufgrund von Verflechtungen zwischen den Ländermärkten (Zentes/Swoboda/Schramm-Klein 2006). Im Vordergrund stehen Verknüpfungen im Wettbewerbsumfeld, Interdependenzen auf der Nachfrageseite (z. B. durch internationale Präsenz oder Mobilität der Abnehmer) oder Zusammenhänge im institutionellen Bereich. Zusätzlich sind auch finanzielle Interdependenzen bedeutsam, dabei auch ein gegebenenfalls erforderlicher (eventuell lediglich vorübergehender) Gewinn- und Verlustausgleich zwischen den Ländermärkten. Dieser kann z. B. zur Kompensation bzw. Überbrückung von Anfangsinvestitionen oder bei erforderlicher Präsenz auf besonders relevanten Märkten aus Imagegründen notwendig sein (Ghoshal 1987, Zou/Cavusgil 2002).

3.3 Forschungsschwerpunkte im Rahmen der Entscheidungsfelder des Internationalen Marketings

3.3.1 Marktengagement

Das Marktengagement bezieht sich auf die aus Unternehmenssicht getroffene Entscheidung bezüglich der Aktivitäten in einem (Länder-)Markt bzw. in mehreren (Länder-)Märkten. In diesem Kontext werden im Rahmen des Internationalen Marketings sowohl Entscheidungen der Marktsegmentierung als auch der Marktselektion diskutiert sowie (darauf aufbauend) Markteintritts- und Marktaustrittsentscheidungen (Zentes/Swoboda/Schramm-Klein 2006, S. 89 ff.).

(1) Marktsegmentierung und Marktselektion

Um geplante Markteintritts- oder Marktaustrittsentscheidungen zu treffen, ist eine Bewertung und Auswahl der jeweiligen (Länder-)Märkte erforderlich. In diesem Zusammenhang stellen Verfahren der Marktsegmentierung und -selektion die notwendigen Entscheidungskriterien zur Verfügung. In der Literatur dominieren dabei zwei Perspektiven: (1) die länderspezifische Perspektive, bei der Entscheidungen über den Markteintritt in einen Ländermarkt, den Zeitpunkt dieses Eintritts sowie die Besonderheiten des Austritts aus einem Ländermarkt und die damit verbundenen Herausforderungen betrachtet werden, und (2) die länderübergreifende Perspektive, die sich auf Entscheidungen bezüglich des Eintritts in bzw. des Austritts aus mehreren Ländermärkten (gegebenenfalls Länderportfoliobereinigungen) bezieht. In diesem Zusammenhang wird auch von Marktexpansion bzw. Marktreduktion gesprochen (Zentes/Swoboda/Schramm-Klein 2006, S. 91).

Marktsegmentierung und -selektion stellen die Voraussetzung für die Entscheidungen bezüglich des Marktengagements dar, indem sie die Gruppierung oder das Herausfiltern der optimalen Länder aus einer Vielzahl von Märkten (im Extremfall der Welt) bzw. die Bewertung respektive Einschätzung einzelner Ländermärkte auch unmittelbar vor einem Eintritt oder möglichen Austritt beinhaltet. Zudem bilden sie die Voraussetzung für eine Strategie der differenzierten Marktansprache, da dabei Kunden bzw. Märkte nach unterschiedlichen Kriterien gruppiert werden und damit Anpassungen unternehmerischer Entscheidungen an diese Segmente ermöglicht werden (Zentes/Swoboda 2001). In der Literatur zum Internationalen Marketing werden zum einen die unterschiedlichen Verfahren der länderübergreifenden (Weltmarkt-)Segmentierung bezüglich ihrer Vor- bzw. Nachteile untersucht. Dabei werden Verfahren diskutiert, die eine länderübergreifende Klassifikation von Kundengruppen (zur globalen Ansprache) beinhalten (integrale Segmentierung) und auch solche Verfahren, die auf einzelne Länder ausgerichtet sind (internationale Marktsegmentierung), mit dem Ziel der Auswahl geeigneter Ländermärkte, wobei innerhalb dieser Ländermärkte wiederum eine (intranationale) Marktsegmentierung erfolgen kann (Kutschker/Schmid 2006, S. 950 ff.). Neben dieser Diskussion der generellen Segmentierungsebenen werden in erster Linie unterschiedliche Kriterien der Segmentbildung diskutiert. Die Forschung im Internationalen Marketing fokussiert in diesem Kontext v. a. im Rahmen der Konsumentenverhaltensforschung darauf, geeignete Kriterien zur Segmentierung zu identifizieren (z. B. Bock/Uncles 2002, Ter Hofstede/Wedel/Steenkamp 2002). Im Gegensatz zur Konsumentenverhaltensforschung beziehen sich Segmentierungsansätze im Business-to-Business-Bereich auf „härtere" Segmentierungskriterien (z. B. Beschaffungspotential, Marktmacht, Auftragsverhalten). Zudem werden oftmals dyadische Beziehungen betrachtet wie beispielsweise organisatorische, strategische oder prozessuale Partner-Fits (Andersen/Buvik 2002).

Hinsichtlich der Vorgehensweisen der Ländermarktselektion sind im Rahmen der Forschungsansätze des Internationalen Marketings deskriptive und normative Ansätze zu unterscheiden. Die deskriptiven Ansätze beschreiben v. a., wie sich Unternehmen im Internationalisierungsprozess bzw. bei der Marktwahl verhalten. Sie basieren auf empirischen Studien, die aufzeigen, dass Unternehmen nicht durchgängig rational-logisch anhand quantitativer Segmentierungs- und Selektionsmodelle vorgehen (Cavusgil 1985, Swoboda 2002). Erklärt wird dies durch eine nur eingeschränkt verfügbare Informationsverarbeitungskapazität der Entscheidenden (Piercy 1982), durch eine inkrementale, rational begrenzte Internationalisierung (Aharoni 1966, Johanson/Vahlne 1990) oder dadurch, dass die Internationalisierung von Unternehmen auch auf einer zufälligen (im Sinne einer emergenten) Basis abläuft (Bilkey/Tesar 1977). Typischerweise beschreiben deskriptive Ansätze nicht nur die Segmentierung, sondern den gesamten Entscheidungsprozess, den Unternehmen auf dem Wege zur Internationalisierung und im Rahmen der dazugehörigen Marktselektion durchlaufen, der meist auf Produkten und Unternehmensgrundsätzen ansetzt sowie zur Bewertung und Auswahl einzelner Länder führt (Andersen/Buvik 2002, S. 350). Verbreitet ist hier das Konzept der psychischen Distanz (Johanson/Wiedersheim-Paul 1975, Johanson/Vahlne 1977, Rhee/Cheng 2002) bzw. der geografisch-kulturellen Distanz (Müller 1991), ein auf subjektiver Wahrnehmung der Entscheidenden basierender Multiattributsfaktor, in dem Unterschiede in der Wahrnehmung der sprachlichen und kulturellen Differenzen, der politischen Systeme, des Industrialisierungsgrads usw. einfließen können. Johanson und Vahlne (1990) zeigen, dass Unternehmen im Laufe ihrer Internationalisierung sukzessiv in Märkte mit größerer psychischer Distanz eintreten, d. h. ex ante keine Länderselektion vornehmen, was Papadopoulos und Denis (1988, S. 44 f.) pauschal auf eine vereinfachte Informationsbeschaffung zurückführen und andere Autoren mit dem (Ressourcen-)Commitment verbinden (Randøy/Dibrell 2002, S. 122).

Den normativen Ansätzen liegt die Annahme zu Grunde, dass die Marktwahl auf systematischen Entscheidungsstrukturen bzw. einem logisch-rationalen Entscheidungskalkül basiert (Schuh/Trefzger 1991, S. 111). Hierbei wurden unterschiedliche einstufige und mehrstufige Modelltypen entwickelt. Einstufige Modelle nehmen auf die Länderbewertung Bezug, oft in der Anwendung einer groben Screening-Prozedur, meist auf Basis von Sekundärdaten. Dabei unterscheidet man marktgruppierende bzw. marktschätzende Konzepte. Marktgruppierende Konzepte bündeln Länder auf Basis ihrer Ähnlichkeit (z. B. auf der Grundlage von politischen, sozialen oder ökonomischen Makroindikatoren oder auf der Basis von Kundenmerkmalen), während marktschätzende Konzepte die Märkte auf Basis ihres erwarteten Potentials bewerten. Einen Überblick über unterschiedliche Forschungsarbeiten zu einstufigen Selektionsmodellen geben Papadopolous und Denis (1988) sowie Papadopolous, Chen und Thomas (2002).

Mehrstufige Ansätze streben neben einer grundsätzlichen Länderbewertung eine differenzierte Analyse der Entscheidungsprozesse bis zur Selektion und zum Eintritt bzw. Expansion an. Sie folgen der Sichtweise, dass es zweckmäßig ist, aufgrund der zahlreichen denkbaren Bezugsebenen (z. B. Länder, Kundengruppen) bzw. der Optionen bei der Entwicklung von Länderselektionsmodellen, die Marktsegmentierung und -selektion als hierarchisches Konzept aufzufassen (Schuh/Trefzger 1991, S. 114). Diese Zugänge werden v. a. seit den 1980er Jahren intensiv diskutiert. In der Literatur wird dabei eine Vielzahl unterschiedlicher Einzelschritte oder Verfahren bzw. Beurteilungshilfen sowie Anwendungsfelder diskutiert. Beispiele neuerer Forschungsarbeiten sind in Abbildung 1 dargestellt.

Autor(en)	Entscheidungsstufen	Methoden/ Beurteilungs-hilfen	Anwendung/ empirische Prüfung
Koch 2001	(1) decision criteria (global corporate objectives), (2) global market situation and trends, (3) review of individual markets, (4) elimination of unfeasible markets, (5) feasible market/market entry options, (6) evaluation of feasible market/market entry options, (7) multi-criteria: comparison of anticipated pay-offs for various market/market entry options, (8) selection of the optimal market/market entry mode, (9) would all or any of the market/market entry modes constitute a good global strategic fit?	not specified, „manager decision"/ interdependency with market entry mode strategy	universally (combined with market entry options)/no
Brewer 2001	(1) establish a country market set (corporate policy, practical considerations), (2) identify a country (sources of information), (3) evaluate the country: attractiveness, competitive position, (4) select market: assessments of profitability	(1) elimination method, (2) ranking, (3) personal judgements	exports/ six cases
Andersen/ Buvik 2002	(1) awareness: identification of potential partners (assessment about objective skills), (2) exploration (attraction): initial negotiations, (3) choice: selection of exchange partner(s), based on goal compatibility, trust and performance	(1) sequential search process, (2) trial purchases, goals, incentives, (3) elimination method, ranking	universally; industry goods with high resource commitment, uncertainty/no
Rahman 2003	(1) first step of screening process: market's size attractiveness (macro-, microeconomic indicators, firms' own capabilities), (2) second step of screening process: market's structural attractiveness (cost/structural compatibility indicators, firm policy guidelines)	elimination method (minimum requirements), no weighted criteria	universally/ twelve Australian firms and government organizations

Abb. 1: Beispiele für Stufenmodelle bzw. -ansätze der Marktselektion
Quelle: in Anlehnung an Swoboda/Schwarz (2004), S. 269 f.

(2) Timing-Strategien

Weitere wesentliche Schwerpunkte im Rahmen der Forschung zum Internationalen Marketing beinhalten die Analyse von länderspezifischen bzw. länderübergreifenden Timing-Strategien. Länderspezifische Timing-Strategien werden häufig in die

Grundtypen „pioneer“ und „follower“ eingeteilt (z. B. Lieberman/Montgomery 1988, Kerin/Varadarajan/Peterson 1992). Differenzierter ist die Dreiteilung in „early, second and late mover“ (z. B. Remmerbach 1988). Als Forschungsschwerpunkt steht dabei v. a. die Analyse der Erfolgsrelevanz unterschiedlicher Timing-Strategien im Vordergrund (z. B. Lambkin 1988, Robinson 1988, Lilien/Yoon 1990, Luo 1998).

Die Formen länderübergreifender Timing-Strategien werden unter verschiedenen begrifflichen Abgrenzungen diskutiert. Konzeptionell sind als gegensätzliche Optionen sukzessive versus simultane Strategie (Ohmae 1985, S. 44, Kreutzer 1989) und Diversifikations- versus Konzentrationsstrategie (Marktstreuung versus Marktkonzentration; Piercy 1982, S. 43 ff.) abzugrenzen. Den Unterschied bildet die räumliche bzw. produktbezogene Grundlage. Im Zuge der erstgenannten Abgrenzung werden einzelne Länder als Bezugsobjekte diskutiert, während in der zweitgenannten Abgrenzung einzelne Marktsegmente in verschiedenen Ländern im Mittelpunkt stehen. In diesem Kontext werden neben der Diskussion von Vor- und Nachteilen bzw. Voraussetzungen der jeweiligen Strategien in erster Linie neue Timing-Muster diskutiert wie v. a. „Born Global Firms“ (Rennie 1993, Chetty/Campbell-Hunt 2004). Sie weichen von dem klassischen Internationalisierungsmodell ab, indem sie bereits bei oder kurz nach ihrer Gründung internationale Aktivitäten aufnehmen und bereits zu frühen Zeitpunkten die geografische Reichweite ihrer Tätigkeit ausdehnen. Dabei sind die „Born Global Firms“ dadurch gekennzeichnet, dass sie nicht der traditionellen, durch die Lerntheorie der Internationalisierung geprägten „psychic distance chain“ folgen, sondern sich bereits in frühen Phasen auf „entfernte“ Ländermärkte ausrichten (Knight/Madsen/Servais 2004).

(3) Marktaustritte

Eine Sonderstellung bei der Analyse des Marktengagements bilden Untersuchungen zum Themenbereich der Marktaustritte. Die Erkenntnisse bezüglich des unternehmerischen Wachstums (z. B. Investitions-, Wachstums- oder Eintrittsstrategien) sind bisher zwar wesentlich höher als diejenigen bezüglich Desinvestition, Schrumpfung oder vollständigen Marktaustritts, jedoch wurde gerade in neuerer Zeit eine Vielzahl von Studien zur „Deinternationalisierung“ veröffentlicht (vgl. Abbildung 2).

Autor(en)	Gegenstand	Beziehungen/ Determinanten	Basis
Dranikoff/ Koller/ Schneider 2002	„acquisition and divestiture"	(1) durchschnittlich aktives Portfoliomanagement, (2) „divestitures" erfolgen zu 76 % reaktiv usw.	Sekundärdaten 1990-1999 von 200 Firmen
Lay 2003	„entry and exit in Taiwan's manufacturing"	Determinanten: Barrieren (+), „sunk costs" usw. (-), keine symmetrischen Effekte bei Eintritt und Austritt	Sekundärdaten, Regressionen
Roberts/ Thompson 2003	„entry and exit in transition economies"	„entrance and exit" kein Unterschied in „transition economy"	Sekundärdaten aus Polen
Pauwels/ Matthyssens 2004	internationaler „market exit process" bei Exporten	bedingt durch Wandel des Commitments, Entscheidungsprozesse und Streben nach strategischer Flexibilität in der exportorientierten Expansion	zwei Tiefenfallstudien bzw. zwölf Fallstudien
Yamawaki 2004	„exit patterns of European and US firms in Japanese manufacturing"	(1) japanische Businessstruktur und -praxis als Barriere, aber nur bedingt relevant für „exits", (2) branchen-, niederlassungsspezifische Faktoren, Konfiguration determiniert „exit pattern"	Sekundärdaten 1973-1994, 366 Tochtergesellschaften
Alexander/ Quinn/ Cairns 2005	„retail divestment"	Umfang und Ausprägungen von „full/partial market exits" über die Zeit	Sekundärdaten 1987-2003; 153 „full/partial exits"
Dunne/ Klimek/ Roberts 2005	„exit in US-manufacturing markets"	Determinanten: (1) Erfahrung beim Eintritt auf Wahrscheinlichkeit und Form des Austritts (+), (2) Firma, Marktbedingungen, Historie (+)	Sekundärdaten 1963-1997 ausgewählter Branchen in USA

Abb. 2: Ausgewählte neuere Studien zur „Deinternationalisierung"

Dabei sind vielfältige Formen der Marktaustritte bekannt. Benito (2005, S. 242) unterscheidet beispielsweise „adjustments", „failures" und „results of restructuring". Eine ähnliche Strukturierung wählen Swoboda und Schwarz (2006), die drei wesentliche Ausprägungen charakterisieren: (1) die Verringerung bzw. Anpassung der Marktpräsenz (z. B. Schließung einzelner Niederlassungen im Markt; „closure or adjustments"), (2) die organisationale Restrukturierung durch den Wandel von Ressourcen und Aktivitäten auf verschiedenen Niveaus, so die Betätigungsform oder Marktbearbeitung („organisational restructuring“) sowie (3) das vollständige Verlassen des Marktes („exit“).

3.3.2 Betätigungsformen

Das zweite inhaltliche Schwerpunktfeld im Rahmen des Internationalen Marketings beschäftigt sich mit den Betätigungsformen, die Unternehmen im Rahmen ihres internationalen Engagements wählen können. Traditionell unterscheidet man anhand der Kriterien Wertschöpfungsschwerpunkt (im In- oder Ausland) und Ausmaß des Kapitaltransfers als Hauptbetätigungsformen Export, Lizenzen, Know-how-Verträge, Franchising, Joint Ventures, die Errichtung von Tochtergesellschaften sowie Akquisitionen. Hauptforschungsschwerpunkte liegen insbesondere in der Analyse dieser möglichen Betätigungsformen hinsichtlich der (generellen oder länderbezogenen) Einflussfaktoren bzw. Kriterien der Wahl von Betätigungsformen (z. B. Herrmann/Datta 2002, Gilmore/O'Donnell/Cummins 2003), der Prozesse bzw. Methoden der Wahl von Betätigungsformen (z. B. Eramilli/Rao 1993, Li/Li/Dalgic 2004), ihrer Erfolgsrelevanz (z. B. Brouthers 2002, Delios/Beamish 2004) bzw. der jeweiligen Erfolgsfaktoren (z. B. Dhanaraj/Beamish 2003, Morgan/Kaleka/Katsikeas 2004) sowie der Stufen bzw. Sequenzen oder Wechsel von Betätigungsformen (z. B. Swoboda 2002, Mahnke/Venzin 2003).[1]

3.3.3 Marktbearbeitung

Die Marktbearbeitung beinhaltet den Einsatz des Marketinginstrumentariums in den unterschiedlichen Ländermärkten. Die Planung und die Gestaltung der Marktbearbeitung weisen grundsätzliche Analogien zum nationalen Marketing auf. Kennzeichnend ist jedoch das Erfordernis der Berücksichtigung länderspezifischer Gegebenheiten wie z. B. technischer oder rechtlicher Restriktionen oder kultureller Unterschiede. Zudem sind Interdependenzen zwischen den Ländermärkten zu beachten und Abstimmungen mit den jeweiligen Betätigungsformen auf den Märkten erforderlich (Özsomer/Prussia 2000). Die Forschungsschwerpunkte beziehen sich auf die Gestaltung der jeweiligen Instrumente des internationalen Marketing-Mixes, insbesondere auf die „4 P“ (Produkt-, Preis-, Kommunikations- und Distri-

---

1 Da die Wahl der Betätigungsform in engem Zusammenhang mit der Gestaltung der Distributionspolitik steht, wird für einen weitergehenden Überblick auf den Beitrag von Dirk Morschett und Bernhard Swoboda „Internationales Management aus der Perspektive des Internationalen Distributionsmanagements“ in diesem Band verwiesen.

butionspolitik)[2] sowie auf die Abstimmung der jeweiligen Marketing-Mix-Instrumente untereinander.

(1) Internationale Produktpolitik

Die Hauptschwerpunkte der Forschung zur internationalen Produktpolitik liegen in den Feldern des Internationalen Innovationsmanagements, der internationalen Leistungsprogrammgestaltung sowie des Internationalen Markenmanagements. Das Internationale Innovationsmanagement hat als Forschungsfeld erheblich an Bedeutung gewonnen, da es wesentlich zur Steigerung des Wachstums und der Verbesserung der Wettbewerbsposition der Unternehmen beiträgt. Wesentliche Forschungsfelder bilden zum einen die Entwicklung und Einführung von Produktinnovationen. Dabei wird hinsichtlich der Betrachtungsperspektive des Neuigkeitsgrads der Produkte zwischen der Unternehmensperspektive („Unternehmensneuheit") und der Perspektive der jeweiligen Abnehmer bzw. Ländermärkte („Marktneuheit") unterschieden. Produktinnovationen können marktinduziert (ausgehend von Kundenbedürfnissen) oder technologieinduziert (ausgehend von technologischen Entwicklungen) sein (Boutellier/Gassmann/Von Zedtwitz 2000). Einen weiteren Forschungsschwerpunkt bildet die Analyse unterschiedlicher Timing-Strategien. Dabei kann im Grundsatz – analog zu den unterschiedlichen Timing-Strategien im Kontext der internationalen Marktselektion – zwischen der simultanen und der sequenziellen Vorgehensweise (Sprinkler- und Wasserfallstrategie) unterschieden werden. Die Wasserfallstrategie der Markteinführung neuer Produkte knüpft an dem Konzept des internationalen Produktlebenszyklus an (z. B. Vernon 1966, Stremersch/Tellis 2004). Weiterhin relevant ist die Frage des länderspezifischen Timings der Neuprodukteinführung (beispielsweise Pionier- versus Folgerstrategie; z. B. Szymanski/Troy/Bharadwaj 1995). Einen Überblick über neuere Forschungsarbeiten im Bereich der Produktpolitik gibt Abbildung 3.

2 Vgl. dazu den Beitrag von Dirk Morschett und Bernhard Swoboda „Internationales Management aus der Perspektive des Internationalen Distributionsmanagements" in diesem Band.

Autor(en)	Inhalt der Studie	Branche	Vorgehensweise/ Grundlage
Knight 1999	Vergleich der Vorlieben von Konsumenten für ausländische und heimische Produkte	Konsumgüter	Befragung von 87 Konsumenten in den USA
Im et al. 2003	Determinanten der Leistungsfähigkeit neuer Produkte aus Korea und Japan in globalen Märkten	verarbeitende Industrie	Befragung von 110 Produktmanagern aus Korea und Japan
Jeong 2003	Zusammenhang zwischen internationaler Diversifikation und der Leistungsfähigkeit neuer Produkte	branchenübergreifend	empirische Daten von 179 Managern aus den USA und 250 Firmen aus China
Sustar 2004	Charakteristika der Produktstandardisierung bzw. Adaption im internationalen Umfeld	Export	Befragung von 298 slowenischen Firmen
Townsend et al. 2004	Analyse der Auswirkungen kultureller Unterschiede auf die Akzeptanz neuer Produkte	multinationale Unternehmen	Verwendung von Hofstedes Kulturdimensionen und weiteren Sekundärquellen
Craig/ Green/ Douglas 2005	standardisierte Produktpolitik: Einfluss von Kultur (Werte, Sprache, Symbole, Kontext) auf Produktakzeptanz und Eignung für stark kulturgeprägte Produkte	Filmindustrie und Übertragung auf weitere Produktkategorien	empirische Untersuchung von 299 US-amerikanischen Filmen
Homburg et al. 2005	kulturübergreifender Vergleich der Determinanten (u. a. Produktqualität) von Kundennutzen in „Business-to-Business"-Märkten	Chemie-, Mechanik-, Elektroindustrie	Befragung von 981 Einkaufsmanagern aus den USA und Deutschland

Abb. 3: Ausgewählte Studien zur internationalen Produktpolitik

Die internationale Leistungsprogrammgestaltung beinhaltet Entscheidungen hinsichtlich der Gesamtheit der angebotenen Waren und Dienstleistungen sowie bezüglich der Länder, Regionen oder Zielgruppen, für die diese Produkte bestimmt sein sollen. Wesentliche Fragestellungen, die im Rahmen der Forschung zur internationalen Leistungsprogrammgestaltung diskutiert werden, beziehen sich zunächst auf die Gestaltung der Leistungsbreite und -tiefe. Einen weiteren Schwerpunkt bildet die Analyse unterschiedlicher Gestaltungsoptionen der Leistungen selbst, insbesondere die Gestaltung des Produktkerns (Qualitätspolitik), der Verpackung, der Markierung (Branding) sowie der produktbezogenen Dienstleistungen (Kundendienstleistungen).

Ein aktuell zentrales Forschungsfeld im Rahmen der internationalen Produktpolitik stellt wiederum die internationale Markenpolitik („international branding") dar. Die Untersuchungsschwerpunkte beziehen sich dabei insbesondere auf die Festlegung der Markenreichweite (z. B. Schuiling/Kapferer 2004), der Markenpositionierung (z. B. Keller 1998) sowie der Markenarchitektur (z. B. Douglas/Craig/Nijssen 2001, Doole/Lowe 2004, S. 272). Zentral ist zudem die Analyse des Brandings (z. B. Eckhardt/Houston 2002, Rosecky/Smith/Ying 2003). Abbildung 4 vermittelt einen Überblick über neuere empirische Studien zur internationalen Markenpolitik.

Autor(en)	Inhalt der Studie	Branche	Vorgehensweise/ Grundlage
D'Astous/ Ahmed 1999	Bedeutung von Länderimages bei der Bildung von Produktwahrnehmung durch Konsumenten	Konsumgüterbranche	Befragung von 197 Handelsunternehmen und 190 Haushalten in Kanada
Alashban et al. 2002	Standarisierung/Adaption von internationalen Markennamen, Analyse von Einflussfaktoren und Konsequenzen	branchenübergreifend (Umsatz größer als zehn Mio. USD)	Befragung von 177 Marketingmanagern aus US-amerikanischen Unternehmen
Francis/ Lam/ Walls 2002	Einfluss sprachlicher Unterschiede auf die internationale Standardisierbarkeit von Markennamen	Konsumgüterbranche	empirische Untersuchung von 209 Markennamen von 49 Firmen aus dem Fortune-500-Index
Hong/ Pecotich/ Shultz 2002	Übersetzung von Markennamen: sprachliche Einschränkungen, Produkteigenschaften, Konsumentenwahrnehmung in Ost- und Südostasien	Konsumgüterbranche	sechs Experimente mit 1.500 Konsumenten aus Singapur
Hsieh 2002	Identifikation von Dimensionen des Markenimages und Messung des Grades der „Globalisierung" von Marken	Automobilindustrie	Befragung von 4.320 Autobesitzern aus 20 Ländern

Erdem/ Zhao/ Valenzuela 2004	internationaler Vergleich von Konsumentenpräferenzen, Wahrnehmungen und Risiken bei Handelsmarken	Konsumgüterbranche/ Einzelhandel	Daten über Einkaufsverhalten und Preisinformationen: 110 Geschäfte/314 Haushalte (USA), 176 Geschäfte/214 Haushalte (Großbritannien), 84 Geschäfte/167 Haushalte Spanien
Schuiling/ Kapferer 2004	Unterschied zwischen lokalen und internationalen Marken und deren jeweiligen Wettbewerbsvorteilen	Nahrungsmittelbranche	Sekundäranalyse Young&Rubicam-Datenbank: 9.739 Befragte aus Deutschland, Italien, Großbritannien, Frankreich
Eckhardt 2005	Management von lokalen Marken in von Konsumenten als „fremd" angesehenen Produktkategorien in aufstrebenden Märkten	Nahrungsmittelindustrie	Tiefeninterviews mit Konsumenten aus Indien

Abb. 4: Ausgewählte Studien zur internationalen Markenpolitik

(2) Internationale Preis- und Konditionenpolitik

Die Forschungsschwerpunkte hinsichtlich des Feldes der internationalen Preis- und Konditionenpolitik beziehen sich vornehmlich auf Fragen der länderübergreifenden Koordination der Preise bzw. Konditionen. Neben der Analyse der wesentlichen Bestimmungsfaktoren der internationalen Preis- und Konditionenpolitik (z. B. Samli/Jacobs 1993, Theodosiou/Katsikeas 2001) stehen v. a. Fragen der konkreten Ausgestaltung der Preise bzw. Konditionen im Vordergrund, so zum einen Fragen der Marktpreisbildung gegenüber privaten oder gewerblichen Endabnehmern und zum anderen Fragen der Marktpreisbildung gegenüber Absatzmittlern. Von besonderer Bedeutung ist zudem die Betrachtung von Kunden, die in mehreren Ländern aktiv sein können („multinational customers"). Neben Fragen der generellen Einflussfaktoren und Methoden der Preisfindung (z. B. Samiee/Anckar 1998, Amine/Chao/Arnold 2005), der Preispositionierung (z. B. Theodosiou/Katsikeas 2001, Bolton/Myers 2003) sowie Fragen der Gestaltung von Transferpreisen (z. B. Fraedrich/Bateman 1996, Emmanuel 1999) stellt auch die Analyse der Gestaltung der Liefer- und Zahlungsbedingungen im internationalen Kontext einen wesentlichen Forschungsschwerpunkt dar (vgl. zu einem Überblick Zentes/Neidhart 2004). Neuere Veröffentlichungen, die das Spektrum der aktuellen Schwerpunkte der Forschung zur internationalen Preis- und Konditionenpolitik aufzeigen, sind in Abbildung 5 dargestellt.

Autor(en)	Inhalt der Studie	Branche	Vorgehensweise/ Grundlage
Samiee/ Anckar 1998	Wahl der Währung für Exporttransaktionen	Export; branchenübergreifend	empirische Untersuchung; 221 US-amerikanische, 192 schwedische, 258 finnische Unternehmen
Myers/ Harvey 2001	Nutzen von Preiskontrollen in Exportkanälen	Export in der verarbeitenden Industrie (Export mindestens 20 % Anteil am Umsatz)	Befragungen von 297 Exportmanagern aus US-amerikanischen Firmen
Raymond/ Tanner/ Kim 2001	Kostenkomplexität bei Preisentscheidungen für Exporteure in aufstrebenden Märkten	Konsumgüterexport	Befragung von 95 US-amerikanischen Unternehmen und 74 koreanischen Unternehmen
Theodosiou/ Katsikeas 2001	Faktoren, die den Grad der Standardisierung von internationalen Preisstrategien in international tätigen Unternehmen bestimmen	branchenübergreifend	Befragung von 129 international tätigen Unternehmen, die in Großbritannien tätig sind
Bolton/ Myers 2003	preisbasierte globale Segmentierung für Dienstleistungen	Dienstleistung	empirische Analyse von 184 System-Support-Verträgen für Geschäftskunden (SSV) im asiatisch-pazifischen Raum, 216 SSV in Europa und 341 in Nordamerika
Cavusgil/ Chan/ Zhang 2003	strategische Preisorientierung im Export, Bildung von Clustern auf Basis unterschiedlicher Herangehensweise an Preisentscheidungen	Export in der verarbeitenden Industrie (Unternehmen mit mindestens 10 % Exportanteil am Umsatz)	Befragungen von 404 US-amerikanischen Firmen

Abb. 5: Ausgewählte Studien zur internationalen Preis- und Konditionenpolitik

(3) Internationale Kommunikationspolitik

Die Forschung zur internationalen Kommunikationspolitik fokussiert stark auf Länderunterschiede bzw. Kulturunterschiede und ihre Konsequenz für Kommunikationsprozesse im internationalen Kontext. Sie hat ihre Tradition v. a. in der Forschung zum Konsumentenverhalten, bezieht sich jedoch auch auf Fragen der optimalen Gestaltung von Kommunikationsprozessen im Business-to-Business-Kontext. Neben übergeordneten Fragen der internationalen Corporate-Identity-Gestaltung (z. B. Schwarz-Musch 2005, Simoes/Dibb/Fisk 2005) fokussiert der Großteil der Forschung zur internationalen Kommunikationspolitik auf die Einflussfaktoren bzw. auf die optimale Gestaltung der einzelnen Instrumente bzw. des gesamten Kommunikationsmixes. Einen Überblick über neuere Forschungsarbeiten zur internationalen Kommunikationspolitik gibt Abbildung 6. Einen zentralen Schwerpunkt innerhalb dieses Forschungsfeldes bildet wiederum die Forschung zur internationalen Werbung (z. B. Agrawal 1995, Shao/Bao/Gray 2004, Taylor 2005). Zudem erfolgt aktuell eine starke Fokussierung auf die Analyse des Einflusses der international bzw. interkulturell unterschiedlichen Bedeutung neuer Medien im Rahmen von Kommunikationsprozessen (z. B. Ansari/Essegaier/Kohli 2000, Yoon/Kim 2005) sowie neuer Kommunikationsformen im Rahmen des Relationship-Marketings wie beispielsweise Direktkommunikation (z. B. Kaikati/Kaikati 2004, Shugan 2004).

Autor(en)	Inhalt der Studie	Branche	Vorgehensweise/ Grundlage
Lynch/ Kent/ Srinivasan 2001	Analyse des „globalen Internetkunden"; Identifikation von Faktoren, die einen Kauf im Internet begünstigen	Konsumgüter/Versandhandel	Befragung von 299 Internetkunden aus zwölf Ländern (Nord- und Südamerika, Europa)
Callow/ Schiffman 2002	kulturübergreifende Analyse der Wirkung impliziter Botschaften in Print-Anzeigen	Konsumgüterbranche	Experimente mit 96 US-amerikanischen und 85 philippinischen Konsumenten
Hudson/ Hung/ Padley 2002	internationale Standardisierung von Werbung; Studie über die Effektivität von TV-Werbung, die auf Kanadier chinesischer Abstammung in Kanada abzielt	Konsumgüter/ Gastronomie	Befragung von 107 chinesischen Studenten (Hongkong) und 85 in Kanada lebenden chinesischen Studenten (beide Gruppen sprachen sowohl fließend englisch als auch chinesisch)
Jeong/ Tharp/ Choi 2002	Internationales Werbemanagement: lokale Manager in internationalen Werbeagenturen	Werbung; branchenübergreifend	Befragung von 85 Werbemanagern aus internationalen Werbeagenturen in Korea

McKechnie/ Zhou 2003	Vergleich der Einstellung von chinesischen und US-amerikanischen Konsumenten zu Product Placement in Filmen	branchenübergreifend	Befragung von 108 chinesischen Studenten, Heranziehung einer älteren Studie von Gupta und Gould 1997
Pashupati/ Lee 2003	Ländervergleich von Webbannerwerbung in Internetzeitungen	Medienbranche/branchenübergreifend	empirische Analyse von 449 Werbebannern auf elf indischen und koreanischen Webportalen großer Tageszeitungen
Bardhan/ Patwardhan 2004	Public Relations in Gastländern, in denen Widerstände gegen das Unternehmen bestehen	international tätige Unternehmen; branchenübergreifend	Analyse von internationalen Unternehmen in Indien als Fallstudie
Shao/ Bao/ Gray 2004	Effektivität vergleichender Werbung; Analyse des Unterschiedes zwischen „Low context"- und „High context"-Kulturen	Konsumgüterbranche	Befragungen von 196 Personen in den USA, die nicht dort aufgewachsen sind (aus 36 verschiedenen Ländern stammend)

Abb. 6: Ausgewählte Studien zur internationalen Kommunikationspolitik

(4) Optimierung des internationalen Marketing-Mixes

Die Bezeichnung „Marketing-Mix" impliziert, dass im Rahmen des Internationalen Marketings alle absatzpolitischen Instrumente (und Subinstrumente) aufeinander abgestimmt und zu einer optimalen „Mischung" zusammengefügt werden müssen. Diese Fragestellungen werden v. a. im Hinblick auf die optimale Allokation des Marketingbudgets untersucht. Im internationalen Marketing-Mix bestehen Wirkungsinterdependenzen zwischen den Marketinginstrumenten und Rückkopplungseffekten von Ländermärkten (z. B. Interaktionseffekte, Carry-over-Effekte, Time Lags, hierarchische Interdependenzen). Die Analyse von Interaktionseffekten zwischen den Marketinginstrumenten bzw. Ausstrahlungseffekten von Ländermärkten, strategischen Geschäftseinheiten oder Produkten bzw. Marken der Unternehmen erfolgt zumeist anhand von Response-Modellen (z. B. Farley/Lehmann

1994, Rust/Zeithaml/Lemon 2004), die den Hintergrund für die Optimierung des Marketing-Mixes bilden (z. B. Sander 2004).

3.4 Methodische Aspekte der Forschung im Internationalen Marketing

Besondere Problembereiche der empirischen Forschung im Bereich des Internationalen Marketings betreffen neben den angesprochenen inhaltlichen Fragestellungen v. a. methodische Aspekte. Diese ergeben sich daraus, dass zwar die generellen Methoden der Forschung im Internationalen Marketing analog zu denjenigen des nationalen Kontexts sind, jedoch ein internationales Vorgehen spezifische Problemstellungen aufwirft. Diese betreffen zum einen direkt ersichtliche Probleme der Datenerhebung an über unterschiedliche Länder verteilten Orten wie z. B. Koordinationsprobleme, Übersetzungsprobleme u. Ä. Weiterhin ist jedoch auch eine Anpassung von Messinstrumenten, Skalen, Erhebungs- und Untersuchungsinstrumenten erforderlich (Steenkamp/Baumgartner 1998, Craig/Green/Douglas 2005). Außerdem ist der zu Grunde gelegte konzeptionelle Rahmen auf seine Eignung für einen Einsatz im internationalen Kontext zu überprüfen (Nakata/Huang 2002). Die Konstruktdefinitionen sowie die Zusammenhänge zwischen den untersuchten Konstrukten können sich im internationalen Kontext (zum Teil deutlich) voneinander unterscheiden (Steenkamp/Baumgartner 1998, Baumgartner/Steenkamp 2001). Eine Vielzahl von Forschungsarbeiten diskutiert aktuell derartige methodische Problemfelder der Forschung im Internationalen Marketing (z. B. Czinkota/Ronkainen 2003, Cavusgil/Deligonul/Yaprak 2005, Douglas/Craig 2006).[3]

4 Marketingimplementierung als Verbindung zwischen Internationalem Marketing und Internationalem Management

Während die bisher dargestellten Forschungsfelder des Internationalen Marketings vornehmlich Fragen der inhaltlichen Ausgestaltung des Marketings zum Inhalt hatten, zielt die Marketingimplementierung auf die Umsetzung von Marketingprogrammen ab. Damit kann sie der sogenannten Realisationsplanung des Strategischen Marketings zugeordnet werden, wenngleich sie über die Entwicklung von

---

3 Vgl. dazu den Beitrag von Hartmut H. Holzmüller „Prozedurale Herausforderungen in der Forschung zum Interkulturellen Management und Ansätze zu deren Handhabung“ in diesem Band.

Strategien und Programmen hinausgeht. Diese Einordnung zeigt die inhaltliche und konzeptionelle Nähe zu den Kernfragen des IM auf, weshalb dieses Forschungsfeld auch als Querschnittsfeld zwischen diesen Disziplinen betrachtet werden kann (Meffert/Bolz 1998). Im Rahmen der Marketingimplementierung stehen Fragen der Gestaltung der Organisationsstruktur (insbesondere die formale Organisationsgestaltung, die Zentralisation und informelle, sekundärorganisatorische Maßnahmen), der Organisationsprozesse und -systeme (Ziele, Strategien und Planungen sowie insbesondere Informations- und Kontrollsysteme) und der Unternehmenskultur sowie des Human Resource Managements (insbesondere die Führungskultur und der Kulturtransfer als Grundlage des Personalmanagements sowie die Frage, inwiefern Unternehmen marktorientiert handeln) im Vordergrund (Zentes/Swoboda/Schramm-Klein 2006, S. 544 ff.).

Neben generellen Fragestellungen des Zusammenhangs zwischen der Organisationsgestaltung bzw. der internen Gestaltung des Internationalen Marketings (z. B. Macharzina/Oesterle 1995, Swoboda 2002), der internationalen Unternehmenskultur (z. B. Hofstede 1993) bzw. des Personalmanagements (z. B. Dowling 1999) und der Marketingimplementierung werden v. a. spezifische Problemstellungen wie z. B. internationale Key-Account-Strukturen (z. B. Yip/Madsen 1996, Homburg/Workman/Jensen 2002), Internationales Marketingprozessmanagement (z. B. Srivastava/Shervani/Fahey 1999) oder internationale Marketingcontrollingsysteme (z. B. Bello/Gilliland 1997, Solberg 2002) diskutiert.

5 Zukünftige Forschungsfelder im Internationalen Marketing: Ein Ausblick

Die Analyse der bisherigen Forschung im Rahmen des Internationalen Marketings zeigt, dass sich das Internationale Marketing als eigenständige Forschungsdisziplin mit eigenständigen Forschungsmethoden bzw. -konzepten inzwischen emanzipiert hat. In den frühen Phasen stand zunächst die Übertragung bekannter Konzepte auf internationale Märkte im Sinne eines „Marketings auf Auslandsmärkten" im Vordergrund und später erfolgte die Entwicklung „tatsächlich" internationaler Marketingkonzepte („Cross-Country-Betrachtung"). Neue Forschungsfelder im Internationalen Marketing wurden in den letzten Jahren vornehmlich durch neue Rahmenbedingungen (z. B. neue Technologien, neue Anforderungen auf der Kundenseite) oder neue Formen der Internationalisierung (z. B. Born Globals) angestoßen. In Bereichen, die an derartigen Fragestellungen ansetzen, liegen weiterhin wesentliche Forschungsfelder, die im Rahmen des Internationalen Marketings von besonderer Bedeutung sind. Im Vordergrund stehen dabei z. B. Fragestellungen des Internationalen Relationship-Marketings, die Analyse internationaler Marketingprozesse oder die Integration internationaler Marketingaktivitäten auf allen Ebenen sowie zwischen den unterschiedlichen Marketinginstrumenten (vgl. z. B. Cavusgil/Deligonul/Yaprak 2005).

Betrachtet man die bisherigen Forschungsschwerpunkte des Internationalen Marketings, so kristallisieren sich zudem zwei zusätzliche Bereiche mit übergeordnetem Charakter heraus, die in der bisherigen Forschung eher vernachlässigt wurden. So werden strategische Aspekte, die sich auf den Zusammenhang zwischen dem Marketing und den übrigen Funktionalbereichen der Unternehmen im Rahmen der Entwicklung internationaler Strategien beziehen, in der Forschung kaum betrachtet. Beispielsweise werden im Rahmen der IM- bzw. Strategieforschung häufig Supply Side orientierte Fragestellungen diskutiert, während im Internationalen Marketing die Demand Side internationaler Beziehungen im Vordergrund steht (Schramm-Klein/Morschett 2006).[4] Bisher ergänzen sich die beiden Forschungsrichtungen zwar, indem komplementäre Themenbereiche untersucht werden, jedoch besteht weiterer Forschungsbedarf im Sinne einer integrierten Betrachtungsweise (Kotabe 2001). Ein weiterer Bereich, in dem bisher Forschungsdefizite vorliegen, bezieht sich auf die Analyse von Rückkopplungseffekten im Rahmen internationaler Marketingstrategien. Derartige Rückkopplungseffekte bestehen zwischen den Ländermärkten, zwischen den unterschiedlichen Entscheidungsfeldern sowie auf der Ebene der jeweiligen Entscheidungsfelder. Die Analyse dieser komplexen Zusammenhänge im Sinne integrativer Betrachtungen erfolgt aber nur selten. Vor allem empirische Analysen zum übergeordneten Zusammenhang dieser Beziehungen stellen deshalb ein wichtiges Feld für die zukünftige Forschung im Internationalen Marketing dar.

Literatur

Agrawal, M. (1995): Review of a 40 Year Debate in International Advertising. In: International Marketing Review, 12. Jg., Nr. 1, 1995, S. 26-48.

Aharoni, Y. (1966): The Foreign Investment Decision Process. Harvard University Press, Boston/MA, 1966.

Alashban, A./Hayes, L./Zinkham, G./Balazs, A. (2002): International Brand-name Standardization/Adaptation: Antecedents and Consequences. In: International Journal of Marketing, 10. Jg., Nr. 2, 2002, S. 22-48.

4 Vgl. dazu den Beitrag von Michael Eßig „Internationales Management aus der Perspektive des Internationalen Beschaffungsmanagements und Supply Chain Managements“ in diesem Band.

Albaum, G./Peterson, R. A. (1984): Empirical Research in International Marketing. In: Journal of International Business Studies, 15. Jg., Nr. 1, 1984, S. 161-173.

Alexander, N./Quinn, B./Cairns, P. (2005): International Retail Divestment Activity. In: International Journal of Retail & Distribution Management, 33. Jg., Nr. 1, 2005, S. 5-24.

Amine, L./Chao, M./Arnold, M. (2005): Exploring the Practical Effects of Country of Origin, Animosity and Price-quality Issues: Two Case Studies of Taiwan and Acer in China. In: Journal of International Marketing, 13. Jg., Nr. 2, 2005, S. 114-150.

Andersen, O./Buvik, A. (2002): Firms' Internationalization and Alternative Approaches to the International Customer: Market Selection. In: International Business Review, 11. Jg., Nr. 3, 2002, S. 347-363.

Ansari, A./Essegaier, S./Kohli, R. (2000): Internet Recommendation Systems. In: Journal of Marketing Research, 37. Jg., Nr. 3, 2000, S. 363-375.

Aulakh, P. S./Kotabe, M. (1993): An Asessment of Theoretical and Methodological Development in International Marketing: 1980-1990. In: Journal of International Marketing, 1. Jg., Nr. 2, 1993, S. 5-28.

Backhaus, K./Büschken, J./Voeth, M. (2003): Internationales Marketing. 5. Aufl., Schäffer-Poeschel, Stuttgart, 2003.

Bardhan, N./Patwardhan, P. (2004): Multinational Corporations and Public Relations in a Historically Resistant Host Culture. In: Journal of Communication Management, 8. Jg., Nr. 3, 2004, S. 246-263.

Bartels, R. (1968): Are Domestic and International Marketing Dissimilar? In: Journal of Marketing, 32. Jg., Nr. 3, 1968, S. 56-61.

Baumgartner, H./Steenkamp, J.-B. (2001): Response Styles in Marketing Research: A Cross-national Investigation. In: Journal of Marketing Research, 38. Jg., Nr. 2, 2001, S. 143-156.

Belk, R. (1996): Hyperreality and Globalization: Culture in the Age of Ronald McDonald. In: Journal of International Consumer Marketing, 8. Jg., Nr. 3/4, 1996, S. 23-37.

Bello, D. C./Gilliland, D. I. (1997): The Effect of Output Controls, Process Controls, and Flexibility on Export Channel Performance. In: Journal of Marketing, 31. Jg., Nr. 1, 1997, S. 22-38.

Benito, G. (2005): Divestment and International Business Strategy. In: Journal of Economic Geography, 5. Jg., Nr. 2, 2005, S. 235-251.

Bilkey, W./Tesar, G. (1977): The Export Behavior of Smaller-sized Wisconsin Manufacturing Firms. In: Journal of International Business Studies, 8. Jg., Nr. 1, 1977, S. 93-98.

Bock, T./Uncles, M. (2002): A Taxonomy of Differences between Consumers for Market Segmentation. In: International Journal of Research in Marketing, 19. Jg., Nr. 3, 2002, S. 215-224.

Bolton, R./Myers, M. (2003): Price-based Global Market Segmentation for Services. In: Journal of Marketing, 67. Jg., Nr. 3, 2003, S. 108-128.

Bolz, J. (1992): Wettbewerbsorientierte Standardisierung des Internationalen Marketing. Wissenschaftliche Buchgesellschaft, Darmstadt, 1992.

Boutellier, R./Gassmann, O./Von Zedtwitz, M. (2000): Managing Global Innovation. Springer, Berlin et al., 2000.

Bradley, M. F. (1987): Nature and Significance of International Marketing: A Review. In: Journal of Business Research, 15. Jg., Nr. 3, 1987, S. 205-219.

Brewer, P. (2001): International Market Selection: Developing a Model from Australian Case Studies. In: International Business Review, 10. Jg., Nr. 2, 2001, S. 155-174.

Brielmaier, A. (1997): Euro Key Account Management: Konzeptionelle und organisatorische Gestaltung des Vertriebsmanagements im Konsumgütergeschäft mit internationalen Key Accounts. GIM Verlag, Nürnberg, 1997.

Brouthers, K. D. (2002): Institutional, Cultural and Transaction Cost Influences on Entry Mode Choice and Performance. In: Journal of International Business Studies, 33. Jg., Nr. 2, 2002, S. 203-221.

Callow, M./Schiffman, L. (2002): Implicit Meaning in Visual Print Advertisements: A Cross-cultural Examination of the Contextual Communication Effect. In: International Journal of Advertising, 21. Jg., Nr. 2, 2002, S. 259-277.

Cavusgil, S. T. (1985): Guidelines for Export Market Research. In: Business Horizons, 28. Jg., Nr. 6, 1985, S. 27-33.

Cavusgil, S. T. (1997): Marketing Perspectives and International Business: A Commentary. In: Nigh, D./Toyne, B. (1997, Hrsg.): International Business: An Emerging Vision. University of South Carolina Press, Columbia/SC, 1997, S. 570-585.

Cavusgil, S. T./Nevin, J. R. (1981): State-of-the-art in International Marketing: An Assessment. In: Enis, B. M./Roering, K. J. (1981, Hrsg.): Review of Marketing. American Marketing Association, Chicago/IL, 1981, S. 195-216.

Cavusgil, S./Chan, K./Zhang, C. (2003): Strategic Orientations in Export Pricing: A Clustering Approach to Create Firm Taxonomies. In: Journal of International Marketing, 11. Jg., Nr. 1, 2003, S. 47-72.

Cavusgil, S. T./Deligonul, S./Yaprak, A. (2005): International Marketing as a Field of Study: A Critical Assessment of Earlier Development and a Look forward. In: Journal of International Marketing, 13. Jg., Nr. 4, 2005, S. 1-27.

Chetty, S./Campbell-Hunt, C. (2004): A Strategic Approach to Internationalization: A Traditional versus a „Born-global" Approach. In: Journal of International Marketing, 12. Jg., Nr. 1, 2004, S. 57-81.

Craig, C. S./Douglas, S. P. (2000): Configural Advantages in Global Markets. In: Journal of International Marketing, 8. Jg., Nr. 1, 2000, S. 6-26.

Craig, S./Green, W./Douglas, S. (2005): Culture Matters: Consumer Acceptance of U. S. Films in Foreign Markets. In: Journal of International Marketing, 13. Jg., Nr. 4, 2005, S. 80-103.

Czinkota, M./Ronkainen, I. (2003): An International Marketing Manifesto. In: Journal of International Marketing, 11. Jg., Nr. 1, 2003, S. 13-27.

D'Astous, A./Ahmed, S. (1999): The Importance of Country Images in the Formation of Consumer Product Perceptions. In: International Marketing Review, 16. Jg., Nr. 2, 1999, S. 108-125.

Deligonul, S. (2003): Reflections on Czinkota and Ronkainen's International Marketing Manifesto: A Perspective from North America. In: Journal of International Marketing, 11. Jg., Nr. 1, 2003, S. 40-46.

Delios, A./Beamish, P. W. (2004): Joint Venture Performance Revisited: Japanese Foreign Subsidiaries worldwide. In: Management International Review, 44. Jg., Nr. 1, 2004, S. 69-91.

Dhanaraj, C./Beamish, P. W. (2003): A Resource-based Approach to the Study of Export Performance. In: Journal of Small Business Management, 41. Jg., Nr. 3, 2003, S. 242-261.

Doole, I./Lowe, R. (2004): International Marketing Strategy. 4. Aufl., Thomson Learning, London, 2004.

Douglas, S. (2001): Exploring New Worlds: The Challenge of Global Marketing. In: Journal of Marketing, 64. Jg., Nr. 1, 2001, S. 103-107.

Douglas, S. P./Craig, C. S. (2006): On Improving the Conceptual Foundations of International Marketing Research. In: Journal of International Marketing, 14. Jg., Nr. 1, 2006, S. 1-22.

Douglas, S./Wind, Y. (1987): The Myth of Globalization. In: Columbia Journal of World Business, 21. Jg., Nr. 4, 1987, S. 19-29.

Douglas, S./Craig, S./Nijssen, E. (2001): Integrating Brand Strategies across Markets: Building International Brand Architecture. In: Journal of International Marketing, 9. Jg., Nr. 2, 2001, S. 97-114.

Dowling, P. J. (1999): Completing the Puzzle: Issues in the Development on the Field of International Human Resource Management. In: Management International Review, 39. Jg., Nr. 3, 1999, S. 27-43.

Dranikoff, L./Koller, T./Schneider, A. (2002): Divestiture – Strategy's Missing Link. In: Harvard Business Review, 80. Jg., Nr. 5, 2002, S. 74-83.

Dunne, T./Klimek, S./Roberts, M. (2005): Exit from Regional Manufacturing Markets – The Role of Entrant Experience. In: International Journal of Industrial Organization, 23. Jg., Nr. 5/6, 2005, S. 399-421.

Eckhardt, G. (2005): Local Branding in a Foreign Product Category in an Emerging Market. In: Journal of International Marketing, 13. Jg., Nr. 4, 2005, S. 57-79.

Eckhardt, G./Houston, M. (2002): Cultural Paradoxes Reflected in Brand Meaning: McDonald's in Shanghai, China. In: Journal of International Marketing, 10. Jg., Nr. 2, 2002, S. 68-82.

Emmanuel, C. (1999): International Transfer Pricing and Countervailing Fiscal Rules. In: Engelhard, J./Oechsler, W. (1999, Hrsg.): Internationales Management. Gabler, Wiesbaden, 1999, S. 415-433.

Eramilli, K./Rao, C. P. (1993): Service Firms' International Entry-mode Choice: A Modified Transaction-cost Analysis approach. In: Journal of Marketing, 57. Jg., Nr. 3, 1993, S. 19-38.

Erdem, T./Zhao, Y./Valenzuela, A. (2004): Performance of Store Brands: A Cross-country Analysis of Consumer Store-brand Preferences, Perceptions, and Risk. In: Journal of Marketing Research, 41. Jg., Nr. 1, 2004, S. 86-100.

Farley, J. U./Lehmann, D. R. (1994): Cross-national „Laws“ and Differences in Market Response. In: Management Science, 40. Jg., Nr. 1, 1994, S. 111-122.

Fraedrich, J./Bateman, C. (1996): Transfer Pricing by Multinational Marketers. In: Business Horizons, 39. Jg., Nr. 1, 1996, S. 17-22.

Francis, J./Lam, J./Walls, J. (2002): Executive Insights: The Impact of Linguistic Differences on International Brand Name Standardization: A Comparison of English and Chinese Brand Names of Fortune-500 Companies. In: Journal of International Marketing, 10. Jg., Nr. 1, 2002, S. 98-116.

Ghoshal, S. (1987): Global Strategy: An Organizing Framework. In: Strategic Management Journal, 8. Jg., Nr. 5, 1987, S. 425-440.

Gilmore, A./O'Donnell, A./Cummins, D. (2003): Factors Influencing Foreign Direct Investment and International Joint Ventures. In: International Marketing Review, 20. Jg., Nr. 2, 2003, S. 195-215.

Gupta, P. B./Gould, S. J. (1997): Consumers' Perceptions of the Ethics and Acceptability of Product Placements in Movies: Product Category and Individual Differences. In: Journal of Current Issues and Research in Advertising, 14. Jg., Nr. 1, 1997, S. 37-50.

Herrmann, P./Datta, D. (2002): CEO Successor Characteristics and the Choice of Foreign Market Entry Mode: An Empirical Study. In: Journal of International Business Studies, 33. Jg., Nr. 3, 2002, S. 551-569.

Hofstede, G. (1993): Interkulturelle Zusammenarbeit: Kulturen – Organisationen – Management. Gabler, Wiesbaden, 1993.

Homburg, C./Workman, J./Jensen, O. (2002): A Configural Perspective on Key Account Management. In: Journal of Marketing, 66. Jg., Nr. 2, 2002, S. 38-60.

Homburg, C./Kuester, S./Beutin, N./Menon, A. (2005): Determinants of Customer Benefits in Business-to-business Markets: A Cross-cultural Comparison. In: Journal of International Marketing, 13. Jg., Nr. 3, 2005, S. 1-31.

Hong, F./Pecotich, A./Shultz, C. (2002): Brand Name Translation: Language Constraints, Product Attributes, and Consumer Perceptions in East and Southeast Asia. In: Journal of International Marketing, 10. Jg., Nr. 2, 2002, S. 29-45.

Hsieh, M. (2002): Identifying Brand Image Dimensionality and Measuring the Degree of Brand Globalization: A Cross-national Study. In: Journal of International Marketing, 10. Jg., Nr. 2, 2002, S. 46-67.

Hudson, S./Hung, C./Padley, L. (2002): Cross-national Standardisation of Advertisements: A Study of the Effectiveness of TV Advertisements Targeted at Chinese Canadians in Canada. In: International Journal of Advertising, 21. Jg., Nr. 3, 2002, S. 345-366.

Im, S./Nakata, C./Park, H. P./Ha, Y.-W. (2003): Determinants of Korean and Japanese New Product Performance: An Interrelational and Process View. In: Journal of International Marketing, 11. Jg., Nr. 4, 2003, S. 81-112.

Jeong, I. (2003): A Cross-national Study of the Relationship between International Diversification and New Product Performance. In: International Marketing Review, 20. Jg., Nr. 4, 2003, S. 353-376.

Jeong, J./Tharp, M./Choi, H. (2002): Exploring the Missing Point of View in International Advertising Management: Local Managers in Global Advertising Agencies. In: International Journal of Advertising, 21. Jg., Nr. 3, 2002, S. 293-321.

Johanson, J./Vahlne, J.-E. (1977): The Internationalization Process of the Firm – A Model of Knowledge Development and Increasing Foreign Market Commitments. In: Journal of International Business Studies, 8. Jg., Nr. 1, 1977, S. 23-32.

Johanson, J./Vahlne, J.-E. (1990): The Mechanism of Internationalisation. In: International Marketing Review, 7. Jg., Nr. 4, 1990, S. 11-24.

Johanson, J./Wiedersheim-Paul, F. (1975): The Internationalization of the Firm – Four Swedish Cases. In: Journal of Management Studies, 12. Jg., Nr. 3, 1975, S. 305-322.

Kaikati, A. M./Kaikati, J. G. (2004): Stealth Marketing: How to Reach Consumers Surreptitiously. In: California Management Review, 46. Jg., Nr. 4, 2004, S. 6-22.

Kale, S. (1995): Grouping Euroconsumers: A Culture-based Clustering Approach. In: Journal of International Marketing, 3. Jg., Nr. 4, 1995, S. 35-48.

Katsikeas, C. (2003): Reflections on Czinkota and Ronkainen's International Marketing Manifesto: A Perspective from Europe. In: Journal of International Marketing, 11. Jg., Nr. 1, 2003, S. 28-34.

Keller, K. (1998): Strategic Brand Management: Building, Measuring, and Managing Brand Equity. Pearson, Englewood Cliffs/NJ, 1998.

Kerin, R./Varadarajan, P./Peterson, R. (1992): First-mover Advantages: A Synthesis, Conceptual Framework and Research Propositions. In: Journal of Marketing, 56. Jg., Nr. 4, 1992, S. 33-52.

Knight, G. (1999): Consumer Preferences for Foreign and Domestic Products. In: Journal of Consumer Marketing, 16. Jg., Nr. 2, 1999, S. 151-162.

Knight, G./Madsen, T./Servais, P. (2004): An Inquiry into Born-global Firms in Europe and the USA. In: International Marketing Review, 21. Jg., Nr. 6, 2004, S. 645-665.

Koch, A. (2001): Selecting Overseas Markets and Entry Modes: Two Decision Processes or One? In: Marketing Intelligence & Planning, 19. Jg., Nr. 1, 2001, S. 65-75.

Kogut, B. (1989): A Note on Global Strategies. In: Strategic Management Journal, 10. Jg., Nr. 4, 1989, S. 17-31.

Kotabe, M. (2001): Contemporary Research Trends in International Marketing: The 1990s. In: Rugman, A. M./Brewer, T. L. (2001, Hrsg.): Oxford Handbook of International Business. Oxford University Press, Oxford et al., S. 457-502.

Kreutzer, R. (1989): Global Marketing – Konzeption eines länderübergreifenden Marketing. Gabler, Wiesbaden, 1989.

Kutschker, M./Schmid, S. (2006): Internationales Management. 5. Aufl., Oldenbourg, München, Wien, 2006.

Lambkin, M. (1988): Order of Entry and Performance in New Markets. In: Strategic Management Journal, 9. Jg., Nr. 2, 1988, S. 127-140.

Lay, T.-J. (2003): The Determinants of and Interaction between Entry and Exit in Taiwan's Manufacturing. In: Small Business Economics, 20. Jg., Nr. 4, 2003, S. 319-334.

Levitt, T. (1983): The Globalization of Markets. In: Harvard Business Review, 61. Jg., Nr. 2, 1983, S. 92-102.

Li, T./Cavusgil, S. T. (1995): A Classification Assessment of Research Streams in International Marketing. In: International Business Review, 4. Jg., Nr. 3, 1995, S. 251-277.

Li, L./Li, D./Dalgic, T. (2004): Internationalization Process of Small and Medium-sized Enterprises: Toward a Hybrid Model of Experiential Learning and Planning. In: Management International Review, 44. Jg., Nr. 1, 2004, S. 93-116.

Lieberman, M./Montgomery, D. B. (1988): First-mover Advantages. In: Strategic Management Journal, 9. Jg., Nr. 1, 1988, S. 41-58.

Lilien, G./Yoon, E. (1990): The Timing of Competitive Market Entry. In: Management Science, 38. Jg., Nr. 5, 1990, S. 568-585.

Luo, Y. (1998): Timing of Investment and International Expansion Performance in China. In: Journal of International Business Studies, 29. Jg., Nr. 2, 1998, S. 391-408.

Lynch, P./Kent, R./Srinivasan, S. (2001): The Global Internet Shopper: Evidence from Shopping Tasks in Twelve Countries. In: Journal of Advertising Research, 41. Jg., Nr. 3, 2001, S. 15.

Macharzina, K./Oesterle, M.-J. (1995): Organisation des internationalen Marketing-Managements. In: Hermanns, A./Wissmeier, U. (1995, Hrsg.): Internationales Marketing-Management. Vahlen, München, 1995, S. 309-338.

Macharzina, K./Oesterle, M.-J. (2002): Das Konzept der Internationalisierung im Spannungsfeld zwischen praktischer Relevanz und theoretischer Unschärfe. In: Macharzina, K./Oesterle, M.-J. (2002, Hrsg.): Handbuch Internationales Management: Grundlagen – Instrumente – Perspektiven. 2. Aufl., Gabler, Wiesbaden, 2002, S. 3-21.

Mahnke, V./Venzin, M. (2003): The Internationalization Process of Digital Information Good Providers. In: Management International Review, 43. Jg., Nr. 1, 2003, S. 115-142.

McCracken, G. (1988): Culture and Consumption: New Approaches on the Symbolism of Consumer Goods and Activities. Indiana University Press, Bloomington/IN, 1988.

McKechnie, S./Zhou, J. (2003): Product Placement in Movies: A Comparison of Chinese and American Consumers' Attitudes. In: International Journal of Advertising, 22. Jg., Nr. 3, 2003, S. 349-374.

Meffert, H./Bolz, J. (1998): Internationales Marketing-Management. 3. Aufl., Kohlhammer, Stuttgart et al., 1998.

Morgan, N. A./Kaleka, A./Katsikeas, C. (2004): Antecedents of Export Venture Performance: A Theoretical Model and Empirical Assessment. In: Journal of Marketing, 68. Jg., Nr. 1, 2004, S. 90-108.

Müller, S. (1991): Die Psyche des Managers als Determinante des Exporterfolges. Metzler-Poeschel, Stuttgart, 1991.

Myers, M./Harvey, M. (2001): The Value of Pricing Control in Export Channels: A Governance Perspective. In: Journal of International Marketing, 9. Jg., Nr. 4, 2001, S. 1-29.

Nakata, C./Huang, Y. (2002): Progress and Promise: The Last Decade of International Marketing Research. American Marketing Association, Chicago/IL, 2002.

Ohmae, K. (1985): Markt der Triade: Die neue Form weltweiten Wettbewerbs. Gabler, Wiesbaden, 1985.

Özsomer, A./Prussia, G. (2000): Competitive Perspectives in International Marketing Strategy: Contingency and Process Models. In: International Journal of Marketing, 8. Jg., Nr. 1, 2000, S. 27-50.

Papadopolous, N./Denis, J.-E. (1988): Inventory, Taxonomy and Assessment of Methods for International Market Selection. In: International Marketing Review, 5. Jg., Nr. 3, 1988, S. 38-51.

Papadopolous, N./Chen, H./Thomas, D. (2002): Toward a Trade-off Model for International Market Selection. In: International Business Review, 11. Jg., Nr. 2, 2002, S. 165-192.

Pashupati, K./Lee, J. (2003): Web Banner Ads in Online Newspapers: A Cross-national Comparison of India and Korea. In: International Journal of Advertising, 22. Jg., Nr. 4, 2003, S. 531-564.

Pauwels, P./Matthyssens, P. (2004): Strategic Flexibility in Export Expansion – Growing through Withdrawal. In: International Marketing Review, 21. Jg., Nr. 4/5, 2004, S. 496-510.

Piercy, N. (1982): Export Strategy: Markets and Competition. Hyman, London, 1982.

Rahman, S. (2003): Modelling of International Market Selection Process: A Qualitative Study of Successful Australian International Businesses. In: Qualitative Market Research, 6. Jg., Nr. 2, 2003, S. 119-132.

Randøy, T./Dibrell, C. (2002): How and why Norwegian MNCs Commit Resources abroad: Beyond Choice of Entry Mode. In: Management International Review, 42. Jg., Nr. 2, 2002, S. 119-140.

Raymond, M./Tanner jr., J./Kim, J. (2001): Cost Complexity of Pricing Decisions for Exporters in Developing and Emerging Markets. In: Journal of International Marketing, 9. Jg., Nr. 3, 2001, S. 19-40.

Remmerbach, K.-U. (1988): Markteintrittsentscheidungen. Gabler, Wiesbaden, 1988.

Rennie, M. W. (1993): Global Competitiveness – Born Global. In: The McKinsey Quarterly, o. Jg., Nr. 4, 1993, S. 45-52.

Rhee, J./Cheng, J. (2002): Foreign Market Uncertainty and Incremental International Expansion: The Moderating Effect of Firm, Industry, and Host Country Factors. In: Management International Review, 42. Jg., Nr. 4, 2002, S. 419-439.

Roberts, B. M./Thompson, S. (2003): Entry and Exit in a Transition Economy: The Case of Poland. In: Review of Industrial Organization, 22. Jg., Nr. 3, 2003, S. 225-343.

Robinson, W. (1988): Sources of Market Pioneer Advantages in Industrial Goods Industries. In: Journal of Marketing Research, 25. Jg., Nr. 2, 1988, S. 87-94.

Rosecky, R./Smith, L./Ying, Z. (2003): An Empirical Comparison of Consumer Package Labels of Chinese and World Brand Products Sold in China. In: Journal of Global Marketing, 16. Jg., Nr. 4, 2003, S. 7-33.

Rust, R. T./Zeithaml, V. A./Lemon, K. N. (2004): Customer-centered Brand Management. In: Harvard Business Review, 82. Jg., Nr. 9, 2004, S. 110-118.

Samiee, S. (1997): Conceptional Framework for International Marketing. In: Nigh, D./ Toyne, B. (1997, Hrsg.): International Business: An Emerging Vision. University of South Carolina Press, Columbia,/SC, S. 542-560.

Samiee, S./Anckar, P. (1998): Currency Choice in Industrial Pricing: A Cross-national Evaluation. In: Journal of Marketing, 62. Jg., Nr. 3, 1998, S. 112-127.

Samli, A./Jacobs, L. (1993): International Pricing Decisions: A Diagnostic Approach. In: Journal of Marketing – Theory and Practice, 1. Jg., Nr. 4, 1993, S. 29-41.

Sander, M. (2004): Marketing-Management. Lucius & Lucius, Stuttgart, 2004.

Schramm-Klein, H./Morschett, D. (2006): The Relationship between Marketing Performance, Logistics Performance and Company Performance for Retail Companies. In: International Review of Retail, Distribution & Consumer Research, 16. Jg., Nr. 2, 2006, S. 277-296.

Schuh, A./Trefzger, D. (1991): Internationale Marktwahl – Ein Vergleich von Länderselektionsmodellen in Wissenschaft und Praxis. In: Journal für Betriebswirtschaft, 41. Jg., Nr. 2/3, 1991, S. 111-129.

Schuiling, I./Kapferer, J.-N. (2004): Real Differences between Local and International Brands: Strategic Implications for International Marketers. In: Journal of International Marketing, 12. Jg., Nr. 4, 2004, S. 97-112.

Schwarz-Musch, A. (2005): Von der Standardisierung zur Integration der internationalen Kommunikationspolitik. In: Marketing Zeitschrift für Forschung und Praxis, 27. Jg., Nr. 2, 2005, S. 135-145.

Shao, A./Bao, Y./Gray, E. (2004): Comparative Advertising Effectiveness: A Cross-cultural Study. In: Journal of Current Issues and Research in Advertising, 26. Jg., Nr. 2, 2004, S. 67-80.

Shugan, S. M. (2004): The Impact of Advancing Technology on Marketing and Academic Research. In: Marketing Science, 23. Jg., Nr. 4, 2004, S. 469-475.

Simoes, C./Dibb, S./Fisk, R. P. (2005): Managing Corporate Identity: An Internal Perspective. In: Journal of the Academy of Marketing Science, 33. Jg., Nr. 2, 2005, S. 153-168.

Solberg, C. (2002): The Perennial Issue of Adaptation or Standardization of International Marketing Communication. In: Journal of International Marketing, 10. Jg., Nr. 3, 2002, S. 1-21.

Srivastava, R./Shervani, T./Fahey, J. (1999): Marketing, Business Processes and Shareholder Value: An organizationally Embedded View of Marketing Activities in the Discipline of Marketing. In: Journal of Marketing, 63. Jg., Special Issue Nr. 1, 1999, S. 168-179.

Steenkamp, J.-B./Baumgartner, H. (1998): Assessing Measurement Invariance in Cross-national Consumer Research. In: Journal of Consumer Research, 25. Jg., Nr. 1, 1998, S. 78-90.

Stremersch, S./Tellis, G. (2004): Understanding and Managing International Growth of New Products. In: International Journal of Research in Marketing, 21. Jg., Nr. 4, 2004, S. 421-438.

Sustar, B. (2004): Characteristics of the Product Standardization/Adaption in the International Environment. In: The Marketing Review, 4. Jg., Nr. 1, 2004, S. 47-71.

Swoboda, B. (2002): Dynamische Prozesse der Internationalisierung: Managementtheoretische und empirische Perspektiven des unternehmerischen Wandels. DUV, Wiesbaden, 2002.

Swoboda, B./Schwarz, S. (2004): Internationale Marktauswahl: Konzepte und Methoden. In: Zentes, J./Morschett, D./Schramm-Klein, H. (2004, Hrsg.): Außenhandel: Marketingstrategien und Managementkonzepte. Gabler, Wiesbaden, 2004, S. 255-280.

Swoboda, B./Schwarz, S. (2006): Dynamic of the Internationalization of Retailing in Europe – From a National to a European Perspective. In: Scholz, C./Zentes, J. (2006, Hrsg.): Strategic Management – New Rules for Old Europe. Gabler, Wiesbaden, 2006, S. 159-200.

Szymanski, D./Troy, L./Bharadwaj, S. (1995): Order of Entry and Business Performance: An Empirical Synthesis and Reexamination. In: Journal of Marketing, 59. Jg., Nr. 4, 1995, S. 17-33.

Taylor, C. R. (2002): What Is Wrong with International Advertising Research. In: Journal of Advertising Research, 42. Jg., Nr. 6, 2002, S. 48-54.

Taylor, C. (2005): Moving International Advertising Research forward – A New Research Agenda. In: Journal of Advertising, 34. Jg., Nr. 1, 2005, S. 7-16.

Ter Hofstede, F./Wedel, M./Steenkamp, J.-B. (2002): Identifying Spatial Segments in International Markets. In: Marketing Science, 21. Jg., Nr. 2, 2002, S. 160-177.

Theodosiou, M./Katsikeas, C. (2001): Factors Influencing the Degree of International Pricing Strategy of Multinational Corporations. In: Journal of International Marketing, 9. Jg., Nr. 3, 2001, S. 1-18.

Townsend, J./Yeniyurt, S./Deligonul, Z./Cavusgil, S. (2004): Explorating the Marketing Program Antecedents of Performance in a Global Company. In: Journal of International Marketing, 14. Jg., Nr. 4, 2004, S. 1-24.

Vernon, R. (1966): International Investment and International Trade in the Product Cycle. In: Quarterly Journal of Economics, 80. Jg., Nr. 2, 1966, S. 190-207.

Walters, P. G. (1986): International Marketing Policy: A Discussion for the Standardization Construct and its Relevance for Corporate Policy. In: Journal of International Business Studies, 17. Jg., Nr. 2, 1986, S. 55-69.

Walters, P. G. (2003): Reflections on Czinkota and Ronkainen's International Marketing Manifesto: A Perspective from Asia. In: Journal of International Marketing, 11. Jg., Nr. 1, 2003, S. 35-39.

Yamawaki, H. (2004): Who Survives in Japan? An Empirical Analysis of European and U. S. Multinational Firms in Japanese Manufacturing Industries. In: Journal of Industry, Competition and Trade, 4. Jg., Nr. 2, 2004, S. 135-153.

Yip, G./Madsen, T. (1996): Global Account Management: The New Frontier in Relationship Marketing. In: International Marketing Review, 13. Jg., Nr. 3, 1996, S. 24-42.

Yoon, S.-J./Kim, J.-I. (2005): Consumer-based Identification of Factors Affecting the Choice of Media: Is the Internet more Effective than Traditional Media? In: Journal of Advertising Research, 41. Jg., Nr. 6, 2005, S. 53-60.

Zentes, J./Neidhart, M. (2004): Standardisierungsansätze zur Reduktion der Transaktionskosten im Außenhandel: Ein Überblick. In: Zentes, J./Morschett, D./Schramm-Klein, H. (2004, Hrsg.): Außenhandel: Marketingstrategien und Managementkonzepte. Gabler, Wiesbaden, 2004, S. 837-859.

Zentes, J./Swoboda, B. (2001): Grundbegriffe des Marketing: Marktorientiertes globales Management-Wissen. 5. Aufl., Schäffer-Poeschel, Stuttgart, 2001.

Zentes, J./Schramm-Klein, H./Morschett, D. (2005): Neue Ansätze im Internationalen Marketing. In: Haas, A./Ivens, B. (2005, Hrsg.): Innovatives Marketing: Entscheidungsfelder – Management – Instrumente. Gabler, Wiesbaden, 2005, S. 543-566.

Zentes, J./Swoboda, B./Morschett, D. (2004): Internationales Wertschöpfungsmanagement. Vahlen, München, 2004.

Zentes, J./Swoboda, B./Schramm-Klein, H. (2006): Internationales Marketing. Vahlen, München, 2006.

Zou, S./Cavusgil, S. (2002): The GMS: A Broad Conceptualization of Global Marketing Strategy and its Effect on Firm Performance. In: Journal of Marketing, 66. Jg., Nr. 4, 2002, S. 40-56.

Dirk Morschett/Bernhard Swoboda*

Internationales Management aus der Perspektive des Internationalen Distributionsmanagements

---

* Prof. Dr. Dirk Morschett ist Inhaber des Chair for International Management – Liebherr/Richemont Endowed Chair der Universität Fribourg (Schweiz). Prof. Dr. Bernhard Swoboda ist Inhaber der Professur für Marketing und Handel der Universität Trier.

1 Einleitung

Betrachtet man Ausführungen zum Internationalen Management (IM), sei es in Lehrbüchern, wissenschaftlichen Monographien oder Beiträgen, so steht auch heute noch die absatzmarktorientierte Internationalisierung von Unternehmen im Vordergrund. Die länderübergreifende Vermarktung von Produkten wird als ein wesentliches Motiv der Internationalisierung angesehen (z. B. Zentes/Swoboda/Morschett 2004, Kutschker/Schmid 2006), was zugleich eine hohe Relevanz des Internationalen Distributionsmanagements begründet. Das Distributionsmanagement umfasst alle Entscheidungen und Maßnahmen, die im Zusammenhang mit dem Weg der Produkte vom Hersteller zum Endabnehmer stehen (Jain 1989). Distribution beinhaltet dementsprechend alle Aktivitäten in Bezug auf die Zeit, den Ort und die Übertragung der Verfügungsrechte der entsprechenden Produkte. Synonym wird häufig der Begriff „Vertrieb" verwendet.

Im vorliegenden Beitrag wird angestrebt, die wichtigsten Forschungsthemen des IM aus der Perspektive des Distributionsmanagements aufzuzeigen. Traditionell kann hier eine dominante Rolle der Forschung zum Exportmanagement festgestellt werden. Der Distributionspolitik zuzuordnen sind zudem die folgenden Themen (in Anlehnung an Meffert/Bolz 1998, S. 221, Zentes/Swoboda/Schramm-Klein 2006, S. 417):

- Selektion von Absatzwegen und Absatzmittlern: Dieser Bereich beinhaltet die Gestaltung und Strukturierung der Distributionswege.
- Koordination von Distributionspartnern: In den gewählten Absatzwegen müssen die Partner koordiniert werden, damit deren Aktivitäten auch den Zielen des Lieferanten entsprechen. Dieser Bereich beinhaltet die Gestaltung der vertraglichen Beziehungen sowie den Einsatz weiterer Koordinationsinstrumente.
- Gestaltung internationaler Geschäftsbeziehungen: Auch im internationalen Kontext werden langfristige Beziehungen zu den Kunden immer wichtiger, deren Untersuchung in den letzten Jahren ebenfalls zum Forschungsthema wurde.
- Internationaler Verkauf: Im Zusammenhang mit internationalen Geschäftsbeziehungen ist auch die Forschung zum Internationalen Verkauf zu sehen, in deren Rahmen Untersuchungen zu den Besonderheiten des Verkaufs bei international tätigen Unternehmen vorgenommen werden.
- Distributionslogistik: Dieser Teilbereich der Distributionspolitik beinhaltet die Planung, Steuerung und Kontrolle der physischen Übermittlung, d. h. (grenzüberschreitender) Transport bzw. Lagerung von Gütern einschließlich der Lie-

fer- und Zahlungsbedingungen. Dieser Bereich, der häufig dem Supply Chain Management zugeordnet wird, bleibt in diesem Beitrag ausgeklammert.[1]

Zwei Aspekte werden in der Literatur besonders betont: Die Wahl geeigneter Distributionskanäle in ausländischen Märkten ist ein zentraler Erfolgsfaktor (Karakaya 1993). Diese Forschungsperspektive betont die Selektion internationaler Distributionskanäle. Darüber hinaus sind in den letzten Jahren auch im Kontext des Internationalen Distributionsmanagements langfristige Geschäftsbeziehungen in den Fokus der wissenschaftlichen Betrachtung gerückt (Berndt/Fantapié Altobelli/ Sander 2005, S. 230 f.) – und dabei sowohl Geschäftsbeziehungen zu Intermediären im Absatzkanal als auch Geschäftsbeziehungen zu Kunden.

Die internationale Distributionspolitik steht in enger Verbindung zur Gestaltung der Betätigungsformen bzw. Markteintrittsstrategien auf Auslandsmärkten. Die Wahl unterschiedlicher Betätigungsformen wie z. B. Export, Lizenzierung, Franchising, Produktions-Joint-Ventures oder Produktionstochtergesellschaften im Gastland beeinflusst Entscheidungen hinsichtlich der Distributionspolitik. In der Literatur werden diese beiden Fragestellungen nicht immer deutlich voneinander abgegrenzt; bei genauerer Betrachtung sind in den Schwerpunkten aber Unterschiede zwischen Untersuchungen zu Markteintrittsstrategien und Untersuchungen zu Distributionsstrategien festzustellen. Mehrheitlich bezieht sich die Frage der Markteintrittsstrategien auf die Festlegung des Standorts und der Transaktionsform hinsichtlich der Produktion für den Auslandsmarkt, wie u. a. im Eklektischen Paradigma von Dunning (1980, 1995) deutlich wird, während die Frage der Distributionskanalwahl lediglich die Wahl der Distributionsorgane im Gastland betrifft – unabhängig vom Produktionsstandort. In der englischen Literatur wird daher meist – aber auch nicht einheitlich – zwischen „market entry modes“ und „marketing channels“ bzw. „distribution channels“ unterschieden. Trotzdem soll die Forschung zum Exportmanagement im Folgenden kurz vorgestellt werden, da sie übergreifende Erkenntnisse für das Internationale Distributionsmanagement geliefert hat.

---

1 Vgl. dazu den Beitrag von Michael Eßig „Internationales Management aus der Perspektive des Internationalen Beschaffungsmanagements und Supply Chain Managements“ in diesem Band.

2 Exportmanagement als dominantes Forschungsfeld

2.1 Determinanten des Exporterfolgs

Ein fundamentaler Forschungsstrang zum Exportmanagement befasst sich mit der Analyse der Erfolgsfaktoren (z. B. Aaby/Slater 1989, Cavusgil/Zou 1994, Diamantopoulos/Schlegelmilch 1994). Dabei wurden zahlreiche Konstrukte hinsichtlich eines potentiellen Einflusses untersucht. Eine Synopse von fast 30 empirischen Studien, welche die sehr lange Tradition der empirischen Exportforschung belegt, stellen Zentes, Swoboda und Schramm-Klein (2006, S. 292 ff.) vor. Die untersuchten Faktoren kann man demnach überwiegend in die folgenden Gruppen einteilen (Zou/Taylor/Osland 1998, S. 37 f.):

- Umfeldmerkmale wie z. B. kulturelle Distanz, Marktgröße, rechtliche Rahmenbedingungen, staatliche Exportförderungsmaßnahmen usw.,
- Unternehmensmerkmale, z. B. Unternehmensgröße, Anzahl der Exportmitarbeiter, F&E-Ausgaben, Patentanzahl, Unternehmenskultur usw.,
- Entscheidermerkmale wie z. B. Ausbildungsniveau, Anzahl der Geschäftsreisen, Auslandsorientierung, Wachstumsorientierung, Sprachkenntnisse usw.,
- Marketingfaktoren, z. B. langfristige Planung, Produktanpassungen an die Anforderungen der Märkte, Produktqualität, Sales Service usw.

Ein integratives Modell, das in der Literatur häufig zitiert wird, wurde von Holzmüller und Stöttinger (1996) vorgeschlagen. Das in Abbildung 1 dargestellte Modell wurde von den Autoren kausalanalytisch geprüft und weitestgehend bestätigt.

Als Trend ist hierbei zu sehen, dass immer stärker behavioristische Untersuchungen vorgenommen werden, bei denen die Merkmale, Einstellungen und Erfahrungen des Managements als Erfolgsfaktor in den Vordergrund gestellt werden. Variablen, die in diesen Studien enthalten waren, sind zum einen objektive Daten wie Alter, Ausbildung und Fremdsprachenkenntnisse, zum anderen aber auch Einstellungen wie Risikoorientierung, Auslands- und Wachstumsorientierung. Insbesondere die Auslandseinstellung des Managements wurde als Erfolgsfaktor identifiziert (Dichtl/Köglmayr/Müller 1990). Zusammenfassende Überblicke über relevante Variablen und Beiträge geben Aaby und Slater (1989) sowie Leonidou, Katsikeas und Piercy (1998).

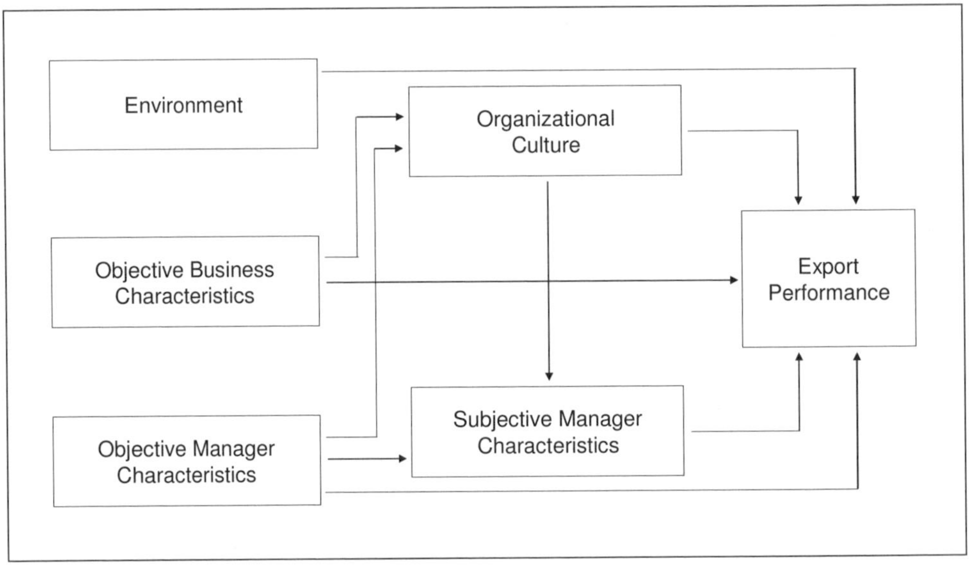

Abb. 1: Determinanten des Exporterfolgs
Quelle: in Anlehnung an Holzmüller/Stöttinger (1996), S. 31.

2.2 Messung des Exporterfolgs

Während sich relativ viele Untersuchungen mit den Erfolgsfaktoren des Exports beschäftigt haben, wurde die Frage, wie dieser überhaupt zu operationalisieren ist, erst später ausführlich diskutiert. Wie dies in reiferen Forschungsfeldern häufig der Fall ist, stellten Autoren beim Versuch der Integration der vorliegenden Forschungsergebnisse fest, dass eine uneinheitliche Konzeptualisierung und Operationalisierung der Variablen eine Kumulation der Forschungsergebnisse erschweren und auch für heterogene Ergebnisse verantwortlich sind (Cavusgil/Zou 1994). So wurde Exporterfolg konzeptualisiert als Exporteffektivität, Exporteffizienz und kontinuierliche Exporttätigkeit (Madsen 1987, Aaby/Slater 1989). Operationalisiert wurde der Erfolg mit umsatzbezogenen Indikatoren wie Exportanteil am Umsatz („Exportintensität"), absolutes Exportvolumen, Exportintensität relativ zur Branche, mit profitabilitätsbezogenen Indikatoren wie absolute Exportgewinne, Margen im Export, Rendite bezogen auf die eingesetzten Vermögensgegenstände und mit dynamischen Indikatoren wie Entwicklung der Exportumsätze und der Exportintensität, der Marktanteile in bestimmten Auslandsmärkten usw. Einen Überblick über die verwendeten Indikatoren gibt Shoham (1998, S. 63).

Als Konsequenz daraus werden verschiedene Skalen vorgeschlagen, wobei in jüngeren Veröffentlichungen meist mehrdimensionale Skalen verwendet werden. So schlägt Shoham (1998) eine Skala für den Exporterfolg vor, die sich aus drei

Dimensionen zusammensetzt: Umsatz, Profitabilität und dynamische Entwicklung. Eine Skala, die in jüngerer Zeit häufiger in Untersuchungen verwendet wird, ist die EXPERF-Skala von Zou, Taylor und Osland (1998). Die Autoren erheben den Anspruch, eine allgemeingültige und für unterschiedliche Ländermärkte einsetzbare Skala entwickelt zu haben, die sich aus drei Dimensionen zusammensetzt: finanzieller Exporterfolg (z. B. Profitabilität und Umsatz), strategischer Exporterfolg (z. B. weltweiter Marktanteil und Wettbewerbsfähigkeit) und Zufriedenheit mit dem Exportgeschäft. Mit konfirmatorischen Faktorenanalysen wurde die Reliabilität dieser Skala für unterschiedliche Ländermärkte bestätigt.

2.3 Export bei kleinen und mittleren Unternehmen

Ein neuerer Forschungsstrang in der Exportforschung basiert auf dem erkannten Forschungsdefizit, dass sich die frühere Forschung sehr stark auf Großunternehmen fokussierte. Vor diesem Hintergrund wurde in einer Reihe neuerer Beiträge analysiert, welche Faktoren kleine und mittlere Unternehmen auszeichnen, die erfolgreich im Export tätig sind (z. B. Nakos/Brouthers/Brouthers 1998, Zafarullah/Ali/Young 1998). In diesem Gebiet kann jedoch immer noch ein erheblicher Forschungsbedarf festgestellt werden, auch weil sich die vorliegenden Studien nur auf einzelne Ländermärkte beziehen, die zudem eher klein sind und so die Generalisierbarkeit der wenigen vorliegenden Ergebnisse unklar ist (Pakistan bei Zafarullah/Ali/Young 1998, Griechenland in der Untersuchung von Nakos/Brouthers/Brouthers 1998).

2.4 Sequenzielle Ansätze der Exportforschung

Wie bereits erwähnt, wurde schon früh in Forschungsansätzen beachtet, dass die inkrementelle Entwicklung von Erfahrung und Wissen es einem Unternehmen ermöglicht, schrittweise die Internationalisierung zu verstärken. Die daraus entstandenen dynamischen Ansätze unterteilen sich in die Stufenmodelle der Exportforschung (z. B. Bilkey/Tesar 1977, Cavusgil 1980), des Internationalisierungsprozessansatzes der Uppsala-Schule (z. B. Johanson/Vahlne 1977) und in das Modell der Helsinki-Schule (z. B. Luostarinen 1979). Während das am häufigsten verwendete Modell der sogenannte „Uppsala-Ansatz" ist, soll hier nur kurz ein Exportstufenmodell dargestellt werden, da die anderen beiden Modelle weiter gehen und v. a. auf die Markteintrittsstrategie fokussieren. Vergleichbar zum Modell von Cavusgil (1980) untersuchten Bamberger und Evers (1993) die Phasen der Veränderung der Exporttätigkeit (vgl. Abbildung 2).

Beschreibung	Typ	Charakterisierung
Phase des „no involvement“	heimatmarkt-orientierte Nicht-Exporteure	kein Export und keine Bereitschaft zu zukünftigen Exporten (Exportquote = 0 %)
Phase des „pre-involvement“	am Auslandsmarkt interessierte Nicht-Exporteure	kein Export, aber Bereitschaft zur Aufnahme von Exportaktivitäten in der nahen Zukunft (Exportquote = 0 %, aber Exportaufnahme innerhalb der nächsten drei Jahre vorgesehen)
Phase des „reactive involvement“	reaktive oder experimentierende Exporteure mit entsprechendem Exportpotential	Produkte werden in erster Linie im Heimatmarkt angeboten; es werden nur einige (psychologisch nahe) Märkte bearbeitet und nur wenige Internationalisierungsformen praktiziert (Exportquote = 1%-9 %)
Phase des „active involvement“	aktive Exporteure	es werden zunehmend mehr ausländische Märkte mit verschiedenen Internationalisierungsformen bearbeitet (Exportquote = 10%-39 %)
Phase des „committed involvement“	(stark) engagierte Exporteure	viele Märkte werden einbezogen; Praktizierung von alternativen Internationalisierungsformen gehören zum normalen Geschäft (Exportquote = 40%-100 %)

Abb. 2: Exportstufenmodell von Bamberger und Evers
Quelle: in Anlehnung an Bamberger/Evers (1993), S. 10.

Wenngleich diese Ansätze eine hohe Plausibilität aufweisen, macht u. a. Swoboda (2002, S. 80 ff.) auf eine Reihe von Problemen aufmerksam. So sind die Ansätze eher deskriptiver Natur, und die Internationalisierungsentscheidungen werden dominant auf das subjektive Verhalten der Entscheidungsträger zurückgeführt (Leonidou/Katsikeas/Piercy 1998, S. 80). Ferner unterstellen sie einen stufenweisen Internationalisierungsprozess; das Überspringen einzelner Stufen bleibt unbeachtet. Gesamthaft können einige Untersuchungen den in den Stufenmodellen postulierten Pfad bestätigen (z. B. Luostarinen 1979), während andere Studien zu anderen Ergebnissen kommen (z. B. Hedlund/Kverneland 1993, S. 41 ff.). Swoboda (2002, S. 86 ff.) diskutiert die empirischen Befunde zu diesen theoretischen Ansätzen ausführlich.

In neueren Beiträgen wird darauf hingewiesen, dass die inkrementellen Modelle heute stark an Gültigkeit verlieren. Während in den traditionellen Stufenmodellen Wissen nur durch Erfahrung mit der Tätigkeit in einem Auslandsmarkt aufgebaut werden kann, existiert heute in vielen Unternehmen Ex-ante-Wissen (Chetty/Campbell-Hunt 2004, S. 63). Vor allem die sogenannten Born-Global-Ansätze führen aus, dass auch die internationale Erfahrung und das internationale Know-how des Managements einen Einfluss auf die Geschwindigkeit der Internationalisierung ausüben können (Oviatt/Mc Dougall 1995). Dies kann einerseits als Ex-ante-Wissen, andererseits im Sinne der Absorptionskapazität des Unternehmens für neues Wissen interpretiert werden, da ein Management mit Internationalisierungserfahrung schneller neues Wissen über einen Markt aufnehmen kann (Chetty/ Campbell-Hunt 2004, S. 62).

3 Selektion von Distributionskanälen

3.1 Selektion von verschiedenen Distributionskanälen

Die Auswahl geeigneter Distributionskanäle wird als eine der zentralen Aufgaben des Internationalen Distributionsmanagements angesehen (Klein 1991), denn geeignete Distributionskanäle in ausländischen Märkten stellen wichtige Determinanten des internationalen Unternehmenserfolgs dar (Cavusgil/Kirpalani 1993).

Wie bei den anderen Marketinginstrumenten sind auch bei der Distributionspolitik die Gestaltungsoptionen bei international tätigen Unternehmen im Vergleich zu nationalen Unternehmen wesentlich differenzierter und komplexer. Bei der Gestaltung der Absatzwege werden v. a. die folgenden Aufgabenbereiche analysiert (Meffert/Bolz 1998, S. 233, Berndt/Fantapié Altobelli/Sander 2005, S. 230 f.):

- Einzuschaltende Absatzorgane: Hier wird v. a. die Frage des Einsatzes unternehmenszugehöriger oder -fremder Absatzorgane betrachtet (vertikaler Selektionsentscheid).
- Anzahl der Distributionskanäle: Hier wird untersucht, ob ein eingleisiger (Mono Channel Distribution) oder ein mehrgleisiger Vertrieb (Multi Channel Distribution) eingesetzt wird.
- Horizontaler Selektionsentscheid: Innerhalb eines Distributionskanals ist auch horizontal zu prüfen, wie viele und welche Absatzorgane auf den einzelnen Handelsstufen einzuschalten sind. Diese Thematik wird aber im internationalen Kontext fast überhaupt nicht untersucht und soll daher auch hier ausgeklammert werden.

Hinsichtlich der einzuschaltenden Absatzorgane wird meist zwischen direkten und indirekten Distributionskanälen unterschieden. Bei den direkten Formen der Distribution wird die Distribution über unternehmenseigene Absatzorgane realisiert, während bei der indirekten Distribution unternehmensfremde, rechtlich unabhängige Absatzorgane eingesetzt werden (Anderson/Coughlan 1987). Allgemein wird dabei davon ausgegangen, dass direkte Distributionskanäle effektiver sind als indirekte, weil sie eine direkte Kontrolle ermöglichen. Da ihnen aber auch höhere Fixkosten zugeschrieben werden, wird postuliert, dass ein ausreichendes Absatzvolumen notwendig ist, um direkte Absatzkanäle auch effizient einsetzen zu können (Terpstra/Sarathy 2000, S. 426, McNaughton 2002, S. 194). Detaillierter wird zwischen Verkaufsniederlassungen, Handelsvertretern, Kommissionären, Handelsmaklern, Generalimporteuren und vielen mehr als mögliche Distributionskanäle unterschieden (Kutschker/Schmid 2006, S. 830 ff.).

Zahlreiche Untersuchungen basieren dabei auf dem Transaktionskostenansatz (hierzu z. B. Anderson/Coughlan 1987, McNaughton/Bell 2000, Gabrielsson/Kirpalani/Luostarinen 2002). Dabei werden die verfügbaren Distributionsoptionen entlang eines Kontinuums zunehmender Vorwärtsintegration des Herstellers in die Distributionsfunktion positioniert. In einem Extrem kann der Hersteller alle Marketingfunktionen im Ausland selbst durchführen, also in Form vertikaler Integration. Das Unternehmen kann beispielsweise Vertriebsbüros eröffnen oder die Märkte über angestellte Vertreter bedienen. Im anderen Extrem kann der Hersteller keine der Aktivitäten selbst durchführen und muss stattdessen vollständig auf andere Institutionen wie etwa Importeure zurückgreifen. Diese stellen selbständige Händler dar, deren Kompensation in Form von Gewinnmargen erfolgt und die Eigentum an den Produkten des Herstellers erlangen, um diese an andere Intermediäre oder Endkunden weiterzuverkaufen. Dazwischen stehen Optionen, bei denen der Hersteller einige Funktionen intern durchführt und andere über den Markt bezieht, so durch den Einsatz von Kommissionsagenten (Klein 1991). In dieser Perspektive werden die üblichen transaktionskostentheoretischen Charakteristika als Einflusskriterien angesehen, d. h. Spezifität, Häufigkeit und Unsicherheit der Transaktion als Determinanten zunehmenden Marktversagens, das zur stärkeren Internalisierung der Distribution führt (Anderson/Coughlan 1987, Klein 1991).

Manche Autoren kritisieren die einseitig kostenorientierte Perspektive des Transaktionskostenansatzes und integrieren eine Vielzahl weiter Einflussfaktoren in Untersuchungen zu Determinanten der Wahl eines Distributionskanals von der Unternehmensgröße über das Länderrisiko, die psychische und kulturelle Distanz zwischen Stamm- und Gastland, die Erfahrung und vieles mehr (Klein 1991). Zugleich findet sich in der Literatur häufig die Auffassung – die auch durch empirische Ergebnisse unterstützt wird –, dass die Wahl ausländischer Distributionskanäle oft eher „ad hoc-Charakter" hat und nicht auf der Basis intensiver Analysen und extensiver Entscheidungsprozesse erfolgt (z. B. Anderson/Gatignon 1986), was dazu führt, dass im Ausland oft die gleichen Distributionskanäle eingesetzt werden wie im Stammland, sofern nicht offensichtliche Gründe dagegensprechen (McNaughton/Bell 2000).

3.2 Standardisierung versus Differenzierung der internationalen Distributionsstrategie

Die Frage der Standardisierung versus Differenzierung ist seit den 1960er Jahren eine zentrale Frage im Internationalen Marketing.[2] In Bezug auf das Internationale Distributionsmanagement kann man zum einen konstatieren, dass die internationale Distributionspolitik als Komponente des Internationalen Marketings bei derartigen Untersuchungen eher selten betrachtet wurde, und zum anderen, dass in der bestehenden Literatur die Ansicht überwiegt, dass sich Distributionspolitik länderübergreifend eher schlecht standardisieren lässt (Kotabe 2001, S. 478).

In der Literatur wird dabei weitestgehend argumentiert, dass die Distributionsstruktur, die Verfügbarkeit geeigneter Distributionskanäle und deren Qualität stark durch die Kultur eines Landes, das Entwicklungsniveau und die Tradition beeinflusst werden, so dass Anpassungen an die jeweiligen Bedingungen im Gastmarkt notwendig sind (u. a. Douglas/Wind 1987). Darüber hinaus weisen beispielsweise das Kaufverhalten der Kunden sowie die Wettbewerbsintensität oft Unterschiede auf (Terpstra/Sarathy 2000). Andererseits führt die Erfahrung eines Unternehmens mit bestimmten Distributionskanälen häufig zu einer standardisierten Nutzung dieses Kanals im Ausland (McNaughton/Bell 2000). Einen einfachen Bezugsrahmen, unter welchen Umständen sich die Gestaltung der Kanäle und das Management der Kanäle standardisiert oder differenziert durchführen lassen, schlagen Rosenbloom, Larsen und Mehta (1997) vor (vgl. Abbildung 3).

Dabei zeigen sie auf, dass neben den unterschiedlichen Geschäftspraktiken (als zentraler Einflussfaktor) die Distributionskanäle eines Unternehmens in unterschiedlichen Ländermärkten auch unterschiedliche Funktionen übernehmen können. So können Intermediäre im Distributionskanal sehr umfassende Funktionen für die Hersteller, die sie vertreten, übernehmen (z. B. Marktanalysen, Marketingkampagnen, After-Sales-Service und vieles mehr). Sie können aber auch lediglich sehr einfache Handelsfunktionen übernehmen, etwa die essentiellen Logistikfunktionen. Daraus leiten die Autoren Empfehlungen hinsichtlich der Standardisierungsmöglichkeit bei Gestaltung und Management ab.

---

2 Vgl. dazu den Beitrag von Joachim Zentes und Hanna Schramm-Klein „Internationales Management aus der Perspektive des Internationalen Marketings“ in diesem Band.

Strategy	Distribution Function to Be Performed	Market Business Culture	Recommended Channel-Design-Strategy	Recommended Channel-Management-Strategy
1	Same	Same	Standardization	Standardization
2	Different	Same	Adaptation	Standardization
3	Same	Different	Standardization	Adaptation
4	Different	Different	Adaptation	Adaptation

Abb. 3: Strategische Alternativen in der internationalen Distributionspolitik
Quelle: in Anlehnung an Rosenbloom/Larsen/Mehta (1997), S. 61.

Diese Trennung zwischen Selektion und Führung der Kanäle weist auf unterschiedliche Dimensionen der Standardisierung hin. Wie in Bezug auf das Internationale Marketing insgesamt (Raffée/Kreutzer 1989) kann auch in Bezug auf die internationale Distributionspolitik zwischen der (inhaltlichen) Programmstandardisierung und der (organisatorischen) Prozessstandardisierung unterschieden werden (Rosenbloom/Larsen/Mehta 1997, S. 51). Während eine Reihe von Studien auf die Relevanz einer Prozessstandardisierung, also eines organisationsintern einheitlichen Vorgehens bei der Planung und Entscheidung innerhalb des Marketingmixes, hinweisen (z. B. Rosenbloom/Larsen/Mehta 1997, S. 53 f.), bleibt der Fokus der meisten Untersuchungen nach wie vor auf der inhaltlichen Ebene und befasst sich demnach mit der Programmstandardisierung.

Zudem wird deutlich, dass in den meisten Untersuchungen vereinfachend davon ausgegangen wird, dass eine Standardisierung der internationalen Distributionspolitik mit einer „extension" der im Inland bestehenden Distributionsstrategie auf die Auslandsmärkte gleichzusetzen ist (Rosenbloom/Larsen/Mehta 1997, McNaughton/Bell 2000). Dagegen weisen andere Autoren daraufhin, dass eine standardisierte Strategie auch mit Blick auf alle Märkte, auf denen ein Unternehmen sich engagiert, entwickelt werden kann (Zentes/Swoboda/Schramm-Klein 2006). Diese Perspektive verdeutlicht zugleich einen Perspektivenwechsel auch in der Analyse des Internationalen Distributionsmanagements: Während die traditionelle Perspektive eher aus der ethnozentrischen Perspektive die Übertragbarkeit von Konzepten in das Ausland betrachtete, ist die heutige Perspektive eher von der gleichzeitigen Tätigkeit in vielen Ländermärkten geprägt, was die Interdependenz zwischen diesen Märkten stärker in den Vordergrund der Betrachtung rückt (Cavusgil/Deligonul/Yaprak 2005).

3.3 Internationale Multi-Channel-Strategien

Während die bisherige Betrachtung vereinfachend unterstellte, dass Unternehmen im Ausland einen einzigen Distributionskanal unterhalten, wird in einigen neueren Untersuchungen auch der Tatsache Rechnung getragen, dass der Einsatz mehrerer parallel eingesetzter Distributionskanäle im gleichen Auslandsmarkt heute eine übliche Strategie darstellt. In der Forschung zum Internationalen Distributionsmanagement wurde diese Frage lange Zeit ignoriert, obwohl das Phänomen in der Praxis bereits seit langem relevant ist (McNaughton 2002, S. 190).

Im engeren Sinne wird dabei unter einer Multi-Channel-Strategie im Kontext internationaler Distributionsstrategien der Einsatz unterschiedlicher Absatzwege (meist direkter parallel zu indirekten Absatzwegen) in Bezug auf einen einzelnen Auslandsmarkt verstanden. Im Mittelpunkt der Untersuchungen steht die Frage, unter welchen Umständen eine solche Strategie eingesetzt wird bzw. effizient sein kann (McNaughton 2002, Sa Vinhas/Anderson 2005) und wie das Konfliktpotential zwischen den einzelnen Kanälen reduziert werden kann (Gabrielsson/Kirpalani/Luostarinen 2002, Sa Vinhas/Anderson 2005). Wegen der hohen empirischen Relevanz einer internationalen Multi-Channel-Distribution erscheint es notwendig, dieses Phänomen in künftigen Studien stärker zu beachten.

3.4 E-Commerce als Distributionskanal

Untersuchungen zum E-Commerce und zur Internationalisierung finden sich auch heute noch eher selten. Allerdings ist die Relevanz dieses Themas seit den späten 1990er Jahren nicht zu verkennen (Kotabe 2001). E-Commerce wird v. a. eine hohe Relevanz für die internationalen Distributionsstrategien von Dienstleistungsunternehmen eingeräumt (Rust 2004). Ein Ansatz, dies zu erfassen, wird von Ekeledo und Sivakumar (2004) vorgeschlagen, die aufzeigen, dass der Grad der potentiellen Leistungsdigitalisierung einen wesentlichen Einflussfaktor auf die gewählte Distributionsstrategie darstellt. Sie argumentieren, dass ein hoher Digitalisierungsgrad direkte Distributionsstrategien (auch aus dem Stammland heraus) vereinfacht und eine direkte Distribution in diesem Fall auch stärker notwendig wird, weil hoch digitalisierte Leistungen stärker von der Gefahr des Wissensabflusses bedroht sind.

4 Management von Geschäftsbeziehungen im Distributionskanal

4.1 Channel-Konflikt und Channel-Kooperation

Kooperation und Konflikt in internationalen Distributionskanälen ist ein viel beachtetes Thema in empirischen Untersuchungen. In diesem Kontext sind zahlreiche Untersuchungen zu dyadischen Beziehungen vorgelegt worden (Kotabe 2001, S. 487). Grundsätzlich wird dabei betont, dass grenzüberschreitende Beziehungen komplexer sind als rein nationale Beziehungen und eine höhere Unsicherheit aufweisen (Klein/Frazier/Roth 1990). Die grundsätzliche Auffassung ist, dass Beziehungen innerhalb des Distributionskanals zu Kooperationsvorteilen oder zu Konflikten führen können. Verschiedene Beziehungsvariablen z. B. Macht, Vertrauen und Commitment moderieren dabei diesen Zusammenhang (Gabrielsson/Kirpalani/Luostarinen 2002, S. 81).

4.2 Koordination von Intermediären: Hersteller-Distributeur-Beziehungen

Die indirekte Distribution in Auslandsmärkten ist eine häufig gewählte Distributionsstrategie, denn oft können Intermediäre die verschiedenen Distributionsfunktionen mit einem günstigeren Qualität-Kosten-Verhältnis ausüben als der Hersteller selbst (Cavusgil/Deligonul/Zhang 2004). In diesem Fall wurde mehrfach gezeigt, dass die Koordination und Kontrolle über die Distributionskanäle von hoher Bedeutung sind, u. a. weil damit die Fähigkeit verbunden ist, schnell auf sich verändernde Marktbedingungen zu reagieren (Kim/Hsieh 2006). Somit wird die Fähigkeit eines Unternehmens, die Beziehungen zu ausländischen Distributeuren zu gestalten, als wesentlicher Erfolgsfaktor angesehen (Styles/Ambler 1994, Leonidou/Katsikeas/Hadjimarcou 2002). Zugleich wird eine erhöhte Komplexität dieses Beziehungsaufbaus postuliert. So ist der Informationsfluss in einem internationalen Distributionskanal abhängig von verbaler und nonverbaler Kommunikation; die Effektivität und Effizienz der Kommunikation wird dabei vom kulturellen Umfeld beeinflusst (Rosenbloom/Larsen/Mehta 1997, S. 60). Dabei werden in diesem Forschungsthema unterschiedliche Konstrukte betrachtet. Bei der Steuerung der Distributionskanäle ist es eine zentrale Herausforderung, sicherzustellen, dass die Partner ihre Leistungsversprechen auch einhalten, und dass opportunistisches Verhalten minimiert wird. Die Vermeidung von Opportunismus wird daher als eine wichtige Aufgabe des Internationalen Distributionsmanagements angesehen. Hinsichtlich internationaler Beziehungen wird argumentiert, dass die (geographische und kulturelle) Distanz zwischen dem Unternehmen und seinen Distributeuren die

Wahrscheinlichkeit und die Möglichkeit opportunistischen Verhaltens erhöht, da sie ein Monitoring der Transaktionen erschwert (Cavusgil/Deligonul/Zhang 2004).

In neueren Forschungsansätzen wird zwischen der Ex-ante- und der Ex-post-Perspektive der Gestaltung von Beziehungen zu Distributeuren unterschieden. Ex ante können Geschäftsbeziehungen mit ausländischen Distributeuren gestaltet und strukturiert werden. Die Partnerselektion sowie formale Verträge wurden intensiv analysiert. Verträge, in denen angestrebt wird, die relevanten zukünftigen Situationen zu antizipieren und Gestaltungen für diese festzuschreiben, werden als wichtiges Koordinationsinstrument der Geschäftsbeziehungen im Distributionskanal angesehen. Sie reduzieren Opportunismus, indem sie ein System von Belohnungen und Bestrafungen in einer (schriftlichen) Vereinbarung festhalten, wobei sich die Transaktionskostentheorie ausführlich damit beschäftigt, unter welchen Umständen Verträge als Steuerungsmechanismus effizient sind (Williamson 1985). Während die Ex-ante-Perspektive lange im Vordergrund stand, wird in den letzten beiden Jahrzehnten verstärkt eine Ex-post-Perspektive eingenommen (z. B. Aulakh/Kotabe/Sahay 1996). Heute wird diese Perspektive als bedeutender angesehen, weil gerade bei grenzüberschreitenden Geschäftsbeziehungen die Ex-ante-Gestaltung von Beziehungen zwangsläufig unvollständig bleibt etwa wegen der heterogenen rechtlichen und institutionellen Rahmenbedingungen und damit die nachträglich eingesetzten Koordinationsinstrumente an Bedeutung gewinnen (Cavusgil/Deligonul/Zhang 2004). Gleichzeitig geht damit ein Wandel der dominanten Theorien einher. War dies traditionell eher die Transaktionskostentheorie, wird heute häufiger der Einfluss verhaltensbezogener Variablen analysiert.

Vertrauen wird als ein Koordinationsmechanismus betrachtet, dem ein hohes Potential zum Management von Opportunismus in interorganisationalen Beziehungen zugesprochen wird (z. B. Aulakh/Kotabe/Sahay 1996). In Bezug auf internationale Distributionskanalbeziehungen wird Vertrauen im Sinne der Annahme der Glaubwürdigkeit des Partners verstanden (Cavusgil/Deligonul/Zhang 2004). So soll Vertrauen die Wahrscheinlichkeit eines opportunistischen Verhaltens des Partners reduzieren, da es die Kosten eines derartigen Verhaltens erhöht. Wenn ein Unternehmen im Vertrauen auf seinen Distributionspartner bestimmte Vorteile gewährt (z. B. gewisse Anpassungen vornimmt oder spezifische Investitionen tätigt), dann riskiert der Distributionspartner deren Verlust, wenn er das Vertrauen missbraucht. Zugleich wird argumentiert, dass eine Verletzung des Vertrauens des Partners auch die Reputation des Distributionspartners stört und ein Signal an andere potentielle Lieferanten sendet (Hill 1990). Aus Sicht des Intermediärs kann damit Vertrauenswürdigkeit einen Wettbewerbsvorteil darstellen (Barney/Hansen 1994). Zugleich hat Vertrauen eine dynamische Komponente, weil sich Vertrauen über die Zeit aufbaut – gerade indem der Partner opportunistisches Verhalten unterlässt und durch den Vertrauensaufbau ein weiterer Verzicht auf opportunistisches Verhalten wahrscheinlicher wird (Cavusgil/Deligonul/Zhang 2004).

Andere Untersuchungen heben die Bedeutung von Beziehungsnormen hervor. Im Allgemeinen wird argumentiert, dass die kulturellen und sonstigen Differenzen zwischen den Ländermärkten die Nutzung und die Effektivität traditioneller Steuerungsinstrumente wie Marktanreize oder hierarchische Kontrollen erschweren (Zhang/Cavusgil/Roath 2003). Normen wie Solidarität, Flexibilität, gegenseitiger Informationsaustausch und harmonische Konfliktlösung können als Koordinationsmechanismus dienen (Heide/John 1992, Zhang/Cavusgil/Roath 2003). Neuere Studien zeigen, dass eine grundlegende Eigenschaft überlegener Exporteure der effektive Einsatz von Normen in den Beziehungen zu ihren ausländischen Distributeuren ist (Gilliland/Bello 1997, Skarmeas/Katsikeas 2001, Zhang/Cavusgil/Roath 2003).

Zur Integration der Ex-ante- und der Ex-post-Perspektive wird in neueren Modellen vereinfachend dargestellt, dass Ex-ante- und Ex-post-Koordinationsmechanismen jeweils einen positiven Einfluss auf den Beziehungserfolg in internationalen Distributionskanälen ausüben, wobei die entsprechenden Modelle zudem meist entsprechende Moderatoren enthalten (so z. B. die „legal environment hostility" im Modell von Cavusgil/Deligonul/Zhang 2004). Diese einfachen Modelle können dabei die Grundlagen bilden, auch andere Koordinationsinstrumente und Einflussfaktoren zu integrieren, z. B. den Einsatz relationaler Normen als Einflussfaktor oder die kulturelle Distanz als Störfaktor (Zhang/Cavusgil/Roath 2003, S. 552). Auch die empirischen Ergebnisse von Gilliland und Bello (1997), dass Output Control in Verbindung mit Flexibilität den Exporterfolg erhöht, können in ein solches Modell eingebunden werden. Ein weiterer integrativer Forschungsstrang beschäftigt sich mit dem Zusammenhang zwischen formalen Verträgen und Vertrauen. Es wird argumentiert, dass formale Verträge Misstrauen signalisieren können und damit ein opportunistisches Verhalten der Vertragspartner eher stimulieren könnten, was die Wirksamkeit anderer Koordinationsinstrumente verringert (z. B. Moran/Ghoshal 1996).

Während in jüngeren Untersuchungen Vertrauen und Commitment und damit weiche Koordinationsmechanismen im Vordergrund stehen, ist Macht in internationalen Distributionskanälen, der eine zentrale Rolle bei der Gestaltung von Koordinationsbeziehungen zugeschrieben wird, bereits seit langem ein Forschungsschwerpunkt (Gilliland/Bello 1997, Ambler/Styles 2000, S. 494). Macht wird dabei vereinfacht definiert als die Möglichkeit eines Individuums oder einer Gruppe, andere zu einem Verhalten zu bewegen, das sie ansonsten nicht gewählt hätten. Die Ausübung von Macht kann als ein informeller Koordinationsmechanismus in der vertikalen Beziehung angesehen werden (Katsikeas/Goode/Katsikea 2000). Untersuchungen zu Macht in internationalen Distributionskanälen beziehen sich v. a. auf deren Quellen und deren Einsatz. Unter anderem wird hierbei darauf hingewiesen, dass der Distributeur erhebliche Macht gegenüber dem Lieferanten besitzt, die sich auf mögliche „Belohnungen" bezieht, z. B. Unterstützung bei Verkaufsförderung, große Bestellmengen, Beratung von Abnehmern usw. Umgekehrt können Bestrafungen in Form von Vorenthaltung von Informationen, verzögerten Zahlungen usw. angewendet werden. Untersuchungen zeigen v. a. die hohe Bedeutung von Marktinformationen, für die der Intermediär als Gatekeeper fungiert (Gaski/Nevin 1985, Katsikeas/Goode/Katsikea 2000). Die Abhängigkeit eines Herstellers von seinem ausländischen Distributeur erhöht sich, wenn es schwierig ist, Zugang zu alternativen Distributionskanälen zu erlangen (Anderson/Narus 1990). Andererseits wird darauf hingewiesen, dass auch der Distributeur von Ressourcen des Lieferanten abhängig ist und somit eine gegenseitige Abhängigkeit gegeben ist (Kim/Hsieh 2006). Daher wird in neueren Untersuchungen auf die „relative Abhängigkeit" zurückgegriffen, als ein Maß der Dependenz des Herstellers von der Beziehung in Relation zur Abhängigkeit des Distributeurs von der Beziehung (Zhang/Cavusgil/Roath 2003, S. 556).

4.3 Management internationaler Kundenbeziehungen

Kundenbeziehungen und dem Relationship Marketing wurde in den letzten beiden Jahrzehnten im Marketing eine immer stärkere Aufmerksamkeit zuteil. Trotz der gleichzeitig ansteigenden Relevanz länderübergreifender Kundenbeziehungen wurden Untersuchungen zum Beziehungsmarketing im internationalen Kontext traditionell selten durchgeführt (Schlegelmilch/Stöttinger 2003, S. 213). In der neueren Literatur werden aber Geschäftsbeziehungen im IM immer häufiger angesprochen (Katsikeas/Goode/Katsikea 2000). Im Hinblick auf internationale Geschäftsbeziehungen kann der Interaktionsansatz der IMP-Gruppe als zentraler Ausgangspunkt bezeichnet werden (z. B. Cunningham 1980, Hakansson 1982). Darauf basiert auch die „Markets as networks"-Perspektive, in der die Betrachtung von internationalen Geschäftsbeziehungen besonders ausgeprägt ist. Johanson und Mattsson (1988) haben den Netzwerkgedanken auf Internationalisierungsprozesse übertragen und diese im Wesentlichen als Entwicklung von ausländischen Netzwerkpositionen begriffen. Die Stärke, Anzahl und Integration von Unternehmen in unterschiedlichen nationalen Netzwerken gilt hierbei als Internationalisierungsgrad; der Aufbau, die Entwicklung und die Pflege langfristiger Geschäftsbeziehungen zu externen Akteuren (Lieferanten, Kunden, Regierungen usw.) gelten als wesentlicher Einfluss auf die Internationalisierung. Der Fokus des Verhaltens richtet sich innerhalb des Netzwerks auf den Aufbau interorganisationaler und interpersonaler Beziehungen (Coviello/McAuley 1999). Diese Überlegung tangiert die Gestaltung der Beziehungen eines Unternehmens im lokalen Umfeld im Gastland. Die Netzwerkperspektive wird u. a. von den Vertretern der Born-Global-Forschung eingenommen (hierzu z. B. Coviello/McAuley 1999, Moen/Servais 2002, Chetty/Campbell-Hunt 2004), weil der Zugang zu einem internationalen Netzwerk, d. h. unter anderem zu den Distributionskanälen, als Kernressource angesehen werden kann, welche die Internationalisierung wesentlich beschleunigen kann, womit sie im Widerspruch zu den Prämissen der Internationalisierungsstufenmodelle steht.

Ambler und Styles (2000) haben ausführlich betrachtet, wie sich die bisherigen Erkenntnisse des Beziehungsmarketings auf internationale Distributionsbeziehungen übertragen lassen. Dabei haben sie v. a. die unterschiedlichen theoretischen Perspektiven und die aus der jeweiligen Perspektive relevanten Konstrukte aufgezeigt (vgl. auch Abbildung 4).

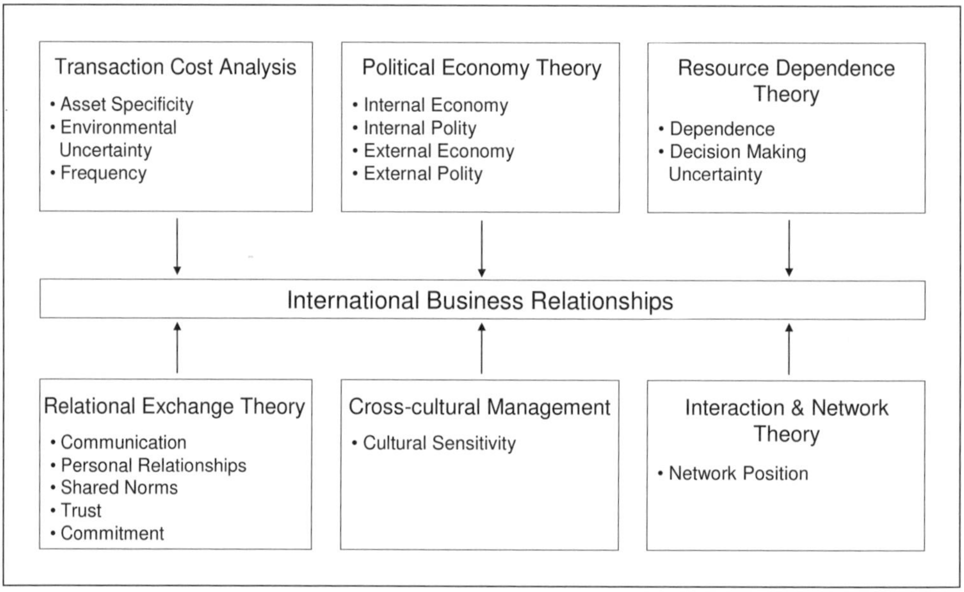

Abb. 4: Theoretische Fundierung und ausgewählte Konstrukte zu internationalen Geschäftsbeziehungen

Quelle: in Anlehnung an Ahmed/Patterson/Styles (1999), S. 6.

Zunehmend wird argumentiert, dass das neoklassische Paradigma, das vielen Untersuchungen zur Selektion und Gestaltung von Distributionskanälen zu Grunde liegt, die Komplexität des Verhaltens der Austauschpartner nicht erfasst und stattdessen eine Beziehungsperspektive eingenommen werden sollte. In dieser Perspektive spielen Lieferant und Kunde eine aktive Rolle in internationalen Austauschprozessen – ein Schwerpunkt liegt auf der Etablierung, Entwicklung und Erhaltung von Beziehungen zwischen den Parteien (LaBahn/Harich 1997). Während einige Autoren in der Literatur eher formale Koordinationsmechanismen propagieren und in der neueren Literatur weiche Mechanismen (wie Vertrauen) in den Fokus rücken, weisen Ambler und Styles (2000, S. 495 f.) auf die Notwendigkeit einer holistischen Perspektive hin, nach der eine bestimmte Kombination von Koordinationsmechanismen geeigneter ist als andere Kombinationen. Damit greifen sie die Perspektive des Konfigurationsansatzes auf (Macharzina/Engelhard 1991) und befürworten den Einsatz seines methodischen Instrumentariums für die Analyse von internationalen Geschäftsbeziehungen.

Ein vielbeachtetes beziehungsorientiertes Konstrukt ist das Commitment (Schlegelmilch/Stöttinger 2003). Commitment wird in der Literatur nicht einheitlich definiert (z. B. Morgan/Hunt 1994). Meist steht aber der Wunsch der Aufrechterhaltung der Beziehung im Vordergrund. Auch bezüglich der Forschung zum Commitment in internationalen Geschäftsbeziehungen stellt die Transaktionskostentheorie eine wichtige Säule dar. So zeigen beispielsweise Schlegelmilch und Stöttinger (2003), dass transaktionsspezifische Investitionen eines Akteurs sein Beziehungs-Commitment erhöhen. Während kulturelle Distanz hemmend auf Geschäftsbeziehungen wirken kann, wirkt kulturelle Sensitivität positiv. Kulturelle Sensitivität wird dabei als die Wahrnehmung der Unterschiede in den Geschäftspraktiken zwischen In- und Ausland und als das Bemühen verstanden, diese Unterschiede bei Entscheidungen hinsichtlich dieser Geschäftsbeziehung aktiv zu berücksichtigen (LaBahn/Harich 1997, Schlegelmilch/Stöttinger 2003, S. 218). Während es sich dabei um Antezedenzbedingungen für das Beziehungscommitment handelt, ist die zentrale Konsequenz der Erfolg daraus, der aus einer Geschäftsbeziehung resultiert. Es ist auch empirisch belegt, dass das Commitment in einer internationalen Geschäftsbeziehung den Erfolg dieser Beziehung positiv beeinflusst (Schlegelmilch/Stöttinger 2003).

Während allerdings dem Commitment in der Literatur meist ein unidirektionaler Effekt auf den Erfolg zugeschrieben wird, gilt es als wahrscheinlich, dass die Wirkung von Geschäftsbeziehungen auf den Erfolg nicht unidirektional ist, sondern ein dynamischer, sich gegenseitig verstärkender bidirektionaler Effekt besteht (Ambler/Styles 2000, S. 499). Zudem erscheint zwar offensichtlich, dass gerade relationale Beziehungen in hohem Maße von kulturellen Phänomenen beeinflusst werden. Trotzdem ist festzustellen, dass der Einfluss kultureller Distanz auf das Management von Geschäftsbeziehungen bislang eher selten untersucht wurde (Ambler/Styles 2000, S. 504 f.).

In dem Kontext der Forschung zu internationalen Kundenbeziehungen findet sich auch der Versuch, Geschäftsbeziehungen mit Kunden zu kategorisieren. Hierbei werden einfache Kategorisierungen in problematische und harmonische Geschäftsbeziehungen (Leonidou/Katsikeas/Hadjimarcou 2002), aber auch komplexere Typologien vorgeschlagen, so in „new development state", „growing development state", „troubled development state", „static development state" und „declining development state" (Moore 1991). Diese Kategorisierung zeigt zugleich den Versuch einer dynamischen Betrachtung von Geschäftsbeziehungen, die sich häufig in entsprechenden Lebenszyklusmodellen ausdrückt. Für künftige Untersuchungen erscheint ein solcher Ansatz vielversprechend. So ist die Gestaltung einer Geschäftsbeziehung in einer Initialphase sicherlich von der optimalen Gestaltung einer reifen Geschäftsbeziehung zu unterscheiden (Ambler/Styles 2000, S. 503, Holtbrügge 2005).

5 Management internationaler Verkaufsaktivitäten

Gegenstand der internationalen Verkaufspolitik sind Fragen der internationalen Verkaufsorganisation sowie der Verkaufspraktiken, z. B. die Gestaltung von Verkaufsschulungen, Verkaufspräsentationen, Rekrutierung von Verkaufsmitarbeitern, Verkäuferbeurteilungen, Kompensation und Incentivierung (Hill/Still/Boya 1991, Murphy 1999). Hervorgehoben wird hier – wie auch in den anderen Themenbereichen –, dass Anbieter und Abnehmer häufig unterschiedlichen Kulturkreisen angehören und es daher notwendig ist, dass das Verkaufspersonal den Handelsusancen und Gepflogenheiten im Gastland entsprechen kann (Berndt/Fantapié Altobelli/Sander 2005, S. 232 f.). Dabei wurde die Forschung in diesem Themenfeld lange Zeit vollkommen vernachlässigt, obwohl der Aufbau einer Verkaufsorganisation in ausländischen Märkten bei der Internationalisierung häufig einen der ersten Schritte darstellt (Cavusgil/Nevin 1981).

Eine Studie von Hill, Still und Boya (1991) umfasste v. a. deskriptive Befunde und fokussierte, warum die im Stammland USA praktizierten Prozesse hinsichtlich des Verkaufs häufig nicht standardisiert ins Ausland übertragen werden. Dabei betrachteten die Autoren v. a. solche Einflussfaktoren, die bereits in den anderen Themenfeldern des Internationalen Distributionsmanagements genannt wurden (Entwicklungsniveau des Marktes, Unterschiede in der rechtlichen Situation in den Ländern, Landeskultur usw.). Insgesamt wird dabei betont, dass eine sehr enge Adaption der Verkaufspolitik und der entsprechenden Praktiken an das lokale Umfeld notwendig erscheint (Murphy 1999). In einem anderen Forschungsstrang wird dagegen festgestellt, dass wirklich „internationaler Verkauf" selten ist, weil die Verkaufsorganisationen (unabhängig davon, ob sie direkte oder indirekte Kanäle darstellen) meist in einem Gastland lokalisiert sind und dort lokale Kunden bedienen. Dann stellt sich die zentrale Frage nach der geografischen Herkunft des Verkaufspersonals, also ob Verkaufspersonal aus dem Stammland eingesetzt wird („expatriates"), lokales Verkaufspersonal („locals") oder Verkaufspersonal aus Drittländern („third-country-nationals"; Berndt/Fantapié Altobelli/Sander 2005, S. 232 f.). Diese Fragen werden dann analog der Betrachtung dieses Themas im Internationalen Personalmanagement diskutiert.[3]

Der rein „multinationalen“ Perspektive des Internationalen Verkaufs übergeordnet ist die Frage der Organisation der Beziehungen zu internationalen Kunden. Beiträge aus einer Organisationsperspektive beleuchten zunehmend die Vorteile eines internationalen Key Account Managements, bei dem organisatorische Einheiten für bestimmte Kunden international verantwortlich zeichnen und zumindest für die wichtigsten (international tätigen) Kunden eines Unternehmens spezielle Aktivitäten entwickelt und länderübergreifend harmonisiert werden (Homburg/Jensen 2004). Die entsprechenden Beiträge sind bislang v. a. konzeptuell (Homburg/Jensen 2004) oder basieren auf Fallstudien (Shi et al. 2005). Shi et al. (2005) schlagen einen einfachen Bezugsrahmen für künftige Untersuchungen vor, bei dem sie Informationsakquisition hinsichtlich der spezifischen Kundenbedürfnisse des fokussierten Accounts, Koordination der diesen Kunden betreffenden Aktivitäten und dynamische Rekonfiguration der für diesen Kunden eingesetzten Ressourcen als maßgebliche Komponenten einer Global Account Management Capability sehen, die wiederum positiv auf den Erfolg wirkt.

6 Zusammenfassung und Fazit

Im vorliegenden Beitrag wurde angestrebt, einen Überblick über die wichtigsten Forschungsfelder des IM aus der Perspektive des Distributionsmanagements zu geben. Dabei wurde zunächst auf die dominante Rolle der Forschung zu allen Fragen des Exports verwiesen, die sehr heterogene Komponenten umfasste.

Themen wie die Internationale Logistik sowie die Internationalisierung des Handels, die wichtige Implikationen auch für das Internationale Distributionsmanagement von Herstellern nach sich ziehen können, wurden nicht betrachtet. Tatsächlich ist hier die Forschung noch nicht sehr ausgereift, da auch die absatzseitige Internationalisierung des Handels ein eher jüngeres Phänomen ist. Hier liegen einige Untersuchungen zu Motiven und Problemen der Internationalisierung vor. Die einzige Thematik, die relativ ausführlich betrachtet wurde, ist das Internationale Franchising.

---

3 Vgl. dazu den Beitrag von Marion Festing „Internationales Personalmanagement und Internationales Management“ in diesem Band.

Innerhalb des Internationalen Distributionskanalmanagements wurden zwei Schwerpunkte aufgezeigt: Zum einen beschäftigen sich zahlreiche Untersuchungen mit der Selektion von Distributionskanälen und -partnern. Zum anderen fokussiert aber gerade die neuere Literatur stärker darauf, wie internationale Distributionsbeziehungen sowohl zu Kunden als auch zu Intermediären zu gestalten sind. Hier ist eine eindeutige Verschiebung der Forschungsschwerpunkte festzustellen. Wurde früher v. a. auf die Ex-ante-Perspektive eingegangen, in der die Gestaltung der formalen Beziehungen zu den Partnern im Vordergrund stand, Verträge betrachtet wurden sowie v. a. Effizienzaspekte untersucht wurden – meist fundiert in der Transaktionskostentheorie –, hat sich der Fokus neuerer Studien klar in Richtung verhaltensorientierter Variablen der Beziehungsgestaltung verlagert. Basierend auf der Erkenntnis, dass gerade internationale Geschäftsbeziehungen vorab nur sehr unvollständig definiert und strukturiert sowie im laufenden Geschäft überwacht werden können, beschäftigen sich neuere Untersuchungen mit Fragen des Einsatzes weicher Koordinationsinstrumente und betonen die Relevanz von Vertrauen und Commitment in den Beziehungen zu Kunden und Distributeuren. Betrachtet man hier die Perspektive der nationalen Forschung, kann man hinsichtlich des Internationalen Distributionsmanagements noch ein erhebliches Forschungsdefizit konstatieren, denn eine Übertragbarkeit der Erkenntnisse der Distributionsforschung in den internationalen Kontext ist sicherlich nicht ohne weiteres gegeben.

Literatur

Aaby, N.-E./Slater, S. F. (1989): Management Influences on Export Performance: A Review of the Empirical Literature. In: International Marketing Review, 6. Jg., Nr. 4, 1989, S. 7-26.

Ahmed, F./Patterson, P./Styles, C. (1999): The Determinants of Successful Relationship in International Business. In: Australasian Journal of Marketing, 7. Jg., Nr. 1, 1999, S. 5-21.

Ambler, T./Styles, C. (2000): The Future of Relational Research in International Marketing: Constructs and Conduits. In: International Marketing Review, 17. Jg., Nr. 6, 2000, S. 492-508.

Anderson, E./Coughlan, A. T. (1987): International Market Entry and Expansion via Independent or Integrated Channels of Distribution. In: Journal of Marketing, 51. Jg., Nr. 1, 1987, S. 71-82.

Anderson, E./Gatignon, H. (1986): Modes of Foreign Entry: A Transaction Cost Analysis and Proposition. In: Journal of International Business Studies, 29. Jg., Nr. 1, 1986, S. 1-26.

Anderson, J. C./Narus, J. A. (1990): A Model of Distributor Firm and Manufacturer Firm Working Partnerships. In: Journal of Marketing, 54. Jg., Nr. 1, 1990, S. 42-58.

Aulakh, P. S./Kotabe, M./Sahay, A. (1996): Trust and Performance in Cross-border Marketing Partnerships: A Behavioral Approach. In: Journal of International Business Studies, 27. Jg., Special Issue Nr. 5, 1996, S. 1005-1032.

Bamberger, I./Evers, M. (1993): Internationalisierungsverhalten von Klein- und Mittelunternehmen – Empirische Ergebnisse. Arbeitspapier Nr. 1 des Fachgebiets für Organisation und Planung der Universität GH Essen, 1993.

Barney, J. B./Hansen, M. H. (1994): Trustworthiness as a Source of Competitive Advantage. In: Strategic Management Journal, 15. Jg., Nr. 8, 1994, S. 174-189.

Berndt, R./Fantapié Altobelli, C./Sander, M. (2005): Internationales Marketing-Management. 3. Aufl., Springer, Berlin et al., 2005.

Bilkey, W. J./Tesar, G. (1977): The Export Behavior of Smaller-sized Wisconsin Manufacturing Firms. In: Journal of International Business Studies, 8. Jg., Nr. 1, 1977, S. 93-98.

Cavusgil, S. T. (1980): On the Internationalisation Process of the Firm. In: European Research, 8. Jg., Nr. 6, 1980, S. 273-281.

Cavusgil, S. T./Kirpalani, V. H. (1993): Introducing Products into Export Markets: Success Factors. In: Journal of Business Research, 27. Jg., Nr. 1, 1993, S. 1-15.

Cavusgil, S. T./Nevin, J. R. (1981): The State of the Art in International Marketing: An Assessment. In: Enis, B./Roering, K. J. (1981, Hrsg.): Review of Marketing. American Marketing Association, Chicago/IL, 1981, S. 195-216.

Cavusgil, S. T./Deligonul, S./Yaprak, A. (2005): International Marketing as a Field of Study: A Critical Assessment of Earlier Development and a Look forward. In: Journal of International Marketing, 13. Jg., Nr. 4, 2005, S. 1-27.

Cavusgil, S. T./Deligonul, S./Zhang, C. (2004): Curbing Foreign Distributor Opportunism: An Examination of Trust, Contracts, and the Legal Environment of International Channel Relationships. In: Journal of International Marketing, 12. Jg., Nr. 2, 2004, S. 7-27.

Cavusgil, S. T./Zou, S. (1994): Marketing Strategy-performance Relationship: An Investigation of the Empirical Link in Export Market Ventures. In: Journal of Marketing, 58. Jg., Nr. 1, 1994, S. 1-21.

Chetty, S./Campbell-Hunt, C. (2004): A Strategic Approach to Internationalization: A Traditional versus a „Born-global" Approach. In: Journal of International Marketing, 12. Jg., Nr. 1, 2004, S. 57-81.

Coviello, N. E./McAuley, A. (1999): Internationalisation and the Smaller Firm: A Review of Contemporary Empirical Research. In: Management International Review, 39. Jg., Nr. 3, 1999, S. 223-256.

Cunningham, M. T. (1980): International Marketing and Purchasing of Industrial Goods – Features of a European Research Project. In: European Journal of Marketing, 14. Jg., Nr. 5/6, 1980, S. 322-338.

Diamantopoulos, A./Schlegelmilch, B. (1994): Linking Export Manpower to Export Performance: A Canonical Regression Analysis of European and U. S. Data. In: Cavusgil, S. T./Axinn, C. (1994, Hrsg.): Advances in International Marketing. JAI, Greenwich/CT, 1994, S. 183-205.

Dichtl, E./Köglmayr, H. G./Müller, S. (1990): International Orientation as a Precondition for Export Success. In: Journal of International Business Studies, 1. Jg., Nr. 21, 1990, S. 23-40.

Douglas, S. P./Wind, Y. (1987): The Myth of Globalization. In: Columbia Journal of World Business, 22. Jg., Nr. 4, 1987, S. 19-29.

Dunning, J. H. (1980): Toward an Eclectic Theory of International Production: Some Empirical Tests. In: Journal of International Business Studies, 11. Jg., Nr. 2, 1980, S. 9-31.

Dunning, J. H. (1995): Reappraising the Eclectic Paradigm in an Age of Alliance Capitalism. In: Journal of International Business Studies, 26. Jg., Nr. 3, 1995, S. 461-491.

Ekeledo, I./Sivakumar, K. (2004): The Impact of E-commerce on Entry-mode Strategies of Service Firms: A Conceptual Framework and Research Proposition. In: Journal of International Marketing, 12. Jg., Nr. 4, 2004, S. 46-71.

Gabrielsson, M./Kirpalani, V. H. M./Luostarinen, R. (2002): Multiple Channel Strategies in the European Personal Computer Industry. In: Journal of International Marketing, 10. Jg., Nr. 3, 2002, S. 73-95.

Gaski, J. F./Nevin, J. R. (1985): The Differential Effects of Exercised and Unexercised Power Sources in a Marketing Channel. In: Journal of Marketing Research, 22. Jg., Nr. 5, 1985, S. 62-77.

Gilliland, D./Bello, D. C. (1997): The Effect of Output Controls, Process Controls and Flexibility on Export Channel Performance. In: Journal of Marketing, 61. Jg., Nr. 1, 1997, S. 22-38.

Hakansson, H. (1982): International Marketing and Purchasing of Industrial Goods – An Interaction Approach. Wiley, Chichester et al., 1982.

Hedlund, G./Kverneland, A. (1993): Are Entry Strategies for Foreign Markets Changing? The Case of Swedish Investment in Japan. In: Buckley, P./Ghauri, P. (1993, Hrsg.): The Internationalization of the Firm. Academic Press, London et al., 1993, S. 106-123.

Heide, J./John, G. (1992): Do Norms Matter in Marketing Relationships? In: Journal of Marketing, 56. Jg., Nr. 2, 1992, S. 32-45.

Hill, C. (1990): Cooperation, Opportunism, and the Invisible Hand: Implications for Transaction Cost Theory. In: Academy of Management Review, 15. Jg., Nr. 3, 1990, S. 500-513.

Hill, J. S./Still, R. R./Boya, Ü. O. (1991): Managing the Multinational Sales Force. In: International Marketing Review, 8. Jg., Nr. 1, 1991, S. 19-31.

Holtbrügge, D. (2005): Management internationaler Strategischer Allianzen. In: Zentes, J./Swoboda, B./Morschett, D. (2005, Hrsg.): Kooperationen, Allianzen und Netzwerke. 2. Aufl., Gabler, Wiesbaden, 2005, S. 1181-1201.

Holzmüller, H. H./Stöttinger, B. (1996): Structural Modeling of Success Factors in Exporting: Cross Validation and Further Development of Export Performance Models. In: Journal of International Marketing, 4. Jg., Nr. 2, 1996, S. 29-55.

Homburg, C./Jensen, O. (2004): Key-Account-Management im Export: Die Perspektive der Industriegüterhersteller. In: Zentes, J./Morschett, D./Schramm-Klein, H. (2004, Hrsg.): Außenhandel. Gabler, Wiesbaden, 2004, S. 551-573.

Jain, S. C. (1989): Standardization of International Marketing Strategy: Some Research Hypotheses. In: Journal of Marketing, 53. Jg., Nr. 1, 1989, S. 70-79.

Johanson, J./Mattsson, L.-G. (1988): Internationalization in Industrial Systems: A Network Approach. In: Hood, N./Vahlne, J.-E. (1988, Hrsg.): Strategies in Global Competition. Croom Helm, New York/NY, 1988, S. 287-314.

Johanson, J./Vahlne, J.-E. (1977): The Internationalization Process of the Firm – A Model of Knowledge Development and Increasing Foreign Market Commitment. In: Journal of International Business Studies, 8. Jg., Nr. 1, 1977, S. 23-32.

Karakaya, F. (1993): Barriers to Entry in International Markets. In: Journal of Global Marketing, 7. Jg., Nr. 1, 1993, S. 7-25.

Katsikeas, C. S./Goode, M. M. H./Katsikea, E. (2000): Sources of Power in International Marketing Channels. In: Journal of Marketing Management, 16. Jg., Nr. 1, 2000, S. 185-202.

Kim, S. K./Hsieh, P.-H. (2006): Connecting Power with Locus of Control in Marketing Channel Relationships: A Response Surface Approach. In: International Journal of Research in Marketing, 23. Jg., Nr. 1, 2006, S. 13-29.

Klein, S. (1991): Selection of International Marketing Channels. In: Journal of Global Marketing, 4. Jg., Nr. 4, 1991, S. 21-37.

Klein, S./Frazier, G./Roth, V. (1990): A Transaction Cost Analysis Model of Channel Integration in International Markets. In: Journal of Marketing Research, 27. Jg., Nr. 2, 1990, S. 196-208.

Kotabe, M. (2001): Contemporary Research Trends in International Marketing: The 1990s. In: Rugman, A./Brewer, T. (2001, Hrsg.): Oxford Handbook of International Business. Oxford University Press, Oxford et al., 2001, S. 457-502.

Kutschker, M./Schmid, S. (2006): Internationales Management. 5. Aufl., Oldenbourg, München, Wien, 2006.

LaBahn, D. W./Harich, K. R. (1997): Sensitivity to National Business Culture: Effect on U.S.-Mexican Channel Relationship Performance. In: Journal of International Marketing, 5. Jg., Nr. 4, 1997, S. 29-51.

Leonidou, L./Katsikeas, C./Hadjimarcou, J. (2002): Building Successful Export Business Relationship: A Behavioral Perspective. In: Journal of International Marketing, 10. Jg., Nr. 3, 2002, S. 96-115.

Leonidou, L./Katsikeas, C./Piercy, N. F. (1998): Identifying Managerial Influences on Exporting: Past Research and Future Directions. In: Journal of International Marketing, 6. Jg., Nr. 2, 1998, S. 74-102.

Luostarinen, R. (1979): Internationalization of the Firm: An Empirical Study of the Internationalization of Firms with Small and Open Domestic Markets with Special Emphasis on Lateral Rigidity as a Behavioral Characteristic in Strategic Decision Making. KY Book Store, Helsinki, 1979.

Macharzina, K./Engelhard, J. (1991): Paradigm Shift in International Business Research: From Partist and Eclectic Approaches to the GAINS Paradigm. In: Management International Review, 31. Jg., Nr. 4, 1991, S. 23-44.

Madsen, T. (1987): Empirical Export Performance Studies: A Review of Conceptualizations and Findings. In: Cavusgil, S. T. (1987, Hrsg.): Advances in International Marketing. JAI, Greenwich/CT, 1987, S. 177-198.

McNaughton, R. (2002): The Use of Multiple Export Channels by Small Knowledge-intensive Firms. In: International Marketing Review, 19. Jg., Nr. 2, 2002, S. 190-203.

McNaughton, R./Bell, J. (2000): Channel Switching between Domestic and Foreign Markets. In: Journal of International Marketing, 9. Jg., Nr. 1, 2000, S. 24-39.

Meffert, H./Bolz, J. (1998): Internationales Marketing-Management. 3. Aufl., Kohlhammer, Stuttgart, 1998.

Moen, Ø./Servais, P. (2002): Born Global or Gradual Global? Examining the Export Behavior of Small and Medium-sized Enterprises. In: Journal of International Marketing, 10. Jg., Nr. 3, 2002, S. 49-72.

Moore, R. (1991): Relationship States in an International Marketing Channel. In: European Journal of Marketing, 25. Jg., Nr. 5, 1991, S. 47-59.

Moran, P./Ghoshal, S. (1996): Theories of Economic Organization: The Case for Realism and Balance. In: Academy of Management Review, 21. Jg., Nr. 1, 1996, S. 58-72.

Morgan, R. M./Hunt, S. D. (1994): The Commitment-Trust Theory of Relationship Marketing. In: Journal of Marketing, 58. Jg., Nr. 7, 1994, S. 20-38.

Murphy, W. H. (1999): Hofstede's National Culture as a Guide for Sales Practices across Countries: The Case of a MNC's Sales Practices in Australia and New Zealand. In: Australian Journal of Management, 24. Jg., Nr. 1, 1999, S. 37-58.

Nakos, G./Brouthers, K. D./Brouthers, L. E. (1998): The Impact of Firm and Managerial Characteristics on Small and Medium-sized Greek Firms' Export Performance. In: Journal of Global Marketing, 11. Jg., Nr. 4, 1998, S. 23-47.

Oviatt, B. M./Mc Dougall, P. P. (1995): Global Start-ups: Entrepreneurs on a Worldwide Stage. In: Academy of Management Executive, 9. Jg., Nr. 2, 1995, S. 30-43.

Raffée, H./Kreutzer, R. (1989): Organizational Dimensions of Global Marketing. In: European Journal of Marketing, 23. Jg., Nr. 5, 1989, S. 43-57.

Rosenbloom, B./Larsen, T./Mehta, R. (1997): Global Marketing Channels and the Standardization Controversy. In: Journal of Global Marketing, 11. Jg., Nr. 1, 1997, S. 49-64.

Rust, R. T. (2004): Invited Commentaries on „Evolving to a New Dominant Logic for Marketing". In: Journal of Marketing, 68. Jg., Nr. 1, 2004, S. 18-27.

Sa Vinhas, A./Anderson, E. (2005): How Potential Conflict Drives Channel Structure: Concurrent (Direct and Indirect) Channels. In: Journal of Marketing Research, 17. Jg., Nr. 11, 2005, S. 507-515.

Schlegelmilch, B./Stöttinger, B. (2003): Kooperation: Beziehungscommitment als Basis kontraktueller Arrangements – Eine Analyse von Export-Import-Beziehungen. In: Zentes, J./Swoboda, B./Morschett, D. (2003, Hrsg.): Kooperationen, Allianzen und Netzwerke. Gabler, Wiesbaden, 2003, S. 211-234.

Shi, L. H./Zou, S./White, J. C./McNally, R. C./Cavusgil, S. T. (2005): Global Account Management Capability: Insights from Leading Suppliers. In: Journal of International Marketing, 13. Jg., Nr. 2, 2005, S. 93-113.

Shoham, A. (1998): Export Performance: A Conceptualization and Empirical Assessment. In: Journal of International Marketing, 6. Jg., Nr. 3, 1998, S. 59-81.

Skarmeas, D. A./Katsikeas, C. S. (2001): Drivers of Superior Importer Performance in Cross-cultural Supplier-reseller Relationships. In: Industrial Marketing Management, 30. Jg., Nr. 2, 2001, S. 227-241.

Styles, C./Ambler, T. (1994): Successful Export Practice: The UK Experience. In: International Marketing Review, 11. Jg., Nr. 6, 1994, S. 23-47.

Swoboda, B. (2002): Dynamische Prozesse der Internationalisierung – Managementtheoretische und empirische Perspektiven des unternehmerischen Wandels. Deutscher Universitäts-Verlag, Wiesbaden, 2002.

Terpstra, V./Sarathy, R. (2000): International Marketing. The Dryden Press, Fort Worth/ TX, 2000.

Williamson, O. E. (1985): The Economic Institutions of Capitalism. Macmillan, New York/ NY, London, 1985.

Zafarullah, M./Ali, M./Young, S. (1998): The Internationalization of the Small Firm in Developing Countries – Exploratory Research from Pakistan. In: Journal of Global Marketing, 11. Jg., Nr. 3, 1998, S. 21-40.

Zentes, J./Swoboda, B./Morschett, D. (2004): Internationales Wertschöpfungsmanagement. Vahlen, München, 2004.

Zentes, J./Swoboda, B./Schramm-Klein, H. (2006): Internationales Marketing. Vahlen, München, 2006.

Zhang, C./Cavusgil, S. T./Roath, A. S. (2003): Manufacturer Governance of Foreign Distributor Relationships: Do Relational Norms Enhance Competitiveness in the Export Market? In: Journal of International Business Studies, 34. Jg., Nr. 6, 2003, S. 550-566.

Zou, S./Taylor, C. R./Osland, G. (1998): The EXPERF Scale: A Cross-national Generalized Export Performance Measure. In: Journal of International Marketing, 6. Jg., Nr. 3, 1998, S. 37-58.

Reinhard Moser*

Internationales Management aus der Perspektive der Internationalen Finanzierung

---

* Prof. Dr. Reinhard Moser ist Inhaber des Lehrstuhls für Betriebswirtschaftslehre des Außenhandels der Wirtschaftsuniversität Wien.

1 Einordnung und Verortung der Thematik

Seit Beginn der betriebswirtschaftlichen Befassung mit dem Themenkomplex des Internationalen Managements (IM) bildet die finanzwirtschaftliche Dimension der internationalen Unternehmenstätigkeit eine wesentliche Säule dieser Disziplin. Dies ist unmittelbar einsichtig, wenn man nach Büschgen (1997, S. 3) das Internationale Finanzmanagement als „... zielgerichtete Steuerung aller internationalen Zahlungen bzw. Zahlungsströme im Unternehmen" versteht. Kernbereiche des Internationalen Finanzmanagements umfassen somit das Management von Ein- und Ausgängen in unterschiedlichen Währungen, die Bereiche des Cash Managements und des Debitorenmanagements sowie die finanzielle Gestion im damit verbundenen Aufgabengebiet der Finanzierung mit Eigen- und Fremdkapital (Glaum/Brunner 2003, S. 324 f.).

Dies kann allerdings nicht einfach dahingehend interpretiert werden, dass das Internationale Finanzmanagement bloß „... an extension of corporate finance to a global context" (Remmers 2004, S. 160) darstellt. Vielmehr hat sich in den letzten Jahrzehnten an der Schnittstelle zwischen dem Betrieblichen Finanzmanagement zum einen und dem IM zum anderen eine Vielzahl von Impulsen ergeben, wie dies in Abbildung 1 visualisiert wird.

Die rasche Weiterentwicklung von Forschungsthemen und die Entwicklung von neuen Lösungsmechanismen im Bereich Corporate Finance haben eine große Zahl von neuen Ansätzen über die Disziplin der Internationalen Finanzierung in das Feld des IM hineingetragen. Als Beispiel dafür möge die umfassende Auseinandersetzung mit derivativen Instrumenten dienen, die heute als wichtiger Bestandteil der Bewältigung von Wechselkursproblemstellungen in das Internationale Finanzmanagement Einzug gehalten haben. In umgekehrter Richtung sind es gerade die Impulse aus dem IM, durch welche das Internationale Finanzmanagement auf die verstärkte Notwendigkeit der Integration institutioneller Gegebenheiten im internationalen Kontext und auf die Ausweitung des Betrachtungsblickwinkels in Richtung einer Integration der einzelnen Zahlungsströme im Sinne einer Gesamtunternehmensbetrachtung aufmerksam geworden ist. Dies gilt nicht allein hinsichtlich des unterschiedlichen institutionellen Rahmens von lokalen Finanzmärkten, der in die Entscheidungsfindung mit einzubeziehen ist, sondern kann auch beispielhaft für die zunehmende Komplexität internationaler Projektfinanzierungen nachvollzogen werden.

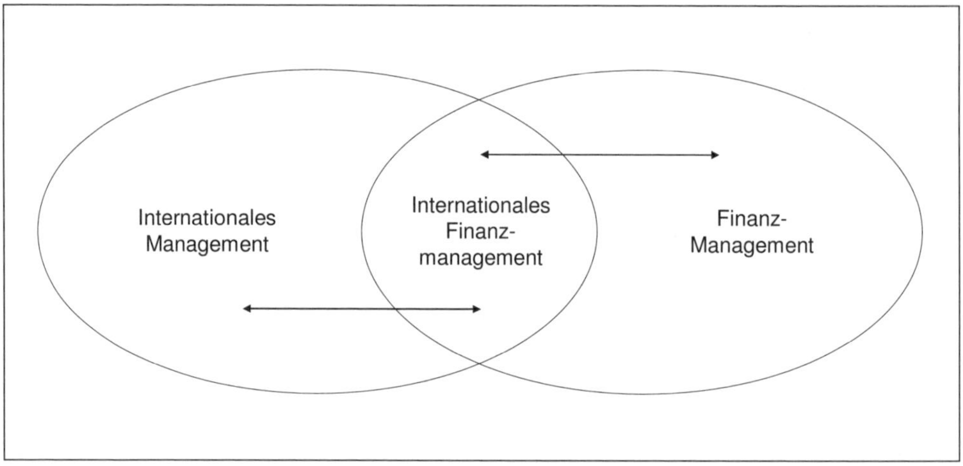

Abb. 1: Internationales Finanzmanagement als Schnittstelle

Daraus ergibt sich als Startpunkt der Untersuchung eine Herausarbeitung der spezifischen Bereiche, mit denen sich das Internationale Finanzmanagement als eigenständiger Forschungsbereich zentral beschäftigt. An diesem Punkt setzt ein Blick auf neue Themenkreise an, die sich im Übergang von einer stark aktivseitigen Orientierung hin zu einer passivseitigen Betrachtungsweise in den letzten Jahren herauskristallisiert haben. Schlussendlich rundet eine Conclusio hinsichtlich des Beitrags des Internationalen Finanzmanagements zur Disziplin des IM die Ausführungen ab.

2 Spezifika des Internationalen Finanzmanagements

Aus der heutigen Sicht auf das Forschungsfeld des Internationalen Finanzmanagements lassen sich drei Spezifika identifizieren, die sowohl im Mittelpunkt entsprechender Forschungsaktivitäten stehen, als auch in der relevanten deutsch- wie englischsprachigen Lehrbuchliteratur ihren Niederschlag gefunden haben: (1) institutionelle Spezifika, (2) höhergradiges Risiko und (3) Wechselkursrisiko als genuines Phänomen der internationalen Geschäftstätigkeit.[1] Auf dieser Basis können nicht nur Fragen der absatzseitigen Finanzierung abgehandelt werden, sondern die

1 Vergleichbar argumentieren Eun und Resnick (2007, S. 5 ff.): „Three major dimensions set international finance apart from domestic finance. They are: (1) foreign exchange and political risk, (2) market imperfections, (3) expanded opportunity set."

zu Grunde liegende Logik lässt sich auch auf den Themenkomplex der Risikokapitalaufbringung anwenden.

2.1 Institutionelle Spezifika

Die Kerndimension der Internationalität bringt definitionsgemäß unterschiedliche Rechts- und Wirtschaftsordnungen ins Spiel, unter denen die finanziellen Ströme international tätiger Unternehmen abgewickelt werden. Die dabei zu beachtenden Unterschiede im Bereich der Besteuerung stehen an der Schnittstelle zwischen dem Internationalen Finanzmanagement und der Internationalen Rechnungslegung, wobei eine stark juristisch geprägte Bearbeitung der Thematik Tradition hat. Zusätzlich gilt es, den besonderen Institutionen in der internationalen Finanzwelt Beachtung zu schenken, die maßgeblich an der Bewältigung von Risiken und Finanzierungsproblemen bei internationalen Transaktionen beteiligt sind.

(1) Unterschiedliche Rechts- und Wirtschaftsordnungen

Die als Abgrenzungskriterium angesetzte Internationalität resultiert aus der Tatsache der Kollision unterschiedlicher Rechtsordnungen, wenn internationale Transaktionen in Vertragsform gegossen werden. Demnach geht es um das Ausloten der Auswirkungen unterschiedlicher rechtlicher Gegebenheiten und Institutionen im internationalen Geschäftsverkehr. Dies erkennt man deutlich im Zusammenhang mit den grundsätzlichen Möglichkeiten der Kreditbesicherung im jeweils relevanten Rechtsumfeld, das wesentliche Eckpunkte für das Debitorenmanagement absteckt und schlussendlich in die Kernfrage der Rechtsdurchsetzung bei internationalen Transaktionen mündet.

Eine spezifische Ausprägung hat diese Thematik dort erfahren, wo vom klassischen europäischen Rechtsverständnis abweichende Grundvorstellungen die Ausgestaltung von Vertragsbeziehungen massiv beeinflussen: Man denke etwa an das Thema der Zulässigkeit der Verrechnung von Zinsen im Gegensatz zum Verbot der (festen) Verzinsung im islamischen Rechtskreis. Hier hat in den letzten Jahren durch die deutlich verbesserte Kenntnis der entsprechenden Normen eine gegenüber der Vergangenheit stark veränderte Sicht Platz gegriffen: Verschiedene Konstruktionen, die mit dem islamischen Rechtsempfinden gänzlich konform sind, werden heute als stark handelsorientierte Figuren unmittelbar in entsprechend auszugestaltende Transaktionen integriert (Iqbal/Llewellyn 2002). Dies gilt beispielsweise für den Bereich der internationalen Projektfinanzierung, wo die Mudharabah-Konstruktion sehr gut dazu geeignet ist, die erfolgsabhängigen Finanzierungskomponenten abzubilden (Ebrahim 1999, S. 592 ff.).

Neben diesem Meistern rechtlicher Diversität existieren aber – vor allem in der Disziplin der klassischen Außenhandelsfinanzierung – viele Vereinheitlichungsansätze, welche die finanzielle und risikomäßige Bewältigung konkreter Geschäftsfälle über viele Jahre erleichtert haben. Das Paradebeispiel auf diesem Gebiet stellen die „Einheitlichen Richtlinien und Gebräuche für Dokumentenakkreditive" (ERA) dar, die als eine von der Praxis in einem hohen Maße angenommene Regelung im Wege der Internationalen Handelskammer kodifiziert worden sind.[2] Eine vergleichbare Vorgangsweise findet sich bei den „Einheitlichen Richtlinien für Inkassi" (ERI 1996) bzw. bei den „Einheitlichen Richtlinien für auf Anfordern zahlbare Garantien" (ERAG; wenn auch im letztgenannten Beispiel derzeit an einer Neufassung gearbeitet wird, die auf eine breitere Akzeptanz auf der Anwenderseite von Bankgarantien abzielt).

(2) Relevante Finanzinstitutionen

Naturgemäß denkt man in diesem Arbeitsfeld an erster Stelle an internationale Finanzinstitutionen wie die Mitglieder der Weltbankgruppe oder regionale Entwicklungsbanken, wenn es um die Lösung entsprechender Risikoabsicherungs- und bzw. oder Finanzierungsfragen geht. Vielfach werden die (Innen-)Organisation dieser Institutionen und der interne Entscheidungsablauf ebenfalls im Rahmen von Arbeiten zum Internationalen Finanzmanagement abgehandelt, wenngleich eigentlich die genaue Auseinandersetzung mit den relevanten Programmen im Mittelpunkt des Interesses steht.

Besonders wichtig für die Erleichterung internationaler Geschäfte sind zudem auch die Exportkreditgarantieinstitutionen (Export Credit Agencies; OECD 2006), die zum einen auf dem Wege von Risikoabsicherungen, zum anderen über die Bereitstellung zinsgünstiger und bzw. oder zinsstabiler Finanzierungsmittel einen wesentlichen Einfluss auf das Zustandekommen v. a. großvolumiger bzw. lange Laufzeiten aufweisender Geschäfte nehmen (Gianturco 2001). Die Exportkreditgarantieinstitutionen stehen einerseits im Wettbewerb mit privaten Versicherungsgesellschaften, die alle als „marktfähig" eingestuften Risiken als ihre Domäne sehen. Andererseits sind aus dem Blickwinkel des Verbots von Exportsubventionen nicht nur die strengen Wettbewerbsregeln in der Europäischen Union zu beachten, sondern auch die Vorgaben, die sich aus dem Consensus und aus dem WTO- bzw. GATT-Abkommen ergeben. Als Spezialthema mit Relevanz für den Bereich von

---

2 Diese Regelungen werden über Revisionen immer wieder an die aktuellen Anforderungen angepasst, wie dies die Revision 2007 der ERA (Dokument 600 der IHK) mit Gültigkeit ab 1. Juli 2007 belegt.

Entwicklungsländern fügen sich in dieses Segment die Ausgestaltung von Entwicklungshilfefinanzierungen und das Konzept von „soft loans" ein.

Bezieht man die Betrachtung von Direktinvestitionen im Ausland in die Überlegung mit ein, umschließt man damit auch die Institutionen regionaler Betriebsansiedlungsgesellschaften, die in aller Regel nicht nur ihr Know-how, sondern auch Unterstützungen im Bereich von Finanzierungskosten oder steuerliche Erleichterungen zur Verfügung stellen und damit unmittelbare Wirkungen auf der unternehmerischen Finanzebene auslösen.

2.2 Höhergradiges Risiko

Bedingt durch die größere Distanz zwischen den Vertragspartnern, die über eine rein geographische Deutung dieser Dimension weit hinausreicht, erhöht sich die Wahrscheinlichkeit von Leistungsstörungen: Damit wird das Risiko internationaler Geschäftstransaktionen tendenziell als „höhergradig" eingestuft (Henzler 1962, S. 71). Diese Ausgangssituation hat gerade im Rahmen der Internationalen Finanzierung im Laufe der Zeit zur Herausbildung eines ausgereiften Instrumentariums der Risikobewältigung geführt.

(1) Kommerzielle Risiken

Das Feld der kommerziellen Risiken internationaler Transaktionen wurde bereits wegen seiner starken Verflechtung mit institutionellen Gegebenheiten im vorherigen Abschnitt beleuchtet. Die zugehörigen Bewältigungsmaßnahmen sind eng mit entsprechenden Rechtsinstituten (etwa im Rahmen von Dokumentengeschäften) bzw. einschlägigen Spezialinstitutionen (wie international tätigen Auskunfteien oder Kreditversicherungsgesellschaften) verknüpft (Zimmermann 1992, S. 75 ff.).

(2) Politische Risiken

Im traditionellen Kanon politischer Risiken stehen kriegerische Auseinandersetzungen an erster Stelle. Die jüngste Vergangenheit hat gezeigt, dass diese Dimension – von vielen unerwartet und bedauerlicherweise – wieder an Bedeutung gewonnen hat.

Viel ausführlicher befasst sich das Internationale Finanzmanagement mit dem Themenkreis von Länderrisiken[3] und damit zusammenhängend mit dem Risiko von Umschuldungen (Zahlungsmoratorien, ZM-Tatbestand), mit Transferverzögerungen und mit dem Sonderthema des Konvertierungsrisikos (Konvertierungs- und Transferprobleme, KT-Tatbestand). Gerade auf diesem Gebiet sind nach wie vor staatliche Absicherungsmöglichkeiten im Wege von Exportkreditgarantieinstitutionen gefragt, wenngleich der private Versicherungsmarkt sich mehr und mehr auch an die Übernahme gewisser Länderrisiken heranwagt.

Als eine neue Dimension des politischen Risikos ist in der jüngsten Vergangenheit das Terrorismusrisiko stark in den Vordergrund getreten (Moran 2004). Zusätzlich zu allen daraus resultierenden Gefahren ergeben sich im Zusammenhang mit den Vorbeugungs- und Bekämpfungsmaßnahmen gegen terroristische Aktivitäten starke Auswirkungen auf die Abwicklung des internationalen Zahlungsverkehrs. Dazu kommen noch auf banktechnischer Ebene wirksame finanzielle Embargo- und Retorsionsmaßnahmen, aber auch kompliziert ausgestaltete Compliance-Regelungen im Zusammenhang mit der Bekämpfung der organisierten Kriminalität (Preiss 2004).

2.3 Wechselkursrisiko als genuines Phänomen der internationalen Geschäftstätigkeit

Die besondere Bedeutung der Währungsdimension im internationalen Geschäft geht weit über die im vorherigen Punkt den politischen Risiken zugeordneten Kategorien des Konvertierungs- bzw. Transferrisikos hinaus, wenn man auf die in der jüngeren Vergangenheit viel volatiler verlaufende Wechselkursentwicklung zwischen einzelnen Währungen abstellt und damit ein dem Inlandsgeschäft wesensfremdes Konstrukt anspricht. Dies führt dazu, dass üblicherweise der gesamte Themenbereich Wechselkursrisiko und Kurssicherung nicht einfach dem „höhergradigen" Risiko der internationalen Geschäftstätigkeit untergeordnet, sondern vielmehr als eigenständiger Ansatz geführt wird.

Ein weit verzweigter Ast von Publikationen im Bereich des Internationalen Finanzmanagements befasst sich seit Jahrzehnten mit dem gegenständlichen Fragenbereich. Dies gilt auch, obwohl in Europa durch die Einführung der Gemeinschaftswährung Euro innerhalb der aktuell 15 Mitglieder des Eurolandes das Pro-

3 Mit dem Niederschlag von politischen Risiken in verdichteten Länder-Ratings beschäftigt sich Vij (2005). Aufgrund aktueller Erfahrungen in der Russischen Föderation ergänzen Goriaev und Sonin (2005) die länderspezifische Betrachtungsweise des politischen Risikos um die Dimension eines unternehmensspezifischen politischen Risikos.

blem im Binnenverkehr nicht mehr existent ist. Hingegen hat es bei Transaktionen mit Partnern außerhalb des Euro-Raumes nach wie vor eine hohe Relevanz. Dies betrifft alle drei Ausprägungsformen des Wechselkursrisikos:

- das Währungsumwechslungsrisiko („transaction risk"),
- das ökonomische Wechselkursrisiko („economic risk") und
- das Währungsumrechnungsrisiko („translation risk").[4]

(1) Währungsumwechslungsrisiko („transaction risk")

Fokussiert man zunächst auf die Bewältigung des „transaction risk" als typische Aufgabenstellung im Internationalen Finanzmanagement, so werden alle auf Fremdwährung lautenden, vertraglich kontrahierten Zahlungsströme betrachtet, die zukünftig einen Umwechselungsvorgang erforderlich machen. Differenziert man auf Basis der klassischen Unterteilung des Kurssicherungsentscheidungsprozesses (Moser 1984, S. 71), ergeben sich die Subthemen:

- Bestimmung der Währungsposition eines Unternehmens („exposure management") und Ausloten aller Möglichkeiten, um durch das Zusammenfassen von währungs- und fristenkongruenten Zahlungsströmen zu Nettowährungspositionen („net transaction exposures") zu gelangen.
- Zugrundelegung der Kurserwartung, die vom Entscheidungsträger auf Basis einer Prognose zukünftiger Wechselkurse in Richtung einer positiven oder negativen Absicherungsentscheidung eingebracht wird. Dies macht in aller Regel eine enge Anbindung an Konzepte der Außenwirtschaftstheorie erforderlich. Die Integration dieser Vorgehensweise ermöglicht auf Unternehmensebene ein Treffen selektiver Kurssicherungsentscheidungen (Glaum 2002, S. 108 ff.).
- Formulierung einer Kurssicherungsstrategie durch Auswahl und bzw. oder Kombination unterschiedlicher Absicherungsinstrumente. Neben allen „klassischen" Techniken (Eilenberger 2004, Ochynski 2004) steht heute in vielen Bereichen die Formulierung von Absicherungsstrategien unter Einsatz von Devisenoptionen im Mittelpunkt des Interesses.[5] Dabei zeigt sich eine klare Dominanz solcher Strategien, die auf ein Szenario unbegrenzten Gewinnpotentials bei begrenztem Verlustpotential abzielen. Sehr häufig ist auch das Vorliegen

4 Zum Zusammenhang zwischen diesen drei unterschiedlichen Wechselkursrisikokonzepten vgl. Moser (1985, S. 136 ff.).

5 Allayannis und Ofek (2001, S. 273 ff.) zeigen dies in ihrem Beitrag für ein frühes Sample US-amerikanischer Unternehmen. Russ und Gebhardt (2005, S. 565 ff.) nehmen die Thematik für deutsche Unternehmen auf. Für den Bereich britischer Firmen liefert Judge (2006, S. 407 ff.) aktuelle Aussagen.

kombinierter Angebote aus Devisen- und Zinsprodukten feststellbar, die von den Finanzdienstleistern als Paketlösungen entwickelt wurden (Kyrle 2006, S. 198 f.).

(2) Ökonomisches Wechselkursrisiko („economic risk")

Erweitert man das Konzept des Währungsumwechslungsrisikos um die Miteinbeziehung mittel- und langfristiger Wettbewerbseffekte, gelangt man zum ökonomischen Wechselkursrisiko, womit die zukünftigen Auswirkungen von Wechselkursveränderungen auf den Wert eines Unternehmens in den Mittelpunkt rücken. Da es somit um die Herausfilterung der wechselkursbedingten Sensitivität des Unternehmenswertes geht, gilt es zunächst, ein Modell der relevanten Zahlungsströme – als Unternehmensmodell – zu entwickeln (Brunner 2003, Rietsch 2006). Darauf fußend lässt sich einerseits die Intensität des ökonomischen Wechselkursrisikos, dem ein konkretes Unternehmen unterliegt, bestimmen (Messungsansatz). Andererseits können durch Rückgriff auf das Zahlungsstrommodell risikopolitische Maßnahmen, die ein Unternehmen gegenüber dem identifizierten ökonomischen Wechselkursrisiko zu setzen gedenkt, im Sinne der beiden Fragestellungen „What if?" bzw. „What to do to achieve?" evaluiert werden (Moser 1985, S. 299 ff.).

Eine markante Ausweitung des Blickwinkels ergibt sich dadurch, dass man für die unterschiedlichen Szenarien der Wechselkursentwicklung, deren Konsequenzen sich schlussendlich in den Unternehmensergebnissen widerspiegeln, die stochastischen Abhängigkeiten auf der Umweltseite modelliert. Dies erfolgt in enger Anbindung an die einschlägigen Erkenntnisse der außenwirtschaftlichen Forschung. In einen aufbauend auf dem Modellierungsansatz von Blum et al. (2001) entwickelten Szenariensimulator integriert Rietsch (2006, S. 137 ff.) Aussagen aus dem Feld der Theorie der Kaufkraftparitäten sowie der Zinsparitäten und implementiert einen „Prototypen" in der Programmierumgebung von Matlab®.

Über das Konzept des ökonomischen Wechselkursrisikos gelangt man daher sehr rasch zu einem integrativen Ansatz, der sich sehr gut in die Sichtweise des IM einfügt.

(3) Währungsumrechnungsrisiko („translation risk")

Geht es um die Abbildung von Fremdwährungsaktiva bzw. -passiva im Rechnungswesen, kommt die Ausprägungsform des Währungsumrechnungsrisikos ins Spiel. Während dieses bilanzorientierte Konzept im Rahmen der einschlägigen Lehrbuchliteratur stets abrundend präsentiert wird (beispielsweise in Madura 2006,

S. 381 ff., Moffett/Stonehill/Eiteman 2006, S. 264 ff., Shapiro 2006, S. 336 ff.), hat der unmittelbare Rechnungswesenbezug dazu geführt, dass die Weiterentwicklung der Thematik heute stark aus der Disziplin der Internationalen Rechnungslegung heraus betrieben wird (Borchert 2006).

2.4 Spannungsfeld absatzorientierte Sicht versus Risikokapitalbereitstellung

Überlagert wird die Kategorisierung nach den spezifischen Phänomenen, denen sich das Internationale Finanzmanagement widmet, durch das Spannungsfeld zwischen einem absatzorientierten Zutritt auf der einen Seite und dem Ansatz, Mittel für die Finanzierung der internationalen Expansion von Unternehmen bereitzustellen, auf der anderen Seite. Dieser Zusammenhang wird in Abbildung 2 aufgezeigt.

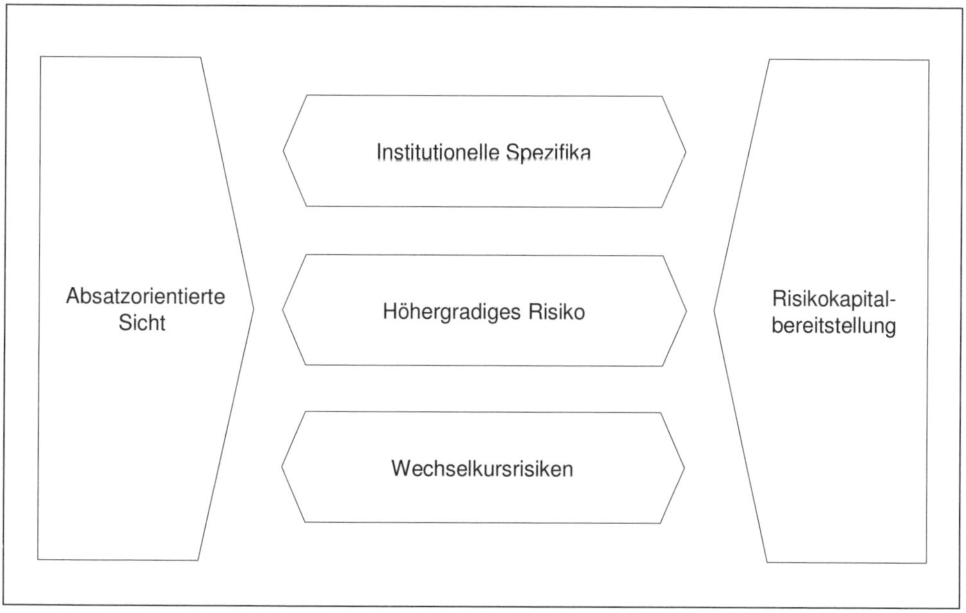

Abb. 2: Spannungsfeld zwischen unterschiedlichen Zutritten

Die absatzorientierte Sicht setzt bei der Kernfrage von Zahlung und Zahlungssicherung (Zahn/Ehrlich/Neumann 2001) im Rahmen von internationalen Geschäftstransaktionen an. Unter Beachtung von rechtlichen und institutionellen Gegebenheiten bilden Risikobewältigung und Ausgestaltung der finanziellen Ströme aus einzelnen Geschäftsfällen nach wie vor den zentralen Inhalt der Außenhandelsfinanzierung („trade financing“; Häberle 2002). Im Rahmen der Internationalen Expansionsfinanzierung geht es – auch in Parallelität zu den verstärkten Direktinvestitionsaktivitäten von Unternehmen – aber zusätzlich auch um die Aufbringung risikotragfähigen Kapitals, mit dem die entsprechenden Internationalisierungsschritte von Unternehmen finanziert werden können.

3 Neue Ansätze unter dem Blickwinkel eines Paradigmenwechsels: Von der aktivseitigen zur passivseitigen Betrachtungsweise

Sieht man die zentralen Forschungsfragen im Rahmen des IM in den letzten Jahrzehnten an, so lässt sich – zugegebenermaßen in einer verdichteten und vereinfachten Kategorisierung – darauf hinweisen, dass es im Kern vorrangig um die Auseinandersetzung mit Aktivitäten geht, die sich auf der Aktivseite einer Unternehmensbilanz niederschlagen: Internationalisierung von Unternehmen, internationale Marketingstrategien, Präsenzstrategien auf ausländischen Märkten, das Management von Direktinvestitionen als Tochtergesellschaften oder Joint Ventures und das weite Feld von interkulturellen Fragestellungen finden in aller Regel ihre betragsmäßige Abbildung auf der Aktivseite der Jahresabschlüsse international tätiger Unternehmen. Dies spricht Agmon (2006, S. 577) an, wenn er ausführt: „It can be said that current research in the economics of international business, as well as much of the research in the strategy of international business is focussed on the assets' side of the balance sheet".

Nicht zuletzt auf Basis des Resource-based Views bildet aber stets auch eine Betrachtung der produktmäßigen, der personellen und der sonstigen Ressourcen eines internationalisierenden oder bereits internationalen Unternehmens einen eigenständigen Zutritt ins IM. Dies bedingt für das Internationale Finanzmanagement eine gewisse Rejustierung, die auf eine Emanzipation der Beschäftigung mit den internationalisierungsbedingten Phänomenen auf der Bilanzpassivseite hinausläuft und damit den Blick auf die finanziellen Ressourcen eines Unternehmens richtet. Dabei sollen drei relevante Phänomene angesprochen werden, die – schon der Tradition des Finanzmanagements entsprechend – hohes Gewicht auf horizontale Bilanzrelationen legen und damit einen integrativen Zugang zur Aktiv- und auch zur Passivseite wählen. Die ersten beiden Punkte werden bereits seit längerer Zeit als Themen des Internationalen Finanzmanagements bearbeitet. Der dritte Punkt kann als eine Entwicklung der jüngeren Vergangenheit angesprochen werden.

- Das Thema einer fristenkongruenten Finanzierung im internationalen Geschäft und die damit verbundene Frage der Bewältigung von Zinsänderungsrisiken bilden traditionelle Fragestellungen im Bereich der betrieblichen Finanzwirtschaft. Die daher rührenden Erkenntnisse haben vor allem im Rahmen von langfristigen Exportgeschäften und anlässlich der Strukturierung internationaler Projektfinanzierungen eine besondere Wichtigkeit.

- Die Möglichkeiten eines Finanz-Hedgings im Bereich der Wechselkurssicherung fußen auf dem klassischen Kurssicherungsinstrument der Fremdwährungskreditaufnahme. Sie sind heute in vielen Bereichen perfektioniert worden; dies geht bis zur – weit über das klassische Transaktionsrisiko hinausreichenden – Regel „*Finance where your profits are!*“, bei der die Kapitalaufbringungsinstrumente auf der Bilanzpassivseite gewinnträchtigen Operationen nachfolgen, die auf der Aktivseite abgebildet werden.
- Gerade im Zusammenhang mit unternehmerischen Direktinvestitionsaktivitäten tritt das Suchen nach einer risikoadäquaten Finanzierung der international immer stärker exponiert werdenden Aktivseite eines Unternehmens in den Vordergrund. Als Konzept seit langem formuliert (Loitlsberger 1984), haben die letzten Jahre eine Fülle neuer Ausgestaltungsformen von risikotragfähigem Kapital zur Anwendungsreife entwickelt.

Den Ausgangspunkt dabei bildet die Tatsache, dass Risikokapital (im Sinne von Albach/Hunsdiek/Kokalj 1986) für die internationale Expansion erforderlich, aber nicht nur als knappes, sondern auch als hohe Finanzierungskosten verursachendes Gut einzustufen ist. Demnach haben sich viele Veröffentlichungen mit der Bereitstellung von Risikokapital beschäftigt, sei es auf dem Wege von unterstützenden Institutionen (Internationalisierungsagenturen, Entwicklungsgesellschaften etc.), sei es durch eine Beschaffung auf dem organisierten Kapitalmarkt.

Das erstarkende Segment der Finanzierung von nicht-börsennotierten Unternehmen auf dem Wege von Private Equity hat heute den entsprechenden Alternativenraum stark erweitert.[6] Dies umfasst zum einen die Bereitstellung von risikotragfähigem Beteiligungskapital ohne ein bzw. vor einem „going public“, zum anderen aber auch die Verwendung unterschiedlicher, auf die konkrete Situation zugeschnittener Finanzierungstitel, wie dies beispielsweise Ausgestaltungen von Mezzanine-Finanzierungen in großer Vielfalt ermöglichen (Müller 2003, S. 209 ff.).

---

6 Die European Private Equity and Venture Capital Association (EVCA) definiert wie folgt: „Private equity provides equity capital to enterprises not quoted on a stock market. Private equity can be used to develop new products and technologies, to expand working capital, to make acquisitions, or to strengthen a company's balance sheet. It can also resolve ownership and management issues. A succession in family-owned companies, or the buyout and buyin of a business by experienced managers may be achieved using private equity funding. Venture capital is, strictly speaking, a subset of private equity and refers to equity investments made for the launch, early development, or expansion of a business.“

Die angesprochene Thematik tritt vielfach nicht nur bei einer marktorientierten Wachstumsstrategie eines Unternehmens auf, sondern betrifft in hohem Maße alle Internationalisierungsmaßnahmen, die mit Akquisitionen ausländischer Unternehmen bzw. mit der Gründung ausländischer Tochtergesellschaften verbunden sind. Eine Unterstützung durch im öffentlichen Auftrag agierende Internationalisierungsagenturen spielt dabei in vielen Fällen eine ergänzende Rolle. Nutzt ein Unternehmen die neuen Möglichkeiten, die sich durch das Engagement von Private-Equity-Gesellschaften ergeben, so hat es wegen der damit bestehenden neuen Eigentümerstrukturen allerdings auch in einem höheren Maße, als dies bei anderen Finanzierungskonstellationen der Fall ist, auf die Eigenheiten der Private-Equity-Kapitalgeber zu achten. Vor allem die konsequente „Exit-Orientierung" (Khinast-Sittenthaler 2003, S. 270 ff.) dieser Gruppe von Kapitalgebern beinhaltet ein konsequentes Monitoring der Risikoposition des Auslandsengagements mit einem entsprechenden Druck in Richtung Risikoreduktion und kostenminimaler Finanzierung.

Damit schließt sich der Kreis und bindet das Thema stark zurück zu den Spezifika des Internationalen Finanzmanagements, weil gerade am Unternehmen beteiligte Private-Equity-Gesellschaften – primär unter dem Gesichtspunkt der Risikoverminderung auf der einen Seite und der Werterhöhung des Unternehmens auf der anderen Seite – eine Bewältigung

- der institutionellen Besonderheiten ausländischer Märkte erwarten, die sich beispielsweise im Rahmen einer Kooperation mit internationalen Finanzinstitutionen realisieren lässt,
- der politischen Risiken – vor allem im Zusammenhang mit ausländischen Direktinvestitionen – als vorrangiges Ziel ansehen, was in vielen Fällen über bi- oder multilaterale Investitionsschutzabkommen oder staatliche Garantien effektuiert wird, sowie
- aller auftretenden Wechselkursrisiken voraussetzen, was die detaillierte Auseinandersetzung mit dem identifizierbaren ökonomischen Wechselkursrisiko mit einschließt.

4 Internationales Finanzmanagement als Kernbaustein der Disziplin des Internationalen Managements

Sieht man somit das Internationale Finanzmanagement als einen Kernbaustein der Beschäftigung mit Fragen des IM an, so bedeutet dies nur auf den ersten Blick die bloße Auseinandersetzung mit Einzelthemen wie beispielsweise

- dem Versuch, durch juristisch eindeutig formulierte Zahlungsbedingungen einen internationalen Vertrag „wasserdicht" auszugestalten,
- dem Abschluss einer Exportkreditversicherung, um identifizierte Risiken eines Geschäftsfalles abzudecken, oder
- der Nutzung des Devisenterminmarktes zur Absicherung einer konkreten Fremdwährungsforderung aus einem Exportgeschäft.

Bei genauerem Hinsehen stößt man vielmehr sehr rasch auf den integrativen Ansatz, der für viele Fragestellungen des Internationalen Finanzmanagements im Rahmen einer konkreten Analyse zentraler Problemstellungen von hoher Relevanz ist. Illustrieren lässt sich dies am besten anhand von zwei wichtigen Themenkomplexen des Internationalen Finanzmanagements:

- Führt man sich die komplexe Versuchsanordnung vor Augen, die für eine Messung des ökonomischen Wechselkursrisikos eines international agierenden Unternehmens erforderlich ist, erkennt man, dass sich alle für die Beurteilung relevanten Zahlungsströme aus den zu Grunde liegenden Absatz-, Beschaffungs- und Personalplänen des analysierten Unternehmens ergeben, und dass somit eine Gesamtunternehmensbetrachtung ein wichtiges Erfordernis im Rahmen des Internationalen Finanzmanagements darstellt.
- Ähnlich kann die Argumentation für die Ex-ante-Strukturierung genauso wie für die Ex-post-Analyse internationaler Projektfinanzierungen verlaufen (Esty 2004): Die konsequente Auseinandersetzung mit den Projektinteressenten und möglichen Projektbeteiligten, die innerhalb von klar definierten Grenzen bereit sind, Projektrisiken zu übernehmen, schärft den Blick für das Ganze in gleicher Weise wie die Analyse unterschiedlicher Kapitalquellen, die über den Kapitalmarkt, aber auch im Wege der Einschaltung von Förderungsinstitutionen und „facilitators" verfügbar sind.

Somit lässt sich zusammenfassend feststellen, dass das Internationale Finanzmanagement in einem bemerkenswerten Ausmaß auch dazu angelegt ist, im (universitären) Ausbildungsbereich eine wichtige Rolle zu übernehmen, wenn es um die

Sensibilisierung für Probleme und die Formulierung von Lösungen geht, die im zentralen Fokus des IM stehen.

Literatur

Agmon, T. (2006): Bringing Financial Economics into International Business Research: Taking Advantage of a Paradigm Change. In: Journal of International Business Studies, 37. Jg., Nr. 5, 2006, S. 575-577.

Albach, H./Hunsdiek, D./Kokalj, L. (1986): Finanzierung mit Risikokapital. Poeschel, Stuttgart, 1986.

Allayannis, G./Ofek, E. (2001): Exchange Rate Exposure, Hedging, and the Use of Foreign Currency Derivatives. In: Journal of International Money and Finance, 20. Jg., Nr. 2, 2001, S. 273-296.

Blum, P./Dacorogna, M./Embrechts, P./Neghaiwi, T./Niggli, H. (2001): Using DFA for Modelling the Impact of Foreign Exchange Risks on Reinsurance Decisions. Casualty Actuarial Society Forum, Mai 2001.

Borchert, M. (2006): Die Sicherung von Wechselkursrisiken in der Rechnungslegung nach deutschem Handelsrecht und International Financial Reporting Standards (IFRS). Peter Lang, Frankfurt a. M., 2006.

Brunner, M. (2003): Das Economic Exposure deutscher Unternehmungen. Peter Lang, Frankfurt a. M., 2003.

Büschgen, H. (1997): Internationales Finanzmanagement. 3. Aufl., Knapp, Frankfurt a. M., 1997.

Ebrahim, M.-S. (1999): Integrating Islamic and Conventional Project Finance. In: Thunderbird International Business Review, 41. Jg., Nr. 4, 1999, S. 583-609.

Eilenberger, G. (2004): Währungsrisiken, Währungsmanagement und Devisenkurssicherung von Unternehmungen. 4. Aufl., Knapp, Frankfurt a. M., 2004.

Esty, B. (2004): Why Study Large Projects? An Introduction to Research on Project Finance. In: European Financial Management, 10. Jg., Nr. 2, 2004, S. 213-224.

Eun, C./Resnick, B. (2007): International Financial Management. 4. Aufl., Irwin, Boston/MA, 2007.

Gianturco, D. (2001): Export Credit Agencies: The Unsung Giants of International Trade and Finance. Quorum, London, 2001.

Glaum, M. (2002): The Determinants of Selective Exchange Risk Management – Evidence from German Non-financial Corporations. In: Journal of Applied Corporate Finance, 14. Jg., Nr. 4, 2002, S. 108-121.

Glaum, M./Brunner, M. (2003): Finanz- und Währungsmanagement in Multinationalen Unternehmungen. In: Holtbrügge, D. (2003, Hrsg.): Management Multinationaler Unternehmungen. Physica, Heidelberg, 2003, S. 307-326.

Goriaev, A./Sonin, K. (2005): Is Political Risk Company-specific? The Market Side of the Yukos Affair. Discussion Paper Nr. 5076, Centre for Economic Policy Research, London, 2005.

Häberle, S. (2002): Handbuch der Außenhandelsfinanzierung. 3. Aufl., Oldenbourg, München, Wien, 2002.

Henzler, R. (1962): Betriebswirtschaftslehre des Außenhandels. Gabler, Wiesbaden, 1962.

Iqbal, M./Llewellyn, D. (2002, Hrsg.): Islamic Banking and Finance: New Perspectives on Profit-sharing and Risk. Edward Elgar, Cheltenham/PA, 2002.

Judge, A. (2006): Why and how UK Firms Hedge? In: European Financial Management, 12. Jg., Nr. 3, 2006, S. 407-441.

Khinast-Sittenthaler, C. (2003): Exitstrategien – Trade Sale, Initial Public Offering, Buy back, Secondary Sale und Liquidation. In: Kofler, G./Polster-Grüll, B. (2003, Hrsg.): Private Equity & Venture Capital. Linde, Wien, 2003, S. 267-289.

Kyrle, J. (2006): Kategorisierung und Anwendungsprüfung moderner Devisenoptionsstrategien auf dem Sektor unternehmerischer Wechselkursrisiken. Diss., Wirtschaftsuniversität Wien, 2006.

Loitlsberger, E. (1984): Innovationsfinanzierung und Finanzierungsinstrumentarium. In: Journal für Betriebswirtschaft, 34. Jg., Nr. 2, 1984, S. 54-69.

Madura, J. (2008): International Corporate Finance. 9. Aufl., Thomson, Mason/NH, 2008.

Moffett, M./Stonehill, A./Eiteman, D. (2006): Fundamentals of Multinational Finance. 2. Aufl., Pearson Addison Wesley, Boston/MA, 2006.

Moran, T. (2004, Hrsg.): International Political Risk Management: The Brave New World. World Bank, Washington/DC, 2004.

Moser, R. (1984): Selektive Wechselkurssicherung für österreichische Unternehmen – Techniken und ökonomische Bewertung. In: Journal für Betriebswirtschaft, 34. Jg., Nr. 2, 1984, S. 70-81.

Moser, R. (1985): Preis- und Finanzierungsentscheidungen im Auslandsgeschäft: Ein Corporate Modelling-Ansatz. Verlag der Österreichischen Akademie der Wissenschaften, Wien, 1985.

Müller, O. (2003): Mezzanine Finance: Neue Perspektiven in der Unternehmensfinanzierung. Paul Haupt, Bern, 2003.

Ochynski, W. (2004): Strategien an den Devisenmärkten. 5. Aufl., Gabler, Wiesbaden, 2004.

OECD (2006): Export Credit Financing Systems in OECD Member Countries and Non-member Economies. OECD Publishing, Paris, 2006.

Preiss, R. (2004): Geldwäsche und die Europäische Union. Diss., Wirtschaftsuniversität Wien, 2004.

Remmers, L. (2004): International Financial Management: 35 Years later – What Has Changed? In: International Business Review, 13. Jg., Nr. 2, 2004, S. 155-180.

Rietsch, M. (2006): Messung und Analyse des ökonomischen Wechselkursrisikos aus Unternehmenssicht: Ein stochastischer Simulationsansatz. Diss., Wirtschaftsuniversität Wien, 2006.

Russ, O./Gebhardt, G. (2005): Erklärungsfaktoren für den Einsatz von Währungsderivaten bei deutschen Unternehmen – Eine empirische Logit-Analyse. In: Zeitschrift für betriebswirtschaftliche Forschung, 57. Jg., Nr. 100, 2005, S. 565-594.

Shapiro, A. (2006): Multinational Financial Management. 8. Aufl., Wiley, Hoboken/NJ, 2006.

Vij, M. (2005): The Determinants of Country Risk Analysis: An Empirical Approach. In: Journal of Management Research, 5. Jg., Nr. 1, 2005, S. 20-31.

Zahn, J./Ehrlich, D./Neumann, K. (2001): Zahlung und Zahlungssicherung im Außenhandel. 7. Aufl., de Gruyter, Berlin et al., 2001.

Zimmermann, A. (1992): Spezifische Risiken des Auslandsgeschäfts. In: Dichtl, E./Issing, O. (1992, Hrsg.): Exportnation Deutschland. 2. Aufl., Beck, München, 1992, S. 72-100.

Ewald Scherm/Gotthard Pietsch*

Internationales Management aus der Perspektive des Internationalen Controllings

---

* Prof. Dr. Ewald Scherm ist Inhaber des Lehrstuhls für Betriebswirtschaftslehre, insbesondere Organisation und Planung an der FernUniversität in Hagen. Dr. Gotthard Pietsch ist wissenschaftlicher Mitarbeiter an obigem Lehrstuhl.

1 Einleitung

Die Interdependenz von Controlling und Management wird von der Forschung nicht einheitlich beurteilt. Nicht zuletzt in Abhängigkeit von der zugrunde liegenden Controllingkonzeption geraten unterschiedliche Facetten dieser Interdependenz in das Blickfeld. Der Facettenreichtum der konzeptionellen Diskussion hat zwar die Literatur zu dem Internationalen Controlling nur partiell erreicht (Scherm/Süß 2001, S. 365), es besteht jedoch weitgehend Einigkeit, dass das (Internationale) Controlling informatorische Leistungen für das Management zu erbringen hat und gegebenenfalls sogar Managementaufgaben übernimmt.

Die Leistungserbringung des Controllings basiert dabei immer auf einem Grundverständnis des Internationalen Managements (IM). Dieses entfaltet Steuerungsrelevanz, weil es – vermittelt über die Art der Leistungserbringung im Controlling – internationale Entscheidungen beeinflusst. Nicht zuletzt prägt es die Öffnung bzw. Schließung von Entscheidungsperspektiven im IM. Ein flexibles Wechselspiel zwischen Öffnung und Schließung erweist sich als erforderlich, um die hohe Ambiguität und Komplexität im IM zu bewältigen. Öffnung (bzw. Schließung) von Entscheidungsperspektiven im IM bezeichnet dabei die Verringerung (bzw. Erhöhung) der Selektivität in Entscheidungsprozessen. Durch Öffnung wird der Raum möglicher Entscheidungen somit erweitert, während er durch Schließung eingegrenzt wird. Die klassische Ausrichtung des Internationalen Controllings stellt jedoch v. a. die entscheidungsunterstützende Informationsbereitstellung in den Vordergrund der Betrachtung und trägt damit bisher eher zur Schließung von Entscheidungsperspektiven bei.

Vor diesem Hintergrund ist es das Ziel des Beitrags, Anhaltspunkte für eine Erweiterung der Controllingperspektive auf das IM zu geben, die dazu beitragen kann, ein flexibles Öffnen und Schließen von Entscheidungsperspektiven im IM zu fördern.

Dazu wird zunächst die Interdependenz von Controlling und Management aus einer reflexionsorientierten Sicht diskutiert. Anschließend skizziert der Beitrag zentrale Merkmale des IM, wobei die hohe Ambiguität internationaler Entscheidungen hervorgehoben wird. Daran anknüpfend erfolgt schließlich die Klärung der klassischen Perspektive des Internationalen Controllings, die v. a. zur Schließung von Entscheidungsperspektiven im IM beiträgt und deshalb der Ambiguität internationaler Entscheidungen nur partiell gerecht werden kann. Vor diesem Hintergrund erarbeitet der Beitrag erste Anhaltspunkte für ein erweitertes Controllingverständnis, das die Multiperspektivität im IM fördert und auf der Grundlage eines postheroischen Steuerungsverständnisses die Integration des Controllinginstrumentariums in ein interkulturelles Kommunikationsnetzwerk unterstützt.

2 Controlling und Management

2.1 Handlungsfeld „Unternehmen"

Während der in der angloamerikanischen Literatur weniger verbreitete Begriff „Controlling" dort meist in dem Verständnis einer Managementfunktion (insbesondere neben den anderen Funktionen „planning", „organizing", „staffing" und „directing" bzw. „leading"; z. B. Koontz/O'Donnell 1972) Verwendung findet und v. a. den klassischen „Soll-Ist-Vergleich" bezeichnet, wird das Verhältnis von Controlling und Management im deutschsprachigen Raum deutlich differenzierter aus der Perspektive – teilweise sehr – unterschiedlicher Controllingkonzeptionen analysiert. In Abhängigkeit von der zugrunde liegenden konzeptionellen Perspektive fällt der Blick auf das Verhältnis von Controlling und Management teilweise recht unterschiedlich aus.

Vor dem Hintergrund der im deutschsprachigen Raum in den letzten Jahren erfolgten Diskussion um eine konzeptionelle Neuausrichtung des Controllings (z. B. Weber/Schäffer 1999, 2001, Pietsch/Scherm 2000a, 2001a, Wall 2000, Homburg 2001, Scherm/Pietsch 2005, Schneider 2005) lassen sich zur groben Systematisierung der Vielfalt der Ansätze zunächst klassische und sogenannte „neuere" Konzeptionen unterscheiden (Scherm/Pietsch 2004a). Unter den klassischen Konzeptionen erweisen sich v. a. die koordinations- sowie informationsorientierten Konzeptionen weiterhin als sehr einflussreich. Die Diskussion um eine konzeptionelle Neuausrichtung des Controllings ging jedoch von den neueren Konzeptionen der Rationalitätssicherung (Weber/Schäffer 1999, 2000) sowie der Reflexionsorientierung (Pietsch/Scherm 1999, 2000a) aus. Im Folgenden wird das Verhältnis von Controlling und Management aus der Sicht der reflexionsorientierten Konzeption betrachtet, weil sie dazu recht dezidierte Aussagen macht und im Zuge dessen nicht zuletzt Anhaltspunkte für eine Perspektivenerweiterung im (Internationalen) Controlling bietet. Unter Zugrundelegung einer funktionalen Sicht konkretisiert die reflexionsorientierte Konzeption die Beziehung zwischen Controlling und Management unter Rückgriff auf das sogenannte Handlungsfeld „Unternehmen", das sich in drei funktionale Ebenen untergliedert: Management, Managementunterstützung und Ausführung (Pietsch/Scherm 2000a, S. 403 ff.; hierzu auch Abbildung 1).

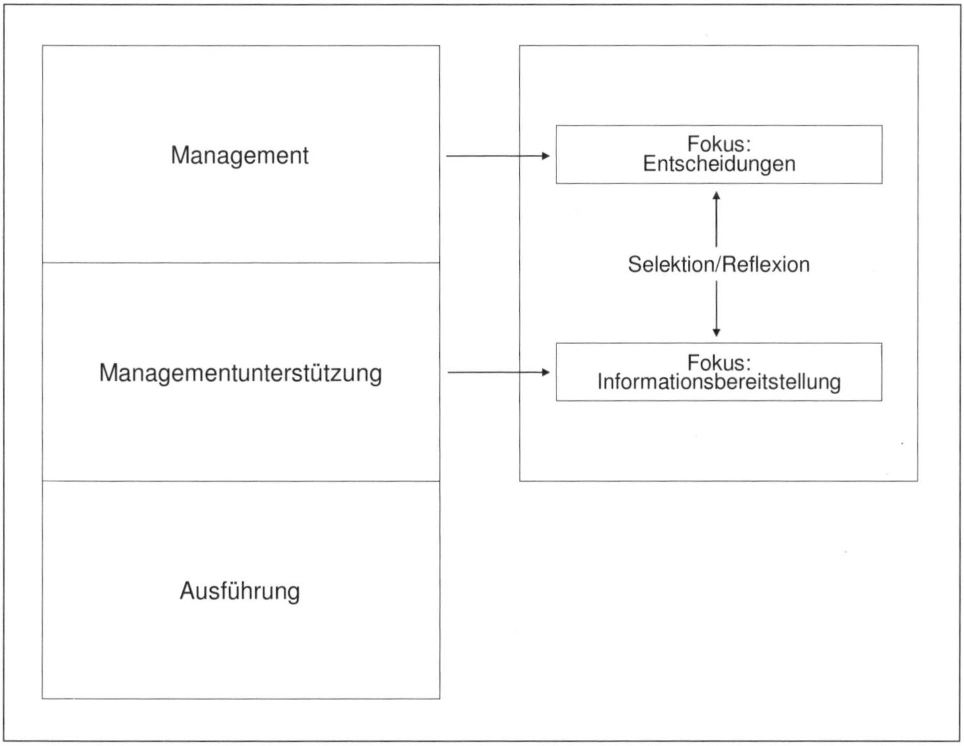

Abb. 1: Fokussierungen des Handlungsfelds „Unternehmen" und die Operationen der Komplexitätsbewältigung
Quelle: Pietsch/Scherm (2001b), S. 210.

Management bzw. Unternehmensführung umfasst in funktionaler Sicht die Gesamtheit der Managementhandlungen in Unternehmen. Management bedeutet, Entscheidungen zu treffen, durchzusetzen, zu hinterfragen und Verantwortung für getroffene Entscheidungen zu übernehmen. Management (im funktionalen Sinne) lässt sich somit durch die Fokussierung auf Entscheidungen charakterisieren (Abbildung 1). Dabei benötigt Management als Entscheidungsfindung und -durchsetzung aufbereitete Informationen, um Entscheidungen treffen und hinterfragen zu können. Aufgaben der Managementunterstützung beziehen sich deshalb auf die Beschaffung und Aufbereitung von Informationen; Entscheidungen werden informatorisch vor- bzw. nachbereitet. Managementunterstützungshandlungen lassen sich somit durch ihre Fokussierung auf Probleme der Informationsbereitstellung kennzeichnen (Abbildung 1). Zur Charakterisierung des gesamten Handlungsfelds in Unternehmen kommt noch die Ausführungsebene hinzu. Die Ausführung beinhaltet reine Umsetzungsaufgaben und ist damit von autonom steuernder Gedankenarbeit befreit. Um allerdings Missverständnisse zu vermeiden, sei hier explizit darauf hingewiesen, dass es sich bei der Trennung der drei funktionalen Ebenen um eine rein gedanklich-analytische Betrachtungsweise handelt (Pietsch/Scherm

2000b, S. 4). Damit verbindet sich keineswegs die Forderung nach einer faktisch-institutionellen Trennung von Kopf- und Handarbeit, wie sie in Taylors klassischem Ansatz eines „Scientific Management" zu finden ist (1917).

Das Handlungsfeld „Unternehmen" ist gekennzeichnet durch die Notwendigkeit der Bewältigung seiner eigenen sowie der Komplexität und Dynamik seines Umfelds und gleichzeitig restringiert durch die begrenzte Informationsaufnahme- und Informationsverarbeitungskapazität des Menschen (ähnlich z. B. auch Simon 1981, S. 116 ff., Kirsch 1997, S. 182 ff.). Als grundlegende Operationen der Komplexitätsbewältigung lassen sich Selektion und Reflexion unterscheiden (Pietsch/Scherm 2000a, S. 404 ff.). Selektion bedeutet die Auswahl aus einer Gesamtheit von Möglichkeiten und bewirkt daher eine Reduktion der Komplexität (Pietsch/Scherm 2000a, S. 404 f.). Aufgrund der begrenzten Informationsaufnahme- und Informationsverarbeitungskapazität des Menschen kann eine – im Grunde immer komplexe – Entscheidungssituation nie vollständig, sondern bestenfalls partiell und somit selektiv erfasst werden. In der Unternehmensführung erfolgt die Selektion im Zuge des Treffens von Entscheidungen. Sie bezieht sich in entscheidungsorientierter Sicht auf die jeweils betrachteten Ziele, Handlungsmöglichkeiten, Umweltzustände und damit verknüpften Ergebnisse sowie die resultierende Wahl einer Handlungsoption. So stellt die unternehmerische Entscheidung den Kulminationspunkt einer Vielzahl von – häufig unbewussten – Selektionen dar. Diese Selektionen können sich jederzeit als falsch erweisen, d. h., das eigentlich Entscheidungsrelevante wird ausgeblendet und die Unternehmensführung wird somit durch inadäquate Selektion zur Fehlsteuerung. Unternehmensführung muss daher offen gehalten werden für die tatsächliche Komplexität und Dynamik des Umfeldes. Die Gefahr falscher Selektion soll durch ihren Gegenpart, die Reflexion, verringert werden (Pietsch/Scherm 2000a, S. 405). Während die Selektion sowohl Resultat bewusster Überlegungen als auch Ergebnis intuitiver Prozesse sein kann, stellt die Reflexion immer eine distanzierend-kritische und somit spezielle Gedankenarbeit dar. Im Zuge der Reflexion werden einige Selektionsleistungen vor dem Hintergrund anderer teilweise konstant gesetzter, teilweise neu hinzugetretener Selektionsleistungen zur Disposition gestellt bzw. kritisch beurteilt. Da jedoch nie alle Selektionsleistungen auf einmal aufgegeben werden können, tritt auch die Reflexion nie vollständig aus bestehenden, Orientierung stiftenden Zusammenhängen heraus und kann somit auch der Komplexität des Handlungsfelds nie vollständig entsprechen. So muss die Reflexion zur kritischen Beurteilung z. B. immer auf Ziele und damit auf grundlegende (frühere) Selektionsleistungen Bezug nehmen. Dennoch ist die Reflexion die zentrale Voraussetzung für Flexibilität und Lernen, denn sie gibt Anhaltspunkte für erfolgversprechendere Entscheidungen in der Zukunft.

Die Bewältigung der Komplexität unter Rückgriff auf die beiden Grundoperationen erfolgt im Rahmen des Handlungsfelds „Unternehmen" nur auf den Ebenen des

Managements und der Managementunterstützung (auch Abbildung 1). Die Ausführungsebene ist in funktionaler Betrachtung von dem Problem der Komplexitätsbewältigung befreit, da hier (gedanklich-analytisch) reine Umsetzungshandlungen zusammengefasst werden. Im Folgenden soll näher betrachtet werden, wie sich die Interdependenz von Controlling und Management im Kontext des skizzierten Handlungsfelds „Unternehmen" charakterisieren lässt.

2.2 Reflexionsorientiertes Controlling im Kontext des Managements

Unter Rückgriff auf das skizzierte Handlungsfeld „Unternehmen" lässt sich das Controlling in den Kontext des Managements einordnen, indem man zwischen verschiedenen Managementfunktionen unterscheidet. Besonders verbreitet ist die auf Koontz und O'Donnell (1972, auch Koontz 1964) sowie auf die sogenannte „Management Process School" zurückgehende Differenzierung zwischen den fünf Managementfunktionen Planung, Organisation, Personaleinsatz, Personalführung und Controlling. Die reflexionsorientierte Konzeption des Controllings verbindet die Managementfunktionen mit den komplexitätsbezogenen Operationen der Selektion und Reflexion. Planung, Organisation, Personaleinsatz und Personalführung basieren auf Selektionen und führen letztlich zu Entscheidungen. Sie sind darauf ausgerichtet, das Handlungsfeld durch Entscheidungen auf eine Handlungsalternative zu reduzieren. Demgegenüber hat das Controlling die Aufgabe der umfassenden Reflexion dieser Entscheidungen, um hierdurch nicht zuletzt eine Öffnung zugrunde liegender Entscheidungsperspektiven zu bewirken (Abbildung 2). Controlling ergibt sich somit als die Reflexion der Entscheidungen, die im Rahmen der anderen Managementfunktionen getroffen wurden (Pietsch/Scherm 2000a, S. 405).

Dabei lassen sich zwei Arten der Entscheidungsreflexion im Controlling unterscheiden: die abweichungs- und die perspektivenorientierte Reflexion (Pietsch/Scherm 2001c, S. 309 f.). Da die abweichungsorientierte Reflexion von Entscheidungen auf die Durchführung von „Soll-Ist-Vergleichen" und die Feststellung von Abweichungen ausgerichtet ist, handelt es sich um die traditionelle Kontrollfunktion (zur Kontrolle als abweichungsorientierte Vergleichshandlung z. B. Hasenack 1952, S. 339, Stomberg 1969, S. 9, Jerome 1972, S. 16, Schäffer 2001, S. 11). Auf der Basis von Abweichungsinformationen werden bei der Kontrolle erster Ordnung Entscheidungen hinsichtlich Effektivität und Effizienz durchgeführter Realisationsmaßnahmen und bei der Kontrolle zweiter Ordnung hinsichtlich der Angemessenheit der verfolgten Ziele kritisch hinterfragt, so dass gegebenenfalls Anpassungsmaßnahmen auf der Realisations- bzw. Zielebene erfolgen. Bei der abweichungsorientierten Reflexion steht also die kritische Erfolgsbeurteilung von Entscheidungen im Vordergrund.

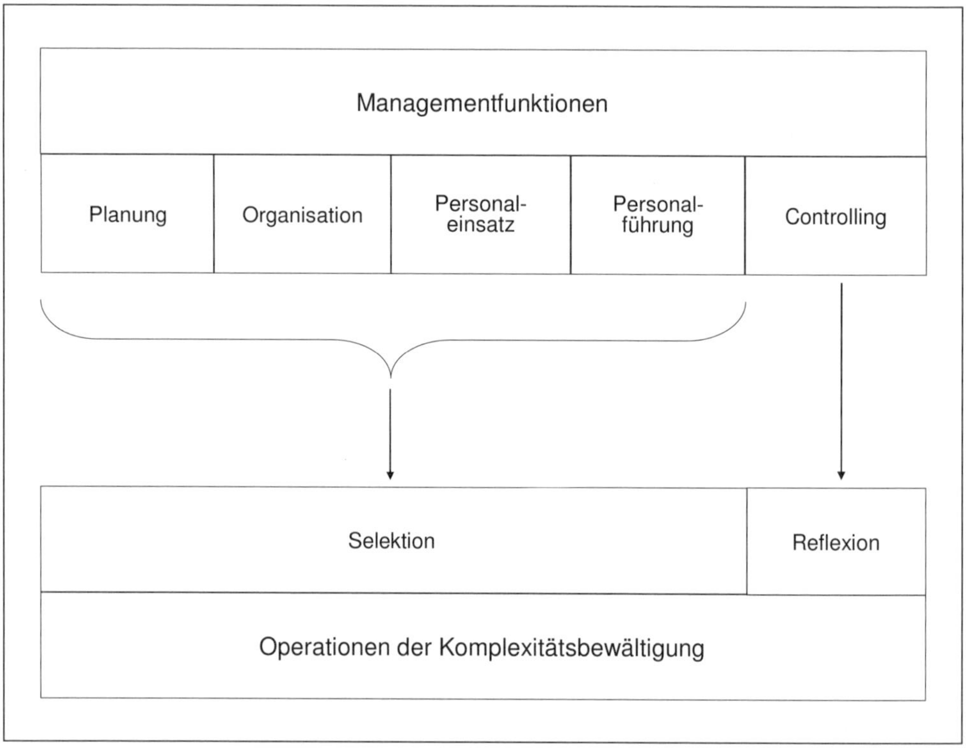

Abb. 2: Managementfunktionen und Operationen der Komplexitätsbewältigung
Quelle: Pietsch/Scherm (2000c), S. 8.

Im Gegensatz zur abweichungsorientierten ist die perspektivenorientierte Reflexion nicht auf die Verringerung bzw. Beseitigung von Abweichungen ausgerichtet. Ihr Ziel besteht in dem Aufdecken neuer (Gestaltungs-)Perspektiven, um daran anknüpfend zu einem umfassenderen Verständnis von Entscheidungen sowie letztlich zu innovativen Gestaltungsvorschlägen zu gelangen. (Gestaltungs-)Perspektiven in der Unternehmensführung stellen Kombinationen von Selektionen (= Selektionsmuster) dar, die auf Entscheidungen bezogen sind und als „stimmig" erlebt werden. Perspektiven legen somit die „Brille" fest, mit der man auf ein Entscheidungsproblem blickt. Es handelt sich um „geistige Landkarten", die für die Wahrnehmung und das Handeln in der Unternehmensführung Orientierung stiften (hierzu auch Eck 1997, S. 160), insoweit prägen sie generalisierte Wahrnehmungs- und Handlungsmuster der Entscheidungsträger. Sie enthalten jedoch keine strukturgetreuen Beschreibungen der Realität, sondern lediglich Konstruktionen. In diesem Sinne werden Perspektiven nicht durch die Wirklichkeit, sondern durch die sprachlichen, psychischen oder soziokulturell geprägten Prozesse der Übermittlung, Verarbeitung und Interpretation von Informationen bestimmt. Stets beinhalten sie deshalb potentiell auch Verzerrungen der Wirklichkeit z. B. durch Vorannahmen oder sogar Vorurteile über entscheidungsrelevante Tatbestände. Darüber hinaus heben sie immer nur einige Aspekte von Entscheidungen hervor, blenden aber alle anderen als irrelevant aus. Die Betrachtung von Entscheidungen aus lediglich einer Perspektive wird der Unternehmensführung in einer komplexen Umwelt (und damit nicht zuletzt den Anforderungen im IM) nicht gerecht und kann zu folgenschweren Fehlentscheidungen führen. Perspektivenorientierte Reflexion zielt deshalb darauf, Entscheidungen aus unterschiedlichen Blickwinkeln zu analysieren. Hieraus resultiert eine Öffnung der zugrunde liegenden Entscheidungsperspektive und eine Erweiterung des Möglichkeitsraums zukünftiger Entscheidungen, bei der beispielsweise auch unerkannte Chancen und Risken, aber auch neue Handlungsoptionen aufgedeckt werden.

Die Entscheidungsreflexion als Managementfunktion des Controllings kann nur durch gezielte Nutzung aktueller Informationen notwendige Korrekturbedarfe und innovative Handlungsoptionen in der Unternehmensführung aufzeigen. Controlling stellt sich daher auch als Managementunterstützungsfunktion dar und hat dabei die Aufgabe, die für die Entscheidungsreflexion bedeutsamen Informationen zu liefern. Die Reflexion – gerade der Abstimmung – von Entscheidungen verlangt eine funktionsübergreifende, informatorische Gesamtsicht sowie deren laufende Aktualisierung, die von dem managementunterstützenden Controlling bereitzustellen ist (Pietsch/Scherm 2000b, S. 3 f.). Hinzu kommt die Sicherung der im Controlling gewonnenen Lerninformationen. Die Managementunterstützungsfunktion des Controllings lässt sich daher aus der umfassenden Reflexionsaufgabe des Controllings ableiten. Sie liefert Informationen, die sich auf Informationsbedarfe der abweichungsorientierten oder der perspektivenorientierten Reflexion beziehen und einen kritischen Vergleich oder den Wechsel zwischen verschiedenen Gestaltungsperspektiven in der Unternehmensführung unterstützen können.

Zusammenfassend ergeben sich als Grundfunktionen des Controllings die umfassende Reflexionsaufgabe und die daraus abgeleitete Informationsaufgabe (Abbildung 3). Die reflexionsorientierte Controllingkonzeption nimmt damit ausdrücklich eine Neubewertung der Controllingaktivitäten in Unternehmen vor. Der „Kern" des Controllings wird nicht in der Servicefunktion (= Managementunterstützungsfunktion) und der mit teilstandardisierten Instrumenten erfolgenden Informationsbereitstellung gesehen, sondern in den Reflexionsaktivitäten sowie dem mitunter grundlegenden „Zur-Disposition-Stellen" von Managemententscheidungen und der sich daraus ergebenden Öffnung von Entscheidungsperspektiven. Die reflexionsorientierte Controllingkonzeption weitet dabei den Blick für eine konstruktiv-kritische Auseinandersetzung mit dem Management (*und* sich selbst) und fördert auf diese Weise weitreichende „Entgrenzungen" (Kappler 2000) in der Art, wie (Internationales) Management betrachtet und analysiert wird.

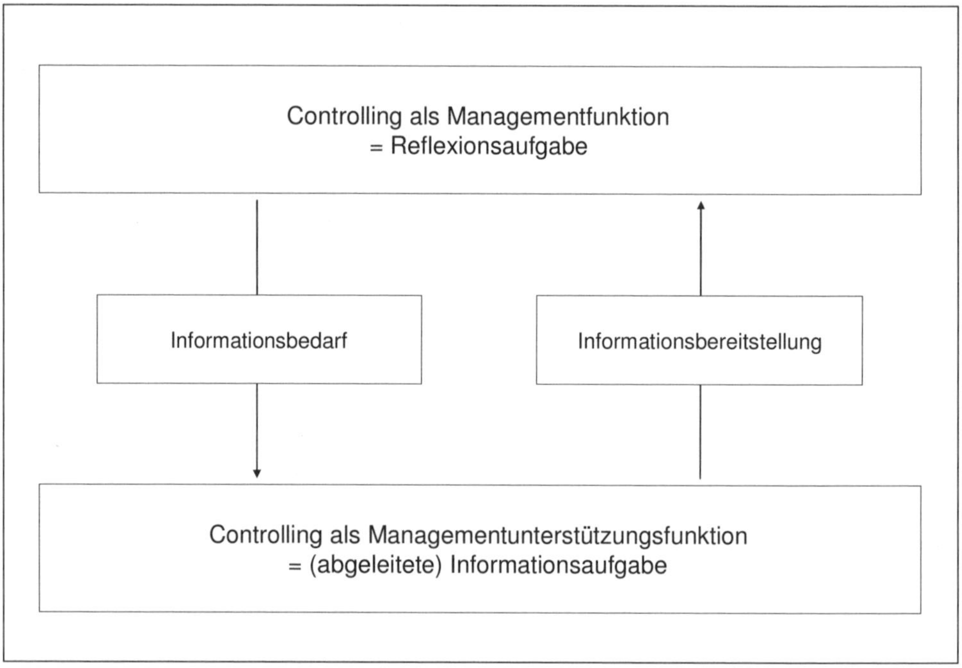

Abb. 3: Controlling als Managementfunktion und Managementunterstützungsfunktion
Quelle: Pietsch/Scherm (2000b), S. 12.

3 Internationales Management

3.1 Internationales Management und internationale Entscheidungen

Da Management in funktionaler Sicht durch die Fokussierung auf Entscheidungen gekennzeichnet wurde, lässt sich das sogenannte „Internationale Management" gegenüber einem rein nationalen Management abgrenzen, indem man auf den spezifisch internationalen Charakter der dort im Mittelpunkt stehenden Entscheidungen verweist (ähnlich Scherm/Süß 2001, S. 373 ff.). Nur bestimmte Entscheidungen lassen sich demnach als „international" charakterisieren. Dieser internationale Charakter einer Entscheidung kann zum einen in den jeweiligen Einflussfaktoren und zum anderen in den jeweils bezweckten (Entscheidungs-)Wirkungen gesehen werden.

Im ersten Fall ist IM durch die Fokussierung auf solche Entscheidungen gekennzeichnet, die von grenzüberschreitend wirkenden Faktoren beeinflusst sind. Folgt man einer solchen Sichtweise kommt man zu einer äußerst weiten Abgrenzung des

IM. In Zeiten stetig wachsender weltwirtschaftlicher Verflechtung kann kaum eine wirtschaftliche Entscheidung als unbeeinflusst von internationalen Faktoren angesehen werden (z. B. Müller/Kornmeier 2002, S. 14 ff.). Faktisch wäre dann ein rein nationales Management kaum mehr gegeben.

Deshalb soll im Folgenden die Abgrenzung am Wirkungsbereich von Entscheidungen festgemacht werden. IM besteht dann aus der Gesamtheit solcher Managementhandlungen, die auf Entscheidungen mit einem beabsichtigt grenzüberschreitenden Wirkungsbereich fokussiert sind (Abbildung 4). Wirkungen jenseits der Grenzen eines Landes (insbesondere des Stammlandes) sind also ausdrücklich beabsichtigt und ergeben sich keineswegs nur als Nebeneffekt. Insoweit sind sie insbesondere mit einer Geschäftstätigkeit des Unternehmens in anderen Ländern verbunden. Dennoch liegt auch noch ein recht weiter Begriff dem IM zugrunde, da bei weitem nicht nur Direktinvestitionen sowie der sich daraus ergebende internationale Steuerungsbedarf, sondern z. B. gleichermaßen auch Import- und Exportentscheidungen, der grenzüberschreitende Personaleinsatz oder internationale Joint Ventures hierunter zu subsumieren sind.

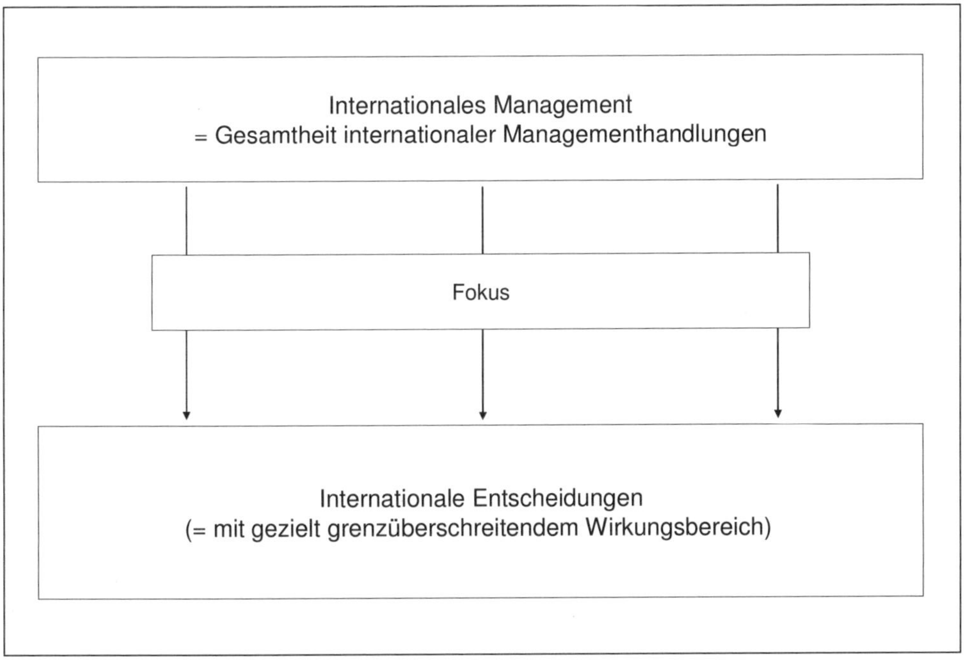

Abb. 4: Internationales Management und internationale Entscheidungen

3.2 Komplexität und Ambiguität im Internationalen Management

Das solcherart – aus einer funktionalen Sicht – konkretisierte IM fokussiert somit auf Entscheidungen mit einem explizit grenzüberschreitenden Wirkungsbereich. Deshalb ist es mit einer besonders hohen Komplexität und Ambiguität der zugrunde liegenden (Entscheidungs-)Situation verbunden. Diese ergibt sich aus dem üblicherweise dreidimensionalen Umweltbezug internationaler Unternehmen (Abbildung 5). Internationale Unternehmen geraten danach mit drei angesichts globalisierter Märkte zwar miteinander vernetzten, mitunter dennoch stark differierenden Umweltbereichen in Kontakt (ähnlich El Kahal 1994, S. 4): dem Stammland, dem Gastland (bzw. den Gastländern) sowie den internationalen institutionellen Strukturen. Im Gegensatz zu einer rein nationalen Geschäftstätigkeit sind internationale Unternehmen nicht vorwiegend mit der vertrauten Stammlandumwelt konfrontiert, sondern sie müssen gleichzeitig die häufig stark divergierenden Rahmenbedingungen in unterschiedlichen Gastländern und zudem vermehrt Einflüsse internationaler Institutionen (z. B. internationale (Nicht-)Regierungsorganisationen) oder massenmedial gestützter internationaler Kommunikationsnetzwerke der sogenannten „Weltgesellschaft" bzw. einer „Global Governance" meistern (Scherm/Süß 2001, S. 35 ff., Blank 2002, Roth 2005).

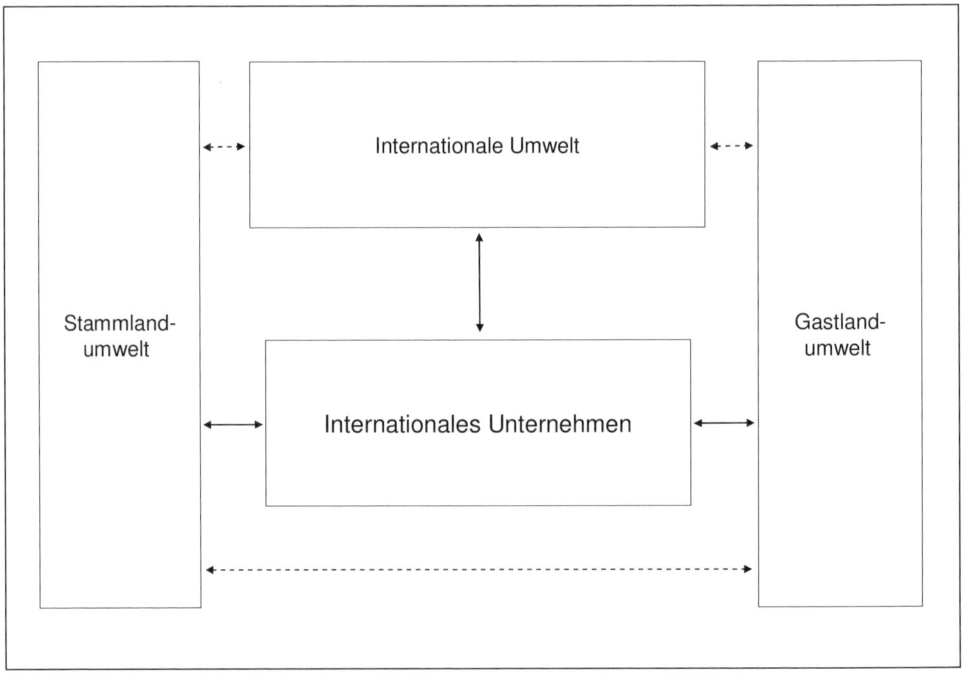

Abb. 5: Der dreidimensionale Umweltbezug internationaler Unternehmen

Das IM ist somit den Einflüssen divergierender Umwelten ausgesetzt und muss zugleich laufend in diesen Umwelten agieren. Das vielschichtige Nebeneinander gleichzeitig wirkender, äußerst differierender Umweltverhältnisse kann alle grundlegenden Kontextdimensionen betreffen (ähnlich z. B. Zünd 1973, S. 53, Phatak 1983, S. 5):

- soziokulturell (z. B. unterschiedliche Sprachen, Wertvorstellungen, Einstellungen und Verhaltensweisen),
- rechtlich (z. B. andere Steuervorschriften, anderes Handelsrecht, unterschiedlicher Grad rechtlicher Regulierung unternehmerischer Tätigkeit),
- politisch (z. B. andere politische Systeme mit unterschiedlichem Ausmaß der Einflussnahme auf das wirtschaftliche Geschehen sowie andere Möglichkeiten und Wege der Einflussnahme auf das politische System),
- wirtschaftlich (z. B. ganz andere Nachfrage- und Angebotsbedingungen, andere Zugänge zum Kapitalmarkt, hohe Inflationsraten und hohe wirtschaftliche Länderrisiken).

Aus den vielfältigen Unwägbarkeiten in den divergierenden Umweltkontexten ergeben sich im IM viele Probleme vor Ort, die regelmäßig erst dann – und zudem häufig nur diffus – spürbar werden, wenn die Steuerungsbemühungen angesichts unerwarteter Effekte oder Entwicklungen scheitern oder zu scheitern drohen. Das IM ist daher in der Regel mit sehr hohen „Fremdheitsgraden“ konfrontiert. Dülfer definiert den Fremdheitsgrad folgendermaßen:

> „Der Begriff bezeichnet den subjektiv empfundenen Mangel des Entscheidungsträgers an Informationen, der daraus resultiert, dass dieser die inhaltlichen Auswirkungen von Umwelteinflüssen in den Konsequenzen seiner Entscheidungsalternativen nicht erkennen kann; und zwar weil er die entsprechenden Umwelt-Elemente nicht zutreffend zu interpretieren weiß“ (Dülfer 2001, S. 221).

Der hohe Fremdheitsgrad unternehmerischer Tätigkeit im Ausland verweist auf einen sehr großen Informations- und Reflexionsbedarf im IM. Kicherer spricht in diesem Zusammenhang von der „Informationslücke“ in der internationalen Geschäftstätigkeit (1981, S. 245, ähnlich Sorg 1982, Scherm/Süß 2001, S. 367). Die Schließung dieser Informationslücke stellt sich jedoch besonders bei der Erfassung spezifischer kultureller Eigenarten in unterschiedlichen Ländern als äußerst schwierig dar (z. B. Holzmüller 1997, S. 789 f.). „Kultur“ als ein Geflecht sozialer Sinnzuweisungen und Praktiken (bzw. als Zusammenspiel unsichtbarer und sichtbarer Elemente bzw. „Conceptas“ und „Perceptas“; Osgood 1951) basiert auf einem „gemeinsamen Wissensvorrat“ über das Bedeutungsgeflecht alltäglicher Selbstverständlichkeiten (Geertz 1983, S. 9), der den Kulturangehörigen zum großen Teil nur implizit „… als nicht erschöpfend formulierbares Hintergrundwissen" (Stegmüller 1986, S. 462) verfügbar ist und primär erst in einem – meist langwierigen – Prozess des „Einlebens" in eine fremde Kultur erarbeitet werden kann (hierzu auch Barmeyer 2000, S. 23).

Nicht nur der dreidimensionale Umweltbezug internationaler Unternehmen, sondern gleichermaßen die nicht selten hohe Eigenkomplexität der internen Strukturen in internationalen Unternehmen tragen zur Ambiguität der Entscheidungssituationen im IM bei (Mirow 2002). Bereits rein national tätige Unternehmen stellen keine monolithischen Gebilde dar, und die Vielfalt der internen Einflüsse verschärft sich im Falle der internationalen Geschäftstätigkeit. Gerade in internationalen Unternehmen schlagen sich die divergenten Umwelten nicht selten in den internen Strukturen nieder, denn eine zentrale und einheitliche Steuerung stößt zunehmend auf Grenzen (Doz/Prahalad 1991). Internationale Unternehmen sind daher tendenziell durch eine Vielzahl interdependenter Entscheidungszentren geprägt, deren Koordination durch interkulturelle Barrieren erschwert wird (hierzu auch Macharzina/Oesterle 2002, S. 710). Deshalb wird für internationale Unternehmen eine Tendenz zur Bildung „multipler Teilkulturen" konstatiert und sogar als Normalfall angesehen (Schmid 1996, S. 203), die durch landeskulturelle Unterschiede (mit-)geprägt sind.

Vor diesem Hintergrund stellen Situationen der Unsicherheit und Ambiguität in internationalen Unternehmen den Regelfall dar (bereits Sorg 1982, Macharzina 1984, S. 82). Mehrdeutige Situationen (= Ambiguität) lassen sich durch einige zentrale Merkmale kennzeichnen (hierzu grundlegend March/Olsen 1976):

- Es liegen bereits inkonsistent formulierte Ziele vor („ambiguity of intention"). Gerade in internationalen Unternehmen sind umfassende, widerspruchsfrei strukturierte Zielsysteme kaum zu bilden. Vor dem Hintergrund unklarer Ziele und Präferenzstrukturen bleiben auch die jeweils relevanten Entscheidungsfelder weitgehend unklar.
- Das Wissen über die Ursache-Wirkungs-Beziehungen und über die dabei wirksam werdenden soziokulturell divergierenden Sinnzuschreibungen ist defizitär („ambiguity of understanding"). In Unkenntnis der Kausalstrukturen lassen sich aber keine eindeutigen Zweck-Mittel-Relationen bilden sowie fundierte Handlungsalternativen und -anweisungen generieren.
- Zudem können auch nach getroffenen Entscheidungen die wirksamen Kausalzusammenhänge und interkulturellen Sinnzusammenhänge nicht klar identifiziert werden, so dass vielfältige Interpretationen, Geschichten über die Vergangenheit und nicht zuletzt Mythen nebeneinander existieren („ambiguity of history") und eine hohe Ex-post-Unsicherheit fortbesteht.

- In dem Netz der interdependenten und – zumindest partiell – kulturell divergenten Organisationseinheiten von internationalen Unternehmen verändert sich schließlich häufig die Zusammensetzung der Teilnehmer an Entscheidungen, die sich zudem mit sehr wechselnder Aufmerksamkeit den unterschiedlichen Entscheidungsgelegenheiten widmen („ambiguity of organization“).

Die Ambiguität der Entscheidungssituationen im IM stellt hohe Anforderungen an das Internationale Controlling. Versteht man das Internationale Controlling reflexionsorientiert, so geht es v. a. darum, in den interdependenten Entscheidungszentren internationaler Unternehmen verteilte Reflexionspotentiale zu schaffen, die die Bewältigung der Ambiguität erleichtern und Chancen einer multiperspektivischen Reflexion eröffnen.

4 Die klassische Perspektive des Internationalen Controllings

Die klassische Perspektive des Internationalen Controllings stellt sowohl in der Forschung als auch in der Praxis die Unterstützung des Managements und damit die sogenannte Servicefunktion in den Vordergrund der Betrachtung (z. B. Perlitz 2000, S. 591). Dabei ist sie primär auf eine ergebnisorientierte informatorische Unterstützung des Managements ausgerichtet. Nicht-finanzielle Kennzahlen erscheinen v. a. als Mittel einer differenzierteren Analyse finanzieller Erfolge (Pausenberger/Roth 1997, S. 581 f., Scherm/Süß 2001, S. 366, Berens/Hoffjan 2003). Im Vordergrund stehen folgende Aufgaben:

- Abstimmung der Leistungs-, Ergebnis- und Finanzpläne der Tochtergesellschaften und Integration in die Gesamtunternehmensplanung z. B. unter Rückgriff auf Verfahren der Währungsumrechnung sowie der Inflationsbereinigung,
- Koordination dezentraler Unternehmensbereiche über Verrechnungspreise,
- Performance Measurement des Gesamtunternehmens sowie der Tochtergesellschaften, gegebenenfalls Abweichungsanalyse und Gestaltungsempfehlungen,
- frühzeitiges Erkennen der Stärken und Schwächen in den Tochtergesellschaften,
- Unterstützung der Entscheidungsträger, insbesondere hinsichtlich der strategischen Planung.

Die Ergebnisorientierung ist mit einer Fokussierung auf monetär ausgerichtete Messverfahren und damit auf Informationen des Rechnungswesens sowie der Finanzwirtschaft verbunden (z. B. Pausenberger 1996, 2002, Rothlin 1999). Zunehmend erfolgt jedoch durch die Einbeziehung der Balanced Scorecard eine

Ergänzung um nicht-finanzielle Kennzahlen (z. B. Berens/Hoffjan 2003, S. 232 f., Becker 2005, S. 129 f.).

Das klassische Internationale Controlling basiert jedoch auf einer „verengten Sicht" (Scherm/Süß 2001, S. 366) auf das IM. Seine Instrumente erweisen sich zwar überwiegend als unverzichtbar, weil sie einheitliche – aber immer diskussionsbedürftige – Basisinformationen über den wirtschaftlichen Erfolg internationaler Geschäftstätigkeit sowie ihrer (potentiellen) Determinanten liefern, die primäre Orientierung an solchen Informationen impliziert jedoch ein Bild des IM, das der Komplexität und Ambiguität zugrunde liegender, internationaler Entscheidungen nicht gerecht wird. Im Folgenden sollen einige zentrale Merkmale herausgearbeitet werden, die die Vorgehensweise des Internationalen Controllings und insbesondere seine Perspektive auf das IM prägen. Es sind:

- die technisch-instrumentelle Ausrichtung,
- die Planungs- und Kontrollorientierung,
- die Multidimensionalität des Performance Measurements sowie
- die Fokussierung auf quantifizierende Methoden.

Die Literatur im Internationalen Controlling setzt sich v. a. mit den Instrumenten auseinander (z. B. Währungsumrechnung, Inflationsbereinigung, Budgetierung oder Performance Measurement). Es fördert jedoch tendenziell ein mechanistisches Verständnis des IM, wenn unterstellt wird, dass sich das internationale Unternehmen bereits durch den Einsatz eines dem State-of-the-Art entsprechenden Instrumentariums weitreichend steuern ließe. Die ausgeprägt instrumentelle Perspektive vernachlässigt nämlich die menschlich-kommunikativen Voraussetzungen für den Einsatz solcher Instrumente (Kappler 2006). In internationalen Unternehmen treffen nicht nur unterschiedliche Interessen, sondern auch unterschiedliche Kulturen sowie soziokulturell geprägte Interpretationen der instrumentell generierten Informationen aufeinander. Deshalb erweisen sich die Informationen grundsätzlich als diskussionsbedürftig.

Mit dem klassischen Internationalen Controlling verbindet sich zudem eine ausgeprägte Planungs- und Kontrollorientierung (Scherm/Süß 2001, S. 366). In Abhängigkeit davon, welche Größen bzw. Indikatoren der Planung und Kontrolle zugrunde liegen, wird Aufmerksamkeit im Management sehr unterschiedlich fokussiert. Dabei erhöht das Internationale Controlling jedoch die Gefahr einer Abkapselung des Managements vor Unerwartetem (z. B. grundlegend Weick/Suttcliffe 2003), denn es kann grundsätzlich sehr leicht passieren, dass erfolgsrelevante Indikatoren insbesondere in den Auslandsgesellschaften nicht erfasst werden. Planung und Kontrolle erfolgen mit denselben Indikatoren; der Aufforderungscharakter der Planwerte beeinflusst – in zunächst durchaus gewünschter Weise –

Entscheidungen sowie Verhalten in den Auslandsgesellschaften und produziert auf Basis grundlegender Mechanismen selbsterfüllender Prophezeiungen gegebenenfalls kaum Soll-Ist-Abweichungen, dennoch bricht das Unerwartete (meist in Form der von den Indikatoren nicht erfassten Sachverhalte) mitunter um so gravierender in die Managementwirklichkeit ein und kann die Unternehmenspolitik nachhaltig gefährden. Ein Beispiel für solche massiven Fehlentwicklungen – trotz zufriedenstellender Abweichungsanalysen – bietet ein Vergleich der Fertigungszeiten bei unterschiedlichen Automobilfirmen (Abbildung 6). Eine derart eklatante Diskrepanz der Fertigungszeiten ist – natürlich auch im Rahmen von Abweichungsanalysen – nur bei einer extrem differierenden Bewertung der Wichtigkeit dieses Indikators denkbar.

Modell	Produktionsstandort	Fertigungsstunden
Ford Fiesta	Köln	15
Opel Corsa	Eisenach	17
Toyota Camri	Georgetown	18
Ford Mondeo	Genk	19
Ford Focus	Saarlouis	20
Seat Leon	Martorell	36
Audi A3, A4	Ingolstadt	43
VW Golf	Wolfsburg	50
VW Passat	Emden	54
Audi A6, A8	Neckarsulm	73

Abb. 6: Fertigungszeiten von Fahrzeugen
Quelle: B & D Forecast.

Das moderne Performance Measurement in internationalen Unternehmen folgt unter dem Eindruck der Balanced Scorecard dem multidimensionalen Ansatz („multidimensional approach"; zu diesem Ansatz z. B. Piber/Pietsch 2006, S. 387). Der Fokus der Kennzahlenbetrachtung liegt nun nicht mehr nur auf den finanziellen Indikatoren (z. B. Gewinn, Return on Investment (RoI), Cash Flow Return on Investment (CFRoI), Economic Value Added (EVA) oder Discounted-Cash-Flow-(DCF-)Verfahren; dazu z. B. Pausenberger 1996, S. 188), vielmehr werden nichtfinanzielle Indikatoren (z. B. Mitarbeiter- oder Kundenzufriedenheit) gleichermaßen einbezogen und möglichst über eine Analyse von (potentiell wirksamen) Ursache-Wirkungs-Beziehungen kausal, statistisch oder wenigstens irgendwie plausibel miteinander verknüpft. Dieser erweiterten Perspektive der Erfolgsmessung in Unternehmen, die auch Ziele wie die Mitarbeiter-, Kunden-, und Prozessorientierung sowie organisationales Lernen integriert, liegt die Idee eines ganzheitlich orientierten Managementsystems mit einer strikt erfolgsorientierten und „top down"-gerichteten Verbindung zwischen strategischen Vorgaben, operativen Zielen und Mitarbeiterzielen sowie zu messenden Leistungsindikatoren zugrunde. In dieser Ausrichtung auf ein ganzheitliches Managementsystem „reanimiert" der multidimensionale Ansatz des Performance Measurements die Grundideen eines synoptisch geprägten Strategischen Managements (Piber/Pietsch 2006, S. 386 ff.). Der synoptische Ansatz (dazu Schreyögg 1984, S. 245 ff.) geht von einer ganzheitlichen – alle Teileinheiten umfassenden – Plan- und Steuerbarkeit des Unternehmens aus, welches quasi wie ein individueller rationaler Akteur (Rational-Akteur-Modell) verstanden wird und in dem deshalb – gleich einer Maschine – keine Umsetzungsfriktionen auftreten. Der multidimensionale Ansatz des Performance Measurements erweist sich für das IM zwar nicht grundsätzlich als falsch; allerdings tendiert der Einsatz solcher Methoden zu einer sozialen Konstruktion von Wirklichkeit, die angesichts der Komplexität und Ambiguität internationaler Entscheidungen gerade nicht gegeben ist. Nicht zuletzt bedienen synoptische Steuerungskonzepte Allmachtsvorstellungen von Managern, die jedoch angesichts der Ambiguität internationaler Entscheidungen – mit gegebenenfalls beträchtlichen Folgen für Betroffene und die Manager selbst – schnell an ihre Grenzen stoßen können.

Darüber hinaus ist die klassische Perspektive des Internationalen Controllings durch eine Ausrichtung auf quantifizierende Methoden geprägt; Informationen werden v. a. in Form von Zahlen erfasst. Die Zahlenfokussierung des Internationalen Controllings konstruiert eine „objektive" oder zumindest standardisierte (Controlling-)Wirklichkeit, die dem Aufeinandertreffen der unterschiedlichen kulturellen Sinnwelten in internationalen Unternehmen *und* den sich dabei ergebenden Problemen nicht einmal rudimentär entspricht. Vielmehr liegt die Zahlenfokussierung weitestgehend jenseits der kulturellen Sinnbezüge der handelnden Akteure, und es ist in jedem Einzelfall fraglich, ob die Controllingzahlen zumindest annähernd einheitlich interpretiert werden. Somit besteht die Gefahr, dass sie einen „Schleier" der Objektivität und Standardisierung über das internationale Unternehmen und natürlich über die Entscheidungen im IM legen.

Was bleibt als Resümee? Die klassische Perspektive des Internationalen Controllings fokussiert auf die Servicefunktion und zeichnet dabei ein eher mechanistisches Bild des IM. Nicht zuletzt fördert sie Tendenzen zu einer informatorischen Abkapselung und Selbstüberschätzung von Managern, die sich – im Extremfall – infolge der Controllingzahlen in einer „Scheinwelt" der Objektivität und Standardisierung bewegen. Natürlich wird dabei das Bild des Internationalen Controllings und seiner Wirkungen auf das Management überzeichnet. Das IM ist nicht allein der Controllingwelt ausgesetzt und ihr deshalb auch nicht ausgeliefert. Das klassische Internationale Controlling umfasst auch nicht ausschließlich „Zahlenhuberei“ und kann z. B. bei der Entwicklung einer unternehmensspezifischen Balanced Scorecard auch grundlegendere Reflexionspotentiale eröffnen (z. B. Zelewski et al. 2006). Dennoch besteht die Gefahr der Einseitigkeit im Internationalen Controlling.

5 Multiperspektivisches Internationales Controlling – zwischen Instrumenten und interkulturellem Kommunikationsnetzwerk

5.1 Multiperspektivität als Wechselspiel von Öffnung und Schließung

Bereits aufgrund der verschiedenen Landes- und Organisationskulturen treffen in internationalen Unternehmen stark differierende mentale Modelle sowie Lebenswelten der Beteiligten aufeinander. Das kann teilweise völlig unerwartete Effekte im IM hervorrufen und bedeutet eine latente Gefährdung des Erfolgs bzw. der Wirksamkeit internationaler Entscheidungen. Interkulturelle Missverständnisse, fundamentale Attributionsfehler oder kulturell divergierende Stereotypen können die Kommunikationsprozesse bei der Entscheidungsfindung und -umsetzung nachhaltig beeinträchtigen (Scherm/Süß 2001, S. 396 ff.).

Um die Vielzahl der differierenden mentalen Modelle der Beteiligten bzw. Betroffenen und ihre Wirksamkeit auf den Einsatz des Controllinginstrumentariums auch nur annähernd zu berücksichtigen, ist das klassische Internationale Controlling um ein multiperspektivisch geprägtes Vorgehen zu ergänzen. Im Rahmen dessen sind die Wirkungen des Einsatzes von Controllinginstrumenten vor dem Hintergrund der differierenden mentalen Modelle gezielt zu reflektieren. Angesichts der hohen Ambiguität der Entscheidungen im IM muss das Controlling selbstreflexiv werden. Dies ermöglicht nicht nur eine multiperspektivische Reflexion internationaler Entscheidungen, sondern auch die Abschätzung der Wirkungen des eigenen Instrumenteneinsatzes.

Zur Realisierung dieser multiperspektivischen Sicht reicht jedoch der „multidimensional approach“ des Performance Measurements, wie er herausragend durch den Einsatz der Balanced Scorecard repräsentiert wird, keineswegs aus. Die Öffnung für nicht-finanzielle Kennzahlen ist durchaus zu begrüßen, aber sie läuft Gefahr, mit einer synoptischen Steuerungslogik verbunden zu bleiben. Deshalb wird zwar gegebenenfalls die Leistungsmessung auf eine informatorisch breitere Basis gestellt, aber die Selbstreflexivität des Internationalen Controllings keineswegs zwingend gefördert und im Fall einer unkritischen Anwendung sogar eher behindert.

Selbstreflexivität des Internationalen Controllings erfordert ein kontinuierliches Wechselspiel zwischen Öffnung und Schließung der Perspektive auf das IM bzw. auf die dort erfolgenden internationalen Entscheidungen. Die klassischen Instrumente des Internationalen Controllings tragen eher zu einer Schließung der Perspektive bei, weil die hohe Selektivität der bereitgestellten Informationen die daran anknüpfenden Entscheidungen bereits in bestimmte Richtungen lenkt. Zwar erweist sich diese Perspektive als unverzichtbar, denn Handlungs- und Managementkompetenz setzt die Schließung von Entscheidungsperspektiven voraus; das klassische Controlling wird aber der Ambiguität der Rahmenbedingungen des IM deshalb nicht gerecht, weil es die Perspektivenöffnung nicht hinreichend thematisiert und fördert. Insbesondere die bisher im Controlling allenfalls rudimentär beachtete perspektivenorientierte Reflexion kann jedoch die notwendige Öffnung von Entscheidungsperspektiven sicherstellen (ähnlich Scherm/Pietsch 2004b, S. 378 ff). Dieses Wechselspiel der Schließung und Öffnung muss also an der perspektivenorientierten Reflexion ansetzen und erfordert insoweit eine Ergänzung der Instrumente und Prozesse im Internationalen Controlling.

5.2 Die postheroische Perspektive auf das Internationale Management

Selbstreflexivität sowie das Wechselspiel der Perspektivenschließung und -öffnung setzen im Internationalen Controlling ein deutlich modifiziertes Bild des IM voraus, das v. a. die hohe Ambiguität und Komplexität internationaler Entscheidungen in den Blick nimmt. Nicht selten wird diese Perspektive als „postheroisch“ bezeichnet (z. B. Handy 1990, Baecker 1994, Paetow/Schmitt 2002, S. 128). Sie betrifft zum einen die Betrachtung des im IM tätigen Managers, zum anderen die Einschätzung des von Controllern eingesetzten Instrumentariums.

Postheroisches Management ist sich der eigenen begrenzten Steuerungskapazitäten bewusst und verabschiedet sich von Allmachtsphantasien über die Gestaltbarkeit von Organisationen sowie nicht zuletzt internationaler Unternehmen. So beschreibt Handy die postheroische Manager-Philosophie folgendermaßen: „Whereas the heroic manager of the past knew all, could do all, and could solve every problem, the postheroic manager asks how every problem can be solved in a way that develops other people's capacity to handle it” (1990, S. 166).

Der postheroische Manager ist sich insoweit der Eigendynamik der differierenden organisationalen und soziokulturellen Kontexte in internationalen Unternehmen ausdrücklich bewusst. Er versteht seine Interventionen lediglich als Impulse für eine modifizierte Selbststeuerung divergenter Entscheidungszentren, deren Ergebnisse im Voraus nicht genau vorhersehbar sind.

Diese postheroische Perspektive lässt sich in gleicher Weise auf den im internationalen Kontext tätigen Controller übertragen. Der postheroische (internationale) Controller versteht den Einsatz seines Instrumentariums nie als neutrale Technik oder „social engineering" (Nygaard 2004, S. VII), sondern immer als einen – auch kulturell, nicht selten sogar ethnozentrisch geprägten – Steuerungsimpuls, dessen zielorientierte Verarbeitung durch die international verteilten Teileinheiten immer grundsätzlich in Frage steht. Die Aufmerksamkeit des postheroischen Controllers entfernt sich daher von dem Ziel der Perfektionierung des eigenen Instrumentariums und widmet sich verstärkt der multiperspektivischen Analyse der erzielten Wirkungen im eigenen bzw. fremden soziokulturellen Kontext.

Postheroische Manager und Controller sind sich der allgegenwärtig latenten Gefahr des eigenen Scheiterns und des Durchbruchs von Unerwartetem (Weick/Sutcliffe 2003) bewusst und bilden vor diesem Hintergrund eine „Lerngemeinschaft" (Jäger 2003), in der sie sich gegenseitig mit ihrer Subjektivität sowie der soziokulturellen Prägung ihres Entscheidungs- und Informationsverhaltens konfrontieren. Im Rahmen einer solchen Lerngemeinschaft übernehmen sie füreinander wechselseitig die Rolle eines „kritischen Counterparts" (z. B. Pietsch 2003, S. 27 ff.). Während der Controller die Entscheidungen des Managers immer wieder zur Diskussion stellt und Diskurse über Entscheidungen anregt, nehmen Manager – nicht zuletzt aus kulturell divergierenden Kontexten – kritisch zur Informationsbereitstellung durch das Controlling Stellung und regen damit Diskurse über Controllingdaten an. Auf der Ebene der beteiligten Personen setzen postheroische Lerngemeinschaften die Bereitschaft voraus, Entscheidungssituationen im IM nicht zu kontrollieren, sondern zunächst immer wieder neu zu „verstehen", um auf dieser Basis – stets ergebnisoffene – Steuerungsimpulse zu geben. Solche Lerngemeinschaften zwischen IM und Internationalem Controlling setzen auf der strukturellen Ebene die Bildung von Kommunikationsnetzwerken in den interdependenten Entscheidungszentren internationaler Unternehmen voraus. Dieser Gedanke basiert auf dem Konzept der „embeddedness", welche darauf hinweist, dass jede ökonomische Aktivität und somit auch der Einsatz von Controllinginstrumenten in einem Netzwerk sozialer Beziehungen erfolgt und darauf abzustimmen ist (Polanyi 1957, Granovetter 1985). Die multiperspektivische Sicht eines Internationalen Controllings und der dazu notwendige Wechsel von Öffnung und Schließung zugrunde liegender Entscheidungsperspektiven basieren insoweit auf der Integration des Controllinginstrumentariums in umfassende Kommunikationsnetzwerke, die auf ein gemeinsames Lernen von Management und Controlling ausgerichtet sind.

5.3 Die Relevanz interkultureller „Face-to-Face"-Interaktion

Das Instrumentarium des (Internationalen) Controllings konstruiert und sichert zugleich eine notwendige – jedoch großteils nur scheinbar – gemeinsame Welt, in der zwischen den Beteiligten der (täuschende?) Eindruck eines wechselseitig gemeinsamen Verständnisses grundlegender managementrelevanter Informationen entsteht. Grundsätzlich bleiben jedoch Fragen offen (hierzu auch Ossadnik/Wilmsmann 2004): Wird z. B. eine Kennzahl über den Grad der Mitarbeiterzufriedenheit, wie sie beim Einsatz der Balanced Scorecard nicht selten anzutreffen ist, bei ihrer Erfassung, Aufbereitung sowie späteren Auswertung in unterschiedlichen Kulturkontexten tatsächlich in gleicher Weise interpretiert? Welche Bedeutung wird ihr dort zugewiesen und welche differierenden Reaktionen löst das aus? Oder: Welche Reaktionen ruft beispielsweise die gleiche Abweichungsinformation in unterschiedlichen kulturellen Kontexten hervor? Die objektivierende Zahl, z. B. des Grads der Mitarbeiterzufriedenheit, suggeriert jedoch Sicherheit in der „Weltinterpretation" (Kappler 2006, S. 96) und schafft in interkulturellen Kontexten (wenigstens) eine (?) gemeinsame Controllingwelt mit intersubjektiv nachvollziehbaren Daten, wechselseitigem Verstehen und einer nicht bezweifelbaren Erfolgsmessung sowie -kontrolle.

Das Scheitern solcher gemeinsamer Welten und dieses wechselseitigen Verstehens in interkulturellen Kontexten erweist sich jedoch für viele Menschen häufig als prekär und insbesondere in interkulturellen „Face-to-Face"-Situationen auch als regelmäßig erlebbar. Dies wird nicht selten alltäglich und meist unmittelbar – gegebenenfalls zunächst nur als eine diffuse Irritation – spürbar, weil in der direkten Interaktion die simultane Aktivierung einer ungeheuren Vielzahl soziokultureller Bedeutungen bzw. Sinnzuweisungen erfolgt und zugleich durch das bewusste sowie unbewusste, durch das verbale sowie nonverbale Verhalten ein unmittelbares Feedback stattfindet. Vermittelt über vielfältige Wahrnehmungsprozesse werden in der direkten Interaktion auch minimale Kommunikationssignale aufgenommen und verarbeitet (z. B. Watzlawick 1987, S. 51, auch Knapp 2003, S. 112, Kopper 2003, S. 367). Das klassische Internationale Controlling kann sich jedoch nur gelegentlich und unsystematisch die Vorteile interkultureller „Face-to-Face"-Interaktionen, d. h. die simultane sowie multiple Aktivierung soziokultureller Bedeutungen sowie permanente Rückkopplungsschleifen, zunutze machen. Implizit verweigert es sich damit aber der Übernahme einer Teilnehmerperspektive in einem interkulturellen Dialog (zur fundamentalen Bedeutung der Teilnehmerperspektive Geertz 1983,

S. 20 f.). Dies behindert ein Verständnis der controllinginduzierten Effekte in anderen Kulturbereichen.

So versteht sich das Internationale Controlling bisher eher als ein Komplex weitgehend standardisierter Verfahren der Informationsbeschaffung, -aufbereitung und -übermittlung. Es erschafft sich selbst als formalstrukturelle Institution in internationalen Unternehmen, die informatorische „Fakten" für die Steuerung internationaler Geschäftstätigkeit liefert (und natürlich auch von unterschiedlichen Interessen genutzt werden kann). Als ein solcher formaler Struktur- und Verfahrenskomplex bildet das Controlling eine institutionalisierte Selbstverständlichkeit, quasi eine „objektive" Gegebenheit (Berger/Luckmann 1993, S. 64), die sich gegenüber den Einzelpersonen sowie ihren Interaktionen nicht zuletzt in großen internationalen Unternehmen verselbstständigt und damit – wie oben bereits erwähnt – die Problematik der eigenen „social embeddedness" (Granovetter 1985) vernachlässigt. Internationales Controlling als institutionalisierte Selbstverständlichkeit entfernt sich deshalb auch von den interkulturellen „Face-to-Face"-Interaktionen. Ganz im Gegenteil absorbiert es solche „Face-to-Face"-Interaktionen sogar, weil auch die Controllinginformationen den Individuen als etwas objektiv Gegebenes, quasi als Sachzwänge (hierzu auch Kappler 2004, S. 586 ff.), erscheinen. In diesem Kontext ist die Sicherstellung der Selbstreflexivität im Controlling und die (Er-)Öffnung multiperspektivischer Betrachtungsweisen im IM kaum möglich.

Durch die unzureichende reflexive Nutzung interkultureller „Face-to-Face"-Interaktionen fehlt dem Internationalen Controlling aber auch die im interkulturellen Kontext geprüfte Validität des Instrumenteneinsatzes. Als Folge ergibt sich die – im Extremfall drastisch – verengende Perspektive auf das IM, die zwar gegebenenfalls den nachvollziehbaren Bedürfnissen nach eindeutigen Steuerungsinformationen von Managern entgegenkommt, aber der Ambiguität der Entscheidungssituationen keineswegs entspricht. Interkulturelle „Face-to-Face"-Interaktionen mit der Möglichkeit unmittelbarer Rückkopplungsschleifen können jedoch auch im Controlling institutionalisiert und zur Förderung der Reflexivität des Controllings genutzt werden. Dies ist z. B. durch die Einrichtung interkultureller Interpretationsteams möglich (ähnlich Scherm/Pietsch/Süß 2000, S. 475 f.). In solchen Teams dienen die Controllinginformationen als Ausgangspunkt der relationalen Selbstreflexion der aus unterschiedlichen Kulturen stammenden Teilnehmer. Diesen kommt dabei die Aufgabe zu, sich selbst angesichts spezifischer mit einem bestimmten Instrumentarium generierter Controllinginformationen mit den jeweils eigenen, aber nicht zuletzt kulturell geprägten, sinnbasierten „Weltbezügen" (Habermas 1981, S. 114 ff.) und Verhaltensmustern zum Gegenstand der Reflexion zu machen.

Diese Selbstreflexion angesichts von Controllingdaten erfolgt dabei immer „interkulturell-relational“, d. h. im Vergleich zu den jeweils anderen Teilnehmern aus anderen Kulturen. Die Interpretationsteams dienen insoweit dazu, Controllinginformationen einem Testlauf zu unterziehen und Einstellungs- sowie Verhaltenswirkungen in unterschiedlichen beteiligten Kulturen zu identifizieren. Bezugnehmend auf den jeweils anderen kulturellen Standpunkt stellt sich dabei die Grundfrage: „What else is true: how else can one explain the situation?“ (Fisher 1988, S. 34) Im Hinblick auf die Identifikation kulturell divergierender Interpretationen von Controllinginformationen stellen sich konkret z. B. folgende Fragen:

- Welche grundlegenden Interpretationen verbinden die Beteiligten mit dem Internationalen Controlling?
- Welche unterschiedlichen Bedeutungen besitzen die Controllinginformationen für die Beteiligten?
- Welche Reaktionen lösen die Controllinginformationen aus?
- Warum werden bestimmte Reaktionen (z. B. Widerstände oder hektische Bewältigungsversuche) ausgelöst?
- Welche Rolle kommt einer Controllinginformation (z. B. einer Abweichungsinformation) in unterschiedlichen Zeitpunkten zu?
- In welcher Beziehung stehen die bei den Teilnehmern identifizierten Bedeutungen und Verhaltenswirkungen von Informationen zu den Zielen des Controllings?

Die Interpretationsteams eröffnen somit einen interkulturellen Diskurs über die durch spezifische informatorische Leistungen des Internationalen Controllings aktivierten Sinnbezüge und induzierten Verhaltensmuster. Dies setzt bei den Teilnehmern nicht nur Reflexionsfähigkeit (dazu Kopper 2003, S. 377 ff.; zur Anforderung der „Kommunikationsbewusstheit“ Knapp 2003, S. 128), sondern v. a. auch Dialogbereitschaft voraus (z. B. Backhaus 1979). So ist bei der Auswahl der Teilnehmer darauf zu achten, dass sie über verständigungsorientiertes Verhalten verfügen, und deshalb über die Bereitschaft, eigene Weltbezüge offen zu legen. Sobald Teilnehmer eigene, strategische Ziele gegenüber dem Controlling verfolgen, ist eine offene interkulturelle Kommunikation kaum mehr möglich.

6 Fazit

Die Perspektive des Controllings auf das IM bleibt kontrovers: Kann sich das Internationale Controlling tatsächlich auch der interkulturellen Diskussion stellen und dabei die kulturellen Weltbezüge von Beteiligten thematisieren oder geht es weiterhin v. a. darum, ein vorgegebenes sowie weitgehend standardisiertes Instrumentarium auch im internationalen Kontext anzuwenden? Die Antwort dieses Beitrags darauf ist, dass das Controlling angesichts der Ambiguität internationaler Entscheidungen kulturelle Weltbezüge Beteiligter identifizieren und im Hinblick auf ihre Wirkungen im IM reflektieren muss.

Die Ambiguität der Entscheidungssituationen im IM verdeutlicht, dass die klassische Sicht des Internationalen Controllings mit der Ausrichtung auf die durch den Instrumenteneinsatz geprägte Servicefunktion nicht ausreicht. Sie liefert zwar wichtige Beiträge zur informatorischen Unterstützung des IM, kann jedoch das – insbesondere im interkulturellen Kontext – erforderliche Öffnen und Schließen der Entscheidungsperspektiven nicht hinreichend fördern. Dazu muss sich das Internationale Controlling verstärkt (auch) seiner Managementfunktion bewusst werden und eine multiperspektivische Reflexion im IM anstoßen. Der Berücksichtigung der Vielzahl der interkulturell divergierenden mentalen Modelle kommt hierbei eine besondere Bedeutung zu.

(Interkulturelle) Multiperspektivität im Internationalen Controlling basiert darüber hinaus zunächst auf einem postheroischen Management-(und damit Selbst-)Verständnis, das sich von Allmachtsvorstellungen der managerialen Steuerbarkeit internationaler Unternehmen verabschiedet. Die in der postheroischen Sicht implizierte Bewusstheit gegenüber der Eigendynamik von Organisationssystemen fordert ausdrücklich zu interkultureller Multiperspektivität und zu Reflexivität im Controlling heraus. Multiperspektivität und Reflexivität im Controlling erfordern nicht zuletzt die Integration des Instrumenteneinsatzes in ein interkulturell geprägtes Kommunikationsnetzwerk, das insbesondere auf die Erfassung der kulturell divergierenden Wirkungen des Instrumenteneinsatzes gerichtet ist. Der Test des Controllinginstrumentariums im Kontext interkultureller „Face-to-Face"-Interaktionen erweist sich dabei als besonders bedeutsam.

Literatur

Backhaus, J. (1979): Praktische Philosophie und politische Ökonomie: Eine Auseinandersetzung mit Friedrich Kambartels Idee einer normativen Ökonomie. In: Mittelstraß, J. (1979, Hrsg.): Methodenprobleme der Wissenschaften vom gesellschaftlichen Handeln. Suhrkamp, Frankfurt a. M., 1979, S. 320-369.

Baecker, D. (1994): Postheroisches Management: Ein Vademecum. Merve, Frankfurt a. M., 1994.

Barmeyer, C. I. (2000): Interkulturelles Management und Lernstile: Studierende und Führungskräfte in Frankreich, Deutschland und Quebec. Campus, Frankfurt a. M., New York/NY, 2000.

Becker, M. (2005): Controlling von Internationalisierungsprozessen. Gabler, Wiesbaden, 2005.

Berens, W./Hoffjan, A. (2003): Controlling. In: Breuer, W./Gürtler, M. (2003, Hrsg.): Internationales Management: Betriebswirtschaftslehre der internationalen Unternehmung. Gabler, Wiesbaden, 2003, S. 205-245.

Berger, P. L./Luckmann, T. (1993): Die gesellschaftliche Konstruktion der Wirklichkeit: Eine Theorie der Wissenssoziologie. 5. Aufl., Fischer, Frankfurt a. M., 1993.

Blank, M. (2002): Global Governance: Gewerkschaften und NGO's. In: Flavin, C./Young, B./Scherrer, C./Zwickel, K. (2002, Hrsg.): Global Governance. VSA-Verlag, Hamburg, 2002, S. 7-10.

Doz, Y. L./Prahalad, C. K. (1991): Managing DMNC's: A Search for a New Paradigm. In: Strategic Management Journal, 12. Jg., Nr. 2, 1991, S. 145-164.

Dülfer, E. (2001): Internationales Management in unterschiedlichen Kulturbereichen. 6. Aufl., Oldenbourg, München, Wien, 2001.

Eck, C. D. (1997): Wissen – Ein Paradigma des Managements. Wissensmanagement und Lernfähigkeit der Organisation als Schlüsselkompetenz des Managements. In: Die Unternehmung, 51. Jg., Nr. 3, 1997, S. 155-179.

El Kahal, S. J. (1994): Book Reviews. In: Journal of Common Market Studies, 32. Jg., Nr. 2, 1994, S. 4.

Fisher, G. (1988): International Negotiation. In: Samovar, L. A./Porter, R. E. (1988, Hrsg.): Intercultural Communication: A Reader. 5. Aufl., Wadsworth, Belmont/CA, 1988, S. 193-200.

Geertz, C. (1983): Dichte Beschreibung: Beiträge zum Verstehen kultureller Systeme. Suhrkamp, Frankfurt a. M., 1983.

Granovetter, M. (1985): Economic Action and Social Structure: The Problem of Embeddedness. In: American Journal of Sociology, 91. Jg., Nr. 3, 1985, S. 481-510.

Habermas, J. (1981): Theorie des kommunikativen Handelns: Band I: Handlungsrationalität und gesellschaftliche Rationalisierung. Suhrkamp, Frankfurt a. M., 1981.

Handy, C. (1990): The Age of Unreason. Harvard Business School Press, Cambridge/MA, 1990.

Hasenack, W. (1952): Betrieb und Kontrolle: Zur Wesensproblematik der Betriebskontrolle. In: Betriebswirtschaftliche Forschung und Praxis, 4. Jg., Nr. 4, 1952, S. 339-350.

Holzmüller, H. H. (1997): Bedeutung und Instrumente zur Handhabung der kulturellen Heterogenität im internationalen Unternehmensverbund. In: Macharzina, K./Oesterle, M.-J. (1997, Hrsg.): Handbuch Internationales Management. Gabler, Wiesbaden, 1997, S. 785-807.

Homburg, C. (2001): Der Selbstfindungsprozess des Controllings – Einige Bemerkungen aus der Marketing-Perspektive. In: Die Unternehmung, 55. Jg., Nr. 6, 2001, S. 425-430.

Jäger, U. (2003): Wertbewusstes Controlling: Weiche und harte Faktoren integrieren. Gabler, Wiesbaden, 2003.

Jerome, W. T. (1972): Management-Kontrolle: Der Katalysator für erfolgreiches Management. Poeschel, Stuttgart, 1972.

Kappler, E. (2000): Entgrenzung – Leitfragen als zentrales Element des Strategischen Controllings. In: Seicht, G. (2000, Hrsg.): Jahrbuch für Controlling und Rechnungswesen. LexisNexis, Wien, 2000, S. 299-338.

Kappler, E. (2004): Bild und Realität: Controlling-Theorie als kritische Bildtheorie: Ein Ansatz zu einer umfassenden Controllingtheorie, die nicht umklammert. In: Scherm, E./Pietsch, G. (2004, Hrsg.): Controlling – Theorien und Konzeptionen. Vahlen, München, 2004, S. 581-610.

Kappler, E. (2006): Controlling: Eine Einführung für Bildungseinrichtungen und andere Dienstleistungsorganisationen. Waxmann, Münster, 2006.

Kicherer, H. P. (1981): Koordinationsaufgaben des Controllers im Bereich der Informationsversorgung internationaler Unternehmungen. In: Wacker, W. H./Haussmann, H./ Kumar, B. (1981, Hrsg.): Internationale Unternehmensführung: Management-Probleme international tätiger Unternehmen: Festschrift zum 80. Geburtstag von Eugen Hermann Sieber. Erich Schmidt, Berlin, 1981, S. 239-249.

Kirsch, W. (1997): Betriebswirtschaftslehre: Eine Annäherung aus der Perspektive der Unternehmensführung. 4. Aufl., B. Kirsch Verlag, München, 1997.

Knapp, K. (2003): Interpersonale und interkulturelle Kommunikation. In: Bergemann, N./Sourisseaux, A. L. J. (2003, Hrsg.): Interkulturelles Management. 3. Aufl., Springer, Berlin et al., 2003, S. 109 135.

Koontz, H. (1964): Making Sense of Management Theory. In: Koontz, H. (1964, Hrsg.): Toward a Unified Theory of Management. McGraw-Hill, New York/NY et al., 1964, S. 1-17.

Koontz, H./O'Donnell, C. (1972): Principles of Management: An Analysis of Managerial Functions. 5. Aufl., McGraw-Hill, New York/NY et al., 1972.

Kopper, E. (2003): Multicultural Teams. In: Bergemann, N./Sourisseaux, A. L. J. (2003, Hrsg.): Interkulturelles Management. 3. Aufl., Springer, Berlin et al., 2003, S. 364-383.

Macharzina, K. (1984): Strategische Fehlentscheidungen in der internationalen Unternehmung. In: Macharzina, K. (1984, Hrsg.): Diskontinuitäten-Management: Strategische Bewältigung von Strukturbrüchen bei internationaler Unternehmenstätigkeit. Erich Schmidt, Berlin, 1984, S. 77-140.

Macharzina, K./Oesterle, M.-J. (2002): Bestimmungsgrößen und Mechanismen der Koordination von Auslandsgesellschaften. In: Macharzina, K./Oesterle, M.-J. (2002, Hrsg.): Handbuch Internationales Management: Grundlagen – Instrumente – Perspektiven. 2. Aufl., Gabler, Wiesbaden, 2002, S. 705-736.

March, J. G./Olson, J. P. (1976): Ambiguity and Choice in Organizations. Univ.-Forlaget, Bergen, 1976.

Mirow, M. (2002): Entwicklung internationaler Führungsstrukturen. In: Macharzina, K./Oesterle, M.-J. (2002, Hrsg.): Handbuch Internationales Management: Grundlagen – Instrumente – Perspektiven. 2. Aufl., Gabler, Wiesbaden, 2002, S. 737-757.

Müller, S./Kornmeier, M. (2002): Strategisches Internationales Management. Vahlen, München, 2002.

Nygaard, K. (2004): Foreword. In: Ciborra, C. (2004): The Labyrinths of Information: Challenging the Wisdom of Systems. Oxford University Press, Oxford et al., 2004, S. V-X.

Osgood, C. (1951): Culture – Its Empirical und Non-empirical Character. In: Southwest Journal of Anthropology, 7. Jg., Nr. 2, 1951, S. 202-214.

Ossadnik, W./Wilmsmann, D. (2004): Zur Relevanz der Kulturanthropologie für die Konstruktion von Controlling-Systemen. In: Scherm, E./Pietsch, G. (2004, Hrsg.): Controlling – Theorien und Konzeptionen. Vahlen, München, 2004, S. 847-870.

Paetow, K./Schmitt, M. (2002): Das Multiagenten-System als Organisation. In: Kron, T. (2002, Hrsg.): Luhmann modelliert: Sozionische Ansätze zur Simulation von Kommunikationssystemen. Leske und Budrich, Opladen, 2002, S. 115-171.

Pausenberger, E. (1996): Controlling internationaler Unternehmungen. In: Engelhard, J. (1996, Hrsg.): Strategische Führung internationaler Unternehmen. Gabler, Wiesbaden, 1996, S. 179-198.

Pausenberger, E. (2002): Ansätze zur situationsgerechten Erfolgsbeurteilung von Auslandsgesellschaften. In: Macharzina, K./Oesterle, M.-J. (2002, Hrsg.): Handbuch Internationales Management: Grundlagen – Instrumente – Perspektiven, 2. Aufl., Gabler, Wiesbaden, 2002, S. 1163-1175.

Pausenberger, E./Roth, A. (1997): Störfaktoren im Internationalen Controlling. In: Zeitschrift für betriebswirtschaftliche Forschung, 29. Jg., Nr. 6, 1997, S. 580-596.

Perlitz, M. (2000): Internationales Management. 4. Aufl., UTB, Stuttgart, 2000.

Phatak, A. V. (1983): International Dimensions of Management. South Western College, Boston/MA, 1983.

Piber, M./Pietsch, G. (2006): Performance Measurement in Universities: The Case of Knowledge Balance Sheets Analyzed from a New Institutional Perspective. In: Epstein, M. J./Manzoni, J.-F. (2006, Hrsg.): Performance Measurement and Management Control: Improving Organizations and Society: Studies in Managerial and Financial Accounting. Elsevier, Amsterdam et al., 2006, S. 379-401.

Pietsch, G. (2003): Reflexionsorientiertes Controlling: Konzeption und Gestaltung. Gabler, Wiesbaden, 2003.

Pietsch, G./Scherm, E. (1999): Controlling auf der Suche nach Identität: Ein Standpunkt. Diskussionsbeiträge Fachbereich Wirtschaftswissenschaft der FernUniversität in Hagen Nr. 272, Hagen, 2000.

Pietsch, G./Scherm, E. (2000a):Die Präzisierung des Controllings als Führungs- und Führungsunterstützungsfunktion. In: Die Unternehmung, 54. Jg., Nr. 5, 2000, S. 395-412.

Pietsch, G./Scherm, E. (2000b): Managementwissenschaft und Controlling: Zur Rekonstruktion eines theoretischen Gesamtkonzepts. Diskussionsbeiträge Fachbereich Wirtschaftswissenschaft der FernUniversität in Hagen Nr. 287, Hagen, 2000.

Pietsch, G./Scherm, E. (2001a): Controlling – Rationalitätssicherung versus Führungs- und Führungsunterstützungsfunktion: Replik auf die Anmerkungen von Jürgen Weber und Utz Schäffer zum Beitrag „Die Präzisierung des Controllings als Führungs- und Führungsunterstützungsfunktion". In: Die Unternehmung, 56. Jg., Nr. 1, 2001, S. 81-85.

Pietsch, G./Scherm, E. (2001b): Neue Controlling-Konzeptionen. In: Das Wirtschaftsstudium, 30. Jg., Nr. 2, 2001, S. 206-213.

Pietsch, G./Scherm, E. (2001c): Die Reflexionsaufgabe im Zentrum des Controllings. In: Kostenrechnungspraxis, 45. Jg., Nr. 5, 2001, S. 307-313.

Polanyi, K. (1957): The Great Transformation. Beacon Press, New York/NY, 1957.

Roth, R. (2005): Transnationale Demokratie: Beiträge, Möglichkeiten und Grenzen von NGO. In: Brunnengräber, A./Klein, A./Walk, H. (2005, Hrsg.): NGO im Prozess der Globalisierung: Mächtige Zwerge – Umstrittene Riesen. VS-Verlag, Wiesbaden, 2005, S. 80-128.

Rothlin, P. (1999): Internationales Controlling. Haupt, Bern, 1999.

Schäffer, U. (2001): Kontrolle als Lernprozess. Gabler, Wiesbaden, 2001.

Scherm, E./Pietsch, G. (2004a): Theorie und Konzeption in der Controllingforschung. In: Scherm, E./Pietsch, G. (2004, Hrsg.): Controlling – Theorien und Konzeptionen. Vahlen, München, 2004, S. 3-19.

Scherm, E./Pietsch, G. (2004b): Controlling und Internationalisierung im Handel – Reflexion eröffnet Chancen. In: Ahlert, D./Olbrich, R./Schröder, H. (2004, Hrsg.): Internationalisierung von Vertrieb und Handel. Deutscher Fachverlag, Frankfurt a. M., 2004, S. 367-386.

Scherm, E./Pietsch, G. (2005): Theoretische und konzeptionelle Vielfalt in der Controllingforschung: Stellungnahme zu Dieter Schneiders „Potpourri"-Vorwurf. In: Controlling, 17. Jg., Nr. 3, 2005, S. 196-197.

Scherm, E./Pietsch, G./Süß, S. (2000): Internationales Personalcontrolling zwischen Standardisierung und Differenzierung. In: Personal, 52. Jg., Nr. 9, 2000, S. 470-476.

Scherm, E./Süß, S. (2001): Internationales Management. Eine funktionale Perspektive. Vahlen, München, 2001.

Schmid, S. (1996): Multikulturalität in der internationalen Unternehmung. Konzepte – Reflexionen – Implikationen. Gabler, Wiesbaden, 1996.

Schneider, D. (2005): Controlling als postmodernes Potpourri. In: Controlling, 17. Jg., Nr. 1, 2005, S. 65-69.

Schreyögg, G. (1984): Unternehmensstrategie: Grundfragen einer Theorie strategischer Unternehmensführung. De Gruyter, Berlin, New York/NY, 1984.

Simon, H. A. (1981): Entscheidungsverhalten in Organisationen: Eine Untersuchung von Entscheidungsprozessen in Management und Verwaltung. Moderne Industrie, Landsberg am Lech, 1981.

Sorg, S. (1982): Informationspathologien und Erkenntnisfortschritt in Organisationen. B. Kirsch Verlag, München, 1982.

Stegmüller, W. (1986): Hauptströmungen der Gegenwartsphilosophie: Eine kritische Einführung: Band 2. 7. Aufl., Kröner, Stuttgart, 1986.

Stomberg, R. (1969): Organisation der Kontrolle aus entscheidungstheoretischer Sicht. Zugl. Diss., Universität Hamburg, 1969.

Taylor, F. W. (1917): Die Grundsätze der wissenschaftlichen Betriebsführung. Springer, Berlin, München, 1917.

Wall, F. (2000): Koordinationsfunktion des Controllings und Organisation: Überlegungen zur Eigenständigkeit eines koordinationsorientierten Controllings. In: Kostenrechnungspraxis, 44. Jg., Nr. 5, 2000, S. 295-304.

Watzlawick, P. (1987): Wie wirklich ist die Wirklichkeit? 15. Aufl., R. Piper und Co., München, Zürich, 1987.

Weber, J./Schäffer, U. (1999): Sicherstellung der Rationalität von Führung als Aufgabe des Controllings? In: Die Betriebswirtschaft, 59. Jg., Nr. 6, 1999, S. 731-747.

Weber, J./Schäffer, U. (2000): Controlling als Koordinationsfunktion? In: Kostenrechungspraxis, 44. Jg., Nr. 2, 2000, S. 109-118.

Weber, J./Schäffer, U. (2001): Controlling als Rationalitätssicherung der Führung. In: Die Unternehmung, 55. Jg., Nr. 1, 2001, S. 75-79.

Weick, K. E./Suttcliffe, K. M. (2003): Das Unerwartete Managen: Wie Unternehmen aus Extremsituationen lernen. Klett-Cotta, Stuttgart, 2003.

Zelewski, S./Hügens, T./Peter, M. L./Schütte, R. (2006): Die Balanced Scorecard als Instrument für das Beziehungsmanagement. In: Das Wirtschaftsstudium, 35. Jg., Nr. 3, 2006, S. 332-336.

Zünd, A. (1973): Kontrolle und Revision in der multinationalen Unternehmung. Haupt, Bern, Stuttgart, 1973.

Kapitel IV:

(Normative) Herausforderungen für die Disziplin „Internationales Management“

Andreas Georg Scherer/Andreas Butz*

Internationales Management und gesellschaftliche Verantwortung im Zeitalter der Globalisierung

* Prof. Dr. Andreas Georg Scherer ist Inhaber des Lehrstuhls für Grundlagen der Betriebswirtschaftslehre und Theorien der Unternehmung sowie Leiter des Instituts für Organisation und Unternehmenstheorien an der Universität Zürich. Dipl.-Handelslehrer Andreas Butz ist wissenschaftlicher Mitarbeiter an obigem Lehrstuhl.

1 Globalisierung und gesellschaftliche Verantwortung von Unternehmen[1]

In der Theorie der International Economics ebenso wie in der praktischen Politik hat sich die Auffassung durchgesetzt, dass nur unter den Bedingungen des freien Handels wirtschaftliche Entwicklung und Wohlstand weltweit gefördert werden könne (z. B. Krauss 1997, Irwin 2002). Demzufolge müsse man dem Spiel der Marktkräfte freien Lauf lassen, um das Kapital seiner besten Verwendungsrichtung zuzuführen und die Spezialisierungsvorteile der Arbeitsteilung weltweit nutzen zu können. Voraussetzung dafür sei allerdings eine institutionelle Einbettung des marktwirtschaftlichen Koordinationsmechanismus in eine politisch gesetzte Rahmenordnung. Erst innerhalb dieser Rahmenordnung entfalte sich der Markt mit den erwünschten Wirkungen. Die wirtschaftsliberale Konzeption beruht daher auf der Annahme einer *strikten Trennung* zwischen politischen und wirtschaftlichen Verantwortungsbereichen (z. B. Friedman 1962, Hayek 1996).

So sei es auf der einen Seite die (politische) Aufgabe des Staates, die Voraussetzungen für einen funktionierenden Markt zu definieren: Schaffung von Eigentums- und Vertragsrechten, Bereitstellung öffentlicher Güter, Errichtung von Sanktionsmechanismen, Reduktion und bzw. oder Vermeidung von Externalitäten (Friedman 1962). Auf der anderen Seite würden die Unternehmen ihrer ökonomischen Verantwortung nachkommen (Sundaram/Inkpen 2004). Sie würden die vorhandenen Ressourcen dort einsetzen, wo die höchsten Gewinne zu erzielen wären und die Nachfrage nach Gütern und Dienstleistungen befriedigen. Damit würden sie zwar zunächst unmittelbar im eigenen Gewinninteresse handeln, zugleich aber wie durch die „unsichtbare Hand“ (Adam Smith) des Marktes gesteuert, mittelbar die gesamtgesellschaftliche Wohlfahrt steigern (z. B. Jensen 2002, S. 236).

Dabei würde unterstellt, dass der Staatsapparat im Großen und Ganzen in der Lage sei, Regeln zu formulieren und durchzusetzen, die das gewinnorientierte Verhalten der Unternehmen in gemeinwohlverträgliche Bahnen lenken (z. B. Sundaram/Inkpen 2004, S. 335). In der wirtschaftsliberalen Tradition wird immer schon vorausgesetzt, dass die Unternehmen an Recht und Gesetz gebunden sind. Damit definiert sich bereits eine Minimalform der gesellschaftlichen Verantwortung der Unter-

1 Der vorliegende Text ist eine erweiterte deutsche Fassung des englischsprachigen Originaltextes: Scherer, A. G./Palazzo, G. (2008): Globalization and Corporate Social Responsibility. In: Crane, A./McWilliams, A./Matten, D./Moon, J./Siegel, D. (2008, Hrsg.): The Oxford Handbook of Corporate Social Responsibility. Oxford University Press, Oxford, 2008, S. 413-431. Wir danken Herrn Guido Palazzo und dem Verlag Oxford University Press für die freundliche Zustimmung zur Verwendung des Textes.

nehmen, die sogar von den schärfsten Kritikern einer Corporate Social Responsibility (CSR) bejaht wird (Friedman 1970, Levitt 1970).

Die wirtschaftsliberale Konzeption und das mit ihr definierte Trennungsmodell von staatlicher Politik und privater Wirtschaft müsste nun aber im Kontext der Globalisierung in ernste Schwierigkeiten geraten, wenn sich nämlich die strikte Trennung von Wirtschaft und Politik nicht mehr durchhalten lässt (Scherer 2003). Es lässt sich mittlerweile immer häufiger beobachten, dass die Bemühungen nationalstaatlicher Gesetzgeber um die Gestaltung einer politisch definierten Rahmenordnung zu kurz greifen. Aus diesem Grund halten wir einen Paradigmenwechsel in der CSR-Debatte für notwendig. Die gegenwärtige Diskussion fußt auf der Annahme einer stabilen Rahmenordnung, innerhalb derer die Unternehmen ihre Aktivitäten entfalten. Diese Annahme ist im Zuge der Globalisierung nicht länger haltbar, denn die globale Rahmenordnung ist unvollständig und instabil. Daher müssen Unternehmen vermehrt politische Verantwortung übernehmen, um zur Entwicklung und zu einem Gelingen der Global Governance beizutragen (Palazzo/Scherer 2006, 2008, Scherer/Palazzo/Baumann 2006, Scherer/Palazzo 2007, 2008, Hrsg., Steinmann 2007).

Die gesellschaftliche Verantwortung von Unternehmen wird in der Literatur schon lange diskutiert und zwar lange bevor der Begriff der Globalisierung seine heutige Bedeutung erlangt hat (z. B. Donham 1927, Bowen 1953, Baumhart 1961). In unserem Beitrag werden wir insbesondere auf die Auswirkungen der Globalisierung abstellen und untersuchen, welche Schlussfolgerungen daraus für die gesellschaftliche Verantwortung multinationaler Unternehmen (MNU) zu ziehen sind.

Dieser Beitrag ist wie folgt aufgebaut. In Abschnitt 2 wird das Konzept der Globalisierung erläutert. Wir gehen auf deren Ursachen ein und beschreiben deren Auswirkungen. Danach erörtern wir das traditionelle Paradigma der CSR, in dem die soziale Verantwortung der Unternehmen unter der Annahme eines funktionierenden nationalstaatlichen Systems und einer homogenen kulturellen Gemeinschaft mit im Großen und Ganzen kohärenten gesellschaftlichen Erwartungen bestimmt wird (Abschnitt 3). Wir argumentieren, dass diese Annahmen in der gegenwärtigen „postnationalen Konstellation“ (Habermas 1998, S. 96) nicht länger haltbar sind (Abschnitt 4). Diese neue Situation ist charakterisiert durch das Auftreten von Regulierungslücken (Braithwaite/Drahos 2000), den Verlust der nationalen Souveränität (Strange 1996, Kobrin 2001) sowie den Verlust an moralischer und kultureller Homogenität der Unternehmensumwelt. Anschließend diskutieren wir die Konsequenzen der postnationalen Konstellation (Abschnitt 5) und erläutern den notwendigen Paradigmenwechsel hin zu einem erweiterten Konzept der Unternehmensverantwortung in einer globalisierten Welt (Abschnitt 6).

2 Globalisierung: Ein soziales und ökonomisches Phänomen

2.1 Was heißt Globalisierung?

„Globalisierung" ist eines der Schlagworte unserer Zeit und ist zu einem zentralen Thema in Wirtschaft und Politik geworden. Vom Prozess der Globalisierung sind viele soziale und ökonomische Phänomene betroffen wie z. B. Frieden, Gewalt, Migration, Beschäftigung, technologische Entwicklung, Umweltrisiken, Verteilung von Einkommen und Wohlstand, soziale Kohäsion sowie Identität (Held et al. 1999, Scholte 2005, Brakman et al. 2006). Wir definieren Globalisierung als einen Prozess der weltweiten Vernetzung sozialer und wirtschaftlicher Aktivitäten und Systeme, in dessen Folge zunächst lokal bedeutsame Verhaltensweisen und Phänomene überregionale Auswirkungen haben (Giddens 1990, Beck 2000). Im Zuge dieses Prozesses verliert der Staat einen Teil seiner Steuerungskapazität (Strange 1996, Habermas 1998, S. 105). Der Handlungsspielraum staatlicher Politik beschränkt sich auf das eigene Territorium, während die Adressaten staatlicher Regelungen, namentlich insbesondere die multinationalen Unternehmen, ihre Aktivitäten über die Staatsgrenzen hinaus ausdehnen (Kobrin 2001, S. 183). Gleichzeitig entstehen neue transnationale soziale und ökologische Herausforderungen, deren unilaterale staatliche Regulierung in vielen Fällen nicht länger möglich ist (z. B. globale Erwärmung, Terrorismus etc.). Daneben gewinnen jedoch neue Akteure und Institutionen wie internationale Organisationen, Nicht-Regierungsorganisationen, transnationale Unternehmen und zivilgesellschaftliche Gruppierungen stetig an politischem Einfluss. Aus dieser Konstellation entsteht eine neue Form der „globalen Governance" (Beck 2000, Zürn 2002).

Diese Definition der Globalisierung betont den Prozessaspekt und steht in Beziehung zu verwandten Konzepten, welche etwa den Status quo beschreiben, auf den dieser Veränderungsprozess zustrebt (Globalität), oder die normativen Urteile, die über diesen Prozess gefällt werden (Globalismus versus Anti-Globalismus). Solche normativen Urteile stützen sich nicht selten auf ideologische Grundhaltungen, welche die Auswirkungen des Globalisierungsprozesses entweder unbedingt befürworten (Globalismus; Krauss 1997, Irwin 2002) oder ablehnen (Anti-Globalismus; Beck 2000). In diesem Sinne kennzeichnet der Begriff der „Globalität" den empirischen Zustand eines Zusammenlebens sozialer Akteure in einer Welt, in der keine isolierten Räume mehr bestehen (Giddens 1990, S. 64, Beck 2000). Im Unterschied dazu bezeichnet „Globalismus" eine normative Grundhaltung, derzufolge die Marktkräfte vom Joch staatlicher Regulierung und Bürokratie befreit werden müssen und Handelschranken abgebaut werden sollen. Der sich dann verstärkende Globalisierungsprozess würde, so die Hoffnung der Anhänger des Globalismus, zu einer Wohlstandssteigerung führen, und von einer prosperierenden Weltwirtschaft würden langfristig letztlich alle profitieren. Der Weltmarkt soll damit politisches Handeln, insbesondere nationalstaatliches Handeln, verdrängen oder ersetzen. Die zentrale Idee der Moderne – der Nationalstaat setzt im Rahmen seiner Politik die Spielregeln, innerhalb derer die ökonomischen Akteure ihre Spielzüge ausführen – wird zugunsten einer Dominanz der ökonomischen Rationalität aufgegeben (Giddens 1990, Beck 2000).

Die Globalisierung der Wirtschaft ist durch eine Zunahme des Welthandels und durch einen höheren Grad an internationaler Arbeitsteilung gekennzeichnet: Ursächlich hierfür sind zum einen politische Entscheidungen und zum anderen die wirtschaftliche, soziale und technologische Entwicklung. Der intensive Austausch von Gütern, Dienstleistungen und Informationen ist das Resultat einer Liberalisierungspolitik vieler Nationalstaaten nach dem Zweiten Weltkrieg und wurde durch technologische Fortschritte begünstigt wie beispielsweise durch Telekommunikation, Massenmedien, Internet und Transportwesen, die zu einer Senkung der Kosten zur Überwindung von Raum und zeit geführt haben. Der grenzüberschreitende Austauschprozess wird begleitet von einer wachsenden Interdependenz zwischen Bürgern verschiedener Gesellschaften, ausgelöst durch das Aufkommen globaler Risiken wie z. B. die globale Erwärmung oder die zunehmende Verbreitung von Krankheiten. Im Folgenden beschreiben wir einige „Dimensionen der Globalisierung" – dies im Bewusstsein, Ursachen und Folgen der Globalisierung nicht immer scharf trennen zu können.

2.2 Dimensionen der Globalisierung

2.2.1 Politische Entscheidungen

Die Unterzeichnung des allgemeinen Zoll- und Handelsabkommens GATT (General Agreement on Tariffs and Trade) nach dem Zweiten Weltkrieg war sicher ein wichtiger Treiber für die Liberalisierung der Weltwirtschaft (z. B. Hoekman/Kostecki 1995). In Bretton Woods trafen sich im Jahre 1944 Politiker aus über 20 Ländern, um über die Ordnung der Wirtschaft in der Nachkriegszeit zu beschließen. Handlungsleitend war dabei die politische Auffassung, dass die Freihandelspolitik zu einer wirtschaftlichen Gesundung insbesondere der durch den Weltkrieg geschwächten Staaten führen würde und dadurch auch die Gefahr erneuter kriegerischer Auseinandersetzungen abnehme. Die Mitgliedsstaaten des GATT (später der World Trade Organization – WTO) betrieben eine Liberalisierungs- und Privatisierungspolitik, einhergehend mit einer Reduktion von Zöllen und dem Abbau von nicht-tarifären Handelshemmnissen. In den 1980er und 1990er Jahren kam es darüber hinaus in vielen westlichen Industrieländern zu einer Privatisierungswelle von vormals staatlich kontrollierten Unternehmen in den Bereichen Telekommunikation, öffentlicher Verkehr, Elektrizität und Wasser. Nach der Privatisierung und der Deregulierung entfiel weitgehend die schützende Hand des Staates, die Unternehmen waren gezwungen, nach Kostenvorteilen und strategischen Differenzierungsmöglichkeiten zu suchen, um im zunehmenden Wettbewerb zu bestehen.

2.2.2 Technologische Entwicklungen und Errungenschaften

Die rasante technologische Entwicklung im Telekommunikationsbereich führte zu einem erheblichen Rückgang der Kommunikationskosten. So sanken die Kosten für ein dreiminütiges Telefonat von New York nach London von 244,65 US-$ auf 3,32 US-$ zwischen 1930 und 1990 (in Preisen von 1990; Perraton et al. 1998, S. 143). Die Fortschritte im Informationstechnikbereich führten zusammen mit der Verbreitung der elektronischen Massenmedien und der Entwicklung des Internets zu einer zunehmenden kommunikativen Vernetzung der Bürger. Diese sind nun in der Lage, Informationen über Produkte, Preise und Lebensstile aus weltweit verfügbaren Quellen zu generieren. Mit dem Rückgang der Telekommunikationskosten ging eine deutliche Senkung der Transportkosten einher. So sanken die Kosten einer Schiffstonnage von 95 US-$ auf 29 US-$ zwischen 1920 und 1990 (in Preisen von 1990; Perraton et al. 1998, S. 143). Ähnlich verhielt es sich mit den Transportkosten in der Luftfahrt.

2.2.3 Soziokulturelle Entwicklungen

Durch die Globalisierung haben die Menschen Zugang zu einer Vielzahl von Gütern und Dienstleistungen. Die Zugangsmöglichkeiten zum Internet sowie die Verfügbarkeit von Radio- und TV-Empfangsgeräten sind auch in den Entwicklungsländern stark angestiegen (Held et al. 1999). Die Käufer sind heute aufgrund der verfügbaren Informationstechnologien und der Verbreitung der Massenmedien über das weltweite Angebot der Produkte viel besser informiert als früher. Globale Produktstrategien und Marketingmaßnahmen trugen und tragen dazu bei, dass Konsumgüter weltweit produziert und verkauft werden können wie z. B. Coca-Cola und McDonald's (Bartlett/Ghoshal 1989). Gleichzeitig erkennen viele Menschen die ökonomischen Chancen und den gesteigerten Wohlstand, der sich ihnen bietet, wenn sie in ein anderes Land emigrieren (Sassen 1998). Diese Migration hin zu den Industrieländern der westlichen Welt wird noch verstärkt durch soziale Missstände und kriegerische Auseinandersetzungen in Schwellen- und Entwicklungsländern (Held et al. 1999, S. 283-326, Cohen/Kennedy 2000, S. 193-211).

Daraus resultiert eine Auflösung mehr oder weniger homogener Kulturkreise, wie wir sie vor der Globalisierung kannten. Neue Werte und „Lifestyles" dringen in die „traditionellen" Kulturen ein. In der Folge verlieren bisher gültige Werte, Verhaltensweisen und Sozialnormen an Bedeutung. Dieser Prozess wird durch die Migration verstärkt und führt in vielen Gesellschaften zu einem Kultur- und Wertepluralismus und zur Ablösung alter Gewissheiten. Gleichzeitig beobachten wir das Entstehen neuer sozialer Bewegungen, zivilgesellschaftlicher Gruppierungen und Nicht-Regierungsorganisationen. Diese bündeln die verfügbaren Meinungen und Strömungen partiell zu gemeinsamen Interessen und schaffen so neue Identitäten für Menschen, die ihren traditionellen kulturellen Rückhalt und dessen Wertesystem „wegbrechen" sehen. Diese neuen sozialen Bewegungen können an politischem Einfluss gewinnen, der über den der staatlichen Institutionen (z. B. politische Parteien, Parlamente) in sachlicher und territorialer Hinsicht hinausgehen kann. Diese teils stetig wachsenden Gruppierungen können darüber hinaus in der Lage sein, auf die sozialen und ökologischen Herausforderungen dynamischer und flexibler zu reagieren als der herkömmliche, in seinen bürokratischen Strukturen erstarrte Staatsapparat.

2.2.4 Ökonomische Entwicklungen

Auf der Makroebene führte die Liberalisierung der Güter-, Investitions- und Finanzströme zu einem starken Anstieg des grenzüberschreitenden Handels und der ausländischen Direktinvestitionen (Held et al. 1999, Brakman et al. 2006). Untersuchungen zeigen einen jahrzehntelang höheren Anstieg der Wachstumsrate des Güterexports im Vergleich zur Wachstumsrate des weltweiten Bruttoinlandsprodukts sowie eine starke Zunahme des Handels innerhalb eines Unternehmens („intrafirm trade"; Held et al. 1999).

Auch auf Unternehmensebene lassen sich diese veränderten Rahmenbedingungen beobachten. Manager wissen heute weit besser über das Angebots- und Nachfrageverhalten Bescheid, als dies noch vor Jahren der Fall war. Unternehmen sind zudem in der Lage, ihre Wertschöpfungskette aufzuspalten, auf verschiedene Standorte zu verteilen und die Produktion von Gütern und Dienstleistungen effizienter zu steuern. Aufgrund der technologischen Entwicklung können sie kostengünstiger als früher Informationen über Produktionsfaktoren, Preise sowie Märkte sammeln und ihren Wertschöpfungsprozess innerhalb und außerhalb des Unternehmens koordinieren.

In der heutigen Zeit stellen große MNU Schlüsselakteure in Wirtschaft und Gesellschaft dar. Der Umsatz der weltgrößten Unternehmen übertrifft mittlerweile sogar das Bruttoinlandsprodukt einiger entwickelter Staaten (Chandler/Mazlish 2005).

Ihre Macht beruht nicht nur auf der Kontrolle enormer Ressourcen, sondern auch auf ihrer Mobilität und Flexibilität sowie auf der Fähigkeit, ihre Wertaktivitäten aufspalten und optimal kombinieren zu können. Dies gibt den Unternehmen die Möglichkeit, zwischen alternativen Standorten und Rechtssystemen nach ökonomischen Kriterien auszuwählen (Roach 2005, Scherer/Palazzo/Baumann 2006, S. 508).

Die Macht der MNU ist aber nicht unbegrenzt. Manager sehen sich vermehrt dem Druck der globalen Finanzmärkte ausgesetzt, aufgebaut durch Profitabilitätsforderungen der Investoren sowie drohende feindliche Übernahmen. Institutionelle Anleger richten ihre Aufmerksamkeit auf profitable Unternehmen und bestrafen unprofitable mit Desinvestition. Dieser Druck des globalen Finanzmarktes führt zu einer verstärkten Ausrichtung der Unternehmenspolitik auf die Gewinnmaximierung und dies häufig unter Vernachlässigung der gesellschaftlichen Verantwortung.

2.3 Konsequenzen und Herausforderungen der Globalisierung für das Internationale Management

Was ist nun neu an der Globalisierung? Es kommt zur grenzüberschreitenden Netzwerkbildung mit wechselseitigen Abhängigkeiten, welche wiederum zu neuen Verantwortlichkeiten führen. Die Individuen werden mit unterschiedlichen Kulturen und „Lifestyles" konfrontiert, dies führt nicht selten zu einer Pluralisierung der Meinungen und Weltanschauungen in der Gesellschaft. Ehemals geteilte Traditionen und klar umrissene, kulturell definierte Erwartungen werden abgelöst durch einen Schmelztiegel verschiedener, oftmals kontroverser Werte und Lebensvorstellungen. Gleichzeitig befinden wir uns in einer Weltgesellschaft ohne Weltstaat oder Weltregierung (Beck 2000). Wir vertreten nun die These, dass die Unternehmen durch die Globalisierung zunehmend die Rolle eines politischen Akteurs einnehmen sollen, ausgestattet mit einer sozialen Verantwortung, welche über eine ökonomische Rolle mit bloßer Gesetzesverpflichtung hinausgeht.

In der Literatur zum Internationalen Management wird die soziale Verantwortung von Unternehmen, wenn überhaupt, so nur am Rande erwähnt, und auch in jüngster Zeit wird nur selten diskutiert, vor welchen sozialen und ökologischen Herausforderungen bzw. politischen Verantwortungen international tätige Unternehmen im Zuge der Globalisierung stehen (vgl. z. B. Kobrin 2001, Dunning 2003, Hrsg., 2005, Chandler/Mazlish 2005). Dieser Befund ist insofern erstaunlich, als die Aktivitäten vieler MNU durch kritische Nicht-Regierungsorganisationen immer wieder mit Menschenrechtsverletzungen, sozialen Problemen und Umweltkatastrophen in den Schwellen- und Entwicklungsländern in Verbindung gebracht werden. Die Unternehmenspraxis hat auf diese Kritik bereits reagiert. Nicht wenige Unternehmen bekennen sich in ihren „Codes of Conduct" zu ihrer sozialen und ökologischen Verantwortung. Rund 4.000 Unternehmen sind bis heute dem United Nations Global Compact beigetreten, einem weltweiten „Pakt", in dem die Unternehmen sich verpflichten, sich nicht nur innerhalb ihrer Firmen, sondern in ihrem gesamten Einflussbereich für die Einhaltung der Menschenrechte sowie für die Sicherstellung von Sozial- und Umweltstandards einzusetzen und Korruption zu bekämpfen (vgl. dazu URL: http://www.unglobalcompact.org).

3 Das traditionelle Paradigma der Corporate Social Responsibility

Betrachtet man die Diskussion in der Betriebswirtschaftslehre um die gesellschaftliche Verantwortung des Unternehmens, so argumentieren die meisten Autoren auf einer Grundlage der neoklassischen Theorie der Firma und unterstellen eine strikte Trennung der ökonomischen von der politischen Sphäre (dazu im kritischen Überblick Scherer/Palazzo 2007). Das Unternehmen als privater Akteur verfolgt die Maxime der Gewinnorientierung und überlässt die politischen Gestaltungsaufgaben dem Staat und seinen Institutionen (Friedman 1962, Sundaram/Inkpen 2004). Der Staat setzt die Rahmenbedingungen für den wirtschaftlichen Austausch und stellt die notwendige Infrastruktur bereit. Die Unternehmen dagegen bewegen sich innerhalb der durch die staatliche Ordnung geschaffenen Spielräume und füllen diese durch Strategien aus, die sich allein am Gewinninteresse des Unternehmens ausrichten (Jensen 2002, Sundaram/Inkpen 2004).

Diese neoklassische Sichtweise wird paradoxerweise sogar in der wissenschaftlichen CSR-Debatte propagiert. Ein großer Teil der Literatur sieht die Unternehmensverantwortung als strategischen Erfolgsfaktor neben vielen anderen, die zum Unternehmensgewinn beitragen (Jones 1995, S. 421, McWilliams/Siegel 2001, S. 125). Ob sich die Übernahme gesellschaftlicher Verantwortung langfristig auszahlt, ist daher eine Schlüsselfrage in dieser Diskussion (z. B. Cochran/Wood 1984, Aupperle/Carroll/Hartfield 1985, Berman et al. 1999, kritisch dazu Margolis/Walsh 2003, Scherer/Palazzo 2007). Dagegen kritisieren normative CSR-Ansätze eine solche verengte Sichtweise und plädieren für eine ethisch begründete CSR-Debatte (z. B. Solomon 1993, Donaldson/Dunfee 1999). Viele dieser normativen Ansätze diskutieren die moralischen Verpflichtungen von Unternehmen oder Managern allerdings ausschließlich auf der Mikroebene des Individuums (wie etwa tugendethische Ansätze; z. B. Solomon 1993). Die politische Dimension der gesellschaftlichen Verantwortung der Unternehmen wird dabei häufig nicht so recht in den Blick genommen. Dies betrifft insbesondere die zugrunde liegende institutionelle politische Ordnung der Gesellschaft und deren Legitimierung durch demokratische Entscheidungsprozesse (vgl. dazu kritisch Palazzo/Scherer 2006, 2008, Scherer/Palazzo 2007).

Eingebettet in die Tradition des neoklassischen Denkens baut die CSR-Diskussion auf der Idee eines funktionierenden Nationalstaates auf, welcher eine stabile Rahmenordnung für eine marktwirtschaftliche Entfaltung bereitstellt. Unternehmen befolgen darin die vom politischen System und von allgemeinen Wertvorstellungen vorgegebenen Spielregeln. Dies lässt sich anhand zentraler Aussagen der CSR-Diskussion belegen. Es wird argumentiert, dass sich die Verantwortung in der Ausrichtung von Unternehmensaktivitäten auf „broader community values“ (Swanson 1999, S. 517) manifestiere. Deshalb müssten Unternehmen die Grundregeln der Gesellschaft befolgen (Friedman 1970, S. 218) oder gemäß dem moralischen Fundament „der“ Gesellschaft handeln (Epstein/Votaw 1978, S. 3). Unternehmenslegitimität wird hier verstanden als generalisierte Auffassung oder Annahme einer wünschenswerten, korrekten oder angemessenen Handlung innerhalb eines gesellschaftlich konstruierten Systems von Normen und Werten (Suchman 1995, S. 574). Die Legitimität folgt also aus einer Einhaltung gesellschaftlicher Erwartungen seitens der Unternehmen. Gesellschaftliche Verantwortung kann als Adaptionsprozess verstanden werden, in welchem die Unternehmen auf externe Ansprüche reagieren (Strand 1983, S. 91, dazu kritisch Palazzo/Scherer 2006).

Wie sieht nun die Konzeption der demokratischen Institutionen aus, welche als Ausgangspunkt der gegenwärtigen Entwürfe einer Unternehmensverantwortung gewählt wird? Das liberale Modell der Demokratie betrachtet Unternehmen als private und damit nicht-öffentliche Akteure. Wenn sie die politische Bühne betreten, um am politischen Gestaltungs- und Problemlösungsprozess teilzuhaben, so geschieht dies aus zwei Gründen: als „Lobbying“ zur Stützung ihrer Gewinninteressen (Hillman/Keim/Schuler 2004) oder als freiwilliger Akt der Philanthropie, der jedoch ebenso strategischen Unternehmenszielen dient (Carroll 1979, Porter/Kramer 2002). Zweifelsohne treten Unternehmen gelegentlich in den politischen Raum ein und versuchen, die Entscheidungsfindung der offiziellen politischen Institutionen zu ihren Gunsten zu beeinflussen. Dies macht sie nach liberaler Sichtweise aber noch nicht zu politischen Akteuren, welche ihre Handlungsweisen vor den Bürgern des entsprechenden Gemeinwesens verantworten müssen. Als private Akteure am Markt sind Unternehmen, so die wirtschaftsliberale Konzeption, von jeglichen *unmittelbaren* Legitimationsforderungen befreit und müssen sich keiner öffentlichen Überprüfung unterziehen, solange sie sich an das Gesetz halten (Friedman 1962). Dieser Rechenschaftspflicht unterliegt nur der Staat als öffentlicher und politischer Akteur.

Die Rolle des Staates in der liberalen Demokratiekonzeption beschränkt sich auf die Minimierung von Beeinträchtigungen privater Interaktionen, um die (ökonomisch verstandene) Freiheit der Bürger zu gewährleisten. Das staatliche System und die politischen Akteure in Verwaltung und Parlament werden zum einen legitimiert durch regelmäßige Wahlen, in denen die Inhaber administrativer Macht bestätigt oder abgewählt werden (Elster 1986), zum anderen durch die Verwirklichung der individuellen Freiheit der Bürger infolge möglichst geringer Einschränkungen durch staatliche Regulierungen. Während die politischen Akteure den Wählern gegenüber direkt verantwortlich sind, erfolgt die Legitimität der ökonomischen Akteure aufgrund ihres privaten Charakters nur *indirekt*. Der Markt an sich wird als „essentially democratic" (Barber 2000, S. 286) angesehen, weil, so Barber in seiner kritischen Analyse, „... private power, unencumbered by law, regulation or government, is the essence of freedom" (Barber 2000, S. 284). Eine Überlastung des Marktes mit gesetzlichen oder moralischen Vorschriften wird als direkte Bedrohung der Demokratie empfunden (Friedman 1962, Baumol/Blackman 1991, Jensen 2002). Daher sind Unternehmen automatisch durch ihren Output legitimiert (dazu kritisch Peters 2004). Statt einer direkten Kontrolle mittels deliberativer demokratischer Prozesse basiert die Legitimierung der Unternehmen auf einem schwächeren und indirekten Konzept: Unternehmen erzielen Gewinn und beachten dabei Gesetz, Moral und Sitte als einschränkende Parameter ihrer grundlegenden ökonomischen Entscheidungen.

Diese Betrachtungsweise der Regelsetzung innerhalb eines funktionierenden Werte- und Rechtssystems steht angesichts einer zunehmend internationalen Ausrichtung der Unternehmen auf dem Prüfstand (Palazzo/Scherer 2006). Das internationale gesellschaftliche Umfeld der Unternehmen beinhaltet eine Vielzahl gesetzlicher und moralischer Anforderungen, verbunden mit teils widersprüchlichen Erwartungen an die Unternehmen (Young 2004, S. 371). Angesichts der gestiegenen gesellschaftlichen Komplexität lässt sich die Frage nach der sozialen Verantwortung der Unternehmen nicht mehr durch den unproblematisierten Verweis auf gesellschaftliche Erwartungen beantworten (Kostova/Zaheer 1999). Diese Erwartungen sind nämlich zu vielfältig und widersprüchlich geworden. In der globalisierten Welt gibt es keine weltweit gültigen Gesetzesstandards oder breit akzeptierte Moralvorstellungen, welche die Legitimität multinationaler Unternehmen adäquat umschreiben und hier eine eindeutige Orientierung stiften könnten (Rawls 1993, Huntington 1998, Steinmann/Scherer 1998). Klare Antworten hierzu fehlen noch, und die CSR-Debatte hat gerade erst begonnen, diese Problematik aufzugreifen (Donaldson/Dunfee 1999) und die Konsequenzen der Globalisierung zu diskutieren (Rondinelli 2002, Spar/La Mure 2003, Matten/Crane 2006).

4 Postnationale Konstellation

Das liberale Modell der Demokratie wurde unter einer „nationalen Konstellation" mit einer klaren Aufgabenteilung zwischen Zivilgesellschaft, Regierung und Wirtschaft entwickelt (Habermas 1998). In diesem Modell sind Solidarität, Macht und Geld die entsprechenden Treiber für die Stabilität und Fortentwicklung der modernen Gesellschaft. Im Zuge ihrer sozialen Interaktionen reproduzieren die Bürger gemeinsame Werte sowie Traditionen und festigen damit eine kulturelle Identität, die als Quelle gesellschaftlicher Solidarität dienen kann. Die staatlichen Institutionen monopolisieren die Anwendung von Gewalt (Macht) und stellen durch die Formulierung, Sanktionierung und Durchsetzung von Gesetzen eine Rahmenordnung zur Verfügung, die es den Bürgern erlaubt, Konflikte friedlich im Rahmen der Gesetze beizulegen. Die Unternehmen tragen durch ihre Marktaktivitäten zur Wohlstandssteigerung bei, indem sie Güter, Dienstleistungen und Arbeitsstellen anbieten sowie Steuern zahlen (Geld). Die Interaktionen der individuellen und kollektiven Akteure orientieren sich im nationalen Kontext an den bindenden Parametern gesetzlicher Verordnungen und sittlicher Gewohnheiten.

Die Wirkungsweise dieses gesellschaftlichen Integrationsmodells scheint nun angesichts der Globalisierung untergraben zu werden. Die Transnationalisierung politischer, ökonomischer und gesellschaftlicher Problem- und Aufgabenfelder stellt nicht nur die Effizienz und Legitimität der etablierten Aufgabenverteilung zwischen Staat, Wirtschaft und Zivilgesellschaft in Frage, sondern scheint darüber hinaus auch die Beziehung zwischen diesen drei Stützpfeilern der demokratischen Stabilität zu verändern. Daher bezeichnet Habermas die entstehende „postnationale Konstellation" als die zentrale Herausforderung der Demokratie (Habermas 1998, S. 96).

Die Globalisierung schränkt die Möglichkeit für politische Entscheidungsträger ein, in die globale Expansionspolitik der Unternehmen regulierend einzugreifen. Diese Erosion nationaler Regelungsgewalt zeigt sich insbesondere an zwei Effekten: die gegenseitige Unterbietung von Sozialstandards sowie das entstehende Regulierungsvakuum für transnationale Unternehmensaktivitäten.

4.1 Unterbietung von Sozialstandards

Die Unternehmensaktivitäten von Global Players finden in einem transnationalen Kontext statt, in welchem die Staatshoheit der politischen Gestalter territorial begrenzt ist und sie somit ihren Einfluss auf das Verhalten der Unternehmen zum Teil verlieren (Waters 1995, Habermas 1998, Beck 2000, Monbiot 2000). Multinationale Unternehmen können ihre wertschöpfenden Aktivitäten in Regionen verlagern, deren Standortfaktoren den höchsten Beitrag zur Gewinnmaximierung versprechen. Die Unternehmen entscheiden sich auf der Suche nach Kostenvorteilen z. B. bewusst für Standorte, welche die Steuerlast und die Produktionskosten minimieren. Da sie sich zwischen verschiedenen Rechtssystemen bewegen, haben sie die Möglichkeit, in Ländern mit geringen Löhnen und schwachen Gewerkschaften zu produzieren und ihre Steuern in sogenannten „Steueroasen" zu bezahlen (Ghemawat 2003, S. 78). Die Folge ist die Tendenz zu einem ruinösen Standortwettbewerb, in dem die Nationalstaaten in ein „race to the bottom" geraten, um für Investitionen von Unternehmensseite attraktiv zu bleiben (Scherer/Smid 2000, Roach 2005). Oft zögern die politisch Verantwortlichen, Mindestlöhne und Steuern anzuheben oder höhere Sozial- und Umweltstandards durchzusetzen, damit die Unternehmen ihre Investitionen weiterführen. Durch ihr Streben nach Kostenvorteilen unterminieren die Unternehmen die nationalstaatliche Autonomie, d. h. die staatliche Fähigkeit zur Regelsetzung und -durchsetzung innerhalb ihres Hoheitsgebiets (Beck 2000, Reinicke et al. 2000, Kobrin 2001). Die Problematik des Verlusts der politischen Kontrolle des Staates über den Heimatmarkt stellt sich v. a. in den Entwicklungsländern. Doch die postnationale Konstellation setzt auch mächtige Regierungen wie die der USA unter Druck, wenn es z. B. um die Steuerpolitik (Avi-Yonah 2000, Johnson/Holub 2003, S. 270), die Regulierung der Finanzmärkte (Mathews 1997) oder die Gestaltung von Wirtschaftspolitik und internationalen Vereinbarungen geht (Stephens 2002).

4.2 Regulierungsvakuum

Die Hoheitsgewalt politischer Entscheidungsträger beschränkt sich auf das eigene Staatsgebiet, während einige der dringendsten Probleme weltweit auftreten: globale Erwärmung, AIDS, Korruption, Abholzung der (Regen-)Wälder, Verletzung von Menschenrechten. Diese ökologischen und sozialen Herausforderungen lassen sich aufgrund ihrer Intensität und regionalen Reichweite von einem einzelnen Nationalstaat nicht mehr alleine beherrschen. Multinationale Unternehmen werden als Mitverursacher dieser Probleme betrachtet bzw. profitieren von diesen Zuständen. Dies betrifft etwa die globale Erwärmung (Le Menestrel/van de Hove/de Bettignies 2002), ökologische Probleme allgemein (Shrivastava 1995), Korruption (Nesbit 1998), Armut (Jenkins 2005) sowie Menschenrechtsverletzungen und die Kooperation mit repressiven Regierungen (Taylor 2004).

Die Herausforderungen der Globalisierung hinterlassen Defizite auf der nationalstaatlichen Regelungsebene, die durch einzelstaatliche Politik allein nicht behoben werden können. Jedoch sind die internationalen Institutionen noch nicht stark genug, um die Lücke zwischen den globalen wirtschaftlichen Entwicklungen und der nach nationalstaatlichem Muster ablaufenden Politik zu schließen. Die Entwicklung eines internationalen Rechts wurde v. a. vorangetrieben, um eine Rahmenordnung für Interaktionen von Nationalstaaten zu schaffen (Kingsbury 2003). Die direkte Anwendung auf nicht-staatliche Akteure wie z. B. Unternehmen wurde bisher erst wenig diskutiert (Kinley/Tadaki 2004). In Folge dessen existieren bisher keine spezifischen, transnationalen Regelungen, welche Unternehmen bei Menschenrechtsverletzungen oder bei der Unterstützung repressiver Regimes direkt haftbar machen (Ranald 2002, Taylor 2004, hierzu kritisch Clapham 2006). Internationale Konventionen wie die UN-Konvention zum Schutz der Menschenrechte oder die Konvention der grundlegenden Arbeitnehmerrechte der International Labour Organization (ILO) bieten zwar universelle Standards für Unternehmen an, es mangelt aber an Durchsetzungskraft.

Allerdings gab es in den vergangenen Jahren seitens der US-amerikanischen Regierung und Gerichte Bestrebungen, Gesetze zu entwickeln und anzuwenden, deren Geltungsbereich über nationalstaatliche Grenzen hinausgeht. So können auch Unternehmen, die nicht aus den USA stammen, bei Korruption mittels des „Foreign Corrupt Practices Acts" (Avi-Yonah 2003), bei Menschenrechtsverletzungen mittels des „Alien Tort Claim Acts" (Taylor 2004) und bei Wirtschaftskriminalität durch den „Sarbanes-Oxley Act" (Vagts 2003, S. 290) bestraft werden. Zum einen engt dies den Handlungsspielraum der Unternehmen ein und reduziert dadurch das transnationale Regulierungsvakuum, zum anderen schwächt diese transnationale Anwendung des US-amerikanischen Rechts alle anderen nationalen Regierungen und schafft so neue Legitimationsprobleme (Kobrin 2001).

5 Unternehmensverhalten im globalen Kontext

Das oben beschriebene Regulierungsvakuum wird von einigen MNU ausgenutzt, besonders in Regionen, in denen eine (rechtsstaatlich organisierte) Staatsgewalt nur schwach ausgeprägt oder praktisch gar nicht existent ist (Mokhiber/Weissman 1999, Korten 2001). Unternehmen wie De Beers wurden und werden angeklagt, von den „rechtsfreien Zonen" der afrikanischen Bürgerkriege zu profitieren (Dunfee/Fort 2003, Roberts 2003). Ein ähnlicher Vorwurf wurde auch schon hinsichtlich des südafrikanischen Apartheidssystems erhoben, welches die Verrichtung der gefährlichen und dreckigen Arbeit in den Minen ausschließlich durch schwarze Arbeiter mittels des „Mines and Works Acts" von 1911 billigte. Auch mehr als ein Jahrzehnt nach dem Ende der Apartheid findet man oft noch derartige Arbeitsbedingungen vor (Roberts 2003). Exxon Mobil wurde vorgeworfen, mit korrupten Militärregimes u. a. in Indonesien zu kollaborieren (Taylor 2004). Kinderarbeit und Sklavenarbeit ist in den „Sweatshops" der Wertschöpfungskette von MNU immer wieder aufgetreten. Wal-Mart z. B. wurde von einer Klagewelle überzogen, welche

Diskriminierung von Frauen und miserable Arbeitsbedingungen betraf, daneben die Ausbeutung illegaler Einwanderer und die Verletzung von Kinderarbeitsgesetzen selbst in den USA (URL: http://www.alternet.org/story/12962).

Die postnationale Konstellation führt zu einer Neuverteilung der Regulierungsmacht zwischen nationalstaatlichen Regierungen, ökonomischen Akteuren und der Zivilgesellschaft (Mathews 1997). Der verringerte Einfluss staatlicher Akteure auf Unternehmen wird zumindest teilweise durch die Schaffung eines zivilgesellschaftlichen Bewusstseins und die Aktivitäten von Non-governmental Organizations (NGO) und Activist Groups kompensiert. Der Begriff „globalization from below" (Beck 2000, S. 68) beschreibt den wachsenden Einfluss zivilgesellschaftlicher Akteure auf die Entscheidungsprozesse in Regierungen und Unternehmen. Die wachsende Transparenz von Unternehmensaktivitäten, forciert durch das Internet und das Engagement kritischer Medien, führt dazu, dass sich zivilgesellschaftliche Aktivitäten vermehrt gegen Unternehmen richten (Dryzek 1999, S. 44, Klein/Smith/John 2004), deren Geschäftspraktiken werden misstrauisch geprüft (Spar/La Mure 2003). Gleichzeitig sehen die Unternehmen sich wachsenden Ansprüchen (Walsh/Weber/Margolis 2003) und veränderten Legitimitätsbedingungen (Scherer/Palazzo 2006) ausgesetzt.

Angesichts dieses zunehmenden Drucks gesellschaftlicher Erwartungen haben manche Global Players begonnen, ihr soziales Engagement auszubauen. Viele unternehmerische Aktivitäten dringen in Bereiche vor, welche ursprünglich im politischen Verantwortungsbereich staatlicher Akteure angesiedelt waren (Walsh/Weber/Margolis 2003). Unternehmen starten Menschenrechtsinitiativen (Matten/Crane 2005, S. 166) wie die „Business Leaders Initiative on Human Rights" von British Petroleum, Asea Brown Boveri und anderen Unternehmen. Sie engagieren sich im öffentlichen Gesundheitswesen (z. B. gegen AIDS und Unterernährung; hierzu Margolis/Walsh 2003) oder übernehmen Verantwortung für die Schaffung von Frieden und Stabilität in ihrem Einflussbereich (Ford/Schipani 2004). Darüber hinaus haben sie begonnen, sich in überstaatlichen Selbstregulierungsinitiativen zu organisieren, um das Regulierungsvakuum einer Global Governance zu füllen (Scherer/Palazzo/Baumann 2006). Diese Aktivitäten greifen weiter als die in der etablierten CSR-Diskussion vorgebrachten Argumente. Während das herkömmliche Verständnis von gesellschaftlicher Verantwortung immer noch auf der isomorphen Anpassung des Unternehmens an gesellschaftliche Erwartungen und den (vermeintlich) kohärenten Anforderungen moralischer und gesetzlicher Standards beruht (z. B. Strand 1983), beginnen in der Praxis viele Unternehmen damit, diese Standards im Rahmen einer politisch ausgeweiteten Verantwortlichkeit überhaupt erst zu definieren (Scherer/Palazzo/Baumann 2006) und deren Legitimität in deliberativen Prozessen mit den verschiedenen zivilgesellschaftlichen Gruppen und staatlichen Institutionen zu prüfen (Palazzo/Scherer 2006).

6 Ein neues Paradigma gesellschaftlicher Verantwortung in der globalisierten Welt

Als Antwort auf die Phänomene der Globalisierung und der postnationalen Konstellation schlagen wir eine neue politische Rolle ökonomischer Akteure vor, welche über das bloße Einhalten von Gesetzesstandards und moralischen Regeln hinausreicht. Unternehmen sollen politisch und gesellschaftlich verantwortungsvoll handeln und – bis zu einem gewissen Grad – sowohl die ökonomische Rationalität ihres Gewinnstrebens als auch die Erwartungen ihres gesellschaftlichen Umfeldes transzendieren. Manche Unternehmen haben bereits begonnen, vermehrt politische Verantwortung zu übernehmen, um auf gesellschaftliche Herausforderungen zu reagieren, die ursprünglich im staatlichen Verantwortungsbereich angesiedelt war. Die Forschungslandschaft im Bereich der CSR ist jedoch konzeptionell noch nicht in der Lage, auf diese neuen Herausforderungen angemessen zu reagieren. Wir schlagen daher zur Weiterentwicklung der CSR-Debatte einen Paradigmenwechsel vor (Scherer/Palazzo 2007):

(1) Von der Dominanz ökonomischer Rationalität hin zu ihrer Domestizierung

Die gegenwärtige theoretische CSR-Debatte ist geprägt von einer rein ökonomischen Betrachtungsweise der Unternehmen und einer instrumentellen Behandlung von CSR-Projekten (z. B. Jones 1995). Der Stakeholder Management Approach (z. B. Mitchell/Agle/Wood 1997, Agle/Mitchell/Sonnenfeld 1999, Frooman 1999) ebenso wie der weithin akzeptierte Ansatz, CSR mit dem empirischen Argument „... soziale Performance trägt zur finanziellen Performance bei" (z. B. Aupperle/Carroll/Hartfield 1985, Berman et al. 1999, dazu kritisch Vogel 2005) zu rechtfertigen, zeugen von der Betonung der zu Grunde liegenden ökonomischen Rationalität in der gegenwärtigen CSR-Forschung. Aus dieser Perspektive wird CSR zu einem „Business Case" reduziert, d. h., das gesellschaftliche Engagement von Unternehmen wird als Investition gesehen und daher ähnlich betrachtet wie Investitionen in andere Produkteigenschaften, z. B. Qualität, Service oder Reputation, welche zur Gewinnmaximierung eines Unternehmens beitragen (McWilliams/Siegel 2001). Das Verhalten eines Unternehmens ist auf die Gewinnmaximierung ausgerichtet, dies ist gerechtfertigt, solange es sich an die vom Staat und der Zivilgesellschaft gesetzten Spielregeln und moralischen Anforderungen hält. Implizit wird dabei von einer funktionierenden „unsichtbaren Hand" ausgegangen, welche private Interessen und das gesellschaftlich wünschenswerte Gesamtergebnis in Einklang bringt. Die dabei unterstellte staatliche Regelsetzungs- und Durchsetzungsfähigkeit nimmt jedoch im Zuge der Globalisierung ab. Wir beobachten Staatsversagen in vielerlei Hinsicht (mangelnde Bereitstellung öffentlicher Güter, Regulierungslücken, mangelnde Durchsetzungsfähigkeit, unzureichende Vorsorgemaßnahmen bei Marktexternalitäten). Des Weiteren kommt es angesichts der Individualisierung und Pluralisierung von Normen und Werten zu einer Verwässerung moralischer Standards unternehmerischen Handelns, diese verlieren dadurch ihre bindende Kraft. Unter diesen Umständen führt die ausschließliche Fokussierung auf den ökonomischen Imperativ nicht notwendigerweise zu einer Steigerung der allgemeinen Wohlfahrt. Daher müssen neue Formen der politischen Steuerung in Betracht gezogen werden, um die politische Ordnung mittels neuer demokratischer Institutionen und Verfahrensweisen wieder herzustellen (Scherer/Palazzo 2007). In der Tat lässt sich eine neue Form der transnationalen Regulierung beobachten, welche aus einem intensivierten Engagement gesellschaftlicher Bewegungen und wachsenden Aktivitäten internationaler Institutionen hervorgeht. Diese Definition und Implementierung von Verhaltensstandards mit globaler Tragweite wird auch „Global Governance" genannt. Dabei sind es nicht nur öffentliche Akteure wie nationale Regierungen oder internationale Institutionen (z. B. United Nations – UN, International Labour Organization – ILO oder Organisation for Economic Co-operation and Development – OECD), sondern auch private Akteure wie NGO, zivilgesellschaftliche Gruppierungen und eben auch Unternehmen, die als Schlüsselakteure zu einer neuen Weltordnung beitragen können (Scherer/Palazzo/Baumann 2006).

(2) Von einer kognitiven und pragmatischen hin zu einer moralischen (argumentativen) Legitimität

Die Legitimität wirtschaftlicher Verhaltensweisen hängt zunächst einmal davon ab, ob dieses Verhalten gesellschaftlichen Regeln, Normen und Traditionen entspricht (dazu Suchman 1995, Oliver 1996). Laut Suchman kann diese Legitimierung auf drei verschiedenen Quellen basieren (1995). Sie kann entstehen, wenn das Verhalten der Organisation (mehr oder weniger unbewusst) als unabdingbar und notwendig angesehen wird und wenn die Akzeptanz auf allgemein geteilten und gegebenen Annahmen beruht (kognitive Legitimität). Organisatorische Legitimität kann aber auch auf dem Kalkül eigennütziger Individuen basieren, welche den Verhaltensweisen von Organisationen eine Legitimität beimessen, solange sie von ihren Ergebnissen profitieren (pragmatische Legitimität). An anderer Stelle haben wir argumentiert, dass beide Formen der Legitimität unter den Bedingungen der Globalisierung unter Druck geraten (Palazzo/Scherer 2006). Angesichts des Versagens staatlicher Institutionen und einer Ungleichverteilung der Globalisierungsgewinne kommen mehr und mehr Individuen zu dem Schluss, dass sie nicht genügend am globalisierten Wirtschaftssystem und dem generierten Ertrag der Unternehmen teilhaben (Verlust pragmatischer Legitimität; dazu auch Fisher 2003, Dunning 2005). Gleichzeitig erodiert der gesellschaftliche Konsens über Fragen der Moral, der Werte und eines angemessenen Lebensstils. Was einst als selbstverständlich hingenommen wurde, bietet nun Anlass zur Diskussion (Verlust an kognitiver Legitimität; Beck/Giddens/Lash 1995, Beck-Gernsheim/Beck 2002).

Daher wird von Unternehmen verlangt, eine dritte Form der Legitimität aufzubauen, die der moralischen Integrität. Diese bezieht sich auf Moralvorstellungen über den Ertrag, die Prozesse, die Strukturen und Führungskräfte eines Unternehmens. Die moralische Legitimität wird gesellschaftlich und argumentativ durch die Suche nach Begründungen bestimmter Verhaltensweisen oder Institutionen *konstruiert* und spiegelt sich damit in den Diskursen zwischen dem Unternehmen und der betroffenen Öffentlichkeit selbst wider (grundsätzlich Habermas 1992, Palazzo/Scherer 2006). Im Gegensatz zur ökonomischen Logik der pragmatischen Legitimität reflektiert sie eine „... prosocial logic that differs fundamentally from narrow self-interest ...“ (Suchman 1995, S. 579).

(3) Von einer liberalen zu einer deliberativen Demokratie

Die beiden soeben genannten Gesichtspunkte müssen nun verbunden und in ein neues Verständnis demokratischer Gesellschaft eingebettet werden. Ein Legitimationsdefizit tritt auf, sofern sich private Unternehmen in das politische System einschalten und versuchen, Regeln und Gesetze mitzubestimmen. In marktwirtschaftlichen Gesellschaften sind Unternehmen zunächst einmal angehalten, ihr Gewinnstreben innerhalb der vorgegebenen Spielregeln zu verfolgen, aber nicht die politische Bühne selbst zu betreten. Der oben erwähnte argumentative Legitimitätsanspruch könnte aber gerade eine Maßnahme zur Schließung der Legitimitätslücke darstellen. Es ist jedoch unklar, wie und in welchem Ausmaß dieser Anspruch in das Konzept demokratischer Steuerung in der modernen Gesellschaft integriert werden kann. Ein Überblick über die Demokratiemodelle der politischen Philosophie zeigt, dass das vorherrschende liberale Demokratiemodell zu einer Lösung unseres Problems wenig beitragen kann (z. B. Habermas 1992, 1996, Moon/Crane/Matten 2005). Wie bereits erwähnt, gründet das liberale Modell der Demokratie auf einer strikten Trennung zwischen nationalstaatlicher Politik zum einen und der Verfolgung individueller (ökonomischer) Ziele zum anderen. Der liberale Bürger verfolgt eigene Interessen im ökonomischen und politischen Bereich und wird in diesem Rahmen entsprechend modelliert (Elster 1986).

> „Nach liberaler Auffassung ist die Politik wesentlich ein Kampf um Positionen, die Verfügung über administrative Macht einräumen. Der politische Meinungs- und Willensbildungsprozess in Öffentlichkeit und Parlament ist durch die Konkurrenz strategisch handelnder kollektiver Akteure um den Erhalt oder den Erwerb von Machtpositionen bestimmt“ (Habermas 1996, S. 282).

Die direkte und unmittelbare Anwendung der diskursethischen Argumentationsregeln auf den politischen Entscheidungsprozess in Nationalstaaten oder im Bereich der Global Governance überdehnt jedoch die Leistungsfähigkeit der Diskursregeln (Habermas 1992, 1996). Es erscheint unrealistisch, von einem globalen demokratischen Gemeinwesen auszugehen, dessen Bürger in argumentative Dialoge eingebunden sind, ebenso ist es utopisch, den politischen Prozess als transparent, umfassend, nicht persuasiv und machtfrei zu betrachten (Elster 1986, Fung 2003). Die politische Realität sieht anders aus: Mangelnde Transparenz, Ausschluss von Meinungen und Interessen, „Expertokratie" und die Machtkonzentration in den Händen von Eliten sind typische Mängel des demokratischen politischen Prozesses auf nationalstaatlicher wie internationaler Ebene.

Deshalb benötigen wir eine Demokratiekonzeption, welche die Legitimität auch unter diesen suboptimalen Bedingungen sicherstellen kann (Fung 2005). Diese Konzeption muss auch in der Lage sein, den Beitrag zur Global Governance staatlicher und nicht-staatlicher Akteure anzuerkennen, sowohl im herkömmlichen institutionalisierten Prozess staatlicher Politik als auch abseits davon im Prozess der öffentlichen Deliberation. Wie bereits andernorts angedacht (Palazzo/Scherer 2006, 2008, Scherer/Palazzo 2007), könnte die Theorie der deliberativen Demokratie nach Habermas (1992, 1996) eine fruchtbare Grundlage für ein solches Konzept politischer Verantwortung sein.

Im liberalen Demokratiemodell sind Unternehmen nicht unmittelbar Gegenstand demokratischer Mitentscheidung und Kontrolle, während im deliberativen Modell davon ausgegangen wird, dass Unternehmen gleichermaßen wie staatliche Akteure dem gesellschaftlichen Selbstbestimmungsprozess ausgesetzt sein sollten (Gutmann/Thompson 1996, 2004). Die schwindende Fähigkeit des politischen Systems, Unternehmen mittels gesetzlicher Regelungen und staatlicher Administration zur Rechenschaft zu ziehen, führt notwendigerweise zu einer Suche nach alternativen Kontrollmechanismen über die territorialen und institutionellen Grenzen des Nationalstaates hinaus. Die deliberative Idee einer Stärkung der Beziehungen zwischen politischer Macht und gesellschaftlicher Deliberation baut auf der oben beschriebenen Dezentralisierung der Regierungsgewalt auf und berücksichtigt darüber hinaus die veränderte Dynamik zwischen dem Staat, der Wirtschaft und der Gesellschaft. Unternehmen werden auf zwei Arten politisch: Sie sind mit einem erweiterten Verständnis von Verantwortung ausgestattet (nicht *nur* ökonomische, sondern ökonomische *und* soziale Verantwortung) und arbeiten im politischen Problemlösungsprozess mit staatlichen und zivilgesellschaftlichen Akteuren bei der Lösung sozialer und ökologischer Probleme zusammen. Darüber hinaus unterwerfen sie ihre zunehmende Macht und ihren politischen Einfluss einem demokratischen Kontroll- und Legitimierungsprozess (dazu Driver/Thompson 2002, Parker 2002).

(4) Von einer empirischen oder philosophischen hin zu einer pragmatischen Begründung

Gesellschaftliche Verantwortung von Unternehmen kann, wie oben beschrieben, nicht empirisch durch den Beleg positiver Korrelationen zwischen sozialem Engagement und finanzieller Performance begründet werden. Ein empirischer Test ist nicht in der Lage, die normative Rolle von Unternehmen in der Gesellschaft zu bestimmen, dies würde zu einem naturalistischen Fehlschluss führen (dazu Margolis/Walsh 2003). Gleichzeitig ist es nicht möglich, die Verantwortung des Unternehmens theoretisch (gleichsam in einem monologischen Akt am Schreibtisch des Theoretikers) zu bestimmen. Aktuelle philosophische Diskussionen legen nahe, dass es vergeblich zu sein scheint, auf eine philosophisch abgeleitete (inhaltliche) Bestimmung und Begründung der sozialen Verantwortung des Unternehmens zu hoffen (Steinmann/Scherer 1998, Donaldson/Dunfee 1999, Scherer/Palazzo 2007). In einer globalisierten und postmodernen Welt können derartige Regeln einzig und allein mittels der dialogischen Verständigung der Betroffenen begründet werden. Diese „pragmatische Begründung" (Scherer/Palazzo 2007) hat ihren Ausgangspunkt in den unmittelbaren Praktiken des gesellschaftlichen Lebens (Dewey 1954), wo solche diskursiven Prozesse unter Beteiligung von staatlichen Institutionen, zivilgesellschaftlichen Gruppen und MNU auf staatlicher und transnationaler Ebene längst in Gang gekommen sind (Lorenzen 1989, Steinmann 2007). Sie befürwortet eine erweiterte Sichtweise der CSR mit dem Argument, dass eine systematische Analyse der demokratischen Institutionen und deren Veränderungen möglicherweise verschiedene Aspekte der gegenwärtigen Debatte aufdecken, welche von den dominierenden Ansätzen – aufbauend auf einer instrumentellen Sicht der Verantwortung oder einer normativen Analyse der individuellen sozialen Pflichten an der Schnittstelle zwischen Organisationstheorie und Moralphilosophie – vernachlässigt werden. Diese pragmatische Begründung baut auf Rortys Forderung auf, der demokratischen Praxis Vorrang vor der philosophischen Begründung einzuräumen (Rorty 1991).

(5) Von der bloßen Reaktion auf den Druck mächtiger Stakeholder hin zu einem proaktiven Engagement im demokratischen Prozess

Das Hauptanliegen gesellschaftlicher Verantwortung in einer globalisierten Welt liegt weniger darin, auf die Forderungen relevanter Stakeholder-Gruppen einzugehen und die Beziehungen zu diesen Gruppierungen mittels Public-Relations-Maßnahmen und Stakeholder-Dialogen zu „managen". Vielmehr besteht die Herausforderung darin, sich am politischen deliberativen Prozess zu beteiligen mit der Zielsetzung, die Standards des „global business behaviors" (neu) zu setzen. Während sich das „Stakeholder Management" mit der Internalisierung von Forderungen,

Werten und Interessen der von den Unternehmensentscheidungen betroffenen Akteure befasst, verstehen wir gesellschaftliche Verantwortung als eine Auseinandersetzung des Unternehmens mit ökologischen und sozialen Herausforderungen wie Einhaltung der Menschenrechte, globale Erwärmung oder Abholzung der Wälder. Dies sind nur einige der Themen, die durch den Paradigmenwechsel in der CSR-Debatte angegangen werden müssen. In diesem Bereich ist weiterer Forschungsbedarf erforderlich (siehe dazu die Beiträge in Scherer/Palazzo 2008, Hrsg.).

Eine liberale Demokratie baut auf einer klaren Arbeitsteilung zwischen Wirtschaft, Politik und Zivilgesellschaft auf, in der Wirtschaftsakteure von einer stabilen Rahmenordnung profitieren. Der Prozess der Globalisierung zieht die Effizienz und Legitimität dieser etablierten Rollen und Verantwortlichkeiten in Zweifel. Politische Lösungen für gesellschaftliche Herausforderungen sind nicht länger auf das politische System beschränkt, sondern vielmehr in einem dezentralisierten Prozess eingebettet, welcher auch nicht-staatliche Akteure wie NGO und Unternehmen mit einschließt. Dieses neue Phänomen geht über das herkömmliche liberale Verständnis der gesellschaftlichen Verantwortung des Unternehmens als ökonomischer Akteur hinaus. Auf der globalen Spielwiese müssen Unternehmen als ökonomische *und* politische Akteure verstanden werden, mit den oben beschriebenen Konsequenzen für die gesellschaftliche Verantwortung.

Literatur

Agle, B. R./Mitchell, R. K./Sonnenfeld, J. A. (1999): Who Matters to CEOs? An Investigation of Stakeholder Attributes and Salience, Corporate Performance, and CEO Values. In: Academy of Management Journal, 42. Jg., Nr. 2, 1999, S. 507-525.

Aupperle, K. E./Carroll, A. B./Hatfield, J. D. (1985): An Empirical Examination of the Relationship between Corporate Social Responsibility and Profitability. In: Academy of Management Journal, 28. Jg., Nr. 2, 1985, S. 446-463.

Avi-Yonah, R. S. (2000): Globalization, Tax Competition/the Fiscal Crisis of the Welfare State. In: Harvard Law Review, 113. Jg., Nr. 7, 2000, S. 1575-1676.

Avi-Yonah, R. S. (2003): National Regulation of Multinational Enterprises: An Essay on Comity, Extraterritoriality/Harmonization. In: Columbia Journal of Transnational Law, 42. Jg., Nr. 2, 2003, S. 5-34.

Barber, B. R. (2000): Can Democracy Survive Globalization? In: Government and Opposition, 35. Jg., Nr. 3, 2000, S. 275-301.

Bartlett, C. A./Ghoshal, S. (1989): Managing across Borders: The Transnational Solution. Harvard Business School Press, Boston/MA, 1989.

Baumhart, R. C. (1961): How Ethical Are Businessmen? In: Harvard Business Review, 39. Jg., Nr. 4, 1961, S. 6-12, 16, 19, 156-176.

Baumol, W. J./Blackman, S. A. B. (1991): Perfect Markets and Easy Virtue: Business Ethics and the Invisible Hand. Blackwell, Cambridge, 1991.

Beaver, W. (2005): Battling Wal-Mart: How Communities Can Respond. In: Business and Society Review, 110. Jg., Nr. 2, 2005, S. 159-169.

Beck, U. (1992): Risk Society: Towards a New Modernity. Sage, London et al., 1992.

Beck, U. (1999): World Risk Society. Polity Press, Cambridge, 1999.

Beck, U. (2000): What Is Globalization? Polity Press, Cambridge, 2000.

Beck, U./Giddens, A./Lash, S. (1995): Reflexive Modernization. Stanford University Press, Stanford/CA, 1995.

Beck-Gernsheim, E./Beck, U. (2002): Individualization: Institutionalized Individualism and its Social and Political Consequences. Sage, London et al., 2002.

Berman, S. L./Wicks, A. C./Kotha, S./Jones, T. M. (1999): Does Stakeholder Orientation Matter? The Relationship between Stakeholder Management Models and Firm Financial Performance. In: Academy of Management Journal, 42. Jg., Nr. 5, 1999, S. 488-506.

Block, F. (1994): The Roles of the State in the Economy. In: Smelser, N. J./Swedberg, R. (1994, Hrsg.): The Handbook of Economic Sociology. Princeton University Press, Princeton/NJ, 1994, S. 691-710.

Bowen, H. R. (1953): Social Responsibilities of the Businessman. Harper, New York/NY, 1953.

Braithwaite, J./Drahos, P. (2000): Global Business Regulation. Cambridge University Press, Cambridge, 2000.

Brakman, S./Garretsen, H./van Marrewijk, C./van Witteloostuijn, A. (2006): Nations and Firms in the Global Economy: An Introduction to International Economics and Business. Cambridge University Press, Cambridge, 2006.

Carroll, A. B. (1979): A Three-dimensional Conceptual Model of Corporate Performance. In: Academy of Management Review, 4. Jg., Nr. 4, 1979, S. 497-505.

Chandler, A. D., Jr./Mazlish, B. (2005, Hrsg.): Leviathans: Multinational Corporations and the New Global History. Cambridge University Press, Cambridge, 2005.

Clapham, A. (2006): Human Rights Obligations of Non-state Actors. Oxford University Press, Oxford et al., 2006.

Cochran, P. L./Wood, R. A. (1984): Corporate Social Responsibility and Financial Performance. In: Academy of Management Journal, 27. Jg., Nr. 1, 1984, S. 42-56.

Cohen, R./Kennedy, P. (2000): Global Sociology. Macmillan, London, 2000.

Destler, C. McA. (1946): Entrepreneurial Leadership Among the "Robber Barons": A Trial Balance. In: The Journal of Economic History, 6. Jg., Nr. 2, 1946, S. 28-49.

Dewey, J. (1954): The Public and its Problems. Ohio University Press, Athen, 1954.

DiMaggio, P. J./Powell, W. W. (1983): The Iron Cage Revisited: Institutional Isomorphism and Collective Rationality in Organizational Fields. In: American Sociological Review, 48. Jg., Nr. 2, 1983, S. 147-160.

Donaldson, T./Dunfee, T. W. (1999): Ties that Bind: A Social Contract Approach to Business Ethics. Harvard Business School Press, Boston/MA, 1999.

Donham, W. B. (1927): The Social Significance of Business. In: Harvard Business Review, 4. Jg. Nr. 4, 1927, S. 406-419.

Driver, C./Thompson, G. (2002): Corporate Governance and Democracy: The Stakeholder Debate Revisited. In: Journal of Management and Governance, 6. Jg., Nr. 2, 2002, S. 111-130.

Dryzek, J. S. (1999): Transnational Democracy. In: Journal of Political Philosophy, 7. Jg., Nr. 1, 1999, S. 30-51.

Dunfee, T. W./Fort, T. L. (2003): Corporate Hypergoals, Sustainable Peace/the Adapted Firm. In: Vanderbilt Journal of Transnational Law, 36. Jg., Nr. 3, 2003, S. 563-617.

Dunning, J. (2003, Hrsg.): Making Globalization Good. Oxford University Press, Oxford et al., 2003.

Dunning, J. (2005): Is Global Capitalism Morally Defensible? In: Contributions to Political Economy, 24. Jg., Nr. 1, 2005, S. 134-151.

Elster, J. (1986): The Market and the Forum: Three Varieties of Political Theory. In: Elster, J./Hylland, A. (1986, Hrsg.): Foundations of Social Choice Theory. Cambridge University Press, Cambridge, 1986, S. 103-132.

Epstein, E. M./Votaw, D. (1978, Hrsg.): Rationality, Legitimacy, Responsibility. Goodyear Publishing, Santa Monica/CA, 1978.

Fisher, S. (2003): Globalization and its Challenges. In: American Economic Review, 93. Jg., Nr. 2, 2003, S. 1-30.

Fort, T. L./Schipani, C. A. (2004): The Role of Business in Fostering Peaceful Societies. Cambridge University Press, Cambridge, 2004.

Friedman, M. (1962): Capitalism and Freedom. University of Chicago Press, Chicago/IL, 1962.

Friedman, M. (1970): The Social Responsibility of Business Is to Increase its Profit. In: The New York Times Magazine, 13.09.1970. Reprint in: Donaldson, T./Werhane, P. H. (1988, Hrsg.): Ethical Issues in Business: A Philosophical Approach. Prentice Hall, Englewood Cliffs/NJ, 1988, S. 217-223.

Frooman, J. (1999): Stakeholder Influence Strategies. In: Academy of Management Review, 24. Jg., Nr. 2, 1999, S. 191-205.

Fung, A. (2003): Deliberative Democracy and International Labor Standards. In: Governance, 16. Jg., Nr. 1, 1999, S. 51-71.

Fung, A. (2005): Deliberation before the Revolution. In: Political Theory, 33. Jg., Nr. 3, 2005, S. 397-419.

Ghemawat, P. (2003): The Forgotten Strategy. In: Harvard Business Review, 81. Jg., Nr. 11, 2003, S. 76-84.

Giddens, A. (1990): Consequences of Modernity. Polity Press, Cambridge, 1990.

Gutman, A./Thompson, D. (1996): Democracy and Disagreement. Belknap Press, Cambridge, 1995.

Gutman, A./Thompson, D. (2004): Why Deliberative Democracy? Princeton University Press, Princeton/NJ, 2004.

Habermas, J. (1992): Faktizität und Geltung. Suhrkamp, Frankfurt a. M., 1992.

Habermas, J. (1996): Drei normative Modelle der Demokratie. In: Habermas, J. (1996): Die Einbeziehung des Anderen: Studien zur Politischen Theorie. Suhrkamp, Frankfurt a. M., 1996, S. 277-292.

Habermas, J. (1998): Die postnationale Konstellation. Suhrkamp, Frankfurt a. M., 1998.

Hayek, F. A. (1996): Individualism and Economic Order. Chicago University Press, Chicago/IL, 1996.

Held, D./McGrew, A./Goldblatt, D./Perraton, J. (1999): Global Transformations: Politics, Economics and Culture. Stanford University Press, Stanford/CA, 1999.

Hillman, A. J./Keim, G. D./Schuler, D. (2004): Corporate Political Activity: A Review and Research Agenda. In: Journal of Management, 30. Jg., Nr. 6, 2004, S. 837-857.

Hirst, P./Thompson, G. (1996): Globalization in Question. Polity Press, Cambridge, 1996.

Hoekman, B./Kostecki, M. (1995): The Political Economy of the World Trading System: From GATT to WTO. Oxford University Press, Oxford et al., 1995.

Huntington, S. P. (1998): Clash of Civilizations and the Remaking of World Order. Simon & Schuster, New York/NY, 1998.

Irwin, D. A. (2002): Free Trade under Fire. Princeton University Press, Princeton/NJ, 2002.

Jenkins, R. (2005): Globalization, Production and Poverty. United Nations University, World Institute for Development Economics Research, Research Paper Nr. 40, 2005.

Jensen, M. C. (2002): Value Maximization, Stakeholder Theory and the Corporate Objective Function. In: Business Ethics Quarterly, 12. Jg., Nr. 1, 2002, S. 235-256.

Johnson, J./Holub, M. J. (2003): Questioning Organizational Legitimacy: The Case of U. S. Expatriates. In: Journal of Business Ethics, 47. Jg., Nr. 4, 2003, S. 269-293.

Jones, T. M. (1995): Instrumental Stakeholder Theory: A Synthesis of Ethics and Economics. In: Academy of Management Review, 20. Jg., Nr. 2, 1995, S. 404-437.

Josephson, M. (1934): The Robber Barons. The Great American Capitalists, 1861-1901. Harcourt, Brace and Company, New York/NY, 1934.

Kingsbury, B. (2003): The International Legal Order. In: Cane, P./Tushnet, M. (2003, Hrsg.): The Oxford Handbook of Legal Studies. Oxford University Press, Oxford et al., 2003, S. 271-297.

Kinley, D./Tadaki, J. (2004): From Talk to Walk: The Emergence of Human Rights Responsibilities for Corporations at International Law. In: Virginia Journal of International Law, 44. Jg., Nr. 4, 2004, S. 931-1022.

Klein, J. G./Smith, N. C./John, A. (2004): Why We Boycott: Consumer Motivations for Boycott Participation. In: Journal of Marketing, 68. Jg., Nr. 3, 2004, S. 92-109.

Kobrin, S. J. (2001): Sovereignty@Bay: Globalization, Multinational Enterprise and the International Political System. In: Rugman, A. M./Brewer, T. L. (2001, Hrsg.): The Oxford Handbook of International Business. Oxford University Press, New York/NY et al., 2001, S. 181-205.

Korten, D. C. (2001): When Corporations Rule the World. Berret-Koehler, San Francisco/CA, 2001.

Kostova, T./Zaheer, S. (1999): Organizational Legitimacy under Conditions of Complexity: The Case of the Multinational Enterprise. In: Academy of Management Review, 24. Jg., Nr. 1, 1999, S. 64-81.

Krauss, M. (1997): How Nations Grow Rich: The Case for Free Trade. Oxford University Press, New York/NY et al., 1997.

Le Menestrel, M./van den Hove, S./de Bettignies, H.-C. (2002): Processes and Consequences in Business Ethical Dilemmas: The Oil Industry and Climate Change. In: Journal of Business Ethics, 41. Jg., Nr. 3, 2002, S. 251-266.

Levitt, T. (1970): The Dangers of Social Responsibility. In: Meloan, T./Smith, S./Wheatly, J. (1970, Hrsg.): Managerial Marketing Policies and Decisions. Houghton Mifflin, Boston/MA, 2002, S. 461-475.

Livesey, S. (2001): Eco Identity as Discursive Struggle: Royal Dutch/Shell, Brent Spar/Nigeria. In: Journal of Business Communication, 38. Jg., Nr. 1, 2001, S. 58-91.

Lorenzen, P. (1989): Philosophische Fundierungsprobleme einer Wirtschafts- und Unternehmensethik. In: Steinmann, H./Löhr, A. (1989, Hrsg.): Unternehmensethik. Poeschel, Stuttgart, 1989, S. 25-57.

Margolis, J. D./Walsh, J. P. (2003): Misery Loves Companies: Rethinking Social Initiatives by Business. In: Administrative Science Quarterly, 48. Jg., Nr. 2, 2003, S. 268-305.

Martinez-Mont, L. (1996): Sweatshops are better than no Shops. In: Wall Street Journal, 25.06.1996, S. A14.

Mathews, J. T. (1997): Power Shift. In: Foreign Affairs, 76. Jg., Nr. 1, 1997, S. 50-66.

Matten, D./Crane, A. (2005): Corporate Citizenship: Towards an Extended Theoretical Conceptualization. In: Academy of Management Review, 30. Jg., Nr. 1, 2005, S. 166-179.

McWilliams, A./Siegel, D. (2001): Corporate Social Responsibility: A Theory of the Firm Perspective. In: Academy of Management Review, 26. Jg., Nr. 1, 2001, S. 117-127.

Mitchell, R. K./Agle, B. R./Wood, D. J. (1997): Toward a Theory of Stakeholder Identification and Salience: Defining the Principle of Who and What really Counts. In: Academy of Management Review, 22. Jg., Nr. 4, 1997, S. 853-886.

Mokhiber, R./Weissman, R. (1999): Corporate Predators: The Hunt for Mega-profits and the Attack on Democracy. Common Courage Press, Maine/ME, 1999.

Monbiot, G. (2000): Captive State: The Corporate Takeover of Britain. Macmillan, New York/NY, 2000.

Moon, J./Crane, A./Matten, D. (2005): Can Corporations Be Citizens? Corporate Citizenship as a Metaphor for Business Participation in Society. In: Business Ethics Quarterly, 15. Jg., Nr. 3, 2005, S. 429-454.

Nesbit, J. B. (1998): Transnational Bribery of Foreign Officials: A New Threat for the Future of Democracy. In: Vanderbilt Journal of Transnational Law, 31. Jg., Nr. 5, 1998, S. 1273-1319.

Norberg, J. (2003): In Defence of Global Capitalism. Cato Institute, Washington/DC, 2003.

Norton, M. B./Katzman, D. M./Escott, P. D./Chudacoff, H. P./Paterson, T. G./Tuttle, W. M., Jr. (1986): A People and a Nation. A History of the United States. Houghton Mifflin Company, Boston/MA, 1986.

Oliver, C. (1996): The Institutional Embeddedness of Economic Activity. In: Advances in Strategic Management, 13. Jg., Nr. 4, 1996, S. 163-186.

Palazzo, B. (2002): US-american and German Business Ethics: An Intercultural Comparison. In: Journal of Business Ethics, 41. Jg., Nr. 3, 2002, S. 195-216.

Palazzo, G./Scherer, A. G. (2006): Corporate Legitimacy as Deliberation: A Communicative Framework. In: Journal of Business Ethics, 66. Jg., Nr. 1, 2006, S. 71-88.

Palazzo, G./Scherer, A. G. (2008): Corporate Social Responsibility, Democracy, and the Politicization of the Corporation. In: Academy of Management Review, 33. Jg., Nr. 3, 2008, S. 773-775.

Parker, B. (1998): Globalization and Business Practice: Managing Across Borders. Sage, London et al., 1998.

Parker, C. (2002): The Open Corporation. Cambridge University Press, Cambridge, 2002.

Perraton, J./Goldblatt, D./Held, D./McGrew, A. (1998): Die Globalisierung der Wirtschaft. In: Beck, U. (1998, Hrsg.): Politik der Globalisierung. Suhrkamp, Frankfurt a. M., 1998, S. 134-168.

Peters, F. (2004): Choice, Consent and the Legitimacy of Market Transactions. In: Economics and Philosophy, 20. Jg., Nr. 1, 2004, S. 1-18.

Porter, M. E./Kramer, M. R. (2002): The Competitive Advantage of Corporate Philanthropy. In: Harvard Business Review, 80. Jg., Nr. 12, 2002, S. 57-68.

Ranald, P. (2002): Global Corporations and Human Rights: The Regulatory Debate in Australia. In: Corporate Environmental Strategy, 9. Jg., Nr. 3, 2002, S. 243-250.

Rawlinson, P. (2002): Capitalists, Criminals and Oligarchs – Sutherland and the New "Robber Barons". In: Crime, Law & Social Change, 37. Jg., Nr. 3, 2002, S. 293-307.

Rawls, J. (1993): Political Liberalism. Columbia University Press, New York/NY, 1993.

Reinicke, W. H./Deng, F./Witte, J. M./Benner, T./Whitaker, B./Gershman, J. (2000): Critical Choices: The United Nations, Networks and the Future of Global Governance. International Development Research Centre, Ottawa, 2000.

Roach, B. (2005): A Primer on Multinational Corporations. In: Chandler, A. D., Jr./Mazlish, B. (2005, Hrsg.): Leviathans: Multinational Corporations and the New Global History. Cambridge University Press, Cambridge, 2005, S. 19-44.

Roberts, J. (2003): Glitter and Greed: The Secret World of the Diamond Cartel. Disinformation, New York/NY, 2003.

Rondinelli, D. A. (2002): Transnational Corporations: International Citizens or New Sovereigns? In: Business and Society Review, 107. Jg., Nr. 4, 2002, S. 391-413.

Rorty, R. (1991): The Priority of Democracy to Philosophy. In: Rorty, R. (1991, Hrsg.): Objectivity, Relativism and Truth. Cambridge University Press, Cambridge, 1991, S. 175-196.

Sassen, S. (1998): Globalization and its Discontents. New Press, New York/NY, 1998.

Scherer, A. G. (2003): Multinationale Unternehmen und Globalisierung. Physica, Heidelberg, 2003.

Scherer, A. G./Baumann, D. (2007): The Role of the Transnational Corporation in the Process of Legalization: Insights from Economics and Corporate Social Responsibility. In: Brütsch, C./Lehmkuhl, D. (2007, Hrsg.): Law and Legalization in Transnational Relations. Routledge, London et al., 2007, S. 202-225.

Scherer, A. G./Palazzo, G. (2007): Toward a Political Conception of Corporate Responsibility: Business and Society Seen from a Habermasian Perspective. In: Academy of Management Review, 32. Jg., Nr. 4, 2007, S. 1096-1120.

Scherer, A. G./Palazzo, G. (2008, Hrsg.): Handbook of Research on Global Corporate Citizenship. Edward Elgar, Cheltenham/PA, 2008.

Scherer, A. G./Palazzo, G./Baumann, D. (2006): Global Rules and Private Actors: Towards a New Role of the Transnational Corporation in Global Governance. In: Business Ethics Quarterly, 16. Jg., Nr. 4, 2006, S. 505-532.

Scherer, A. G./Smid, M. (2000): The Downward Spiral and the U. S. Model Principles: Why MNEs Should Take Responsibility for the Improvement of World-wide Social and Environmental Conditions. In: Management International Review, 40. Jg., Nr. 4, 2000, S. 351-371.

Scholte, J. A. (2005): Globalization: A Critical Introduction. 2. Aufl., Palgrave, New York/NY, 2005.

Shelton, Dina (2000, Hrsg.): Commitment and Compliance: The Role of Non-binding Norms in the International Legal System. Cambridge University Press, Cambridge, 2000.

Shrivastava, P. (1995): The Role of Corporations in Achieving Ecological Sustainability. In: Academy of Management Review, 20. Jg., Nr. 4, 1995, S. 936-960.

Smith, A. (1776): An Inquiry into the Nature and Causes of the Wealth of Nations. Clarendon, Oxford, 1998.

Solomon, R. C. (1993): Ethics and Excellence: Cooperation and Integrity in Business. Oxford University Press, New York/NY et al., 1993.

Spar, D. L./La Mure, L. T. (2003): The Power of Activism: Assessing the Impact of NGOs on Global Business. In: California Management Review, 45. Jg., Nr. 3, 2003, S. 78-101.

Steinmann, H. (2007): Corporate Ethics and Globalization. Global Rules and Private Actors. In: Hanekamp, G. (2007, Hrsg.): Business Ethics of Innovation. Springer, Berlin et al., 2007, S. 7-26.

Steinmann, H./Scherer, A. G. (1998): Corporate Ethics and Global Business. In: Kumar, B. N./Steinmann, H. (1998, Hrsg.): Ethics in International Business. De Gruyter, Berlin et al., 1998, S. 13-46.

Stephens, B. (2002): The Amorality of Profit: Transnational Corporations and Human Rights. In: Berkeley Journal of International Law, 20. Jg., Nr. 1, 2002, S. 45-90.

Stone, C. D. (1975): Where the Law Ends. Harper&Row, New York/NY, 1975.

Strand, R. (1983): A Systems Paradigm of Organizational Adaptations to the Social Environment. In: Academy of Management Review, 8. Jg., Nr. 1, 1983, S. 90-96.

Strange, S. (1996): The Retreat of the State: The Diffusion of Power in the World Economy. Cambridge University Press, Cambridge, 1996.

Suchman, M. C. (1995): Managing Legitimacy: Strategic and Institutional Approaches. In: Academy of Management Review, 20. Jg., Nr. 3, 1995, S. 571-610.

Sundaram, A. K./Inkpen, A. C. (2004): The Corporate Objective Revisited. In: Organization Science, 15. Jg., Nr. 3, 2004, S. 350-363.

Swanson, D. L. (1999): Toward an Integrative Theory of Business and Society: A Research Strategy for Corporate Social Performance. In: Academy of Management Review, 24. Jg., Nr. 3, 1999, S. 506-521.

Taylor, K. M. (2004): Thicker than Blood: Holding Exxon Mobil Liable for Human Rights Violations Committed abroad. In: Syracuse Journal of International Law and Commerce, 31. Jg., Nr. 2, 2004, S. 274-297.

Teegen, H./Doh, J. P./Vachani, S. (2004): The Importance of Nongovernmental Organization (NGOs) in Global Governance and Value Creation: An International Business Research Agenda. In: International Business Studies, 35. Jg., Nr. 6, 2004, S. 463-483.

Vagts, D. F. (2003): Extraterritoriality and the Corporate Governance Law. In: American Journal of International Law, 97. Jg., Nr. 2, 2003, S. 289-294.

Vogel, D. J. (2005): Is there a Market for Virtue? The Business Case for Corporate Social Responsibility. In: California Management Review, 47. Jg., Nr. 4, 2005, S. 19-45.

Walsh, J. P./Weber, K./Margolis, J. D. (2003): Social Issues and Management: Our Lost Cause Found. In: Journal of Management, 29. Jg., Nr. 6, 2003, S. 859-881.

Waters, M. (1995): Globalization. Routledge, New York/NY, 1995.

Whetten, D. A./Rands, G./Godfrey, P. O. (2002): What Are the Responsibilities of Business to Society? In: Pettigrew, A./Thomas, H./Whittington R. (2002, Hrsg.): Handbook of Strategy and Management. Sage, London et al., 2002, S. 373-408.

Young, I. M. (2004): Responsibility and Global Labor Justice. In: The Journal of Political Philosophy, 12. Jg., Nr. 4, 2004, S. 365-388.

Zürn, M. (2002): From Interdependence to Globalization. In: Von Carlsnaes, W./Risse, T./ Simmons, B. (2002, Hrsg.): Handbook of International Relations. Sage, London, 2002, S. 235-254.

Georg Trautnitz/Johann Engelhard*

Globalität und Normativität – Zur systematischen Bedeutung normativer Fragen für die Disziplin des Internationalen Managements

---

* Dr. Georg Trautnitz ist wissenschaftlicher Mitarbeiter am Lehrstuhl für Betriebswirtschaftslehre, insbesondere Internationales Management mit Schwerpunkt Europäisches Management an der Otto-Friedrich-Universität Bamberg. Prof. Dr. Johann Engelhard ist Inhaber des obigen Lehrstuhls.

1 „Gesellschaftliche Verantwortung" und die Unterschiedlichkeit normativer Standards

„Gesellschaftliche Verantwortung" wird in der öffentlichen Diskussion immer dann eingefordert, wenn ökonomische Akteure Entscheidungen treffen, die zwar legal sind, von Betroffenen oder Dritten jedoch als ungerecht, unangemessen oder moralisch fragwürdig empfunden werden. Bei Entscheidungen, deren Auswirkungen unterschiedliche Rechtssysteme und Kulturkreise betreffen, fällt es besagten Akteuren besonders schwer, negative Beurteilungen zu vermeiden: Die Vielfalt unterschiedlicher rechtlicher Regelungen sowie von Vorstellungen über das, was als „gut", „gerecht" oder zumindest „hinnehmbar" gelten kann, engt für die Akteure den Raum akzeptabler Handlungsoptionen ein.

Eine wissenschaftliche Disziplin, die sich der Tätigkeit internationaler Unternehmen widmet, muss sich auch dem Problem stellen, wie diese mit der kulturbedingten Unterschiedlichkeit normativer Vorstellungen umgehen können. Spätestens dann, wenn die Miss- bzw. Nichtbeachtung solcher Vorstellungen zu Reaktionen der Öffentlichkeit führt, in deren Folge negative ökonomische Wirkungen für die Unternehmen zu bemerken sind, wird die betriebswirtschaftliche Relevanz dieses Problems offensichtlich. Aber auch ohne eine solche Negativreaktion stellen sich einem internationalen Unternehmen Probleme, die mit der kulturbedingten Heterogenität normativer Vorstellungen einhergehen. Wie kann z. B. ein Geschäftsmodell auf kulturell fremde Märkte erfolgreich übertragen werden? Wie lässt sich die unternehmensinterne Heterogenität der Vorstellungen der Mitarbeiter von dem, was normativ akzeptabel scheint, in eine funktionierende soziale Einheit „des" Unternehmens transformieren? Wie lassen sich gar aus der gleichzeitigen Präsenz in unterschiedlichen Ländermärkten Wettbewerbsvorteile gegenüber jeweils nationalen Konkurrenten erzielen? Diese Beispiele deuten an, dass die Heterogenität normativer Vorstellungen keinesfalls allein als ein Hindernis internationaler Geschäftstätigkeit betrachtet werden darf. Die Unterschiedlichkeit normativer Vorstellungen ist vielmehr als eine konstitutive Bedingung internationaler Geschäftstätigkeit zu begreifen.

Aus dieser These soll im Folgenden die grundlegende Perspektive entwickelt werden, aus der sich nach Auffassung der Autoren zumindest eine der spezifischen Problemstellungen der Disziplin „Internationales Management" (IM) erschließt. Im Rahmen dieses Beitrags kann es dabei nicht darum gehen, einen auch nur ansatzweise geschlossenen Entwurf dieser Disziplin zu wagen. Dennoch führen die folgenden Überlegungen zu dem Schluss, dass im Rahmen der Tätigkeit internationaler Unternehmen ein Problem entsteht, das weder von einer allgemeinen Management- und Führungslehre noch von einer funktionsbereichsgegliederten Betriebswirtschaftslehre adäquat bearbeitet werden kann.

Der vorliegende Entwurf begreift – aus Gründen, die anschließend zwar nicht systematisch entwickelt, aber dennoch zumindest angesprochen werden – Normativität nicht als ein der Betriebswirtschaftslehre von vorneherein zugehöriges Problem, das durch die Internationalität lediglich verschärft wird. Vielmehr soll im Folgenden eine Sichtweise auf die Disziplin IM profiliert werden, die das Problem der Heterogenität normativer Vorstellungen zu ihrem Ausgangspunkt macht. Aus einem solchen Entwurf ergibt sich einerseits eine klare Abgrenzung zu Konzepten von Unternehmensführung, die das Problem der Normativität von vorneherein inkorporieren wollen, also eine Verbindung zu ethischen, insbesondere diskursethischen Konzepten anstreben. Andererseits erhellt dieser Entwurf jedoch die grundlegende Bedeutung, die normative Fragen für die Tätigkeit internationaler Unternehmen besitzen. Diese Fragen zeigen nach Auffassung der Autoren eine *betriebswirtschaftliche* Problemstellung an, die zugleich als umfassend und spezifisch gelten kann und deshalb im Rahmen einer eigenen Disziplin bearbeitet werden sollte.

Grundlage dieses Entwurfs ist eine Auseinandersetzung mit etablierten wirtschaftsethischen Positionen in Abschnitt 2. Hier geht es zum einen um das grundsätzliche Verhältnis zwischen ökonomischer Rationalität und ethischer Vernunft, sowie zum anderen um die Implikationen der jeweiligen Verhältnisbestimmungen für das IM. Die Auswahl der berücksichtigten Grundpositionen hat keinen Anspruch auf Vollständigkeit, und ihre Zusammenstellung zu den vier diskutierten gedanklichen Komplexen kann im Rahmen dieses Beitrags nicht explizit gerechtfertigt werden. Dennoch meinen wir, in den Abschnitten 2.1 bis 2.4 die relevanten und einflussreichen Argumentationsstränge zumindest ansatzweise dargestellt und kritisch gewürdigt zu haben. Aufbauend auf dieser Orientierung an den grundsätzlichen gedanklichen Möglichkeiten der Wirtschaftsethik wird im dritten Abschnitt das Problem entwickelt, das sich für die Legitimität internationaler Unternehmen aus der Unterschiedlichkeit normativer Standards ergibt. Hier werden insbesondere auch Überlegungen aus der politischen Philosophie aufgegriffen, die das Verhältnis von universalen Menschenrechten, Volkssouveränität und institutioneller Verankerung diskursiver Prozesse im demokratischen Rechtsstaat betreffen. Abschließend werden in Abschnitt 4 die Implikationen des Legitimitätsproblems internationaler Unternehmen für eine Wissenschaft vom IM reflektiert.

2 Ökonomische Rationalität, Ethik und Internationales Management: Grundlagen einer Verhältnisbestimmung

Das Verhältnis von ökonomischer Rationalität und ethischer Vernunft ist und bleibt eines der umstrittensten Probleme im Kontext wirtschaftsethischer Überlegungen. Gleichwohl markiert es den systematischen Kern jeder Wirtschaftsethik. In der Bestimmung dieses Verhältnisses kondensieren die systematischen Grundannahmen und -axiome der etablierten wirtschaftsethischen Positionen, wie sie im deutschsprachigen Raum mit den Namen Karl Homann, Peter Ulrich und Horst Steinmann verbunden werden (König 1999, S. 55). Die Grundannahmen dieser Positionen finden sich auch in der angloamerikanischen Literatur zu den Themen „Business Ethics", „Corporate Social Responsibility" (CSR), „Corporate Citizenship", „Sustainability" sowie „Business und Society" wieder, wenngleich unter anderen Vorzeichen und in einer weitaus weniger entwickelten systematischen Form.[1]

Die Bestimmung des Verhältnisses zwischen ökonomischer Rationalität und ethischer Vernunft hängt entscheidend von den jeweils gewählten wissenschaftstheoretischen, ethischen aber auch rechts- und staatsphilosophischen Grundkonzepten ab. So vielfältig wie sich insbesondere die Geschichte der philosophischen Ethik zeigt, so vielfältig zeigen sich auch die Möglichkeiten einer solchen Verhältnisbestimmung. Im Folgenden sollen vier gegenwärtig im deutschsprachigen Raum prominente Grundströmungen der systematischen Wirtschaftsethik diskutiert werden, um den Kontext der hier vorgetragenen Überlegungen aufscheinen zu lassen. Dabei

1 Auf der Jahrestagung 2007 der Kommission „Wissenschaftstheorie" des Verbands der Hochschullehrer für Betriebswirtschaft e. V. (VHB) zum Thema „Betriebswirtschaftslehre und Unternehmensethik" wurde in dem sehr instruktiven Eröffnungsbeitrag von Matten und Palazzo („Unternehmensethik in Praxis, Forschung und Lehre – Status quo und zukünftige Perspektiven im internationalen Raum") auch das Verhältnis der deutschsprachigen Wirtschafts- und Unternehmensethik zur internationalen Diskussion thematisiert. Matten und Palazzo kamen zu dem Schluss, dass in der deutschsprachigen Diskussion der Fokus bislang auf der Grundlagenforschung gelegen habe, während die praktische Relevanz zu kurz gekommen sei. Auch aus diesem Grunde werde die deutschsprachige Diskussion international nicht zur Kenntnis genommen. Dieser Beurteilung schließen wir uns hier an, jedoch mit dem Zusatz, dass aufgrund der expliziten Auseinandersetzung mit den systematischen Grundlagen die argumentative Qualität der deutschsprachigen Diskussion zwischen ihren hervorragenden Vertretern das Niveau der eher praxis- und anwendungsorientierten Arbeiten, insbesondere der angloamerikanischen Literatur, zumeist weit übersteigt.

werden auch die Konsequenzen der jeweiligen wirtschaftsethischen Konzeptionen für das IM beleuchtet.

2.1 Utilitarismus, Vertragstheorie und die „Ethik mit ökonomischer Methode“

Unter utilitaristischen Vorzeichen fällt das Verhältnis zwischen ökonomischer Rationalität und ethischer Vernunft harmonisch aus. Wenn die Grundlagen der Ethik an das Wohlergehen von Individuen in dem Sinne gebunden sind, dass deren a priori nicht näher bestimmbare Interessenlagen zum Maßstab und Ziel ethischen Handelns erklärt werden, fällt es nicht schwer, eine gedankliche Brücke zum Nutzenkalkül des „Homo Oeconomicus“ zu schlagen.[2] Ökonomische Rationalität und ethische Vernunft fallen dann insofern zusammen, als letztere eine lediglich perspektivische Erweiterung der ökonomischen Rationalität im Hinblick auf die Gesamtheit *aller* Individuen beinhaltet. Durch diese perspektivische Erweiterung scheint die individuelle Rationalität sogar zur systematischen Grundlage der Ethik zu werden, denn das Wohlergehen *aller* lässt sich nur bestimmen unter Rekurs auf das Wohlergehen des Einzelnen, das dieser und nur dieser jeweils für sich auf der Grundlage seiner spezifischen Interessen und Vorstellungen anzustreben vermag. Ethik und ökonomische Rationalität lassen sich demnach theoretisch und praktisch ineinander überführen. Ein Gegensatz zwischen beiden Orientierungen kommt unter solchen utilitaristischen Vorzeichen nicht zum Vorschein. Insbesondere Karl Homann propagiert mit seiner „Ethik mit ökonomischer Methode“ (1996) eine derartige Verhältnisbestimmung zwischen ethischer und ökonomischer Orientierung.

Problematisch bleibt in dieser Konzeption jedoch der Übergang von der individuellen zur kollektiven Sichtweise. Wie in der spieltheoretischen Grundform des Gefangenendilemmas gezeigt wird, können individuelle und kollektive Interessen systematisch kollidieren (Langerfeldt 2003, Axelrod 2000). In diesem Falle führt das individuelle Nutzenkalkül nicht zum Wohlergehen des Kollektivs. Die ökonomische Rationalität kann somit nicht mehr als unmittelbare Grundlage der utilitaristischen Konzeption von Ethik gelten.

---

2 Ideengeschichtlich bildete die Entwicklung des Utilitarismus die Grundlage für die dominierende Schulökonomik, wie sie im Modell des Homo Oeconomicus ihren Ausdruck findet. Zum historischen und systematischen Zusammenhang zwischen Utilitarismus und Ökonomie sowie zur Differenzierung verschiedener Varianten des Utilitarismus vgl. Birnbacher (1990, S. 65 ff.).

Dieses grundsätzliche Problem des systematischen Übergangs von der Perspektive eines singulären, idealtypischen, rational kalkulierenden Individuums zu einer Perspektive, die *alle* derart kalkulierenden Individuen umfasst, bedroht letztlich das gesamte Konzept einer „Ethik mit ökonomischer Methode“. Denn die Betrachtung der Gesamtheit aller Individuen leistet hier eine implizite Einschränkung individueller Nutzenkalküle auf allgemeinverträgliche Zwecke, die im Rahmen eines strengen methodischen Individualismus systematisch nicht gerechtfertigt werden kann. Wenn allein die Individuen mit ihren jeweiligen singulären Interessen der alleinige Ausgangspunkt einer theoretischen Rekonstruktion des ethischen und des rechtlichen Maßstabes sein sollen, dann dürfen diese individuellen Interessen nicht von vorneherein auf allgemeinverträgliche Interessen eingeschränkt werden. Mit dieser Einschränkung würde in die theoretische Rekonstruktion das als Voraussetzung eingeführt, was diese erst zu zeigen hätte, nämlich dass die ökonomische Rationalität mit der utilitaristisch verstandenen Form von Ethik (Allgemeinwohl) konsistent ist.

Mit diesem systematischen Problem ist auch der für Homann grundlegende Gedanke belastet, dass die Rahmenordnung in modernen Gesellschaften der „systematische Ort der Moral“ sei (Homann 1998, S. 35). Homann verlagert mit diesem Gedanken die Instanz, die für moralische Belange primär verantwortlich zu machen ist, von den handelnden Individuen bzw. Wirtschaftssubjekten auf eine abstrakte „Metaebene“ (Homann 1998), auf der ein hypothetisch angenommener Konsens zwischen ausnahmslos allen Beteiligten quasi von selbst die grundlegenden normativen Rechte entstehen lässt, die für ein Zusammenleben von Menschen in Freiheit nötig sind. Das Zustandekommen eines solchen Metakonsenses *allein* auf Grundlage individueller Interessenkalküle versucht Homann im Anschluss an die vertragstheoretische Tradition mit den Konzepten der „instrumentellen Präferenz“ (Homann 1997, S. 24, Homann/Suchanek 2000, S. 189) sowie des „sekundären Konsenses“ (Homann 1988, S. 141 f.) zu erhellen.[3] Diese vertragstheoretische Rekonstruktion des Metakonsenses postuliert die apriorische Vereinbarkeit kontingenter individueller Interessenlagen aufgrund eines allgemeinen Interesses an langfristigen Kooperationsgewinnen. Mit diesem Argument übergeht Homann die im Gefangenendilemma veranschaulichte systematische Neigung eigeninteressierter Individuen, im Zweifelsfall die konkreten Nutzenvorteile einer nicht-kooperativen Strategie höher zu bewerten, als die möglichen langfristigen einer kooperativen.[4] Diese Neigung lässt sich spieltheoretisch erst durch die Zusatzannahme einer (aus Spielersicht unendlichen) Spielwiederholung überwinden. Diese Zusatzan-

3 Zu einer detaillierten Widerlegung der Homann'schen Konzeption von Wirtschaftsethik vgl. Trautnitz (2008, Kap. 3).

4 Vgl. auch die entsprechende Kritik von Habermas (1998, S. 120 f.) an der Hobbes'schen Rekonstruktion der Überwindung des Naturzustandes.

nahme führt jedoch eine bereits institutionalisierte Form von Kooperation in die Ausgangssituation ein: Die Konfliktpartner können sich nicht endgültig ihren Interessen opfern, sie werden durch die vorausgesetzten Spielbedingungen in eine unzerstörbare Interaktionssituation versetzt. Damit sind aber bereits die grundlegenden Einschränkungen individueller Handlungsmacht eingeführt worden, die im Rahmen der Rekonstruktion erst abgeleitet werden sollten – nämlich die grundlegenden überindividuellen Rechte, die eine dauerhafte Interaktionsfähigkeit von Individuen erst ermöglichen. Damit zeigt sich, dass die von Homann auf Basis des methodischen Individualismus angezielte Rekonstruktion der für das menschliche Leben grundlegenden normativen Maßstäbe scheitert: Die Aussicht auf mögliche langfristige Kooperationsgewinne allein vermag gegenüber der nicht-kooperativen Strategie (also z.B. gegenüber einem vorteilhaften Vertragsbruch) keine Motivationskraft und damit auch keine Verbindlichkeit zu begründen.

Aufgrund der abstrakten Instanz der „Metaebene" sollen die Handlungen der Individuen nach Homanns Konzeption im Prinzip „moralfrei" erfolgen können (Homann/Blome-Drees 1992, S. 40 f.), ohne dass die Rahmenordnung moralisch substanzlos wäre. Dass die Individuen sich als verantwortliche Staatsbürger um eine „moralisch" gute Rahmenordnung, insbesondere durch den persönlichen, individuellen Nutzen vernichtenden Verzicht auf die Durchsetzung von Partikularinteressen, explizit bemühen müssten, ist innerhalb einer „Ethik mit ökonomischer Methode" ein unsinniger Gedanke.

Im Hinblick auf die Problemsituation internationaler Unternehmen muss diese Konzeption – solange sie ihre systematischen Grundlagen nicht verlässt – farblos bleiben. Aufgrund des vertragstheoretischen Postulates, dass ein „Meta"konsens zwischen antagonistischen Interessenlagen sich letztlich von selbst einstellen wird, vermag diese Konzeption weder tiefergehende Einsichten in die gedanklichen Voraussetzungen – genauer die Bedingungen der Möglichkeit – einer normativ gehaltvollen (Rechts-)Ordnung zu produzieren, noch den empirischen Prozess ihrer Entstehung zu erhellen. Aber gerade diese beiden Fragen sind im Kontext der Bewältigung heterogener Rechts- und Moralvorstellungen von entscheidender Bedeutung. Für die spezifische Situation internationaler Unternehmen ist ja nicht primär die Rechtfertigung ihrer ökonomischen Rationalität, ihres Gewinnstrebens, vor einer abstrakten philosophischen Ethik von Belang, sondern gerade der konkrete Umgang mit faktisch sich widersprechenden normativen Vorstellungen. Welche ökonomisch kalkulierenden, welche verantwortungs- und verständigungsorientierten Management„strategien" sind angesichts der normativen Heterogenität, der sich internationale Unternehmen gegenüber sehen, angebracht? Wie kann bzw. wie soll ein Unternehmen z. B. mit den Forderungen internationaler Nicht-Regierungsorganisationen (NGOs) umgehen? Für diese Fragen bleibt die Erhellung sowohl der gedanklichen als auch der empirischen Bedingungen einer globalen Verständigung über eine normativ gehaltvolle Grundordnung das entscheidende wissenschaftliche Desiderat. Eine „Ethik mit ökonomischer Methode" kann aufgrund ihres systematischen Aufbaus dazu nur wenig beitragen.[5]

2.2 Kantische Ethik, Diskursethik und die wirtschaftsethische Transformation des Marktes

Die zweite Verhältnisbestimmung profiliert von vorneherein einen systematischen Gegensatz zwischen schulmäßiger ökonomischer Rationalität, wie sie durch das „Homo Oeconomicus"-Modell ausgedrückt wird, und der ethischen Vernunft. Ausgangspunkt einer solchen Verhältnisbestimmung ist die Einsicht, dass unter einem ethischen Anspruch die je eigenen Interessen des einzelnen Individuums kein unmittelbarer Bezugspunkt des Handelns sein dürfen. Das Handeln des Individuums soll sich vielmehr an einem Anspruch auf Allgemeingültigkeit orientieren.

Mit diesem Anspruch auf Allgemeingültigkeit ist immer auch schon ein Konzept universaler Vernunft verbunden. Darunter ist eine menschliche Orientierung zu verstehen, die allen Menschen zukommt, insofern sie Menschen sind. Diese Orientierung wird dabei nicht induktiv gewonnen durch eine (allenfalls hypothetisch denkbare) Betrachtung ausnahmslos *aller* Menschen, um anschließend eine Übereinstimmung in bestimmten Merkmalen festzustellen. Sie liefert vielmehr die Basis für die Wahrnehmung und Anerkennung anderer lebender Wesen als Menschen. Unabhängig von jeder kulturell bestimmten, konkreten Form von Interpersonalität, unabhängig von den Strukturmerkmalen unterschiedlicher sozialer Praxen meint die angesprochene Orientierung diejenige Grundlage, die es Menschen ermöglicht, überhaupt erst *als* Menschen aufeinanderzutreffen. Dass diese Grundlage nicht kulturell verhandelbar ist, zeigt sich immer dann, wenn sie de facto nicht mehr beachtet wird, wie z. B. in den totalitären Regimen des 20. Jahrhunderts.

Wie diese Allgemeingültigkeit oder Universalität dabei genauer bestimmt wird, darin unterscheiden sich die einschlägigen ethischen Konzepte. In einer kantischen[6] Ethik etwa wird allein schon der *Anspruch* auf Allgemeingültigkeit zum formalen Dreh- und Angelpunkt der Ethik. Diesem Anspruch genügen die moralisch verant-

5 Gleichwohl versucht Homann in jüngerer Zeit, Überlegungen zur gesellschaftlichen Verantwortung von Unternehmen in sein Konzept zu integrieren (Homann 2004). Es muss bezweifelt werden, daß eine solche Integration auf dem Fundament des methodischen Individualismus ohne Widersprüche geleistet werden kann.

6 Mit dem Begriff „kantisch" bezeichnen wir Überlegungen, die sich allgemein an der Philosophie Immanuel Kants orientieren. Der Begriff „Kantisch" hingegen bezeichnet Überlegungen und Formulierungen, die direkt auf Kant zurückgehen.

wortlichen Subjekte nur dann, wenn sie die in der jeweiligen Situation in sich selbst vorgefundene Willens- und Handlungstendenzen („Neigungen" in der Kantischen Diktion) nicht unmittelbar zum bestimmenden Handlungsgrund machen. Erst in dieser Distanz zu den eigenen Neigungen kann Vernunft – d. h. der Anspruch auf Allgemeingültigkeit – praktisch wirksam werden und zu einer moralischen Handlung führen. Das Spezifische des Kantischen Ansatzes besteht dabei darin, dass diese willentlich herzustellende Distanz zu den eigenen Neigungen als konstitutives Merkmal vernunftgemäßen Handelns angesehen wird: Wo den Neigungen vom handelnden Subjekt ihre unmittelbare Motivationskraft entzogen wird, dort und nur dort kann Vernunft handlungsleitend werden. In der Kritik der praktischen Vernunft gilt diese Selbstdistanzierung von den eigenen Neigungen als das bestimmende Merkmal der Moralität: Vernunft ist notwendig handlungsleitend, wo die Neigungen nicht unmittelbar handlungsleitend sind.

Gegen die „metaphysische Unterstellung eines Bewusstseins überhaupt" dieser Kantischen Explizierung von Allgemeingültigkeit versuchen diskursethische Konzepte die sprachlich-kommunikative Konstitution von (sowohl praktischen als auch theoretischen) Geltungsansprüchen in Stellung zu bringen (Apel 1973, S. 353 ff., auch Ulrich 1993, S. 277 ff.). Dem einzelnen Subjekt wird ein unmittelbarer Zugang zur Konstitution von Moralität verweigert. Stattdessen wird Moralität nunmehr in der dialogischen Struktur von Sprache verankert. Damit der Einzelne moralisch sein kann, bedarf er konzeptionell auch der freien Zustimmung seines potentiellen Gegenübers. Ego und alter ego müssen also zumindest idealiter gemeinsam bestimmen, welche Handlung als moralisch qualifiziert werden kann. Sie tun dies, indem sie sich jeweils in die Lage ihres Gegenübers zu versetzen versuchen (Ulrich 2000, S. 557). Vernunft ist hier inhaltlich, materialiter dem einzelnen Subjekt also nur in der Form der Interpersonalität zugänglich, die aufgrund ihrer für sie selbst konstitutiven Konkretisierung in der unmittelbaren Begegnung zwischen „Ich" und „Du" die angebliche Schwäche des abstrakten Formalismus Kants überwindet. In der unmittelbaren Begegnung zwischen zwei Subjekten zeigt sich die Moralität konkret als inhaltliches Ergebnis ihrer freien Interaktion – bei Vorliegen bestimmter Kommunikationsbedingungen, die wiederum aus einer Analyse der Struktur von Sprache gewonnen werden. Bei Kant hingegen bildet die moralische Ansprechbarkeit des unvertretbar *einzelnen* Subjektes zuallererst das Fundament für die Bedingungen der Möglichkeit interpersoneller Begegnung: Moralität ist bei Kant apriorische Voraussetzung für das Gelingen von Interpersonalität, nicht Ergebnis einer idealisierten Kommunikation zwischen realen Menschen.

Diese im betriebswirtschaftlichen Kontext abstrakt und praxisfern anmutenden Überlegungen zeigen ihre Relevanz im wirtschaftsethischen Kontext: Wenn interpersonelle Verständigung das Grundmodell moralischen Handelns ist, dann liegt es nahe, dieses Modell zumindest als Ideal der Gestaltung „vernünftigen" Wirtschaftens zu verwenden. In der Konsequenz dürfen Wirtschaftsakteure also nicht mehr der Funktion des Marktes als Koordinationsverfahren nicht-harmonisierter individueller Präferenzen vertrauen, vielmehr müssen sie ihr privates Vorteilsstreben abhängig machen von der Vertretbarkeit gegenüber jedermann (Ulrich 2000, S. 557 f., Ulrich 2001, S. 321). Sie sollen also nach Möglichkeit in verständigungsorientierte Diskurse mit allen von einer Entscheidung möglicherweise Betroffenen treten (Ulrich 2001, S. 90). Das kommt einer grundlegenden „Transformation" (Ulrich 1993) des marktwirtschaftlichen Wirtschaftssystems hin zu einer Verständigungsgesellschaft gleich, in der Privatinteressen zwar nicht prinzipiell negiert werden, aber ausnahmslos vor der diskursethisch unbegrenzten Öffentlichkeit zu thematisieren und zu rechtfertigen sind. Die private Entscheidungsfreiheit des Individuums wird auf diese Weise konzeptionell vergesellschaftet.

Wenn jedoch Moralität in kantischen Bahnen als unmittelbare, kommunikativ weder zu substituierende noch zu konkretisierende Distanzierung des *einzelnen* Subjektes von seinen Neigungen aufgefasst wird, dann muss der Markt als grundlegendes gesellschaftliches Koordinationsinstrument wirtschaftsethisch nicht in Frage gestellt werden. Die Welt wird in dieser Sicht der Ethik also nicht durch Veränderung der gesellschaftlichen Koordinationssysteme „besser", sondern allein dadurch, dass die Individuen moralisch „besser" werden – also z. B. in den Markt keine unmoralischen Präferenzen einspeisen. Da der Zugang des einzelnen Subjektes zur Moralität als unmittelbar angenommen wird, kann nur das einzelne Subjekt in sich selbst diese Weltverbesserung erreichen – indem es z. B. erstens bestimmt, welche seiner Präferenzen unter welchen Umständen unmoralisch sind und zweitens die eigenen Handlungen an dieser praktischen Einsicht ausrichtet. Es kann diese Weltverbesserung aber eben auch *tatsächlich* erreichen. Darin liegt seine Verantwortung wie auch seine Würde als Mensch. Eine kantisch orientierte Konzeption der Wirtschaftsethik befreit folglich den einzelnen Wirtschaftsakteur von diskursethischen Zumutungen, indem es diesem als unvertretbarem, einzelnem Subjekt die unmittelbare Verantwortung für wie auch die unmittelbare Fähigkeit zur Moralität zuschreibt.

Diese Differenzierung zwischen einer primär kantischen und einer an der Diskursethik orientierten Wirtschaftsethik hat also direkte und unmittelbare Auswirkungen auf die konkrete Bestimmung des Verhältnisses zwischen ökonomischer Rationalität und ethischer Vernunft. Während beide Konzeptionen den Standpunkt einer universalistischen Vernunftethik einnehmen und die ausschließliche Orientierung an individuellen Interessen und Präferenzen als unmoralisch diskreditieren, so unterscheiden sie sich dennoch fundamental in der Frage, wie das marktwirtschaftliche System als Koordinationsverfahren menschlicher Handlungen zu beurteilen ist.

Für das Problem, wie heterogene Normativität im Kontext internationaler Unternehmenstätigkeit konzeptionell zu verarbeiten ist, vermögen beide Konzepte grundlegende Einsichten bereitzustellen, die sich gleichwohl schon im Ansatz unterscheiden. Während diskursethisch fundierte Konzepte aufgrund ihres abstrakten Universalismus – ohne Zusatzannahmen und Einschränkungen – keinen prinzipiellen Unterschied zwischen der vernunftgeleiteten Verständigung über eine nationale und über eine internationale Ordnung kennen können, vermag eine Wirtschaftsethik, die in kantischen Bahnen operiert, erstens genauer zwischen Moralität und Rechtlichkeit zu unterscheiden, sowie zweitens die nicht überspringbare Legitimität nationaler Rechtsordnungen in den Blick zu nehmen. Die Unterscheidung zwischen Moralität und Rechtlichkeit ermöglicht es, den absolut universalen Vernunftanspruch der Ethik auf einen rein formalen Gesichtspunkt (der Maximenwahl) gegenüber dem einzelnen Subjekt zurückzunehmen und gleichzeitig die Generierung material bestimmter Normen des Zusammenlebens einem Prinzip zu unterstellen, das einsichtig auf seine notwendige Konkretisierung in der unpersönlichen Form des Staates hin angelegt ist. Diese erste Unterscheidung führt dann in einem zweiten Schritt dazu, dass real bestehende, staatlich verfasste Rechtsordnungen, die an diesem vorpositiven Rechtsprinzip zumindest orientiert sind, nicht ohne weiteres zugunsten einer zivilgesellschaftlichen Verständigung auf globaler Ebene übergangen werden dürfen. Diese Sichtweise impliziert erhebliche Vorbehalte, insbesondere transnational operierende NGOs sowie eine sich transnational verstehende „Öffentlichkeit" umstandslos als legitime, zivilgesellschaftliche Instanzen der Kritik und der „Global Governance" gegenüber staatlichen und zwischenstaatlichen Institutionen anzuerkennen. Demokratie, Rechtsordnung und die Institutionen der Staatlichkeit sind in dieser hier lediglich angedeuteten Sichtweise konstitutiv miteinander verbunden (Habermas 1999a) und lassen sich weder konzeptionell noch annäherungsweise zugunsten einer globalen Zivilgesellschaft außer Kraft setzen. Demokratie in einem umfassenden Sinne kann es demzufolge in einem staatsfreien bzw. „überstaatlichen" Raum nicht geben (Abschnitt 3.2).

Das angesprochene Legitimationsproblem trifft dabei natürlich nicht nur transnationale Instanzen der Zivilgesellschaft wie z. B. NGOs, sondern ebenso auch international agierende Unternehmen. Die Pointe dieser Überlegungen liegt im Kontext der wirtschaftsethischen Debatte also darin, dass aus rechts- und demokratietheoretischen Gründen internationale Unternehmen nicht umstandslos in der Verantwortung globaler politischer Akteure gesehen und in eine entsprechende Rolle gedrängt werden dürfen.[7] Damit könnte eine zentrale Annahme der gesamten

7 Auch Steinmann sowie Scherer und Palazzo weisen nachdrücklich auf das Problem der zweifelhaften Legitimität politischer Bemühungen privater Akteure hin (Steinmann 2005, S. 94 ff., Scherer/Palazzo/Baumann 2006, S. 519 ff., Scherer/Palazzo 2007, S. 30). Sie sehen jedoch in der Verbindung von Diskurs- und Demokratietheorie nicht den

aktuellen Corporate-Citizenship-Debatte zumindest in Frage gestellt sein, sofern sie sich auf den Kontext internationaler Problemstellungen bezieht.

Eine diskursethisch orientierte Wirtschaftsethik betont stattdessen gerade die Verantwortung, die internationale Unternehmen aufgrund der Reichweite ihrer Entscheidungen für den Prozess der Entwicklung globaler Normen und Standards haben (sollen).

Die hier angedeuteten Konsequenzen ethischer Grundpositionen für die Frage der Verantwortung von Unternehmen wirken sich unmittelbar auch auf die Konzeption der Disziplin des IM aus. Auf dem Stand der bisherigen Überlegungen ergibt sich, dass auf Grundlage einer kantisch orientierten Wirtschaftsethik eine Integration normativer Fragen und Methoden in die Disziplin IM *nicht* erforderlich ist. Bei einer Berufung auf diskursethische Konzepte jedoch wäre die Disziplin IM aufgrund einer *wirtschaftsethischen* Verpflichtung unmittelbar dazu aufgerufen, auf theoretisch-wissenschaftlicher wie auch auf praktischer Ebene geeignete Konzepte zum Umgang mit normativen Fragestellungen zu entwickeln. Mit der Feststellung dieses Unterschiedes ist jedoch allenfalls ein erstes Zwischenergebnis erreicht. Um die Konsequenzen der Normativitätsproblematik für den grundsätzlichen Aufbau der Disziplin IM abschätzen zu können, sind weitere Konzepte und Argumentationsfiguren kritisch zu beleuchten.

2.3 Methodischer Konstruktivismus, Kulturalismus und die „republikanische" Wirtschaftsethik

Die dritte Grundposition zum Verhältnis von ökonomischer Rationalität und ethischer Vernunft, die sich in der deutschsprachigen Wirtschaftsethik ausmachen lässt, kann im Umkreis des Methodischen Konstruktivismus bzw. des Kulturalismus verortet werden. Der Konstruktivismus als wissenschaftstheoretische Grundströmung betont ganz allgemein und grundsätzlich die (konstitutiven) Leistungen des menschlichen Geistes sowohl bei der Erkenntnis von Gegenständen als auch bei der Wahrnehmung, Interpretation und Erschaffung aller „sozialen" Tatbestände.[8] Diese Leistungen werden dabei primär weniger in rein kognitiven, gedanklich-

---

Grund, sondern gerade die Lösung dieses Legitimitätsproblems: Internationale Unternehmen sollen sich in ihren politischen Bemühungen diskursiven Prozessen öffnen, um auf diese Weise das Regulierungsvakuum auf transnationaler Ebene zu füllen (Scherer/Palazzo/Baumann 2006, S. 520). Zur kritischen Diskussion dieser „Lösung" vgl. Abschnitt 3.2.

8 Für eine knappe, gleichwohl umfassende Übersichtsdarstellung zu Grundmerkmalen und Spielarten des Konstruktivismus vgl. Scherer (2004, Sp. 645 ff.).

abstrakten Operationen gesehen, als vielmehr in einer vor-theoretischen Handlungspraxis (Steinmann/Scherer 1998, S. 55 f.). Diese Handlungspraxis entwickelt sich anhand der konkreten Probleme der jeweiligen Lebenswirklichkeit eines Kollektivs und stellt auf diese Weise praktisch bewährtes Orientierungswissen bereit. Dieses Orientierungswissen ist ebenso problembezogen wie problemabhängig, also kontingent.

Auf eine genauere Abgrenzung zwischen dem methodischen Konstruktivismus und dem Kulturalismus kann im Rahmen dieser Überlegungen verzichtet werden (zur Abgrenzung zwischen beiden Konzepten Scherer 2004, Sp. 647 f.). Jedoch bildet der zuletzt genannte Gedanke von der Problembezogenheit praktischen Orientierungswissens einen systematischen Anknüpfungspunkt für eine erste Annäherung an den Kulturalismus. Je nach Lebensumständen können sich nach einer kulturalistischen Auffassung unterschiedliche Problemlösungsstrategien und normative Vorstellungen entwickeln, die – und das ist entscheidend – von vorneherein nicht als kommensurabel unterstellt werden dürfen. Erst durch den faktischen Kontakt zwischen unterschiedlichen Orientierungssystemen und anlässlich konkreter Interaktionsprobleme kann eine neue soziale „Praxis" entstehen, die dann die Grundlage für eine die bisherigen Orientierungssysteme transzendierende, kognitive wie auch normative Orientierung bildet (Steinmann/Scherer 1998, S. 67). Der Kulturalismus als Spielart des methodischen Konstruktivismus wendet sich insofern gegen das Postulat einer universalen Vernunft und betont stattdessen die kulturelle Bedingtheit jeder Orientierungsvorstellung (Steinmann/Scherer 1998, S. 47 ff.).[9] Gleichzeitig versucht er jedoch, über ein Friedenspostulat die Konsequenz eines reinen Kulturrelativismus zu überwinden (Steinmann/Scherer 1997, S. 32).[10]

Die auf Steinmann zurückgehende „republikanische" Wirtschaftsethik formuliert gegenüber Unternehmen unmissverständlich die moralische Verpflichtung, in allen ökonomischen Aktivitäten der Stabilisierung des gesellschaftlichen Friedens als Oberziel zu dienen. Das Friedenspostulat des methodischen Konstruktivismus bzw. Kulturalismus konkretisiert sich nach dieser Auffassung wirtschaftsethisch einerseits in einer Rechtfertigung des unternehmerischen Gewinnstrebens, das als

9 Vgl. auch die Zusammenfassung der „Grundperspektiven einer kulturalistischen Ethik", die Scherer (2000, S. 388 ff.) gibt: (1) Offenheit für fremde Perspektiven, (2) Kulturbedingtheit aller moralischer Orientierung, (3) pragmatische Reduzierung der Reichweite des Begründungsanspruches sowie (4) wechselseitige Bezogenheit von formaler und substanzieller Ethik.

10 Ob sich der Ansatz des Kulturpluralismus überzeugend von einem Kulturrelativismus abzugrenzen vermag, ist eine schwierige Frage, der im Folgenden nachzugehen sein wird. Jedenfalls äußern sich die Autoren der sich an den Kulturalismus anschließenden Wirtschaftsethik kritisch zu rein relativistischen Positionen (Steinmann/Scherer 1998, S. 37).

Grundlage einer effizienten Güterversorgung bzw. Knappheitsreduktion zur Sicherung des gesellschaftlichen Friedens beitrage. Andererseits wird das unternehmerische Gewinnstreben einer situativen Einschränkung unterworfen: Obwohl es im Grundsatz gerechtfertigt ist, kann seine Anwendung im konkreten Fall zu gesellschaftlichen Konflikten führen, die von den Unternehmen gemäß dem Friedenspostulat den Verzicht auf Gewinn zugunsten von diskursiven Bemühungen um die friedliche Beilegung des Konfliktes fordern.

Im hier interessierenden internationalen Zusammenhang ist es von entscheidender Bedeutung, welchen Status das Friedenspostulat auf konstruktivistischen bzw. kulturalistischen Grundlagen einnehmen kann. Die auf Steinmann zurückgehende republikanische Wirtschaftsethik versucht sich von einem reinen Kulturrelativismus zu distanzieren, der jede Kultur in ihrer Eigenständigkeit schlichtweg vorbehaltlos und ohne Einschränkung akzeptiert. Eine solche Einstellung würde es nicht mehr erlauben, z. B. bestehende Machtverhältnisse zu kritisieren oder aber im Falle einer konfliktträchtigen interkulturellen Interaktionssituation nach einer Lösung zu suchen, die nicht durch den Zufall der jeweiligen Machtverhältnisse diktiert wird. Gerade also in Situationen, in denen unterschiedliche kulturelle Orientierungsmuster aufeinanderstoßen und die Beteiligten in einen Konflikt stürzen, hält die republikanische Wirtschaftsethik den Anspruch aufrecht, dass sich *alle* Beteiligten um eine friedliche Lösung bemühen *sollen*. Das geforderte Bemühen um eine friedliche Lösung konkretisiert sich für die republikanische Wirtschaftsethik in einer verständigungsorientierten Einstellung, die der Möglichkeit einer vernünftigen, für alle Beteiligten akzeptablen Konfliktlösung gleichsam die Tür öffnen soll. Diese Überlegungen führen die republikanische Wirtschaftsethik zu Formulierungen, die unmittelbar an die Diskursethik Habermas'scher oder Apel'scher Prägung erinnern.

Gleichwohl haben diese diskursbezogenen Überlegungen im Theorieaufriss des Kulturalismus – zumindest aus der Sicht seiner Vertreter – einen völlig anderen Status als in der transzendental- bzw. universalpragmatischen Variante der Diskursethik. Trotz der Distanzierung von einem reinen Kulturrelativismus bleibt die dezidierte Abgrenzung gegenüber allen „universalistischen“ Vernunft- und Ethikkonzeptionen ein vielbemühter und bestimmender Topos der republikanischen Wirtschaftsethik. Die allgemeine Forderung eines „Bemühens um Frieden“ sowie die konkretere einer „verständigungsorientierten Einstellung“ werden auf kulturalistischer Grundlage nicht als universale Forderungen der Vernunft überhaupt betrachtet, die philosophisch durch eine abstrakt-theoretische Analyse der Sprache bzw. der Bedingungen des Menschseins aufgedeckt werden könnten. Vielmehr werden sie als kontingente Problemlösungsstrategien der abendländischen Kultur betrachtet, die nicht als absolute Wahrheiten auf andere Kulturen übertragen werden können bzw. dürfen.

> „Statt dessen hätten wir nach einem Modus der Interaktion zu suchen, der das wechselseitige Verstehen der Sinngehalte vor dem Hintergrund des je eigenen Erfahrungshorizonts ermöglicht. Dieser Modus ist dann aber nicht der Modus der *Verkündigung*, wie er der europäischen ‚Belehrungskultur' … zu eigen ist, sondern eher ein Modus *wechselseitigen Lernens*, bei dem letztlich offenbleibt, wer von wem zu lernen hat … Dort also, … wo ‚eine vernünftige Gemeinsamkeit noch nicht bereits gesicherte Praxis ist', oder dort, wo sich in Konflikten zeigt, daß inkommensurable Vorstellungen davon vorherrschen, was es heißt vernünftig zu sein, fehlt zunächst einmal die *praktische Instanz*, auf die sich ein einheitlicher Vernunftgebrauch bzw. die Rede über Vernunft überhaupt stützen könnte. Ein Verständnis des oder gar ein Einverständnis mit dem ‚Fremden' kann nicht erzielt werden, solange es nicht gelingt, ein Stück gemeinsamer Praxis erst *herzustellen*" (Scherer 2000, S. 379).

Sofern also die oben beschriebenen Forderungen nach einem „Bemühen um die friedliche Lösung von Konflikten" bzw. nach einer „verständigungsorientierten Einstellung" nicht als transkulturell gültige Forderungen von Vernunft überhaupt angesehen werden können, sondern an eine bestimmte kulturelle Praxis gebunden sind, bleibt unklar, welchen Status die Forderung, eine *gemeinsame* Praxis mit fremdkulturellen Lebenswelten herstellen zu *sollen,* haben kann.[11] Hier bleibt zu fragen, *wer* diese Forderung an *wen* auf *welcher Grundlage* richtet?

Da sie nach kulturalistischer Auffassung lediglich den Problemlösungsstand westlicher Praxis repräsentiert, kann sich diese Forderung konsequenterweise nicht unmittelbar an fremdkulturell geprägte Interaktions- bzw. Konfliktpartner richten. Andernfalls würden zumindest implizit und gewissermaßen „unter der Hand" in universalistischer Anmaßung apriorische Ansprüche über kulturelle Grenzen hinweg erhoben werden. Wenn sich die „Sollensforderung" nach dem Bemühen um die Herstellung einer gemeinsamen Praxis mit der fremdkulturellen Lebenswelt jedoch ausschließlich an die Vertreter der „eigenen", westlichen Kultur richtet, so wird diesen eine konzeptionell unmögliche Aufgabe zugemutet: Die Herstellung einer Gemeinsamkeit lässt sich sozusagen nicht im Alleingang durchsetzen. Sie kann nur gelingen, wenn beide Seiten den Willen zu einer friedlichen Konfliktlösung mitbringen. Was also passiert, wenn die jeweils andere Seite eine solche friedliche Lösung mit allen – kriegerischen oder terroristischen – Mitteln zu ver-

11 Die Vertreter der republikanischen Wirtschaftsethik formulieren diese Forderung unmissverständlich in der Form des „Sollens": „... [D]ort also, wo Konflikte über Lebenswelten hinweg verarbeitet werden müssen … *soll* dann versucht werden, eine gemeinsame lebensweltliche Basis *herzustellen*" (Scherer 2000, S. 382, Herv. i. O.; vgl. auch Steinmann/Scherer 1997, S. 32).

hindern sucht? Setzt die faktische Ablehnung der friedlichen Konfliktlösungsstrategie durch eine fremdkulturelle Lebenspraxis wirklich die *methodische* Berechtigung außer Kraft, das Bemühen um eine solche friedliche Konfliktlösung auch von dieser fremden Kultur zu *fordern*? Wenn aber die zumindest ideale Forderung nach einer friedlichen Konfliktlösung nicht durch kulturbedingte Verhaltensweisen außer Kraft gesetzt werden kann, welche Bedeutung hat dann noch die nachdrückliche kulturalistische Ablehnung prinzipiell jedes universalen Anspruches und jeder Berufung auf unhintergehbare, kulturinvariante normative Bedingungen des Menschseins?

Die von der kulturalistischen Ethik postulierte Alternative „zwischen Relativismus und Universalismus" ist offenbar eine lediglich behauptete, deren überzeugende Einlösung und argumentative Entfaltung an der inneren Widersprüchlichkeit gerade des Friedenspostulates scheitert. Aufgrund der theoretischen Vorentscheidung für eine pragmatizistische Grundhaltung und der gleichzeitigen dezidierten Ablehnung universaler Ansprüche – wie z. B. der überzeitlichen, kulturunabhängigen Geltung der Menschenrechte (Steinmann/Scherer 1997, S. 43, Scherer/Löhr 1999, S. 278) – legt sich der Kulturalismus selbst einen Reflexionsstopp vor den konstitutiven Bedingungen der Interpersonalität auf. Die Frage nach den Bedingungen, die zumindest gedanklich erfüllt sein müssen, damit überhaupt so etwas wie eine *menschliche* Praxis entstehen kann, lässt sich gerade im interkulturellen Kontext nicht mit dem Hinweis umgehen, dass eine solche Praxis entweder aus der faktischen Konfliktsituation heraus schon von selbst entstehen werde oder aber irgendwie „hergestellt" werden müsse. Wie kann sie denn hergestellt werden, wenn nicht bestimmte – kulturinvariante – Minimalbedingungen von beiden Seiten beachtet werden? Wenn Menschen überhaupt als Menschen aufeinander treffen, also im begleitenden praktischen Wissen darum, dass ihr Gegenüber etwas Anderes ist als ein bloßer Gegenstand, dann sind mit diesem unmittelbaren vor-theoretischen Wissen offenbar bereits entscheidende normative Implikationen verbunden.[12] Diese normativen Implikationen zeigen sich historisch anschaulich dann, wenn Menschen nicht mehr als Menschen behandelt werden. Das faktisch kontingente Entstehen bzw. Verfehlen von menschlicher Gemeinsamkeit darf in normativer Hinsicht nicht wiederum kontingenten Bewertungen einer beliebigen „Lebenspraxis" anheimgestellt sein. Wenn die Grundbedingungen menschlicher Interpersonalität verfehlt werden, scheitert ein normativer Anspruch, der universell und absolut ist. Mit dieser Einsicht kann der kulturalistische Glaubenssatz, dass *ausnahmslos jede*

12 Die streng systematische Rekonstruktion dieser Implikationen im Rahmen eines philosophischen Systementwurfs wurde durch die Interpersonalitätslehre Johann Gottlieb Fichtes geleistet (Fichte 1796, zur Diskussion dieser Interpersonalitätslehre und zu ihrer Bedeutung für die Wirtschaftsethik Trautnitz 2008, Kap. 7).

normative Orientierung kulturgebunden und damit kontingent sei, verabschiedet werden.

Das Friedenspostulat der republikanischen Wirtschaftsethik hat offensichtlich einen methodisch zweifelhaften Status zwischen kultureller Bedingtheit und universalem Anspruch, der die Tragfähigkeit dieser Konzeption gerade in der zentralen Frage gefährdet, wie internationale Unternehmen mit der normativen Heterogenität auf globaler Ebene umgehen können (bzw. sollen). Die kulturalistischen Grundlagen der republikanischen Wirtschaftsethik sind zwar insofern fruchtbar, als sie es konzeptionell ermöglichen, eine Sicht des IM zu entwickeln, die der pragmatischen Lösung von interkulturellen Problemlagen in der Managementpraxis den Vorrang vor einem theoretischen Allgemeingültigkeits- und Präskriptionsanspruch gibt, der Probleme der Managementpraxis primär als theoretisch-logische versteht und insofern universell einsetzbare Lösungswege behauptet. Die Sensibilisierung der Managementpraxis und -wissenschaft für das Problem der normativen Heterogenität, die der kulturalistische Ansatz anstrebt, ist zweifellos vorbehaltlos als positiv zu würdigen. Gleichwohl sind die konzeptionellen Grundlagen, auf denen diese Sensibilisierung aufbaut, zumindest fragwürdig.

Die Problematik heterogener Normativität lässt sich jedoch auch in einem vernunftethischen Paradigma erhellen und für die Disziplin IM fruchtbar machen. Die universalistischen Positionen der Vernunftethik sowohl in ihrer kantischen als auch in ihrer diskursethischen Ausprägung ermöglichen es gerade durch die Zurücknahme des absoluten Verbindlichkeitsanspruchs der Ethik auf einen rein formalen bzw. prozessualen Aspekt, alle materiellen Normierungen von einem absoluten Gültigkeitsanspruch zu befreien. Diese Positionen rekonstruieren einen apriorischen Rahmen für die kontingenten Ausformungen von Moral und Recht und geben damit lediglich die (formalen bzw. prozessualen) Minimalbedingungen an, die erfüllt sein müssen, damit eine kulturelle Lebenspraxis als solche vertretbar, also normativ unbedenklich ist.[13] Auch diese Positionen können damit ein Bewusstsein für die ungeheure Vielfalt und Unterschiedlichkeit kultureller Lebensformen schaffen. Sie erlauben sogar ein tiefergehendes Verständnis für die Unausweichlichkeit von Konflikten und Widersprüchen zwischen diesen kulturellen Universen. Während kulturalistische Positionen aufgrund ihres pragmatizistischen Unterbaus auf das kontingente Ereignis des Aufeinandertreffens unterschiedlicher Kulturen konzeptionell angewiesen sind, um das Problem ihrer Verträglichkeit in den Blick nehmen zu können, gewähren vernunftethische Positionen ein Verständ-

13 Die politische und lebensweltliche Praxis der Unterdrückung und Verfolgung von Minderheiten würde z. B. diese Bedingungen nicht erfüllen und dürfte demnach von Niemandem – unabhängig von seiner kulturellen oder sozialen Abstammung – als vertretbar gerechtfertigt werden.

nis dafür, dass menschliche Freiheit als *menschliche* zwar einerseits bestimmten normativen Selbsteinschränkungen unterliegt – das bezeichnet gerade der kantische Begriff der „Autonomie" –, dass sie andererseits aber innerhalb dieser Selbstgesetzgebung der Vernunft sich *unvertretbar frei* entfalten kann und soll: Dass Menschen individuelle und kollektive Eigenarten ausbilden, die in ihrem materialen Gehalt unvereinbar sein können, ist für diese Positionen also kein bloßes empirisches Faktum, sondern gerade ein Signum der menschlichen Existenz. Wie diese Eigenarten im Einzelnen aussehen, das unterliegt aber gerade der Spontaneität und Unverfügbarkeit menschlicher Freiheit und lässt sich durch abstrakt-begriffliche Reflexionen nicht vorwegnehmen. Insofern ist die Behauptung, universalistische Positionen könnten aufgrund ihres Universalismus kein Verständnis für fremde Kulturen entwickeln (Steinmann/Scherer 1997, S. 41), schlicht falsch. Da sie aber durch die Reflexion auf die Bedingungen menschlicher Interaktion zugleich einen kriterial gehaltvollen Bezugsrahmen schaffen, können sie auf einer methodisch eindeutigen Basis der Theorie und Praxis des IM Anhaltspunkte dafür bereitstellen, wie unter den Bedingungen globaler Komplexität und Vielfalt normative Konfliktsituationen strukturell und situativ zu bewältigen sind. Demnach wäre kulturelles Einfühlungsvermögen und interkulturelle Kompetenz zwar ein wichtiger Bestandteil der notwendigen Qualifikationen von Managern, jedoch müssten diese Fähigkeiten ergänzt werden durch ein klares Orientierungswissen über die normativen Prinzipien verantwortungsvollen Handelns. Aus dieser Perspektive müsste die Disziplin des IM nicht nur Wissen über kulturspezifische Eigenheiten bereitstellen und seine Anwendung in der konkreten Interaktionssituation reflektieren, sondern vor allem die Urteilsfähigkeit von (zukünftigen) Managern über die normative Akzeptabilität kultureller Orientierungen stärken. Nur auf Grundlage einer methodisch geschulten Argumentations- und Diskussionsfähigkeit können im globalen Maßstab unterschiedliche Positionen verhandelt und kompatibel gemacht werden. Nur auf Grundlage eines argumentativ belastbaren Werteverständnisses können Manager in den globalen – und oftmals medial vermittelten – Auseinandersetzungen über Sinn und Grenzen unternehmerischen Handelns glaubhafte Positionen formulieren und vertreten. Und nur auf Grundlage solcher *glaubhaften* Eigenpositionen können interkulturelle Wertkonflikte angemessen thematisiert und gelöst werden.

Damit wären die Umrisse eines weiteren Bausteins für einen Entwurf der Disziplin IM gewonnen. Dieser Baustein bedarf der weiteren Eingrenzung und Präzisierung. Denn es stellt sich die Frage, zu welchem Zweck sich Manager und internationale Unternehmen explizit an der argumentativen Auseinandersetzung um normative Positionen beteiligen sollten. Das im Folgenden zu diskutierende Konzept der deliberativen Demokratie vermag für diese Frage hilfreiche Einsichten bereitzustellen.

2.4 Corporate Social Responsibility, das Modell deliberativer Demokratie und die Politisierung des Unternehmens

Der im angloamerikanischen Raum dominierende Ansatz zur Bewältigung von normativen Problemen der Managementpraxis kann mit dem Schlagwort „Corporate Social Responsibility" (Carroll 1979, Carroll 1991) benannt werden. Diese einheitliche Benennung sollte jedoch nicht zu dem Schluss verleiten, dass es hier um einen inhaltlich kohärenten Ansatz ginge. Vielmehr überschneiden sich unter diesem Stichwort instrumentell und strategisch argumentierende Stakeholder-Management-Ansätze (z. B. McWilliams/Siegel 2001) mit Überlegungen, die auf genuin normativen – moralischen und bzw. oder rechtlichen – Fundamenten ruhen (z. B. Donaldson/Dunfee 1999). Die weitverbreitete Kritik an der inhaltlichen Unbestimmtheit und konzeptionellen Schwäche dieser Ansätze (z. B. Palazzo/Scherer 2006, S. 75) muss hier nicht wiederholt werden. Aber es gibt einen Grundtenor dieser Ansätze, dessen Beleuchtung gerade im Zusammenhang mit den zuvor dargestellten konstruktivistischen bzw. kulturalistischen Überlegungen interessant sein könnte: die Betonung des Zusammenhangs zwischen gesellschaftlichen Erwartungen einerseits und Legitimität im Sinne einer „licence to operate" andererseits (Palazzo/Scherer 2006, S. 73).

Der systematische Kern dieses Grundgedankens, der die Grundlage der verstehenden Soziologie nach Max Weber bildet und im Neoinstitutionalismus (z. B. DiMaggio/Powell 1983) wiederaufgegriffen wurde, sieht Artefakte immer in ihrer Abhängigkeit von der Sinngebung, welche die Beteiligten mit ihnen bewusst oder unbewusst verbinden (Weber 1985, S. 542 ff.). Eine Einrichtung, die eine scheinbar „objektive" Funktion für ein Kollektiv übernimmt – beispielsweise ein Unternehmen, das die Versorgung der Bevölkerung mit einem materiellen Gut sicherstellt –, kann demnach diese Funktion nur erfüllen, wenn sie durch die Art und Weise dieser Erfüllung zugleich bestimmte Sinnprojektionen der Mitglieder dieses Kollektivs repräsentiert. Die Einrichtung als „soziales Artefakt" wird zusammen mit der durch sie zu erfüllenden Funktion, d. h. erst *durch* diese individuellen und kollektiven Sinnzuschreibungen konstituiert. Erlaubt die Funktionserfüllung den Kollektivmitgliedern die tatsächliche Projektion des gemeinten Sinnes auf die Einrichtung, konstituiert sich diese als „Institution". In der aktuellen Diskussion wird der implikationsreiche epistemische Zusammenhang von „Sinn" und „Sinnzuschreibung" jedoch in seine verobjektivierte Form zurückgenommen und durch den wesentlich schwächeren, jedoch auch unverfänglicheren Begriff der „Erwartung" ersetzt: Eine Institution hat also nurmehr gesellschaftliche Erwartungen zu erfüllen, um ihre Existenz als Institution konstituieren und sichern zu können.

Aus der Kombination dieser Gedankenfigur mit der kommunikativ-diskurstheoretischen Überlegung, dass allein die rationale, einsichts- und zustimmungsbegründende Verständigung über Fragen des kollektiv zu gestaltenden Teils des menschlichen Lebens (zur Unterscheidung von pragmatischen, ethischen und moralischen Diskursen vgl. Habermas 1991) im vollen Sinne Legitimität als Schnittpunkt von sozialer Akzeptanz und rationaler Akzeptabilität beanspruchen kann, entsteht dann ein normativ aufgeladener Institutionenbegriff: Eine Institution kann demnach also nur dann sozial „funktionieren", wenn sie Legitimität besitzt. Während die Idee der Sinnzuschreibung bzw. der Erwartungserfüllung auch psychologische Faktoren sowie Interessenlagen abbilden konnte, den Institutionenbegriff also ausschließlich an die Partikularität des jeweils gemeinten Sinnes bzw. der jeweiligen Erwartung zurückband, enthält der normative Institutionenbegriff ein universalistisches Moment. Hier werden zugleich die notwendigen Bedingungen mitgedacht, unter denen solche Sinngehalte bzw. Erwartungen auch vor einem idealen Horizont gerechtfertigt werden können. Diese Legitimität überträgt sich dann auch auf die Institutionen, die diese Sinngehalte bzw. Erwartungen adäquat repräsentieren bzw. erfüllen.

Palazzo und Scherer haben jüngst eine Reihe von Arbeiten vorgelegt (Palazzo/Scherer 2006, Scherer/Palazzo/Baumann 2006, Scherer/Palazzo 2007), die sich in der Auseinandersetzung mit Ansätzen der politischen Theorie im Rahmen dieser Grundgedanken bewegen. Ihre Überlegungen schließen sich der von Suchmann (1995) entwickelten Unterscheidung von pragmatischer, kognitiver und moralischer Legitimität von Organisationen an (Palazzo/Scherer 2006). Die pragmatische Legitimität beruht im Kern auf einer utilitaristischen Ziel-Mittel-Relation: Organisationen wird Legitimität zugesprochen, solange sie in der Einschätzung der relevanten Gruppen dazu beitragen, deren Ziele, Wünsche und Interessen zu befriedigen. Kognitive Legitimität basiert auf der Übereinstimmung der Organisation mit allgemeinen und fraglos akzeptierten Grundhaltungen und Werten, die oftmals einen impliziten und „unbewussten" Charakter haben. Moralische Legitimität wird durch kommunikative Prozesse erzeugt, in denen ein bewusstes, rationales und mit guten Gründen gestütztes Einvernehmen über Existenz und Sinnhaftigkeit einer Organisation zwischen allen möglicherweise Betroffenen erzielt wird. Dieses Einvernehmen hat also den Charakter eines „moralischen Urteils".

Zwischen den ersten beiden Formen von Legitimität und der moralischen ziehen Palazzo und Scherer eine scharfe Trennung, die sich einerseits unmittelbar aus ihrer prinzipiellen Favorisierung diskursethischer Überlegungen ergibt, die sie andererseits aber aus der aktuellen Situation der postindustriellen und postnationalen Gesellschaft (Palazzo und Scherer beziehen sich dabei auf Habermas 2001) im Zeitalter der Globalisierung ableiten. Ihre Argumentation folgt also parallel sowohl einem normativ-idealistischen als auch einem faktisch-funktionalen Gedankengang.[14]

Pragmatische und kognitive Legitimität sind demnach Konzepte, die auf der Voraussetzung fester, klar abgrenzbarer Interessenlagen einerseits und Wertemuster andererseits in stabilen, national strukturierten Gesellschaften aufbauen. An diesen statischen Vorgaben können sich Organisationen orientieren, um Legitimität zu erlangen. Beide Konzepte stellen insofern auf eine reaktive Anpassung von Organisationen an vorgegebene Rahmenbedingungen ab und finden entsprechend in den instrumentell argumentierenden Stakeholder-Management-Ansätzen Verwendung. Unter den Bedingungen der Pluralisierung von modernen Gesellschaften (Individualismus, Posttraditionalismus und Globalisierung) sind die fixen normativen Bezugspunkte, die eine traditionelle Gesellschaft bot, für Organisationen nicht mehr auszumachen. Aufgrund der postnationalen Auflösung und globalen Verflüssigung bestehender Wertemuster ist das Konzept reaktiver Anpassung an gesellschaftliche Standards demnach nicht mehr in der Lage, Legitimität zu stiften. Vielmehr ergibt sich laut Palazzo und Scherer aus der Wandlung von der nationalen hin zu einer postnationalen Gesellschaft für Organisationen die Notwendigkeit, Legitimität in der aktiven Beteiligung an ergebnisoffenen kommunikativen Prozessen zu suchen:

14 Ob es ihnen gelingt, die deskriptive und die normative Ausrichtung in eine synthetische Verschränkung zu integrieren, muss bezweifelt werden. Völlig unklar bleibt in diesem Zusammenhang, was die Autoren unter einer „normativen Theorie" (Scherer/Palazzo 2007, S. 40) verstehen wollen, die sie offensichtlich anstreben (vgl. auch ihre entsprechende Kritik an der „lediglich deskriptiven Ausrichtung" des Corporate-Citizenship-Ansatzes von Matten/Crane 2005, Scherer/Palazzo/Baumann 2006, S. 514 ff.). Einerseits liegt ihr Augenmerk auf der „Analyse" der Verantwortung von Unternehmen im Kontext veränderter gesellschaftlicher Bedingungen und der entsprechenden „Interpretation" von Unternehmen als „politische Akteure" (Scherer/Palazzo 2007, S. 29). Andererseits analysieren sie eben nicht lediglich – wie Matten und Crane (2005) –, welche Rolle Unternehmen unter den Bedingungen der Globalisierung faktisch zukommt bzw. wie diese Rolle verstehend interpretiert werden kann, sondern sie versuchen, der Verantwortungsübernahme von Unternehmen eine normative Bedeutung beizulegen. Zwar fällt die Zuweisung einer solchen ethisch-politischen Verantwortung gegenüber Unternehmen und dem Management im Wortlaut weniger explizit aus, als es Scherer früher unter dem Stichwort der republikanischen Unternehmensethik formulierte (Scherer/Löhr 1999, S. 280, Scherer 2000, S. 451) und es Steinmann noch immer formuliert (Steinmann 2005, S. 83). Aber an der Tendenz, dass Unternehmensethiker in ihrer Funktion als Wissenschaftler („normative Theorie") gegenüber Unternehmen moralisch-ethische Verpflichtungen formulieren, hat sich nichts geändert. Die Frage bleibt also weiterhin, wie aus der wissenschaftlichen Analyse gesellschaftlicher Veränderungen eine normative Verpflichtung sollte abgeleitet werden können.

> „If normative conflicts can no longer be solved by referring to a shared background of values and traditions, communication becomes the sole source of peaceful interaction and mutual recognition … This is especially true in a context of non-existing or weak global governance mechanisms. We therefore propose to embed organizational legitimacy theory and derived discussions on CSR in a communication-based approach to political theory" (Palazzo/Scherer 2006, S. 79).

Der Zusammenhang von globaler Vielfalt und Auflösung kohärenter, in sich stimmiger Wertemuster erfordert nach Palazzo und Scherer folglich im Ergebnis eine Umstellung der Legitimitätsbemühungen von Unternehmen: Von der kalkulierten Befriedigung der Ansprüche von Stakeholdern (pragmatische Legitimität) einerseits, von der monozentrierten Ausrichtung auf die scheinbar stabilen Erwartungen einer in nationalen Strukturen gefestigten Gesellschaft (kognitive Legitimität) andererseits sollen Unternehmen übergehen zu einer aktiven und unvoreingenommenen Teilnahme an offenen Kommunikationsprozessen in einer entgrenzten Zivilgesellschaft (moralische Legitimität). Palazzo und Scherer begründen die Notwendigkeit für diesen Wechsel explizit mit den angesprochenen gesellschaftlichen Veränderungen.

Im Ergebnis erhalten sie damit eine instrumentelle Begründung für die Notwendigkeit diskursiver Prozesse: Weil die bisherigen Legitimitätsmodelle unter den gegebenen gesellschaftlichen Bedingungen nicht mehr in der Lage sind, Unternehmen mit Legitimität zu versorgen, ist ein Wechsel zum Konzept der moralischen Legitimität notwendig. Dieser Wechsel erfolgt also nicht unter dem Anspruch einer kategorischen (moralischen) Verbindlichkeit, sondern er folgt der Logik hypothetischer Imperative: Wenn Organisationen ihre Existenz als Institution sichern wollen, und wenn die behaupteten gesellschaftlichen Veränderungen eintreten, dann und nur dann ist der Wechsel geboten. Er erfolgt also zunächst im Dienste der Existenzsicherung der Organisation, nicht im Lichte einer prinzipiellen Sollensforderung. Gleichzeitig gewährt dieses Ergebnis Palazzo und Scherer jedoch die Möglichkeit, den konzeptionellen Anschluss an die politische Theorie zu suchen. Von der diskursiven Grundlage moralischer Legitimität, wie sie von Suchman umrissen wurde, glauben sie, einen konzeptionellen Übergang zum Konzept der „deliberativen Demokratie" von Habermas konstruieren zu können.

Folgt man der Habermas'schen Begrifflichkeit, dann ist die Idee diskursiver Prozesse Grundlage einer sogenannten „deliberativen Demokratie" in Abgrenzung zum „liberalen" sowie zum „republikanischen" Demokratiemodell (Habermas 1999c). Entscheidend ist im hier interessierenden Zusammenhang die Unterscheidung zwischen dem republikanischen und dem deliberativen Modell. Das republikanische geht von einer moralischen Verpflichtung der Staatsbürger als „Citoyens" aus, sich dem Gemeinwohl zu verschreiben und aus freiwilliger Selbstbeschränkung ihre privaten Interessen zurückzustellen, sofern sie diesem Gemeinwohl hinderlich sind (Scherer 2000, S. 450). Jürgen Habermas sieht den entscheidenden Nachteil dieses Demokratiemodells darin,

> „... daß es zu idealistisch ist und den demokratischen Prozeß von den *Tugenden* gemeinwohlorientierter Staatsbürger abhängig macht. Denn die Politik besteht nicht nur, und nicht einmal in erster Linie, aus Fragen der ethischen Selbstverständigung. Der Fehler besteht in einer *ethischen Engführung politischer Diskurse*“ (Habermas 1999c, S. 283).[15]

Habermas profiliert den Begriff der „deliberativen Politik“ neuerdings gerade im Gegensatz zur ethischen Aufladung politischer Diskurse, die dem republikanischen Demokratieverständnis eigen ist – freilich ohne Politik ausschließlich als Spiel strategisch handelnder Kräfte zu sehen (liberales Demokratiekonzept). Die entscheidende Pointe des deliberativen im Vergleich zum republikanischen Demokratieverständnis liegt für Habermas in der Transformation von ethischen Ansprüchen gegenüber den Akteuren in Ansprüchen gegenüber der diskursiven Qualität von politischen Prozessen:

> „Dialogische und instrumentelle Politiken können sich, wenn die entsprechenden Kommunikationsformen hinreichend institutionalisiert sind, im Medium von Deliberationen verschränken. Es kommt also alles auf die Kommunikationsbedingungen und Verfahren an, die der institutionalisierten Meinungs- und Willensbildung ihre legitimierende Kraft verleihen. Das dritte Demokratiemodell, das ich vorschlagen möchte [deliberative Demokratie; Erg. der Verf.], stützt sich genau auf die Kommunikationsbedingungen, unter denen der politische Prozeß die Vermutung für sich hat, vernünftige Resultate zu erzeugen“ (Habermas 1999c, S. 285).

Im Ergebnis läuft das – unter der Voraussetzung entsprechender Kommunikationsbedingungen – auf eine Rehabilitierung instrumenteller Politik hinaus, die sich auf den Kompromiss zwischen unterschiedlichen Interessenlagen spezialisiert: [16]

---

15 Zur Unterscheidung von pragmatischen, ethischen und moralischen Diskursen vgl. Habermas (1991).

16 Die Begrifflichkeit der „deliberativen Demokratie“ geht ursprünglich auf Überlegungen von John Rawls zurück, die in der politischen Philosophie gerade in Opposition zum ursprünglichen Habermas'schen Demokratiemodell gesehen werden. Rawls beharrt auf der Möglichkeit sich widersprechender politischer Regelungen, die gleichwohl alle als gleichrangig „vernünftig“ ausgezeichnet werden können. „Deliberation“ ist in diesem Konzept also die rational nicht eindeutig zu begründende Auswahl unter diesen gleichrangig vernünftigen Alternativen. Zudem schwächt Rawls mit dem Konzept des „über-

> „Diese Interessen und Wertorientierungen, die innerhalb desselben Gemeinwesens ohne Aussicht auf Konsens miteinander in Konflikt liegen, bedürfen eines Ausgleichs, der durch ethische Diskurse nicht zu erreichen ist – auch wenn die Resultate dieses nicht mehr diskursiv herbeigeführten Ausgleichs unter dem Vorbehalt stehen, die konsentierten Grundwerte einer Kultur nicht verletzen zu dürfen. Der Interessenausgleich vollzieht sich als Kompromißbildung zwischen Parteien, die sich auf Macht- und Sanktionspotentiale stützen. ... *[D]ie Kompromißbildung vollzieht sich nicht in den Formen eines rationalen, Macht neutralisierenden, strategisches Handeln ausschließenden Diskurses* [Herv. der Verf.]" (Habermas 1999c, S. 284).

Vor diesem Hintergrund ist die Verbindung von „moralischer Legitimität" und deliberativer Demokratie bzw. der Legitimität von politischen Institutionen und Prozessen, die Palazzo und Scherer gerade unter Bezug auf Habermas anstreben (Palazzo/Scherer 2006, S. 75, Scherer/Palazzo 2007) mehr als fragwürdig. Das Konzept der moralischen Legitimität, auf das sich die Autoren berufen, stellt explizit auf die nicht-pragmatische und nicht-interessengeleitete Verständigung ab, in der allein „reasonable arguments" den Ausschlag geben sollen (Palazzo/Scherer 2006, S. 73). Einen direkten Zusammenhang zum deliberativen Demokratiemodell suchend, betonen die Autoren, dass Deliberation den Sinn und das Interesse für das Wohlergehen des Ganzen sowie zumindest teilweise gemeinsame Ziele, Werte und „goodwill" voraussetzt (Palazzo/Scherer 2006, S. 80). In ihren Beiträgen gewinnen sie entsprechend das deliberative Demokratieverständnis insgesamt vor allem aus einer direkten Entgegensetzung zum liberalen Modell (Palazzo/Scherer 2006, S. 71, S. 75 ff., Scherer/Palazzo 2007, S. 24 f.). Die Unterscheidung zwischen republikanischem und deliberativem Demokratieverständnis thematisieren sie allenfalls indirekt durch eine Abgrenzung der früheren, *akteursbezogenen* radikaldiskursiven Vorstellungen Habermas' von seinen neueren, moderateren und *prozessbezogenen* Überlegungen.[17] Vor allem aber entwickeln sie nicht die weitrei-

greifenden Konsenses" die strengen Anforderungen der Diskurstheorie an einen vernünftigen Konsens ab: Dieser kann auch darin bestehen, dass die Beteiligten jeweils aus ihren ganz persönlichen Gründen zustimmen. Eine Zustimmung aus den gleichen (eineindeutig rationalen) Gründen, wie es die diskursive Variante fordert, ist demnach nicht erforderlich, um einen Konsens als vernünftig auszuweisen (Becker/Schmidt/Zintl 2006, S. 288 ff.). Auch diese Argumente werden Habermas dazu veranlasst haben, unter dem Begriff der „deliberativen Demokratie" eine gegenüber den ursprünglichen diskursethischen Anforderungen abgeschwächte Konzeption zu vertreten. Zum Unterschied zwischen dem ursprünglichen und dem modifizierten Demokratiemodell von Jürgen Habermas vgl. auch Scherer und Palazzo (2007).

17 Diese Abgrenzung wird von Scherer und Palazzo (2007) thematisiert, während bei Palazzo und Scherer (2006) sowie bei Scherer, Palazzo und Baumann (2006) die Charak-

chenden Implikationen dieser Wandlung Habermas' und der mit ihr zumindest teilweise korrespondierenden Unterscheidung zwischen republikanischem und deliberativem Demokratieverständnis für die Frage der Verantwortung von Unternehmen. Im Ergebnis führt die Brücke, die sie vom Konzept der „moralischen Legitimität“ schlagen, eher zum *republikanischen* Gemeinschaftssinn[18] und der entsprechenden *direkten* Zuweisung moralisch-politischer Verantwortung an die einzelnen Akteure. Die Konsequenzen, die aus der deliberativen Anerkennung strategisch-instrumentellen Handelns auch in politischen Prozessen für die „Verantwortung“ von Unternehmen folgen, ziehen sie nicht.[19]

Vor diesem Hintergrund erscheint es nicht überzeugend, dass Scherer und Palazzo die Repolitisierung des Unternehmens gerade unter Bezug auf das deliberative Demokratiemodell erreichen möchten (Scherer/Palazzo 2007, S. 27 ff.). Diese Repolitisierung des Unternehmens und die demokratische *Kontrolle* der unternehmensinternen Entscheidungen und Prozesse, die Palazzo und Scherer konzeptionell anstreben, folgen viel eher der Logik der republikanischen Wirtschaftsethik, die Scherers akademischer Lehrer Steinmann vorgegeben hat (vgl. Abschnitt 2.3):

> „A deliberative concept of CSR embeds corporate decision making in processes of democratic will-formation. These processes, driven by civil society actors and spanning over a broad field of public arenas, establish a democratic control on the public use of corporate power …“ (Scherer/Palazzo 2007, S. 29 f.).

Gerade wenn Palazzo und Scherer auch *unternehmensintern* eine diesen äußeren Kommunikationsbeziehungen entsprechende Organisation und Implementierung demokratischer Prozesse fordern (Scherer/Palazzo 2007, S. 39), vernachlässigen sie die Bedeutung instrumentellen und interessengeleiteten Handelns. Auch wenn

---

terisierung des deliberativen Demokratiemodells in Abgrenzung zum liberalen Modell dominiert.

18 Vgl. folgende Passage: „Deliberative democracy casts doubt upon the idea of fixed preferences and exclusive self-interest. The discourse can lead to a transformation of preferences. Citizens share the interest in a common good beyond the aggregation of their economic interest …“ (Scherer/Palazzo 2007, S. 25, vgl. Zey 1998). Dass Citoyens ein solches Interesse am Gemeinwohl nehmen (sollen), ist gerade die Behauptung des republikanischen Demokratiemodells. Das deliberative Modell sieht von solchen direkten Zuweisungen an die Akteure ab.

19 So erwähnen Scherer und Palazzo (2007, S. 5) zwar, dass im deliberativen Modell neben dem ethischen Diskurs auch „economic bargaining“, d. h. zweckrationales, strategisches Verhandeln berücksichtigt werde, aber was diese Berücksichtigung für das systematische Verhältnis von privater Autonomie – insbesondere der Eigentumsverfügung – zur öffentlichen Autonomie bedeutet, führen sie nicht aus.

sie zugestehen, dass bei weitem nicht jedes Koordinationsproblem durch einen unbegrenzten demokratischen Diskurs zu lösen ist (Scherer/Palazzo 2007, S. 35), so bleiben die Ablehnung strategisch-instrumentellen Handelns und die unmittelbare Einforderung einer ethischen Verpflichtung zum kommunikativen Ethos (Palazzo/Scherer 2006, S. 81) doch bestimmende Grundzüge ihrer Überlegungen.

Im folgenden Abschnitt soll auf Grundlage der vorangegangenen Diskussion wirtschaftsethischer Grundpositionen die spezifische Problematik der Legitimität internationaler Unternehmen dargestellt werden. Das Verständnis dieser Legitimitätsproblematik ist entscheidend für die am Ende des vorigen Abschnitts aufgeworfene Frage, zu welchem Zweck Manager und Unternehmen an diskursiven Auseinandersetzungen teilnehmen sollten. Und erst aus dieser Zweckbestimmung werden sich die Konturen für den hier angezielten Entwurf der Disziplin IM gewinnen lassen.

3 Das Problem der Normativität auf internationaler Ebene

In einem an der kantischen Tradition geschulten Verständnis liegt das Grundproblem der Normativität auf internationaler Ebene in dem komplexen Verhältnis zwischen den minimalen Grundbedingungen der Interpersonalität einerseits und den konkreten Wertemustern andererseits, die sich innerhalb sprachlich-kultureller Räume entwickelt haben. Die erste Dimension betrifft das liberale Verständnis universaler Freiheit des Menschen, die zweite Dimension die kulturelle Partikularität geteilter Vorstellungen vom „guten Leben". Das Spannungsfeld zwischen diesen Konzepten beschäftigt vor allem die politische Philosophie. Es kann hier nicht zum eigentlichen Gegenstand der Untersuchung werden. Gleichwohl sollen im Folgenden aus diesem Spannungsfeld entscheidende Einsichten für die Konzeptionalisierung internationaler Unternehmen und damit zugleich auch für den Aufbau der Disziplin IM gewonnen werden.

3.1 Globale Interdependenz normativer Standards

Es ist wohl unstrittig, dass es de facto zwischen verschiedenen Kulturen erhebliche Unterschiede in den Vorstellungen von dem gibt, was als „gut", „gerecht" oder doch zumindest „akzeptabel" gelten kann (z. B. Palazzo/Scherer 2006, S. 77). Diese Unterschiedlichkeit normativer Standards wird dabei regelmäßig erst im Kontext interkultureller Überschneidungen relevant. Erst dort, wo Menschen unterschiedlicher Herkunft entweder unmittelbar und direkt oder vermittelt über historisch gewachsene und damit kulturell geprägte Strukturen und Artefakte aufeinandertreffen, kann diese Unterschiedlichkeit thematisch werden. Sobald die Widersprüchlichkeit von Erwartungs- und Wertemustern nicht nur logisch-abstrakt eingesehen, sondern im unmittelbaren Handeln als Konflikt erfahren wird, stellt sich das Problem, wie die Beteiligten mit diesen Widersprüchen umgehen können.

Unter den Bedingungen der Pluralität moderner Gesellschaften und der Globalisierung zeigt sich aber nicht nur diese sozusagen statische Unterschiedlichkeit. Auch innerhalb bislang festgefügter gesellschaftlicher Systeme kommt es aufgrund einer zunehmenden intragesellschaftlichen Pluralisierung und Individualisierung zur Dynamisierung von bestehenden Wertemustern (Palazzo/Scherer 2006, S. 74). Diese Prozesse werden durch die hohe interkulturelle Interaktionsdichte im Zuge der Globalisierung verstärkt. Die intergesellschaftlichen Rückkopplungen, die durch internationale Medien, das Internet, aber auch durch die bewussten Thematisierungs- und Skandalisierungsstrategien von NGOs (zu den verschiedenen Rollen und Aufgaben von NGOs vgl. Doh/Teegen 2003) hervorgerufen werden, schärfen das gesellschaftliche Bewusstsein sowohl von der Relativität der je eigenen Überzeugungen als auch von der globalen Vernetzung von Handlungsräumen und Ereignisketten. Im Ergebnis ist eine zunehmende Auflösung definierbarer, in sich mehr oder weniger konsistenter Wertemuster festzustellen (Palazzo/Scherer 2006, S. 74 ff.), die bislang bestimmten nationalen oder zumindest sprachlich-kulturellen Einheiten zugeordnet werden konnten. Diese Auflösung material bestimmter Wertemuster findet im Rahmen von globalen Verständigungsprozessen statt, die zugleich eine katalysatorische Wirkung auf die intragesellschaftlichen Tendenzen der Pluralisierung und Individualisierung ausüben. Die globale Interdependenz von Handlungsräumen überträgt sich insofern also auf eine entsprechende Interdependenz von Überzeugungen und Wertemustern.

3.2 Normativität und Demokratie

Die Forderung, dass private Akteure als Citoyens politische Verantwortung übernehmen sollen, bildet die Grundlage des republikanischen Demokratiemodells (vgl. Abschnitte 2.3 und 2.4). Dieselbe Forderung wird jedoch im Kontext globaler Probleme zusätzlich mit dem Hinweis auf die begrenzte Regelungskompetenz und -reichweite des Nationalstaates (Scherer/Palazzo/Baumann 2006, S. 512) sowie auf das daraus folgende transnationale Vakuum an rechtlicher Regulierung begründet (Scherer/Palazzo/Baumann 2006, S. 518): Weil die ihre Wertschöpfungskette global aufspaltenden Unternehmen die Möglichkeit geographischer Ausweichstrategien besitzen und damit die innere Souveränität der einzelnen Nationalstaaten tendenziell unterlaufen (Steinmann 2005, S. 92 f.), *sollen* gerade diejenigen Akteure, die einen internationalen Aktionsradius besitzen, von sich aus versuchen, gemeinsam mit anderen staatlichen und nicht-staatlichen Akteuren in globalen Politiknetzwerken Lösungsansätze für globale Probleme zu erarbeiten (Steinmann 2005, S. 93).

Im Ergebnis wird die vermeintliche Schwäche des Nationalstaates zum Argument für die Einforderung politischer Verantwortlichkeit von (privaten) Akteuren, die keinerlei in den Strukturen des Rechtsstaates verankerte Mandate für politische *Entscheidungen* besitzen. Diese Akteure sollen sich sozusagen die Legitimitätsbedingungen ihrer politischen Verantwortung selbst schaffen, indem sie diskursive Prozesse zwischen allen Beteiligten initiieren oder sich zumindest an ihnen beteiligen. Die auf globaler Ebene fehlende institutionelle Absicherung der Teilnahmebedingungen an den geforderten Kommunikationsprozessen wird dabei gerade als Argument für ihre Notwendigkeit verstanden. Gerade weil diese Absicherung nicht möglich ist, soll das politische Engagement privater Akteure zur prinzipiellen Öffnung von Kommunikationsprozessen für jedermann beitragen (Steinmann 2005, S. 95, Scherer/Palazzo/Baumann 2006, S. 520). Jeder Mensch wird auf diese Weise als „Weltbürger" bzw. als Mitglied einer globalen Zivilgesellschaft sowohl uneingeschränkt politisch berechtigt als auch in die Pflicht genommen:

> „... [E]s scheint allmählich klar zu werden, daß es im Kern darum geht, in Ermangelung eines Weltstaates den Weltbürger als politisches Subjekt in die Verantwortung für die Gestaltung der Verhältnisse und die Bildung globaler Institutionen zu nehmen ..." (Scherer/Löhr 1999, S. 281).

Die Grundidee einer solchen Konzeption läuft auf die uneingeschränkte Souveränität einer globalen Zivilgesellschaft hinaus, die als solche keiner rechtsstaatlichen Absicherung bedarf. Sobald die Idee politischer Willensbildung durch diskursive Prozesse als Ausdruck der Souveränität einer transnational expandierenden Zivilgesellschaft betrachtet wird (Scherer/Palazzo/Baumann 2006, S. 520), tritt sowohl die legitimatorische Notwendigkeit einer rechtsstaatlich institutionalisierten politischen Willensbildung als auch die „Volks"souveränität abgrenzbarer Kollektive in den Hintergrund. Die historisch gewachsenen, faktisch bestehenden Rechtsordnungen und Verfahren der politischen Willensbildung, die gerade als Ausdruck der Souveränität der Bürger eines Staates zu verstehen sind, werden durch das Postulat einer globalen Zivilgesellschaft ohne globalen Staat tendenziell übergangen.[20]

---

20 Es lohnt, in diesem Zusammenhang daran zu erinnern, dass Kant das Völkerrecht aus Respekt vor den faktisch bestehenden Rechtsordnungen auf einen „Friedensbund" zwischen souveränen Staaten gründet (Kant 1795, Zweiter Definitivartikel zum ewigen Frieden) und eben nicht auf die „positive Idee einer Weltrepublik", deren Vernünftigkeit als Idee er gleichwohl betont. Zugleich schränkt er das Weltbürgerrecht „auf die Bedingungen der allgemeinen Hospitalität" ein (Kant 1795, Dritter Definitivartikel zum

Gegenüber einer solchen Konzeption ist „… das Erfordernis der rechtlichen Institutionalisierung einer staatsbürgerlichen Praxis des öffentlichen Gebrauchs kommunikativer Freiheiten …“ (Habermas 1999a, S. 300) zu betonen. Nur eine rechtlich verbürgte, einklagbare Beteiligung am politischen Willensbildungsprozess kann Menschen den Status von „Bürgern“ garantieren. Das setzt erstens verbindliche Regeln und Verfahren der politischen Willensbildung und Entscheidung sowie zweitens damit die Existenz eines Staates voraus, der die Machtmittel besitzt, die freie politische Willensbildung seiner Bürger nach innen und außen zu schützen. „Wo kein Staat, dort kein Bürger, wo kein Bürger, dort keine demokratische Willensbildung“ – so ließe sich der konstitutive Zusammenhang von Demokratie und Staat formelhaft veranschaulichen. Dieser Zusammenhang lässt die Legitimität globaler Politiknetzwerke fraglich erscheinen:

> „Ganz offensichtlich stehen gegenwärtig auf globaler Ebene weder Äquivalente des Staates noch der Demokratie zur Verfügung, um deliberative Politik in einem institutionell kontrollierbaren, juristisch nachvollziehbaren Rahmen einzubetten. Solange dies nicht der Fall ist, sind faktische Verlagerungen von Regelungskompetenzen jenseits des Staates zunächst einmal mit entdemokratisierenden und rechtsstaatlich problematischen Effekten verbunden“ (Niesen 2007, S. 19).

Der Zusammenhang von Staat und Demokratie besitzt über die institutionalisierte politische Willensbildung hinaus eine weitere, tiefer liegende Komponente, die im hier relevanten Kontext internationaler Unternehmen besondere Bedeutung erhält. Damit Bürger ihre politischen Rechte auch tatsächlich wahrnehmen können, sind sie auf subjektive Rechte angewiesen, „… die jedem allgemein eine chancengleiche Verfolgung seiner privaten Lebensziele garantieren sollen …“ (Habermas 1999a, S. 300). Erst die rechtlich garantierte private Autonomie des Einzelnen versetzt ihn überhaupt in die Lage, politische Rechte wahrzunehmen, kraft derer er sich zugleich als Urheber der Rechtsordnung verstehen darf. Nur innerhalb eines rechtlich geschützten Raumes privater Autonomie können Menschen zu Individuen werden und darin die Würde ihrer Einzigartigkeit realisieren.[21] In der Sicherstellung der Ermöglichungsbedingung dieser Einzigartigkeit jedes Menschen findet das Recht jedoch seine höchste Aufgabe.

---

ewigen Frieden). Zur Kritik der Kantischen Auffassung vgl. Habermas (1999b). Zu einer Verteidigung der Kantischen gegenüber der Habermas'schen Position vgl. Maus (2007, S. 357 ff.).

21 Zum konstitutiven Zusammenhang von privater Autonomie, Individualität und Interpersonalität vgl. Trautnitz (2008, Kap. 7).

> „Es gibt kein Recht ohne die private Autonomie von Rechtspersonen überhaupt. Mithin gäbe es ohne Grundrechte, die die private Autonomie der Bürger sichern, auch kein Medium für die rechtliche Institutionalisierung jener Bedingungen, unter denen die Bürger in ihrer Rolle als Staatsbürger von ihrer öffentlichen Autonomie Gebrauch machen könnten" (Habermas 1999a, S. 301).

Damit wird klar, dass gerade die rechtlichen Bedingungen, unter denen diskursive Prozesse ihre legitimatorische Kraft entfalten können, vor einem moralisch fordernden Zugriff auf die Privatsphäre der Bürger schützen. Insbesondere ist hier auf das Recht der privaten Nutzung des Eigentums zu verweisen, das in seiner grundlegenden Bedeutung nicht zu einer Einschränkung der öffentlichen Autonomie führt, sondern zu ihren Konstitutionsbedingungen gehört. Wenn aber Bürger innerhalb der Gesetze, als deren Ursprung sie sich betrachten dürfen, prinzipiell frei im Gebrauch ihres Eigentums sein *sollen*, dann verlieren alle Forderungen nach einer Einschränkung dieses Gebrauches zugunsten der Übernahme „politischer Verantwortung" in nicht-institutionalisierten Kommunikationsprozessen jede Kategorizität.

Die Postulierung einer solchen „Pflicht" zur Übernahme politischer Verantwortung kann also legitimerweise nur als eine politische Äußerung verstanden werden, als Meinungsäußerung innerhalb des demokratischen Willensbildungsprozesses. Als direkte Zuweisung einer normativen Verpflichtung an private Akteure, insbesondere Unternehmen, die private Interessenverfolgung einzuschränken, ist sie mit demokratischen Vorstellungen nicht zu vereinbaren. Insofern hätten wir entsprechende Äußerungen von Seiten der Unternehmensethiker weniger als „wissenschaftliche", „objektive", an einem Anspruch auf Wahrheit ausgerichtete, sondern vielmehr als „parteiliche", interessengeleitete und meinungsgebundene Äußerungen zu verstehen, die als solche ja gerade auf Grundlage der rechtlich garantierten Privatautonomie als legitim ausgewiesen werden können.

3.3 Internationale Unternehmen als ökonomische Akteure: Aktives Legitimationsmanagement

Angesichts der Notwendigkeit, gleichzeitig innerhalb der Geltungsbereiche unterschiedlicher normativer Standards tätig zu sein, d. h., als organisatorische Einheit zugleich mehrere, zum Teil sich widersprechende und sich wandelnde Standards zu berücksichtigen, stellt sich für internationale Unternehmen das vordringliche Problem, wie sie mit dieser heterogenen und dynamischen Normativität umgehen können.

Legt man die analytische Trennung von Unternehmen und Umwelt zu Grunde, so ergibt sich, dass das internationale Unternehmen als organisatorische Einheit *in sich* zwar schon einen Teil dieser Heterogenität bewältigt haben muss, dies jedoch nur unter den Bedingungen der hierarchischen Anweisungsbefugnis möglich ist. Zwar muss auch das internationale Unternehmen seine einzelnen Gesellschaften und Teile sowie seine Mitarbeiter in einen zumindest soweit kohärenten Orientierungsrahmen integrieren können, dass die dysfunktionalen Konflikte zwischen heterogenen normativen Orientierungsmustern kompensiert werden. Diese Integration kann jedoch aufgrund der letztlich mit dem Eigentum am Unternehmen verbundenen Leitungsmacht nicht als Modell der gesellschaftlichen Verständigung über konfligierende Wertemuster dienen.

Diejenigen Umweltsegmente, die dem Unternehmen im Modus der diskursiven Auseinandersetzung entgegentreten, entwickeln von sich aus ein starkes Kräftefeld, dem sich das Unternehmen nicht entziehen kann. Anders als in rein marktlichen Beziehungen, in denen beide Seiten nur freiwillig interagieren können, wirken aufgrund der Dynamik und der normativen Kraft diskursiver Prozesse die über sie vermittelten Wertorientierungen von sich aus auf das Unternehmen ein, einer expliziten Vereinbarung darüber bedarf es nicht. Es kommt hier gewissermaßen zu einer „erzwungenen" Interaktion, der sich das Unternehmen nicht entziehen kann, da jede seiner ökonomisch intendierten Aktionen zu einer Reaktion von Akteuren führt oder führen kann, die sich in der Rolle der Anwälte oder Katalysatoren normativer Überlegungen sehen. Aus dieser Konstellation lässt sich für internationale Unternehmen die Notwendigkeit eines aktiven Legitimationsmanagements begründen.

Dieses Legitimationsmanagement muss sich den diskursiven Ansprüchen stellen, die aus der Umwelt an das Unternehmen herangetragen werden. Seine Aufgabe besteht darin, gegenüber der vermeintlichen diskursiven Überlegenheit zivilgesellschaftlicher Akteure ein entsprechendes argumentatives Gegengewicht aufzubauen. Das Unternehmen kann aus der tendenziell diskriminierenden Rolle des Forderungs- und Appellempfängers nur dann ausbrechen, wenn es das Rechtfertigungspotential kommunikativer Prozesse nutzt und in eine zweiseitige, symmetrische Kommunikation mit den interessierten Akteuren eintritt. Entscheidend ist dabei die Frage, in welcher Form diese Kommunikationsmöglichkeiten genutzt werden: als rhetorischer Versuch der Rechtfertigung gegenüber kritischen Anfragen oder als ergebnisoffene produktive Gestaltung der Umweltbedingungen. Es ist klar, dass die legitimierende Kraft kommunikativer Prozesse nur dann genutzt werden kann, wenn diese Prozesse ihrer eigenen, Macht und Interessen neutralisierenden Logik folgen können, also nicht machtstrategisch verkürzt werden.

Aufgrund der fehlenden institutionellen Absicherung des zivilgesellschaftlichen Diskurses auf globaler Ebene können internationale Unternehmen einerseits nicht zu einem solchen Diskurs verpflichtet sein. Da die Zugangsbedingungen zu diesem globalen Diskurs – anders als innerhalb eines demokratischen Rechtsstaates – von keiner Instanz verbindlich als gleich verteilt festgelegt sind (bzw. werden können), *darf* das Unternehmen nicht damit rechnen, dass die ihm gegenüber formulierten Ansprüche tatsächlich Ausfluss eines legitimen und Legitimität verbürgenden zivilgesellschaftlichen Diskurses sind. Andererseits müssen Unternehmen gerade aufgrund der Volatilität nicht-institutionalisierter diskursiver Auseinandersetzungen permanent mit der Infragestellung der Legitimität ihres Handelns rechnen, selbst wenn unmittelbar keine Kritik vernehmbar ist. Die fehlende rechtsstaatliche Institutionalisierung zivilgesellschaftlicher Verständigungsprozesse auf globaler Ebene entbindet internationale Unternehmen also einerseits von einer Beteiligungsverpflichtung und bürdet ihnen andererseits die Aufgabe eines eigenverantwortlichen Legitimationsmanagements auf. Dieser Aufgabe muss sich auch die Disziplin IM stellen (dazu Abschnitt 4).

Die hier entwickelte Begründung für die *Notwendigkeit* eines aktiven Legitimationsmanagements folgt – im Gegensatz zu den diskursethischen und den republikanischen Ansätzen – ausschließlich einer strategischen Überlegung: Weil sich die Reaktionen und Interventionen einer an normativen Fragen interessierten Öffentlichkeit nicht vermeiden lassen, müssen diese Fragen von vorneherein auch zur Grundlage ökonomischer Führungsentscheidungen gemacht werden: Ökonomischer Erfolg ist insofern an die notwendige, gleichwohl nicht hinreichende Voraussetzung von Legitimität gebunden.

Aus diesem Grunde darf die strategische Einbindung eines solchen Legitimationsmanagements die Eigenlogik diskursiver Prozesse nicht ausblenden. Ein unternehmerisches Legitimationsmanagement findet unter Bedingungen statt, die als solche keinen instrumentellen Zugriff erlauben: Kommunikative Prozesse folgen, wenn sie einmal initiiert sind, ihrer eigenen Dynamik. Sie üben eine Macht neutralisierende Wirkung aus, der sich auch der Versuch ihrer Instrumentalisierung im Dienste des ökonomischen Kalküls nicht entziehen kann. Solange Diskurse nicht-exklusiv geführt werden, entfalten sie ihre Kraft auch unabhängig von der kommunikativen Einstellung der Beteiligten (Grundidee des deliberativen Demokratiemodells; Habermas 1999c). Diese Überlegungen laufen also auf das Paradox eines instrumentell initiierten, in sich jedoch nicht-instrumentell strukturierten, der Logik ökonomischer Vorteils- bzw. Nachteilskalkulation sich entziehenden Kommunikationsprozesses hinaus, in dem das internationale Unternehmen in Auseinandersetzung mit zivilgesellschaftlichen Akteuren die prekär gewordenen Legitimitätsbedingungen einer erfolgreichen grenzüberschreitenden Tätigkeit sichert.

Der entscheidende Unterschied eines solchen internationalen Legitimationsmanagements zu einer traditionellen, in nationalen Gesellschaften verankerten Auseinandersetzung über konfligierende Wertvorstellungen liegt in dem Geltungsgefälle zwischen der bindenden Kraft demokratischer Einigungen und Regelungen im nationalen Rahmen und der letztlich unverbindlichen Einigung zwischen zivilgesellschaftlichen Akteuren auf globaler Ebene (Abschnitt 3.2). Solange diese Einigungen nicht in die nationalen politischen Prozesse zurückwirken, bleiben sie normativ kraftlos.

Als Ergebnis der hier vorgetragenen Überlegungen lässt sich nunmehr präzisieren, mit welcher Zwecksetzung Manager und internationale Unternehmen an der globalen Auseinandersetzung um normative Fragen teilnehmen sollten:

- Die problematische Geltungskraft nicht-institutionalisierter Kommunikationsprozesse im staatsfreien Raum hebt für internationale Unternehmen jede moralisch-ethische wie auch staatsbürgerliche *Verpflichtung* auf, an solchen Auseinandersetzungen teilnehmen zu sollen.
- Gleichzeitig jedoch führt das Fehlen einer institutionellen Absicherung von Legitimitätsbedingungen verbunden mit der Zunahme diskursiver Auseinandersetzungen zu der *strategischen Notwendigkeit*, dass sich internationale Unternehmen um die Bedingungen ihrer Legitimität selbst bemühen müssen.
- Die Bedingungen ihrer Legitimität können internationale Unternehmen langfristig *erfolgreich* allein dadurch sichern, dass sie ein *aktives* Legitimationsmanagement betreiben, das die Eigenlogik diskursiver Prozesse positiv aufnimmt und verarbeitet.

4 Internationales Management als Wissenschaft vom unternehmerischen Handeln im internationalen Kontext

Abschließend lassen sich aus den vorangestellten Überlegungen die Grundzüge einer spezifischen Konzeption des IM entwickeln, das sich als eigenständige Disziplin sowohl von einer funktionsbereichsgegliederten Betriebswirtschaftslehre als auch von einer allgemeinen Führungs- und Managementlehre abzugrenzen vermag.

Ausgangspunkt dieses Versuchs, IM als eine spezifische Disziplin zu begreifen, ist die Konstatierung sowohl der globalen Unterschiedlichkeit als auch der zunehmenden Auflösung bestehender Wertemuster. Insofern binden diese Überlegungen das IM näher an den Kontext der aktuellen CSR-Debatte. Auch wenn in diesem Sinne das konstituierende Grundproblem des IM in einem weitgefassten wirtschaftsethischen bzw. normativen Kontext gesehen wird, so wendet sich die hier vorgetragene Argumentation gleichwohl gegen allzu leichtfertige Versuche, unternehmerisches Handeln mit moralisch-ethischen Ansprüchen aufzuladen. Die Postulierung einer moralisch-ethischen Verpflichtung von Unternehmen zu politischem Engagement auf internationaler Ebene lehnen wir dabei nicht aus den altbekannten ökonomischen und utilitaristischen Argumentationsmustern ab, sondern auf Grundlage demokratietheoretischer Vorbehalte gegen die Selbstermächtigung privater Akteure gegenüber den Instanzen des demokratischen Rechtsstaates.

In diesem Zusammenhang sei zudem auf die grundsätzlichen Schwierigkeiten verwiesen, die mit der Verwendung einer ethisch-moralischen Begrifflichkeit gegenüber korporativen Akteuren verbunden sind (Engelhard/Trautnitz 2005): Korporative Akteure, insbesondere juristische Personen, lassen sich aufgrund ihrer rechtlichen Verfasstheit, im Gegensatz zu ihren personalen Mitgliedern, ausschließlich im Rechtscode ansprechen. Dieser gegenüber Moral und Moralität spezifische Code des Rechtes wird aber legitim ausschließlich durch die Rechtssetzung innerhalb der Instanzen des demokratischen Rechtsstaates (Habermas 1999a, S. 301). Aus diesem Grund ist die Postulierung einer ethisch-moralischen Verpflichtung korporativer Akteure auch unabhängig von der Problemsituation auf der überstaatlichen Ebene prinzipiell abzulehnen. Dass Unternehmer und Anteilseigner als natürliche Personen selbstverständlich dem universalen Anspruch der Moralität unterliegen, bleibt von diesen Überlegungen unberührt.[22]

Auch wenn also das Problem der Legitimität unternehmerischer Tätigkeit in den hier vorgetragenen Überlegungen den Ausgangspunkt bildet, so führt unser Versuch der Abgrenzung der Disziplin IM im Ergebnis zu einer ökonomischen Definition dieser Disziplin *auf Grundlage* normativer Überlegungen. Als Lehre von der Führung internationaler Unternehmen muss sich diese Disziplin unserer Ansicht nach zunächst vor allem dem Problem widmen, wie die normativen Rahmenbedingungen für eine erfolgreiche grenzüberschreitende unternehmerische Tätigkeit gewährleistet werden können.

Als Abgrenzungsversuch schlagen wir vor, IM als Wissenschaft vom unternehmerischen Handeln im internationalen Kontext zu begreifen. Das Spezifische dieser Wissenschaft wäre die Aufhebung der traditionellen analytischen Trennung zwischen gegebenen Handlungsbedingungen zum einen und ökonomischer Wahlhandlung zum anderen. Das internationale unternehmerische Handeln kann sich unter den Voraussetzungen einer gesellschaftlichen Globalisierung nicht mehr darauf

22 Zu einer grundsätzlichen Bestimmung des Verhältnisses zwischen den Ansprüchen der Moralität und den Anforderungen der ökonomischen Rationalität vgl. Trautnitz (2008).

verlassen, dass unterschiedliche Standortbedingungen erfolgreich ohne Berücksichtigung möglicher intergesellschaftlicher Rückkopplungen ausgenutzt werden können. Vielmehr ist davon auszugehen, dass die internationale Heterogenität normativer Standards, die ihrerseits durch die angesprochenen Rückkopplungseffekte einem beschleunigten Wandel unterliegen, die ökonomischen Interaktionen zwischen internationalem Unternehmen und den jeweiligen Märkten unberechenbar werden lässt. Die Gewährleistung einer weltweit respektierten organisationalen Legitimität als grundlegende Voraussetzung erfolgreicher grenzüberschreitender Tätigkeit würde damit zum konstituierenden Grundproblem des IM. Unter unklaren und widersprüchlichen normativen Bedingungen wäre also ein adäquater ökonomischer Handlungsbegriff als synthetische Einheit von Gewinnmaximierung unter den als gegeben unterstellten Bedingungen der jeweiligen Ländermärkte (Effizienz/Wirtschaftlichkeit) zum einen und der Herstellung der Legitimitätsbedingungen weltweiten unternehmerischen Handelns zum anderen zu verstehen.

Erst unter der Voraussetzung geklärter Legitimitätsbedingungen könnten die Erkenntnisse aus einer national denkenden Betriebswirtschaftslehre für die internationale Situation fruchtbar gemacht werden. Die Disziplin IM hätte insofern weder die betriebswirtschaftlichen Folgeprobleme des unternehmerischen Grenzübertritts noch die Übertragung einer allgemeinen Führungslehre auf die internationale Situation zu ihrem Ausgangspunkt zu machen, sondern die Herstellung der Anwendungsbedingungen des ökonomischen Kalküls.[23] Damit die globale Ausnutzung von Standortunterschieden möglich wird, wäre zunächst das normative Umfeld internationaler Unternehmen zu stabilisieren. Eine solche Stabilisierung müsste inhaltlich an grundlegenden Menschenrechten orientiert bleiben, die als Ermöglichungsbedingung von Interpersonalität zugleich den Raum privater Freiheit und damit der privaten Verfügung über Eigentum abstecken.

23 Diese Formulierung stellt eine Umkehrung eines diskursethischen Problems dar, das Apel als die „Herstellung der Anwendungsbedingungen“ des Diskursprinzips bezeichnet. Apel unterscheidet zwischen zwei Problemen, nämlich „zwischen dem – auch schon unter den Bedingungen einer konventionellen, prä-universalistischen Moral bestehenden – Problem der Anwendung von Normen auf komplexe Situationen und dem – für die geschichtliche Realisierung einer postkonventionellen Moral charakteristischen – Problem der Herstellung der Anwendungsbedingungen. Dieses letztere Problem kann leider nicht allein durch die kontrafaktische Vorwegnahme der Bedingungen solidarischer Kooperation gelöst werden“ (Apel 1990, S. 141 f.). Im Kontext der Tätigkeit internationaler Unternehmen ergibt sich insofern die Umkehrung dieses Problems, als hier mit diskursiven Mitteln die Bedingungen für die Anwendbarkeit unternehmerischer Erfolgsstrategien, insbesondere von Arbitrage- und Leveragestrategien, hergestellt oder zumindest gesichert werden müssen.

Die grundsätzliche Legitimität der privaten Verfügung über Eigentum und ihre exakten, rechtlich zu definierenden Grenzen wären dabei die Kernpunkte dieser Stabilisierung. Der philosophische Nachweis einer Fundierung der rechtsstaatlichen Eigentumsgarantie in den apriorischen und insofern universalen Bedingungen der menschlichen Existenz erlaubt es, diese Eigentumsidee auch in interkulturellen Auseinandersetzungen glaubhaft zu vertreten. Ohne solche argumentativen Stützen bliebe das Legitimationsmanagement internationaler Unternehmen einer kulturrelativistischen oder aber lediglich interessenbezogenen Beliebigkeit ausgeliefert.

Die Anwendungsbedingungen des ökonomischen Kalküls können unter den dargestellten Bedingungen einerseits nur im Rahmen diskursiver Prozesse hergestellt werden. Andererseits kann das Legitimationsmanagement internationaler Unternehmen aus den dargelegten Gründen (vgl. insbesondere Abschnitt 3) weder einen moralisch-ethischen oder diskursiven, noch einen staatsbürgerlichen Verpflichtungscharakter besitzen. In dieser Zurückweisung unternehmensethischer Verpflichtungen unterscheiden sich die hier vorgestellten Überlegungen von diskursethisch und republikanisch orientierten Ansätzen. Aufgrund dieser Dialektik von instrumenteller Einbettung und diskursiver Durchführung des geforderten Legitimationsmanagements müsste das IM insbesondere als eine Führungslehre konzipiert werden, die sich auf die pragmatische Handhabung kommunikativer Prozesse auf internationaler Ebene spezialisiert. Diese Prozesse sind dabei zum einen unternehmensintern zum Zweck der Herstellung intraorganisationaler Einheit zu *institutionalisieren* sowie zum anderen unternehmensextern zum Zweck der Gewährleistung von organisationaler Legitimität zu *initiieren*, auch wenn unmittelbar keine relevanten Stakeholder-Gruppen beteiligt sind.

Die Macht neutralisierende Wirkung und das kritische Potential diskursiver Verständigung, die eine rationale Überprüfbarkeit von Behauptungen und die Enttarnung subjektiver Interessen mit sich führt, verlangen eine entsprechende kommunikative Kompetenz der Beteiligten. Die Disziplin IM müsste deshalb auch die normative und kommunikative Kompetenz von Führungspersönlichkeiten fördern. Deshalb ist die philosophische Verankerung wirtschaftsethischer Grundpositionen, die in den Abschnitt 2.1 bis 2.4 angedeutet wurde, keine intellektuelle Spielerei, sondern entscheidende Voraussetzung für ein Legitimationsmanagement, das den Erfordernissen diskursiver Auseinandersetzungen gerecht zu werden vermag.

Internationale Manager könnten so zu den Schnittstellen und Katalysatoren der Herstellung einer (von den jeweils interessierten gesellschaftlichen Gruppen akzeptierten) globalen Minimalrahmenordnung werden. Sie hätten dabei keine weltbürgerliche Verpflichtung zum Aufbau einer solchen Rahmenordnung, auch kein politisches Mandat zur Verbesserung ökologisch-sozialer Lebensbedingungen. Ihre Aufgabe wäre es, das Konfliktpotential grenzüberschreitender unternehmerischer

Tätigkeit pragmatisch durch die aktive Teilnahme an zivilgesellschaftlichen Diskursen abzufedern. Dieser Managementaufgabe muss sich auch die Disziplin IM konzeptionell stellen.

Literatur

Apel, K.-O. (1973): Transformation der Philosophie: Band 2: Das Apriori der Kommunikationsgemeinschaft. Suhrkamp, Frankfurt a. M., 1973.

Apel, K.-O. (1990): Diskursethik als Verantwortungsethik und das Problem der ökonomischen Rationalität. In: Biervert, B./Held, K./Wieland, J. (1990, Hrsg.): Sozialphilosophische Grundlagen ökonomischen Handelns. Suhrkamp, Frankfurt a. M., 1990, S. 121-154.

Axelrod, R. (2000): Die Evolution der Kooperation. 5. Aufl., Oldenbourg, München, Wien, 2000.

Becker, M./Schmidt J./Zintl, R. (2006): Politische Philosophie. Schöningh, Paderborn et al., 2006.

Birnbacher, D. (1990): Der Utilitarismus und die Ökonomie. In: Biervert, B./Held, K./Wieland, J. (1990, Hrsg.): Sozialphilosophische Grundlagen ökonomischen Handelns. Suhrkamp, Frankfurt a. M., 1990, S. 65-85.

Carroll, A. B. (1979): A Three-dimensional Conceptual Model of Corporate Perfomance. In: Academy of Management Review, 4. Jg., Nr. 4, 1979, S. 497-505.

Carroll, A. B. (1991): The Pyramid of Corporate Social Responsibility: Toward the Moral Management of Organizational Stakeholders. In: Business Horizons, 34. Jg., Nr. 4, 1991, S. 39-48.

DiMaggio, P. J./Powell, W. W. (1983): The Iron Cage Revisited: Institutional Isomorphism and Collective Rationality in Organizational Fields. In: American Sociological Review, 48. Jg., Nr. 2, 1983, S. 147-160.

Doh, J. P./Teegen, H. (2003, Hrsg.): Globalization and NGOs: Transforming Business, Government and Society. Praeger, Westport/CT, 2003.

Donaldson, T./Dunfee, T. W. (1999): Ties that Bind: A Social Contract Approach to Business Ethics. Harvard Business School Press, Boston/MA, 1999.

Engelhard, J./Trautnitz, G. (2005): Tragen Unternehmen Verantwortung? Überlegungen zur Fundierung des Konzeptes korporativer Verantwortung. In: Oesterle, M.-J./Wolf, J. (2005, Hrsg.): Internationalisierung und Institution. Gabler, Wiesbaden, 2005, S. 517-541.

Fichte, J. G. (1796): Grundlage des Naturrechts nach Principien der Wissenschaftslehre. Zitiert nach: J.G.Fichte-Gesamtausgabe der Bayerischen Akademie der Wissenschaften, hrsg. von Reinhard Lauth und Hans Jacob, 1. Werke, Band 3, hrsg. von Reinhard Lauth und Hans Jacob unter Mitwirkung von Richard Schottky. frommann-holzboog, Stuttgart, Bad Cannstatt, 1966, S. 291-460.

Habermas, J. (1991): Vom pragmatischen, ethischen und moralischen Gebrauch der praktischen Vernunft. In: Habermas, J. (1991, Hrsg.): Erläuterungen zur Diskursethik. Suhrkamp, Frankfurt a. M., 1991, S. 100-118.

Habermas, J. (1999a): Über den internen Zusammenhang von Rechtsstaat und Demokratie. In: Habermas, J. (1999, Hrsg.): Die Einbeziehung des Anderen – Studien zur politischen Theorie. Suhrkamp, Frankfurt a. M., 1999, S. 293-305.

Habermas, J. (1999b): Kants Idee des ewigen Friedens – Aus dem historischen Abstand von 200 Jahren. In: Habermas, J. (1999, Hrsg.): Die Einbeziehung des Anderen – Studien zur politischen Theorie. Suhrkamp, Frankfurt a. M., 1999, S. 192-236.

Habermas, J. (1999c): Drei normative Modelle der Demokratie. In: Habermas, J. (1999, Hrsg.): Die Einbeziehung des Anderen – Studien zur politischen Theorie. Suhrkamp, Frankfurt a. M., 1999, S. 277-292.

Habermas, J. (2001): The Postnational Constellation. MIT Press, Cambridge/MA, 2001.

Homann, K. (1988): Rationalität und Demokratie. Zugl. Habil., J. C. B. Mohr, Tübingen, 1988.

Homann, K. (1996): Wirtschaftsethik: Angewandte Ethik oder Ethik mit ökonomischer Methode. In: Zeitschrift für Politik, 43. Jg., Nr. 2, 1996, S. 178-182.

Homann, K. (1997): Sinn und Grenze der ökonomischen Methode in der Wirtschaftsethik. In: Aufderheide, D./Dabrowski, M. (1997, Hrsg.): Wirtschaftsethik und Moralökonomik – Normen, soziale Ordnung und der Beitrag der Ökonomik. Duncker & Humblot, Berlin, 1997, S. 11-42.

Homann, K. (1998): Normativität angesichts systemischer Sozial- und Denkstrukturen. In: Gaertner, W. (1998, Hrsg.): Wirtschaftsethische Perspektiven – 4. Methodische Grundsatzfragen, Unternehmensethik, Kooperations- und Verteilungsprobleme. Duncker & Humblot, Berlin, 1998, S. 17-50.

Homann, K. (2004): Gesellschaftliche Verantwortung der Unternehmen – Philosophische, gesellschaftstheoretische und ökonomische Überlegungen. In: Schneider, U./Steiner, P. (2004, Hrsg.): Betriebswirtschaftslehre und gesellschaftliche Verantwortung. Gabler, Wiesbaden, 2004, S. 1-16.

Homann, K./Blome-Drees, F. (1992): Wirtschafts- und Unternehmensethik. Vandenhoeck & Ruprecht, Göttingen, 1992.

Homann, K./Suchanek, A. (2000): Ökonomik – Eine Einführung. J. C. B. Mohr, Tübingen, 2000.

Kant, I. (1795): Zum ewigen Frieden. Zitiert nach: Kants gesammelte Schriften, hrsg. von der Königlich Preußischen Akademie der Wissenschaften, Erste Abteilung, Band 8, Reimer, Berlin, 1912, S. 341-386.

König, M. (1999): Ebenen der Unternehmensethik. In: Nutzinger, H. G./Berliner Forum zur Wirtschafts- und Unternehmensethik (1999, Hrsg.): Wirtschafts- und Unternehmensethik – Kritik einer neuen Generation. Hampp, München, 1999, S. 55-73.

Langerfeldt, M. (2003): Das Gefangenendilemma. „Der Beißknochen der Spieltheorie". In: Wirtschaftswissenschaftliches Studium, o. Jg., Nr. 4, 2003, S. 226–230.

Matten, D./Crane, A. (2005): Corporate Citizenship: Toward an Extended Theoretical Conceptualization. In: Academy of Management Review, 30. Jg., Nr. 1, 2005, S. 166-179.

Maus, I. (2007): Verfassung oder Vertrag: Zur Verrechtlichung globaler Politik. In: Niesen, P./Herborth, B. (2007, Hrsg.): Anarchie der kommunikativen Freiheit: Jürgen Habermas und die Theorie der internationalen Politik. Suhrkamp, Frankfurt a. M., 2007, S. 350-382.

McWilliams, A./Siegel, D. (2001): Corporate Social Responsibility: A Theory of the Firm Perspective. In: Academy of Management Review, 26. Jg., Nr. 1, 2001, S. 117-127.

Niesen, P. (2007): Anarchie der kommunikativen Freiheit – Ein Problemaufriss. In: Niesen, P./Herborth, B. (2007, Hrsg.): Anarchie der kommunikativen Freiheit: Jürgen Habermas und die Theorie der internationalen Politik. Suhrkamp, Frankfurt a. M., 2007, S. 7-25.

Palazzo, G./Scherer, A. G. (2006): Corporate Legitimacy as Deliberation: A Communicative Framework. In: Journal of Business Ethics, 66. Jg., Nr. 1, 2006, S. 71-88.

Scherer, A. G. (2000): Die Rolle der Multinationalen Unternehmung im Prozess der Globalisierung: Vorüberlegungen zu einer Neuorientierung der Theorie der Multinationalen Unternehmung. Zugl. Habil., Wirtschafts- und Sozialwissenschaftliche Fakultät der Friedrich-Alexander-Universität Erlangen-Nürnberg, 2000.

Scherer, A. G. (2004): Artikel „Konstruktivismus“. In: Schreyögg, G./von Werder, A. (2004, Hrsg.): Handwörterbuch Unternehmensführung und Organisation. 4. Aufl., Schäffer-Poeschel, Stuttgart, 2004, Sp. 644-652.

Scherer, A. G./Löhr, A. (1999): Verantwortungsvolle Unternehmensführung im Zeitalter der Globalisierung – Einige kritische Bemerkungen zu den Perspektiven einer liberalen Weltwirtschaft. In: Kumar, N. B./Osterloh, M./Schreyögg, G. (1999, Hrsg.): Unternehmensethik und die Transformation des Wettbewerbs: Shareholder-value – Globalisierung – Hyperwettbewerb. Schäffer-Poeschel, Stuttgart, 1999, S. 261-391.

Scherer, A. G./Palazzo, G. (2007): Toward a Political Conception of Corporate Responsibility: Business and Society Seen from a Habermasian Perspective. In: Academy of Management Review, 32. Jg., Nr. 4, 2007, S. 1.096-1.120.

Scherer, A. G./Palazzo, G./Baumann, D. (2006): Global Rules and Private Actors: Toward a New Role of the Transnational Corporation in Global Governance. In: Business Ethics Quarterly, 16. Jg., Nr. 4, 2006, S. 505-532.

Steinmann, H. (2005): Unternehmensethik und Globalisierung: Das politische Element in der multinationalen Unternehmung. In: Herrmann, H./Voigt, K.-I. (2005, Hrsg.): Globalisierung und Ethik. Ludwig-Erhard-Ringvorlesung an der Friedrich-Alexander-Universität Erlangen-Nürnberg, Heidelberg, 2005, S. 79-101.

Steinmann, H./Scherer, A. G. (1997): Die Multinationale Unternehmung als moralischer Aktor: Bemerkungen zu einigen normativen Grundlagenproblemen des interkulturellen Managements. In: Engelhard, J. (1997, Hrsg.): Interkulturelles Management: Theoretische Fundierung und funktionsbereichsspezifische Konzepte. Gabler, Wiesbaden, 1997, S. 23-53.

Steinmann, H./Scherer, A. G. (1998, Hrsg.): Zwischen Universalismus und Relativismus: Philosophische Grundlagenprobleme des interkulturellen Managements. Suhrkamp, Frankfurt a. M., 1998.

Suchmann, M. C. (1995): Managing Legitimacy: Strategic and Institutional Approaches. In: Academy of Management Review, 20. Jg., Nr. 3, 1995, S. 571-610.

Trautnitz, G. (2008): Normative Grundlagen der Wirtschaftsethik: Ein Beitrag zur Bestimmung ihres Ausgangsparadigmas. Duncker & Humblot, Berlin, 2008.

Ulrich, P. (1993): Transformation der ökonomischen Vernunft: Fortschrittsperspektiven der modernen Industriegesellschaft. 3. Aufl., Haupt, Bern et al., 1993.

Ulrich, P. (2000): Integrative Wirtschaftsethik – Grundlagenreflexion der ökonomischen Vernunft. In: Benseler, F./Blanck, B./Greshoff, R./Loh, W. (2000, Hrsg.): Ethik und Sozialwissenschaften – Streitforum für Erwägungskultur. Westdeutscher Verlag, Opladen, 2000, S. 555-567.

Ulrich, P. (2001): Integrative Wirtschaftsethik – Grundlagen einer lebensdienlichen Ökonomie. 3. Aufl., Haupt, Bern et al., 2001.

Weber, M. (1985): Gesammelte Aufsätze zur Wissenschaftslehre. Hrsg. von Johannes Winckelmann. 6. Aufl., J. C. B. Mohr, Tübingen, 1985.

Zey, M. (1998): Rational Choice Theory and Organizational Theory: A Critique. Sage, London, Thousand Oaks/CA, 1998.

Wir bringen Bewegung in Ihr Unternehmen

Die Lexington Consulting GmbH wurde im März 1998 gegründet. Über 30 feste und freie Mitarbeiter erarbeiten maßgeschneiderte Problemlösungen für führende Unternehmen und öffentliche Institutionen aus Deutschland, Frankreich, Italien, Österreich und der Schweiz.

Renommierte Top-Management Unternehmensberatung

sucht

CONSULTANTS

Lexington Consulting ist eine kleine, in Einzelsegmenten führende und international tätige Managementberatung mit Beratungsschwerpunkten in den Bereichen Strategie und Organisation. Zu unseren Klienten zählen wir namhafte Unternehmen, Private Equity Fonds sowie Institutionen der Öffentlichen Hand.

Ihre Chance

Suchen Sie nach kreativen Lösungen? Erkennen Sie das Machbare? Stehen Sie zu Ihrer Überzeugung und können diese auch gegen Widerstände vertreten? Sind Sie in der Lage, ein Team zu motivieren? Haben Sie unternehmerisches Talent? Sind Sie auch risikofreudig?

Lexington Consulting bietet ein verantwortungsvolles und abwechslungsreiches Arbeitsumfeld mit außergewöhnlichen Karrierechancen und leistungsorientierter Vergütung.

Ihre Qualifikationen

Sie passen zu uns, wenn Sie über

– zwei Jahre Berufserfahrung auf dem Gebiet der Managementberatung, Vorstandsassistenz oder Wirtschaftsprüfung,
– einen überdurchschnittlichen Studienabschluss (vorzugsweise Doktor- oder Master-Titel) in Wirtschaftswissenschaften oder Wirtschaftsingenieurwesen an einer namhaften Universität,
– eine umfassende Allgemeinbildung,
– hervorragende Kenntnisse in Wort und Schrift von mindestens zwei Fremdsprachen sowie Auslandserfahrung

verfügen und nicht viel älter als 30 Jahre sind oder uns als ehrgeiziger Neueinsteiger mit Ihrer Persönlichkeit überzeugen können. Zudem sind Sie eine aufgeschlossene Persönlichkeit mit ausgeprägt analytischem und kreativem Potenzial, können selbstständig konzeptionell arbeiten, sind ergebnisorientiert, besitzen ein hohes Maß an sozialer Kompetenz und arbeiten gern im Team. Ganz wichtig für uns ist, dass Sie außer an der Arbeit auch Interesse an anderem haben, wie an Politik, Reisen, Kultur und Sport.

Ihre Bewerbung

Bitte senden Sie Ihre vollständigen Bewerbungsunterlagen an die Lexington Consulting GmbH, Joachimstaler Straße 34, D - 10719 Berlin, Tel: +49–30/88 59 56 – 0. Ausführliche Informationen zur Lexington Consulting GmbH finden Sie unter www.lexington.de